그림으로 보는

건설현장의 벌점 리스크 관리

Management of Penalty Risk of Construction Site in Figure

글·그림 이병수 · 이준수 지음

■ 도서 A/S 안내

성안당에서 발행하는 모든 도서는 저자와 출판사, 그리고 독자가 함께 만들어 나갑니다.

좋은 책을 펴내기 위해 많은 노력을 기울이고 있습니다. 혹시라도 내용상의 오류나 오탈자 등이 발견되면 "좋은 책은 나라의 보배"로서 우리 모두가 함께 만들어 간다는 마음으로 연락주시기 바랍니다. 수정 보완하여 더 나은 책이 되도록 최선을 다하겠습니다.

성안당은 늘 독자 여러분들의 소중한 의견을 기다리고 있습니다. 좋은 의견을 보내주시는 분께는 성안당 쇼핑몰의 포인트(3,000포인트)를 적립해 드립니다.

잘못 만들어진 책이나 부록 등이 파손된 경우에는 교환해 드립니다.

저자 문의 : bslee0605@hanmail.net(이병수)

본서 기획자 e-mail : coh@cyber.co.kr(최옥현)

홈페이지 : http://www.cyber.co.kr　전화 : 031) 950-6300

대한민국 건설엔지니어들에게
이 책을 바칩니다.

“

본 도서는
건설 프로젝트 전 참여자들에게
올바른 공사 지침서가 될 것입니다.
건설 프로젝트를 수행하는 시공 전 과정에서 발생할 수 있는
각종 벌점 리스크를 사전에 예방할 수 있는
대책을 제시합니다.

”

Preface

우리나라 경제산업이 눈부시게 발전하면서 전반적인 국민 생활 수준이 향상됨에 따라 우리가 거주하는 건축물의 품질과 안전에 대한 관심이 커지고 있으며, 이에 따라 품질에 대한 눈높이와 기대치는 날이 갈수록 높아지고 있습니다. 반면, 최근 우리 사회에 여러 건설공사 부실시공 사례와 각종 건설재해에 따른 안전 논란이 이어지며 건설업 전반에 대한 불신으로 고객들의 우려 섞인 목소리가 흘러나오고 있습니다.

이 시점에서 우리 건설기술인들은 무엇보다도 실추된 신뢰를 회복하기 위하여 건설프로젝트의 무재해와 무결점 건축물 완성을 위해 노력해야 하며, 그러기 위해서는 '기본과 원칙을 준수'하는 건설현장관리가 무엇보다도 필요합니다.

이번에 발간하는 《그림으로 보는 건설현장의 벌점 리스크 관리》는 프로젝트 참여 전 건설기술인들에게 올바른 공사지침서가 될 것입니다. 이 책은 건설프로젝트를 수행하는 시공 과정에서 발생할 수 있는 각종 벌점 리스크를 사전에 예방할 수 있도록, 수검사례에서 지적되었던 내용들을 종합적으로 분석하여 원인과 대책을 제시했습니다.

최근 건설기술진흥법령이 개정되어 건설공사 벌점산출 방식이 '누계평균벌점' 방식에서 '누계합산벌점' 방식으로 변경되면서 벌점에 대한 리스크는 한층 가중되었습니다. 또한 벌점부과시 '아파트 선분양 제한' 및 '공공프로젝트 PQ(Pre-Qualification, 입찰자격 사전 심사제) 제도에도 영향'을 받게 됨에 따라 기업의 명운을 좌우할 수 있게 되어 무엇보다도 사전 예방이 중요합니다.

이 책의 특징은 다음과 같습니다.

- 건설현장의 실제 점검 수검사례를 통해 체득한 내용을 이해하기 쉽도록 그림으로 표현
- 건설기술진흥법령(건진법 시행령 제87조 별표8 제5호)상의 벌점 측정기준 19개 항목 및 시공·안전·품질 분야로 구분하여 집필
- 건설공사 프로젝트를 수행 중인 건설사업관리기술인, 건설기술인, 품질관리기술인, 안전관리자 등의 교육교재로 활용 가능

부디 건설공사 프로젝트 전 참여자들의 실무에 직접적인 도움이 되기를 바라며, 이 책에 실린 많은 사례를 통해 건설기술력과 업무능력이 한층 향상되기를 바랍니다.

저자 이병수, 이준수

추천의 글

건설현장 벌점 리스크 예방을 위해 알기 쉽게 풀어낸 책

이제는 '그림으로~' 시리즈가 어느 분야까지 출간될 수 있을까 하는 기대감까지 듭니다. 이병수 저자분과는 한양대학교 대학원 시절 지도교수로 인연을 맺었습니다. 어느 날 가장 잘 나온 사진 한 장을 보내달라는 연락을 받았고, 얼마 후 원본 사진은 물론 실물보다 훨씬 잘생겨진 제 얼굴이 담긴 초상화를 선물로 받은 일이 있습니다. 그때 이분의 재능이 초상화나 건설현장 스케치 정도에 머무르기에는 아쉽다고 생각했습니다. 결국 뛰어난 재능으로 건설현장에서 무심코 넘어갈 수도 있는, 그러나 그로 인해 심각한 결과를 초래할 수 있는 벌점 리스크를 알기 쉽게 풀어낸 책이 《그림으로 보는 건설현장의 안전관리》에 이어서 출간되었습니다. 벌점은 행정적 제재의 수단이라기보다는 발생할 수 있는 안전사고 및 품질문제를 사전에 예방하기 위한 선제적 조치입니다. 이 책을 꼼꼼하게 참조한다면 안전이나 품질문제 이외에도 건설현장에서 발생할 수 있는 다양한 현안을 사전에 대응할 수 있을 것입니다. 삭막한 건설현장이지만 그 안에서 발견할 수 있는 따뜻한 모습이나, 계절과 함께 변하는 모습을 담은 그림들로 작품전을 열어보면 어떨지 조심스레 말씀드려 봅니다.

한양대 건축공학부 교수 **김주형**

건설사업관리기술인의 필독서

이 책은 최근 전국 지방국토관리청에서 건설현장에 대하여 점검한 실제 수검사례를 분석하여 지적했던 내용을 시공·안전·품질관리 분야로 나누어 적용근거 및 원인과 대책을 제시했습니다. 또한 건설기술진흥법령상의 '건설공사 등의 벌점관리기준(제87조제5항 관련)'에 따른 벌점 측정기준 19개 항목별로 구분하여 수검했던 세부적인 내용을 수록하고, 이해하기 쉽도록 그림으로 표현하여 독자들에게 강하게 어필하고 있습니다. 건설현장을 꾸려나가면서 대관점검에 대한 부담감을 해소하고 견실한 시설물을 지을 수 있도록 우리 건설사업관리기술인들이 반드시 알아야 할 기본이 되는 내용을 담은 소중한 책을 발간하신 이준수 교수님, 이병수 기술사님에게 아낌없는 찬사를 보냅니다. 이 책은 벌점에 대한 리스크를 줄일 수 있는 교재라고 생각하며, 이 책을 통해 우리 건설사업관리인들의 건설기술력이 한층 향상되었으면 합니다.

주식회사 itm 사장 **양동춘**
(전 국토교통부 서울지방 국토관리청 근무, 건축시공기술사)

건설현장의 무재해와 건설프로젝트 참여자들의 기술력 상향평준화를 위한 책

건설현장의 안전사고 예방을 위해서는 인·허가 기관은 허가부터 관리 및 사용승인을, 그리고 건설프로젝트 참여자들은 시기별·공정별 점검 등 건축물 생애주기를 고려한 체계적이고 전문적인 관리가 이뤄져야 합니다. 이럴 때《그림으로 보는 건설현장의 안전관리》에 이어 새로운《그림으로 보는 건설현장의 벌점 리스크 관리》를 출간함으로써 건설현장의 기술력 상향평준화를 위한 필자의 노력이 지속됨에 감사드립니다. 건설공사 등 벌점 관리기준의 해설부터 벌점 측정기준에 따른 항목별 수검내용을 꼼꼼히 들여다보니 체계적인 정리와 그림이 주는 장점으로 인하여 저자가 기대하고 있는 건설현장의 무재해는 물론, 건설프로젝트 참여자들의 기술력 상향평준화에 많은 도움을 줄 수 있는 시기 적절한 책이라 할 것입니다. 특히 건설현장에서 실제 경험으로 체득한 내용을 집대성한 내용이 많아 이 책을 건설기술인의 필독서로 적극 추천합니다.

경기도 도시주택실 건축디자인과장 지방기술서기관 **고용수**

CM 감리 사업장의 기본이 되는 알짜배기 시공·안전·품질 가이드북

날이 갈수록 건설현장에서 건설사업관리CM과 감리의 역할이 중요하게 대두되고 있습니다. 특히 시공·안전·품질은 공사관리에서 최우선입니다. 이러한 중요한 시기에 우리 건설사업관리기술인들이 반드시 알아야 할 기본이 되는 멋진 책을 발간하시어 깊은 감사와 찬사를 보냅니다. 또한 그 누구도 할 수 없는 위대한 일을 하신 저자에게 존경을 표합니다. 건설현장의 국토부 점검 시 지적 사항 수백 건을 분석하고 벌점 측정기준 19개 항목과 시공·안전·품질을 구분하여 각 지적 건수를 그림으로 표현해, 누구나 알기 쉽게 그 대책까지도 제시한 훌륭한 도서입니다. 이 책을 통해 우리 CM 감리 사업장에서 오늘도 최선을 다하는 건설사업관리인들이 한 단계 더 성장하고 역량을 강화하는 데 기여하기를 바랍니다.

건설사업관리CM 안전협의회 회장 **조정호**
(건축시공기술사, 건설안전기술사, 공학박사)

추천의 글

지금까지 이런 책은 없었다. 이 책은 기술서인가, 그림책인가!

제목만 보자면 현장에서 받는 벌점 리스크 관리만 다룬 듯하지만 세부 내용을 보면 대한민국 건설기술인이라면 반드시 읽어야 하는 기술지침서로 이보다 이해가 쉽고 보기 편하게 표현된 책은 없다고 생각합니다. 이 책보다 먼저 나왔던 《그림으로 보는 건설현장의 안전관리》도 감명 깊게 읽었는데 이번에 출간된 책은 그 깊이나 내용에서 전작을 뛰어넘는 것 같습니다. 현장에서 발주처 감독업무를 수행하면서 매번 기준이나 지침들을 찾는 것이 쉬운 일이 아닌데 이 책 한 권만 있으면 시공 · 안전 · 품질관리의 분야에서 다양하게 활용할 수 있다고 자신 있게 말할 수 있습니다. 건설공사를 하면서 지나치기 쉬운 내용부터 꼭 알아야 하는 부분까지 그림과 같이 보게 되니 얼마나 유익한지, 항상 휴대하고 다니면서 봐야겠다는 생각까지 듭니다. 오랜 시간 반복된 일상이라는 익숙함에 빠져 기술 관련 지식을 조금씩 멀리하게 되었던 저의 나태함을 깨우쳐주는 동시에 기술사를 취득하기 위해 밤낮으로 공부했던 예전의 초심을 다시 한번 일깨워 주었습니다. 제가 느낀 점들을 이 책을 통해 많은 분들이 꼭 체험하시길 바라며 자신의 기술 지식을 한 단계 또는 두 단계 업그레이드할 기회로 삼기를 간절히 바랍니다.

한국수자원공사 한강권역본부 수도권수도사업단 차장 **이우근**
(건축시공기술사, 건축품질시험기술사, 건설안전기술사)

건설프로젝트관리자를 위한 유용한 지침서

《그림으로 보는 건설현장의 벌점 리스크 관리》는 건설프로젝트관리자를 위한 필독서로, 현장에서 구조물을 건설하면서 발생할 수 있는 민원 및 벌점 사례를 사전에 예방하기 위한 가이드북입니다. 저자는 자신의 현장 경험을 그림으로 쉽게 설명하여 현장 건설기술자들에게 유용한 지침을 제공하고 있습니다. 이 책은 건설현장 생활을 막 시작하는 초급자도 이해하기 쉽도록 관련 규정과 기준을 제시하고, 상황을 그림으로 설명합니다. 이는 공사 담당자뿐만 아니라 안전관리자와 품질관리자에게도 유용할 것입니다. 또한 실제 수검사례를 통해 구체적인 상황을 제시하며, 관련 규정을 함께 제공하여 법적 이행 사항을 한눈에 파악할 수 있도록 하였습니다. 이를 통해 현장에서 벌점 리스크를 헤지(hedge)하는 데 도움을 받을 수 있고, 민원이나 불미스러운 일이 발생하는 것을 사전에 방지할 수 있습니다. 이 책을 활용하면 품질관리와 안전사고 예방을 강화하여 프로젝트를 효과적으로 관리할 수 있을 것으로 기대합니다. 많은 건설기술인들에게 아주 유용한 지침서가 될 것입니다.

서울주택도시공사 안전경영실 차장 **신연철**
(건축시공기술사, 건축품질시험기술사, 건설안전기술사,
토목시공기술사, 산업안전지도사, 건설기술교육원 겸임교수)

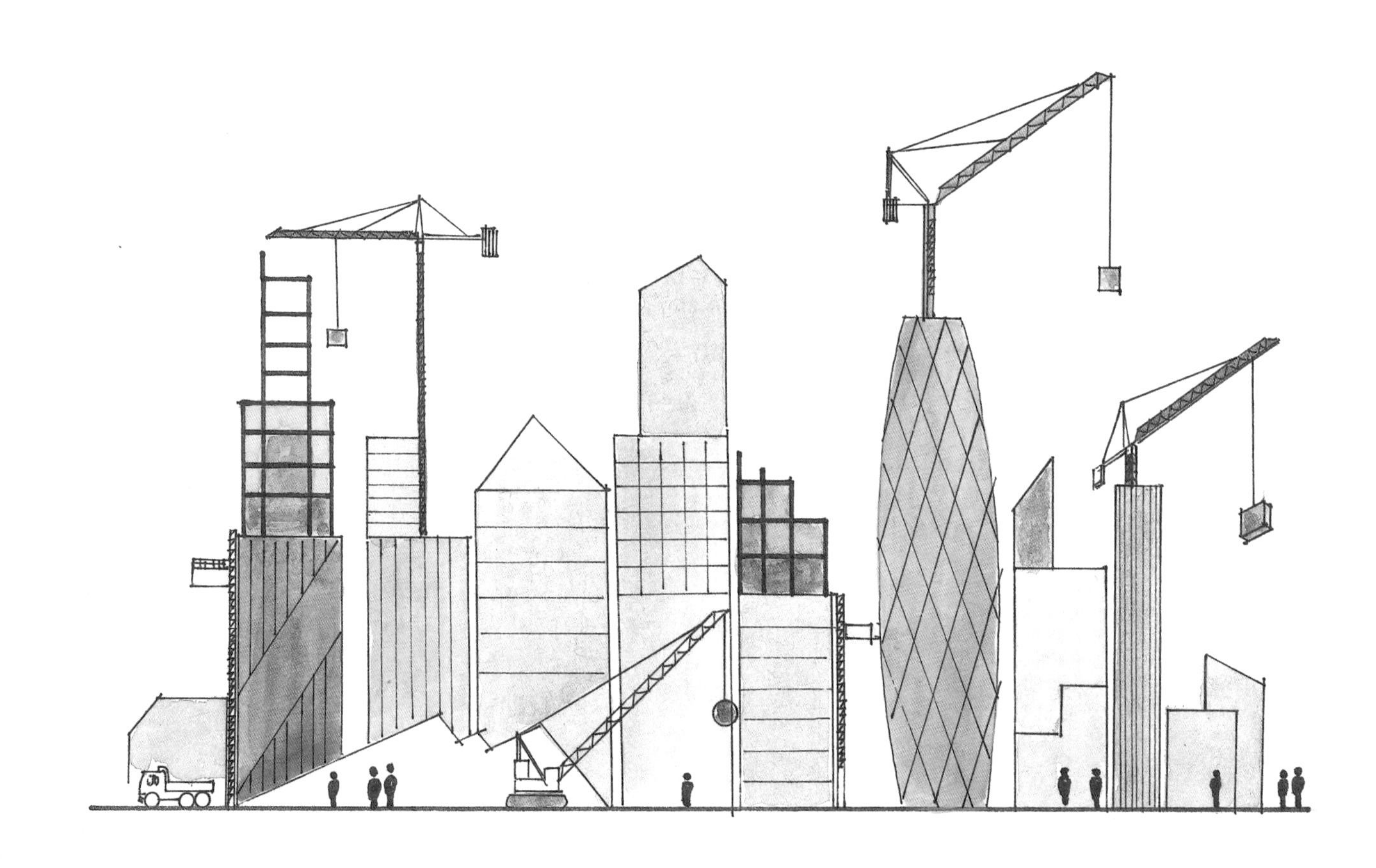

Contents

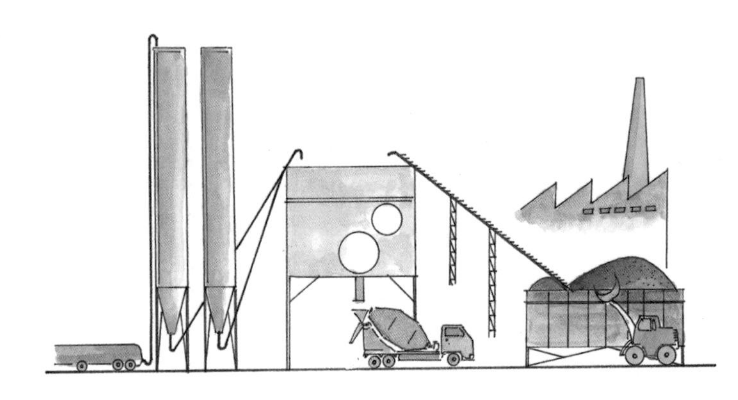

PART I

건설공사 등의 벌점 관리기준 해설

건설기술진흥법 제87조제5항 관련

● 건설공사 등의 벌점 관리기준(제87조제5항 관련)

■ **건설기술진흥법 시행령 [별표 8]** <개정 2020. 11. 10.> [시행 2023. 1. 1.] 제3호, 제4호

1. 이 표에서 사용하는 용어의 뜻은 다음과 같다.

가. "벌점"이란 측정기관이 업체와 건설기술인등에 대해 제5호의 벌점 측정기준에 따라 부과하는 점수를 말한다.

나. "업체"란 법 제53조제1항제1호부터 제3호까지의 규정에 따른 건설사업자, 주택건설등록업자 및 건설기술용역사업자(「건축사법」 제23조제4항 전단에 따른 건축사사무소개설자를 포함한다)를 말한다.

다. "건설기술인등"이란 업체에 고용된 건설기술인 및 「건축사법」 제2조제1호에 따른 건축사를 말한다.

라. "주요구조부"란 다음 표의 어느 하나에 해당하는 구조부 및 이에 준하는 것으로서 구조물의 기능상 주요한 역할을 수행하는 구조부를 말한다.

구분	주요구조부
건축물	내력벽, 기둥, 바닥, 보, 지붕, 기초, 주 계단
플랜트	기초, 설비 서포터
교량	기초부, 교대부, 교각부, 거더, 콘크리트 슬래브, 라멘구조부, 교량받침, 주탑, 케이블부, 앵커리지부
터널	숏크리트, 록볼트, 강지보재, 철근콘크리트라이닝, 세그먼트라이닝, 인버트 콘크리트, 갱구부 사면
도로	차도, 중앙분리대, 측도, 절토부, 성토부
철도	콘크리트궤도, 승강장, 지하역사 구조부, 지하차도, 지하보도, 여객통로
공항	활주로, 유도로, 계류장
쓰레기 · 폐기물 처리장	기초, 콘크리트 구조부, 설비 서포터
상 · 하수도	철근콘크리트 구조부, 철골 구조부, 수로터널, 관로이음부
하수 · 오수 처리장	수조 구조부, 수문 구조부, 펌프장 구조부
배수펌프장	침사지, 흡수조, 토출수조, 유입수문, 토출수문, 통문, 통관
항만 · 어항	콘크리트 바닥판, 콘크리트 널말뚝, 토류벽, 강말뚝, 강널말뚝, 상부공, 직립부, 콘크리트 블럭, 케이슨, 사석 경사면, 소파공, 기초부
하천	하구둑, 보, 수문 본체, 문비, 제체, 호안
댐	본체, 여수로, 기초, 양안부, 여수로 수문, 취수구조물
옹벽	지반, 기초부, 전면부, 배수시설, 상부사면
절토사면	상부자연사면, 사면, 사면하부, 보호시설, 보강시설, 배수처리시설, 이격거리 내 시설
공동구	공동구 본체
삭도	상부앵커, 하부앵커, 지주, 케이블

마. "그 밖의 구조부"란 주요구조부가 아닌 구조부를 말한다.

바. "주요 시설계획"이란 「국토의 계획 및 이용에 관한 법률」에 따른 도시· 군관리계획, 「시설물의 안전 및 유지관리에 관한 특별법」에 따른 시설물의 설치·정비 또는 개량에 관한 계획, 개별 사업의 토지이용계획 및 그 밖에 사업 목적을 달성하기 위한 필수 시설의 설치 계획을 말한다.

사. "그 밖의 시설계획"이란 주요 시설계획이 아닌 시설계획을 말한다.

아. "주요 구조물"이란 주요 시설계획에 포함된 구조물을 말한다.

자. "그 밖의 구조물"이란 주요 구조물이 아닌 구조물을 말한다.

차. "배수시설"이란 배수관· 배수구조물· 배수설비 등 우수(雨水)와 오수(汚水)의 배수를 위한 시설을 말하며, 그 밖에 공사현장에서 필요한 배수시설을 포함한다.

카. "방수시설"이란 아스팔트· 실링재· 에폭시· 시멘트 모르타르· 합성수지 등을 사용하여 토목 · 건축 구조물, 산업설비 및 폐기물매립시설 등에 방수· 방습· 누수방지를 하는 시설을 말한다.

타. "건설 기계· 기구"란 동력으로 작동하는 기계· 기구로서 「산업안전보건법」 제80조제1항에 따른 유해하거나 위험한 기계· 기구, 「건설기계관리법」 제2조제1항제1호에 따른 건설기계와 그 밖에 건설공사에 주요하게 사용되는 기계· 기구를 말한다

파. "구조물의 허용 균열폭"이란 콘크리트 구조물의 내구성, 수밀성, 사용성 및 미관 등을 유지하기 위하여 허용되는 균열의 폭을 말한다.

하. “재시공”이란 공사 목적물의 시공 후 구조적 파손 등으로 인한 결함 부위를 모두 철거하고 다시 시공하거나 전반적인 보수·보강이 이루어지는 것을 말한다.

거. “보수·보강”에서 보수란 시설물의 내구성능을 회복시키거나 향상시키는 것을 말하며, 보강이란 부재나 구조물의 내하력(耐荷力)이나 강성(剛性) 등 역학적인 성능을 회복시키거나 향상시키는 것을 말한다.

너. “경미한 보수”란 결함 부위를 간단한 보수를 통하여 기능을 회복시키거나 향상시키는 것을 말한다.

더. “수요예측”이란 건설공사의 추진 여부, 시설물 규모의 결정, 건설공사로 주변 지역에 미치는 영향 분석 등에 활용하기 위하여 추정모형 등 자료 분석기법을 이용하여 교통수요, 항공유발수요, 항공전환수요, 생활·공업·농업용수 수요, 발전수요 등을 예측하는 것을 말한다.

2. 벌점의 적용대상

측정기관은 제5호의 벌점 측정기준에서 정한 부실내용에 해당하는 경우와 이와 관련하여 시정명령 등을 받은 경우에 벌점을 적용한다. 다만, 관계 법령에 따라 건설공사의 부실과 관련하여 다음 각 목의 처분을 받은 경우는 제외한다.

가. 법 제24조에 따른 업무정지

나. 법 제31조에 따른 등록취소 또는 영업정지

다. 「건설산업기본법」 제82조 및 제83조에 따른 영업정지 및 등록말소

라. 「주택법」 제8조에 따른 등록말소 또는 영업정지

마. 「국가를 당사자로 하는 계약에 관한 법률」 제27조에 따른 입찰 참가자격 제한[제5호가목1)가)·나), 같은 목 11)가), 같은 목 14)다), 같은 목 15)가), 같은 목 16) 및 18)에 해당하는 경우와 건설기술용역을 부실하게 수행한 건설기술용역사업자만을 대상으로 한다]

바. 「국가기술자격법」 제16조에 따른 자격취소 또는 자격정지

사. 그 밖에 관계 법령에 따라 부과하는 가목부터 바목까지의 규정에 따른 처분에 준하는 행정처분

3. 벌점 산정방법

가. 업체 또는 건설기술인등이 해당 반기에 받은 모든 벌점의 합계에서 반기별 경감점수를 뺀 점수를 해당 반기벌점으로 한다.

나. 합산벌점은 해당 업체 또는 건설기술인등의 최근 2년간의 반기벌점의 합계를 2로 나눈 값으로 한다.

4. 벌점의 적용

가. 법 제53조제2항에 따라 발주청은 벌점을 받은 업체 및 건설기술인등에 대한 입찰 참가자격의 사전심사를 할 때 아래 표의 구분에 따른 점수를 감점하되, 이 기준을 적용하기 부적합한 경우에는 별도의 기준을 정할 수 있다.

나. 합산벌점은 매 반기의 말일을 기준으로 2개월이 지난 날부터 적용한다.

다. 벌점은 건설기술인등이 근무하는 업종을 변경하는 경우에도 승계된다

합산 벌점	감점되는 점수(점)
1점 이상 2점 미만	0.2
2점 이상 5점 미만	0.5
5점 이상 10점 미만	1
10점 이상 15점 미만	2
15점 이상 20점 미만	3
20점 이상	5

5. 벌점의 측정기준

벌점은 다음 각 목의 기준에 따라 개별 단위의 부실사항별로 업체와 건설기술인등에게 각각 부과한다. 다만, 다음 각 목의 표에서 업체 또는 건설기술인등에 한정하여 적용하도록 하는 경우에는 그렇지 않다.

가. 건설사업자, 주택건설등록업자 및 건설기술인에 대한 벌점 측정기준

번호	주요 부실 내용	벌점
1)	**토공사의 부실**	
	가) 기초굴착과 절토·성토 등(이하 "토공사"라 한다)을 설계도서(관련 기준을 포함한다. 이하 같다)와 다르게 하여 토사붕괴가 발생한 경우	3
	나) 토공사를 설계도서와 다르게 하여 지반침하가 발생한 경우	2
	다) 토공사의 시공 및 관리를 소홀히 하여 토사붕괴 또는 지반침하가 발생한 경우	1
2)	**콘크리트면의 균열 발생**	
	가) 주요구조부에 구조물의 허용 균열폭보다 큰 균열이 발생했으나 구조검토 등 원인분석과 보수·보강을 위한 균열관리를 하지 않은 경우 또는 보수·보강(구체적인 보수·보강 계획을 수립한 경우는 제외한다. 이하 이 번호에서 같다)을 하지 않은 경우	3
	나) 그 밖의 구조부에 구조물의 허용 균열폭보다 큰 균열이 발생했으나 구조검토 등 원인분석과 보수·보강을 위한 균열관리를 하지 않은 경우 또는 보수·보강을 하지 않은 경우	2
	다) 주요구조부에 구조물의 허용 균열폭보다 작은 균열이 발생했으나 균열의 진행 여부에 대한 관리와 보수·보강을 하지 않은 경우	1
	라) 그 밖의 구조부에 구조물의 허용 균열폭보다 작은 균열이 발생했으나 균열의 진행 여부에 대한 관리와 보수·보강을 하지 않은 경우	0.5
3)	**콘크리트 재료분리의 발생**	
	가) 주요구조부의 철근 노출이 발생했으나, 보수·보강(철근 노출 또는 재료분리 위치를 파악하여 구체적인 보수·보강 계획을 수립한 경우는 제외한다. 이하 이 번호에서 같다)을 하지 않은 경우	3
	나) 그 밖의 구조부의 철근 노출이 발생했으나, 보수·보강을 하지 않은 경우	2
	다) 주요구조부 및 그 밖의 구조부의 재료분리가 $0.1m^2$ 이상 발생했는데도 적절한 보수·보강 조치를 하지 않은 경우	1
4)	**철근의 배근·조립 및 강구조의 조립·용접·시공상태의 불량**	
	가) 주요구조부의 시공불량으로 부재당 보수·보강이 3곳 이상 필요한 경우	3
	나) 주요구조부의 시공불량으로 보수·보강이 필요한 경우	2
	다) 그 밖의 구조부의 시공불량으로 보수·보강이 필요한 경우	1
5)	**배수상태의 불량**	
	가) 배수시설을 설계도서 및 현지 여건과 다르게 시공하여 배수기능이 상실된 경우	2
	나) 배수시설을 설계도서 및 현지 여건과 다르게 시공하여 배수기능에 지장을 준 경우	1
	다) 배수시설의 관리 불량으로 인해 침수 등 피해 발생의 우려가 있는 경우	0.5
6)	**방수불량으로 인한 누수발생**	
	가) 방수시설에서 누수가 발생하여 방수면적 1/2 이상의 보수·보강(구체적인 보수·보강 계획을 수립한 경우는 제외한다. 이하 이 번호에서 같다)이 필요한 경우	2
	나) 방수시설에서 누수가 발생하여 보수·보강이 필요한 경우	1
	다) 방수시설의 시공불량으로 보수·보강이 필요한 경우	0.5
7)	**시공 단계별로 건설사업관리기술인(건설사업관리기술인을 배치하지 않아도 되는 경우에는 공사감독자를 말한다. 이하 이 번호에서 같다)의 검토·확인을 받지 않고 시공한 경우**	
	가) 주요구조부에 대하여 건설사업관리기술인의 검토·확인을 받지 않고 시공한 경우	3
	나) 그 밖의 구조부에 대하여 건설사업관리기술인의 검토·확인을 받지 않고 시공한 경우	2
	다) 건설사업관리기술인 지시사항의 이행을 정당한 사유 없이 지체한 경우	1
8)	**시공상세도면 작성의 소홀**	
	가) 주요구조부에 대한 시공상세도면의 작성을 소홀히 하여 재시공이 필요한 경우	3
	나) 주요구조부에 대한 시공상세도면의 작성을 소홀히 하여 보수·보강(경미한 보수·보강은 제외한다. 이하 이 번호에서 같다)이 필요한 경우	2
	다) 그 밖의 구조부에 대한 시공상세도면의 작성을 소홀히 하여 보수·보강이 필요한 경우	1
9)	**공정관리의 소홀로 인한 공정부진**	
	가) 건설사업관리기술인으로부터 지연된 공정을 만회하기 위한 대책을 요구받은 후 정당한 사유 없이 그 대책을 수립하지 않은 경우	1
	나) 공정관리의 소홀로 공사가 지연되고 있으나 정당한 사유 없이 대책이 미흡한 경우	0.5
10)	**가설구조물(비계, 동바리, 거푸집, 흙막이 등 설치단계의 주요 가설구조물을 말한다. 이하 이 번호에서 같다) 설치상태의 불량**	
	가) 가설구조물의 설치불량으로 건설사고가 발생한 경우	3
	나) 가설구조물의 설치불량(시공계획서 및 시공상세도면을 작성하지 않은 경우도 포함한다)으로 보수·보강(경미한 보수·보강은 제외한다)이 필요한 경우	2

번호	주요 부실 내용	벌점
11)	**건설공사현장 안전관리대책의 소홀** 가) 제105조제3항에 따른 중대한 건설사고가 발생한 경우 나) 정기안전점검을 한 결과 조치 요구사항을 이행하지 않은 경우 또는 정기안전점검을 정당한 사유 없이 기간 내에 실시하지 않은 경우 다) 안전관리계획을 수립했으나, 그 내용의 일부를 누락하거나 기준을 충족하지 못하여 내용의 보완이 필요한 경우 또는 각종 공사용 안전시설 등의 설치를 안전관리계획에 따라 설치하지 않아 건설사고가 우려되는 경우	3 3 2
12)	**품질관리계획 또는 품질시험계획의 수립 및 실시의 미흡** 가) 품질관리계획 또는 품질시험계획을 수립했으나, 그 내용의 일부를 누락하거나 기준을 충족하지 못하여 내용의 보완이 필요한 경우 나) 품질관리계획 또는 품질시험계획과 다르게 품질시험 및 검사를 실시한 경우	3 2
13)	**시험실의 규모 · 시험장비 또는 건설기술인 확보의 미흡** 가) 품질관리계획 또는 품질시험계획에 따른 시험실 · 시험장비를 갖추지 않거나 품질관리 업무를 수행하는 건설기술인을 배치하지 않은 경우 나) 시험실 · 시험장비 또는 건설기술인 배치기준을 미달한 경우, 품질관리 업무를 수행하는 건설기술인이 제91조제3항 각 호 외의 업무를 발주청 또는 인 · 허가기관의 장의 승인 없이 수행한 경우 다) 법 제20조제2항에 따른 교육 · 훈련을 이수하지 않은 자를 품질관리를 수행하는 건설기술인으로 배치한 경우 라) 시험장비의 고장을 방치(대체 장비가 있는 경우는 제외한다)하여 시험의 실시가 불가능하거나 유효기간이 지난 장비를 사용한 경우	3 2 1 0.5
14)	**건설용 자재 및 기계 · 기구 관리상태의 불량** 가) 기준을 충족하지 못하거나 발주청의 승인을 받지 않은 건설 기계 · 기구 또는 주요 자재를 반입하거나 사용한 경우 나) 건설 기계 · 기구의 설치 관련 기준과 다르게 설치 또는 해체한 경우 다) 자재의 보관 상태가 불량하여 품질에 영향을 미친 경우	3 2 1

번호	주요 부실 내용	벌점
15)	**콘크리트의 타설 및 양생과정의 소홀** 가) 콘크리트 배합설계를 실시하지 않거나 확인하지 않은 경우, 콘크리트 타설계획을 수립하지 않은 경우, 거푸집 해체시기 또는 타설순서를 준수하지 않은 경우, 고의로 기준을 초과하여 레미콘 물타기를 한 경우 나) 슬럼프시험, 염분함유량시험, 압축강도시험 또는 양생관리를 실시하지 않은 경우, 생산 · 도착시간 또는 타설완료시간을 기록 · 관리하지 않은 경우	3 1
16)	**레미콘 플랜트(아스콘 플랜트를 포함한다) 현장 관리상태의 불량** 가) 계량장치를 검정하 지 않은 경우 또는 고의로 기준을 초과하여 레미콘 물타기를 한 경우 나) 골재를 규격별로 분리하여 저장하지 않거나 골재관리상태가 미흡한 경우, 자동기록장치를 작동하지 않거나 기록지를 보관하지 않은 경우, 아스콘의 생산 온도가 기준에 미달한 경우 다) 품질시험이 적정하지 않거나 장비결함사항을 방치한 경우	3 2 1
17)	**아스콘의 포설 및 다짐상태 불량** 가) 시방기준에 규정된 시험포장을 실시하지 않은 경우 나) 현장 다짐밀도 또는 포장두께가 부족한 경우 다) 혼합물 온도관리기준을 미달하거나 초과한 경우, 평탄성 측정 결과 시방기준을 초과한 경우	2 1 0.5
18)	**설계도서와 다른 시공** 가) 주요구조부를 설계도서와 다르게 시공하여 재시공이 필요한 경우 나) 주요구조부를 설계도서와 다르게 시공하여 보수 · 보강(경미한 보수 · 보강은 제외한다. 이하 이 번호에서 같다)이 필요한 경우 다) 그 밖의 구조부를 설계도서와 다르게 시공하여 보수 · 보강이 필요한 경우	3 2 1
19)	**계측관리의 불량** 가) 계측장비를 설치하지 않은 경우 또는 계측장비가 작동하지 않는 경우 나) 설계도서(계약 시 협의사항을 포함한다)의 규정상 계측횟수가 미달하거나 잘못 계측한 경우 다) 측정기한이 초과하는 등 계측관리를 소홀히 한 경우	2 1 0.5

나. 시공 단계의 건설사업관리를 수행하는 건설사업관리용역사업자 및 건설사업관리기술인에 대한 벌점 측정기준

번호	주요 부실 내용	벌점
1)	**설계도서의 내용대로 시공되었는지에 관한 단계별 확인의 소홀** 가) 주요구조부에 대한 검토·확인 절차를 이행하지 않거나 설계도서와 다르게 하여 재시공이 필요한 경우 나) 주요구조부에 대한 검토·확인 절차를 이행하지 않거나 설계도서와 다르게 하여 보수·보강(경미한 보수·보강은 제외한다. 이하 이 번호에서 같다)이 필요한 경우 다) 그 밖의 구조부에 대한 검토·확인 절차를 이행하지 않거나 설계도서와 다르게 하여 보수·보강이 필요한 경우 라) 그 밖에 확인검측을 누락한 경우 또는 검측업무의 지연으로 계획공정에 차질이 발생한 경우(월간 계획공정 기준으로 10% 이상 차질이 발생한 경우를 말한다. 이하 같다)	 3 2 1 0.5
2)	**시공상세도면에 대한 검토의 소홀** 가) 주요구조부 시공상세도면의 검토 절차를 이행하지 않거나 관련 기준과 다르게 하여 재시공이 필요한 경우 나) 주요구조부 시공상세도면의 검토 절차를 이행하지 않거나 관련 기준과 다르게 하여 보수·보강(경미한 보수·보강은 제외한다. 이하 이 번호에서 같다)이 필요한 경우 다) 그 밖의 구조부 시공상세도면의 검토 절차를 이행하지 않거나 관련 기준과 다르게 하여 보수·보강이 필요한 경우	 3 2 1
3)	**기성 및 예비 준공검사의 소홀** 가) 검사 후 주요구조부를 재시공할 사항이 발생한 경우 나) 검사 후 주요구조부를 보수·보강할 사항이 발생한 경우 다) 검사 후 그 밖의 구조부를 보수·보강할 사항이 발생한 경우 라) 검사 지연으로 계획공정에 차질이 발생한 경우	 3 2 1 0.5
4)	**시공자의 건설안전관리에 대한 확인의 소홀** 가) 안전관리계획서를 검토·확인하지 않은 경우, 정기안전점검을 하지 않거나 안전점검 수행기관으로 지정되지 않은 기관이 정기안전점검을 실시했으나 시정지시 등을 하지 않은 경우, 정기안전점검 결과 조치 요구사항의 이행을 확인하지 않은 경우 나) 안전관리계획서의 제출을 정당한 사유 없이 1개월 이상 지연한 경우	 3 2
5)	**설계 변경사항 검토·확인의 소홀** 가) 설계도서의 확인 후 조치를 취하지 않아 시공 후 주요구조부의 설계변경사유가 발생한 경우 나) 설계도서의 확인 후 조치를 취하지 않아 시공 후 그 밖의 구조부의 설계변경 사유가 발생한 경우 또는 설계 변경사항을 반영하지 않은 경우 다) 설계 변경사항의 검토를 정당한 사유 없이 지연하여 계획공정에 차질이 발생한 경우	 2 1 0.5
6)	**시공계획 및 공정표 검토의 소홀** 가) 시공계획 및 공정표 검토 후 시정지시 등을 하지 않아 주요구조부 재시공이 필요한 경우 나) 시공계획 및 공정표 검토 후 시정지시 등을 하지 않아 주요구조부 보수·보강(경미한 보수·보강은 제외한다. 이하 이 번호에서 같다)이 필요한 경우 다) 시공계획 및 공정표 검토 후 시정지시 등을 하지 않아 그 밖의 구조부 보수·보강이 필요하거나 계획공정에 차질이 발생한 경우 또는 설계 변경 요인에 따른 시공계획 및 공정표 변경승인을 관련 기준에 따라 이행하지 않은 경우	 2 1 0.5
7)	**품질관리계획 또는 품질시험계획의 수립과 시험 성과에 관한 검토의 불철저** 가) 시공자가 제출한 계획 또는 시험 성과에 대한 검토를 실시하지 않은 경우, 시공자가 시험실·시험장비를 갖추지 않거나 품질관리 업무를 수행하는 건설기술인을 배치하지 않았는데도 시정지시 등을 하지 않은 경우 나) 시공자가 제출한 계획 또는 시험 성과에 대한 검토 절차를 이행하지 않거나 관련 기준과 다르게 하여 보수·보강이 필요한 경우 또는 시험실·시험장비나 품질관리 업무를 수행하는 건설기술인의 자격이 기준에 미달하거나, 품질관리 업무를 수행하는 건설기술인이 제91조제3항 각 호 외의 업무를 발주청 또는 인·허가기관의 장의 승인 없이 수행했는데도 시정지시 등을 하지 않은 경우 다) 품질시험 중 일부 종목을 빠뜨리거나 시험횟수를 부족하게 수행했는데도 시정지시 등을 하지 않은 경우 라) 시험장비의 고장(대체 장비가 있는 경우는 제외한다)을 방치하여 시험의 실시가 불가능하거나 장비의 유효기간이 지났는데도 시정지시 등을 하지 않은 경우	 3 2 1 0.5

번호	주요 부실 내용	벌점
8)	**건설용 자재 및 기계 · 기구 적합성의 검토 · 확인의 소홀**	
	가) 건설 기계·기구의 반입·사용에 대한 필요한 조치를 이행하지 않아 기준을 충족하지 못하거나 발주청 등의 승인을 받지 않은 건설 기계·기구가 사용된 경우	2
	나) 주요 자재(철근, 철골, 레미콘, 아스콘 등 건설 현장에서 주요하게 사용되는 자재를 말한다)의 품질확인 절차를 이행하지 않거나 관련 기준과 다르게 한 경우	1
	다) 그 밖의 자재의 품질확인 절차를 이행하지 않거나 관련 기준과 다르게 한 경우	0.5
9)	**시공자 제출서류의 검토 소홀 및 처리 지연**	
	가) 정당한 사유 없이 제출서류 처리 지연으로 계획공정에 차질이 발생하거나 보수·보강이 필요한 경우	2
	나) 정당한 사유 없이 제출서류 검토 절차를 이행하지 않거나 관련 기준과 다르게 하여 보수·보강(경미한 보수·보강은 제외한다)이 필요한 경우	1
	다) 정당한 사유 없이 제출서류 검토 절차를 이행하지 않거나 관련 기준과 다르게 하여 계획공정에 차질이 발생한 경우	0.5
10)	**제59조에 따른 건설사업관리의 업무범위에 대한 기록유지 또는 보고 소홀**	
	가) 기록유지 또는 보고 절차를 이행하지 않거나 관련 기준과 다르게 하여 보수·보강(경미한 보수·보강은 제외한다)이 필요한 경우	2
	나) 기록유지 또는 보고 절차를 이행하지 않거나 관련 기준과 다르게 하여 계획공정에 차질이 발생한 경우	1
11)	**건설사업관리 업무의 소홀 등**	
	가) 건설사업관리기술인의 자격미달 및 인원부족이 발생한 경우(건설사업관리용역사업자만 해당한다)	2
	나) 건설사업관리기술인이 현장을 무단으로 이탈한 경우(건설사업관리기술인만 해당한다)	2
12)	**입찰 참가자격 사전심사 시 건설사업관리 업무를 수행하기로 했던 건설사업관리기술인의 임의변경 또는 관리 소홀(건설사업관리용역사업자만 해당한다)**	
	가) 발주자에게 승인을 받지 않고 건설사업관리기술인을 교체한 경우, 50% 이상의 건설사업관리기술인을 교체한 경우(해당 공사현장에 3년 이상 배치된 경우, 퇴직·입대·이민·사망의 경우, 질병·부상으로 3개월 이상의 요양이 필요한 경우, 3개월 이상 공사 착공이 지연되거나 진행이 중단된 경우, 그 밖에 발주청이 필요하다고 인정하는 경우는 제외한다. 이하 이 번호에서 같다)	2
	나) 같은 분야의 건설사업관리기술인을 상당한 이유 없이 3번 이상 교체한 경우	1
13)	**공사 수행과 관련한 각종 민원발생대책의 소홀**	
	가) 환경오염(수질오염, 공해 또는 소음)의 발생으로 인근주민의 권익이 침해되어 집단민원이 발생한 경우로서 예방조치를 하지 않은 경우	2
	나) 공사 수행과정에서 토사유실, 침수 등 시공관리와 관련하여 민원이 발생한 경우로서 그 예방조치를 하지 않은 경우	1
14)	**발주청 지시사항 이행의 소홀**	
	가) 시방기준의 변경이나 사업계획의 변경 등에 따른 발주청의 지시사항을 이행하지 않아 보수·보강(경미한 보수·보강은 제외한다)이 필요한 경우	2
	나) 시방기준의 변경이나 사업계획의 변경 등에 따른 발주청의 지시사항을 이행하지 않아 계획공정에 차질이 발생한 경우	1
15)	**가설구조물(가교, 동바리, 거푸집, 흙막이 등 구조검토단계의 주요 가설구조물을 말한다)에 대한 구조검토 소홀**	
	가) 구조검토 절차를 이행하지 않은 경우	3
	나) 구조검토 절차를 관련 기준과 다르게 한 경우	2
16)	**공사현장에 상주하는 건설사업관리기술인을 지원하는 건설사업관리기술인(이하, 이 표에서 "기술지원기술인"이라 한다)의 현장시공실태 점검의 소홀**	
	가) 기술지원기술인으로서 업무를 수행한 이후 현장점검 횟수가 제59조제7항에 따라 국토교통부장관이 정하여 고시하는 세부 기준에 따른 횟수보다 정당한 사유 없이 2회 이상 부족한 경우	1
	나) 기술지원기술인으로서 업무를 수행한 이후 현장점검 횟수가 제59조제7항에 따라 국토교통부장관이 정하여 고시하는 세부 기준에 따른 횟수보다 정당한 사유 없이 1회 부족한 경우	0.5
17)	**하자담보책임기간 하자 발생**	
	가) 시공 단계의 건설사업관리 업무 내용과 관련하여 「건설산업기본법」 제28조제1항에 따른 하자담보책임기간 내에 3회 이상 하자(같은 법 제82조제1항제1호에 따른 하자를 말한다. 이하 이 번호에서 같다)가 발생한 경우로서 같은 법 제93조제1항 및 같은 법 시행령 제88조에 따른 시설물의 주요구조부에 발생한 하자가 1회 이상 포함되는 경우(건설사업관리용역사업자만 해당한다)	2
	나) 시공 단계의 건설사업관리 업무 내용과 관련하여 「건설산업기본법」 제28조제1항에 따른 하자담보책임기간 내에 하자가 3회 이상 발생한 경우(건설사업관리용역사업자만 해당한다)	1

번호	주요 부실 내용	벌점
18)	**하도급 관리 소홀** 가) 불법하도급을 묵인한 경우 또는 하도급에 대한 타당성 검토 절차를 이행하지 않거나 관련 기준과 다르게 하여 「건설산업기본법」 제82조 또는 제83조에 따라 영업정지 또는 등록말소가 된 경우 나) 하도급에 대한 타당성 검토 절차를 이행하지 않거나 관련 기준과 다르게 하여 「건설산업기본법」에 따라 과징금 또는 과태료가 부과된 경우 다) 하도급에 대한 타당성 검토 절차를 이행하지 않거나 관련 기준과 다르게 하여 계획공정에 차질 또는 민원이 발생하거나 불법행위가 발생한 경우	 3 2 1

다. 그 밖의 건설기술용역사업자 및 건설기술인등에 대한 벌점 측정기준

번호	주요 부실 내용	벌점
1)	**각종 현장 사전조사 또는 관계 기관 협의의 잘못** 가) 과업지시서에 명시된 현장 사전조사나 관계 기관 협의 등을 하지 않아 설계변경 사유가 발생한 경우 나) 과업지시서에 명시된 현장 사전조사 및 관계 기관 협의 등을 했지만 조사범위의 선정 등을 잘못하여 설계변경 사유가 발생한 경우	 2 1
2)	**토질 · 기초 조사의 잘못** 가) 과업지시서에 명시된 보링 등 토질·기초 조사를 하지 않은 경우 나) 과업지시서에 명시된 토질·기초 조사를 잘못하여 공법의 변경사유가 발생한 경우	 3 1
3)	**현장측량의 잘못으로 인한 설계 변경사유의 발생** 가) 주요 시설계획의 변경이 발생한 경우 나) 그 밖의 시설계획의 변경이 발생한 경우	 2 1
4)	**구조 · 수리 계산의 잘못이나 신기술 또는 신공법에 관한 이해의 부족** 가) 주요 구조물의 재시공이 발생한 경우 나) 주요 구조물의 보수 · 보강(경미한 보수 · 보강은 제외한다. 이하 이 번호에서 같다)이 발생한 경우 다) 그 밖의 구조물의 보수·보강이 발생한 경우	 3 2 1
5)	**수량 및 공사비(설계가격을 기준으로 한다) 산출의 잘못** 가) 총공사비가 10% 이상 변경된 경우 나) 총공사비가 5% 이상 변경된 경우 다) 토공사·배수공사 등 공사 종류별 공사비가 10% 이상 변경된 경우(총공사비의 10% 이상에 해당되는 공사 종류로 한정한다)	 2 1 0.5
6)	**설계도서 작성의 소홀** 가) 설계도서의 일부를 빠뜨리거나 관련 기준을 충족하지 못하여 재시공 또는 보수 · 보강(경미한 보수·보강은 제외한다)이 발생한 경우 나) 공사의 특수성, 지역여건 또는 공법 등을 고려하지 않아 현장의 실정과 맞지 않거나 공사 수행이 곤란한 경우 다) 시공상세도면의 작성을 관련 기준과 다르게 하여 시공이 곤란한 경우	 3 2 1
7)	**자재 선정의 잘못으로 공사의 부실 발생** 가) 주요 자재 품질·규격의 적합성 검토 절차를 이행하지 않거나 관련 기준과 다르게 하여 재시공이 필요한 경우 나) 주요 자재 품질·규격의 적합성 검토 절차를 이행하지 않거나 관련 기준과 다르게 하여 보수·보강(경미한 보수·보강은 제외한다. 이하 이 번호에서 같다)이 필요한 경우 다) 그 밖의 자재 품질·규격의 적합성 검토 절차를 이행하지 않거나 관련 기준과 다르게 하여 재시공 또는 보수·보강이 필요한 경우	 3 2 1
8)	**건설기술용역 참여 건설기술인의 업무관리 소홀** 가) 참여예정 건설기술인이 실제 건설기술용역 업무 수행 시에 참여하지 않거나 무자격자가 참여한 경우 나) 참여 건설기술인의 업무범위 기재내용이 실제와 다르거나 감독자의 지시를 정당한 사유 없이 이행하지 않은 경우	 3 1

번호	주요 부실 내용	벌점
9)	**입찰 참가자격 사전심사 시 건설사업관리 업무를 수행하기로 했던 건설기술용역 참여기술인의 임의변경 또는 관리 소홀(건설기술용역사업자만 해당한다)**	
	가) 발주자와 협의하지 않거나 발주자의 승인을 받지 않고 건설기술용역 참여기술인을 교체한 경우, 50% 이상의 건설기술용역 참여기술인을 교체한 경우(해당 공사현장에 3년 이상 배치된 경우, 퇴직·입대·이민·사망의 경우, 질병·부상으로 3개월 이상의 요양이 필요한 경우, 3개월 이상 공사 착공이 지연되거나 진행이 중단된 경우, 그 밖에 발주청이 필요하다고 인정하는 경우는 제외한다. 이하 이 번호에서 같다)	2
	나) 같은 분야의 건설기술용역 참여기술인을 상당한 이유 없이 3번 이상 교체한 경우	1
10)	**건설기술용역 업무의 소홀 등**	
	가) 제59조제4항에 따른 건설사업관리의 업무내용 등과 관련하여 업무의 소홀, 기록유지 또는 보고의 소홀로 예정기한을 초과하는 보완설계가 필요한 경우	2
	나) 정당한 사유 없이 건설기술용역 참여기술인의 업무 소홀로 설계용역 계획공정에 차질이 발생한 경우	0.5
11)	**건설공사 안전점검의 소홀**	
	가) 정기안전점검·정밀안전점검 보고서를 사실과 현저히 다르게 작성한 경우, 정기안전점검·정밀안전점검을 이행하지 않거나 관련 기준과 다르게 하여 건설사고가 발생한 경우	3
	나) 정기안전점검 또는 정밀안전점검을 이행하지 않거나 관련 기준과 다르게 하여 보수·보강이 필요한 경우	2
	다) 정기안전점검 또는 정밀안전점검 후 기한 내 결과보고를 하지 않은 경우	1
12)	**타당성조사 시 수요예측을 부실하게 수행하여 발주청에 손해를 끼친 경우로서 고의로 수요예측을 30% 이상 잘못한 경우**	1

라. 측정기관은 해당 업체(현장대리인을 포함한다) 및 건설기술인등의 확인을 받아 가목부터 다목까지의 규정에 따른 주요 부실 내용을 기준으로 벌점을 부과하고, 그 결과를 해당 벌점 부과대상자에게 통보해야 한다.

마. 해당 공사와 관련하여 감사기관이 처분을 요구하는 경우나 해당 업체(현장대리인을 포함한다) 또는 건설기술인등이 부실 확인을 거부하는 경우에는 처분요구서 또는 사진촬영 등의 증거자료를 근거로 하여 부실을 측정하고 벌점을 부과할 수 있다.

바. 벌점 경감기준

1) 반기 동안 사망사고가 없는 건설사업자 또는 주택건설등록업자에 대해서는 다음 반기에 부과된 벌점의 20%를 경감하며, 반기별 연속하여 사망사고가 없는 경우에는 다음 표에 따라 다음 반기에 부과된 벌점을 경감한다.

무사망사고 연속반기 수	2반기	3반기	4반기
경감률	36%	49%	59%

2) 반기 동안 10회 이상의 점검을 받은 건설사업자, 주택건설등록업자 또는 건설기술용역사업자에 대해서는 반기별 점검현장 수 대비 벌점 미부과 현장 비율(이하 "관리우수 비율"이라 한다)이 80% 이상인 경우에는 다음 표에 따라 해당 반기에 부과된 벌점을 경감한다. 이 경우 공동수급체를 구성한 경우에는 참여 지분율을 고려하여 점검현장 수를 산정한다.

관리우수 비율	80% 이상 ~ 90% 미만	90% 이상 ~ 95% 미만	95% 이상
경감점수	0.2점	0.5점	1점

3) 무사망사고에 따른 경감과 관리우수 비율에 따른 경감을 동시에 받는 경우에는 관리우수 비율에 따른 경감점수를 먼저 적용한다.

4) 사망사고 신고를 지연하는 등 벌점을 부당하게 경감받은 것으로 확인되는 경우에는 경감받은 벌점을 다음 반기에 가중한다.

사. 벌점 부과 기한

측정기관은 「건설산업기본법」 제28조제1항에 따른 하자담보책임기간 종료일까지 벌점을 부과한다. 다만, 다른 법령에서 하자담보책임기간을 별도로 규정한 경우에는 해당 하자담보책임기간 종료일까지 부과한다.

6. 벌점 공개

국토교통부장관은 법 제53조제3항에 따라 매 반기의 말일을 기준으로 2개월이 지난 날부터 인터넷 조회시스템에 벌점을 부과받은 업체명, 법인등록번호 및 업무영역, 합산벌점 등을 공개한다.

건설공사 벌점제도 관리 체계

부실 측정
(발주청 및 인·허가 기관, 지방국토관리청)

- **측정대상:** 건설공사, 건설엔지니어링, 건축설계「건축사법」제2조제4호에 따른 공사감리, 건설공사의 타당성 조사
- **측정일시:** 매반기 말까지
- **부과대상:** ① 건설사업자, ② 주택건설등록업자, ③ 건설엔지니어링사업자(「건축사법」 제23조제2항에 따른 건축사무소 개설자 포함), ④ 1~3호에 해당하는 자에게 고용된 건설기술인 또는 건축사

* 업체와 건설기술인에게 양벌 부과 원칙

「건설기술진흥법」제53조

벌점통지 및 이의신청심의
(측정기관 ↔ 벌점대상자)

- **벌점통지:** 벌점 측정결과를 부과대상자에게 통지하고 30일 이내의 의견진술기회 부여
- **벌점심의 위원회 개최:** 부과대상자로부터 이의신청을 제출받은 경우에는 위원장 및 6명 이상의 위원으로 구성된 벌점심의위원회를 개최하여 심의하고, 심의결과를 이의신청인에게 통보(이의신청일로부터 40일 이내)

「건설기술진흥법 시행령」제87조의2
「건설기술진흥법 시행령」 제87조의3,
「벌점심의위원회 운영규정」

벌점 총괄표 통보
(측정기관 → 건설산업정보센터)

- **통보 일시:** 매반기 말 기준 다음날 1일부터 15일까지 통보 * 벌점 위탁관리기관: (재)건설산업정보센터
- 측정기관은 공사현장에 대한 점검을 하였을 경우 반드시 건설기술진흥법 시행규칙 별지 제37호 서식에 따라 건설산업정보센터에 통보(벌점부과 여부와 관련 없음)

*「건설기술진흥법」 시행령 제88조에 따른 건설공사에 대한 점검만 해당

「건설기술진흥법 시행규칙」제47조

벌점 종합관리
(건설산업정보센터)
벌점부과 현황 제출
(건설산업정보센터 → 국토교통부장관)

- **관리 단위:** 매반기(1월 1일~6월 말, 7월 1일~12월 말)
- **누계:** 해당 반기포함 최근 4개 반기
- **제출 일시:** 매반기 말일의 다음달 말일까지 처리현황 제출

벌점 적용
(발주기관)

- **적용기간:** 매반기 말일을 기준으로 2월이 경과한 날부터(예: 3월 1일, 9월 1일) 최근 2년간 적용

* 벌점은 2년 경과 후 소멸

PART Ⅱ

건설공사 벌점 측정기준에 따른 수검내용 도해

(건설사업자, 주택건설등록업자 및 건설기술인)

1. 벌점 측정기준 19개 항목별 수검내용 도해
2. 벌점 측정기준 분야별 수검내용 도해

1. 벌점 측정기준 19개 항목별 수검내용 도해

국토교통부 산하 지방국토관리청(서울, 원주, 대전, 익산, 부산)에서 건설기술진흥법 제87조제5항(건설공사 등의 벌점 관리기준)에 따른 **건설사업자, 주택건설등록업자 및 건설기술인**을 대상으로 전국에 있는 건설현장을 점검하였던 주요 지적 사항들을 벌점 측정기준 19개 항목별로 구분하여 그림으로 이해하기 쉽도록 작성한 자료이다.

주요 다발 지적 항목

건설공사현장 점검 시 주요 다발 지적 사항으로는 **02. 콘크리트면의 균열 발생, 10. 가설구조물(비계, 동바리, 흙막이 등 설치단계의 주요 가설구조물) 설치상태의 불량, 11. 건설공사현장 안전관리대책의 소홀, 18. 설계도서와 다른 시공** 항목에서 발생하였다.

	항목	부실 내용
	01	토공사의 부실
주요항목	02	콘크리트면의 균열 발생
	03	콘크리트 재료분리의 발생
	04	철근의 배근 · 조립 및 강구조의 조립 · 용접 · 시공상태의 불량
	05	배수상태의 불량
	06	방수불량으로 인한 누수 발생
	07	시공 단계별로 건설사업관리기술인의 검토 · 확인을 받지 않고 시공한 경우
	08	시공상세도면 작성의 소홀
	09	공정관리의 소홀로 인한 공정부진
주요항목	10	가설구조물(동바리, 비계, 거푸집, 흙막이 등 설치단계의 주요 가설구조물) 설치상태의 불량
주요항목	11	건설공사현장 안전관리대책의 소홀
	12	품질관리계획 또는 품질시험계획 수립 및 실시의 미흡
	13	시험실의 규모 · 시험장비 또는 건설기술인 확보의 미흡
	14	건설용 자재 및 기계 · 기구 관리상태의 불량
	15	콘크리트의 타설 및 양생 과정의 소홀
	16	레미콘 플랜트(아스콘 플랜트 포함) 현장 관리상태의 불량
	17	아스콘의 포설 및 다짐상태 불량
주요항목	18	설계도서와 다른 시공
	19	계측관리의 불량

● 공사현장 주요 점검항목별 관련 기준 및 확인사항 국토교통부

건설현장 일제점검 주요 점검항목별 관련 기준 및 확인사항
본 점검항목별 관련 기준 및 확인사항은 건설공사의 안전, 시공 및 품질확보를 위해 점검 시 확인해야 될 주요 관련 기준과 그에 따른 확인사항을 기재한 것으로 점검 대상 공사의 종류 · 공정률 등에 따라 활용하고, 보다 전문적이고 세부적인 사항은 아래표의 왼쪽란에 기재된 해당 설계기준 및 표준시방서 등을 참조하거나 필요시 관련 전문가 등의 확인 · 자문을 받기 바랍니다. • 설계기준 및 표준시방서 서비스 정보망: 국가건설기준센터(www.kcsc.re.kr)

보 · 기둥 · 벽체 등 주요구조부 시공 안전성	
설계기준 및 표준시방서 등에 따른 수요 설치 · 관리기준	**점검 시 확인해야 될 주요사항**
「건설기술진흥법」 제48조(설계도서의 작성 등) 및 「건설기술진흥법 시행규칙」 제42조(시공상세도면의 작성 등)	○ 설계도서(도면 · 시방서 · 내역서)에 따라 시공 여부 확인 ○ 시공상세도면 작성 및 건설사업관리 또는 공사감독자의 검토 · 확인 여부 ○ 검측 체크리스트 작성 및 승인 여부 확인 - 설계도면, 시방서 등의 내용 기준으로 작성 여부 ○ 검측결과통보서 서류 확인 - 시공자, 감리자 검측 서명 여부 확인 - 검측부위 시공과정 및 완료 사진 확인 ○ 구조부재의 변형(처짐 · 기울음 · 단면 손실 등) 상태 ※보, 기둥, 슬래브, 벽체 ○ 구조부재의 철근 부식, 노출 또는 콘크리트 박리 · 박락 상태
보, 기둥, 슬래브,벽체에 관련된 주요 설계기준은 다음과 같으며, 설치 시의 콘크리트 시공검사는 KCS 14 20 10 일반콘크리트를 따름 ① KDS 14 20 20 콘크리트구조 휨 및 압축 설계기준 ② KDS 14 20 22 콘크리트구조 전단 및 비틀림 설계기준 ③ KDS 14 20 70 콘크리트 슬래브의 기초판 설계기준 ④ KDS 14 20 72 콘크리트벽체 설계기준 ⑤ KDS 14 20 10 일반콘크리트 **3.5.5 콘크리트 구조물 검사** 3.5.5.3 콘크리트부재의 위치 및 형상치수의 검사 (1) 콘크리트부재의 위치 및 형상치수의 검사는 그 구조물의 특성에 적합한 별도의 규준을 정하여 실시하여야 한다.	○ 콘크리트 구조설계기준을 만족하는지 여부 ○ 콘크리트부재의 위치 및 형상치수의 확인

설계기준 및 표준시방서 등에 따른 수요 설치 · 관리기준	점검 시 확인해야 될 주요사항
(2) 검사 결과, 이상이 확인된 경우에는 책임기술자의 지시에 따라 콘크리트를 깎아 내거나 재시공 또는 콘크리트 덧붙이기 등 적절한 조치를 취하여야 한다.	
3.5.5.4 철근피복검사 (1) 표면상태 검사에 의해 철근피복이 부족한 조짐이 있는 경우에는 비파괴 방법 등에 의해 철근피복 검사를 실시하여 소정의 철근피복이 확보되어 있는지 평가하여야 한다. (2) 검사 결과, 불합격된 경우에는 책임기술자의 지시에 따라 적절한 조치를 강구하여야 한다.	○ 철근피복 검사 확인
3.5.5.8 재하시험에 의한 구조물의 성능시험 (1) 공사 중에 콘크리트가 동해를 받았다고 생각되는 경우, 공사 중 현장에서 취한 콘크리트 압축강도시험 결과로부터 판단하여 강도에 문제가 있다고 판단되는 경우, 그 밖에 공사 중 구조물의 안전에 어떠한 근거 있는 의심이 생긴 경우 등으로서 책임기술자가 필요하다고 인정하는 경우에는 재하시험을 실시하여야 한다. (2) 구조물의 성능을 재하시험에 의해 확인할 경우 재하시험 방법은 그 목적에 적합하도록 정하여야 한다. 이 경우 재하방법, 하중 크기 등은 구조물에 위험한 영향을 주지 않도록 정하여야 한다. (3) 재하 도중 및 재하 완료 후 구조물의 처짐, 변형률 등이 설계에 있어서 고려한 값에 대해 이상이 있는지를 확인하여야 한다. (4) 재하시험 방법, 재하기준, 허용기준, 허용 내하력에 대한 규정 등 재하시험에 관련된 사항은 KDS 14 20 90을 준용한다. (5) 시험 결과, 구조물의 내하력, 내구성 등에 문제가 있다고 판단되는 경우에는 책임기술자의 지시에 따라 구조물을 보강하는 등의 적절한 조치를 취하여야 한다.	○ 재하시험에 의한 구조물의 성능시험 확인

01 토공사의 부실(不實)

01	주요 부실 내용	벌점
벌 점 기 준	**토공사의 부실**	
	기초굴착과 절토(切土, 땅깎기) · 성토(盛土, 흙쌓기) 등(이하 '토공사'라고 한다)을 설계도서(관련 기준을 포함한다. 이하 같다)와 다르게 하여 토사붕괴가 발생한 경우	3
	토공사를 설계도서와 다르게 하여 지반침하(地盤沈下)가 발생한 경우	2
	토공사의 시공 및 관리를 소홀히 하여 토사붕괴 또는 지반침하가 발생한 경우	1

주요 지적 사례

주요 지적 사항	세부 내용
굴착공사 시 법면(法面) 시공 미흡	설계도서와 다르게 굴착법면에 소단(小段)을 설치하지 않아 토사붕괴 우려
도로공사 시 동상방지층(凍傷防止層) 포설 구간의 관리 미흡	동상방지층용 골재에 세립토가 혼입되는 등 토공 품질확보 미흡
토공작업 시 수평규준틀(水平規準틀) 미설치	흙쌓기 구간의 정확한 계획고 확보를 위해 수평규준틀 설치 필요

필수 확인사항

1. 토공사를 설계도서와 다르게 하여 지반침하 발생 여부(설계도서와 일치성)
2. 성토(盛土) 시 성토재료에 대한 시방(示方) 규정의 적합성
3. 기초굴착 및 절토 · 성토 소홀로 토사붕괴, 지반침하 발생 여부

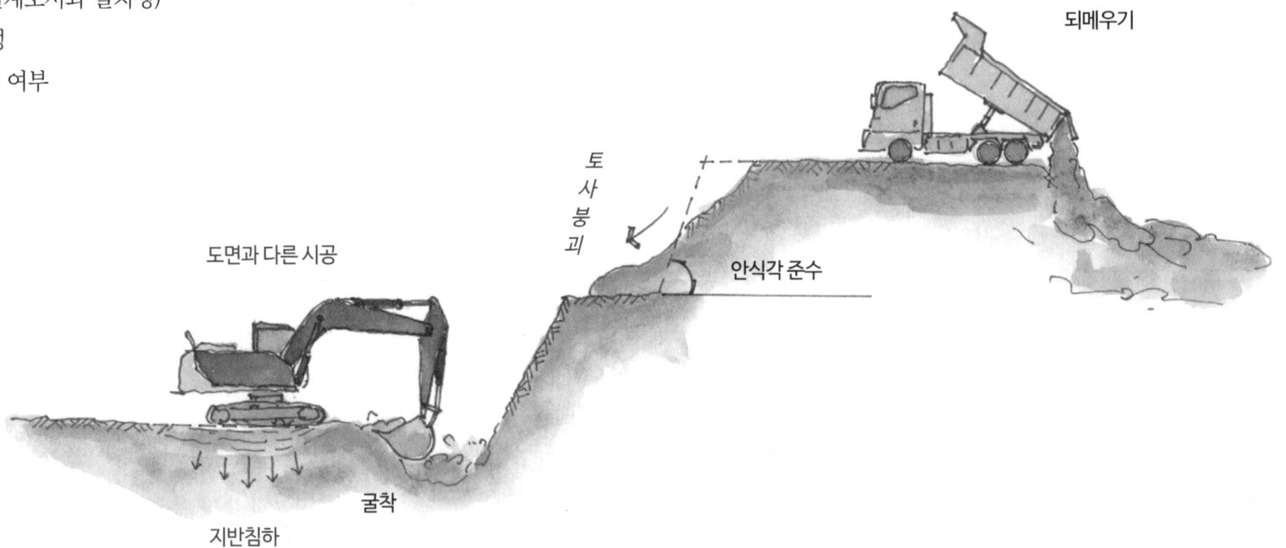

■ 토공 수평규준틀 재설치 필요

외곽간선 도로 구간 중 보조기층* 포설 구간 하단부에 설치하였던 수평규준틀은 배수시설 작업 등으로 인해 임시 철거한 상태로, 정확한 계획고 확인 등을 위하여 수평규준틀**을 재설치하여 후속공정을 진행해야 한다.

■ 간선도로 성토사면 보양

법면보호공(法面保護工) 시공 전 관리 소홀로 물도랑이 발생했다. 조속히 사면 보강 후 법면보호공 설치 등 후속공정을 진행할 필요가 있다.

■ 동상방지층 포설 구간 관리 필요

아스팔트 포장을 위해 동상방지층용 골재의 포설 작업을 완료하였으나, 공정상 포장작업이 지연됨에 따라 일부 지점들에 세립토가 혼입되는 문제가 발생하여 토공 품질확보를 위해 작업 전 제거가 필요하다.

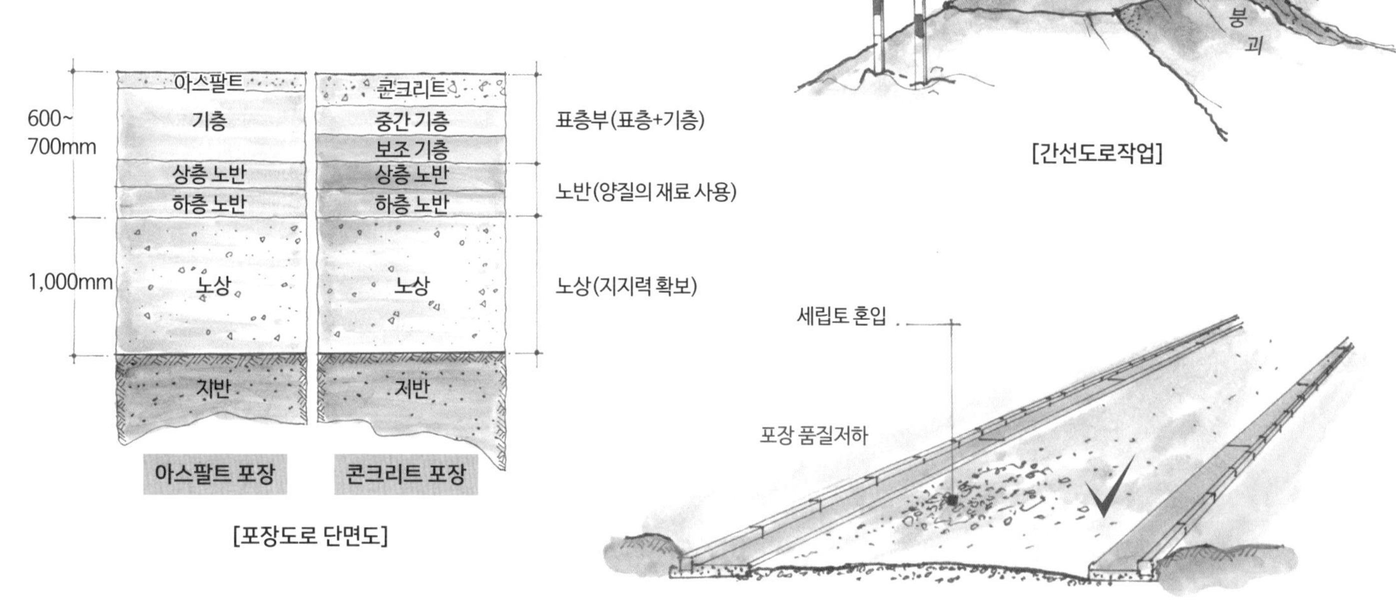

[간선도로작업]

[포장도로 단면도]

[도로 골재 포설작업]

용어해설

***보조기층(補助基層, subbase)**
노상 위에 놓이는 층으로 상부에서 전달되는 교통하중을 분산시켜 노상에 전달하는 중요한 역할을 하는 부분

****수평규준틀(水平規準틀, sight rail)**
① 건물 각부의 거리, 위치, 높이의 기준과 기초의 너비 따위의 기준이 되는 수평 위치를 표시하기 위한 가설물
② 말뚝(수평말뚝)과 꿸대(수평꿸대)를 사용해서 공사의 수평 · 수직의 기준을 설정하는 규준틀
③ 튼튼하고 이동 · 변형하지 않아야 되고 공사에 지장이 없게 튼튼하게 설치
④ 건물의 모서리에 설치한 것은 규준틀, 일반면의 것은 면규준틀 또는 평규준틀

포장구조층
노상 위의 표층, 기층, 보조기층 등 도로포장의 구조적 층

도로포장공법별 비교표

구분	아스팔트 포장	콘크리트 포장
주행성	유동성, 탄력성 우수	낮음
소음	적음	높음
경제성	낮음	높음
보수성	양호	불리
내구성	하절기, 과적 등에 취약하여 불리	양호
기타	• 검은색: 운전자 시야확보 유리 • 운전 시 편안함 • 폐기물 처리 고가	• 흰색: 피로감 높음 • 야간 또는 우천 시 차선 시계 불량 • 폐기물 처리 저렴

■ 굴착공사(기초 터파기) 비탈면 시공 미흡

설계도서와 다르게 굴착법면에 소단*을 설치하지 않아 토사붕괴가 우려되므로 보완 시공이 필요하다.

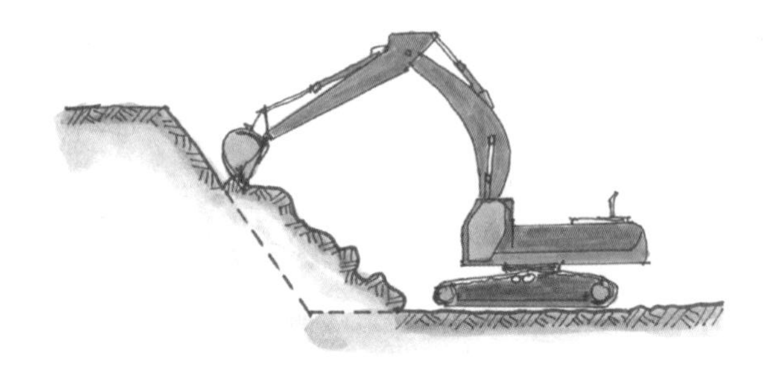

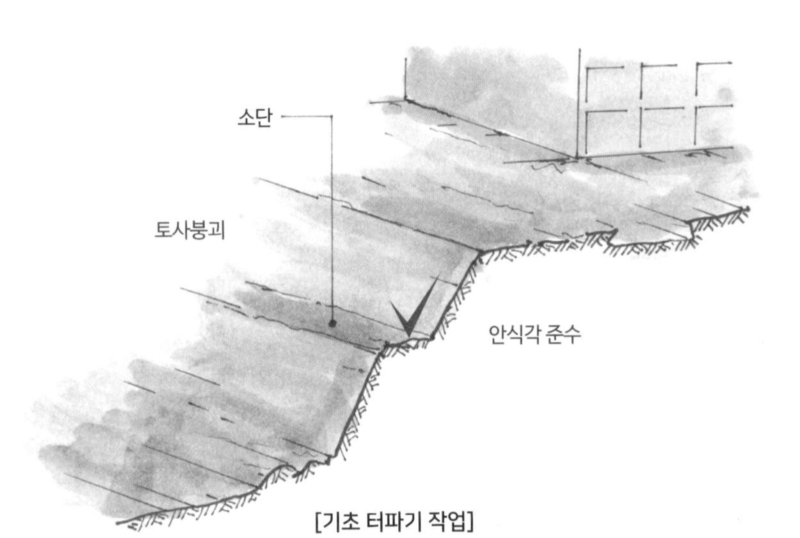

[기초 터파기 작업]

산업안전보건기준에 관한 규칙[별표11]<개정 2023. 11. 14.>

굴착면의 기울기 기준(제339조제1항 관련)

지반의 종류	굴착면의 기울기
모래	1 : 1.8
연암 및 풍화암	1 : 1.0
경암	1 : 0.5
그 밖의 흙	1 : 1.2

소단(小段) 설치기준

구분	깎기(절토)	쌓기(성토)
국토교통부	• 토사: 5.0m마다 폭 1.0m 소단, 4% 횡단 기울기 • 리핑암: 7.5m마다 소단 • 발파암: 20m마다 폭 3.0m 소단	6.0m마다 폭 1.0m 소단
한국 토지주택공사	• 토사, 리핑암: 5m마다 소단 1.0~1.5m 설치 • 발파암: 5.0m마다 소단 1.5m 설치	5.0m마다 폭 1.0m 소단
한국도로공사	• 발파암: 20m마다 폭 3.0m 소단 • 토사, 리핑암: 5.0m마다 폭 1.0m 소단	6.0m마다 폭 1.0m 소단
토목공사 설계지침	• 토사: 높이 5.0m마다 1.0~1.5m 소단 설치 • 암반: 높이 5.0m마다 1.5m 소단 설치	5.0m마다 폭 1.0m 소단

용어해설

***소단(小段, berm/banquette)**
땅깎기나 흙쌓기 사면의 안정을 위하여 중간에 좁은 폭으로 조성되는 수평 부분으로 비탈고가 높으면 다단식 소단을 설치하기도 한다.

****계획고(計劃高, design height)**
도로 또는 철도에서 도로 중심선의 계획 높이를 뜻한다.

■ 흙쌓기 구간 수평규준틀 설치 필요

흙쌓기 구간과 광역상수도 설치공사 구간 중첩으로 인하여 철거한 상태로 관리되고 있어 구간의 정확한 계획고** 확보를 위해 수평규준틀을 재설치하고 후속공정을 진행할 필요가 있다.

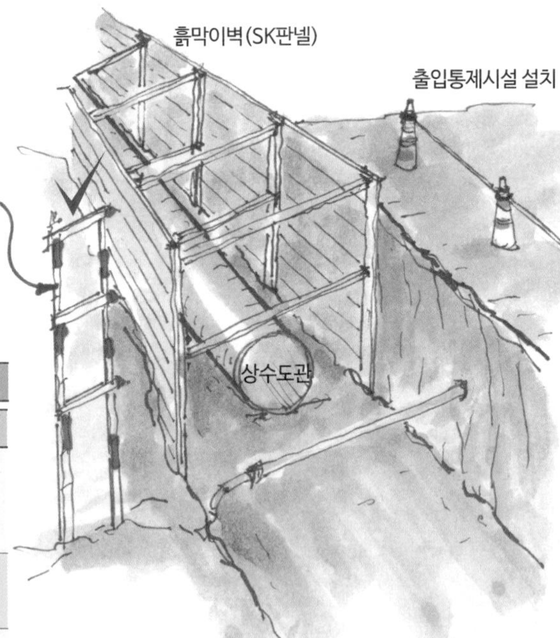

[흙쌓기와 상수도 작업]

참고자료

토공사(土工事, earth work)

① 기초 · 지정 구축을 목적으로, 대상을 '흙'으로 한 대지조성에의 일련의 공사를 총칭한다.

② 토공사에는 터깎기(切土, cutting) · 터돋우기(盛土/補土, filling) · 다지기(達固, tamping) · 전압(轉壓, rolling) · 터고르기(整地, grading) · 흙파기(掘土, trench/excavation) · 되메우기(埋土, back filling) · 흙막이(붕괴 방지) · 석축(石築) · 배수(排水) · 잔토처분 등이 있으며, 이 중 흙(기초)파기와 흙막이가 가장 중요하다.

③ 중요점(시공계획)은 설계도서를 분석하고, 지반상황 파악(지반조사)에 따라 안전성 · 경제성 · 공기(工期) 등의 검토하여 시공계획도를 작성(=토공)하는 것이다.

■ 성토(盛土)와 절토(切土) 도해

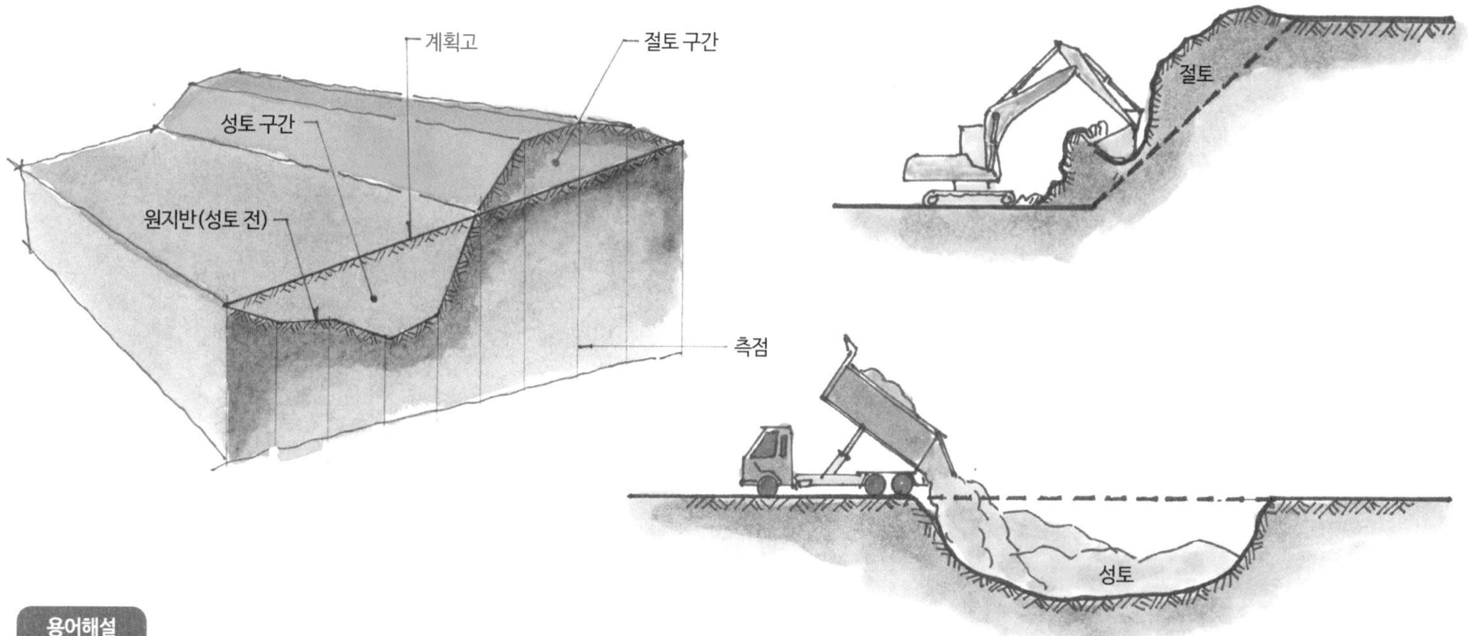

용어해설

절토(切土, cut)

① 필요한 높이나 형태의 지형을 만들기 위해 흙을 깎거나 덜어내는 작업이다.

② 평지나 경사면을 만들기 위하여 흙을 깎아 내는 일을 말한다.

성토(盛土, fill)

① 흙을 쌓아 올리는 것으로 부지조성, 제방 쌓기 등을 위해 다른 지역의 흙을 운반하여 지반 위에 쌓는 작업이다.

② 성토 부분이 높을수록 다짐공사를 충분히 하지 않으면 나중에 지반침하나 붕괴가 일어날 수 있다.

③ 다른 지역의 흙을 이동하여 지반상에 쌓아 올리는 것을 말한다.

용어해설

굴착(掘鑿, excavation)

① 건물의 기초나 지하실을 만들기 위해 소정의 모양으로 지반을 파내는 것을 말한다.

② → 밑파기

설계도서(設計圖書, drawings and specifications)

건축 공사를 실시하기 위해 필요한 도면·서류의 총칭으로, 일반적으로는 설계도와 시방서(명세서) 등을 말한다.

용어해설

지반침하(地盤沈下, subsidence of ground settlement)

① 일반적으로 지반이 각종 요인에 의해 침하하는 현상의 총칭. 자연 현상으로서는 지각 변동 · 해면 상승 등이나 재해에 의한 지변을 들 수 있다. 인위적 요인으로서는 지하수의 과도한 양수나 매립 하중에 의한 침하, 굴착에 따른 침하가 있다.

② 지하수위 등의 변화로 인하여 광범위한 범위에서 지반이 하부로 가라앉는 현상을 말한다.

건축법 시행규칙 [별표 7] **토질에 따른 경사도(제26조제1항 관련)**

토질	경사도
경암	1 : 0.5
연암	1 : 1.0
모래	1 : 1.8
모래질흙	1 : 1.2
사력질흙, 암괴 또는 호박돌이 섞인 모래질흙	1 : 1.2
점토, 점성토	1 : 1.2
암괴 또는 호박돌이 섞인 점성토	1 : 1.5

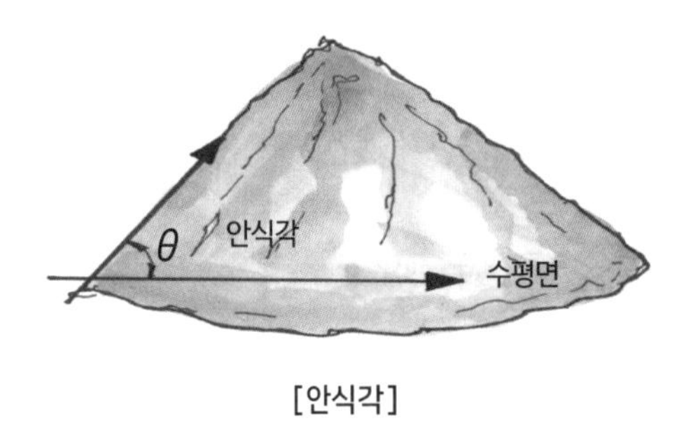

[안식각]

용어해설

안식각(安息角, angle of repose)
같은 의미로 휴식각(休息角)이 사용되며, 안정된 비탈면과 원지면이 이루는 흙의 사면각도를 말한다. '자연 경사각'이라고도 한다. 기초파기의 구배는 토사의 휴식각에서 결정되므로 토질에 따라 다르다.

건축법 **터파기 등 지하 굴착 시 흙의 경사도 및 흙막이 설치기준**

대지를 조성하거나 건축공사를 하기 위해 터파기 시 1.5m 이상 굴착하는 경우에는 건축법에서 지정한 토질에 따른 경사도 이하로 하거나 흙막이를 설치하여야 한다.

건축법 제41조(토지의 굴착부분에 대한 조치 등) 제1항

① 공사시공자는 대지를 조성하거나 건축공사를 하기 위하여 토지를 굴착 · 절토(切土) · 매립(埋立) 또는 성토 등을 하는 경우 그 변경 부분에는 국토교통부령으로 정하는 바에 따라 공사 중 비탈면 붕괴, 토사 유출 등 위험발생의 방지, 환경보전, 그 밖에 필요한 조치를 한 후 해당 공사현장에 그 사실을 게시하여야 한다.

건축법 시행규칙 제26조제3항제3호

① 법 제41조제1항에 따라 대지를 조성하거나 건축공사에 수반하는 토지를 굴착하는 경우에는 다음 각 호에 따른 위험발생의 방지조치를 하여야 한다. 4호 토지를 깊이 1.5m 이상 굴착하는 경우에는 그 경사도가 별표7에 의한 비율 이하이거나 주변상황에 비추어 위해방지에 지장이 없다고 인정되는 경우를 제외하고는 토압에 대하여 안전한 구조와 흙막이를 설치하여야 한다.

위 법령에 따르면 1.5m 이상 토지를 굴착하는 경우 법령에서 정해진 경사도(안식각, 휴식각)를 따르거나 안전한 구조의 흙막이를 설치해야 한다.

산업안전보건법 **산업안전보건기준에 관한 규칙**

[시행 2021. 11. 19.] [고용노동부령 제337호, 2021. 11. 19. 일부개정]

제2절 굴착작업 등의 위험방지

굴착면의 기울기 등

제338조(지반 등의 굴착 시 위험방지)

① 사업주는 지반 등을 굴착하는 경우에는 굴착면의 기울기를 별표 11의 기준에 맞도록 하여야 한다. 다만, 흙막이 등 기울기면의 붕괴방지를 위하여 적절한 조치를 한 경우에는 그러하지 아니하다.

② 제1항의 경우 굴착면의 경사가 달라서 기울기를 계산하기가 곤란한 경우에는 해당 굴착면에 대하여 별표 11의 기준에 따라 붕괴의 위험이 증가하지 않도록 해당 각 부분의 경사를 유지하여야 한다.

산업안전보건기준에 관한 규칙 [별표 11] 〈개정 2023. 11. 14.〉

굴착면의 기울기 기준(제339조제1항 관련)

지반의 종류	굴착면의 기울기
모래	1 : 1.8
연암 및 풍화암	1 : 1.0
경암	1 : 0.5
그 밖의 흙	1 : 1.2

비고

1. 굴착면의 기울기는 굴착면의 높이에 대한 수평거리의 비율을 말한다.
2. 굴착면의 경사가 달라서 기울기를 계산하기가 곤란한 경우에는 해당 굴착면에 대하여 지반의 종류별 굴착면의 기울기에 따라 붕괴의 위험이 증가하지 않도록 위 표의 지반의 종류별 굴착면의 기울기에 맞게 해당 각 부분의 경사를 유지해야 한다.

안식각

정의

- 토사(土砂)의 안식각(휴식각)이란 안정된 비탈면과 원지면(原地面)이 이루는 흙의 사면(斜面)의 각도를 말하며, 자연 경사각이라고 한다.
- 기초 굴토(掘土)의 구배(勾配)는 토사의 안식각에서 결정되므로 토질에 따라 다르다.

특성

- 토사의 안식각은 토사의 종류, 함수량에 따라 변화한다.
- 흙파기 경사의 안정은 흙의 밀실도에 따라 다르며, 성토(盛土) 흙의 경사면은 절토(切土) 경사면보다 각도가 크다.

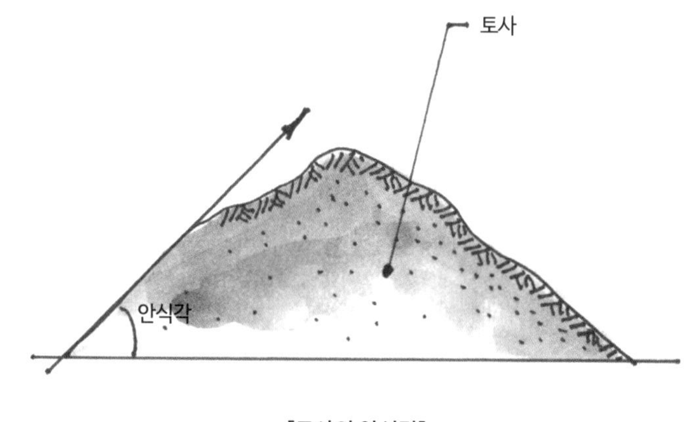

[토사의 안식각]

굴착면(掘鑿面) 기울기(傾斜度) 개정 내용 중 건축법과 산업안전보건법 비교

건축법 토지의 굴착부분에 대한 조치

[건축법 시행규칙 제26조제1항제3호]

3. 토지를 깊이 1.5 미터 이상 굴착하는 경우에는 그 경사도가 [별표 7]에 의한 비율 이하이거나 주변상황에 비추어 위해방지에 지장이 없다고 인정되는 경우를 제외하고는 토압(土壓)에 대하여 안전한 구조의 흙막이를 설치할 것

[별표 7] 토질에 따른 경사도(제26조제1항 관련)

토질	경사도
경암	1 : 0.5
연암	1 : 1.0
모래	1 : 1.8
모래질흙 사력질흙, 암괴 또는 호박돌이 섞인 모래질흙 점토, 점성토	1 : 1.2
암괴 또는 호박돌이 섞인 점성토	1 : 1.5

VS

산업안전보건법 지반 등의 굴착 시 위험 방지

[산업안전보건기준에 관한 규칙 제338조]

① 사업주는 지반 등을 굴착하는 경우에는 굴착면의 기울기를 [별표 11]의 기준에 맞도록 하여야 한다. 다만, 흙막이 등 기울기면의 붕괴 방지를 위하여 적절한 조치를 한 경우에는 그러하지 아니하다.

② 제1항의 경우 굴착면의 경사가 달라서 기울기를 계산하기가 곤란한 경우에는 해당 굴착면에 대하여 [별표 11]의 기준에 따라 붕괴의 위험이 증가하지 않도록 해당 각 부분의 경사를 유지하여야 한다.

산업안전보건기준에 관한 규칙[별표 11]<개정 2023. 11. 14.>

굴착면의 기울기 기준(제339조제1항 관련)

지반의 종류	굴착면의 기울기
모래	1 : 1.8
연암 및 풍화암	1 : 1.0
경암	1 : 0.5
그 밖의 흙	1 : 1.2

비고

1. 굴착면의 기울기는 굴착면의 높이에 대한 수평거리의 비율을 말한다.
2. 굴착면의 경사가 달라서 기울기를 계산하기가 곤란한 경우에는 해당 굴착면에 대하여 지반의 종류별 굴착면의 기울기에 따라 붕괴의 위험이 증가하지 않도록 위 표의 지반의 종류별 굴착면의 기울기에 맞게 해당 각 부분의 경사를 유지해야 한다.

참고자료

대지조성 및 건축공사를 위해 토지의 굴착부분에 대한 조치

[건축법 시행규칙 제26조]

① 대지를 조성하거나 건축공사에 수반하는 토지를 굴착하는 경우에는 다음 각호에 따른 위험발생의 방지조치를 하여야 한다.

1. 지하에 묻은 수도관 · 하수도관 · 가스관 또는 케이블 등이 토지 굴착으로 인하여 파손되지 아니하도록 할 것
2. 건축물 및 공작물에 근접하여 토지를 굴착하는 경우에는 그 건축물 및 공작물의 기초 또는 지반의 구조내력의 약화를 방지하고 급격한 배수를 피하는 등 토지의 붕괴에 의한 위해를 방지하도록 할 것
3. 토지를 깊이 1.5m 이상 굴착하는 경우에는 그 경사도가 별표 7에 의한 비율 이하이거나 주변 상황에 비추어 위해 방지에 지장이 없다고 인정되는 경우를 제외하고는 토압에 대하여 안전한 구조의 흙막이를 설치할 것
4. 굴착공사 및 흙막이공사의 시공 중에는 항상 점검을 하여 흙막이의 보강, 적절한 배수조치 등 안전상태를 유지하도록 하고, 흙막이판을 제거하는 경우에는 주변 지반의 내려앉음을 방지하도록 할 것

② 성토부분 · 절토부분 또는 되메우기를 하지 아니하는 굴착부분의 비탈면으로서 제25조에 따른 옹벽을 설치하지 아니하는 부분에 대하여는 건축법 제41조제1항에 따라 다음 각호에 따른 환경의 보전을 위한 조치를 하여야 한다.

1. 배수를 위한 수로는 돌 또는 콘크리트를 사용하여 토양의 유실을 막을 수 있도록 할 것
2. 높이가 3m를 넘는 경우에는 높이 3m 이내마다 그 비탈면적의 1/5 이상에 해당하는 면적의 단을 만들 것. 다만 허가권자가 그 비탈면의 토질 · 경사도 등을 고려하여 붕괴의 우려가 없다고 인정하는 경우에는 그러하지 아니하다.
3. 비탈면에는 토양의 유실방지와 미관의 유지를 위하여 나무 또는 잔디를 심을 것. 다만, 나무 또는 잔디를 심는 것으로는 비탈면의 안전을 유지할 수 없는 경우에는 돌붙이기를 하거나 콘크리트 블록격자 등의 구조물을 설치하여야 한다.

토공사 작업에 없어서는 안 되는 장비, 굴착기!

건설기계 사망 1위 굴착기 '후방확인장치' 설치 의무화 [시행 2022. 8.]

건설기계장비 가운데 가장 많은 사고 발생하는 장비, 운전자가 후진하거나 선회하다가 주로 발생함. '16~20년도 통계에 따르면 건설업기계장비 사망자 482명 중 104명(21.6%)이 굴착기에 의한 사망, 재해유형으로는 후진, 선회 시 부딪힘(충돌)으로 44명(42.3%)으로 가장 많음. 따라서 '후방확인장치' 의무화(후사경, 사이드미러) 및 후방영상장치 설치 · 점검 의무화

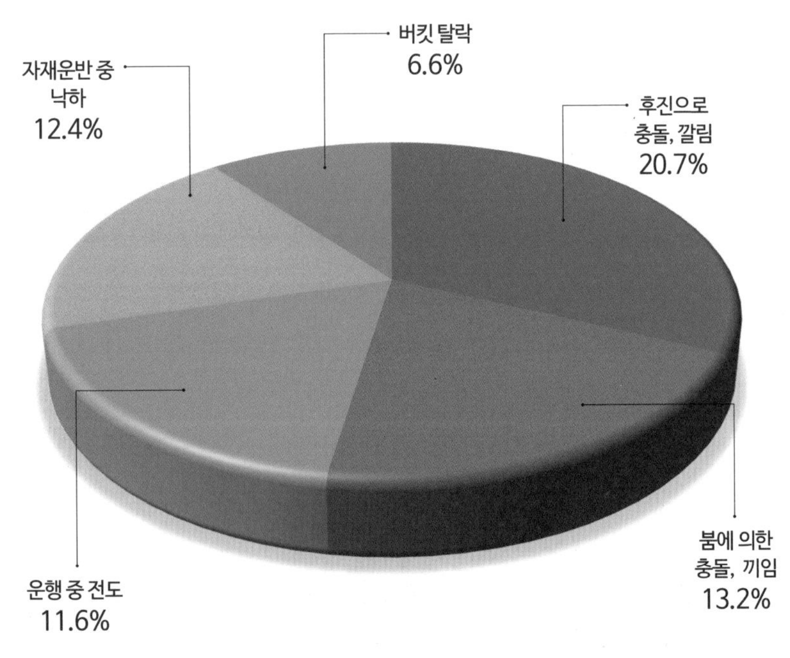

[굴착기 재해유형]

■ 적용받는 법

- 건설기계 안전기준에 관한 규칙
- 산업안전보건 규칙

굴착기 재해의 발생 원인 및 방지 대책	
발생 원인	방지 대책
• 작업반경 내 근로자 출입으로 장비와 부딪힘, 끼임 • 신호 · 유도자 미배치로 장비 간 충돌 • 후진 경보음 미작동 및 후사경 파손으로 후방근로자 충돌 • 협소한 장소 내 장비 및 작업자 과투입으로 충돌 • 엔진 시동 후 운전원 이탈에 의한 부딪힘	• 작업반경 내 출입통제 • 장비 신호 · 유도자 배치 후 작업 실시 • 후방확인장치 설치(후방 경보음, 후사경 등) • 협소한 장소 작업계획을 수립하고 적정 장비 · 인력 투입 • 엔진 시동 후 운전원 이탈 금지 • 장비 사용 전 안전장치 점검 • 장비 운전원 하차 시 시동정지 및 브레이크 등 안전장치 고정 • 야간작업 시 야광안전표지판 및 경광등 설치

굴착기 작업 재해사례 분석

굴착기 작업 재해사례 분석을 통한 위험 요인 및 안전 대책(KOSHA GUIDE C-105-2021)		
재해 유형	위험 요인	안전 대책
전도 (넘어짐·전락)	• 비탈면 굴착 중 토사붕괴에 의한 장비 전도 · 전락, 매몰사고 발생 • 장비 운행 중 노면폭 부족에 따른 장비 전도 · 전락사고 발생 • 중량물 인양작업 중 전도사고 발생 • 무자격 운전원의 장비조작 미숙으로 전도 및 전락사고 발생	• 굴착면 기울기 준수(굴착 시 안식각) • 노면폭 확보 및 지반상태 확인, 강우 시 작업 금지(경사지) • 장비의 목적 외 사용 금지 • 운전원 외 장비조작 금지
충돌 (부딪힘)	• 작업반경 내 근로자 접근 및 유도자 미배치에 따른 충돌사고 발생 • 후진경보기(backward alarm) 미작동 및 후사경 파손에 따른 충돌사고 발생 • 시동 중 운전자의 운전석 이탈에 의한 장비의 갑작스러운 이동으로 충돌사고 발생	• 작업반경 내 근로자 출입통제 및 유도자 배치 • 후진경보기 작동상태 확인 및 후사경 교체 정비 • 운전자는 시공 중 운전석 이탈 금지
협착 (끼임)	• 퀵커플러(quick coupler) 안전핀 고정상태 미체결 및 불량에 의한 버킷 탈락으로 협착 사고 발생	• 퀵커플러 안전핀 체결상태 확인
감전	• 붐(boom)을 올린 상태에서 장비 운행 중 고압선에 접촉되어 감전사고 발생	• 붐을 올린 상태에서 운행 금지 및 고압선 절연 방호설비 유무 확인

용어해설

전도(顚倒, inversion)
엎어져 넘어지거나 넘어뜨림

전락(轉落, a downfall)
아래로 굴러떨어짐

굴착기(掘鑿機, excavator)
토사의 굴착 및 상차를 주목적으로 하는 건설기계로서, 하부구조(undercarriage)의 움직임 없이 360도 회전 가능함. 작업용도에 따라 선택작업장치(attachment)의 탈 · 장착이 가능하고, 주행방식에 따라 무한궤도식(crawler type)과 타이어식(wheel type)으로 분류되며, 건설기계관리법의 적용을 받는 장비

선택작업장치(attachment)
굴착기의 암(arm)과 실린더(hydraulic cylinder) 링크에 부착한 퀵커플러(quick coupler)에 작업목적에 따라 장착하는 버킷(bucket), 브레이커(breaker), 크램셸(clamshell) 등의 작업장치

굴착기 안전점검 체크리스트

굴착기 안전점검 체크리스트(KOSHA GUIDE C-105-2021)

구분	점검사항
안전장치 설치 및 작동상태	① 퀵커플러 안전핀 체결 여부 확인 ② 전조등 및 후진경보장치, 후면, 협착방지봉, 전후방 경고음, 후방 카메라 등 작동상태 ③ 소화기 및 고임목 구비 · 사용상태
장비의 이상 유무 확인	① 장비 외관 및 누수 · 누유상태 ② 운전자의 시야확보 ③ 붐(암) 유압장치, 선회장치 등의 이상 유무 ④ 무한궤도 트랙, 슈 등의 이상 유무 ⑤ 타이어 손상 · 마모상태 확인 ⑥ 운전석 조작장치 및 제동장치 이상 유무
예방정비 유무	① 장비의 일일점검 및 예방정비 실시 여부 ② 장비의 수리 · 점검 등 이력 관리상태
운전자격 적정 여부	① 운전원 면허 자격 여부 (3톤 미만: 소형건설기계 조정교육 이수, 3톤 이상: 건설기계조종사 면허)
작업계획서	① 작업장의 지형 · 지반 등 사전조사 여부 ② 작업계획서 작성 적정 여부
안전작업을 위한 준수사항	① 정기검사 실시 여부(3톤 이상 해당) ② 유도자 및 신호수 배치(작업지휘자) 유무 확인 ③ 상 · 하 동시작업 금지 ④ 버킷에 근로자 탑승 금지 ⑤ 노폭의 유지, 노견(굴착면, 경사면 포함) 무너짐 방지 및 지반 침하 방지조치 ⑥ 운전원이 운전석 이탈 시 버킷을 지상에 내려놓기 ⑦ 양중 및 운반 · 하역작업 사용 금지

※ 2019년 3월 '굴삭기'를 '굴착기'로 명칭 변경

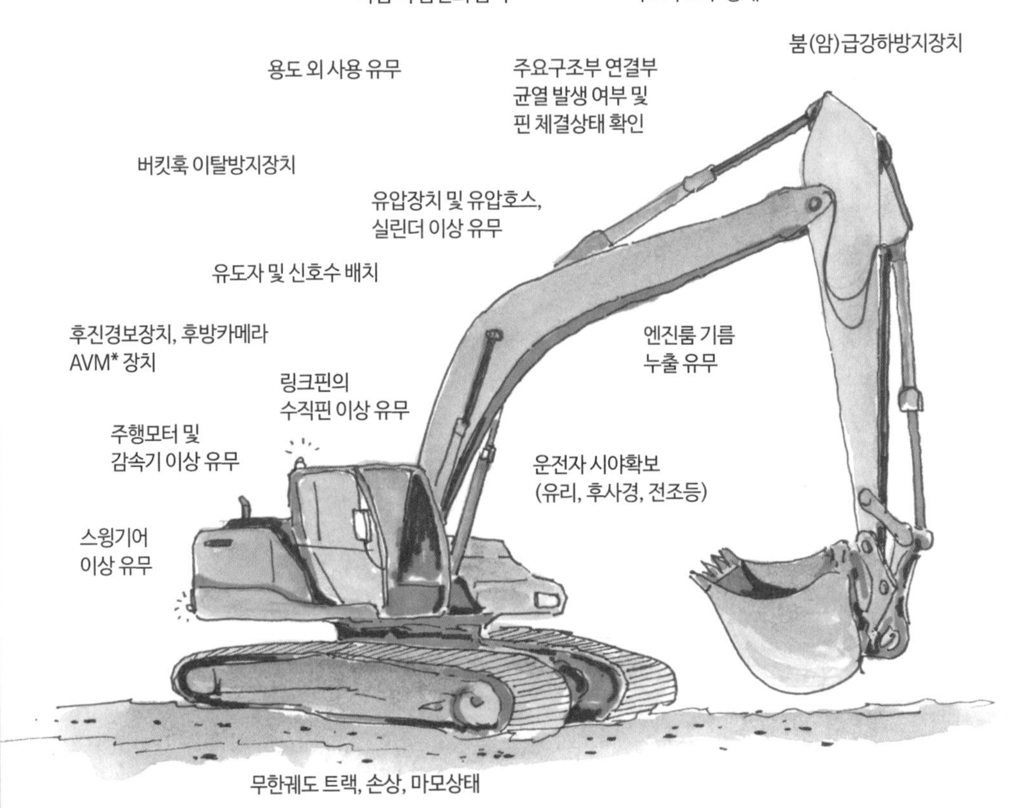

[굴착기 안전점검 체크리스트]

용어해설

* **AVM**
Around View Monitering

굴착기 안전작업 절차

<table>
<tr><th>절차</th><th>준수사항</th></tr>
<tr><td>1. 작업계획 수립 및 검토</td><td>1.1 굴착기 작업 시 고려사항
1) 굴착기 작업 안전보건계획은 위험성평가를 실시하여 유해 · 위험 요인을 파악하고 해당 위해 · 위험 요인에 대한 부상 또는 질병의 발생가능성(빈도)과 중대성(강도)을 추정 · 결정하고 감소대책을 수립하여야 한다.
2) 위험성평가는 「고용노동부고시 제2014-48호 사업장 위험성평가에 관한 지침」에 따라 실시한다.
3) 굴착기 선정 시 고려사항
① 작업여건, 작업물량, 운반장비의 조합 등을 고려
② 굴착기와 선택작업장치는 작업목적에 적합한 기종을 선정
③ 운전자 보호를 위하여 운전석에 헤드가드(head guard)가 설치된 기종 선정</td></tr>
<tr><td>2. 작업 절차별 유해 · 위험 요인</td><td>2.1 작업 전 준수사항
1) 관리감독자는 운전자의 자격면허(굴착기 조종사 면허증)와 보험가입 및 안전교육 이수 여부 등 확인(무자격자 운전금지)
2) 굴착기 운행 전 장비의 누수, 누유 및 외관상태 등 확인
3) 안전운행에 필요한 안전장치(전조등, 후사경, 경광등, 후방 협착방지봉, 전 · 후방 경고음 발생장치(전진, 후진 경고음 구분), 운전석 내에서 후방을 감시할 수 있는 카메라 등)의 부착 및 작동 여부 확인
4) 지반침하에 의한 전도사고 방지를 위하여 지반의 지지력 이상 유무, 이동경로 사전 확인
5) 작업지역을 확인할 때 최종 작업방법 및 지반상태 숙지, 예상치 않은 위험상황 발견 시 즉시 보고
6) 작업 반경 내 근로자 및 장애물 유무 확인
7) 퀵커플러(quick coupler)의 안전핀 체결 여부 확인
8) 굴착기 작업 수행 시 다음 사항을 준수
① 관리감독자 지시와 작업절차서 준수 ② 안전교육 참여 ③ 작업장 내 내부규정과 안전수칙 준수
2.2 작업 중 준수사항
1) 장비 매뉴얼(특히, 유압제어장치 및 운행방법 등)을 수지하고 준수
2) 장비의 운행경로, 지형, 지반상태, 경사도(무한궤도 100분의 30) 등 확인 후 안전운행
3) 작업반경 내 근로자 유무를 확인하면서 작업
4) 조종 및 제어장치 기능확인 및 급작작동 금지
5) 작업 중 시야확보 불량 시 유도자 신호 준수
6) 고장 등 이상 발생 시 안전한 장소로 이동
7) 경사진 장소 이동 시 지속 운행
8) 경사지 작업 시 미끄럼 방지를 위하여 블레이드를 경사방향 하부에 위치
9) 경사지 작업 시 붐의 급선회 금지
10) 안전벨트 착용
11) 다음과 같은 불안전행동 및 작업 금지
① 엔진 가동한 상태에서 운전석 이탈 금지 ② 선택작업장치를 올린 상태에서 정차금지 ③ 버킷(bucket)으로 지반을 밀면서 주행 금지
④ 경사지, 도랑 등 비탈진 장소 또는 그 주변에 주차금지 ⑤ 도랑과 장애물 횡단 시 버킷을 지지대로 사용 금지 ⑥ 시트파일(sheet pile)을 지반에 박거나 뽑기 위해 버킷 사용 금지
⑦ 경사지 이동 시 붐의 회전금지 ⑧ 안전하게 실을 수 없는 재료 운반 시 버킷 사용 금지
12) 굴착 · 상차 및 파쇄 정지작업 외 견인 · 인양 · 운반작업 등 목적 외 사용 금지
13) 작업 중 지하매설물(전선관, 가스관, 통신관, 상 · 하수도관 등)과 지상장애물 발견 시 즉시 보고
14) 장비의 비정상작동 등 문제점 발견 시 관리감독자에게 보고 후 "사용 중지" 표지판을 부착
2.3 작업 종료 시 준수사항
1) 운전자는 굴착기를 주차할 때 통행의 장애 및 다른 현장 활동에 지장이 없는 평탄한 장소에 하고, 불가피하게 경사지에 주차할 경우에는 구름방지 조치 등 굴착기가 넘어지거나 굴러 떨어짐으로써 근로자가 위해해질 우려가 없도록 하여야 함
2) 장비 정지 시 선택작업장치(attachment)를 안전한 지반에 내려놓음
3) 엔진을 정하고, 주차브레이크를 밟은 다음 엔진전환키를 제거하고 창문과 문을 폐쇄 후 운전석 이탈
4) 굴착기 안전점검 체크리스트를 활용하여 일일점검과 예방정비 실시</td></tr>
</table>

◉ 굴착기의 종류

■ 굴착기의 주행을 위한 하부장치에 따른 분류

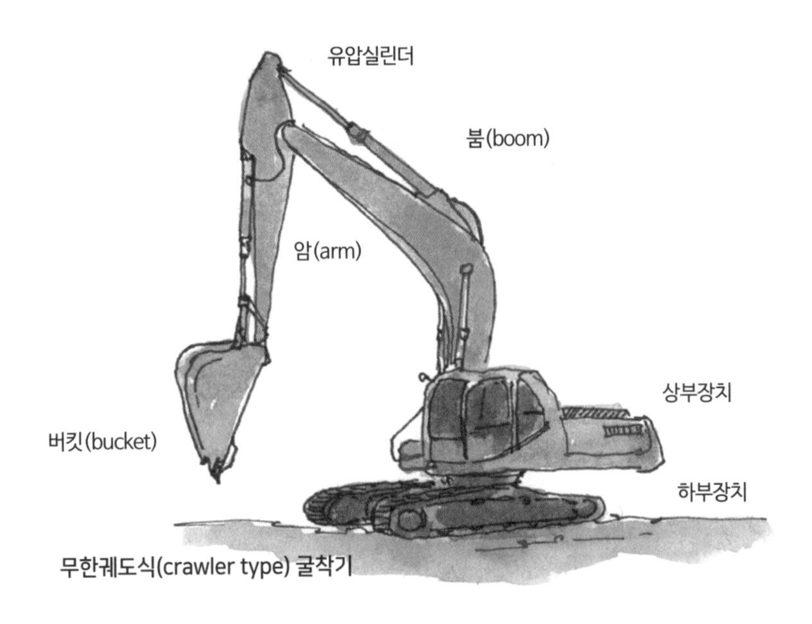

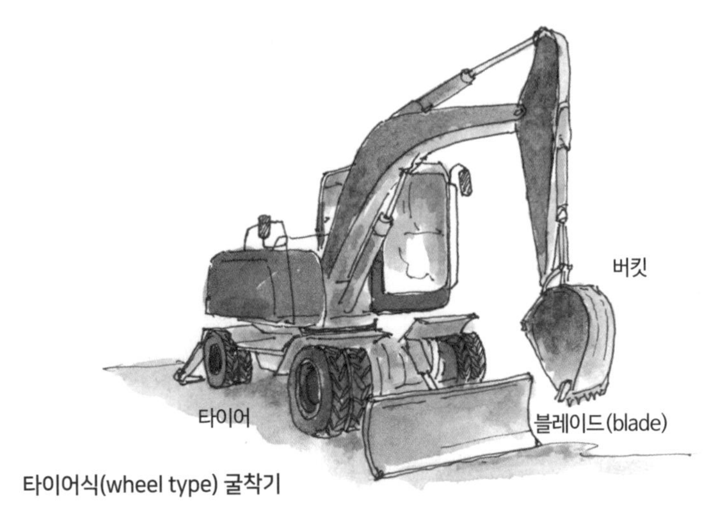

[굴착기의 주행장치에 따른 분류]

■ 굴착기의 선택작업장치(attachment)에 따른 분류

■ **굴착버킷(hoe bucket)**

굴착기의 기본적인 작업장치로 토사의 굴착 및 상차에 이용되는 버킷

■ **클램셸버킷(clamshell bucket)**

암(arm)과 유압실린더의 링크에 장착되어 수직방향으로 굴착 또는 클램셸 작업을 하는 조개 모양의 버킷

■ **셔블버킷(shovel bucket)**

장비의 진행 방향으로 굴착을 하는 작업장치로서 토사를 퍼 올리는 형태의 조개 모양 버킷

■ **브레이커(breaker)**

콘크리트, 암석 등의 파쇄(破碎), 소할(小割)에 이용되는 작업장치

■ **퀵커플러(quick coupler)**

암(arm)과 유압실린더의 링크에 장착되어 버킷, 브레이커 등의 작업장치를 신속하게 장착하거나 분리하는 데 사용하는 연결장치

■ **블레이드 (blade)**

도랑(배수구, 측구)을 메우거나 소량의 평탄화 작업에 사용하는 주행 하부장치에 장착된 작업장치

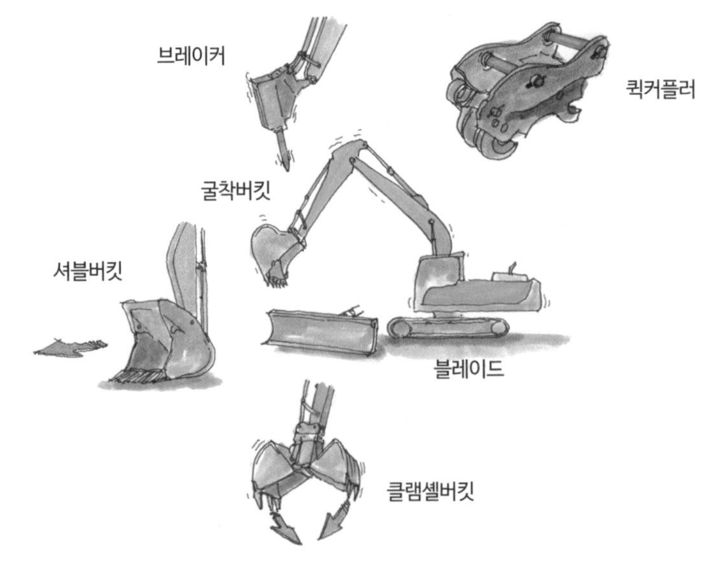

[굴착기의 선택작업장치에 따른 분류]

굴착공사 안전작업 핵심 요약

■ 사전조사

굴착작업계획 수립 전, 다음과 같이 사전조사를 하여야 한다.

- 지반 형상 · 지질 및 지층의 상태
- 균열 · 함수 · 용수 및 동결의 유무 또는 상태
- 지하매설물 도면 확인 및 매설물 등의 실제 유무 또는 상태
- 지하수위 높이

■ 굴착작업 안전기준

- 굴착면의 기울기 및 높이의 기준은 산업안전보건기준에 관한 규칙 제338조 (지반 등의 굴착 시 위험방지)에 의함
- 사질지반: 굴착면의 기울기 1 : 1.5 이상
- 절취사면의 굴착높이가 7m 이상인 경우 7m마다 소단 설치

산업안전보건기준에 관한 규칙[별표 11]<개정 2023. 11. 14.>

굴착면의 기울기 기준(제339조제1항 관련)

지반의 종류	굴착면의 기울기
모래	1 : 1.8
연암 및 풍화암	1 : 1.0
경암	1 : 0.5
그 밖의 흙	1 : 1.2

비고

1. 굴착면의 기울기는 굴착면의 높이에 대한 수평거리의 비율을 말한다.
2. 굴착면의 경사가 달라서 기울기를 계산하기가 곤란한 경우에는 해당 굴착면에 대하여 지반의 종류별 굴착면의 기울기에 따라 붕괴의 위험이 증가하지 않도록 위 표의 지반의 종류별 굴착면의 기울기에 맞게 해당 각 부분의 경사를 유지해야 한다.

■ 굴착작업계획 수립 및 준비

- 지반 형상, 지층상태, 지하수위 등 사전조사 결과를 바탕으로 굴착공법 및 순서, 토사반출 방법계획
- 지하매설물 조사 결과에 따라 장애물 이설 · 제거 · 거치 대책
- 굴착기계, 운반기계 등 운전자와 작업자 연락 신호체계 확립
- 우수 및 용출수에 대비한 배수처리 계획
- 흙막이 지보공 설치 시 계측 종류를 포함한 계측관리 계획
- 재해유형별 안전시설물 설치 방법
- 유해가스가 발생한 굴착작업 장소의 경우, 유해가스 측정 및 환기계획
- 복공구조의 시설 필요시 적재 하중조건을 고려한 구조계산

■ 트렌치(trench) 굴착

- 토사지반으로서 흙막이 지보공을 설치하지 않는 경우 굴착깊이 1.5m 이하
- 굴착깊이 2m 이상일 경우에는 폭 1m 이상
- 흙막이널판 사용 시 널판길이 1/3 이상의 근입장(根入長) 확보
- 굴착토사는 굴착바닥에서 45도 이상 경사선 밖에 적치하고, 건설장비가 통행하는 장소에는 별도 통행로 설치
- 굴착깊이 1.5m 이상인 경우 최소 30m 간격 이내 사다리, 계단 등 승강설비 설치

■ 절취작업

- 굴착면 높이 7m 기준으로 소단(小段)을 설치하되 소단의 폭은 2m 이상 유지

■ 지하굴착작업

1. **흙막이벽 지지용 버팀보(strut)**

- 띠장의 이음위치는 응력이 큰 위치를 피하여 버팀대와 사보강재 지점에 가까운 곳 선택(각 단의 띠장이음 위치를 엇갈리게 배치)
- 버팀보와 띠장은 예정 깊이까지 도달하면 신속 설치하여 완성, 버팀보 설치지점으로부터 0.5m 이상 과굴착(over cutting) 금지

2. **차수 목적 시트파일(sheet pile)**

- 최초 항타 시 반드시 트랜싯 측량기를 이용하여 기울어지지 않도록 하기
- 시트파일 설치 시 수직도 관리를 위한 안내보(guide beam)를 설치한 후 타입하고 수직도 1/100 이내
- 이음방식은 전단면 맞대기 용접이음

[출처: KOSHA GUIDE C-39-2011. 굴착공사 안전작업 지침]

02 콘크리트면의 균열(龜裂) 발생

02	주요 부실 내용	벌점
벌점 기준	**콘크리트면의 균열* 발생**	
	주요구조부에 구조물의 허용 균열폭보다 큰 균열이 발생했으나 구조검토 등 원인분석과 보수 · 보강을 위한 균열관리를 하지 않은 경우 또는 보수 · 보강(구체적인 보수 · 보강 계획을 수립한 경우에는 보수 · 보강 조치를 한 것으로 본다. 이하 이 번호에서 같다)을 하지 않은 경우	3
	그 밖의 구조부에 구조물의 허용 균열폭보다 큰 균열이 발생했으나 구조검토 등 원인분석과 보수 · 보강을 위한 균열관리를 하지 않은 경우 또는 보수 · 보강을 하지 않은 경우	2
	주요구조부에 구조물의 허용 균열폭보다 작은 균열이 발생했으나 균열의 진행 여부에 대한 관리와 보수 · 보강을 하지 않은 경우	1
	그 밖의 구조부에 구조물의 허용 균열폭보다 작은 균열이 발생했으나 균열의 진행 여부에 대한 관리와 보수 · 보강을 하지 않은 경우	0.5

주요 지적 사례

주요 지적 사항	세부 내용
균열에 대한 균열관리대장 미작성 및 미보수	균열이 발생하였으나 균열관리대장에 미기록되어 있으며, 보수작업도 안 되어 있음
콘크리트면 균열관리 미흡	균열에 대한 구조검토 등 원인분석과 보수 · 보강 계획 미수립
주요구조부에 발생한 균열의 진행 여부에 대한 관리 소홀	허용 균열폭(0.3mm) 이상의 균열에 대한 진행 여부에 대한 관리와 보수 · 보강 계획 미수립

필수 확인사항

1. 균열관리대장에 미기록된 균열의 방치 여부
2. 허용 균열폭 이상의 균열 발생 시 보수 · 보강을 위한 균열관리 여부 확인
3. 균열 보수 시 방법은 감리 검토 및 승인을 득하고 보수 재료 또한 자재 승인을 득할 것
4. 균열관리 계획서를 작성하여 감리에 제출 및 승인(보수 방법 포함)
5. 균열보수 재료 자재 승인 여부 확인
6. 균열관리대장을 바탕으로 조사를 실시하고 균열 발생 시 균열 조사 및 근거를 확보

용어해설

***균열(龜裂, crack)**
모르타르, 콘크리트, 나무 등의 표면이 갈라져서 발생한 금. 주로 재료의 강도 이상의 힘이 작용하여 발생할 수 있다. 건습 또는 온도변화 등에 의해 일어나는 용적 변화가 구속되는 경우, 혹은 외력에 의해 변형이 주어지는 경우, 이들 변형량에 물체의 변형 능력이 따를 수 없을 때 발생하는 갈라진 금을 말한다.

● 콘크리트 균열(龜裂)의 종류

균열의 종류	발생 원인	방지 대책	균열 도해
알칼리 골재반응에 의한 균열 (AAR: Alkali Aggreate Reaction)	시멘트의 알칼리 성분과 골재의 실리카 성분이 반응하여 수분을 흡수 및 팽창하는 물질이 생성되어 콘크리트에 균열이 발생한다.	• 반응성 골재의 사용 금지 • 시멘트의 알칼리양 저감 • 고로슬래그, 플라이애시, 실리카 퓸 등의 혼화재 사용	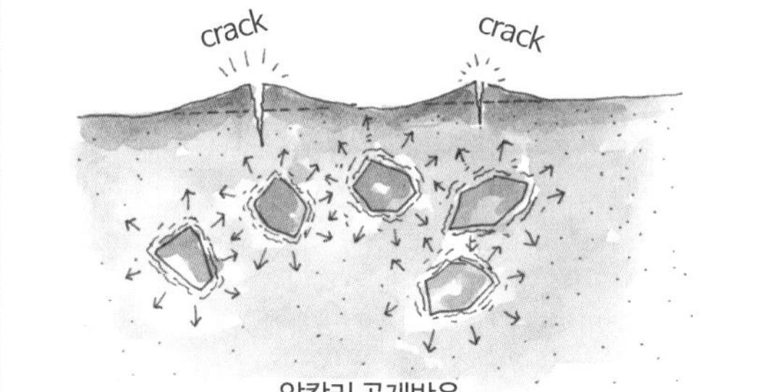 crack crack 알칼리 골재반응
동결융해(凍結融解)에 의한 균열	콘크리트의 구성 재료 중 물이 액체에서 고체로 동결되면 체적이 약 9% 정도 팽창하게 되는데 이로 인해 균열이 발생하게 된다. 균열이 내부로 진전되면서 철근 부식 및 중성화 촉진 등과 같은 복합적인 내구성의 저하 요인이 된다.	• AE제, AE감수제, 고성능 AE감수제 사용 • 물시멘트비(W/C) 저감 • 단위수량 저감 • 양생에 주의(특히, 초기 양생이 중요)	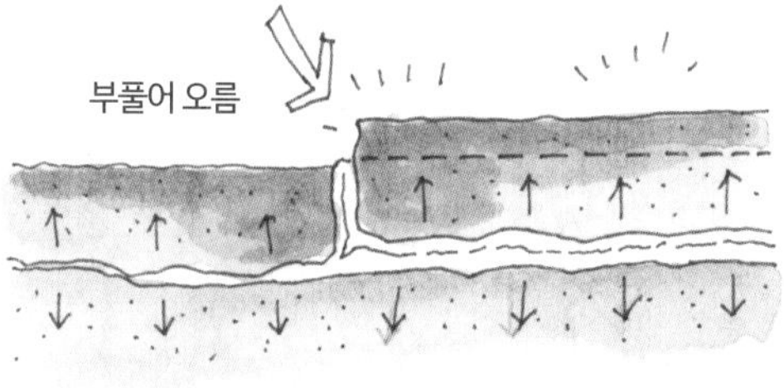 부풀어 오름 동결융해
염해(鹽害)에 의한 균열	염화물 또는 염분 침해로 콘크리트를 침식(浸蝕)시키고, 철근(강재)을 부식시켜 구조물에 손상을 일으키는 현상으로 외부의 산성 물질이 철근과 작용하면서 체적팽창(약 2.6배)으로 균열이 발생하게 된다.	• 염분량을 허용치 이하로 관리 • 철근의 표면 처리 • 콘크리트의 밀실화 • 철근의 피복두께 증대 • 방청제 사용	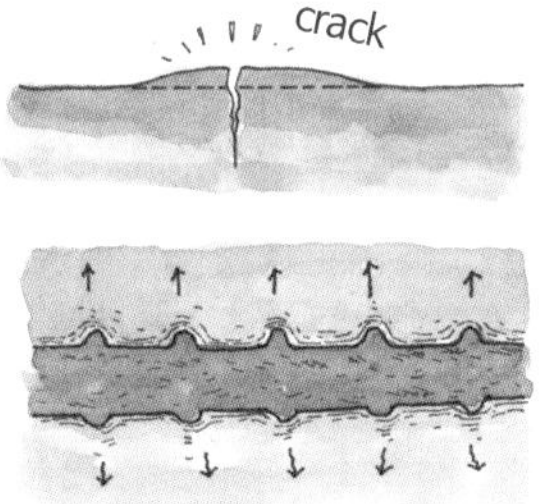 crack 염해

콘크리트 열화(劣化) 정도에 따른 보수 방법

열화의 종류	열화의 정도			보수 방법
균열(龜裂)	콘크리트 표면의 균열폭 0.3~1.0mm	관통		에폭시 수지 주입
		비관통	진동이 큼	
			진동이 작음	
	콘크리트 표면의 균열폭 1.0mm 이상	진동이 큼		균열부 U-CUT, 실링재 충전
		진동이 작음		균열부 V-CUT, 가소성 에폭시 충전
	콘크리트 표면의 균열폭 0.3mm 미만	진동이 큼(누수 가능성 있음)		초저점도 수지(樹脂) 저압주입
결손(缺損)	콘크리트의 결손	큰 결손(재료분리)		결손부 에폭시 수지 모르타르 충전
		중 결손(각종 조인트)		결손부 무수축시멘트 모르타르 충전
		소 결손(탈락, 천장 부위)		결손부 경량 에폭시 수지 모르타르 충전
누수(漏水)	균열 누수	진동이 큼		수중접착용 탄성에폭시 실링 발포성 폴리우레탄 주입
		진동이 작음		수중접착용 고강도 에폭시 실링 발포성 폴리우레탄 주입
	결손부 누수	전면 누수		수중경화용 고강도 에폭시 도포 발포성 폴리우레탄 주입

■ 균열 보수 대책

균열부에 접착력이 양호하고 지수성이 강하면서 강도가 좋은 에폭시 레진(epoxy resin)계를 주입한다. 각 부위별 보수 방법은 다음과 같다.

- 누수가 없는 내부 균열: 건식 에폭시
- 누수 흔적이 있거나 예상되는 균열: 습식 에폭시
- 누수가 진행되고 있는 균열: 습식 우레탄(2액형)

콘크리트의 균열(龜裂) 발생 원인과 방지 대책

■ 소성침하 균열

- 소성침하 균열은 비중 차이로 발생하며 블리딩(bleeding)이 주된 원인
- 콘크리트를 타설할 때 상부 골재가 시간이 지나면서 침하를 하게 되어 상부 철근에 걸리게 된다. 이로 인해 그 부분에는 인장력과 전단력이 발생하고 경화된 후에는 균열이 발생한다.

■ 발생 원인

콘크리트 자중에 의한 압밀 → 철근, 거푸집, 골재 등에 의한 구속 → 철근이나 거푸집, 골재의 하부에 블리딩 수가 모이거나 공극 발생 → 공극 상부에 인장응력 발생 → 균열(일반적으로 철근을 따라 발생)

- 철근의 직경이 클수록 커짐
- 슬럼프가 커질수록 커짐
- 진동다짐을 충분하게 하지 않았을 경우 커짐

■ 방지 대책

- 콘크리트의 침하가 완료되는 시간까지 타설간격을 조정
- 재다짐을 하는 방안이 필요
- 거푸집 설계에 유의
- 수직부재일 경우 1회 콘크리트의 타설높이를 낮춤

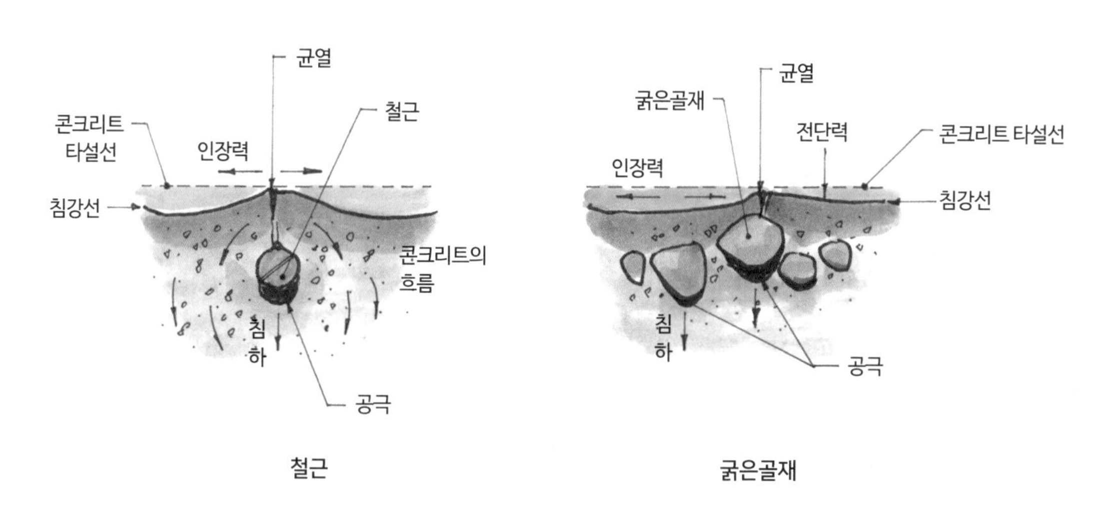

[콘크리트 침하균열 도해]

콘크리트 균열 기준	
근거	규정
건축공사 표준시방서	미세균열: 0.1mm 이하 중균열: 0.1~0.7mm 미만 대균열: 0.7mm 이상
철근콘크리트 구조설계기준(극한강도법)	허용 균열폭: 0.3mm
건설기술진흥법	0.2mm부터 벌점 부과

수화열(水和熱)에 의한 온도균열

■ 개요

- 시멘트가 물과 반응하여 발열화학반응(수화반응)에 의해 120cal/g 정도의 열이 발생하여 콘크리트의 내부온도를 상승시킨다.
- 발생한 수화열에 의해 콘크리트 내부온도의 온도차가 발생하는데, 이 온도차에 의한 인장응력(온도응력) 발생으로 해로운 균열이 발행하는 것을 온도균열이라고 한다.

■ 콘크리트 구조물에 작용하는 온도응력

- 수화열에 의해 온도가 상승하였다가 하강 시 인장응력 발생
- 외기온도의 일교차 등 온도변화
- 화력발전소 또는 굴뚝 등과 같이 인위적으로 열을 가하는 경우

■ 온도균열의 발생 원인

- **내부구속에 의한 균열:** 콘크리트 구조의 내 · 외부의 온도분포가 서로 달라짐으로 인해 콘크리트 자체에 의한 내부구속에 의해 균열 발생
- **외부구속에 의한 균열:** 온도변화에 대하여 콘크리트는 신축하지만 그 변형이 하부지반 등에 의하여 구속되는 외부구속 조건에 의해 균열 발생

■ 방지 대책(균열 발생 제어방법)

- 분말도 낮은 시멘트 사용, 저발열 시멘트 사용 (수화열이 작은 시멘트 사용)
- 단위 시멘트량을 줄이는 배합설계
- 플라이애시(fly ash), 고로슬래그 등의 혼화재 사용
- pre-cooling, pipe-cooling 적용
- 수축이음 설치
- 콘크리트 타설간격 및 부어넣기 높이 고려
- 균열제어 철근 배치

용어해설

수화반응(hydration)
수용액 속에서 용질 분자 또는 이온이 물분자와 결합해서 수화물을 만드는 현상. 예를 들면 시멘트와 물이 반응해서 수화물을 만드는 반응

수화열(水和熱, heat of hydration)
시멘트가 수화작용을 할 때 발생하는 열

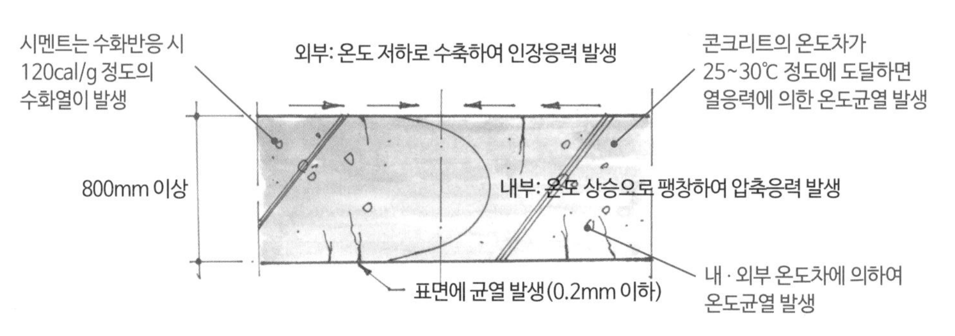

[내부구속에 의한 균열]

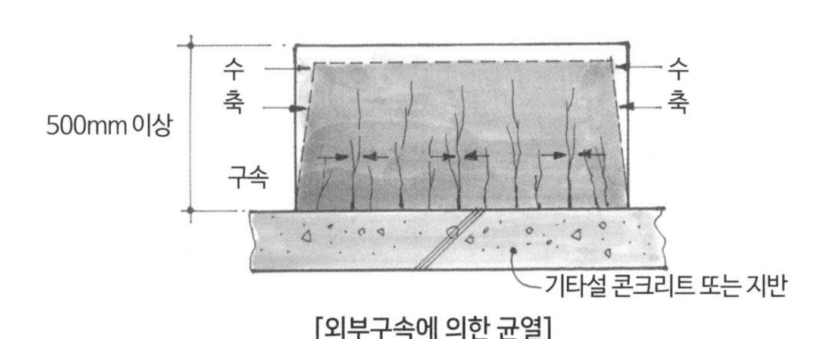

[외부구속에 의한 균열]

수화반응이란?

시멘트를 구성하는 크링커 화합물과 물과의 반응을 통해 수화물이 생성하는 반응으로 이 과정에서 발열을 동반하며 서서히 응결을 거쳐 경화하여 강도를 발현한다.
※ 수화반응식: $CaO+H_2O \rightarrow Ca(OH)_2$+열(120cal/g)

■ 수화반응 속도에 영향을 주는 요인

- **시멘트의 조성:** 크링커화합물 중 C_3A의 반응 속도가 가장 빠르며 수화를 지연시키기 위해 석고를 혼입한다.
- **분말도:** 분말도가 클수록 수화반응 속도가 빠르다.
- **온도:** 양생온도가 높을수록 빠르다.
- **습도:** 습도가 높을수록 빠르다.
- **물시멘트비(W/C):** 초기 수화에는 큰 영향이 없으나 후기(31일 이후)에는 물시멘트비가 클수록 빠르다.

주요구조부(主要構造部, main structural part)

'주요구조부'란 다음 표의 어느 하나에 해당하는 구조부 및 이에 준하는 것으로서 구조물의 기능상 주요한 역할을 수행하는 구조부를 말한다.

구분	주요구조부
건축물	내력벽, 기둥, 바닥, 보, 지붕, 기초, 주계단
플랜트	기초, 설비, 서포터
교량	기초부, 교대부, 교각부, 거더, 콘크리트 슬래브, 라멘구조부, 교량받침, 주탑, 케이블부, 앵커리지부
터널	숏크리트, 록볼트, 강지보재, 철근콘크리트라이닝, 세그먼트라이닝, 인버트 콘크리트, 갱구부 사면
도로	차도, 중앙분리대, 측도, 절토부, 성토부
철도	콘크리트궤도, 승강장, 지하역사 구조부, 지하차도, 지하보도, 여객통로
공항	활주로, 유도로, 계류장
쓰레기 · 폐기물 처리장	기초, 콘크리트 구조부, 설비 서포터
상하수도	철근콘크리트 구조부, 철골 구조부, 수로터널, 관로이음부
하수 · 오수처리장	수조 구조부, 수문 구조부, 펌프장 구조부
배수펌프장	침사지, 흡수조, 토출수조, 유입수문, 토출수문, 통문, 통관
항만 · 어항	콘크리트 바닥판, 콘크리트 널말뚝, 토류벽, 강말뚝, 강널말뚝, 상부공, 직립부, 콘크리트 블록, 케이슨, 사석 경사면, 소파공, 기초부
하천	하구둑, 보, 수문 본체, 문비, 제체, 호안
댐	본체, 여수로, 기초, 양안부, 여수로 수문, 취수구조물
옹벽	지반, 기초부, 전면부, 배수시설, 상부사면
절토사면	상부자연사면, 사면, 사면하부, 보호시설, 봉강시설, 배수처리시설, 이격거리 내 시설
공동부	공동구 본체
삭도	상부앵커, 하부앵커, 지주, 케이블

※ '그 밖의 구조부'란 주요구조부가 아닌 구조부를 말함

● 건축물 주요구조부(主要構造部, main structural part) [건축법 제2조제1항제7호]

건축물의 구조상 골격(骨格) 부분을 말하며, 안전에 결정적인 역할을 담당하며 개축 또는 대수선(大修繕) 등의 건축행위를 구분하는 데 기준이 된다. 최하층 바닥과 옥외계단, 기초 등을 제외한 내력벽(耐力壁), 기둥, 바닥(床), 보, 지붕틀, 주계단을 일컫는다.

주요구조부
지붕틀
내력벽
큰보
기둥
바닥
주계단

주요구조부가 아닌 것
사이기둥
차양
작은보
옥외계단
최하층 바닥
기초

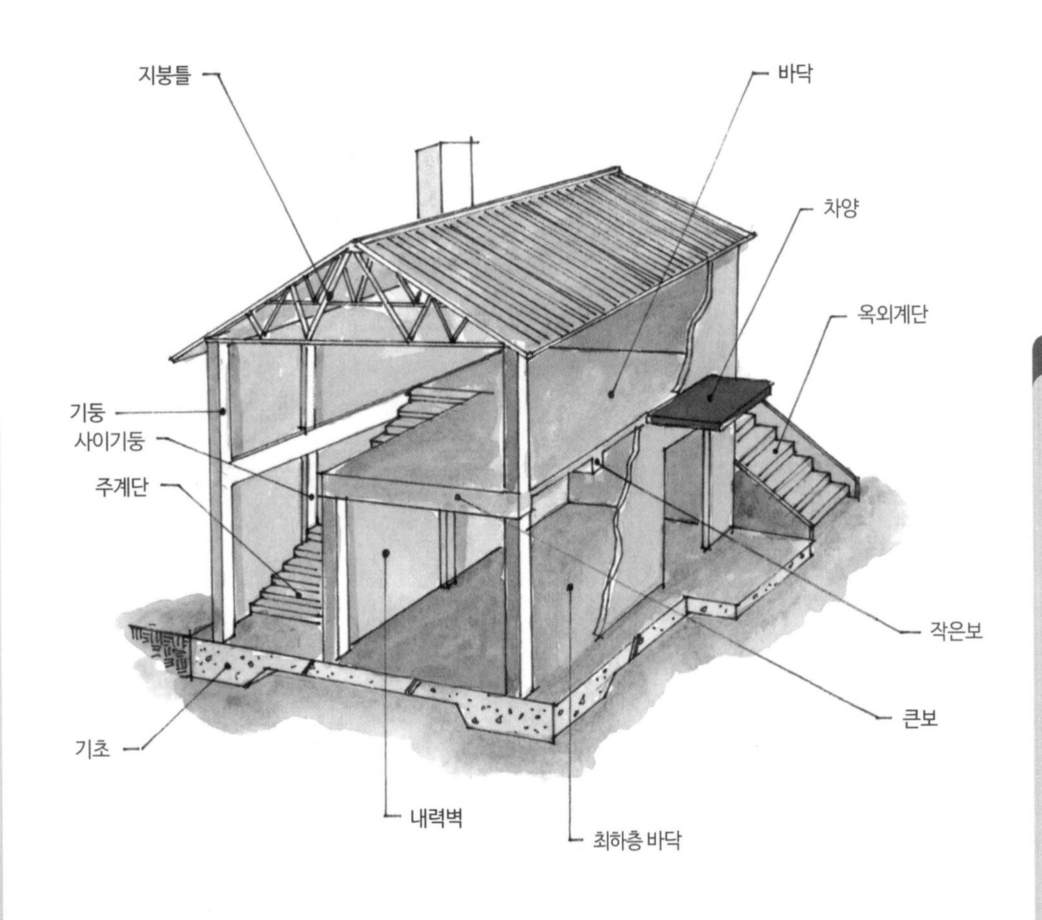

[주요구조부 도해]

용어해설

지붕틀(roof truss)
지붕을 형성하는 골조를 말하며, 지붕에 가하는 외력과 하중을 지지하고 축조에 전달하는 역할

기둥(柱, column/post/pillar)
건축물의 상부 지붕하중을 기초로 전달하는 수직부재의 총칭

큰보(大梁, girder)
기둥과 기둥을 연결하는 보부재를 말하며, 영어식 표현으로는 거더(girder)로 지칭

층(層, story/floor)
건축물에서 바닥면과 위에 있는 바닥면과의 사이에 있는 공간

주계단(主階段, main stairs/main steps)
상부와 하부를 이동할 수 있는 건축물의 주요한 부위의 단이 있는 구조물

내력벽(耐力壁, bearing wall/structural wall)
쌓기공사의 일부분으로 벽체 · 바닥 · 지붕 등의 수직하중, 수평하중을 받아 기초에 전달하는 벽체

용어해설

차양(遮陽, pent roof)
햇볕을 가리거나 비가 들이치는 것을 막기 위하여 처마 끝에 덧붙이는 좁은 지붕

바닥(床, floor/slab)
공간을 수평방향으로 칸막이한 건물의 부위

사이기둥(間柱, stud)
① 건물 구조체 내의 수직재로서 원기둥의 사이에 세우는 작은 기둥
② '샛기둥'이라고도 함

작은보(小梁, beam)
① 큰보에 얹히는 보
② 구조물의 틀 · 뼈대를 형성하는 수평부재로 바닥판 · 장산 등을 직접 받게 되는 보

옥외계단(屋外階段, outdoor stairs)
건물외부에 설치된 계단으로서 사람이 오르내리기 위하여 단(段)이 있는 구조물

기초(基礎, foundation/footing)
구조물에서 전달되는 하중을 지반으로 전달하기 위한 건물 하부구조로서 기초 슬래브 및 말뚝의 총칭

● 콘크리트의 균열은?

응력-변형도의 곡선을 보면 대략 30% 내외에서 콘크리트의 균열은 탄성적 거동이라고 할 수 있는 직선에 가까운 모양을 보이다가, 압축력이 점점 더 가해지면 콘크리트 내부에서는 가장 취약한 부분에서부터 균열이 발생하기 시작한다.

가장 취약한 부분은 골재와 시멘트 페이스트(결합재, binder)가 접촉되는 부분이다. 콘크리트는 잔골재와 굵은골재를 접착제에 해당하는 시멘트 페이스트가 붙잡고 있는 형상이다. 콘크리트 타설 후 블리딩(bleeding) 현상으로 인하여 굵은골재 하부면에 공극이 발생하게 되므로 약한 부분부터 균열이 발생하기 시작한다.

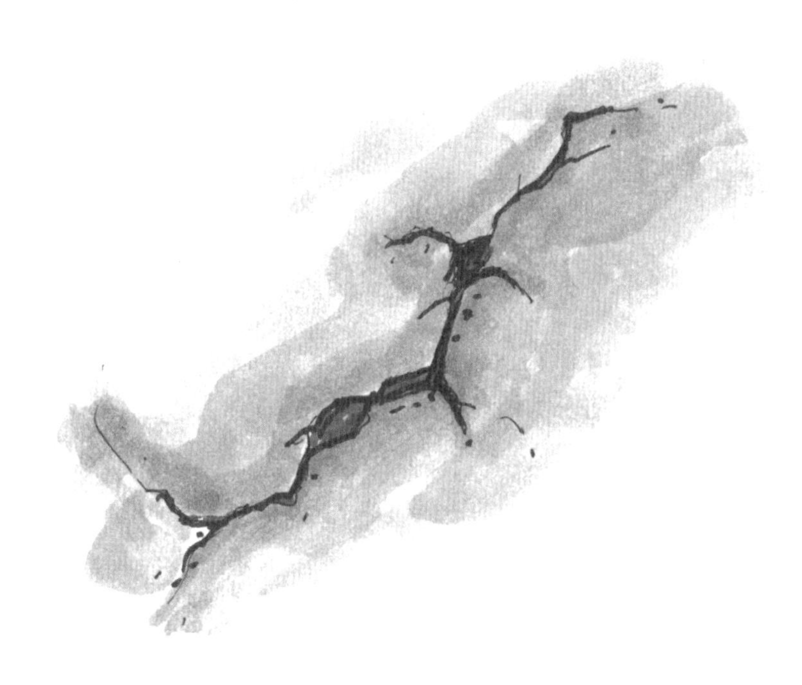

[콘크리트의 균열]

● 콘크리트 타설 시 고려사항

바이브레이터를 하층의 콘크리트에 10cm 정도 삽입하여 단단하게 하여 일체화한다. 경화 중인 콘크리트에 한 번 더 타설한 부분이 적절하게 시공되면 표면 마무리가 잘 된다.

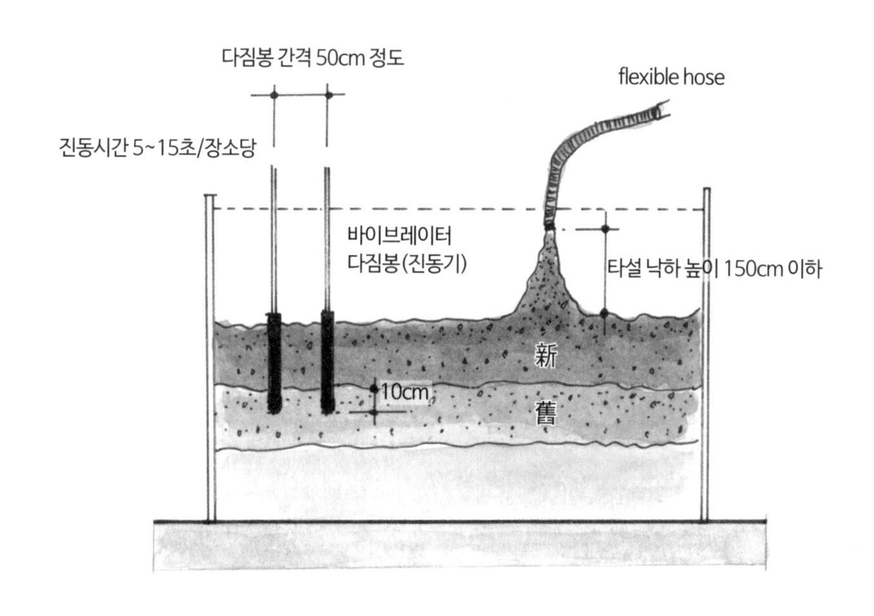

[콘크리트 타설 단면도]

주요구조부의 선정 배경

건축법에서 '주요구조부(main structural parts)'란 화염의 확산을 막을 수 있는 성능, 즉 **방화(防火)에 있어 중요한 구조 부분을 말한다.** 건축물의 주요한 부분인 벽, 기둥, 보, 지붕틀 및 계단을 말하며 칸막이벽, 샛기둥, 최하층의 바닥, 옥외계단 등은 제외하고 있다. 이 부분에서 기초나 최하층 바닥은 구조적으로 매우 주요한 부분이다. 그러나 기초나 최하층 바닥은 지면(흙)에 닿아 있을 가능성이 크고, 흙은 그 속에 수분을 포함하고 있어 기초나 최하단 바닥면은 흙 속의 수분으로 인해 방화가 가능하다고 법에서는 판단하여 '주요구조부'에서 제외하고 있다(건축법 제2조제7호).

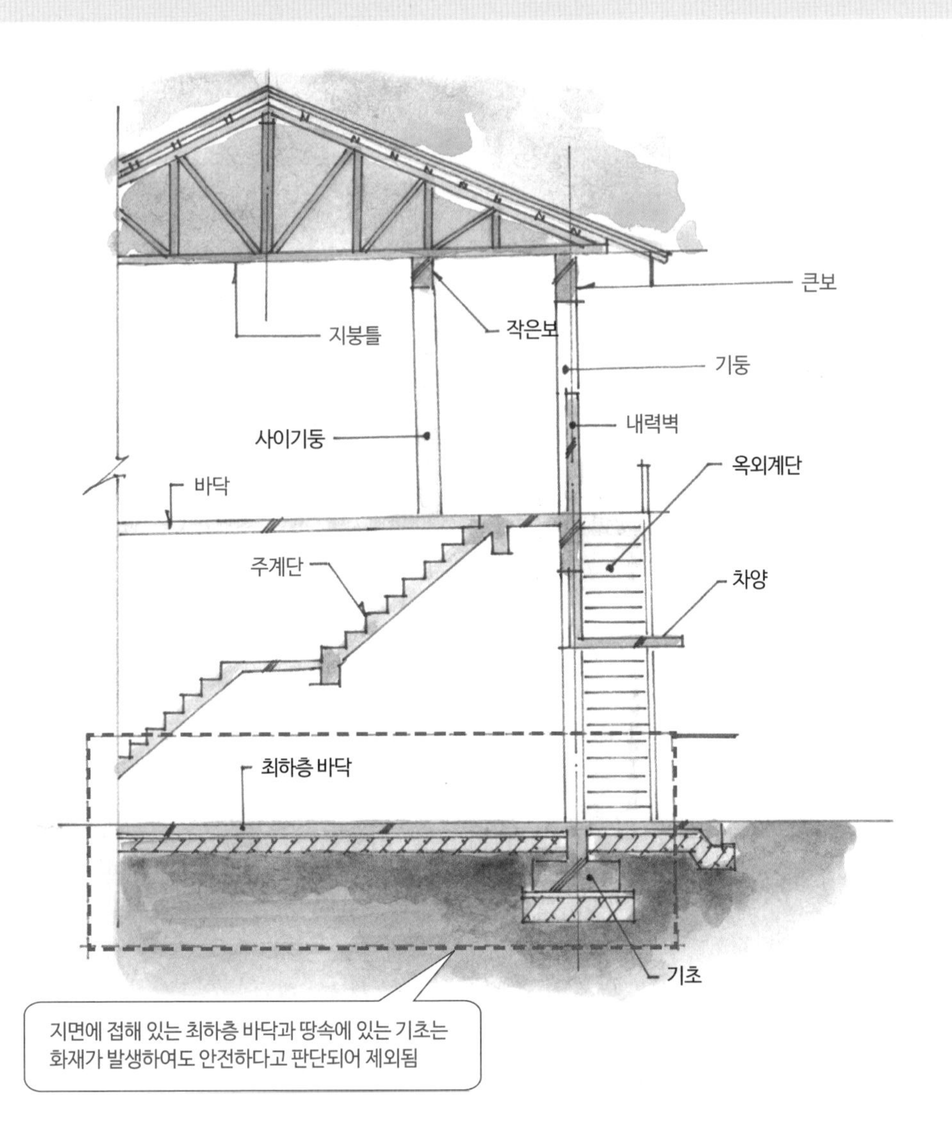

■ 건축구조기준에 따른 주요구조의 특징 내용

건축법상 '주요구조부'와 유사한 용어로 '구조부재'가 있는데, 이는 건축물의 뼈대가 되는 구조재로서 별도로 용어 정의를 하고 있다. (건축물의 구조기준 등에 관한 규칙 제2조제1호 참조)

이렇게 '주요구조부' 정의에 기초와 최하층 바닥이 제외되어 있기 때문에 철근콘크리트조와 같이 일체식 구조가 아닌 목조 방식이나 철골조 방식의 건축물의 경우 그 상층부의 구조체를 들어서 이전이 가능한 것이다.

건축물의 구조기준 등에 관한 규칙(약칭: 건축물구조기준규칙)

[시행 2005. 4. 6.] [건설교통부령 제433호, 2005. 4. 6. 전부 개정]

제1장 총칙 제2조(정의). 이 규칙에서 사용하는 용어의 정의는 다음과 같다.

5. "벽"이라 함은 두께에 직각으로 측정한 수평치수가 그 두께의 3배를 넘는 수직 부재를 말한다.
6. "기둥"이라 함은 높이가 최소단면치수의 3배 혹은 그 이상이고 주로 축방향의 압축하중을 지지하는 데에 쓰이는 부재를 말한다.

허용 균열폭

공동주택 하자의 조사, 보수비용 산정 및 하자판정기준 [시행 2021. 12. 9.]

제7조(콘크리트 균열)

① 콘크리트에 발생한 균열은 **균열폭이 0.3mm 이상인 경우 시공하자**로 본다.

② 제1항에도 불구하고 다음 각 호의 어느 하나에 해당하는 균열폭 0.3mm 미만의 콘크리트의 균열은 시공하자로 본다.

1. 누수를 동반하는 균열
2. 철근이 배근된 위치에 철근길이 방향으로 발생한 균열
3. 관통균열

일반콘크리트 KCS 14 20 10 : 2022

1.9.1 일반사항

(6) 콘크리트는 침하균열, 소성수축균열, 건조수축균열, 자기수축균열 혹은 온도균열에 의한 균열폭이 KDS 14 20 30(부록 4.1.2)의 허용 균열폭 이내여야 한다.

콘크리트구조 사용성 설계기준 KDS 14 20 30 : 2021

콘크리트 LHCS 14 20 10 05 : 2020

4.1.2 허용 균열폭

구분	강재의 부식에 대한 환경조건			
	건조 환경	습윤 환경	부식성 환경	고부식성 환경
철근	0.4mm와 0.006Cc 중 큰 값	0.3mm와 0.005Cc 중 큰 값	0.3mm와 0.004Cc 중 큰 값	0.3mm와 0.0035Cc 중 큰 값
긴장재	0.2mm와 0.005Cc 중 큰 값	0.2mm와 0.004Cc 중 큰 값	-	-

※ 여기서, Cc는 최외단 주철근의 표면과 콘크리트 표면 사이의 콘크리트 최소 피복두께(mm)

콘크리트균열보수 LHCS 14 20 10 25 : 2020

1.5 관리기준

(1) 수급인은 시공하고 있는 구조물의 균열관리대장을 작성, 관리하여야 한다.

(2) 균열관리는 균열의 형상에 따라 균열관리방법을 달리할 수 있다.

(3) 관찰 주기 및 횟수는 각각의 균열에 대한 **최초관찰 후 2개월 간격으로 2회 이상 관찰을 실시(총 3회 이상)**하여 다음 각 호와 같이 조치하여야 한다.

① 비진행성 균열인 경우 이 기준 3.1 (3)에 의해 처리

② 진행성 균열인 경우

가. 2개월 간격으로 계속 관찰하면서 균열의 진행이 종료되었음을 확인한 경우 이 기준 3.1 (3)에 의해 처리

나. 후속공정 등의 영향으로 균열진행 종료 전에 보수가 필요한 경우 이 기준 3.1 (2)에 의해 처리

(4) 관찰주기는 다음 각 호와 같은 경우에 수급인이 감독자와 협의 후 조정할 수 있다.

① 급격한 균열의 진전 또는 구조물 내력과 관련이 있을 것으로 추정되는 균열 발생 시

② 보수시점 및 후속공정계획에 따라 조정이 필요한 경우

3.1 보수 시기

(1) 균열폭에 따른 보수기준

① LHCS 14 20 10 05(표 3.12-4, 표 3.12-5)의 **허용 균열폭을 초과하는 균열은 반드시 보수**하여야 한다.

② 콘크리트면에 발생한 균열이 허용 균열폭 미만이더라도 다음 각 호의 사항에 해당할 때에는 보수하여야 한다.

가. 누수되는 부위

나. 철근이 배근된 위치를 따라 발생한 균열

다. 도장 외의 별도마감 없이 콘크리트면이 노출되는 부위로 미관상 보수를 요하는 부위: 발코니슬래브, 발코니 및 복도난간, 벽체 외부면 등

(2) 보수 시점은 수급인과 감독자가 협의하여 정하되 보수물량, 진행성 균열의 보수 시점, 계절 및 기타 현장 여건을 감안하여 보수 시점 및 횟수를 조정할 수 있다.

(3) **균열은 진행이 종료된 이후에 보수함을 원칙**으로 한다. 다만, 다음의 경우에는 균열진행 종료 이전에도 보수할 수 있다.

① 진행이 종료된 균열의 보수시점에 맞추어 보수하고 추후 균열의 진전여부를 관찰함이 바람직하다고 판단하여 수급인과 감독자가 협의한 경우

② 균열로 인한 누수심화 등 기능상 보수가 시급한 경우

③ 균열 발생 부위가 후속공정(되메우기, 수장 등)에 의하여 마감 또는 매립되는 경우

④ 균열이 구조적인 균열로 발전할 가능성이 있거나 내력 손상에 영향을 줄 수 있다고 판단되는 경우

(4) 내력상 구조물에 유해한 영향을 미칠 수 있을 것으로 판단되는 균열은 수급인이 감독자와 협의 후 구조물 내력과 관련된 균열 조치기준에 관한 전문가의 진단 및 자문을 받아 조치하여야 한다.

(5) 수급인이 균열폭에 따른 보수공법을 선정할 시에는 표 3.1-1을 기준으로 균열이 발생한 부위, 누수여부, 균열의 거동성, 균열 발생 위치(철근위치 발생 여부) 등을 종합적으로 고려하여 균열폭에 따른 보수공법을 선정한다.

표 3.1-1 균열폭에 따른 보수공법

균열폭(mm)	보수공법		
	표면처리공법	주입공법	충전공법
0.2 미만	○		○
0.2 이상 0.3 미만	○	○	○
0.3 이상 1.0 미만		○	○
1.0 이상		○	○

3.2 균열 보수 공법별 자재 적용

(1) 균열 보수 공법별로 사용되는 보수자재의 적용은 일반적으로 표 3.2-1에 따른다.

(2) 수급인이 상기 자재 외에 누수부위의 지수용으로 우레탄 수지를 사용할 경우 적용범위 및 종류 등에 대해서는 공사감독자(건설사업관리자)와 협의하여야 한다.

표 3.2-1 균열 보수 공법별 보수자재의 적용

보수공법	보수자재	적용기준
주입공법	경질형 에폭시 수지	비진행성 또는 균열 거동이 미약한 경우
	연질형 에폭시 수지	진행성 또는 균열이 거동하는 경우
충전공법	유연성 에폭시 수지	비진행성 또는 진행성 균열
표면처리공법	폴리머 시멘트 페이스트 퍼티형 에폭시 수지 제조사별 표면 처리재	비진행성 또는 균열 거동이 미약한 경우
	유연성 에폭시 수지 제조사별 표면 처리재	진행성 또는 균열이 거동하는 경우

■ 콘크리트 균열관리 및 마감처리 보수 필요

방수보호 무근(無筋) 콘크리트 구간에 발생된 균열 중 일부 구간에 균열보수가 미흡하여 방수성능 등 내구성 저하가 우려되므로 균열보수 조치가 필요하며, 또한 벽체부와 바닥부가 이어지는 부분의 마감 실런트(sealant) 일부 탈락으로 보수가 필요하다.

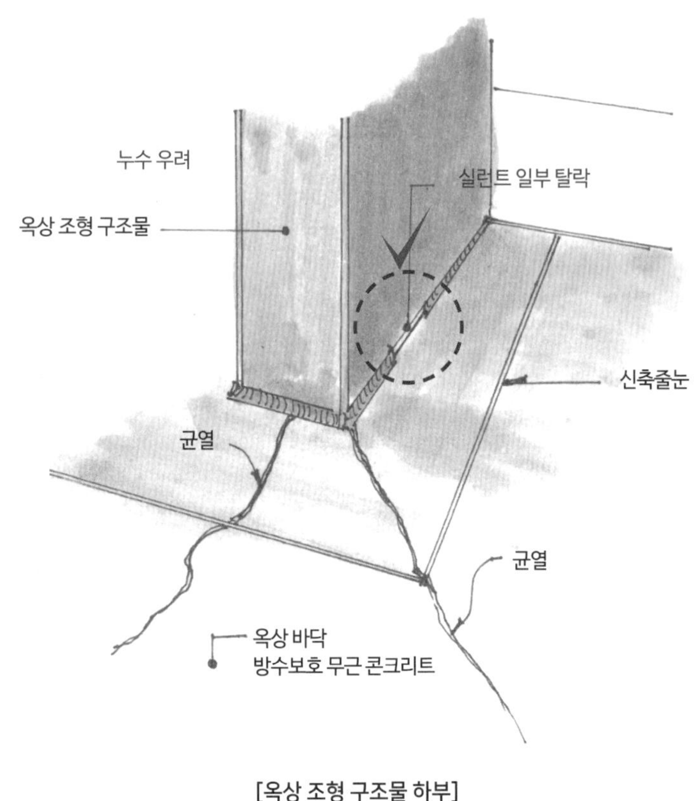

[옥상 조형 구조물 하부]

용어해설

실런트(sealant)
① 실(seal)재
② 조인트나 그 틈새를 공기나 물이 통과하지 못하게 막는 데 사용하는 점성재료

■ 콘크리트 구조물 균열관리 미흡

- 벽체 구간에 대해 4차에 걸쳐 균열 조사를 하였으나, 점검일 현재 추가로 발생된 균열 13개소에 대하여 콘크리트 구조물 균열대장에 조사 및 기록관리를 실시하지 않았다.
- 자체 균열 및 재료분리 관리계획서가 작성되어 있으나, 허용 균열폭(0.4mm) 이상의 균열에 대한 구조검토 등 원인분석 및 보수 · 보강을 위한 계획 수립을 하지 않았다.
- 총괄감리원은 시공사가 허용 균열폭 이상의 균열이 발생한 벽체에 대한 조사 및 기록관리, 원인분석 및 보수 · 보강을 위한 계획 수립을 실시하지 않았음에도 검토 확인, 시정지시 등 적정한 조치를 하지 않았다.

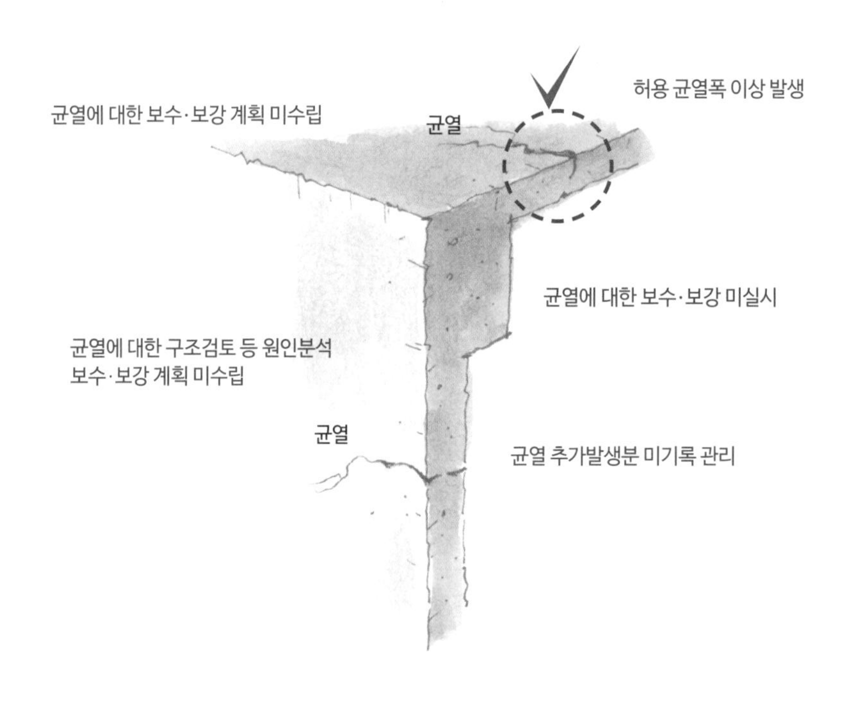

[콘크리트 구조물 균열]

■ 균열관리대장 작성 및 보수 미흡

균열 발생 부분, 균열관리대장에는 보수 완료로 되어 있으나, 보수의 흔적도 없으며 보수 완료 후 뿜칠 시공한 구간에 누수가 발생했다.

■ 균열관리 미흡

옥상방수층 보호(누름)콘크리트 균열(L=0.9m), 옥상 천장부(L=1.5m) 균열이 발생하였으나 균열 발생 시점과 종점을 관리하지 않고 있다.

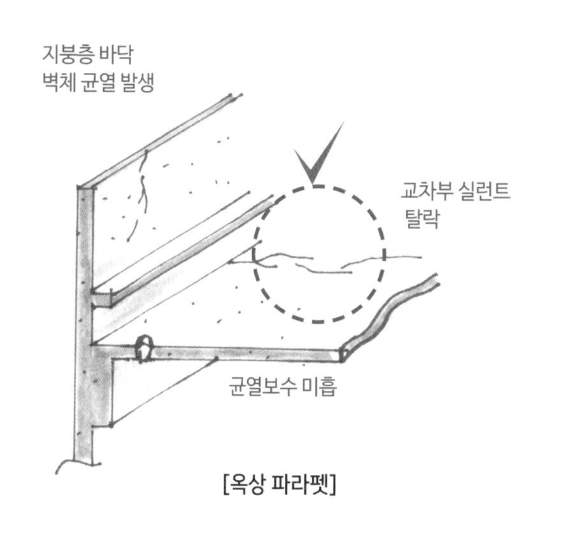

[옥상 파라펫]

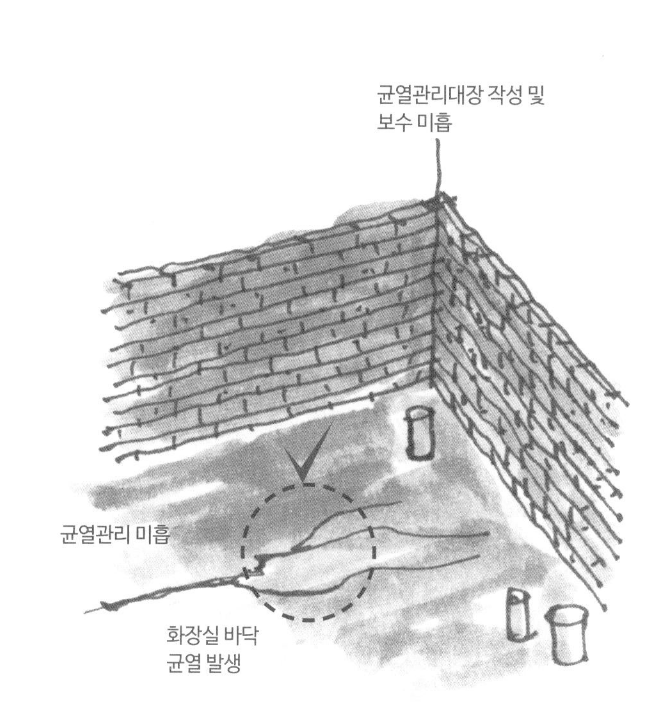

[화장실 바닥]

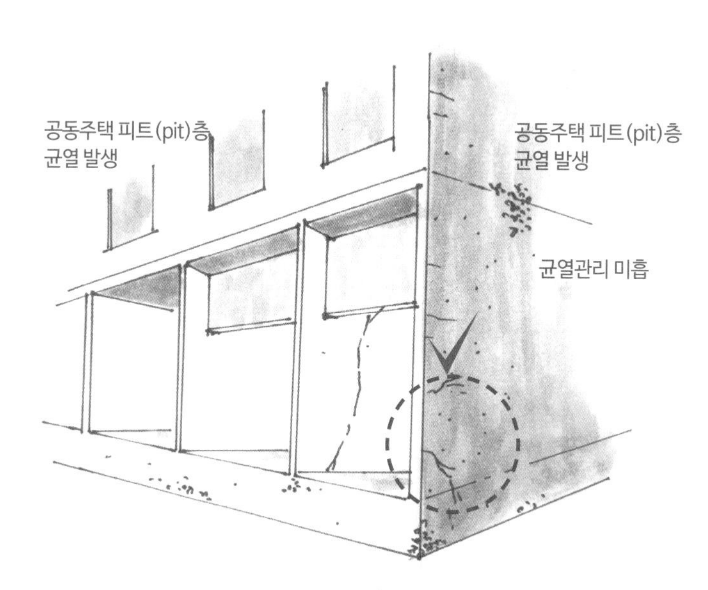

[피트층 구조물]

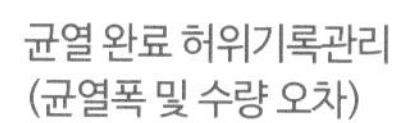

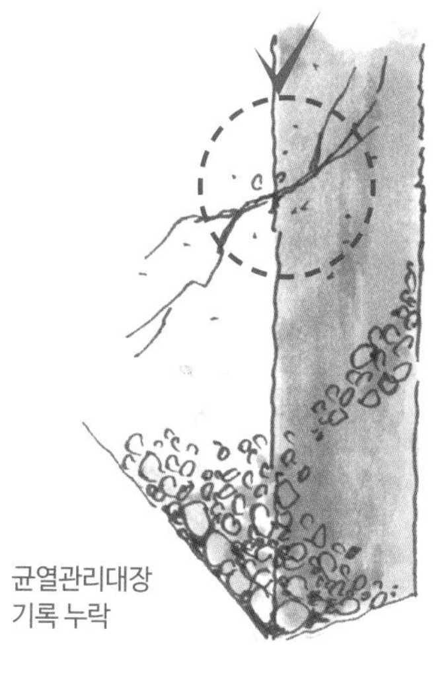

[벽체]

■ 균열관리 미흡

균열관리대장은 관리되고 있으나, 위치도에 균열 발생일, 균열폭, 균열길이 등의 기록이 누락되었다.

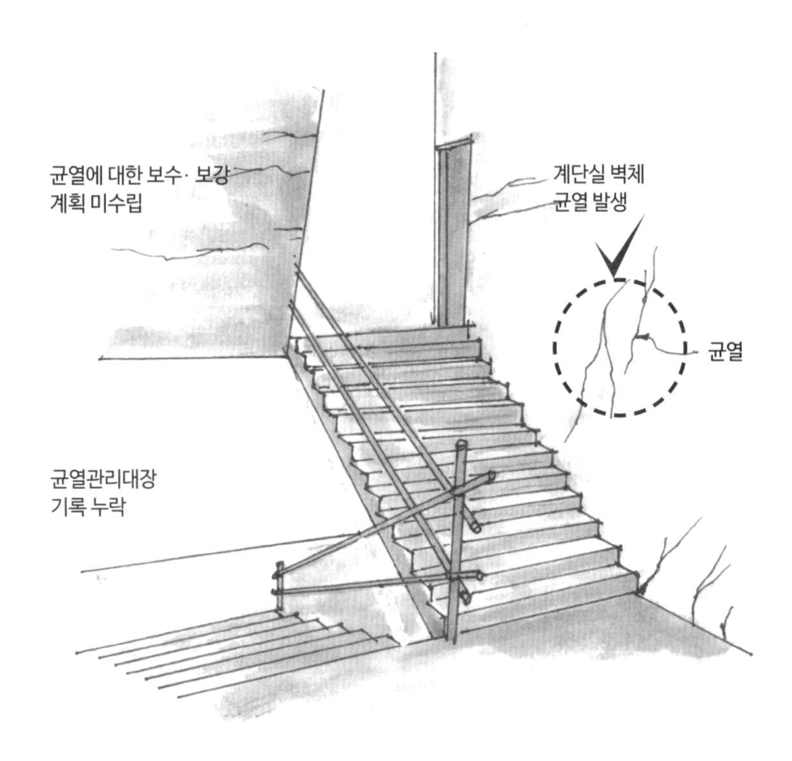

[비상계단실]

■ 균열관리대장 관리 철저

약 1m 이상의 균열이 관리대장에 누락되어 있어 해당 균열을 즉시 감독원에게 보고하고, 감독원과 협의하여 보수방안을 강구하며, 균열관리대장에 누락된 균열이 추가로 있는지 조사할 필요가 있다.

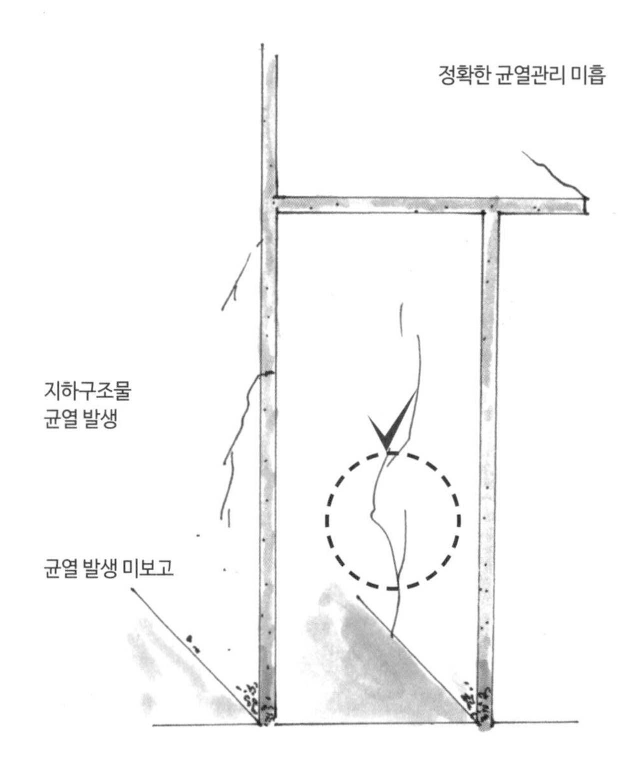

[지하구조물]

■ E/V 기계실 벽체 콘크리트의 균열 발생

주동(主棟) 옥탑내부 건조수축 및 응력집중에 의한 경사 균열(0.2mm 이하)이 발생, 허용 균열폭(幅)보다 작으나 균열관리대장을 일부 누락한 층이 발견(E/V 기계실 등)되었다.

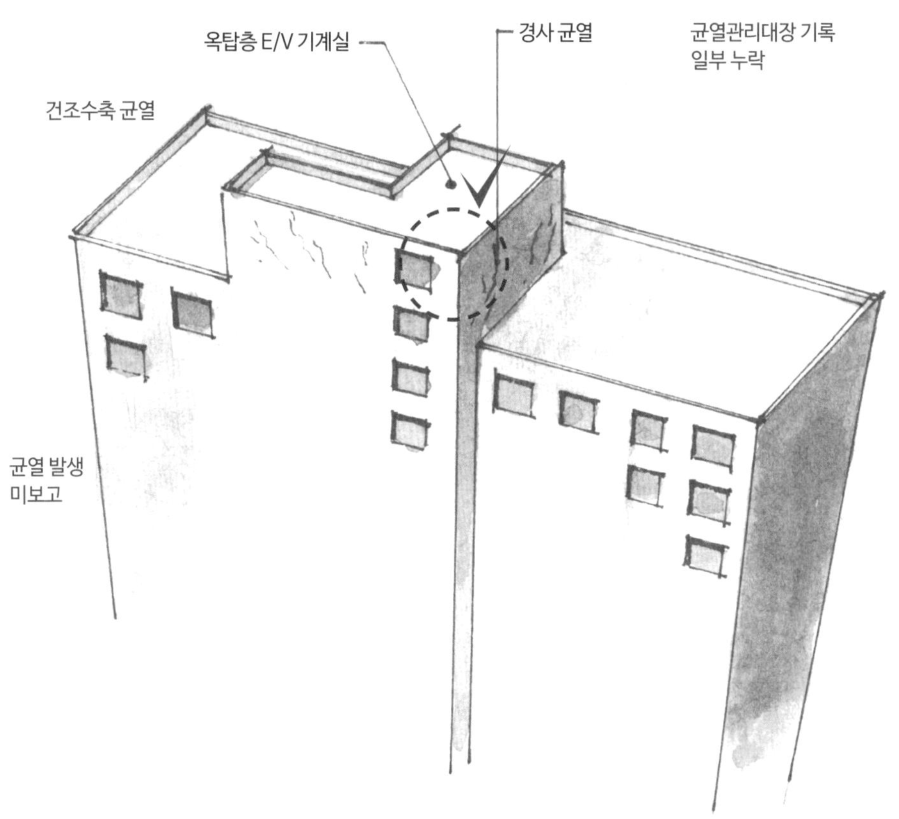

[아파트 옥상 기계실]

■ 균열점검(조사) 시기

타설 후 상당한 시간이 지난 후라도 균열이 발견된 시점부터 점검주기를 적용할 수 있다.

구분	정기점검 주기	비고
1차 점검	거푸집 해체 즉시(1주일 이내)	• 점검주기는 현장 여건에 따라 변경 가능 • 작업 여건상 균열보수를 할 경우 균열진행이 1~3개월 내 진행 여부를 감리확인 후 보수 진행
2차 점검	1차 점검 후 1개월 이내	
3차 점검	2차 점검 후 3개월 이내	
4차 점검	균열 보수 후, 필요시 확인점검	

용어해설

균열관리대장(龜裂管理臺帳, crack management ledger)

① 시멘트나 건물 균열을 관리하기 위해 기록하는 문서 서식
② 구조 품명 및 규모, 위치, 원인, 최초 발견일, 관리방법, 보수 현황, 단면도 및 전개도, 발생 부위 NO, Con'c 타설일, 타설 시 온도, 1차 조사(일자, 균열폭, 균열 길이, 조사자, 감리원), 2차 조사(일자, 균열폭, 균열 길이, 조사자, 감리원), 3차 조사(일자, 균열폭, 균열 길이, 조사자, 감리원)
③ 균열은 지하 및 지표에 공사를 하고 난 다음 설립된 구축물에 생기는 금을 말하며 균열 상황을 전반적으로 파악하기 위해 작성하는 것이 바로 균열관리대장
④ 균열관리대장은 균열에 관하여 일정한 양식에 맞춰 작성할 수 있도록 만들어진 서식으로 균열에 관련된 위치, 원인, 최초 발견일, 관리방법, 보수 현황, 단면도 및 전개도, 발생 부위 등의 정보가 기재되어 있어 전반적인 균열 정보 확인 가능

● 콘크리트 균열(龜裂)

콘크리트의 균열은 설계하중, 외적 환경의 원인, 재료 특성, 배합 조건 및 시공적인 요인에 의하여 발생하며 구조적 균열(structural crack)과 비구조적 균열(nonstructural crack)로 구분된다.

■ **콘크리트 구조물에 균열 발생**

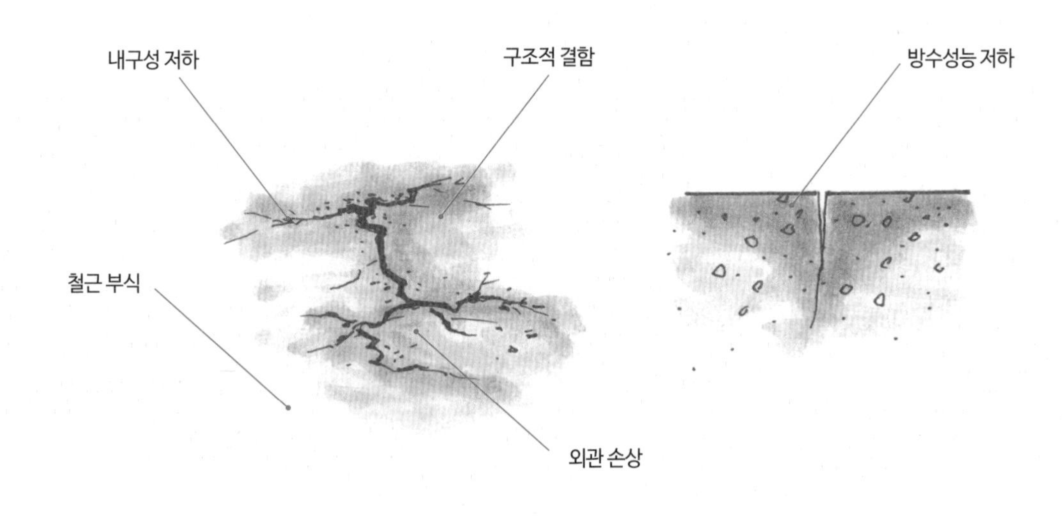

콘크리트에서 건조수축 균열이 가장 많이 발생 → 구조물의 성능 저하를 촉진

■ **건조수축 균열 개요도**

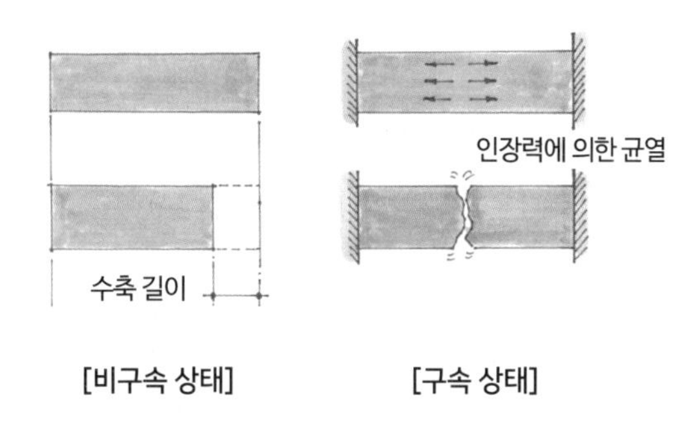

■ **설계 초기 단계**

- 콘크리트의 재료 선정
- 배합설계
- 시공 및 구조물 평가에 주의

■ **균열 발생의 메커니즘**

- 콘크리트 내부의 모르타르 매트릭스와 골재 사이의 계면은 균열에 취약
- 콘크리트가 1축 압축응력을 받으면 직교 방향으로 인한 변형률 발생
- 골재와 매트릭스 경계면에서 인장에 의한 균열 발생

참고자료

- 소성수축(plastic shrinkage)
- 자기수축(autogenous shrinkage)
- 건조수축(drying shrinkage)
- 탄화수축(carbonation shrinkage)

콘크리트란?

필러(filler)와 바인더(binder)로 구성된 혼합물이다. 바인더(cement paste)는 필러를 함께 접착하여 집성체를 형성하는데 바인더로 사용되는 요소는 시멘트와 물이며, 필러의 소요는 잔골재(세골재, fine aggregate) 혹은 굵은골재(조골재, coarse aggregate)로 시멘트와 물의 수화반응(水和反應)에 의하여 응결 및 경화되는 특성을 가지고 있다. 콘크리트의 조성은 골재(70%), 시멘트(10%), 물(15%), 공극(5%)으로 이루어져 있다.

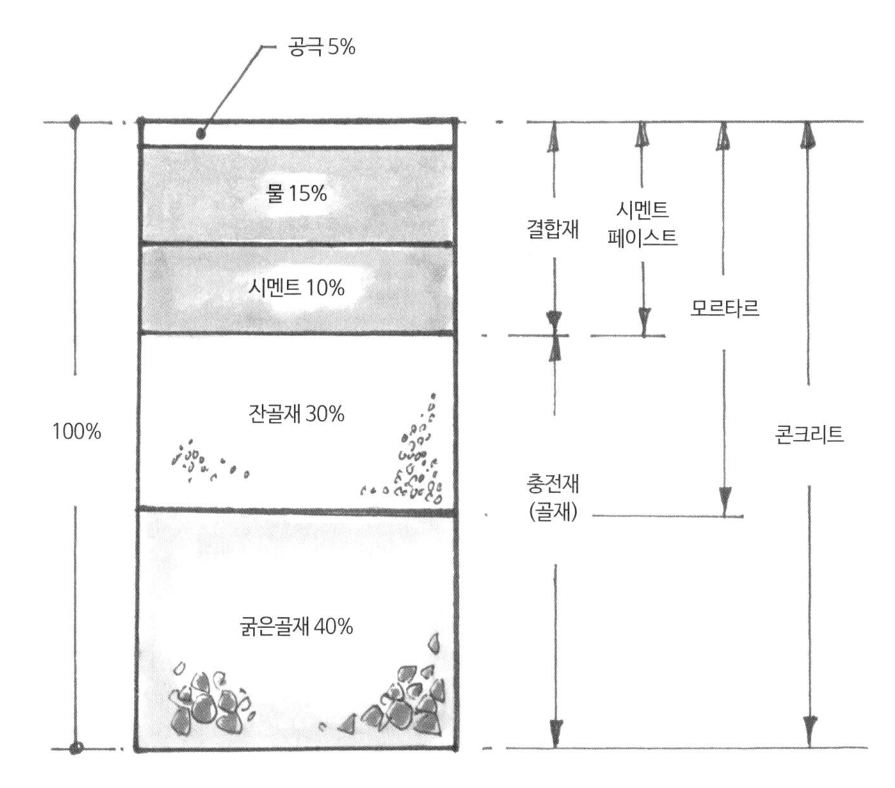

[콘크리트의 조성]

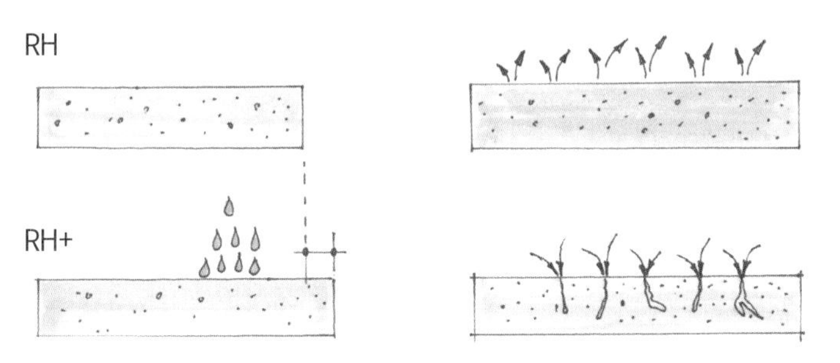

수분 함량이 높은 콘크리트는 수분 함량이 낮은 콘크리트에 비해 부피가 증가함

콘크리트가 수화반응을 하는 데 필요한 양은 시멘트량의 40% 이하이다. 일반적으로 물시멘트비는 45~60% 정도로 사용한다. 워커빌리티(workability)에 기여한 잉여수가 건조하면서 콘크리트는 수축을 한다. 건조에 의해서 발생하는 콘크리트의 수축이 구속되지 않을 경우 콘크리트에 균열은 발생하지 않는다.

그러나 콘크리트 구조물은 기초나 다른 구조요소 또는 콘크리트 내의 보강철근 등에 의해 구속을 받게 된다. 이러한 수축작용의 구속은 인장응력을 유발시키며 이 인장응력이 콘크리트의 인장강도에 도달했을 때 콘크리트에 균열이 발생한다.

건조수축(drying shrinkage)에 영향을 미치는 인자

■ 시멘트

분말도가 높을수록 수축률이 크다. 분말도의 증가가 수축의 증가와 비례하는 것은 아니며 시멘트의 화학성분이 큰 영향을 미친다.

■ 골재의 형태에 따른 영향

전체 콘크리트의 65~75%를 차지하는 굵은골재와 잔골재는 수축에 중요한 영향을 미친다. 골재의 압축성은 콘크리트의 건조수축량 크기에 가장 큰 영향을 미친다. 골재의 탄성계수가 클수록 콘크리트의 수축현상을 감소시킬 수 있다. 흡수율이 작을수록 수축은 작다. 불량한 입도의 골재를 사용하면 적절한 작업성을 위하여 많은 양의 모래를 사용하기 때문에 건조수축을 증가시킨다.

■ 함수비와 배합비의 영향

배합수는 건조수축에 가장 큰 영향을 미친다. 물의 양이 증가할수록 건조수축량은 증가한다.
단위수량을 가능한 한 줄일수록, 전체 골재량을 증가시킬수록 콘크리트의 건조수축은 줄어든다.

■ 화학적 혼화제의 영향

콘크리트의 특성을 개선시키는 데 이용하는 가장 일반적인 혼화제로 AE제, 감수제, 경화촉진제, 경화지연제 등이 있다.
AE제는 공극량을 증가시켜 건조수축을 증가시킨다. 공기의 함유는 슬럼프 감소 없이 배합수량을 감소시킬 수 있다. 경화촉진제는 건조수축을 증가시킨다.

■ 포졸란 재료의 영향

건조수축과 단위수량을 증가시킨다.

■ 습윤양생 기간의 영향

습윤양생 기간은 건조수축에 큰 영향이 없다.

■ 부재의 크기에 따른 영향

콘크리트부재의 크기는 콘크리트 내의 수분이동에 영향을 주고 건조수축에도 영향을 준다.

균열(龜裂) [출처: 유지관리지침서, 서울특별시 건설안전본부, 2007. 2.]

콘크리트 구조물에 발생하는 균열의 원인은 많으나 실용적인 목적에서 균열은 구조적 균열(structural crack)과 비구조적 균열(non-structural crack)로 분류할 수 있다.

균열의 분류

분류	정의	주요 원인
구조적 균열 (structural crack)	구조물이나 구조부재에 사용 하중의 작용으로 인해 발생한 균열	• 설계 오류 • 설계하중을 초과하는 외부하중 작용 • 단면 철근량의 부족 • 물리적인 손상, 폭발, 충격
비구조적 균열 (non-structural crack)	구조물의 안전성 저하는 없으나 내구성, 사용성 저하를 초래할 수 있는 균열	• 급속한 건조에 의한 소성수축 균열 • 건초수축 시 구속에 의한 균열 • 수화열에 의한 온도응력 • 철근의 부식으로 심한 성능 저하

■ 비구조적 균열

1. 비구조적 균열의 형태

비구조적 균열은 대표적으로 소성수축(plastic shrinkage), 초기 온도수축(early thermal contaction), 장기 건조수축(long-term drying shrinkage)의 3가지 중요한 형태가 있다. 이들 분류는 균열 형태를 판별하는 데 중요하며, 균열의 종류에 따라 균열이 일어나는 시간대(즉, 소성: 최초 수 시간, 온도수축: 1일부터 2~3주간, 건조수축: 수주~수개월)를 나타내어 균열진단에 중요한 초기지침을 제공한다.

크레이징(crazing) 현상, 즉 작은 불규칙 모양을 한 표면층의 균열은 시간에 영향을 받지 않고 환경조건에 따라 결정된다. 또한 염화물의 침투로 인한 철근의 부식으로 발생하는 균열과 알칼리 골재반응에 의한 균열도 비구조적 균열의 형태이다.

비구조적 균열의 분류

균열 형태	소분류	위치	주요 원인	2차 원인	발생 시기
소성침하	철근 상부	깊은 단면	과도한 블리딩	급속 초기 건조 상태	수십 분 ~3시간
	arching	기둥 상단			
	깊이 변화	슬래브 홈			
소성수축	대각선	도로와 슬래브	급초기 건조	저속 블리딩	30분~ 6시간
	random	철근콘크리트 슬래브			
	철근 상부	철근콘크리트 슬래브	급초기 건조 및 표면근접 철근		
초기 온도수축	외부구속	두꺼운 벽	과도한 열 방출	급냉각	1~3주일
	내부구속	두꺼운 슬래브	과도한 온도 차이		
장기 건조수축	-	얇은 슬래브 및 벽	비효율적 조인트	과도한 수축, 비효율적 양생	수 주일 ~수개월
크레이징 (crazing)	거푸집면	콘크리트면	비침투성 거푸집	부배합 및 양생 불량	1~7일
	콘크리트 마감(floated)	슬래브	과도한 흙손질		
철근 부식	자연적	기둥과 보	불충분한 피복	불량한 콘크리트 품질	2년 이상
	염화칼슘	pc	과도한 염화칼슘		
알칼리 골재반응	-	습윤 위치	알칼리 골재 및 고알칼리 시멘트	-	5년 이상

2. 소성균열

소성균열은 콘크리트 타설 후 1시간에서 8시간 사이에 콘크리트가 굳어지기 전에 발생하지만 흔히 다음 날에도 발견되지 않는다. 일반적으로 소성균열은 소성침하나 소성수축으로 인해 나타난다. 소성침하 균열은 보통 단면 깊은 곳에서 나타나고 소성수축 균열은 수분증발이 많은 노출된 평편한 슬래브에서 많이 발생한다. 그러나 두 가지가 복합적인 원인이 되어 일어나기도 하고 두 가지 형태 모두 블리딩 현상으로 인해 서로 상치되는 현상으로 나타나기도 한다.

① 블리딩(bleeding)

블리딩은 콘크리트를 다진 후 바로 콘크리트 위로 올라오는 물의 현상을 말한다. 이는 더 무거운 입자들의 침하로 인해 올라오는 물이다. 블리딩은 불량한 다짐의 결과도 아니고 다짐을 개선하여 제거할 수도 없다. 모든 콘크리트는 침하하게 되어 있지만, 만일 증발률이 블리딩률보다 적다면 표면에서만 눈에 보인다. 증발률이 낮을 때 블리딩은 콘크리트 표면에 투명한 물의 층으로 보인다. 이것은 물, 시멘트 및 미세한 골재의 혼합물인 레이턴스(laitance)와 혼동하면 안 된다. 다짐 후 일정률의 블리딩이 진행되는 기간 다음에 짧은 휴면기간이 있다. 이것은 시멘트의 경화가 블리딩의 활동을 막거나 고형 입자가 효과적으로 시멘트와 접촉하게 되어 침하를 더 이상 못 할 때 끝난다.

② 소성침하 균열

비교적 블리딩과 침하가 많을 때 일어난다. 소성침하 균열에는 단면 상부에 거푸집 타이볼트나 철근 위에 생긴 균열, 침하가 단순한 콘크리트의 wedging이나 arching, 혹은 기둥에 버섯모양의 주두에 의하여 침하가 구속받는 폭이 좁은 기둥과 벽에서의 균열, 단면의 깊이 변화로 인한 균열 등이 있다. 대부분 구속이 소성침하 균열의 형태를 지배한다.

③ 소성수축 균열

주로 급속한 건조에 의해 발생하는 소성수축 균열은 흔히 다음 날까지도 눈에 띄지 않지만 실제 타설 후 수 시간 내에 일어난다. 이것을 장기간을 요하는 건조수축 균열과 혼동하지 말아야 한다. 소성수축 균열은 슬래브에서 상당히 흔히 있는 일이지만 노출된 벽의 상부에서도 일어난다.

소성수축 균열에는 슬래브의 edge에 대하여 45도의 대각선으로 생기는 균열, 매우 큰 불규칙한 지도 형태의 균열, 철근배근 형태에 따른 혹은 콘크리트 단면 크기의 변화와 같은 물리적 측면에 따른 균열 등의 형태가 있다.

균열은 표면에서 상당히 넓을 수 있지만, 깊이가 깊어짐에 따라 없어진다. 드문 경우에 슬래브를 관통하여 균열이 일어날 수 있는 것이 소성침하 균열과는 다른 형상이다. 또한 소성수축 균열은 슬래브의 자유단까지는 미치지 않는다. 왜냐하면 자유단은 자유로이 움직일 수 있기 때문이다. 이것은 균열이 생긴 시기를 모를 때 장기 건조수축 균열을 구별하는 중요한 방법이다.

만일 균열이 상부 철근을 따라 생긴다면 소성수축 균열인지, 소성침하 균열인지를 구분하는 것은 매우 어려운 일이다. 만일 균열이 철근의 배근형태를 따라 슬래브를 관통하여 생겼다면 이는 소성구축 균열이 확실하다.

3. 초기 온도수축 균열

'수화'라고 알려진 시멘트와 물과의 반응은 열의 발생을 수반하는 화학적 반응이다. 콘크리트 크기가 충분히 크고 그 주위를 거푸집으로 싸고 있을 때 최초 24시간 내에 발생하는 열량은 대기 중으로 발산하는 열손실을 상회한다. 따라서 콘크리트 온도는 상승하게 된다. 며칠 후 발생하는 열량이 열손실보다 적으면 콘크리트 온도는 떨어지게 된다. 거의 모든 재료에서 열이 떨어지면 체적은 수축하게 된다. 만일 이 수축이 자유로이 수축된다면 균열은 생기지 않는다. 그러나 실제로 구조물에서는 내외부의 구속 등에 의해 영향을 받는다. 이런 초기 온도수축 균열의 예로는 저수지, 옹벽, 교량 교대 및 지하바닥 등 이와 연결된 캔틸레버 벽체에서 발생하는 균열, 대단위 타설을 한 콘크리트 구조물에서의 균열, 얇은 슬래브의 뒤틀림에서 발생하는 균열 등이 있다.

4. 장기 건조수축 균열

건조수축은 경화과정에서 대기에 노출되어 화학적 · 물리적 수분의 손실로 야기된 콘크리트의 체적감소로 정의할 수 있다.

콘크리트가 여러 가지 방법으로 구속되었을 때 체적의 감소로 인하여 균열이 발생한다. 추가적으로 건조수축으로 인한 변위는 큰 규모 콘크리트부재에서는 매우 천천히 생긴다. 따라서 크리프(creep)에 의한 이완은 이로운 역할을 한다.

만일 적당한 철근과 충분한 이음부가 최근 시방서의 추천 사항대로 기타 이동을 감안하여 마련된다면 균열에서 건축수축의 영향은 고려하기에 너무도 미미할 것이다. 허용범위를 넘는 장기 건조수축 균열이 일어난 경우는 기초설계의 잘못 혹은 시공의 잘못 때문이다. 장기 건조수축 균열에 영향을 주는 인자로는 구속, 인장변위 한계, 철근과 이음부 조합, 파이버의 사용, 양생 등이 있다.

5. 크레이징(crazing, 불규칙한 미세균열)

크레이징은 작고 불규칙한 모양을 한 콘크리트의 표면층에 있는 균열을 말한다. 크레이징은 깊지 않아 콘크리트의 구조적 일체성에 영향은 없고 추후 콘크리트의 파괴를 유도하지도 않는다. 그러나 콘크리트 포장면에 크레이징이 너무 심하게 발생하면 동해(결빙 피해)를 받게 되어 크레이징이라고 부를 수 없을 정도로 균열이 깊어지고, 콘크리트의 함수량과 물의 침투성이 대단히 높아져 크레이징과 같이 보이는 균열이 없을지라도 동해는 불가피하게 된다.

크레이징은 일반적으로 균등하지 않은 수분이동으로 인한 수축에 의하여 표면 인장응력의 결과로 생긴 것으로 보인다.

6. 균열의 기타 형태

① 염화물에 의한 철근의 부식

철근이 콘크리트 내에 박혀 있을 때는 보통 녹이 슬지 않는다. 왜냐하면 알칼리 환경에 놓였으므로 철근 표면에 일종의 보호막(부동태피막)이 형성되기 때문이다. 그러나 만일 콘크리트 피복이 불충분하거나 혹은 콘크리트가 투성이라면, 콘크리트는 철근이 있는 깊이까지 중성화되어 보호층이 위험해질 수도 있다. 보호막은 염소이온 상당량의 존재로 파괴된다. 염소이온은 염화나트륨(소금)으로부터 나올 수 있거나 결빙방지제 사용 혹은 혼화재인 염화칼슘 사용으로부터 생길 수 있다.

보호막이 파괴되면 철근은 녹이 슬게 되고 부피가 팽창하여 콘크리트에 균열이 발생하여 박리하는 원인이 될 수 있다. 균열과 박리는 주로 보와 기둥 코너의 주철근 부위에서 생기며 때론 전단 철근 부위에서도 생긴다.

② 알칼리 골재반응

알칼리 실리카 반응(ASR)이라 일컬어지는 알칼리와 골재의 반응이 콘크리트 구조물에서 균열과 팽창을 야기시키는 것으로 알려지게 되었다. 알려진 구조물은 고알칼리 상태로 지하수, 우수 혹은 고응결에 노출된 경우였다.

알칼리 실리카 반응으로 인한 균열은 균열을 따라 항상 물기가 있고 변색이 되어 있으며 콘크리트 팽창 흔적이 있지만 박리현상은 없는 것으로 알 수 있다. 알칼리 실리카 반응은 콘크리트 기포 내에 갇힌 액체의 수산기 이온과 골재에 포함되어 있는 규소성분의 반응이다. 반응의 산물은 sodium, potassium, calcium 및 수분을 함유한 겔상의 수산화규산염이다. 이의 형성과 성장은 콘크리트 내에 내부 응력을 유발하여 미세균열을 야기하고 팽창하고 가시적인 균열을 만들게 한다. 알칼리 실리카 반응에 영향을 받은 콘크리트부재에서 미세균열조직이 균열된 골재와 서로 그물망 형태로 연결되어 있는 것을 그 내부에서 발견할 수 있다. 이 미세균열조직은 표면층에는 없다. 따라서 부재 내부는 노출표면보다 더 팽창한다. 큰 균열은 표면에 직각으로 25~45mm 깊이까지 생성된다.

알칼리 실리카 반응에 의한 균열진단은 간단치 않다. 왜냐하면 알칼리 실리카겔은 알칼리 실리카 반응에 영향을 받지 않은 콘크리트 내에 있는 미세균열을 채우고 있는 것을 발견할 수 있다. 알칼리 실리카 반응이 균열의 주원인이라는 것을 증명하기 위해서는 콘크리트 내에 실질적으로 존재하는 알칼리 실리카겔의 양이 얼마인가를 알아내고 균열형태가 알칼리 실리카 반응에 의하여 유발된 일반형태라는 것을 보여 주면서 균열과 팽창이 다른 원인에 의한 것이 아님을 밝혀야 한다.

■ 구조적 균열

1. 설계 오류

부적절한 설계에 의한 영향은 미관상의 악화로부터 기능성의 결여, 나아가서는 큰 사고에 이르는 것도 있다. 이러한 문제는 구조적 거동을 완전하게 이해하는 것에 의해서만 최소한으로 줄일 수 있다. 불행히도 이러한 문제는 설계자 측의 부주의에 의해 자주 일어난다. 유해한 균열을 일으키기도 하는 설계 잘못으로 벽의 우각부분, 프리캐스트 부재 및 슬래브 상세의 불충분한 표시, 부적절한 배근상세, 온도변화에 의한 체적변화를 받기 쉬운 부재의 구속, 적절한 신축이음의 부족 및 부적절한 기초의 설계 등이다. 우각부는 응력이 집중하는 곳으로 균열이 발생하기 쉬운 중요한 위치이다. 잘 알려져 있는 예로서 다음 그림에 나타난 콘크리트 벽면의 창이나 문의 개구 및 단부에 잘려 나간 부분이 있는 보가 있다. 적절한 사인장 철근은 피할 수 없는 균열을 좁게 하고 그 확대를 방지하는 데 필요하다.

[창문부에서의 전형적인 균열의 형태]

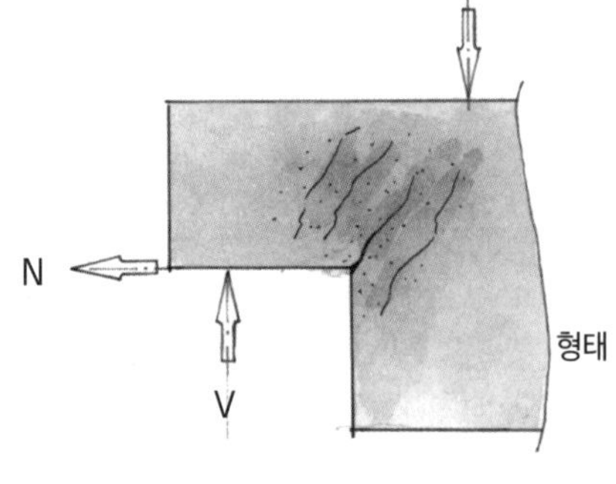

[단부가 잘려 나간 부분에서의 전형적인 균열의 형태]

체적변화에 기인하는 부재의 구속은 때때로 균열을 야기시킨다. 구속된 크리프, 온도차 및 건조수축에 의한 응력은 때때로 하중으로 작용한다. 수축에 대해서 구속된 슬래브,벽 및 보에서는 프리스트레스가 가해졌어도 균열을 발생시키는 데 충분한 인장응력이 간단히 발생할 수 있다. 벽을 적절히 설계하기 위해서는 벽 높이의 1~3부의 간격으로 수축이음을 설치한다. 보부재에서는 이와 같은 조치를 하지 않아도 된다. PSC부재의 수축이 허락되지 않는 현장타설 포스트텐션 구조물은 그 부재와 지지구조물의 사이에서 균열이 발생하기 쉽다. 구조부재의 구속에 관한 문제는 양단을 지지 접합시킨 프리텐션부재나 프리캐스트부재에서는 특히 중요하다.

2. 외부하중

구조해석의 복잡성으로 인하여 철근콘크리트 건물의 설계공식은 많은 부분이 실험해석의 결과에 근거를 두고 있다. 인장 또는 휨 인장을 받는 구조물의 균열은 시방서에서 비교적 상세하게 검토되고 있으나, 전단 또는 비틀림에 대해서는 자세히 다루어지고 있지 않다. 외부하중이 예상 설계하중의 크기를 상회하는 경우에는 구조부재가 파괴되며, 주요 파괴형태는 작용력에 따라 다음과 같이 된다.

① 과대한 휨 모멘트에 의한 휨 인장 파괴
② 과대한 전단력에 의한 전단 파괴
③ 철근의 정착 파괴
④ 셸이나 판상구조물의 국부 좌굴 파괴

반복하중을 받는 콘크리트 구조물은 정적하중상태에서 손상이 생기지 않는 하중상태에서도 파괴되는 경우가 있다. 이러한 원인은 응력의 반복작용에 의하여 낮은 응력상태에서도 균열이 발생하여 피로파괴를 일으키기 때문이다.

3. 단면 철근량의 부족

철근량이 불충분한 경우에는 과대한 균열을 일으킨다. 전형적인 실패로는 비구조부재의 이유로 철근량을 적게 하는 것이다. 그러나 벽과 같은 부재는 구조물의 다른 부분에 연결되어 있기 때문에 한번 구조물이 변형되기 시작하면 강성에 비례해서 하중의 대부분을 전달한다. 이 부재는 구조적으로 움직이도록 설계되어 있지 않기 때문에 구조물의 안전성이 문제가 되지는 않아도 보기 흉한 균열이 발생하게 된다.

소성수축 균열

콘크리트 타설 시 또는 타설 직후 표면에서 급속한 수분의 증발로 인해 수분증발 속도가 콘크리트 표면의 블리딩 속도보다 빠를 때 생기는 균열로 시멘트 페이스트는 경화할 때 절대 체적의 약 1% 정도 감소한다.

콘크리트 타설 후 콘크리트 표면에서의 수분증발, 거푸집 틈 사이의 수분손실이 원인이며 주로 대기온도, 상대습도, 콘크리트 온도, 풍속의 영향을 받는다.

균열 발생의 좋은 조건은 바람이 많을 때, 상대습도가 낮을 때, 대기온도가 높을 때, 콘크리트의 온도가 높을 때이다. 왜냐하면 콘크리트 하부에서 물이 표면으로 올라오는 양보다 수분증발이 더 빠르면 표면에 균열이 발생하기 때문이다.

■ 발생 원인

- 시멘트 페이스트 경화 → 절대 체적의 1% 정도 감소 → 소성상태의 콘크리트 체적 감소(소성수축) → 콘크리트에 부분적인 인장력 발생 → 표면에 불규칙한 균열 발생
- 콘크리트 표면의 증발률이 1.0kg/m²/hr 이상이거나 증발량이 블리딩량보다 클 때 소성수축이 촉진된다.

■ 방지 대책

- 타설 초기에 콘크리트가 외부 환경(바람, 직사광선)에 직접 노출되지 않도록 하는 것이 중요하다.
- 양생 시: 습윤양생 및 피막양생(비닐덮기) 등을 실시하는 것이 바람직하다.
- 진동기를 사용하여 다짐을 철저하게 한다.
- 콘크리트 온도 제어: 레미콘 공장에서 사용수와 골재의 온도를 낮추어야 한다. 보관 시 차양막을 설치하고 거푸집과 철근의 온도를 낮춰야 한다.
- 소성상태일 때 흙손으로 두드려서 탬핑을 실시한다.

경화 후 콘크리트의 건조수축 균열

■ 발생 원인

- 시공 시 워커빌리티에 기여한 잉여수가 건조되면서 콘크리트는 수축 발생한다. 잉여수는 경화된 시멘트 페이스트 내부 공극 및 많은 양의 수분이 겔에 포함된다.
- 콘크리트의 건조수축에 의한 체적변화는 보통 다른 구조체에 의해 저지되기 때문에 이로 인한 인장력이 발생하게 되어 균열이 발생한다.
- 건조수축 균열은 상대습도, 골재의 종류, 부재의 크기와 형상 혼화제 및 시멘트의 종류에 영향을 많이 받는다.

■ 방지 대책

적합한 재료 선정 및 배합설계, 보강근의 배근 및 시공조인트의 설치, 건조수축을 보완할 수 있는 재료의 사용 등이 있다.

■ 품질에 미치는 영향

균열의 폭은 1~2mm 정도로 비구조적 영향, 적절한 조치가 필요하며, 균열은 일단 발생하면 중성화 진행 및 강도 저하가 우려된다.

◉ 아파트 지하주차장 무근 콘크리트 슬래브 컬링으로 인한 균열

콘크리트의 건조수축으로 인해 균열이 유발된 후 무근 콘크리트의 상부와 하부의 수축 차에 의해 바닥면이 곡선으로 휘어지는 현상을 컬링*이라고 하며, 바닥면이 휘어진 후 각종 차량의 이동으로 인한 하중이 생기면서 주차장 바닥에 균열이 발생한다.

■ 지하주차장 바닥의 구조 및 구성

지반 위에 버림 콘크리트를 타설하고 그 위에 매트기초 콘크리트를 타설한 후 배수판을 깔고 무근 콘크리트를 타설한 다음 에폭시 페인트로 마감을 한다.

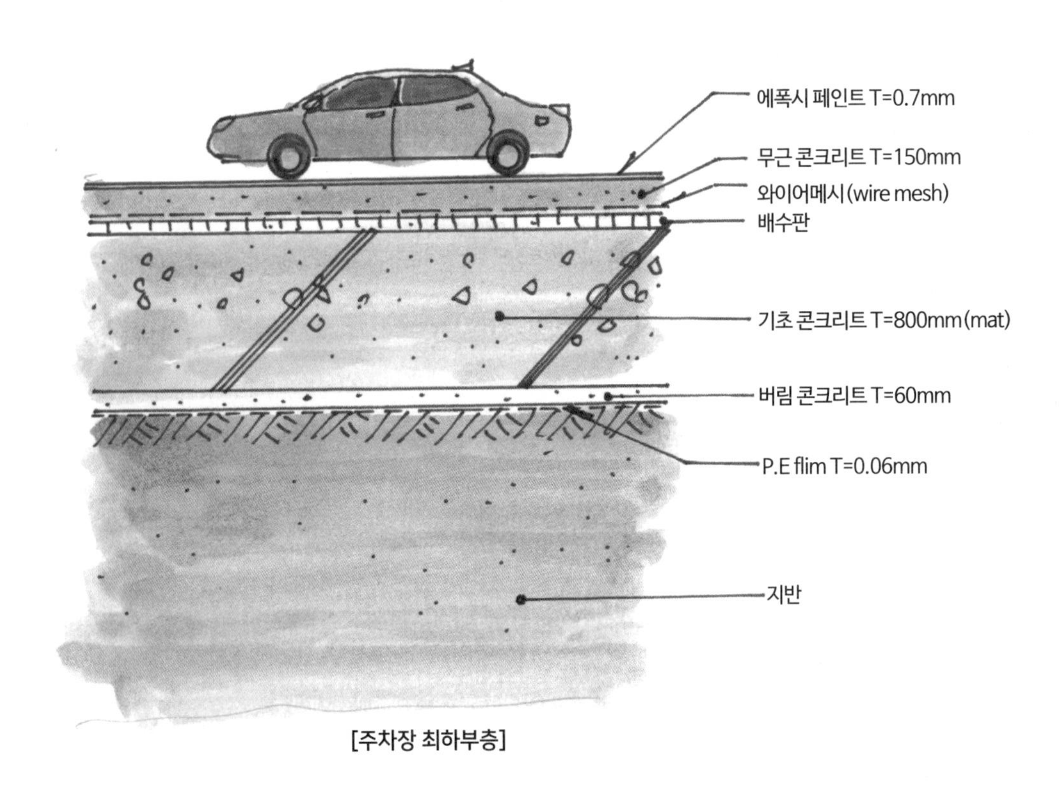

[주차장 최하부층]

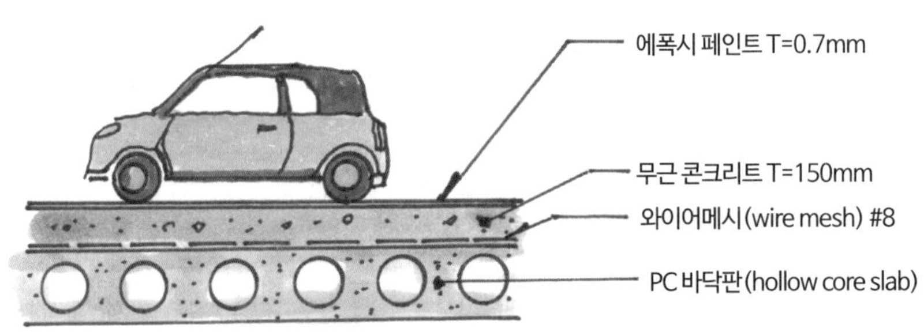

[주차장 중간층]

■ 지하주차장 바닥 균열 발생(mechanism)

콘크리트 양생과정에서 발생하는 수축작용과 열에 의한 응력 때문이다. 이러한 균열의 원인은 소성수축, 건조수축, 수화열에 의한 열응력, 온도 증감에 따른 열응력, 무근 콘크리트의 슬래브 컬링현상 등이 있다.

용어해설

*** 컬링(curling)**
처음에 직선 또는 평면이었던 부재가 곡선상으로 휘는 것으로, 예를 들면 크리프 또는 상하부 간의 온도차에 의한 들보의 휨과 같은 것이다.

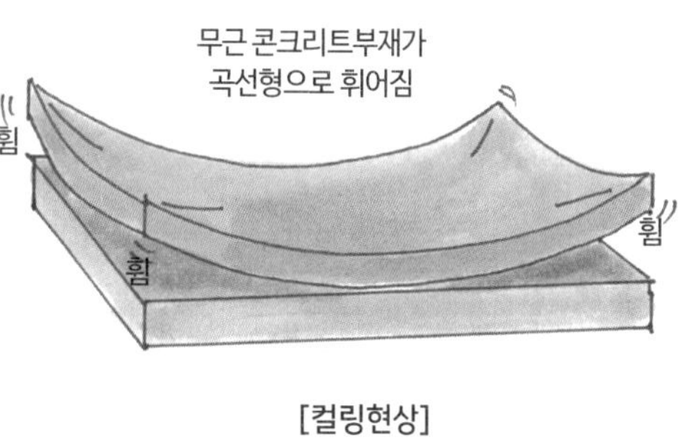

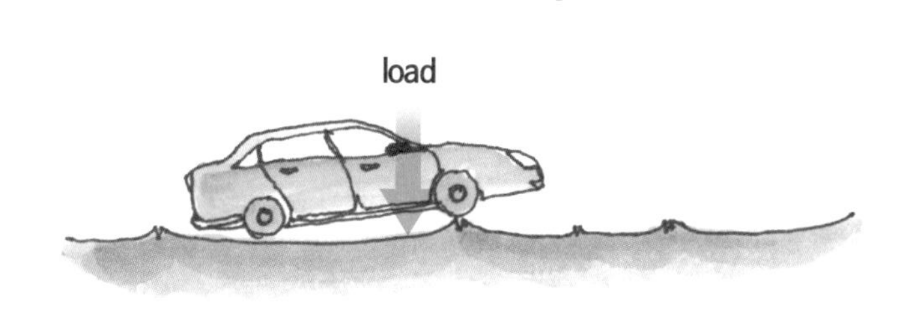

[컬링현상]

■ 슬래브 컬링현상

건축구조물의 최하층에는 지하수 처리를 위하여 기초 위에 배수판을 깔고 T=120mm 정도의 무근 콘크리트를 타설한 후 4~5m 간격으로 건조수축 균열을 유발하기 위한 신축줄눈을 시공한다. 이때 건조수축으로 인해 신축줄눈으로 균열이 유발된 후에 무근 콘크리트 타설면과 저면의 재료적 특성인 선팽창 계수의 수축 차에 의해 컬링(부재가 곡선형으로 휘어짐)현상이 발생하게 된다. 컬링이 발생한 후에 차량 등의 이동으로 하중이 작용하게 되면 균열이 발생되고 소음 또한 발생할 수 있다. 이 현상은 슬래브 상단과 하단의 수축 크기가 다르기 때문에 발생한다. 콘크리트 건조는 표면에서 더 빨리 발생하기 때문에 아랫부분보다 건조가 빨라 더 많은 체적 손실을 가져오기 때문이다.

■ 균열 저감 방안

- 무근 콘크리트 타설 시 균열 방지를 위해 와이어메시(wire mesh) 사용
- 셀룰로오스 섬유보강재 사용
- 폴리아미드 계열의 섬유보강재 사용(분산성, 균열저항성 증진)
- 컨트롤조인트의 설치 간격 조정 및 무근 콘크리트의 기본강도 향상
- 건조수축 감소를 위한 고성능 감수제 사용
- 콘크리트 자체의 품질관리(단위수량, 골재량, 혼화제, 단위 시멘트량, 물 결합재비 등)

시멘트의 수화(水和)반응

시멘트가 물과 접촉하여 화학적으로 반응해서 단단한 결합재로 변하는 과정을 수화반응(hydration)이라고 한다. 수화반응은 시멘트 입자 표면에서 시작하여 내부로 침투하며 시멘트 중의 주요 4대 클링커 화합물이 물과 화학반응하여 수화물을 생성하는 과정을 말한다. 주요 4대 클링커 화합물은 알라이트(alite), 벨라이트(belite), 알루미네이트(aluminate), 페라이트(ferrite)이며, 알라이트와 벨라이트가 물과 반응하여 나온 생성물을 규산화칼슘수화물(calcium silicate hydrate) 혹은 토버모라이트 겔(tobermorite gel)이라 하고(60% 생성), 이는 콘크리트 강도를 발현하는 주요 물질이다. 그리고 25%의 수산화칼슘($Ca(OH)_2$)이 생성되는데, 강한 알칼리성을 띄며 철근 부식 방지 역할을 한다.

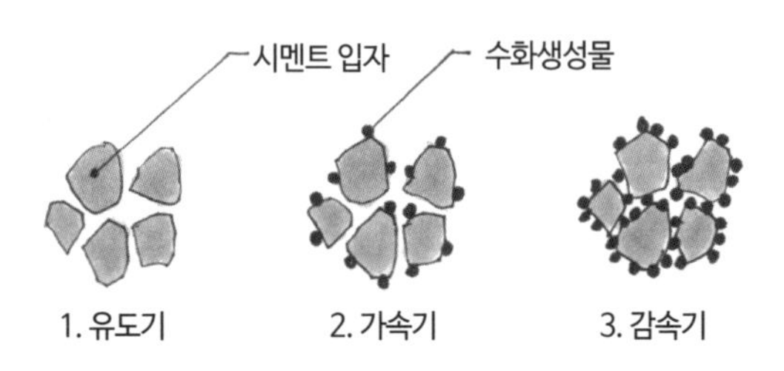

석고의 에트링가이트(ettringite) 물질은 수화반응을 지연

수화반응식: $CaO+H_2O \rightarrow Ca(OH)_2$+열(120cal/g)

[시멘트 수화의 진행 과정]

수화반응이 일어나면 규산칼슘수화물이 생성($3CaO \cdot 2SiO_2 \cdot 3H_2$)되는 데 필요한 결합수는 이론적으로 25%, 수화물 사이의 겔공극(gel pores)에 채워지는 물의 양(겔수) 15%, 시멘트 중량대비 40% 정도의 물이 필요하나 이렇게 배합하면 시공연도가 좋지 않아 부드럽게 하기 위해 물을 더 넣는다. 추가로 넣은 물은 콘크리트 속에 뭉쳐서 모세관공극(capillary pores)을 만든다.

용어해설

보통 포틀랜드 시멘트(OPC: Ordinary Portland Cement)
가장 일반적으로 사용되고 있는 포틀랜드 시멘트(KS L 5201)

콘크리트의 구성

콘크리트는 시멘트와 물이 반응해서 만들어진 결합재(binder)가 골재를 감싸고 있는 형태이다. 시멘트와 물을 배합하여 만든 결합재를 시멘트 페이스트(cement paste) 또는 시멘트 풀이라고 하며, 여기에 모래(잔골재)를 섞은 것이 모르타르(mortar)이다. 그리고 이 모르타르에 굵은골재(자갈)를 섞어 비비면 콘크리트가 되는 것이다.

■ 시멘트와 물

시멘트는 물과 화학반응(수화반응, hydration)을 일으켜 골재를 결합하는 아주 단단한 물질을 생성한다. 골재는 콘크리트 용적의 2/3를 차지하며 콘크리트의 강도를 좌우하는 것은 시멘트와 물이다. 시멘트량을 줄이고 대신 고로 슬래그, 플라이애시, 실리카 퓸 등의 혼화재를 결합재로 사용한다. 이런 재료들은 경화속도, 화학반응의 온도(수화열), 콘크리트의 강도 등을 조절할 수 있다.

■ 골재

콘크리트 비율의 약 70%를 차지하는 골재는 굵은골재와 잔골재로 나뉜다. 5mm 체를 기준으로 모두 통과하면 잔골재(모래, 細骨材)라고 하고, 대부분 체에 남으면 굵은골재(자갈, 粗骨材)라고 한다. 골재는 굵은 것과 가는 것을 골고루 섞어야 빈틈없이 채워져서 양질의 콘크리트를 얻을 수 있다.

참고자료

cement paste=cement+물
mortar=cement paste+모래(잔골재)
concrete=mortar+굵은골재(자갈)

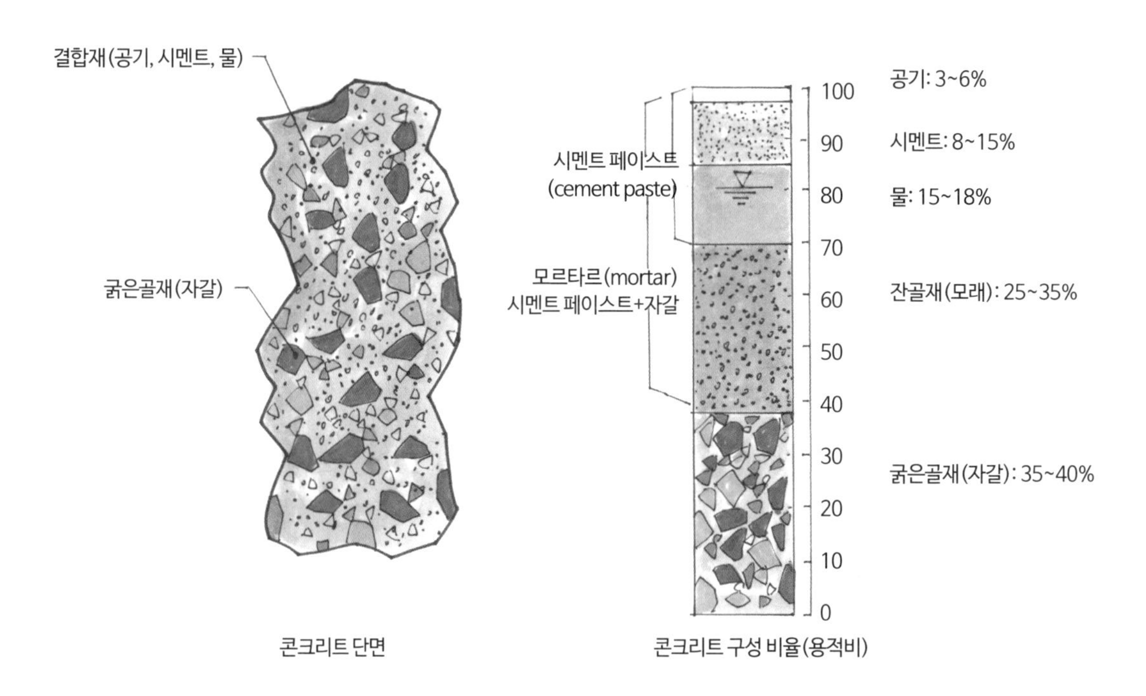

[콘크리트의 구성 성분]

콘크리트의 압축강도에 영향을 미치는 요인

항목 · 시기	요인
재료	시멘트 종류, 혼화재 종류, 골재 종류, 혼화제 종류
배합	물시멘트비, 단위수량, 혼화재량, 골재량, 혼화제량, 공기량
제조	비빔시간, 재료 투입 순서, 콘크리트 온도
시험체 제작	시험체의 형상 · 크기(치수), 높이 직경비(H/D), 단면 처리상태, 다짐 정도,구조체로부터의 시험체 채취 위치 · 방향 등
양생	양생 기간, 건습상태, 이력 온도
시험체 상태	건습상태, 시험체 온도
재하	재하 속도, 시험체 설치상태, 응력상태(일축, 다축)
시험기	가압판의 형상 · 치수, 구좌의 형상 · 치수, 강성, 지주 수

[출처: 콘크리트학회지, 제13권 4호, 2001. 7.]

건조수축 균열의 제어

■ 균열 발생 요인의 제어

- 배합수량 감소, 입도 조절

■ 철근보강

- 철근은 콘크리트의 건조수축을 억제하고 균열 발생에 따른 변형증가 현상을 억제
- 최소한의 건조수축 철근의 배치

■ 건조수축 보상 콘크리트의 사용

- 팽창시멘트를 사용하여 수축 균열을 최소화, 제거
- 인장응력 감소

■ 조인트 설치

- 건조수축 균열 방지에 효과

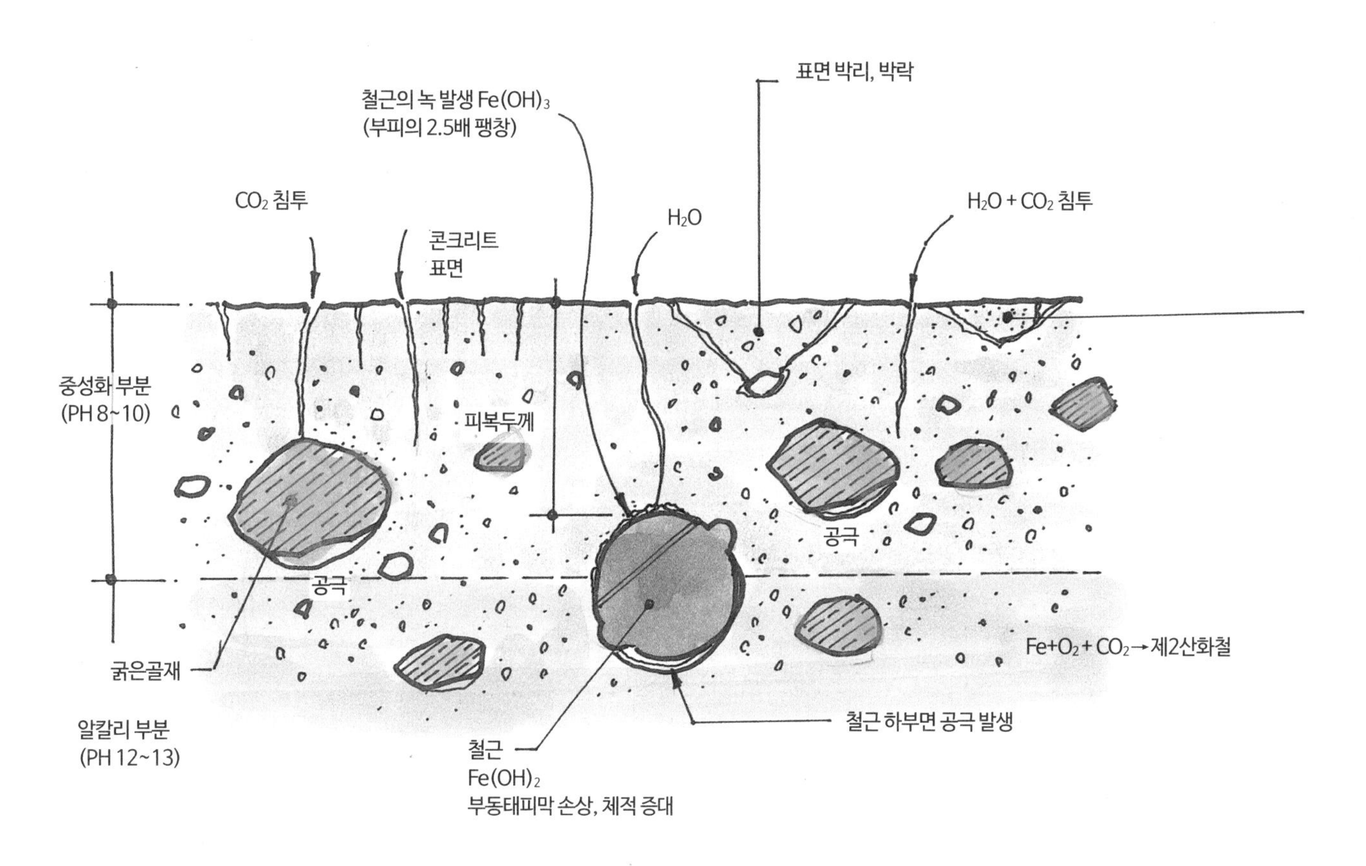

[콘크리트면의 균열 단면도]

03 콘크리트 재료분리(材料分離)의 발생

03	주요 부실 내용	벌점
벌 점 기 준	**콘크리트 재료분리*의 발생**	
	주요구조부의 철근 노출이 발생했으나, 보수 · 보강(철근 노출 또는 재료분리 위치를 파악하여 구체적인 보수 · 보강 계획을 수립한 경우에는 보수 · 보강 조치를 한 것으로 본다. 이하 이 번호에서 같다)을 하지 않은 경우	3
	그 밖의 구조부의 철근 노출이 발생했으나, 보수 · 보강을 하지 않은 경우	2
	주요구조부 및 그 밖의 구조부 재료분리가 0.1㎡ 이상 발생했는데도 적절한 보수 · 보강 조치를 하지 않은 경우	1

◉ 주요 지적 사례

주요 지적 사항	세부 내용
주요구조부의 철근 노출	내력벽 등 주요구조부에 노출된 철근에 대하여 보수 · 보강 조치를 하지 않음
주요구조부에 재료분리 발생	콘크리트공사 시공불량으로 인한 주요구조부에 재료분리 발생 및 재료분리 관리대장에 의한 보수 · 보강 미실시
구조물의 콘크리트면 시공 미흡	콘크리트 타설 미흡으로 면 처리 불량, 핀홀(pin hole), 곰보(rock pocket) 발생

◉ 필수 확인사항

1. 콘크리트공사 시공 미흡으로 노출된 철근은 즉시 보수
2. 주요구조부에 0.1m² 이상의 재료분리 구간은 즉시 보수
3. 재료분리 보수 · 보강 계획 수립 여부(재료분리 관리대장 작성 포함)

용어해설

*** 재료분리(材料分離, segregation)**
중력이나 외력 등의 원인에 의해 콘크리트를 구성하고 있는 재료들의 분포가 당초의 균질한 상태를 유지하지 못하는 현상

■ 콘크리트 재료분리의 발생

주요구조부* 철근이 노출되었으며, 재료분리가 0.1m² 이상 발생하였으나 보수 · 보강 계획을 수립하지 않았다. 단, 보수 · 보강 계획 수립 시에는 조치한 것으로 간주한다.

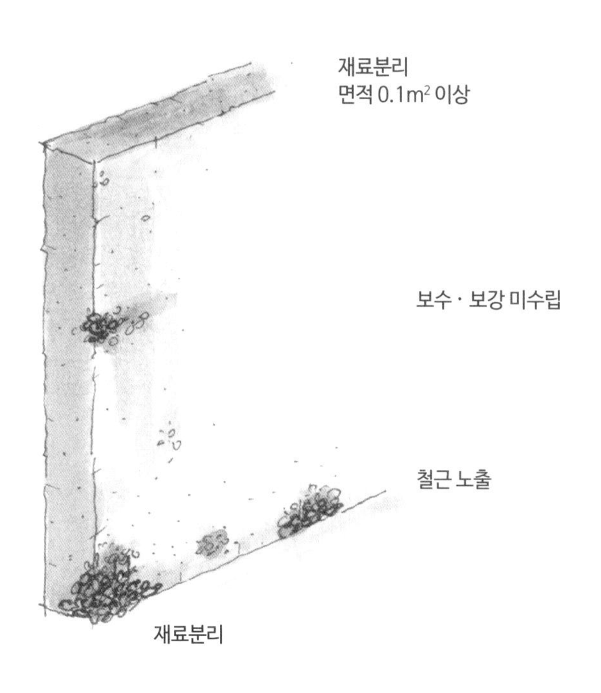

[콘크리트면의 재료분리]

참고자료

주요구조부의 정의

건축법 제2조(정의)

① 이 법에서 사용하는 용어의 뜻은 다음과 같다.

7. '주요구조부'란 내력벽(耐力壁), 기둥, 바닥, 보, 지붕틀 및 주계단(主階段)을 말한다.

다만, 사이기둥, 최하층 바닥, 작은보, 차양, 옥외계단, 그 밖에 이와 유사한 것으로 건축물의 구조상 중요하지 아니한 부분은 제외한다.

주요구조부
지붕틀
내력벽(耐力壁)
보(大梁)
기둥(柱)
바닥(床)
주계단(主階段)

주요구조부는 개축과 대수선 등을 구분하는 기준

- 개축: 건축물의 전부 또는 일부(내력벽, 기둥, 보, 지붕틀 중 셋 이상 포함하는 경우)를 해체하고 다시 축조하는 경우(「건축법 시행령」 제2조제3호)
- 대수선: 증축 · 개축 또는 재축의 정도에 이르지 아니한 주요구조부의 수선 또는 변경(「건축법」 제2조제1항제9호 및 「동법 시행령」 제3조의 2)

■ 콘크리트 철근 노출

내력벽 등 주요구조부에 철근 총 11개소가 노출되어 있는데도 적절한 조치를 취하지 않았다.

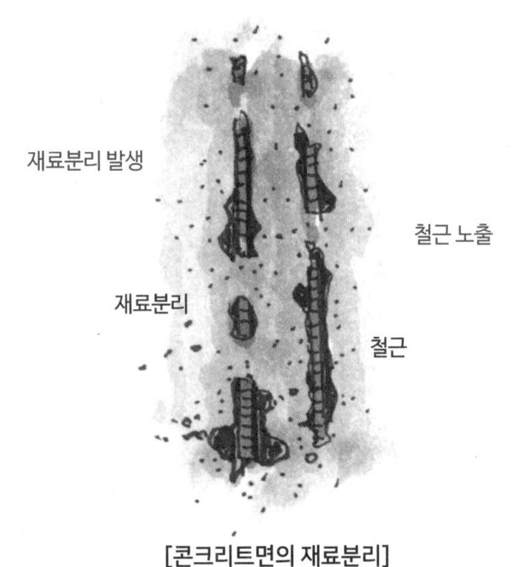

[콘크리트면의 재료분리]

■ 시공줄눈(construction joint) 처리 미흡

슬래브면 콘크리트 타설이음면 콜드조인트(cold joint) 발생 부분의 처리가 미흡하다.

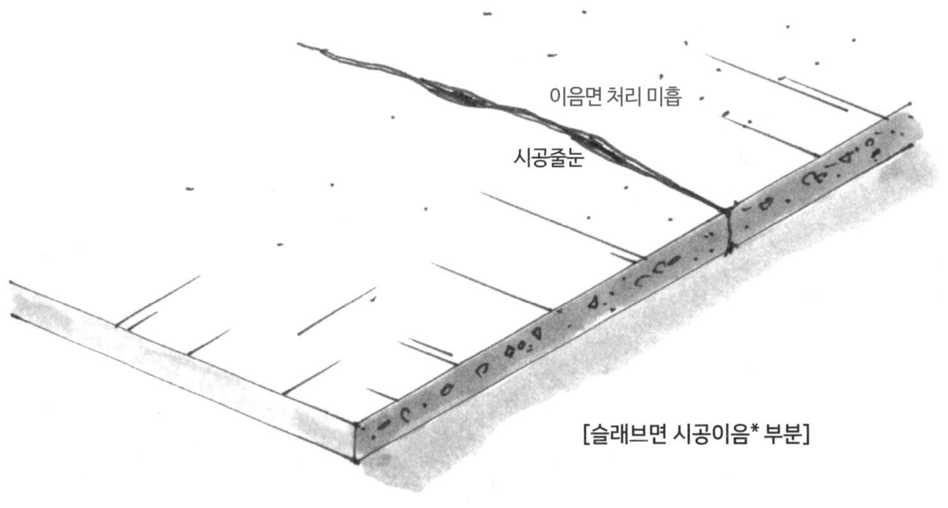

[슬래브면 시공이음* 부분]

■ 콘크리트 구조물 시공 미흡

아파트 옥상 조형물 콘크리트 타설 미흡으로 핀홀(pin hole)*과 면 처리 불량이 발생했다.

[옥상 조형물]

용어해설

***핀홀(pin hole)**

① 용접부에 남아 있는 바늘과 같은 것으로 찌른 것같이 미소한 가스의 공동(空洞)을 말한다.
② 용접 결함의 하나. 여기에서는 콘크리트면에 생긴 작은 구멍을 의미한다.

용어해설

***시공이음(construction joint)**

① 콘크리트의 부어넣기 작업 시 한 번에 계속하지 못하는 곳(벽과 바닥판 또는 큰 바닥판의 중간 부분 등)에 두는 이음이다.
② 콘크리트 구조물은 능력이나 구조상의 이유로 전체를 당일에 치기를 완료하지 못하는 경우가 많은데, 이 경우 전날에 치기를 한 곳과 후일에 치기를 다시 시작하는 곳에 생기는 줄눈을 말하며 이곳은 강도(强度)가 약간 줄어든다. 따라서 강도를 크게 필요로 하지 않는 곳을 골라서 이음을 한다. 시공이음으로 말미암아 콘크리트가 절연(絶緣)되는 일이 없고 일체가 되어 작용하며, 그 위에 수밀(水密)하게 하는 것이 중요하다.
③ '시공줄눈'이라고도 한다.

■ 콘크리트 재료분리의 발생

콘크리트 시공불량으로 인해 재료분리가 발생했다.

■ 콘크리트 표면 시공관리 미흡

'콘크리트 표준시방서' KCS 14 20 10(일반 콘크리트) 제3장(3.5.5.2 표면상태의 검사)의 규정에 따르면, "콘크리트 노출면의 상태 검사 결과 허니컴(honeycomb), 자국, 기포 등이 있을 경우에는 적절한 보수 · 보강을 실시하여야 한다"고 기재되어 있다. 점검일 현재 당 현장 확인 결과 A동 지하 3층 엘리베이터실 벽체 LCW7에 재료분리가 발생하여 보수를 하였으나, 콘크리트 표면 처리가 미흡하므로 이에 대한 보완 후 후속공정의 진행이 필요하다.

■ 콘크리트 시공이음면 관리 필요

슬래브의 시공이음면의 이물질 제거가 필요하다.

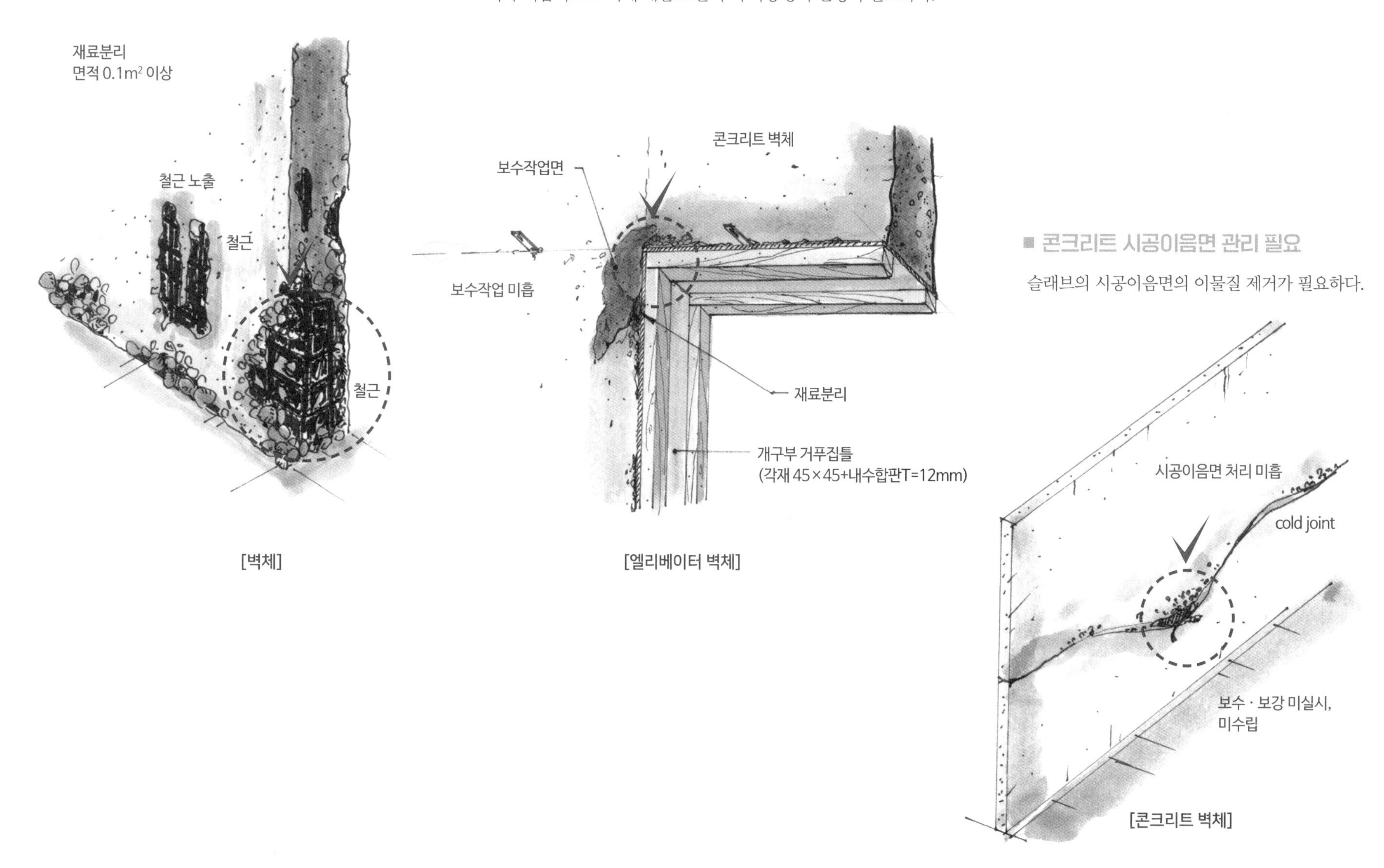

[벽체]

[엘리베이터 벽체]

[콘크리트 벽체]

콘크리트 재료분리의 발생 원인 및 방지 대책

콘크리트의 재료분리* 발생 원인 및 방지 대책	
재료분리 발생 원인	재료분리 방지 대책
• 골재의 입도 또는 모양이 적당하지 않을 경우 • 타설높이를 준수하지 않았거나, 콘크리트를 운반하는 거리가 멀 경우 • 단위수량이 과다할 경우 • 물시멘트비(W/C)가 클 경우 • 시멘트 페이스트와 물이 분리되는 경우 • 블리딩(bleeding) 현상이 발생한 경우 • 골재의 비중 차이가 발생할 경우 • 굵은골재의 최대치수가 지나치게 큰 경우 • 입자가 거친 잔골재를 사용한 경우 • 단위 골재량이 너무 많은 경우 • 배합이 적절하지 않은 경우	• 골재의 입도와 입자의 모양을 관리하여 재료배합 • 콘크리트 타설높이와 속도를 준수 • 운반거리를 조절 • 양질의 포졸란, AE제 등 적절한 혼화제(재)를 사용 • 물시멘트비(W/C)를 작게 함 • 수밀성이 높은 거푸집 사용 • 콘크리트를 충분히 다짐

용어해설

***재료분리(材料分離, segregation)**

균질(均質)하게 혼합된 콘크리트는 어느 부분에서 콘크리트를 채취하여도 구성요소인 시멘트, 골재, 물의 구성비율은 동일해야 한다. 재료분리는 이 균질성이 소실된 현상을 말한다. 특히 콘크리트의 재료분리는 타설 시 작업방법(비빔시간, 운반시간, 타설높이, 다짐간격 등)의 불량으로 가장 많이 발생하며 구조체의 강도 및 내구성에 영향을 크게 미친다.

콘크리트 재료분리 보수기준

<u>균열 및 재료분리 관리계획서</u>

5.1 면 보수

5.1.1 재료분리(단면 수복)

(1) 기존 콘크리트 보수부위의 중성화 및 열화된 부위를 완전히 제거한다.
　(기존강도가 측정되는 부분까지 치핑 실시)

(2) 콘크리트 표면 처리작업 실시 후 고압살수기 등을 이용하여 세척을 실시한다.

(3) 철근이 노출되어 부식이 우려되는 경우 철근 방청처리를 실시한다.

(4) 침투성 폴리머 모르타르를 정해진 두께로 도포하고 1일 1~2회 습윤양생을 실시한다.
　(천단부(天端部) 및 단면손상이 심한 경우 구체 강화를 위해 모르타르를 도포)

(5) 시공 단면도

5.2 재료분리 보수 flow chart

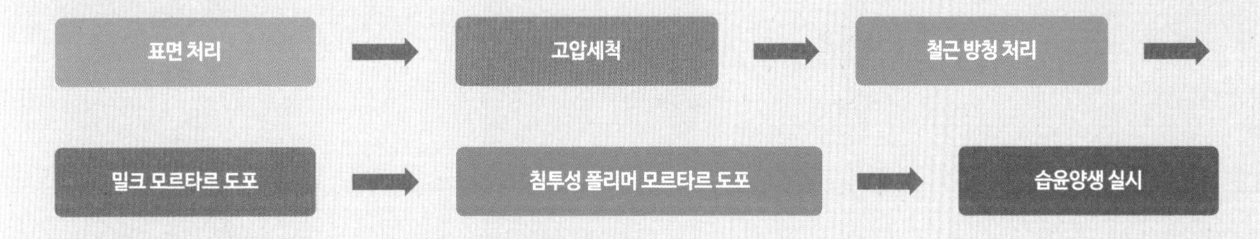

• 철근 노출 부위: 침투성 폴리머계 시멘트(구조물 보수용 폴리머 시멘트)

• 철근 비노출 부위: 미장용 모르타르

● 콘크리트 재료분리의 발생 원인

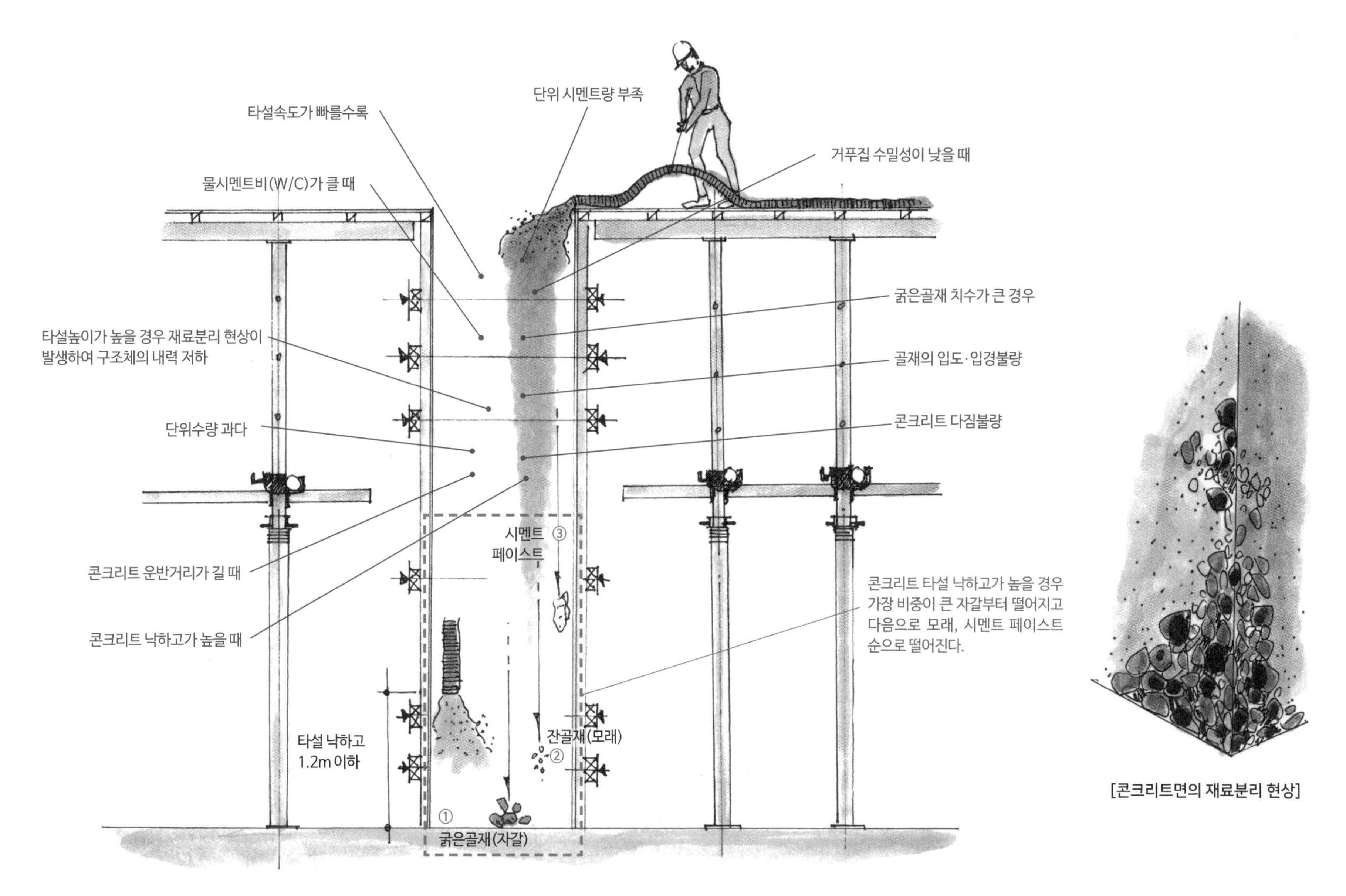

[콘크리트 재료분리 발생 원인]

[콘크리트면의 재료분리 현상]

재료분리 발생 시 등급별 보수 방법

균열 형태	A	B	C	D	E
상태 (재료분리면)	자갈 표면이 노출되지 않고 깊이 1~3cm	자갈 표면이 노출되고 깊이 1~3cm	자갈 표면이 노출되고 긁어낼 필요가 있는 경우(깊이 3~10cm)	철근 표면에서 안쪽(깊이 3~10cm)까지 자갈이 노출된 경우	공극 깊이가 10cm 이상에 달하고 다수의 공동(空洞)이 있는 경우
보수 방법	깊이 1~3cm의 재료분리 부분 자갈이 노출되었으나 긁어낼 필요가 없는 경우 폴리머 시멘트계 보수 모르타르를 바른다.		깊이 3~10cm의 재료분리 부분 자갈을 제거하고 와이어브러시로 단단한 바탕이 나올 때까지 긁은 후 폴리머 시멘트를 도포한 후 폴리머 시멘트계 보수 모르타르를 충전한다.	철근 표면에서 내부 쪽(깊이 3~10cm)까지 자갈을 긁어낸 후 거푸집을 대고 무수축 모르타르를 충전한다. 거푸집 탈형 후 보수면보다 15cm 넓게 폴리머 시멘트 등을 바른다.	재료분리 부분을 긁어내고 청소 및 물세척 후 콘크리트 된 반죽을 채워 넣는다. 콘크리트 경화 후 거푸집을 탈형하고 돌출면을 정리한 후, 보수면보다 15cm 넓게 폴리머 시멘트 페이스트 등을 바른다.

■ A·B 등급 보수 방법

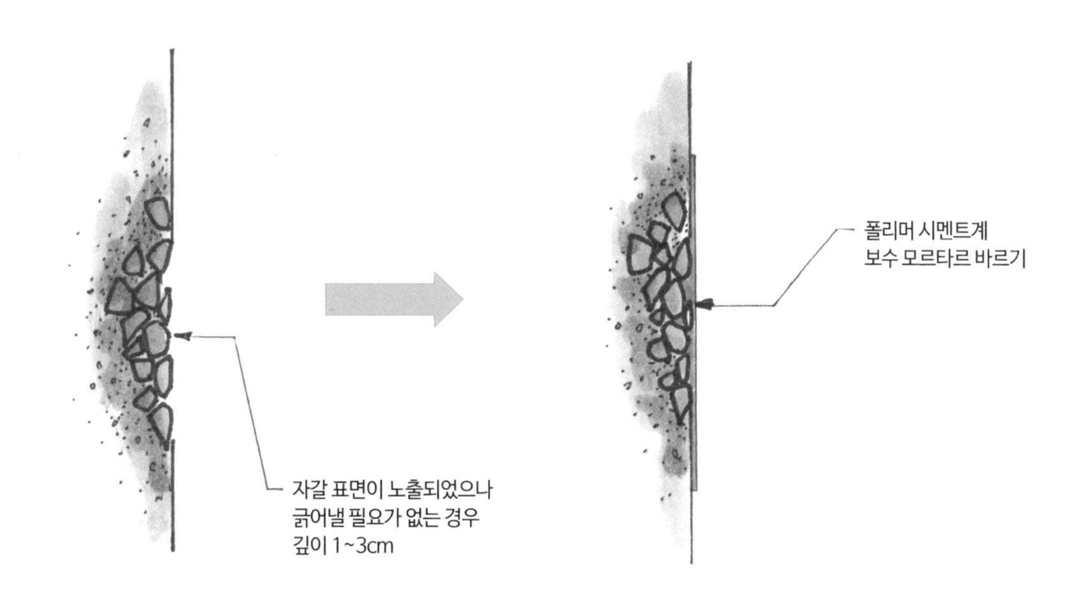

용어해설

폴리머 시멘트(polymer cement)계 보수 모르타르

알루미나시멘트, 규사, 파이버(fiber), 경량 골재 등 각종 첨가제를 이용하여 제조된 보수 모르타르로 바닥면, 수직면에 시공할 수 있으며 크랙 발생이 없고 내구성이 우수하다. 인장강도, 내마모성, 내구성 등 물리적 성질이 강화된다. 특히 시멘트 모르타르와의 큰 차이점은 탄성이 있어서 충격 및 부서짐이 방지되는 특징이 있다는 점이다.

■ C 등급 보수 방법

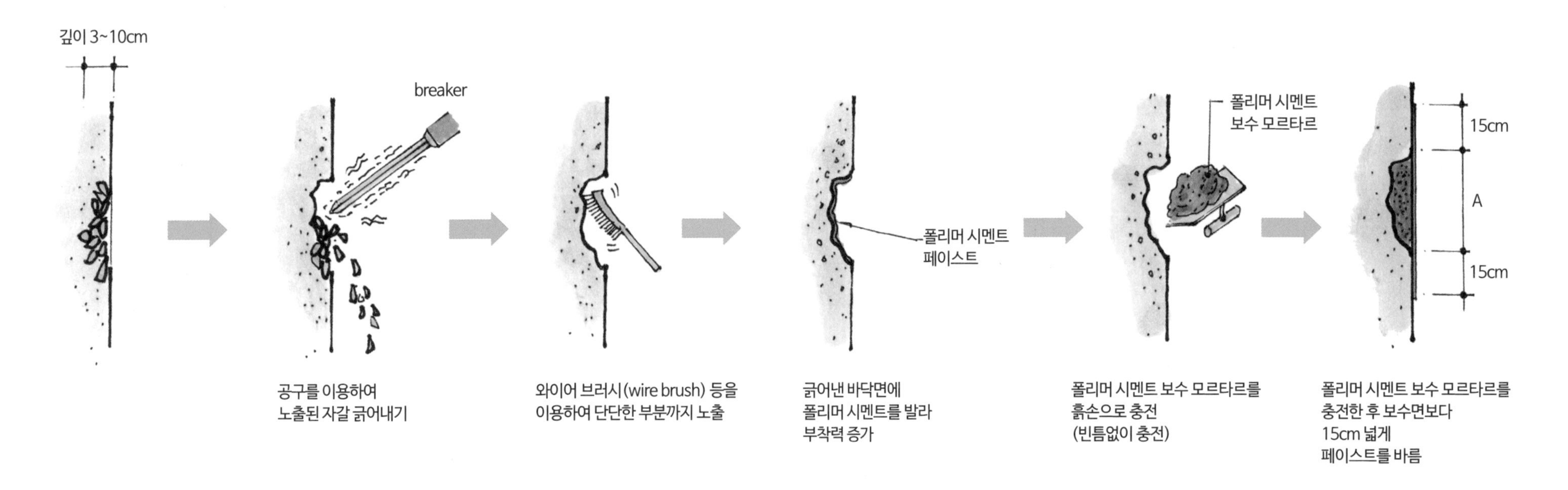

■ D 등급 보수 방법

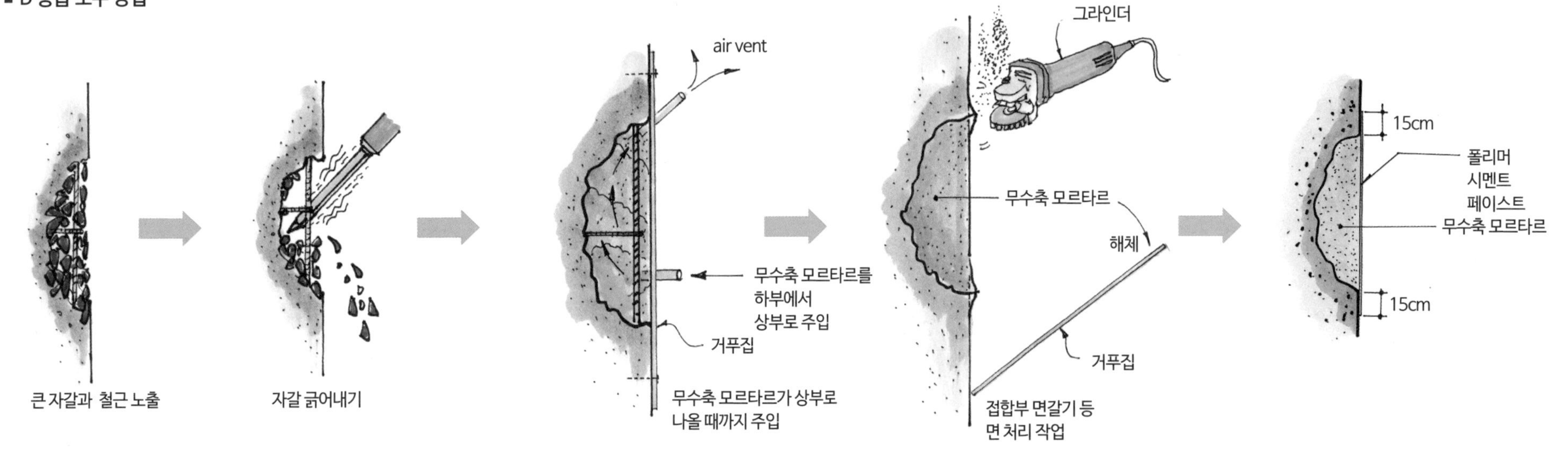

■ E 등급 보수 방법

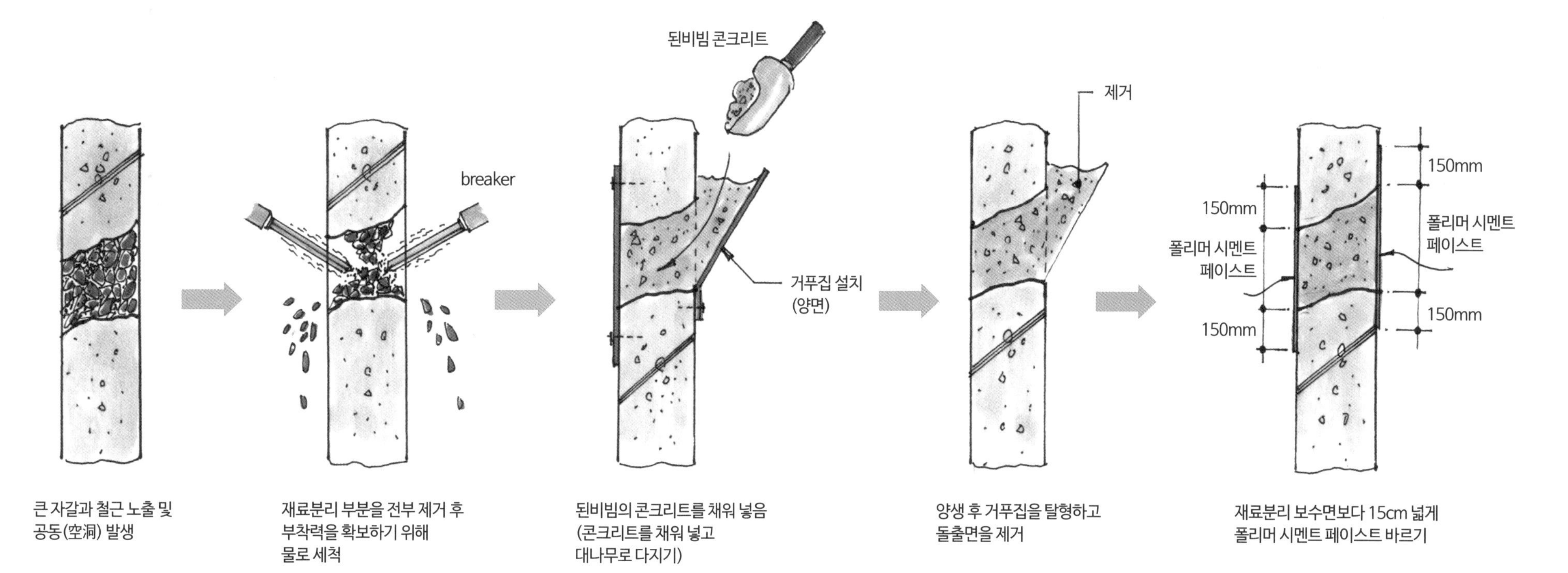

큰 자갈과 철근 노출 및 공동(空洞) 발생

재료분리 부분을 전부 제거 후 부착력을 확보하기 위해 물로 세척

된비빔의 콘크리트를 채워 넣음 (콘크리트를 채워 넣고 대나무로 다지기)

양생 후 거푸집을 탈형하고 돌출면을 제거

재료분리 보수면보다 15cm 넓게 폴리머 시멘트 페이스트 바르기

콘크리트 다짐(concrete compacting)

콘크리트의 밀도를 높이기 위하여 콘크리트를 흔들거나 다짐을 하여 갇힌 공기를 빼내는 작업을 말한다.

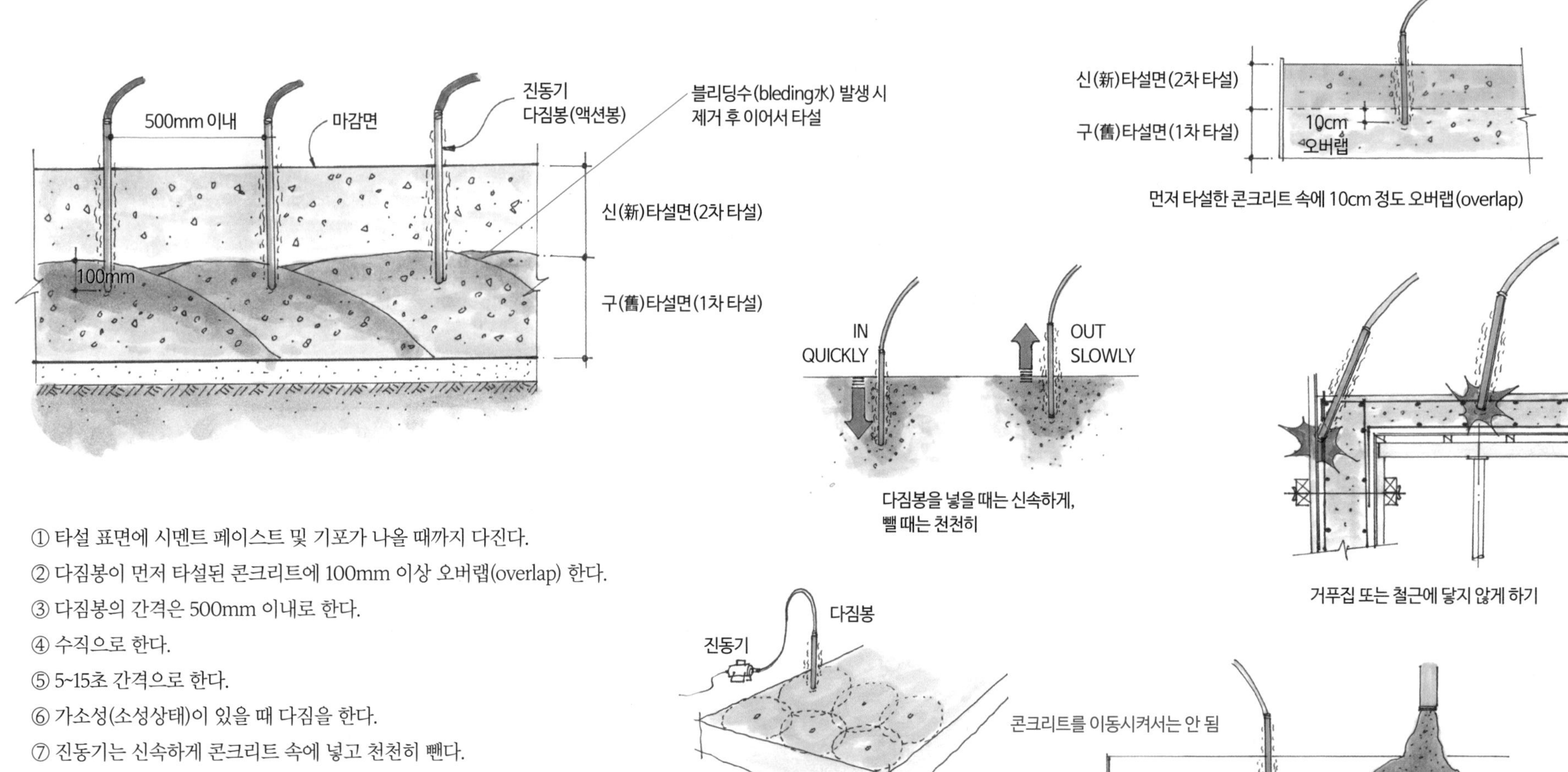

먼저 타설한 콘크리트 속에 10cm 정도 오버랩(overlap)

다짐봉을 넣을 때는 신속하게,
뺄 때는 천천히

거푸집 또는 철근에 닿지 않게 하기

일정한 패턴으로 다지기

① 타설 표면에 시멘트 페이스트 및 기포가 나올 때까지 다진다.
② 다짐봉이 먼저 타설된 콘크리트에 100mm 이상 오버랩(overlap) 한다.
③ 다짐봉의 간격은 500mm 이내로 한다.
④ 수직으로 한다.
⑤ 5~15초 간격으로 한다.
⑥ 가소성(소성상태)이 있을 때 다짐을 한다.
⑦ 진동기는 신속하게 콘크리트 속에 넣고 천천히 뺀다.

엔진(모터) 진동기(vibrator)

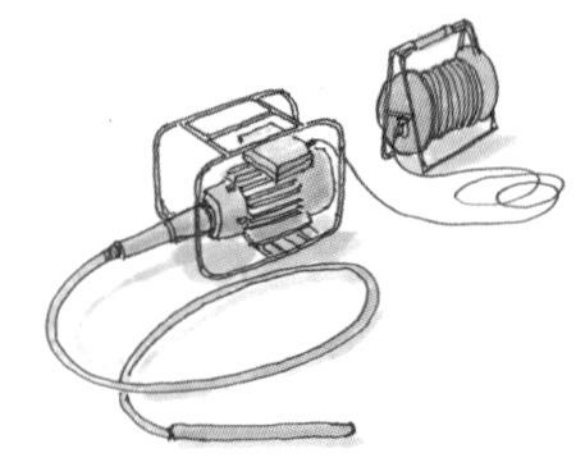

전기 진동기(vibrator)

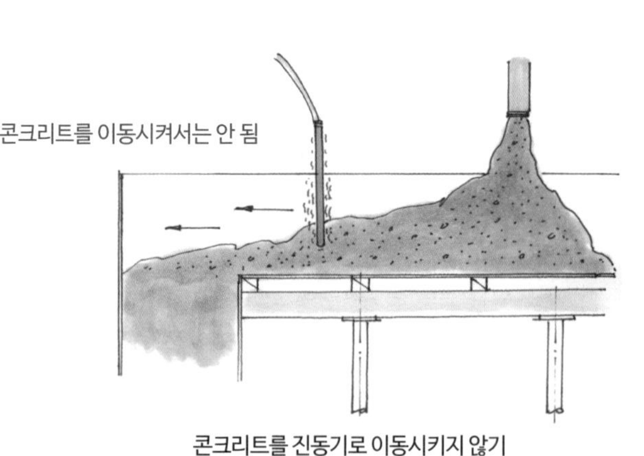

콘크리트를 진동기로 이동시키지 않기

설계하중이란?

건물을 시공하기 전에 건물의 안전성과 경제성 · 시공성을 고려하여 구조물을 설계하여야 한다. 즉, 건물이 세워지고 난 후에 건물이 견뎌내어야 할 각각의 외력을 시공 전에 예측하여 건물이 안전하게 서 있을 수 있도록 구조물을 설계하는데, 이때 예측한 외력을 '설계하중'이라고 한다.

'내력부분(耐力部分)'은 건축물의 기초 · 벽 · 기둥 · 바닥판 · 지붕틀 · 토대(土臺) · 사재(斜材: 가새 · 버팀대 · 귀잡이 그 밖에 이와 유사한 것) · 가로재(보 · 도리 그 밖에 이와 유사한 것) 등의 구조부재(構造部材)로서 건축물에 작용하는 자중(自重) · 적재하중 · 적설하중 · 풍하중 · 토압 · 수압 · 지진하중 그 밖의 진동 또는 충격에 대하여 그 건축물을 안전하게 지지하는 기능을 가지는 건축물의 구조내력상 주요한 부분을 말한다.

건축물의 구조기준 등에 관한 규칙

제3절 하중 및 외력 제9조(설계하중 및 외력)

① 건축물의 구조계산에 적용되는 설계하중 및 외력은 다음 각호와 같다.

1. 고정하중
2. 적재하중
3. 적설하중
4. 풍하중
5. 지진하중
6. 토압 및 수압
7. 온도하중
8. 유체압

② 제1항의 규정에 의한 설계하중 및 외력의 산정기준 및 방법은 「건축구조설계기준」에서 정하는 바에 의한다.

③ 건축물의 구조계산을 할 때에는 제1항 각호 외에 건축물의 실제상태에 따라 토압 · 수압 · 진동 · 충격 등에 의한 외력, 온도변화, 수축 및 크리프의 영향을 고려하여야 한다.

용어해설

도심(圖心, centroid)
면적에 대한 중심위치로 단면 1차 모멘트가 0이 되는 좌표의 원점

재축(axis of member)
단면의 도심을 지나는 부재의 길이 방향으로의 축

구조부재(構造部材)

건축물의 구조기준 등에 관한 규칙(약칭: 건축물 구조기준규칙)[시행 2020. 11. 9.][국토교통부령 제777호 2020. 11. 9. 일부개정] 제2조(정의)에 따르면 이 규칙에서 사용하는 용어의 정의는 다음과 같다. 〈개정 2009. 12. 31., 2018. 11. 9.〉

■ 구조부재

건축물의 기초, 벽, 기둥, 바닥판, 지붕틀(roof truss), 토대(土臺), 사재(斜材), 가새, 버팀대, 귀잡이 그 밖에 이와 유사한 것, 가로재(보, 도리 그 밖에 이와 유사한 것) 등으로 건축물에 작용하는 제9조에 따른 설계하중에 대하여 그 건축물을 안전하게 지지하는 기능을 가지는 구조내력상 주요한 부분을 말한다.

■ 구조내력

구조부재 및 이와 접하는 부분 등이 견딜 수 있는 부재력을 말한다.

■ 구조계획서

건축물의 사용 목적과 하중조건 및 지반특성 등을 고려하여 구조부재의 재료와 형상, 개략적인 크기 등을 결정하고 구조적으로 안전한 공간을 만드는 구조설계 초기과정의 도서를 말한다.

용어해설

도리(桁/欄, cross beam/purlin[e])

목구조에서 길이 방향으로 놓이는 지붕 구조부재. 보는 건물의 횡방향으로 가로지르는 부재이고, 이에 비해 도리는 건물의 길이 방향으로 놓인다. 구조적으로는 기둥과의 접합부 강성을 통해 건물의 길이 방향 강성을 확보하는 역할을 한다. 단면의 모양에 따라 단면이 둥근 경우 '굴도리'라 하고, 단면이 네모난 경우 '납도리'라 한다. 놓이는 위치에 따라 주심도리, 중도리, 종도리로 크게 구분한다. 이외에 중하도리, 중상도리 등도 있다.

버팀대(方杖/支杖, bridging/strut/brace/knee brace/angle brace)

흙막이벽에 가해지는 압력을 압축력으로 버티는 부재. 보의 장스팬 또는 기둥-보 구조에서 보에 의한 기둥의 변형을 줄여주는 목적의 보강재이다.

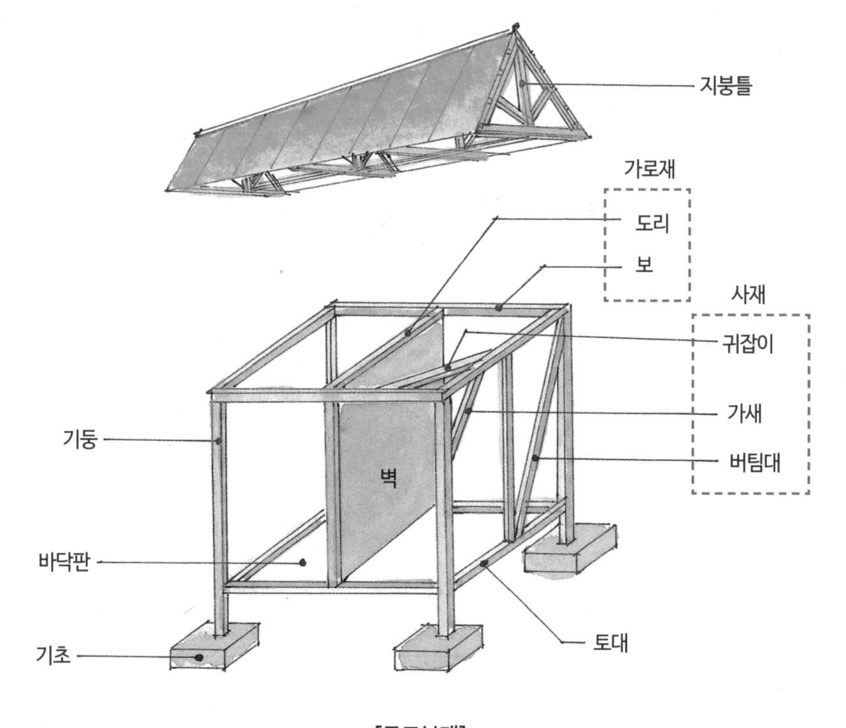

[구조부재]

용어해설

토대(土臺, ground sill)

① 목조건축에서 기둥 하부에 배치해서 기둥의 하중을 기초에 전달하는 횡재이다.
② 목조건축에서 기초 위에 가로대어 기둥을 고정하는 목조부재로서 최하부에 위치하는 수평재(水平材)로, 기둥으로부터의 상부하중이 기초에 고르게 전해지도록 하고 기둥의 하단부(下端部)를 연결하여 이동을 방지하기 위해 설치하는데, 내구성이 있는 경질의 재목을 사용하며 부식방지를 위하여 방수제 처리를 하는 경우가 있다.

귀잡이보(angle tie)

지붕틀, 바닥틀에서 도리와 보, 보와 층도리 등으로 구성된 수평면의 모서리(구석부)에 비스듬히 넣어 수평강성을 높이는 부재이다.

가새(brace/diagonal brace/bracing/diagonal bracing/strut)

① 구조의 변형을 막고 강성을 높이는 목적으로 사용되는 사재이다.
② 일반적으로 사각형 골조에서 기둥과 기둥 간에 대각선상으로 설치한 사재로 수평력에 대한 저항부재의 하나이다.
③ 지붕틀이 용마루 방향으로 흔들리는 것을 방지하기 위해 지붕틀과 지붕틀 간에 건너지르는 횡재 또는 수평가새를 말한다.

콘크리트의 재료분리 원인과 방지 대책

■ 개요

- 균질하게 비벼진 콘크리트는 어느 부분에서 콘크리트를 채취하여도 구성요소인 시멘트, 골재, 물의 구성비율은 동일해야 하나 이 균질성이 소실되는 현상을 '재료분리'라고 한다.
- 콘크리트 재료분리는 시공의 불량으로 인하여 가장 많이 발생되며 구조체의 강도에 악영향을 미치는 요인이 된다.
- 재료분리 방지를 위하여 비빔시간, 운반시간, 타설높이, 다짐간격 등의 준수가 매우 중요하다.

■ 재료분리에 의한 구조물의 피해

- 콘크리트 강도 저하
- 부착강도 저하
- 균열의 원인
- 수분 상승(콘크리트 속 물길이 생겨서 침수할 간격이 되고 동해 요인이 됨)
- 내구성, 수밀성 저하

■ 재료분리의 원인

1. 큰 자갈 사용

① 골재는 유해물질, 불순물 등이 함유되지 않고 소요의 내구성 및 내화성을 가질 것

② 굵은골재 치수가 너무 큰 경우

2. 시멘트량 부족

① 콘크리트의 단위 시멘트량의 최솟값은 270kg/m³

② 단위 최소 시멘트량 이하 시 골재와 골재 간의 부착력이 저하되면서 재료분리의 원인

3. 입도불량

① 비중이 작은 골재　② 입도 · 입경이 불량

4. 시공연도의 불량

① 재료분리는 중량 차에 의하여 발생하며, 시공연도가 나쁘면 재료분리 발생

5. 비빔시간의 지연

① 강제식 믹서 60초, 가경식 믹서 90초

② 정해진 혼합시간을 초과하면 재료분리

③ 비빔시간 4~5분 이상 시

6. 운반지연

① 표준규격의 콘크리트는 15~25℃의 물을 부어 1시간 후에 응결이 시작되며 10시간 후에 끝남

② 운반시간이 길어지면 응결, 경화가 시작되며 재료분리

③ 트럭 운반 시, 펌프압송 시 슬럼프 등에 의해 분리

7. 타설불량

① 낙하고 1m 이상 시

② 타설속도는 여름 1.5m/hr, 겨울 1m/hr

8. 다짐불량

① 각 층다짐 미실시

② 다짐간격 미준수

③ 철근, 거푸집에 진동기가 닿을 시

④ 진동다짐 간격 60cm, 30초 이상 시

9. 블리딩(bleeding)

콘크리트 타설 시 균질하게 혼합되지 못하고, 비중의 차이로 물은 위로, 자갈은 밑으로 내려앉음

10. 레이턴스(laitance)

블리딩에 의해 부상한 미립물이 콘크리트 표면에 얇은 피막으로 침적한 것을 말함

11. 블리딩 및 콘크리트 침하 원인

① W/C비가 크고 컨시스턴시(consistency)가 클수록 블리딩 및 침하가 큼

② 골재 최대 크기가 작을수록 큼

③ AE제, 감수제를 사용하며 블리딩의 양, 침하량 저감

④ 타설높이가 높을수록 침하량이 커짐

■ 방지 대책

1. 재료

① 부배합(富配合)

- 단위용적에 대한 시멘트량이 비교적 많은 배합
- 부배합(富配合)일 경우 시멘트와 골재의 유동성이 좋아져서 재료분리 방지

② 입경이 작은 골재

- 골재의 지름이 작은 경우 시멘트와 중량 차이가 적어짐

③ 골재의 표면

- 골재는 구형으로 표면이 거칠수록 재료분리가 적음

④ 적정한 혼화제
- 적정한 혼화제의 사용은 골재와의 부착력이 증대되어 재료분리 방지
- AE제, 포졸란을 사용하여 콘크리트 응집성을 증가시켜 분리를 적게 하는 데 유효
- 유동성을 증대시켜 단위수량의 감소 효과로 분리저항 증대

2. 배합

① W/C비
- W/C비가 적으면 유동성 미확보로 재료분리
- W/C비가 많게 되면 골재와 시멘트의 중량 차이에 의한 재료분리

② 슬럼프(slump)
- 슬럼프 치가 높으면 시멘트와 골재의 중량 차이로 재료분리

③ 굵은골재 최대치수
- 굵은골재 최대치수는 25~40mm가 적당
- 50mm 넘으면 재료분리
- 굵은골재 치수는 시험배합을 통하여 결정

④ 잔골재율
- 잔골재율은 시공성이 확보되는 범위에서 최대치와 최소치의 평균

3. 시공

① 비빔
- 반죽된 콘크리트가 균질해질 때까지 충분히 비비기
- 강제식 믹서 60초 이상, 가경식 믹서 90초 이상

② 운반
- 사전 운반계획 철저히 수립
- 응결지연제 사용계획 수립
- 재료분리 주의 또는 리믹싱(remixing) 하여 사용. 굳기 시작한 콘크리트는 사용 금지

③ 타설
- 콘크리트 타설높이는 최소로 하는 것이 바람직
- 가능한 콘크리트 타설관이 콘크리트 속에 묻히는 것이 좋음
- 이어붓기 위치는 레이턴스(laitance) 제거 후 시멘트 페이스트로 도포 후 타설

④ 다짐
- 철근 및 거푸집 구석까지 밀실하게 다지기
- 다짐간격 50cm 이하, 10cm 겹치게 하기
- 시멘트 페이스트가 떠오를 때까지 실시

■ 결론

- 재료분리 방지를 위해서는 재료의 선정, 배합, 시공 전 과정에 대하여 철저한 시공관리 및 품질관리를 해야 한다.
- 균일하게 비벼진 콘크리트는 어느 부분을 채취해도 시멘트, 잔골재, 굵은골재의 구성비율이 동일하게 나타나지만, 재료분리가 일어난 곳은 구성비율이 틀려 강도 저하를 가져온다.

재료분리의 발생 원인

- 단위수량이 클 때, 특히 물시멘트비(W/C)가 클 때 모르타르의 점성이 적기 때문에 발생한다.
- 골재의 입도, 입형이 부적당할 때 발생한다. (굵은골재는 둥근 것이 좋고 편평하거나 길쭉한 모양의 세장한 골재는 분리 용이)
- 골재의 비중 차이가 클 때 발생한다. (비중이 크면 침하)
- 굵은골재가 지나치게 클 때 콘크리트 타설 시 철근에 걸려서 분리된다.

[콘크리트면의 재료분리]

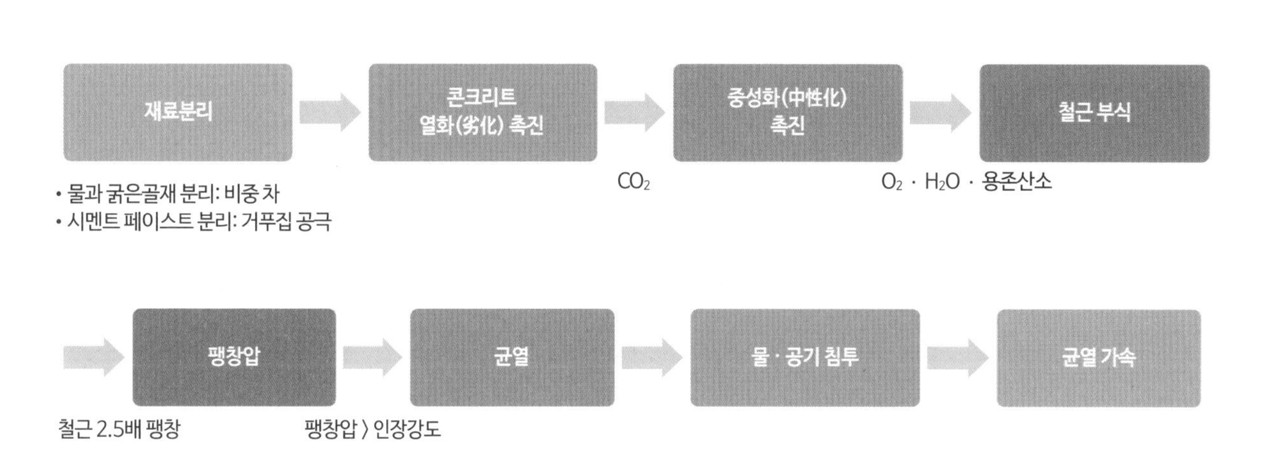

[재료분리에 의한 균열 발생 구조]

혼합수(混合水)가 콘크리트 성능에 미치는 영향

우리가 일상적으로 마시는 물은 지구상에 존재하는 모든 생물에게도 필수 요소이다. 반면, 생명이 없는 무생물인 콘크리트는 물과 무관한 것처럼 생각할 수 있으나 무생물인 콘크리트에도 물은 반드시 필요하다. 과유불급(過猶不及), 즉 '지나치면 모자람만 못하다'라는 말이 있다. 콘크리트의 수화과정(水化過程)에 물은 반드시 필요하지만, 한편으로는 물로 인하여 콘크리트의 강도가 저하될 뿐 아니라 다양한 열화현상(劣化現狀)이 부수적으로 나타난다.

현장에서 콘크리트 타설 시, 약간의 물 보충은 워커빌리티(workability)를 급상승시키는 마력이 있다. 이런 속성을 잘 아는 까닭에 현장기술자들은 물을 첨가하고픈 욕심을 억제하기가 쉽지 않다. 하지만 과도한 물의 첨가는 콘크리트 Gel 공극을 확대하고 층간 간격을 넓혀주기 때문에 이렇게 초래된 다공성으로 인하여 압축강도 저하, 투수성 상승, 부식 및 건조수축량 증가 같은 부정적 효과가 발생한다.

중요한 것은 정작 적정(適正) 가수량(加水量)이 얼마인지 그 누구도 모른다는 것이다. 현장 엔지니어나 학계 관계자들 모두가 소요 강도에 꼭 필요한 '완전 수화반응'을 달성하면서도, 타설에 필요한 워커빌리티를 어떻게 하면 충족시킬 수 있을지를 늘 고민한다.

콘크리트를 타설할 때의 받아들이기 물성시험을 예전에는 주로 슬럼프, 염화물량, 공기량 그리고 강도측정용 공시체를 제작하여 했다면, 이제는 단위수량*을 테스트해야 한다. 콘크리트 성능을 확보하기 위하여 단위수량 시험은 반드시 필요하다. 콘크리트 1㎥를 만드는 데 사용되는 물의 양은 정말 중요한 요소이다.

용어해설

***단위수량(mixing water amount)**

① 아직 굳지 않은 콘크리트 1m³ 중에 포함된 물의 양(골재중의 수량 제외)으로 콘크리트의 강도, 내구성 등 콘크리트의 품질에 직접적인 영향을 미치는 요소

② 시멘트, 석고, 석회 등을 물로 이겨 수화응결을 시킬 때 그 물질의 종류에 따라 좋은 점성을 가지도록 첨가하는 합리적인 물량

■ 블리딩(bleeding)

콘크리트 타설 후 시멘트, 골재가 침하하면서 물이 분리되어 표면으로 떠오르는 일종의 재료분리 상부의 콘크리트를 다공질로 만들며, 내부의 수로를 형성하여 내구성 · 수밀성을 저하시킨다. 철근에 의한 콘크리트 침하(settlement)가 발생하고, 철근배근을 따라 직상부에 격자형 균열이 발생한다.

■ 레이턴스(laitance)

수분과 함께 상승 후 수분이 증발한 후에 생기는 이물질이다. 압축공기나 압축수로 레이턴스를 반드시 제거해야 한다.

■ 재료분리(segregation)

1. 정의

균질하게 비벼진 콘크리트는 어느 부분의 콘크리트를 채취해도 그 구성 요인인 시멘트, 물, 잔 · 굵은골재의 구성비율이 동일해야 하나, 실제로는 이 균질성이 소실되는 현상을 말한다.

2. 문제점

① 시공상의 작업효율 저하
② 경화한 콘크리트의 강도, 구조물의 미관, 내구성 저하
③ 타설불량으로 인한 허니컴(honey comb) 등 시공결함 발생
④ 블리딩에 의한 수밀성 저하와 수평철근과 콘크리트 사이의 부착강도 저하

3. 재료분리의 원인

① 굵은골재의 분리 단위수량 및 W/C비가 크면 재료분리가 현저하게 증가
② 단위수량이 과도하게 적은 된비빔 콘크리트도 점착성이 부족하여 분리 경향이 커짐
③ 골재의 비중 차(중량골재, 경량골재)
④ 골재의 형상은 둥근 것이 좋고 세장한 골재가 분리하기 용이
⑤ 시공불량: 타설높이가 부적절하거나 진동다짐이 과한 경우 등
⑥ 시멘트 페이스트 및 물의 분리
⑦ 거푸집의 이음매, 틈새, 구멍

● 콘크리트 관련 용어

용어해설

물시멘트비(water cement ratio)

① 콘크리트 또는 모르타르에 있어서(골재가 표면건조 포화상태에 있다고 보았을 때) 시멘트 페이스트 속에 있는 물과 시멘트와의 중량비를 말한다.
② 물시멘트비가 지나치게 크면 콘크리트의 강도가 저하되므로 좋은 효과를 얻을 수 없다. 따라서 물시멘트비는 적당한 수치로 고정시키고 콘크리트 재료를 엄선하여 혼합작업을 잘 해야 한다. 골재의 알 모양이 좋고 입도가 적당하고 조합비가 알맞으며 혼합 후의 경과시간을 짧게 하여 거푸집에 넣어야 효과를 얻을 수 있다.

혼화재료(混和材料, admixture additive)

콘크리트 제조 시 물, 시멘트, 골재 이외의 재료로 필요에 따른 비빔(혼합)에 콘크리트의 성분으로 첨가하는 재료의 총칭. 콘크리트의 성질 개선 · 공비의 절약을 위해 쓰인다. 혼화재료는 혼화재와 혼화제로 대별 구분한다. 혼화재료 중 혼화재(混和材)로 사용할 플라이애시는 KS L 5405에, 혼화제(混和劑)로 사용할 AE제 및 감수제는 각각 KS F 4550 및 KS F 4051에 적합한 것이어야 하고, 다른 혼화재료에 대해서는 그 품질을 확인하고 그 사용방법을 충분히 검토해야 한다.

혼화재(混和材, admixture)

콘크리트의 성질을 개량하기 위해 첨가하는 재료 가운데서 조합 시 용적배합에 맞게 적당하게 사용되는 것을 말한다. '혼화재료'라고도 하며, 플라이애시, 모노마, 포리마, 증량재 등이 있다.

혼화제(混和劑, agent)

혼화재료 중 사용량이 1% 이하로 비교적 적어, 그 자체의 용적이 콘크리트의 배합 계산에 무시되는 재료를 말한다.

재료분리(segregation)

중력이나 외력 등의 원인에 의해 콘크리트를 구성하고 있는 재료들의 분포가 당초의 균질한 상태를 유지하지 못하는 현상을 말한다.

입도(粒度, grading/grain size)

① 입자(粒子)의 크기를 표시하는 것(도수)
② 주로 골재의 품질상태를 확인하는 데 활용
③ 골재 입자의 크기와 그 분포의 단계를 나타내는 척도
④ 콘크리트 골재나 입상재료의 대소립의 혼합 비율로 그것이 통하는 체눈의 크기로 표시
⑤ 숫돌 입자의 크기

단위수량(單位水量)

콘크리트 $1m^3$를 만들 때 사용되는 물의 양을 뜻한다.

블리딩(bleeding)

콘크리트 치기를 하고 경화하는 동안에 혼합수 일부가 분리하여 콘크리트 상면으로 상승하는 현상이다. 블리딩이 많으면 콘크리트가 다공질이 되고 강도 · 수밀성 · 내구성 · 부착력이 감소한다. (※ KS F 2414 참조)

04 철근의 배근·조립 및 강구조의 조립·용접·시공상태의 불량

04	주요 부실 내용	벌점
벌 점 기 준	**철근의 배근·조립 및 강구조의 조립·용접·시공상태의 불량**	
	주요구조부의 시공불량으로 부재당 보수·보강이 3곳 이상 필요한 경우	3
	주요구조부의 시공불량으로 보수·보강이 필요한 경우	2
	그 밖의 구조부의 시공불량으로 보수·보강이 필요한 경우	1

주요 지적 사례

주요 지적 사항	세부 내용
주요구조부를 설계도서와 다르게 시공	주요구조부의 철근배근 간격 미준수
철근콘크리트공사 표준시방서 미준수(철근배근 및 조립 기준 등)	구조물의 보(girder) 하부 철근조립 시 주철근과 스터럽* 철근 미결속 등
기계적 철근이음 시공 미흡	기둥 주근을 배근하면서 기계적 철근이음(커플러, coupler)을 서로 분산 배치하지 않고 집중 배치

필수 확인사항

1. 철근공사시방서의 적합성(철근 정착 및 이음길이 등)
2. 구조도면과의 일치성(철근의 배근 간격 등)
3. 철근 부식방지 조치(장기간 노출 철근)
4. 강구조의 조립 · 용접 · 시공상태의 불량 여부

용어해설

***스터럽(肋筋, stirrup)**
'늑근'이라고도 한다. 콘크리트 구조에서 보의 주근을 둘러싸고 이에 직각이 되게 또는 경사지게 배치한 복부 보강근으로서, 전단력 및 비틀림모멘트에 저항하도록 배치한 보강철근을 말한다. 다른 표현으로는 철근콘크리트 보의 상하 주근을 직접 또는 보의 내측연을 따라 감는 전단보강근으로 조립 시에도 긴요하다. 늑근이 있는 위치에서의 총단면적을 보폭과 늑근 간격을 곱한 값으로 나눈 값을 '늑근비'라고 부르며, 백분율로 표시한다.

스페이서(spacer)
거푸집 널과 철근 또는 철근끼리의 간격을 정확히 유지하기 위한 블록이나 기구(버팀대)로 '간격재'라고도 한다.

세퍼레이터(seperater)
철근콘크리트공사에서 철근과 철근, 철근과 거푸집의 간격을 유지하기 위해 사용하는 받침 또는 부품을 말한다.

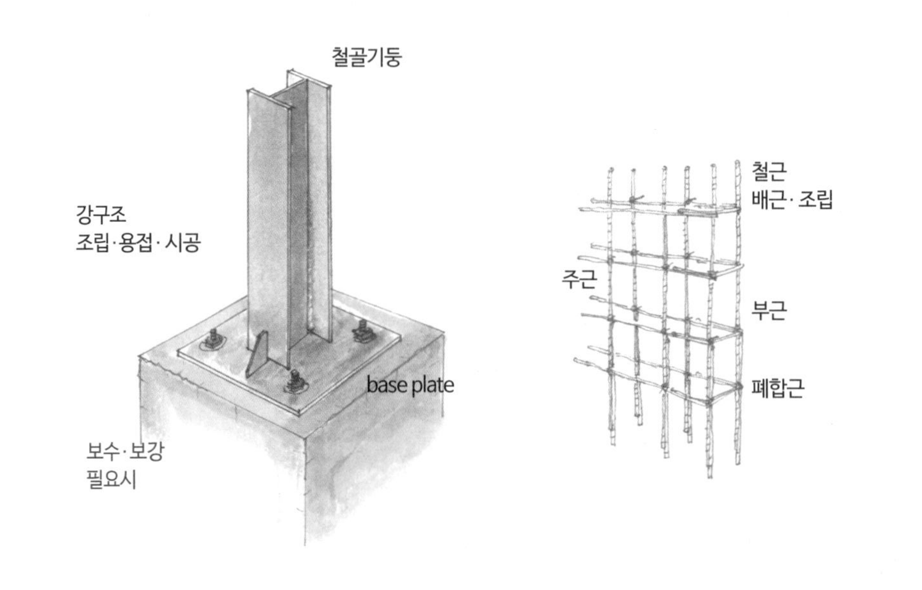

■ 벽체 철근배근 시공관리 철저

당 현장은 연면적 60,000㎡, 지하 4층부터 지상 35층 규모(2개동, 650세대)의 행복주택 민간참여 공공주택건설 신축공사로, 점검일 현재 약 85.07%의 공정률로 흙막이 및 토공사 완료, 골조공사 완료, 내부 마감공사 등이 진행 중이다.

'콘크리트공사 표준시방서' KCS 14 20 11(철근공사) 3.1.2(철근의 조립)에 따르면 철근은 바른 위치에 배근하고, 콘크리트를 타설할 때 움직이지 않도록 충분히 견고하게 조립하여야 한다. 이를 위하여 필요에 따라서 조립용 강재를 사용할 수 있다. 또한 철근이 바른 위치를 확보할 수 있도록 결속선으로 결속하여야 한다.

점검일 현재 공사 구간 내 1단지 지하층 외벽 철근 배근관리 상태를 확인한 결과, 지하 3층 외벽 벽체 BW1 수직근은 HD13@200 간격으로 배근하고 결속하여야 하나, 일부 이음 간격이 맞지 않는 부분이 있으므로 동일 공종 진행 시 관련 시방 규정에 따라 이음 순간격을 유지하는 등 철저한 관리가 필요하다.

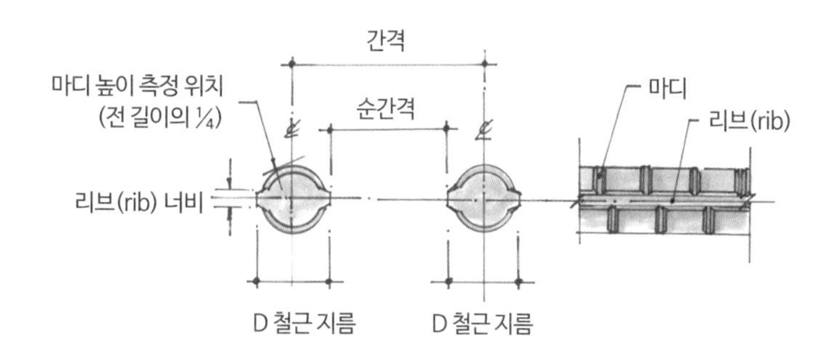

[이형철근(異型鐵筋, deformed steel bar)]

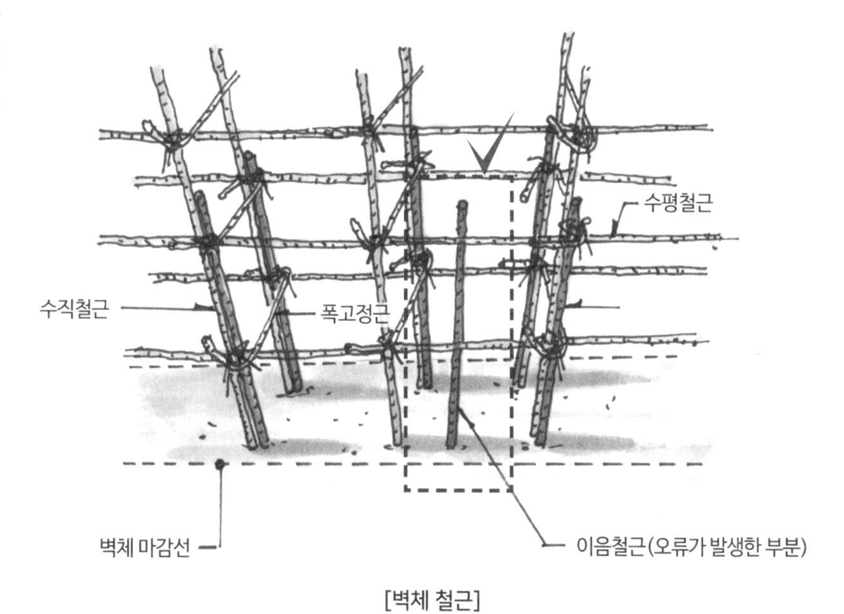

[벽체 철근]

■ 순간격

S=철근의 순간격=철근 표면 간의 최단거리

- 보: 철근 공칭 지름(1.5db 이상), 굵은골재 최대치수의 4/3 이상, 25mm 이상
- 벽 및 슬래브에서 휨 주철근: 벽체, 슬래브 두께의 3배 이하, 450mm 이하
- 기둥: 40mm 이상, db의 1.5배 이상

용어해설

철근간격(鐵筋間隔, bar spacing)

① 부재 내에 배근된 철근의 표면 간 최단거리
② 콘크리트를 타설할 때 굵은골재가 철근 사이를 원활하게 통과함으로써 거푸집 내에 골고루 빈틈없이 다져질 수 있도록 하기 위한 최소의 철근간격

최소간격(最小間隔, minimum spacing)

① 철근콘크리트부재의 철근을 설계 배치하는 경우에 현장에서의 시공성 및 충분한 부착성을 확보하기 위하여 정해진 철근의 간격
② '최소순간격(純間隔)'이라고도 함

피복두께(被覆-, covering depth)

① 철근콘크리트의 철근 표면에서 이를 피복하는 콘크리트의 두께(鐵筋被覆)
② 철근콘크리트에서 철근 보호를 목적으로 철근을 콘크리트로 감싸는 것이 철근피복인데, 이것과 콘크리트 표면 간의 최단거리(두께)

■ 철근배근 및 조립 표준시방서 미준수

주차장 지붕층 보의 하부 철근조립 시 주철근과 스터럽(stirrup) 철근이 결속되지 않았다.

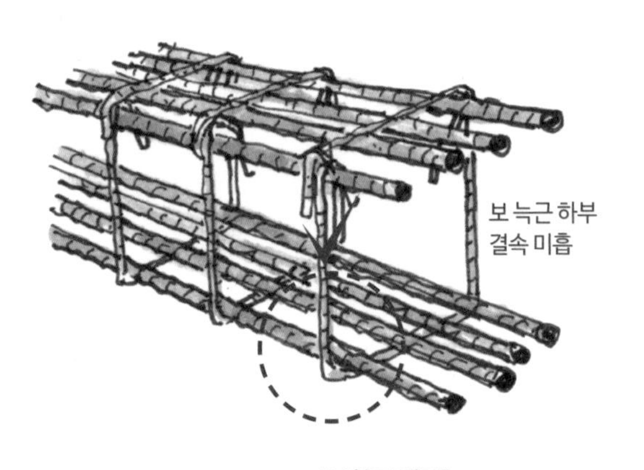

[보철근 배근]

■ 철근공사 시공관리 철저

벽체 수평철근과 U-bar 철근 이음부위 결속 누락 또는 1개소만 긴결되고, 철근 피복두께 확보를 위한 간격재(스페이서, spacer) 일부가 누락되었다.

U-bar 결속 누락 및
스페이서 설치 누락

[벽체 모서리 철근]

■ 철근의 배근 · 조립 부적정

기둥 주철근 배근 간격이 도면과 다르게 배근이 되었다.

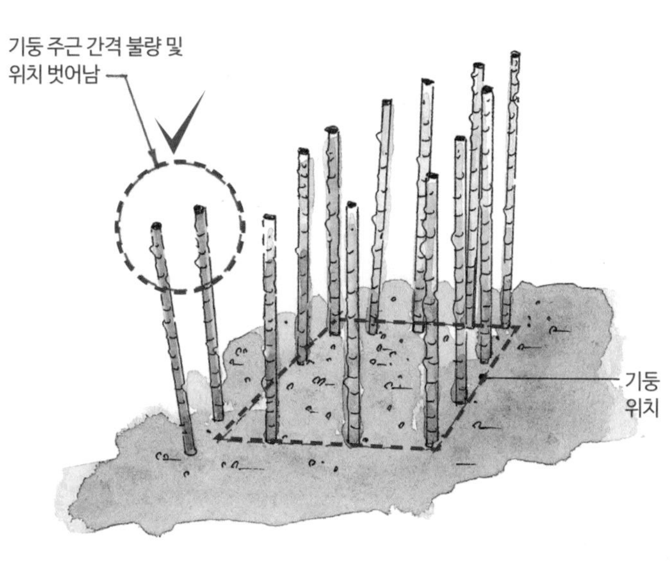

[기둥 주근 다월바(dowel-bar)]

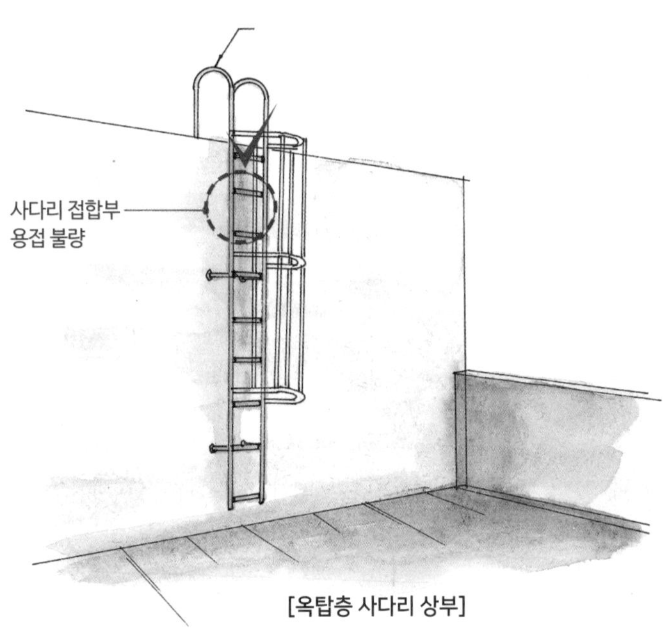

[옥탑층 사다리 상부]

■ 옥외 스테인리스스틸(SUS) 사다리 용접관리 미흡

옥탑 옥외 SUS 사다리 용접 후 그라인드(grind) 처리가 되지 않고 용접상태로 방치되었다.

■ PHC 파일 두부 보강 용접 미흡

PHC 파일*의 두부 보강을 위해 반입된 파일 두부 보강재 하부판과의 용접된 철근 단면이 일부 손상되어 시공 전 조치가 필요하다.

■ 내력벽 주철근 표준갈고리 여장 부족 등 설계도서와 다른 시공

옥탑층 내력벽**인 벽체 상단 주철근 10가닥이 수직길이 약 10~14cm 노출된 상태로 표준갈고리*** 여장(120mm)을 확보하지 않았으며, 감리원은 검토 · 확인 및 시정지시 등 조치를 하지 않은 사실을 확인했다.

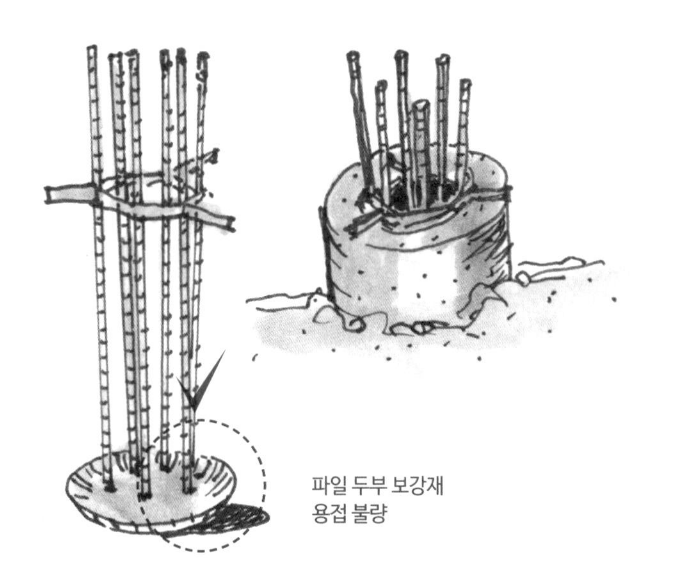

[PHC 파일]

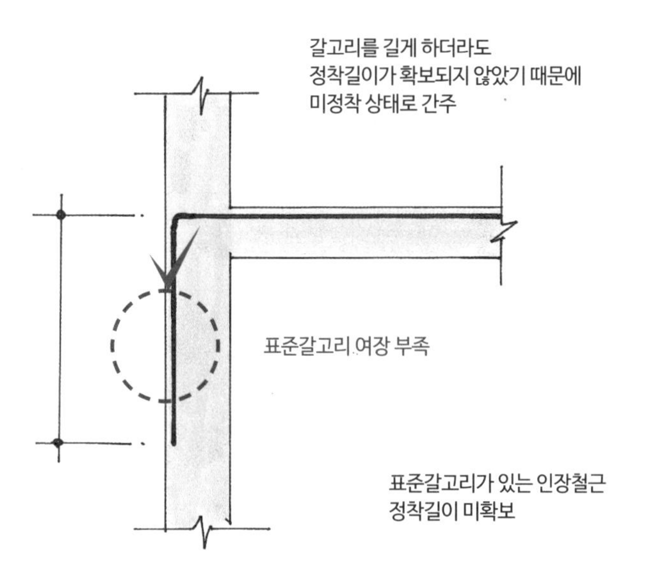

[주철근 표준갈고리]

용어해설

*** PHC 파일(PHC pile)**

이미 만들어진 파일의 하나로, 고강도 프리스트레스도 파일의 약칭. 파일에 압축력, 즉 프리스트레스를 가해 두고, 벤딩(bending)이나 인장력(引張力)에 약하다고 하는 콘크리트의 결점을 보완하는 파일(杭)이다.

**** 내력벽(耐力壁, bearing wall/structural wall)**

① 쌓기공사의 일부분으로 벽체 · 바닥 · 지붕 등의 수직하중, 수평하중을 받아 기초에 전달하는 벽체

② 상부에서 오는 하중과 자체하중을 받아 하부벽체 또는 기둥에 전달하는 벽체 자체의 하중 외에 수직하중을 지지하는 벽체. ASCE 7에 의하면 자중 이외에 1.5kN/m 이상의 중력하중을 지지하는 건식벽체, 콘크리트 또는 조적벽의 경우 자중 이외에 3kN/m 이상의 중력하중을 지지하는 벽체

***** 표준갈고리(標準-, standard hook)**

주철근 끝에 두는 갈고리로 그 치수가 표준에 맞게 된 것

■ 기둥 주근의 기계적 이음 방법 개선

기둥 주근의 기계적 이음(커플러, coupler)*을 서로 엇갈리게 배치하지 않고 일렬 배치(총 1개소)하여 이에 대한 검토 및 시정이 필요하다.

■ 벽체 철근 위치 미흡

벽체 및 천장 슬래브를 타설하였으나, 벽체 철근의 결속이 미흡하여 바닥에 노출된 수직철근의 위치가 부적정하므로 보완 시공을 하였다.

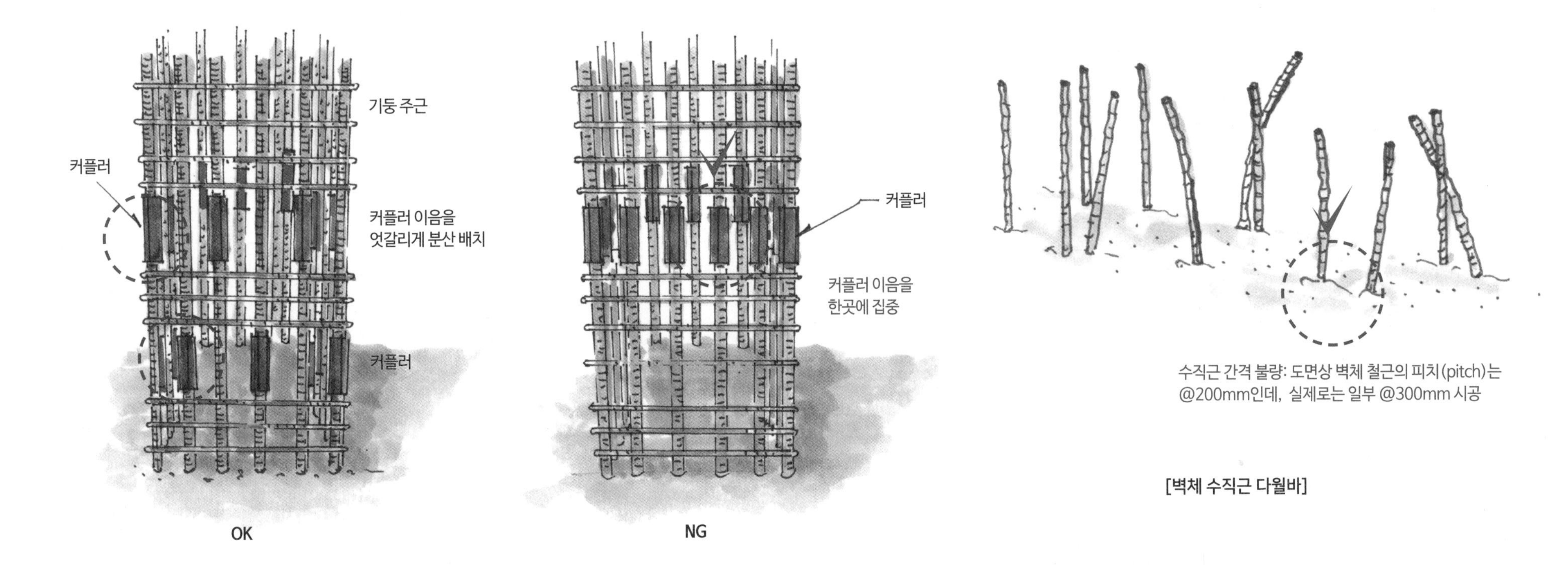

[기둥 주근]

[벽체 수직근 다월바]

용어해설

***기계적 이음(mechanical splice)**
철근 이음 방법 중의 하나로서, 커플러와 같은 기계적 장치에 의해서 철근과 철근을 잇는 방법

철근간격(鐵筋間隔, bar spacing)
부재 내에 배근된 철근의 표면 간 최단거리. 콘크리트를 타설할 때 굵은골재가 철근 사이를 원활하게 통과함으로써 거푸집 내에 골고루 빈틈없이 다져질 수 있도록 하기 위한 최소의 철근간격

철근공사

■ 철근의 종류

철근의 종류로는 원형철근(round steel bar), 이형철근(deformed steel bar), 고장력철근(high tensile bar)이 있으며, 원형철근은 마디가 없어 부착력이 작고 이형철근은 원형철근보다 부착력이 크다.

■ 철골구조(강구조)의 특징

강재료를 이용하여 뼈대를 구성하는 구조이며, '강구조'라고 한다. 공장에서 부재를 만들어 현장에서 조립 및 접합을 한다.

1. **장점**
   ① 고강도
   ② 소성변형능력이 큼
   ③ 재료가 균질하고 중량이 가벼움
   ④ 시공이 편리하고 공사기간이 짧음
   ⑤ 해체 용이
   ⑥ 재사용 가능

2. **단점**
   ① 열에 취약
   ② 내화피복 필요
   ③ 좌굴, 국부좌굴(압축) 발생 우려
   ④ 피로에 의한 강도 저하 우려
   ⑤ 관리비 증대

■ 1톤 단위 이형 철근 규격표

1톤 단위- 이형봉강 포장(이론중량) 조견표 (KS D3504 기준)

규격	단위무게 (kg/m)	길이 구분 (m)	길이(m)								
			6	6.5	7	7.5	8	9	10	11	12
D10	0.560	1본 중량	3.36	3.64	3.92	4.20	4.48	5.04	5.60	6.16	6.72
		기둥 상단	300	270	270	240	210	210	180	150	150
		중량	1,008	983	1,528	1,008	941	1,058	1,008	924	1,008
		총길이	1,800	1,755	1,890	1,800	1,680	1,890	1,800	1,650	1,800
D13	0.995	1본 중량	5.97	6.47	6.97	7.46	7.96	8.96	9.95	10.95	11.94
		기둥 상단	160	160	140	140	120	120	100	100	80
		중량	955	1,035	976	1,044	955	1,075	995	1,095	955
		총길이	960	1,040	980	1,050	960	1,080	1,000	1,100	960
D16	1.56	1본 중량	9.36	10.14	10.92	11.70	12.48	14.04	15.60	17.16	18.72
		기둥 상단	105	105	90	90	75	75	60	60	60
		중량	983	1,065	983	1,053	936	1,053	936	1,030	1,123
		총길이	630	682.5	630	675	600	675	600	600	720
D19	2.25	1본 중량	13.50	14.63	45.75	16.88	18.00	20.25	22.50	24.75	27.00
		기둥 상단	74	68	63	59	56	49	44	40	37
		중량	999	995	992	996	1,008	992	990	990	999
		총길이	444	442	441	442.5	448	441	440	440	444
D22	3.04	1본 중량	18.24	19.76	21.26	22.80	24.32	27.36	30.40	33.44	36.48
		기둥 상단	55	51	47	44	41	37	33	30	27
		중량	1,003	1,008	1,000	1,003	997	1,012	1,003	1,003	985
		총길이	330	331.5	329	330	328	333	330	330	324
D25	3.98	1본 중량	32.88	25.87	27.86	29.85	31.84	35.82	39.80	43.78	47.76
		기둥 상단	42	39	36	33	32	28	25	23	21
		중량	1,003	1,009	1,003	985	1,019	1,003	995	1,007	1,003
		총길이	252	253.5	252	247.5	256	252	250	253	252
D29	5.04	1본 중량	30.24	32.76	35.28	37.80	40.32	45.36	50.40	55.44	60.48
		기둥 상단	33	31	28	26	25	22	20	18	17
		중량	998	1,016	988	983	1,003	998	1,008	998	1,028
		총길이	198	201.5	196	195	200	198	200	198	204
D32	6.23	1본 중량	37.38	40.50	43.61	43.73	49.84	56.07	62.30	68.53	74.76
		6.23	27	25	23	21	20	18	16	15	13
		중량	1,009	1,013	1,003	981	997	1,009	997	1,028	972
		총길이	162	162.5	161	157.5	160	162	160	165	156
D35	7.51	1본 중량	45.06	48.82	52.57	56.33	60.08	67.59	75.10	82.61	90.12
		기둥 상단	22	20	19	18	17	15	13	12	11
		중량	991	976	999	1,014	1,021	1,014	976	991	991
		총길이	132	130	133	135	136	135	130	132	132
D38	8.95	1본 중량	53.70	58.18	62.65	67.13	71.60	80.55	89.50	98.45	107.40
		기둥 상단	19	17	16	15	14	12	11	10	9
		중량	1,020	989	1,002	1,007	1,002	967	985	985	967
		총길이	114	110.5	112	112.5	112	108	110	110	108
D41	10.5	1본 중량	63.00	68.25	73.50	78.75	84.00	94.50	105.00	115.50	125.00
		기둥 상단	16	15	14	13	12	11	10	9	8
		중량	1,008	1,024	1,029	1,024	1,008	1,040	1,050	1,040	1,008
		총길이	96	97.5	98	97.5	96	99	100	99	96
D51	15.9	1본 중량	95.40	103.35	111.3	119.25	127.20	143.10	159.00	174.90	190.00
		기둥 상단	11	10	9	8	8	7	6	6	5
		중량	1,049	1,034	1,002	954	1,018	1,002	954	1,049	954
		총길이	66	65	63	60	64	63	60	66	60

철근공사 주의사항

철근공사는 철근을 사용하여 하는 가공 · 조립 · 배근 등의 공사를 말한다. 철근공사의 순서는 시공상세도(shop drawing) 작성 → 최적길이 자재 신청 → 철근 공장 가공 또는 현장 가공 → 철근배근 및 배근검사로 진행된다. 철근 보관에 있어 하부에 빗물이 닿지 않도록 별도 받침목을 설치하거나, 천막 등으로 보양조치하고 수시로 환기 및 건조시켜 녹이 발생하지 않도록 하는 것이 중요하다.

■ 철근조립 시 주의사항

- 철근은 도면에 따라 바르게 배근하고 콘크리트 타설 완료 시까지 움직이지 않도록 견고하게 조립해야 한다.
  - 스페이서(spacer) 및 세퍼레이터(separator) 등을 기준에 따라 배치하여 철근과 거푸집 및 철근 간의 간격 등을 정확히 유지한다.
  - 철근배근 시 순간격을 유지하며 엇갈리게 겹침이음할 수 있도록 사전에 계획한 후 가공한다.
- 철근 보강근을 적절하게 사용한다.
  : 견고한 구조체 시공을 위해 설계서에 명시된 개구부(창틀) 주변 사재근을 비롯해 각종 설비 · 통신 · 전기배관 밀집지역 철근보강 등이 필요하다.
- 철근콘크리트 슬래브 공사의 각종 설비 · 통신 · 전기배관 공사는 각 배관의 이격거리를 최소 25mm(굵은자갈 최대 크기) 이상 이격되도록 유지한다.
  : 설비 · 소방 · 전기 · 통신배관 작업의 편리성을 위해 많은 시공사들이 다발식으로 배관을 하려는 경향이 있어 사전에 철저한 협의 교육이 필요하다.
- 공사를 쉽게 하기 위해 철근배근이 밀집하지 않은 보, E/V 옹벽으로 배관하는 것은 구조적으로 치명적이다.
  : 배관 경로가 부득이할 경우 풀박스*를 이용하는 것이 효과적이다.
- 후타설부위 이음철근 수량 및 이음길이를 확인하고 장기간 노출 시 녹발생 방지를 위한 보양조치가 필요하다. (철근비닐 또는 PE 배관파이프로 보양)
- 지하주차장 보 · 기둥 접합부위, 캔틸레버 보 등 철근의 과다 시공부위는 콘크리트 타설 대책을 사전에 강구한다.
- 슬래브 배근 시 작업통로 및 발판 설치로 철근 변형이나 유효높이 미확보 사례를 방지한다.
- 고임대 및 간격재는 콘크리트제(바닥) 및 플라스틱(벽, 슬래브)을 사용하며 사용 전 KS인증 규격품 여부를 확인한다.

용어해설

***풀박스(pull box)**
전기의 분기, 인입, 인출 등을 용이하게 하기 위해 사용하는 상자로서 전기의 배선 및 배관 공사에서 주로 이용된다.

■ 철근공사 시공 전 검토사항

- 사전에 다음과 같은 사항을 검토한다.
  - 구조 도면 일반사항을 숙지한다.
  - 가공상세도(이음 · 정착길이 · 늑근 등) 작성 상태를 검토한다.
  - 철근 규격 · 위치, 배근 간격 또는 단면 변화부위 시공 계획을 검토한다.
  - 각종 개구부, 박스 및 배관 · 매립 부위 보강 계획을 검토한다.
  - 피복두께 유지 계획, 부위별 늑근(stirrup-bar), 폭 고정근 시공 계획을 검토한다.
  - 거푸집 박리제 오염 방지 및 노출 철근의 보양 계획을 검토한다.
  - 철근배근 시 수평 · 수직도 확보 계획을 검토한다.
- 내진 설계 구조물에 철근배근은 내진설계기준에 맞는 철근배근 시행 여부를 반드시 확인해야 한다.
- 정착길이, 이음길이, 기둥과 보의 교차지점의 띠철근 위치, 큰보와 작은보 교차점의 늑근(stirrup-bar) 등 중요 설계사항을 반드시 확인해야 한다.
- 철근 가공은 철근배근도(re-bar shop drawing)를 작성하고 가능한 공장제작을 통해 현장 반입 후 부위별로 배근하는 것이 품질관리, 공사기간 단축, 공사비 절감에 유리하다.
- 타설 구간이 다르고 연결되는 구조물에 시공하는 다월바(dowel-bar) 형식의 삽입철근 시공부위 사전조사 및 대장정리가 필요하다.
  - 캔틸레버(cantilever) 부분, 돌출 현관 출입구, 난간대 물막이 턱 등
  - 미시공 시 추가 공사비가 과다 소요되며 공사품질 확보가 어렵다.
- 공종 간 협의사항을 숙지한다.
  - 철근작업 완료 후 전기 · 설비공사의 소요시간을 충분히 확보하여 야간작업을 지양한다.
  - 전기, 기계, 통신, 소방, 기타 매립물 선 설치를 검토한다.
  - 전기박스나 설비배관 등 매립물 위치를 검사한다.
  - 슬리브(sleeve) 주변은 보강근을 시공하거나 개구부 전체를 시방서 규정으로 보강한다.

철골공사의 고장력볼트

■ 개요

- 고장력볼트는 현장의 철골접합용으로 많이 쓰이는 재료이다.
- 모재 이음부의 한 면 또는 양면에 덧판(splice plate)을 대고 볼트와 너트의 조임력으로 마찰력을 도입하여 철골부재를 접합하는 데 사용한다.
- 고력볼트로는 고장력볼트와 토크시어형 볼트(TS볼트)가 있는데 주로 TS볼트를 사용한다.
- 조임 및 검사 방법은 볼트에 따라 다르기 때문에 설계도 및 관련 규정에 따라 정밀시공해야 한다.
- 고력볼트의 재료 규격은 KS규정, 설계는 건축구조 기준, 시공은 건축공사 표준시방서·고력볼트 접합시공지침·공사시방서에 명시되어 있다.

■ 철골공사 고장력볼트의 특징

- 육각형 볼트(동일함)
- '고장력볼트(HT볼트)', '하이텐볼트(high tension bolt)'라고 부른다. 장력이 높고 기계적 성질이 높은 볼트로 일반 볼트에 비해 고장력이며 일반 스패너와 렌치로는 조립이 불가하여 전용 공구를 사용해야 한다.
- TS볼트(torque shear bolt)

■ 종류 표기법

- F10T: 마찰접합용 고장력볼트
  - F: Friction of grip joint(마찰접합)의 첫 글자
  - 10: 볼트의 인장강도 하한값 10은 1,000N/mm^2
  - T: Tension(장력)의 첫 글자
- S10T: Torqueshear형 고장력볼트
  - S: Structure joint(구조결합)의 첫 글자
  - 10: 볼트의 인장강도 하한값 10은 1,000N/mm^2
  - T: Tension(장력)의 첫 글자

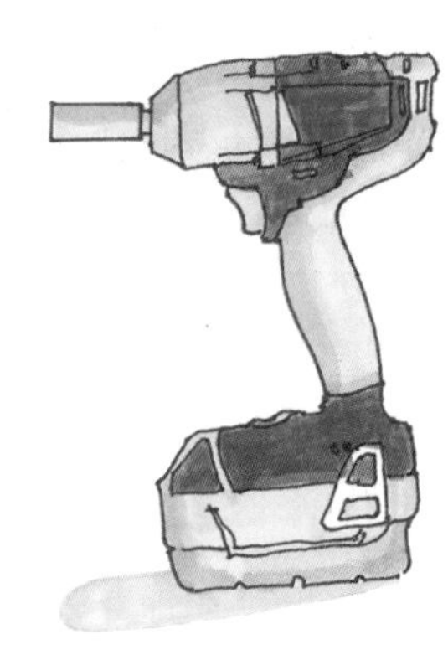

[토크렌치]

용어해설

고장력볼트(高張力-, high tensile-bolt/high strength bolt/friction bolt)

① 강한 압력(또는 마찰 저항)이 생기도록 조여서 사용하는 볼트. 고강도의 강재로 만들고, 6각 볼트와 특수형 볼트가 있다. (=하이텐션볼트 → 지압 볼트 접합)

② 고력볼트의 장력에 따른 접합재 사이 마찰력에 의해 힘을 전달하는 접합 방법을 말한다.

토크렌치(torque wrench)

고력볼트의 조임용 렌치로 토크량을 조절할 수 있어 볼트의 조임 확인 검사 시에 사용된다.

고력볼트 인장 접합

고력볼트가 인장력을 받도록 계획한 기계적 접합법을 말한다.

● 철골공사의 HT볼트 vs TS볼트 비교

구분	HT볼트(Hex bolts)	TS볼트(Torque Wrench bolts)
용도	빔 조립용	철골 조립용
머리모양	육각 머리	둥근 머리
세트 구성	볼트 1 + 너트 1 + 평와셔 2	볼트 1 + 너트 1 + 평와셔 1
체결 공구	• 에어임팩 또는 전기임팩 • 공구가 무겁고 소음이 큼 • 너트체결공구(너트런너) 고가 • 볼트와 너트 양방향에서 공구 사용(볼트 머리가 육각형)	• TS볼트 전용 공구(시어렌치, shear wrench) 사용 • 공구가 가볍고 소음이 작음 • 너트 쪽 한 방향에서 공구 사용
토크의 일정성	• 작업자의 감으로 작업하여 일정한 토크 확보 불가능 • 너트체결 시 볼트가 움직일 우려	• 시어렌치로 조립 시 볼트 끝부분의 핀테일(pin tail), 일정한 토크에 의해서 절단 • 절단된 핀테일 회수 • 안정된 토크로 체결 확인 가능
체결 검사	• 크렌치(torque wrench)에 의한 체결 검사 • 육안으로 체결상태 검사 불가능	• 크렌치에 의한 체결 검사 생략 가능 • 육안으로 체결상태 확인 가능
볼트 규격	• KS B 1010 : 2009 마찰접합용 고장력 6각 볼트, 6각 너트, 평와셔의 세트	• KS표준 KS B 2819 : 2016 구조물용 토크-전단형 고장력볼트, 6각 너트, 평와셔의 세트 • 국토부 건설기준코드 KCS 31 25 00 강구조공사 표준시방서 • 참조: 국가법령정보센터, 국가건설기준센터
KS인증 취득 여부	HT볼트 KS인증 취득 대상품	TS볼트 KS인증 취득 비대상품

■ HT볼트(마찰접합용, high tensile bolt, high tension bolt, high strength bolt)

인장강도가 높은 볼트로 접합부에 높은 강성(鋼性)과 강도를 얻기 위해 사용한다.

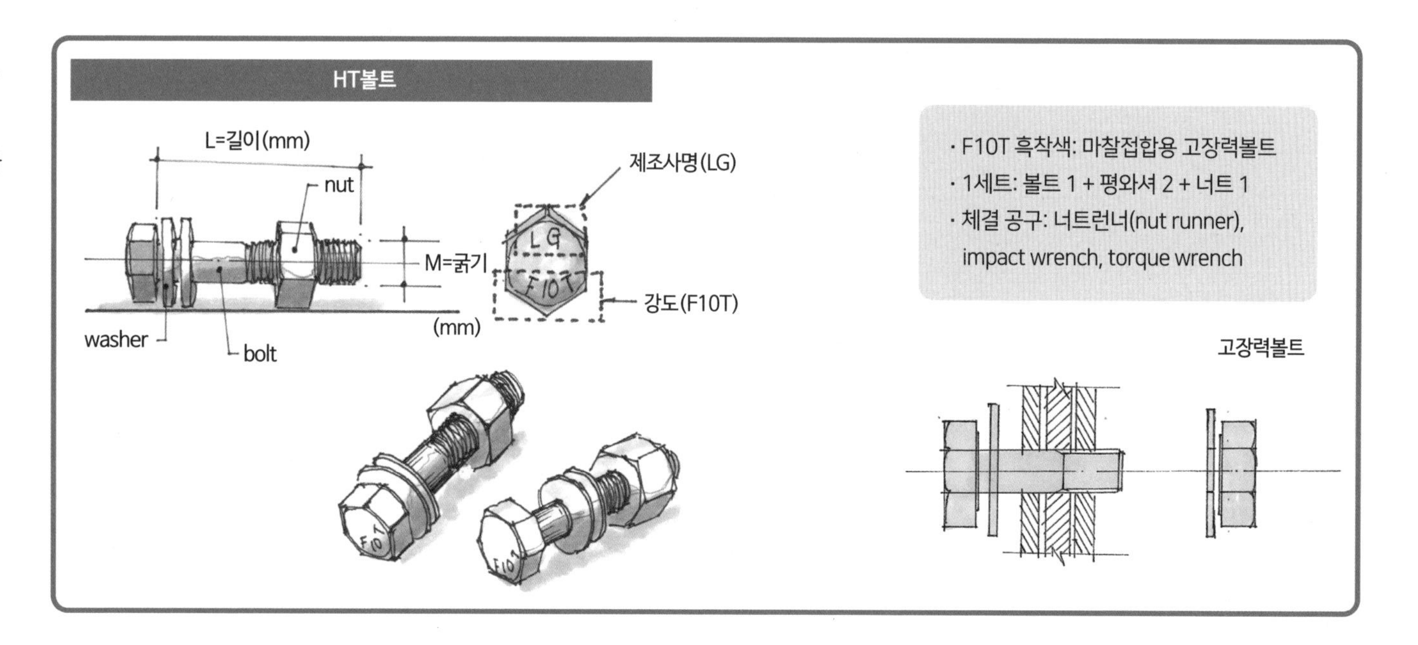

■ TS볼트(토크시어형, torque shear type high tension bolt)

나사 끝에 소정의 토크로 파단하는 팁을 두고, 이것을 이용하여 언제나 일정한 토크로 체결할 수 있도록 배려된 특수 고장력볼트이다.

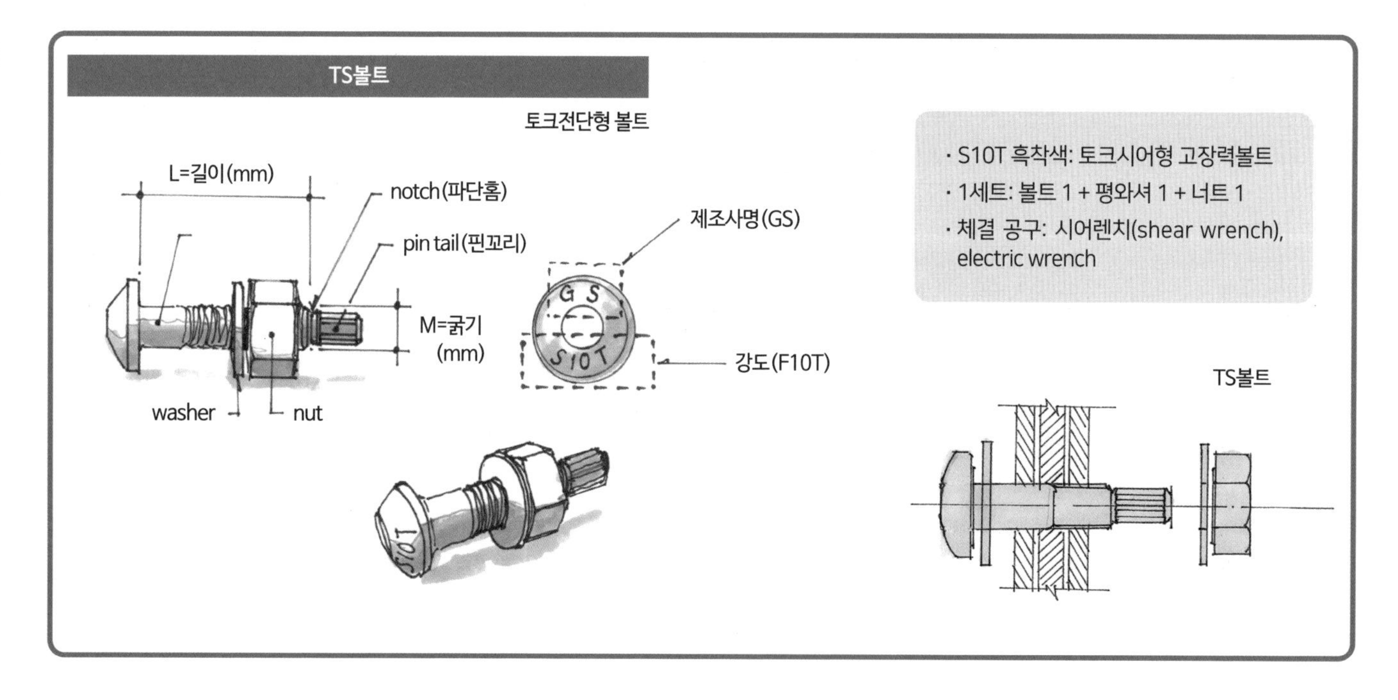

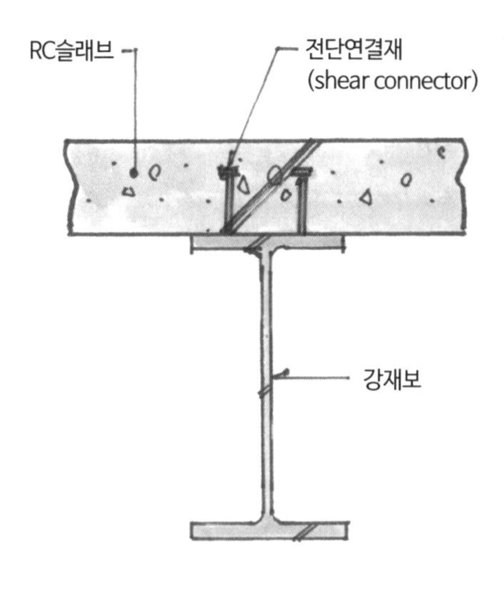

[노출형 합성보]

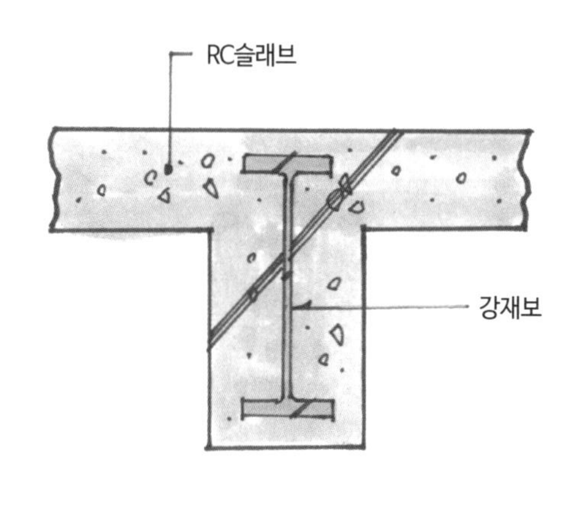

[매입형 합성보]

용어해설

라멘([독]rahmen, rigid frame)

① 구조 부재의 절점, 즉 결합부가 결합되어 있는 골조로서 인장재, 압축재, 휨재가 모두 결합된 형식으로 된 구조물이다.
② 주로 직선부재로 구성되고, 대부분의 절점이 강결되어 있는 골조구조물이다.

변위(變位, displacement)

외력 등으로 인하여 일어나는 물체 또는 어떤 점의 위치 변화를 말한다.

합성보(合成梁, built-up girder/built-up beam/composite beam/composite girder)

강재보가 슬래브와 연결되어 하나의 구조물로 구조적 거동을 할 수 있는 보로서, 노출형 합성보와 매입형 합성보가 있다.

05 배수상태의 불량

05	기능	벌점
벌 점 기 준	**배수*상태의 불량**	
	배수구조물을 설계도서 및 현지 여건과 다르게 시공하여 배수기능이 상실된 경우	2
	배수구조물을 설계도서 및 현지 여건과 다르게 시공하여 배수기능에 지장을 준 경우	1
	배수시설의 관리 불량으로 인해 침수 등 피해 발생의 우려가 있는 경우	0.5

주요 지적 사례

주요 지적 사항	세부 내용
건설현장 내 배수시설 확보 미흡	공사 구간에 설치된 배수시설의 미비로 우천 시 지면에 물 고임
성토(盛土) 구간 임시 배수로 관리 미흡	성토 구간에 다이크(dike) 및 임시 배수시설에 토사가 흘러들어 배수기능 미확보
침사지 및 도수로의 배수기능 상실	침사지, 도수로** 및 집수정(集水井) 내 퇴적물로 인하여 배수기능 상실

필수 확인사항

1. 설계도서 일치성(배수구조물의 높이 및 위치 등)
2. 배수시설의 배수기능 확보 여부
3. 침사지 및 도수로 관리상태

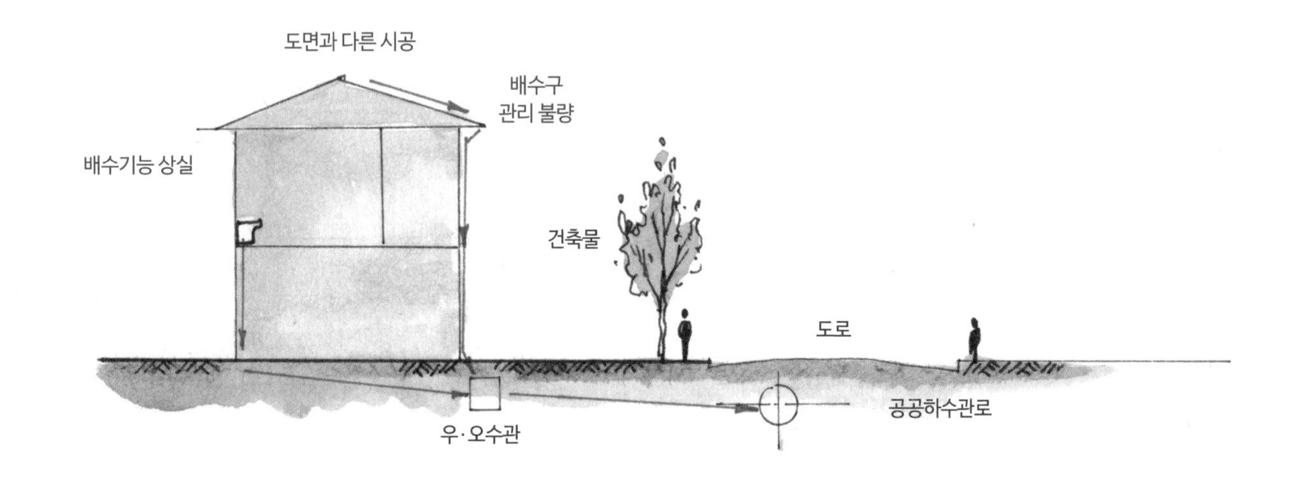

용어해설

***배수(排水, drainage / dewatering)**

① 하천을 따라 자연상태에서 유역 내의 물을 제거하는 것, 건축물이나 부지 내에서 과잉의 물이나 오수 및 폐수 등을 외부로 제거하는 것, 배수공 등을 이용하여 과잉지표수나 지중수를 인위적으로 제거하는 것
② 수중펌프와 같은 장비를 이용하여 수직갱이나 케이슨 속의 물을 제거하는 것
③ 지중의 과잉간극수가 수두 차에 따라 낮은 수두 지역으로 이동하여 수두평형을 이루는 것

****도수로(導水路, link canal)**

물을 한 지점으로부터 다른 지점으로 끌어들이기 위한 수로

3.1.8 가설하수

(1) 기존 시설물을 사용할 수 없는 경우에는 공사 착공 전에 필요한 하수시설을 설치하고 유지관리를 하여야 하며, 현장은 항상 깨끗하고 위생적인 상태로 유지하여야 한다.

(2) 수급인은 공사 완료 시 가설하수시설 철거 및 복구에 대해 다음 사항에 따라 처리하여야 한다.

1) 기존 시설물 연결부위는 이물질이 유입되지 않도록 복구에 철저를 기하여야 한다.

2) 가설하수시설을 추가로 설치한 경우에는 철거 및 원상복구 · 조치하여야 한다.

3) 가설하수시설물은 당초와 같거나 필요시 더 좋은 상태로 보수해서 해당 시설물의 관리청에 반환하여야 한다.

3.1.9 가설현장배수

(1) 현장의 바닥면은 자연배수가 되도록 경사를 두어야 하며, 흙파기를 하는 구역에 물이 유입되지 않도록 하고 필요하면 펌프를 설치하여 유지관리를 하여야 한다. 또한, 자연재해대책법에 의한 사전재해영향성 검토 결과 또는 현장 여건상 필요에 따라 흙탕물의 유입이 우려되는 지역 등에는 침사지 등 가설현장 배수시설을 설치 · 운영하여야 한다.

(2) 현장에서 배출되는 많은 양의 흙, 공사로 인한 부스러기, 화학물질, 유류 및 이와 유사한 것들은 배수도랑을 오염시키거나 하수도의 흐름을 방해하므로 부스러기는 제거하고 액상인 것은 여과시켜 배수토록 한다. 배수할 때 쓰레기의 함유량이 정해진 한계를 넘지 않도록 하기 위해 여과지 침전탱크, 분리기 및 기타 필요한 시설을 설치한다.

(3) 현장 내에는 물이 고이거나 현장 외부로 흙탕물이 유출되지 않도록 해야 하며, 흙탕물의 외부유출이 우려되는 지역에는 가배수로, 침전지 등을 설치하거나 물막이를 설치해서 외부 토사유출이 최소화되도록 조치하여야 한다.

(4) 시공 중 발생되는 용수는 발견 즉시 처리하여야 하며, 수급인은 용수처리 · 배수로 설치 등을 포함하는 배수계획서를 작성하여 공사감독자의 승인을 받아야 한다.

■ 시공 중인 구조물 일부 침수

시트파일(sheet pile) 내부의 PC 수로박스 및 역류방지시설 벽체 철근이 시공 중 침수되었다. 현장 양수관리를 철저히 할 것이 요구된다.

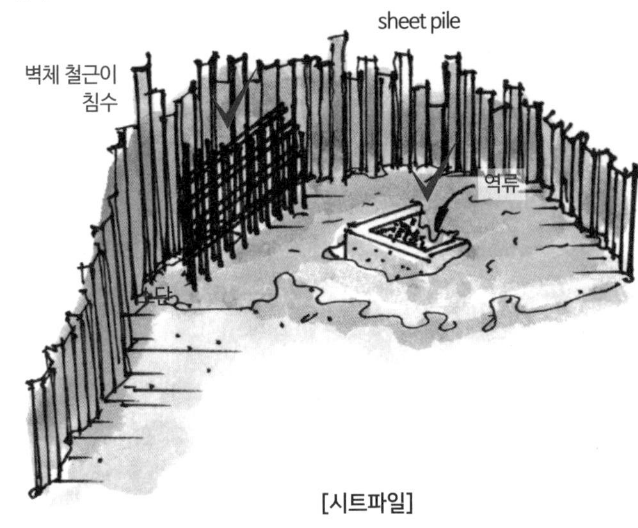

[시트파일]

■ 교면배수구 단부 배수처리 미흡

A교 P2에 설치한 교면배수구 단부가 지면과 접촉되게 설치되어 우기 시 이물질 유입 등으로 배수에 지장을 초래할 수 있으므로 적절한 조치가 필요하다.

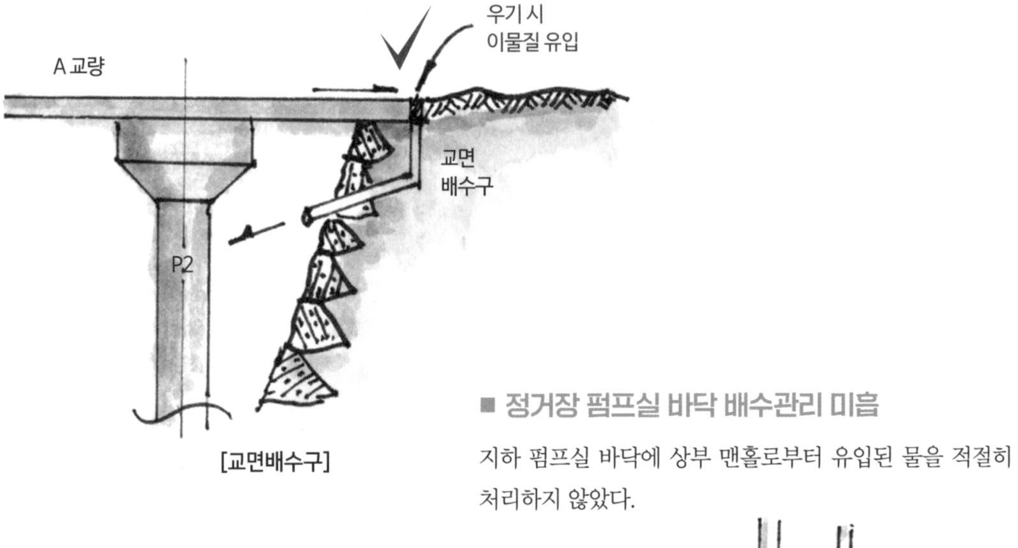

[교면배수구]

■ 정거장 펌프실 바닥 배수관리 미흡

지하 펌프실 바닥에 상부 맨홀로부터 유입된 물을 적절히 처리하지 않았다.

■ 침사지 관리 미흡

침사지 내부 토사 준설이 필요하며, 공사 구간 중 침사지 내부가 강우 시 유입된 토사로 가득 차 있어 준설이 필요하다.

침사지 퇴적물 처리 미흡

[침사지]

[지하 펌프실]

용어해설

침사지(沈砂池, ① grit chamber / ② sand basin)

① 일반적으로 물을 처리하기 전에 토사의 침적, 펌프의 손상 등을 방지하기 위하여 수중에 포함된 토사를 침전법에 의해 제거하는 시설

② 흐르는 물의 유속을 늦추어 그 속의 부유토사를 침전시키기 위해 취수구 가까이에 만든 인공 못

■ 타워크레인(전기시설) 기초부 배수 관리 미흡

타워크레인 기초부(최하단부)의 배수 미흡으로 인해 감전이 우려된다.

타워크레인 마스트(tower crane mast)

전기 분전반

물이 고이지 않도록 하기 (배수홀 또는 구배 처리)

바닥 침수로 감전위험

[타워크레인 하부]

■ 터널 내 배수관리 미흡

본선 터널 내부에 물이 고여 있는 등 가배수로 정비가 미흡하다.

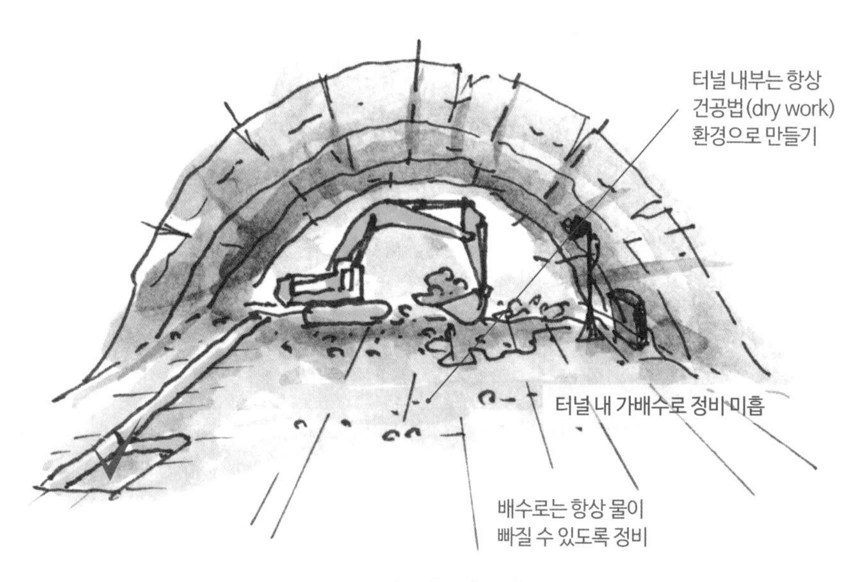

[터널공사 구간]

■ 트렌치 설치 일부 미흡

트렌치 일부가 벽체로 막혀 있어 배수가 불가하다.

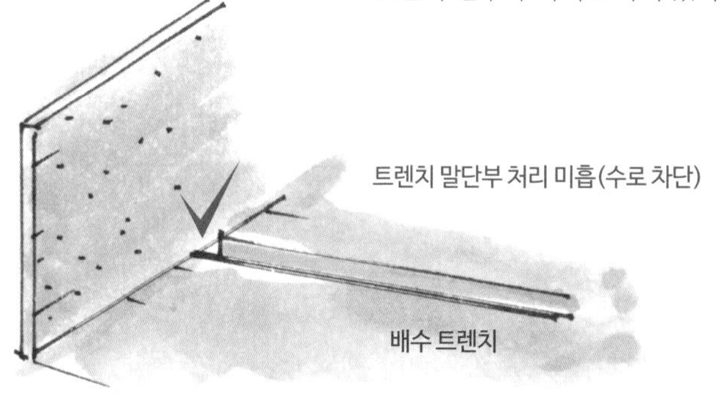

[배수용 트렌치]

■ 배수 및 안전관리 미흡

흙막이 가시설에 임시 배수로 설치 등 보완이 필요하다.

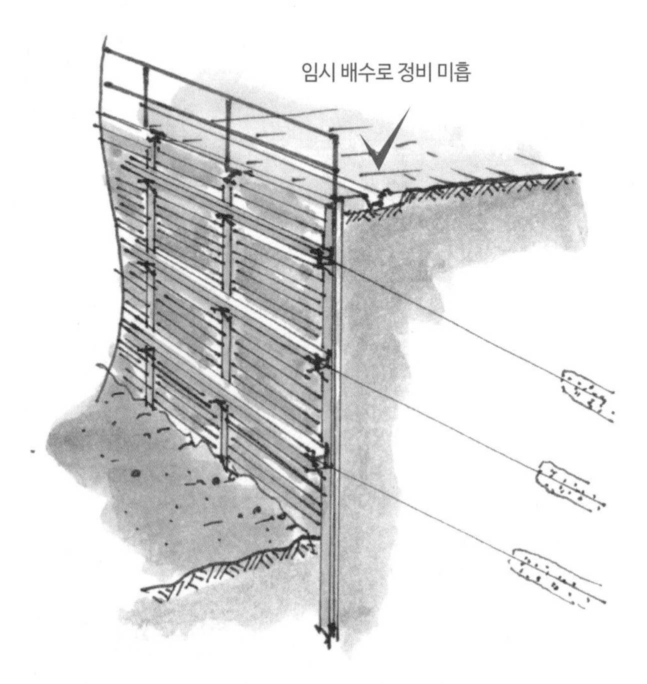

[흙막이 가시설 상단부 배수로]

■ 콘크리트 측구 시공 미흡

단지 내 도로 배수처리를 위한 콘트리트 측구 구조물 확인 결과, 배수공에 콘크리트가 유입되어 굳어 있어 적절한 조치가 필요하다.

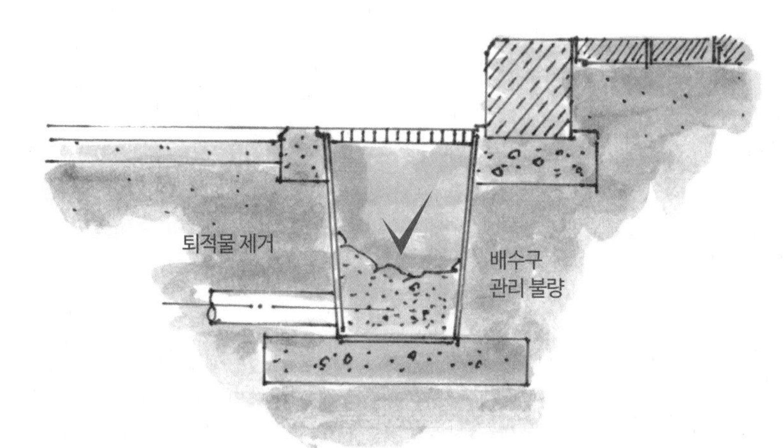

[L형 측구 및 빗물받이]

■ 도수로 내 토사 제거 등 관리 필요

도수로 및 집수정 내부가 토사 등 퇴적물이 쌓여 있어 배수기능 확보가 어려우므로 퇴적물을 제거하고 도수로 내 퇴적토사 정비 유지관리 방안을 마련하는 등 검토가 필요하다.

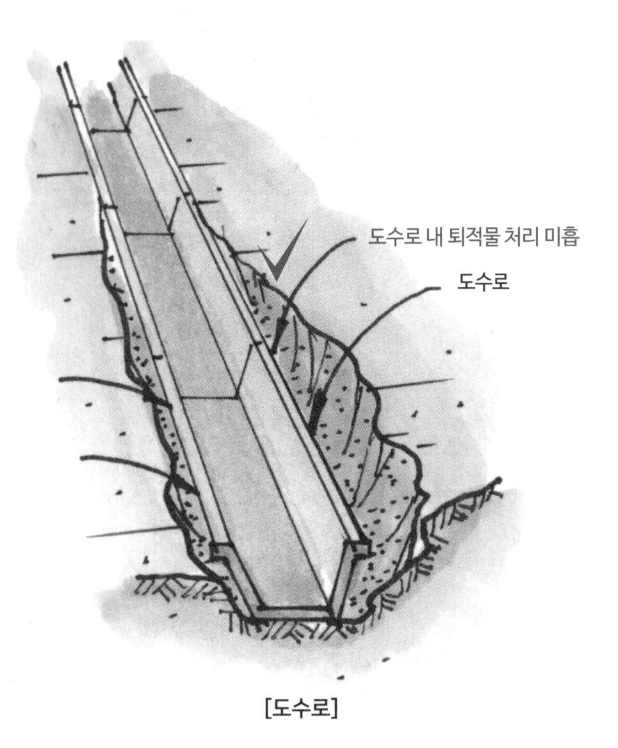

[도수로]

용어해설

도수로(導水路, head race / feed canal)

① 수차 또는 터빈까지 물을 유도하는 수로
② 저수지 계획에 있어서 자체의 유역만으로는 집수량이 부족할 때 타 유역의 물을 끌어 넣기 위하여 만든 수로

■ 산마루 측구 되메우기 구간 배수기능 확보 등 검토 필요

산마루 측구 설치 구간의 되메우기 표면이 측구 상단보다 낮게 설치되어 비탈면 표면수가 측구 하부로 유입되어 침하 및 이동 우려가 있으므로 콘크리트를 타설하여 지표수가 토층으로 스며들지 않도록 조치하는 등 검토가 필요하다.

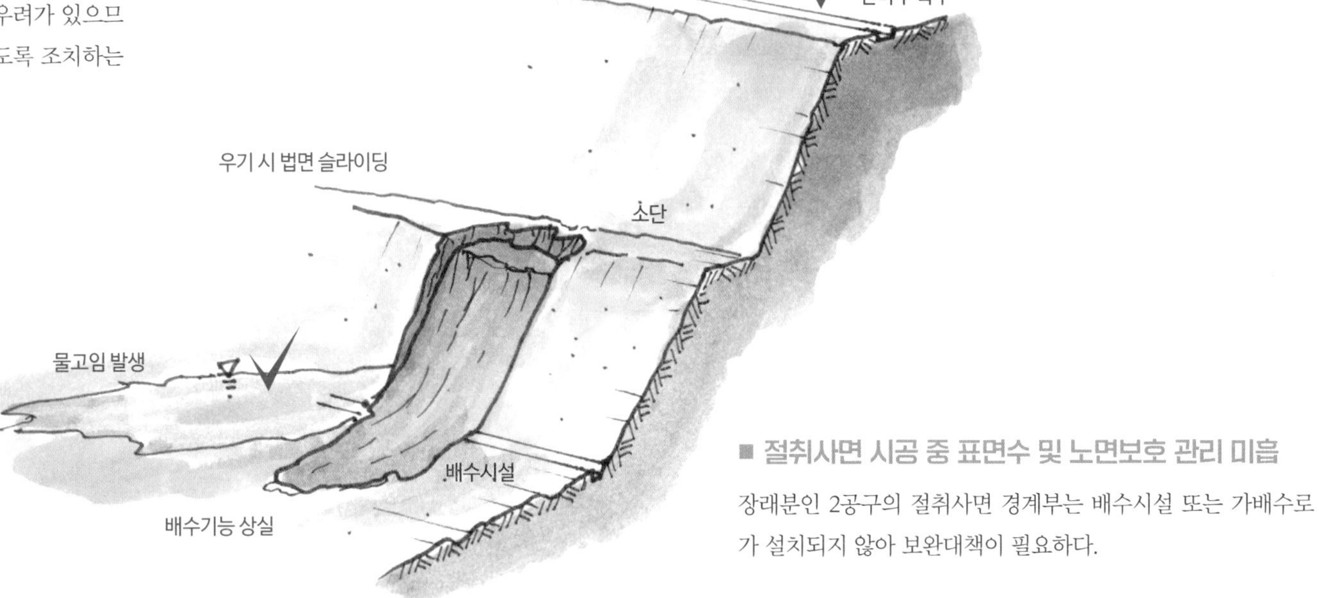

[법면의 배수시설]

■ 현장 내 배수시설 확보 미흡

현장 중앙 배수시설이 원활하지 않아 물고임이 발생했다.

■ 절취사면 시공 중 표면수 및 노면보호 관리 미흡

장래분인 2공구의 절취사면 경계부는 배수시설 또는 가배수로가 설치되지 않아 보완대책이 필요하다.

[현장 내 배수시설]

■ 공사현장 사업부지 내 가배수시설의 관리 미흡

절취사면 및 노면작업 구간은 공사 시행으로 가배수시설이 훼손되어, 최근 태풍의 영향으로 내린 우수로 물고임에 따른 지반 연약화 및 작업자(공사차량 등) 이동 시 안전사고의 위험이 발생되지 않도록 조치가 필요하다.

■ 우기 시 사업부지 내 배수관리 필요

콘크리트 타설 후 양생 중인 지하주차장 1층 배면부 구간은 배수처리가 원활하지 못하여(점검일: 비) 물고임 등으로 지반연약 및 콘크리트 양생 중인 구조물에 영향을 미칠 수 있으므로 적절한 조치가 필요하다.

■ 배수시설(침사지) 관리 미흡

표준시방서 KCS 11 40 35(시공할 때의 배수), 3.1(시공기준) ③항의 규정에 따르면 땅깎기부의 용수 또는 강우에 의하여 유출되는 표면수는 비탈면을 세굴(洗掘)시킬 우려가 있으므로, 적절한 가배수시설을 설치하고 도수로 지점에 마대나 비닐 등으로 임시 도수로를 만들어 배수 조치를 하여야 한다. 반면, 점검일 현재 당 현장 침사지* #2에 설치되어 있는 천막이 훼손되는 등 위 규정에 따른 관리가 미흡하므로 보완이 필요하다.

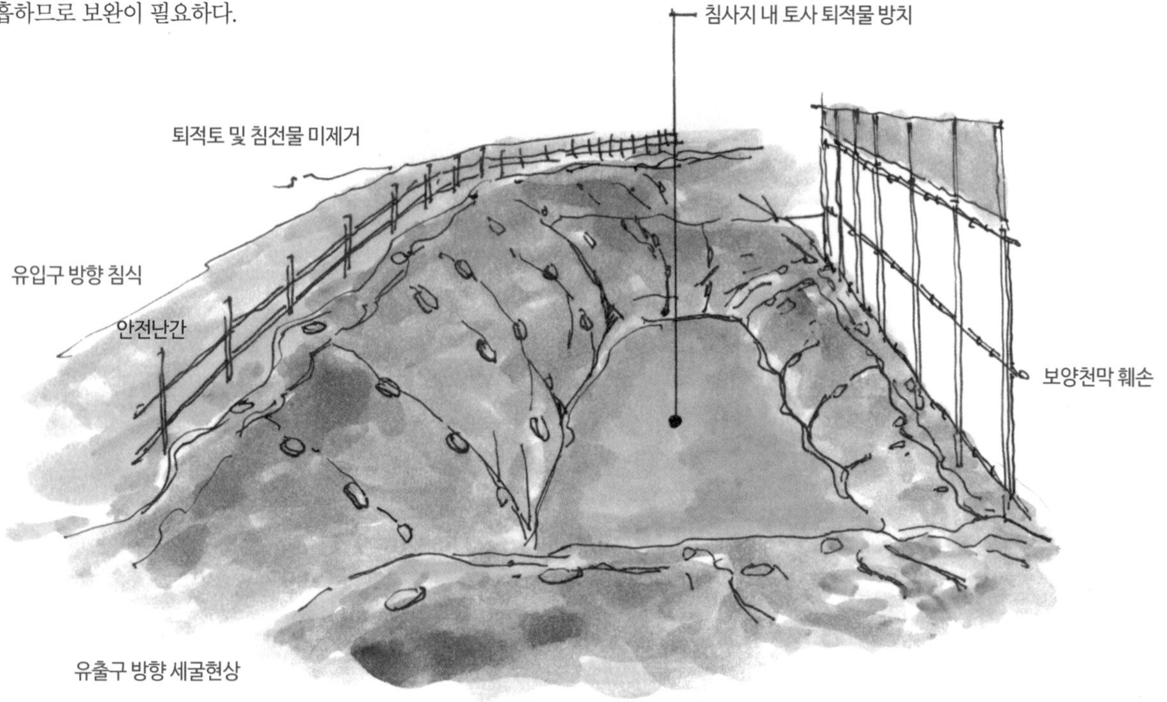

[침사지]

용어해설

배수구(排水口, outlets)
불필요한 물이 빠지거나 물을 빼내는 곳

***침사지(沈砂池, ① grit chamber / ② sand basin)**
① 일반적으로 물을 처리하기 전에 토사의 침적, 펌프의 손상 등을 방지하기 위하여 수중에 포함된 토사를 침전법에 의해 제거하는 시설
② 흐르는 물의 유속을 늦추어 그 속의 부유토사를 침전시키기 위해 취수구 가까이에 만든 인공 못

배수공(排水孔, weep · drain · drainage hole/weep drain)
옹벽, 석축 등에서 배후의 지반 또는 되메운 층의 물을 빼기 위하여 벽의 표면까지 설치하는 작은 구멍

비점오염원(非點汚染源)이란?

■ **비점오염원**

도시, 도로, 농지, 산지, 공사장 등 불특정 장소에서 불특정하게 수질오염물질을 배출하는 배출원을 말한다.

■ **비점오염저감시설**

수질오염 방지시설 중 비점오염원으로부터 배출되는 수질오염물질을 제거하거나 감소하게 하는 시설로서 환경부령으로 정하는 시설을 말한다.

비점오염저감시설(非點汚染施設) 설치기준

수질 및 수생태계 보전에 관한 법률 시행규칙

[별표 17] 비점오염저감시설의 설치기준(제76조제1항 관련)

1. 시설유형별 기준

가. 자연형 시설

1) 저류시설

가) 자연형 저류지는 지반을 절토 · 성토하여 설치하는 등 사면의 안전도와 누수를 방지하기 위하여 제반 토목공사 기준을 따라 조성하여야 한다.

나) 저류지 계획 최대수위를 고려하여 제방의 여유고가 0.6미터 이상이 되도록 설계하여야 한다.

다) 강우유출수가 유입되거나 유출될 때에 시설의 침식이 일어나지 아니하도록 유입 · 유출구 아래에 웅덩이를 설치하거나 사석(砂石)을 깔아야 한다.

라) 저류지의 호안(湖岸)은 침식되지 아니하도록 식생 등의 방법으로 사면을 보호하여야 한다.

마) 처리효율을 높이기 위하여 길이 대 폭의 비율은 1.5 : 1 이상이 되도록 하여야 한다.

바) 저류시설에 물이 항상 있는 연못 등의 저류지에서는 조류 및 박테리아 등의 미생물에 의하여 용해성 수질오염물질을 효과적으로 제거될 수 있도록 하여야 한다.

사) 수위가 변동하는 저류지에서는 침전효율을 높이기 위하여 유출수가 수위별로 유출될 수 있도록 하고 유출지점에서 소류력이 작아지도록 설계한다.

아) 저류지의 부유물질이 저류지 밖으로 유출하지 아니하도록 여과망, 여과쇄석 등을 설치하여야 한다.

자) 저류지는 퇴적토 및 침전물의 준설이 쉬운 구조로 하며, 준설을 위한 장비 진입도로 등을 만들어야 한다.

06 방수불량으로 인한 누수(漏水) 발생

06	주요 부실 내용	벌점
벌 점 기 준	**방수불량으로 인한 누수* 발생**	
	방수시설에서 누수가 발생하여 방수면적 1/2 이상의 보수 · 보강이 필요한 경우 (구체적인 보수 · 보강 계획을 수립한 경우에는 제외한다. 이하 이 번호에서 같다.)	2
	방수시설에서 누수가 발생하여 보수 · 보강이 필요한 경우	1
	방수시설의 시공불량으로 보수 · 보강이 필요한 경우	0.5

주요 지적 사례

주요 지적 사항	세부 내용
지하구조물의 합벽 및 벽체 부분 방수 미흡	지하구조물(주차장 등)의 벽체에서 누수 및 보수 · 보강작업 지연
콘크리트 구조물의 이어치기 부분 지수판 미설치	콘크리트 구조물(벽체, 슬래브)의 이어치기 및 시공이음(construction joint) 구간에 지수판(止水板) 미설치
도면과 다른 시공	방수공사 접합부의 시방 규정을 준수하지 않고 임의대로 시공(접합부의 겹침길이 및 바탕면 처리 등)

필수 확인사항

1. 구체적인 누수에 대한 보수 · 보강 계획의 수립 여부
2. 방수공사** 시공 후 누수 여부 조사
3. 누수 발생 시 지연시키지 말고 즉시 보수

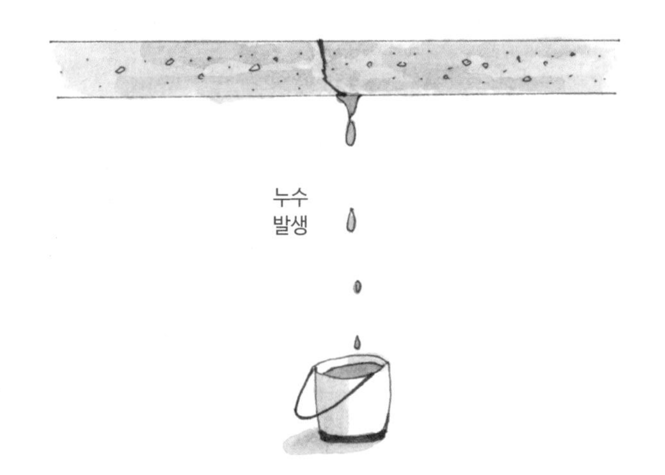

용어해설

***누수(漏水, leakage)**
① 수도관에서 새는 물
② 지붕에서 물이 새는 등, 일반적으로 물이 새는 것을 칭함

****방수공사(防水工事, waterproofing work)**
건물의 지붕, 바닥, 지하실, 수조 등에 방수층을 설치하여 물이 스며들거나 새는 것을 막기 위하여 하는 공사
① 방수에 관한 공사의 총칭
② 방습(防濕) · 방수공법의 분류: 수밀(水密) 콘크리트 공법, 피막방수층 공법, 방수제 도포 및 침투법, 수밀재(材) 붙임법(※ 보통 많이 쓰이는 공법이 피막방수법이고, 그중 대표적인 것이 아스팔트방수층 공법과 시멘트액체방수법)
③ 방수층 시공 개소별의 분류: 바깥벽 방수, 지하실 방수(안방수법 · 바깥방수법), 실내방수, 옥상방수
④ '방습 공사'라고도 함

■ 드라이 에어리어 벽체 일부 방수 미시공

소방도로 우측 드라이 에어리어(dry area) 벽체 중 일부가 방수 시공되지 않았다.

■ 지수판 설치 미흡

본선 터널 구간 내 지수판 일부가 탈락되는 등 설치가 미흡하다.

■ 방수보호재 일부 설치 미흡

드라이 에어리어 상부외벽 일부 방수보호재가 누락되었다.

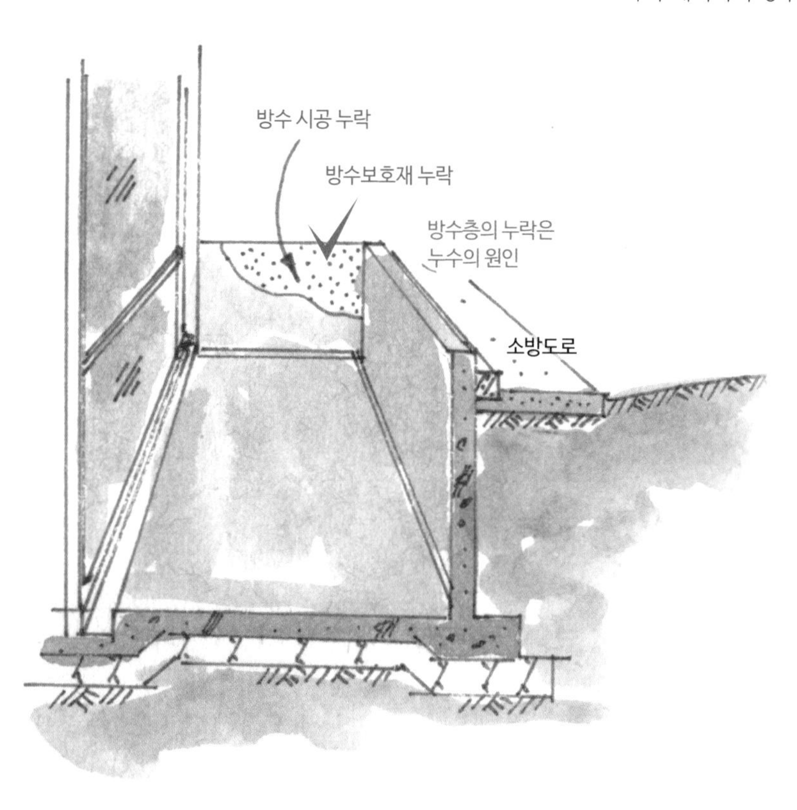

[드라이 에어리어]

지수판 누락

지수판 누락은 끊김 없이
연속되어야 함

지수판

[터널]

용어해설

지수판(止水板, water-stop)
콘크리트의 이음부에서 수밀을 위하여 콘크리트 속에 묻어두는 동판 · 합성수지 등의 제품을 말한다.

드라이 에어리어([미]areaway, [영]dry area)
지하실이 있는 건물의 외벽 주위를 파 내려가 옹벽을 세워 천장을 뚫어 놓은 공간. 환기, 채광, 방수, 방습 등에 용이하다.

■ 시트방수 보호층 시공 미흡

조경석 시공부위 옹벽 시트방수 후 폴리에틸렌 방수보호재 시공이 미흡하다.

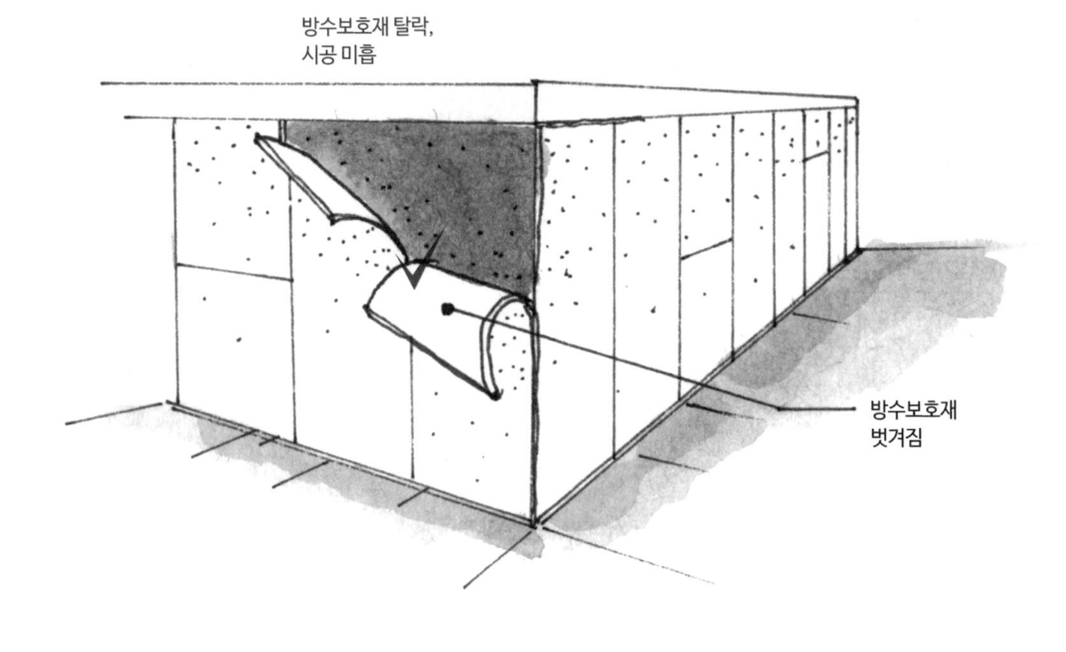

[벽체 방수보호재]

용어해설

보수공사(補修, repair work)
건축물의 전체 또는 일부가 손상된 경우, 그것을 원형으로 회복해서 당초의 형상, 외관, 성능, 기능으로 되돌리기 위한 복구 공작을 말한다.

보강(補強)
구조물이나 시설의 낡은 것과 관계없이 그 기능을 향상 또는 확장하는 작업이다. 낡은 것을 보수하면서 보강하는 경우는 보수·보강이라 한다.

■ 주민공동시설 벽체방수 치켜올림 시공 미흡

주민공동시설 조경 구간의 벽체 치켜올림 방수 시공이 미흡하다.

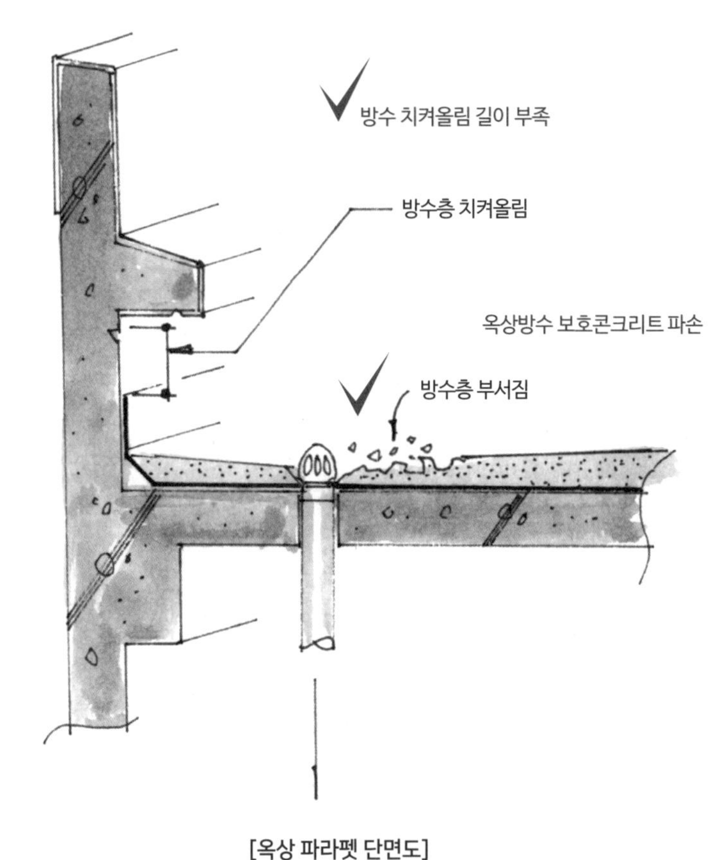

[옥상 파라펫 단면도]

■ 옥상방수 보호콘크리트 관리 미흡

아파트 옥상방수층 보호(누름)콘크리트 시공부위의 일부 구간이 파손되었다.

■ 지하주차장 합벽 맞볼트부 방수 미흡

지하주차장 합벽 맞볼트부 3개소에 누수되고 있어 자체 국부 방수계획에 의한 방수 보강이 요구된다.

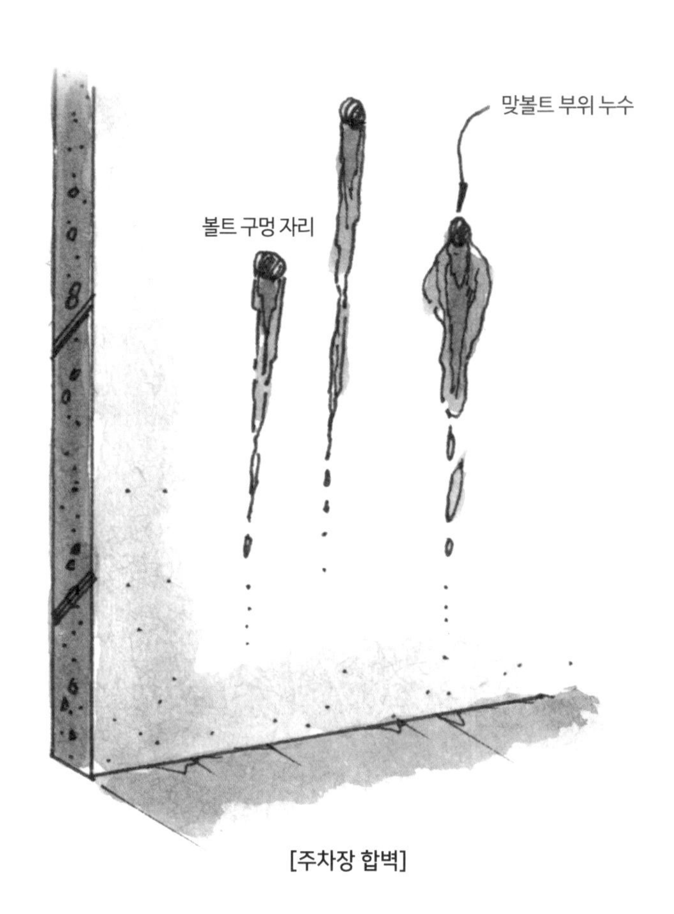

[주차장 합벽]

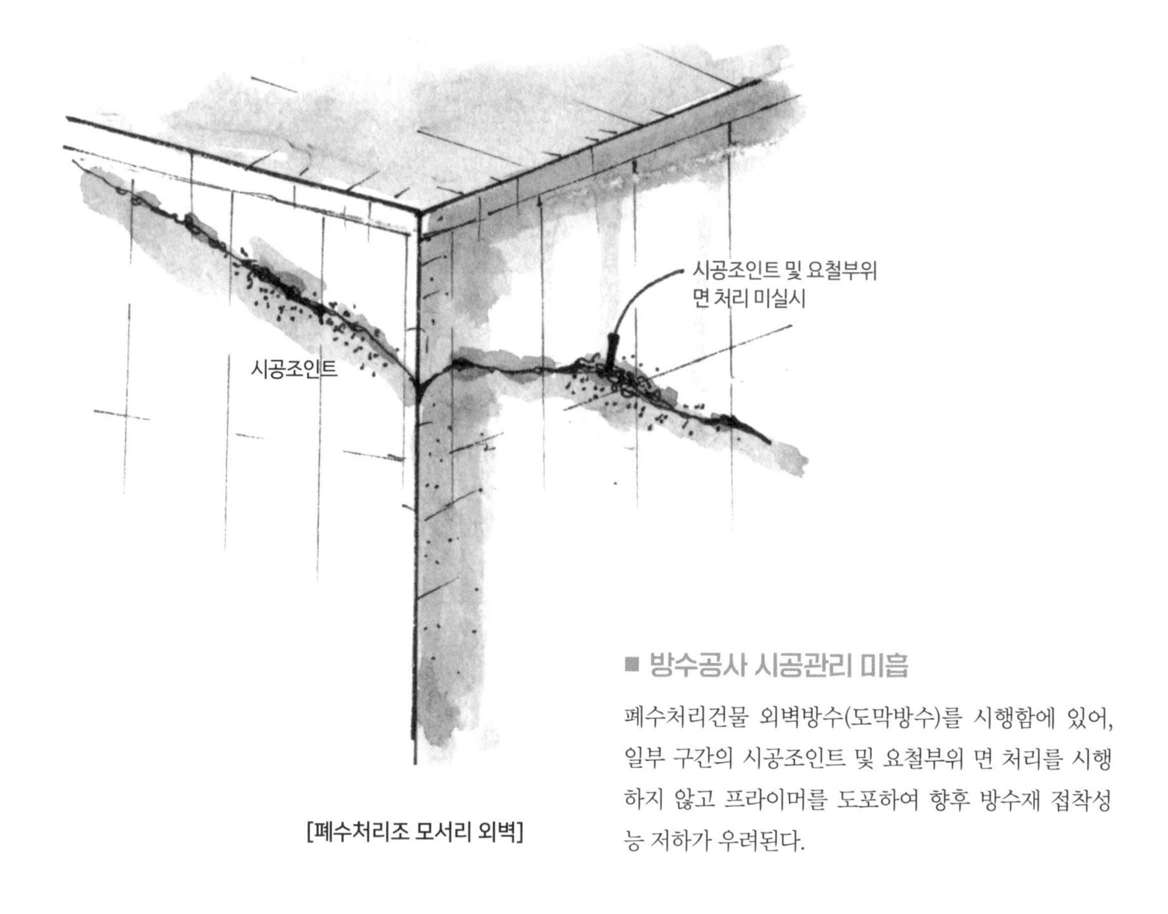

[폐수처리조 모서리 외벽]

■ 방수공사 시공관리 미흡

폐수처리건물 외벽방수(도막방수)를 시행함에 있어, 일부 구간의 시공조인트 및 요철부위 면 처리를 시행하지 않고 프라이머를 도포하여 향후 방수재 접착성능 저하가 우려된다.

용어해설

합벽(合壁)

① 흙벽을 할 때, 안쪽에서 먼저 초벽을 하고 그것이 마른 다음에 겉에서 마주 붙이는 벽(壁)이다. '맞벽'이라고도 한다.
② 두 건물의 벽을 합치는 것을 말한다.

■ 지하주차장 벽체 콘크리트 이어치기 부위 지수판 시공 누락

A동 주변 벽체 및 슬래브 일부 구간(이어치기)에 지수판을 설치하지 않아 보완 시공이 필요하다.

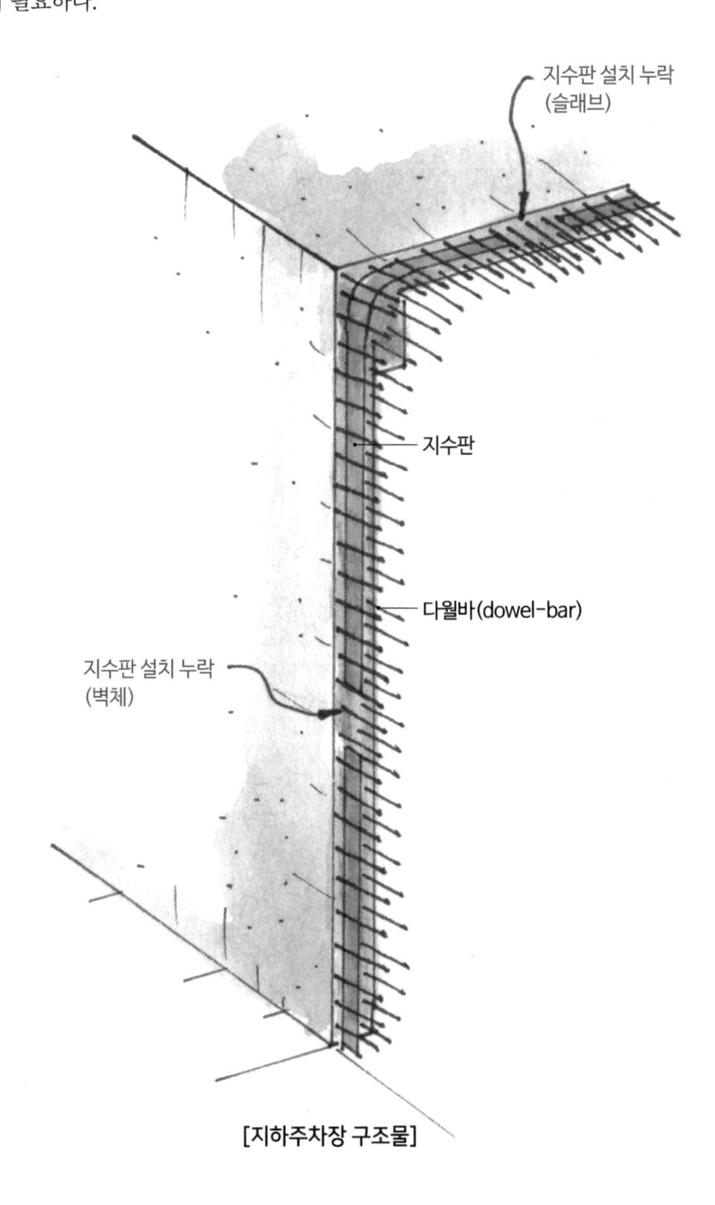

[지하주차장 구조물]

■ 방수층 보호재 부착 고정 필요

아파트 1층 외벽 방수층 보호재 일부가 들뜬 채로 관리되어 부착 고정이 필요하다.

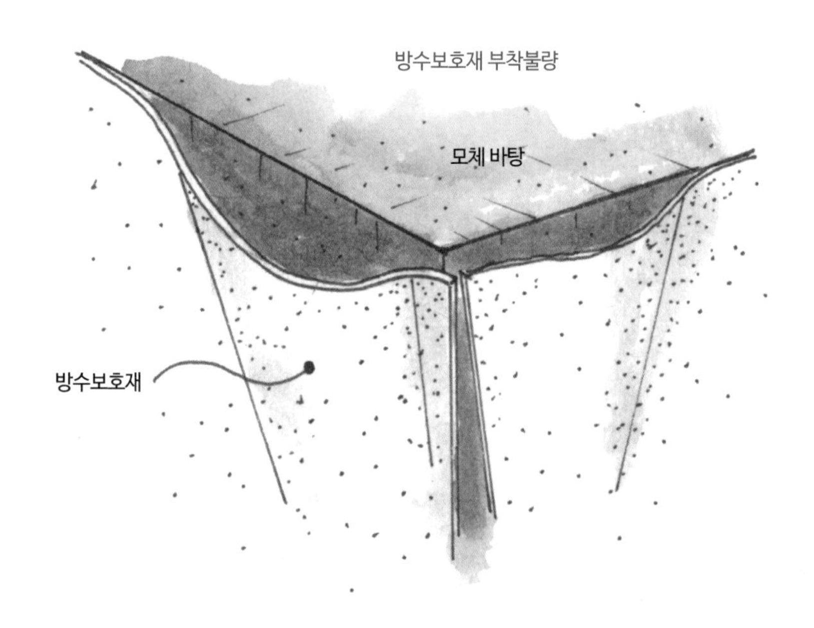

[외벽 방수보호재]

용어해설

지수판(止水板, water-stop)
콘크리트의 이음부에서 수밀을 위하여 콘크리트 속에 묻어두는 동판 · 합성수지 등의 제품을 말한다.

방수공사(防水工事)

개요

- 구조물의 누수(漏水)로 인한 하자는 구조체의 내구성 저하, 생활의 불편 등을 초래하며 경제적 손실도 크다.
- 방수공법 선정 시 방수 시공부위별 요구성능에 적합한 공법 선정이 중요하다.
- 방수공법의 끊임없는 개발은 방수성능을 향상시키고 누수로 인한 하자를 감소시킬 수 있다.

방수공법 선정 시 고려사항

- 안전성
- 경제성
- 시공성
- 방수층 요구성능

방수층의 요구성능

1. **수밀성능**: 복잡한 부위, 마감 부위에서의 방수층
2. **패임성능**: 방수층에 국부적인 하중이 작용할 경우 패임에 대한 저항성
3. **내충격성능**: 방수층의 충격에 대한 저항성
4. **피로성능**: 바탕에 발생하는 균열의 거동에 대한 저항성능
5. **코너부 안정성능**: 방수층의 코너부의 안정성
6. **흘러내림 성능**: 급구배 지붕, 파라펫 치켜올림부 흘러내림 저항성
7. **부풀어 오름 성능**: 노출방수층 부풀어 오름에 대한 저항성
8. **내풍압(부착)성능**: 강풍 시 방수층의 부압에 의한 노출방수층의 저항성
9. **조인트 변형성능**: 조인트부, 겹침부위의 손상 평가

방수공법의 분류

1. **재료별 분류**
   - ① 시멘트액체방수
   - ② 아스팔트방수
   - ③ 시트(sheet)방수
   - ④ 도막(塗膜)방수
2. **부위별 분류**
   - ① 옥상방수
   - ② 지하방수: 안방수, 바깥방수
   - ③ 실내방수: 화장실, 발코니 등

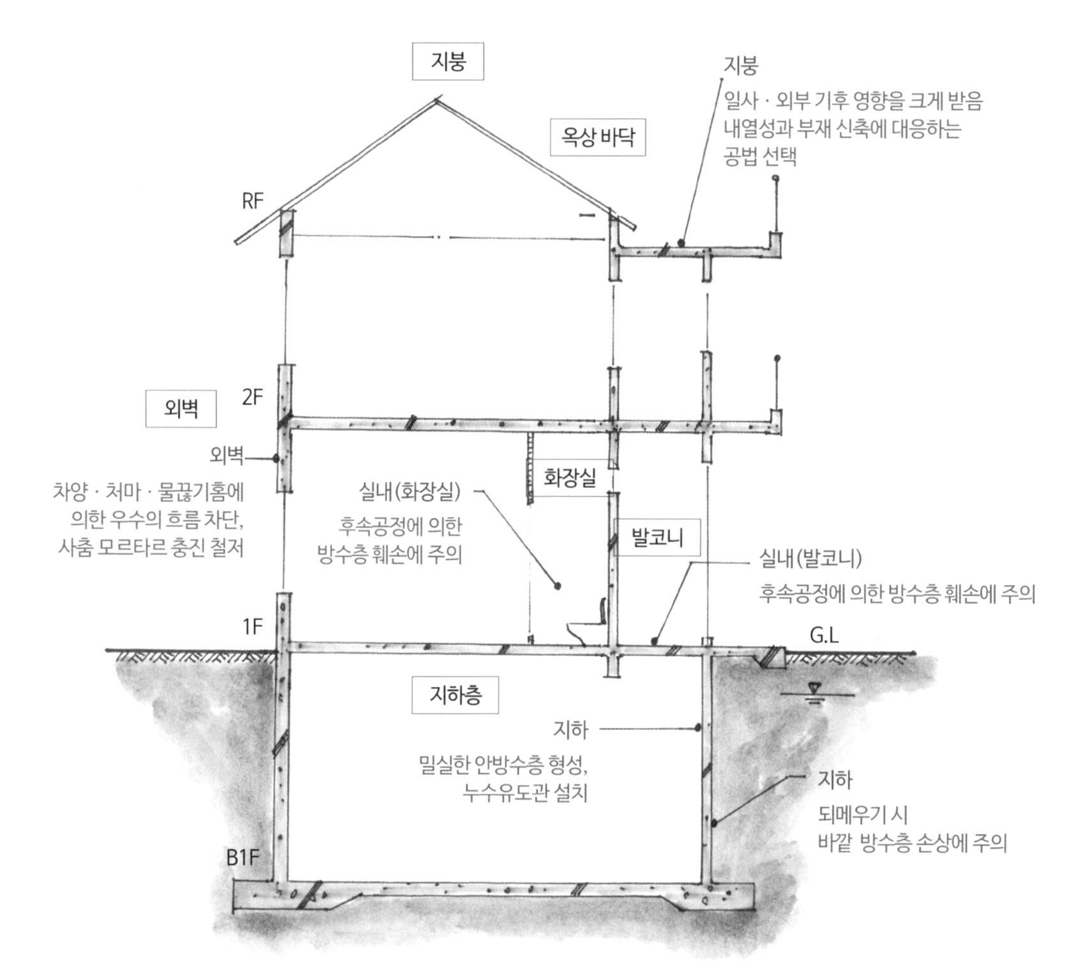

[각 부위별 방수공사 시 고려사항]

지하방수

개요

- 지하수압에 의한 물의 침투 고려(지하수위 검토)
- 물의 침입경로를 찾기 어렵고 보수 난해
- 안방수, 바깥방수로 구분

지하방수 시 주요 고려사항

- 시공이음과 가시설 관통부위
- 누수 발생 시 대책(집수정, 펌핑(배수))
- 지하구조물의 형상과 구조
- 지형, 지반, 지하수(부등침하, 수압)
- 전기·설비배관 관통부위

적용 가능 방수공법

- 액체방수
- 규산질계 도포방수
- 고침투성 방수

구분	안방수	바깥방수
사용 환경	수압이 작고 얕은 지하층	수압이 크고 깊은 지하층
공사 시기	자유로움	본 공사에 선행(先行)
내수압성	적다	크다
경제성	저가	고가
보호누름	필요	필요 없음
내수압(耐水壓) 처리	내수압에 불리	내수압 가능
공사 순서	간단	복잡
바탕 만들기	필요 없음	필요
공사 용이성	간단	복잡
본 공사 추진	방수공사 관계없이 본 공사 추진 가능	방수공사 완료 전 본 공사 추진 곤란

옥상(지붕)방수

개요

- 옥상은 기상의 변화를 가장 많이 영향받는 부분
- 옥상의 용도, 보호층 유무, 배수조건 등에 따른 공법 선정 필요

옥상방수 시 주요 고려사항

- 파라펫(parapet) 주위
- 루프 드레인(roof drain) 주위
- 신축이음(expansion joint)
- 물매와 드레인(drain) 위치
- 설비 배관류의 관통부위

적용 가능 방수공법

- 도막방수
- 시트방수
- 아스팔트방수
- 복합방수

실내(화장실·발코니 등)방수

개요

- 인간생활을 윤택하게 하기 위해 사용되는 물의 누수방지 목적
- 옥상과 같이 엄격한 내구성 및 내균열성이 요구되지 않음
- 시공면적이 적고 몇 개소로 분산, 모서리, 관통배관 등이 시공 조건 불리

● 욕실방수 공법 적용기준

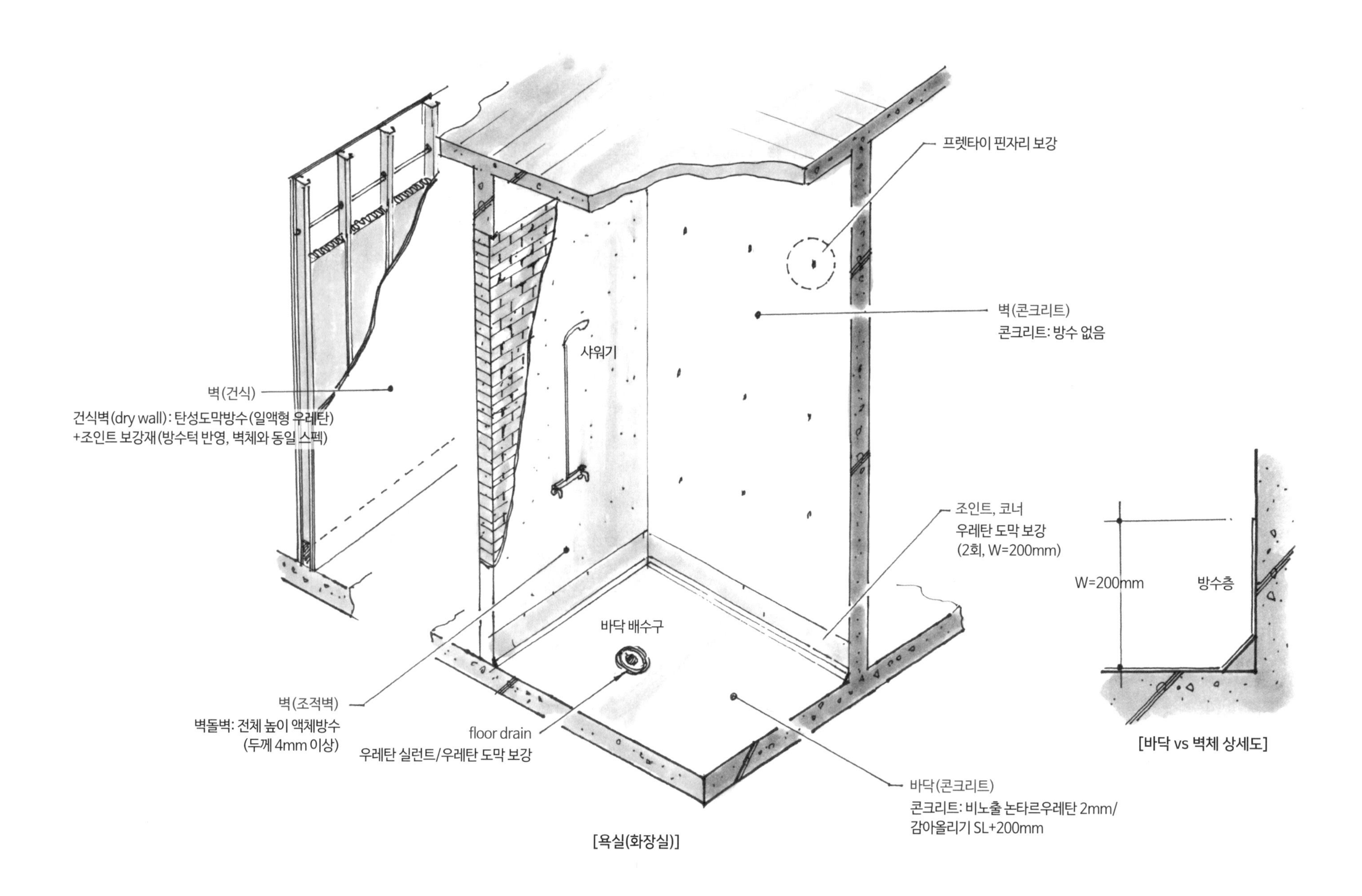

[바닥 vs 벽체 상세도]

[욕실(화장실)]

07 시공 단계별로 건설사업관리기술인의 검토·확인을 받지 않고 시공한 경우

07	주요 부실 내용	벌점
벌 점 기 준	**시공 단계별로 건설사업관리기술인(건설사업관리기술인을 배치하지 않아도 되는 경우에는 감독자를 말한다. 이하 이 번호에서 같다)의 검토·확인을 받지 않고 시공한 경우**	
	주요구조부에 대하여 건설사업관리기술인의 검토 · 확인을 받지 않고 시공한 경우	3
	그 밖의 구조부에 대하여 건설사업관리기술인의 검토 · 확인을 받지 않고 시공한 경우	2
	건설사업관리기술인 지시사항의 이행을 정당한 사유 없이 지체한 경우	1

주요 지적 사례

주요 지적 사항	세부 내용
검측 미실시	감리원(감독)의 단계별 검측을 득하지 않고 시공
지시공문 기한 내 미회신	감리원의 작업변경에 대한 지시공문을 기한 내 회신하지 않고 지연하거나 누락
검측요청서 작성 누락	바닥 완충재 등 기타 작업의 시공을 완료한 후 검측요청서 작성 누락

필수 확인사항

1. 시공 단계별로 검토 · 확인(검측) 실시
2. 주요구조부 감리원의 검토 · 확인 실시
3. 감리원의 지시공문은 기한 내 회신 여부
4. 감리원의 지시사항 조치 지체 여부

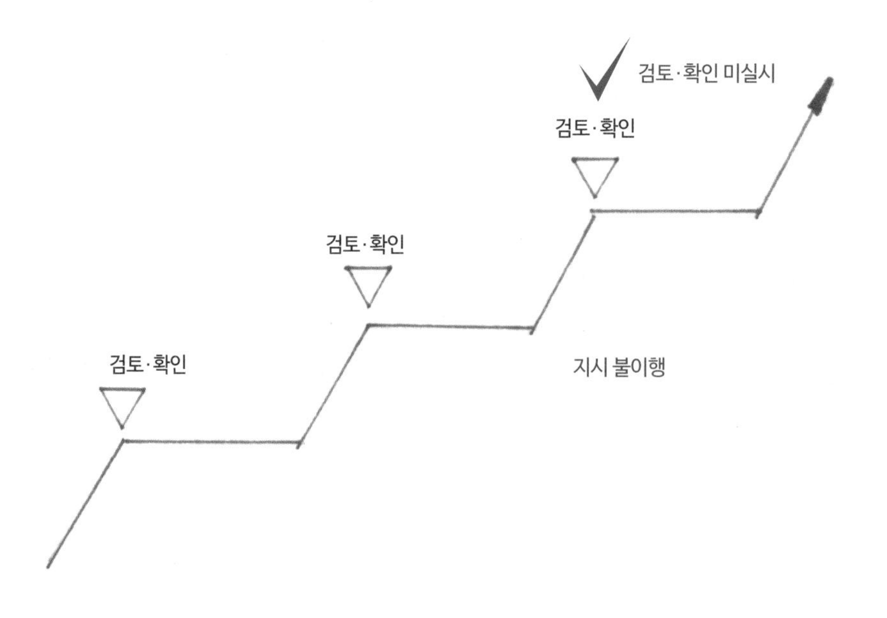

■ 완충재 시공완료 후 검측요청서 작성 누락

바닥 완충재 검측요청서 작성을 누락했다.

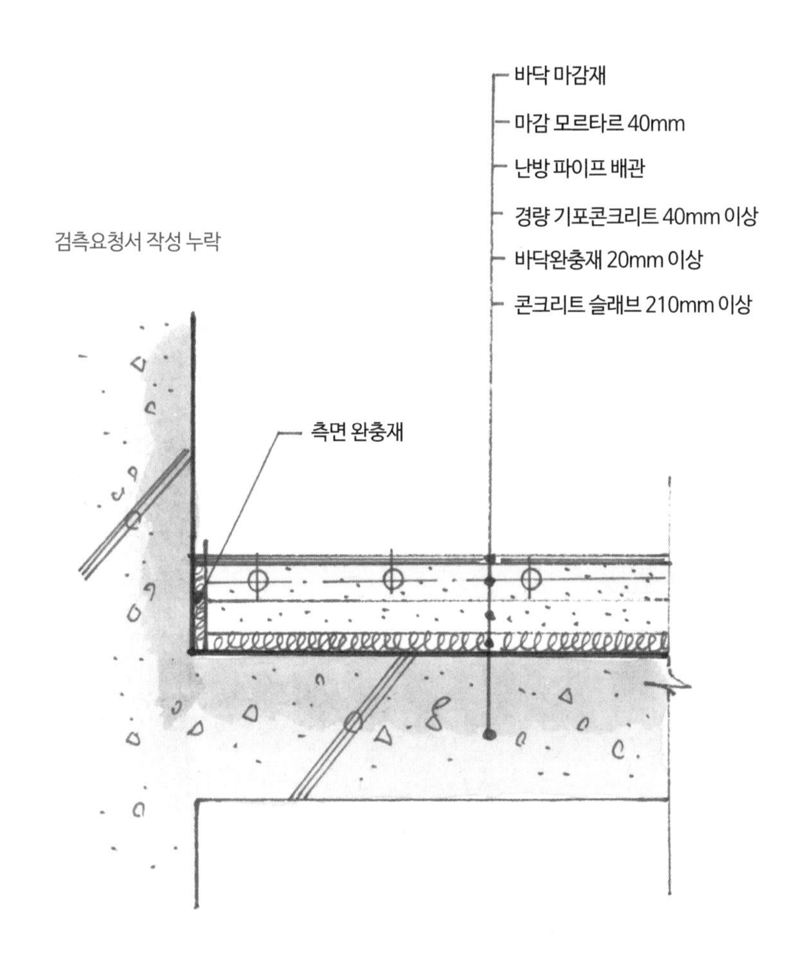

[표준바닥 구조]

■ 단계별 검측 미실시

감리원(감독)의 단계별 검측을 득하고 시공 유무 확인(검측서)을 안 한 채로 공사를 진행했다.

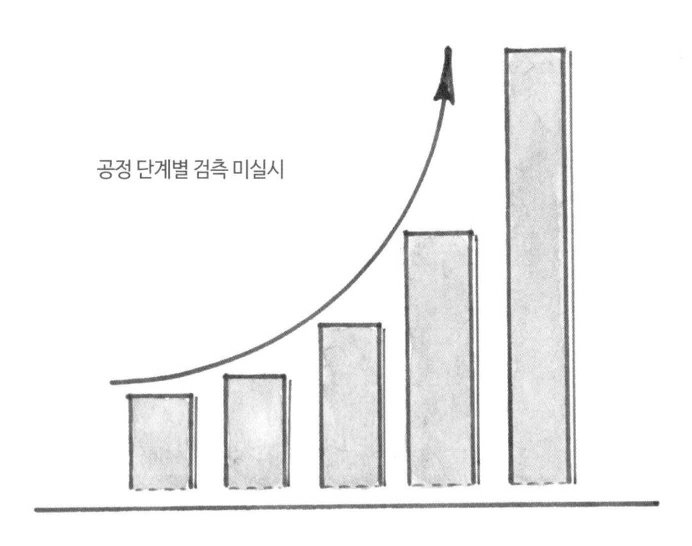

[단계별 검측 일정]

08 시공상세도면 작성의 소홀

08	주요 부실 내용	벌점
벌 점 기 준	**시공상세도면 작성의 소홀**	
	주요구조부*에 대한 시공상세도면의 작성을 소홀히 하여 재시공이 필요한 경우	3
	주요구조부에 대한 시공상세도면의 작성을 소홀히 하여 보수 · 보강이 필요한 경우 (경미한 보수 · 보강은 제외한다. 이하 이 번호에서 같다.)	2
	그 밖의 구조부에 대한 시공상세도면의 작성을 소홀히 하여 보수 · 보강이 필요한 경우	1

주요 지적 사례

주요 지적 사항	세부 내용
주요구조부의 시공상세도 미작성 (주근 절단부위)	기초 매입용 앵커 스트랩과 기초 주근이 서로 간섭되어 주근의 절단이 불가피하나, 검토 등의 절차 없이 임의 절단 후 보강을 하는 등 시공상세도 미작성
공종별 시공계획서 작성 · 검토 미흡	각 공종별 시공계획서를 승인함에 있어 현장상황에 부적합한 공법을 채택하는 등 시공계획서의 작성 · 검토 미흡
시공상세도 미준수	보강토 옹벽 시공상세도에 따르면 최상부층 그리드를 접어서 배수구조물 하단으로 설치하게 되어 있으나 실제 다르게 설치

필수 확인사항

1. 주요구조부에 대한 시공상세도면의 작성 누락 여부
2. 설계도서에 없는 공사의 시공상세도면 작성 여부
3. 시공상세도면의 관리대장 및 감리단 승인 여부

용어해설

***주요구조부(主要構造部, principal structural parts)**

건축물의 내력벽, 기둥, 바닥, 보, 지붕 및 주계단 등(최하층 바닥과 옥외계단은 제외)을 법규적으로 정한 부분을 일컫는다.

■ 주철근 절단부 시공상세도 작성 소홀

기초에 매입되는 앵커 스트랩(anchor strap)과 기초 상부철근(주철근)이 서로 간섭되어 앵커 스트랩 설치를 위해서는 상부 주철근의 절단이 불가피하나, 전문가 검토 등의 절차 없이 상부 주철근을 임의 절단 후 보강을 하는 등 시공상세도 작성을 소홀히 하여 보완이 필요하다.

철골기둥

base plate

기초 앵커 스트랩과
기초 상부근 간섭사항 및
시공상세도 미작성

기초 상부철근

J-type anchor

anchor strap

[기초 주각부 단면]

■ 철근콘크리트 구조의 보 거푸집 시공상세도 미작성

라멘조의 지하 3층 주차장 구간의 큰보, 작은보에 대한 거푸집 시공상세도를 작성하지 않고 공사를 진행했다.

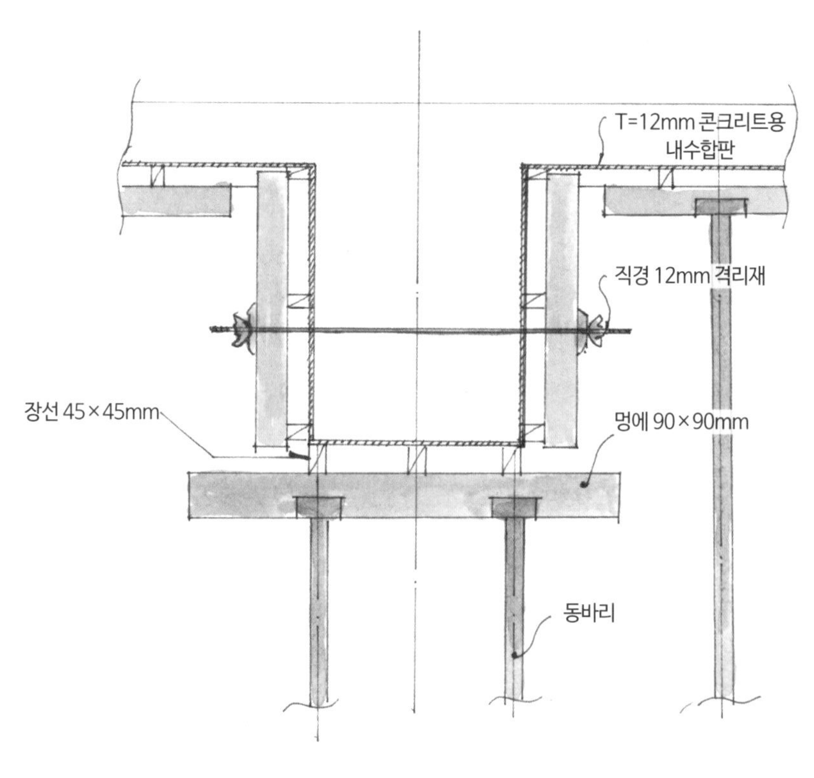

[피트층 구조물]

■ 보강토 옹벽 그리드(grid) 상세도 보완 필요

위험물 보관소 후면 깍기부 보강토 옹벽* 시공상세도에 의하면 최상부층 그리드(8단) 설치 시 배수구조물과의 간섭을 피하기 위하여 그리드를 꺾어서 배수구조물 하단으로 설치토록 계획되어 있어 1층 다짐 두께 과다와 꺾임부 다짐불량이 발생할 수 있고, 매설 구조물에 보강재 연결은 관련 기준과 불일치하므로 시공 전 시공상세도의 수정이 필요하다.

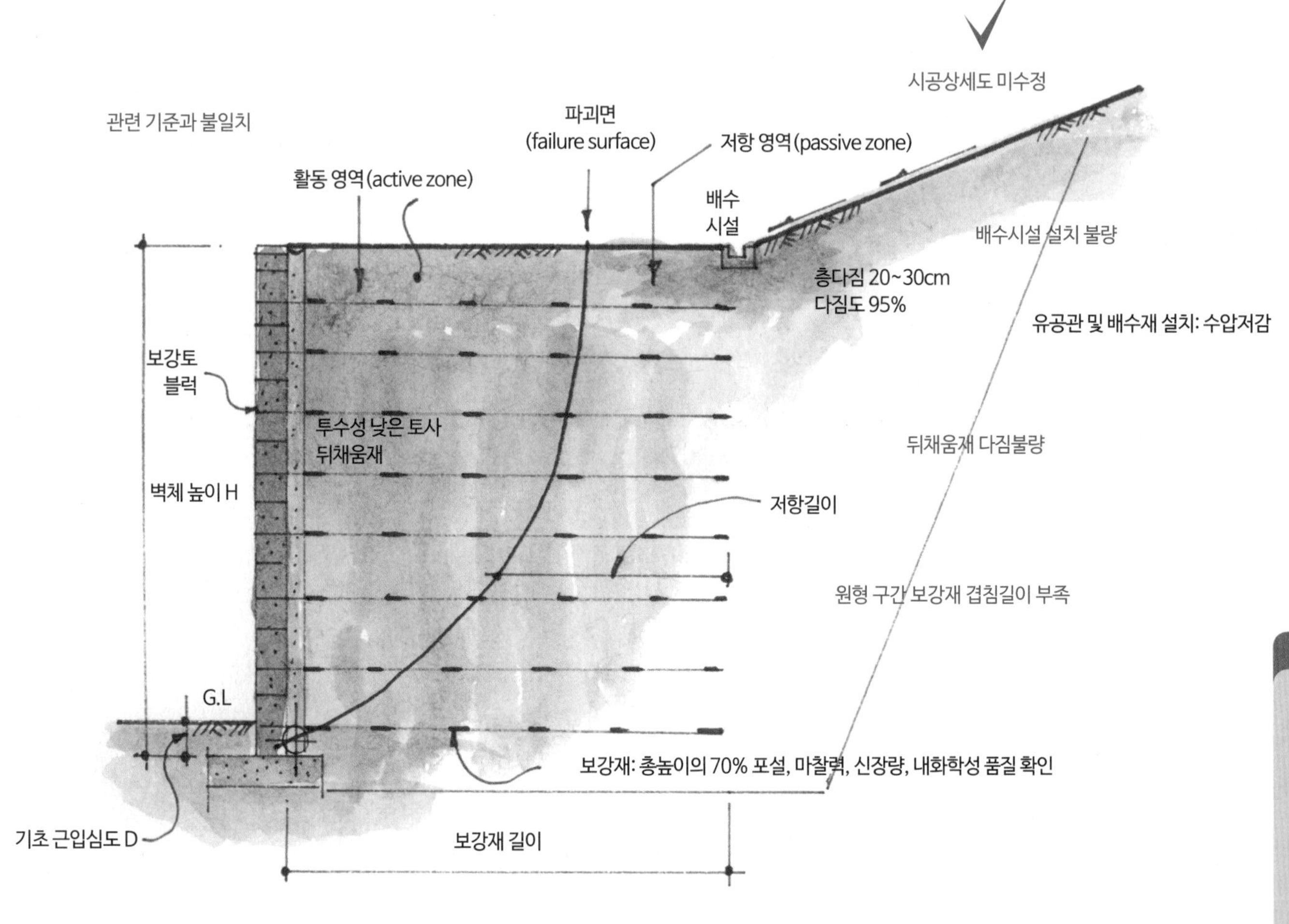

[보강토 옹벽 단면도]

용어해설

***보강토 옹벽(reinforced wall)**

점착력이 적은 흙에 인장강도가 큰 보강재를 이용하여 겉보기 점착력을 부여하여 전단강도를 증대시키는 공법이다. 보강토 옹벽의 원리는 겉보기 점착력과 아칭개념, 점착력이 없는 흙에 인장강도와 마찰력이 큰 그리드와 같은 보강재를 넣고 다지면서 점착력을 생성하는 것이다.

뒤채움토사

입도분포 양호, 내부마찰각 큰 것(약 25도), 최대 건조밀도 95% 이상의 인터로킹이 좋은 흙(점성이 높은 흙은 불리)이며, 황토보다는 마사토가 유리하다.

■ 흙막이 말뚝(CIP 공법) 구간 시공상세도 작성 소홀

흙막이 가시설은 SCW 및 CIP 공법을 적용, 콘크리트 말뚝이 당초 계획과 다르게 시공 콘크리트 말뚝(CIP)을 확인한 결과 안정성 및 책임감리원 승인 절차 없이 합벽 설치를 위한 공간 확보를 위해 콘크리트 말뚝 일부 파취(할석)에도 시공상세도를 작성하지 않았다.

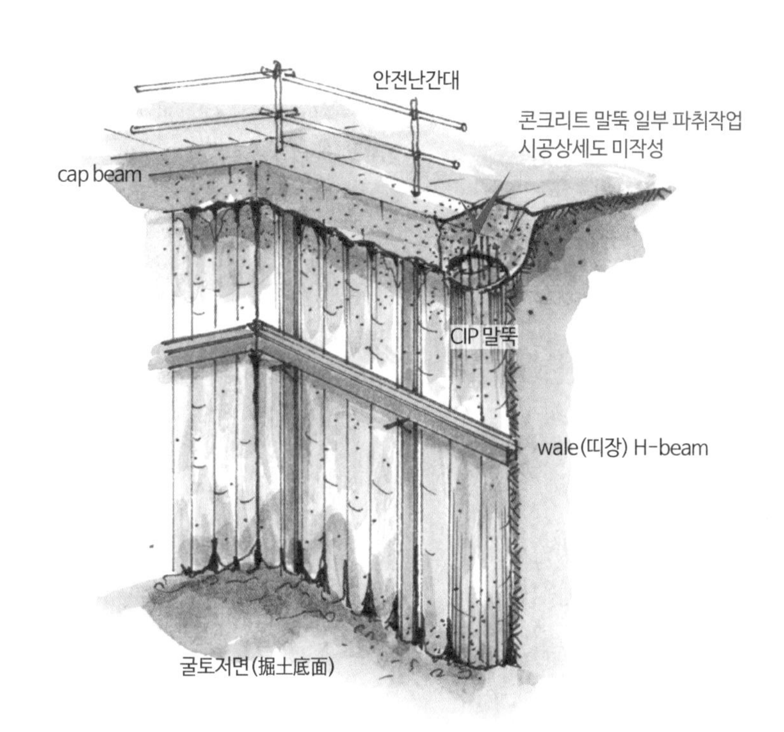

[CIP 공법]

용어해설

현장치기 콘크리트 말뚝(現場-, cast-in-place concrete pile)

미리 제작되어 있는 콘크리트 말뚝을 박는 대신 굴착기계로 정해진 깊이까지 구멍을 파서, 그 속에 철근을 삽입하고 콘크리트를 타입하여 만든 말뚝. 말뚝박기공법에 비해 소음이나 진동이 적고 대구경 말뚝의 시공이 가능하다. 굴착공법에 따라 베노토(benoto), 리버스 서큘레이션, 어스 드릴, 심초(深礎) 등이 있으며, 프리팩트 콘크리트를 사용하는 CIP, MIP, PIP 말뚝 등이 있다.

■ 시공계획서 작성 및 검토 소홀

공사 구간 내 절토부 옹벽 시공계획서를 승인함에 있어 패널옹벽의 인양 및 거치 시 굴착기를 투입하도록 계획하는 등 시공계획서의 검토를 소홀히 했다.

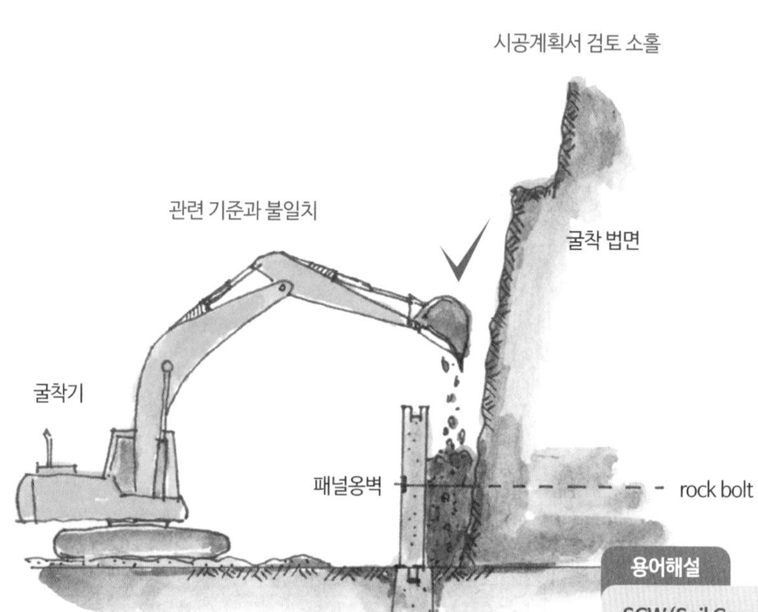

[절토부 패널옹벽 작업]

용어해설

SCW(Soil Cement Wall) 공법

지하연속벽 공법 중의 하나로 소일에 직접 시멘트 페이스트를 혼합하여 현장 콘크리트 파일을 연속시켜 지중연속벽을 완성시키는 공법이다.

특징

① 소음 진동이 적음
② 차수성 우수
③ 기술 능력에 따라 품질의 편차 큼
④ 공기 단축 및 공사비 저렴

시공 시 유의사항

① 근입장 깊이 1.5~2m
② 오거 설치 시 로드 수직도 체크
③ 지하수 이동 여부 사전조사

● 주요구조부

건축법 **주요구조부의 정의** [시행 2021. 1. 8.] [법률 제17223호, 2020. 4. 7. 일부개정]

제2조(정의)

① 이 법에서 사용하는 용어의 뜻은 다음과 같다.

7. "주요구조부"란 내력벽(耐力壁), 기둥, 바닥, 보, 지붕틀 및 주계단(主階段)을 말한다. 다만, 사이기둥, 최하층 바닥, 작은보, 차양, 옥외계단, 그 밖에 이와 유사한 것으로 건축물의 구조상 중요하지 아니한 부분은 제외한다.

건축법 내, 주요구조부의 배경

- 건축법에서 주요구조부(main structural parts)란, 화염의 확산을 막을 수 있는 성능 즉, 방화에 있어 중요한 구조부분을 말한다.
- 주요한 건축물의 부분인 벽, 기둥, 보, 바닥, 지붕틀 및 계단을 말하며, 칸막이벽, 샛기둥, 최하층의 바닥, 옥외계단 등은 제외하고 있다.
- 기초나 최하층 바닥의 경우는 구조적으로 매우 중요한 부분이다. 그러나 기초나 최하층 바닥은 흙 속에 묻혀 있거나 흙과 닿아 있을 가능성이 크고, 흙은 그 속에 수분을 함유하고 있다. 그러므로 기초나 최하층 바닥면은 흙 속의 수분으로 인해 방화가 가능하다고 법에서는 판단하여 "주요구조부"에서 제외하고 있다. (건축법 제2조제1항제7호)

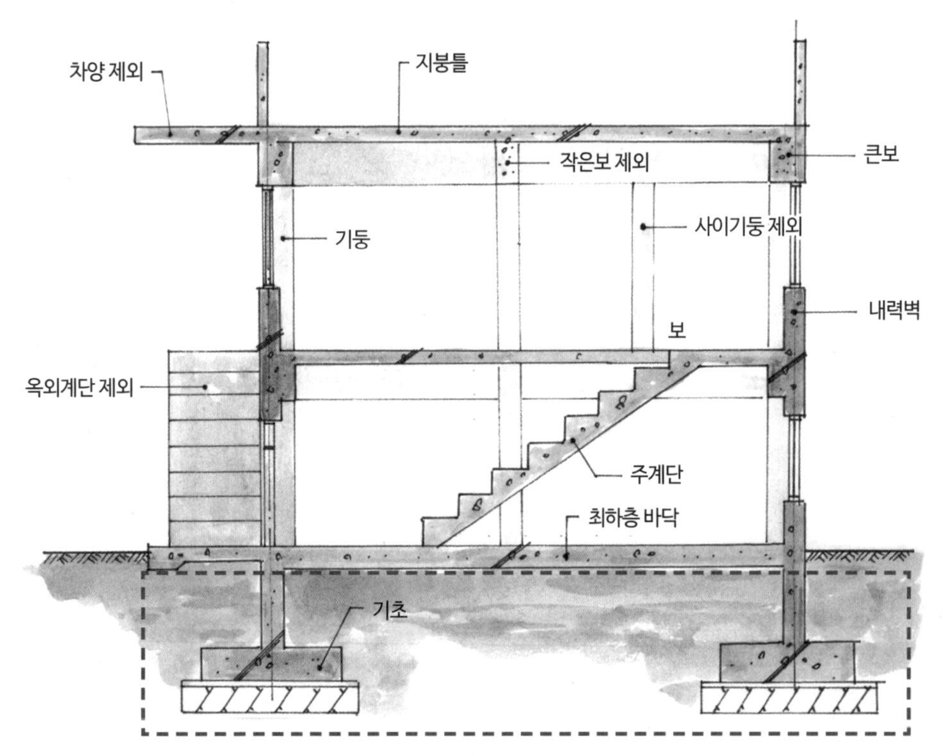

09 공정관리의 소홀로 인한 공정부진

09	주요 부실 내용	벌점
벌 점 기 준	**공정관리의 소홀로 인한 공정부진**	
	건설사업관리기술인으로부터 지연된 공정을 만회하기 위한 대책을 요구받은 후 정당한 사유 없이 그 대책을 수립하지 않은 경우	1
	공정관리의 소홀로 공사가 지연되고 있으나 정당한 사유 없이 대책이 미흡한 경우	0.5

● 주요 지적 사례

주요 지적 사항	세부 내용
공정 만회대책 미수립	현재 전체 마스터 공정(master schedule)이 지연되고 있음에도 불구하고 지연 만회대책 미수립
공정 만회대책 수립 미흡	공정 만회대책에 대한 수립 내용이 미흡
공정관리의 소홀로 공사 지연	공정관리의 소홀로 인하여 전체 준공일정에 차질 예상

● 필수 확인사항

1. 공정관리의 소홀로 공사 지연 여부
2. 공정 만회대책 요구 시 공정 만회계획서를 제출하고 감리단 승인
3. 공정 지연 시 지체 없이 만회대책을 수립하고 명문화

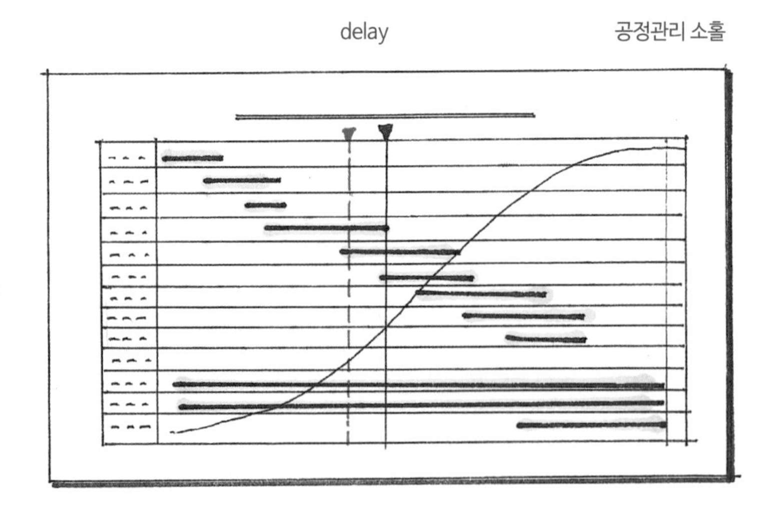

■ 공정관리의 소홀로 인한 공정부진

공정관리의 소홀로 공사가 지연되고 있으나 정당한 사유 없이 대책이 미흡하다.

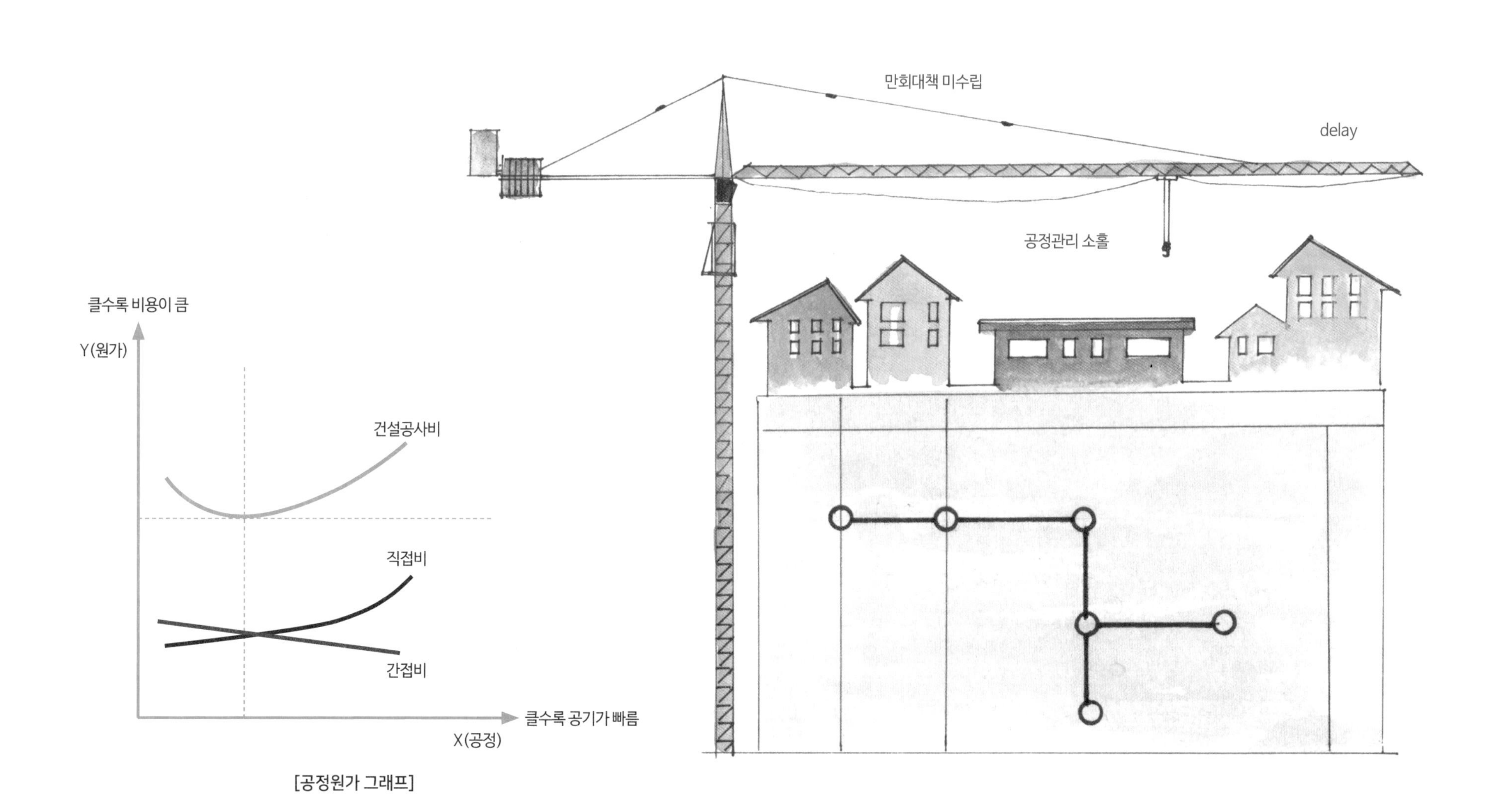

[공정원가 그래프]

10 가설구조물(동바리·비계·거푸집 등) 설치상태의 불량

10	주요 부실 내용	벌점
벌 점 기 준	가설구조물(동바리, 비계, 거푸집, 흙막이 등 설치단계의 주요 가설구조물) 설치상태의 불량	
	가설구조물의 설치 불량으로 건설사고가 발생한 경우 (※ 형사고발, 2년 이하 징역)	3
	가설구조물의 설치 불량(시공계획서 및 시공도면을 작성하지 않은 경우도 포함한다)으로 보수 · 보강(경미한 보수 · 보강은 제외한다)이 필요한 경우	2

● 주요 지적 사례

주요 지적 사항	세부 내용
가설구조물(동바리, 비계) 설치상태 미흡	외부 시스템비계 수직재를 세굴(洗掘)이 발생한 연약지반에 설치했고, 시스템 동바리 장선 · 멍에재가 U-head jack 중심선에 위치하지 않음
거푸집 동바리 설치 미흡	동바리의 수직도 불량, 상하부 미고정, 중심선 불일치 등 설치 미흡
흙막이 가시설의 구조적 안전성 미확인	단면결손이 발생한 띠장(H-pile) 자재를 별도의 구조적 안전성 검토 · 확인 없이 사용했고, 띠장 이음부에 볼트 수량이 부족

● 필수 확인사항

1. 가설구조물 구조검토서 및 시공상세도는 감리단 검토 요청 및 승인(비계, 동바리, 거푸집 등)
2. 가설구조물 설치 불량 및 시공도면 작성 여부, 감리단 승인 여부
3. 가설구조물의 구조적 안전성 검토 시 관계전문가(기술사 등) 검토 요청 및 승인을 득하고 감리단 승인

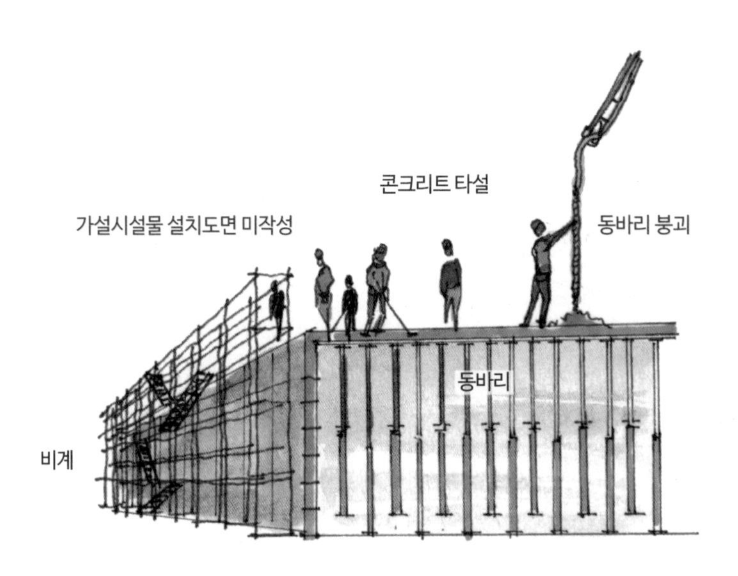

■ 가시설물 설치 · 관리 미흡

당 현장은 연면적 251,882m², 지하 2층 ~ 지상 33층 규모(14개동, 1,658세대)의 주상복합 신축공사로, 점검일 현재 약 78.37%의 공정률로 골조공사를 완료하고 세대 단열작업 및 벽돌쌓기, 지하층 블록작업 등이 진행 중이다.

'가설공사 표준시방서'에 따르면, 동바리의 높이가 3.5m를 초과하는 경우에는 높이 2m마다 수평연결재를 양방향으로 설치해야 하며, 각 부가 이동하지 않도록 볼트나 클램프 등의 전용철물을 사용해야 하고, 비계기둥의 밑둥에 받침철물을 사용하는 경우 인접하는 비계기둥과 밑둥잡이로 연결해야 한다.

그러나 점검일 현재 공사 구간 내 동바리 등 가설구조물 시공관리 상태를 확인한 결과, A동 단독상가 전면부 외부비계는 밑둥잡이 설치가 미흡한 상태로 관리되고 있으므로 보완 조치가 필요하며, 또한 B동 서측 외부비계는 전도방지를 위해 경사형 버팀대를 설치하였으나 버팀대 하부 고정이 미흡하므로 쐐기목 등 보완 조치가 필요하다.

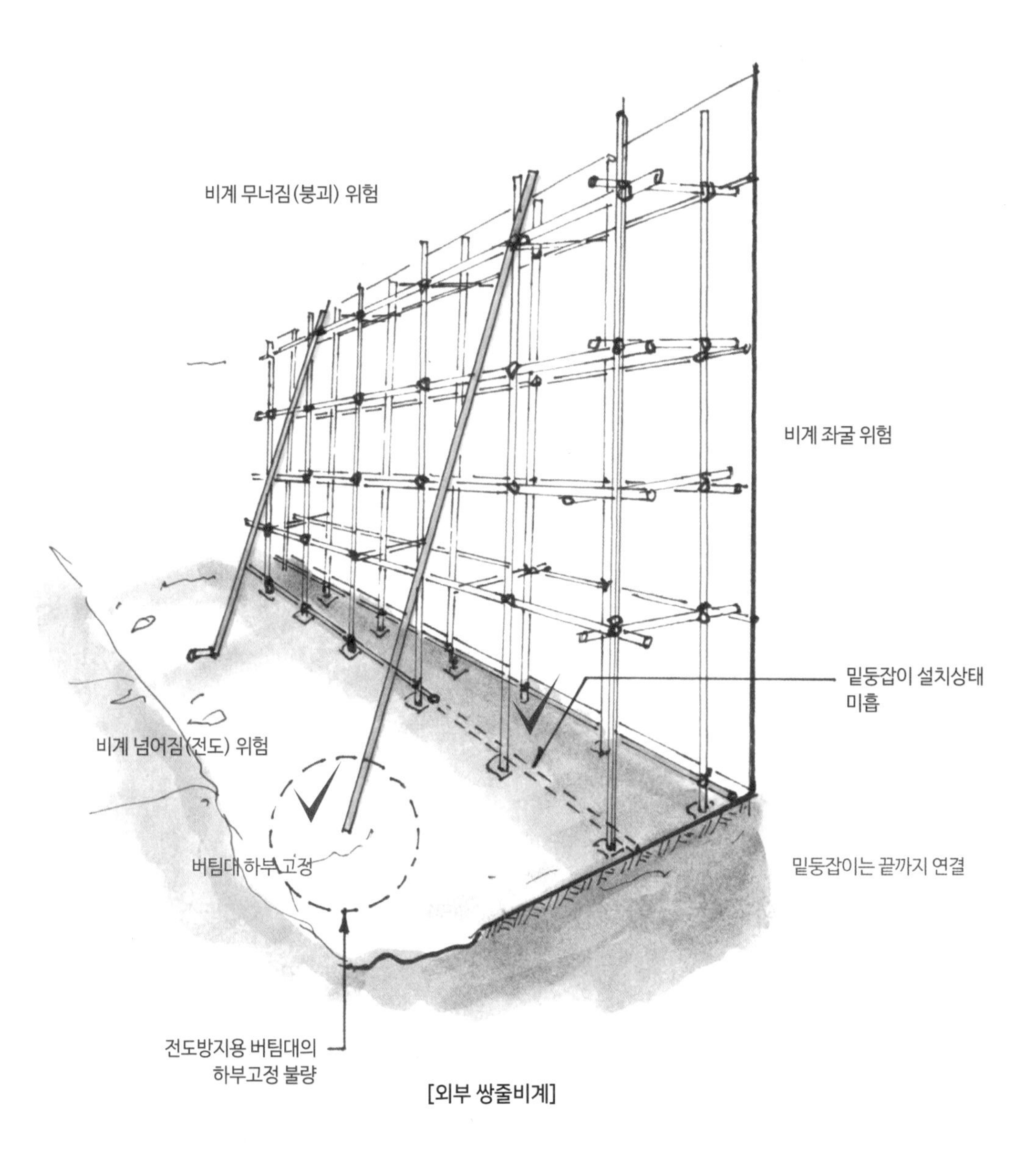

[외부 쌍줄비계]

■ 동바리 존치관리 미흡

알폼 해체 시 필러 서포트(filler support) 임시해체 후 재설치. 향후 존치관리가 필요하다.

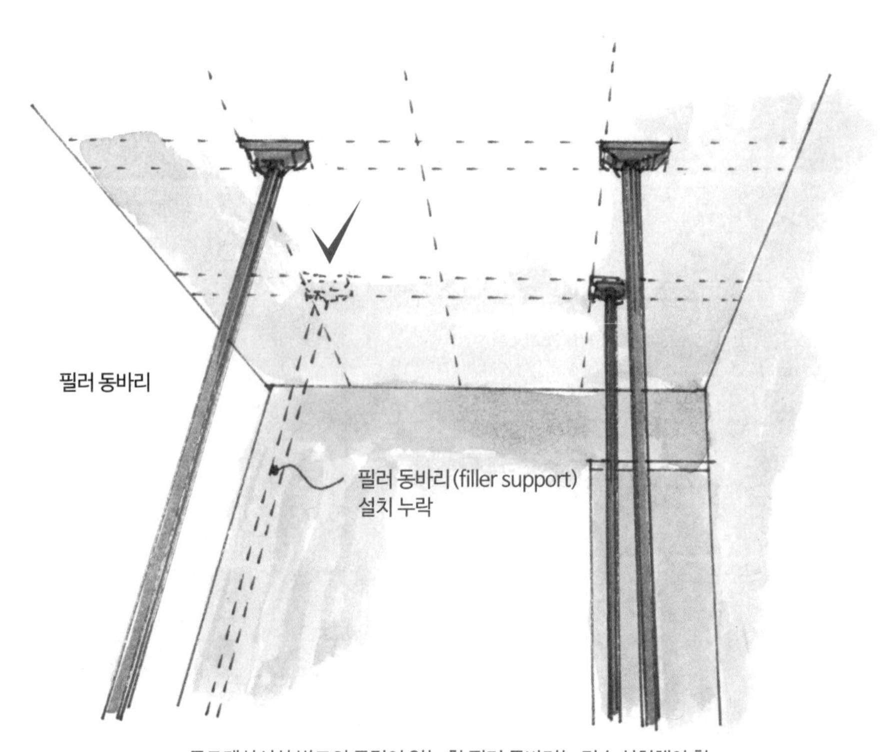

[필러 동바리 설치]

■ 가설시설물 설치 미흡

시공상세도 대비 복공판 주형 받침보의 보강재가 누락된 상태에서 상부 건설 기계를 운행하고 있다.

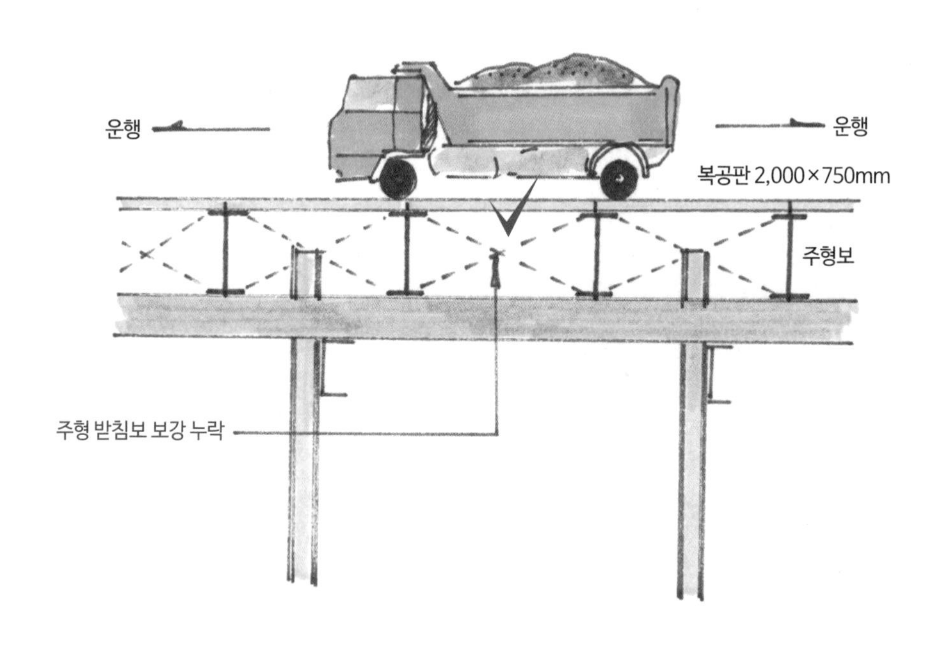

[복공판 주형 받침보]

■ 시스템 동바리 및 강재서포트 설치 미흡

지하 4층 슬래브 시스템 동바리 및 강재서포트의 U헤드 위치가 멍에 중앙이 아닌 측면에 위치하고 있으며, 서포트 상부는 멍에가 못으로 고정되어 있지 않다.

■ 가시설(동바리) 설치 미흡

지지용 동바리(4개소)가 기울어지게 설치되어 보완이 필요하다.

■ 가시설(ㄷ형강 연결부) 설치 일부 미흡(시공)

A구간 가시설을 설치하면서 중앙파일 좌굴방지용 ㄷ형강 연결부 절단부위 일부 보강이 미흡하다.

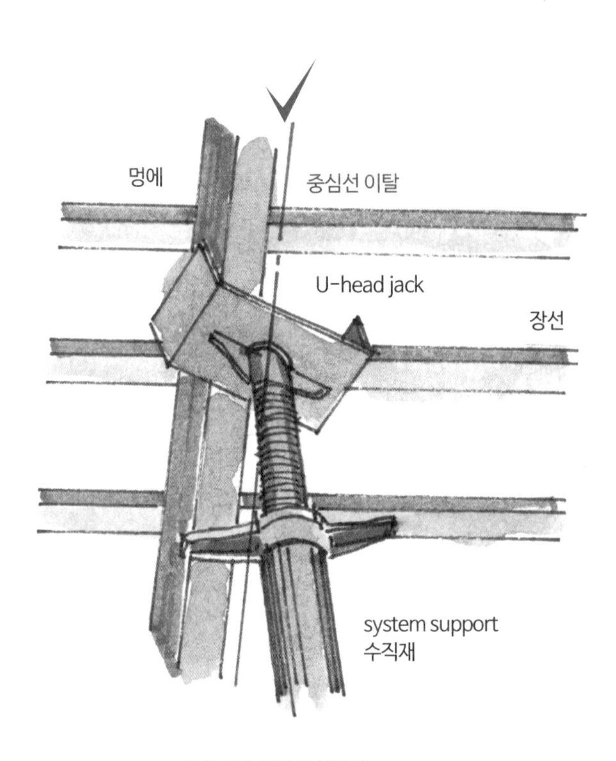

[시스템 서포트 기둥]

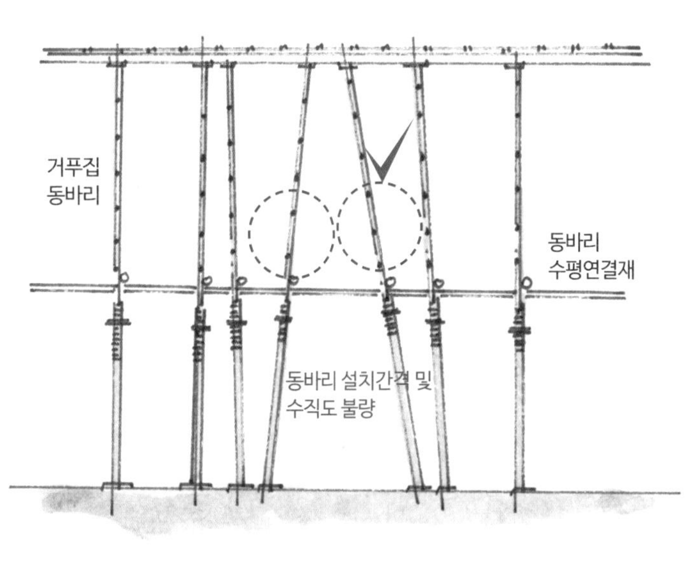

[파이프 서포트]

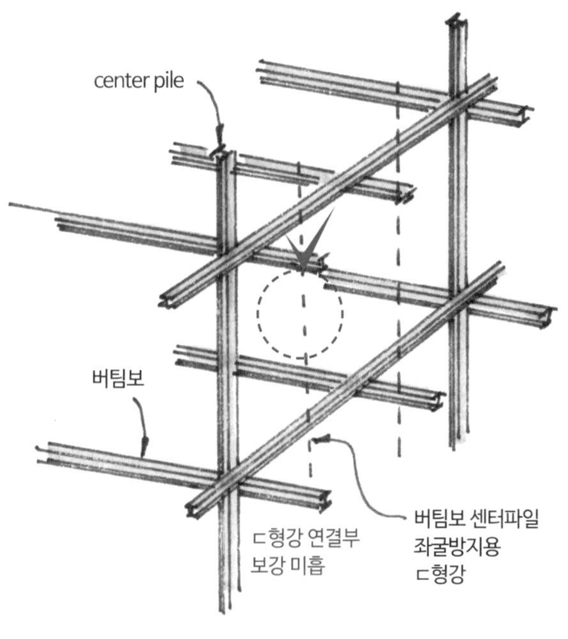

[가시설 버팀보]

■ 거푸집 동바리 설치 미흡

A동 1층 일부 멍에가 동바리 U헤드 중심에 있지 않고 치우쳐 있어 보완이 필요하다.

비계공사 일반사항 KCS 21 60 05 : 2022

1.3 용어의 정의

- **낙하물 방지망**
  작업 도중 자재, 공구 등의 낙하로 인한 피해를 방지하기 위하여 벽체 및 비계 외부에 설치하는 망

- **발끝막이판(toe board)**
  근로자의 미끄러짐이나 작업 시 발생하는 잔재, 공구 등이 떨어지는 것을 방지하기 위하여 작업발판이나 통로 및 개구부의 가장자리에 설치하는 판재

- **벽 이음재**
  강관, 클램프, 앵커 및 벽연결용 철물 등의 부재를 사용하여 비계와 영구 구조체 사이를 연결함으로써 풍하중, 충격 등의 수평 및 수직하중에 대하여 안전하도록 설치하는 버팀대

- **비계**
  공사용 통로나 고소작업을 위하여 구조물의 주위에 조립·설치되거나 단독으로 설치되는 가설구조물

- **작업발판**
  비계 등에서 근로자의 통로 및 작업공간으로 사용되는 발판

- **클램프**
  비계용 강관 또는 동바리 등을 조립·설치하기 위해 강관과 강관, 강관과 형강의 체결에 사용되는 조임 철물

- **강관비계**
  단관비계용 강관을 강관조인트와 클램프 등으로 조립하여 설치한 비계

- **강관틀 비계**
  주틀, 교차가새, 띠장틀 등을 현장에서 조립하여 세우는 형태의 비계

- **달기체인**
  바닥에서부터 외부비계 설치가 곤란한 높은 곳에 작업공간 확보를 목적으로 달비계를 설치하기 위한 체인형식의 금속제 인장부재

- **달기틀**
  달비계의 작업발판을 지지하는 부재

- **달비계**
  상부에서 와이어로프 등으로 매달린 형태의 비계

- **말비계**
  주로 건축물의 천장과 벽면의 실내 내장 마무리 등을 위해 바닥에서 일정 높이의 발판을 설치하여 사용하는 비계

- **발바퀴(caster)**
  이동식 비계의 기둥재 밑둥에 조립하여 수평으로 이동이 가능하도록 하기 위하여 사용하는 바퀴

- **선반 브라켓**
  구조물의 돌출부위 등으로 인해 작업공간을 별도로 설치해야 할 필요가 있을 때 또는 외줄비계의 경우 비계기둥에 부착하여 작업발판을 설치할 목적으로 사용되는 브라켓 형태의 부재

- **시스템비계**
  수직재, 수평재, 가새재 등 각각의 부재를 공장에서 제작하고 현장에서 조립하여 사용하는 조립형 비계로 고소작업에서 근로자가 작업 장소에 접근하여 작업할 수 있도록 설치하는 작업대를 지지하는 가설구조물

사보강재

외벽 쌍줄비계

깔목

비계 사보강재
하부 깔목

부실한 깔목 설치

밑둥잡이 설치상태 미흡

비계 밑둥잡이

[외벽 쌍줄 강관비계]

■ 시스템비계 받침철물 겹침길이 확보 필요

'표준시방서(KCS 21 60 10 비계)' '3.2.1 수직재'에 따르면, 시스템비계 최하부에 설치하는 수직재와 받침철물의 겹침길이는 받침철물 전체길이의 3분의 1 이상이 되도록 하여야 한다고 되어 있다. 그러나 점검일 A동 시스템비계 최하부 수직재와 받침철물의 겹침길이가 약 18cm로 되어 있으므로 비계 안정성 확보를 위해 받침철물의 겹침길이를 전체길이(60cm)의 3분의 1(20cm) 이상 확보되도록 조정할 필요가 있다.

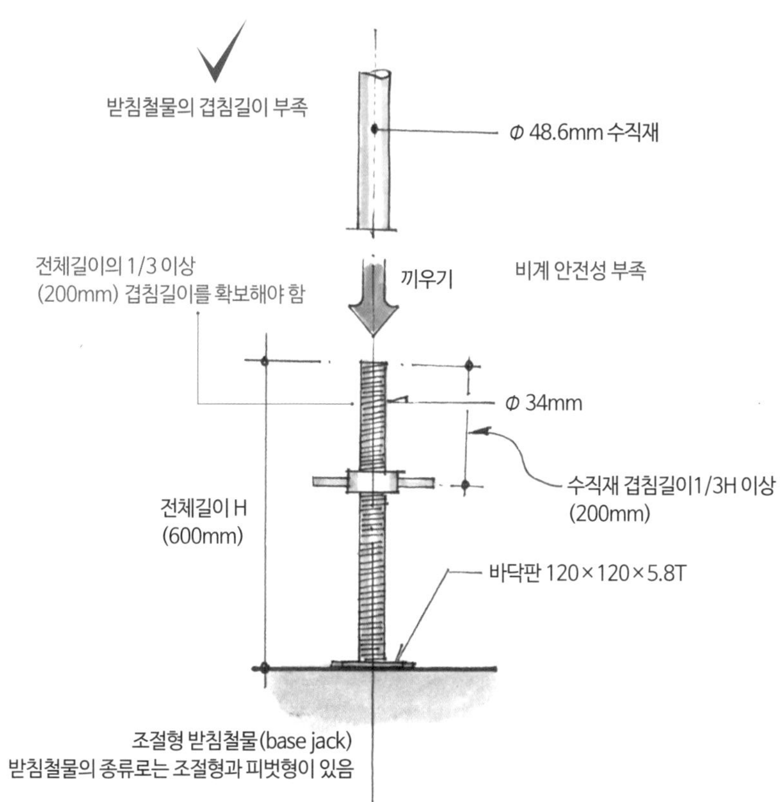

[베이스 잭]

■ 흙막이 가시설 끼움재 설치 미흡

흙막이 가시설(sheet pile) 공사 중 상부 1단 띠장과 해당 파일 사이에 끼움재(filler) 설치가 누락되었다.

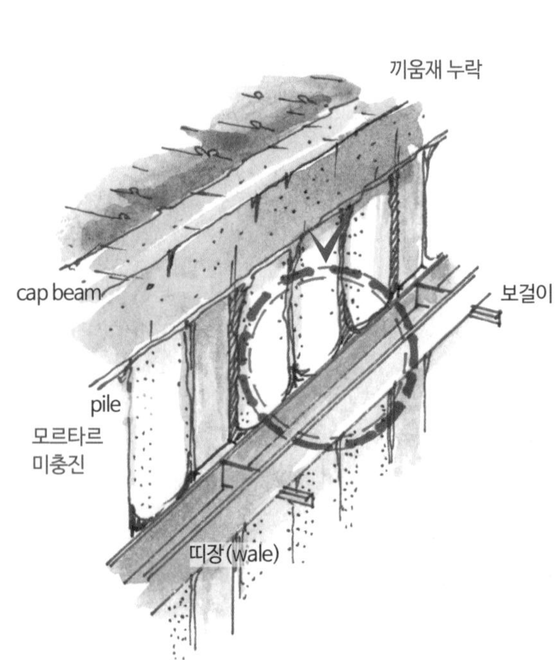

엄지말뚝(H-pile)
토류판
뒤채움
불량
토류판 틈새 발생

■ 가시설(토류판) 설치 일부 미흡

본 공사 '공사시방서'의 '제4장 토공사' '4-5 터파기지 보공' '3.1.3 토류판'에 따르면 토류판은 굴착 후 신속히 설치하여 인접 토류판 사이에 틈새가 발생하지 않도록 하며, '가시설상세도(45)'에 따라 ㄱ자형 사각와셔볼트로 토류판을 고정하도록 되어 있다. 그런데 시공자가 현장점검일 현재 시점개착부(STA 1+237) 구간에 토류판을 설치하면서 일부(2개소) 토류판 사이에 틈새가 발생했으며, 토류판 고정 ㄱ자형 사각와셔볼트가 일부(30개소) 미설치되어 있다.

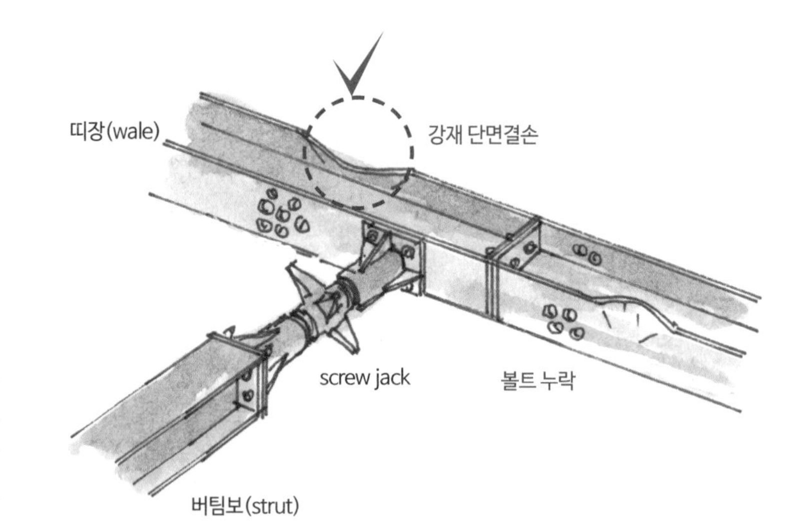

■ 흙막이 가시설 설치 일부 미흡

본 공사 '공사시방서'의 '제4장 토공사' '3.0.1 CIP공법 (4)'에 따르면 CIP 벽체와 띠장 사이의 공간은 콘크리트나 모르타르 등으로 채워야 한다고 되어 있다. 그런데 시공자는 현장점검일 현재 시점 작업구 구간에 일부(1개소) 모르타르를 미충진했다.

■ 가시설의 구조적 안전성 미확인 등

H-pile이 신재로 계상되어 있고 이를 전제로 구조검토하지만 단면결손이 일부분 발생한 재사용 자재를 별도의 구조적 안전성 확인 없이 사용했으며, 건설사업관리자는 별도 시정조치 없이 반입 승인했다. 띠장 이음부 1개소에 볼트가 2개소 누락되어 설치되었다.

■ 시스템비계 연결 고정핀 체결 철저

폐수처리동 외벽에 설치된 시스템비계 연결부에 설치된 고정핀 중 일부의 체결이 미흡하다.

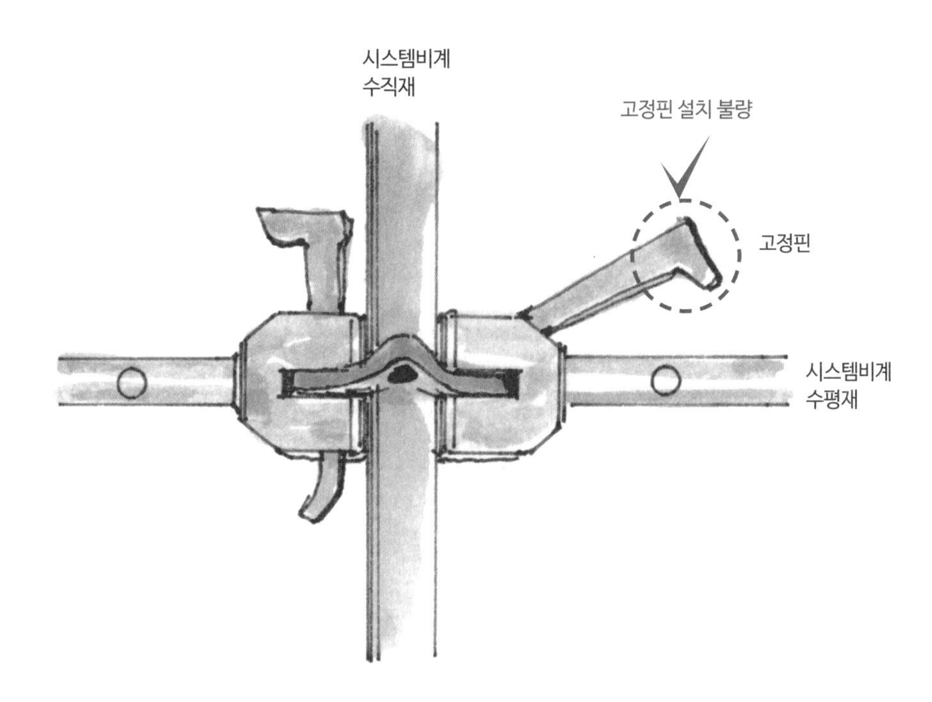

[시스템비계 연결 고정핀]

용어해설

시스템비계
임의로 설치할 수 있는 강관비계와 달리, 구조계산을 통하여 규격화되어 조립할 수 있도록 제작된 비계로 상대적으로 안전성이 높다.

비계(飛階, scaffolding/scaffold/staging)
건설, 건축 등 산업현장에서 쓰이는 가설발판이나 시설물 유지 관리를 위해 사람이나 장비, 자재 등을 올려 작업할 수 있도록 임시로 설치한 가시설물 등을 뜻한다.

■ 작업발판 일체형 비계 받침부 이동 필요

외벽 구간에 설치한 작업발판 일체형 비계 받침부 일부가 구조물 단부에 위치하고 있어 비계 전도 등이 우려되어 보완이 필요하다.

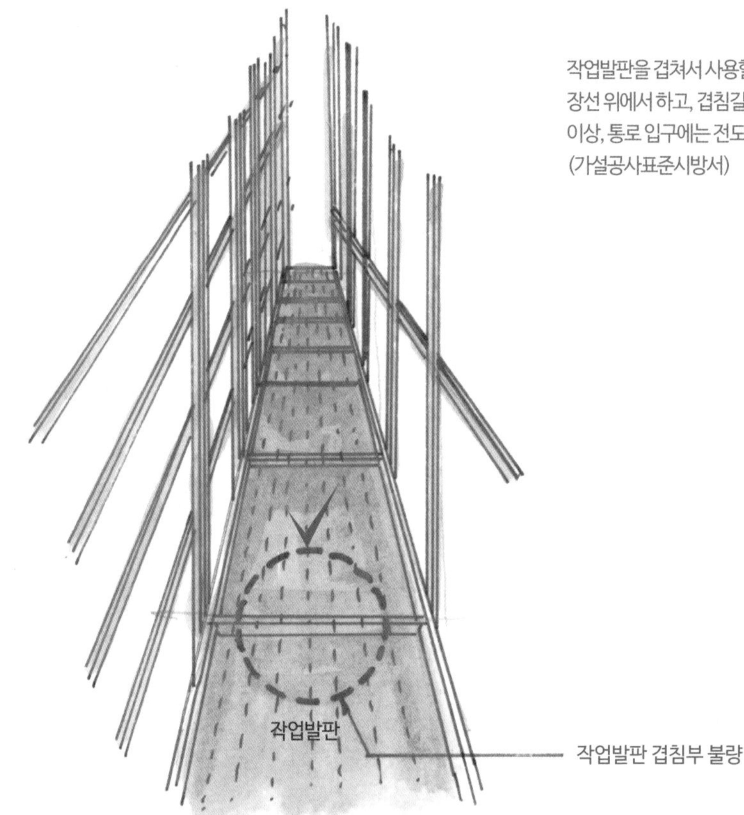

[작업발판 일체형 거푸집(갱폼)의 작업발판]

■ 외부 시스템비계 가새 설치 미흡

A동 일부 구간(주차장 벽체라인) 가새 설치가 미흡한 상태이다.

■ 외부 시스템비계 벽이음 안전성 확인 필요

외부 시스템비계 벽이음은 수직재에 직각이 되도록 설치한 상태가 아니므로 구조 안전성을 확인할 필요가 있다.

■ 외부 시스템비계 벽이음 관리 미흡

보육시설 일부 구간에 비계 벽이음 설치가 미흡하여 보완이 필요하다.

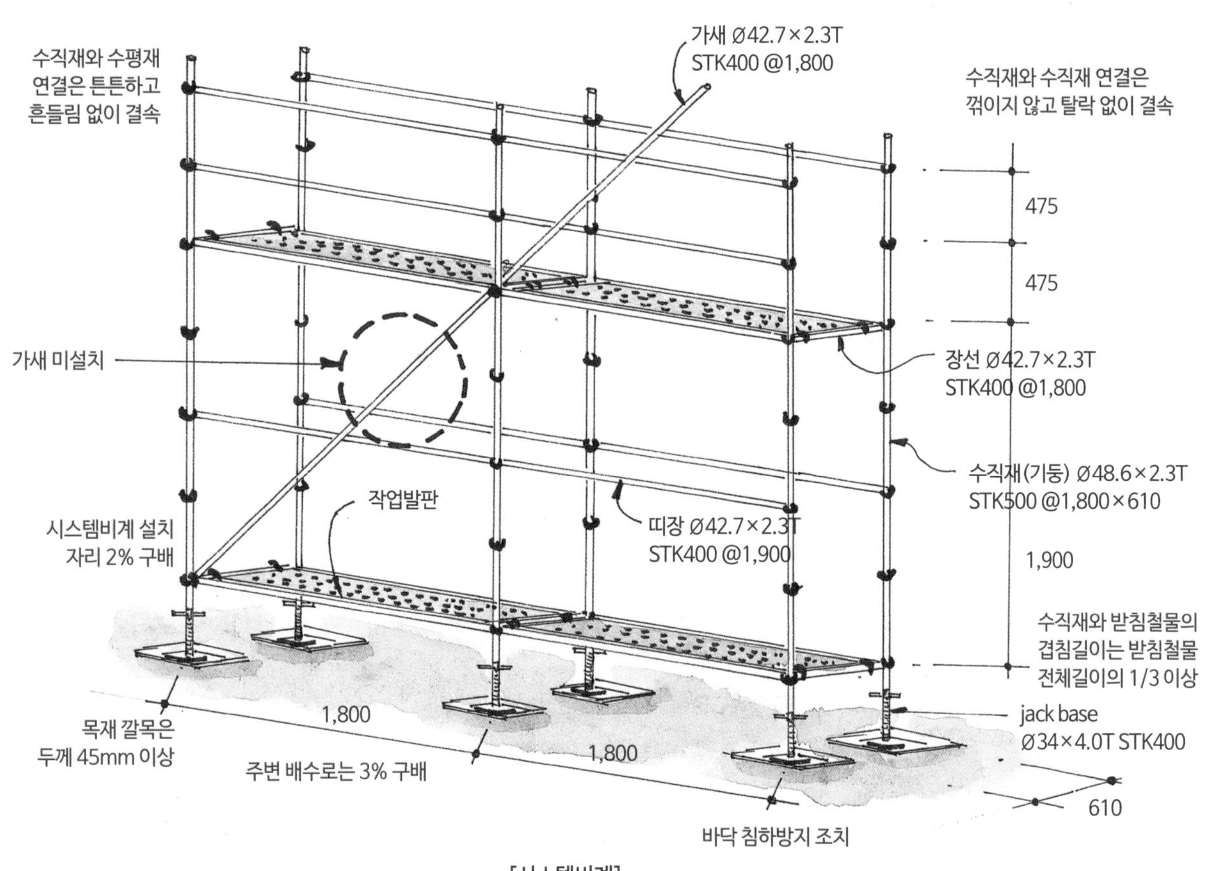

[시스템비계]

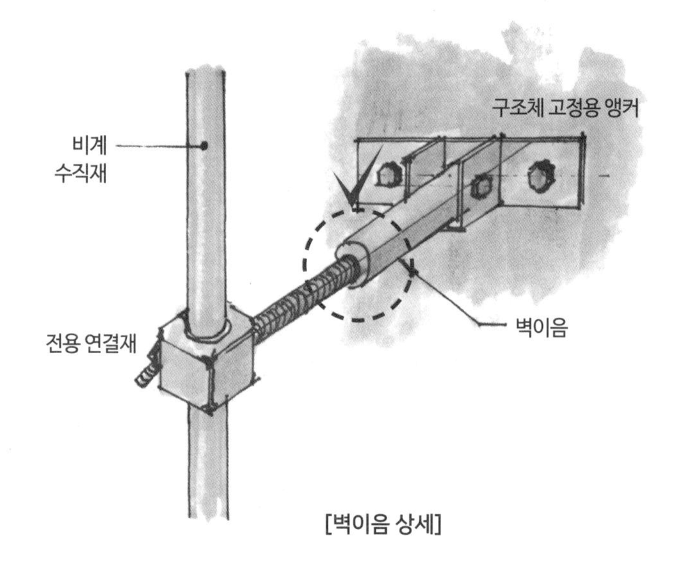

[벽이음 상세]

용어해설

벽이음(壁-)

건축물의 외벽에 따라 세워진 비계와 같이 폭에 비해 높이가 높은 비계는 수평방향으로 불안정하여 이것을 안정시키기 위해서는 비계를 건축물 외벽에 연결해 수평방향에서 지탱할 필요가 있다. 이 연결재료를 '벽이음'이라 한다. 이렇게 벽이음은 비계에 있어서 대단히 중요한 것이며, 이것이 미비해서 비계가 도괴되는 사례가 자주 일어나기 때문에, 산안법 안전규칙(제376조)에서는 외줄비계 · 쌍줄비계 또는 돌출비계에 대해서 다음 사항에 대해 벽이음 및 버팀을 설치하도록 규정하고 있다.

① 단관비계 간격은 수직방향 5m 이하 및 수평방향 5m 이하, 틀비계 간격은 수직방향 6m 이하 및 수평방향 8m 이하로 할 것
② 강관 · 통나무 등의 재료를 사용하여 견고한 것으로 할 것
③ 인장재와 압축재로 구성되어 있는 때에는 인장재와 압축재의 간격은 1m 이내로 할 것 등이다. 더구나 벽이음의 허용을 향상시키려면
- 바람 등의 수평하중에 대한 저항성이 증대한다.
- 좌굴에 대한 저항성이 증대한다.
- 편심적으로 연직(鉛直)하중에 대한 저항성이 증대한다는 것 등이다.

■ 가시설(시스템비계, 동바리) 설치 미흡

외부 시스템비계 기둥을 세굴이 발생한 연약지반에 설치하였으며, 시스템 동바리 총 4개소의 장선*과 멍에재**가 중심선에 위치하도록 시공되지 않아 보완이 필요하다.

반석 위에 세운 집이 튼튼하듯
비계 또한 설치 바닥면 상태가 중요
시스템
비계
세굴***이 발생한
연약지반****에 기둥 설치

[시스템비계]

■ 시스템비계 시공 미흡

램프(ramp) 방향에 설치된 일부 깔목이 지반과 수평이 되지 않고 들떠 있으며 기준(45mm 이상)에 미치지 못하는 두께(12mm)를 사용하고 있다. 따라서 안전한 공사의 진행을 위하여 이에 대한 보완이 필요하다.

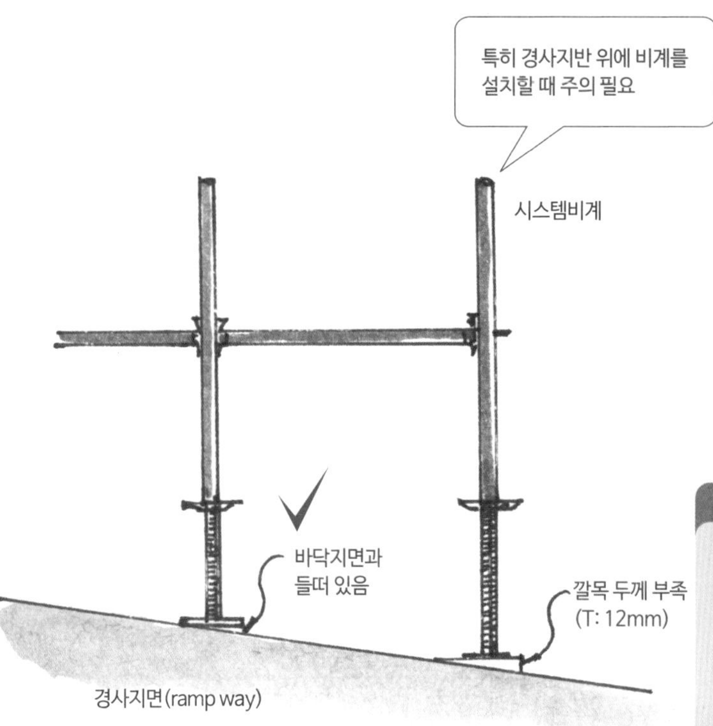

[경사면 시스템비계]

용어해설

***장선(長線, joist/common joist)**
목조의 마루틀에서 바닥판을 받는 가로 걸침재

****멍에(sleepers)**
장선을 받기 위해 놓는 부재로서, 동바리돌 또는 동바리 기둥 위에 놓음. 또는 기초 위에 놓여서 상부 구조물로부터 전달되는 힘을 기초에 골고루 전달하는 역할

*****세굴(洗掘, scour/erosion)**
물길에 따라 토사가 흘러 지반이 유실되거나 파랑 및 조류의 작용에 의해 구조물의 기초 밑면 등의 토사가 깎여 나가는 것

******연약지반(軟弱地盤, soft ground)**
구조물의 기초지반으로서 충분한 지지력을 갖지 못하는 지반

■ 가설구조물(시스템비계) 설치 미흡

아파트동 시스템비계 오른쪽 측면 모서리부의 비계 기둥은 물이 고여 있는 수중에 설치되어 있고, 기계실 시스템비계는 최하단에 수평재가 미설치된 구간이 일부 있으므로 관련 규정에 따른 보완이 필요하다.

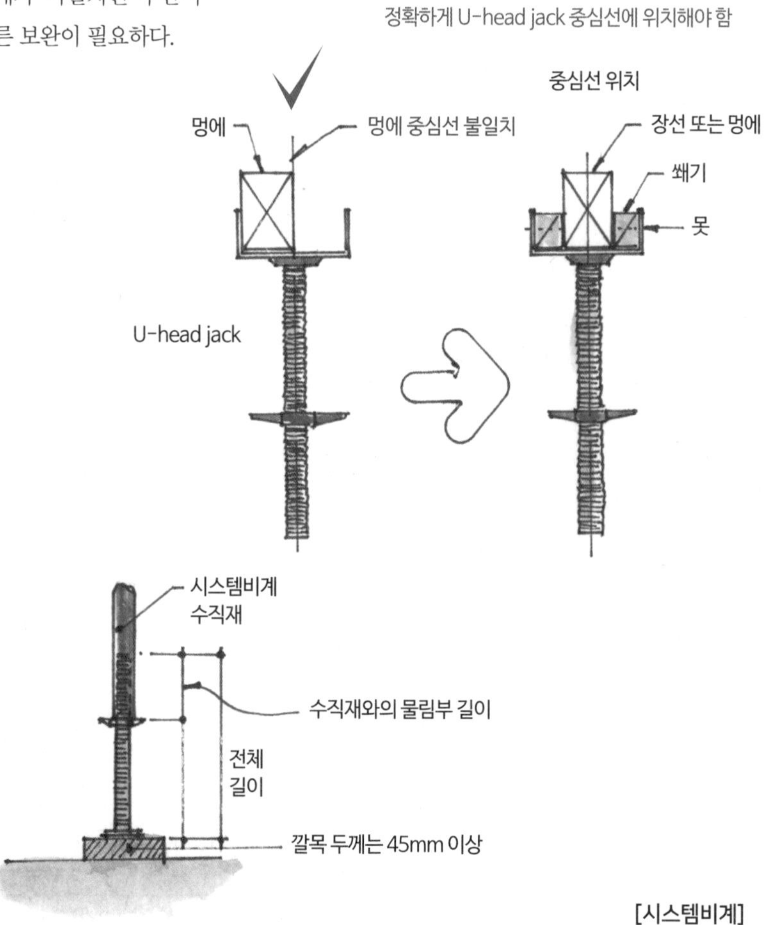

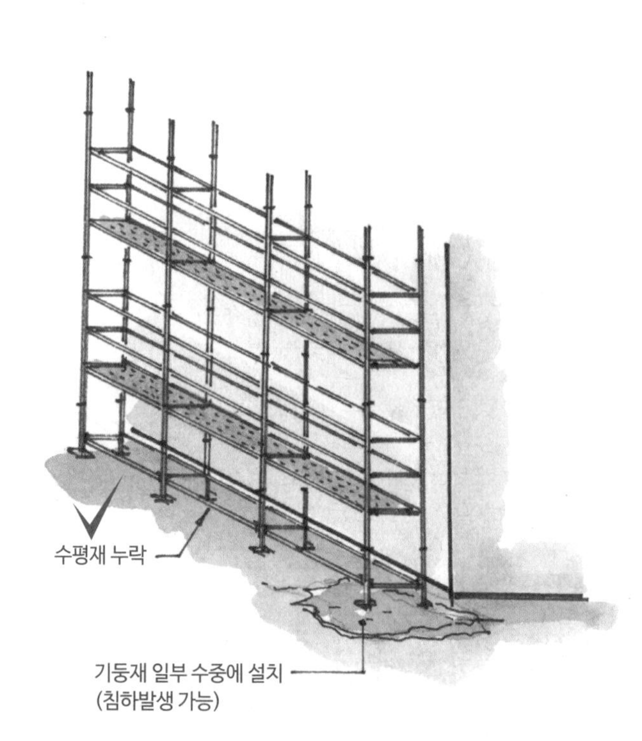

[시스템비계]

용어해설

시스템비계
임의로 설치할 수 있는 강관비계와 달리, 구조계산을 통하여 규격화되어 조립할 수 있도록 제작된 비계로 상대적으로 안전성이 높다.

■ 흙막이 가시설 시공관리 철저

수직구 원형 흙막이벽은 띠장과 엄지말뚝의 빈틈을 철판(끼움재)으로 용접하여 채우고 있는데, 일부 끼움재는 용접이 미흡하여 빈틈이 발생하여 토압의 안정적인 전달을 위해 빈틈에 대한 보완이 필요하다.

■ 가설구조물의 구조적 안전성 검토 확인 자료 미흡

가시설물(2m 이상인 흙막이 지보공)에 대하여 구조적 안전성 검토 확인을 수행하였으나, 검토 수행자의 서명 및 인적사항이 누락되었다.

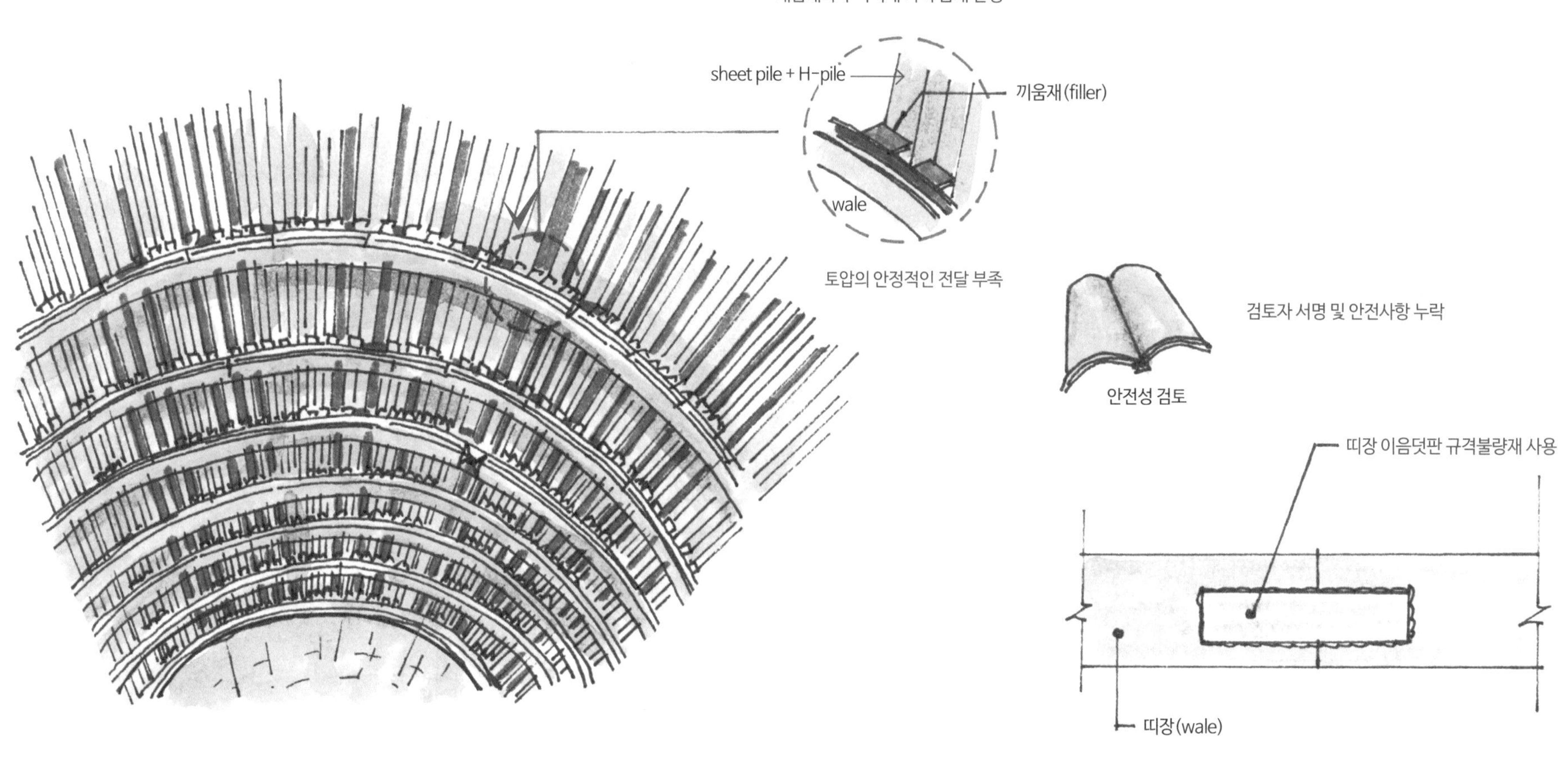

[수직구 흙막이 가시설]

[띠장 접합부]

■ 흙막이(토류판) 설치 미흡

아파트동 인근 구간에 가설흙막이를 시공하면서 일부 구간에 토류판 사이 틈새와 파손이 발생하여 보완이 필요하다.

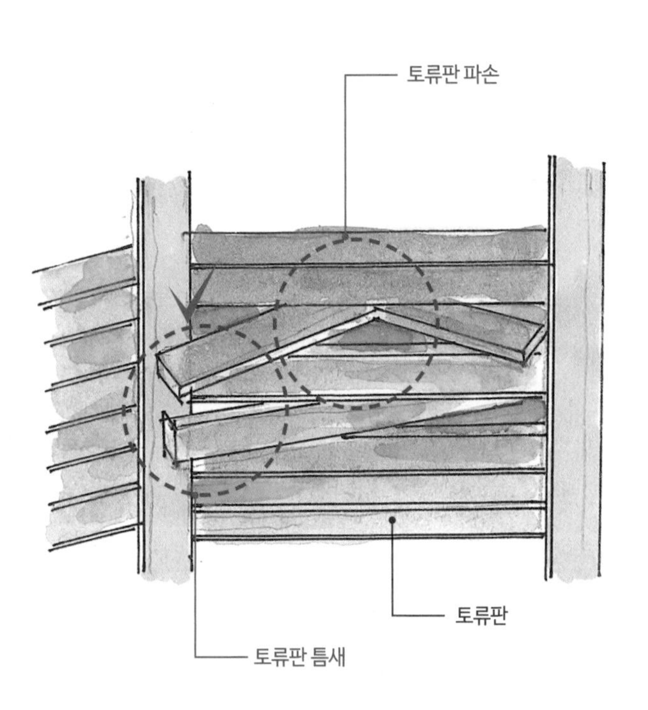

[토류판 흙막이벽]

■ 흙막이(토류판) 시공 미흡

가설흙막이벽의 띠장이음을 시공하면서 규격에 맞지 않는 덧판을 사용(1개소)하였으며, 가설사무실 후면의 토류판이 파손되어 흙이 유실될 우려가 있으므로 이에 대한 보완이 필요하다.

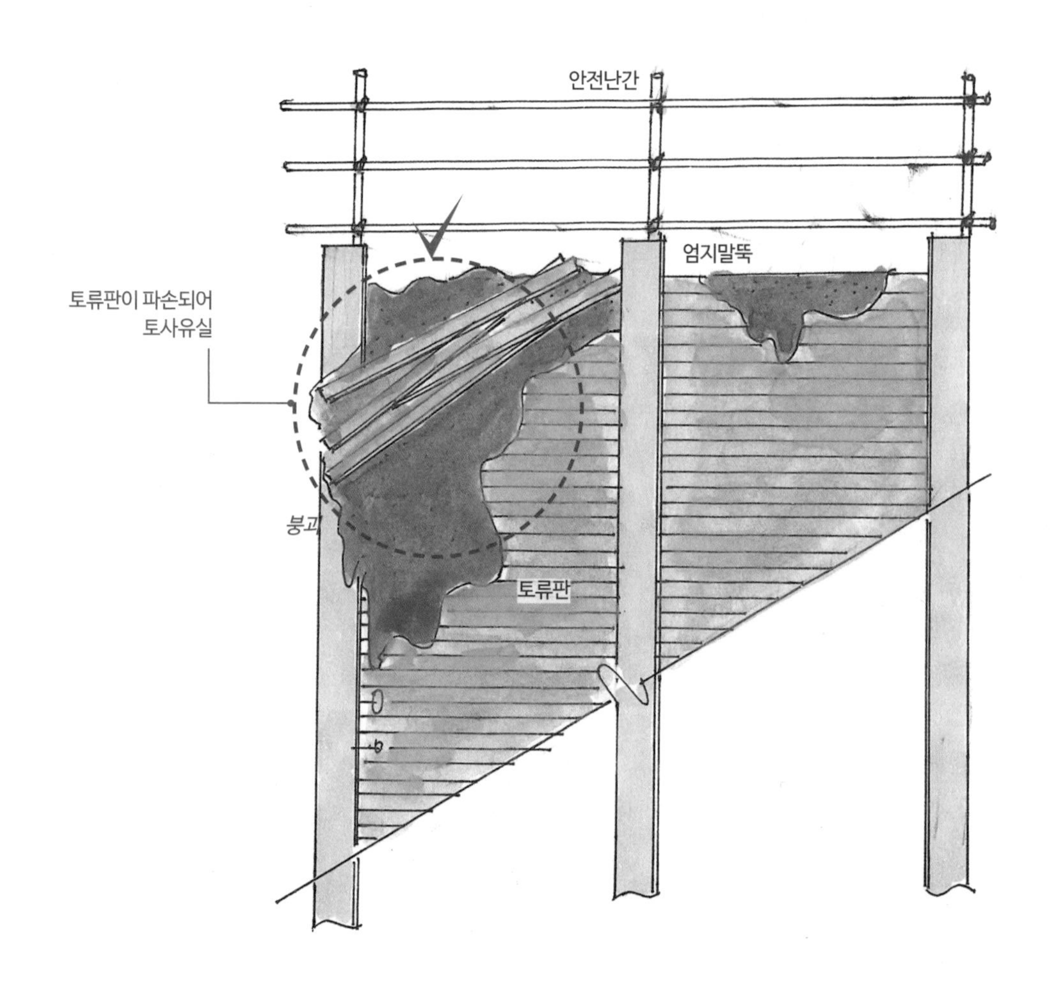

[토류판 흙막이벽]

■ 필러 서포트(filler support) 재설치 필요

아파트동 침실 구간에 필러 서포트가 해체(1개소)되어 콘크리트 타설 전에 재설치가 필요하다.

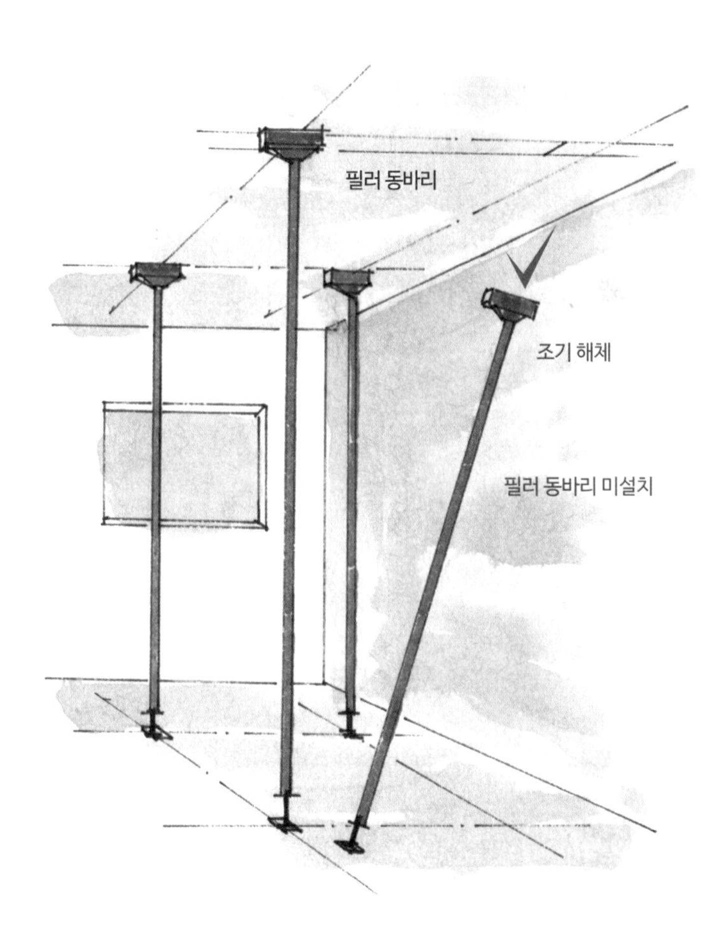

필러 서포트를 조기에 해체하거나 이동하면 콘크리트 구조물에 심각한 손상을 입히게 됨

[필러 동바리]

■ 강재 동바리(pipe support) 설치 부적정

아파트동 옥상 옥탑조형물을 시공하기 위해 설치한 강재 동바리 일부(3개)를 경사지게 설치했으며, 서포트 상하부 고정철물(5개소) 이음부에 사용되는 전용 연결핀(6개소)을 사용하지 않았다.

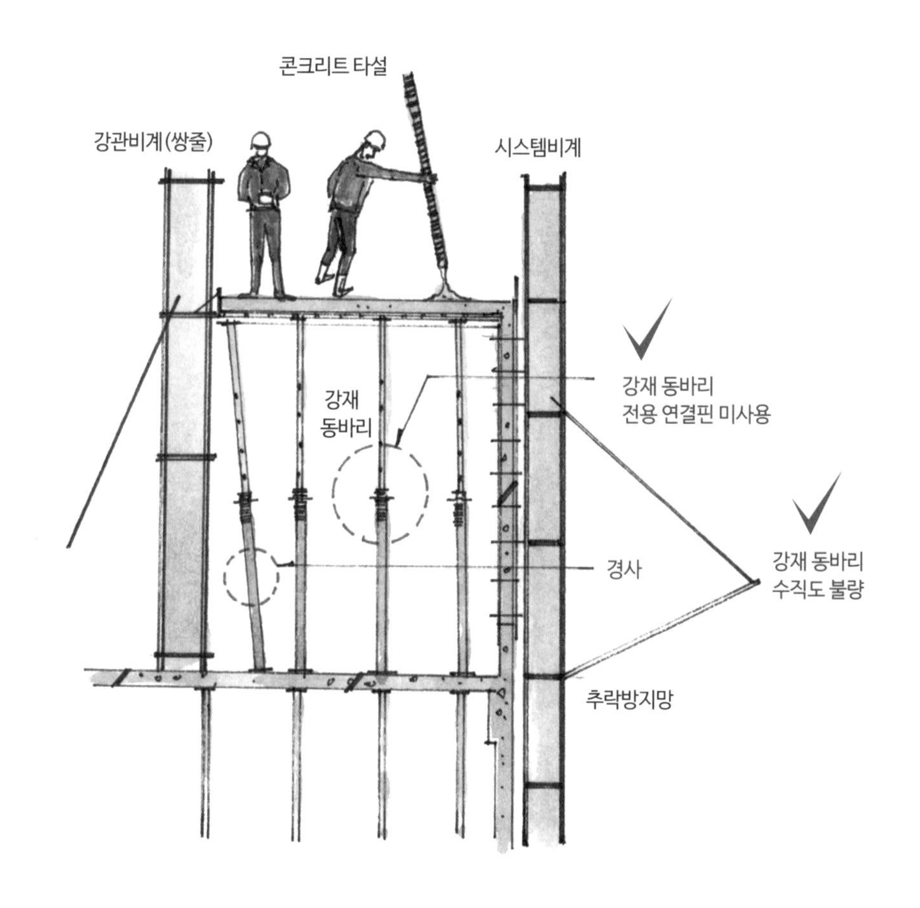

[옥상 조형물 작업]

1.3 용어의 정의

- **U헤드**
  멍에에 가해진 하중을 동바리로 전달하기 위하여 동바리 상부에 정착하여 사용하는 U 형태의 연결 지지재
- **가새재**
  시스템 동바리의 구성부재로, 수평하중에 대해 저항할 수 있도록 경사지게 배치된 주로 축력이 지배적인 구조부재
- **간격재**
  거푸집 간격 유지와 철근 또는 긴장재나 쉬스가 소정의 위치와 간격을 유지하기 위하여 쓰이는 콘크리트, 모르타르제, 금속제 또는 플라스틱 부품
- **거푸집**
  콘크리트 구조물이 필요한 강도를 발현할 수 있을 때까지 구조물을 지지하여 구조물의 형상과 치수를 설계도서대로 유지시키기 위한 가설구조물의 총칭
- **거푸집 긴결재(form tie)**
  기둥이나 벽체 거푸집과 같이 마주보는 거푸집에서 거푸집 널을 일정한 간격으로 유지시켜 주는 동시에 콘크리트 측압을 최종적으로 지지하는 역할을 하는 인장부재로 매립형과 관통형으로 구분
- **거푸집 널**
  거푸집의 일부로 콘크리트에 직접 접하는 목재나 금속 등의 판류
- **동바리**
  타설된 콘크리트가 소정의 강도를 얻기까지 고정하중 및 작업하중 등을 지지하기 위하여 설치하는 부재 또는 작업 장소가 높은 경우 발판, 재료 운반이나 위험물 낙하 방지를 위해 설치하는 임시 지지대
- **멍에**
  장선과 직각방향으로 설치하여 장선을 지지하며 거푸집 긴결재나 동바리로 하중을 전달하는 부재
- **모인 옹이 지름비**
  부재의 길이 중 15cm 이내에 집중되어 있는 각 옹이 지름의 합계를 부재 폭에 대하여 나눈 백분율
- **박리제(form oil)**
  콘크리트 표면에서 거푸집 널을 떼어내기 쉽게 하기 위하여 미리 거푸집 널에 도포하는 물질
- **보형식 동바리**
  강제 갑판 및 철재트러스 조립보 등을 수평으로 설치하여 거푸집을 지지하는 동바리
- **솟음(camber)**
  보, 슬래브 및 트러스 등에서 그의 정상적 위치 또는 형상으로부터 처짐을 고려하여 상향으로 들어올리는 것 또는 들어올린 크기
- **세퍼레이터(separator)**
  기둥, 벽체, 보 거푸집을 설치할 때 거푸집 널 상호 간의 간격을 일정하게 유지하기 위해 사용하는 부재
- **시스템 동바리(prefabricated shoring system)**
  수직재, 수평재, 가새재 등 각각의 부재를 공장에서 미리 생산하여 현장에서 조립하여 거푸집을 지지하는 지주 형식의 동바리와 강제 갑판 및 철재트러스 조립보 등을 이용하여 수평으로 설치하여 지지하는 보 형식의 동바리를 지칭함
- **옹이 지름비**
  옹이가 있는 재면에서 부재의 나비에 대한 옹이 지름의 백분율
- **장선**
  거푸집 널을 지지하여 멍에로 하중을 전달하는 부재
- **지주형식 동바리**
  파이프 서포트, 강관 등을 이용하여 거푸집을 지지하는 동바리 및 시스템 동바리, 틀형 동바리와 같이 수직재, 수평재, 가새재 등의 각각의 부재를 현장에서 조립하여 거푸집을 지지하는 동바리
- **포스트텐셔닝(post tensioning)**
  콘크리트의 경화 후 사전에 매설한 쉬스관을 통하여 PS 강재(강선)에 인장력을 주는 것
- **폼라이너(formliner)**
  콘크리트 표면에 문양을 넣기 위하여 거푸집 널에 별도로 부착하는 부재
- **폼행거(form hanger)**
  콘크리트 상판을 받치는 보 형식의 동바리재를 영구 구조물의 보 등에 매다는 형식으로 사용하는 부속품

3.3 거푸집

(1) 거푸집 조립 및 해체작업을 하는 근로자는 산업안전보건법 제140조 및 유해 · 위험작업의 취업 제한에 관한 규칙에 의하여 기능습득교육을 받은 자 또는 동등 이상의 자격을 갖춘 자이어야 한다.

(2) 거푸집 널은 쉽게 조립할 수 있고 안전하게 떼어낼 수 있어야 하며, 모르타르가 새어나오지 않는 구조로 하여야 하며, 이음매와 접합부는 누수방지 재료를 설치하여 모르타르가 새지 않도록 한다.

(3) 슬래브 거푸집 널은 보 측면 거푸집 널 안쪽으로 들어가지 않도록 하여야 한다.

(4) 표면에 구멍이나 결함 부위는 보수하고 돌출물은 제거하여 깨끗하고 흠이 없게 유지하여야 한다.

(5) 보의 한쪽 면에만 슬래브가 있는 경우에는 보 거푸집은 비대칭 하중을 고려하여 가새재 등으로 보강하여 시공하여야 한다.

(6) 수직거리에 대한 수평거리의 비율이 1.5 미만인 경사면에는 별도의 조치가 없는 한 경사면의 상부에 거푸집을 설치한다. 이때, 경사진 면의 거푸집에는 양압력을 충분히 지지할 수 있도록 앵커를 설치하여야 한다.

(7) 장선 및 멍에는 버팀대나 동바리에 고정하여 콘크리트 타설 시에 들뜸이나 비틀림 등이 발생하지 않도록 하여야 한다.

(8) 철재트러스 조립보, 강제 갑판 등의 보 형식 동바리로 슬래브를 지지하는 경우 보의 측면 거푸집에는 수직재를 반드시 설치하여야 한다.

(9) 보 측면의 거푸집에 별도의 간격재가 없는 경우에는, 보 1개소에 대하여 최소 2군데, 또는 3m 이내의 간격으로 보 상부의 벌어짐 방지를 하여야 한다.

(10) 달리 명시된 것이 없는 경우 콘크리트 모서리는 20~30mm의 모따기가 될 수 있는 구조이어야 하고, 균일하게 곧은 선과 연단이음매를 만들고 모르타르의 누설을 방지하도록 정확하게 모양과 표면을 만들어야 한다. 말단부의 연단은 한계지점까지 연장하고 바뀌는 곳에서 모서리 따기띠를 깎아 맞추어야 한다.

(11) 목재는 제재, 건조 및 쌓기 등에서 가능한 한 직사광선을 피하고, 시트 등을 사용하여 보호하여야 한다.

(12) 금속제 거푸집 패널 표면의 녹은 쇠솔(wire brush) 또는 샌드페이퍼(sand paper) 등으로 닦아내고 박리제를 도포하여 녹슬지 않게 보호하여야 한다.

(13) 거푸집을 다시 사용할 때는 거푸집 표면을 청소하고 보수하여야 한다. 재사용이 불가능하다고 판단될 정도로 손상을 입은 거푸집 표면 재료는 다시 사용할 수 없으며 현장에서 제거하여야 한다. 새로이 거푸집 작업을 할 때는 명시된 대로 거푸집 박리제를 다시 도포하여야 한다.

(14) 높이가 5m 이상인 슬래브에서는 거푸집 조립이나 해체 시에 콘크리트 타설 시 안전성에 대하여 고려해야 한다.

① 동바리를 사용하는 경우 콘크리트 타설에 따른 하중이나 그 편심에 의한 동바리의 좌굴이나 전도 등 거푸집 붕괴에 대해 충분히 검토하여야 한다.

② 강제 갑판을 사용하는 경우 상부 압축철근의 좌굴안전성을 검토하여야 하며, 휨강성을 높게 한 경우에는 슬래브의 경간장(강제 갑판과 수평 가설빔을 지지하는 양단간의 거리)과 강제 갑판의 종류, 수평 가설빔의 배치간격, 그 재료의 지지방법이나 해체방법 등을 검토하여야 한다.

③ 슬래브에 보를 결합하는 경우 구조체의 구조시스템이 변하기 때문에 공사감독자의 승인을 얻은 후 시공하여야 한다.

(15) 거푸집 내에 산재한 나무토막, 철잔재물, 먼지 등을 제거하고 철근의 부착물을 제거한다. 또한, 건조한 거푸집을 보습 상태로 하기 위하여 콘크리트 타설 전에 살수를 충분히 하여야 한다.

(16) 콘크리트 구조 이음부에 시멘트 페이스트 유출 등에 의한 콘크리트 품질저하를 방지하기 위하여 거푸집을 튼튼하게 조립하고 콘크리트 타설 전 수평구조 이음부분의 거푸집 어긋남이나 이동 또는 조임너트의 헐거움을 확인하여 조치하여야 한다.

(17) 거푸집 모서리부는 세퍼레이터(saparator)를 설치하지 않기 때문에 콘크리트 측압에 의하여 변형되기 쉬우므로 체인(chain)과 턴버클(turnbuckle) 등을 이용한 조임을 실시하여 모서리부의 변형을 방지하여야 한다.

(18) 콘크리트 타설 후 콘크리트 중량으로 인해 바닥 슬래브의 중앙부에 휨 변형 발생을 방지하기 위하여 미리 솟음을 설치하여야 한다.

3.4 동바리

(1) 동바리는 침하를 방지하고, 각 부가 이동하지 않도록 볼트나 클램프 등의 전용철물을 사용하여 고정하고 충분한 강도와 안전성을 갖도록 하며, 동바리의 상부 받이부와 하부 바닥부가 뒤집혀서 시공되지 않도록 하여야 한다.

(2) 파이프 서포트와 같이 단품으로 사용되는 동바리는 이어서 사용하지 않는 것을 원칙으로 하며, 시스템 동바리 또는 강재 동바리 등의 사용이 불가피한 경우 동바리는 2개 이하로 연결하여 사용할 수 있다.

(3) 파이프 서포트와 같이 단품으로 사용되는 동바리의 높이가 3.5m를 초과하는 경우에는 높이 2m 이내마다 수평연결재를 양방향으로 설치하고, 연결부분에 변위가 일어나지 않도록 수평연결재의 끝 부분은 단단한 구조체에 연결되어야 한다. 다만, 수평연결재를 설치하지 않거나, 영구 구조체에 연결하는 것이 불가능할 경우에는 동바리 전체길이를 좌굴길이로 계산하여야 한다.

(4) 경사면에 연직으로 설치되는 동바리는 경사면방향 분력으로 인하여 미끄러짐 및 전도가 발생하지 않도록 안전조치를 하여야 한다.

(5) 수직으로 설치된 동바리의 바닥이 경사진 경우에는 고임재 등을 이용하여 동바리 바닥이 수평이 되도록 하여야 하며, 고임재는 미끄러지지 않도록 바닥에 고정시켜야 한다.

(6) 해빙 시의 대책을 수립하여 공사감독자의 승인을 받은 경우 이외에는 동결지반 위에는 동바리를 설치하지 않아야 한다.

(7) 동바리를 지반에 설치할 경우에는 침하를 방지하기 위하여 콘크리트를 타설하거나, 두께 45mm 이상의 깔목, 깔판, 전용 받침철물, 받침판 등을 설치하여야 한다.

(8) 동바리 설치 시 깔판, 깔목을 사용할 경우에는 다음 사항에 따른다.

① 깔판, 깔목은 2단 이상 끼우지 않아야 하며, 거푸집의 형상에 따른 부득이한 경우로 공사감독자의 승인을 받은 경우에는 예외로 한다.

② 깔판, 깔목 등을 이어서 사용하는 경우에는 깔판, 깔목 등을 단단히 연결하여야 한다.

③ 동바리는 상·하부의 동바리가 동일 수직선상에 위치하도록 하여 깔판, 깔목 등에 고정시켜야 한다.

(9) 지반에 설치된 동바리는 강우로 인하여 토사가 씻겨나가지 않도록 보호하여야 한다.

(10) 겹침이음을 하는 수평연결재 간의 이격되는 순 간격은 100mm 이내가 되도록 하고, 각각의 교차부에는 볼트나 클램프 등의 전용철물을 사용하여 연결하여야 한다.

(11) 동바리 상·하부에서의 작업은 U헤드 및 받침철물의 접합을 안전하게 한 상태에서 하여야 하며, 동바리에 삽입되는 U헤드 및 받침철물 등의 삽입길이는 U헤드 및 받침철물 전체길이의 3분의 1 이상이 되도록 하여야 한다. 다만, 고정형 받침철물의 경우는 95mm 이상이어야 한다.

(12) 동바리 설치높이가 4.0m를 초과하거나 콘크리트 타설 두께가 1.0m를 초과하여 파이프 서포트로 설치가 어려울 경우에는 시스템 동바리 또는 안전성을 확보할 수 있는 지지구조로 설치할 수 있다.

(13) 구조설계 결과를 반영한 시공상세도를 작성하고 그 결과에 따라 시공하여야 한다.

(14) 동바리를 설치한 후에는 조립상태에 대하여 공사감독자의 승인을 얻은 후 콘크리트를 타설하여야 한다.

(15) 콘크리트 타설작업 중에는 동바리의 변형, 변위, 파손 유무 등을 감시할 수 있는 관리감독자를 배치하여 이상을 발견할 때에는 즉시 작업을 중지하고 근로자를 대피시켜야 한다.

3.8 박리제

(1) 거푸집 널 내면에는 콘크리트가 거푸집에 부착되는 것을 막고 거푸집 제거를 쉽게 하기 위해 박리제를 도포하여야 한다.

(2) 과다한 박리제가 거푸집 안에 쌓이지 않아야 하며, 콘크리트에 매립되는 철근 및 매설재에 직접 접촉되게 하여서는 아니 된다.

3. 시공

3.1 일반사항

(1) 외부비계는 별도로 설계된 경우를 제외하고는 구조체에서 300mm 이내로 떨어져 쌍줄비계로 설치하되, 별도의 작업발판을 설치할 수 있는 경우에는 외줄비계로 할 수 있다.

(2) 비계기둥과 구조물 사이에는 근로자의 추락을 방지하기 위하여 추락방호조치를 실시하여야 한다.

(3) 비계는 시스템비계 및 강관비계 등으로 하되 시공여건, 안전도 및 경제성을 고려하여 공사감독자의 승인을 받아 동등규격 이상의 재질로 변경 · 적용할 수 있다.

(4) 비계는 시공에 편리하고 안전하도록 공사의 종류, 규모, 장소 및 공기구 등에 따라 적합한 재료 및 방법으로 견고하게 설치하고 유지 보존에 항상 주의한다.

(5) 비계의 벽 이음재 설치 및 해체는 공사감독자의 승인을 받은 조립 · 해체계획서를 따른다.

(6) 이 기준에 해당하는 사항 이외의 재료 및 구조 등은 건축법 및 산업안전보건법, 기타 관련법에 따른다.

(7) 건설기술진흥법 시행령 제101조의2 제1항에 따른 비계구조물에 대해서는 KCS 21 60 05(1.4.3(1)) 에 따른다.

3.2 시스템비계

3.2.1 수직재

(1) 수직재와 수평재는 직교되게 설치하여야 하며, 체결 후 흔들림이 없어야 한다.

(2) 수직재를 연약지반에 설치할 경우에는 연직하중에 견딜 수 있도록 지반을 다지고 두께 45mm 이상의 깔목을 소요폭 이상으로 설치하거나, 콘크리트, 강재표면 및 단단한 아스팔트 콘크리트 등의 침하 방지 조치를 하여야 한다.

(3) 시스템비계 최하부에 설치하는 수직재는 받침철물의 조절너트와 밀착되도록 설치하여야 하며, 수직과 수평을 유지하여야 한다. 이때 수직재와 받침철물의 겹침길이는 받침철물 전체길이의 3분의 1 이상이 되도록 하여야 한다.

(4) 수직재와 수직재의 연결은 전용의 연결조인트를 사용하여 견고하게 연결하고, 연결부위가 탈락 또는 꺾어지지 않도록 하여야 한다.

3.2.2 수평재

(1) 수평재는 수직재에 연결핀 등의 결합 방법에 의해 견고하게 결합되어 흔들리거나 이탈되지 않도록 하여야 한다.

(2) 안전난간의 용도로 사용되는 상부수평재의 설치높이는 작업발판면으로부터 수평재 윗면까지 0.9m 이상이어야 하며, 중간수평재는 설치높이의 중앙부에 설치(설치높이가 1.2m를 넘는 경우에는 2단 이상의 중간수평재를 설치하여 각각의 사이 간격이 0.6m 이하가 되도록 설치)하여야 한다.

3.2.3 가새재

(1) 대각으로 설치하는 가새재는 비계의 외면으로 수평면에 대해 40°~60° 방향으로 설치하며 수평재 및 수직재에 결속한다.

(2) 가새재의 설치간격은 시공 여건을 고려하여 구조검토를 실시한 후에 설치하여야 한다.

3.2.4 벽 이음

(1) 벽 이음재의 배치간격은 산업안전보건기준에 관한 규칙 제69조에 따라 제조사가 정한 기준에 따라 설치한다.

3.3 강관비계

3.3.1 비계기둥

(1) 비계기둥은 이동이나 흔들림을 방지하기 위해 수평재, 가새재 등으로 안전하고 단단하게 고정되어야 한다.

(2) 비계기둥의 바닥 작용하중에 대한 기초기반의 지내력을 시험하여 적절한 기초처리를 하여야 한다.

(3) 비계기둥의 밑둥에 받침철물을 사용하는 경우 인접하는 비계기둥과 밑둥잡이로 연결하여야 한다. 연약지반에 설치할 경우에는 연직하중에 견딜 수 있도록 지반을 다지고 두께 45mm 이상의 깔목을 소요폭 이상으로 설치하거나, 콘크리트, 강재표면 및 단단한 아스팔트 콘크리트 등의 침하 방지 조치를 하여야 한다.

(4) 비계기둥의 간격은 띠장 방향으로 1.85m 이하, 장선방향으로 1.5m 이하이어야 하며, 시공 여건을 고려하여 별도의 설계가 요구되는 경우에는 안전성을 검토한 후 설치할 수 있다.

(5) 기둥 높이가 31m를 초과하면 기둥의 최고부에서 하단 쪽으로 31m 높이까지는 강관 1개로 기둥을 설치하고, 31m 이하의 부분은 좌굴을 고려하여 강관 2개를 묶어 기둥을 설치하여야 한다. 다만, 브라켓 등으로 보강하여 2개의 강관으로 묶은 기둥 이상의 강도가 유지되는 경우에는 그러지 아니하여도 된다.

(6) 비계기둥 1개에 작용하는 하중은 7.0kN 이내이어야 한다.

(7) 비계기둥과 구조물 사이의 간격은 별도로 설계된 경우를 제외하고는 추락방지를 위하여 300mm 이내이어야 한다.

3.3.2 띠장

(1) 띠장의 수직간격은 2.0m 이하로 한다. 다만 작업의 여건상 이를 준수하기가 곤란하여 쌍기둥틀 등에 의하여 해당 부분을 보강한 후 구조설계에 의해 안전성을 확인한 경우에는 그러하지 아니하다.

(2) 띠장을 연속해서 설치할 경우에는 겹침이음으로 하며, 겹침이음을 하는 띠장 간의 이격거리는 순 간격이 100mm 이내가 되도록 하여 교차되는 비계기둥에 클램프로 결속한다. 다만, 전용의 강관조인트를 사용하는 경우에는 겹침이음한 것으로 본다.

(3) 띠장의 이음위치는 각각의 띠장끼리 최소 300mm 이상 엇갈리게 한다.

(4) 띠장은 비계기둥의 간격이 1.85m일 때는 비계기둥 사이의 하중한도를 4.0kN으로 하고, 비계기둥의 간격이 1.85m 미만일 때는 그 역비율로 하중한도를 증가할 수 있다.

3.3.3 장선

(1) 장선은 비계의 내 · 외측 모든 기둥에 결속하여야 한다.

(2) 장선간격은 1.85m 이하로 한다. 또한, 비계기둥과 띠장의 교차부에서는 비계기둥에 결속하며, 그 중간부분에서는 띠장에 결속하여야 한다.

(3) 작업발판을 맞댐 형식으로 깔 경우, 장선은 작업발판의 내민 부분이 100mm~ 200mm의 범위가 되도록 간격을 정하여 설치하여야 한다.

(4) 장선은 띠장으로부터 50mm 이상 돌출하여 설치한다. 또한 바깥쪽 돌출부분은 수직 보호망 등의 설치를 고려하여 일정한 길이가 되도록 한다.

3.3.4 가새재

(1) 대각으로 설치하는 가새재는 비계의 외면으로 수평면에 대해 40° ~60° 방향으로 설치하며, 비계기둥에 결속한다. 가새재의 배치간격은 약 10m마다 교차하는 것으로 한다.

(2) 가새재와 비계기둥과의 교차부는 회전형 클램프로 결속한다.

(3) 수평가새재는 벽 이음재를 부착한 높이에 각 스팬(span)마다 설치하여 보강한다.

3.3.5 벽 이음

(1) 벽 이음재의 배치간격은 벽 이음재의 성능과 작용하중을 고려한 구조설계에 따르며, 수직방향 5m 이하, 수평방향 5m 이하로 설치하여야 한다.

(2) 벽 이음 위치는 비계기둥과 띠장의 결합 부근으로 하며, 벽면과 직각이 되도록 설치하고, 비계의 최상단과 가장자리 끝에도 벽 이음재를 설치하여야 한다.

■ 말비계

2.5.2 말비계

(1) 말비계의 각 부재는 구조용 강재나 알루미늄 합금재 등을 사용하여야 한다.

(2) 말비계에는 벌어짐을 방지하는 장치와 기둥재의 밑둥에 미끄럼 방지장치, 발끝가이드(toe guide)가 있어야 한다.

(3) 말비계에 사용되는 작업발판은 KS F 8012 또는 방호장치 안전인증기준에 적합하여야 한다.

말비계 (산업안전보건기준에 관한 규칙 제67조)
설치기준
① 지주부재 하단 미끄럼 방지장치 설치 ② 양측 끝부분 작업 금지 ③ 지주부재와 수평면의 기울기 75도 이하 ④ 지주부재 사이 고정용 보조부재 설치 ⑤ 높이 2m 초과 시 폭 40cm 이상
일반사항
① 말비계의 사용높이는 1m 이내로 제한 ② 말비계 작업발판의 길이는 2m 이내 ③ 철제 또는 알루미늄 재질의 제품을 사용(목재 사용 금지) ④ 난간 및 개구부 등 추락위험 장소에서 작업할 경우 보강난간 설치 및 안전대 체결 ⑤ 높이별 눈 관리 실시 (1m 이하 녹색, 1~1.2m 황색, 1.2m 초과 적색)

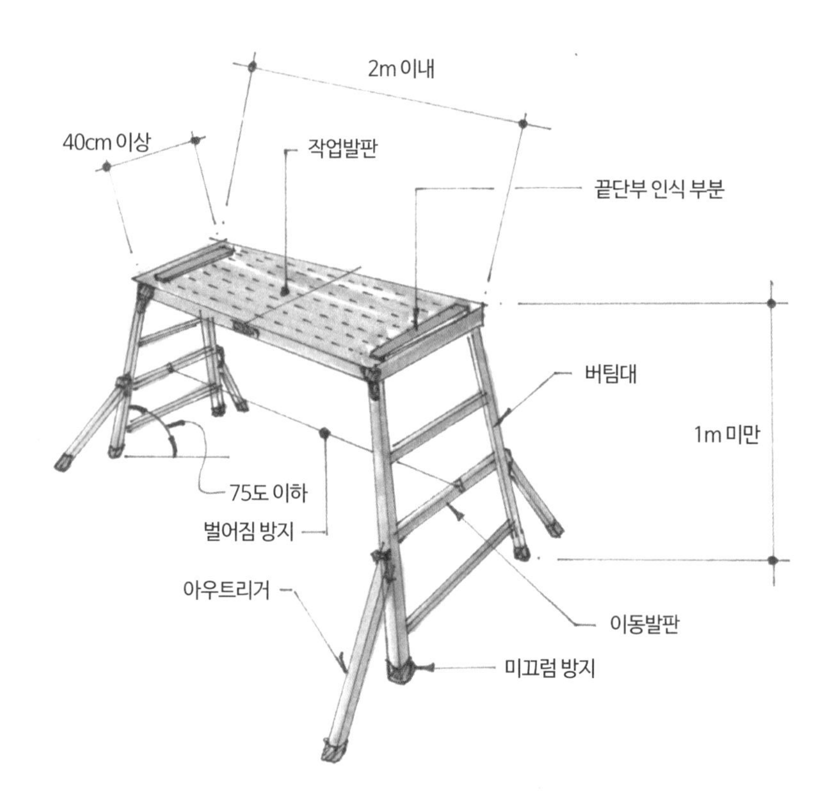

[말비계 상세]

■ 달비계-1

2. 자재

2.5.1 달비계

(1) 달기체인과 달기틀은 방호장치 자율안전기준에 적합하여야 한다.

(2) 재사용하는 달기체인은 다음에 해당되는 것을 사용하지 않아야 한다.

① 체인의 길이가 제조되었을 때보다 5%를 초과한 것

② 링 단면의 직경이 10%를 초과하여 감소한 것

③ 균열이 있거나 심하게 변형된 것

(3) 달기로프는 다음에 해당되는 것을 사용하지 않아야 한다.

① 가닥이 절단된 것

② 심하게 손상 또는 부식된 것

(4) 와이어 로프는 다음에 해당되는 것을 사용하지 않아야 한다.

① 이음매가 있는 것

② 와이어로프의 한 꼬임에서 끊어진 소선의 수가 10% 이상인 것

③ 지름의 감소가 공칭지름의 7%를 초과하는 것

④ 변형이 심하거나, 부식된 것

⑤ 꼬인 것

⑥ 열과 전기충격에 의해 손상된 것

3. 시공

3.6.1 달비계

(1) 와이어 로프, 달기체인, 달기강선 또는 달기로프는 한쪽 끝을 비계의 보 등에 다른 쪽 끝을 영구 구조체에 각각 부착시켜야 한다.

(2) 체인을 이용한 달비계의 체인, 띠장 및 장선의 간격은 1.5m 이내로 하며, 작업발판과 철골보와의 거리는 0.5m 이상을 유지하여야 한다.

(3) 비계를 달아매는 체인은 보와 띠장을 고리형으로 체결하여야 한다. 체인이 짧을 경우에는 달대 각의 최대각도가 45°이하가 되도록 하여야 한다.

(4) 체인을 이용한 달비계의 외부로 돌출 되는 띠장과 장선의 길이는 1m 정도로 하여 끝을 맞추되, 그 끝에는 미끄럼막이를 설치하여야 한다.

(5) 달기틀의 설치간격은 1.8m 이하로 하며, 철골보에 확실하게 체결하여야 한다.

(6) 작업바닥의 테두리 부분에 낙하물 방지를 위한 발끝막이판과 추락 방지를 위한 안전난간을 설치하여야 한다. 다만, 안전난간의 설치가 곤란하거나 작업 필요상 임의로 난간을 해체하여야 하는 경우에는 망을 치거나 안전대를 사용하여야 한다.

(7) 안전난간이 설치된 외부 면과 외부로 돌출된 부분에는 추락 방호망을 설치하여야 한다.

(8) 비계의 보, 작업발판에 버팀을 설치하는 등의 동요 또는 이탈을 방지하기 위한 조치를 하여야 한다.

(9) 작업바닥 위에서 받침대나 사다리를 사용하지 않아야 한다.

(10) 달비계에 자재를 적재하지 않아야 한다.

(11) 비계의 승강 시에는 작업발판의 수평이 유지되도록 하여야 한다.

(12) 와이어 로프를 설치할 경우에는 와이어 로프용 부속철물을 사용하여야 하며, 와이어 로프는 수리하여 사용하지 않아야 한다.

(13) 와이어 로프의 일단은 권상기에 확실히 감겨져 있어야 하며 권상기에는 제동장치를 설치하여야 한다.

(14) 와이어 로프의 변동 각이 90°보다 작은 권상기의 지름은 와이어 로프 지름의 10배 이상이어야 하며, 변동 각이 90° 이상인 경우에는 15배 이상이어야 한다.

(15) 달기틀에 설치된 작업발판과 보조재 등을 매달고 이동할 경우에는 낙하하지 않도록 고정시켜야 한다.

■ 달비계 - 2

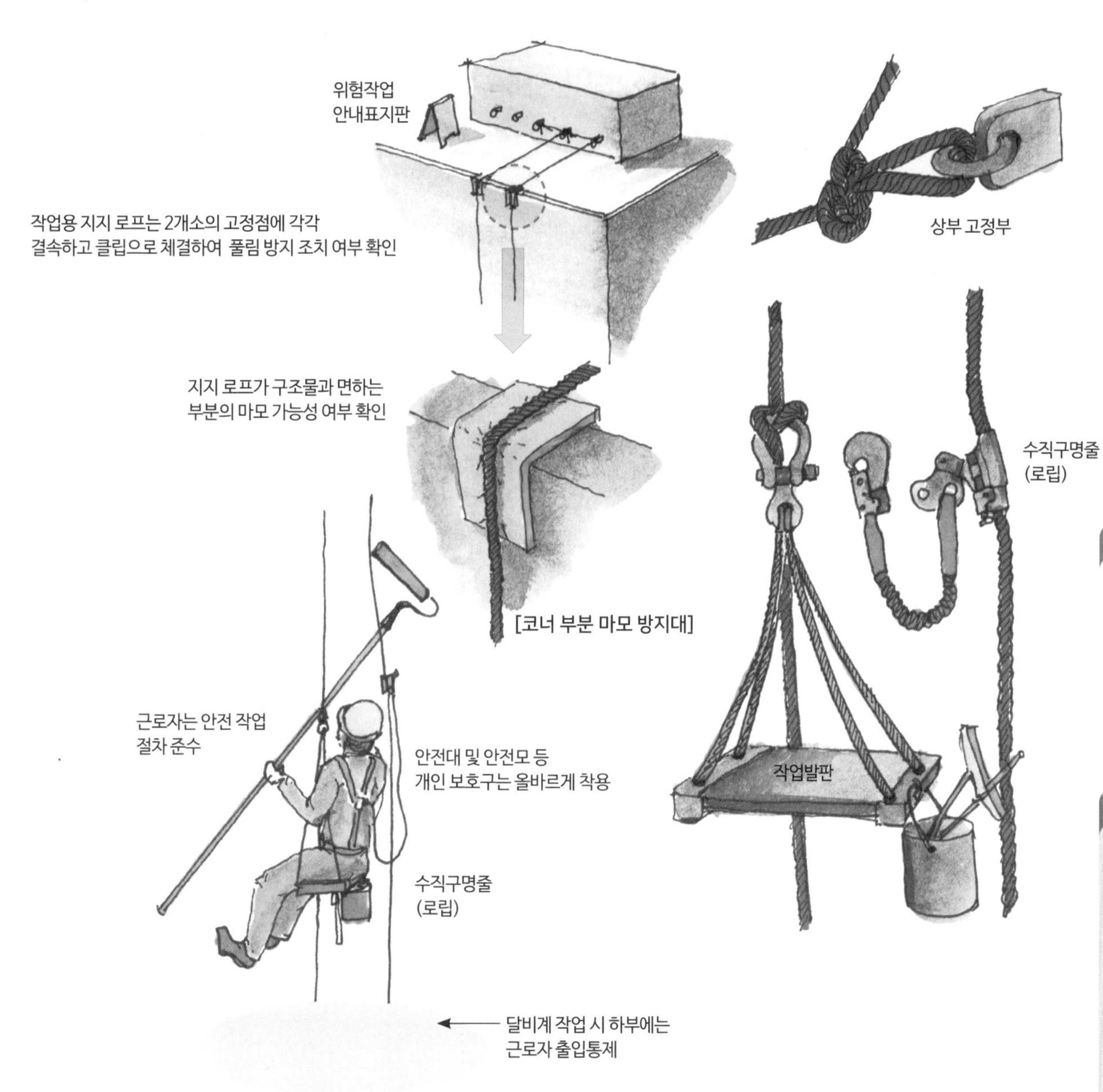

[달비계 설치 개념도]

참고자료

작업의자형 달비계 안전작업지침 KOSHA GUIDE C-33-2022

(자) 일반적으로 P.P 또는 P.E 로프를 사용하는 경우, 작업용 로프는 22mm 이상, 구명줄은 16mm 이상을 사용하여야 한다. (단, 모든 로프의 허용하중 강도는 22.9kN(2,340kgf) 이상)

용어해설

달비계(-飛階, suspended scaffold)

상부에 매단 작업용 비계. 철골공사 등에서 많이 이용한다.

① 건물에 고정된 돌출보 등에서 밧줄로 매달은 비계이다.
② 권양기(卷揚機)가 붙어 있어 위아래로 이동시킬 수 있는 것도 있다.
③ 외부 마무리 · 외벽 청소 · 고층건물의 유리창 청소 등에 쓰인다.
④ 원달비계 · 간이달비계 · 달대비계가 있다.
⑤ '현비계(懸飛階)', '그네비계'라고도 한다.
⑥ 비계를 기계화한 것으로서 와이어로프를 가지고 비계로써 매달고 발판에 수동용 호이스트를 장치하여 물건을 올리고 내리고 한다. 이는 방화적이며 강도가 세고 또 설비면적이 작으나 고장이 잘 나는 흠이 있다.

거푸집 및 동바리공사 일반사항 KCS 21 50 05 : 2023

표 3.10-1 거푸집 및 동바리의 품질 검사

항목	시험방법	시기 · 횟수	판정기준
거푸집 널, 동바리, 긴결철물 등	육안검사, 치수측정, 품질표시의 확인	현장반입 시, 조립 중 수시	이 기준의 규정에 적합한 것(2. 자재 참조)
동바리의 배치	육안검사 및 자 등에 따른 측정	조립 중 수시 및 조립 후	거푸집 시공상세도면에 일치하는 것, 느슨함 등이 없는 것
긴결철물의 위치, 수량	육안검사 및 자 등에 따른 측정	조립 중 수시 및 조립 후	거푸집 시공상세도면에 일치하는 것
세우는 위치, 정밀도	자, 트랜싯 및 레벨 등에 따른 측정	조립 중 수시 및 조립 후	거푸집 시공상세도면에 일치하는 것
거푸집 널과 최외측 철근과의 간격	자에 따른 측정	조립 중 수시 및 조립 후	소정의 피복두께가 확보되어 있는 것
거푸집 널 및 동바리 해체를 위한 콘크리트의 압축강도	KASS 5T - 602	거푸집 널, 동바리 해체 전, 필요에 따라	압축강도시험의 결과가 소정의 값을 만족하는 것

(3) 거푸집 설치 시에는 허용오차한계 및 박리제 도포상태를 검사하고, 동바리 설치 시에는 지지하중 및 좌굴 등에 대한 검사를 하여야 한다.

(4) 검사 결과 거푸집 및 동바리 시공이 적당하지 않다고 판정된 경우에는 공사감독자의 승인을 받아 적절한 조치를 하여야 한다.

3.10.2 콘크리트 타설 전의 검사

(1) 콘크리트 타설 전 설치가 완료된 거푸집 및 동바리의 청소를 실시한 후 검사를 하여야 한다.

(2) 거푸집 및 동바리의 제작, 설치가 시공상세도와 일치되었는지를 검사한다.

(3) 거푸집 널, 동바리, 거푸집 긴결재 등의 재료는 2. 자재에 적합하여야 한다.

(4) 콘크리트부재의 치수와 위치, 거푸집의 선과 수평 및 피복두께가 시공오차의 범위 이내인지를 검사한다.

(5) 동바리의 연결고리나 긴결장치, 동바리 및 가새재 등의 위치와 정밀도는 육안검사 및 장비를 이용하여 거푸집 시공상세도와 일치하는지, 느슨함 등이 없는지를 검사한다.

(6) 콘크리트 내부로 매설되는 삽입재와 블록아웃 및 이음매의 위치를 확인하고, 들뜸 방지를 위하여 견고하게 긴결되었는지 검사한다.

(7) 거푸집 청소 및 검사를 위하여 일시적인 개구부를 기둥 및 벽체 등의 하부 적당한 위치에 만들어야 하며, 개구부는 콘크리트 타설 전에 폐쇄하여야 한다.

(8) 거푸집 널의 이음부, 교차하는 거푸집 모서리 부위 및 거푸집 긴결재의 설치 누락 여부를 검사하여 모르타르가 새어나오지 않도록 검사하여야 한다.

(9) 동절기 및 해빙기의 경우에는 동바리가 동결된 지반 위에 설치되었는지 검사하여야 한다.

(10) 경사진 곳에 설치하는 동바리의 경우 미끄러짐 방지 조치를 했는지 검사하여야 한다.

(11) 콘크리트 타설장비 사용 전 다음 사항을 검사하여야 한다.
① 작업을 시작하기 전에 콘크리트 펌프용 장비를 점검하고 이상이 있을 경우에는 즉시 보수하여야 한다.
② 구조물의 난간 등에서 작업하는 근로자가 호스의 요동·선회로 인하여 추락하는 위험을 방지하기 위하여 난간 설치 등 필요한 조치를 하여야 한다.
③ 콘크리트 타설장비의 붐을 조정하는 경우에는 주변의 전선 등에 의한 위험을 예방하기 위한 적절한 조치를 하여야 한다.
④ 작업 중에 지반의 침하, 아우트리거의 손상 등에 의하여 콘크리트 타설장비가 넘어질 우려가 있는 경우 이를 방지하기 위한 적절한 조치를 하여야 한다.

3.10.3 콘크리트 타설 중과 타설 후의 검사

(1) 콘크리트 타설 중에는 비정상적인 처짐이나 붕괴의 조짐을 포착하여 안전한 조치를 취할 수 있도록 거푸집의 이탈이나 분리, 모르타르가 새어 나오는 것, 이동, 경사, 침하, 접합부의 느슨해짐, 기타의 유무를 수시로 검사하여야 한다.

(2) 동바리의 침하나 거푸집의 터짐 등의 긴급 상황에 대한 대처방안을 사전에 준비하고, 시공 중에 재조정할 수 있는 방법을 강구하여야 한다.

(3) 콘크리트 타설 중에 발생하는 문제점들이 즉시 보완될 수 있도록 슬래브 거푸집 하부 및 큰 측압이 예상되는 부위에는 관리감독자를 배치하여 검사하여야 한다.

(4) 콘크리트 타설 장비 등의 이동 및 재배치 등 거푸집 및 동바리에 추가로 발생하는 집중하중에 대한 안정성을 검사하여야 한다.

(5) 거푸집 해체 후에는 구조물의 형태가 승인된 구조물의 형상과 구성요건을 충족하고 있는지를 확인하여야 한다.

● 시스템 동바리의 구성

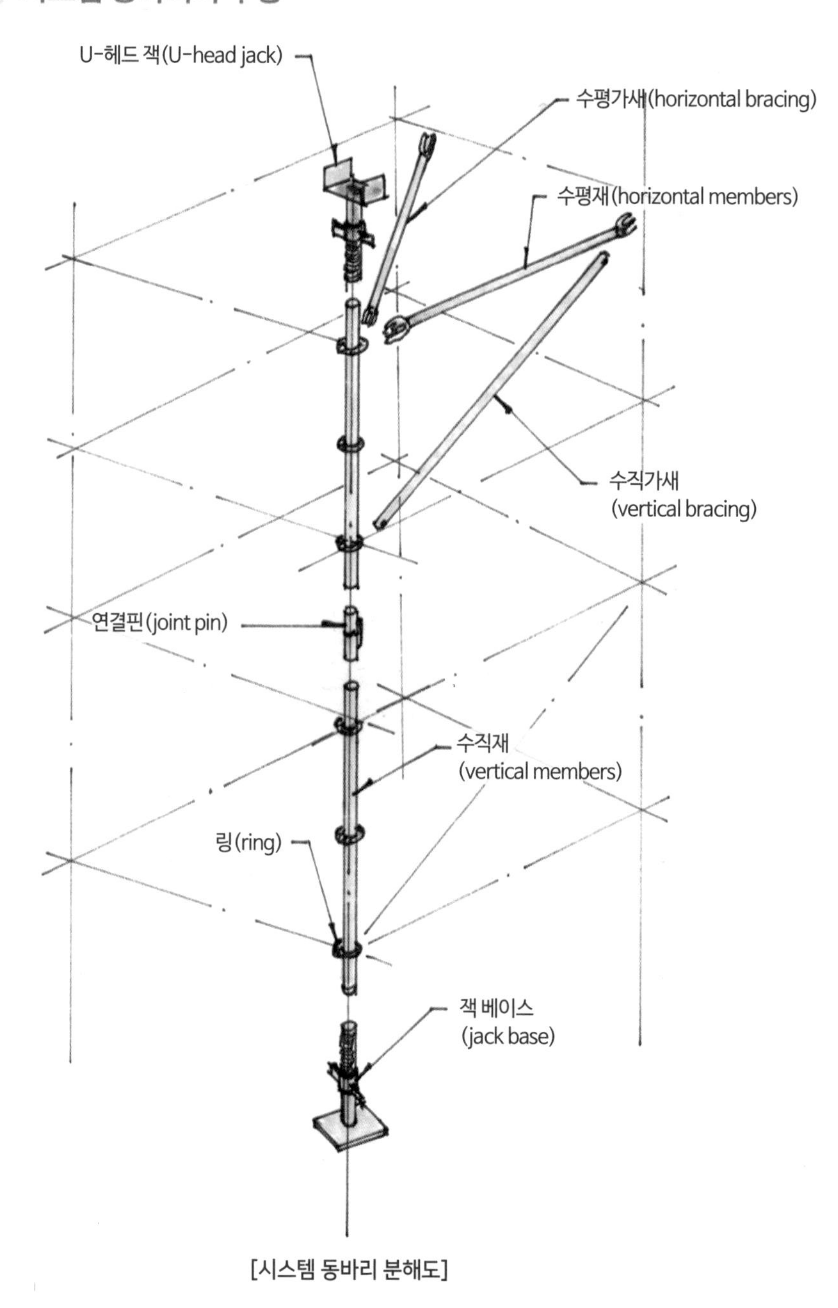

[시스템 동바리 분해도]

시스템 동바리 각 부재별 재료 기준

구성 부분	규격	비고
수직재	KS D3566(일반구조용 탄소강관)에 정한 SPS500의 규격	
수평재 및 가새	KS D3566(일반구조용 탄소강관)에 정한 SPS400의 규격	
링(ring)	KS D3503(일반구조용 압연강관)에 정한 SS400의 규격 또는 KS D4101(탄소강주강품)에 정한 SC410의 규격	
연결핀	KS D3503(일반구조용 압연강관)에 정한 SS330의 규격 또는 KS D3566(일반구조용 탄소강관)에 정한 SPS400의 규격	노동부고시 방호장치성능검정 규정 <제15편 가설기자재 성능 검정규격>의 '강관 틀비계용 주틀의 연결핀' 규격에 준함
조절형 받침철물(jack base)	KS D3503(일반구조용 압연강관)에 정한 SS400의 규격	
조절형 받침철물(U-head jack base)		

시스템 동바리 품질 기준

- 표면 갈라짐
- 찌그러짐
- 절단면 수직
- 절곡기계 사용
- 절곡부분에 터짐 및 균열
- 용접재료 KS 규격 적합
- 접합부는 매끄럽게 처리
- CO_2 아크용접 사용
- 균일한 용접비드 생성
- 도금: KS D 8308(용융아연도금) 2종-HDZ45 규격

● 가설구조물의 구조적 안전성 검토

■ 목적

구조물의 붕괴 등으로 산업재해가 발생할 위험이 있다고 판단되는 가설구조물 등에 대하여 전문가의 의견을 들어 건설공사도급인에게 해당 건설공사의 설계변경을 요청할 수 있으며, 이 경우 건설공사도급인은 그 요청받은 내용이 기술적으로 적용이 불가능한 명백한 경우가 아니면 이를 반영하여 해당 건설공사의 설계를 변경하거나 건설공사발주자에게 설계변경을 요청하여야 한다.

■ 관련 근거

건설기술진흥법 시행령 제101조의 2

건설사업자 또는 주택건설등록업자는 동바리, 거푸집, 비계 등 가설구조물 설치를 위한 공사를 할 때 대통령령으로 정하는 바에 따라 가설구조물의 구조적 안전성을 확인하기에 적합한 분야의 「국가기술자격법」에 따른 기술사(이하 "관계전문가"라 한다)에게 확인을 받아야 한다. 관계전문가는 가설구조물이 안전에 지장이 없도록 가설구조물의 구조적 안전성을 확인하여야 한다.

「건설기술진흥법」 과태료: 1천만 원 이하의 과태료

■ 검토대상

건설기술진흥법 시행령 제101조의 2

1-1. 높이 31미터 이상인 비계

1-2. 브라켓 비계

2. 작업발판 일체형 거푸집 또는 높이 5미터 이상인 거푸집 동바리

3. 터널의 지보공(支保工: 무너지지 않도록 지지하는 구조물) 또는 높이 2미터 이상인 흙막이 지보공

4-1. 동력을 이용하여 움직이는 가설구조물

4-2. 높이 10미터 이상에서 외부작업을 하기 위하여 작업발판 및 안전시설물을 일체화하여 설치하는 가설구조물

4-3. 공사현장에서 제작하여 조립·설치하는 복합형 가설구조물

5. 그 밖에 발주자 또는 인·허가 기관의 장이 필요하다고 인정하는 가설구조물

■ 관계전문가 자격

기술사법 시행령 별표2의2에 따른 해당 가설구조물의 구조적 안전성을 확인하기에 적합하다고 인정하는 직무범위의 기술사

■ 제출서류

- 건설기술진흥법 제 48조제4항제2호에 따른 시공상세도면
- 관계전문가가 서명 또는 기명날인한 구조계산서

■ 참고사항

산업안전보건법상 가설구조물의 구조 안전성 확인은 설계변경 대상이 되므로, 수급인은 도급인에게 설계변경 요청을 실시하여 근로자의 안전확보에 철저를 기하여야 한다.

11 건설공사현장 안전관리대책의 소홀

11	주요 부실 내용	벌점
벌점 기준	**건설공사현장 안전관리대책의 소홀**	
	제105조제3항에 따른 중대한 건설사고가 발생한 경우 (※ 형사고발 / 10년 이하 징역)	3
	정기안전점검을 한 결과 조치 요구사항을 이행하지 않은 경우 또는 정기안전점검을 정당한 사유 없이 기간 내에 실시하지 않은 경우 (※ 형사고발 / 영업정지 / 2년 이하 징역)	3
	안전관리계획을 수립하였으나, 그 내용의 일부를 누락하거나 기준을 충족하지 못하여 내용의 보완이 필요한 경우 또는 각종 공사용 안전시설 등의 설치를 안전관리계획에 따라 설치하지 않아 건설사고가 우려되는 경우	2

● 주요 지적 사례

주요 지적 사항	세부 내용
개구부에 대한 안전조치 미흡	수직 · 수평 개구부에 대한 덮개 미설치 및 미고정, 안전난간대 미설치, '추락 위험' 표지판 미부착, 수직보호망 미설치 등 조치 미흡
정기안전점검 미실시	작업발판 일체형 거푸집(갱폼) 및 높이 2m 이상인 흙막이 지보공, 높이 5m 이상인 동바리공사에 대한 정기안전점검 미실시
안전관리계획 수립 미흡	국토안전관리원의 검토의견(보완사항)을 통보받았으나, 보완사항에 대한 인 · 허가 기관장의 미승인 상태에서 타워크레인을 설치 및 운행

● 필수 확인사항

1. 안전관리계획서의 감리단 검토 및 인 · 허가 기관 또는 발주청의 승인 여부
2. 정기안전점검 결과 조치 미이행 여부(안전관리계획서상의 승인된 내용 준수)
3. 정기안전점검 대상공종의 누락 여부
4. 각종 공사용 안전시설계획대로 설치 여부

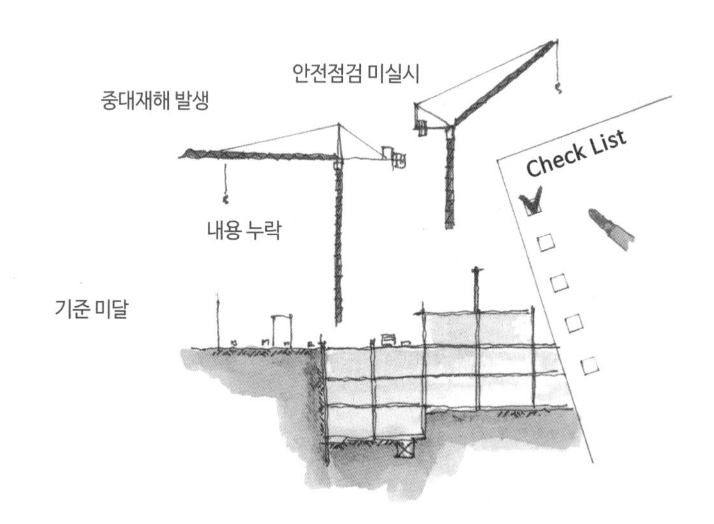

용어해설

안전점검
경험과 기술을 갖춘 자가 육안이나 점검기구 등으로 검사하여 시설물에 내재되어 있는 위험 요인을 조사하는 행위. 점검목적 및 점검수준을 고려하여 국토교통부령으로 정하는 바에 따라 정기안전점검과 정밀안전점검으로 구분

정밀안전진단
시설물의 물리적 · 기능적 결함을 발견하고, 그에 대한 신속하고 적절한 조치를 하기 위하여 구조적 안전성과 결함의 원인 등을 조사 · 측정 · 평가하여 보수 및 보강 등의 방법을 제시하는 행위

긴급안전점검
시설물의 붕괴 · 전도 등으로 인해 재난 또는 재해가 발생할 우려가 있는 경우에 시설물의 물리적 · 기능적 결함을 신속하게 발견하기 위하여 실시하는 점검

사전조사
정밀안전점검 및 정밀안전진단 용역을 실시하는 사람이 당해 시설물의 설계도서 등 유지관리 자료와 과업지시서 등이 법령, 지침, 세부지침 등에 부합되는지의 여부를 검토하는 행위

현장조사
기존 시설물에 관한 기초자료를 얻고, 시간이 경과함에 따라 구조물의 상태변화(결함, 손상, 열화 등) 및 균열폭과 길이 등 구성재료의 변화를 추적하기 위하여 수행하는 행위

■ 안전시설물 설치 미흡

- 아파트 A동 주민공동시설 인근에 배수용 트렌치(trench)가 설치되어 있으나 임시 덮개 등 보호시설이 없어 작업자가 이동 중에 발이 걸려 넘어질 우려가 있으므로 조치가 필요하다.
- 근린생활시설 이동통로 내 가설분전함이 설치되어 작업자의 안전이 우려되므로 가설 펜스 등을 설치하여 이격거리가 확보될 수 있도록 조치가 필요하다.

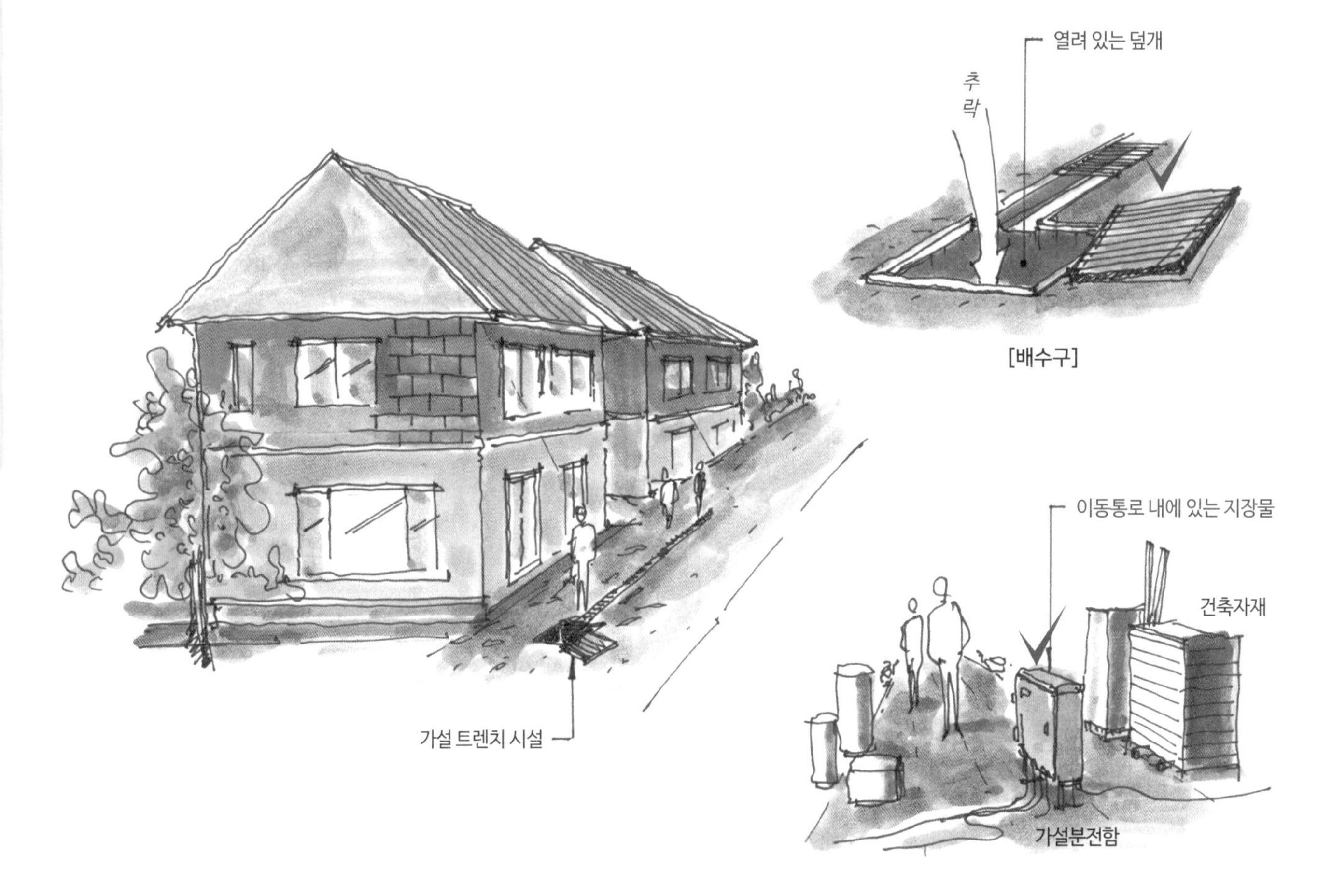

[배수구]

[작업자 이동통로 구간]

■ 안전난간 설치 미흡

계단 안전난간의 설치가 미흡하다. (플레이트 볼트 일부 미체결)

■ 안전난간 기둥 간격 보완 필요

• 안전난간 기둥 간격이 2m 이하여야 하나 1개소 3.2m로 과다하다.
• 난간 기둥 간격이 1개소 3.6m로 설치되어 보완이 필요하다. (기준 2m 이하)

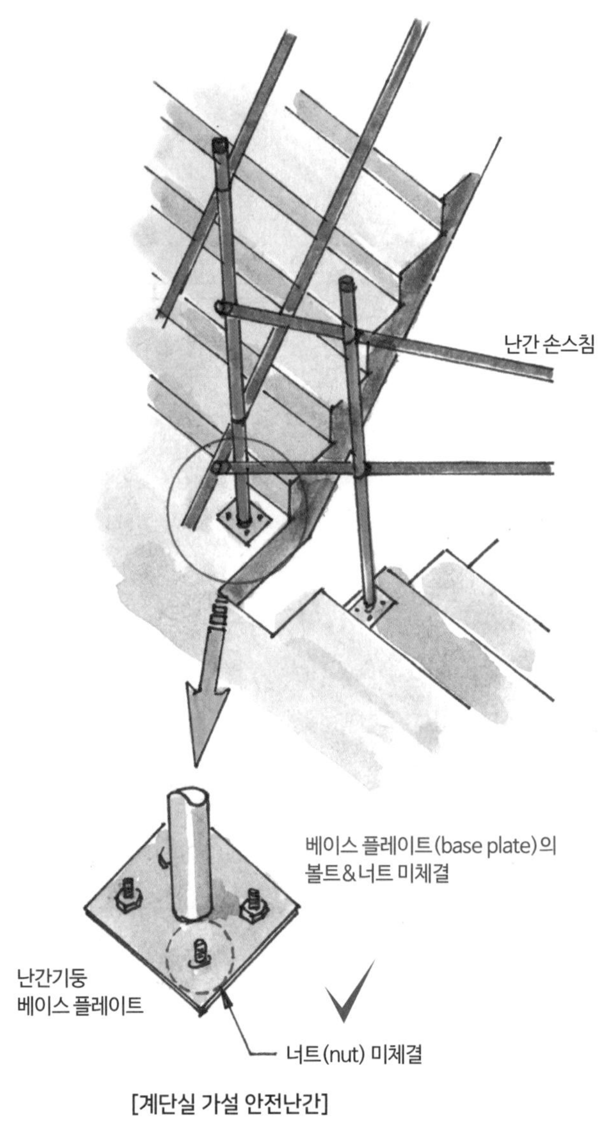

[계단실 가설 안전난간]

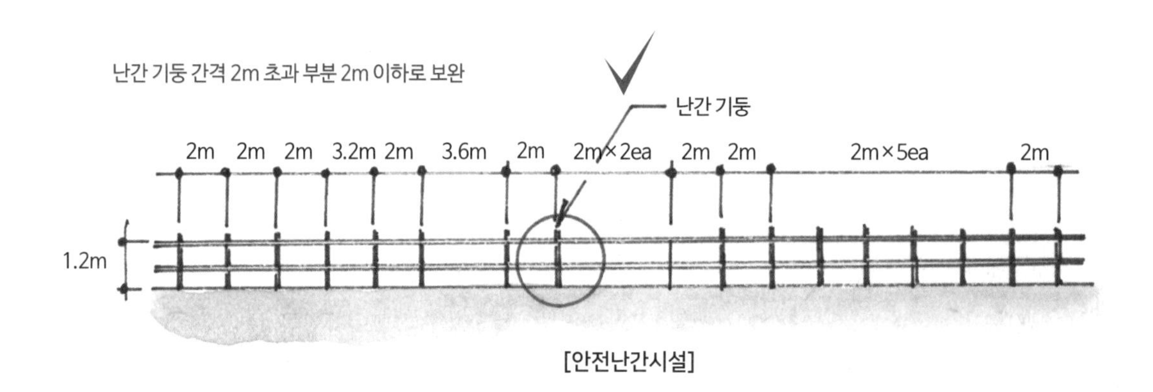

[안전난간시설]

■ 안전시설물 설치 미흡

지상 환풍구 추락방지시설 보완 및 계단 난간 파이프 단부 캡 추가가 필요하다.

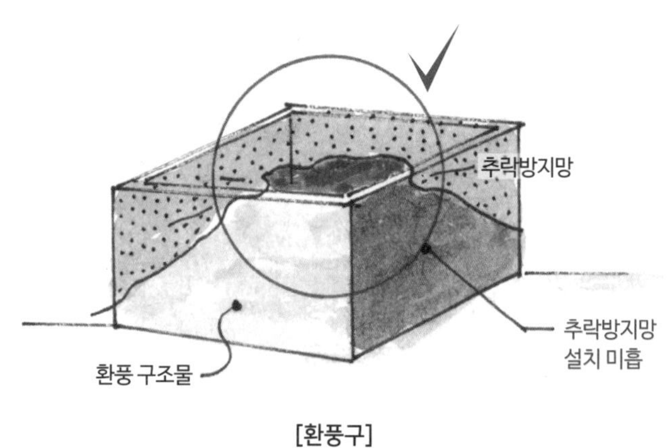

[환풍구]

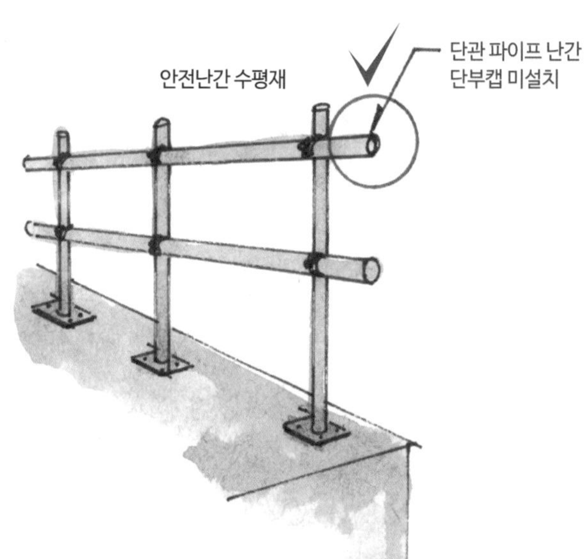

[구조물 단부 안전난간시설]

● 안전가시설의 종류

- **추락방호망:** 작업자의 추락 위험 예방을 위해 수평으로 설치하는 안전망
- **낙하물 방지망:** 낙하물로 인한 피해를 방지하기 위해 20~30도 각도로 설치하는 안전망
- **방호선반:** 낙하물로 인한 피해를 방지하기 위해 강판 등의 재료로 비계 내·외측에 설치하는 가설물
- **안전난간:** 작업자가 떨어질 위험이 있는 지역에 떨어짐 방지 조치로서 설치하는 난간
- **수직형 추락방망:** 작업자가 위험장소에 접근하지 못하도록 수직으로 설치하여 떨어짐을 방지하는 방망
- **수직보호망:** 가설구조물의 바깥면에 설치하여 낙하물의 날림 등을 방지하기 위해 설치하는 보호망
- **개구부 보호덮개:** 소형바닥 개구부로 근로자가 떨어지는 것을 방지하기 위해 설치하는 덮개

■ 개구부 안전조치 미흡

A동 피트(pit) 구간의 개구부 수직보호망이 파손되었다.

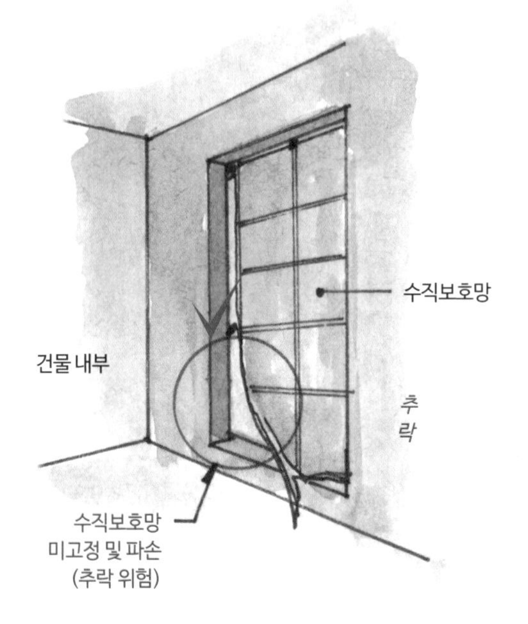

[수직보호망]

■ 개구부 덮개 고정조치 일부 미흡

개구부(2개소) 덮개의 설치는 되어 있으나 고정이 미흡하다.

발빠짐

덮개 미설치로
추락 및 전도 위험

맨홀 덮개

맨홀 덮개 미고정

[수평 개구부]

■ 개구부 추락방지 덮개 설치 미흡

교량 구간 보강토 옹벽부의 추락방지용 가시설 개구부에 덮개가 설치되어 있지 않아 근로자의 안전에 대한 우려가 있다.

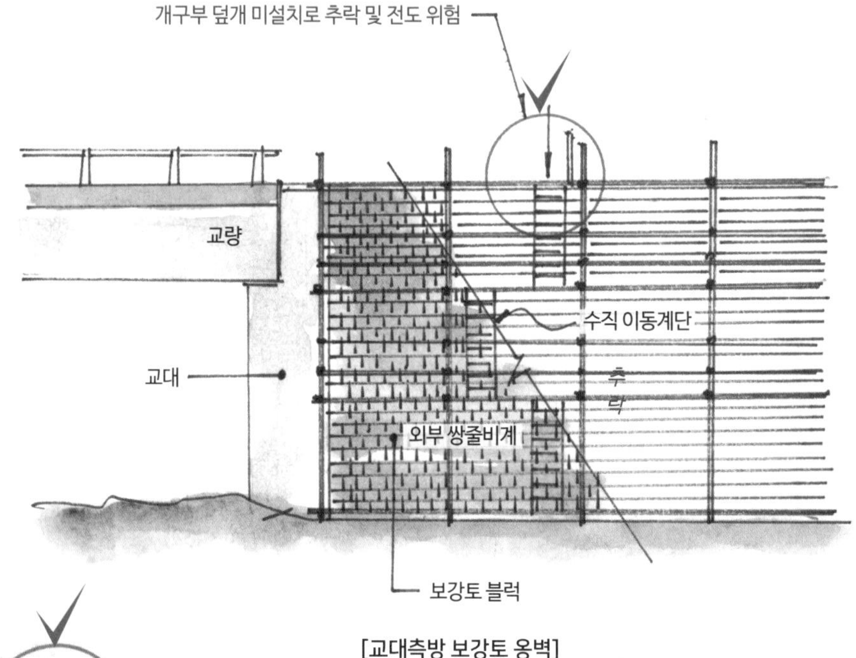

[교대측방 보강토 옹벽]

용어해설

수직보호망(垂直保護網, vertical protective net)
수직보호망은 건축공사 등의 현장에서 비계 등 가설구조물의 외측 면에 수직으로 설치하여 작업 장소에서 볼트 등의 물체가 비계 등을 넘어 낙하하는 것을 방지하기 위한 것이다. 합성섬유를 망 상태로 편직하거나 편직한 것에 방염가공을 한 것 등을 봉제한다. 또한 가로·세로 각 변의 가장자리 부분에 금속고리 등 장착부가 있어 강관 등에 설치가 가능하다.

■ 교량 안전시설물 보강 필요

교량 우측 추락우려 구간에 설치된 P.E 방호벽은 물(또는 흙) 채움 없이 설치되어 지면에서 고정이 되지 않아 사고 발생 시 추락방지 안전시설물로서의 기능이 미비한바, 물(또는 흙 등) 채움을 실시하여 안전에 각별히 유의할 필요가 있다.

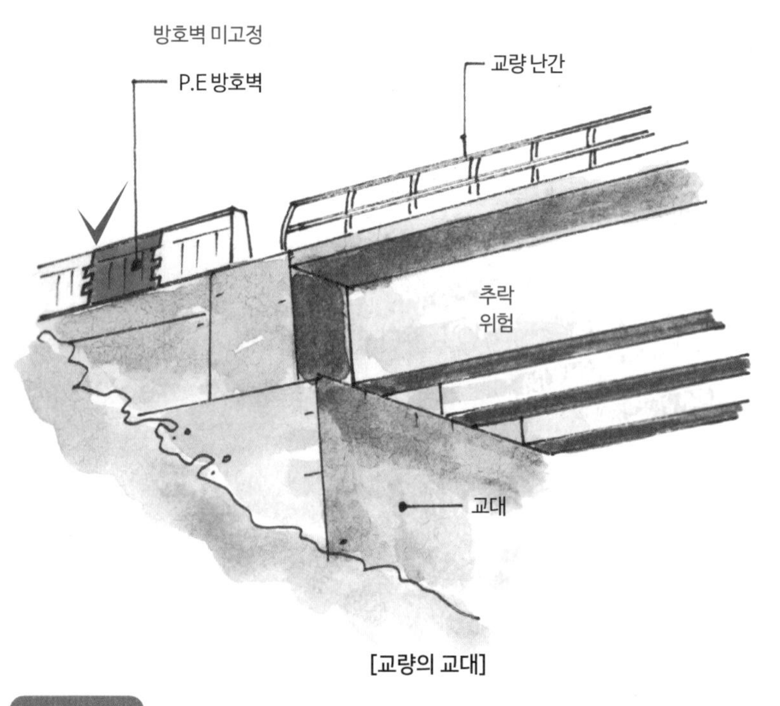

[교량의 교대]

■ 우수맨홀 덮개 일부 미설치

아파트동 전면 파라펫 우수맨홀 덮개를 설치하지 않았다.

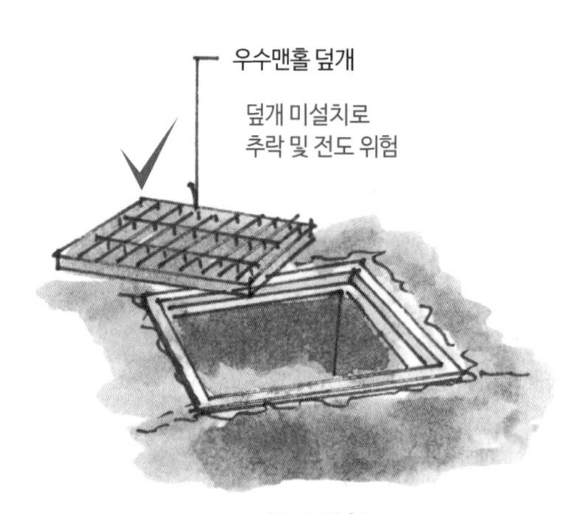

[우수맨홀]

■ 교각부 워킹타워를 안전관리계획과 달리 시공

교각에 설치된 워킹타워는 중간부에 와이어로프가 경사지게 설치되어 있고 상부는 구조물과 벽이음이 되어 있지 않으며, 교각에 설치된 워킹타워는 상부가 구조물과 벽이음이 되어 있으나 중간부 벽이음이 설치되어 있지 않은 등 안전시설을 안전관리계획과 다르게 설치하여 전도 등 안전사고가 우려된다.

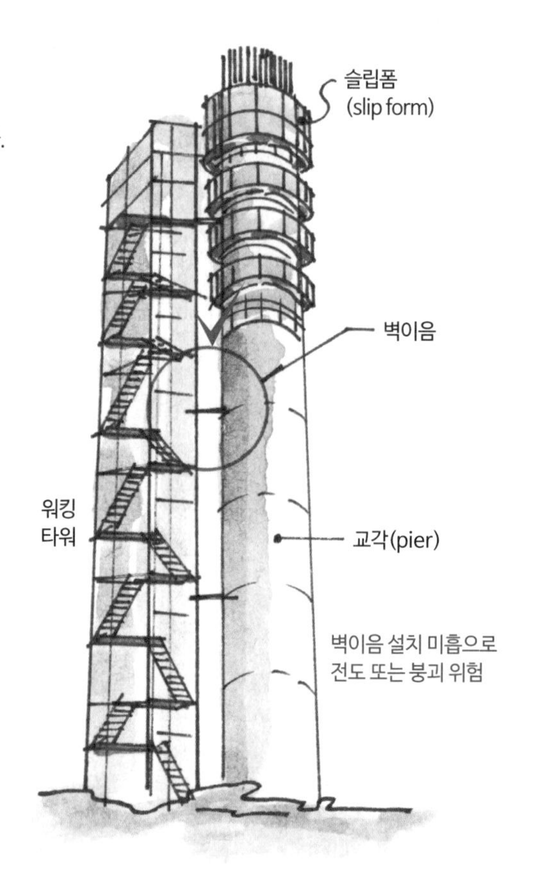

[교각의 워킹타워]

용어해설

워킹타워(working tower)
고층 건축공사에서 외벽작업을 위한 비계시스템이다. 일반적으로 외부 비계시스템이 건물 전체에 걸쳐 수직으로 연속해서 설치되는 데 비해 ○○케이지는 타설층을 포함한 3개층 외부에 설치되는 비계시스템으로 상부층으로 시공 진행에 맞춰 이동 · 설치하는 이동형 비계시스템이다.

벽이음(壁-)
건축물의 외벽에 따라서 세워진 비계와 같이 폭에 비해서 높이가 높은 비계는 수평방향으로 불안정하여 이것을 안정시키기 위해서는 비계를 건축물 외벽에 연결해 수평방향에서 지탱할 필요가 있는데 이 연결재료를 '벽이음'이라 한다.

슬립폼(slip form)
콘크리트 치기 작업 시 단계적으로 거푸집을 끌어 올리면서 이음부분 없이 연속적으로 콘크리트 벽면을 완성시키는 거푸집으로 아파트의 외벽, 사일로 벽면, 댐 등에 많이 사용되며 '슬라이딩폼(sliding form)'이라고도 한다.

■ 가설계단 작업발판 교체 필요

작업자의 해상작업을 위해 호안(BD-6, MD-9 사이)에 설치된 작업선 탑승용 가설계단 발판 일부가 변형되어 있으므로 작업자의 안전사고 예방을 위해 변형이 발생된 작업발판은 교체가 필요하다.

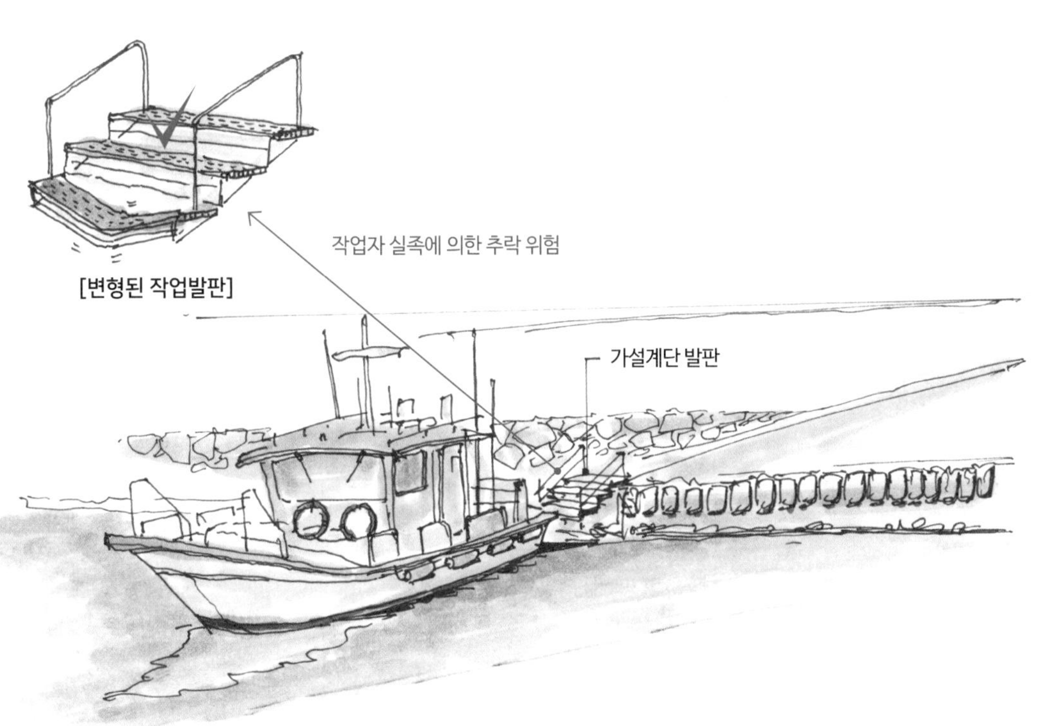

[접안시설]

■ 위험물 보관시설 가림막 등 설치 필요

접안시설 강구조물 용접작업을 위해 사용 중인 산소통 등 위험물이 직사광선에 노출되어 있으므로 과열에 의한 폭발 등 안전사고를 예방하기 위해서 상부 가림막 등을 설치하여 보관 · 관리할 필요가 있다.

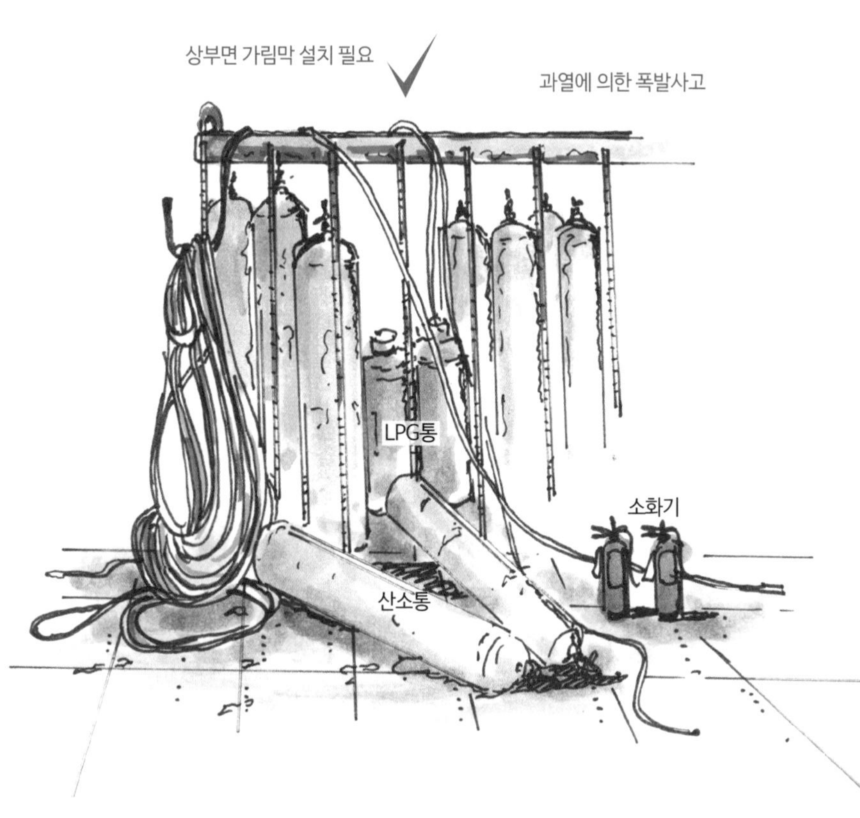

[방치된 위험물]

● 위험물 저장소(dangerous material storage room)

■ 위험물 저장소란?

- 지정수량 이상의 위험물을 저장하기 위한 장소로서 위험물안전관리법에 따른 허가를 받은 장소를 말한다.
- 관련 법령: 고압가스 안전관리법, 위험물안전관리법

■ 위험물 저장소 설치기준

- 철재 위험물 보관소를 별도로 제작 운영
- 관리책임자 및 안전수칙이 있는 안전표지판 부착
- 위험물 저장소에 정 · 부 표시 및 표지판을 부착관리
- 출입문에는 잠금장치 설치
- 위험물이 고립되지 않는 통풍이 잘되는 구조
- 외부에 소화기 비치
- 사용 및 보관 중인 화학물질의 물질안전보건자료(MSDS/GHS)를 비치: 공병 · 실병 표시

■ 용기 보관 시 주의사항

- 가연성 가스 저장설비는 화기로부터 8m 이상의 거리 유지
- 산소의 저장설비 주위 5m 이내에서는 화기 취급 금지
- 용기가 보관된 장소(위험물 저장소) 2m 이내 화기 또는 인화성 물질, 발화성 물질의 적재 금지
- 용기는 성상별, 종류별로 구분 보관
- 사용한 후 밸브를 닫고 보관
- 용기 이동 시 손수레에 단단히 고정하여 이동
- 넘어짐 등으로 인한 충격방지 조치를 위하여 운반 중 또는 미사용 시 캡을 씌워 보관

참고자료

위험물안전관리법의 목적

이 법은 위험물의 저장 · 취급 및 운반과 이에 따른 안전관리에 관한 사항을 규정함으로써 위험물로 인한 위해(危害)를 방지하여 공공의 안전을 확보함을 목적으로 한다.

위험물의 정의(위험물안전관리법 제2조제1항)

'위험물'이라 함은 인화성 또는 발화성 등의 성질을 가지는 것으로서 대통령령이 정하는 물품을 말한다.

지정수량의 정의(위험물안전관리법 제2조제2항)

① 위험물 종류별로 위험성을 고려하여 대통령령이 정하는 수량
② 제조소 등의 설치허가 등에 있어서 최저의 기준이 되는 수량

고압가스 안전관리법			
	특정고압가스	액화가스	일반가스
1	수소	LPG	알곤
2	산소		질소
3	아세틸렌		이산화탄소
4	천연가스		R-22
5	액화암모니아		
6	액화염소		
7	압축모노실란		
8	압축디보레인		
9	액화알진		

위험물 지정수량의 이상과 미만일 때 적용하는 기준	
구분	적용기준
지정수량 이상	위험물 안전관리법 적용
지정수량 미만	시 · 도 조례 적용

위험물 저장소 표지판
위험물 저장소
공병 · 실병 구분하여 보관
안전표지판
관리책임자 표지판
통풍 구조
물질안전보건자료 MSDS/GHS
소화기 비치 (외부)
저장물 무게를 지탱할 수 있는 바닥 구조
출입문 잠금장치 (시건장치)
유출방지시설(방유제, 흡착포, 모래 등)
방유제
흡착포
위험물 저장소 간 이격거리는 30m 이상

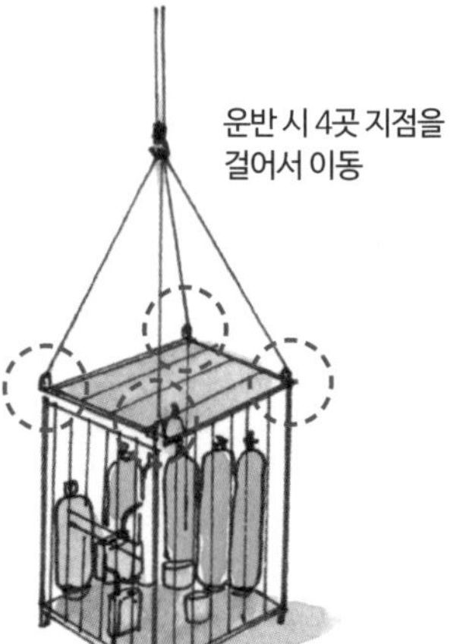

[위험물 저장소 설치 예시]

● 건설현장 정기안전점검에 대하여

건설공사 안전점검의 종류 및 시기		
안전점검의 종류	**안전점검의 실시 시기**	**안전점검 장비**
자체안전점검	매일 공종별 실시	육안조사(필요시 장비사용)
정기안전점검	별표 1의 정기안전점검 실시 시기 기준	슈미트해머, 철근탐사기 등
정밀안전점검	정기안전점검 결과 물리적 기능적 결함 발견 시 보수 · 보강 등의 조치가 필요한 경우	기본조사 및 추가조사항목에 필요한 장비
초기점검	건설공사 준공 전에 실시	슈미트해머, 철근탐사기 및 초기치를 얻기 위한 추가조사항목에 필요한 장비
공사재개 전 안전점검	공사중단으로 1년 이상 방치된 시설물이 있는 경우	

대상공사	1차 점검	2차 점검	3차 점검	4차 점검
건설기계 항타기 및 항발기 천공기(높이 10m 이상) 타워크레인	 공정 초기 공정 초기 공정 초기	 공정 말기 공정 말기 공정 말기		
건축물 건축물(19층 이상, 16층 미만) 건축물(1종/2종 시설물) 리모델링/해체공사	 기초공사 시공 시(콘크리트 타설 전) 기초공사 시공 시(콘크리트 타설 전) 총공정의 초/중기단계 시공 시	 구조체 공사 초/중기단계 시공 시 구조체 공사 초/중기단계 시공 시 총공정의 말기단계 시공 시	 구조체공사 말기단계 시공 시 구조체공사 말기단계 시공 시 -	 - 준공 전 초기점검 -
폭발물 사용 토목공사	공정 초/중기	공정 말기	기본조사 및 추가조사항목에 필요한 장비	-
높이 2m 이상의 지보공공사	공정 초/중기	공정 말기	슈미트해머, 철근탐사기 및 초기치를 얻기 위한 추가조사항목에 필요한 장비	-
지하 10m 이상의 굴착공사	가시설 및 기초공사 시공 시(콘크리트 타설 전)	되메우기 완료 후	-	-
높이 5m 이상의 동바리공사	동바리 설치 시	동바리 해체 시	-	-
작업발판 일체형의 거푸집공사	거푸집 설치 시	거푸집 해체 시	-	-
높이 31m 이상의 비계공사	비계 설치 시	비계 해체 시	-	-

건설공사 안전관리계획서 수립대상과 정기안전점검 대상 건설공사

<table>
<tr><th>구분</th><th colspan="2">건설공사 안전관리계획서 수립대상</th><th>정기안전점검 대상 건설공사</th></tr>
<tr><td rowspan="14">건설기술진흥법
시행령 제98조
(안전관리계획의 수립)
제1항</td><td colspan="2">1. 제1종 시설물* 및 제2종 시설물**의 건설공사 「시설물의 안전 및 유지관리에 관한 특별법」 제7조제1호 및 제3호</td><td rowspan="14">• 좌측의 안전관리계획 수립대상 건설공사 포함
• 건설공사 안전관리 업무수행 지침(국토교통부고시 제2020-47호) 별표 1 참조

*제1종 시설물
• 21층 이상 또는 연면적 5만m^2 이상의 건축물
• 연면적 3만m^2 이상의 철도역시설 및 관람장
• 연면적 1만m^2 이상의 지하도 상가(지하보도면적 포함)

**제2종 시설물
• 16층 이상 또는 연면적 3만m^2 이상의 건축물(공동주택의 경우 16층 이상만 해당)
• 연면적 5천m^2 이상의 다중이용시설물(영화관, 의료시설, 종교시설, 운수 및 노유자시설, 수련시설, 운동시설, 숙박시설)
• 1종 시설물에 해당하지 않는 철도역시설
• 1종 시설물에 해당하지 않는 연면적 5천m^2 이상의 지하도 상가)

***지보공(支保工, timbering/strut)
거푸집공사, 흙막이공사 등에서 흙막이널이나 널말뚝을 지지하는 재료의 총칭. 건설공사를 진해하는 도중에 어느 시기에 어느 물건을 지탱하기 위해 설치되는 구조물
• 거푸집공사: 멍에재, 장선, 가새, 지주 등
• 흙막이공사: 띠장, 버팀대, 경사재, 지주 등이 있으며, 종류로는 흙막이 지보공, 터널 지보공이 있다.</td></tr>
<tr><td colspan="2">2. 지하 10m 이상을 굴착하는 건설공사(깊이 산정 시 집수정, E/V pit, 정화조 등 제외)</td></tr>
<tr><td colspan="2">3. 폭발물 사용으로 주변에 영향이 예상되는 건설공사(20m 내 시설물, 100m 내 가축사육)</td></tr>
<tr><td colspan="2">4. 10층 이상 16층 미만의 건축물의 건설공사</td></tr>
<tr><td colspan="2">5. 10층 이상인 건축물의 리모델링 또는 해체공사</td></tr>
<tr><td colspan="2">6. 주택법 제2조제25호다목에 따른 수직증축형 리모델링</td></tr>
<tr><td colspan="2">7. 건설기계관리법 제3조에 따라 등록된 건설기계가 사용되는 건설공사
건설기계: 천공기(높이 10m 이상), 항타 및 항발기, 타워크레인(※리프트카 해당 무)</td></tr>
<tr><td colspan="2">8. 건진법 시행령 제101조의 2제1호의 가설구조물을 사용하는 건설공사</td></tr>
<tr><th>구분</th><th>상세</th></tr>
<tr><td>비계</td><td>• 높이 31m 이상
• 브라켓(bracket)비계</td></tr>
<tr><td>거푸집 및 동바리</td><td>• 작업발판 일체형 거푸집(갱폼 등)
• 높이 5m 이상인 거푸집
• 높이 5m 이상인 동바리</td></tr>
<tr><td>지보공***</td><td>• 터널의 지보공
• 높이 2m 이상 흙막이 지보공</td></tr>
<tr><td>가설구조물</td><td>• 높이 10m 이상에서 외부작업을 하기 위하여 작업발판 및 안전시설물을 일체화하여 설치하는 가설구조물(SWC, RCS, ACS, WORKFLAT FORM 등)
• 공사현장에서 제작하여 조립 · 설치하는 복합형 가설구조물(가설밴드, 작업대차, 라이닝폼, 합벽지지대 등)
• 동력을 이용하여 움직이는 가설구조물(FCM, ILM, MSS 등)
• 발주자 또는 인·허가 기관의 장이 필요하다고 인정하는 가설구조물</td></tr>
<tr><td colspan="2">9. 상기 건설공사 외 기타 건설공사
기타 건설공사: ① 발주자가 안전관리가 특히 필요하다고 인정하는 건설공사
② 해당 지방자치단체의 조례로 정하는 건설공사 중에서 인 · 허가 기관의 장이 안전관리가 특히 필요하다고 인정하는 건설공사</td></tr>
</table>

● 가설구조물의 구조적 안전성 확인

가설구조물의 구조적 안전성 확인	
산업안전보건법 시행령 제58조	**건설기술진흥법 시행령 제101조의 2항목**
1. 높이 31m 이상인 비계 2. 작업발판 일체형 거푸집 또는 높이 5m 이상인 거푸집 · 동바리 (타설된 콘크리트가 일정 강도에 이르기까지 하중 등을 지지하기 위하여 설치하는 부재) 3. 터널의 지보공 또는 높이 2m 이상인 흙막이 지보공 4. 동력을 이용하여 움직이는 가설구조물	1. 높이가 31m 이상인 비계 1의 2. 브라켓(bracket) 비계 2. 작업발판 일체형 거푸집 또는 높이가 5m 이상인 거푸집 및 동바리 3. 터널의 지보공 또는 높이가 2m 이상인 흙막이 지보공 4. 동력을 이용하여 움직이는 가설구조물 4의 2. 높이 10m 이상에서 외부작업을 하기 위하여 작업발판 및 안전시설물을 일체화하여 설치하는 가설구조물 4의 3. 공사현장에서 제작하여 조립 · 설치하는 복합형 가설구조물 5. 그 밖에 발주자 또는 인 · 허가 기관의 장이 필요하다고 인정하는 가설구조물

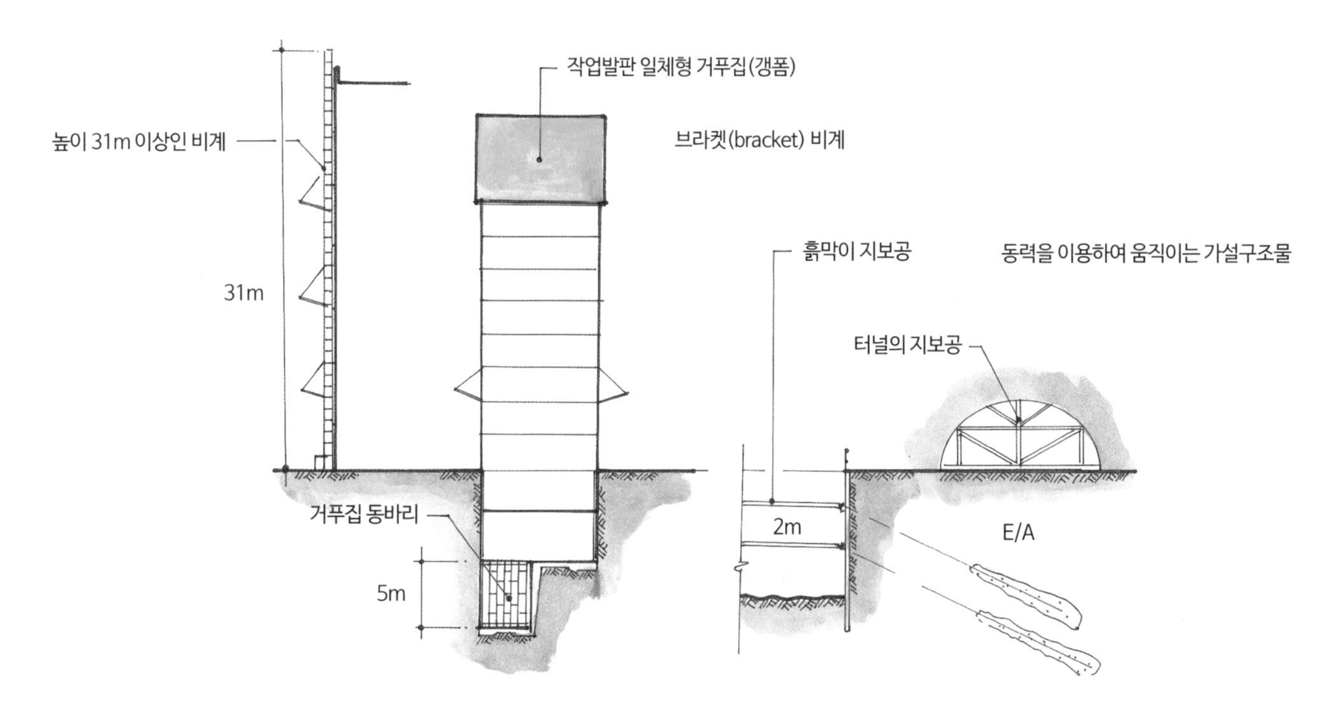

● 안전관리계획서 수립대상 공사(정기안전점검 대상 포함) [시설물의 안전 및 유지관리에 관한 특별법에 따른 제1종 시설물, 제2종 시설물의 건설공사]

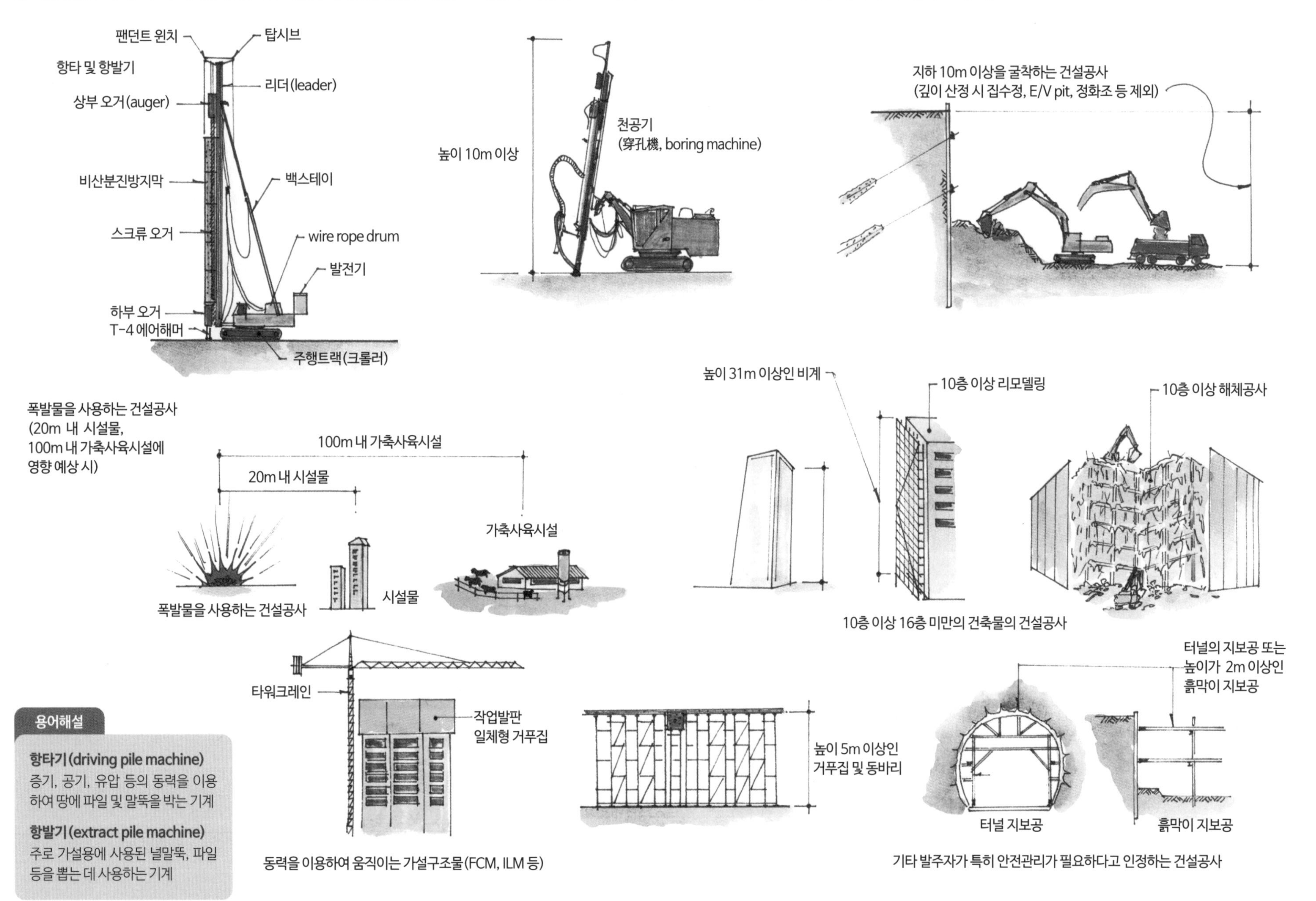

용어해설

항타기(driving pile machine)
증기, 공기, 유압 등의 동력을 이용하여 땅에 파일 및 말뚝을 박는 기계

항발기(extract pile machine)
주로 가설용에 사용된 널말뚝, 파일 등을 뽑는 데 사용하는 기계

● 제1종 시설물과 제2종 시설물 [시설물의 안전 및 유지관리에 관한 특별법에 따른 제1종 시설물, 제2종 시설물의 건설공사]

■ **제1종 시설물**

- 21층 이상 또는 연면적 5만m² 이상의 건축물
- 연면적 3만m² 이상의 철도역시설 및 관람장
- 연면적 1만m² 이상의 지하도 상가(지하보도면적 포함)

■ **제2종 시설물**

- 16층 이상 또는 연면적 3만m² 이상의 건축물(공동주택의 경우 16층 이상만 해당)
- 연면적 5천m² 이상의 다중이용시설물(영화관, 의료시설, 종교시설, 운수 및 노유자시설, 수련시설, 운동시설, 숙박시설)
- 1종 시설물에 해당하지 않는 철도역시설
- 1종 시설물에 해당하지 않는 연면적 5천m² 이상의 지하도 상가

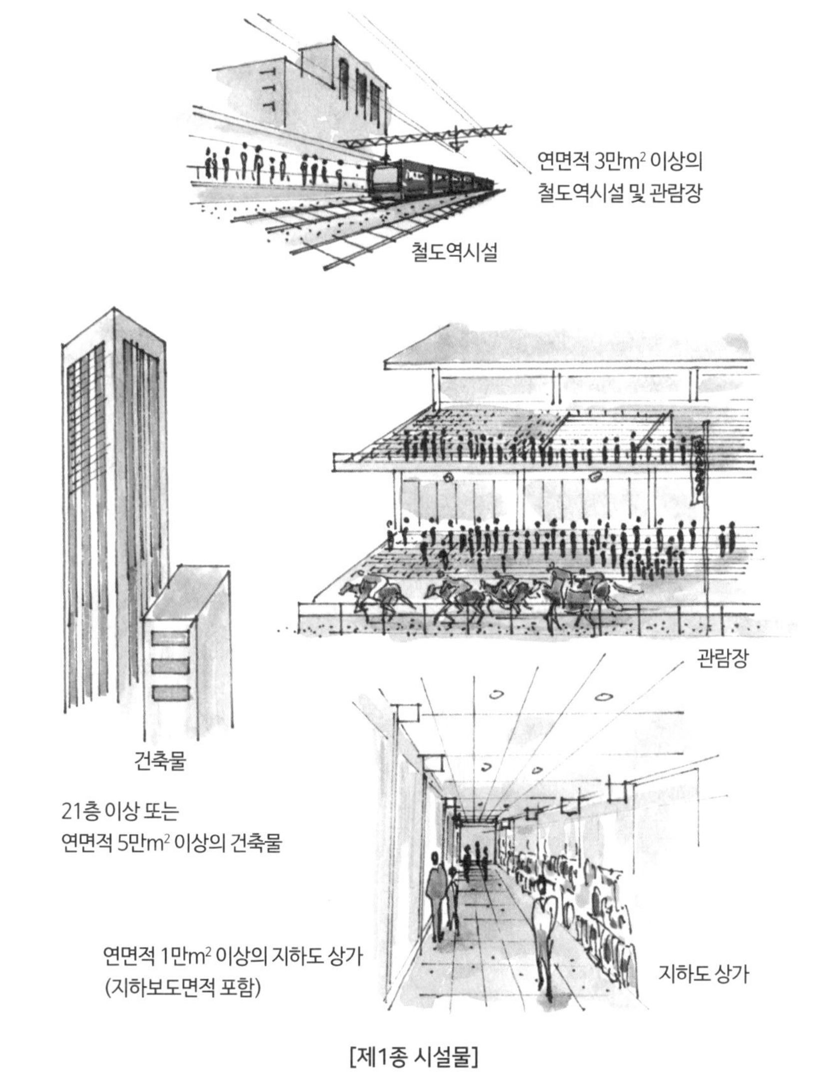

[제1종 시설물]

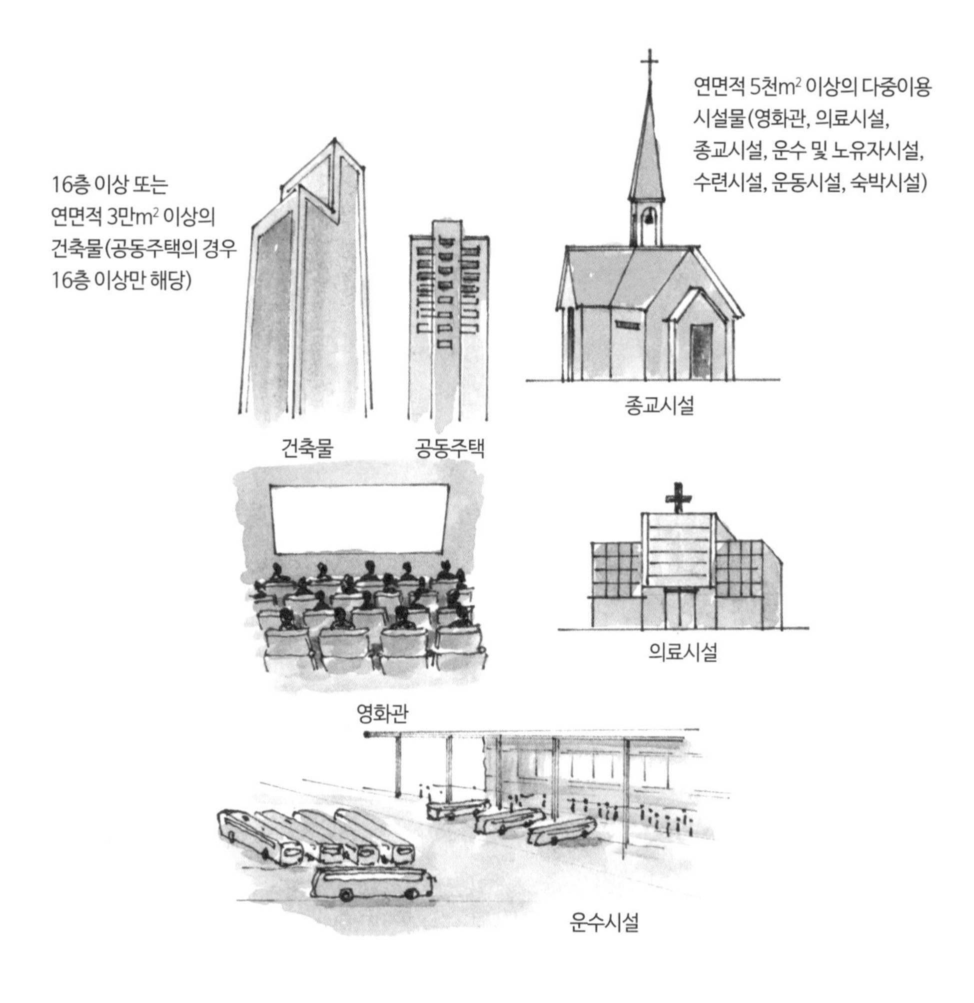

[제2종 시설물]

안전관리계획서 보완사항 미제출
안전협의체 구성 및 운영 미실시

■ 안전관리계획서 수립 및 승인에 관한 사항

○○. 6. 27. 조건부 승인, 보완사항 착공 전(○○. 7. 6.)까지 제출 통보를 받았으나 공사착공(○○. 7. 16.) 후 제출(○○. 7. 31.)하였다. 안전관리계획서를 △△구청에는 보완제출했으나, 국토교통부에 제출하지 않았다.

■ 안전관리계획에 따른 협의체 미이행

안전관리계획서에 따라 매월 1회 이상 안전관리계획 이행과 안전사고 발생 시 대책을 협의하는 협의체를 구성 및 운영하여야 하나, 건설기술진흥법에 따른 협의체를 운영하고 있지 않으므로 안전사고 예방을 위해 관계 규정에 맞게 협의체를 운영할 필요가 있다.

■ 점검통로 일부 파손

'가설공사 표준시방서'의 '제5장 안전시설' 등에 따르면 안전난간을 설치하도록 되어 있다. 그런데 현장점검일 현재 시점 작업구에 설치된 점검 이동통로 난간 및 발판이 일부 파손되어 있어 근로자의 추락 위험이 우려된다.

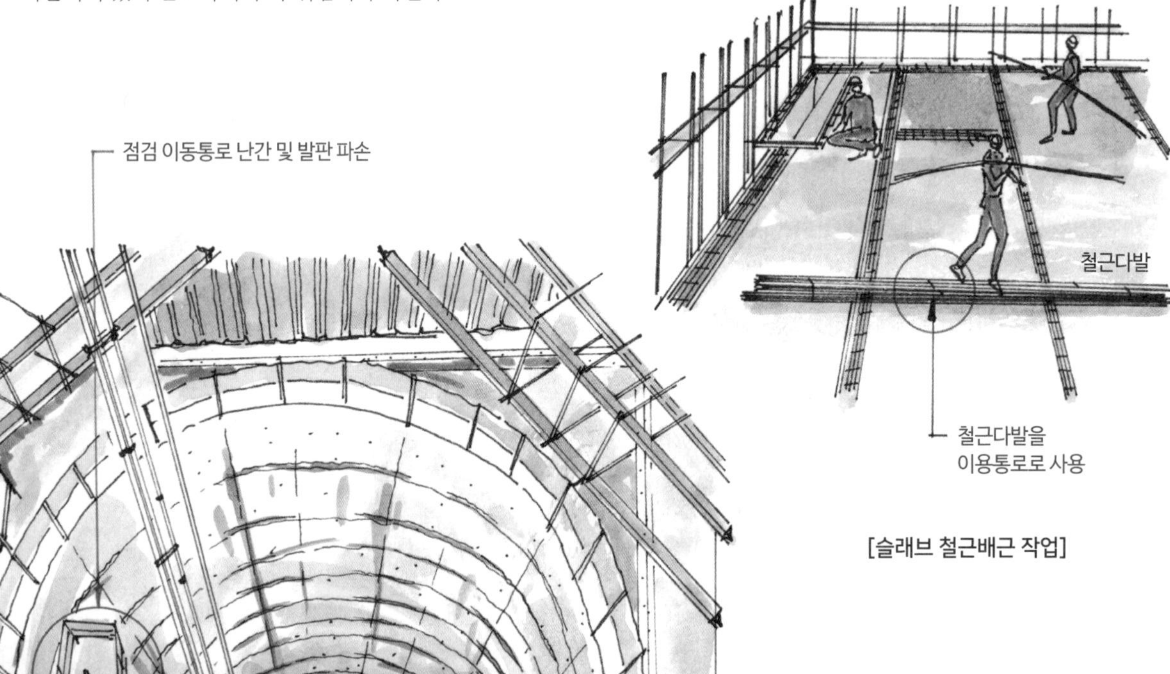

[수직구 시작점]

■ 가설통로 설치 미흡

아파트동 슬래브 철근배근 구간의 철근다발을 이동통로로 이용하고 있다.

철근다발
철근다발을
이용통로로 사용

[슬래브 철근배근 작업]

용어해설

수직구(垂直口)
지하터널 공사 과정에서 발생한 토사 등을 옮기고 비상상황 발생 시 지상으로 대피하는 공간으로 준공 후에는 보수작업을 위한 통로와 공기 급·배기를 위한 환기구로 사용되는 수직통로를 말한다.

■ 안전시설 설치(안전난간 보호망) 소홀

아파트 주차장 상부 안전난간 길이 24m 구간에 대한 보호망을 설치하지 않았다.

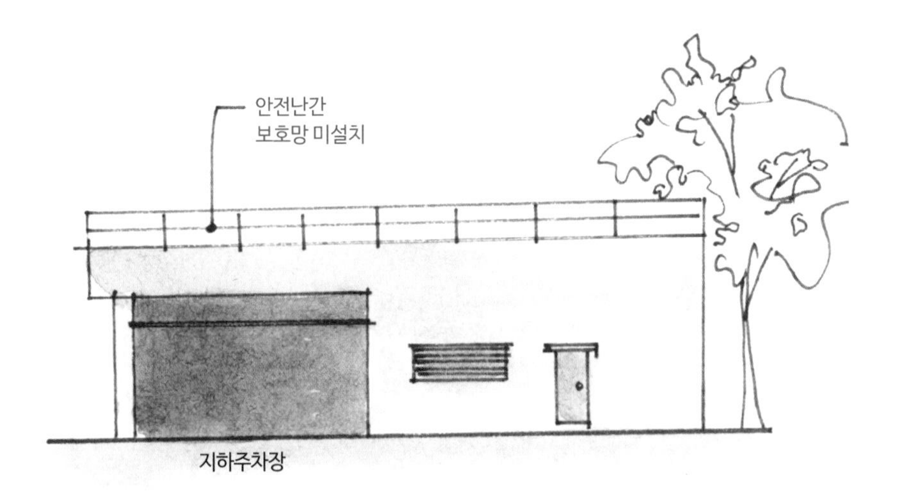

[지하주차장 입구]

■ 현장주변 보행로 관리 미흡

보행로에 크랙(crack)이 발생했다.

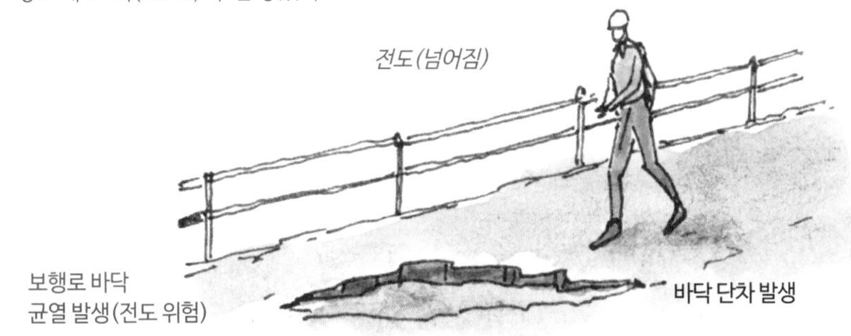

[근로자 보행로]

■ 안전관리대책 소홀

조경 구간 내 가든 경량구조물 베이스 플레이트 고정용 볼트 1개 누락, 용접 작업 구간 용접기 등 공도구 점검 누락, 소화기 미비치, 안전난간대 미설치 등 안전관리대책이 소홀했다.

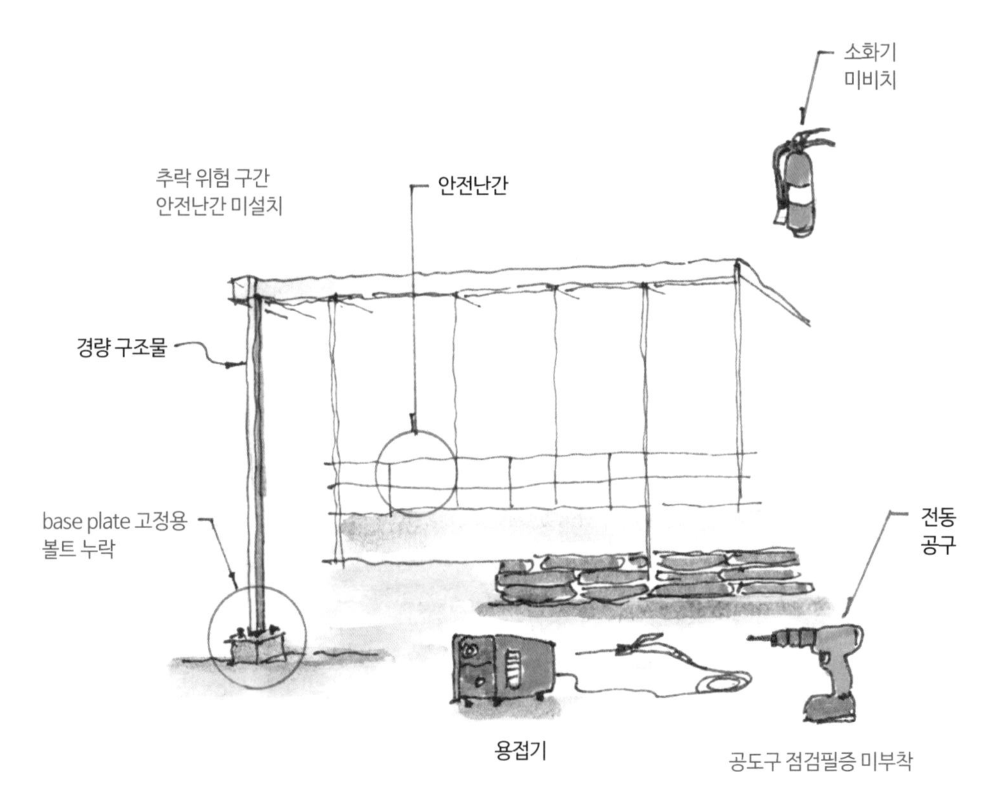

[조경 시설물 설치작업]

■ 안전난간 보호캡 등 안전시설물 설치 미흡

굴착사면(斜面) 상부 안전난간 및 가설계단 난간기둥에 보호캡(cap) 일부가 설치되지 않았고, 이동통로 난간기둥 일부 간격이 넓게 설치되어 있다.

■ 공사현장 내 위험예방 조치

단차부(段差部)에 설치된 난간로프의 시인성(視認性)이 부족하여 추락 위험이 있다.

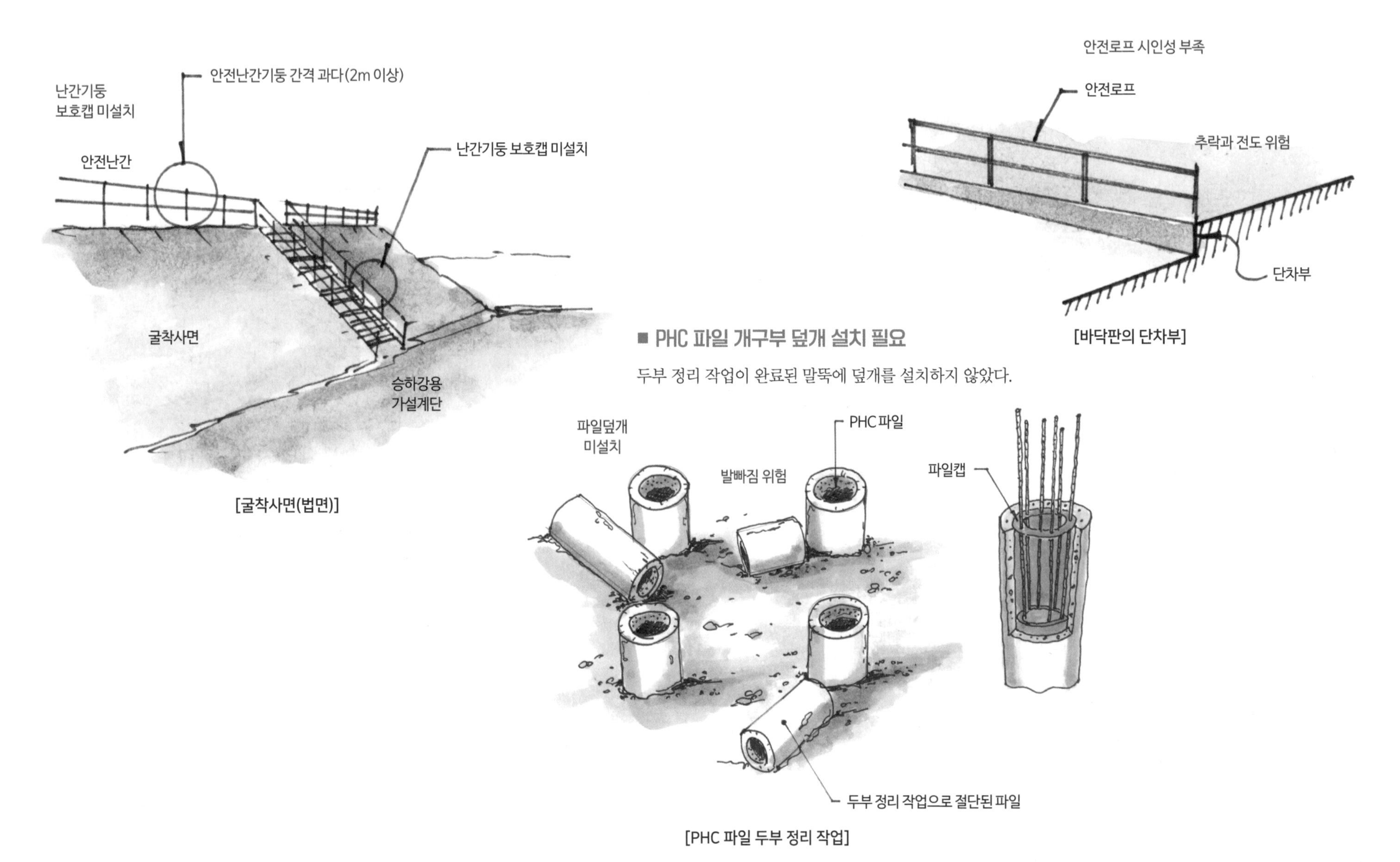

[굴착사면(법면)]

[바닥판의 단차부]

■ PHC 파일 개구부 덮개 설치 필요

두부 정리 작업이 완료된 말뚝에 덮개를 설치하지 않았다.

[PHC 파일 두부 정리 작업]

■ 가설분전함 관리 철저

외부 가설분전함 안전관리자 표기가 잘못 기록되었다.
(이전 관리자)

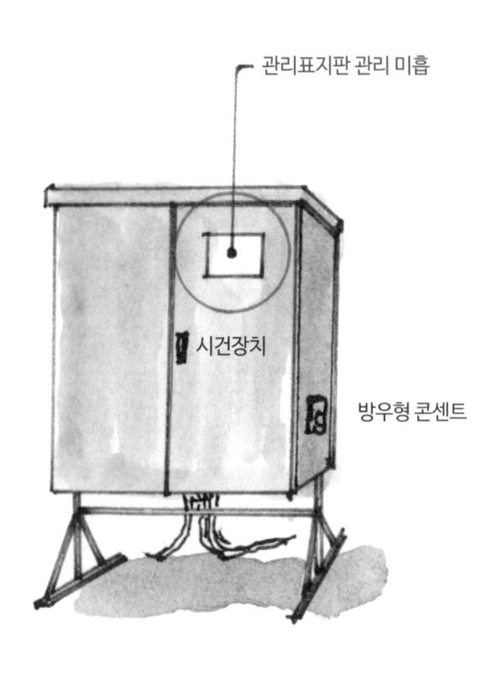

[가설 전기분전반]

■ 안전관리 대책 소홀(정기안전점검 일부 미실시)

갱폼 및 높이가 5m 이상인 거푸집 동바리에 대한 정기안전점검을
실시하지 않았다.

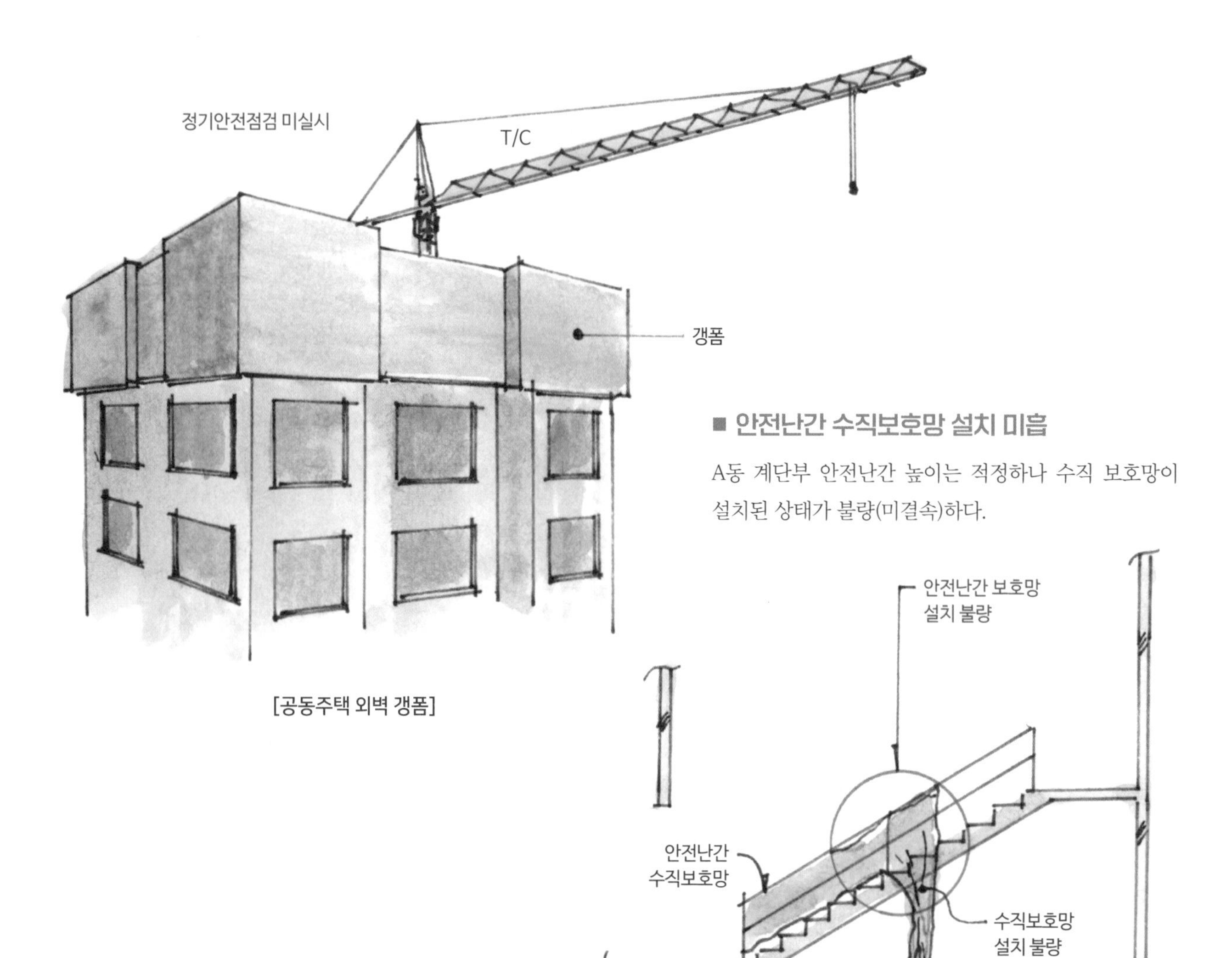

[공동주택 외벽 갱폼]

■ 안전난간 수직보호망 설치 미흡

A동 계단부 안전난간 높이는 적정하나 수직 보호망이
설치된 상태가 불량(미결속)하다.

[계단실]

용어해설

분전반(分電盤, panel board/distribution board/switchboard)
전기가 흐르는 주된 선을 '간선'이라 하는데, 분전반은 옥내 배선에서의 간선으로부터 각 분기회로로 갈라지는 곳에 설치하여 분기회로의 과전류 차단기를 설치해 한곳에 모아놓은 것이다.

■ 안전교육 기록관리 미흡

안전교육은 실시하였으나, 안전교육 내용에 대한 기록관리가 미비하다.

안전교육 기록관리 미흡

[안전교육장의 모습]

참고자료

건설기술진흥법 제65조(건설공사의 안전교육)

안전관리계획을 수립하는 건설사업자 및 주택건설등록업자는 건설공사의 안전관리를 위하여 건설공사에 참여하는 공사작업자 등에게 안전교육을 실시하여야 한다. 〈개정 2019. 4. 30.〉

건설기술진흥법 시행령 제103조(안전교육)

① 분야별 안전관리책임자 또는 안전관리담당자는 안전교육을 당일 공사작업자를 대상으로 매일 공사 착수 전에 실시하여야 한다.
② 안전교육은 당일 작업의 공법 이해, 시공상세도면에 따른 세부순서 및 시공기술상의 주의사항 등을 포함하여야 한다.
③ 건설사업자와 주택건설등록업자는 제1항에 따른 안전교육 내용을 기록 · 관리해야 하며, 공사 준공 후 발주청에 관계 서류와 함께 제출하여야 한다. 〈개정 2020. 1. 7.〉

■ 낙하물 방지망 이물질 제거 필요

아파트 A동 지상 7층 외벽에 설치된 낙하물 방지망에 나무토막, 스티로폼, 각종 이물질 등이 있어 제거가 필요하다.

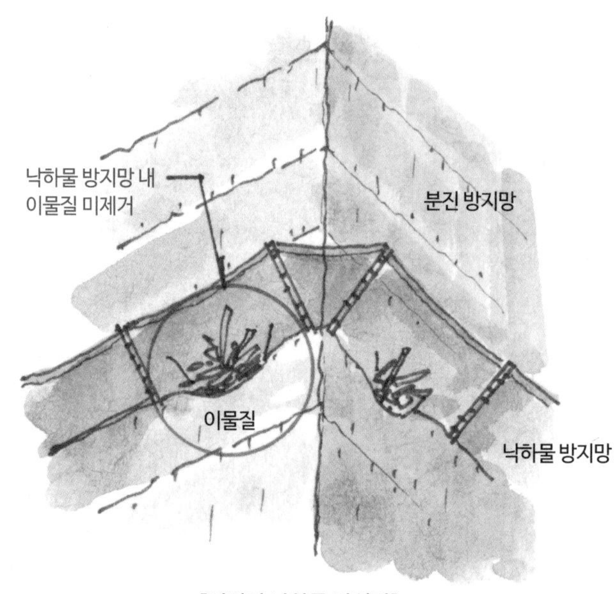

[외벽의 낙하물 방지망]

용어해설

낙하물 방지망(落下物防止網, flared shieldin)

고층 건축공사에서 작업 중에 재료, 공구 등의 낙하로 인한 피해를 막기 위해 설치하는 망이다. 이러한 방망(防網)의 설치기준은 다음과 같다.

① 첫 단 망의 설치 위치는 지상으로부터 8m 이내
② 설치 간격은 망의 첫 단 높이 위치에서 매 10m 기준으로 외측에 설치
③ 낙하물 방지망이 수평면과 이루는 각도는 20~30도 정도
④ 낙하물 방지망의 내민 길이는 비계외측으로 2m 이상 돌출(突出)
⑤ 낙하물 방지망을 지지하는 긴결재의 강도는 100kg 이상인 철물 또는 로프를 사용
⑥ 망의 겹침폭은 15cm 이상이어야 하고 망과 망 사이에는 틈이 없음
⑦ 망 밑으로 근로자, 보행자, 차량 등이 통과할 때는 방호선반을 설치

● 건설기술진흥법령의 안전교육

산업안전보건법 안전교육은 잘 알고 있으나 의외로 건설기술진흥법 안전교육은 잘 모르는 경우가 많다. 안전관리자의 의무사항이 아닌 분야별 안전관리책임자 및 안전관리담당자의 의무사항이므로 관리감독자로 지정된 자의 의무사항이다.

- 산업안전보건법 제16조제2항: 관리감독자가 있는 경우에는 안전관리책임자 및 안전관리담당자를 각각 둔 것으로 본다.

■ 관련 법령

- 건설기술진흥법 제65조(건설공사의 안전교육)
  - ① 안전관리계획을 수립하는 건설사업자 및 주택건설등록업자는 건설공사의 안전관리를 위하여 건설공사에 참여하는 공사작업자 등에게 안전교육를 실시하여야 한다. 〈개정 2019. 4. 30.〉
- 건설기술진흥법 시행령 제103조(안전교육)
  - ① 분야별 안전관리책임자 또는 안전관리담당자는 안전교육을 당일 공사작업자를 대상으로 매일 공사 착수 전에 실시하여야 한다.
  - ② 안전교육은 당일 작업의 공법 이해, 시공상세도면에 따른 세부순서 및 시공기술상의 주의사항 등을 포함하여야 한다.
  - ③ 건설사업자와 주택건설등록업자는 제1항에 따른 안전교육 내용을 기록 · 관리해야 하며, 공사 준공 후 발주청에 관계 서류와 함께 제출하여야 한다. 〈개정 2020. 1. 7.〉

■ 안전관리계획 수립대상 공사

- 제1종, 제2종 시설물
- 굴착공사: 10m 이상
- 폭발물 공사: 20m 이내 시설물 / 100m 이내 가축
- 건축물 건설공사: 10층 이상 / 16층 미만
- 건축물 리모델링 · 해체공사: 10층 이상
- 리모델링공사: 수직증축형
- 천공기(깊이 10m 이상), 건설공사(항타기, 항발기, 타워크레인)
- 기설구조물 건설공사: 비계 높이 31m 이상
  - ① 작업발판 일체형 거푸집, 거푸집 동바리 5m 이상
  - ② 터널의 지보공, 흙막이 지보공 높이 2m 이상: 가설구조물 동력 사용
  - ③ 발주자 또는 인 · 허가 기관의 장이 필요하다고 인정하는 구조물
- 발주자가 특히 안전관리가 필요하다고 인정하는 건설공사

■ 안전교육 관련 처벌 규정

- 산업안전보건법 처벌 규정

위반행위	교육대상	과태료 금액(만 원)		
		1차	2차	3차 이상
(법 제29조제1항 위반) 정기교육 미실시	근로자 1명당	10	20	30
	관리감독자 1명당	50	250	500
(법 제29조제2항 위반) 채용 시 교육 및 작업내용 변경교육 미실시	근로자 1명당	10	20	50
(법 제29조제3항 위반) 특별교육 미실시	근로자 1명당	50	100	150
(법 제31조제1항 위반) 건설업 기초안전보건교육 미실시	근로자 1명당	10	20	50
(법 제32조제1항 위반) 직무교육 미실시	안전보건관리책임자 안전관리자 보건관리자	500	500	500

- 건설기술진흥법 처벌 규정 없음

● 산업안전보건법령의 근로자 안전교육

산업안전보건법 시행규칙 제3장 안전보건교육

제29조(근로자에 대한 안전보건교육)

① 사업주는 소속 근로자에게 고용노동부령으로 정하는 바에 따라 정기적으로 안전보건교육을 하여야 한다.

② 사업주는 근로자를 채용할 때와 작업내용을 변경할 때에는 그 근로자에게 고용노동부령으로 정하는 바에 따라 해당 작업에 필요한 안전보건교육을 하여야 한다. 다만, 제31조제1항에 따른 안전보건교육을 이수한 건설 일용근로자를 채용하는 경우에는 그러하지 아니하다. 〈개정 2020. 6. 9.〉

③ 사업주는 근로자를 유해하거나 위험한 작업에 채용하거나 그 작업으로 작업내용을 변경할 때에는 제2항에 따른 안전보건교육 외에 고용노동부령으로 정하는 바에 따라 유해하거나 위험한 작업에 필요한 안전보건교육을 추가로 하여야 한다.

④ 사업주는 제1항부터 제3항까지의 규정에 따른 안전보건교육을 제33조에 따라 고용노동부장관에게 등록한 안전보건교육기관에 위탁할 수 있다.

제30조(근로자에 대한 안전보건교육의 면제 등)

① 사업주는 제29조제1항에도 불구하고 다음 각 호의 어느 하나에 해당하는 경우에는 같은 항에 따른 안전보건교육의 전부 또는 일부를 하지 아니할 수 있다.

1. 사업장의 산업재해 발생 정도가 고용노동부령으로 정하는 기준에 해당하는 경우
2. 근로자가 제11조제3호에 따른 시설에서 건강관리에 관한 교육 등 고용노동부령으로 정하는 교육을 이수한 경우
3. 관리감독자가 산업 안전 및 보건 업무의 전문성 제고를 위한 교육 등 고용노동부령으로 정하는 교육을 이수한 경우

② 사업주는 제29조제2항 또는 제3항에도 불구하고 해당 근로자가 채용 또는 변경된 작업에 경험이 있는 등 고용노동부령으로 정하는 경우에는 같은 조 제2항 또는 제3항에 따른 안전보건교육의 전부 또는 일부를 하지 아니할 수 있다.

제31조(건설업 기초안전보건교육)

① 건설업의 사업주는 건설 일용근로자를 채용할 때에는 그 근로자로 하여금 제33조에 따른 안전보건교육기관이 실시하는 안전보건교육을 이수하도록 하여야 한다. 다만, 건설 일용근로자가 그 사업주에게 채용되기 전에 안전보건교육을 이수한 경우에는 그러하지 아니하다.

② 제1항 본문에 따른 안전보건교육의 시간 · 내용 및 방법, 그 밖에 필요한 사항은 고용노동부령으로 정한다.

■ 안전관리계획서 승인절차 미흡(안전관리 미흡)

현장 감리단(건설사업관리)에서는 발주청에 안전관리계획서를 최종 보완하여 제출하였으나 점검일 현재 발주청에서 심사결과를 통보하지 못한 상황이므로 관련 규정에 따라 심사절차의 이행이 필요하다.

안전관리계획서 최종 보완
미제출

안전관리계획서는
최종 보완하여
발주청의 승인 절차 따름

[안전관리계획서]

■ 정기안전점검 미실시

건설기계(항타기, 타워크레인) 및 가설구조물(작업발판 일체형 거푸집, 높이 2m 이상인 흙막이 지보공) 공사 정기안전점검(최소 2회)을 실시하지 않았다.

건설공사 정기안전점검 대상공사 참조

정기안전점검 미실시

■ 안전관리계획서 인·허가 기관 미승인

안전관리계획서 작성 및 건설안전점검기관 검토 완료하였으나, 인 · 허가 기관의 승인을 득하지 않았다.

해당 인·허가 기관장 미승인

안전관리계획서는 반드시 발주자 또는
인·허가 기관장의 승인을 득해야 함

[인·허가 기관]

■ 일일안전교육일지 작성 미흡

안전교육일지를 작성하고 있으나, 미흡한 사항이 있기에 산업안전보건법에 따른 보건교육일지와 건설기술진흥법에 따른 안전교육일지를 구분하여 작성해야 한다.

■ 안전사고 관련사항

A동 1F 리프트(lift) 출입구에 안전난간대 설치가 누락되었고, B1F 주차장 설비작업장의 소화기 점검 역시 누락되었다.

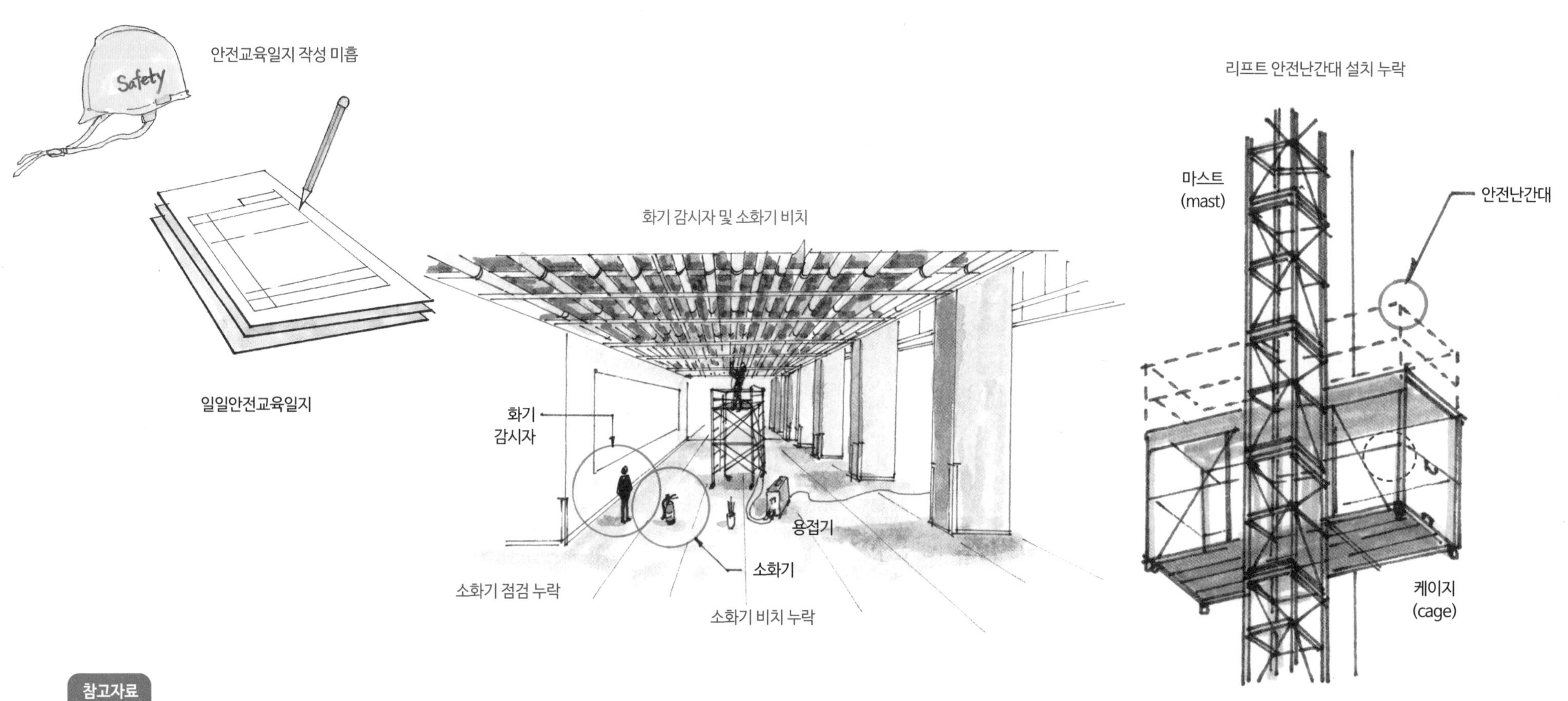

[지하주차장 설비작업]

[건설용 리프트]

참고자료

법령에 따른 안전교육 규정

- 건진법 시행령 제100조: 매일 실시
- 산안법 시행규칙 제80조: 작업장 순회점검 2일 1회
- 일일안전일지(건설기술진흥법)
- 안전업무일지(산업안전보건법)

■ 안전관리계획 이행 미흡(안전교육 미실시)

안전관리계획서에 지정된 분야별 안전관리책임자가 점검일 현재까지 상기 규정상 안전교육을 매일 공사착수 전에 실시하지 않은 사실을 확인했다.

[안전교육]

■ 안전관리계획 이행 미흡(외부 비계 및 동바리 임의 구조변경)

지하 3~2층 기계실 및 전기실의 시스템 동바리 수평재의 설치 간격을 1,725mm로, 아파트동 외부 시스템비계의 벽 이음철물을 면적 25㎡(@5×5m) 이내로 설치하도록 하는 등 별도 안전관리계획의 변경 승인 없이 임의로 구조를 변경하여 시공 중인 사실이 있다.

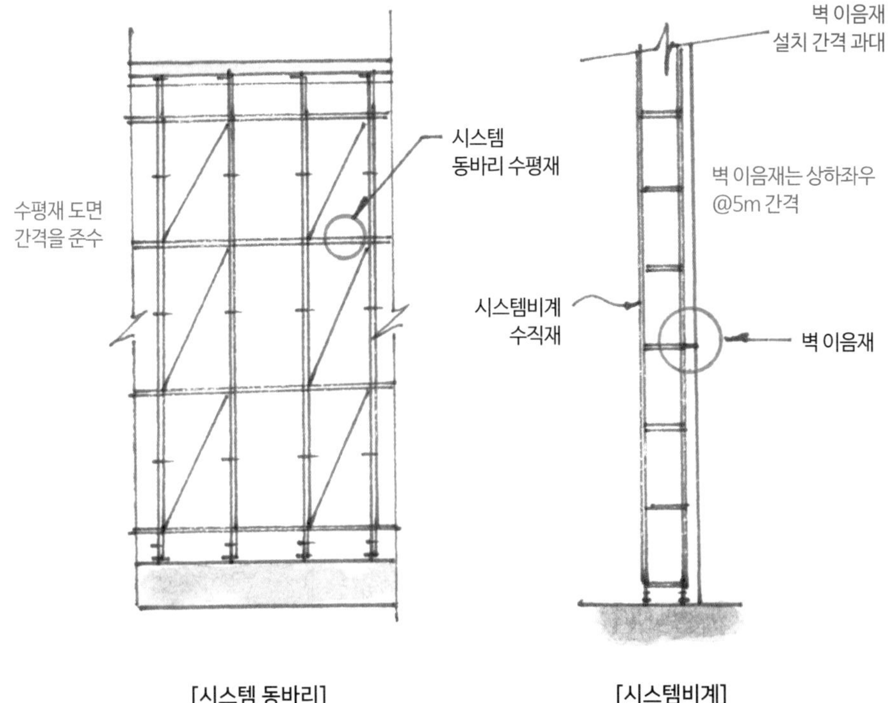

[시스템 동바리] [시스템비계]

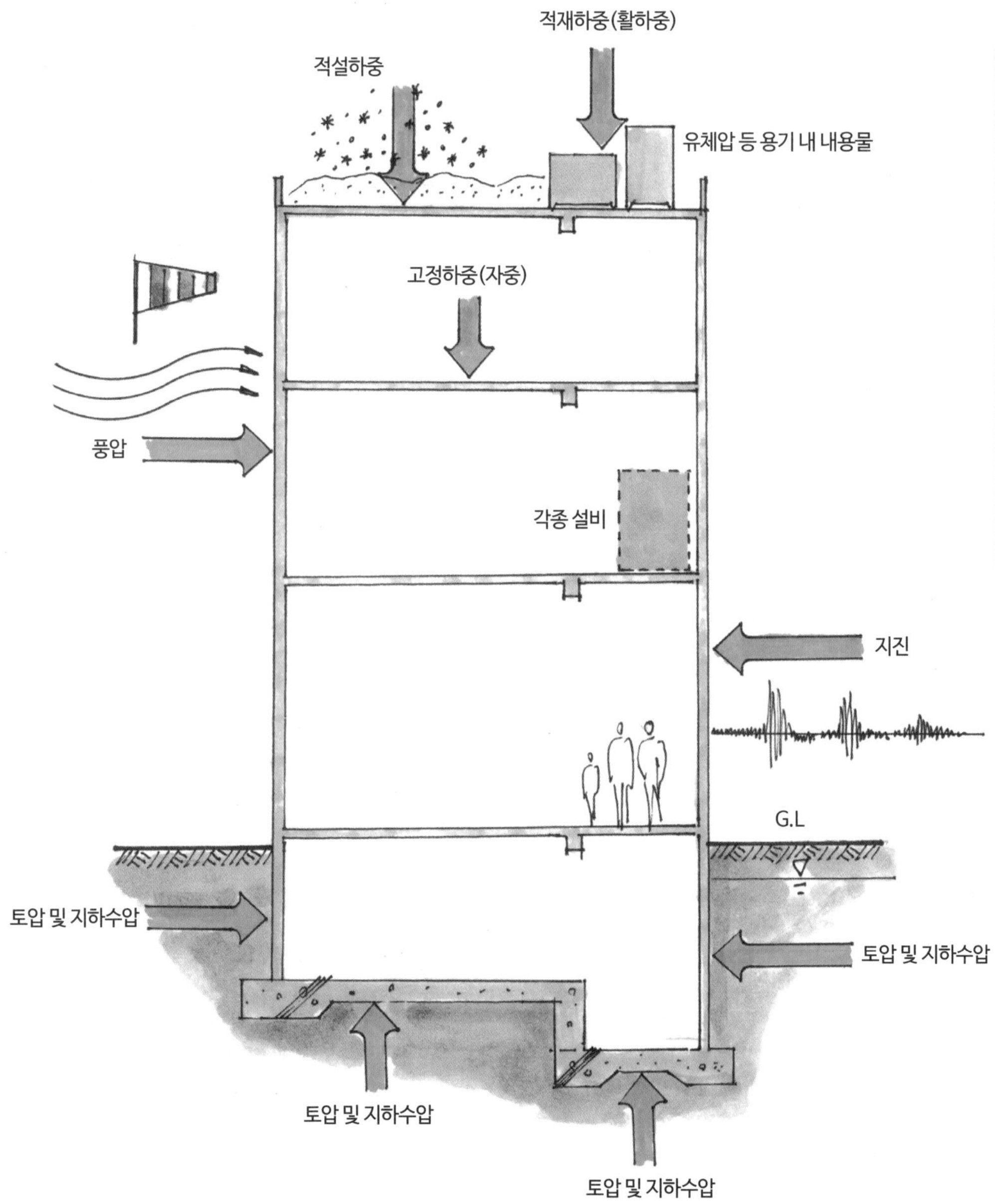

적재하중(활하중)
적설하중
유체압 등 용기 내 내용물
고정하중(자중)
풍압
각종 설비
지진
G.L
토압 및 지하수압
토압 및 지하수압
토압 및 지하수압
토압 및 지하수압

[건축물의 하중]

주요구조부란?

건축법 제2조제1항제7호

7. '주요구조부'란 내력벽(耐力壁), 기둥, 바닥, 보, 지붕틀 및 주계단(主階段)을 말한다. 다만, 사이기둥, 최하층 바닥, 작은보, 차양, 옥외계단, 그 밖에 이와 유사한 것으로 건축물의 중요하지 아니한 부분은 제외한다.

'건축법'에서 주요구조부란 화염의 확산을 막을 수 있는 성능 즉 방화(防火)에 있어 중요한 구조부분을 말한다. 주요한 건축물의 부분인 벽, 기둥, 보, 바닥, 지붕틀 및 계단을 말하며, 칸막이 벽, 샛기둥, 최하층의 바닥, 옥외계단등은 제외하고 있다. 여기서 기초나 최하층 바닥의 경우는 구조적으로 매우 중요한 부분이다. 그러나 기초나 최하층 바닥은 흙 속에 묻혀 있거나 흙과 닿아 있을 것으로 가능성이 크고 그 속에 수분을 함유하고 있다. 그러므로 기초나 최하층 바닥면은 흙 속의 수분으로 인해 방화가 가능하다고 법에서는 판단하여 '주요구조부'에서 제외를 하고 있다.

● 항타기 · 항발기

최초 현장 반입 시 관리감독자 또는 안전관리자는 기계장비 대여자의 조치 사항을 제출 수령해야 한다. 기계장비 대여자의 조치 사항은 다음과 같다.

- 해당 기계 등의 능력 및 방호조치 내용
- 해당 기계 등의 특성 및 사용 시 주의사항
- 해당 기계 등의 수리·보수 및 점검내역과 주요 부품의 제조일

■ 건설기술진흥법 적용 시

안전관리계획서 수립대상 조립 및 해체 등 절차에 대하여 정기안전점검을 시행해야 한다.

■ 산업안전보건법 적용 시

항타기, 항발기 등 건설기계를 운전하는 운전원(특수형태 근로종사자)에 대하여 최초 노무제공 시 2시간, 특별교육 16시간의 안전교육을 이수해야 한다.

■ 차량용 건설기계

작업 전(사용 전)	작업 시(사용 시)
• 유압장치의 작동성 확인 • 무한궤도 등 이상 유무 확인 • 작업장 주변 근로자 장애물 유무 등 확인 • 브레이크 작동 여부 확인 • 운전자의 유자격 및 건강상태 확인	• 야간작업을 위한 전조등 설치 여부 확인 • 전진, 후진, 회전 시 경보장치 확인 • 헤드가드 등 안전장치 확인 • 리더 체결상태, 수직도 확인 • 트랙의 폭 적정 여부 확인 • 와이어로프 상태 확인 • 철판 설치 등 지내력 확보 확인 • 권과방지장치 등 안전장치 정상 작동 여부 확인

[항타기]

용어해설

항타기
드롭해머, 바이브로 해머 등을 이용하여 파일을 지반 속으로 타입하는 장비를 말한다.

항발기
말뚝 타입 부속품을 교체하여 파일을 뽑아 올리면 '항발기'라고 한다.
※ 항타기의 건설기계 등록증상 정식 명칭(건설기계명)은 '항타' 및 '항발기'로 표기된다.

■ 전도(넘어짐) 방지 대책 수립

- **작업계획도:** 장비의 진행 방향, 운반 경로의 폭, 경사, 신호수 또는 유도원 배치, 근로자 위치 등을 표시한다.
- **지반상태 사전조사(소요 지내력 부족 시 지반 보강):** 양질의 토사 등으로 지반 개량, 철판 설치 등을 한다.

■ 조립 및 해체 시

상세 작업절차서 수립, 위험성평가 실시, 위험예지훈련 등을 한다.

■ 항타기 · 항발기 차량용 건설기계

무한궤도식 본체, 와이어를 감는 위치, 파일수직도를 유지하는 리더(leder), 리더를 지지하는 백스테이, 유압해머 등의 장비를 구성한다.

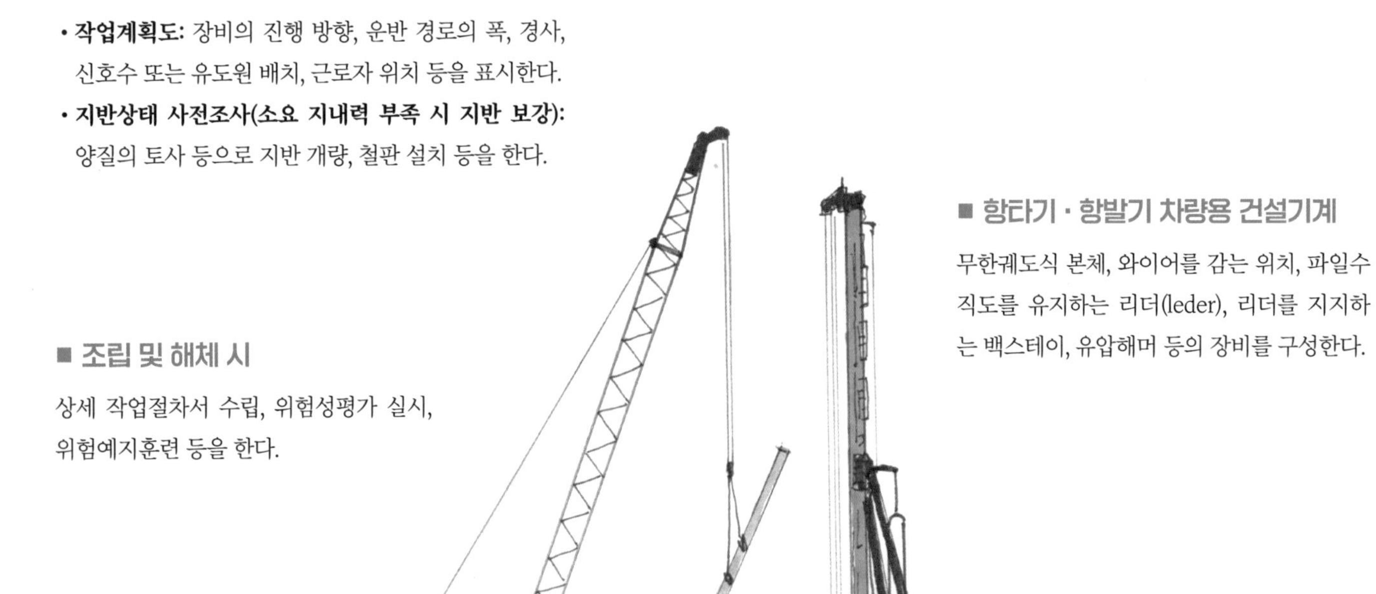

[항타기]

참고자료

안전관리계획 포함 내용

① 근로자의 위험을 방지하기 위한 내용 포함
② 건설기계의 종류 및 성능
③ 건설기계의 제원, 검사증, 운전원 면허증, 보험등록증, 구조변경 시 구조검사증, 10년 이상 노후장비의 경우 비파괴 검사증 등 장비관련 서류 일체
④ 건설기계의 운행경로 및 작업방법, 작업구획 설정
⑤ 건설기계의 조립 · 해체 절차 수립
⑥ 작업기간
⑦ 작업지휘자, 신호수, 유도자 위치 및 신호체계 방법
⑧ 지반강도, 지반보강 방법
⑨ 기타 특이사항 등

건설기계의 종류 및 성능

- 장비명, 장비 제작 연도, 장비 제조사, 장비 모델명, 장비 능력, 장비 규격(폭, 높이, 작업반경), 소요 지내력, 작업 장소 지내력, 장비 운전원 성명, 면허, 신호수 성명, 신호 방법(수신호, 무전기, 기타)

※ 주의사항 이 장비는 소정의 파일을 장착하기 위해 파일 길이보다 리더의 길이가 길다. 따라서 전도 위험이 크며, 또한 파일 타입 및 인발 시 큰 힘이 필요하여 전도 및 도괴 우려가 있다.

■ 정기안전점검 계획 미수립

높이 2m 이상인 흙막이 지보공에 대한 정기안전점검 2회 실시가 누락되었다.

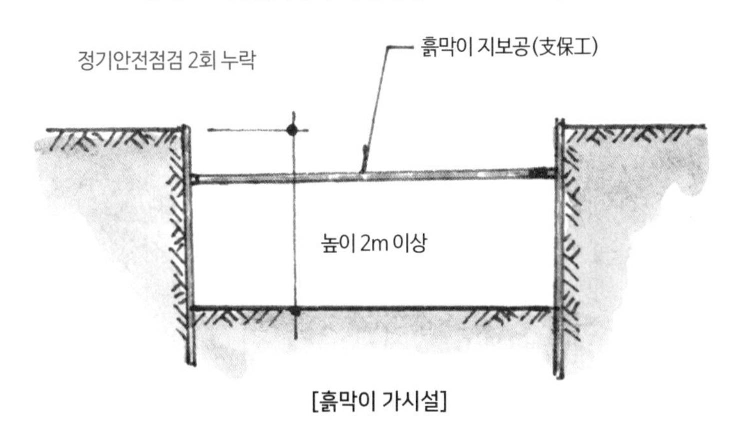

[흙막이 가시설]

■ 안전교육 기록관리 미흡

안전교육은 실시하였으나, 점검일 현재 안전교육 내용에 대한 기록관리가 미비하다.

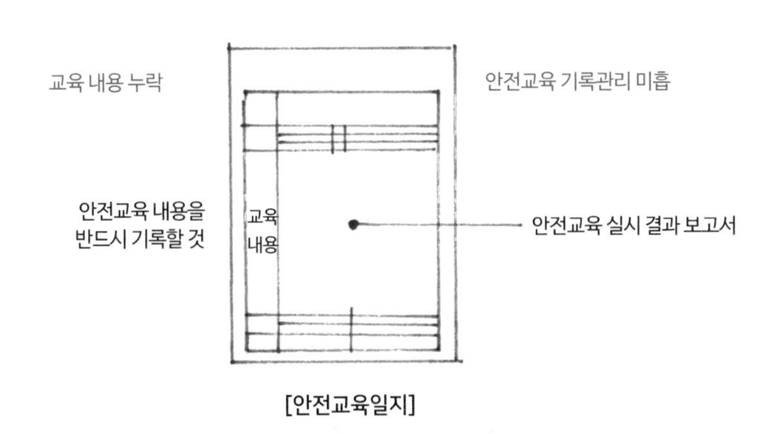

[안전교육일지]

■ 안전관리대책 소홀(정기안전점검 일부 미실시)

지하 3~2층 기계실 등 14개 구간에 높이 5.0~9.1m의 시스템 동바리를 사용함에 있어 정기안전점검을 실시하지 않았다.

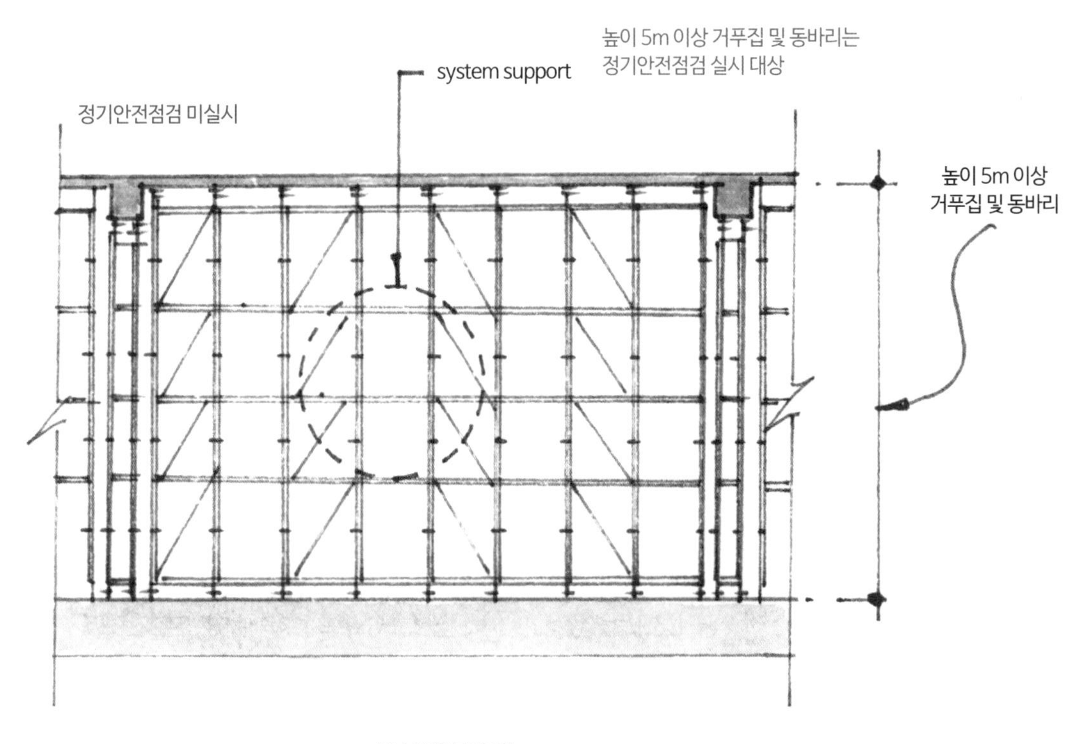

[시스템 동바리]

■ 굴착사면 보호시설 설치 검토 필요

터파기 사면이 천막포장되어 있으나, 일부 구간에 대형 건설기계 장비가 통행하므로 사면 보호시설 확충이 필요하다.

■ 작업장 위험물 저장관리 미흡

점검일 기준 우천으로 인한 작업 계획이 없음에도 불구하고, 위험물(LPG, 산소)이 저장소 외 장소에 방치되어 있다.

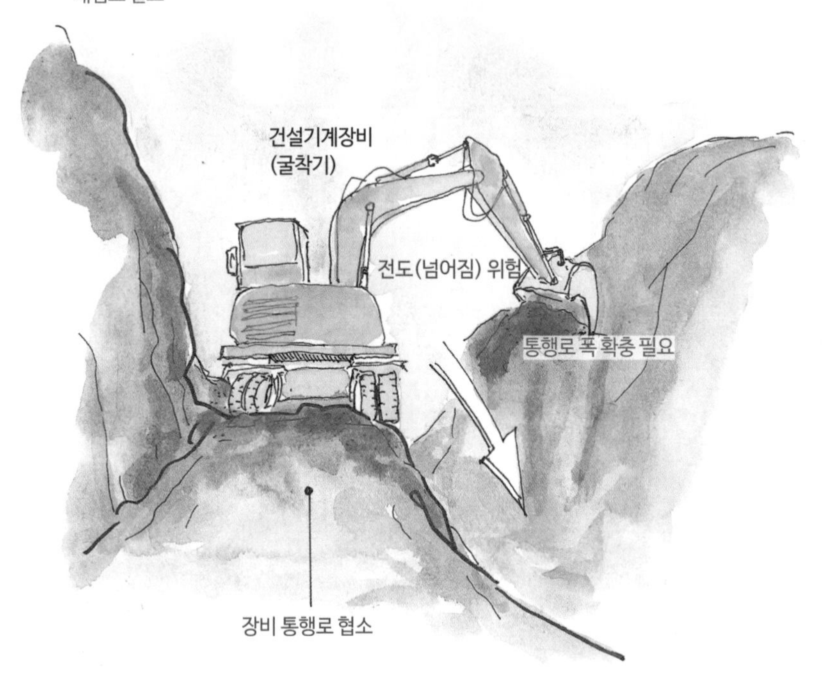

[좁은 장비 통행로]

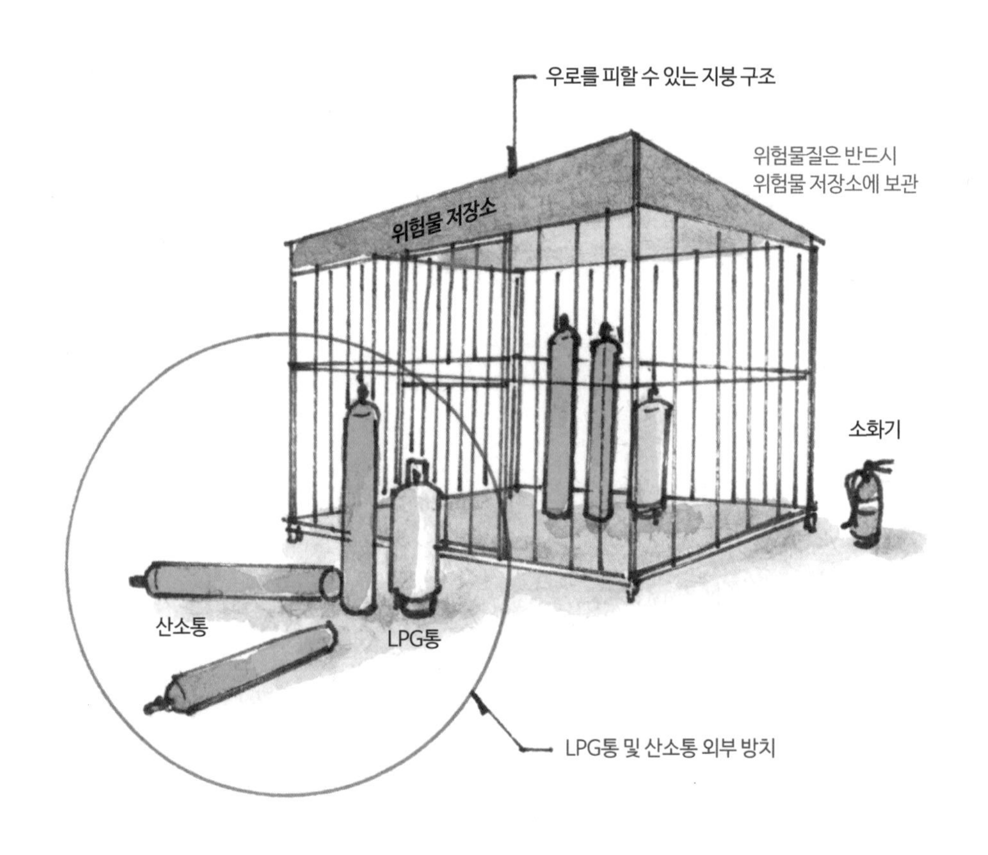

[시스템 동바리]

● 안전관리계획 수립 및 승인 절차

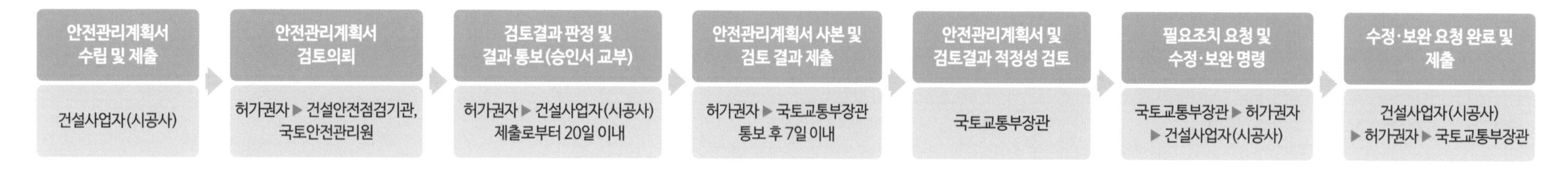

■ 적성·제출 주제, 제출 시기 및 적용 대상

■ 건설공사 안전관리 종합정보망(C.S.I)을 통한 안전관리 계획서 제출 근거

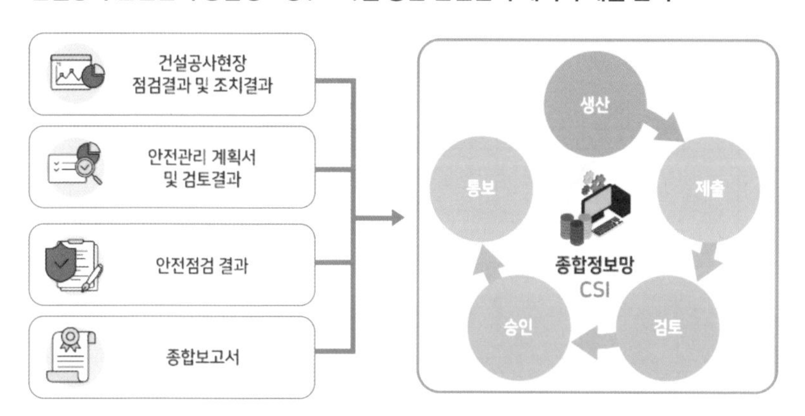

[출처: 건설공사 안전관리통합정보망(C.S.I)]

● 건설공사 안전관리계획서 업무처리 흐름도

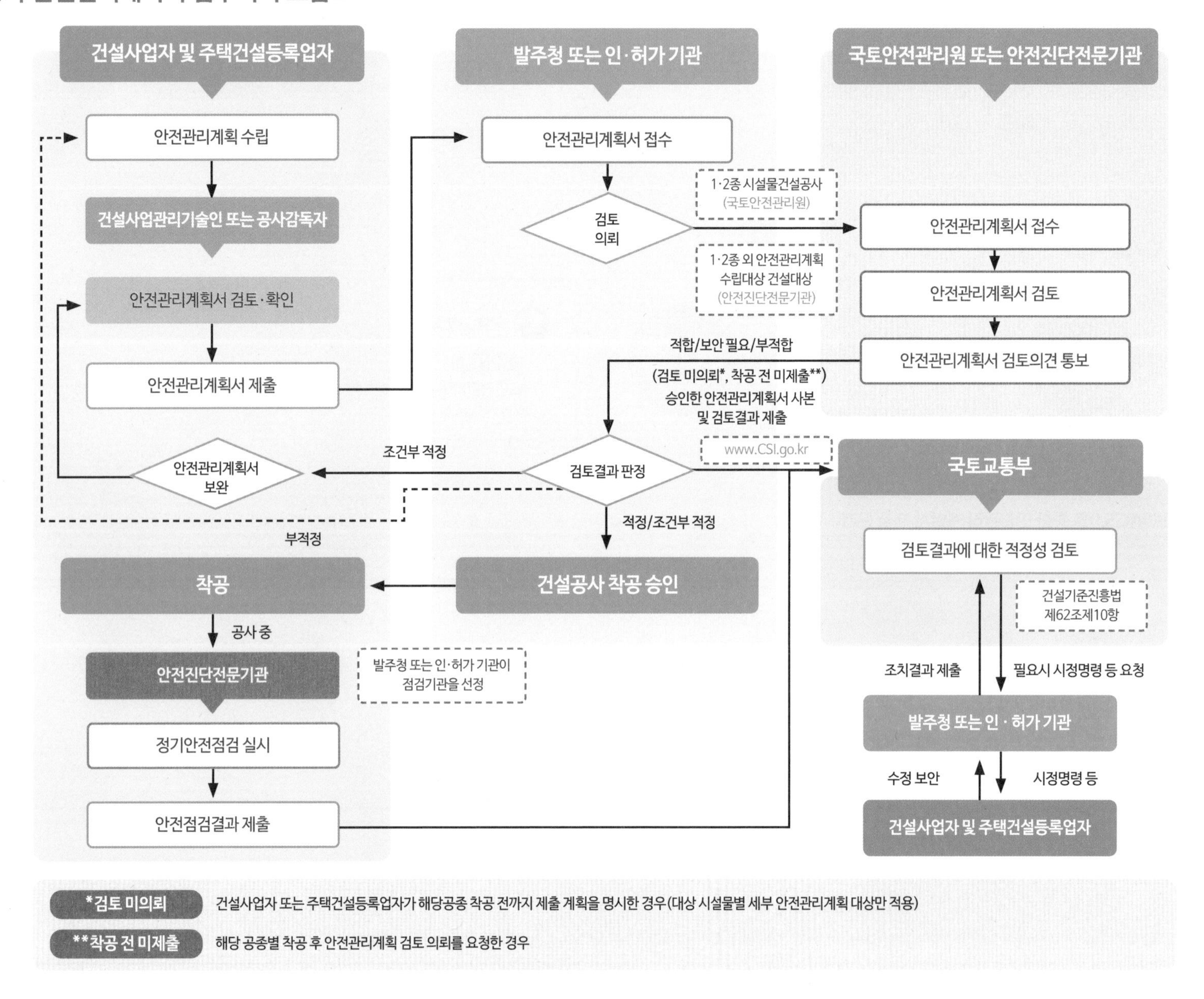

[출처: 건설공사 안전관리통합정보망(C.S.I)]

■ 철근조립 구간 전도방지시설 필요

아파트동 옥탑 구조물 기둥 철근조립 구간은 기둥 띠근(hoop) 설치 또는 와이어로프로 고정한 후 다음 공정을 진행한다.

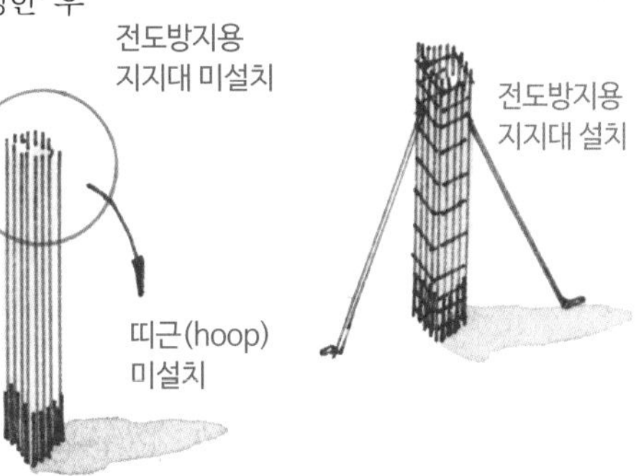

[기둥 주근 조립]

■ 고압가스 저장소 표지판 관리 미흡

고압가스 저장소의 위험물 저장 표지판에 품명과 수량을 표기하지 않았다.

품명, 수량
미표기
실병
공병

[고압가스 저장소]

■ 안전난간 이격구간 연장 설치 필요

아파트동 옥탑층 외벽 교차부 안전난간이 수평으로 약 20cm 이격 설치되어 있어 작업자의 안전사고 예방을 위하여 연장 설치가 필요하다.

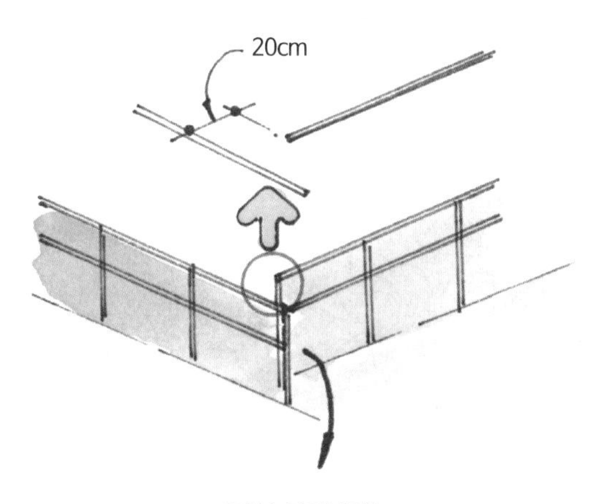

[단부 안전난간]

■ 안전난간 설치 일부 미흡

건물 4~6층 북측에 안전난간 설치가 일부(5개소) 미흡하다.

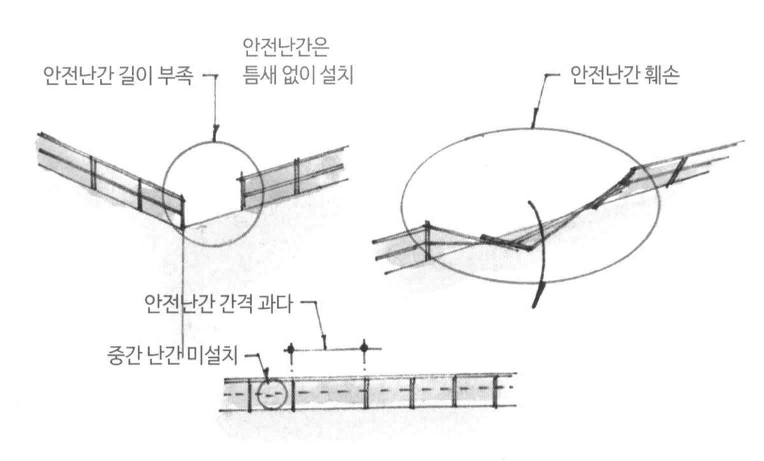

[안전난간]

용어해설

고압가스

'고압가스 안전관리법'에 의한 고압가스는 다음과 같다. 다만, 동법 시행령 별표 1에서 정하는 고압가스는 제외한다.

① 상용의 온도에서 압력(게이지압력을 말함)이 1메가파스칼 이상이 되는 압축가스로서 실제로 그 압력이 1메가파스칼 이상이 되는 것 또는 섭씨 35℃의 온도에서 압력이 1메가파스칼 이상이 되는 압축가스(아세틸렌가스 제외)

② 섭씨 15℃의 온도에서 압력이 0파스칼을 초과하는 아세틸렌가스

③ 상용의 온도에서 압력이 0.2메가파스칼 이상이 되는 액화가스로서 실제로 그 압력이 0.2메가파스칼 이상이 되는 것 또는 압력이 0.2메가파스칼이 되는 경우의 온도가 섭씨 35℃ 이하인 액화가스

④ 섭씨 35℃의 온도에서 압력이 0파스칼을 초과하는 액화가스 중 액화시안화수소 · 액화브롬화메탄 및 액화산화에틸렌가스

액화가스

'고압가스 안전관리법'에 의한 액화가스는 가압 · 냉각 등의 방법에 의하여 액체상태로 되어 있는 것으로서 대기압에서 끓는점이 섭씨 40℃ 이하 또는 상용 온도 이하인 것을 말한다.

압축가스

'고압가스 안전관리법'에 의한 압축가스는 일정한 압력에 의하여 압축되어 있는 가스를 말한다.

■ 안전교육 미실시

매일 공사 착수 전에 실시해야 하는 세부시공순서 및 시공기술상의 주의사항 교육에 대한 안전교육일지를 작성했으나, 법정 양식에 따르지 않아 안전교육 실시가 미흡한 사실이 있다.

[안전교육장의 모습]

■ 고소작업대 관리 미흡

지상층 및 지하층에서 사용 중인 고소작업대(table lift, 시저형)에서 과상승방지장치가 부적정하게 설치되었다.

■ 안전관리계획서 보완사항 승인 미실시(타워크레인, 동바리)

국토안전관리원(구 한국시설안전공단)에서 검토한 안전관리계획서 보완사항(타워크레인, 동바리)을 해당 공종 착공 전에 재심사(재승인)받아야 하나, 재승인을 받지 않고 공사를 시행했다. (구조검토 및 감리승인은 받음)

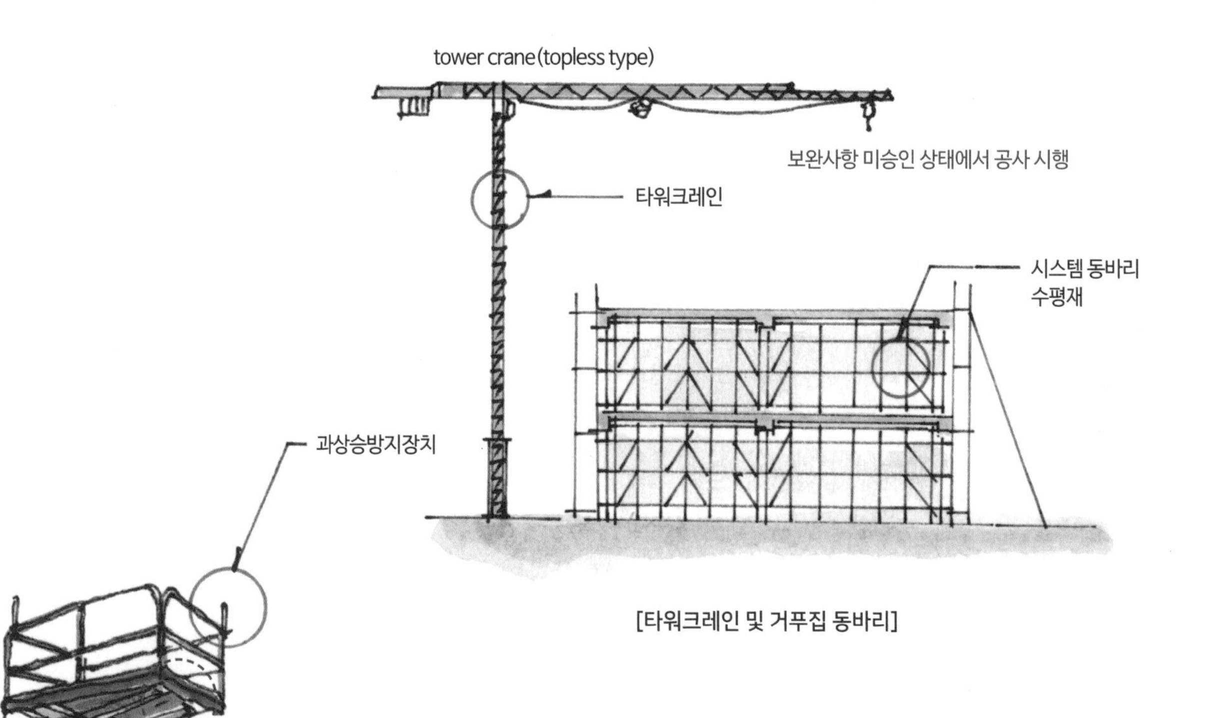

[타워크레인 및 거푸집 동바리]

[시저형 고소작업대]

● 시저형 고소작업대 재해발생 사례분석 [출처: 고용노동부]

고용노동부 발표자료에 따르면 시저형 고소작업대에서 많이 발생하는 재해유형으로는 끼임(협착), 추락(떨어짐), 넘어짐(전도) 순으로 발생한다.

- 재해가 발생하는 원인으로는 과상승방지장치 미점검, 안전장치 및 제어장치 미점검 등이 있다.
- 시저형 고소작업대 사망사고 현황(2012~2020년)은 끼임 35명, 떨어짐 24명, 넘어짐 7명의 순으로 사고가 발생했다.

■ 시저형 고소작업대 대여 시 주의사항

1. 대여하는 자
   ① 고소작업대 사전점검
   ② 이상 발견 시 즉시 보수
   ③ 주요 정보 서면 전달
   ④ 대여사항 기록 및 보존
2. 대여받는 자
   ① 조작자 자격, 기능 확인
   ② 탑승자 사용법 교육
   ③ 주요 정보 서면 전달 요구
   ④ 수리 및 점검 사항 정보 제공
   - 작업대 모든 지점에서 압력 감지
   - 작업대 조정은 위험을 인지할 수 있는 안전한 속도에서 되도록 안전인증 기준에 따름

■ 작업자

- 작업 시작 전 안전장치 확인
- 유도자의 신호 없이 운전금지
- 보호구 착용

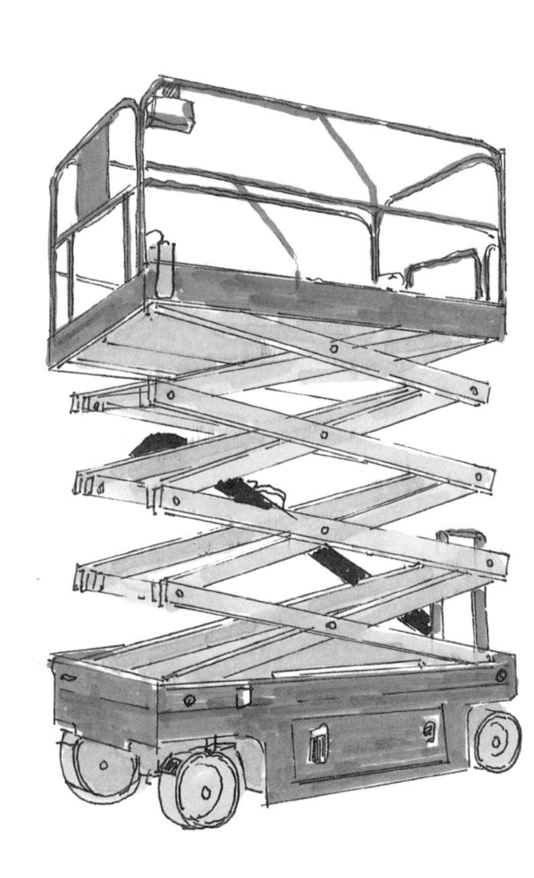

[시저형 고소작업대]

■ 장비 유도자

- 장비와 이격은 5m 이상
- 식별 가능한 안전모, 형광조끼 착용
- 작업구역 구획 및 통제 관리

■ 관리감독자

- 작업계획서 작성 및 확인
- 작업구역 구획 및 통제 확인
- 유도자 배치 확인

■ 주요 재해유형의 사고 원인

1. 끼임 사고 원인
   ① 과상승방지장치 높이를 임의로 조정 및 해제하는 과정에서 발생
   ② 작업 위치(높이)에 도달하기 전 비상정지장치를 작동하는 과정에서 발생
   ③ 무리한 작업대 조정 등의 상황에서 발생
2. 넘어짐 사고 원인
   ① 바닥의 경사 및 평탄 상태를 미확인
   ② 발판 수평유지 점검, 과부하방지장치, 과상승방지장치 등의 방호장치를 임의로 해제할 경우
3. 떨어짐 사고 원인
   ① 작업방향의 안전난간이 해체되었을 경우
   ② 안전대 부착설비가 없을 경우
   ③ 작업대의 난간을 딛고 작업하는 경우

● 시저형 고소작업대

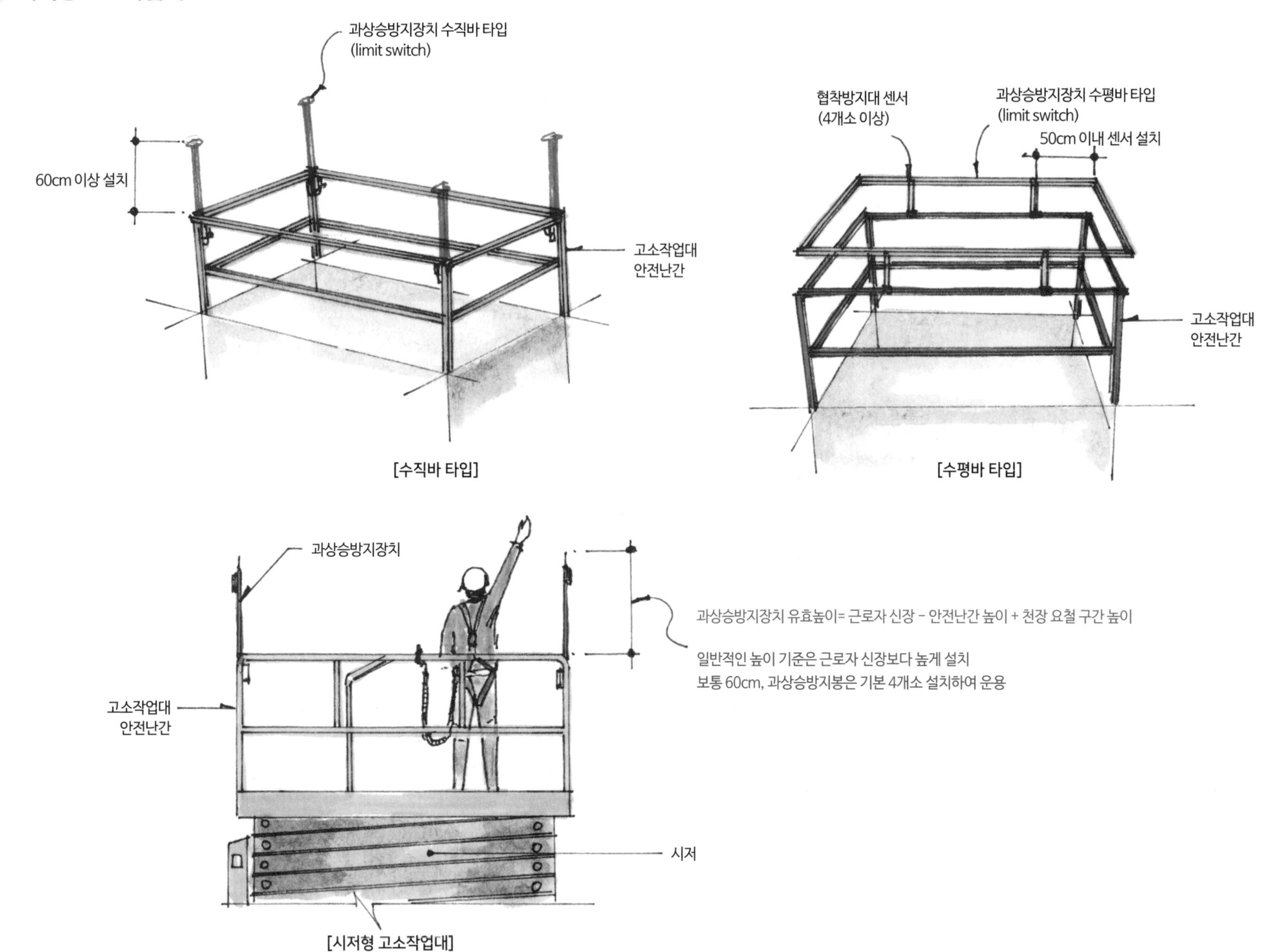

[시저형 고소작업대]

● 차량 탑재형 고소작업대 재해발생 사례분석

차량 탑재형 고소작업대란 작업대, 연장 구조물(지브), 차대로 구성되며 사람을 작업 위치로 이동시켜 주는 설비를 말한다.

■ 고소작업대 종류

• 차량 탑재형 고소작업대

차량 탑재형은 화물자동차에 지브로 작업대를 연결한 형태로서 주행 제어장치가 차량(본체) 운전석 안에 있는 것을 말한다.

• 시저형 고소작업대

작업대가 시저장치에 의해서 수직으로 승강하는 형태를 말한다.

• 자주식 고소작업대

작업대를 연결하는 지브가 굴절되는 형태를 말한다.

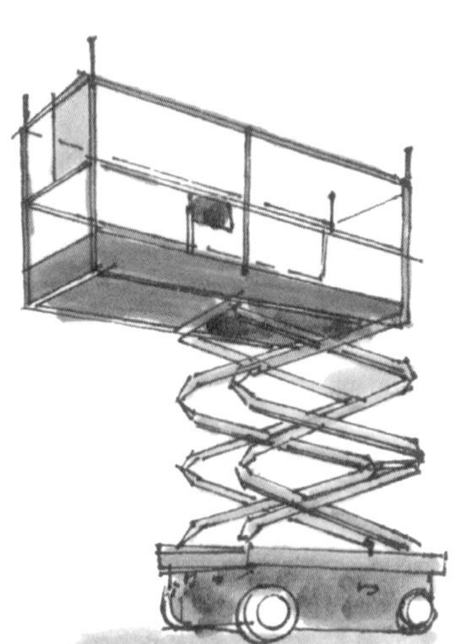

[시저형 고소작업대]

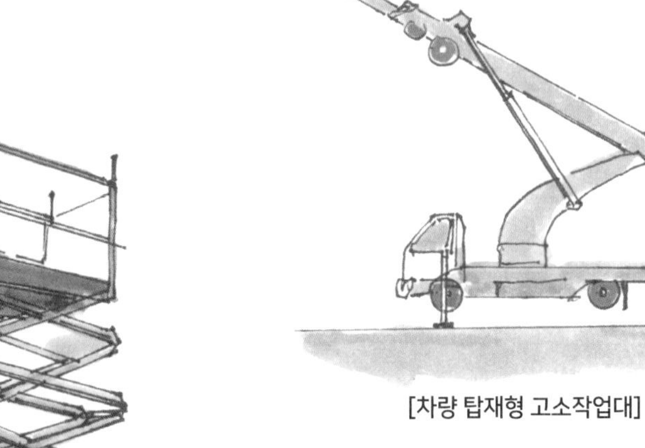

[차량 탑재형 고소작업대]

■ 안전교육 미실시로 인한 주요 재해유형

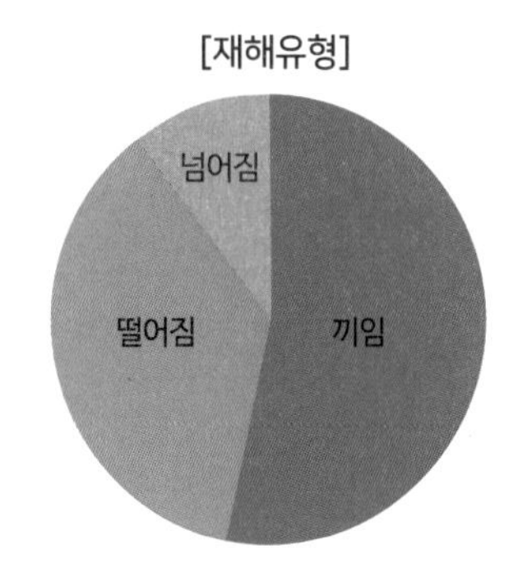

[자주식 고소작업대]

	고소작업대의 안전장치	
	안전장치	내용
1	풋스위치	작업대의 바닥 등에 작동발판을 설치하여 비상시 작업자가 발을 떼면 작동이 멈춰 전복 및 협착재해를 예방하기 위한 장치
2	상승이동방지장치	작업대의 운반위치에서 작업대가 벗어나면 상승을 방지하는 장치
3	비상안전장치 (수동하강밸브)	정전 시 또는 비상배터리 방전 등의 비상시 작업대를 수동으로 하강시킬 수 있는 장치
4	과상승방지대	고소작업대에 과상승방지센서를 부착하여 과상승방지센서가 상부 구조물에 접촉 시 장비의 상승작동을 멈추게 하는 장치
5	비상정지장치	각 제어반 및 비상정지를 필요로 하는 위치에 설치하고 비상시 작동하여 고소작업대를 정지시키는 장치
6	과부하방지장치	정격하중을 초과하면 고정 위치로부터 작업대가 움직이지 못하도록 하는 장치
7	아우트리거	전도 사고를 방지하기 위하여 장비의 측면에 부착하여 전도 모멘트를 효과적으로 지탱할 수 있도록 한 장치

■ 안전통로의 확보 일부 미흡

6층 남측에 자재, 가스통, 폐기물 등이 적재 및 방치되어 있어 통로 역할이 미흡하다.

근로자용 통행로 미확보

산소통

건설자재

지장물이 없는 근로자용 통행로를 확보하여 안전하게 자재를 이동 또는 통행

LPG통

각종 폐기물

통행 불가

[근로자 통행로]

■ 철근조립 구간 전도방지시설 보강 필요

아파트동 지하 3층 구조물 기둥 구간의 일부 철근조립 구간 철근 도괴방지 지지대 고정이 미흡하여 기울어짐이 진행되고 있는 상태이므로 보강 후 공정 진행이 필요하다.

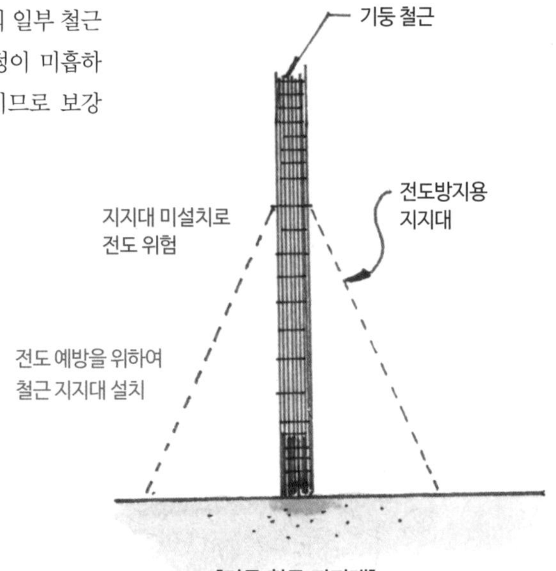

[기둥 철근 지지대]

■ 안전시설물 추가 설치 필요

아파트동 지하 3층 타워크레인 주변 슬래브 철근 노출부위에 안전시설물 설치가 필요하다.

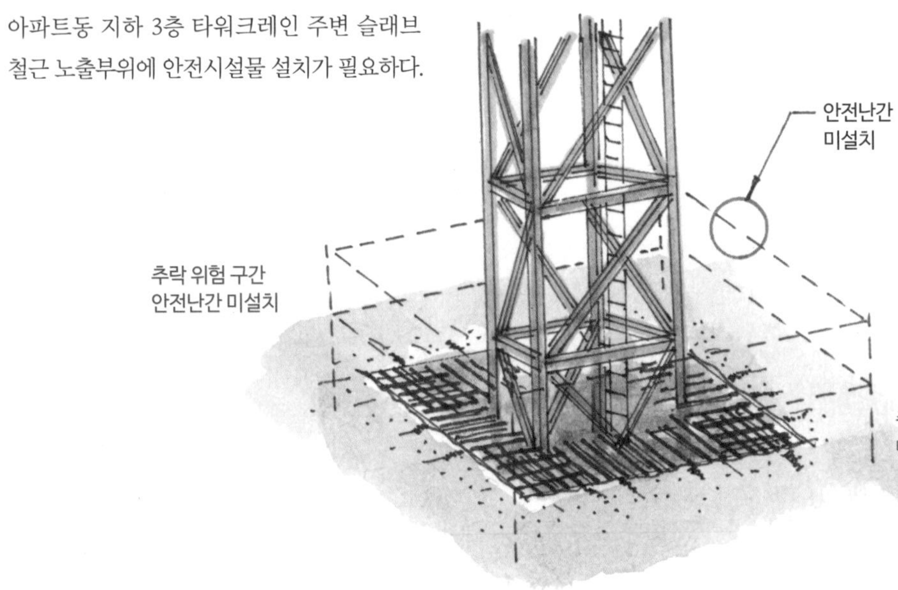

[타워크레인 마스트 오픈 부위]

■ 가설 안전난간 설치 불량

지하 1층 및 기초 철근조립 작업장 주변의 안전난간은 설치하였으나, 견고하게 고정되지 않았다.

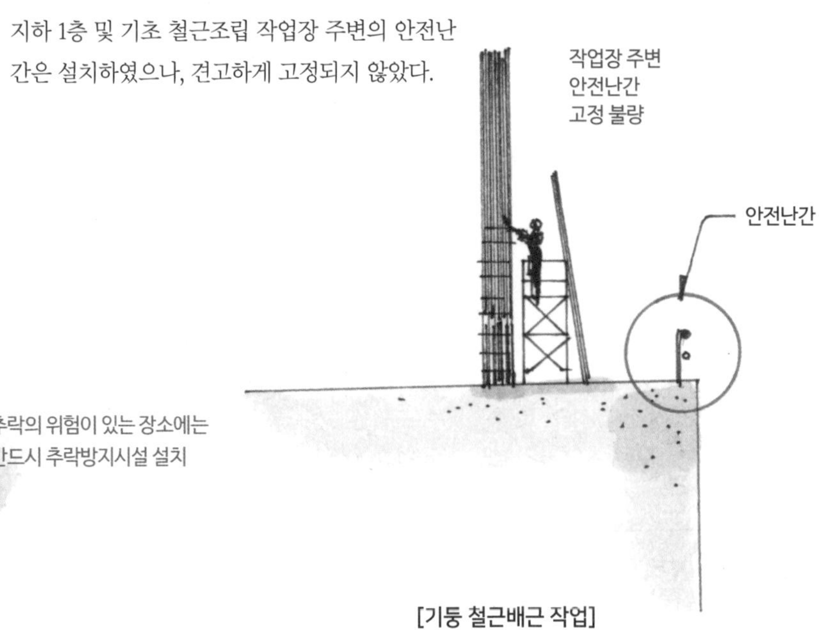

[기둥 철근배근 작업]

■ 건설기술진흥법에 의한 정기안전점검 실시 미흡

항타 및 항발기에 대한 정기안전점검을 실시(해체 시기)하지 않은 사실을 확인했다.

■ 건설기술진흥법에 따른 안전관리계획 수립(절차) 미흡

국토안전관리원(구 한국시설안전공단)의 검토의견(보완사항)을 통보받았으나, 보완사항에 대한 인 · 허가 기관장의 승인 없이 타워크레인 10기를 설치 · 운행하고 있는 사실을 확인했다.

■ 안전관리계획 수립(절차) 불이행

발주자는 동 현장 사면이 2종 시설에 해당되어 국토안전관리원(구 한국시설안전공단)에 검토를 의뢰해야만 하나, 현장대리인의 보고를 수차례 받고도 현재까지 행정절차를 이행하지 않았다.

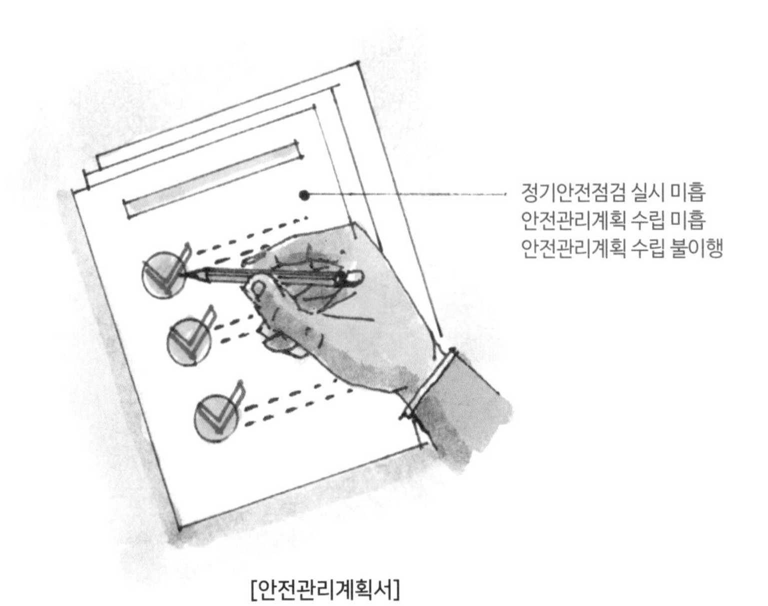

[안전관리계획서]

■ 엘리베이터 개구부 난간틀 설치 미흡

E/V 설치 시 개구부 안전난간틀 아래 높이 10cm 이상 발끝막이판이 설치되지 않았고, 휘장막이 걸어져 있다.

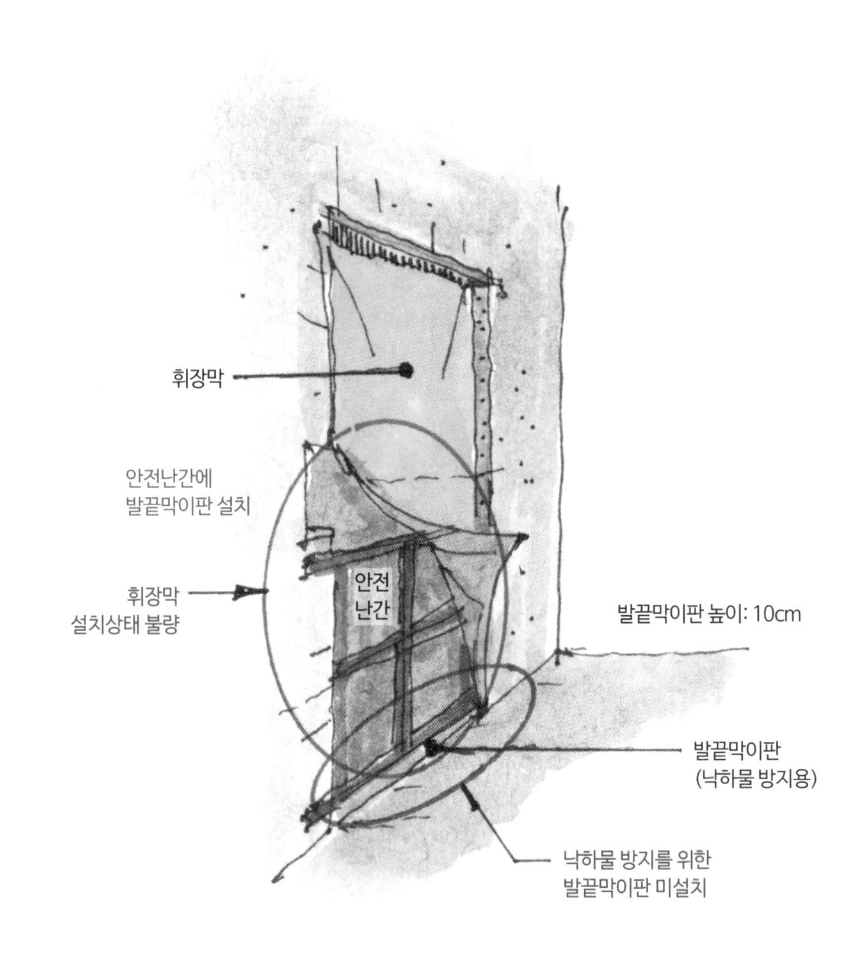

[E/V 개구부]

■ 용접작업 시 화재감시자 미배치

지상 3층(상부층) 데크플레이트 용접작업을 진행하면서 용접 시 발생하는 불꽃이 하부로 비산되고 있으나 현장에 화재감시자가 배치되지 않았음을 확인했다.

> **용어해설**
>
> **화기작업(火氣作業)**
> 용접, 용단, 연마, 드릴 등 화염 또는 스파크를 발생시키는 작업 또는 가연성물질의 점화원이 될 수 있는 모든 기기를 사용하는 작업을 말한다.

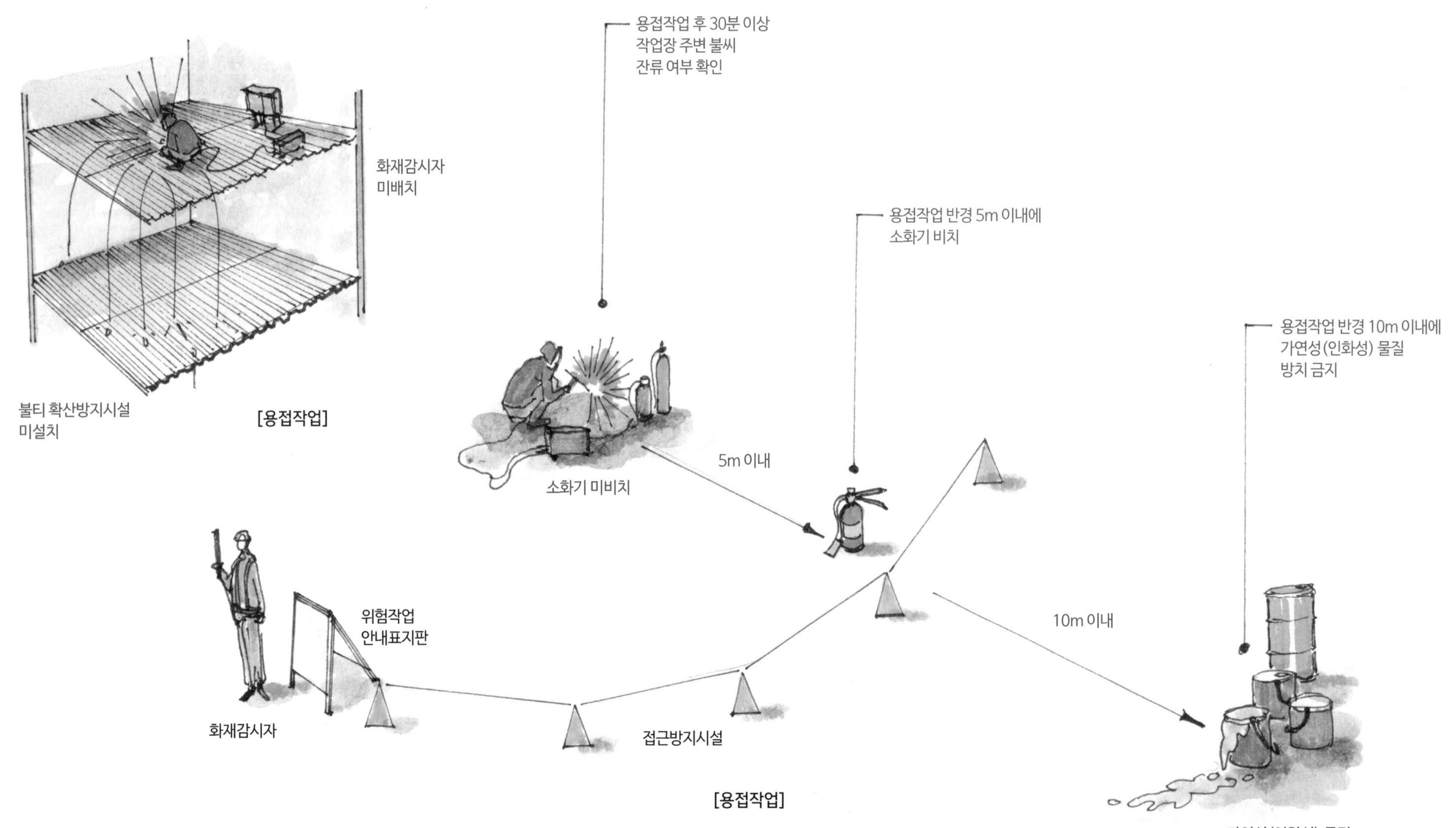

■ 항타기를 사용하는 건설공사의 정기안전점검 미실시

항타기를 사용하는 파일공사를 진행하였으나, 본 공사 안전관리계획서 정기안전점검의 항목 및 내용에 따른 항타 및 항발기를 사용하는 공사에 대한 정기안전점검 2회(1회: 항타공사 초기단계 시공, 2회: 항타공사 말기단계 시공)를 실시하지 않았다.

■ 지하층 가설조명시설 설치 미흡

산업안전보건 기준에 관한 규칙 제21조(통로의 조명)에 따라 사업주는 근로자가 안전하게 통행할 수 있도록 통로에 75lux 이상의 조명시설을 해야 하나, A동 지하 1층의 경우 가설조명시설이 설치되지 않았다.

참고자료

산업안전보건법 기준(제8조)에 관한 규칙의 조도 기준

작업구분	기준
초정밀 작업	750lux 이상
정밀 작업	300lux 이상
보통 작업	150lux 이상
그 밖의 작업	75lux 이상

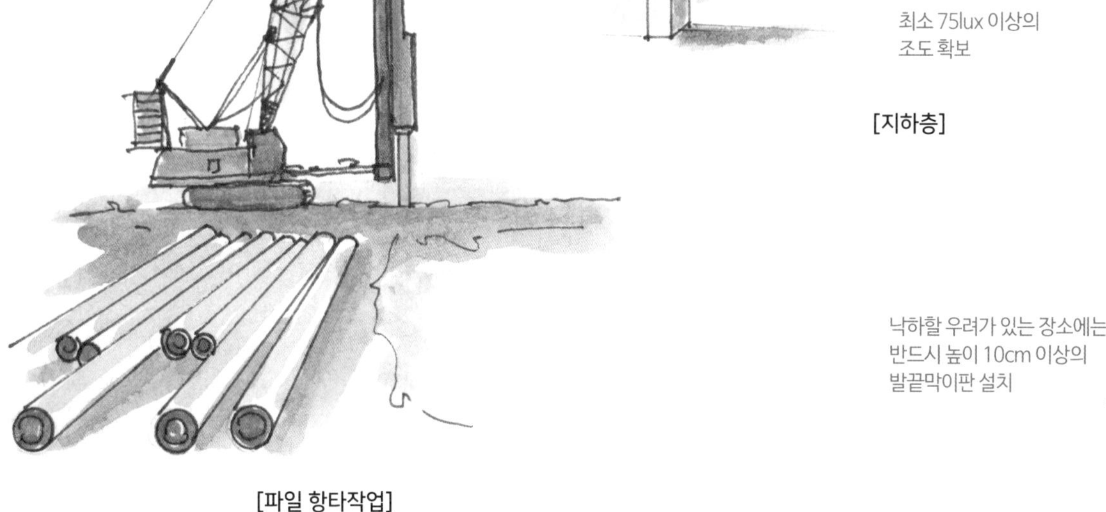

[파일 항타작업]

[지하층]

■ 스팀터빈동 지상 2층 안전난간 발끝막이판 미설치

스팀터빈동 지상 2층 일부 구간 가설 안전난간이 시공된 부위에 발끝막이판이 설치되어 있지 않다. 본 안전난간을 시공하기 전까지 발끝막이판을 설치하여 근로자가 낙하물에 의한 위험을 방호하기 위한 조치를 하는 것이 바람직하다.

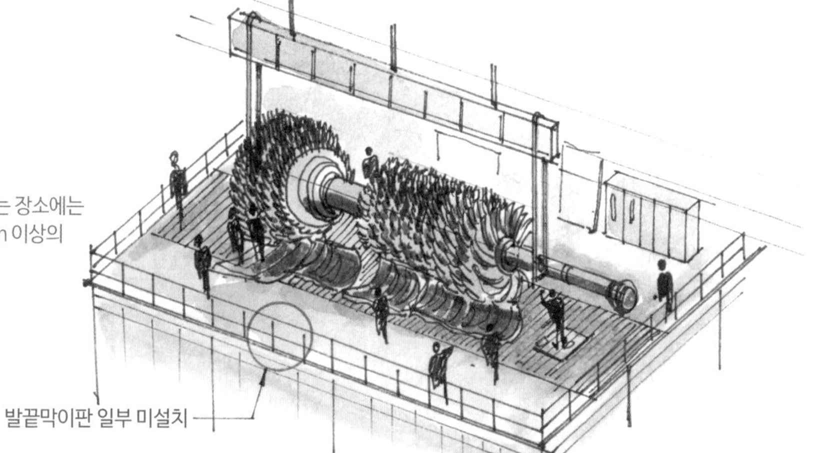

[스팀터빈동]

3.1.3 가설조명

(1) 전원에서 배전반까지의 배선에는 조명용 제어반과 램프를 갖추어야 한다.

(2) 조명은 유지관리를 철저하게 하고, 일상적인 보수를 하여야 하며, 새로이 가설조명을 설치할 경우에는 공사감독자와 협의하여 설치하여야 한다.

(3) 다음과 같이 배전·조도의 단계별로 공사할 각 구간의 에너지를 절약할 수 있는 개폐 회로 스위치를 설치하여야 한다.

① 전체 점등 및 소등

② 개별 점등 및 소등

③ 작업용 또는 점유용이 아닌 비상등

④ 높은 조도의 광원 사용 및 확보

⑤ 낮은 조도의 광원 사용 및 확보

(4) 공사할 각 구간의 작업, 시험 또는 검사작업, 안전 대책 및 이와 유사한 작업의 조건이나 요구사항에 적합한 단계의 조도상태가 되도록 조명설비를 지속적으로 유지관리하여야 한다.

(5) 현장 구내의 보안 및 안전용 가설조명설비를 작업장 주변 및 이와 유사한 장소까지 확대하여야 하며, 공사구역 및 용도별 가설조명의 조도는 다음 사항에 따른다.

① 야간작업 시 작업장 및 작업통로의 가설조명은 근로자의 안전사고 예방, 통행의 안전확보 및 차량의 안전운행을 위하여 표 3.1-1의 조도 이상을 유지하여야 한다.

표 3.1-1 조도 기준

작업장의 유형	조도(lux)
일반 실내 및 지하 작업장	55
일반 옥외	33
피난 및 비상구 바닥	110

② 외부발판과 적치구역의 조명은 일몰 후의 보안을 위해서 10lux 이상의 조도를 유지하여야 한다.

③ 내부 작업장의 조명은 일몰 후 보안을 위해서 3lux 이상의 조도를 유지하여야 한다.

④ 작업통로 구간의 가설조명은 통행의 안전확보와 차량의 안전운행을 위하여 최소한 10lux 이상을 유지하여야 한다.

(6) 터널 공사 시 가설조명설비는 다음 사항에 따른다.

① 작업 장소와 통로에는 적합한 조명설비를 설치하여 작업 중의 위험요인을 제거할 수 있도록 하여야 한다.

② 막장(굴진부) 또는 작업을 하는 장소는 70lux 이상의 조도를 확보하여야 하며 밝고 어두운 차이가 심하지 않고 눈부심이 생기지 않도록 조치하여야 한다.

③ 작업이 이루어지지 않는 터널 중간구간은 50lux 이상의 조도를 확보하며 터널 입출구부, 연직갱 구간은 30lux 이상의 조도를 확보하여야 한다. 조명시설로 인해 차량운전자들의 눈부심이 발생하지 않도록 조치하여야 한다.

④ 작업 중 분진이나 매연 등으로 인하여 조도가 저감되지 않도록 조명기구를 관리하여야 하며, 위험한 장소에는 경계표시등을 설치하여야 한다.

⑤ 정전 등 비상시에도 필요한 조도를 확보할 수 있도록 예비전원을 설치하여야 하며 조명기구는 파손되지 않도록 보호·조치하여야 한다.

⑥ 터널의 진·출입부 조도는 명암에 순응할 수 있도록 설치하여야 한다.

⑦ 공사 준공 후 임시 조명시설 사용이 불필요하게 될 때에는 공사감독자와 협의 후 조명시설을 철거하여야 한다.

■ 안전난간 설치 미흡

'가설공사 표준시방서 추락재해 방지시설'에서 '3.2 안전난간 기준'에 따르면 안전난간 기둥의 설치 간격은 수평거리 1.8m를 초과하지 않는 범위에서 설치해야 하나, 본 공사 A동 옥상층 및 옥탑층에 설치된 안전난간 기둥의 간격이 일부 1.8m를 초과하여 설치되어 있어 잔여 작업기간 동안 추락 위험을 방지할 수 있는 조치가 필요하다.

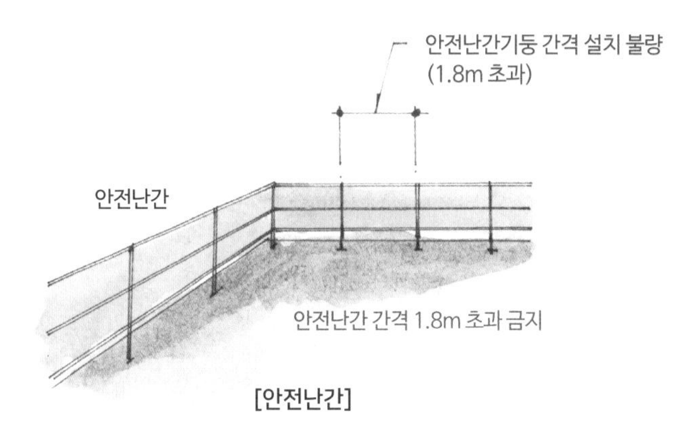

[안전난간]

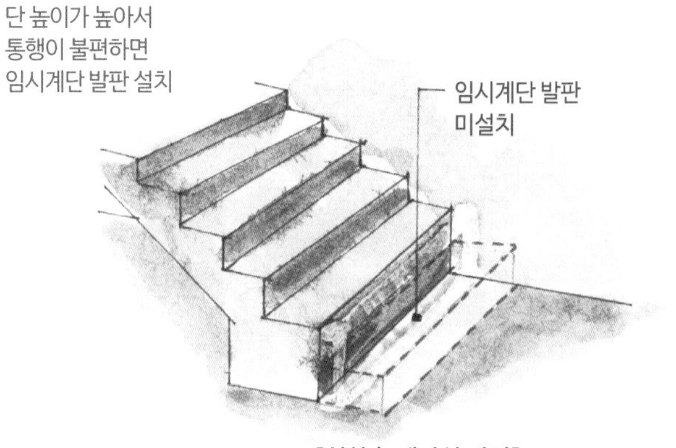

[최하층 계단실 바닥]

■ 근로자 통행로 설치 미흡

당 현장에 마감이 되지 않은 계단 첫 단의 높이가 440mm로 임시 발판을 설치해야 하나, 아파트 B동에 임시로 설치된 발판은 흔들림이 있어 근로자의 안전사고 우려가 있다.

■ 안전관리계획 이행 미흡

공사 구간 내 파일기초 시공 시 천공기 사용, 거푸집 및 동바리 시공을 완료했으나 안전관리계획에 따라 정기안전점검을 실시하지 않은 사실이 있다.

파이프
서포트

[거푸집 동바리]

■ 라이닝폼 낙하물 방지시설 미흡

근로자의 추락 등의 위험을 방지하기 위하여 안전난간을 설치하는 경우, 발끝막이판을 설치하거나 안전망을 설치해야 하는데, 라이닝폼에 낙하물 방지시설(안전망)이 일부 미설치되어 조치가 필요하다.

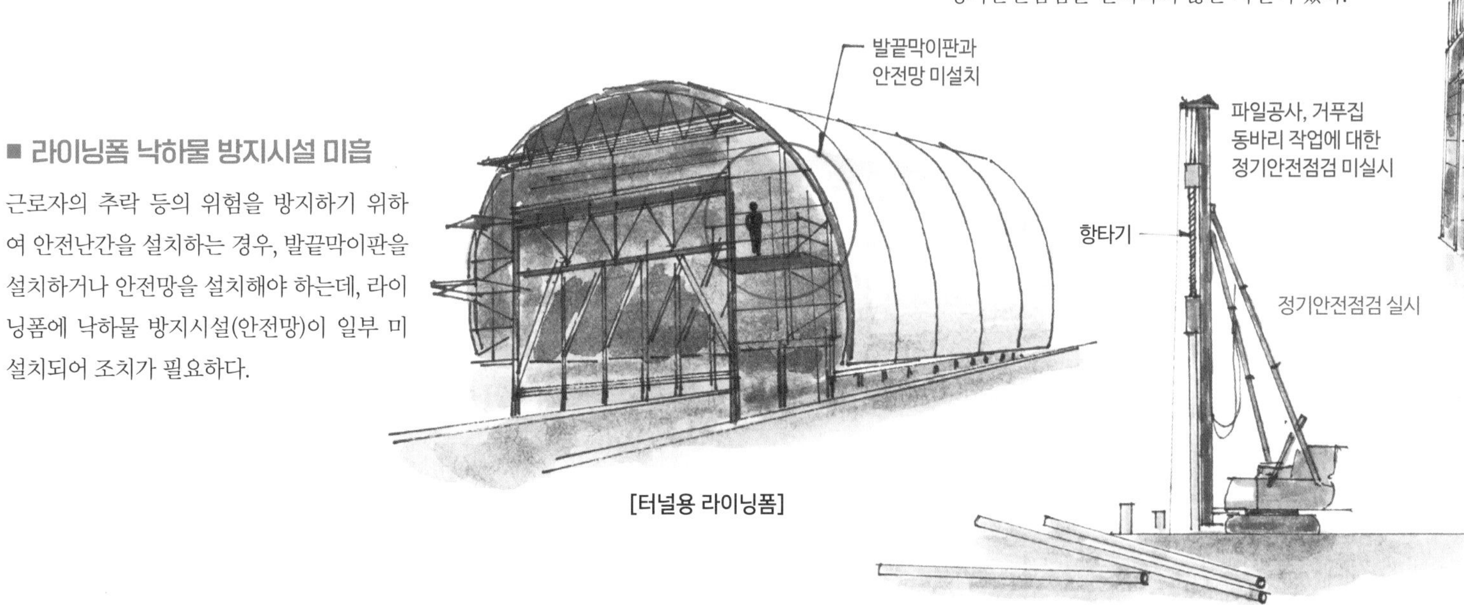

[터널용 라이닝폼]

[항타작업]

■ 안전난간 설치 미흡

옥탑층에 설치된 안전난간 기둥의 간격이 일부 1.8m를 초과하여 설치되어 있다.

안전난간 간격은 1.8m 이내로 설치

안전난간 간격 과대

중간 난간대 미설치

높이 안 맞음

발끝막이판 미설치

■ 안전시설 설치 미흡

계단 난간 파이프 edge부 안전캡(cap)이 없으며, 난간대 높이가 1.2m 이상인 경우 중간 난간대를 2단 이상 균등하게 설치해야 하나 1단만 설치되어 있어 보완이 필요하다. 또한 시인성 확보를 위해 타포린(안전표지판) 또는 안전망 설치를 해야 한다.

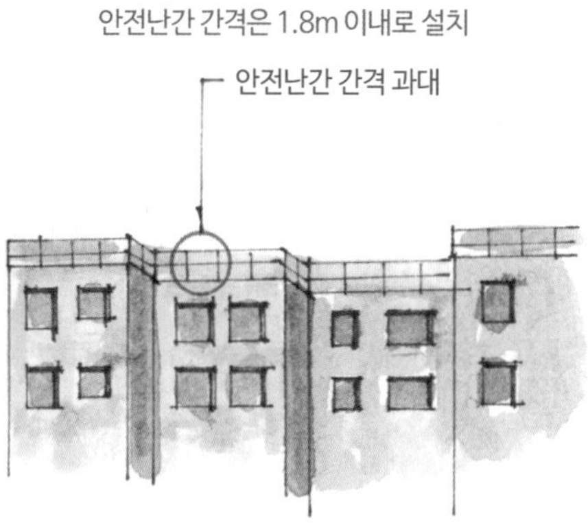

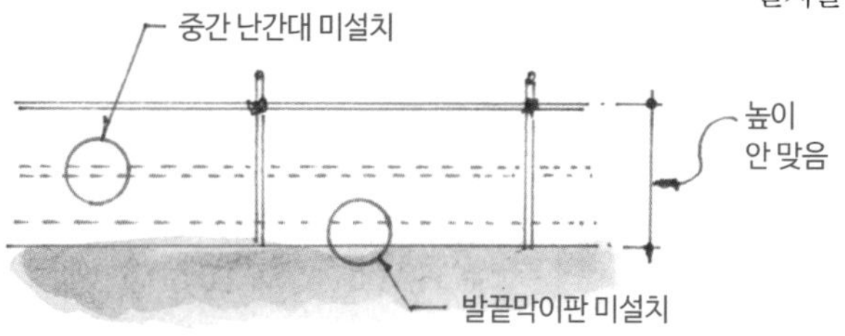

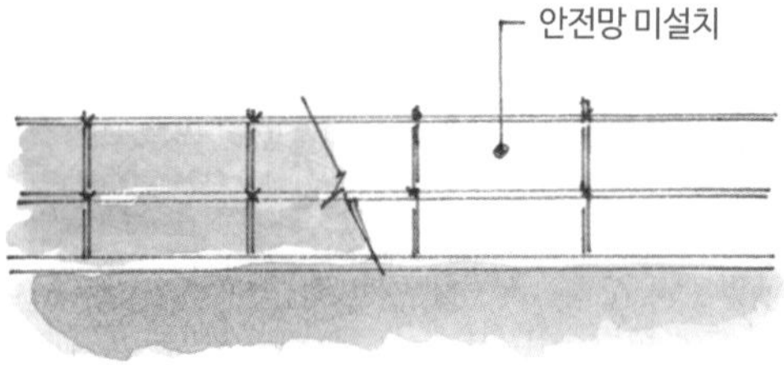

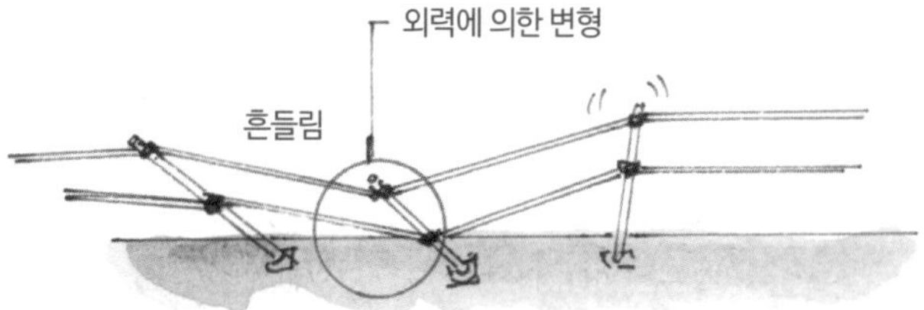

안전망 미설치

외력에 의한 변형

흔들림

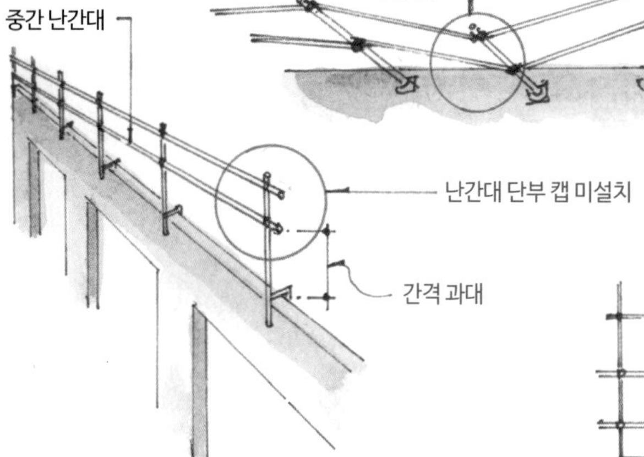

중간 난간대

난간대 단부 캡 미설치

간격 과대

작업발판 미설치

안전난간 미설치

자재 과적

비계기둥 간에는 400kg 이하만 적재

■ 안전난간시설 변형

A동 2층 계단 비계 안전난간 돌출부에 덮개를 설치하지 않았으며, 지상 1층 안전난간이 외력에 의해 변형되었고 흔들림이 있는 등 안전시설 설치가 제대로 되지 않았다.

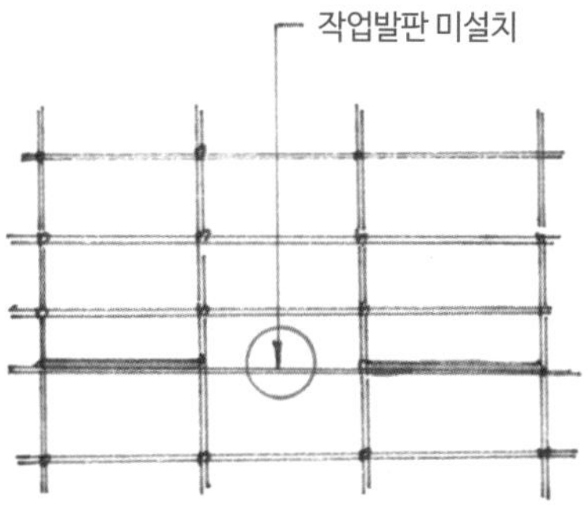

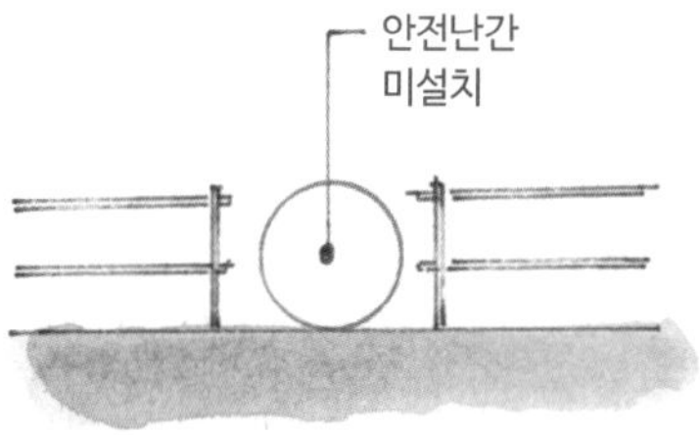

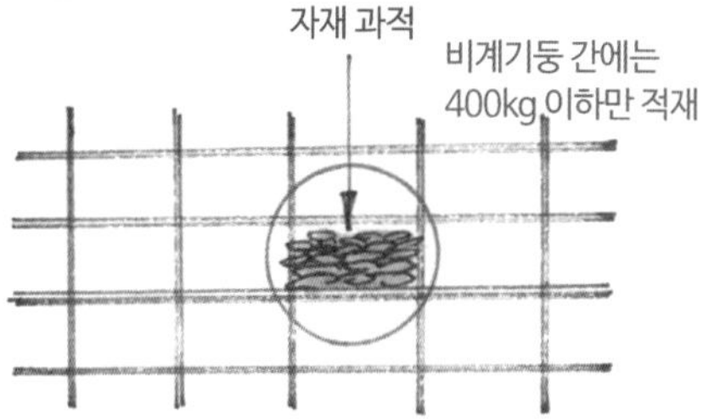

[안전난간시설]

● 안전난간의 구조 및 설치 요건 [산업안전보건기준에 관한 규칙 제2장 작업장 제13조]

안전난간은 상부 난간대, 중간 난간대, 발끝막이판 및 난간기둥으로 구성된다.

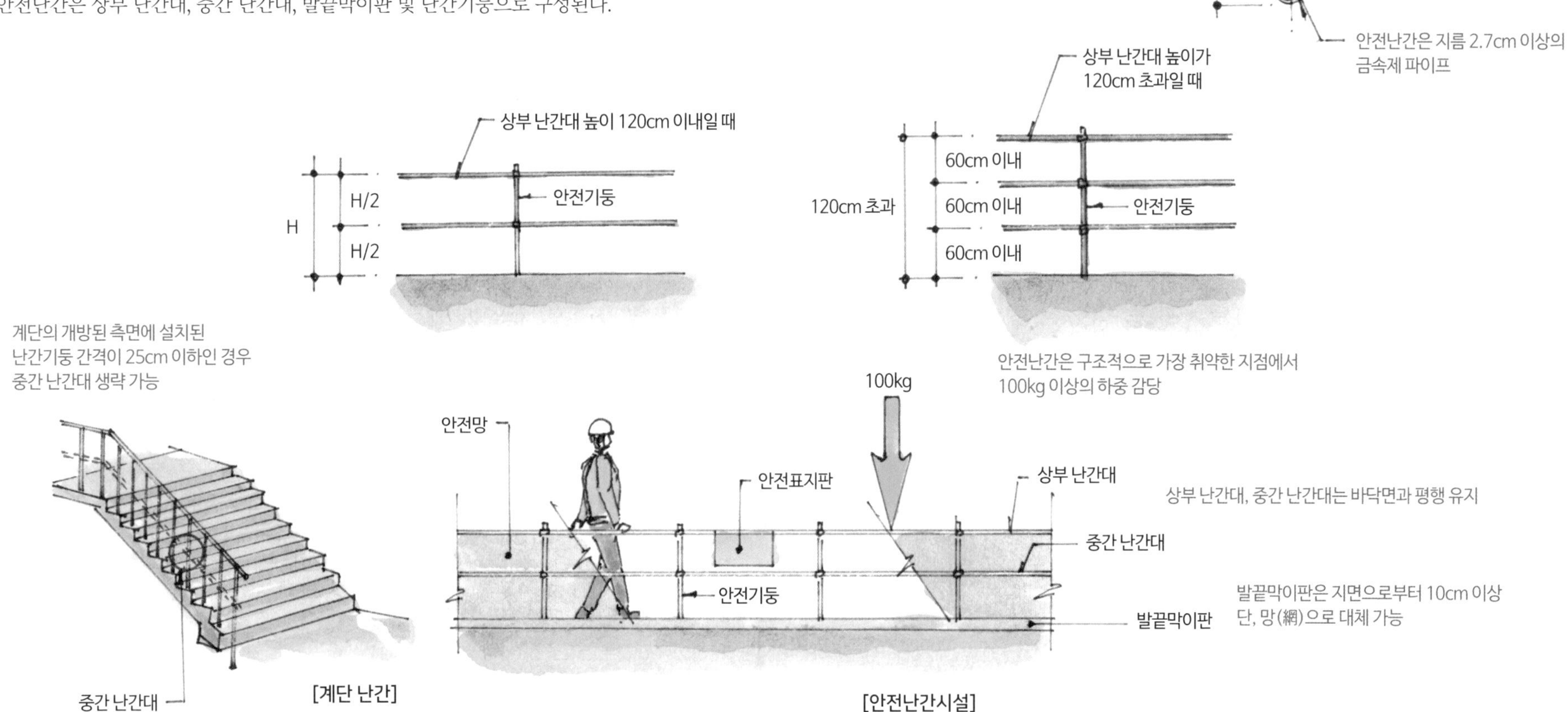

[계단 난간]

[안전난간시설]

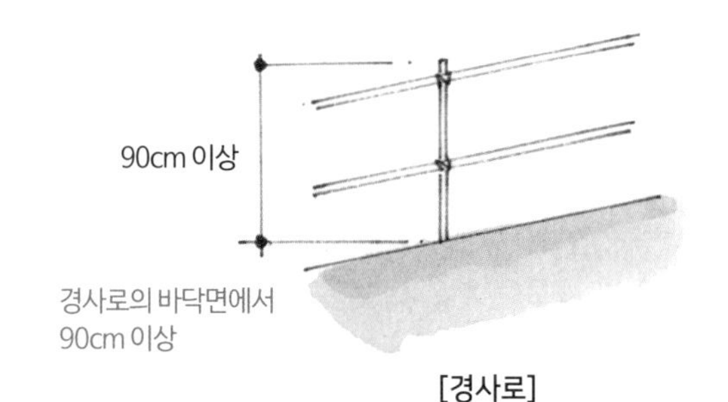

[경사로]

참고자료

안전난간 설치 관련 법령 및 근거

난간기둥의 설치 간격은 수평거리 1.8m를 초과하지 않는 범위에서 상부, 중간 난간대를 견고하게 떠받칠 수 있는 적정간격 유지

용어해설

안전난간의 구조

① 상부 난간대: 몸을 지지하기 위해 손으로 잡는 난간 윗부분의 요소
② 중간 난간대: 상부 난간대와 함께 몸을 지지하고 손잡이의 파이프 등과 평행하게 위치되는 난간의 요소
③ 발끝막이판: 난간 바닥의 물체가 아래로 떨어지는 것을 막기 위하여 바닥면 주변을 따라 수직으로 둘러쳐진 판
④ 난간 기둥: 계단이나 작업면 등의 난간에 고정된 수직 구조로 다른 요소들(상부 난간대, 중간 난간대, 발끝막이판)이 난간기둥에 연결되어야 함

■ PHC 파일 두부 덮개 설치 필요

항타가 완료된 말뚝은 두부에 덮개를 설치하고 흔들리지 않도록 고정해야 하나 일부 파일은 두부에 덮개가 없어 작업자의 안전사고가 우려되므로 PHC 파일 개구부 덮개를 설치하고 야간에 작업자가 확인할 수 있도록 경고 표시 스티커를 설치해야 한다.

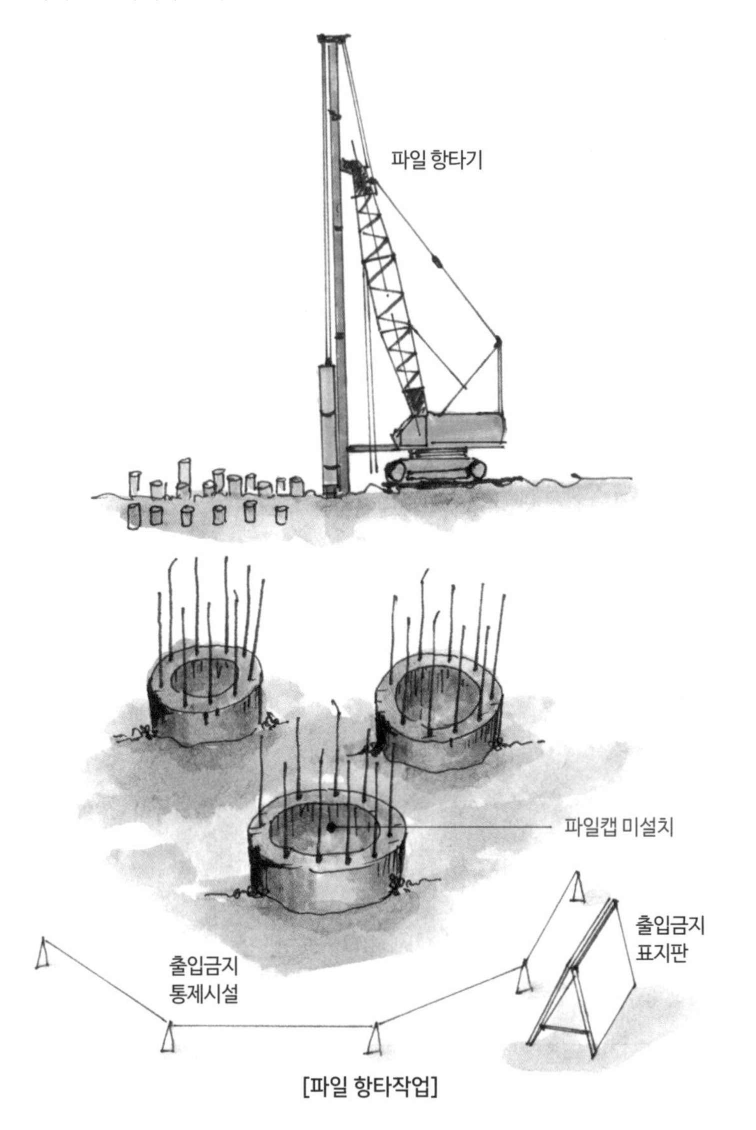

[파일 항타작업]

■ 동바리 설치 일부 미흡

상가 외벽 시스템비계 받침대 부분의 지반이 세굴(洗掘)되어 보완이 필요하며, A동 16층 동바리 일부 고정상태가 미흡하여 역시 보완해야 한다.

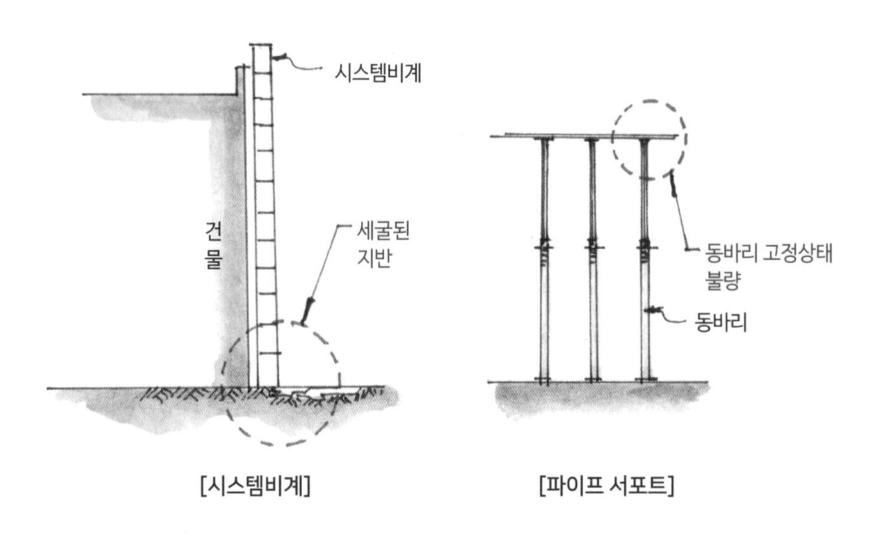

[시스템비계] [파이프 서포트]

■ 워킹타워 계단 손잡이 난간 추가 설치

복지동은 3층 골조 공사 중으로 작업장 진출입을 위해 워킹타워(H=17m, 시스템비계)를 설치하여 운영 중이며, 타워 외부에 중간 및 상부 난간대 등 수평재를 설치하였으나 계단 난간과 병행하여 사용하도록 하고 있어 계단 경사와 평행이 되게 하는 손잡이 난간을 추가적으로 설치해야 한다.

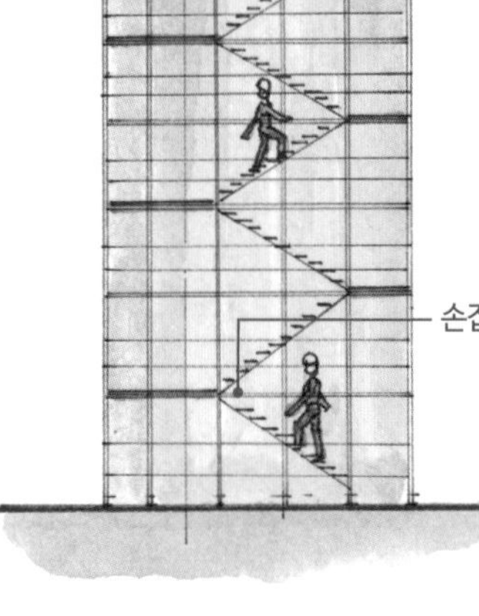

[워킹타워]

용어해설

세굴(洗掘, scour)

① 물길에 따라 토사가 흘러 지반이 유실되거나 파랑 및 조류의 작용에 의해 구조물의 기초 밑면 등의 토사가 깎여 나가는 것을 말한다.
② 흐르는 물에 의하여 토사가 깊이 파이는 것으로 호우 및 홍수 시 단기간의 경우와 장기간 수류작용의 경우가 있다. 기초나 토대 아래의 지반이 세굴되면 안정성에 위험이 생긴다.

■ 근로자 추락재해 방지시설 관리 미흡

구조물 철골 설치작업 중 근로자의 안전을 위해 추락방호망과 난간을 설치해 놓은 상태이나, 일부 구간의 추락방호망 결속과 보행자 통로 상부 추락방호망의 낙하물 제거 관리가 미흡하여 적절한 조치가 필요하다.

낙하물 제거
추락방호망에 낙하물 존치
안전난간
철골기둥
추락방호망 설치 불량
추락방호망

[철골공사]

■ 가시설 안전관리 미흡

A동 지하 2층 슬래브 거푸집 널의 상부에 자재 적치 상태로 설치한 강관 동바리 일부 고정상태가 미흡하며, 작업장 출입구의 난간 및 추락방호망의 설치가 미흡하다.

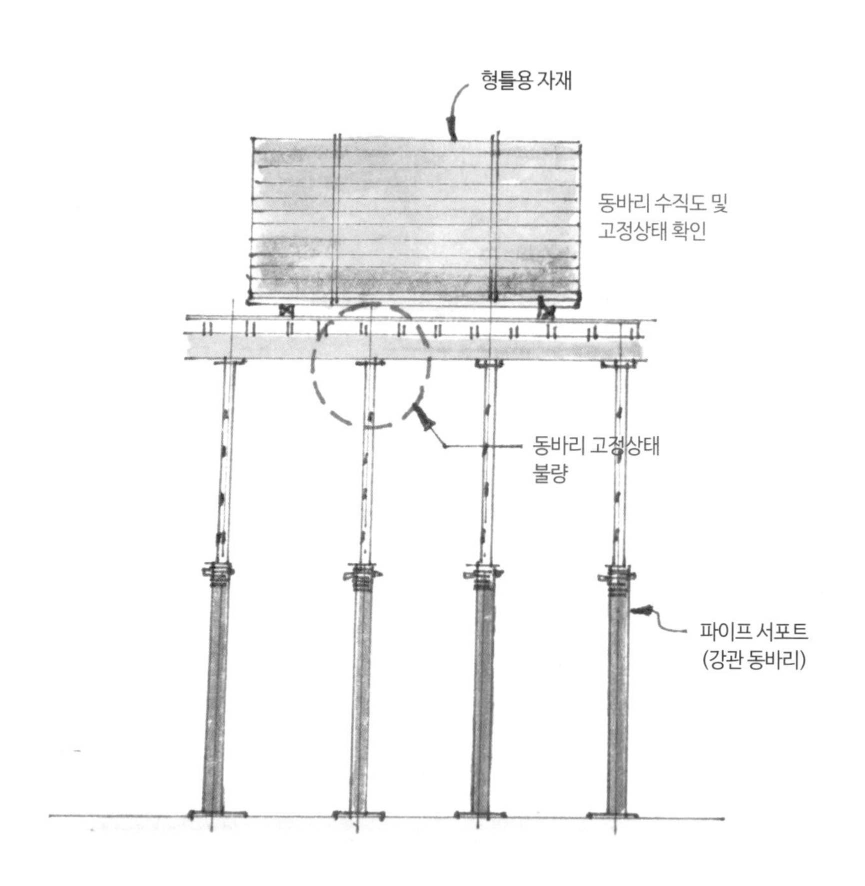

[거푸집 동바리공사]

■ 안전관리 미흡

아파트 최상층 갱폼 상부에 자재 등이 적치되어 정리가 필요하다.

작업 통행로 확보

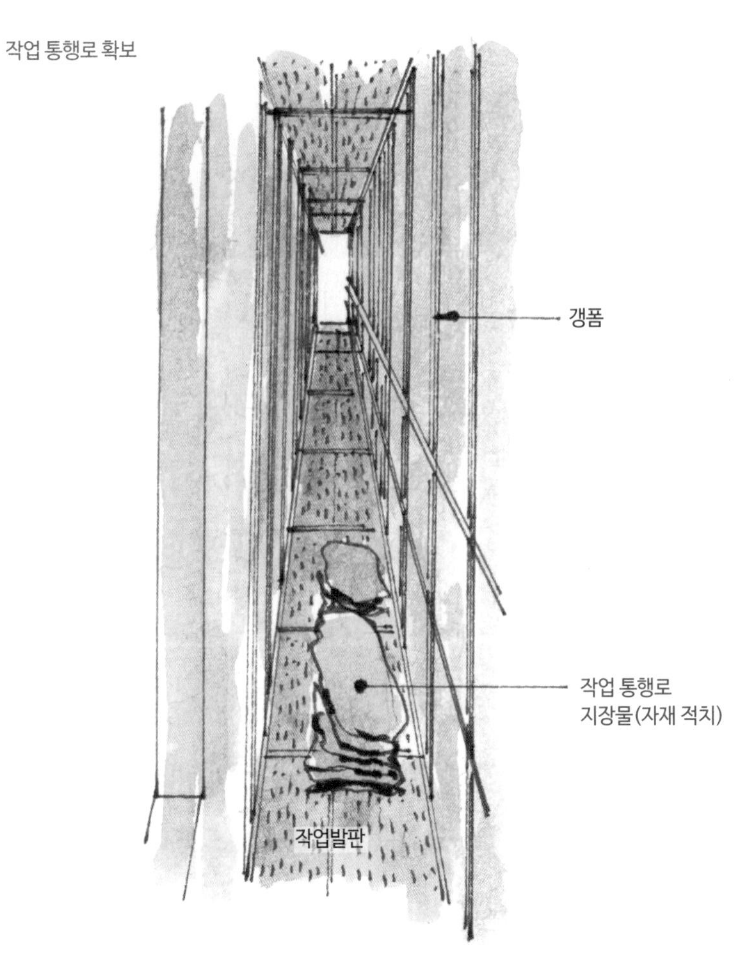

[갱폼 작업발판]

■ 아파트 외벽 낙하물 방지망

외벽 낙하물 방지망에 폐자재가 적치되어 낙하할 우려가 있으므로 제거해야 한다.

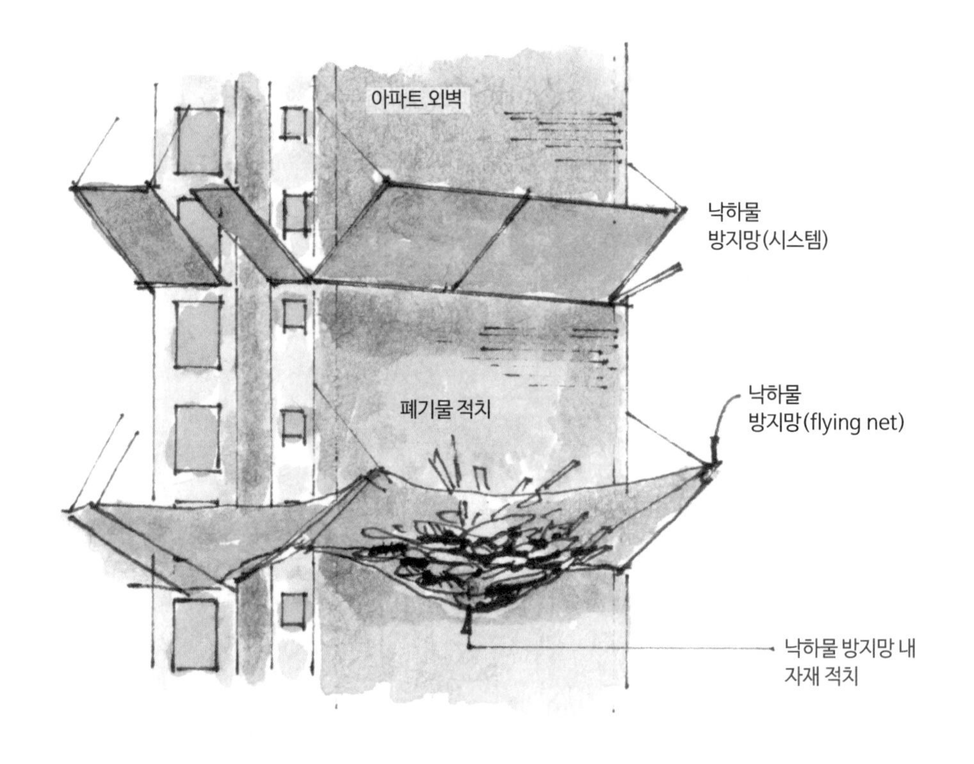

[낙하물 방지망]

※ 주의사항 낙하물 방지망 내에 있는 적치물 제거 시 신체를 밖으로 내미는 작업이므로 특히 추락에 주의해야 하며, 작업자는 반드시 안전대를 체결한 후 이동 및 작업 확인을 해야 한다.

■ 교통표지판 및 안전표지 설치 미흡

A100 구역의 비탈면 절취 및 토사 운반 중에 있으나 교통통제 구간이 구분되어 있지 않아 각 구간별로 설치되어야 할 각종 교통표지판 및 안전표지가 미흡하게 설치되어 있다. 따라서 현장 내 사고예방을 위해 관련 규정에 따른 안전시설물을 조속히 설치할 필요가 있다.

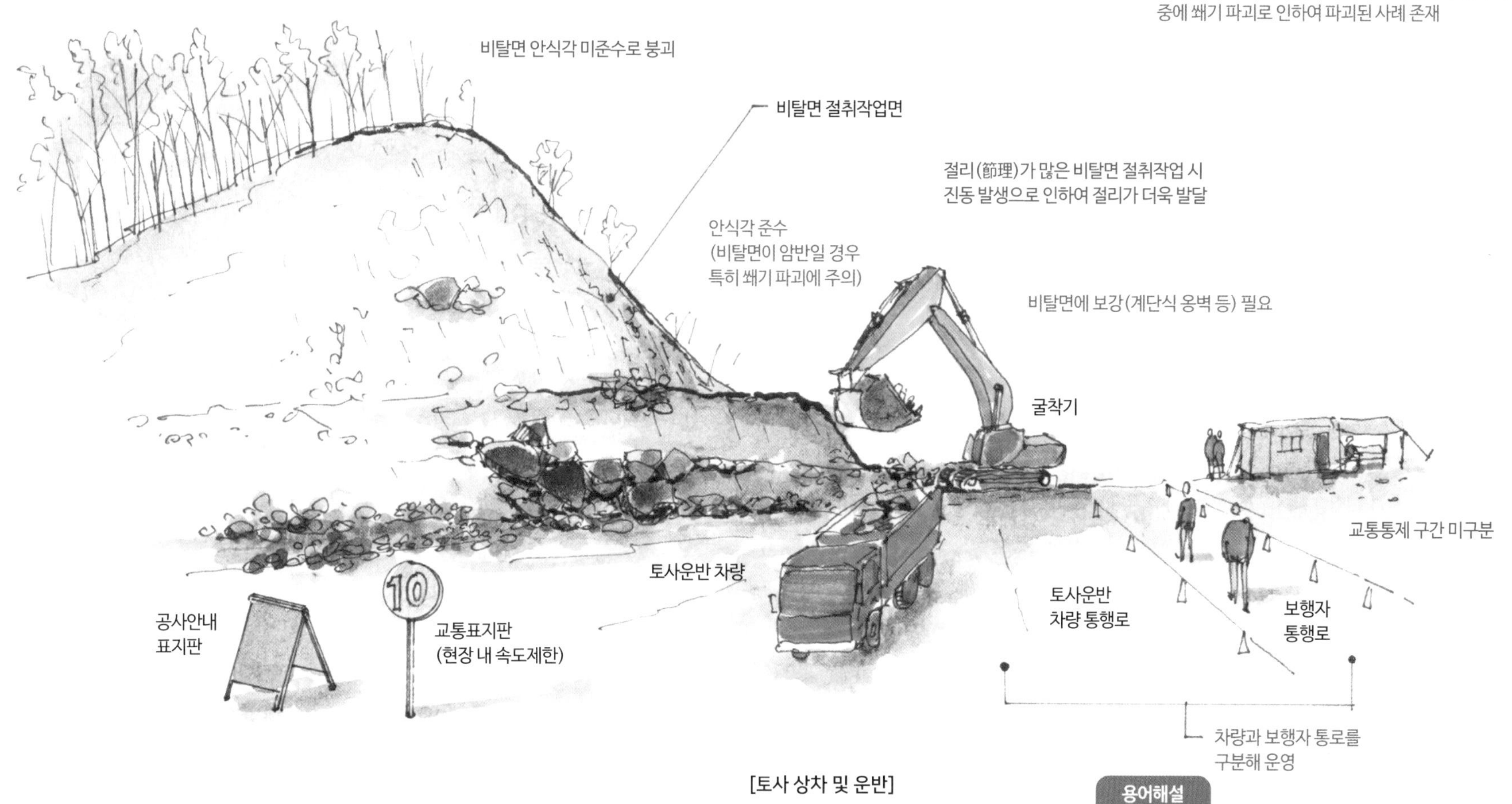

[토사 상차 및 운반]

※ 주의사항 암반 비탈면은 보강이 필요 없고 경사면을 급하게 세워도 된다고 가볍게 생각하게 되는데, 특히 파쇄가 심한 암반이나 풍화암지층이 많이 분포된 암반에서는 종종 파괴가 발생하니 주의가 필요하다.

용어해설

절리(節理, joint)
암반 중에 발달되어 있는 비교적 일정한 방향을 갖는 갈라진 틈이며, 그 양측 암석의 상대이동량이 없거나 거의 없는 것을 말한다. 절리면의 상태에 따라 암체의 활동, 낙반, 붕락 원인이 되기 쉬우므로 방향성, 협재물, 면의 조도가 함께 파악되어야 한다.

■ 거푸집 지지대 미설치 및 고정 미흡

아파트 A동 전면 기계실은 점검일 현재 벽체 철근조립 및 거푸집 설치 공정을 진행 중이다. 거푸집 전도를 방지하기 위한 거푸집 전도방지 지지대를 설치했으나 지지대의 고정을 위한 장치가 없는 구간이 일부 있으며, 거푸집 설치가 완료된 구간 중 지지대 미설치 구간이 일부 있으므로 이에 대한 보완이 필요하다.

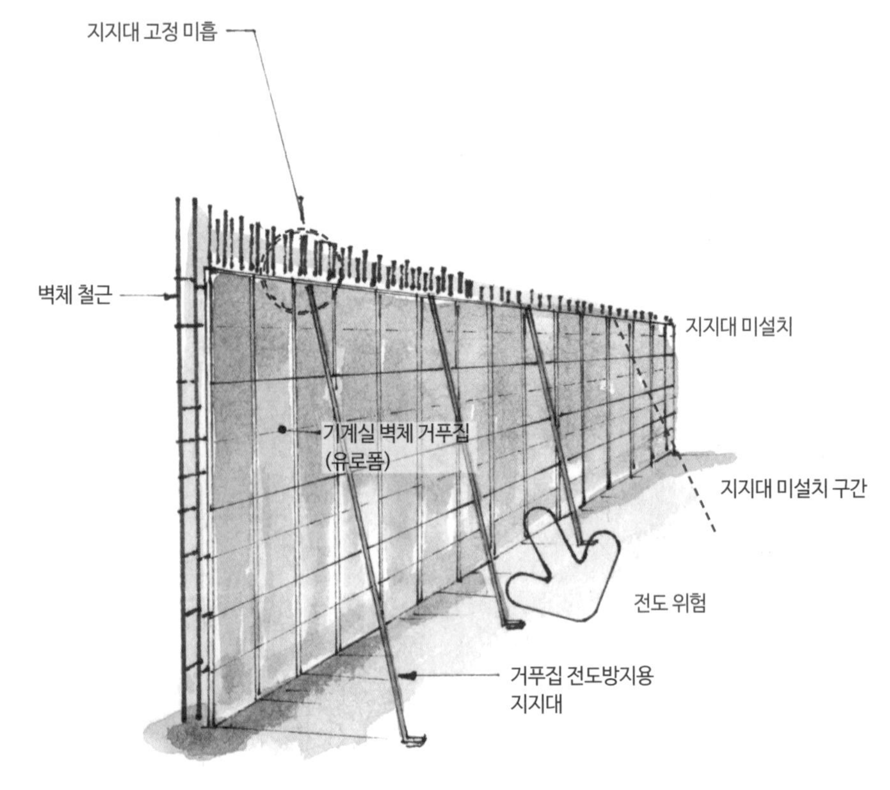

[벽체 철근조립 및 거푸집 설치작업]

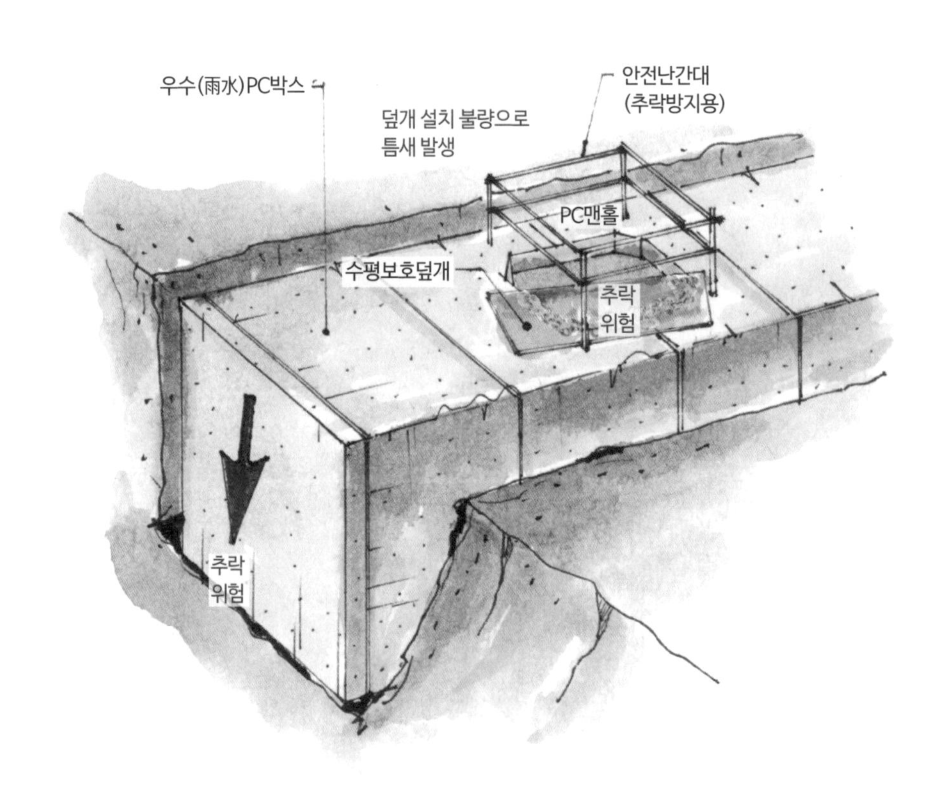

[우수PC박스]

※ 주의사항 비교적 높은 벽체용 거푸집은 가급적 양면의 거푸집을 결속하여 설치 완료한 후 전도방지용 지지대로 전도(넘어짐)를 예방해야 한다. 급작스러운 바람으로 종종 넘어져 다치는 사고가 발생하기 때문이다.

■ 부지조성작업 구간에 각종 표지판 설치 미흡

법면 절취 및 토사 신기 그리고 운반작업 구간에 교통통제 구간(인도, 차도 구분)이 되어 있지 않으며, 각종 교통표지판 및 안전표지 설치가 미흡하다.

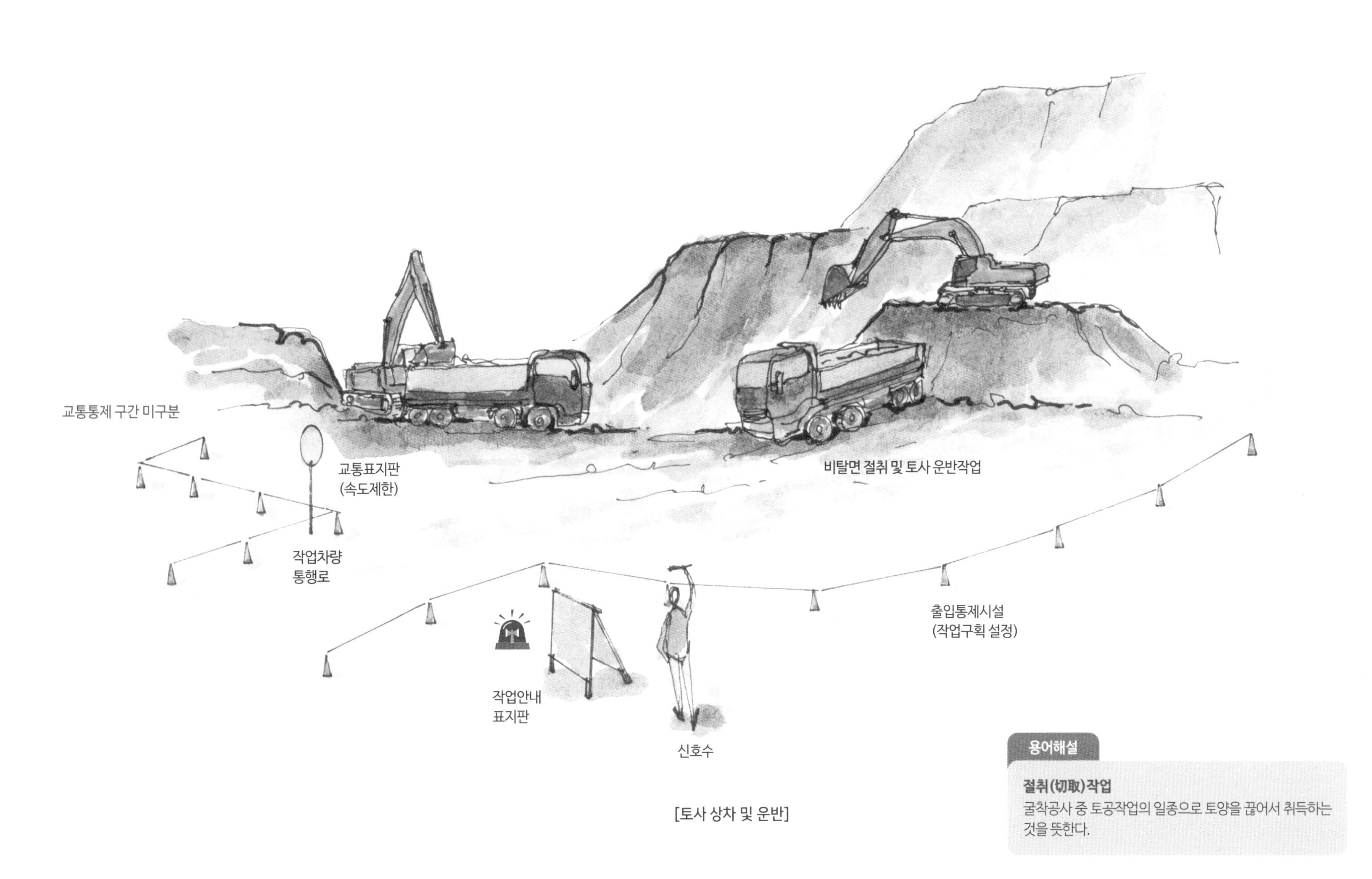

[토사 상차 및 운반]

용어해설

절취(切取)작업
굴착공사 중 토공작업의 일종으로 토양을 끊어서 취득하는 것을 뜻한다.

12 품질관리계획 또는 품질시험계획 수립 및 실시의 미흡

12	주요 부실 내용	벌점
벌 점 기 준	**품질관리계획 또는 품질시험계획 수립 및 실시의 미흡**	
	품질관리계획 또는 품질시험계획을 수립하였으나, 그 내용의 일부를 누락하거나 기준을 충족하지 못하여 내용의 보완이 필요한 경우	2
	품질관리계획 또는 품질시험계획과 다르게 품질시험 및 검사를 실시한 경우	1

● 주요 지적 사례

주요 지적 사항	세부 내용
품질관리계획서의 수립 및 실시 미흡	품질관리에 대한 내용 누락, 기준 미달, 보완 시공, 변경 사항에 대하여 미흡
품질시험계획서 수립 미흡	자재의 규격, 시험항목, 시험빈도, 외부의뢰시험, 현장시험 등의 내용 미흡
중점품질관리 대상 미수립	중점품질관리에 대한 공종 미수립

● 필수 확인사항

1. 품질관리계획서의 일부 내용 누락 및 기준 미달 여부
2. 품질관리계획서의 감리단 및 발주처의 승인 · 검토 여부
3. 품질시험계획서에 시험 항목 및 빈도는 '건설공사 품질관리업무지침'의 기준 반영

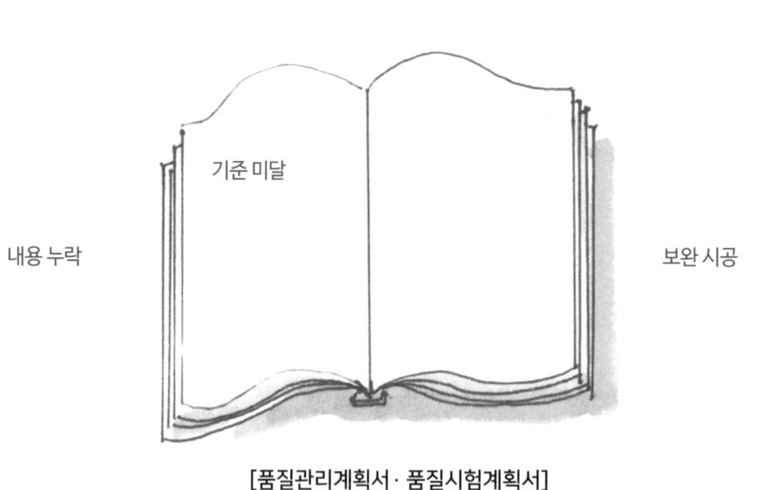

[품질관리계획서 · 품질시험계획서]

■ 이형철근에 대한 품질관리계획 현행화 필요

품질관리계획서의 이형철근 시험계획이 현장시험으로 되어 있다. (검사증명서)

[별표 2] 건설공사 품질시험기준(제8조제1항 관련)

철근콘크리트용 봉강 (KS D 3504)	화학성분	KS D 3504	• 제조회사별 • 제품규격별 50톤마다	
	항복점 또는 항복강도			
	인장강도			
	연신율			
	굽힘성			
	겉모양, 치수, 무게			
	탄소당량		• 제조회사별 • 제품규격별 50톤마다	용접용의 경우

■ 품질시험 실시 미흡

가설기자재에 대해 중고자재의 품질시험을 별도로 실시하고 있지 않으며, 건설사업관리업자 또한 시공자가 제출한 납품업체의 시험성적서를 토대로 반입을 승인했다.

재사용 사용기자재 성능기준에 관한 지침

1. 목적

이 지침은 산업안전보건법 제34조(안전인증) 및 제35조(자율안전확인의 신고)의 규정에 의거 추락·낙하 및 붕괴 등의 위험 방지 및 보호에 필요한 가설기자재의 성능유지를 위하여 재사용 가설기자재의 성능기준을 정함을 목적으로 한다.

2. 적용범위

이 지침은 산업안전보건법 제34조(안전인증) 및 제35조(자율안전확인의 신고) (이하 "안전인증규격"이라 한다.)에 따라 **합격 또는 신고된 가설기자재를 1회 이상 사용하였거나 신품이라도 장기간의 보관 등으로 강도저하의 우려가 있는 가설기자재에 대하여 적용**한다. 다만, 안전방망, 수직보호망 및 수직형 추락방망 등 1회용인 망류는 제외한다.

※ 장기간이란?
일본 사단법인 가설공업회의 "경년 가설기재의 관리에 관한 기술기준과 해설"의 별표에서 정하는 기간에 도달한 경우로 한다.

가설기자재 점검사항

■ 제조업체

- 검정품 생산 관련 원자재 구입내역서(mill sheet report)
- 성능검점 합격증
- 완제품에 대한 성능검정 규격 일치 여부(품목별 리스트 참조)

■ 건설현장

- 구입 및 사용 중인 자재의 성능검정 합격제품 여부 확인
- 제품의 합격표시 상태점검(KCs 마크, 생산 연도, 업체명 등)
- 성능검정 합격증 사본과 구매제품 관련 서류의 일치 여부 확인(송장, 거래명세서)
- 중고가설재인 경우는 등록업체 등록증 사본 및 스티커 부착상태 확인

가설기자재 품목	
1. 파이프 서포트	10. 조립식 안전난간
2. 틀형 동바리 부재(주틀, 가새재, 연결조인트)	11. 선반지주
3. 시스템 동바리 및 비계용 부재(수직재, 수평재, 가새재, 트러스, 연결조인트)	12. 단관비계용 강관(고정용 받침철물)
4. 강관비계용 부재(강관조인트, 벽연결 철물)	13. 달기체인
5. 틀형 비계용 부재(주틀, 교차가새, 띠장틀, 연결조인트)	14. 달기틀
6. 이동식 비계용 부재(주틀, 발바퀴, 난간틀, 아우트리거)	15. 방호선반
7. 작업발판(작업대, 통로용 작업발판)	16. 엘리베이터 개구부용 난간틀
8. 조임철물(클램프, 철골용 클램프)	17. 측벽용 브래킷
9. 받침철물(조절형, 피벗형)	

● 재사용 가설기자재 성능기준에 관한 지침·가설기자재 품목별 점검 기준 [산업안전보건법 제34조 안전인증 및 제35조 자율안전확인의 신고]

점검기준 요약

점검부위별 점검항목은 비슷하며 점검 방법은 육안 및 비파괴시험(NDT)을 실시한다. 균열부위는 NDT 실시, 성능기준은 각 부재마다 다르다. 수직재는 압축강도시험, 수평재는 휨 강도시험, 가새재는 인장하중을 시험하며 마지막 단계로는 안전인증 KCs 식별표시를 확인한다.

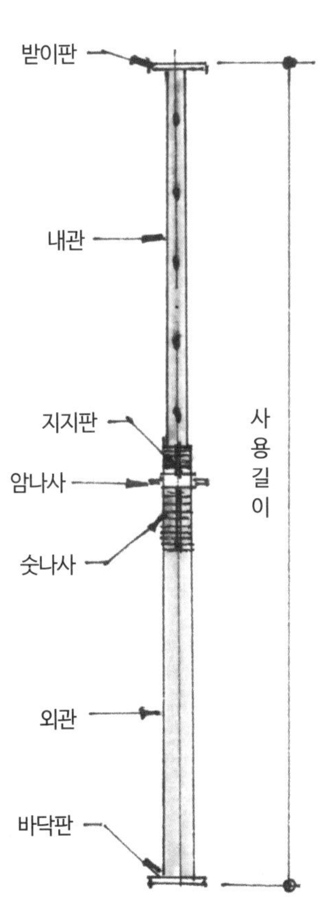

[파이프 서포트(결합형)]
점검 방법: 육안 및 NDT

- 공통 사항: 변형, 휘어짐, 뒤틀림, 용접부 균열·부식, 콘크리트 등의 부착물 유무
- 받이판 · 바닥판: 균열, 변형, 판 두께
- 내관: 구부러짐, 균열, 움푹 패임, 핀 구멍의 변형
- 외관: 구부러짐, 균열, 움푹 패임
- 지지판 : 구부러짐, 지름
- 조절나사(암나사): 나사부의 마모, 균열, 핸들 및 장착부 이상
- 조절나사(숫나사): 나사부의 마모, 균열, 세로홈 변형
- 성능기준: 압축강도(성능시험)
- 안전인증 및 자율안전확인의 표시: KCs 마크 식별표시 확인

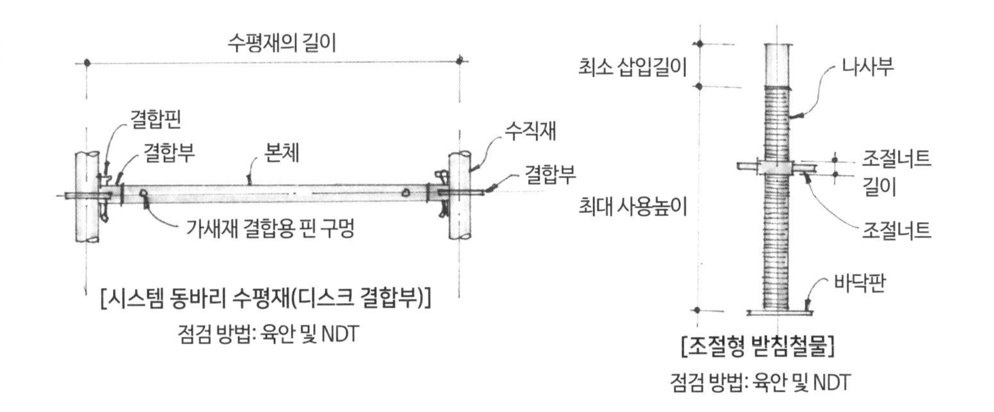

[시스템 동바리 수평재(디스크 결합부)]
점검 방법: 육안 및 NDT

[조절형 받침철물]
점검 방법: 육안 및 NDT

반입되는 가설기자재에 대하여 반드시 품질점검 실시

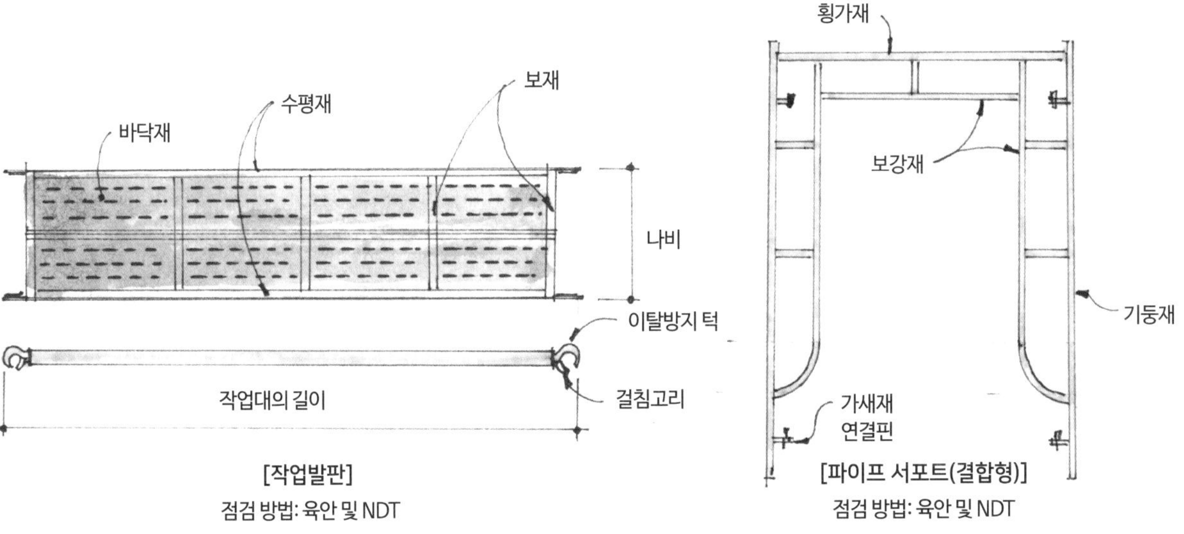

[작업발판]
점검 방법: 육안 및 NDT

[파이프 서포트(결합형)]
점검 방법: 육안 및 NDT

● 가설기자재 품목별 점검 기준표

<표 V-3> 파이프서포트 점검기준

점검부위		점검항목	점검 종류		점검 방법	폐기기준	비고
			일상	정기			
1. 공통사항		변형 휘어짐, 뒤틀림	○		육안	변형, 휘어짐, 뒤틀림이 현저하여 정비가 불가능한 것	
		용접부 균열, 부식	○		육안 NDT	용접부 부식이 현저하여 정비가 불가능한 것[균열이 있는 것]	
		콘크리트 등의 부착물	○		육안	콘크리트 등 부착물이 현저하여 정비가 불가능한 것	
2. 부재/부품	받이판 및 바닥판	균열	○		육안 NDT	균열이 있는 것	
		변형	○		육안	변형이 현저하여 정비가 불가능한 것	
		판 두께	○	○	계측	5.4mm미만으로 수리 및 정비가 불가능한 것	
	내관	구부러짐	○		육안	구부러짐이 현저하여 교정이 불가능한 것	
		균열	○		육안 NDT	균열이 있는 것	
		움푹패임	○	○	육안 또는 계측	움푹패임이 불량하여 4.0mm이상으로 정비가 불가능한 것	
		핀구멍의 변형	○		육안	변형이 현저하여 정비가 불가능한 것	
	외관	구부러짐	○		육안	구부러짐이 현저하여 정비가 불가능한 것	
		균열	○		육안 NDT	균열이 있는 것	
		움푹패임	○	○	육안 또는 계측	움푹패임이 불량하여 6.0mm이상으로 정비가 불가능한 것	
	지지핀	구부러짐	○		육안	구부러짐이 현저하여 정비가 불가능한 것	
		지름	○	○	계측	지름이 11.0mm미만으로서 정비가 불가능한 것	
	조절 나사 (암나사)	나사부의 마모	○		육안	마모가 현저하여 정비가 불가능한 것	
		균열	○		육안 NDT	균열이 있는 것	
		핸들 및 장착부의 이상	○		육안	핸들 및 장착부 이상이 현저하여 정비가 불가능 한것	
	조절 나사 (숫나사)	나사부의 마모	○		육안	마모가 현저하여 정비가 불가능한 것	
		균열	○		육안 NDT	균열이 있는 것	
		세로홈의 변형	○		육안	변형이 현저하여 정비가 불가능한 것	
3. 성능기준		압축강도	○	○	성능시험	최대사용길이에서 압축강도가 40,000N 미만인 것	방호장치 의무안전 인증고시
4. 안전인증 및 자율안전확인의 표시		"안", 🅢	○	○	육안	안전인증 및 자율안전확인 표시가 없거나 망실되어 확인이 불가능한 것	
		안전인증 및 자율안전확인 번호 등 법에서 정한 식별표시	○	○	육안	안전인증 및 자율안전확인 번호 등 법에서 정한 식별표시가 없거나 망실되어 확인이 불가능한 것	

<표 V-7> 시스템동바리 및 비계용 부재 수직재 점검기준

점검부위		점검항목	점검 종류		점검 방법	폐기기준	비고
			일상	정기			
1. 공통사항		변형 휘어짐, 뒤틀림	○		육안	변형, 휘어짐, 뒤틀림이 현저하여 정비가 불가능한 것	
		용접부, 균열, 부식	○		육안 NDT	용접부 부식이 현저하여 정비가 불가능한 것[균열이 있는 것]	
		콘크리트 등의 부착물	○		육안	콘크리트 등 부착물이 현저하여 정비가 불가능한 것	
2. 부재/부품	수직재	구부러짐	○		육안	구부러짐이 현저하여 정비가 불가능한 것	
		균열	○		육안 NDT	균열이 있는 것	
		움푹패임	○	○	육안 또는 계측	움푹패임이 불량(1종 6.0mm이상, 2종 4.0mm이상)하여 정비가 불가능한 것	
		핀구멍의 변형	○		육안	변형이 현저하여 정비가 불가능한 것	
	수평재	구부러짐	○		육안	구부러짐이 현저하여 정비가 불가능한 것	
		균열	○		육안 NDT	균열이 있는 것	
		두께	○	○	육안 또는 계측	움푹패임이 불량(디스크형 5.4mm미만, 포켓형 3.0mm미만)하여 교정이 불가능한 것	
3. 성능기준		수직재 압축하중	○	○	성능시험	다음 압축강도 미만인 것	방호장치 의무안전 인증고시
		접합부 인장하중	○	○	성능시험	인장강도가 30kN 미만인 것	방호장치 의무안전 인증고시
4. 안전인증 및 자율안전확인의 표시		"안", 🅢	○	○	육안	안전인증 및 자율안전확인 표시가 없거나 망실되어 확인이 불가능한 것	
		안전인증 및 자율안전확인 번호 등 법에서 정한 식별표시	○	○	육안	안전인증 및 자율안전확인 번호 등 법에서 정한 식별표시가 없거나 망실되어 확인이 불가능한 것	

길이(mm)	성능(kN)	
	1종	2종
900미만	160이상	90이상
900이상 1,200미만	140이상	70이상
1,200이상 1,500미만	120이상	55이상
1,500이상 1,800미만	90이상	40이상
1,800이상 2,100미만	70이상	30이상
2,100이상 2,400미만	60이상	25이상
2,400이상 2,700미만	50이상	20이상
2,700이상 3,000미만	40이상	17이상
3,000이상 3,300미만	35이상	14이상
3,300이상 3,600미만	30이상	12이상
3,600이상	25이상	10이상

● 철근콘크리트용 봉강 시험방법

시험규격 KS D 3504 항복강도, 인장강도, 연신율, 굽힘성시험, 화학성분, 치수 및 단위무게 측정으로 시험한다.

■ 철근의 종류

- 일반용, 용접용, 특수내진용

■ 시험빈도

- 제조사별, 제품규격별 50톤마다
- 시험 의뢰 시 길이 60cm 규격별로 각각 3개 봉인
- 항복강도, 인장강도, 연신율 = 1개, 굽힘시험 = 1개, 치수측정 및 화학성분용 = 1개

■ 시험 결과

- 인장강도는 항복강도의 1.15배 이상, 연신율은 16% 이상
- 굽힘시험은 SD300, SD400은 180도, SD500 이상은 90도로 시험(균열 및 파손 유무를 육안검사)
- 무게 측정, 마디 간격, 마디 높이는 버니어캘리퍼스로 측정하며 화학성분검사는 화학분석기 사용

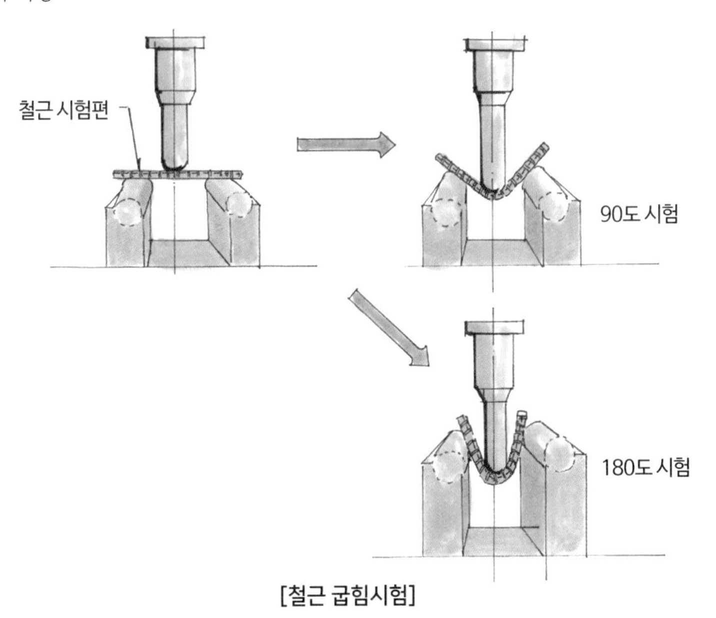

[철근 굽힘시험]

■ 품질관리계획 품질시험계획의 수립 및 실시의 미흡

품질관리계획서 재 · 개정 시 단순조직도 변경 관리를 하며, 중점 품질관리 대상 결정은 마감공종(방수, 내장)만 관리

- 시험계획 횟수를 부족하게 관리(토류벽 가시설)
- 총괄감리원은 품질관리계획 및 품질시험계획의 수립과 시험 성과에 관한 확인의 불철저함에도 불구, 적정한 계획 수립 변경과 시험기준과 다름에도 시정지시 등 적정한 조치 미실시

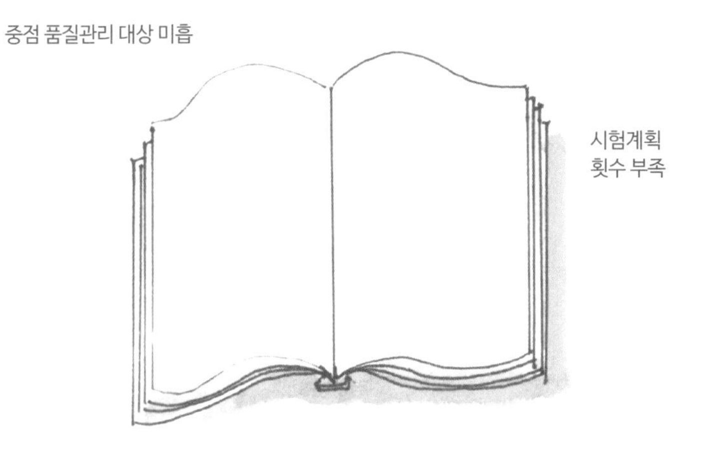

[품질관리계획서 · 품질시험계획서]

■ 품질관리 계획 작성 미흡

품질관리계획에 전체 20개소 현장 중 특정 현장에만 품질시험실을 갖추도록 명시하고 있어 여타 지역 현장의 품질시험을 부적정하게 실시했다.

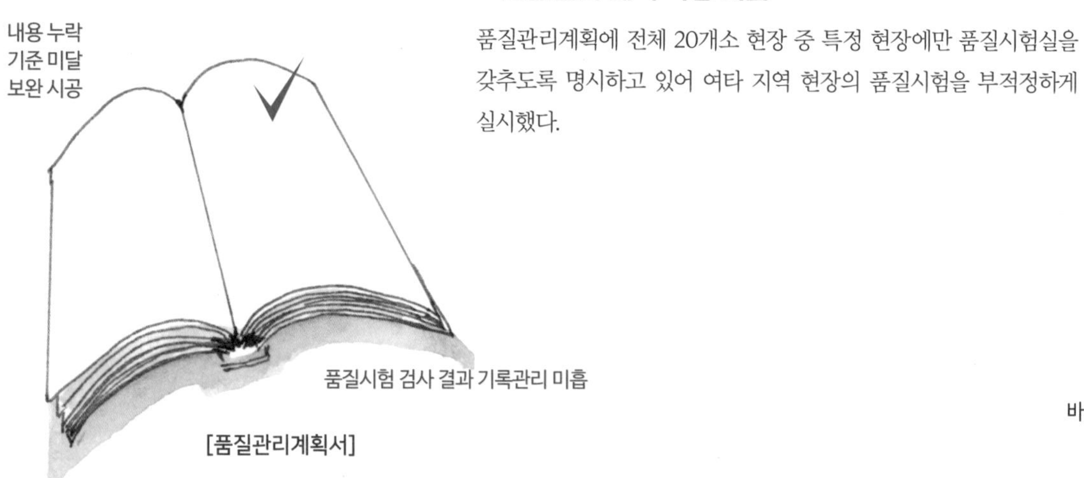

[품질관리계획서]

■ 품질관리계획의 수립 및 실시 미흡

기초바닥 영구배수자재(장섬유부직포) 시험항목이 포함되지 않았으며, KS 제품이 아님에도 자체 또는 외부의뢰 성적서가 누락되었다.

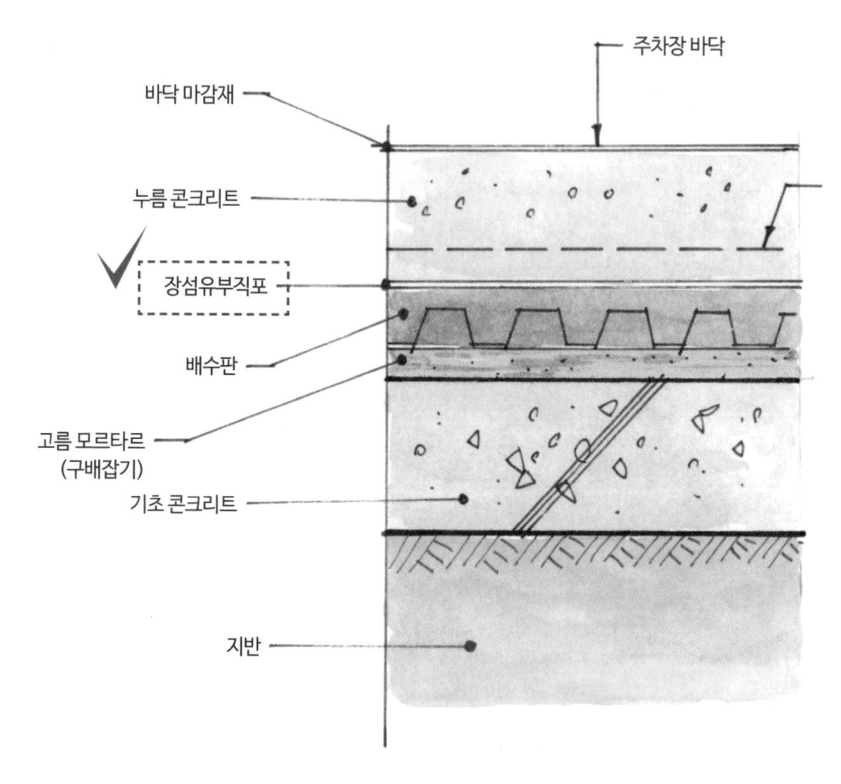

[영구배수공법·배수판공법]

■ 품질관리계획 수립 및 실시 미흡

품질관리계획에 보조기층재의 체가름 시험 계획이 반영되지 않았으나 책임건설사업 관리 기술자는 이상 없음으로 확인했다. 시공자 또한 인·허가 기관인 A시에 승인받은 내용으로 보조기층재는 최대 40mm 이하의 혼합 골재를 사용하도록 되어 있다.

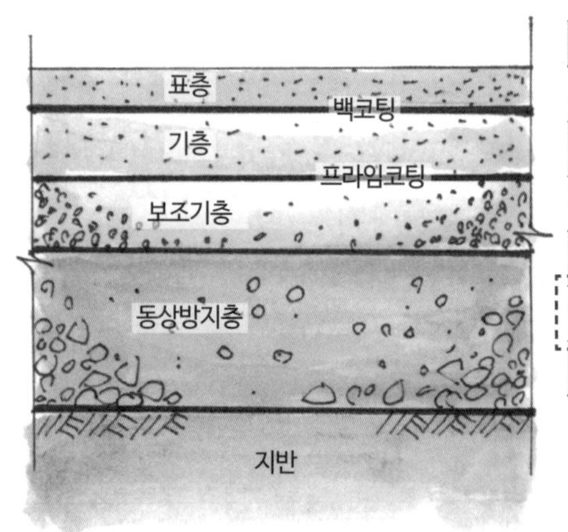

공종	규격
표층	ASCON #78(T=50mm)
백코팅	RSC-4
기층	ASCON #467(T=100mm)
프라임코팅	RSC-3
보조기층	40mm 이하(T=100mm)
동상방지층	75mm 이하(T=150mm)

[도로포장 단면도]

영구배수공법(dewatering)

■ 개요

영구배수공법은 지하구조물에 대한 양압력 해소방안으로 굴착이 완료된 최하층 바닥면에 인위적인 배수시스템을 형성, 기초바닥에 유입되는 지하수를 집수정으로 유도해 강제배수(pumping) 및 중력배수를 통하여 구조물에 작용하는 부력(양압력)을 저감하여 구조물에 안정을 도모하는 공법이다.

■ 목적

기초바닥에 작용하는 부력(양압력) 처리방법을 종합 검토하고, 지반의 수리특성과 건축기초의 설계조건 등을 토대로 영구배수시스템 적용에 따른 수리해석을 통하여 영구배수시스템의 설계와 시공을 위해 규격 및 단면 결정에 대한 제반 사항을 검토하여 부력(양압력)에 의한 구조물의 안정성을 확보한다.

■ 검토사항

- 건축물 주변의 지형 및 주변 구조물 등의 현황 분석
- 유입량 해석을 위한 설계 지하수위의 선정 및 검토
- 지반의 지질과 성층상태 및 수리특성 분석(지반조사 보고서 참조)
- 투수시험 및 수압시험 자료를 토대로 수리모델링을 통한 지하수 유입량 산정(SEEP-W)
- 건축구조 설계 시 기초의 부력에 대한 검토 확인(건축구조 → 최소 양압력 결정)
- 배수재의 통수능력 검토: 배수관 · 토목섬유
- 부력(양압력) 처리방법에 대한 적용성 검토 및 선정
- 부력(양압력) 처리방법 설계
- 영구배수시스템 시공을 위한 도면 및 시방서 작성(사용자재의 규격 및 사양, 시공방법)

■ 공법의 종류

- 기초 하부 유공관설치공법
- 기초 상부 배수판설치공법
- 배수판공법
- 드레인매트공법

■ 수압에 의한 피해

- 구조물 균열
- 누수 및 파손
- 마감재 손상
- 건축물 밸런스 저하
- 건축물 부상

■ 품질관리계획 · 품질시험계획의 수립 및 실시 미흡

- 명확한 시험빈도 산출을 위해 품질시험계획의 보완이 필요하다. (콘크리트 벽돌, 속 빈 콘크리트 블록, 시멘트계 액체형 방수제, 건설용 도막방수재 등 설계수량의 미기재)
- 포틀랜트 시멘트 시험빈도 등 실착공 전(前) 품질시험계획 변경 및 인·허가 기관의 승인조치가 필요하다.
- 누락된 항목 품질시험계획을 반영하여 품질관리계획서를 보완할 필요가 있다.

■ 품질시험계획 수립 미흡

철근콘크리트용 이형봉강 시험 및 관련 10개 규격별에 대한 품질시험계획 횟수(4,350회)가 부족하게 수립되었으며, 또한 시험항목 '겉모양, 치수, 무게'에 대한 외부의뢰시험 또는 현장시험을 단 1회도 실시하지 않아 시험계획에 대한 보완수립이 필요하다. 건설사업관리기술인은 품질관리계획의 수립에 대한 검토 · 확인을 소홀히 하여 적정한 조치를 취하지 않았다.

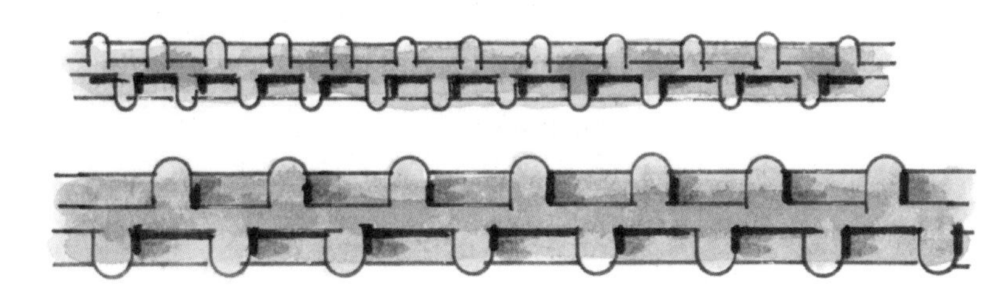

[이형철근]

■ 품질관리계획서(변경) 미승인

성토용 흙의 유기물 함량시험 및 터파기 지지력시험을 실시하면서 품질관리계획(변경)에 대한 발주자 승인 없이 시험을 실시했다.

[진동기]

● 품질관리계획 등의 수립대상 공사(제89조)

건설기술진흥법 시행령

[시행 2023. 1. 6.] [대통령령 제33212호, 2023. 1. 6. 일부개정]

① 법 제55조제1항에 따른 품질관리계획(이하"품질관리계획"이라 한다)을 수립해야 하는 건설공사는 다음 각 호의 건설공사로 한다. 〈개정 2014. 11. 11., 2020. 5. 26.〉

1. 감독 권한대행 등 건설사업관리 대상인 건설공사로서 총공사비(도급자가 설치하는 공사의 관급자재비를 포함하되, 토지 등의 취득 · 사용에 따른 보상비는 제외한 금액을 말한다. 이하 같다)가 500억 원 이상인 건설공사
2. 「건축법 시행령」 제2조제17호에 따른 다중이용 건축물의 건설공사로서 연면적이 3만 제곱미터 이상인 건축물의 건설공사
3. 해당 건설공사의 계약에 품질관리계획을 수립하도록 되어 있는 건설공사

② 법 제55조제1항에 따른 품질시험계획(이하 "품질시험계획"이라 한다)을 수립하여야 하는 건설공사는 제1항에 따른 품질관리계획 수립대상인 건설공사 외의 건설공사로서 다음 각 호의 어느 하나에 해당하는 건설공사로 한다. 이 경우 품질시험계획에 포함하여야 하는 내용은 별표 9와 같다.

1. 총공사비가 5억 원 이상인 토목공사
2. 연면적이 660제곱미터 이상인 건축물의 건축공사
3. 총공사비가 2억 원 이상인 전문공사

③ 제1항과 제2항에도 불구하고 건설사업자와 주택건설등록업자는 원자력시설공사와 건설공사의 성질상 품질관리계획 또는 품질시험계획을 수립할 필요가 없다고 인정되는 건설공사로서 국토교통부령으로 정하는 건설공사에 대해서는 품질관리계획 또는 품질시험계획을 수립하지 않을 수 있다. 다만, 건설공사의 설계도서에서 품질관리계획 또는 건설공사의 품질시험계획을 수립하도록 되어 있는 건설공사에 대해서는 품질관리계획 또는 품질시험계획을 수립해야 한다. 〈개정 2020. 1. 7.〉

④ 품질관리계획은 「산업표준화법」 제12조에 따른 한국산업표준(이하 "한국산업표준"이라 한다)인 케이에스 큐 아이에스오(KS Q ISO) 9001 등에 따라 국토교통부장관이 정하여 고시하는 기준에 적합하여야 한다.

■ 건설공사 품질관리 업무지침

[시행 2022. 1. 18.] [국토교통부고시 제2022-30호, 2022. 1. 18. 일부개정]

[별표 1] 품질관리계획서 작성기준(제7조제1항 관련)

항목	내용
8.7 중점품질관리	• 품질관리가 소홀해지기 쉽거나 하자 발생빈도가 높으며, 부적합 공사로 판명될 경우 시정이 어렵고 많은 노력과 경비가 소요되는 공종 또는 부위에 대하여 중점 품질관리를 하여야 한다. • 중점 품질관리 절차에는 다음 각 호의 사항을 포함하여 문서화된 정보를 유지하고 보유하여야 한다. 1. 중점 품질관리 대상의 결정 2. 작업에 이용되는 장비에 대한 기준 및 승인 3. 작업자에 대한 자격기준 및 자격인정 4. 작업방법 결정 및 모니터링 방법 5. 그 밖에 필요한 사항

■ 품질관리계획 · 품질시험계획 수립 및 실시의 미흡

품질관리계획서 재개정 시 단순조직도 변경 관리, 중점 품질관리 대상 결정은 마감공종(방수, 내장)만 관리하는데 시험계획 횟수를 부족하게 관리(토류벽 가시설)했다. 총괄감리원은 품질관리계획 및 품질시험계획의 수립과 시험 성과에 관한 확인의 불철저함에도 불구, 적정한 계획 수립 변경과 시험기준과 다름에도 시정지시 등 적정한 조치를 하지 않았다.

[품질관리계획서 · 품질시험계획서]

■ 품질시험 실시 미흡

가설기자재에 대해 중고자재의 품질시험을 별도로 실시하고 있지 않으며 건설사업관리업자 또한 시공자가 제출한 납품업체의 시험성적서를 토대로 반입을 승인했다.

가설기자재 의무 인증대상

근로자의 안전 및 보건에 위해를 미칠 수 있다고 인정되는 기계 등을 제조하거나 수입하는 자는 '산업안전보건법'에 의거해 고용노동부 장관으로부터 안전성을 확인받아야 한다. 추락·낙하 및 붕괴 등의 위험방호에 필요한 가설기자재는 산업재해를 예방하기 위한 주요 장치이므로 물품에 따라 의무 인증을 받거나, 안전기준을 충족해야 한다.

기계 · 기구	규격 및 형식별 적용범위
추락 · 낙하 및 붕괴 등의 위험방호에 필요한 가설기자재	추락 · 낙하 및 붕괴 등의 위험방호에 필요한 가설기자재로서 다음 각 목의 어느 하나에 해당하는 것 ① 파이프 서포트 및 동바리용 부재 ② 조립식 비계용 부재 ③ 이동식 비계용 부재 ④ 작업발판 ⑤ 조임철물 ⑥ 받침철물 ⑦ 조립식 안전난간

■ 품질관리계획의 수립 및 실시 미흡

기초바닥 영구배수자재(장섬유부직포) 시험항목이 포함되지 않았으며, KS 제품이 아님에도 자체 또는 외부의뢰 성적서가 누락되었다. 또한 보조기층재의 체가름 시험방법에 대한 구체적인 내용이 누락되었다.

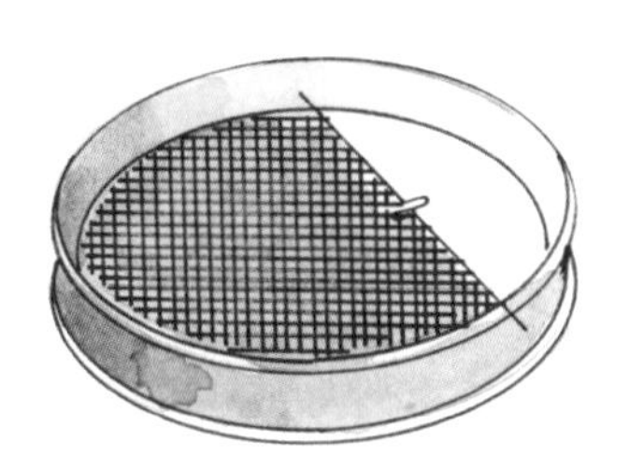

[호칭치수 5mm 표준체]

■ 품질관리계획 작성 미흡

품질관리계획에 전체 20개소 현장 중 특정 현장에만 품질시험실을 갖추도록 명시하고 있어 여타 지역 현장의 품질시험을 부적정하게 실시했다.

[품질관리계획서 · 품질시험계획서]

용어해설

보조기층(subbase course)
노상 위에 놓이는 층으로 상부에서 전달되는 교통하중을 분산시켜 노상에 전달하는 중요한 역할을 하는 부분

골재의 체가름 시험(骨材-篩分析試驗, sieve analysis test for aggregate)
① 골재 입도의 분포상태를 알기 위한 시험
② 규정의 체를 사용하여 시료를 4분법 또는 시료분취기(分取器)로 취하여 가는 눈목의 체를 밑으로, 큰 눈목의 체를 위로 하여 겹쳐서 시료를 위로부터 부어 넣은 후 체 전체의 상하동(上下動), 수평동 등을 주어 1분간 각 체에 걸리는 시료의 1% 이상이 그 체를 통과하지 않게 될 때까지 체질. 그 결과 각 체를 통과하는 것의 중량과 전시료 중량과의 비(%)로 골재의 입도를 표시

■ 품질관리계획(중점품질관리) 미실시

중점품질관리에 대하여 4개 공종이 수립되어 있으나, 품질관리계획서대로 이행되지 않았다.

적용 근거

건설공사 품질관리 업무지침[별표1] [제2022-30호, 고시, 2022. 1. 18.]

품질관리계획서 작성기준(제7조제1항 관련)

항목	내용
8.7 중점 품질관리	○ 품질관리가 소홀해지기 쉽거나 하자 발생빈도가 높으며, 부적합 공사로 판명될 경우 시정이 어렵고 많은 노력과 경비가 소요되는 공종 또는 부위에 대하여 중점 품질관리를 하여야 한다. ○ 중점 품질관리 절차에는 다음 각 호의 사항을 포함하여 문서화된 정보를 유지하고 보유하여야 한다. 1. 중점 품질관리 대상의 결정 2. 작업에 이용되는 장비에 대한 기준 및 승인 3. 작업자에 대한 자격기준 및 자격인정 4. 작업방법 결정 및 모니터링 방법 5. 그 밖에 필요한 사항

■ 품질관리 적절성 확인 미실시

발주자가 착공일부터 점검일 현재까지 품질관리 적절성에 대한 확인 계획을 수립하지 않고 이를 이행하지 않은 사실을 확인했다.

적용 근거

건설공사 품질관리 업무지침[별표1] [제2022-30호, 고시, 2022. 1. 18.]

품질관리계획서 작성기준(제7조제1항 관련)

항목	내용
9.2 분석 및 평가	○ 품질관리계획의 적절성 및 효과성을 실증하고 품질관리 계획을 지속적으로 개선하기 위하여 필요한 데이터를 선정하여 분석하고 평가하여야 한다. ○ 분석 및 평가절차에는 다음 각 호의 사항을 포함하여 분석하고 평가한 문서화된 정보를 유지하고 보유하여야 한다. 1. 건설공사 수행과 관련된 발주자와 이해관계자의 만족도 조사 2. 주요자재의 품질경향 3. 부적합 공사의 발생 빈도 및 특성 4. 내부심사 결과 및 품질관리 적절성 확인 등의 결과 5. 그 밖에 필요한 사항

■ 품질관리계획서(변경) 미승인

성토용 흙의 유기물 함량시험 및 터파기 지지력시험을 실시하면서 품질관리계획(변경)에 대한 발주자 승인 없이 시험을 실시했다.

적용 근거

건설공사 품질관리 업무지침 [별표 1] [제2022-30호, 고시, 2022. 1. 18.]

품질관리계획서 작성기준(제7조제1항 관련)

항목	내용
6.3 품질관리계획의 변경관리	○ 현장 내부심사 및 경영검토, 지속적 개선 등의 결과로 품질관리계획의 변경이 필요한 경우에는 계획적인 방식으로 수행되어야 한다. ○ 품질관리계획의 변경관리 절차에는 다음 각 호의 사항을 고려하여 수행하고 문서화된 정보를 유지하고 보유하여야 한다. 1. 변경의 목적과 잠재적 결과 2. 품질관리계획서 작성기준 3. 자원의 사용 가능성 4. 책임과 권한의 부여 또는 재부여 5. 그 밖에 필요한 사항

■ 품질관리계획 또는 품질시험계획의 수립 및 실시 미흡

명확한 시험빈도 산출을 위해 품질시험계획의 보완이 필요하다. (콘크리트 벽돌, 속 빈 콘크리트 블록, 시멘트계 액체형 방수제, 건설용 도막방수재 등 설계수량 미기재)

적용 근거

건설공사 품질관리 업무지침 [별표 2] 건설공사 품질시험기준(제8조제1항 관련)에 준하여 품질시험계획서를 작성하여야 한다.

13 시험실의 규모 · 시험장비 또는 건설기술인 확보의 미흡

13	주요 부실 내용	벌점
벌 점 기 준	**시험실의 규모 · 시험장비 또는 건설기술인 확보의 미흡**	
	품질관리계획 또는 품질시험계획에 따른 시험실 · 시험장비를 갖추지 않거나 품질관리업무를 수행하는 건설기술인을 배치하지 않은 경우	3
	시험실 · 시험장비 또는 건설기술인 배치 기준을 미달한 경우, 품질관리업무를 수행하는 건설기술인이 제91조제3항 각 호 외의 업무를 발주청 또는 인 · 허가 기관의 장의 승인 없이 수행한 경우	2
	법 제20조제2항에 따른 교육 · 훈련을 이수하지 않은 자를 품질관리를 수행하는 건설기술인으로 배치한 경우 (※ 300만 원 이하 과태료)	1
	시험장비의 고장을 방치(대체 장비가 있는 경우 제외한다)하여 시험의 실시가 불가능하거나 유효기간이 지난 장비를 사용한 경우	0.5

● 주요 지적 사례

주요 지적 사항	세부 내용
품질관리계획 수립 및 이행 부적정	양생수조 온도계 미설치 또는 검 · 교정을 받지 않은 전자온도계 설치, 공시체 타설횟수별 수량 부족
품질관리기술인 현장배치 인원 부족	품질관리계획서상의 품질관리자의 기준(교육 미이수) 및 인원 미달
품질시험장비 관리 미흡	품질시험장비 수량 부족(건조기, 체가름 등), 콘크리트 공시체 양생수조 유리온도계의 검 · 교정 미실시

● 필수 확인사항

1. 시험장비 및 품질관리기술인 부족(적정 장비 및 인원 선임 여부)
2. 시험실 · 시험장비, 품질관리기술인의 자격 기준 미달
3. 고장 난 시험장비 방치 및 검 · 교정 미실시
4. 품질관리업무 외의 다른 업무 수행 여부

● 시험실의 규모 · 시험장비 또는 건설기술인 확보의 미흡

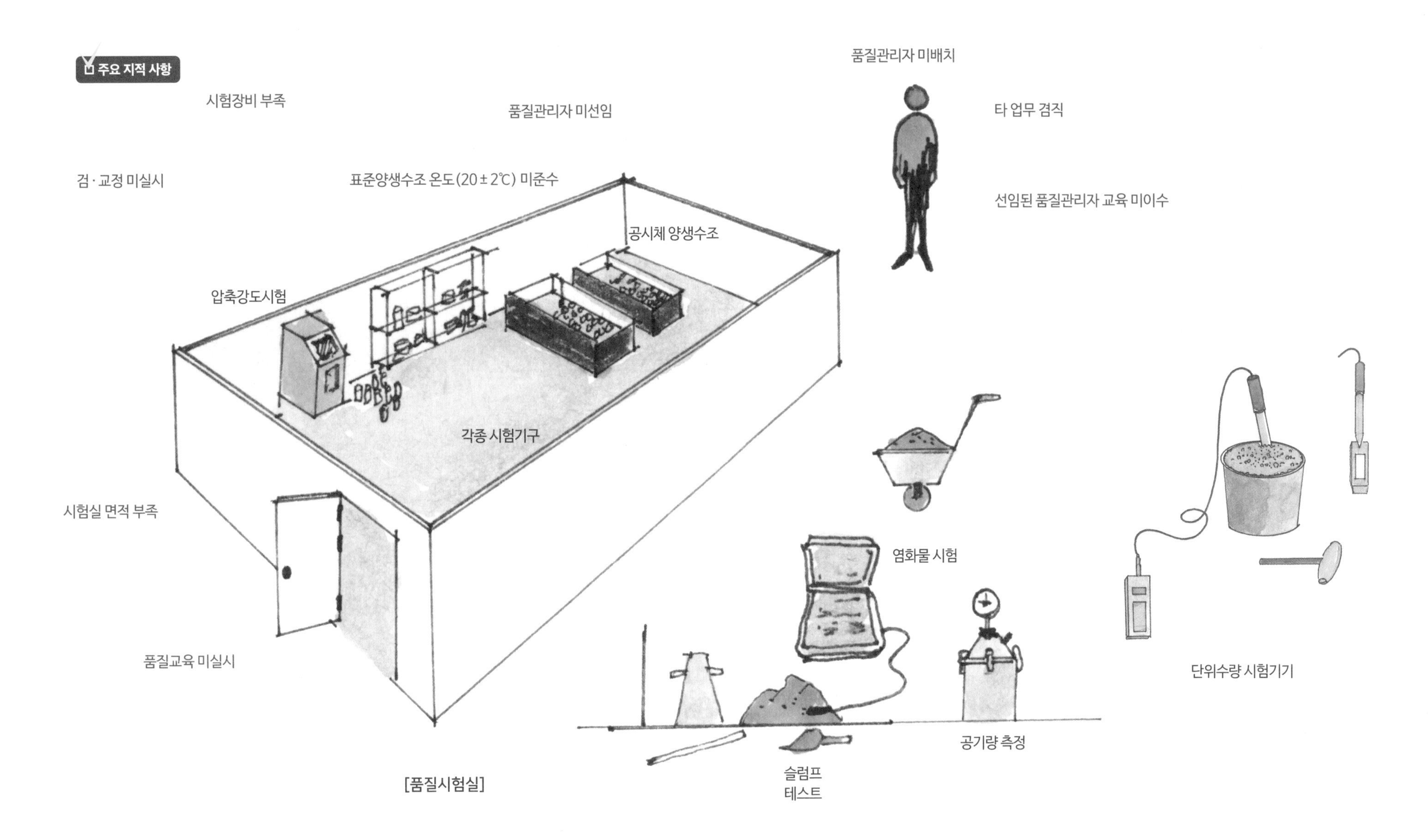

■ 시험실 시험장비 확보의 미흡

체가름 시험장비에 대하여 ○○년 ○○월부터 현재까지 유효기간이 지난 시험장비를 사용하여 시험을 실시하였으며, 책임건설사업관리기술인은 시정지시 등 적정한 조치를 하지 않은 채로 현장을 관리하고 있어 이에 따른 시정이 필요하다.

[체가름 시험장비]

■ 품질관리 수립 및 이행 부적정

- 동바리, 강관비계 28,600m² 및 PS기둥 슬래브 124,371개의 품질검사항목 누락 후 품질관리계획서 수립 및 시험을 하지 않았다.
- 양생수조 온도계를 미설치하고 교정받지 않은 전자온도계를 설치했으며, 공시체가 타설횟수별로 540개 있어야 하나 480개만 있어서 60개가 부족하다.

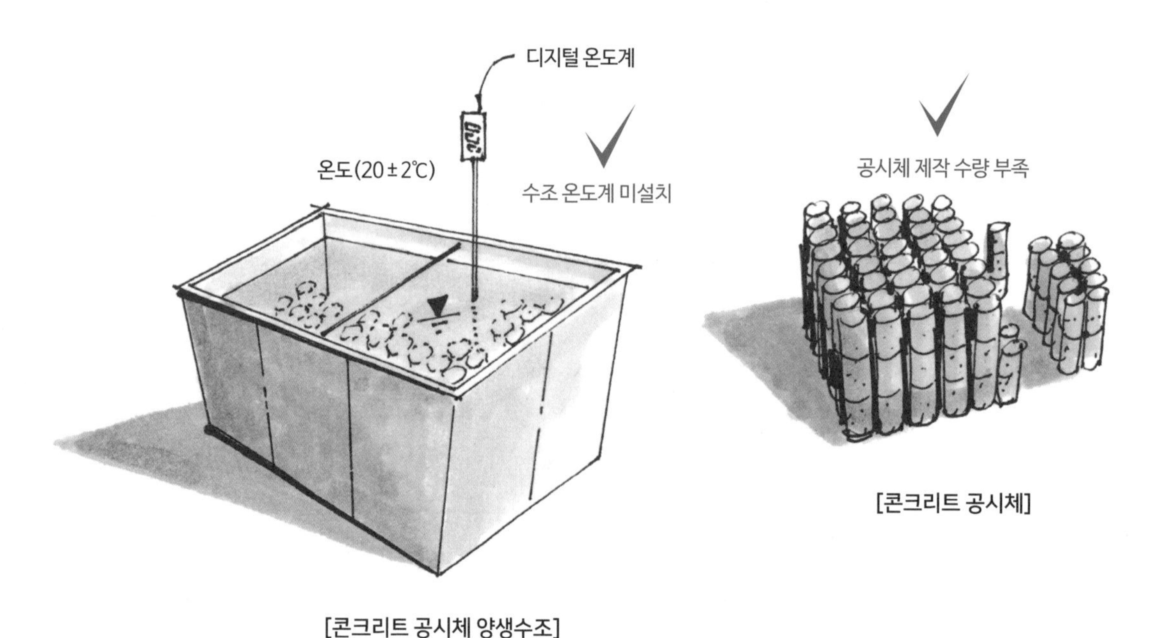

[콘크리트 공시체 양생수조]

[콘크리트 공시체]

■ 장비 식별표 부착 필요 등

품질시험실에 비치된 디지털 저울에 장비 식별표가 부착되어 있지 않아 보완이 필요하다.

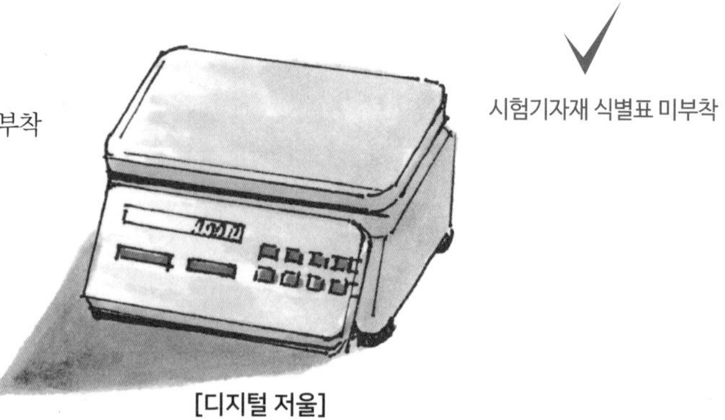

[디지털 저울]

■ 공시체 양생수조 온도 관리 필요

시험실 콘크리트 공시체 양생수조의 온도가 14.1℃로 관리되고 있으므로 공시체 양생수조 온도를 표준양생 온도(20±2℃)에 맞게 관리할 필요가 있다.

■ 품질관리자 교육 미이수

해당 공정 착공 전에 품질관리자 교육이수 조치가 필요하다.

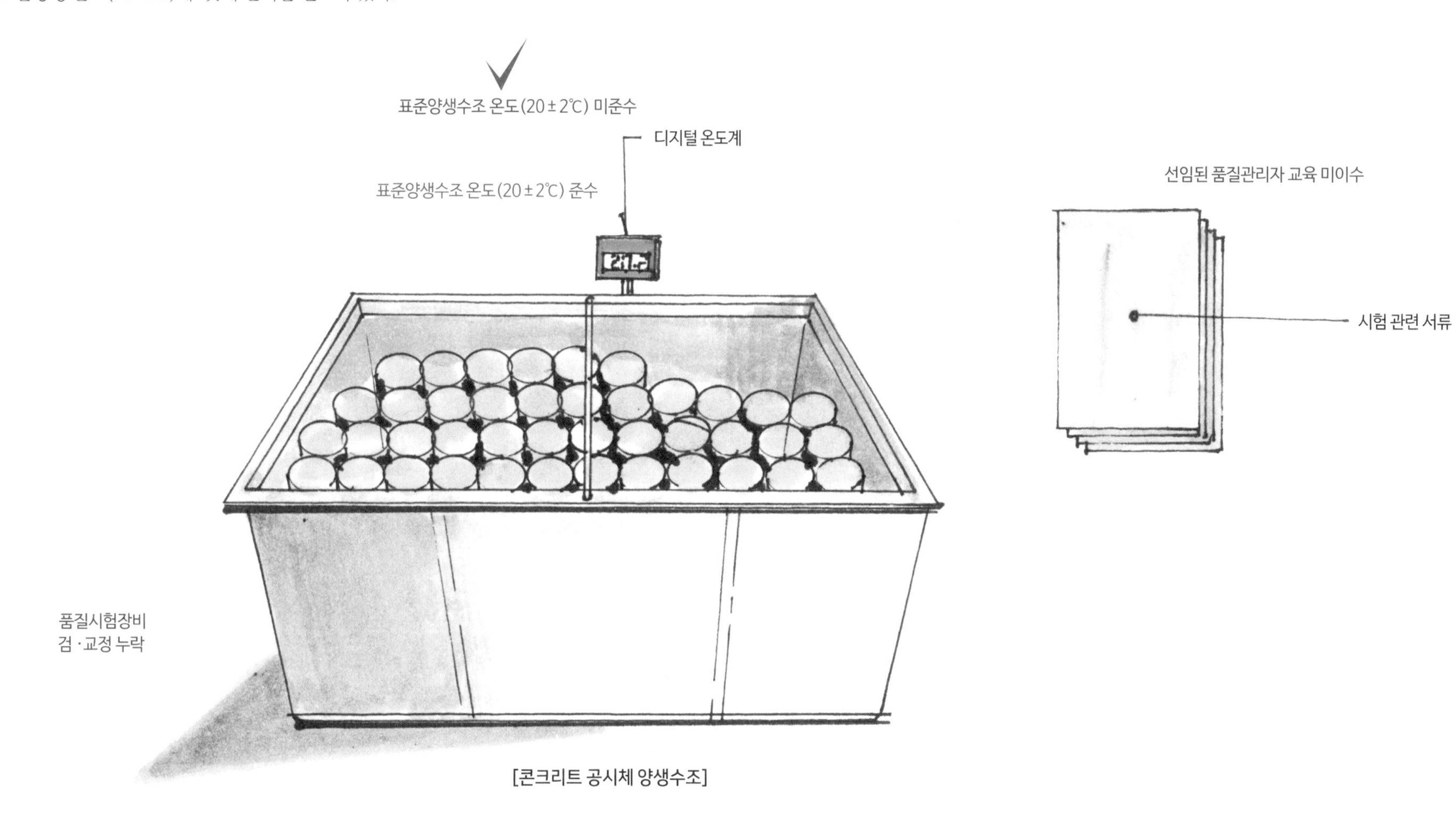

[콘크리트 공시체 양생수조]

■ 품질시험장비 관리 미흡

콘크리트 공시체 양생수조 유리온도계 5개 중 4개의 검·교정이 실시되지 않았고, 디지털 저울은 검사장비 설치계획과 상이하다.
(계획: 2kg ~0.01g, 실시: 2kg~0.1g)

■ 품질시험실 내 비치서류 관리 미흡

시험실에 비치해야 할 문서가 시험실이 아닌 곳(현장 사무실)에 비치되어 있다.

■ **품질시험장비 확보 미흡**

품질시험계획서상 보유하도록 계획한 장비 중 건조기(소형) 1EA가 비치되어 있지 않으므로 조치가 필요하다.

[시험용 소형 건조기]

■ **품질교육 실시 미흡**

공사현장 근로자에 대한 품질교육을 실시해야 하나, 점검일 현재 근로자에 대한 품질교육 실시가 미흡하므로 이에 대한 조치가 필요하다.

[품질교육]

■ **품질관리자 기술인 현장배치 확인 미흡**

감리단에 제출된 품질관리계획서의 품질관리자가 타 현장 직원으로, 본 현장 품질관리자로 등록하지 않은 채 품질관리계획서를 제출했음에도 감리단은 적정한 것으로 검토했으므로 적정성 검토가 미흡하다.

[품질관리자(품질관리기술인)]

■ **건설기술자(용접사) 관리 소홀**

용접작업을 행하는 건설기술자(용접사)에 대한 적정 자격 여부를 판단할 수 없다.

[용접작업]

● 품질관리자 배치 기준 건설기술진흥법 시행규칙 [별표 5] 〈개정 2021. 9. 17., 2023. 12. 31.〉

대상공사 구분	공사규모	시험·검사장비	시험실 규모	건설기술인(당초)	건설기술인(변경) 2023. 12. 31
특급 품질관리 대상공사	영 제89조제1항제1호 및 제2호에 따라 품질관리계획을 수립해야 하는 건설공사로서 총공사비가 1,000억 원 이상인 건설공사 또는 연면적 5만m^2 이상인 다중이용 건축물의 건설공사	영 제91조제1항에 따른 품질검사를 실시하는 데에 필요한 시험·검사장비	50m^2이상	가. 특급기술인 1명 이상 나. 중급기술인 이상인 사람 1명 이상 다. 초급기술인 이상인 사람 1명 이상	가. 품질경력 3년 이상+특급기술인 1명 나. 중급기술인 1명 다. 초급기술인 1명
고급 품질관리 대상공사	영 제89조제1항제1호 및 제2호에 따라 품질관리계획을 수립해야 하는 건설공사로서 특급품질관리 대상 공사가 아닌 건설공사(*하단 시행령 참조)	영 제91조제1항에 따른 품질검사를 실시하는 데에 필요한 시험·검사장비	50m^2이상	가. 고급기술인 이상인 사람 1명 이상 나. 중급기술인 이상인 사람 1명 이상 다. 초급기술인 이상인 사람 1명 이상	가. 품질경력 2년 이상+고급기술인 1명 나. 중급기술인 1명 다. 초급기술인 1명
중급 품질관리 대상공사	총공사비가 100억 원 이상인 건설공사 또는 연면적 5,000m^2 이상인 다중이용 건축물의 건설공사로서 특급 및 고급품질관리 대상 공사가 아닌 건설공사	영 제91조제1항에 따른 품질검사를 실시하는 데에 필요한 시험·검사장비	20m^2이상	가. 중급기술인 이상인 사람 1명 이상 나. 초급기술인 이상인 사람 1명 이상	가. 품질경력 1년 이상+중급기술인 1명 나. 초급기술인 1명
초급 품질관리 대상공사	영 제89조제2항에 따라 품질시험계획을 수립해야 하는 건설공사로서 중급품질관리 대상 공사가 아닌 건설공사	영 제91조제1항에 따른 품질검사를 실시하는 데에 필요한 시험·검사장비	20m^2이상	초급기술인 이상인 사람 1명 이상	초급기술인 1명

● 건설기술진흥법 시행규칙 일부개정령(안) 입법 예고

1. 개정 이유

「건설기술진흥법 시행령」 제91조제3항에 건설현장의 품질관리업무를 수행하는 건설기술인의 업무범위를 정하였고, 같은 법 시행규칙 제50조제4항에 건설공사 품질관리를 위한 시설 및 건설기술인 배치기준(별표 5)을 정하였으나, 품질관리 건설기술인이 품질업무를 수행한 경력이 없음에도 기술등급을 인정받아 현장에 배치되어 품질업무에 소홀해질 수 있음.

따라서, 건설현장에 반입 · 사용되는 다양한 건설자재에 대한 품질관리 및 근로자에 대한 내실 있는 품질교육을 수행하기 위하여 건설기술인 자격에 현장 품질업무 경력을 반영하려는 것임.

한편, 소규모 건설공사(100억 미만)는 품질과 관련한 교육·훈련비 등 품질활동비 계상기준이 없어 공사비에 반영하는 것이 곤란한바, 초급 품질관리기술인 인건비의 1/100을 계상하여 원활한 품질관리를 도모하고자 함.

2. 주요 내용

가. 건설현장의 품질관리자 전문성 강화를 위한 품질 경력을 추가 반영(규칙 제50조제4항의 별표 5)

- 품질관리 대상공사별 건설기술인 배치기준의 등급에 품질 경력 추가(특급+경력 3년, 고급+경력 2년, 중급+경력 1년)

나. 소규모 건설현장의 품질관리 활동비 계상기준 추가 반영(규칙 제53조제1항의 별표 6)

- 품질관리활동비 내역의 문서작성, 교육 · 훈련 등을 할 수 있도록 초급건설기술인 인건비의 1/100을 적용

14 건설용 자재 및 기계·기구 관리상태의 불량

14	주요 부실 내용	벌점
벌 점 기 준	**건설용 자재 및 기계·기구 관리상태의 불량**	
	기준을 충족하지 못하거나 발주청의 승인을 받지 않은 건설기계·기구 또는 주요 자재를 반입하거나 사용한 경우 (※ 형사고발 / 2년 이하 징역)	3
	건설기계·기구의 설치 관련 기준과 다르게 설치 또는 해체한 경우	2
	자재의 보관상태가 불량하여 품질에 영향을 미칠 경우	1

주요 지적 사례

주요 지적 사항	세부 내용
건설용 기계·기구의 관리상태 불량	관련 기준 부족, 발주청의 승인을 받지 않은 자재 및 기계·기구를 반입하여 사용
건설용 자재의 관리상태 불량	반입된 자재(시트파일, PHC 파일 등)가 받침목 없이 토사 위 적치 및 빗물 잠김
사용자재의 적합성 검토 미흡	밑창 콘크리트의 배합강도는 설계도서에서 별도로 정한 바가 없는 경우에는 15Mpa 이상으로 설계해야 하나 시공자는 13.5Mpa로 설계하여 적용

필수 확인사항

1. 관련 기준 불충족, 발주청 및 인·허가 기관의 미승인 기자재 반입 사용 여부
2. 건설 기계·기구 설치 관련 기준의 충족 여부
3. 건설용 자재의 보관상태
4. 주요 자재는 반입 전 감리단의 검토 요청 및 승인 여부

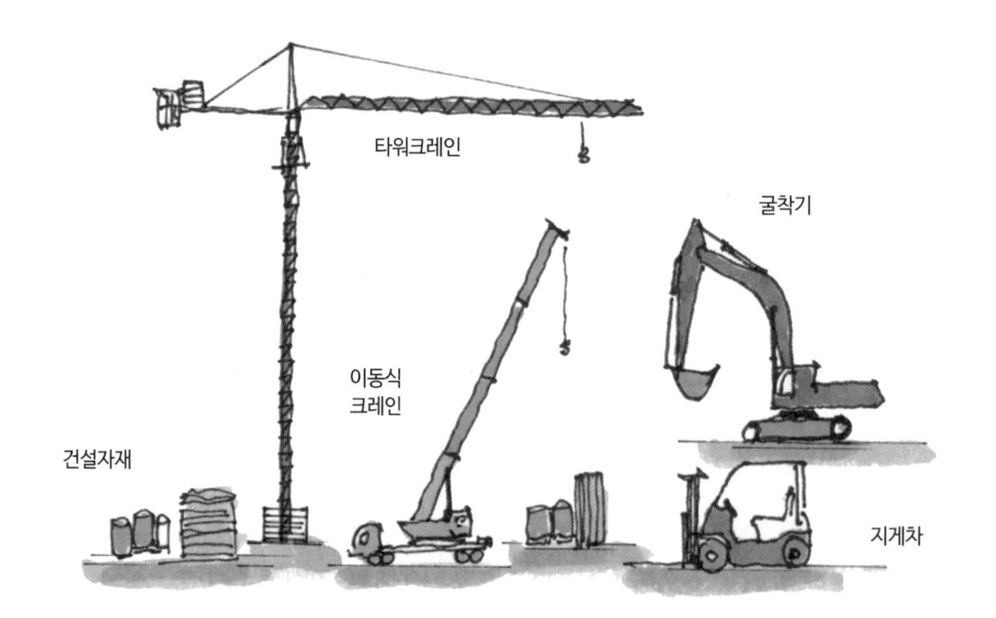

■ 건설용 자재관리 상태 불량

반입된 자재(시트파일, PHC 파일)가 받침목 없이 토사 위에 적치되었으며 우수에 잠겨 있다.

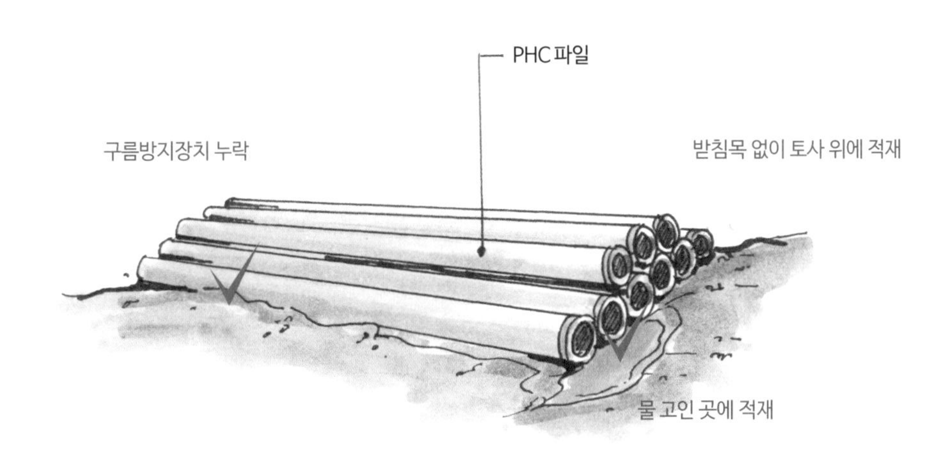

[PHC 파일 야적]

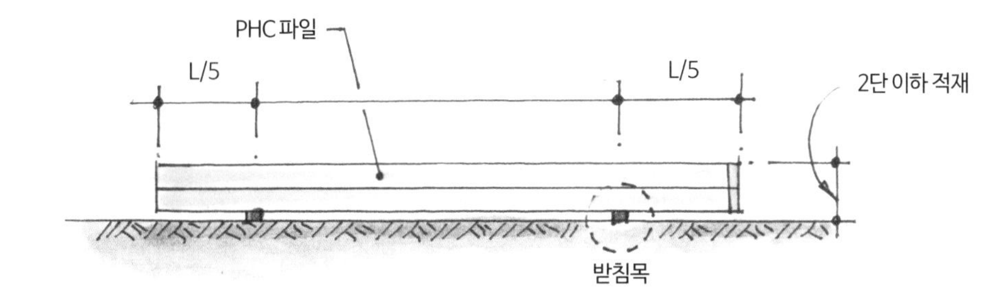

[올바른 PHC 파일 적재 방법]

■ 콘크리트 흄관 자재관리 미흡

콘크리트 흄관 보관상태를 확인한 결과 NO.1+480 구간에 보관된 흄관 10본(D1,000mm)이 성토지반에 보관되어 자재 파손이 우려되므로 관리상 적절한 조치가 필요하다.

받침목 미설치
흄관 보관상태 불량
되메우기 지반(성토지반)

[흄관 야적]

용어해설

버림 콘크리트(=밑창 콘크리트)
구조물의 밑바닥에 까는 저강도 콘크리트. 본체 콘크리트의 품질을 확보하거나, 밑면을 평탄하게 만들어 배근작업 등을 돕기 위해 사용

누름 콘크리트(protective concrete layer)
주로 보통, 잔자갈, 경량 콘크리트 등이 사용되는 방수층과 같은 것을 보호하기 위해 그 위에 붓는 콘크리트

무근 콘크리트(無筋-, plain concrete, nonreinforced concrete)
강재나 강섬유 또는 플라스틱 등으로 보강하지 않은 콘크리트. 콘크리트의 수축균열 등을 대비하여 강재를 사용하나, 규정된 최소 철근비 미만으로 보강한 콘크리트도 무근 콘크리트로 간주

자재의 보관

- 수급인은 현장 내에 자재를 보관할 수 있는 적합한 부지를 확보하여야 한다. 다만, 자재에 대한 공급자의 지침이 있는 경우에는 그 지침에 따른다.
- 수급인은 자재를 현장 내에 보관이나 보호할 수 없는 경우에는 공사감독자의 승인을 얻어 현장 밖에서 보관 또는 보호하여야 하며 자재관리에 대한 책임을 진다.
- 수급인은 자재가 현장에 반입된 즉시 품질, 수량 및 손상 유무를 검사하여야 한다.
- 반입된 자재는 그 품질과 공사의 적합성이 보장되도록 보관하여야 하며, 이물질이 혼입되거나 자재가 뒤섞이지 않도록 보관하여야 한다.
- 외부 온도 및 습도에 민감한 자재는 그 영향을 최소화할 수 있는 환경조건에서 보관하여야 하고 자재의 성능과 품질이 저하되지 않도록 관리하여야 한다.
- 수급인은 장기간 보관되는 자재에 대해 정기적으로 검사해서 제품이 손상되지 않고, 품질이 유지되고 있는지 확인하여야 한다.

자재관리 KCS 10 10 20 : 2018

1.9 자재의 운반, 보관, 취급

(1) 수급인은 반입자재에 대해 그 품질과 공사의 적합성이 보장되도록 보관하여야 한다. 수급인은 자재를 보관하거나 반출할 때는 자재를 손상하지 않도록 하여야 하며, 이물질이 혼입되거나 자재가 섞이지 않는 방법과 장비를 사용하여야 한다.

(2) 수급인은 보관 전에 자재승인을 받았을지라도 공사 투입 전에 다시 검사할 수 있는 위치에 자재를 보관하여야 한다.

(3) 수급인은 준공과 관계없이 자재의 변질, 손상, 오염, 뒤틀림, 변색 등 품질에 영향을 주는 일체의 변화가 생기지 않도록 보관, 운반, 취급하여야 한다.

(4) 수급인은 화기위험이 있는 자재를 다른 자재와 분리하여 보관하고 화재예방대책을 수립하여 취급하여야 한다.

(5) 수급인은 관련법규나 계약에서 정한 빈도에 따라 건설공사 도중 품질시험 검사를 시행하여야 하는 자재가 있다면, 품질시험 검사가 종료될 때까지, 시험에 합격되어 사용 중인 자재와 섞이지 않도록 분리하여 보관하여야 한다.

(6) 수급인은 지급자재의 인수, 출고 및 재고상태를 지급자재관리부에 기록하고 상시 비치, 보관, 관리해야 한다.

■ PC 거더(precast concrete girder) 보관 미흡

현장 종점부 E-beam 보관장소의 가림막 일부가 찢어지거나 훼손되어 직사광선에 노출될 우려가 있으며, 빔과 빔은 서로 연결되지 않아 전도의 위험이 있으므로 빠른 시일 내 적절한 보완대책이 필요하다.

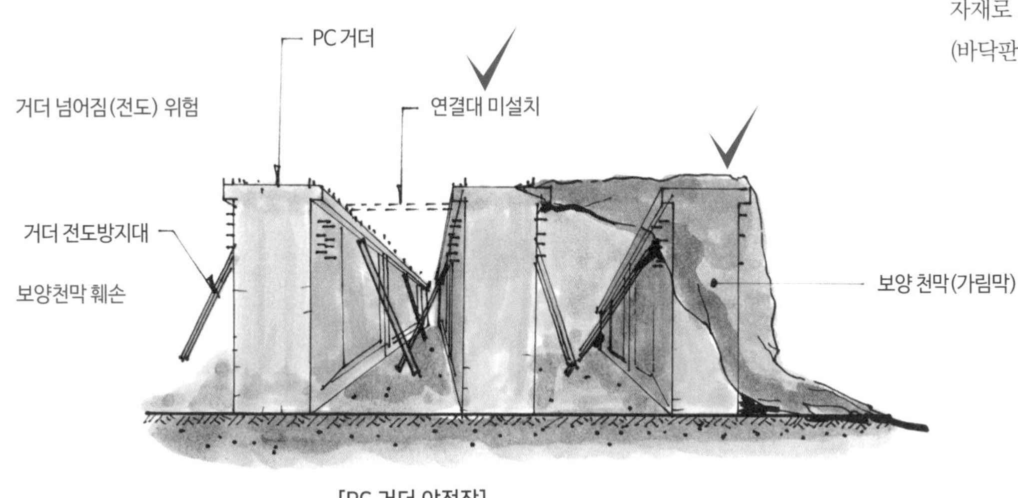

[PC 거더 야적장]

■ 이동식 크레인 아우트리거 받침목 설치 미흡

하이드로 크레인(70톤) 작업 시 아우트리거(outrigger) 펼침 및 받침목 설치 후의 작업 진행은 평탄한 지반에 거치하도록 계획하고 있으나, 아우트리거 4개소 중 1개소의 받침목이 요철지반에 설치되어 있다.

■ 이동식 크레인 아우트리거 받침목 설치 목적

- 연약지반에 단위면적당 압력을 분산시켜 지반침하 예방: 접지 면적, 전도 위험의 방지
- 크레인의 수평 유지: 양팔저울의 원리 적용, 균형 중요

■ 규격 미달 파이프 서포트 사용

A동 지하 1층 슬래브 타설을 위한 파이프 서포트를 설치하였으나, 파이프 서포트의 바닥판이 가로세로 120mm인 규격 미달의 자재를 사용하고 있어(2개소) 규격에 적합한 자재로 교체가 필요하다.

(바닥판의 기준 규격은140×140×5.5t, 받이판도 동일)

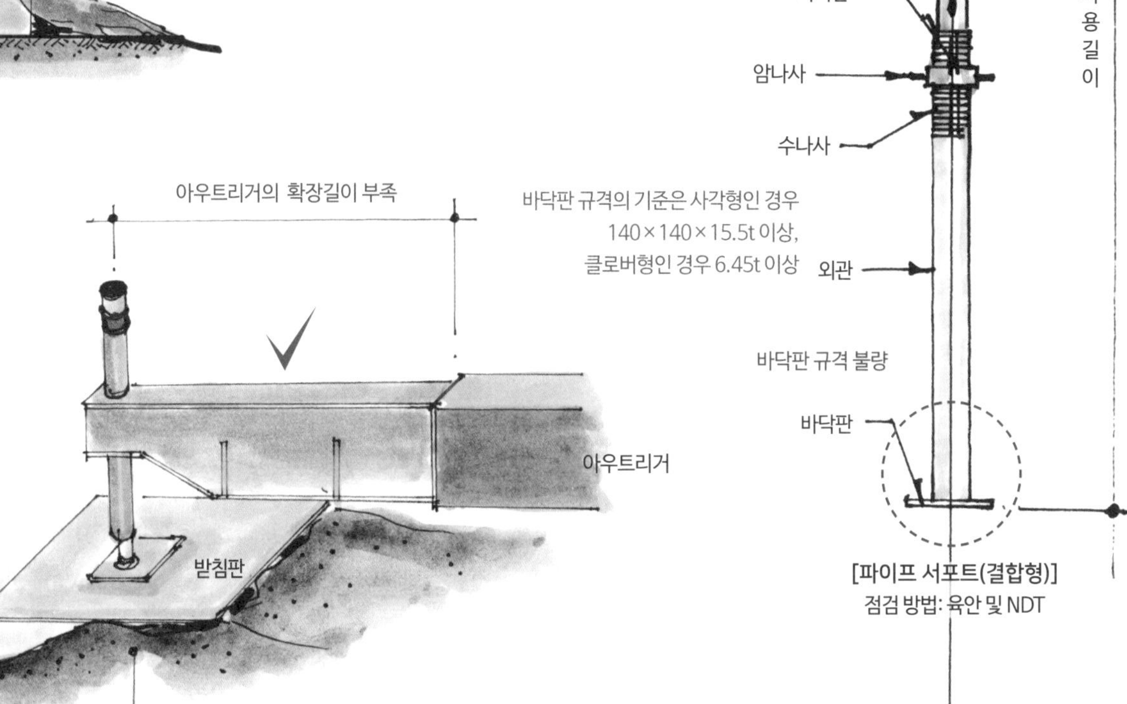

[장비의 아우트리거]

[파이프 서포트(결합형)]
점검 방법: 육안 및 NDT

파이프 서포트(pipe support)

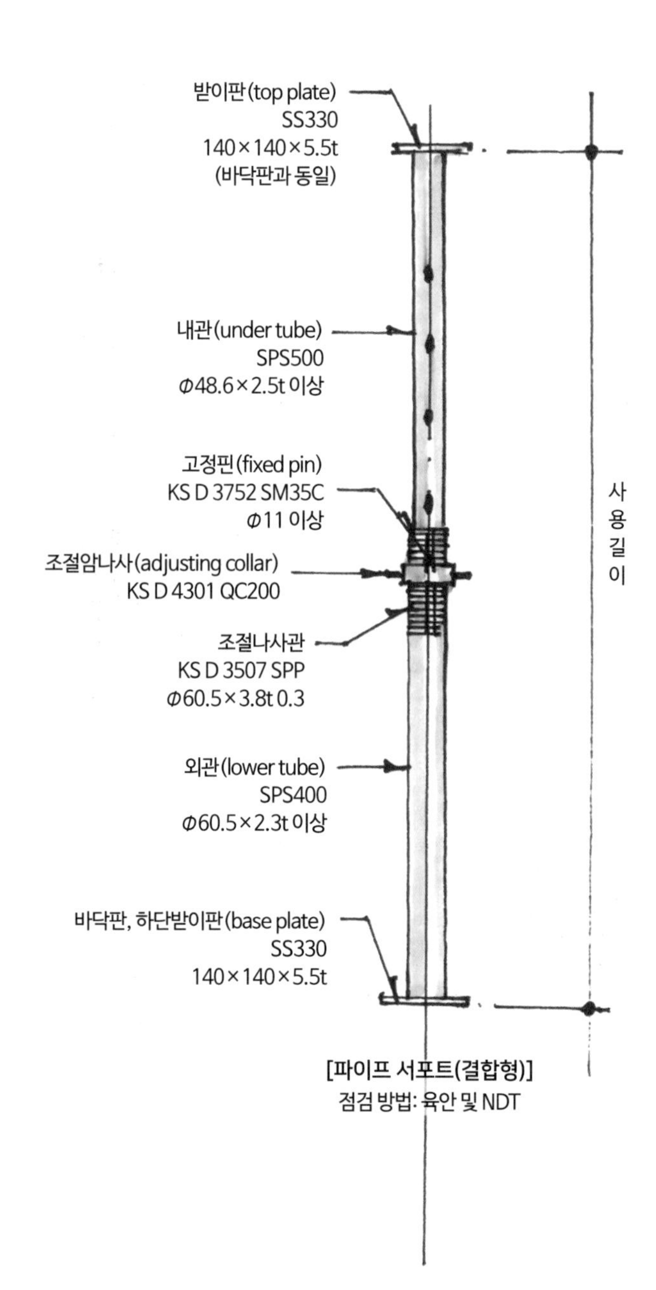

[파이프 서포트(결합형)]
점검 방법: 육안 및 NDT

■ 파이프 서포트 규격별 크기 및 허용하중표

종류	높이		고정판의 조절 간격 (mm)	핸들의 조정 범위 (mm)	허용하중(kg)	비고(kg)
	최고	최저				
V1	3,000	1,800	120	125	1,800	12.3
V2	3,500	2,000	120	130	1,500	12.7
V3	3,900	2,400	120	130	1,200	13.6
V4	4,200	2,700	120	130	1,050	14.8
V5	5,000	3,000	120	130	750	미검정
V6	5,950	4,200	120	130	450	미검정

[출처: 거푸집동바리 안전작업 매뉴얼, 한국산업안전보건공단]

■ 파이프 서포트 조립 기준

- 파이프 서포트를 3본 이상 이어서 사용 금지
- 파이프 서포트를 이어서 사용할 때에는 4개 이상의 볼트 또는 전용철물을 사용
- 높이가 3.5m를 초과할 경우 높이 2m마다 수평연결재를 2개 방향으로 설치하여 수평변위 방지
- 지주의 연결은 볼트, 클램프 등의 전용철물을 사용
- 지주의 활동방지 조치 실시

■ 철근자재 야적상태 미흡

철근자재의 야적 중 철근 보양조치를 하지 않고 습윤 상태에 방치했다.

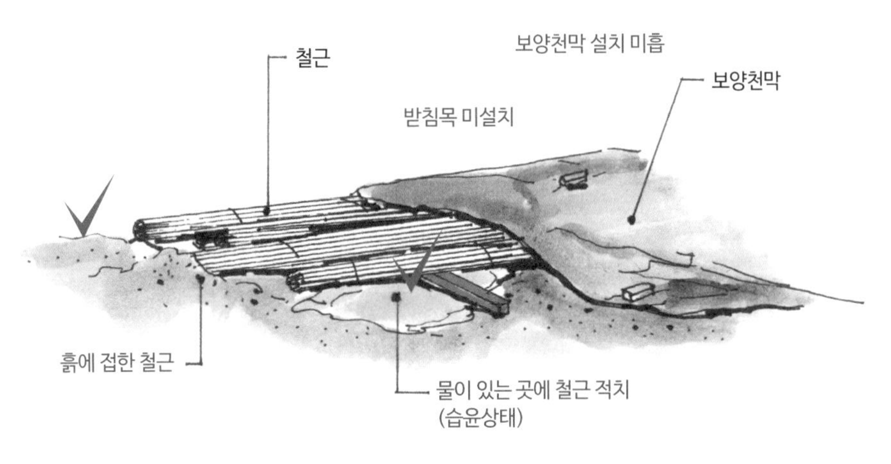

[철근 야적장]

■ 볼트 도장 전 관리 미흡

7층 커튼월 지지구조물을 고정하기 위해 하부 베이스 플레이트(base plate)에 설치된 볼트에 녹이 슬어 있는 상태로 노출했다.

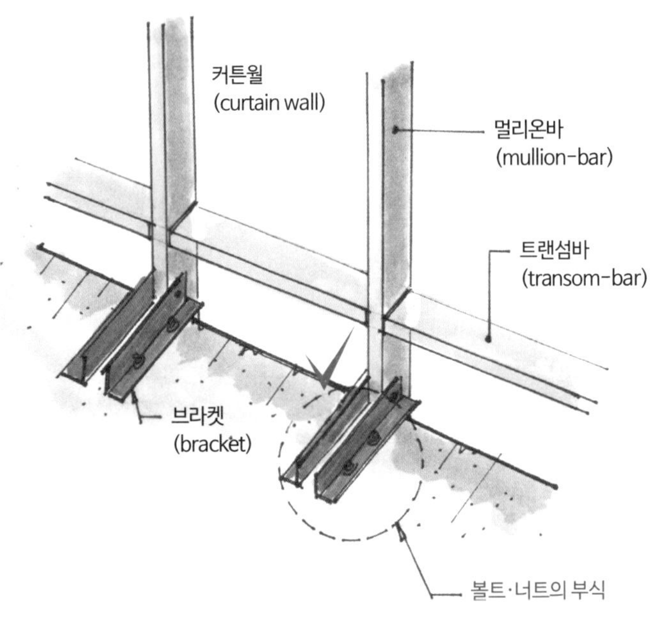

[커튼월의 지지구조물]

■ 자재운반 적재 부적절

자재 야적장에 적치된 가설비계용 작업발판을 지그재그로 적재하여 하부가 벌어져 낙하하지 않도록 관리가 필요하다.

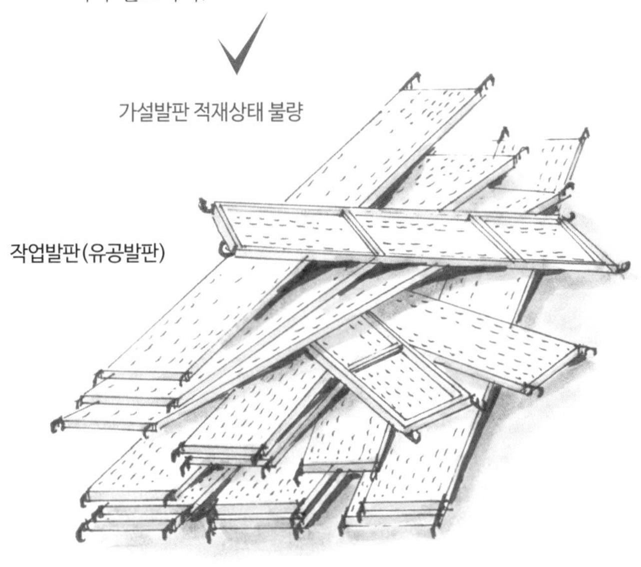

[작업발판]

■ 사용자재의 적합성 검토 미흡

시방서, 도면 등에 밑창(버림) 콘크리트 설계기준의 강도를 별도로 정하고 있지 않으므로 밑창 콘크리트의 배합강도를 15Mpa 이상으로 배합설계를 해야 하나, 시공사는 밑창 콘크리트의 배합설계를 배합강도 13.5Mpa로 하여 감리자에게 공급원 승인을 요청하고, 감리자는 이를 적합한 것으로 검토 · 승인하여 밑창 콘크리트를 7,397m²로 시공했다.

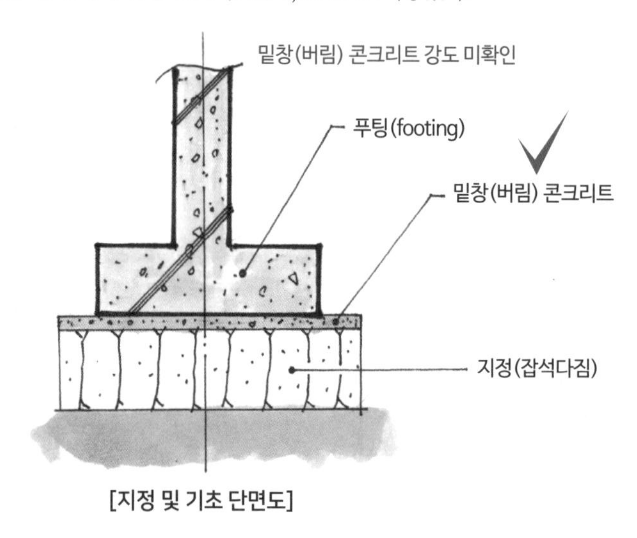

[지정 및 기초 단면도]

참고자료

밑창(버림) 콘크리트 강도 규정

04075 밑창 콘크리트 지정공사

1. 일반사항

이 시방서 04010.1에 따른다.

1.1 적용범위

이 절은 밑창 콘크리트에 의하여 형성하는 지정공사에 적용한다.

2. 자재

2.1 재료 및 품질

가. 밑창 콘크리트 재료는 이 시방서 05000에 따른다.

나. 밑창 콘크리트의 품질은 설계도서에 따른다. 설계도서에서 별도로 정한 바가 없는 경우는 설계기준강도 15MPa 이상의 것을 사용해야 한다.

3. 시공

밑창 콘크리트의 표면은 정해진 높이로 마무리한다. 타설두께는 설계도서에 따른다. 혹은 60mm로 하여 평탄하게 마감한다.

■ 철근자재 보관 미흡(자재관리 미흡)

A 교량 하부에 보관 중인 철근을 외부에 노출되도록 관리하고 있어 우수 등에 따른 변질 등 품질저하가 우려되므로 이에 대한 조치가 필요하다.

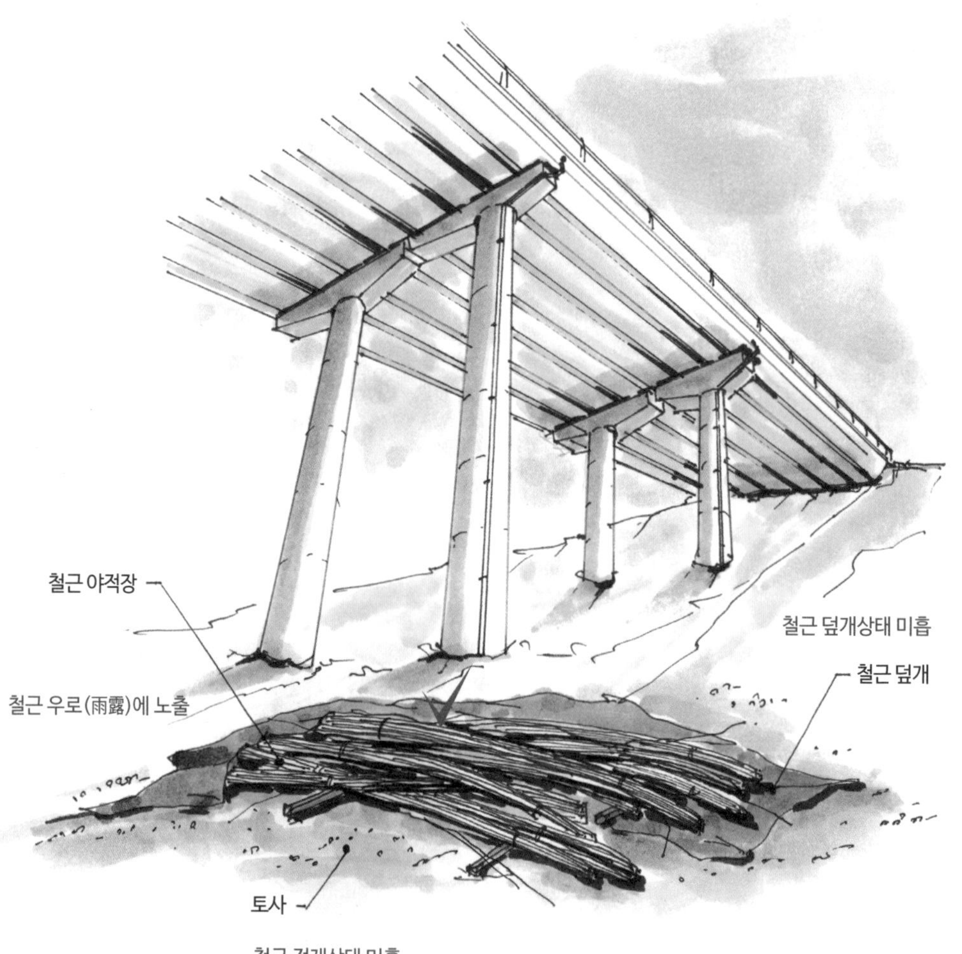

[철근 야적장]

■ 현장 내 공사용 자재관리 미흡(품질관리 미흡)

'표준시방서' KCS 10 10 20(자재관리) 및 당 현장 '시방서 및 품질관리계획서' 등 품질관리방침에 따르면 자재의 변질, 손상, 오염, 뒤틀림, 변색 등 품질에 영향을 주는 일체의 변화가 생기지 않도록 보관하여야 한다고 되어 있다.

반면 점검일 현재, 당 현장 확인 결과 일부 자재(흄관)가 땅에 닿은 상태로 적치되어 있어 지면과 일정 간격을 유지할 수 있는 고임목 등으로 설치 및 보관하는 등 보완이 필요하다.

상기와 관련하여 결합부위의 장기간 노출로 인한 내구성 저하를 방지하기 위해 조속한 보수가 필요하다.

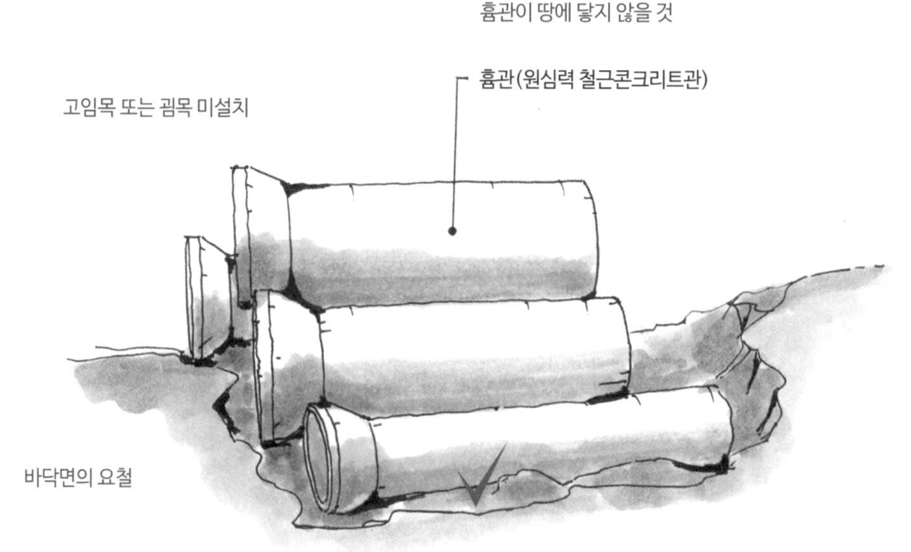

[흄관 야적장]

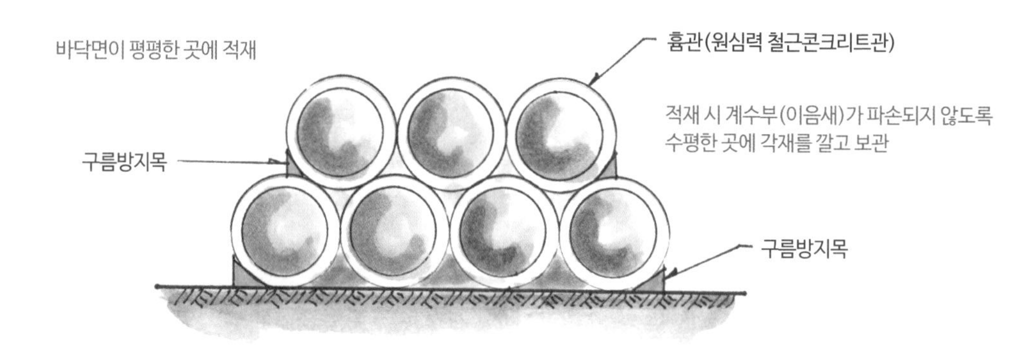

[흄관 적재방법]

■ **VR관 vs 흄관**

- **VR관**: KS F 4402 진동 및 전압 콘크리트관(Vibrated and Roiled, VR)
- **흄관**: KS F 4403 원심력 철근콘크리트관(Centrifugal Reinforced Concrete Pipes)

용어해설

흄관(-管, hume pipe)
철선을 종횡으로 조립한 것을 몰드에 넣고 회전하면서, 혼합한 콘크리트를 몰드 속에 넣어 원심력에 의해 제조하는 관으로 '원심력 철근콘크리트관'이라고도 한다. W.R 흄(Hume)이란 사람이 고안하여 '흄관'이란 이름으로 알려지게 되었다.

의무 안전인증 대상 기계

의무 안전인증 대상 기계 · 기구 목록		
기계 · 기구 · 설비	방호장치	보호구
• 크레인 • 리프트 • 고소작업대 • 곤돌라 등 8종	• 양중기용 과부하방지장치 • 절연용 방호구 및 활선작업용 기구 • 추락 · 낙하 · 붕괴 등의 위험방지 및 보호에 필요한 가설기자재 등 8개 항목	• 추락 및 감전위험 방지용 안전모 • 안전화 • 안전장갑 • 방진마스크 • 방독마스크 • 송기마스크 • 전동식 호흡보호구 • 보호복 • 안전대 • 차광 및 비산물 위험방지용 보안경 • 용접용 보안면 • 방음용 귀마개 또는 귀덮개
※ 의무 안전인증 대상 유해 · 위험 기계 · 기구 · 설비 및 방호장치, 보호구는 안전성을 평가하기 위하여 그 안전에 관한 성능과 제조자의 기술능력 및 생산체계 등이 안전인증기준에 맞는지 안전인증을 받아야 함		

현재 건설현장에서 크레인 · 리프트 · 고소작업차를 운용 시	
안전검사 대상	크레인 · 리프트 · 고소작업차
안전검사 절차	신고서 제출 (신고인: 제조자 또는 수입자) (신고인 → 안전보건공단) → 신고내용 확인 (안전보건공단) → 자율안전 확인 증명서 교부 (안전보건공단 → 신고인)
안전인증 신청 및 실시	• 한국산업안전보건공단 고객만족센터(1644-4544) • 유해 · 위험 기계 · 기구 종합정보시스템 홈페이지(miis.kosha.or.kr)

● 안전인증(KCs)이란?

안전인증대상 기계 · 기구 등의 안전성능과 제조자의 기술능력 및 생산체계가 안전인증기준에 맞는지에 대하여 고용노동부 장관이 종합적으로 심사하는 제도이다.

대 상	적용 범위
크레인	동력으로 구동되는 정격하중 0.5톤 이상 크레인(호이스트 및 차량탑재용 크레인 포함). 다만 건설기계관리법의 적용을 받는 기중기는 제외
리프트	동력으로 구동되는 리프트. 다만, 다음 중 어느 하나에 해당하는 리프트는 제외 • 적재하중이 0.49톤 이하인 건설용 리프트, 0.09톤 이하인 이삿짐 운반용 리프트 • 운반구의 바닥면적이 0.5제곱미터 이하이고 높이가 0.6미터 이하인 리프트 • 자동차정비용 리프트 • 자동이송설비에 의하여 화물을 자동으로 반출입하는 자동화설비의 일부로 사람이 접근할 우려가 없는 전용설비는 제외
고소작업대	동력에 의해 사람이 탑승한 작업대를 작업 위치로 이동시키기 위한 모든 종류와 크기의 고소작업대에 대하여 적용(차량탑재용 포함). 다만, 다음 각 목의 어느 하나에 해당하는 경우는 제외 가. 지정된 높이까지 실어 나르는 영구 설치형 승용 승강기 나. 승강 장치에 매달린 가이드 없는 케이지 다. 레일 의존형 저장 및 회수장치상의 승강 조작대 라. 테일 리프트(tail lift) 마. 마스트 승강작업대 바. 승강 높이 2미터 이하의 승강대 사. 승용 및 화물용 건설 권상기 아. 소방기본법에 따른 소방장비 자. 전람회장(fairground) 장비 차. 항공기 지상 지원 장비 카. 교량 하부의 검사 및 유지관리 장비 타. 농업용 고소작업차(농업기계화촉진법에 따른 검정 제품에 한함)
곤돌라	동력에 의해 구동되는 곤돌라. 다만, 크레인에 설치된 곤돌라, 엔진을 이용하여 구동되는 곤돌라, 지면에서 각도가 45도 이하로 설치된 곤돌라 및 같은 사업장 안에서 장소를 옮겨 설치하는 곤돌라는 제외

● 안전인증대상 주요 검사항목

■ 이동식 크레인

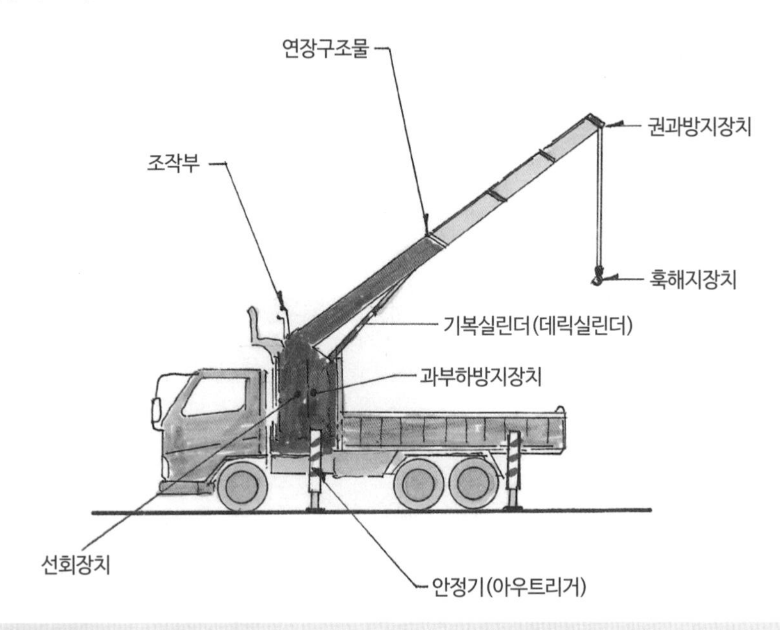

주요검사 항목		
	• 연장구조물 등 • 안정기 • 작업대 부착금지 • 연장구조물 구동장치 • 훅 블록	• 와이어로프 또는 체인 • 선회장치 • 제어장치 등 • 안전장치 • 작동시험

■ 고소작업차

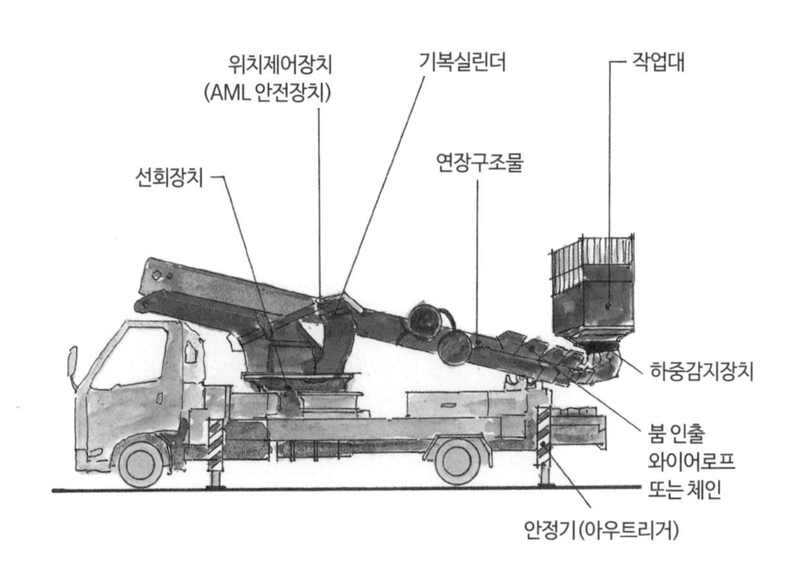

주요검사 항목		
	• 연장구조물 등 • 안정기 • 연장구조물 구동장치 • 작업대	• 제어장치 등 • 안전장치 • 작동시험 • 비상정지장치

■ 안전인증 검사 미신청 시 과태료 부과

구분	과태료	관련 근거	비고
안전검사 미실시	1,000만 원 이하의 과태료	산업안전보건법 제72조	사용중지 명령

※ 안전검사를 받지 않은 경우 지방고용관서로부터 과태료 부과 및 사용중지 명령을 받음

15 콘크리트 타설 및 양생(養生) 과정의 소홀

15	주요 부실 내용	벌점
벌 점 기 준	**콘크리트 타설 및 양생 과정의 소홀**	
	콘크리트 배합설계를 실시하지 않은 경우, 콘크리트 타설계획을 수립하지 않은 경우, 거푸집 해체시기 및 타설순서를 준수하지 않은 경우	2 또는 3
	슬럼프 테스트, 염분함유량시험, 압축강도시험 또는 양생관리를 실시하지 않은 경우, 생산 · 도착시간 및 타설 완료시간을 기록 · 관리하지 않은 경우, 기준을 초과하여 레미콘 물타기를 한 경우	1 또는 2

주요 지적 사례

주요 지적 사항	세부 내용
콘크리트 타설에 따른 물성시험관리 소홀	콘크리트 타설 시 현장 물성시험(슬럼프 테스트, 염분함유량시험, 압축강도시험, 공기량 및 단위수량 시험 등)을 직접 시행해야 하나, 레미콘 납품업체에서 대행 실시
콘크리트 타설 및 양생 과정의 소홀	현장 시험실 양생수조의 온도관리 미흡(온도 수치 맞지 않음)
레미콘 송장관리 미흡	현장에 레미콘 반입 송장을 확인한 결과, 콘크리트 타설 완료시간을 미기록

필수 확인사항

1. 레미콘 공급원 승인 요청 시 배합설계 실시 여부
2. 콘크리트 타설계획서 수립, 거푸집 해체시기 및 타설순서의 준수 여부
3. 레미콘 반입 송장에 생산 · 도착시간과 타설 완료시간의 기록 · 관리, 기준을 초과한 가수(加水)행위

● 콘크리트 타설 및 양생 과정의 소홀

- 배합설계 미실시, 타설계획 미수립
- 거푸집 해체시기 및 타설순서 미준수
- 슬럼프 테스트, 염분함유량시험, 압축강도시험, 양생관리 미실시
- 생산 · 도착시간 및 타설 완료시간
- 기록 · 관리 미실시
- 기준을 초과한 가수행위

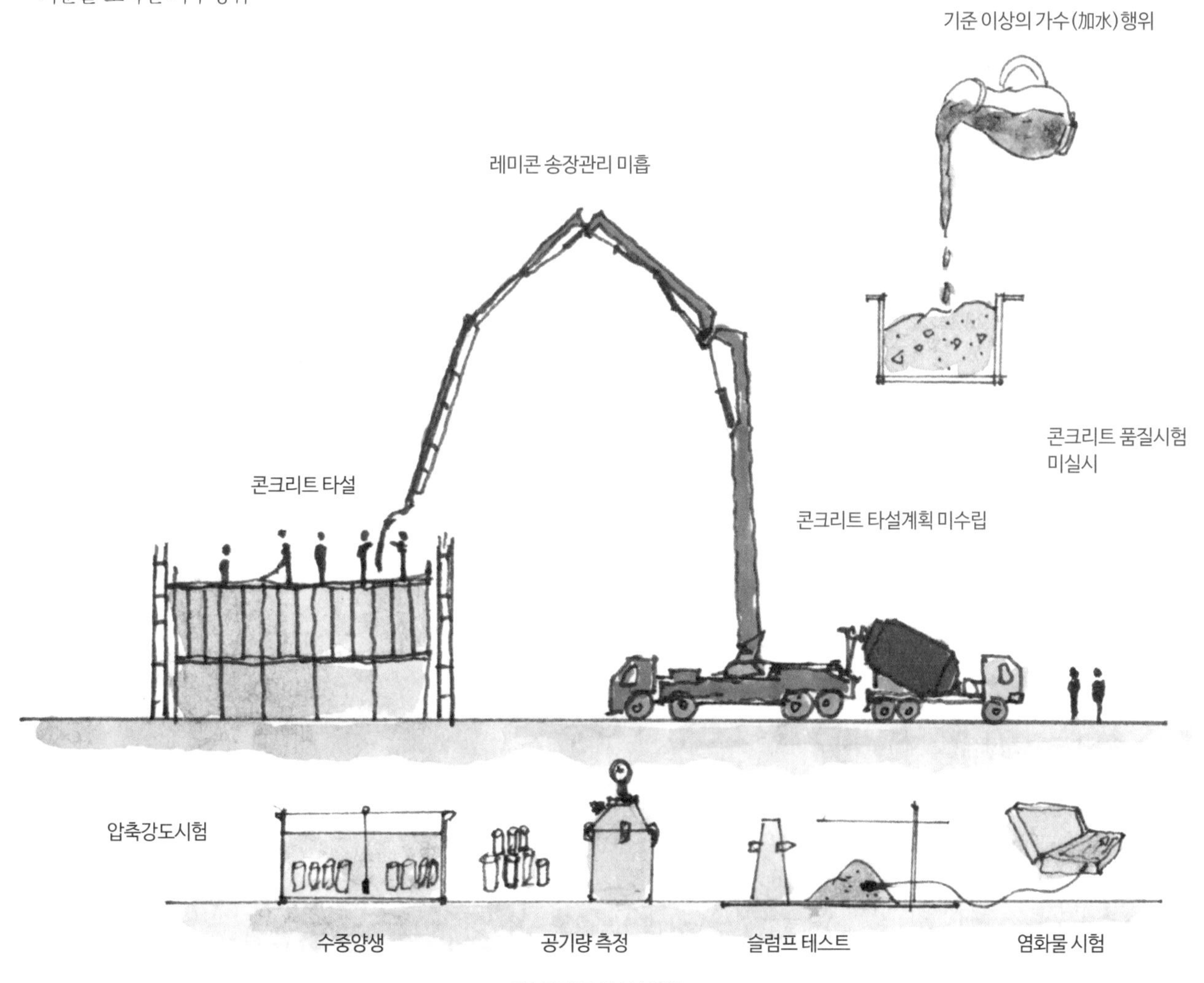

[콘크리트 물성시험]

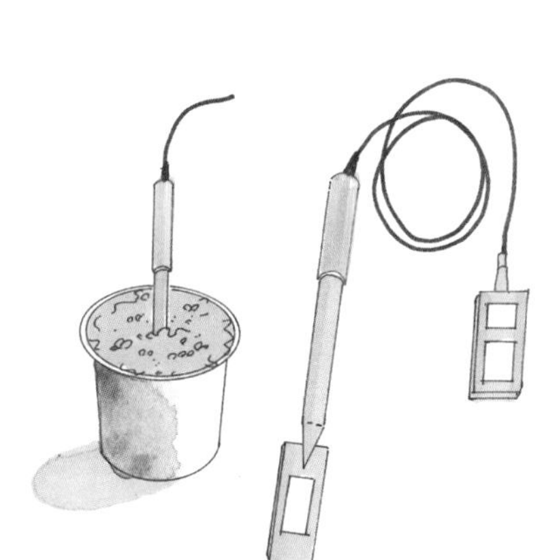

단위수량 시험기기

거푸집 존치기간 KCS 14 20 00

참고자료

1. 콘크리트 압축강도를 시험할 경우

부재	콘크리트 압축강도
확대기초, 보, 기둥, 측벽	5N/mm² 이상
슬래브 및 보의 밑면, 아치 내면	설계기준강도 2/3 단, 14N/mm² 이상

2. 존치기간 경과를 기준으로 할 경우

구분	조강 포틀랜드 시멘트	보통 포틀랜드 시멘트 고로 슬래그 시멘트 특급 포틀랜드 포졸란 시멘트 A종 플라이애시 시멘트 A종	고로 슬래그 시멘트 1급 포틀랜드 포졸란 시멘트 A종 플라이애시 시멘트 B종
10도 이상 ~ 20도 미만	3일	6일	8일
20도 이상	2일	4일	5일

3. 바닥 슬래브, 지붕 슬래브 밑, 보 밑의 거푸집 널은 원칙적으로 받침기둥을 해체한 후 제거
4. 받침기둥의 존치기간은 '건축공사 표준시방서'에서는 "슬래브 밑, 보 밑 모두 설계기준강도의 100% 이상 확인될 때까지"로 되어 있으나 '콘크리트공사 표준시방서'에서는 1.'콘크리트 압축강도시험 값이 위 '콘크리트 압축강도를 시험할 경우' 값에 도달한 것이 확인되면 해체할 수 있다"라고 규정
5. 가해지는 하중이 설계하중을 상회하는 경우 존치기간에 상관없이 계산에 의하여 충분히 안전한 것을 확인한 후 해체 가능
6. 규정보다 먼저 받침기둥을 해체할 경우는 하중을 안전하게 지지할 수 있는 강도를 구하고 그 압축강도를 실제의 콘크리트 압축강도가 상회하는지 확인
7. 캔틸레버 보 또는 차양의 받침기둥 존치기간은 5, 6항을 기준으로 함

● 콘크리트 압축강도의 종류

콘크리트 압축강도는 다음과 같은 5가지로 분류한다.

- **설계기준 압축강도**(fck, cr=concrete strength / c=concrete, k=characteristic)
  콘크리트 구조설계 시 기준이 되는 콘크리트 압축강도로 가장 일반적이다.
- **배합강도**(fcr, r=ratio of flexural strength)
  콘크리트 배합을 정할 때 배합 시 목표로 하는 압축강도를 말한다.
- **호칭강도**(fcn, n+nominal)
  레디믹스트 콘크리트 주문 시 사용되는 콘크리트 강도 및 배합강도에 외기온도, 습도, 양생 등 시공 시 영향요소에 대한 보정강도를 적용한 강도이다.
- **내구성기준 압축강도**(fcd, d=design / design value of concrete compressive strength)
  콘크리트 내구성 설계 시 기준이 되는 콘크리트 압축강도이다. 이 내구성기준 압축강도는 콘크리트 노출범주 및 등급에 따라 결정된다.
- **품질기준강도**(fcq, q=quality)
  품질기준강도는 설계기준 압축강도(fck)와 내구성기준 압축강도(fcd) 중 큰 값을 적용한 압축강도이다. (Fcq=max[fck, fcd])

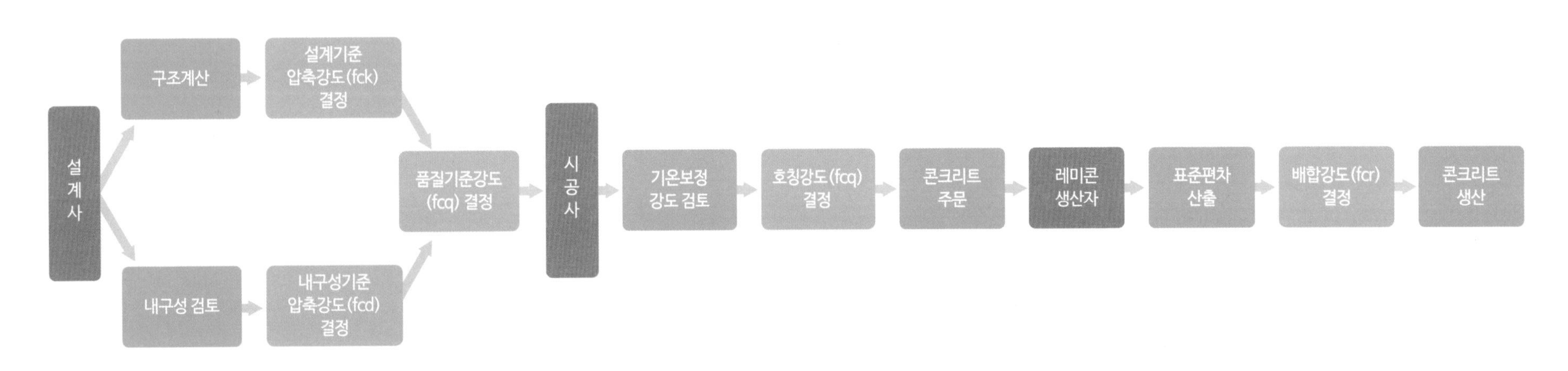

[콘크리트 강도의 상관관계]

■ 콘크리트 타설관리 미흡

A동 11층 슬래브(천장 부위)에 자재 인양구, 타설된 콘크리트 일부가 밀려 있어, 후속작업 전 조치가 필요하다.

■ 콘크리트 타설 및 양생 과정의 소홀

현장 시험실 양생수조의 온도는 23.9℃이며, 수조의 온도를 높이기 위한 히터는 수조에 구비되어 있으나 온도를 낮추기 위한 장비 및 자재 등이 구비되어 있지 않으므로 품질관리를 위한 콘크리트 공시체 양생수조의 온도관리가 필요하다.

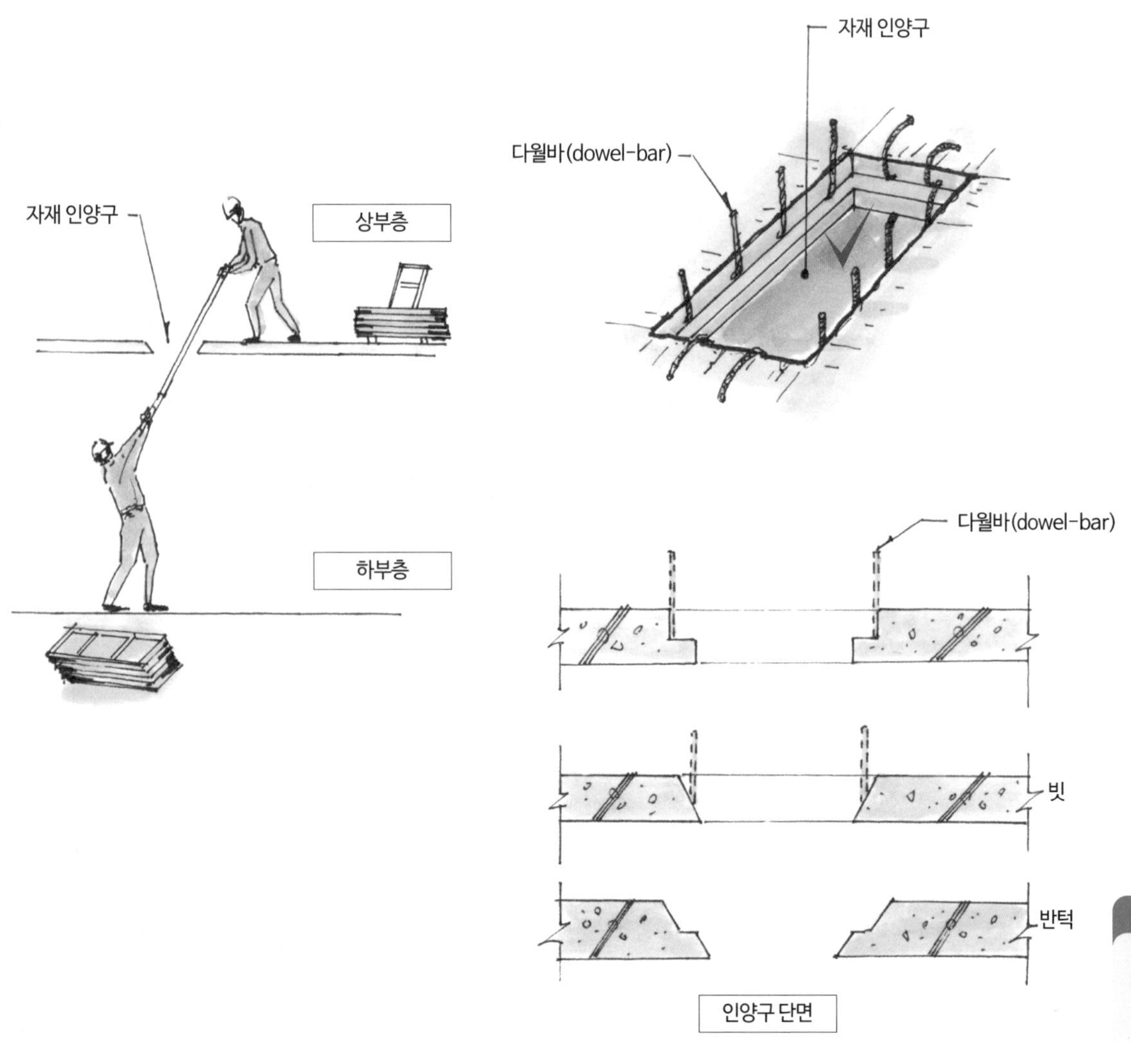

[자재 인양구]

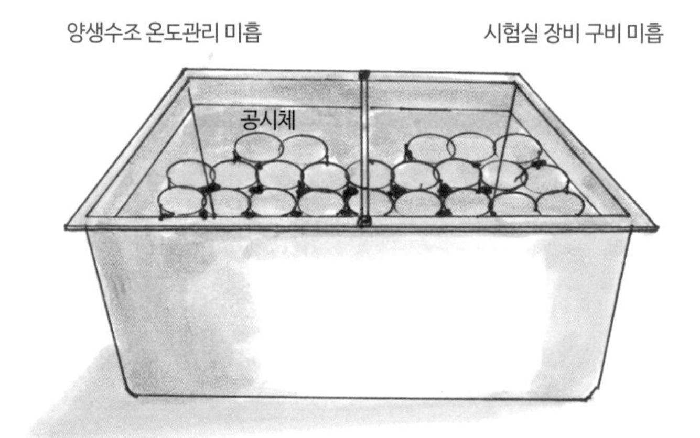

[콘크리트 공시체 양생수조]

참고자료

콘크리트 압축강도 확인 목적

- 품질기준강도에 따른 구조물에 타설된 콘크리트 강도 확인
- 거푸집 및 동바리 해체시기 결정을 위한 콘크리트 강도 확인
- 겨울철 한중 콘크리트 초기 양생의 지속 여부 결정을 위한 콘크리트 강도 확인

■ 콘크리트 타설 완료시간 기록 및 관리 미흡

현장에 반입된 레미콘의 납품서를 확인한 결과 생산·도착시간은 기재되어 있으나, 타설 완료시간이 기재되지 않았으므로 타설 완료시간을 정확하게 기록해야 한다.

레디믹스트 콘크리트 납품서

(납품서)

환경성적 환경부 www.epd.or.kr

25-21-150
25-24-150
25-27-150
25-30-150

표준번호:KS F 4009
표 준 명:레디믹스트 콘크리트
종류·등급:보통·고강도 ·포장 콘크리트
인증번호:제18-0158호
인증기관:한국표준협회

NO. 014 - 005

A 호기

년 월 일

귀하

납 품 장 소				
운 반 차 번 호	0175		운 전 원	
납품 시각	출 발	16 시 33 분	타설완료시각	17 시 38 분
	도 착	17 시 13 분		
납 품 용 적		6.0 ㎥	누 계	30.0 ㎥

호칭 방법	콘크리트의 종류에 따른 구분	굵은골재의 최대 치수에 따른 구분 ㎜	호칭강도 MPa	슬럼프 또는 슬럼프 플로 ㎜	시멘트 종류에 따른 구분
	보통콘크리트	25	18	80	포틀랜드 시멘트1종

시방배합표 (kg/㎥)

시멘트 ①	시멘트 ②	물	회수수	잔골재 ①	잔골재 ②	잔골재 ③	굵은 골재 ①	굵은 골재 ②	굵은 골재 ③	혼화재 ①	혼화재 ②	혼화재 ③	혼화제 ①	혼화제 ②	혼화제 ③
249		152			922		948				28				

물-결합재비	54.9 %	잔골재율	49.5 %
지정 사항	감리원확인:	플라이애시2종10% (인) 펌카2대/고려복수/2번	

치환율(%) = 혼화재 / (시멘트+혼화재) ×100

반입 No2.22

비 고	염화물량: 0.30 kg/㎥이하. 공기량: 4.5 ± 1.5%%
	※ 뒷면의 주의사항 및 사용설명서를 필히 확인하여 주시기 바랍니다.
인수자 확인	표시사항 확인 / 출 하 실 확인

B5(182 ㎜×257 ㎜)

참고자료

레미콘 송장에서는 굵은골재의 최대치수, 강도, 슬럼프(slump) 등을 확인해야 한다.

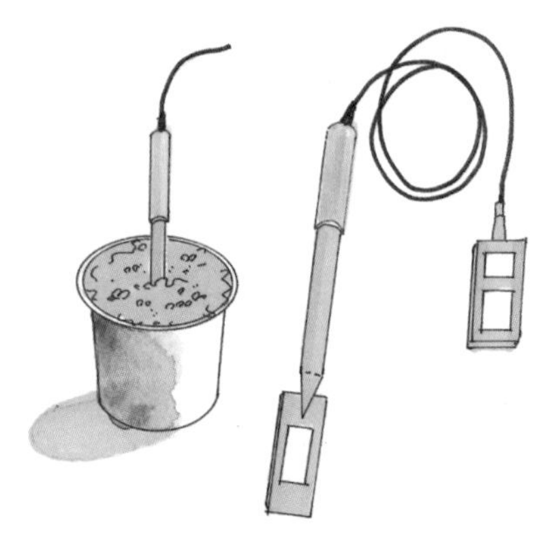

■ 콘크리트 타설에 따른 시험관리 소홀

콘크리트 타설 시 현장시험을 직접 시행하여야 하나, 납품업체인 레미콘공장에서 대행 시험한 사실이 있다. (납품업체 13개사 7개 규격)

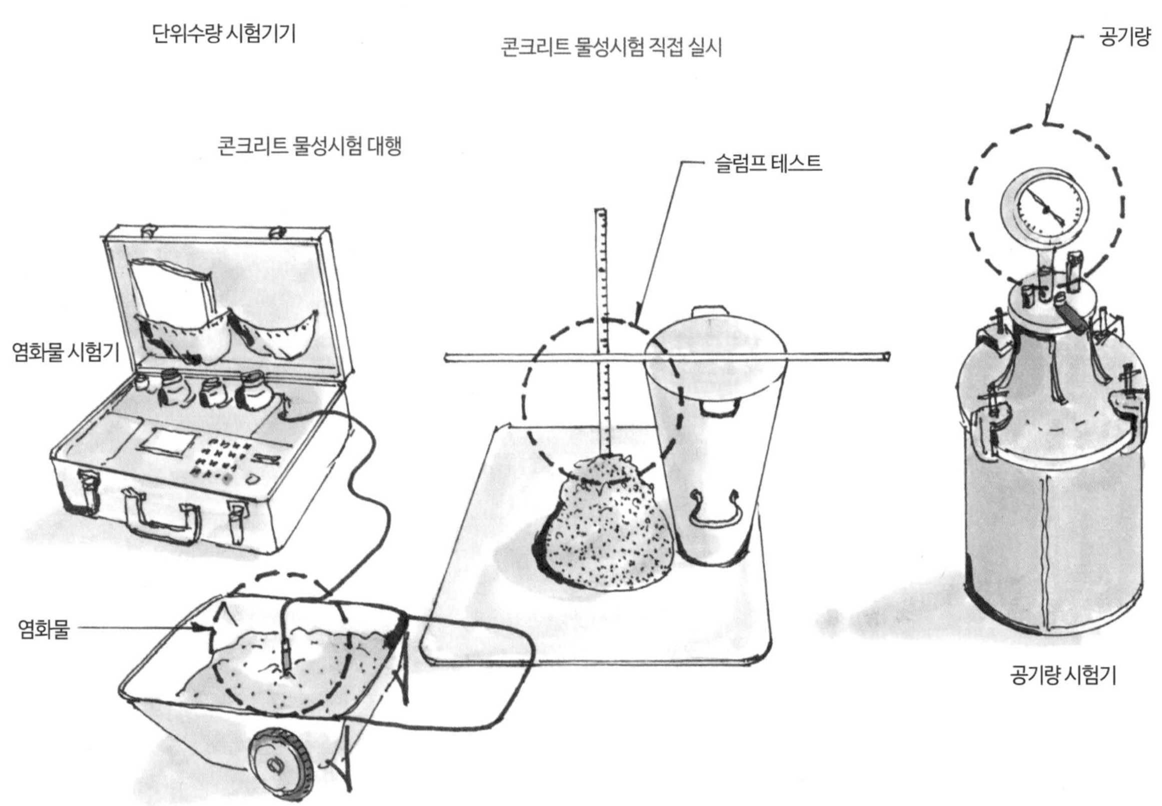

[콘크리트 물성시험용 공구]

■ 벽체 콘크리트 하부 충진 미흡

A동 25층 59형 세대 현관 정면 외벽 및 침실 1(안방) 화장실 벽체에서 단면결손이 발생하여 보완 시공이 필요하다. 감리자는 이를 확인 시정 조치하지 않는 등 감리업무를 소홀히 했다.

구조체 단면결손 발생

단면결손 부분

감리자는 시정 · 조치 미이행

미보완 조치

단면결손 부분은 즉시 보완 조치

[콘크리트 벽체]

● 콘크리트(concrete)란?

시멘트가 물과 반응하여 굳어지는 수화반응(水和反應)을 이용하여 골재를 시멘트풀(cement paste)로 둘러싸 다진 것을 말한다.

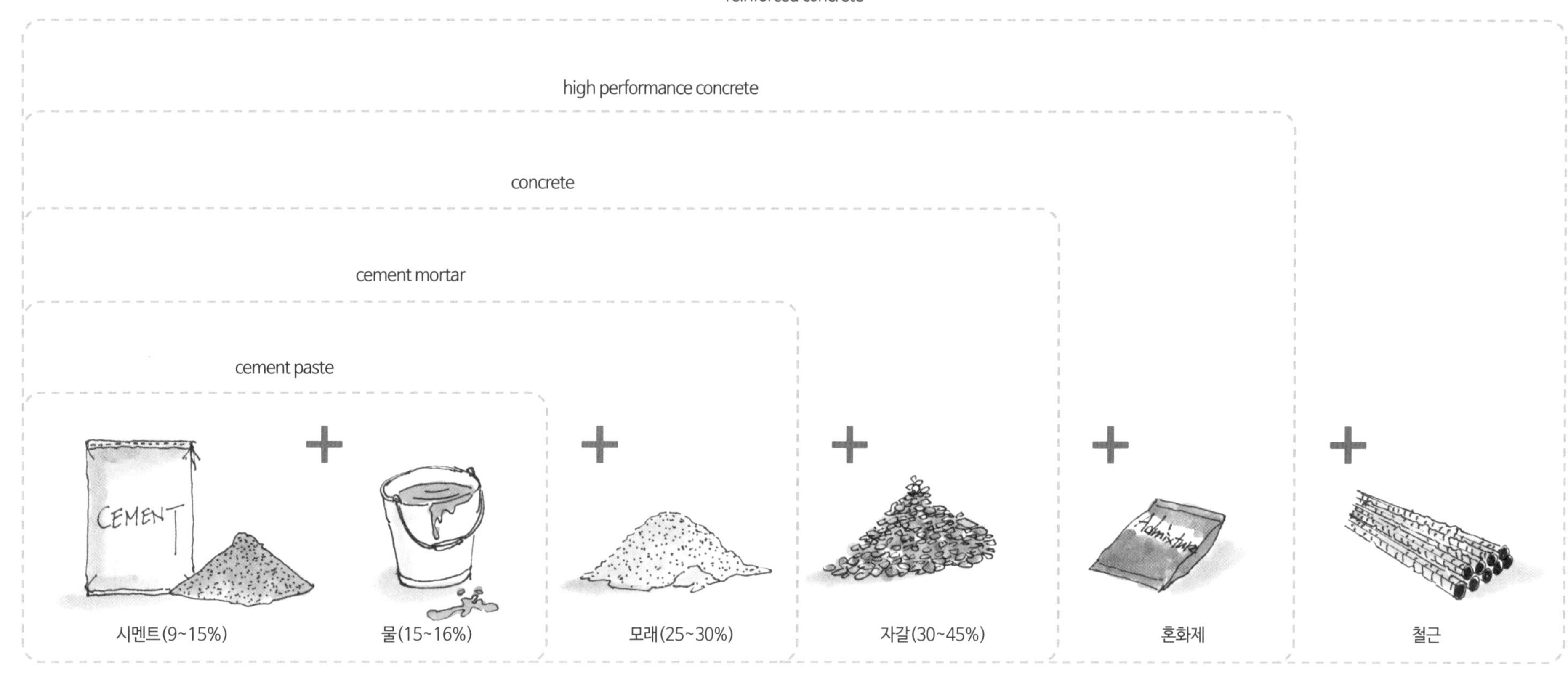

용어해설

시멘트 페이스트(cement paste)
① 시멘트와 물을 비빈 것으로 혼화재를 포함하는 것도 있음
② 시멘트와 물을 혼합하여 끈끈한 풀과 같이 만든 것

모르타르(mortar)
① 포틀랜드 시멘트 또는 석회 · 모래 · 물을 섞어 반죽한 것
② 시멘트 모르타르의 약칭
③ 콘크리트 표면 등의 미장용과 벽돌 · 블록 · 석재 · 기와 등을 쌓을 때 접착재로 쓰임

콘크리트(concrete)
① 시멘트와 물이 혼합된 시멘트 페이스트가 잔골재(모래) 및 굵은골재(자갈)와 결속하여 경화됨으로써 암석과 같은 고체로 만들어지는 것
② 도면용 약어는 'CONC'

고성능 콘크리트(high performance concrete)
콘크리트의 강도, 내구성 및 유동성이 일반 보통 콘크리트보다 향상된 성능을 발휘하는 콘크리트

철근콘크리트(鐵筋-, reinforced concrete)
기준 용어. 콘크리트 구조에서 외력에 대해 철근과 콘크리트가 일체로 거동하게 하고, 규정된 최소 철근량 이상으로 철근을 배치한 콘크리트

● 단위수량(water concrete per unit volumn)

■ 정의

- 콘크리트 1m³에 포함되는 수량(水量)으로(단, 골재 중의 수량은 미포함) 수량은 물의 양을 말한다.
- 골재를 표면건조 포수(飽水)상태로 한 조건에서의 콘크리트 1m³ 중의 물의 양이며, 질량으로 표시한다.
- 세골재(細骨材, 잔골재) 및 조골재(粗骨材, 굵은골재)가 흡수하는 수량을 제외한 물의 양이다.
- 단위수량은 콘크리트의 품질을 좌우하는 가장 중요한 요소이다.
- 단위수량은 185kg/m³ 이하로 관리한다. (반응수는 시멘트 단위용적 질량의 25% 이내)

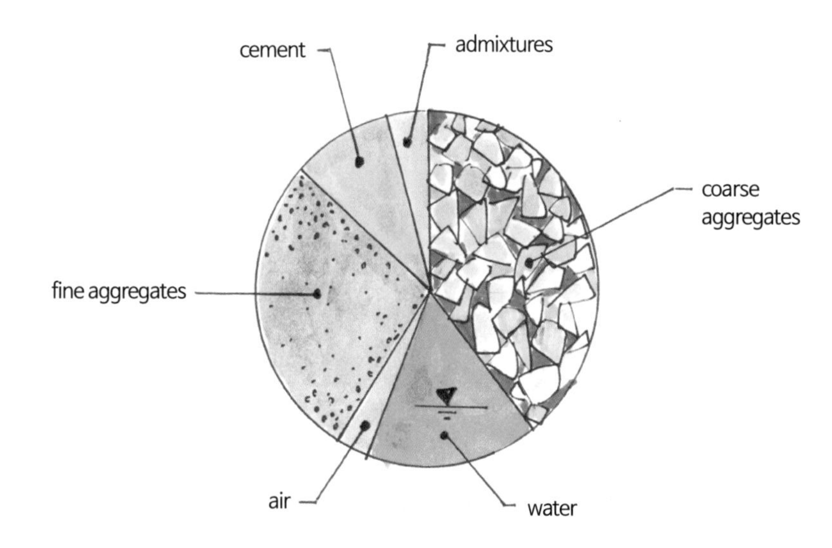

[콘크리트 구성재료]

용어해설

워커빌리티(workability)
콘크리트를 시공할 때의 유동성, 점성, 비분리성 등을 나타내는 수치

■ 단위수량 증가 시 발생하는 문제점

- 단위수량이 증가하면 콘크리트 내구성 저하 요인으로 직결된다.
- 조골재(굵은골재)와 모르타르가 분리되어 균일성이 소실되어 결함이 발생한다.
- 건조수축이 증대하여 수축균열 발생이 증가한다. (수량 증발량이 많아지기 때문)
- 블리딩(bleeding)이 증가해 철근 및 골재 밑면에 공극(空隙) 또한 증가하여, 철근과 콘크리트의 부착력이 저하된다.
- 타설 후 침강균열, 수분이동에 의한 표면상태의 악화 등으로 표면 손상, 스케일링, 박리현상이 발생한다.
- 자유수가 증가하여 염분이나 수분 등 각종 기체의 침투저항성이 낮아진다.
  - 재료분리 발생: 콘크리트 균일성이 손실되어 타설 결함 발생
  - 수축균열 발생: 건조수축 증대
  - 블리딩 증가: 철근이나 골재 저면에 공극 발생으로 부착력 저하
  - 타설 후 침하균열: 콘크리트 표면 불량
  - 자유수 증가: 내부 공극률 증가
  - 침투저항성 저하: 염분, 물, 기체 등의 침투저항성 저하

■ 단위수량 시험 추가

- 굳지 않은 콘크리트 물성시험 시 공시체 제작, 염화물량, 슬럼프, 공기량을 시험하였으나 최근 단위수량의 측정이 필수적인 항목이 되었다.
- **콘크리트 단위수량 기준치**
  - 관리기준: ±15kg/m^3 이하
  - 폐기기준: ±20kg/m^3 초과
- **시험 및 검사 방법**
  - 고주파 가열법: 콘크리트를 가열 및 건조하여 측정
  - 에어미터법: 단위용적 질량의 차이를 이용하여 측정
  - 정전용량법: 정전용량과 수분율의 관계로 측정
  - 마이크로파법: 물분자에 의한 파의 감쇄원리로 측정
- **시기 및 횟수**: 1회/일, 120m^3마다 또는 배합이 변경될 때마다 시행

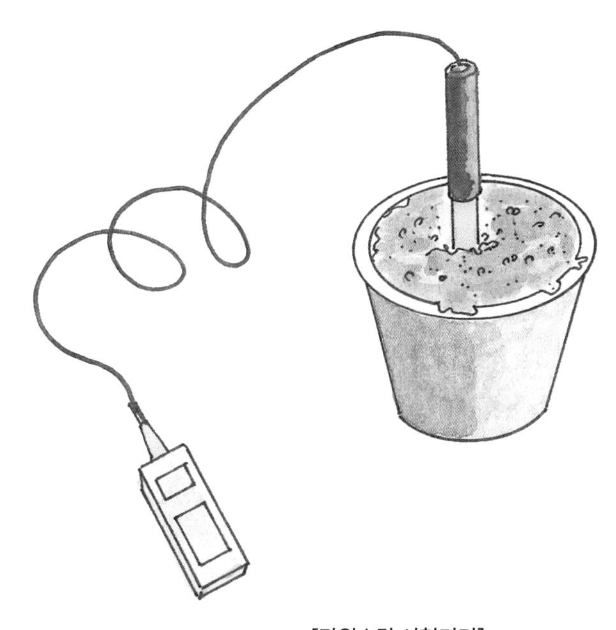

[단위수량 시험기기]

16 레미콘 플랜트(아스콘 플랜트 포함) 현장 관리상태의 불량

16	주요 부실 내용	벌점
벌 점 기 준	**레미콘 플랜트(아스콘 플랜트 포함) 현장 관리상태의 불량**	
	계량장치를 검정하지 않은 경우 또는 고의로 기준을 초과하여 레미콘 물타기를 한 경우	3
	골재를 규격별로 분리하여 저장하지 않거나 골재 관리상태가 미흡한 경우, 자동기록장치를 작동하지 않거나 기록지를 보관하지 않은 경우, 아스콘의 생산온도가 기준에 미달한 경우	2
	품질시험이 적정하지 않거나 장비결함을 방치한 경우	1

주요 지적 사례

주요 지적 사항	세부 내용
계량장치 미검정	레미콘 및 아스콘을 생산하는 데 필요한 각종 계량장치가 미검정 상태에서 가동 중
자동기록장치(슈퍼프린트) 미작동, 기록지 미보관	레미콘 생산 자동기록장치의 고장으로 인하여 기록지를 보관하지 않음
골재 규격별로 미저장	굵은골재, 잔골재 등을 규격별로 보관하지 않고 일부 토사가 혼입된 상태로 보관

필수 확인사항

1. 저장설비(골재, 시멘트, 혼화재료 등) 점검 실시(선정 시, 반기 시)
2. 회수수 처리시설 및 폐레미콘 처리시설 확인
3. 시험장비(염분시험기, 공기량 및 단위수량 시험기기 등)의 정상 작동 여부
4. 자동기록장치(슈퍼프린트)의 정상 작동 및 기록지 보관 여부

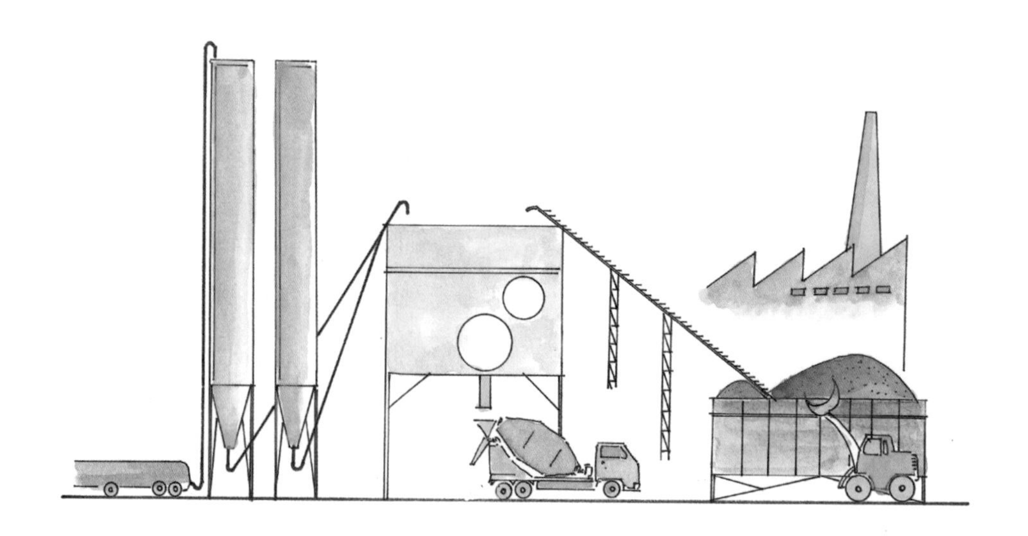

● 레미콘 플랜트(아스콘 플랜트 포함) 현장 관리상태의 불량

- 계량장치 미검정
- 골재 규격별로 미저장
- 자동기록장치 미작동 및 기록지 미보관
- 기준초과 가수(加水)
- 골재의 관리상태 불량
- 아스콘 생산온도 부적정
- 품질시험 부적정 및 장비결함 사항 방치

■ 레미콘 생산공장

우리나라 배치플랜트는 정치형(定置型), KS F 4009 규정에 의해 관리된다. 배치플랜트의 믹서 내에서 콘크리트의 혼합을 완료하도록 규정하는 중앙혼합(센트럴 믹싱) 방식이 일반적이다.

- 골재 관리가 매우 중요하다(콘크리트 용적의 약 70% 차지). 따라서 밀폐된 사일로에 보관하거나 지붕, 배수 및 살수장치를 통해 골재를 최적의 상태로 보관해야 한다. 골재를 저장소에서 배치플랜트 본체로 운반할 때는 비산먼지에 주의해야 한다. 벨트 컨베이어의 프레임을 밀폐하고 원통형 파이프를 설치하여 비산먼지를 차단할 수 있다. 경사벨트 컨베이어의 설치 각도는 약 20도 이내를 유지한다.
- **시멘트:** 벌크 트레일러를 통해 운반 시멘트 사일로로 이송 대기 중, 수분에 의한 풍화방지를 위하여 투입부 잠금장치를 설치한다. 밀폐형의 구조를 사용한다. 예전에는 시멘트를 배치플랜트 본체의 저장소로 이동시킬 때 스크류 컨베이어와 버킷 엘리베이터를 사용했지만 최근에는 공기압을 이용하는 공기압송방식을 사용한다.
- **혼화제:** 교반용 시설이 필요하다. 혼화제의 계량착오는 콘크리트 품질을 크게 감소시키므로 계량장치는 매우 중요하다. 혼화제의 보관은 분말형태를 유지한다.
- **회수수:** 레미콘 공장에서 콘크리트를 생산 완료한 후 레미콘 차량의 드럼 내외부 및 배치플랜트의 믹서, 호퍼 등의 세척 후 골재를 제거한 물을 말한다. 수질관리가 중요하며, 레미콘 품질에 유해한 영향을 준다.

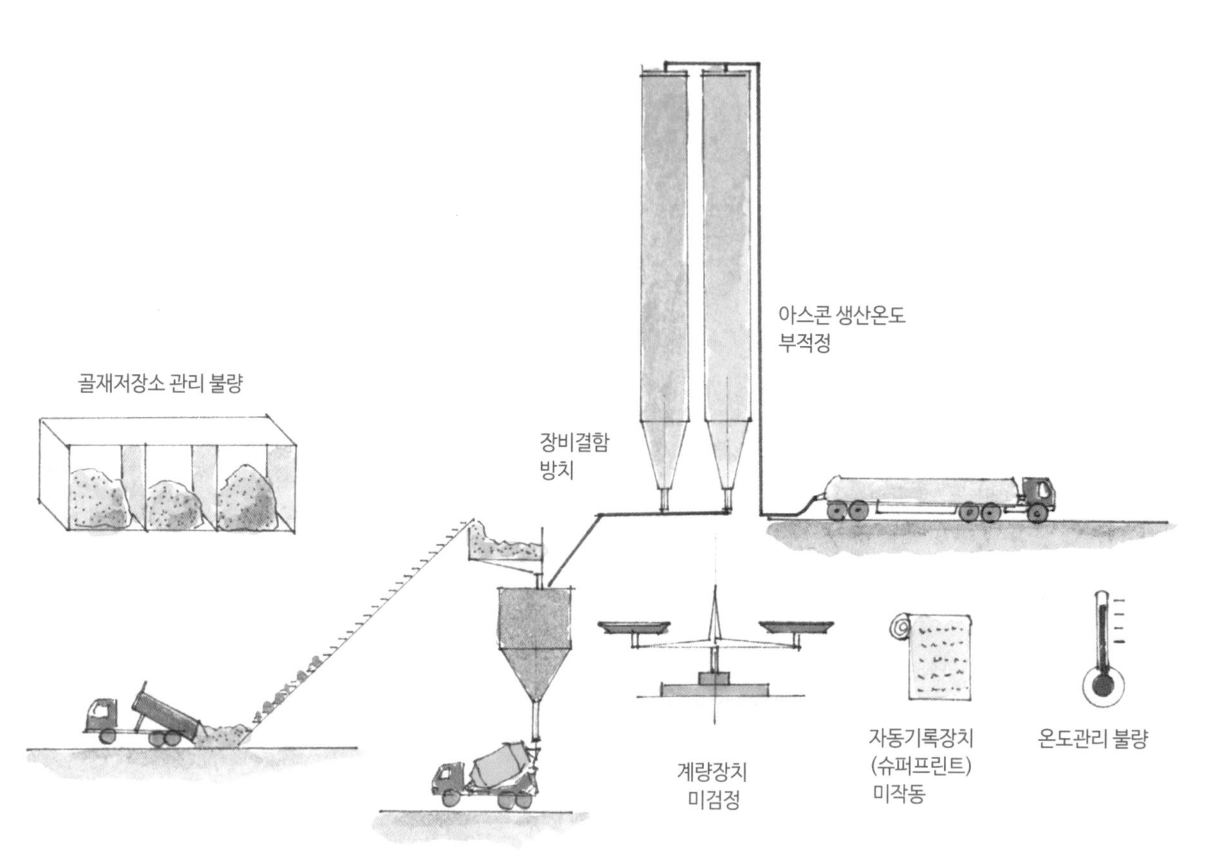

[한국공업표준규격 KS F 4009 규정에 의해 관리]

17 아스콘의 포설 및 다짐상태 불량

17	주요 부실 내용	벌점
벌 점 기 준	**아스콘의 포설 및 다짐상태 불량**	
	시방기준에 규정된 시험포장을 실시하지 않은 경우	2
	현장 다짐밀도 및 포장두께가 부족한 경우	1
	혼합물 온도관리기준을 미달하거나 초과한 경우, 평탄성 측정 결과 시방기준을 초과한 경우	0.5

● 주요 지적 사례

주요 지적 사항	세부 내용
시방기준에 부적합한 자재 반입	아스콘 포장 시방서에 맞지 않는 자재 사용
평탄성 시방기준 초과	아스콘 포장면의 평탄성 시방기준을 초과
혼합물 온도관리기준 초과	혼합물의 온도관리가 기준치 초과

● 필수 확인사항

1. 포장용 모든 자재(표층, 중간층, 기층 등)의 반입 전 공급원 승인 여부
2. 현장 다짐밀도 및 포장두께 등 도면과 일치 여부
3. 아스콘 온도측정(현장 반입 시) 기록 유지

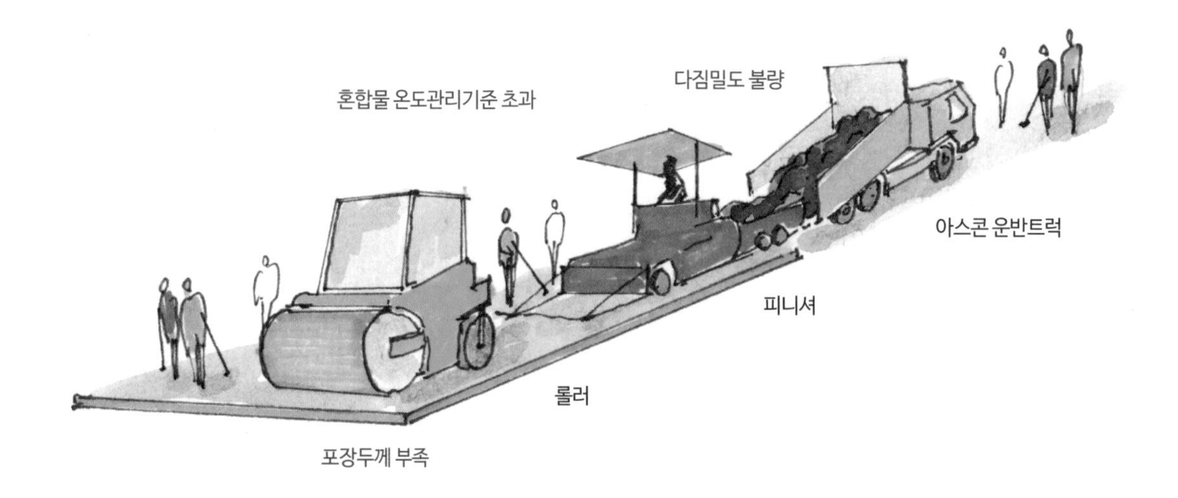

● 아스콘 포설 및 다짐상태 불량

- 시방기준에 부적합한 자재 반입
- 현장 다짐밀도 및 포장두께 부족
- 혼합물 온도관리기준 초과
- 평탄성 시방기준 초과

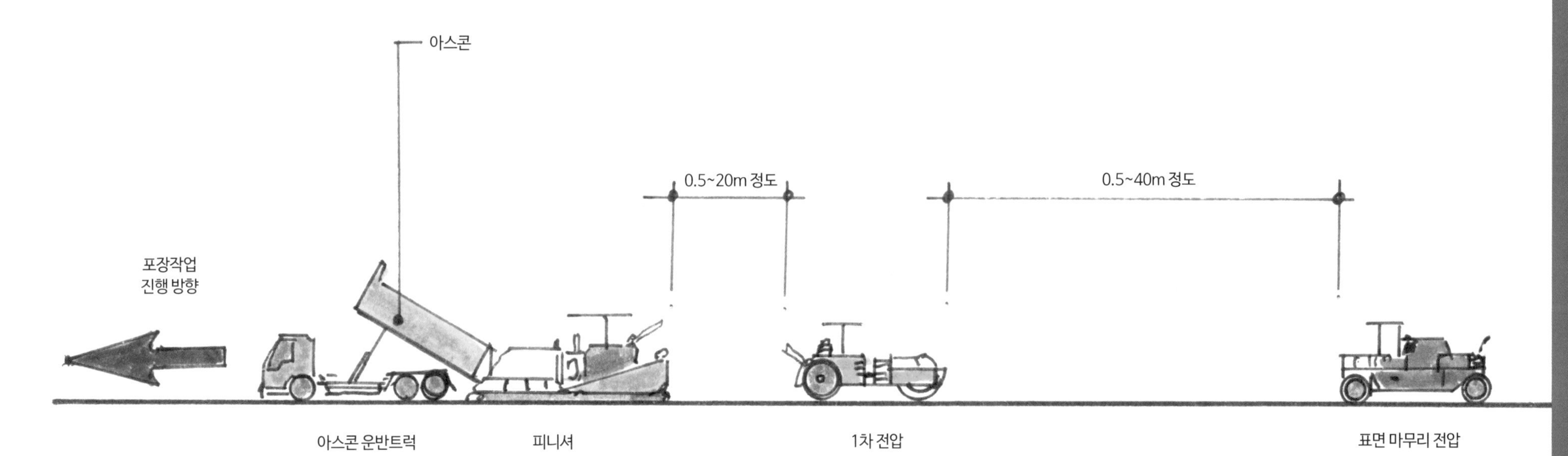

[아스콘 포장작업]

아스팔트 콘크리트 포장 시공 지침 [출처: 아스팔트 콘크리트 포장 시공 지침 자료, 국가건설기준센터(KCSC), 기술자료실 '아스팔트 콘크리트 포장 시공지침 배포']

■ 적용범위

- 이 지침은 '도로법'에 규정된 각종 도로(고속국도, 일반국도, 특별시도, 광역시도, 지방도, 시 · 군 · 구도)와 기타 일반 공중에 이용되는 중요 도로에 사용되는 표층, 중간층, 기층 등의 아스팔트 콘크리트 포장 및 유지보수에 적용한다.
- 이 지침에 규정되어 있지 않은 사항은 '(국토교통부) 도로공사 표준시방서' 및 해당 기관의 '전문시방서'에 따른다.

■ 아스팔트 콘크리트 포장의 정의

- **가열 아스팔트 콘크리트 포장**은 굵은골재, 잔골재, 채움재 등에 적절한 양의 아스팔트와 필요시 첨가재료를 넣어서 이를 약 160℃ 이상의 고온으로 가열 혼합한 아스팔트 혼합물을 생산하여 시공하는 것이다.
- **중온 아스팔트 콘크리트 포장**은 가열 아스팔트 콘크리트 포장 이상의 품질을 유지하면서, 가열 아스팔트 콘크리트 포장에 비하여 생산 및 시공 온도가 약 30℃ 낮게 생산된 저에너지 소비형 도로 포장 기술로서, 중온화 첨가제 또는 중온화 아스팔트를 혼합하여 생산한 저탄소 중온 아스팔트 혼합물을 사용하여 시공하는 것이다.
- **가열 재활용 아스팔트 콘크리트 포장**은 아스팔트 콘크리트 포장의 유지보수나 굴착공사 등에서 발생한 아스팔트 콘크리트 발생재를 기계 또는 가열 파쇄하여 아스팔트 콘크리트 순환골재를 생산한 후, 소요의 품질이 얻어지도록 보충재(천연골재, 아스팔트 또는 재생 첨가제)를 첨가하고 재활용 장비를 이용하여 160℃ 이상의 고온에서 생산한 재활용 아스팔트 혼합물을 사용하여 시공하는 것이다.
- **상온 재활용 아스팔트 콘크리트 포장**은 아스팔트 콘크리트 포장의 유지보수 또는 굴착공사 등에서 발생한 아스콘 발생재를 기계 또는 가열 파쇄하여 생산한 아스팔트 콘크리트 순환골재를 생산한 후, 소요의 품질이 얻어지도록 보충재(천연골재, 유화아스팔트 또는 첨가제)를 첨가하고 재활용 장비를 이용하여 무가열로 생산한 재활용 아스팔트 혼합물을 사용하여 시공하는 것이다.
- **쇄석 매스틱 아스팔트(SMA, Stone Mastic Asphalt) 포장**은 골재, 아스팔트, 셀룰로오스 화이버(cellulose fiber)로 구성되며, 굵은골재의 비율을 높이고 아스팔트 함유량을 증가시켜 아스팔트의 접착력은 골재의 탈리를 방지하는 역할을 담당하고, 압축력과 전단력에 저항하는 힘은 골재의 맞물림(interlocking)이 담당하여 소성변형과 균열에 대한 저항성이 우수한 내유동성 아스팔트 포장을 말한다.
- **배수성 아스팔트 콘크리트 포장**은 도로포장의 표층에 배수성 아스팔트 혼합물을 시공하여 하부의 불투수성 중간층의 표면으로 노면수가 흘러서 배수로로 배수되는 구조로 설계 및 시공하는 것이다.
- **구스 아스팔트 포장**은 고온상태의 구스 아스팔트 혼합물의 유동성을 이용하여 유입하고 일반적으로 롤러 전압을 하지 않으며, 가열혼합장치(쿠커)를 이용하여 220~260℃로 가열, 교반 및 운반을 실시하고 구스 아스팔트 피니셔 또는 인력에 의해 유입하여 180~240℃로 시공하는 것이다.
- 아스팔트 혼합물 생산 시 실내 배합설계, 골재 유출량 시험, 현장 배합설계, 시험생산 등을 수행하여야 하며, 포장 시공 시 시험포장 후 적합한 시공방법을 결정하여 본포장을 하여야 한다.

● 아스팔트 포장과 콘크리트 포장의 비교 [출처: https://moneyjjang.tistory.com/]

■ 개요

1. 도로 포장은 가요성 포장(flexible pavement)의 아스콘 포장과 강성 포장(rigid pavement)의 시멘트 콘크리트 포장으로 분류된다.
2. 아스팔트 포장에서는 하중 재하에 의해서 생기는 응력이 포장을 구성하는 각층에 분포되어 하층으로 갈수록 점차 넓은 면적에 분포시키므로 각층의 구성과 두께는 역학적 균형을 유지하여 교통하중에 충분히 견딜 수 있어야 한다.
3. 콘크리트 포장은 콘크리트 슬래브의 휨저항에 의해 대부분의 하중을 지지하는 포장이므로 슬래브의 두께는 하중에 충분히 저항할 수 있어야 한다.
4. 교통 특성, 토질 및 환경 특성, 시공성 · 경제성 및 유지관리 등 기술적인 측면과 정책적인 측면을 고려하여 포장재료를 신중히 결정하여야 한다.

■ 포장의 기본 원리 및 구조단면의 역할 비교

■ 기본 원리

구분	가요성 포장	강성 포장
단면	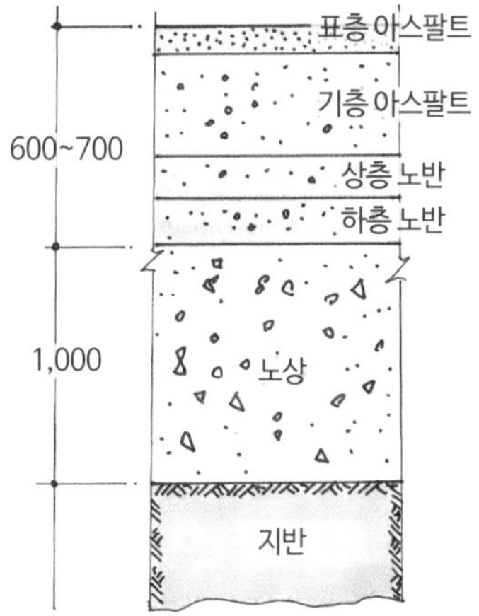 표층 아스팔트 기층 아스팔트 600~700 상층 노반 하층 노반 1,000 노상 지반	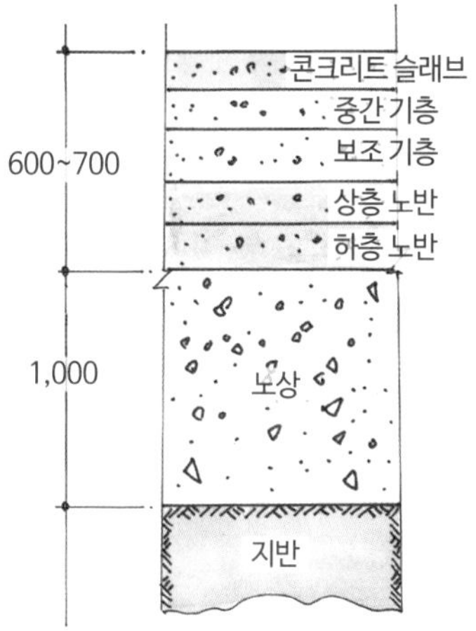 콘크리트 슬래브 중간 기층 600~700 보조 기층 상층 노반 하층 노반 1,000 노상 지반
구조적 특성	• 포장층 일체로 교통하중을 지지하고 노상에 윤하중을 분포시킴 • 기층 또는 보조기층에도 큰 응력 작용 • 반복되는 교통하중에 민감	• 콘크리트 슬래브가 교통하중을 휨저항으로 지지 • 건조수축에 의한 균열 발생을 수축줄눈 또는 연속철근으로 억제 • 골재 맞물림 작용 및 다월바를 통해 슬래브가 하중 전달

■ 포장 구조단면의 역할

구조	아스팔트 포장	콘크리트 포장
표층	• 교통하중 일부 지지 • 하부층으로 하중 전달	• 슬래브 자체가 빔으로 작용 • 교통하중을 휨저항으로 지지
기층	• 표층에서 전달받은 교통하중을 일부 지지 • 하중을 분산시켜 보조기층에 전달	• 표층에 포함됨
보조기층	• 기층으로부터 전달된 교통하중을 분산시켜 노상에 전달 • 포장층의 배수기능 담당	• 콘크리트 슬래브에 대한 균일한 지지력 확보 • 노상반력계수 증대
구조 특성	• 포장층 일체로 하중을 지지 • 기층, 보조기층에도 큰 응력 작용 • 노상에 윤하중 분포	• 콘크리트 슬래브 자체로 하중 지지
파손 요인	• 소성변형이 주파괴 요인	• 줄눈부 파손이 주파괴 요인

■ 아스팔트 포장과 시멘트 포장의 주요 특성 비교

구분	아스팔트 포장	콘크리트 포장
내구성	• 중차량에 대한 내구성이 약함 • 수명은 10~20년	• 중차량에 대한 내구성이 강함 • 수명은 20~30년
시공성	• 시공경험 및 기술축적이 많음 • 단계별 시공방식에 유리	• 콘크리트 품질관리, 줄눈 설치, 양생, 평탄성 등 시공이 까다로움
주행성	• 소음, 진동이 적음 • 평탄성으로 승차감 향상	• 소음, 진동이 발생 • 승차감 저하
토질 적응성	• 토질에 대한 적응성이 강함 • 연약지반에 적응성 우수	• 불균질 토질에서는 시공이 불리 • 연약지반에서는 부등침하 발생
양생기간	• 양생기간이 짧음	• 양생기간이 긺
현지 재료 구득성	• 기층 재료의 구득이 곤란한 경우 불리	• 기층 재료 구득에 별로 영향받지 않음
미끄럼 저항성	• 마찰계수가 콘크리트에 비해 낮음(강우 시 불리)	• 초기에는 아스팔트에 비해 마찰계수가 높음
적용 대상	• 신설되는 도로 또는 확장도로 • 교량, 암거 등 구조물이 많은 구간에 적절	• 신설도로, 중차량이 많은 구간 • 절토, 성토 연결부가 많은 곳에 불리
공사기간	• 공사기간이 짧음(즉시 교통개방)	• 공사기간이 상대적으로 긺(양생기간 필요)
유지보수비	• 잦은 유지보수로 유지비가 많이 소요됨 • 국부파손 시 보수작업 용이 • 잦은 유지보수로 교통소통 지장	• 유지보수비가 적게 소요됨 • 보수작업이 까다로움 • 시멘트 수급상황에 따라 영향을 받음
재생이용	• 여러 가지 방법으로 재생활용 가능	• 파쇄에너지 과다로 소요경비 과나

■ 아스팔트 포장과 콘크리트 포장의 문제점

■ 아스팔트 포장의 문제점

• 여름철과 겨울철의 절대온도차를 극복 가능한 A/P재가 없다.
• A/P재는 점탄성 재료로서 기온이 높으며 시가지 대형차로 및 평면교차로 정지선 등의 경우 소성변형이 심하다.
• 빈번한 유지보수로 교통정체 및 유지보수비가 과다 소요된다.

■ 콘크리트 포장의 문제점

• 연약지반은 장기압밀침하가 예상되므로 콘크리트 포장은 부적합하다.
• 구조물이 많은 구간은 평탄성 불량의 우려가 있다.
• 도로확장 구간에서 기존 도로와의 접속 시 단차 파손의 우려가 있다.
• 시가지에서는 도로 노면굴착 빈번으로 부적합하다.

■ 결론

1. 가요성 포장과 강성 포장의 가장 큰 차이점은 가요성 포장의 경우 포장 전체가 합성적으로 작용하며, 강성 포장은 슬래브와 노반을 별개로 파악 · 설계하는 것이라는 점이다.
2. 포장공법 선정 의견 제시
   ① 도로의 기능과 공사의 성격, 규모, 포장재료의 구입, 정책적 요소 등을 면밀히 검토하여 선정하여야 한다.
   ② 산악지나 토피고가 낮으며 구조물이 많은 구간 및 연약지반에서는 콘크리트 포장이 불리하고 확장공사 시 교통소통과 시공성 면에서도 불리하지만 내구성이 좋고 차량의 중량화 추세, 경제성을 고려할 때는 아스콘 포장보다 유리하다. 그러므로 종합적으로 평가하여 공법을 선정하도록 해야 한다.
   ③ 최적의 포장구조 선정을 위해서 우리나라 토질 특성, 기후, 교통, 환경조건에 맞는 포장재료 및 포장법 연구가 필요하다.
3. 현재까지 국내 포장설계는 AASHTO 설계법 및 일본 포장설계법을 준용함에 따라, 우리나라 실정에 맞지 않는 설계인자의 차이로 설계 결과에 대한 신뢰성이 떨어져 있는 상태이다. 이에 따라 우리나라의 포장설계법은 합리적이고 경험적인 AASHTO 설계법 적용을 기준으로 하고, 우리나라 실정에 맞는 설계 입력변수들의 적용방안 마련이 바람직하다.
4. 하급도로의 경우 콘크리트 포장의 기피 현상으로 국도와 지방도 대부분이 아스팔트 포장으로 이루어져 있으나, 도로공사에서는 포장형식선정위원회를 구성 · 운영하는 데 반해 국도와 지방도의 형식 선정시 체계적인 비교 · 검토가 요구된다.
5. 포장형식 선정 시 보다 구체적으로 콘크리트 포장과 아스팔트 포장의 상세 종류까지 결정하는 것이 바람직하다. (예: 개질 아스팔트의 종류, CRCP, RCP 등)
6. 환경적인 측면에서 포장 선정 시 재생골재를 이용한 포장공법 연구, 개발 및 적용을 한다.

18 설계도서와 다른 시공

18	주요 부실 내용	벌점
벌 점 기 준	**설계도서와 다른 시공**	
	주요구조부를 설계도서 및 관련 기준과 다르게 시공하여 보완 시공이 필요한 경우	3
	주요구조부를 설계도서 및 관련 기준과 다르게 시공하여 보수 · 보강(경미한 보수 · 보강은 제외한다)이 필요한 경우	2
	그 밖의 구조부를 설계도서 및 관련 기준과 다르게 시공하여 보수 · 보강이 필요한 경우	1

● 주요 지적 사례

주요 지적 사항	세부 내용
설계도서 및 관련 기준과 다른 시공	콘크리트 및 조적 벽면의 초벌 모르타르 바름 면적이 도면과 상이
조적 줄눈 사춤 미흡	화장실, 기계실 등 콘크리트 벽돌쌓기 시 세로줄눈에 대한 줄눈 모르타르 사춤이 미흡
단열재 설치상태 미흡	단열재 설치 구간에 누락되었거나 단열재 표면에 시멘트 페이스트(cement paste)가 누출되어 단열성능 저하 우려

● 필수 확인사항

1. 주요구조부의 설계변경은 반드시 감리단의 검토 요청 및 승인 필요(공문 및 관리대장 확보)
2. 설계도서 및 관련 기준과 다르게 시공된 부분의 유무 확인 및 근거자료 보관
3. 현장 여건과 설계도서와의 적합성

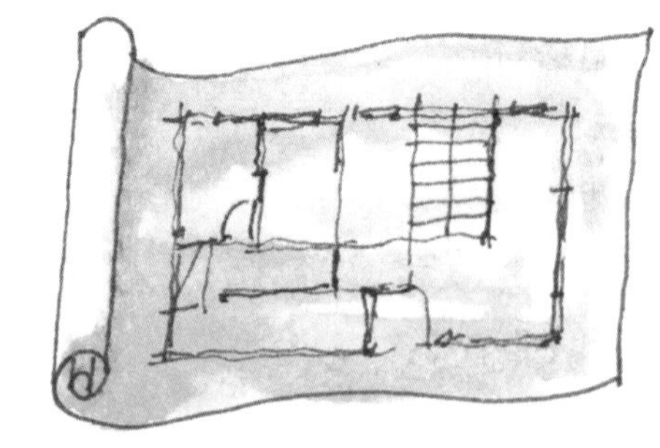

용어해설

설계도서(設計圖書, drawings and specifications)
① 설계한 내용을 써놓은 문서
② 설계의 내용을 표시한 설계도 및 시방서 등의 총칭
③ 건축 공사를 실시하기 위해 필요한 도면 · 서류의 총칭. 일반적으로는 설계도와 시방서(명세서) 등을 의미

호안(護岸, revetment)
하안(河岸) 또는 제방을 유수에 의한 침식으로부터 보호하기 위하여 그들의 경사면이나 밑부분 표면에 시공하는 공작물. 고수 때의 흐름에 대한 고수 호안과 저수로 연안에 시공하는 저수 호안으로 나뉜다. 호안의 구성 부분에는 비탈 덮기, 비탈 멈춤, 밑다짐 수제 3종류가 있다.

■ 조적공사 줄눈 모르타르에 철저한 시공 필요

A동 인근 근린상가 외벽 고벽돌(청고벽돌) 줄눈 모르타르 부위의 채움이 미흡하다.

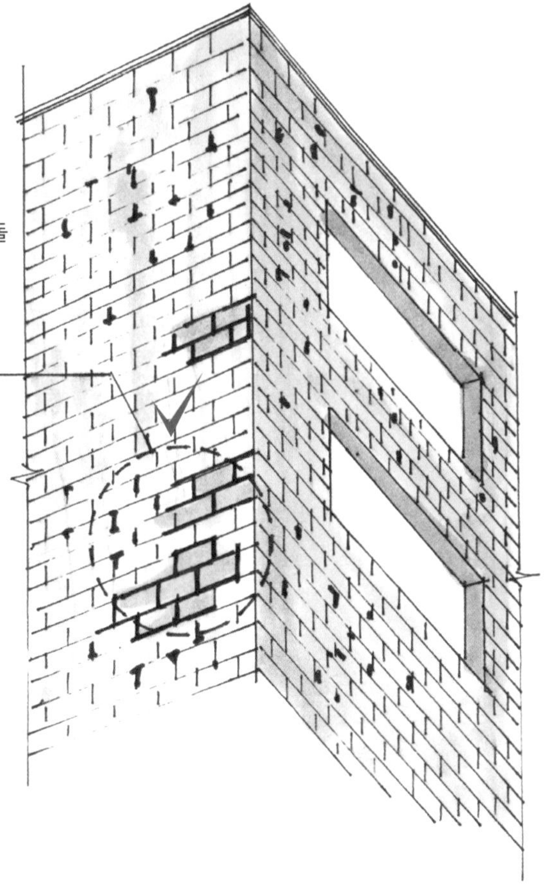

청고벽돌

고벽돌
줄눈 모르타르에
채움 미흡

[외벽 치장벽돌 쌓기]

■ 엘리베이터 홀의 벽타일 붙임용 모르타르의 도면과 다른 시공

B동 지하 1층 엘리베이터실의 벽타일 붙임용 모르타르를 시공계획서와 다르게 시공했다.
(도포면적 계획은 80%인데 시공은 60%)

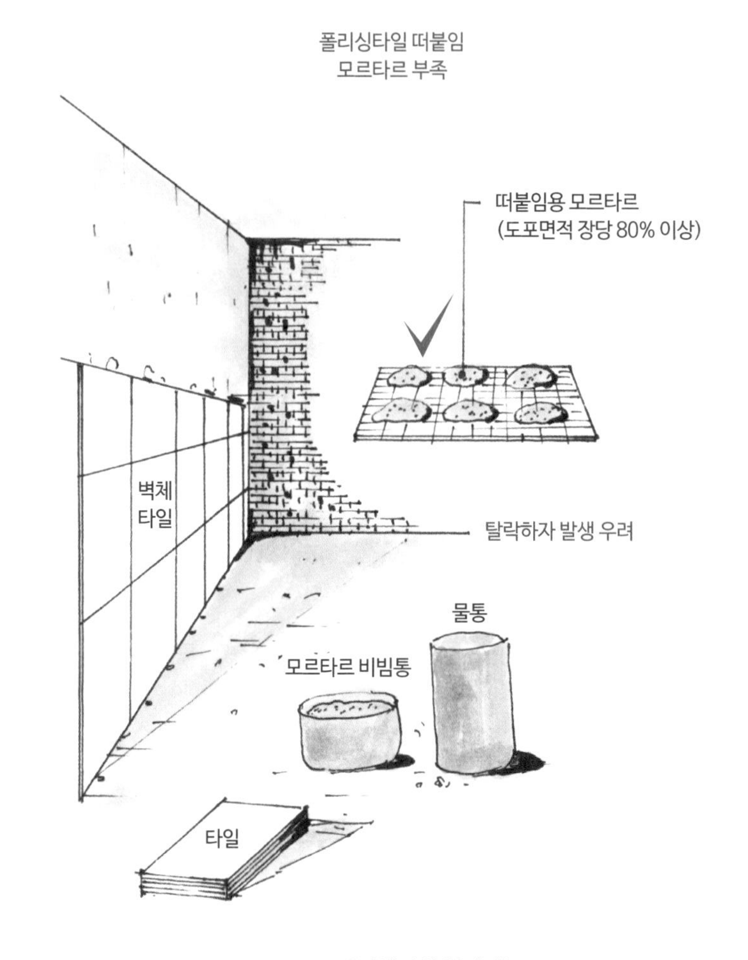

[벽체 타일 붙이기]

■ 세대 목창호 가(假)틀 고정 일부 미흡

건축시방서 대비 목창호 철물고정이 누락된 부위를 확인했다.

■ E/V 출입구 문틀(frame) 사춤 미흡

A~C동, D~F동 B3F E/V 문틀에 우레탄폼* 충진 불량(석재공사 진행)을 확인했다.

■ 세대 바닥 마감 모르타르를 설계도서와 다르게 시공

A동 4703호 마감 모르타르의 피복이 확보되지 않아 보온재 및 메탈라스**가 노출되는 등으로 보완 시공이 필요하다.

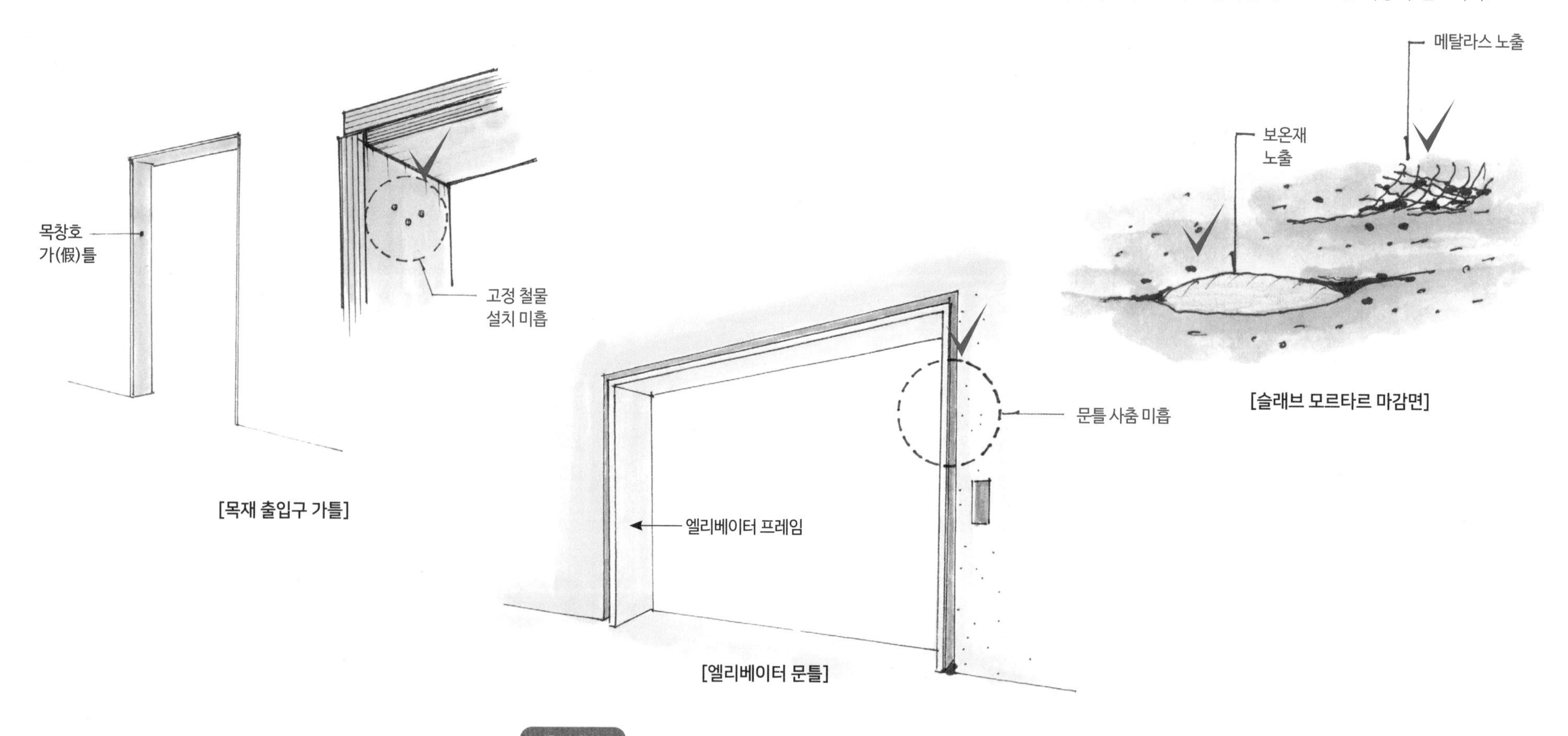

용어해설

***우레탄폼(urethane foam)**

액체상태의 폴리올(polyol)과 이소시아네이트(isocyanate) 두 화학물질을 섞은 후 발포제를 넣어서 만드는 화학물질을 말한다. 불에 잘 타는 가연성을 지녔고, 불이 붙으면 일산화탄소(CO)·시안화수소(HCN) 같은 각종 유독가스를 내뿜는 특징이 있어 많은 양이 인체에 유입될 경우 생명까지 위협하는 치명적인 피해를 끼친다. 주로 열을 차단하는 단열재나 소리를 흡수시키는 방음재 등으로 쓰인다.

****메탈라스(metal lath)**

미장공사를 할 때 사용되는 연강제(軟鋼製)로서 '전신금속(expanded metal)'이라고도 한다. 두께 0.35~0.88mm의 탄소강 박판(薄板)에 일정한 방향으로 등간격의 절단면을 내고 옆으로 길게 늘여서 그물코 모양으로 한 것이다. 모양에 따라 평(平)라스·혹라스·파형(波形)라스·리브(rib)라스 4가지 종류로 대별되는데, 혹라스·파형라스는 밑바탕과 밀착하는 것을 막는 이점이 있다.

■ 갑종 방화문 주변 사춤 미시공

A동 B3F 주차장의 E/V 전실 갑종 방화문* 상부 및 우측 모르타르 사춤이 누락되었다.

[갑종 방화문]

■ 조적공사 천장선 상부 초벌 미장 미시공

지하층 일부 구간 천장선 상부 초벌 미장**을 하지 않은 상태이다.

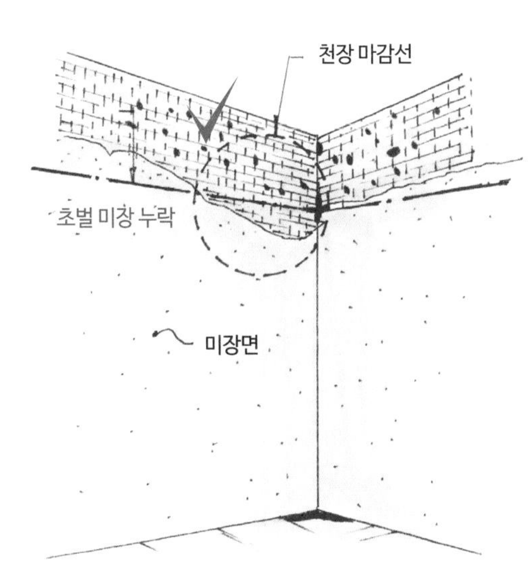

[조적벽 위 미장작업]

■ 천장 결로방지재(판상단열재) 시공 일부 미흡

B동 하부 보육시설 천장 결로방지재 시멘트 페이스트에 오염이 발생했다.

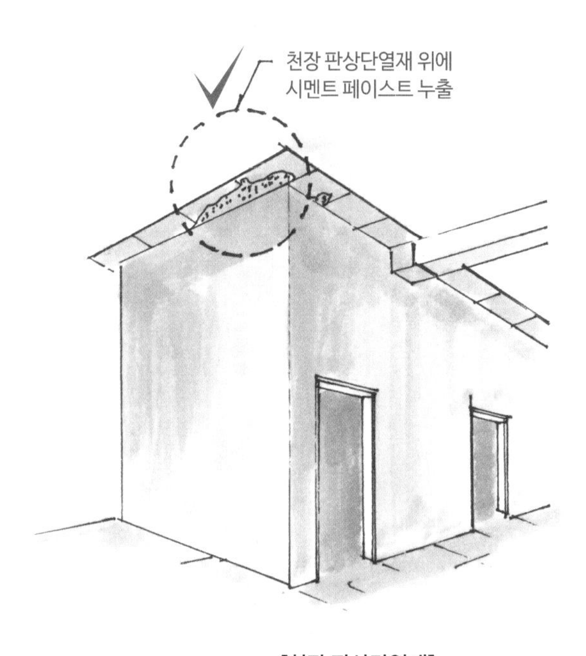

[천장 판상단열재]

용어해설

***갑종 방화문(type A fire door)**

① 방화문의 골구를 철재로 하고 그 양면에 각각 두께 0.5mm 이상의 철판을 붙인 것
② 철재로서 철판의 두께가 1.5mm 이상인 것
③ 기타 건설부 장관이 고시하는 기준에 따라 국립건설시험소장이 그 성능을 인정하여 지정한 것

****초벌 미장(primcoating; scratch coating)**

2회 이상 나눠 바를 때 바탕과 가장 가까운 층으로, 또는 그것을 바르는 것을 일컫는다. 단, 미장공사에서는 실러를 초벌 바름이라 하지 않으나 도장공사에서는 실러를 '초벌 바름'이라 한다. (→ 재벌 바름, 정벌 바름)

■ **단열재 틈새 보완 필요**

A동 703호 주방 천장 단열재* 사이에 시멘트 페이스트가 누출되어 제거가 필요하다.

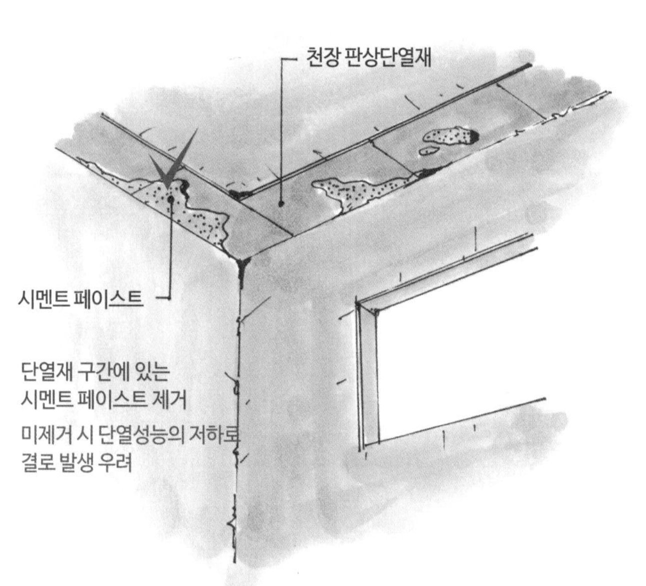

[천장 단열재]

용어해설

***단열재(斷熱材, thermal insulating material)**

① 일정한 온도가 유지되도록 하려는 부분의 바깥쪽을 피복하여 외부로의 열손실이나 열의 유입을 적게 하기 위한 재료이다.

② 열을 차단하는 데 사용하는 재료로 섬유계, 발포 플라스틱계, 그 밖의 것으로 크게 구분할 수 있다. 주택용으로 대표적인 재료에 유리솜 등이 있다.

③ '단열재료'라고도 한다.

■ **단열재 이음부 우레탄폼 시공 보완**

환경에너지시설 천장 슬래브 단열재 이음부의 틈새 발생부 우레탄폼 충전을 밀실하게 하지 않아 보완 시공이 요구된다.

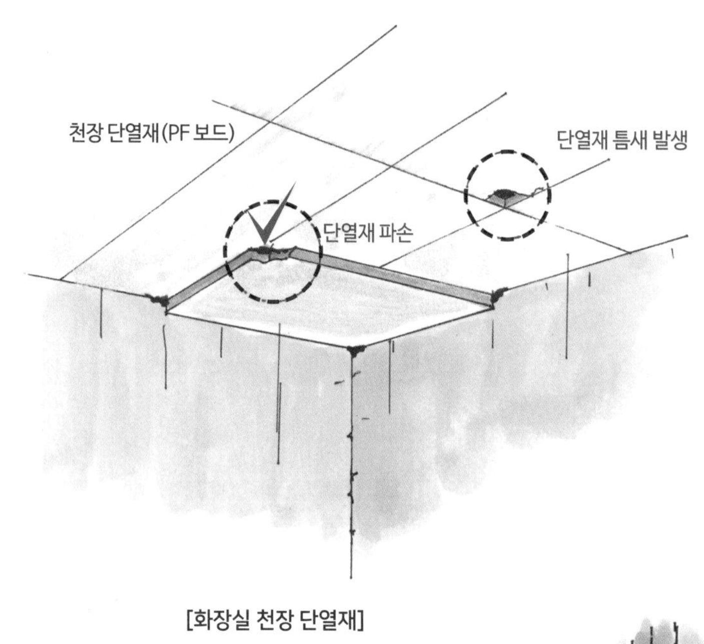

[화장실 천장 단열재]

■ **단열재 설치 미흡**

C동 세대 내 시공된 단열재 일부 구간이 파손되어 있어 조적 전에 보수해야 한다.

■ **벽돌쌓기 줄눈시공 미흡**

B동 비내력벽 벽돌쌓기 부분의 줄눈 사춤이 미흡하다.

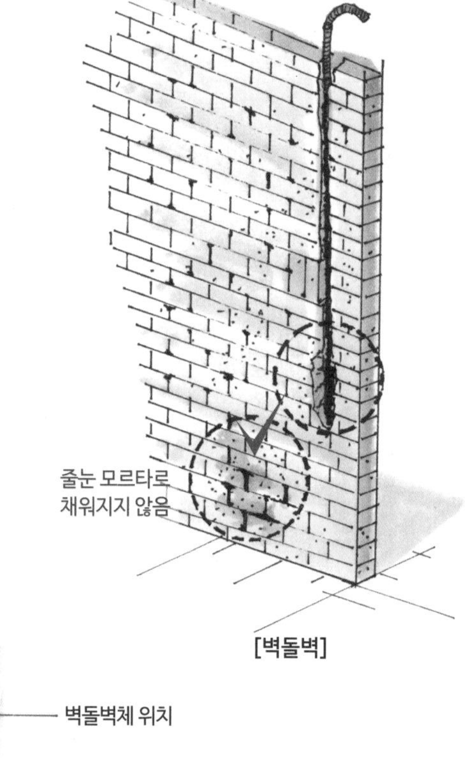

[벽돌벽]

벽돌벽체 위치

단열재 부분 누락

[RC벽]

■ 설계와 다른 시공(콘크리트 이어치기 규정 미준수)

A 지역 지하층 벽체의 콘크리트 타설 시 수평상태를 유지하지 않고 이어치기를 했다.

이어치기 줄눈
(콜드조인트*)

벽체 콘크리트 타설 시
이어치기 상태 미흡

[지하층 벽체]

■ 벽돌쌓기 줄눈시공 미흡

B동 17호 스모그타워 벽돌쌓기 시 빈틈없이 채워지지 않은 줄눈을 관리해야 한다.

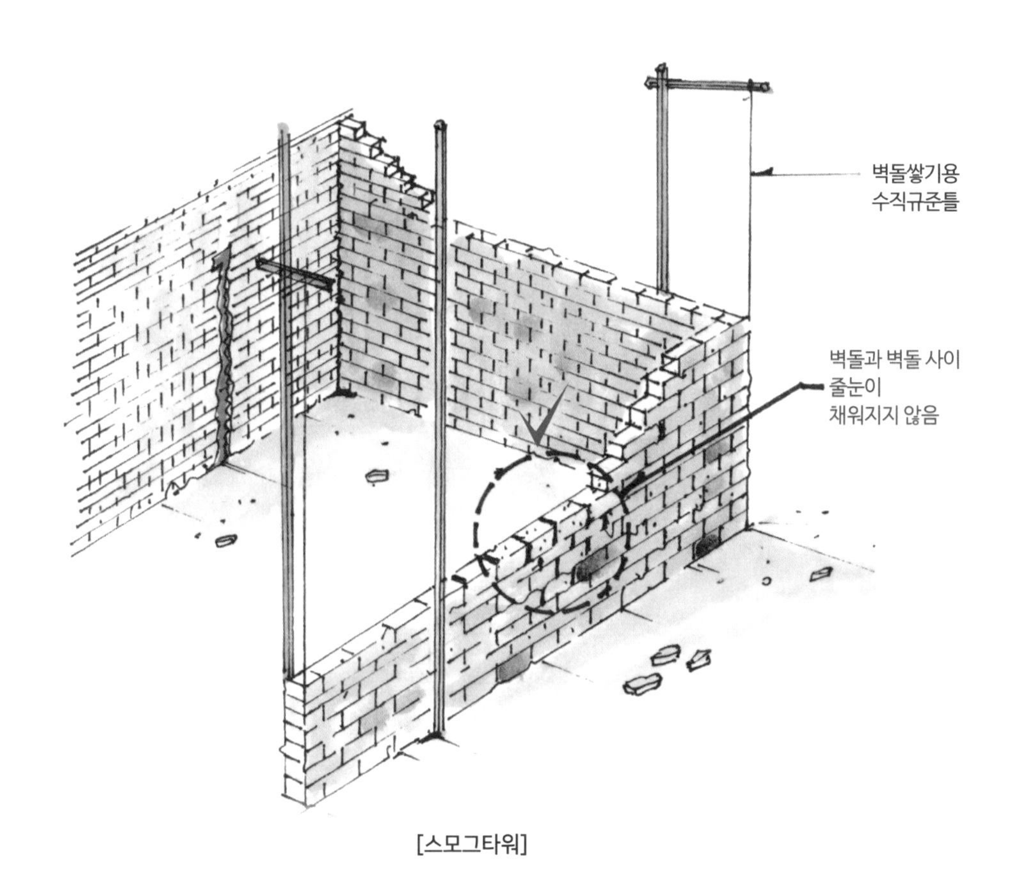

[스모그타워]

용어해설

***콜드조인트(cold joint)**

① 콘크리트부재 제작 시 한 번에 타설할 수 없어 의도적으로 분할하여 타설할 때의 이어붓기 이음부이다.
② 먼저 부어 넣은 콘크리트가 완전히 굳고, 다음 부분을 부어 넣을 때를 콜드조인트라 한다.
③ 연속된 타설에서, 앞서 타설된 콘크리트가 응고되어 뒤에 타설된 콘크리트와 융화되지 못한 이음새로, 타설한 콘크리트에서는 미관상 또는 누수 결함이 된다.

■ 단열재 이음부 우레탄폼 시공 보완

천장 슬래브 단열재 이음부의 틈새 발생부 우레탄폼 충전을 밀실하게 하지 않아 보완 시공이 요구된다.

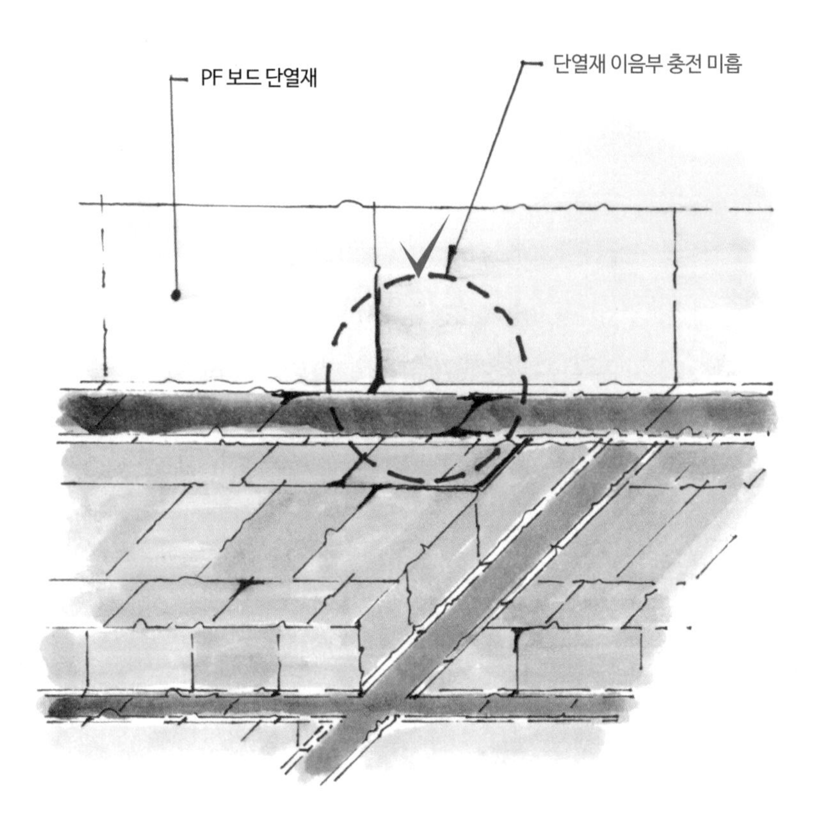

[천장 PF 보드 단열재]

■ 단열재 설치 미흡

A동 세대 내 시공된 단열재 일부 구간이 파손되어 있어 벽돌을 쌓기 전에 보수해야 한다.

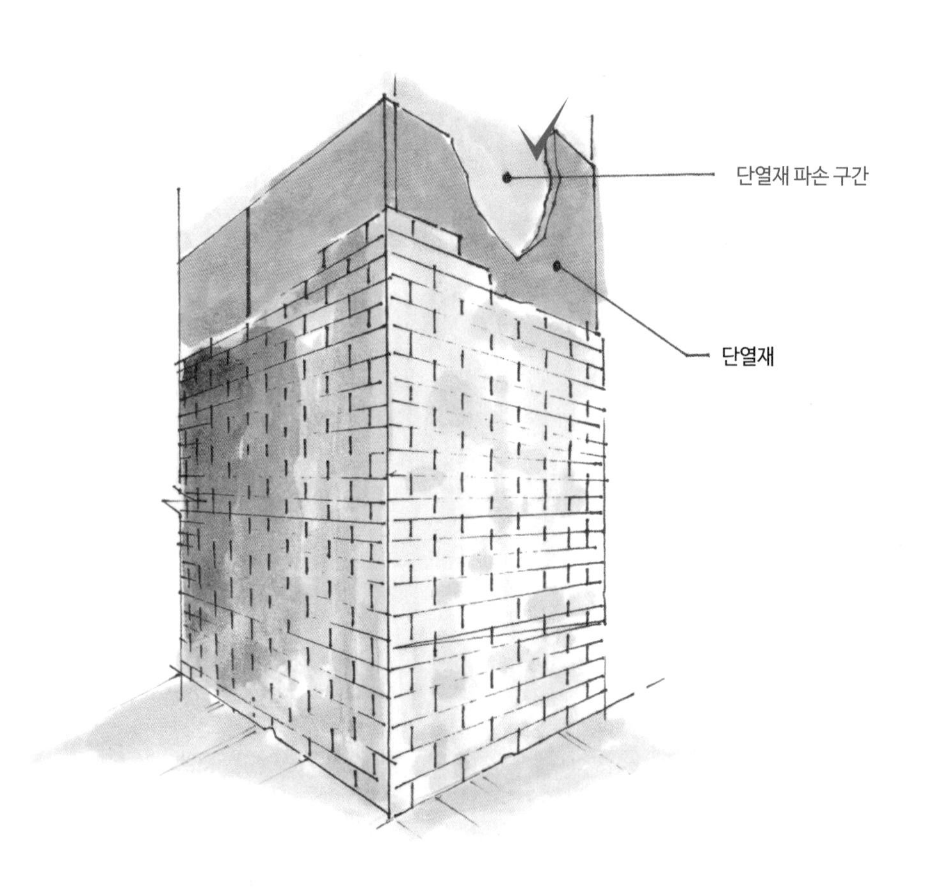

[벽체 단열재]

■ PIR 단열재(경질 폴리우레탄 보드) 설치 미흡

A동 내벽 단열재 설치 시 PIR(polyisocyanurate, 경질 폴리우레탄 보드)은 시공계획서에 의거 파스너(fastener, 고정앵커) 고정 위치가 달리 시공되어 단열벽체의 지지력 확보를 위해 보완이 필요하다.

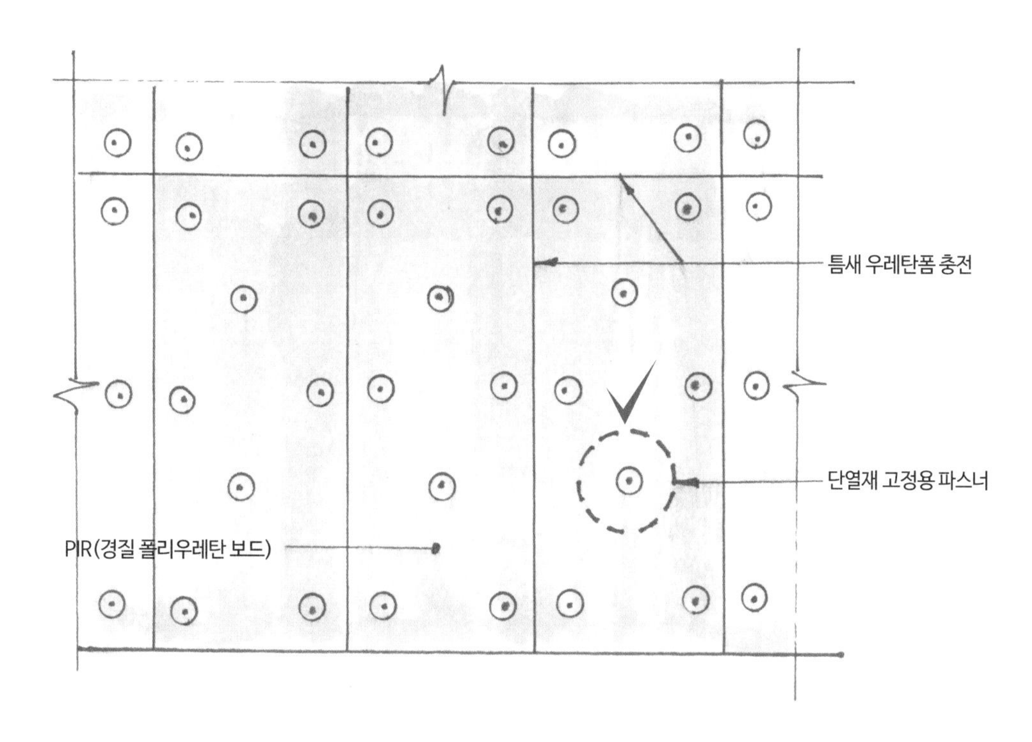

허용 안전 하중(N)

	단열재 두께 T(mm)								
	25	50	60	70	80	100	120	160	200
인장력 N rec									
그라스울(15kg/m^3)	240	260	290	300	300	300	300	300	300
스티로폼(30kg/m^3)	300								
전단력 V rec									
그라스울(15kg/m^3)	140	190	250	300	300	320	350	350	350
스티로폼(30kg/m^3)	600								
보온재의 특성이 문제가 될 시 현장에서의 관리 요구									

※ con3c 25030kg/m^3 인발하중 평균 N = 790 N / 한국화학융합시험연구원 테스트 결과

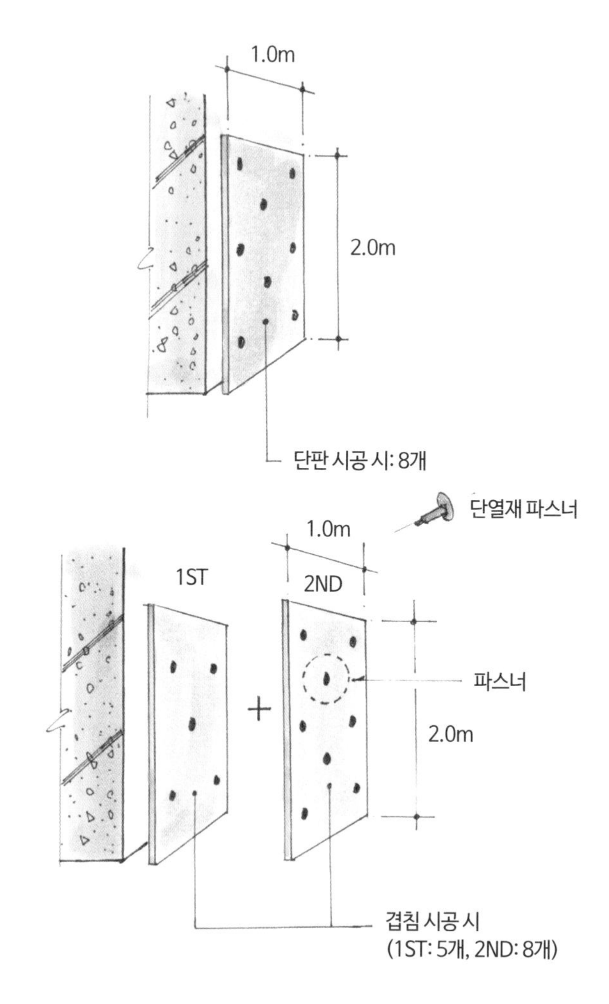

[PIR 파스너 설치 방법]

● PIR(polyisocyanurate, 폴리이소시안우레이트) 경질 폴리우레탄 보드

- 배합구조를 달리하여 분자구조를 더욱 안전화시킨 폴리우레탄폼이다.
- 우리나라에서는 '경질 폴리우레탄폼'이라는 단일 이름으로 불리지만, 이 우레탄폼은 크게 PUR과 PIR로 나뉜다. PUR과 PIR은 비록 같은 통칭으로 불리며 같은 PU 계열이기는 하나, 분자구조가 다른 물질이다.
- PUR보다 특성(난연성 우수, 열에 의한 변형률 적음)이 우수하고 가격이 비싸다.
- PUR보다 난연성 · 내열성 · 저연성이 개선되고 가벼워 시공성이 좋으나, 준불연재는 아니다.

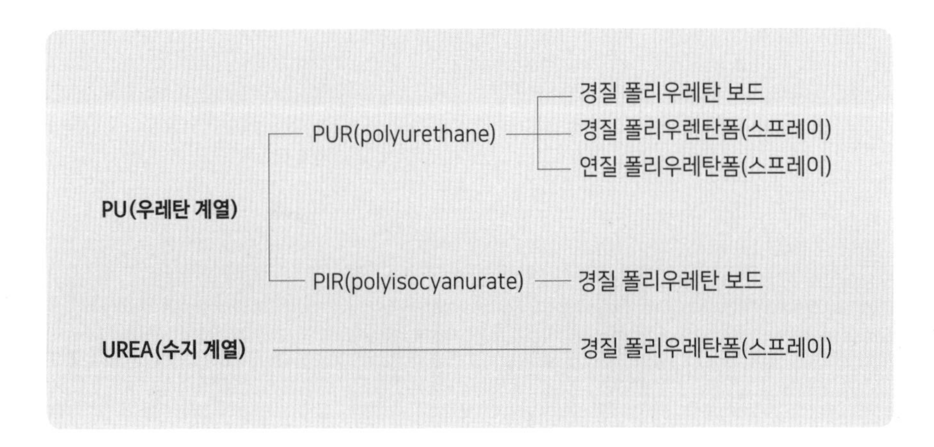

참고자료

단열재 파스너 규격													
파스너의 길이 (mm)	20	30	40	50	60	70	80	90	100	160	180	200	250
핀의 길이 (mm)	32	37	42	52	52	52	52	52	52	52	114	134	184
단열재의 두께 (mm)	20	30	40	50	60	70	80	90	100	160	180	200	250

※ 핀의 길이는 부착면의 강도, 재질에 따라 조절 가능

시공관리

	파스너 길이								
	25	50	60	70	80	100	120	160	200
콘크르트 300kg/m³ 이하	P=25-30mm con3c pin의 삽입 깊이								
S(최소)파스너 빈 공간	10	20	30	40	50	70	90	90	90
F(최대)파스너 빈 공간	15	25	35	45	55	75	95	95	95
모래/석회 300kg/m³ 이상	P=25-25mm con3c pin의 삽입 깊이								
S(최소)파스너 빈 공간	5	15	25	35	45	65	65	65	65
F(최대)파스너 빈 공간	10	20	30	40	50	70	70	70	70

※ 제조사마다 규격 상이

● 단열재 파스너

• 파스너(fastener) 안에 있는 핀의 종류는 파스너 크기에 따라 다르다.
• 핀의 직경은 3.7~4.5mm, 길이는 32~184mm이다.
• 단열재 두께는 300mm까지 사용 가능하다.
• 구조체에 박히는 파스너의 깊이는 20~30mm이다.

■ 파스너 고정 확인 방법

• 시공 후 머리 부분의 압착 여부에 따라 고정을 판단한다.
(압착 = 고정, 미압착 = 미고정)
• 파스너가 휘어진 것은 고정하기 어렵다. (고정 불량)

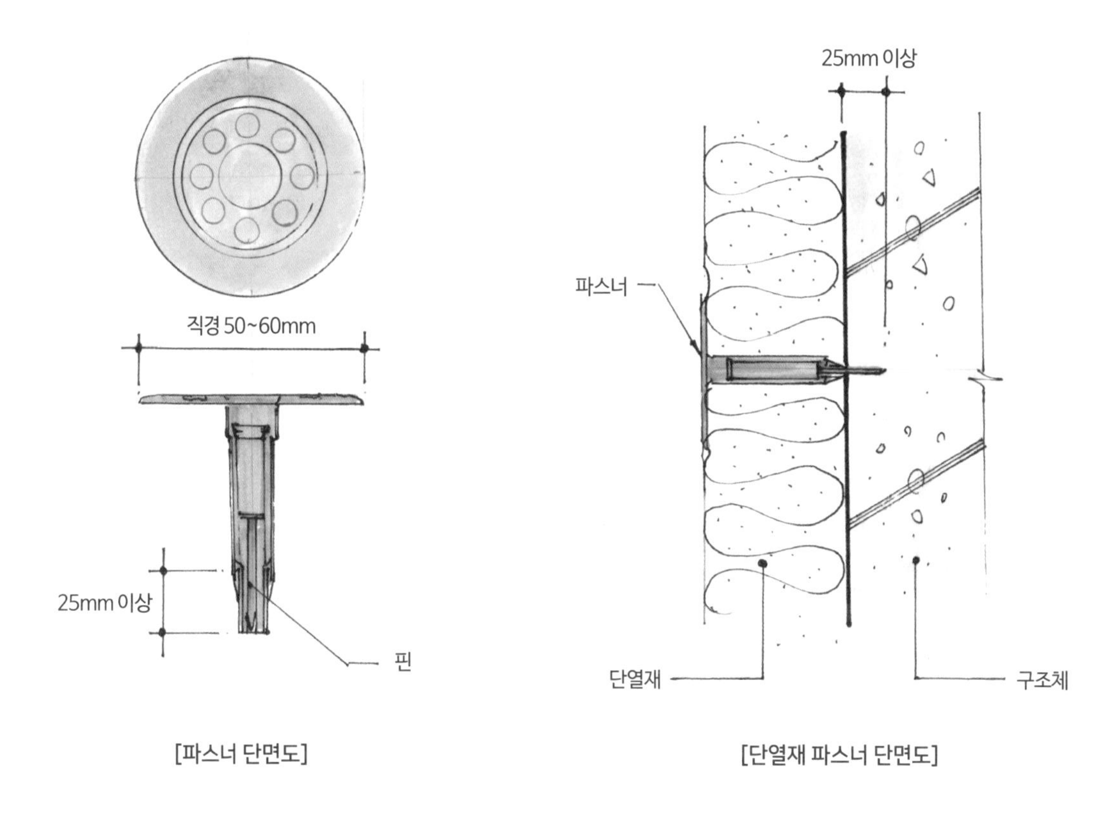

[파스너 단면도]

[단열재 파스너 단면도]

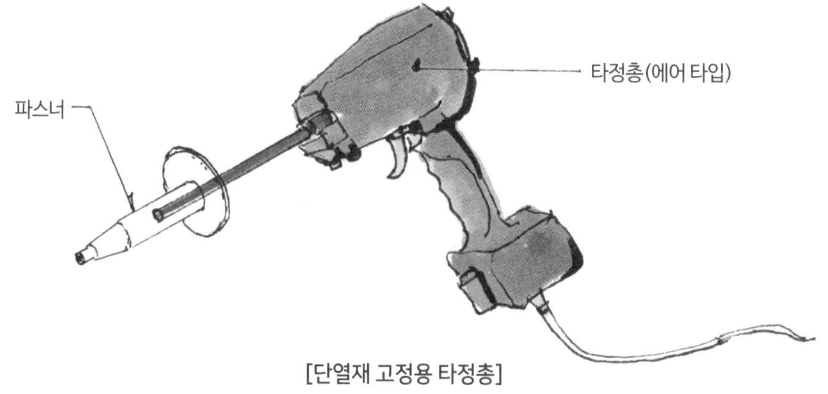

[단열재 고정용 타정총]

용어해설

파스너(fastener)
① 부재를 고정하기 위한 철물의 총칭
② 목구조를 연결하거나 커튼월을 건물의 구조체에 부착하기 위한 철물

■ A동 4002호 조적용 앵커 플레이트 고정 간격 과다

A동 40층 2호 욕실의 콘크리트 벽체에 조적공사용 앵커 플레이트 설치 시 간격이 과다(약 650mm)하여 전체적으로 보완해야 한다.

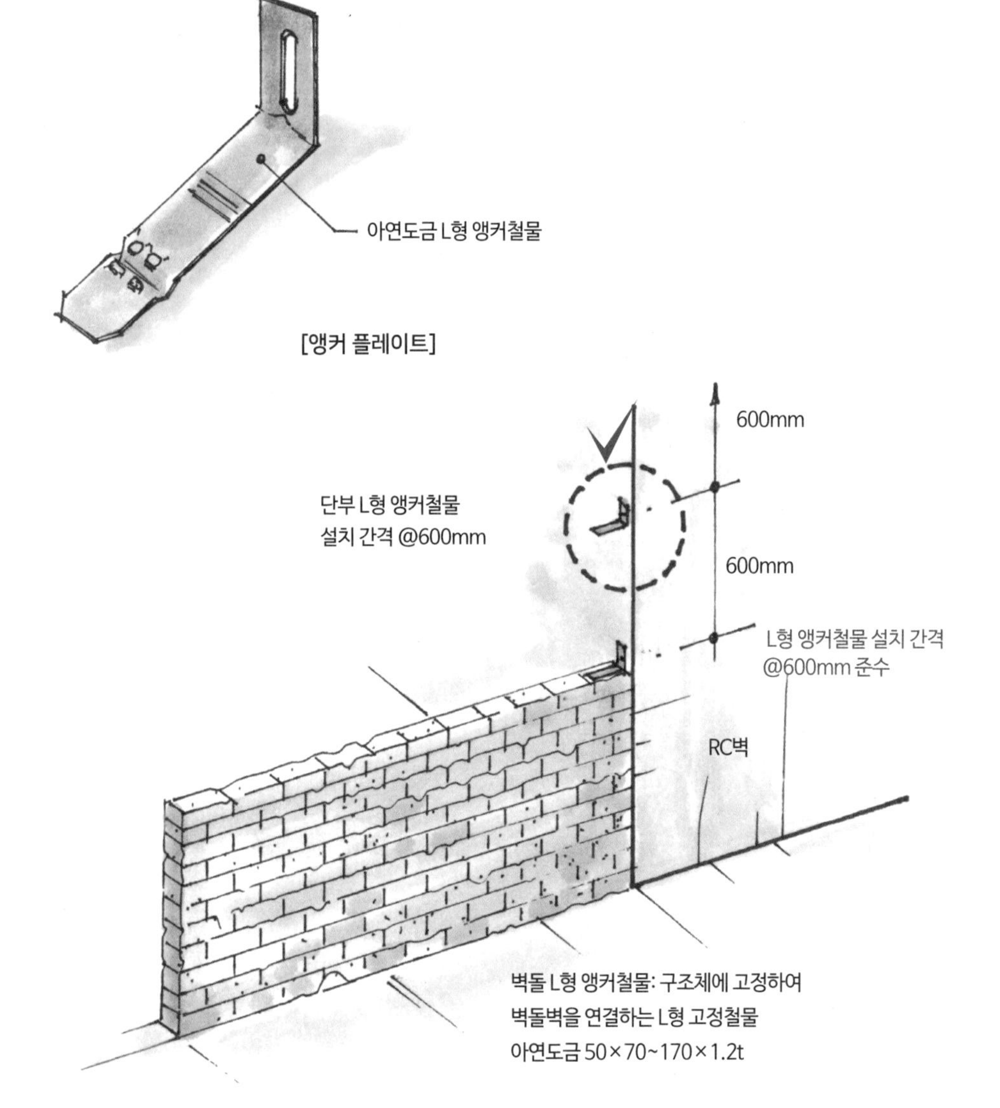

[앵커철물 설치도]

참고자료

건축공사 표준시방서 벽돌공사 KCS 41 34 02 : 2021

2.8 철물, 기타

(1) 묻음볼트, 연결 고정철물 및 기타 볼트는 한국산업표준에 적합한 제품으로 한다. 꺾쇠, 기타 연결 고정철물 및 보강철물 등의 형상, 치수 및 재질은 도면 또는 공사시방서에 따른다. 볼트, 꺾쇠 및 철물 등이 모르타르에 묻히지 아니하는 부분에는 도면이나 공사시방서 또는 담당원이 지시하는 녹막이도장을 한다.

LH공사시방서 벽돌공사 LHCS 41 34 02 : 2020

2.3 보강철물

2.3.1 벽체 긴결철선

(1) #8(4.0mm) 철선으로 부록 1. 그림 1과 같이 제작하여 사용한다.

2.3.2 조적벽체 단부 앵커철물

(1) 두께 1.2mm 이상의 표면 녹발생 방지조치가 된 L형 플레이트로서 부록 1. 그림 2와 같이 제작된 것으로 한다.

부록 1. 그림 1. 조적벽체 긴결철선

36×50×70mm

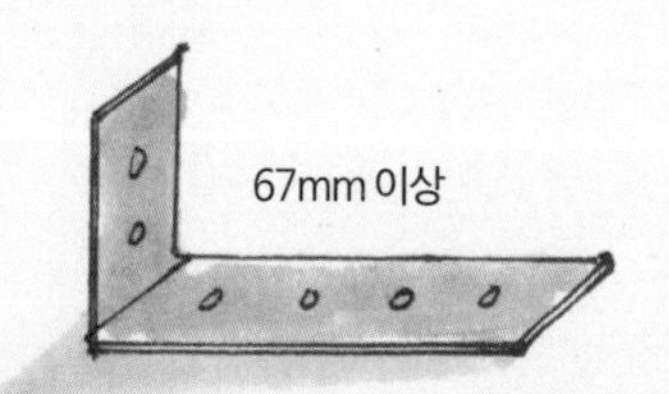

부록1. 그림 2. 조적벽체 단부 앵커철물

- 콘크리트 옹벽+조적벽(두께 100mm) 36×67 이상×36×1.2
- 콘크리트 옹벽+조적벽(두께 150mm) 50×67 이상×50×1.2
- 콘크리트 옹벽+조적벽(두께 200mm) 70×67 이상×70×1.2

■ 인방보 설치 일부 구간의 보완 시공 필요

A동 10층 세대 내 화장실 구간에 설치된 인방보의 경우 겹침길이가 시방서 및 설계도면과 달라, 승인받은 시공계획대로 보완 시공을 해야 한다. (실제 시공길이 180mm)

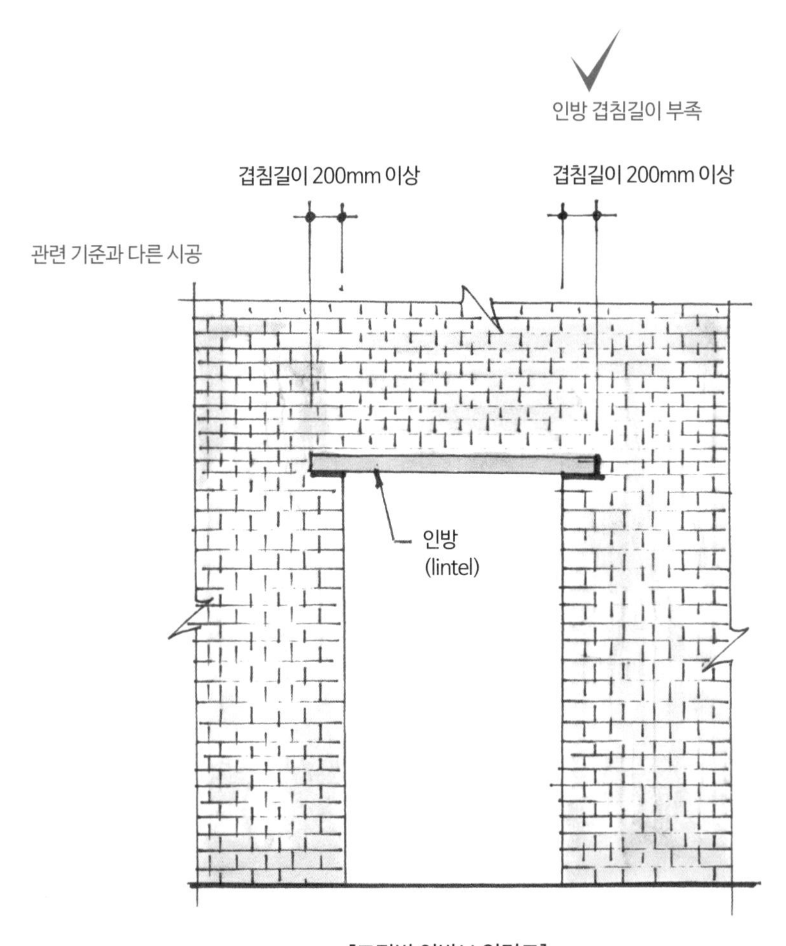

[조적벽 인방보 입면도]

참고자료

KCS 표준시방서 벽돌공사 KCS 41 34 02 : 2021

3.21 인방보 및 테두리보

3.21.1 인방보

(1) 인방보는 도면 또는 공사시방서에 정하는 바에 따라 현장타설 콘크리트 부어넣기 또는 기성 콘크리트부재로 한다.

(2) 인방보를 현장타설 콘크리트로 부어넣을 때의 거푸집, 철근배근 및 콘크리트 부어넣기공법은 KCS 14 20 00에 따른다.

(3) 기성 콘크리트 인방보의 형상, 치수, 품질 및 제조방법 등은 도면 또는 공사시방서에 따른다.

(4) 인방보는 양 끝을 벽체의 블록에 200mm 이상 걸치고, 또한 위에서 오는 하중을 전달할 충분한 길이로 한다. 인방보 상부의 벽은 균열이 생기지 않도록 주변의 벽과 강하게 연결되도록 철근이나 블록 메시로 보강연결하거나 인방보 좌우단 상향으로 컨트롤 조인트를 둔다.

(5) 좌우의 벽체가 공간쌓기일 때에는 콘크리트가 그 공간에 떨어지지 아니하도록 벽돌 또는 철판 등으로 막는다.

용어해설

윗인방(上引枋, lintel)

① 창·출입구 등 개구부 위를 건너질러 상부로부터 오는 하중을 지지하는 부재
② 석조 벽돌 구조에서 인방에 사용한 돌
③ 상방(上枋), 인방돌

인방보(引枋梁)

① 창문 위에 건너질러 상부에서 오는 하중을 좌우 벽으로 전달시키기 위하여 대는 보를 말한다.
② 인방보는 여러 재료로 만들 수 있으나 보편적으로 철제 인방보·철근콘크리트제 인방보·석제 인방보·보강벽돌 인방보 등이 있다.
③ 철제에는 구부림쇠 인방보·앵글 인방보·아이빔(I-beam) 인방보가 있다.
④ 구조상으로는 통 인방보·이중 인방보·복철근 인방보·U블록 인방보·앵글 인방보 등이 있다.

■ 층간소음 완충재 훼손부 보완 필요

A동 15층 4층 세대 부부욕실 슬래브 상부에 설치한 층간소음 완충재 일부가 훼손되어 층간 소음 방지 기능 저하가 우려되므로 후속공정 진행 전에 보완을 해야 한다.

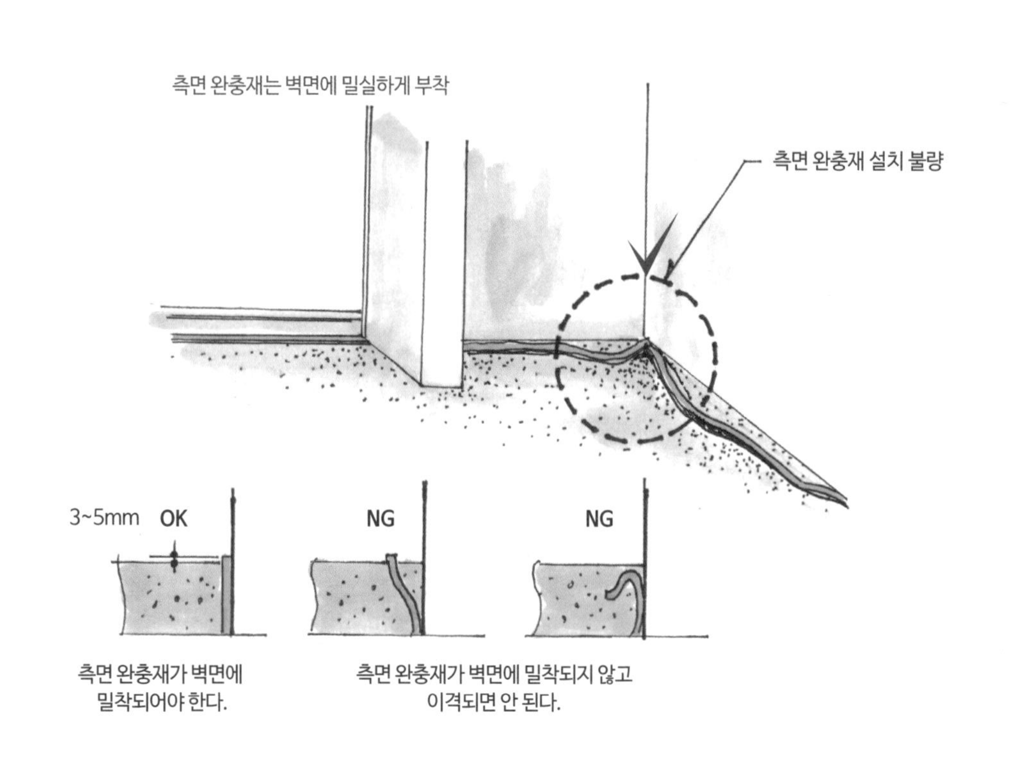

측면 완충재가 벽면에 밀착되어야 한다.

측면 완충재가 벽면에 밀착되지 않고 이격되면 안 된다.

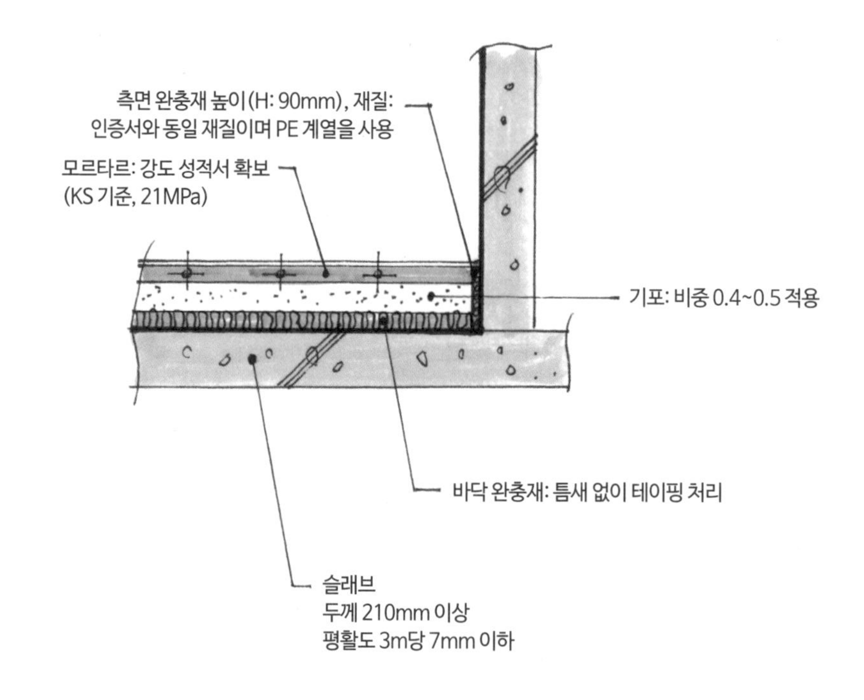

참고자료

층간소음 사후 확인제도 의무화

정부가 오는 2022년 하반기부터 아파트가 건설된 후 사용허가를 받기 전 층간소음 차단 성능을 확인하는 '층간소음 사후 확인제'를 도입한다. 국토교통부는 아파트 층간소음을 줄이기 위해 시공 이후 바닥충격음 차단 성능을 확인하는 사후 확인제도를 도입한다고 9일 밝혔다. 현재 완충재 자체의 소음차단 성능을 평가하는 사전 인정 방식을 쓰고 있어 정확한 성능 확인에 한계가 있다. 앞으로는 사후 확인제도를 통해 아파트가 완공되고 나서 실제로 어느 정도로 바닥충격음을 막을 수 있는지 직접 측정하게 된다. 국토부는 늦어도 2022년 7월부터 건설되는 30가구 이상의 공동주택에 대해서는 지방자치단체가 사용승인 전 단지별로 샘플 가구를 뽑아 바닥충격음 차단 성능을 측정하도록 의무화한다는 계획이다. 올해 하반기까지 주택법과 그 시행령, 시행규칙 등의 개정 작업에 착수해 공동주택 바닥충격음 차단성능 권고 기준을 마련할 예정이다. 지자체 성능 확인 결과 권고 기준에 미달하는 경우 지자체가 보완 시공 등 개선권고를 할 수 있다. 권고 기준이기에 건설사가 의무적으로 맞춰야 하는 기준은 아니다. 하지만, 국토부는 지자체가 이 권고 기준에 따라 성능을 평가하고 시정요구부터 사용승인 불허까지 재량껏 처분하게 할 방침이다. 바닥충격음 차단성능 제고를 지원하기 위해 산·학·연·관 기술협의체를 구성해 주택 설계 단계에서의 바닥충격음 성능 예측·성능 향상 기술, 시공기술 개발 등도 지속해 나갈 계획이다. 또 공동주택에서 어느 정도의 소음 발생은 불가피한 만큼, 건설기준 개선과 함께 층간소음 발생과 분쟁을 줄이고, 이웃 간 층간소음 분쟁 해결을 지원하는 방안도 병행할 예정이다. 국토부는 이날 '공동주택 층간소음 예방·관리 가이드북'을 제작해 중앙 공동주택관리 분쟁조정위원회 홈페이지를 통해 공개했다.

[출처: 국토교통부 발표 자료]

■ 콘크리트 타설 바닥면 마무리 평탄도 관리 미흡

A동 12층 바닥면 마감 시공상태를 확인한 결과, 콘크리트 타설 마감면 단차(13mm) 발생으로 물고임이 발생했으므로 적절한 조치가 필요하다.

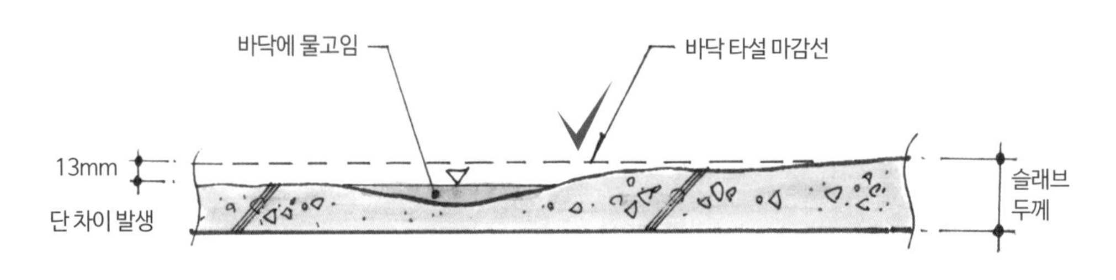

[슬래브 콘크리트 타설면 단면도]

참고자료

KCS 표준시방서 일반콘크리트 KCS 14 20 10 : 2022

3.7 표면 마무리

3.7.1 일반사항

(1) 노출 콘크리트에서 균일한 노출면을 얻기 위해서는 동일공장 제품의 시멘트, 동일한 종류 및 입도를 갖는 골재, 동일한 배합의 콘크리트, 동일한 콘크리트 타설방법을 사용하여야 한다.

(2) 미리 정해진 구획의 콘크리트 타설은 연속해서 일괄작업으로 끝마쳐야 한다.

(3) 시공이음이 미리 정해져 있지 않을 경우에는 직선상의 이음이 얻어지도록 시공하여야 한다.

(4) 콘크리트 마무리의 평탄성은 표 3.7-1을 표준으로 한다.

표 3.7-1 콘크리트 마무리의 평탄성 표준값

콘크리트면의 마무리	평탄성	참고	
		기둥, 벽의 경우	바닥의 경우
마무리 두께 7mm 이상 또는 바탕의 영향을 많이 받지 않는 마무리의 경우	1m당 10mm 이하	바름 바탕 띠장 바탕	바름 바탕 이중마감 바탕
마무리 두께 7mm 이하 또는 양호한 평탄함이 필요한 경우	3m당 10mm 이하	뿜질 바탕 타일압착 바탕	타일 바탕 융단깔기 바탕 방수 바탕
제물 치장 마무리 또는 마무리 두께가 얇은 경우	3m당 7mm 이하	제물치장 콘크리트 도장 바탕 천붙임 바탕	수지 바름 바탕 내마모 마감 바탕 쇠손 마감 마무리

■ 벽체 철근 스페이서 교체 필요

A동 지상 48층 벽체(CW28) 구간 철근 스페이서를 혼용 설치(피복두께 30mm, 40mm 사용)하여 피복두께 40mm 미확보로 교체가 필요하다.

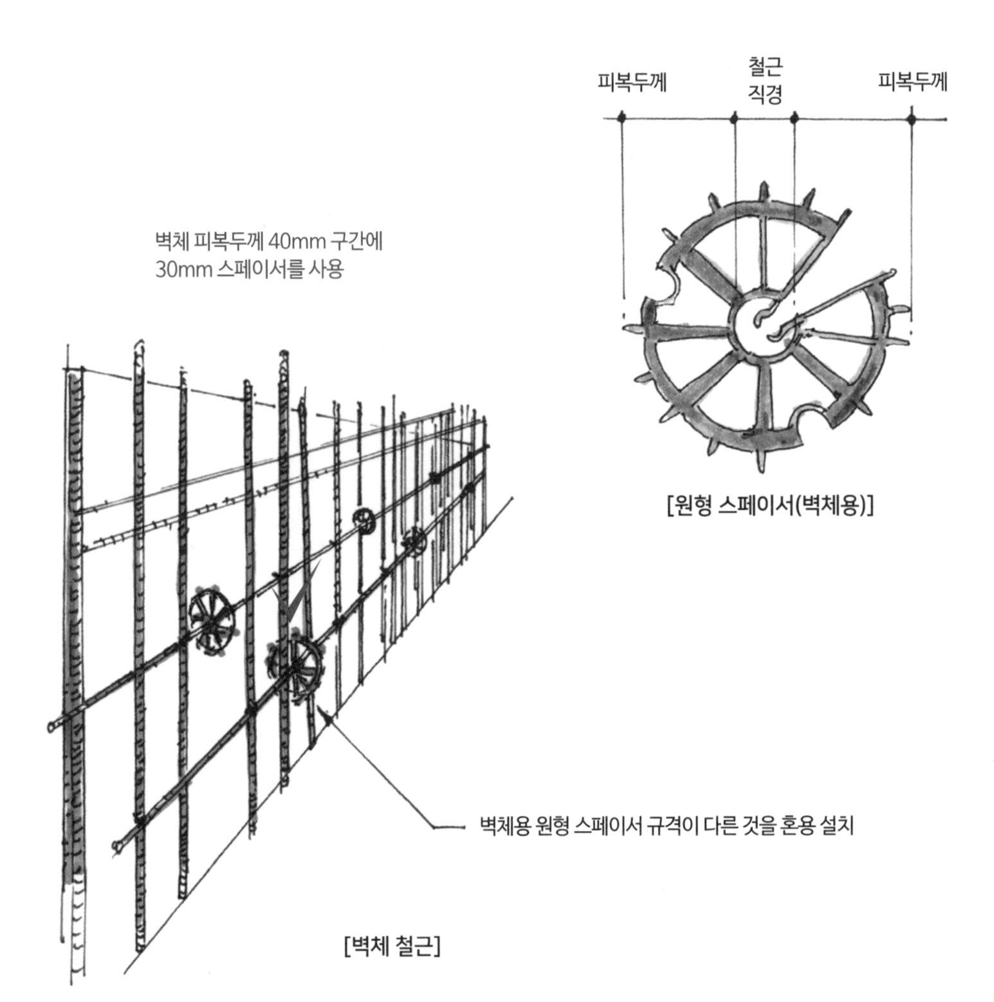

[원형 스페이서(벽체용)]

[벽체 철근]

참고자료

철근콘크리트구조 철근상세 설계기준 KDS 14 00 00 구조설계기준 <2022. 1. 11. 개정>

4.3 최소 피복두께

4.3.1 프리스트레스하지 않은 부재의 현장치기콘크리트

(1) 프리스티레스하지 않은 부재의 현장치기콘크리트의 최소 피복두께는 다음 규정을 따라야 하며, 또한 4.3.6의 규정을 만족하여야 한다.

① 수중에서 치는 콘크리트 100mm
② 흙에 접하여 콘크리트를 친 후 영구히 흙에 묻혀 있는 콘크리트 75mm
③ 흙에 접하거나 옥외의 공기에 직접 노출되는 콘크리트
가. D19 이상의 철근 50mm
나. D16 이하의 철근, 지름 16mm 이하의 철선 40mm
④ 옥외의 공기나 흙에 직접 접하지 않는 콘크리트
가. 슬래브, 벽체, 장선
(가) D35 초과하는 철근 40mm
(나) D35 이하인 철근 20mm
나. 보, 기둥 40mm
콘크리트의 설계기준압축강도 fck가 40MPa 이상인 경우 규정된 값에서 10mm 저감시킬 수 있다.

피복두께(mm)	철근 직경(mm)
30	10 ~ 13
40	10 ~ 13
40	12 ~ 16
50	10 ~ 16
70	10 ~ 16

■ 단열재 및 기타 자재관리 불량

본 공사에 시공되는 건설용 단열재 및 기타 자재는 품질에 영향을 미치지 않도록 관리해야 하지만 야적 중인 단열재 일부가 파손되는 등 자재관리가 불량한 상태이다.

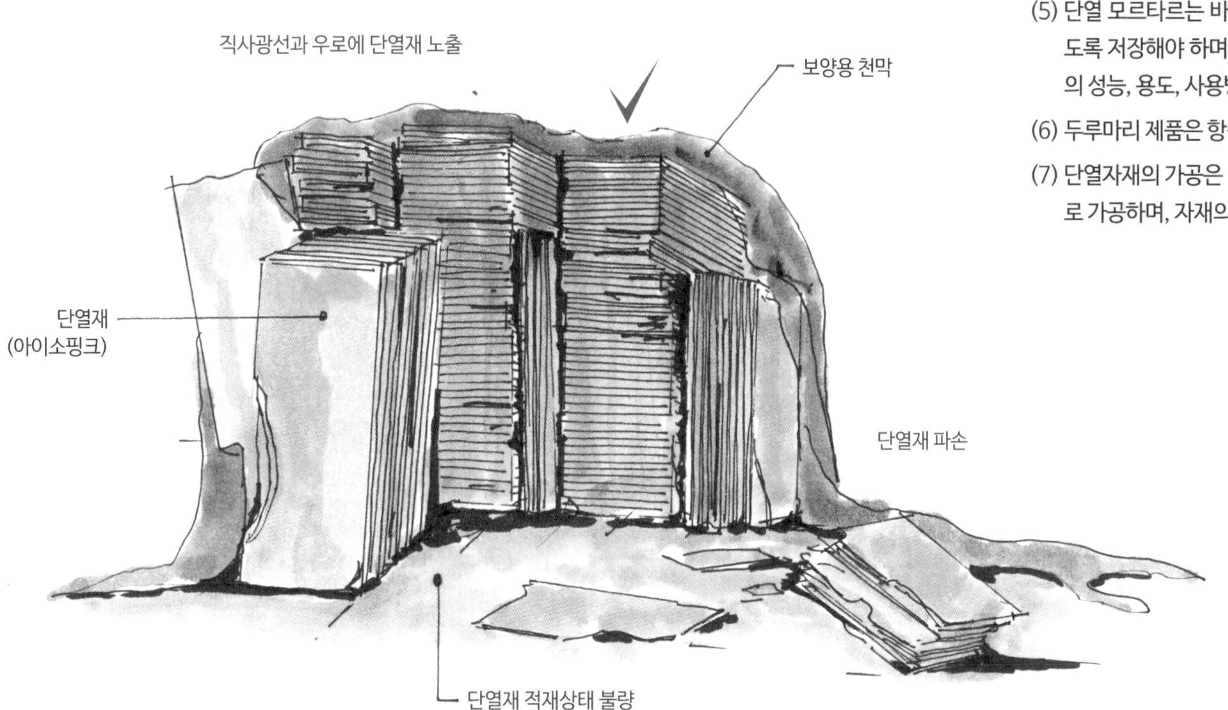

[단열재 야적장]

참고자료

KCS 표준시방서 단열공사 일반 KCS 41 42 01 : 2021

2.4 자재의 운반, 저장 및 취급

(1) 단열재의 운반 및 취급 시에는 단열재가 손상되지 않도록 주의해야 한다.

(2) 단열재는 직사일광이나 비, 바람 등에 직접 노출되지 않으며, 습기가 적고 통기가 잘 되는 곳에 용도, 종류, 특성 및 형상 등에 따라 구분하여 보관한다.

(3) 단열재 위에 중량물을 올려놓지 않도록 하며, 유리면을 압축 포장한 것은 2개월 이상 방치하지 않도록 한다.

(4) 판형 단열재는 노출면을 공장에서 표기해야 하며, 적재 높이는 1,500mm 이하로 한다.

(5) 단열 모르타르는 바닥과 벽에서 150mm 이상 이격시켜서 흙 또는 불순물에 오염되지 않도록 저장해야 하며, 특히 수분에 젖지 않도록 한다. 또한 포장은 방습포장으로 하며, 자재의 성능, 용도, 사용방법이 명기되어야 한다.

(6) 두루마리 제품은 항상 지면과 직접 닿지 않도록 세워서 보관한다.

(7) 단열자재의 가공은 청소된 평탄한 면 위에서 행하되, 적절한 공구를 사용하여 정확한 치수로 가공하며, 자재의 손상이 없도록 한다.

■ 창틀 사춤 보완 필요

A동 25층 홀창호 1개소의 창틀 문지방 부분을 우레탄폼으로 사춤하여 문지방이 처지거나 추후 우수가 스며들 우려가 있어 보완이 필요하다.

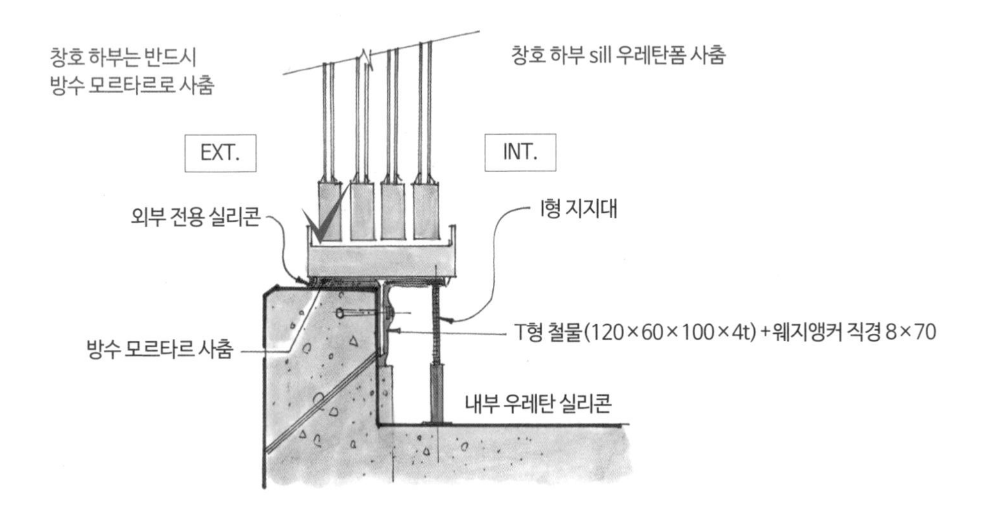

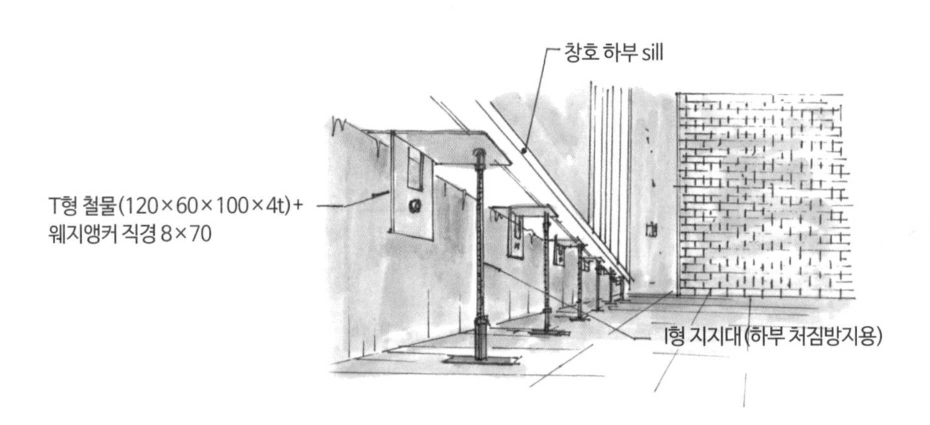

[PL 창호 하부 설치 단면도]

참고자료

KCS 표준시방서 합성수지제 창호공사 KCS 41 55 03 : 2021

PL창호 수직도 기준(KS F 3117)

대상 부위	치수	허용오차
창틀 바깥쪽의 너비 및 높이	3,000mm 미만	±2mm
	3,000mm 이상	±3mm
창틀 내부 대각선 치수의 차	2,100mm 미만	2mm
	2,100mm 이상 3,000mm 미만	4mm
	3,000mm 이상	6mm

3.2 창호 설치

3.2.1 기본사항

먹메김은 건물 기준선으로부터 끌어낸다.

3.2.2 설치

(1) 창호 설치 시 수평·수직을 정확히 하여 위치의 이동이나 변형이 생기지 않도록 고임목으로 고정하고 창틀 및 문틀의 고정용 철물을 벽면에 구부려 콘크리트용 못 또는 나사못으로 고정한 후에 모르타르로 고정철물에 씌운다.

(2) 고정철물은 틀재의 길이가 1m 이하일 때는 양측 2개소에 부착하며, 1m 이상일 때는 0.5m마다 1개씩 추가로 부착한다.

3.3 보양 및 검사

3.3.1 보양

(1) 창호를 설치한 후 출입 또는 작업으로 손상될 우려가 있는 곳에는 틀이 손상되지 않도록 보양한다.

(2) 창호 표면에 모르타르나 불순물이 묻은 때에는 표면에 흠이 생기지 않도록 제거하고 청소한다.

3.3.2 검사

(1) 창호를 설치한 후, 전 수량의 창호에 대하여 담당원의 검사를 받는다.

(2) 검사는 담당원, 수급인, 제작자의 입회하에 실시한다.

(3) 담당원의 지시가 있을 경우에 수급인과 제작자는 검사보고서를 제출함으로써 이를 대체할 수 있다.

(4) 검사 결과, 불합격된 것은 수정하여 담당원의 승인을 받는다.

■ 거푸집 표면 청소 불량

공동주택 A동 8층 벽체 거푸집을 재사용하면서 거푸집의 표면에 부착된 콘크리트를 적절하게 제거하지 않아 보완이 필요하다.

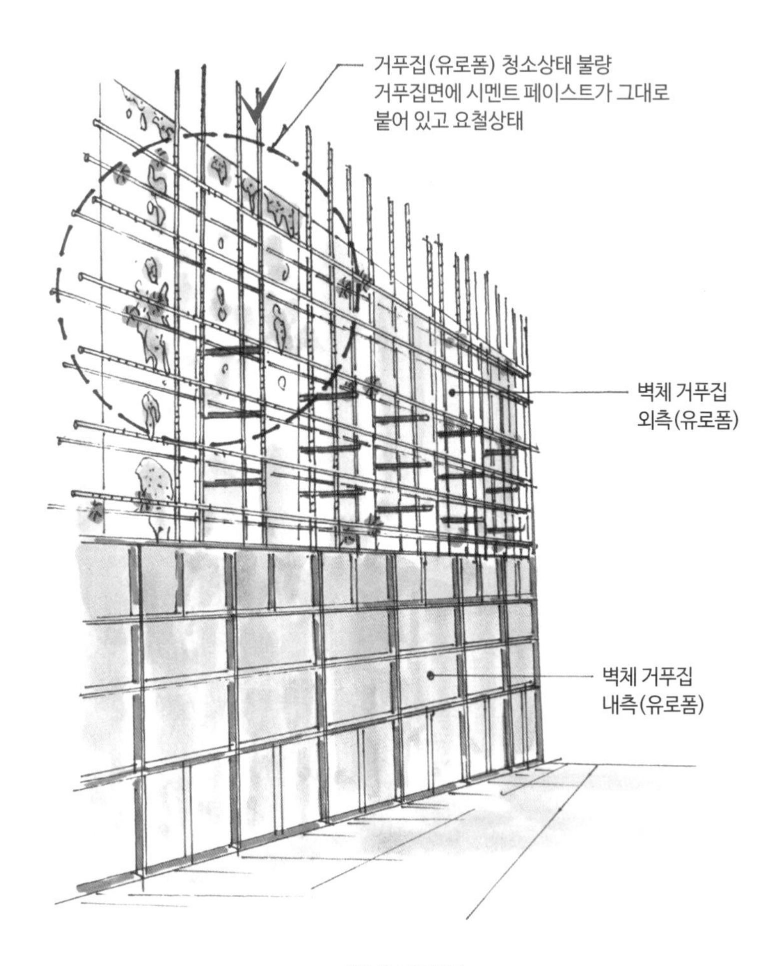

[벽체 거푸집]

참고자료

KCS 표준시방서 KCS 14 20 00 콘크리트공사, 거푸집 및 동바리 KCS 14 20 12 : 2022

2. 자재

2.1 거푸집널

(1) 거푸집널로 사용되는 합판은 KS F 3110의 규정에 적합하도록 한다.

(2) 금속제 거푸집널은 KS F 8006의 규정에 적합한 것으로 한다.

(3) 알루미늄제, 플라스틱 패널 등은 KS D 3602의 규정에 적합하고 동등 이상의 성능에 적합한 것으로 한다.

(4) 흠집 및 옹이가 많은 거푸집과 합판의 접착 부분이 떨어져 구조적으로 약한 것은 사용할 수 없다.

(5) 부러지거나 균열이 있는 거푸집의 띠장은 사용할 수 없다.

(6) 제물치장 콘크리트용 거푸집널에 사용하는 합판은 내알칼리성이 우수한 재료로 표면처리된 것으로 한다.

(7) 형상이 찌그러지거나 비틀림 등 변형이 있는 것은 교정한 다음 사용한다.

(8) 금속제 거푸집의 표면에 녹이 많이 발생한 경우에는 쇠솔 또는 샌드페이퍼 등으로 제거하고 박리제를 엷게 칠하여 사용한다.

(9) 거푸집널을 재사용하는 경우에는 콘크리트에 접하는 면을 깨끗이 청소하고 볼트용 구멍 또는 파손 부위를 수선한 후 사용한다.

(10) 목재 거푸집널은 콘크리트의 경화 불량을 방지하기 위하여 직사광선에 노출되지 않도록 씌우개로 덮어둔다.

(11) 제재한 목재를 거푸집널로 사용할 경우에는 콘크리트와 접하는 면은 대패질하여 사용한다.

(12) 멍에 및 장선재는 거푸집널과 원활히 결합될 수 있는 재료나 결합방식을 고려하여 선정한다.

■ 콘크리트 단면결손 및 철근 노출

A동 2개소에 통신배관 시공을 위해 콘크리트 단면을 파손한 부분에 철근 노출이 발생하여 보완이 필요하다. (비내력벽)

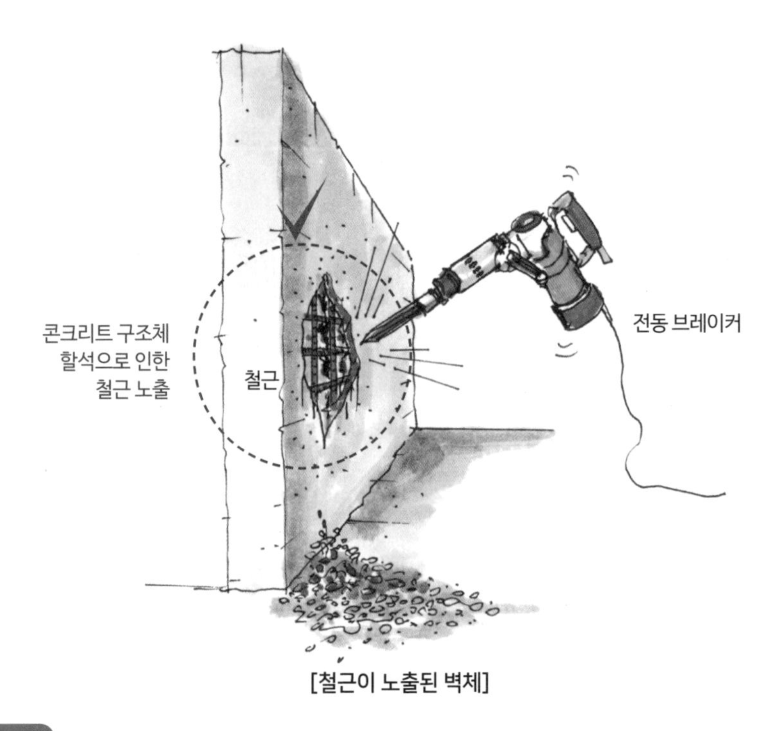

[철근이 노출된 벽체]

■ 결로방지재 시공관리 미흡

B동 2802호 세대 현관문 우측 옹벽 결로방지재 위 콘크리트 페이스트를 제거해야 한다.

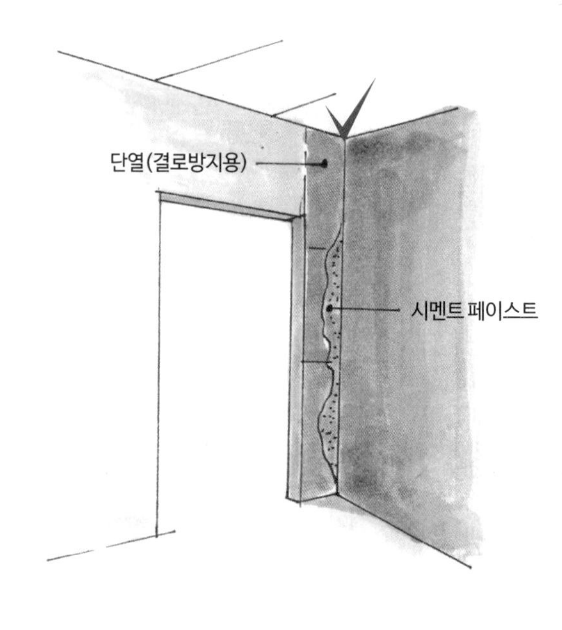

[벽체 결로방지 단열재]

참고자료

KCS 표준시방서 단열공사 일반 KCS 41 42 01 : 2021

3. 시공

3.1 시공 일반

(1) 단열공사 앞서 단열재, 시공방법, 시공도, 공정계획 등에 대하여 감독자의 승인을 받는다.

(2) 단열재 및 시공방법의 종류에 따른 보조 단열재 및 설치자재, 공구 등을 준비한다.

(3) 단열시공 바탕은 단열재 또는 방습층 설치에 지장이 없도록 못, 철선, 모르타르 등의 돌출물을 제거하며 평탄하게 정리 및 청소한다.

(4) 분할도에 따라 시공하고, 현장 절단 시에는 절단기를 사용하여 정교하게 일직선이 되도록 절단한다.

(5) 단열재의 이음부는 틈새가 발생하지 않도록 폴리우레탄폼, 테이프 등을 사용하거나 공사시방서에 따르며, 부득이 단열재를 설치할 수 없는 부분에는 적절한 단열보강을 한다.

(6) 경질이나 반경질의 단열판으로 처리할 수 없는 틈새 및 구멍에는 접착성 프라이머로 도포한 후 단열 모르타르 등을 사용하여 전체 깊이까지 충전하고 표면을 평활하게 처리한다.

■ 옥상 난간대 시공보완 필요(기둥 고정 부분)

아파트 A동 옥상 난간대 기둥을 고정하기 위하여 시공한 너트조임 후 나사산이 부족하여 보완 시공이 필요하다. 일반볼트의 경우 조임 종료 후 3개 이상의 나사산이 돌출되어야 한다.

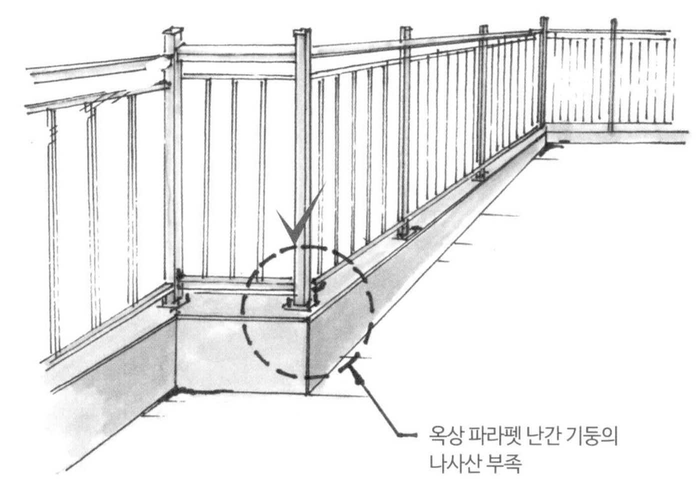

[옥상 파라펫 난간]

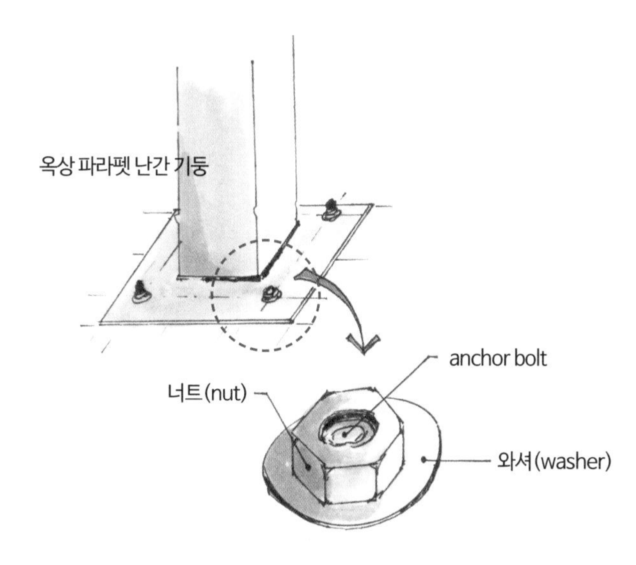

[파라펫 난간기둥 고정 부분]

참고자료

KCS 표준시방서 볼트 접합 및 핀 연결 KCS 14 31 25 : 2019

(3) 일반볼트의 길이는 KS B 1002의 부표 1에 명시되어 있는 호칭 길이로 나타내고 조임길이에 따라서 조임 종료 후 표 2.2-2와 같이 **너트 밖에 3개 이상의 나사산이 나오도록 선택한다.**

표 2.2-2 일반볼트의 조임길이에 더하는 길이(mm)

볼트의 호칭		M12	M16	M20	M22	M24
더하는 길이	1중 너트의 경우	20 이상	26 이상	30 이상	35 이상	37 이상
	2중 너트의 경우	27 이상	36 이상	42 이상	48 이상	51 이상

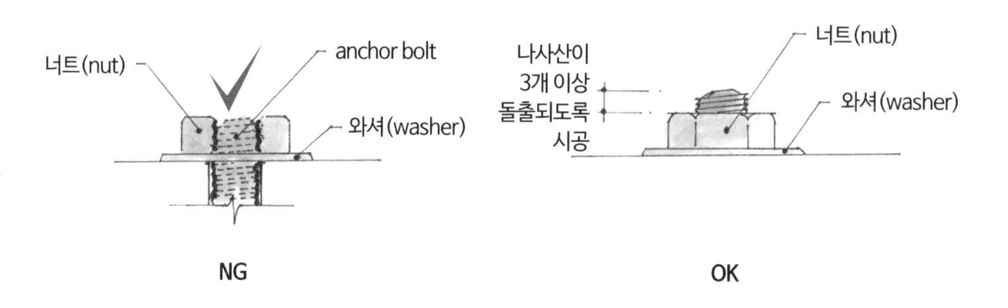

[점검 포인트]

■ 콘크리트 바닥면 과하중 재하

아파트 A동 13층 복도 바닥면에 콘크리트 잔재 폐기물이 약 7.0KN/m² 적재되어 있어 구조 계산보다 초과 하중이 작용하고 있으므로 조속히 조치해야 한다.

[복도 구간 잔재 폐기물]

■ 조적공사 사춤 미흡

B동 지상 41층 4호 세대 욕실 조적벽체의 세로줄눈 일부가 미충전되어 있다.

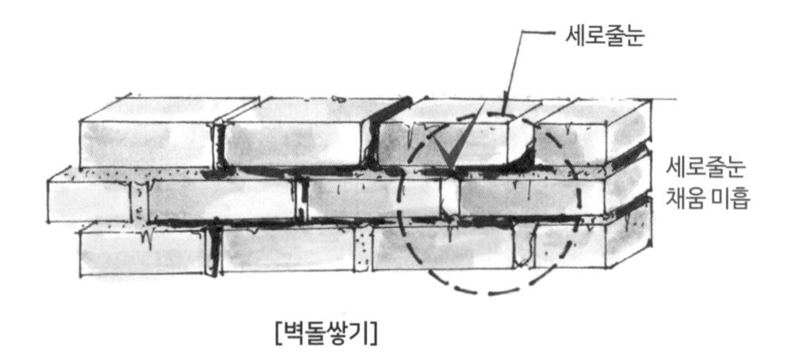

[벽돌쌓기]

용어해설

모르타르(mortar=몰탈)

① 포틀랜드 시멘트 또는 석회·모래·물을 섞어 반죽한 것
② 시멘트 모르타르의 약칭
③ 콘크리트 표면 등의 미장용과 벽돌·블록·석재·기와 등을 쌓을 때 접착재로 쓰임
④ 혼화재료를 넣기도 함

사춤(pointing)

돌이나 벽돌을 쌓을 때 그 틈서리에 시멘트나 모르타르를 채워 다지는 일

■ 기초 앵커볼트 박스관리 미흡

가스발전시설 기초부를 점검한 결과 와인딩 파이프 제거 후 덮개 등의 보양을 하지 않아 기초 앵커볼트 박스 내부에 이물질 및 빗물이 고여 있는 등 기초 앵커볼트 박스의 관리가 일부 미흡함을 확인했다.

무수축 모르타르와
콘크리트의 일체성 확보

청소 실시

바닥면 이물질
미제거

SRC조 기둥 주근

SRC조 철골기둥 조립용
베이스 앵커

바닥면 레이턴스 제거

바닥면 습윤상태

철골기둥 베이스 플레이트 접촉면의 콘크리트는
철골조에서 전달된 압축력을 하부에 전달하는 역할

[기초 앵커볼트]

■ 교량받침 도장면 녹발생 조치 필요

A 고가교 P12, P17의 교좌장치 시공상태를 확인한 결과, 도장면에 일부 녹발생이 진행 중에 있으므로 녹을 제거한 후 부식 방지를 위한 적절한 조치를 해야 한다.

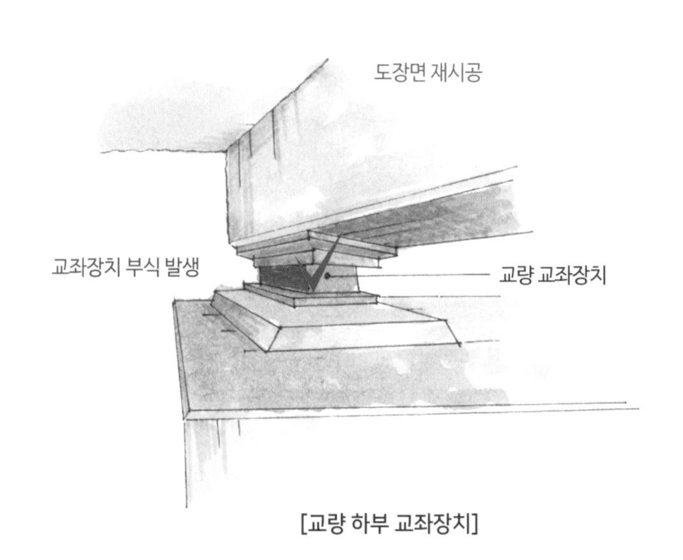

[교량 하부 교좌장치]

용어해설

교좌(交座, bearing)
교량 상부구조에 작용하는 하중을 하부구조로 전달하는 받침장치

■ 단열재에 묻은 시멘트 페이스트 제거 필요

'표준시방서' KCS 41 42 03 결로방지 단열공사의 '3.3 설치'에 따르면 결로방지 단열재를 설치한 후 콘크리트 타설 등 후속 공사로 인하여 단열재가 손상되지 않도록 주의하여야 하며, 표면에 묻은 이물질을 제거하도록 되어 있다.

그러나 점검일 현재 A동 25층 슬래브에 설치된 단열재 틈새로 시멘트 페이스트(cement paste)가 유출되어 있으므로 단열성능 확보를 위하여 시멘트 페이스트를 제거하고 적정 재료로 틈새를 메우는 등의 보완을 할 필요가 있다.

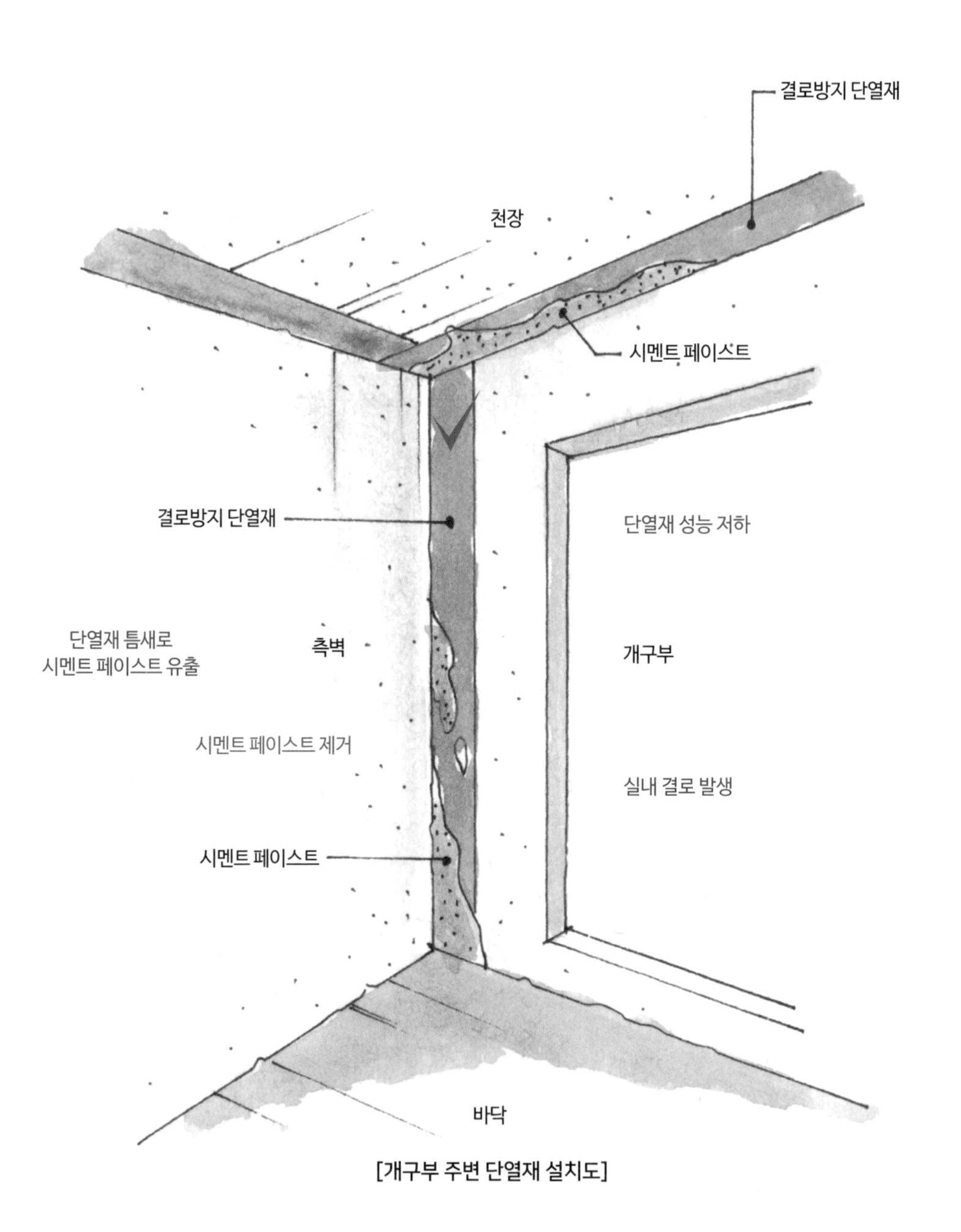

[개구부 주변 단열재 설치도]

■ 건설공사 과적방지 대책에 따른 축중기 계측관리 미흡

토취장에서 국도 ○○호선 등을 경유하여 50,921m^3 현장으로 반입하고 있으나 '도로법 제59조 및 건설공사 차량 과적방지 지침'과 '도로법 77조 및 같은 법 시행령 제79조'에서 규정하고 있는 제한차량 운행제한 기준(축하중 10톤, 총중량 40톤)을 초과하여 축중기를 운용 및 기록 관리하고 있음을 확인했다.

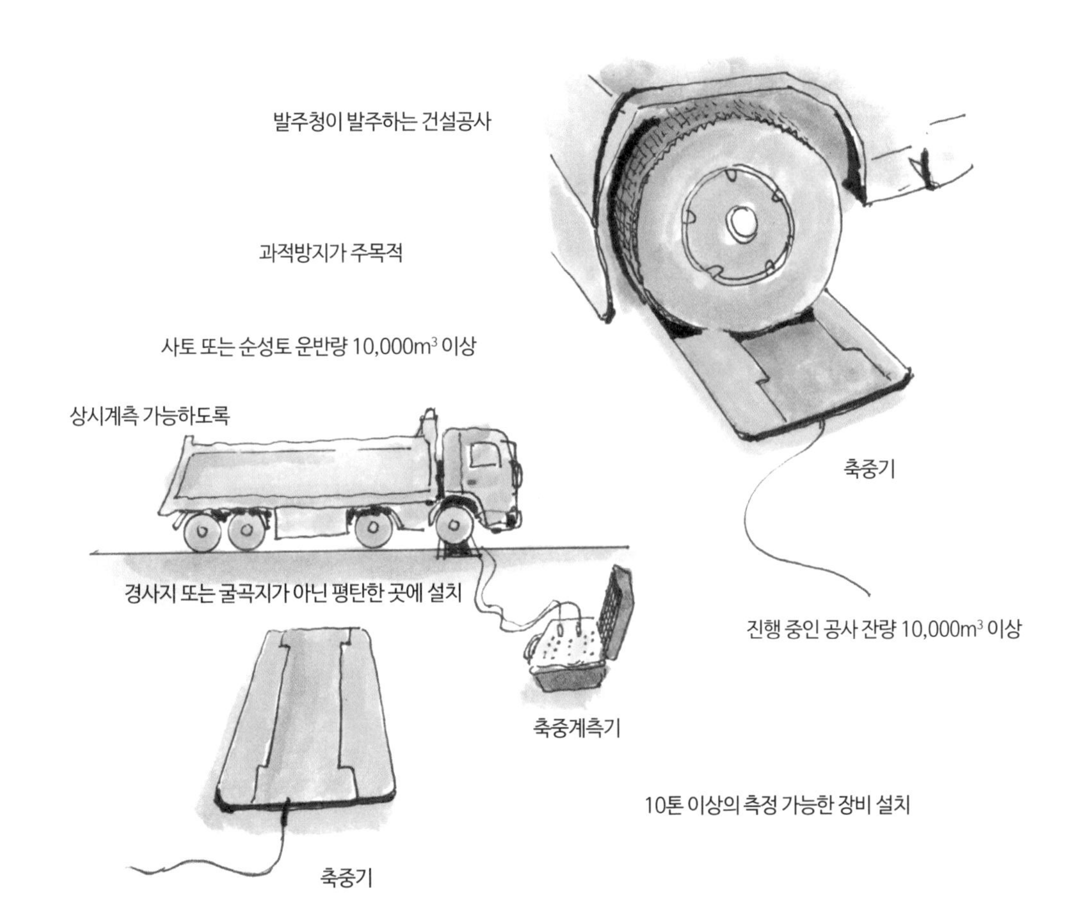

[축중기 설치]

참고자료

건설현장 축중기 설치 지침 국토부 훈령 제1058호 <2018. 8. 1.>

건설공사 축중기 의무설치 대상현장

1. 적용범위(「건설현장 축중기 설치 지침」 제2조)
   「건설기술진흥법」 제2조제6호에 따라 발주청이 발주하는 건설공사(발주청: 국가, 지방자치단체, 공기업, 준정부기관, 지방공사, 공단 등)

   민간사업시행사는 해당 없음
2. 대상현장(「건설현장 축중기 설치 지침」 제3조)
   「도로법」 제10조에 따른 도로를 이용하는 사토·순성토 또는 건설폐기물 중에 어느 하나의 운반량이 10,000m^3 이상인 건설공사 현장에는 축중기를 설치하여야 한다(진행 중인 공사현장은 잔량이 10,000m^3 이상 해당). 다만, 10,000m^3 이하라도 발주청에서 과적의 우려가 있어 축중기를 설치할 필요가 있다고 판단되면 설치할 수 있다.
3. 예외현장(「건설현장 축중기 설치 지침」 제3조제3항)
   상하수도 또는 도시가스 시설에 필요한 배관공사 중에서 축중기를 설치하지 않아도 된다.
   (1) 사업부지 중 50% 이상이 도로부지인 경우
   (2) 공사장이 3개소 이상으로 분리되어 있는 경우
4. 공사계약서 명기사항(「건설현장 축중기 설치 지침」 제5조)
   발주청에서는 축중기설치 대상현장을 운영하기 위하여 아래사항을 명기하여야 한다.
   (1) 수급인, 하수급인 및 시공참여자는 공사차량이 도로의 구조 보존과 운행의 위험을 방지하기 위하여 도로법 시행령 제79조제2항에서 정한 운행제한 기준(총중량 40톤, 축하중 10톤 등)을 초과하여 운행을 하지 않도록 관리하여야 한다.
   (2) 「도로법」 제10조에 따른 도로를 이용하는 사토·순성토 또는 폐기물 중 어느 하나의 운반량이 10,000m^3 이상인 건설공사(진행 중인 공사는 잔량이 10,000m^3 이상인 경우를 말한다) 현장에는 「건설현장 축중기 설치 지침」에 따라 축중기를 설치·운영하여야 한다.

● 시공이음에 의한 균열

■ **원인**

콘크리트 타설 시 이어치기면의 유해물질에 의한 신구(新舊) 콘크리트의 부착력 저하가 원인이다.

■ **균열 발생 형태**

콘크리트 이어치기 경계부분을 따라서 균열이 발생한다.

■ **균열 방지 대책**

1. 이어치기면에 레이턴스(laitance), 먼지, 유분 등 각종 유해부착물을 고압 물호스나 샌드블라스트(sand blast) 등으로 완전히 제거한다.
2. 시공이음면을 거칠게 처리하여 부착력을 증대시킨다.
3. 이어치기면을 충분히 물로 습윤시킨 후 시멘트 분말 또는 부배합(富配合)의 모르타르 등을 도포하여 부착력을 높인다. (필요시 신구 콘크리트 접착제 도포 후 이어서 타설)
4. 콘크리트 타설계획을 면밀하게 수립하여 시공이음 발생을 최소화한다.

■ **보수 방법**

균열폭 및 상태에 따라 표면보수공법 또는 에폭시 수지주입공법을 적용한다.

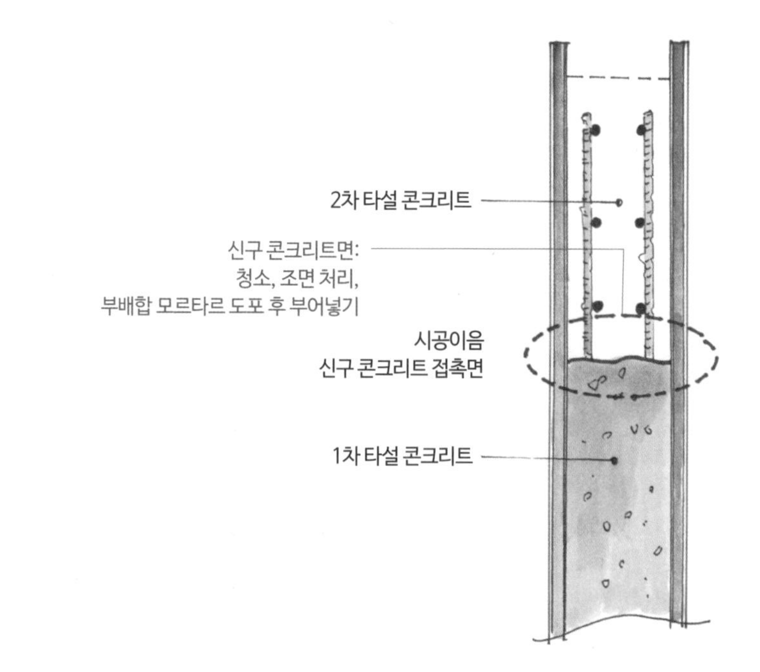

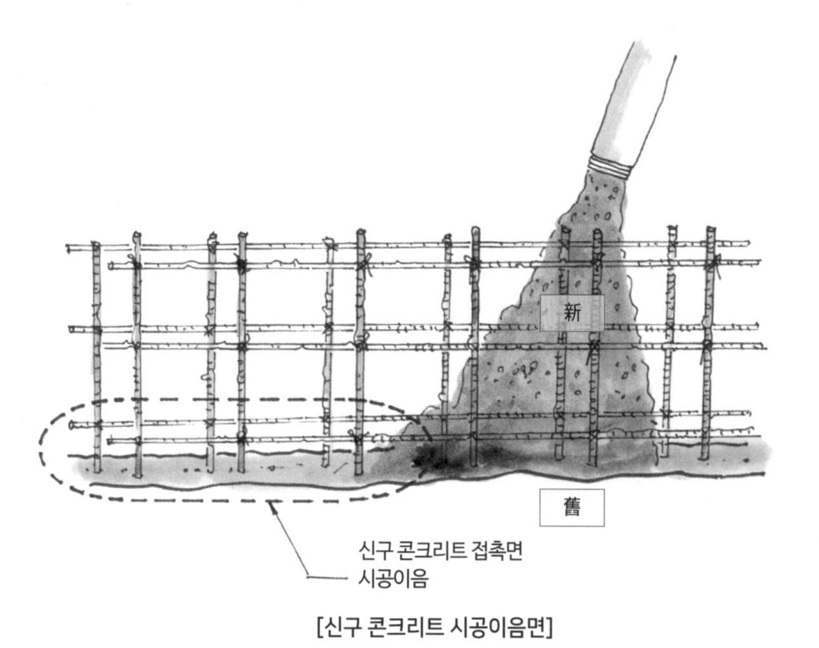

[신구 콘크리트 시공이음면]

용어해설

시공이음(施工-, construction joint/joint)

① 콘크리트의 부어넣기 작업에 있어 한 번에 계속하지 못하는 곳(벽과 바닥판 또는 큰 바닥판의 중간부분 등)에 두는 이음이다.
② 콘크리트 구조물은 능력이나 구조상의 이유로 전체를 당일에 치기를 완료하지 못하는 경우가 많은데, 이 경우 전날에 치기를 한 곳과 후일에 치기를 다시 시작하는 곳에 생기는 줄눈을 말하며, 이곳은 강도(強度)가 약간 줄어들어서 강도를 크게 필요로 하지 않는 곳을 골라서 이음을 한다. 시공이음으로 콘크리트가 절연(絶緣)되는 일이 없이 일체가 되어 작용하고, 그 위에 수밀(水密)하게 하는 것이 중요하다.
③ '시공줄눈'이라고도 한다.

콜드조인트(cold joint)

① 콘크리트부재 제작 시 한 번에 타설할 수 없는 경우 의도적으로 분할하여 타설할 때의 이어붓기 이음부이다.
② 먼저 부어넣은 콘크리트가 완전히 굳고, 다음 부분을 부어 넣을 때 이 말이 쓰인다.

● 슬래브 두께(유효춤) 감소 시 내력 저하

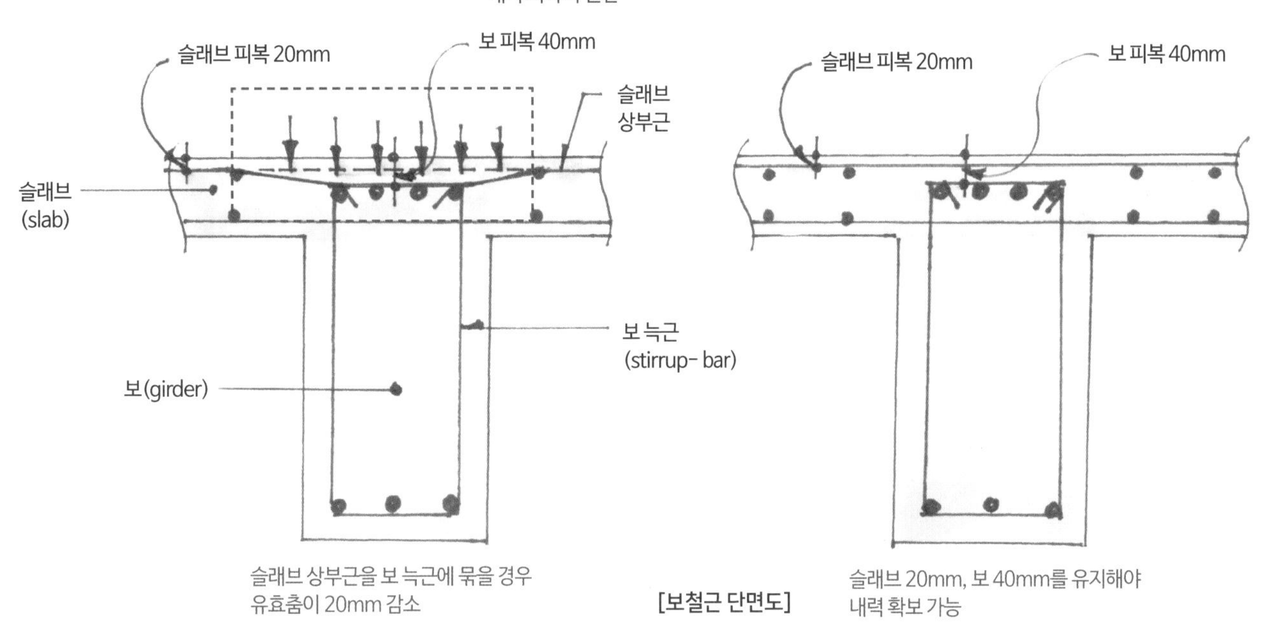

[보철근 단면도]

■ 슬래브 두께(유효춤) 10mm 처짐 시 내력 저하

[기준: fck: 210kgf/cm², fy: 4,000kgf/cm² HD10@150]

슬래브 두께(mm)	피복두께(mm)	유효춤(cm)	모멘트(tf.m/m)	모멘트비(%)	비고
150	20	12.5	2.26	100	
	30	11.5	2.07	92	8% 내력 저하됨
200	20	17.5	3.21	100	
	30	16.5	3.02	94	6% 내력 저하됨

참고자료

건축물의 구조기준 등에 관한 규칙

제51조(철근을 덮는 두께) 철근을 덮는 콘크리트의 두께는 다음 각호의 기준에 의한다.

1. 흙에 접하거나 옥외의 공기가 직접 노출되는 콘크리트의 경우
   가. 직경 29mm 이상의 철근: 60mm 이상
   나. 직경 16mm 초과 29mm 미만의 철근: 50mm 이상
   다. 직경 16mm 이하의 철근: 40mm 이상
2. 옥외의 공기나 흙에 직접 접하지 않는 콘크리트의 경우
   가. 슬래브, 벽체, 장선: 20mm 이상
   나. 보, 기둥: 40mm 이상

● 미서기창호의 제작 기준 [출처: LH공사 표준시방서]

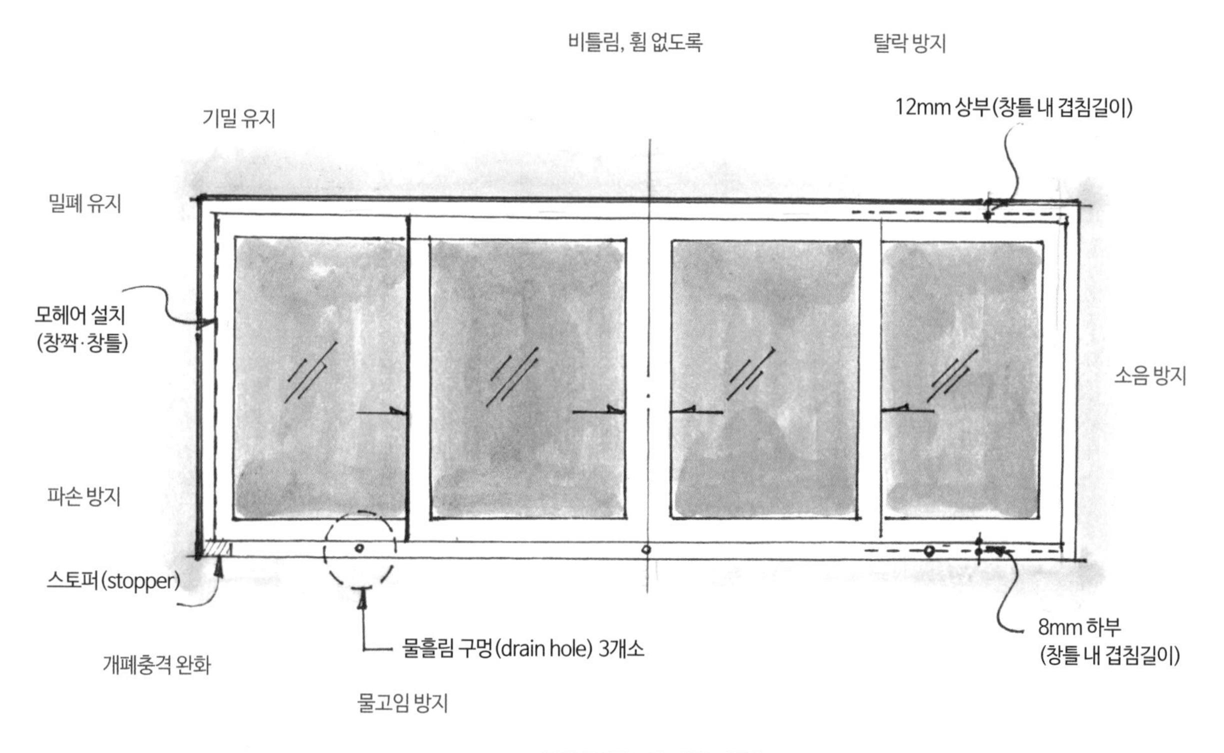

[미서기창호의 제작 기준]

참고자료

LH공사 표준시방서 합성수지제 창호 LHCS 41 55 03 : 2020

2.1.2 미서기창호의 제작

- 압출형재는 비틀림, 휨 등 변형이 없어야 한다.
- 개폐충격 완화 및 손잡이, 잠금장치 등 파손방지를 위하여 창틀 또는 창짝 상·하부에 합성수지제 스토퍼를 부착한다.
- 물이 고이지 않도록 방충망 레일에는 창폭에 따라(창폭 1.5m 이하 2개소 이상, 1.5m 초과 3개소 이상) 물흘림 구멍(drain hole)을 설치한다.
- 창틀 및 가부재의 접합 시 플럭스(flux)가 노출되는 외부는 매끈하게 처리한다.
- 창호 밀폐효과를 위하여 창짝, 창틀에 모헤어(mo hair) 설치+기밀재(filling piece) 설치를 한다.
- 창짝은 창틀에서 탈락방지를 위해 겹침길이 하부 8mm, 상부 12mm 이상 겹친다.
- 4짝 미서기창의 소음방지를 위해 중앙방풍틀(center insertion)을 요(凹)홈에 삽입한다.
- 창틀과 석고보드가 맞물려 마감되는 경우 창틀 폭 13mm, 깊이 5mm 홈 가공해야 한다.

■ 지수판 시공 미흡 [참고: KCS 41 40 16 수팽창지수재 및 지수판공사]

A동 지하 1층 후면 주차장 합벽 구간에 설치한 지수판 일부가 콘크리트면 중앙에 위치하지 않고 2~3cm만 묻혀 있으며, 연결부위는 부적합 이음으로 지수판의 연속성을 유지하고 있지 못하여 보완이 필요하다.

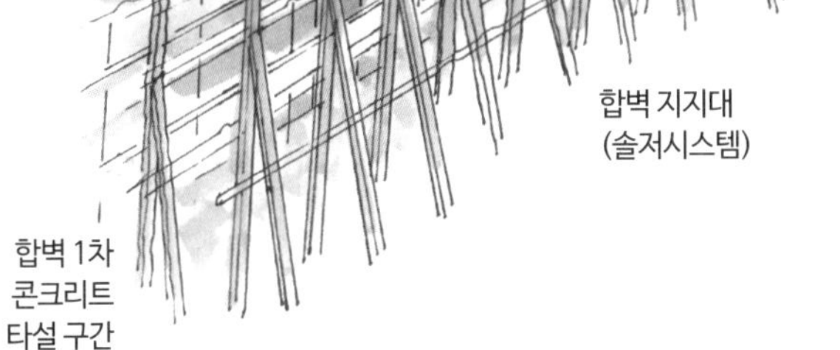

지수판의 단면 형상: 파형(corrugated type)으로 부착력 증가

지수판 본체에 타공, 못질 금지(누수 원인)

지수판 편심시공(좌우상하 균등 설치)

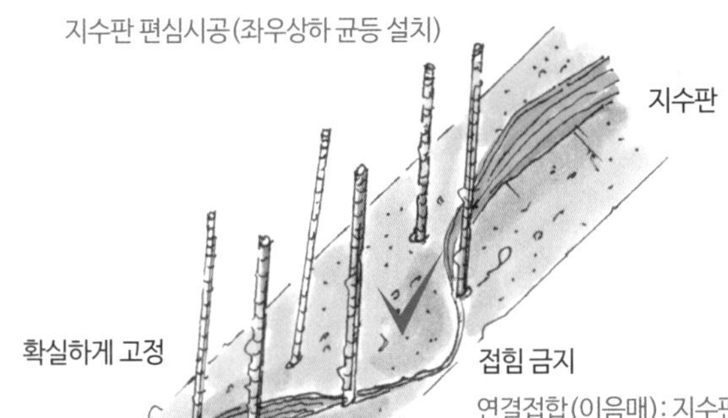

시공이음(construction joint)용 지수판은
중앙 밸브형 주름관(CC형), 중앙 밸브형 평판(CF형)을 사용

설계도서에 명시된 단면 형태와 치수 유지

지수판

유로폼

신축이음(expansion joint)용 지수판과
시공이음(construction joint)용 지수판 구분해 사용

용어해설

지수판(止水板, water-stop)

① 콘크리트의 이음부에서 수밀을 위하여 콘크리트 속에 묻어두는 동판·합성수지 등의 제품을 말한다.

② 지수판은 토목, 건축 구조물공사에서 신축이음(expansion joint) 또는 시공이음(construction joint)의 차수를 목적으로 설치되는 제품으로 일반적으로 1/2은 1차 타설 시 매립되고 나머지 1/2은 2차 타설 시 매립된다.

● 수팽창 지수재 및 지수판공사 KCS 41 40 16 : 2021

참고자료

3.1.2 지수판

(1) 지수판 사용 전 공급원 및 작업절차서(신축/시공이음 구분한 단계별 설계도서 및 검측체크리스트 등)를 담당원에게 제출하여 승인을 득한 후 사용하여야 한다.

(2) 지수판이 편심시공되지 않도록 정확한 위치에 좌우, 상하 균등하게 설치 및 움직이지 않게 고정한 후 콘크리트를 타설하여야 한다.

(3) 지수판은 설계도서에 명시된 단면 형태와 치수를 가져야 한다.

(4) 신축이음용 지수판과 시공이음용 지수판을 반드시 구분하여 사용하여야 한다.

(5) 신축이음 지수판의 중앙 밸브(원통)부가 콘크리트 속에 묻혔을 경우(콘크리트 팽창수축 대응기능 상실) 콘크리트 단부를 까내어 중앙부가 노출되도록 하고, 콘크리트 이어치기를 한다.

(6) 지수판은 가능한 한 가장 긴 길이로 설치하고, 이음부는 최소화하며 콘크리트 타설 시 지수판이 접히지 않도록 고정해야 한다.

(7) 지수판의 연결접합(이음매)은 지수판 융착기를 사용하여 완전융착접합 혹은 전용 연결재를 사용하고 연결재 내부를 수팽창 실런트를 이용하여 채움처리하여 완벽하게 연결한 후 지수판의 연속성을 유지해야 하고, 부적합이음(단순겹침, 철물고정, 단순 소켓연결 등)으로 물이 침입되면 안 된다.

(8) 외부 벽체, 바닥슬래브, 지붕슬래브 및 명시된 위치에 있는 모든 신축, 시공이음부에는 반드시 지수판을 설치하고 시공관리를 철저히 하며 검측결과를 기록해야 한다.

3.3 지수판의 시공

3.3.1 신축이음(expansion joint)

(1) 콘크리트 신축이음 지수판은 중앙 밸브형 주름판(CC형), 중앙 밸브형 평판(CF형), 언컷트형 주름판(UC형), 특수형(S형)을 사용해야 한다.

(2) 지수판의 중앙 밸브(원통)부와 신축이음재(joint filler)가 반드시 일치되도록 설치하여 온도변화에 따른 콘크리트 팽창수축 대응기능을 확보하여야 한다.

(3) 콘크리트 타설 시 지수판이 접히거나 움직이지 않도록 단단히 고정하여야 한다.

3.3.2 시공이음(construction joint)

(1) 콘크리트 시공이음부에는 중앙 밸브형 주름관(CC형)과 중앙 밸브형 평판(CF형)을 사용한다.

(2) 콘크리트 타설 시 상하좌우 균등하게 묻히도록 설치하여야 한다.

3.3.3 보호 및 마감

(1) 지수판은 재료의 주위에 공기가 자유롭게 유통할 수 있도록 저장하여야 한다.

(2) 지수판은 저장 중 48시간 이상 직사광선을 받지 않아야 한다.

(3) 지수판 본체에 구멍을 뚫거나 못을 치지 말아야(누수원인) 한다. 단, 성능에 영향을 주지 않는 지수판 말단부(날개끝)의 고정부 타공 및 못 고정은 가능하다.

● 수팽창 지수재 및 지수판공사

참고자료

KCS 41 40 16 표준시방서(수팽창 지수재 및 지수판공사)
KS M 6793 한국산업표준(수팽창 고무지수재)
KS M 3805 한국산업표준(폴리염화비닐 지수판)

종류	기호
평면형 평판	FF
평면형 주름관	FC
중앙 밸브형 평판	CF
중앙 밸브형 주름관	CC
언컷트형 주름관	UC
특수형	S

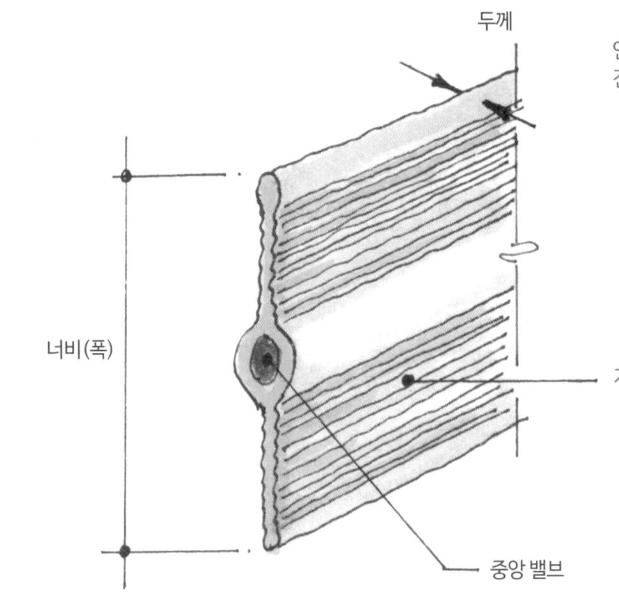

[지수판 단면도]

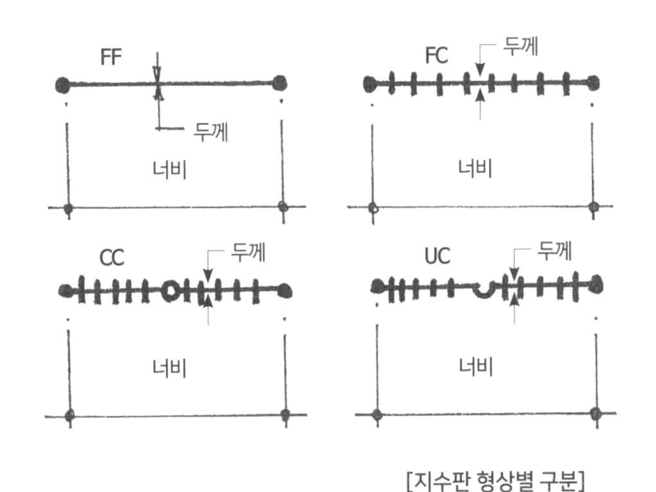

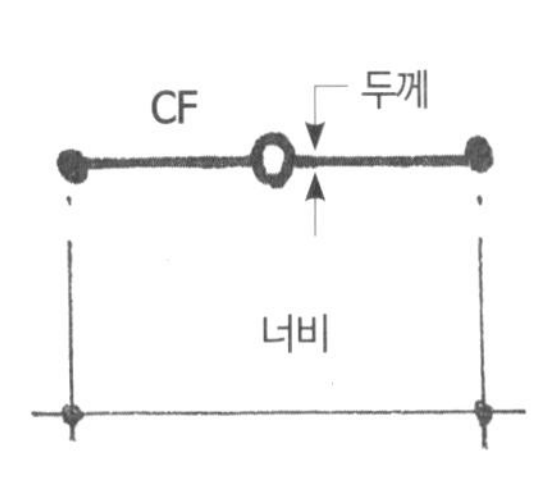

[지수판 형상별 구분]

시공이음용 지수판은
중앙 밸브형 주름관(CC형), 중앙 밸브형 평판(CF형)을 사용

● 건설현장 축중기 설치 지침

참고자료

[시행 2018. 8. 1.] 국토교통부훈령 제1058호 <2018. 8. 1. 일부개정>

국토교통부(건설안전과)

제1조(목적) 이 지침은 「도로법」 제77조 및 「건설공사 차량 과적방지 지침」에 따라 건설현장에서 덤프트럭의 과적행위를 근본적으로 방지하기 위하여 건설현장에 축중기설치를 의무화하고, 건설공사 관계자(발주청·건설사업관리용역업자·시공자)가 준수하여야 할 사항을 규정함을 목적으로 한다.

제2조(적용범위) 이 지침은 「건설기술진흥법」 제2조제6호에 따라 발주청이 발주하는 건설공사를 대상으로 한다.

제3조(대상현장)

① 「도로법」 제10조에 따른 도로를 이용하는 사토·순성토 또는 건설폐기물 중 어느 하나의 운반량이 10,000m^3 이상인 건설공사(진행 중인 공사는 잔량이 10,000m^3 이상인 경우를 말한다) 현장에는 축중기를 설치하여야 한다.

② 발주청은 제1항에 따른 기준 미만의 현장이라도 과적의 우려가 있어 축중기를 설치할 필요가 있다고 판단되는 경우에는 설치할 수 있다.

③ 제1항에도 불구하고 상하수도 또는 도시가스 시설에 필요한 배관 공사 중 다음 각 호의 어느 하나에 해당되는 경우에는 축중기를 설치하지 아니할 수 있다.

1. 사업부지 중 50퍼센트 이상이 도로 부지인 경우
2. 공사장이 3개소 이상으로 분리되어 있는 경우

제4조(축중기 설치·운영방법)

① 건설공사 계약자(시공자)는 10톤 이상의 중량을 측정할 수 있는 축중기를 설치하여야 한다.

② 축중기는 덤프트럭이 토석 등을 적재하고 도로로 나갈 때 중량을 쉽게 측정할 수 있도록 경사지나 굴곡지가 아닌 평탄한 지역에 설치하여야 한다.

③ 축중기는 차량의 축중에서 계량하고자 하는 측정축이 타축과 수평이 유지된 상태에서 계량할 수 있도록 견고하게 설치되어야 한다.

④ 축중기 운영방법은 「건설공사 차량 과적방지 지침」에 따라 운영하되, 운전자가 측정을 원할 경우에는 언제든지 계측을 실시하여야 한다.

⑤ 축중기는 청소나 교정 등 유지관리를 철저히 하여 상시계측이 가능하도록 관리되어야 한다.

제5조(공사계약 시방서에 명기할 사항) 축중기설치 대상현장을 운영할 발주청은 다음 각호 사항을 공사계약시방서에 명기하여야 한다.

1. 수급인, 하수급인 및 시공참여자는 공사차량이 도로의 구조보전과 운행의 위험을 방지하기 위해, 「도로법 시행령」 제79조제2항에서 정한 운행제한 기준(총중량 40톤, 축하중 10톤 등)을 초과하여 운행을 하지 않도록 관리하여야 한다.
2. 「도로법」 제10조에 따른 도로를 이용하는 사토·순성토 또는 건설폐기물 중 어느 하나의 운반량이 10,000m^3 이상인 건설공사(진행 중인 공사는 잔량이 10,000m^3 이상인 경우를 말한다) 현장에는 「건설현장 축중기 설치 지침」에 따라 축중기를 설치·운영하여야 한다.

제6조(축중기 검사 등) 건설공사 계약자는 건설공사 현장에 설치한 축중기에 대하여 「차량의 운행 제한 규정」에 따라 정기검사 등을 실시하여야 한다.

제7조(축중기 설치 비용 반영방법)

① 축중기 설치 대상공사를 계획하고 있는 발주청에서는 이 지침에 따라 축중기 설치비용을 설계에 반영하여야 하며, 이미 발주되어 운영 중인 현장은 설계변경 시 반영한다.

② 설치 및 운영비용은 표준품셈에서 정한 축중기 설치·해체 및 손료비용을 참고하여 반영한다.

제8조(유효기간) 이 훈령은 「훈령·예규 등의 발령 및 관리에 관한 규정」(대통령 훈령 334호)에 따라 이 훈령을 발령한 후의 법령이나 현실 여건의 변화 등을 검토하여 이 훈령의 폐지, 개정 등의 조치를 하여야 하는 기한은 2021년 7월 31일까지로 한다.

펼침 부칙 〈제553호, 2015. 7. 7.〉

제1조(시행일) 이 훈령은 발령한 날부터 시행한다.

제2조 (종전 지침의 폐지) 종전의 "건설현장 축중기 설치 지침" (국토교통부 훈령 제2014-467호, '14. 12. 22.)은 폐지한다.

펼침 부칙 〈제757호, 2016. 9. 7.〉

제1조(시행일) 이 지침은 발령 후 3개월이 경과한 날부터 시행한다.

제2조(적용례) 이 지침은 시행일 이후에 발주하는 건설공사 현장에 대하여 적용한다.

펼침 부칙 〈제1058호, 2018. 8. 1.〉

제1조(시행일) 이 지침은 발령한 날부터 시행한다.

■ pipe rack 기초(PHC 파일) 위치 오차 범위 초과

기 시공된 파일 52개 중 8개가 허용오차 범위 이상 설계도서 및 관련 기준과 다르게 설치되어 있어 구조적 안정성 검토를 통한 보강타 등의 보완이 필요하다.

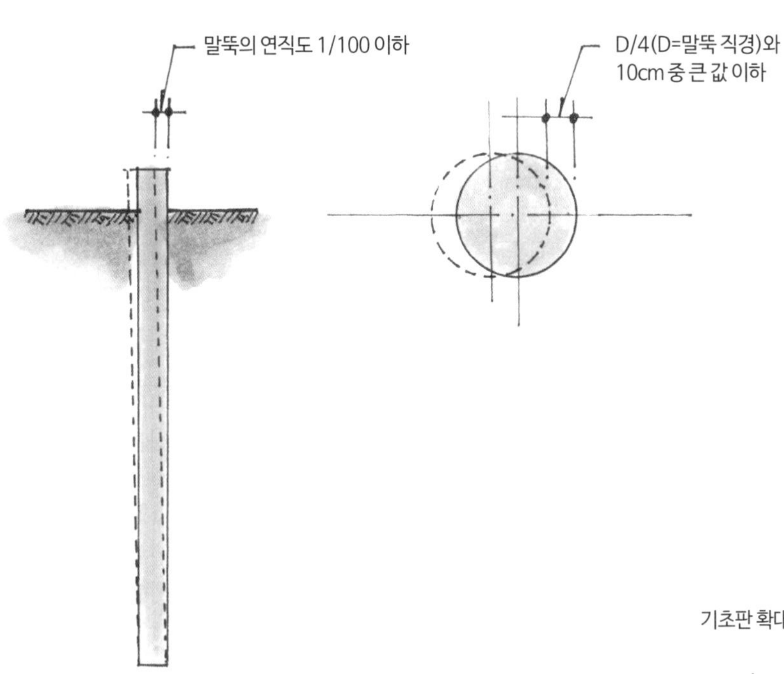

[말뚝의 연직도 기준]

■ 시공 정밀도

- 말뚝의 연직도 1/100 이하
- 두부의 수평방향 허용오차는 D/4(D=말뚝 직경)와 10cm 중 큰 값 이하

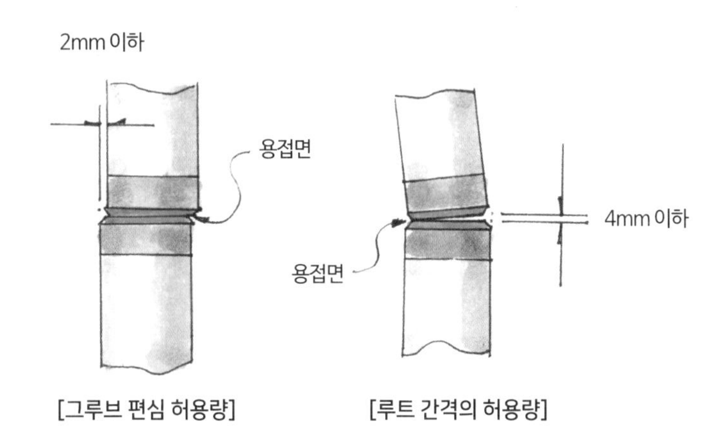

[그루브 편심 허용량] [루트 간격의 허용량]

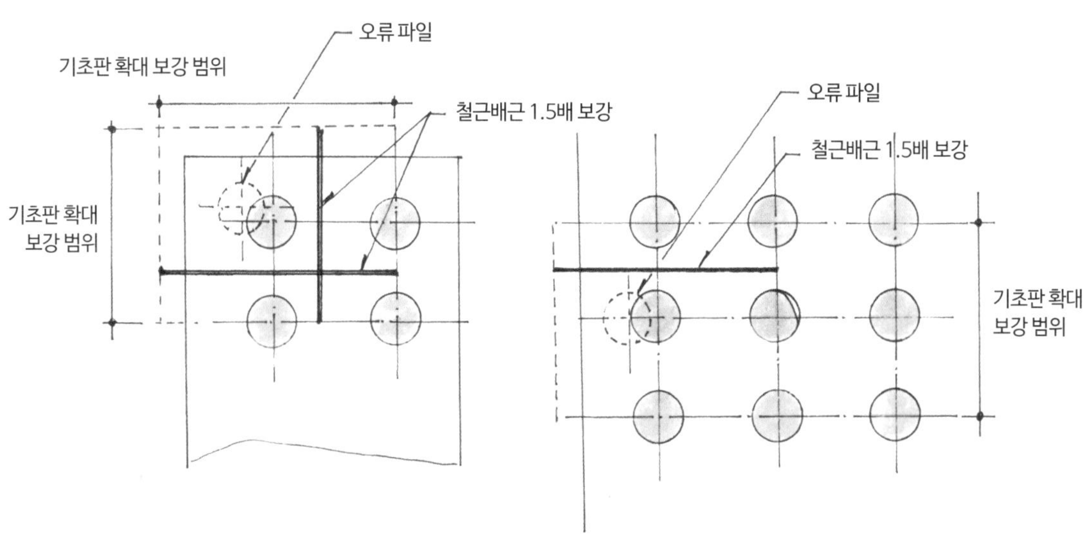

[말뚝박기 보강철근배근 사례]

참고자료

파일의 오차 발생

- 설계위치에서 벗어난 거리 150mm 초과: 구조검토 후 추가 항타 및 기초보강
- 기초 외측으로 75~150mm 벗어난 경우: 말뚝 중심선에서 벗어난 만큼 기초확대 및 철근 1.5배 보강 배근
- 수직 기울기 1/50 이상: 구조검토 후 보강 여부 결정

파일 파손 시 보강방법

- 손상된 말뚝을 뽑아내고 재시공한다.
- 손상된 말뚝 옆에 보강파일을 시공한다.
- 기초판을 확대한다.

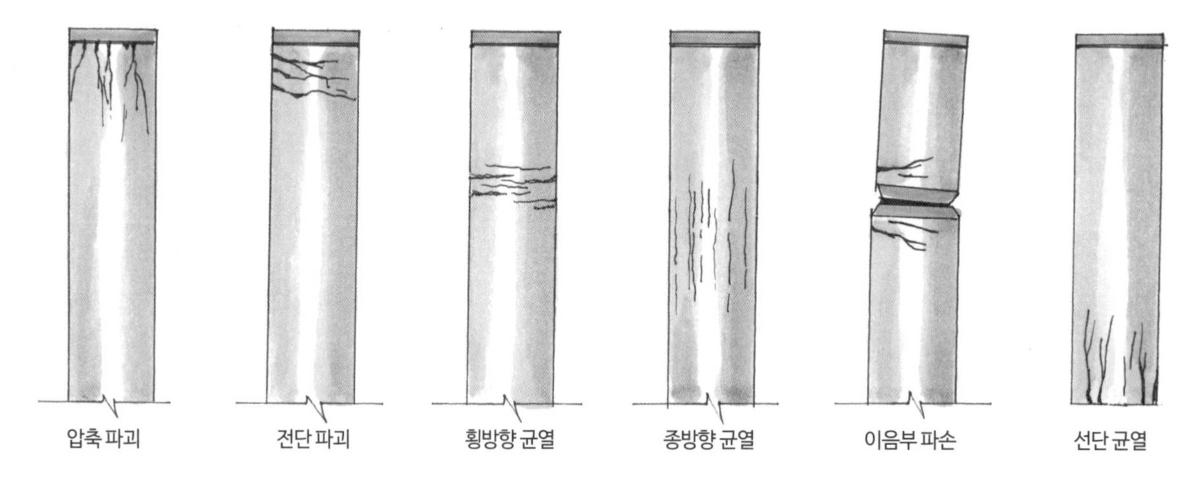

[말뚝머리 파손의 유형]

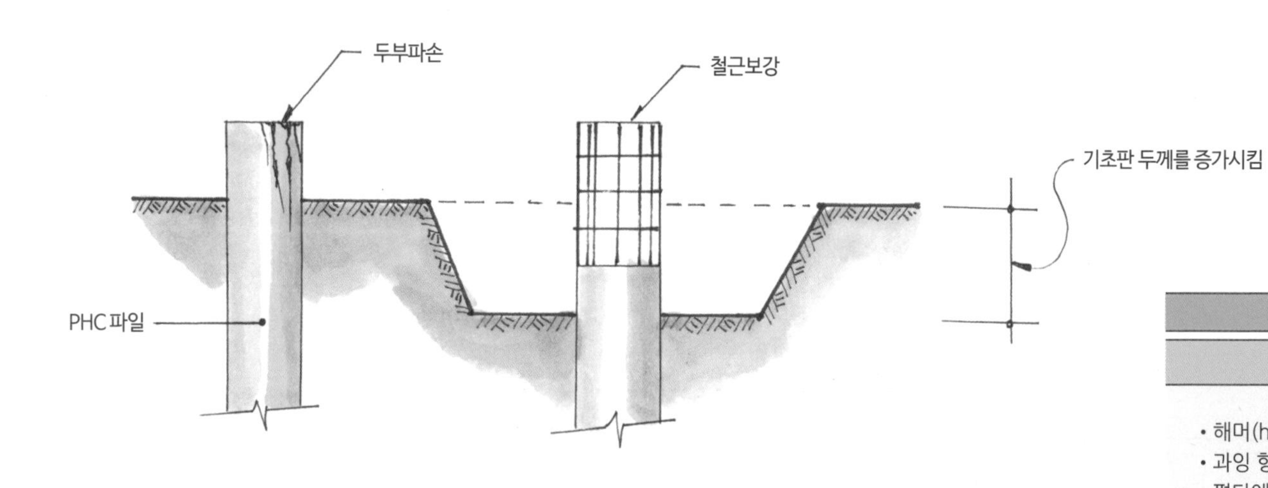

[두부파손 시 보강방법]

파일 두부(頭部)파손의 원인 및 방지 대책	
파손 원인	**파손 방지 대책**
• 해머(hammer)의 과다 용량	• 적정 해머 용량 선택
• 과잉 항타	• 타격 에너지, 낙하고 조정
• 편타에 의한 파손	• 수직도 유지, 축선 일치
• 말뚝강도 부족	• 말뚝 강도 확보(사전 확인)
• 말뚝 두께의 결함	• 말뚝 두께 확보(사전 확인)
• 쿠션(cushion) 보강 부족	• 쿠션재 두께 확보(50mm)
• 축선(軸線) 불일치	• 말뚝, 캡, 해머의 축선 일치
• 이음 불량	• 이음시공 준수
• 지반 내의 지장물(지지층 경사)	• 말뚝박기 공법 변경

● 서울시 전문시방서 기성말뚝 SMCS 11 50 15 : 2018

참고자료

3.9.3 시공일반

(1) 말뚝머리는 공사감독자의 확인을 받은 머리보강재를 써서 해머에 의해 손상되지 않도록 보호하여야 한다.

(2) 말뚝박기 순서는 공정, 지반조건, 말뚝형상 및 배치, 시공방법과 시공 장비, 주변사항 등을 종합적으로 고려하여 정하여야 한다.

(3) 말뚝은 설계도서에 표시된 대로 정확한 간격과 위치가 유지되도록 박아야 한다.

(4) 확대기초의 계획면에서 말뚝박기는 중심부 말뚝을 먼저 박은 후 외각 방향으로 말뚝박기를 진행한다.

(5) 말뚝박기로 인하여 기 시공된 말뚝들에 과대한 휨응력이나 허용오차를 벗어난 말뚝머리 이동이 발생하지 않아야 하며, 필요한 경우에는 과대한 휨응력이나 허용오차를 벗어난 말뚝머리 이동을 방지할 수 있도록 개별말뚝에 적절한 횡방향 지지를 해두어야 한다.

(6) 말뚝박기 작업 중에 해머와 말뚝이 동심축을 유지하게 하여야 한다.

(7) 박기도중 저항력이 급격히 감소할 경우에는 말뚝이 파손되었는지 아니면, 지반상태에 의한 것인지 조사하여야 한다.

(8) 1개의 말뚝박기는 도중에 정지함이 없이 연속해서 박아야 한다. 다만, 장비의 고장, 작업시간의 제한, 기타 원인에 의해 연속 타입이 어려울 경우에는 정지 후 재타입을 수행하도록 한다. 재타입 시 추가관입이 불가능하게 되는 경우 인접말뚝의 관입깊이, 해머용량 등을 고려하여 추가 말뚝박기 등의 후속조치를 결정하여야 한다. 또한 기계설비의 보수를 신속히 행할 수 있도록 미리 부품 등을 준비해 두어야 한다.

(9) 인접한 말뚝을 박는 동안 또는 기타 이유로 5mm 이상 솟아오른 말뚝이 발생하면 솟아오름의 원인을 정밀 조사하여 대책을 강구하여야 한다. 말뚝 솟아오름은 지지력 저하와 말뚝재료의 손상을 유발할 수 있다. 말뚝 솟아오름이 발생하면 항타 시 동재하시험과 인접한 말뚝을 시공하여 솟아오름이 발생한 후의 재항타 동재하시험을 실시하여 지지력 변화 및 말뚝재료 손상여부를 확인하여야 한다.

(10) 말뚝은 설계도서에 명시된 높이에서 절단하여야 하며, 절단할 때 손상을 입은 말뚝은 대체하거나 보수하여야 한다.

(11) 내부결함, 정위치에서 벗어난 말뚝 및 설계도서에 나타난 목표 높이에 미달되는 말뚝이 발생한 경우에는 말뚝을 교체 또는 추가 말뚝박기 등, 현장조건에 맞는 방법을 검토한 후 교정하여야 한다.

(12) 말뚝박기로 인해 지반이 솟아올랐거나 침하된 지반면은 기초 콘크리트 타설 전에 계획고에 맞추어 정리하여야 한다.

(13) 강관말뚝 또는 콘크리트말뚝을 소요깊이까지 박은 후 말뚝 중공부를 비출 수 있는 적절한 조명장치로 내부검사를 하여야 한다. 이때 말뚝 중공부에 지하수가 차오르는 경우에는 지하수를 양수한 후 검사를 실시하여야 한다. 강관말뚝 또는 말뚝관입 깊이에 따라 또는 강관말뚝의 경우 조명장치만으로 내부 검사 실시가 곤란할 경우에는 폐쇄회로 TV 카메라 등 정밀조사 장비를 사용하도록 한다. 검사 결과, 강도를 저하시킬 만한 손상이 발견되면 수급인의 부담으로 이를 보완하거나 교체하여야 한다.

(14) 손상된 강관 말뚝 및 콘크리트 말뚝은 제거하고 새로운 것으로 재시공하여야 한다. 손상된 말뚝을 제거할 수 없는 경우에는 대체품을 공급하여 설치해야 하며, 이때 손상된 강관말뚝 및 콘크리트 말뚝은 구조물 아래로 1.0m까지 절단하고, 강관 내에는 승인된 재료로 채우고, 주변구멍은 되메우기를 하여 잘 다져야 한다.

(15) 철근 콘크리트(RC) 및 PC·PHC

① 말뚝머리는 해머의 직접타격으로 균열, 부스러짐 또는 파열 등이 일어나지 않도록 머리 보강재로 보호하여야 한다.

② 콘크리트 보호층을 둔 경우(RC)에는 박기가 완료된 후에 보호층을 제거하고 철근을 노출시켜야 한다.

■ A동 35층 계단실 창호 상하부 고정앵커 누락

해당 부위에 AL창호 상하부 고정앵커가 누락되었다.

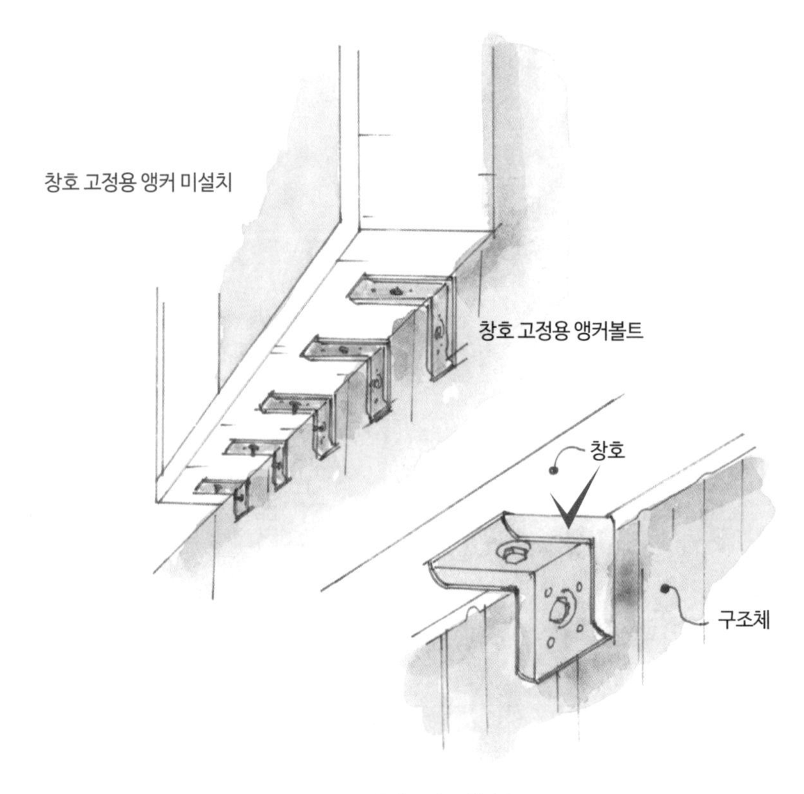

[알루미늄 창호]

참고자료

국가건설기준 표준시방서 강제창호공사 KCS 41 55 06 : 2021

금속제 창 · 문틀의 부착철물

앵커철물은 틀재의 길이가 1.5m 초과할 때에는 양측 및 상하 각각 3군데 이상, 1.5m 이하일 때에는 양측 및 상하 각각 2군데 이상 설치한다. 앵커의 위치는 각 모서리에서 150mm 이내의 위치에 설치하고, 창 · 문틀의 한 변의 길이가 1.2m 이상인 경우에는 500mm 간격으로 등분하여 설치한다.

국가직무능력표준(NCS)에 따르면, 건축현장의 고정용 보강 철재는 KS D 3503의 SS41 규정에 적합한 재질로 전기 아연도금 되고, 해당되는 부위의 구조성능을 만족하는 크기 및 두께의 보강재를 사용한다.

(가) 시공에 필요한 먹매김의 허용 오차는 2mm 이내이어야 한다. (나) 창호 설치의 수직, 수평 굴곡의 허용 오차는 ±2mm 이내이어야 한다. (다) 금속 창호틀 안치수의 폭과 높이의 허용 오차는 ±2mm 이내이어야 한다. (라) 창문틀은 통행 또는 재료 취급 시 변형이 생기지 않도록 보양하여야 한다. (마) 틀 세우기에 따른 앵커철물 개수는 문틀 길이가 1.8m 미만인 경우에는 4개소, 1.8m 이상인 경우에는 6개소로 한다.

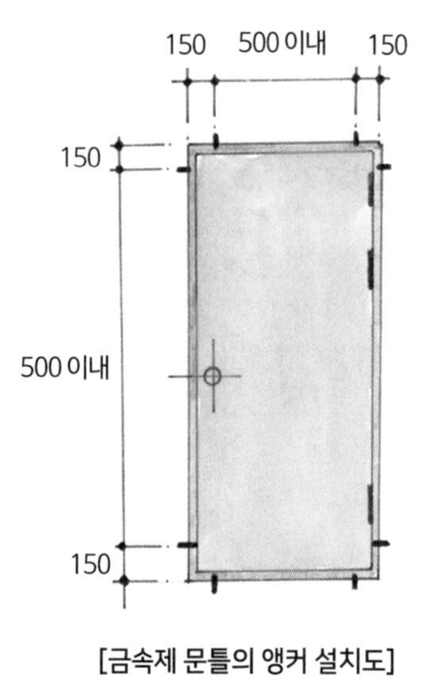

[금속제 문틀의 앵커 설치도]

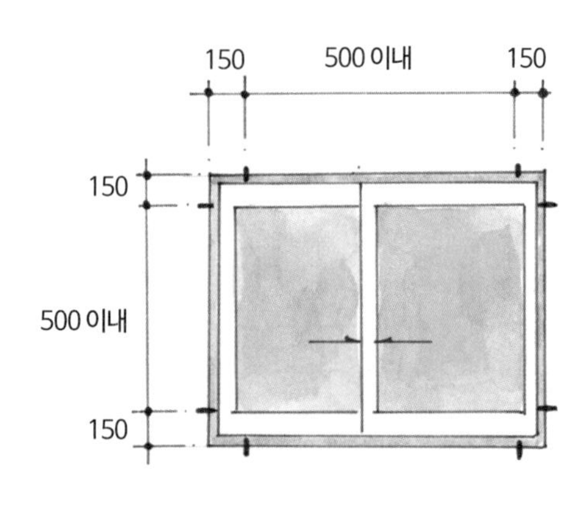

[금속제 창틀의 앵커 설치도]

● PL 창호 [출처: 《월간 창과문》, 창호시공 앵커(앙카)와 브라켓]

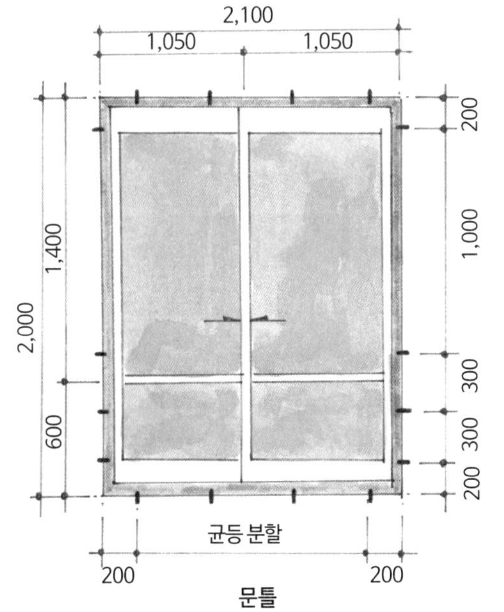

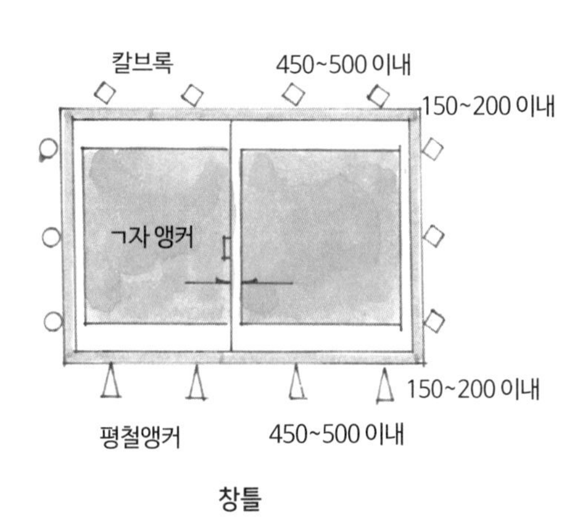

[PL 창호 앵커볼트 설치도]

참고자료

서울시 전문시방서 기성말뚝 SMCS 11 50 15 : 2018 창호공사 KCS 41 55 03 : 2021

3.2 창호 설치

3.2.1 기본사항

먹메김은 건물 기준선으로부터 끌어낸다.

3.2.2 설치

(1) 창호 설치 시 수평·수직을 정확히 하여 위치의 이동이나 변형이 생기지 않도록 고임목으로 고정하고 창틀 및 문틀의 고정용 철물을 벽면에 구부려 콘크리트용 못 또는 나사못으로 고정한 후에 모르타르로 고정철물에 씌운다.

(2) 고정철물은 틀재의 길이가 1m 이하일 때는 양측 2개소에 부착하며, 1m 이상일 때는 0.5m마다 1개씩 추가로 부착한다.

3.3 보양 및 검사

3.3.1 보양

(1) 창호를 설치한 후 출입 또는 작업으로 손상될 우려가 있는 곳에는 틀이 손상되지 않도록 보양한다.

(2) 창호 표면에 모르타르나 불순물이 묻은 때에는 표면에 흠이 생기지 않도록 제거하고 청소한다.

3.3.2 검사

(1) 창호를 설치한 후, 전 수량의 창호에 대하여 담당원의 검사를 받는다.

(2) 검사는 담당원, 수급인, 제작자의 입회하에 실시한다.

(3) 담당원의 지시가 있을 경우에 수급인과 제작자는 검사보고서를 제출함으로써 이를 대체할 수 있다.

(4) 검사 결과, 불합격된 것은 수정하여 담당원의 승인을 받는다.

■ 단열재 시멘트 페이스트 제거 필요

A동 31층 4호 세대 거실 벽체에 설치한 단열재에는 시멘트 페이스트(cement paste)가 일부 유출되어 있으므로 단열성능 확보, 결로방지 등을 위하여 마감공사 전에 제거를 해야 한다.

[결로방지 단열재(천장)]

■ 단열재 보완 시공 필요

B동 31층에 단열재가 파손되어 있어 보완 시공이 필요하다.

■ 단열재 시공 미흡

C동 702호, D동 1502호 2개소에 대하여 결로방지 단열재가 콘크리트 타설 시 밀림이 발생했다. (재시공)

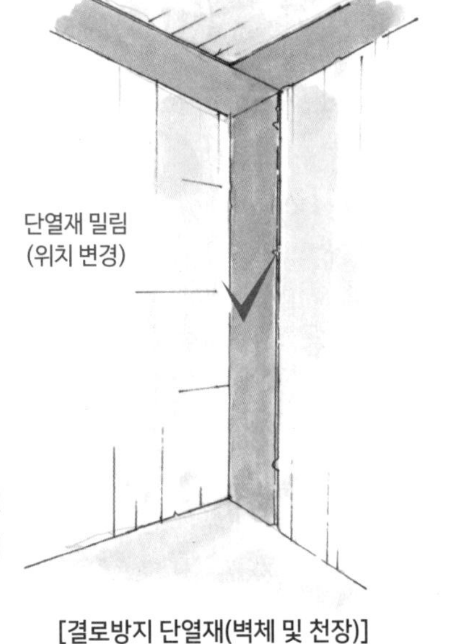

[결로방지 단열재(벽체 및 천장)]

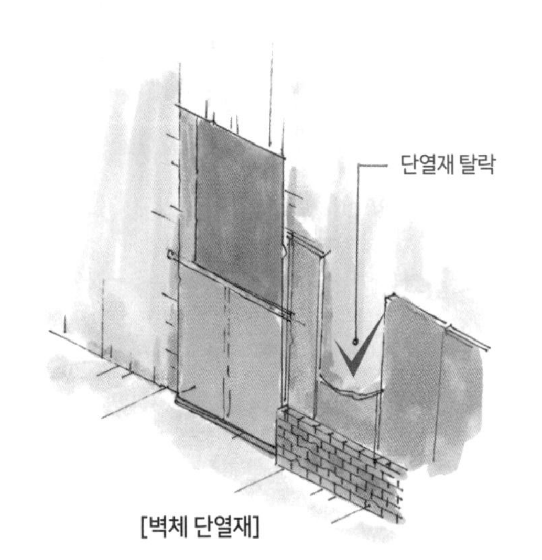

[벽체 단열재]

단열재 파손되어 탈락

[천장 페놀폼 단열재]

■ 단열재 손상

E동 지하 1층 상부에 시공한 페놀폼 단열재 1개소가 손상되어 보수가 필요하다.

■ 단열재 손상

체육시설동 지상 1층 상부에 설비배관을 위한 개구부를 시공했으나, 개구부 단부에 시공된 단열재 1개소가 손상되어 보수가 필요하다.

■ 단열재 보완 시공 필요

F동 피트 2호 세대 단열재가 손상되어 있고, G동 지하 1층 엘리베이터 조적 부분에 단열재가 탈락되어 보완 시공을 해야 한다.

용어해설

페놀폼 보드(Phenolic foam 보드, PF 보드)
열경화성수지를 90% 이상 독립기포율로 발포시킨 고단열 준불연 단열재, 경질 우레탄 보드처럼 표면에 은박 알루미늄시트가 붙은 형태로 그라스울과 같은 무기질 단열재의 내화성능과 비드법이나 우레탄 보드 등의 유기질 단열재의 안정성 등을 합친 많은 장점을 지닌 제품

19 계측관리(計測管理)의 불량

19	주요 부실 내용	벌점
벌 점 기 준	**계측관리의 불량**	
	계측장비를 설치하지 않은 경우 또는 계측장비가 작동하지 않는 경우	2
	설계도서(계약 시 협의사항을 포함한다)의 규정상 계측횟수가 미달하거나 잘못 계측한 경우	1
	측정기한을 초과하는 등 계측관리를 소홀히 한 경우	0.5

주요 지적 사례

주요 지적 사항	세부 내용
계측관리 횟수 미달 또는 계측 오류	흙막이 가시설 계측관리 기록이 당초 계획과 다르게 횟수가 부족하고, 일부 계측수치에서 오류 발생
계측 누적 변화량 확인 미흡	수위계, 하중계, 변형률계 등의 계측 누적 변화량 측정관리 미흡
계측장비 미설치 또는 오작동	계측관리계획서의 기준에 맞지 않게 계측장비를 설치했고, 검 · 교정이 지난 장비의 사용으로 인하여 오작동

필수 확인사항

1. 계측기의 검 · 교정 실시 여부 및 불량 계측기의 즉시 수리 등 조치 여부
2. 파손 또는 망실의 방지를 위하여 계측기 보호 조치(모르타르 타설)
3. 계측관리계획서에 따른 계측업무 수행 여부

※ 주의사항 건물을 짓기 위하여 지반을 굴착하는 것은 필수적인 과정이다. 흙은 물을 흡수할 수 있어 토질에 따라 순간적으로 그 무게가 크게 달라질 수 있기 때문에 흙막이공사 및 굴착공사 시에는 계측기기로 지반의 기울기와 지하수위를 상시 계측해야 한다. 지하수위가 높다는 것은 지표면에 가깝게 물이 위치하고 있다는 것이므로 흙막이 배면에 있는 흙이 굴착저면으로 밀려 들어오려는 힘이 강해진다. 이때 발생할 수 있는 현상으로는 히빙, 보일링, 파이핑 현상이 있다. 따라서 흙막이공사 시 계측관리는 중요한 업무 중의 하나이다.

● 흙막이 가시설 안정성 확인사항

장기간 장마 및 국지성 폭우로 인하여 방치상태에서 다시 작업을 재개할 시 반드시 사전 점검할 내용들이다.

■ 흙막이 배면의 침하균열 원인

- 스트럿(strut) 시공불량
- 측압 과대
- 토사 뒤채움 불량
- 배수처리 불량
- 지표면 과재하
- 지표수 침투
- 보일링(boiling)
- 히빙(heaving)
- 파이핑(piping)
- 피압수 존재
- 소단(小段) 설치 미비

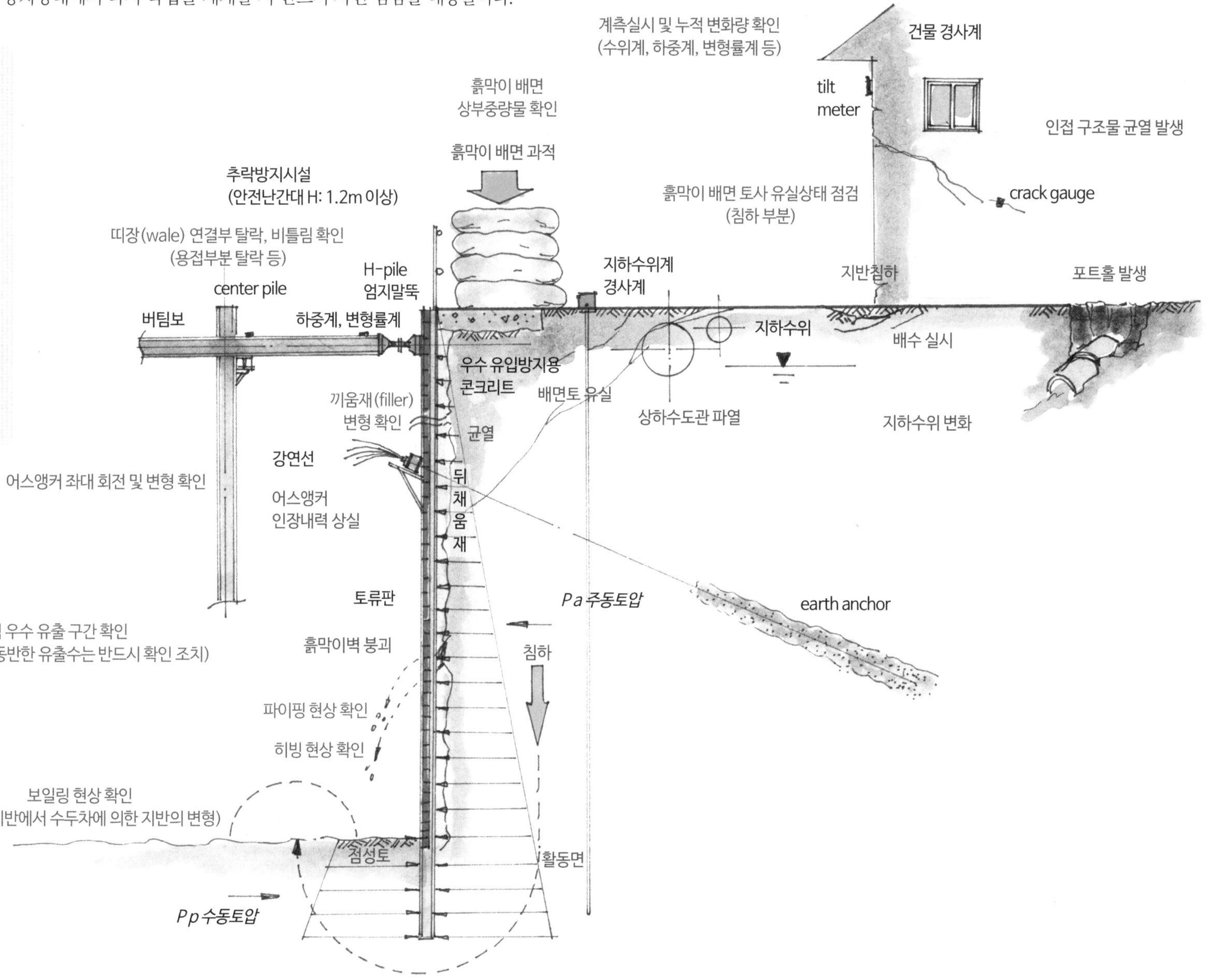

계측실시 및 누적 변화량 확인
(수위계, 하중계, 변형률계 등)
건물 경사계
tilt meter
인접 구조물 균열 발생
crack gauge
흙막이 배면 상부중량물 확인
흙막이 배면 과적
흙막이 배면 토사 유실상태 점검
(침하 부분)
추락방지시설
(안전난간대 H: 1.2m 이상)
띠장(wale) 연결부 탈락, 비틀림 확인
(용접부분 탈락 등)
H-pile
엄지말뚝
center pile
지하수위계
경사계
지반침하
포트홀 발생
버팀보
하중계, 변형률계
지하수위
배수 실시
우수 유입방지용 콘크리트
배면토 유실
상하수도관 파열
지하수위 변화
끼움재(filler) 변형 확인
균열
강연선
어스앵커 좌대 회전 및 변형 확인
어스앵커 인장내력 상실
뒤채움재
토류판
Pa 주동토압
earth anchor
흙막이벽 우수 유출 구간 확인
(맑은 물보다 토사를 동반한 유출수는 반드시 확인 조치)
흙막이벽 붕괴
침하
파이핑 현상 확인
히빙 현상 확인
보일링 현상 확인
(사질토 지반에서 수두차에 의한 지반의 변형)
점성토
활동면
Pp 수동토압

흙막이 가시설 공사의 붕괴원인 및 대책 도해

용어해설

히빙(heaving)
연질점토 지반에서 굴착에 의한 흙막이 내 · 외면 흙의 중량 차이로 인해 굴착저면이 부풀어 올라오는 현상

보일링(boiling)
사질토 지반에서 굴착저면과 흙막이 배면과의 수위 차이로 인해 굴착저면의 흙과 물이 함께 솟구쳐 오르는 현상

파이핑(piping)
보일링 현상으로 인하여 지반 내에서 물의 통로가 생기면서 흙이 세굴되는 현상

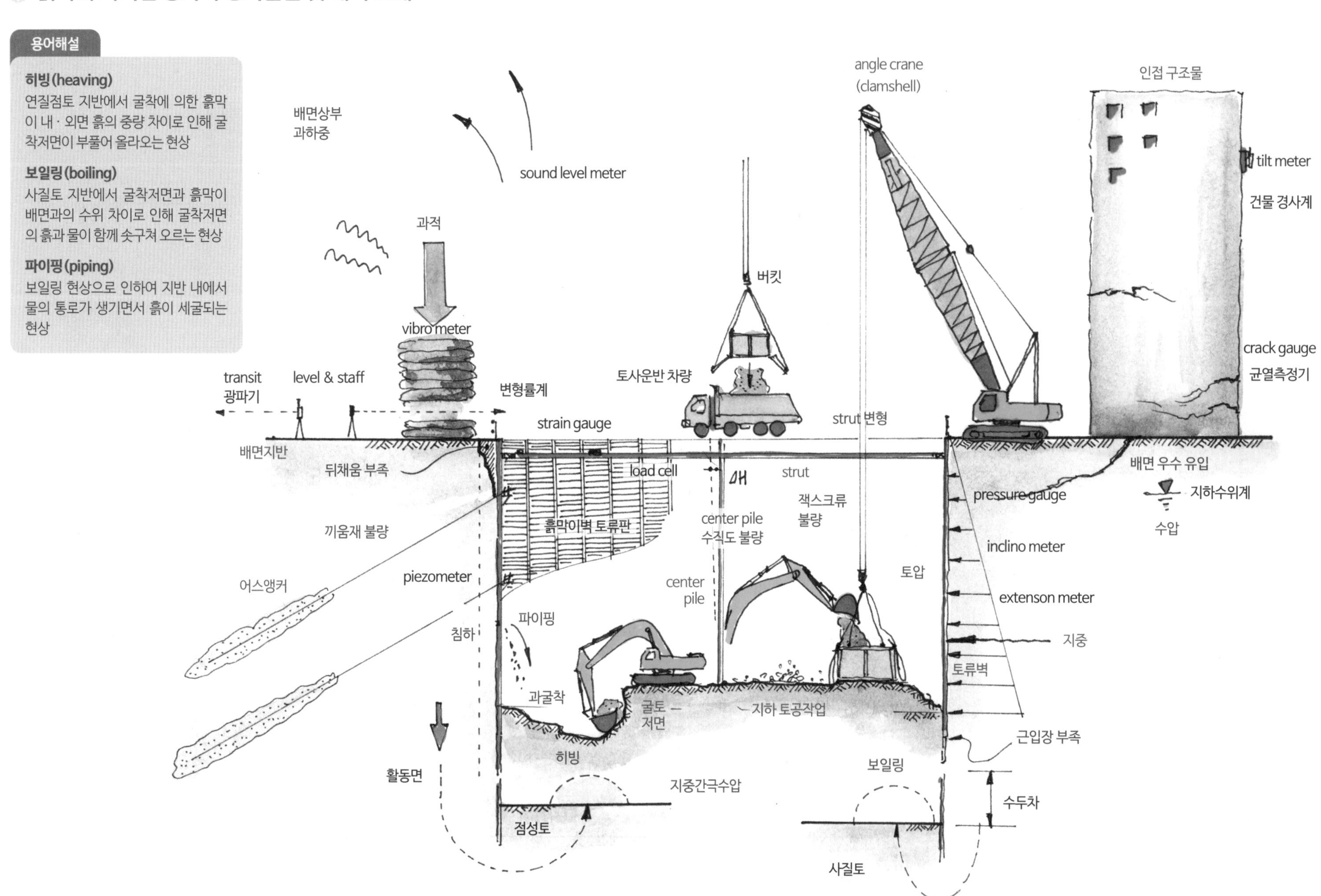

● 계측관리(計測管理, measurement)

계측관리 기준 '국토부 표준시방서' KCS 11 10 15: 시공 중 지반계측(10. 3. 11. 계측관리 기준) KOSHA GUIDE C-103-2014 굴착공사 계측관리 기술지침

■ 정의

굴착공사 시 설계, 시공의 오류를 보완하기 위하여 흙막이벽체의 변위, 토압 및 수압의 변화, 지하수위의 변화, 버팀대 및 어스앵커(earth anchor)의 축력, 인접 지반의 침하 등의 거동(擧動)을 측정하는 것을 말한다.

■ 특성

설계 시 가정한 지반조건과 토질정수가 실제 현장조건과 정확히 일치하기는 어려우며, 상식적으로 생각해 봐도 설계 단계에서 시공과정에서 발생가능한 모든 지반 조건 및 기존 구조물의 정확한 구동을 예측하는 것은 불가능하다. 때문에 공사 중 사고를 방지하기 위해서는 설계 및 시공방법 등의 수정과 보완이 필요한데 그 주요 근거자료는 계측값이다. 계측자료를 통해 시공 중 굴착공사의 안전성을 지속적으로 확인할 수 있으며, 관리기준치나 계측값을 활용하여 굴착공사 현장의 지반상태 등의 변화에 대하여 사전대책을 수립하여 안전성을 확보할 수 있다.

■ 계측기기의 종류

① 지중경사계(inclinometer): 지반 변위의 위치, 방향, 크기 및 속도를 계측하여 지반의 이완 영역 및 흙막이 구조물의 안전성을 계측하는 기구
② 지하수위계(water level meter): 지하수위 변화를 계측하는 기구
③ 간극수압계(piezometer): 굴착공사에 따른 간극수압의 변화를 측정하는 기구
④ 토압계(soil pressure meter): 주변 지반의 하중으로 인한 토압 변화를 측정하는 기구
⑤ 하중계(load cell): 스트럿(strut) 또는 어스앵커(earth anchor) 등의 축하중 변화를 측정하는 기구
⑥ 변형률계(strain gauge): 흙막이 구조물 각 부재와 인접 구조물의 변형률을 측정하는 기구
⑦ 건물경사계(tilt meter): 인접한 구조물에 설치하여 구조물의 경사 및 변형상태를 측정하는 기구
⑧ 지표침하계(surface settlement system): 지표면의 침하량을 측정하는 기구
⑨ 층별침하계(differential settlement system): 지반의 각 지층별 침하량을 측정하는 기구
⑩ 균열계(crack gauge): 주변 구조물 및 지반 등의 균열 발생 시에 균열의 크기와 변화상태를 정밀 측정하여 균열속도 등을 파악하는 기구

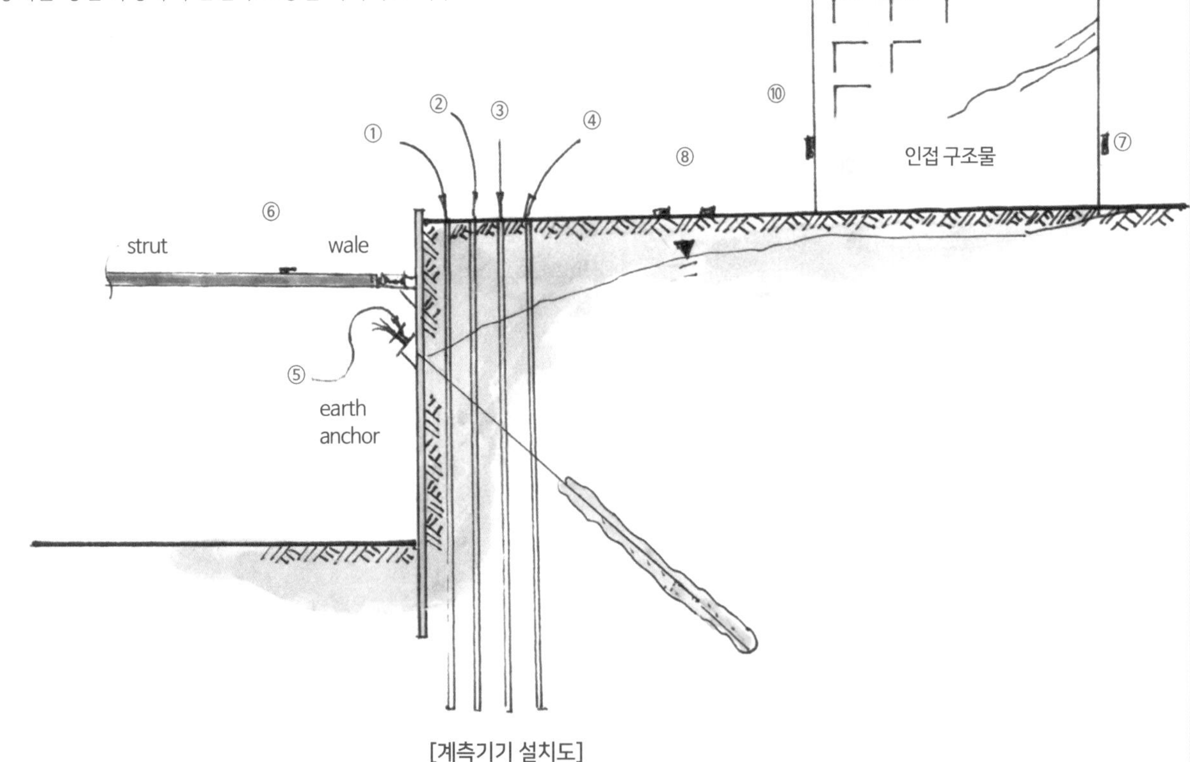

[계측기기 설치도]

계측관리의 불량

- 계측장비 미설치 또는 미작동
- 계측횟수 미달 또는 계측 오류
- 측정기한 초과하는 등 계측관리 소홀

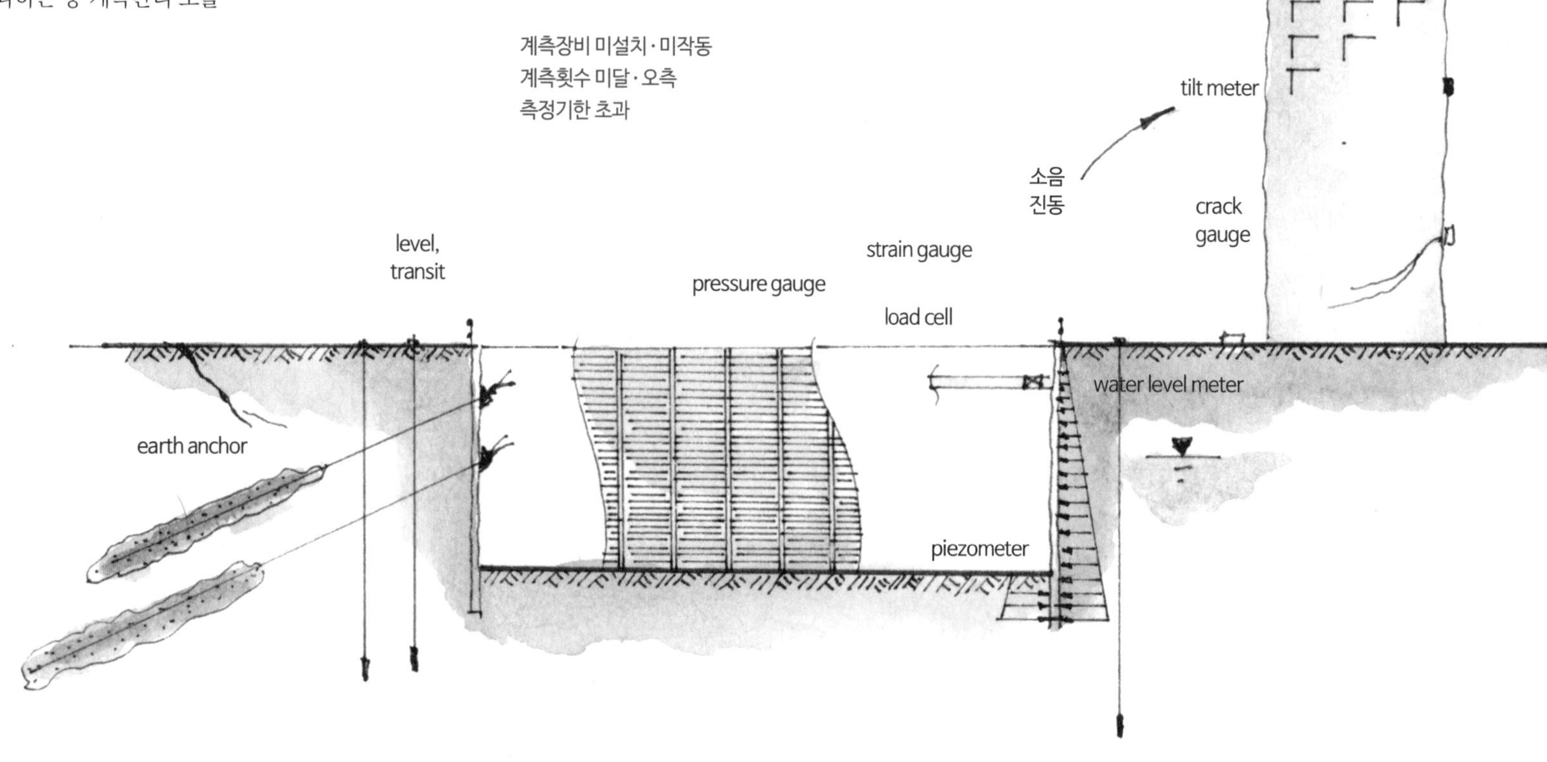

용어해설

건물경사계(建物傾斜計, tilt meter)
측정지점의 기울기를 측정하여 각종 허용기준치와 비교 후 구조물의 안정에 대한 검토 및 조치를 취하기 위하여 설치

지하수위계(地下水位計, water level meter)
수위 변화에 따른 배면지반의 거동, 인접 구조물 및 흙막이 벽체에 미치는 영향 등을 파악하기 위해 설치

하중계(荷重計, load cell)
흙막이 구조물의 거동과 정착부의 이상 유무 등을 파악하여 버팀보 및 앵커의 전반적인 안정문제를 검측하기 위하여 설치

균열측정기(龜裂測定器, crack gauge)
구조물 균열상태의 변화량을 파악할 수 있고 파악된 균열유형을 통하여 발생 원인 및 대책을 강구하기 위해 설치

변형률계(變形率計, strain gauge)
부재의 응력이나 휨모멘트 상태를 파악하기 위해 설치

● 히빙(heaving) 현상

1. 연약 점토지반 굴착 시 흙막이벽 내외의 흙의 중량 차이에 의해서 굴착저면의 흙이 지지력을 잃고 붕괴되어, 흙막이 바깥쪽에 있는 흙이 안쪽으로 밀려 들어와 굴착저면이 부풀어 오르는 현상
2. 연약지반 개량 및 전단강도 증가: 치환, pre loading(선행재하), 압밀배수(PBD: Plastic Board Drain, sand drain 공법, pack drain 공법) 약액주입공법, 저면 그라우팅 등
3. 토류벽 배면 그라우팅: 어스앵커 병행시공 고려
4. 뒤채움 표토 제거 및 자중 감소: 상재하중 제거

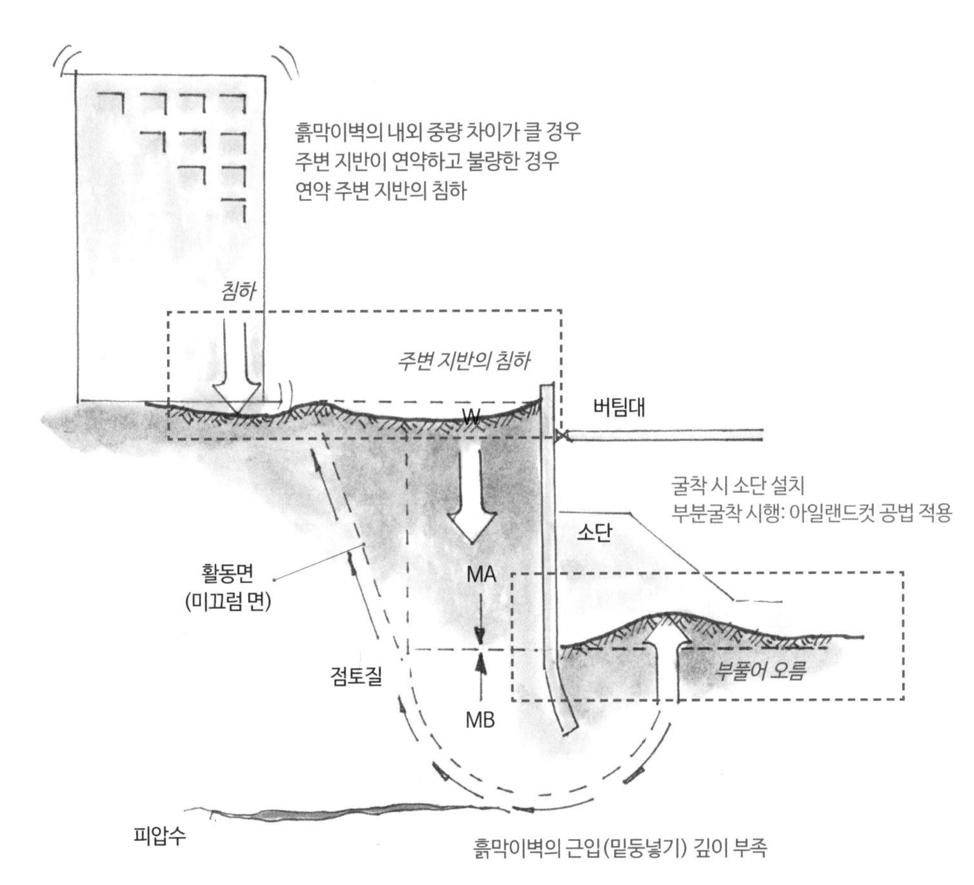

[히빙 현상]

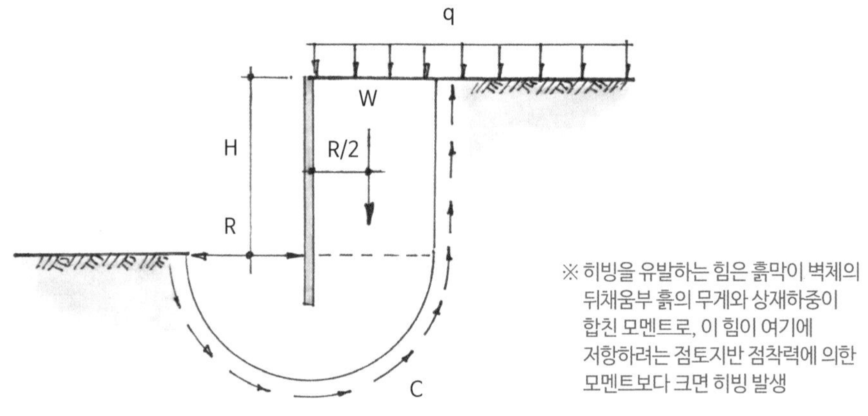

※ 히빙을 유발하는 힘은 흙막이 벽체의 뒤채움부 흙의 무게와 상재하중이 합친 모멘트로, 이 힘이 여기에 저항하려는 점토지반 점착력에 의한 모멘트보다 크면 히빙 발생

■ **히빙 검토 방법**

- 안전율 1.2보다 큰 값이 나오면 안전(FS=Mr/Md=1.2)
- **Mr**: 저항하는 모멘트
- **Md**: 히빙을 유발하는 모멘트(뒤채움부 흙의 자중과 추가 하중에 의한 모멘트)
- **히빙 검토 방법**: 국찰에 의한 희빙(모멘트 균형에 의한 방법, 지지력에 의한 방법), 피압수에 의한 히빙

■ 히빙 개념도

- 피압수 방지, 유효응력 증가: well point 공법, deep well 공법, 그라우팅 등 지하수위 저하
- 흙막이 벽체의 근입 깊이 연장: SCW · CIP · SIP 등 적용, 경질지반에 근입 · 근입장(根入長) 연장에 따른 공사비 · 공기 검토
- 히빙 검토는 토압에 대한 검토: 벽체의 강성이 크고 근입장이 깊으면 벽체 변위를 제어 가능
- 히빙 안정성 검토 안전율 1.2 이상 적용

q: 지표재하중

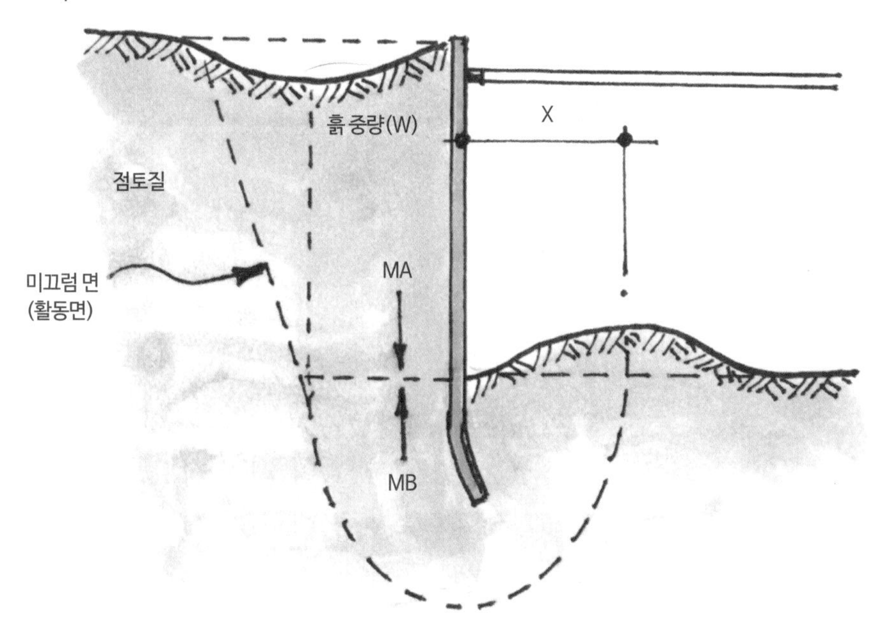

히빙 발생: MA〉MB×안전율
MA(회전 모멘트)=W×X/2
MB=마찰면적×정착력
안전율 1.2 이상

[히빙 개념도]

굴착 배면토 중량〉지반의 전단강도 = 히빙 발생

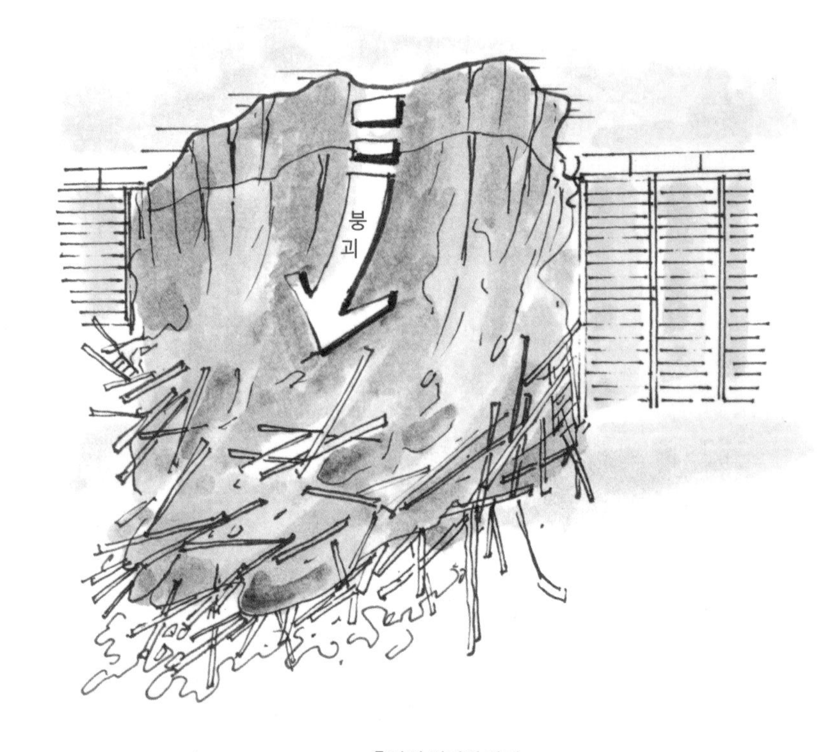

흙막이 전면적 파괴

[히빙에 의한 붕괴]

● 보일링(boiling) 현상

1. 사질토 지반에서 굴착저면과 흙막이 배면과의 수위 차이로 인해 굴착저면의 흙과 물이 함께 위로 솟구쳐 오르는 현상(모래의 액상화 현상)
2. 흙막이벽 바깥 지하수위가 상대적으로 높을 때, 지하에서 피압수가 용출할 때 발생하는 터파기저면에서 끓어오르듯 흙이 올라오는 현상
3. 투수성이 좋은 사질지반에서 흙막이 배면의 지하수위와 굴착저면의 수위 차(差)에 의해 굴착저면의 흙이 물과 함께 부풀어 오르는 현상
4. 모래 입자가 부력을 받게 되면 지지력이 감소되어 흙막이벽이 밀려남

■ 보일링 개념도

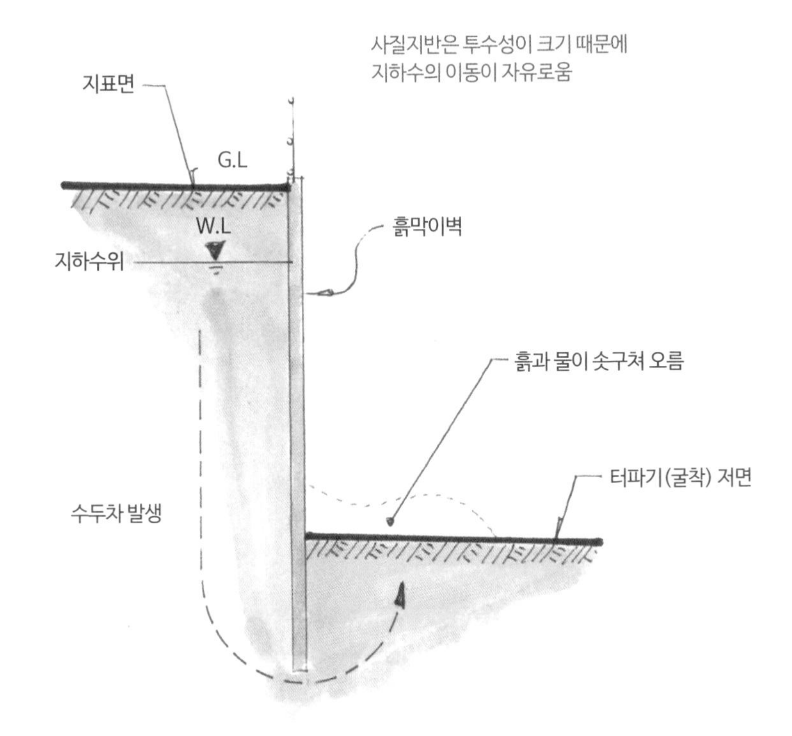

■ 보일링 발생 피해

- 흙막이 가시설 붕괴
- 주변 지반의 침하
- 사질지반
- 공사 중단
- 인명 피해

■ 보일링 현상 발생 원인

- 배면지반과 터파기(굴착) 저면과의 수위 차가 클 때
- 포화지반 및 지하수위가 높은 경우
- 사질지반(굴착 하부지반에 투수성이 큰 모래층이 있을 때)
- 흙막이 밑둥넣기(根入場) 부족

■ 보일링 현상 방지 방안

- 지하수위 저하(배수공법 적용)
- 지하수 흐름 변경
- 근입장을 길게 함(불투수층까지 관입시킴)
- 시트파일(sheet pile) 등 수밀성이 높은 흙막이 설치
- 약액주입공법에 의해 지수벽 또는 지수층을 형성
- 지하수를 막기 위한 차수공법으로는 LW, JSP, SGR 등 적용

● 파이핑(piping) 현상

1. 보일링 현상으로 인하여 지반 내의 미립토사가 유실되고 모래지반은 더욱 다공질 상태가 되어 투수계수가 급격히 증가하며 지반 내에 구멍이 뚫리는 현상
2. 보일링 현상으로 인하여 지반 내에 물의 통로가 생기면서 흙이 세굴되는 현상
3. 사질지반에서 흙막이 배면의 미립토사가 유실되면서 지반 내에 파이프(pipe) 형태의 수로가 형성되어 지반이 점차 파괴되는 현상
4. 흙막이벽 배면 또는 굴착저면에서 발생

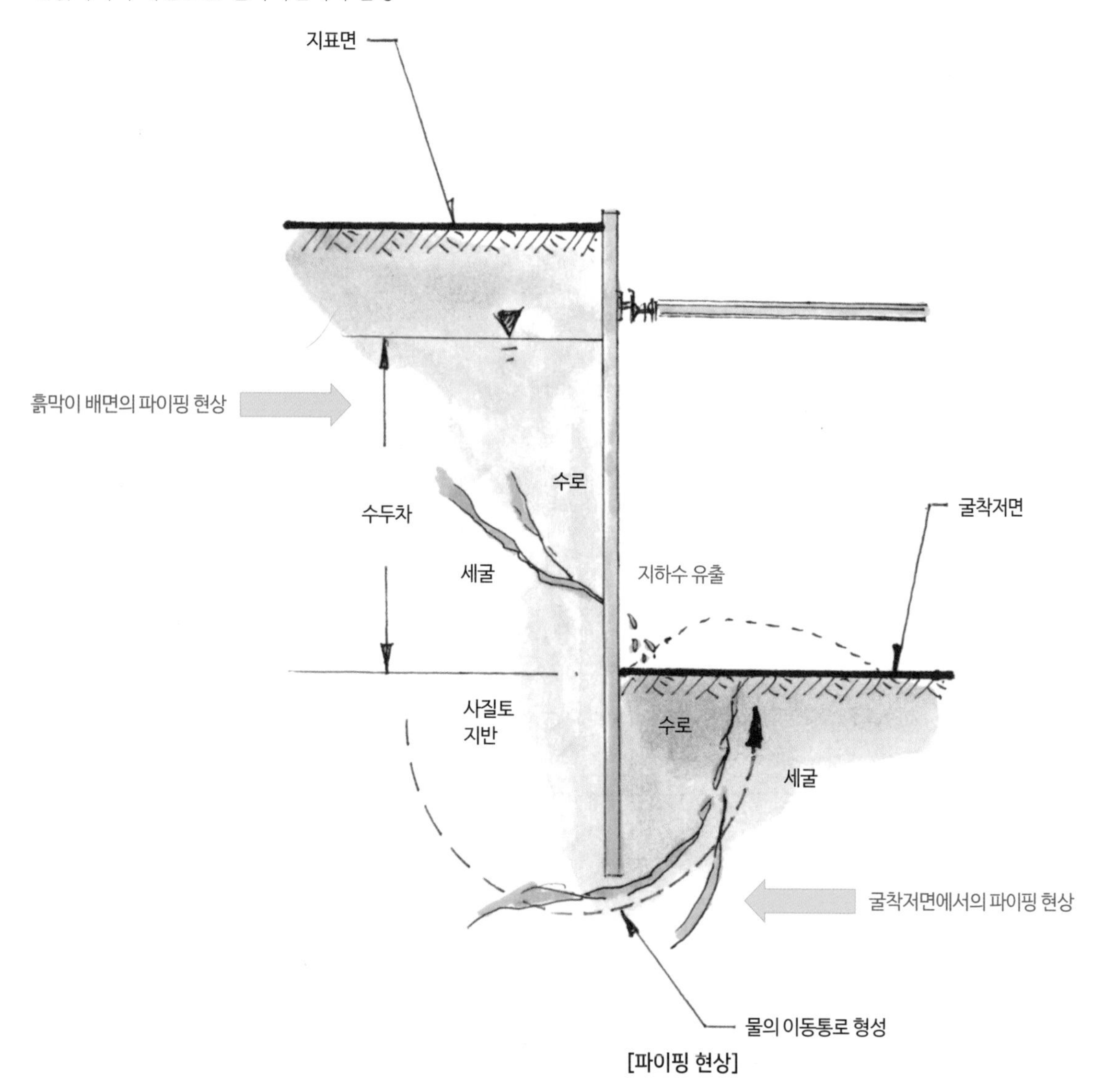

[파이핑 현상]

■ 파이핑 현상의 발생 원인

- 지하수 과다
- 흙막이 배면 피압수 존재
- 흙막이벽 차수성 부족

■ 파이핑 현상의 방지 방안

- 근입장 깊이를 길게 한다.
- 굴착저면을 고결시킨다. (지반 고결)
- 모래를 조밀하게 다진다.
- 상하 수두차를 줄인다. (지하수위 저하)
- 차수성이 높은 흙막이벽을 채택한다.
- 밀실한 흙막이벽의 시공 품질을 확보한다.

■ 히빙 · 보일링 · 파이핑 현상의 비교

구분	히빙(heaving)	보일링(boiling)	파이핑(piping)
지반	점성토	사질토	사질토
원인	중량 차	수위 차	유입수
문제점	부풂	전단강도	토사 유출
범위	전반적	국부적	국부적

● 굴착공사에 따른 측정 위치별 계측기 종류와 측정 목적

측정 위치	측정 항목		사용 계측기	육안관찰	측정 목적
흙막이 벽체	측압	토압 수압	토압계 수압계	• 벽체의 휨 및 균열 • 흙막이 벽체의 연결부 연속성 확인 • 주변 지반의 균열 및 침하 • 누수	• 측압의 설곗값 · 계측값 비교 • 주변 수위, 간극수압 및 벽면수위의 관련성 파악
	변형	두부 변위 수평 변위	트랜싯, 다림추 경사계		• 변형의 허용치 이내 여부 파악 • 토압, 수압 및 벽체변형관계 파악
	벽체의 응력		변형률계		• 응력분포를 계산하여 설계 시 계산된 응력과 비교 • 허용응력 · 계측값의 비교로 벽체 안전성 확인
버팀대, 어스앵커	축력, 변형률, 온도		하중계 변형률계 변위계 온도계	• 버팀대 평탄성 • 볼트의 조임상태	• 버팀대와 어스앵커에 작용하는 하중 파악 • 설계 허용축력과의 비교
굴착지반	• 굴착지반 • 굴착면 변위 • 임의적 변위 • 간극수압 • 지중 수평변위		지중경사계 층별침하계 간극수압계 지하수위계	• 내부 지반 용수 • 보일링 • 히빙	• 응력해방에 의한 굴착측 변형과 주변 지반의 거동 파악 • 배면, 흙막이 벽체 및 굴착저면의 변위관계 파악 • 허용변위량, 계측값의 비교 • 굴착 · 배수에 따른 침하량 및 침하범위 파악
주변 지반	• 지표 · 지중 수직 및 수평변위 • 간극수압		지중경사계 층별침하계 지표침하계 지하수위계	• 배면지역의 균열 및 침하 • 도로 연석, 블록 등의 벌어짐	
인접 건물	수직 변위 경사		지표침하계 건물경사계 균열계	• 구조물의 균열 • 구조물의 기울어짐	• 굴착 및 지하수위 저하에 의해 발생되는기존 구조물의 균열 및 변위 파악
유독가스 수질오염	탄산 · 메탄가스 수질오염		가스탐지기 수질시험		• 굴착 구간 가스발생 확인 • 지반 개량 등에 의한 주변 지역의 수질오염 확인

용어해설

피압 지하수
지층 위아래가 투수성이 낮은 점성토에 끼어 있는 사질(모래)지반에 존재하는 압력을 받고 있는 지하수를 말한다.

측압
무너짐 방지벽에 작용하는 수평방향의 압력으로, 토압과 수압의 합쳐진 압력을 말한다. 굴착 시, 이 압력에 의해 방지턱이 무너지지 않도록 굴착저면에 방지턱의 뿌리 깊이 확보 및 버팀목 등의 지보공이 필요하다.

2. 벌점 측정기준 분야별 수검내용 도해

국토교통부 산하 지방국토관리청(서울, 원주, 대전, 익산, 부산)에서 건설기술진흥법 제87조 제5항(건설공사 등의 벌점관리기준)에 따른 건설사업자, 주택건설등록업자 및 건설기술인을 대상으로 전국에 있는 건설현장을 점검하였던 주요 지적 사항들을 시공 · 안전 · 품질 분야로 분류하여 그림으로 이해하기 쉽도록 작성한 자료이다.

시공 · 안전 · 품질 분야 리스크 특별 관리

건진법(건설기술진흥법) 리스크도 산안법(산업안전보건법) 리스크 못지않게 최근 비중이 높아지고 있다.

지방국토관리청에서 건설현장의 점검 방향은 건설공사 벌점 측정기준 19개 항목 중 11번째 항목인 '건설공사현장 안전관리대책의 소홀'에서 다음의 지적을 가장 많이 받은 것으로 나타나 이에 대한 특별 관리가 필요하다.

- 정기안전점검을 정당한 사유 없이 기간 내 미실시
- 정기안전점검 결과 조치 요구사항 미이행
- 안전관리계획 수립의 기준 미충족
- 안전관리계획에 따른 각종 공사용 안전시설 등의 미설치

01 시공 분야

■ 콘크리트 표면 처리 미흡

적용근거 '콘크리트 표준시방서'(제2장 일반콘크리트, 3.8.5 콘크리트 구조물의 검사)에 따르면, 콘크리트 구조물을 완성한 후, 적당한 방법에 의해 표면의 상태가 양호한가 등에 관한 검사를 실시하도록 하고 있다. 또한 '3.8.5.2 표면상태의 검사 (2)'에 따르면, 검사 결과 이상이 있는 경우에는 한국콘크리트학회에서 제정한 '콘크리트 구조물의 보수 · 보강 요령'을 참고로 책임기술자의 지시에 따라 적절한 보수를 실시해야 한다고 되어 있다.

지적사항 벽체 균열 발생부에서 백태(白苔)가 흘러내린다.

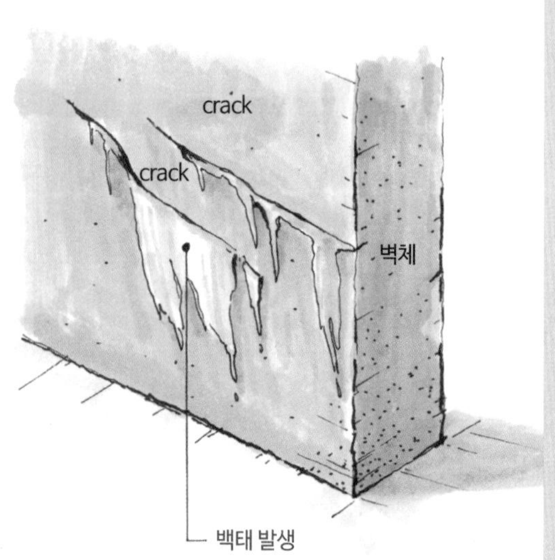

[콘크리트면의 백태 현상]

용어해설

백태(白苔, efflorescence)
백색의 보풀이나 결정질 분말. 건조한 지역에서 모세관 현상으로 지표로 올라온 물이 증발하거나 공기 중에 노출되어 결정작용을 겪게 됨으로써 암석이나 토양표면에 생긴다. 경석고, 방해석, 나트론(natron) 및 암염과 같은 용해성 염들로 구성된다.

백화(白花/白華, efflorescence)
① 콘크리트나 벽돌을 시공한 후 흰 가루가 돋아났다 없어졌다 하며 수년 또는 수십 년 걸리는 경우가 있다. 이 벽 표면의 흰 가루를 '백화'라 한다.
② 벽 표면에서 침투하는 빗물에 의해 모르타르의 석회분이 유출하여 모르타르 중 석회분이 수산화석회로 되어 표면에 유출될 때 공중의 탄산가스 또는 벽 중의 유황분과 결합하여 생긴다.
③ 빗물의 침투를 막기 위하여 줄눈 유황분과 방수되게 하여 방지한다.
④ 벽돌 · 콘크리트 외에 타일붙임 · 돌붙임, 블록조의 벽면에도 생긴다.
⑤ '응화(凝花)'라고도 한다.

■ 슬래브 콘크리트 시공이음부 처리 미흡

적용근거 '건축공사 표준시방서'(콘크리트공사(05000), 3.5.1 일반사항)에 따르면, 시공이음이 거푸집에 접하는 선은 될 수 있는 대로 수평한 직선이 되도록 하며, 이어칠 경우에는 구(舊) 콘크리트 표면의 레이턴스, 품질이 나쁜 콘크리트, 꽉 달라붙지 않은 골재 등을 완전히 제거하도록 되어 있다.

지적사항 슬래브(slab) 콘크리트면 시공이음부 처리가 미흡하다.

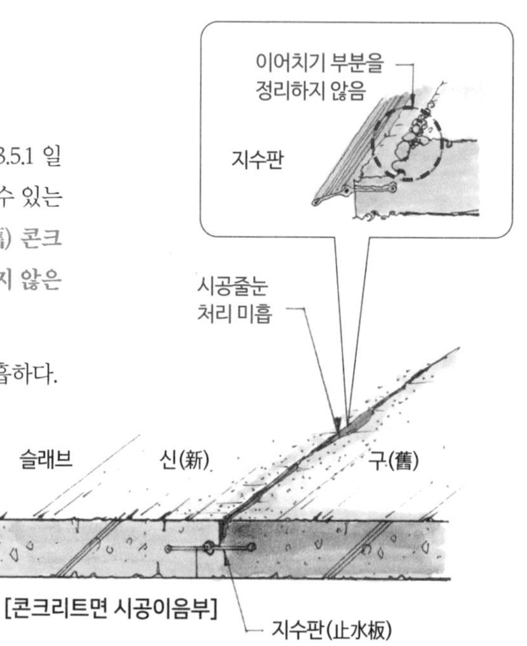

[콘크리트면 시공이음부]

시공줄눈과 신축줄눈의 비교

	시공줄눈(construction joint)	신축줄눈(expantion joint)
정의 및 기능	시공상 끊어치기가 필요할 경우 신구 콘크리트가 만나는 부분에 생기는 joint	① 하중에 의한 구조물의 상대변위를 허용 ② 건조수축 팽창 시 응력집중 방지 ③ 기초 침하가 다를 경우 상대 처짐 허용
필요 설치 부위	콘크리트 타설계획에 따라 설치 위치 결정	① 온도차가 심한 부분 ② 동일 건물에서 고층과 저층부가 만나는 부분 ③ 기존 건물에 붙여서 새로운 건물이 증축되는 부분 ④ 구조물의 평면 및 단면형태가 사각형이 아니면서 급격하게 달라질 경우
joint 간격 및 위치	① 벽체 - 수평: 약 12m마다 - 수직: 4m(1개층 높이) - 건물 모서리: 모서리에서 3.5~4.0m 이격된 거리 ② 보, 슬래브: Span의 중간 또는 1/3~2/3 지점 ③ 기둥: 보, 슬래브 하단, 기초 상단	철근콘크리트 구조일 경우(열응력 미고려) 45~60m이며, joint의 폭은 2~2.5cm, 무엇보다 중요한 것은 부재의 완전분리

■ 콘크리트 단면결손 부분 미보수

적용근거 '콘크리트 표준시방서'(제2장 일반콘크리트, 3.8.5 콘크리트 구조물의 검사)에 의하면, 콘크리트 구조물을 완성한 후, 적당한 방법에 의해 표면의 상태가 양호한가 등에 관한 검사를 실시하도록 하고 있다. 그리고 '3.8.5.2 표면상태의 검사'에서 제정한 '콘크리트 구조물의 보수·보강 요령'을 참고로 책임기술자의 지시에 따라 적절한 보수를 실시해야 한다고 되어 있다.

지적사항 단면결손부가 발생하였는데 조치되지 않은 상태로 방치하여 향후 구조물의 내구성(耐久性) 저하가 우려돼 보완이 필요하다.

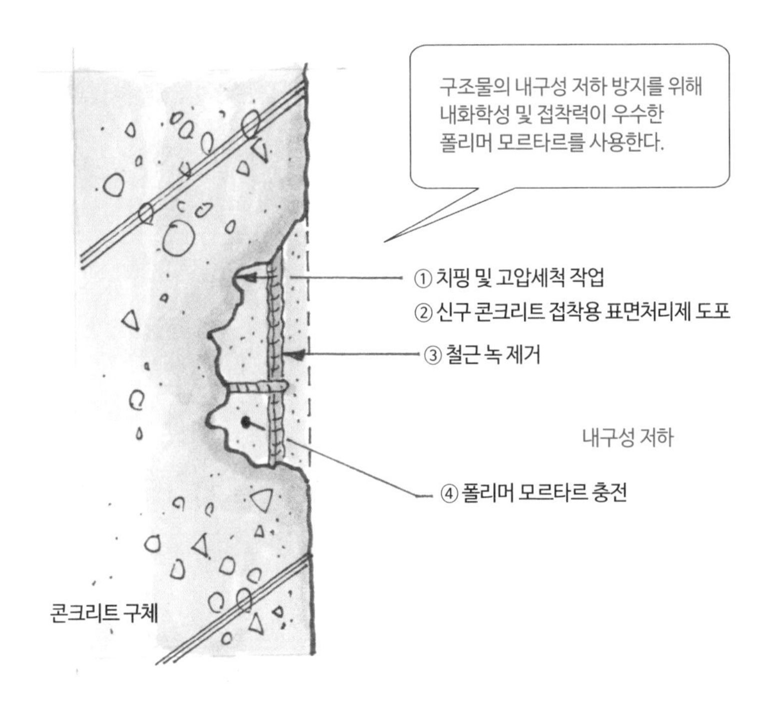

[결손 단면 복구방법 사례]

■ 시공순서

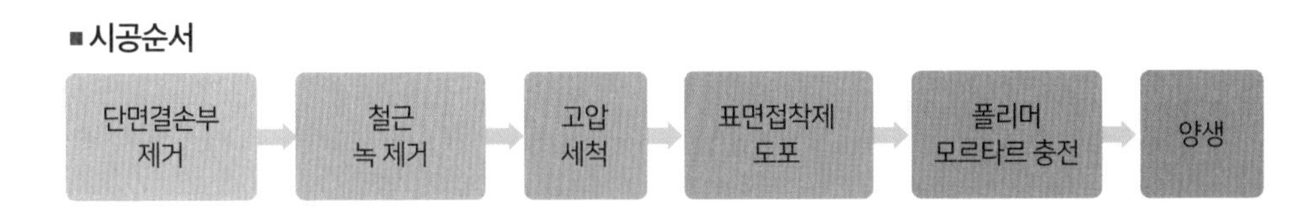

■ 합벽 부분 콘크리트면 정리 미흡

적용근거 국가건설기준 '일반콘크리트(KCS 14 20 10 : 2016)'의 '3.3.1 준비 (2)'에 따르면, 콘크리트를 타설 전에 운반장치, 타설설비 및 거푸집 안을 청소하여 콘크리트 속에 이물질이 혼입되는 것을 방지하여야 한다고 되어 있다.

지적사항 건축물 외벽부에 토사, 골재 등 이물질이 쌓여 있어 조치가 필요하다.

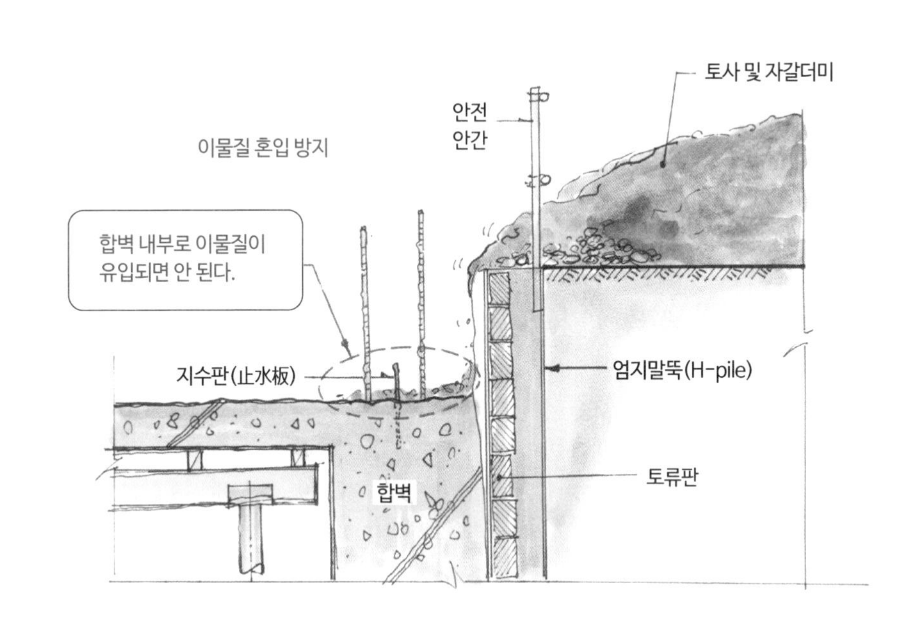

[합벽 단면도]

■ 단열재 시공 미흡

적용근거 국가건설기준 '단열공사(KCS 41 42 00 : 2016)'의 '3.1.2 단열재의 설치 (6)'에 따르면, **단열재의 이음부는 틈새가 생기지 않도록 접착제, 테이프를 사용하거나 공사시방에 따라 접합하며, 부득이 단열재를 설치할 수 없는 부분에는 적절한 단열보강을 한다고 되어 있다.**

지적사항 단열재에 틈새가 발생하고 소방설비배관에 의해 손상되어 적절한 보완작업이 필요하다.

■ 단열재 시멘트 페이스트 유출

적용근거 국가건설기준 '단열공사(KCS 41 42 00 : 2016)'의 '3.1.2 단열재의 설치 (6)'에 따르면, **단열재의 이음부는 틈새가 생기지 않도록 접착제, 테이프를 사용하거나 공사시방에 따라 접합하며, 부득이 단열재를 설치할 수 없는 부분에는 적절한 단열보강을 한다고 되어 있다.**

지적사항 단열재에 틈새가 발생하고 시멘트 페이스트(cement paste)가 유출되어 적절한 단열보강이 필요하다.

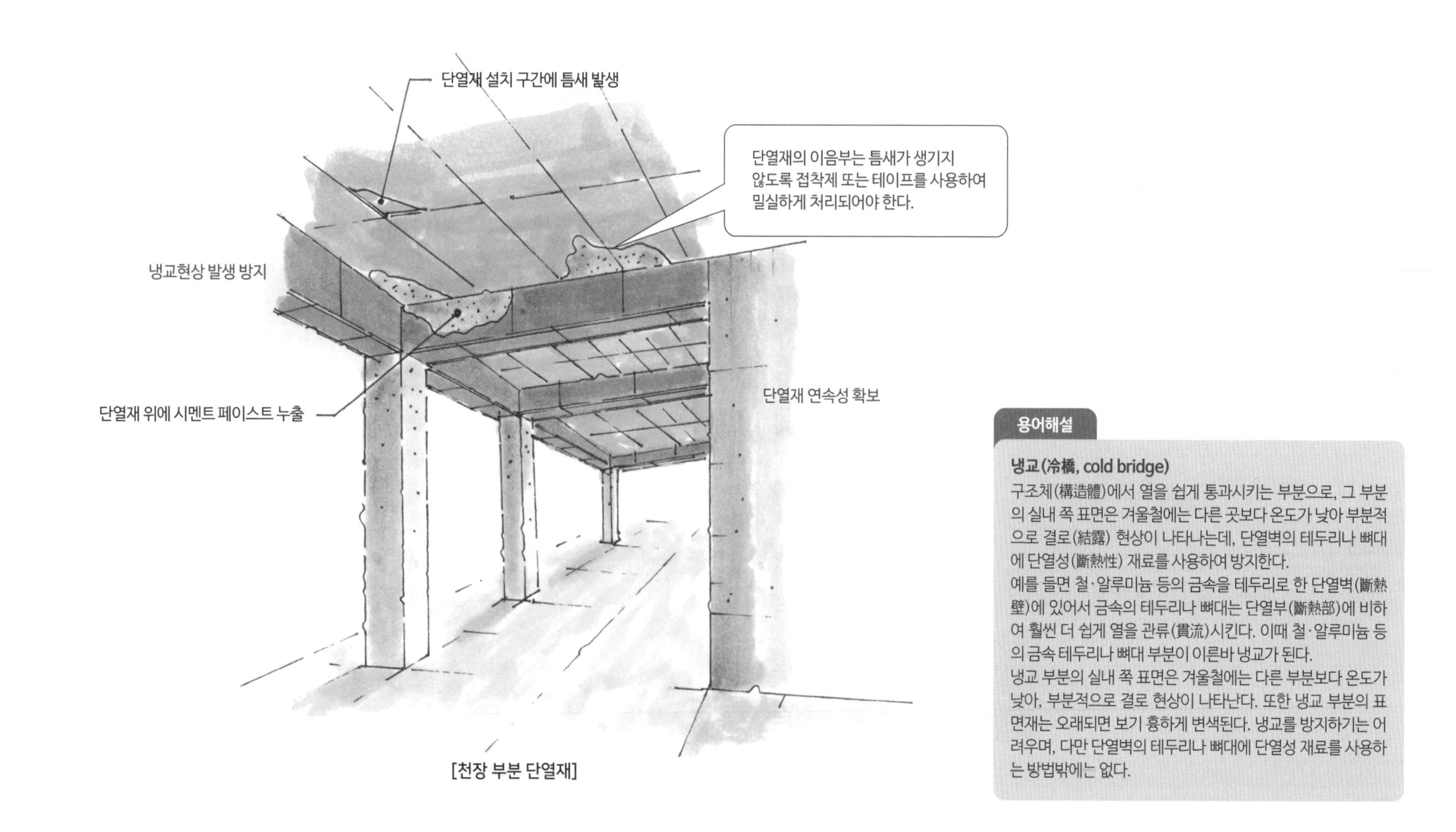

[천장 부분 단열재]

용어해설

냉교(冷橋, cold bridge)

구조체(構造體)에서 열을 쉽게 통과시키는 부분으로, 그 부분의 실내 쪽 표면은 겨울철에는 다른 곳보다 온도가 낮아 부분적으로 결로(結露) 현상이 나타나는데, 단열벽의 테두리나 뼈대에 단열성(斷熱性) 재료를 사용하여 방지한다.

예를 들면 철·알루미늄 등의 금속을 테두리로 한 단열벽(斷熱壁)에 있어서 금속의 테두리나 뼈대는 단열부(斷熱部)에 비하여 훨씬 더 쉽게 열을 관류(貫流)시킨다. 이때 철·알루미늄 등의 금속 테두리나 뼈대 부분이 이른바 냉교가 된다.

냉교 부분의 실내 쪽 표면은 겨울철에는 다른 부분보다 온도가 낮아, 부분적으로 결로 현상이 나타난다. 또한 냉교 부분의 표면재는 오래되면 보기 흉하게 변색된다. 냉교를 방지하기는 어려우며, 다만 단열벽의 테두리나 뼈대에 단열성 재료를 사용하는 방법밖에는 없다.

■ 창문틀 철근 피복두께 부족 시공

적용근거 당 현장 구조일반사항에 따르면, 아파트 부속동 외측벽(내부)에 철근 직경 13mm를 사용하여 배근하는 경우 피복두께를 20mm 확보하도록 되어 있다.

지적사항 철근 피복두께를 확보하지 않아 철근 2개소가 노출되었다.

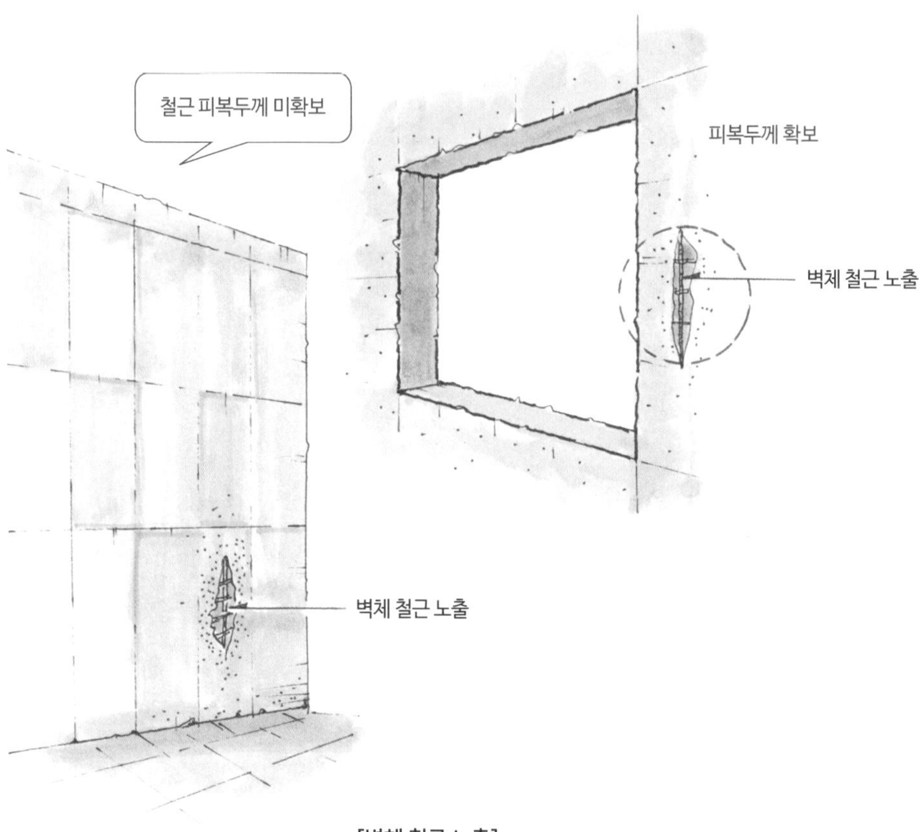

[벽체 철근 노출]

용어해설

피복두께(被覆-, covering depth)
① 철근콘크리트의 철근 표면에서 이를 피복하는 콘크리트의 두께(鐵筋被覆)
② 철근콘크리트에서 철근 보호를 목적으로 철근을 콘크리트로 감싸는 것이 철근피복인데, 이것과 콘크리트 표면 간의 최단거리(두께)

■ 벽체 단차 발생부 미처리

적용근거 국가건설기준 '거푸집 및 동바리(KCS 14 20 12)'(3.1.1 일반 거푸집)에 따르면, 거푸집 시공의 허용오차는 구조물의 허용오차가 보장되도록 하여야 하며 책임기술자의 승인을 받아야 한다고 되어 있다. 또한 건축법 시행규칙 '별표 5 건축허용오차'에 따르면 벽체두께의 허용되는 오차 범위는 3% 이내라고 되어 있다.

지적사항 벽체두께 500mm에서 단차 20mm가 발생했고, 벽체두께 500mm에서 단차 50mm 발생했다(기준 500mm일 때 허용범위 15mm 이내). 감리자는 거푸집 설치상태 및 구조물 표면상태가 설계도서 및 각종 기준의 내용대로 시공되었는지에 관한 확인을 소홀히 했다.

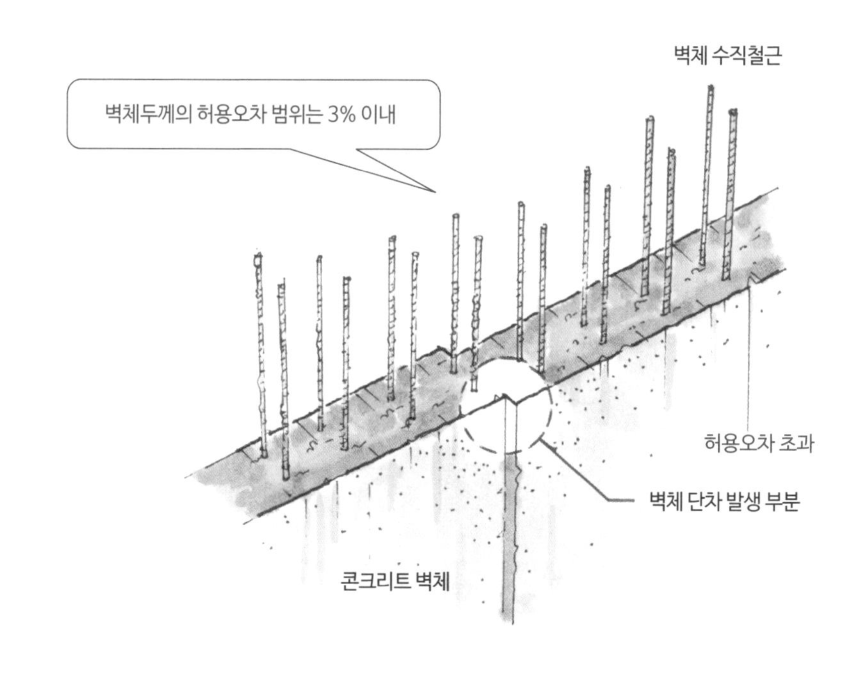

[콘크리트 벽체 턱짐 발생]

■ 슬래브 개구부 보강 미실시

적용근거 당 현장 '공사설계도면'(구조일반사항-6, 4.7 개구부 주위 철근배근, 1. 슬래브 개구부 보강철근 상세)에 따르면, 개구부는 보강철근을 개구부 양쪽에 각각 설치하고, 개구부가 300mm 이상인 경우에는 네 모퉁이를 1-HD13으로 추가 보강하도록 되어 있다.

지적사항 슬래브 개구부(직경 350mm, 2개소)에 보강철근을 설치하지 않았으며, 감리자는 슬래브 개구부 설계도서의 내용대로 시공되었는지에 관한 확인을 소홀히 했다.

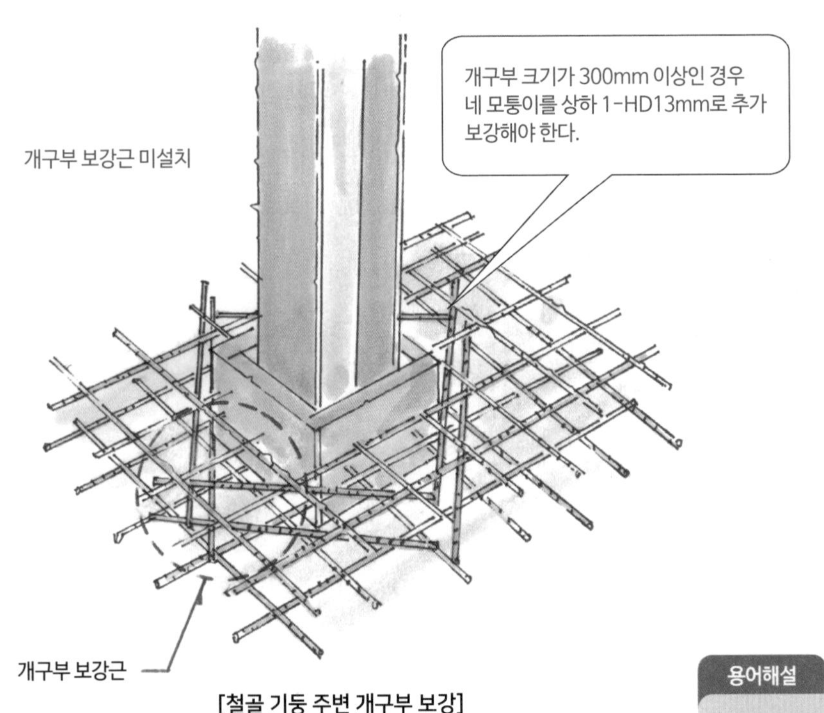

[철골 기둥 주변 개구부 보강]

■ 슬러리 월 백태 발생부 미처리

적용근거 국가건설기준 '일반콘크리트(KCS 14 20 10 : 2016)'(3.5.5.2 표면상태의 검사)에 따르면, 콘크리트 노출면의 상태를 외관 관찰하여 평탄하고 허니컴, 자국, 기포 등에 의한 결함이 없으며 외관이 정상인지를 검사하고, 검사 결과 불합격이 되었을 경우 책임기술자의 지시에 따르도록 되어 있다.

지적사항 슬러리 월(slurry wall)에 백태가 발생했다.

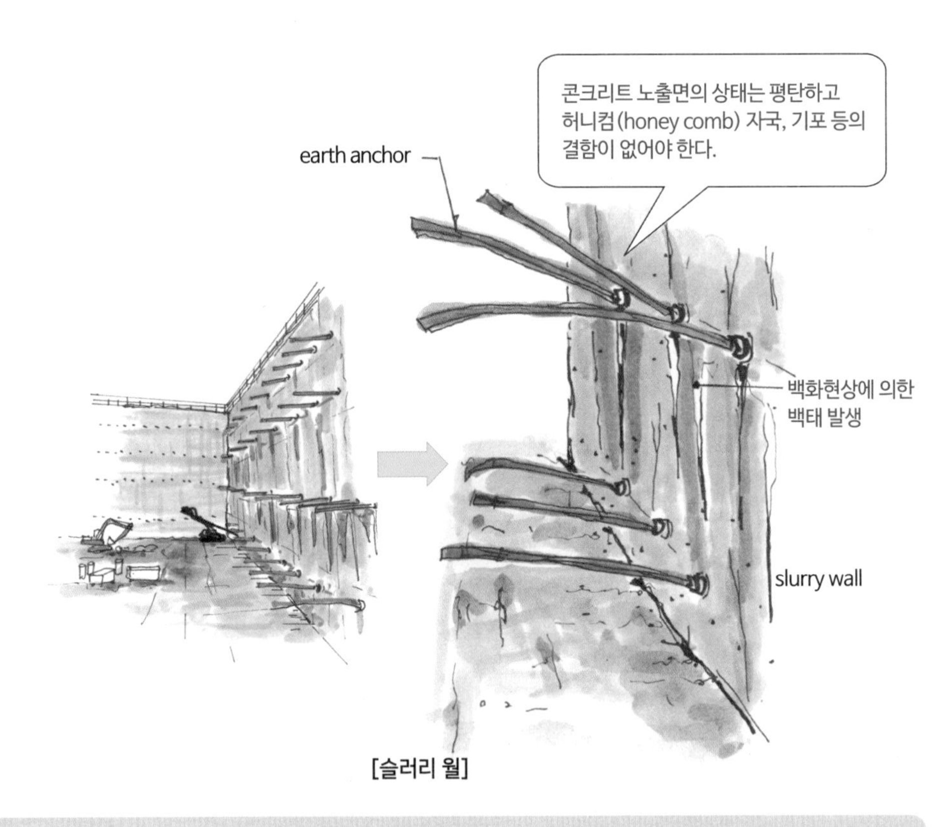

[슬러리 월]

용어해설

보강근(補强筋, reinforcing bar)

① 넓은 의미로는 철근콘크리트부재에 배치되는 철근을 '보강근'이라 하나 기둥 등의 전단 보강근, 벽 등의 개구 보강근, 모서리 보강근, 기타 중심잡기철근 등을 가리킨다.
② 콘크리트블록조에 삽입하는 철근도 '보강근'이라고 한다.
③ 철근의 사용 위치와 목적에 의해 이 명칭이 분류된다. ④→ 전단 보강근

슬러리 월(slurry wall)

안정액을 사용하여 굴착벽면의 붕괴를 막으면서 벽 모양의 구멍을 굴착한 후 여기에 모르타르나 콘크리트 등을 친 연속지하벽체를 말한다.

■ 슬래브 관통 균열 발생부 미처리

적용근거 국가건설기준 '일반콘크리트(KCS 14 20 10 : 2016)'(3.5.5.2 표면상태의 검사)에 따르면, 균열은 구조물의 성능, 내구성, 미관 등 그의 사용 목적을 손상시키지 않는 허용값의 범위 내에 있을 것이라고 되어 있다.

지적사항 연결램프 벽체에 관통 균열이 6개소 발생하여 누수가 진행되고 있으나 균열관리대장에는 1개소로 기록·관리하고 있어 개소별 관리 및 조속한 보수가 필요하다.

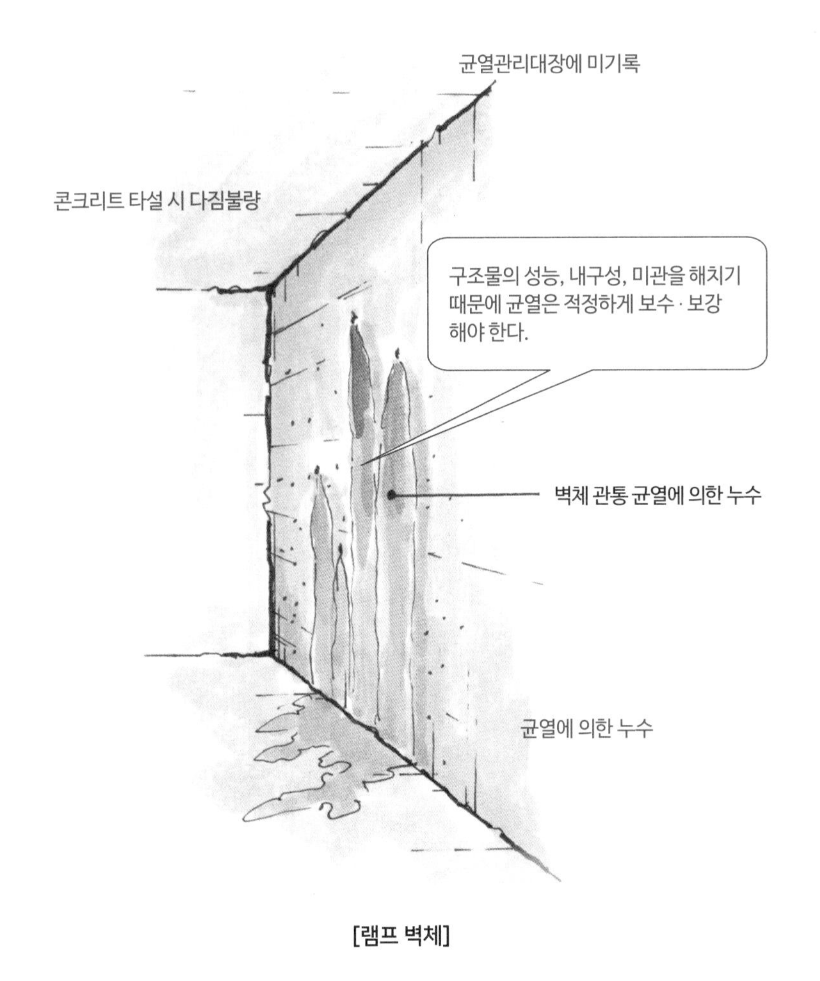

[램프 벽체]

■ 벽체 시공 미흡

적용근거 국가건설기준 '일반콘크리트(KCS 14 20 10 : 2016)'(3.5.5.3 콘크리트부재의 위치 및 형상치수의 검사)에 따르면, 콘크리트부재의 위치 및 형상치수의 검사는 그 구조물의 특성에 적합한 별도의 규준을 정하여 실시해야 하고, 검사 결과 이상이 확인된 경우에는 책임기술자의 지시에 따라 콘크리트를 깎아내거나 재시공 또는 콘크리트 덧붙이기 등 적절한 조치를 취해야 한다.

한편, 시공자는 ○○년 10월 8일경 관리동 1층 바닥 슬래브(기둥위치)를 시공완료(거푸집 탈형)하고, 점검일 현재(○○년 10월 18일) 관리동 1층 벽체 거푸집을 설치 중에 있다. 그런데 시공자는 1층 벽체 거푸집을 구조물(관리동 1층 바닥 슬래브 단부)에서 이격(길이 1,200mm, 높이 300mm, 최대 단차 38mm)되도록 설치했으며, 감리자는 관리동 1층 바닥 슬래브 및 관리동 1층 벽체 거푸집이 설계도서 및 각종 기준대로 시공되었는지에 관한 검토·확인을 소홀히 했다.

지적사항 단차 38mm가 발생했으며, 감리자는 이에 대한 확인을 소홀히 했다.

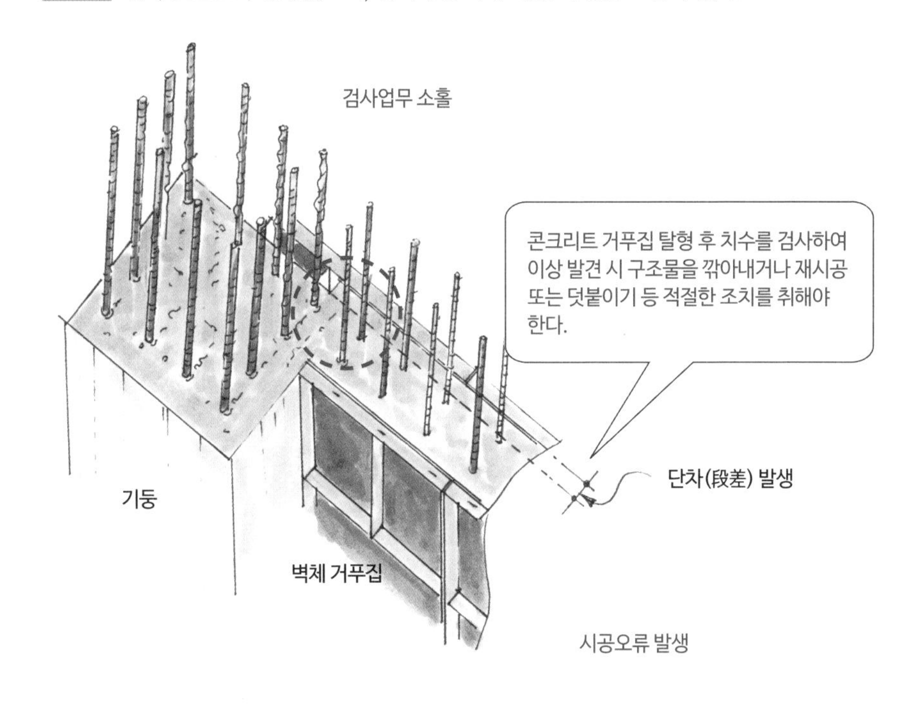

[콘크리트 벽체 단차 발생]

■ 지상 3층 계단실 벽체 철근 피복두께 확보 미흡

적용근거 당 현장 '철근콘크리트 구조일반사항-1'(1. 콘크리트 피복두께)에 따르면, 옥외의 공기나 흙에 직접 접하지 않는 콘크리트에 직경 35mm 이하의 철근을 배근할 경우 피복두께를 20mm 확보하도록 되어 있고, 당 현장 '시방서 A04040-21'(3-14 콘크리트면 보수)에 따르면, 거푸집을 제거한 즉시 콘크리트면을 검사하여 후속마감에 영향을 미칠 수 있는 오염 및 변색 부위 등의 결함부위를 보수하도록 되어 있다.

지적사항 시공자가 상·하층 벽체 철근 이음을 위해 지상 3층에 노출시킨 벽체 이음철근의 피복두께가 5mm로 측정되어 15mm가 미확보됨으로써 설계도서와 다르게 시공되었다.

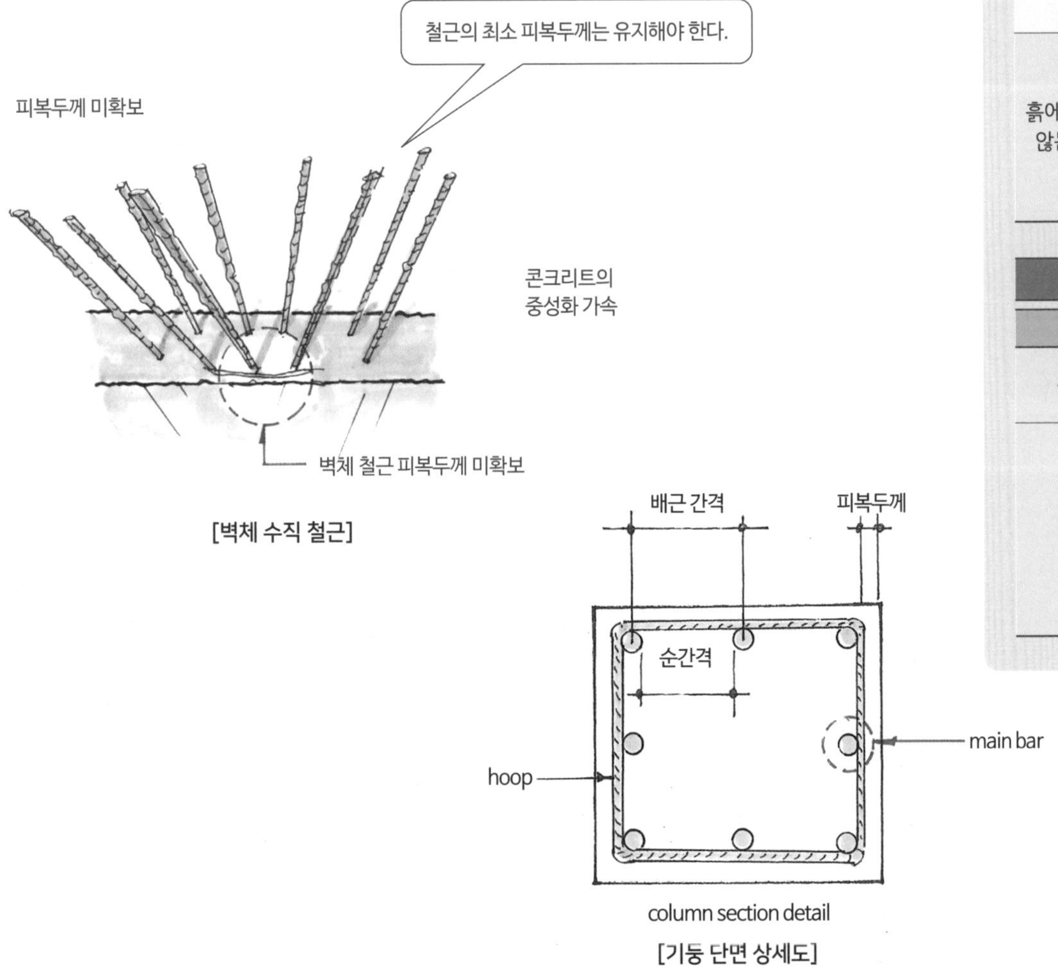

[벽체 수직 철근]

[기둥 단면 상세도]

철근의 최소 피복두께(구조설계기준 및 표준시방서)

콘크리트 구조설계기준의 최소 피복두께

표면 조건		부재	철근	피복두께
수중에 타설하는 콘크리트		모든 부재	-	100mm
흙에 접한 부위	흙에 접하여 콘크리트를 친 후 영구히 흙에 묻혀 있는 콘크리트	모든 부재	-	80mm
	흙에 접하거나 옥외의 공기에 직접 노출되는 콘크리트	모든 부재	D29 이상	60mm
			D25 이하	50mm
			D29 이상	60mm
흙에 접하지 않는 부위	옥외의 공기나 지반에 직접 접하지 않는 콘크리트	슬래브, 벽체,장선	D16 이상	40mm
			D35 초과	40mm
		보, 기둥	D35 이하	20mm
			-	40mm
		셸, 절판부재	-	20mm

건축공사 표준시방서의 최소 피복두께

아스팔트 포장			콘크리트 포장
흙에 접한 부위	기둥, 보, 바닥 슬래브, 내력벽		50mm
	기초, 옹벽		70mm
흙에 접하지 않는 부위	지붕 슬래브, 바닥 슬래브, 비내력벽	옥내	30mm
		옥외	40mm
	기둥, 보, 내력벽	옥내	40mm
		옥외	50mm
	옹벽		50mm

■ 지하주차장 벽체 등 철근 노출 및 재료분리 미보수

적용근거 국가건설기준 '일반콘크리트(KCS 14 20 10 : 2016)'(3.5.6 콘크리트 구조물 검사)에 따르면, 콘크리트 구조물을 완성한 후 적당한 방법에 의해 표면의 상태가 양호한가, 구조물 중의 콘크리트 품질이 소요의 품질인가, 구조물의 각 부위가 충분히 그 기능을 발휘할 수 있도록 만들어져 있는가 등에 관한 검사를 실시해야 한다고 되어 있다.

지적사항 시공자는 주요구조부에 재료분리 및 철근 노출이 발생한 채 부실하게 시공했으며, 감리자는 철근 노출 등에 대한 보수 · 보강을 서면으로 요청한 사실이 없다.

점검 지적 사항 리스트

번호	발생 부위	철근 노출(개소)	재료분리(m^2)
1	○○동 지하주차장 램프 벽체	3	-
2	○○동 지하 1층 1~2호 세대의 E/V홀 벽체	7	-
3		3	-
4		1	-
5		3	-
6	○○동 지하 1층 계단실 벽체	2	-
7	○○동 지하주차장 상부보	3	-
8	지하주차장 상부보	-	$0.4m \times 0.1m = 0.04m^2$
9	○○동 지하 1층 계단실 벽체	6	-
10	○○동 지하 1층 E/V홀	-	$0.5m \times 0.3m = 0.15m^2$
11	○○동 지하 1층 벽체	3	-
12	○○동 지하 1층 벽체	-	$0.5m \times 0.4m = 0.2m^2$
합계		**31**	**$0.39m^2$**

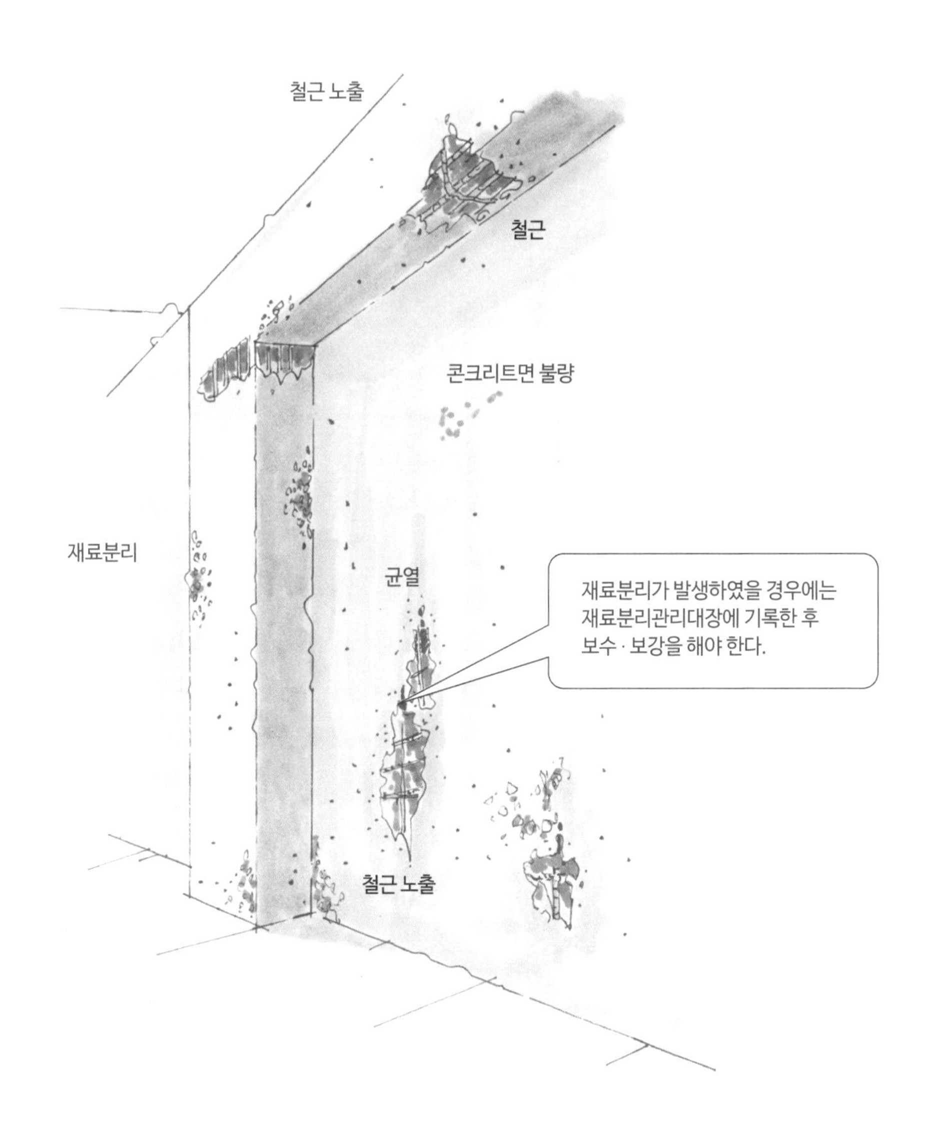

■ 지하층 합벽 백태 발생부 미처리

적용근거 국가건설기준 '일반콘크리트(KCS 14 20 10 : 2016)'(3.5.5.2 표면상태의 검사)에 따르면, 콘크리트 노출면의 상태를 외관 관찰하여 자국 등에 의한 결함이 없으며 외관이 정상인지를 검사하고, 검사 결과 불합격이 되었을 경우 책임기술자의 지시에 따르도록 되어 있다.

지적사항 지하 6층 합벽체의 거푸집 긴결재 및 합벽 지지볼트 구멍 관통부분으로 누수가 발생하여 백태가 발생했다.

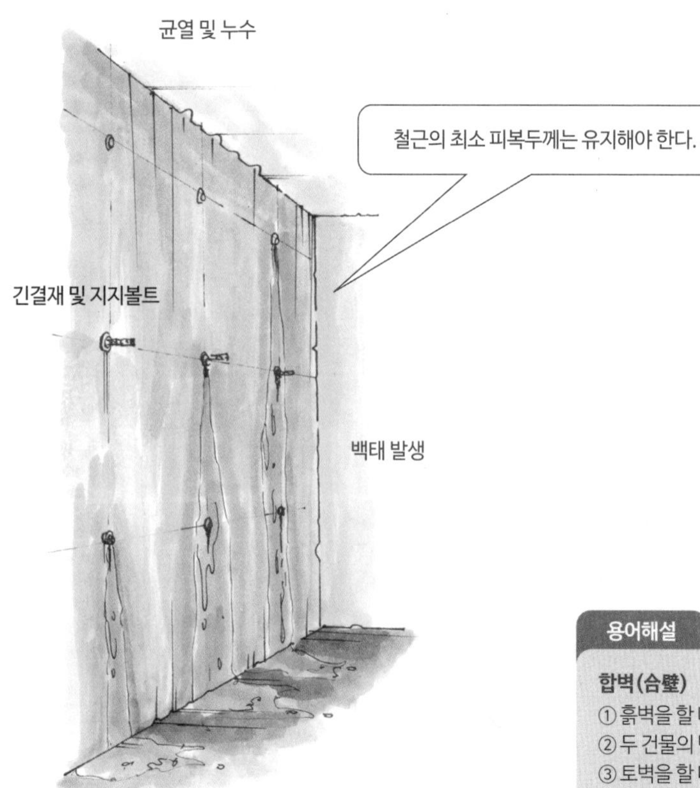

[지하 합벽]

■ 벽체 등 시공이음부 처리 미흡

적용근거 '건축공사 표준시방서'(콘크리트공사(05000), 3.5.1 일반사항)에 따르면, 시공이음이 거푸집에 접하는 선은 될 수 있는 대로 수평한 직선이 되도록 한다. 그리고 이어칠 경우에는 구 콘크리트 표면의 레이턴스, 품질이 나쁜 콘크리트, 꽉 달라붙지 않은 골재 등을 완전히 제거하도록 되어 있다.

지적사항 이어치기 구간에 단차 등이 발생했으며, 이어치기한 시공이음의 선이 경사져 있어 콘크리트 구조물의 내구성이 저하될 우려가 있다.

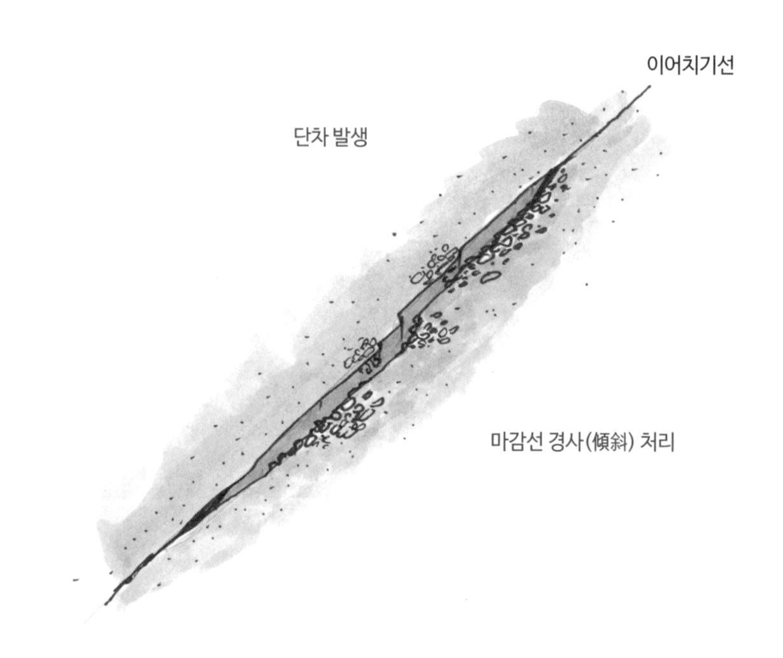

용어해설

합벽(合壁)

① 흙벽을 할 때 안쪽에서 먼저 초벽을 하고 그것이 마른 다음에 겉에서 마주 붙이는 벽(壁). → 맞벽
② 두 건물의 벽을 합치는 것
③ 토벽을 할 때 벽 안쪽에서 먼저 초벽을 하였다가 그것이 마른 후에 겉에서 마주 발라 붙인 벽(참고: 《건축용어대사전》, 기문당)

시공이음(construction joint)

① 콘크리트의 부어넣기 작업 시 한 번에 계속하지 못하는 곳(벽과 바닥판 또는 큰 바닥판의 중간 부분 등)에 두는 이음이다.
② 콘크리트 구조물은 능력이나 구조상의 이유로 전체를 당일에 치기를 완료하지 못할 경우가 많은데, 이 경우 전날에 치기를 한 곳과 후일에 치기를 다시 시작하는 곳에 생기는 줄눈을 말하며, 이곳은 강도(强度)가 약간 줄어들기 때문에 강도를 크게 필요로 하지 않는 곳을 골라서 이음을 한다. 시공이음으로 말미암아 콘크리트가 절연(絶緣)되는 일 없이 일체가 되어 작용하고, 그 위에 수밀(水密)하게 하는 것이 중요하다.
③ '시공줄눈'이라고도 한다.

■ 지상 1층 세대출입구 벽체 정착철근 이음 미실시

적용근거 당 현장 '공사설계도면'(A동 계단실 구조평면도-1)에 따르면, 외벽과 주출입구 벽체는 철근이 연속되게 시공하도록 되어 있고, 설계사로부터 철근정착을 한 후 시공하는 것으로 검토를 받은 바 있다.

지적사항 시공자는 현재 외벽과 주출입구 벽체 철근이 연결되지 않았음에도 거푸집을 조립 중에 있다.

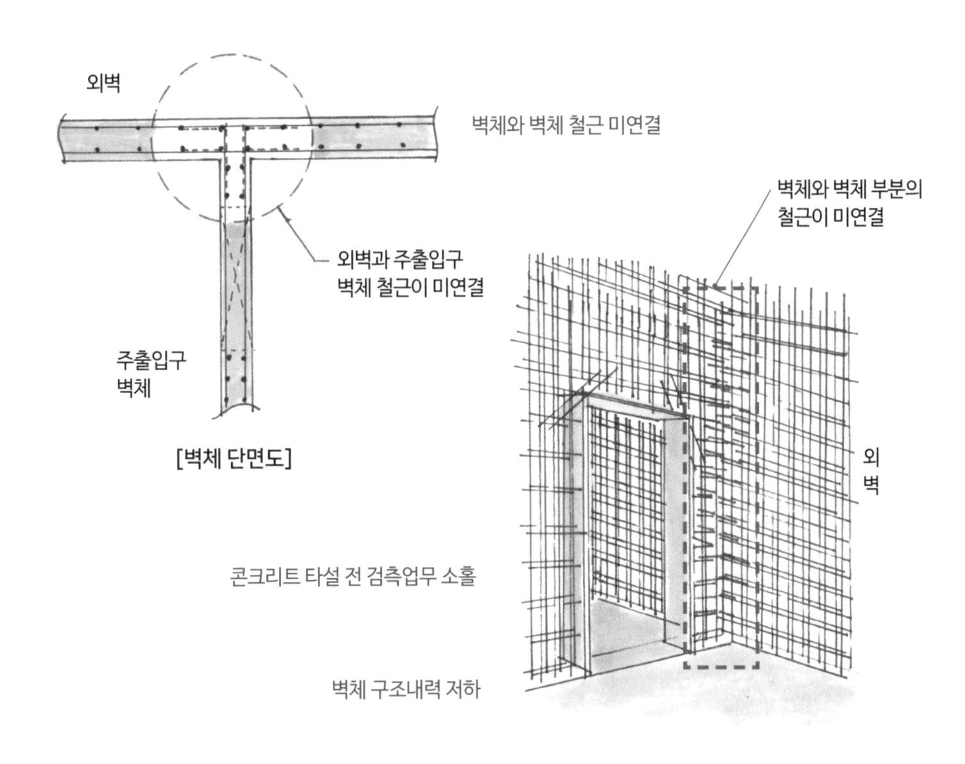

[주출입구 벽체]

■ 지하주차장 보 배부름 미처리

적용근거 국가건설기준 '거푸집 및 동바리(KCS 14 20 12)'(3.1.1 일반 거푸집)에 따르면, 거푸집 시공의 허용오차는 구조물의 허용오차가 보장되도록 해야 하며 책임기술자의 승인을 받아야 한다고 되어 있다. 또한 건축법 시행규칙의 '별표 5 건축허용오차'에 따르면 벽체두께의 허용되는 오차 범위는 3% 이내라고 되어 있다.

지적사항 상부보를 시공완료 후 거푸집을 제거한 상태에서 배부름 단차가 약 100mm가 발생했으나 감리자는 이에 대한 확인을 소홀히 했다.

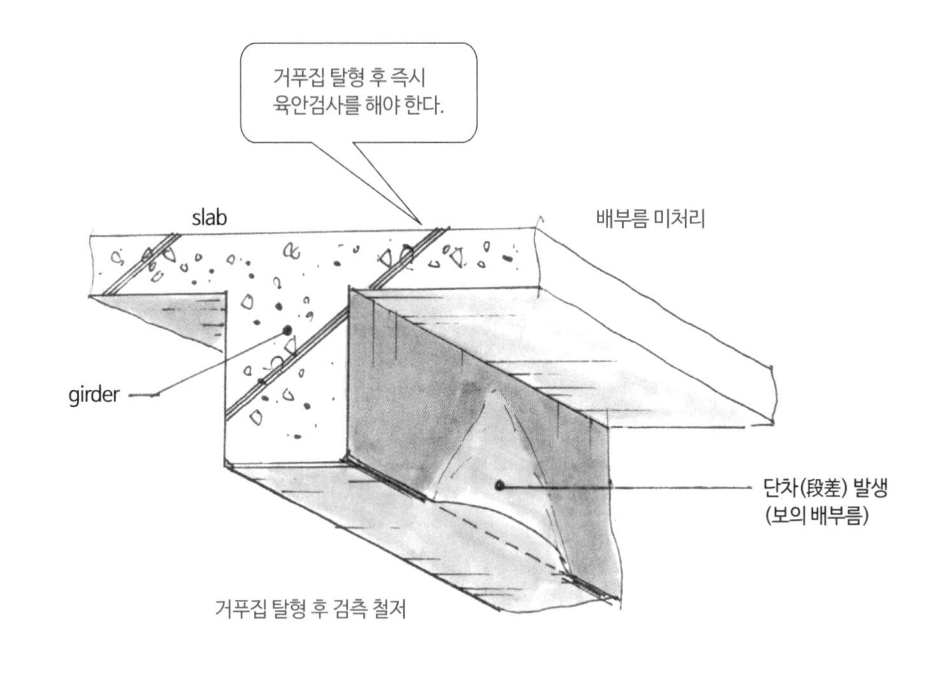

[지하주차장 큰보]

■ 방수불량으로 인한 누수

적용근거 건설기술진흥법 시행령[별표 8] <개정 2018. 12. 11.>

번호	주요 부실 내용	벌점
6	**방수불량으로 인한 누수 발생** 가) 누수가 발생하거나 방수구조물에서 방수 면적 1/2 이상의 보수가 필요한 경우 나) 방수구조물의 시공불량으로 보수가 필요한 경우	3 1 또는 2

지적사항 지하 3~2층 구간의 콘크리트 타설공사 시, 이어치기 일부 구간에 균열과 누수가 발생했다.

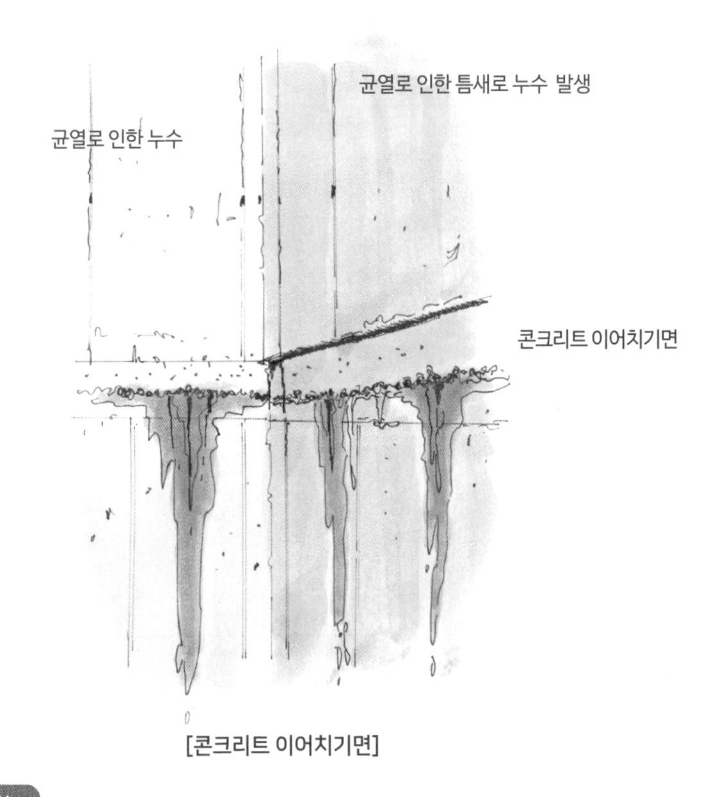

[콘크리트 이어치기면]

용어해설

이어치기(placing concrete in contact with hardened concrete)
경화한 상태에 있는 콘크리트에 접해서 새로운 콘크리트를 타설하는 것을 말한다.

■ 현장 내 배수관리 미흡

적용근거 당 현장 '토목시방서'의 '3.3.16 시공 유의사항 (3)'에 의하면, 굴착은 설계도서에서 정해진 깊이로 하고 작업 중 빗물이나 용수가 고이지 않도록 하며, 기존 구조물에 근접한 장소에서는 기존 구조물 보호를 충분히 해야 한다고 되어 있다.

지적사항 점검일 당일 근린생활시설 기초 타설면의 배수상태를 확인한 결과 근린생활시설 굴착면에 물이 고여 있으므로 구조물의 보호를 위해 배수 및 되메우기 공종의 조속한 조치가 필요하다.

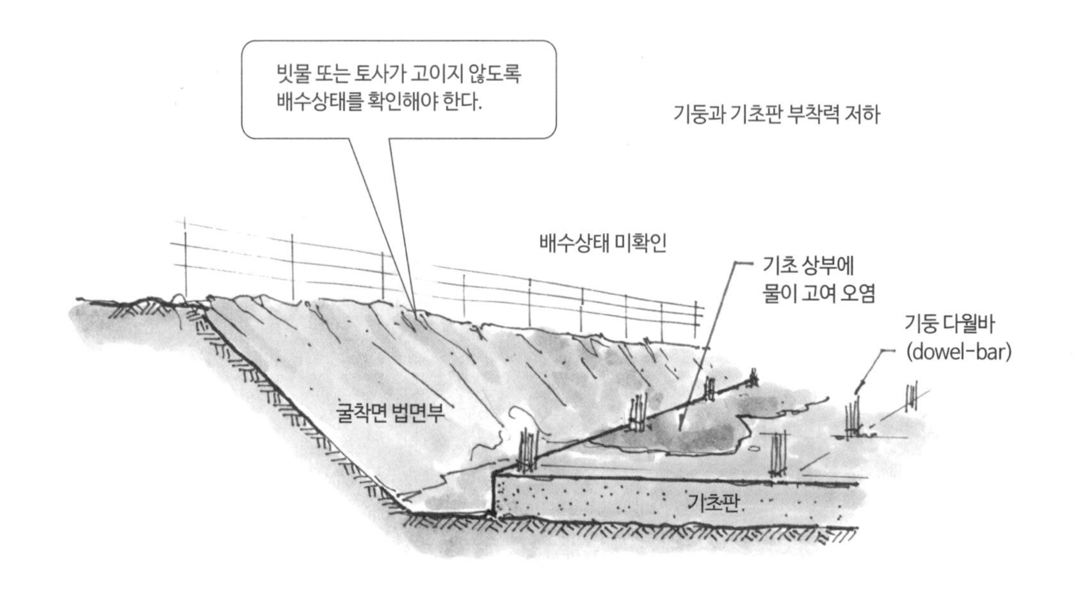

[mat 기초판]

■ 지하 2층 피트 상부보 등 재료분리 발생

적용근거 국가건설기준 '일반콘크리트(KCS 14 20 10 : 2016)'(3.5.5 콘크리트 구조물 검사)에 따르면, 콘크리트 구조물을 완성한 후 적당한 방법에 의해 표면의 상태가 양호한가, 구조물 중의 콘크리트 품질이 소요의 품질인가, 구조물의 각 부위가 충분히 그 기능을 발휘할 수 있도록 만들어져 있는가 등에 관한 검사를 실시해야 한다고 되어 있다.

지적사항 시공자는 지하 2층 피트 상부보 등 7개소에 재료분리가 발생되도록 시공했다.

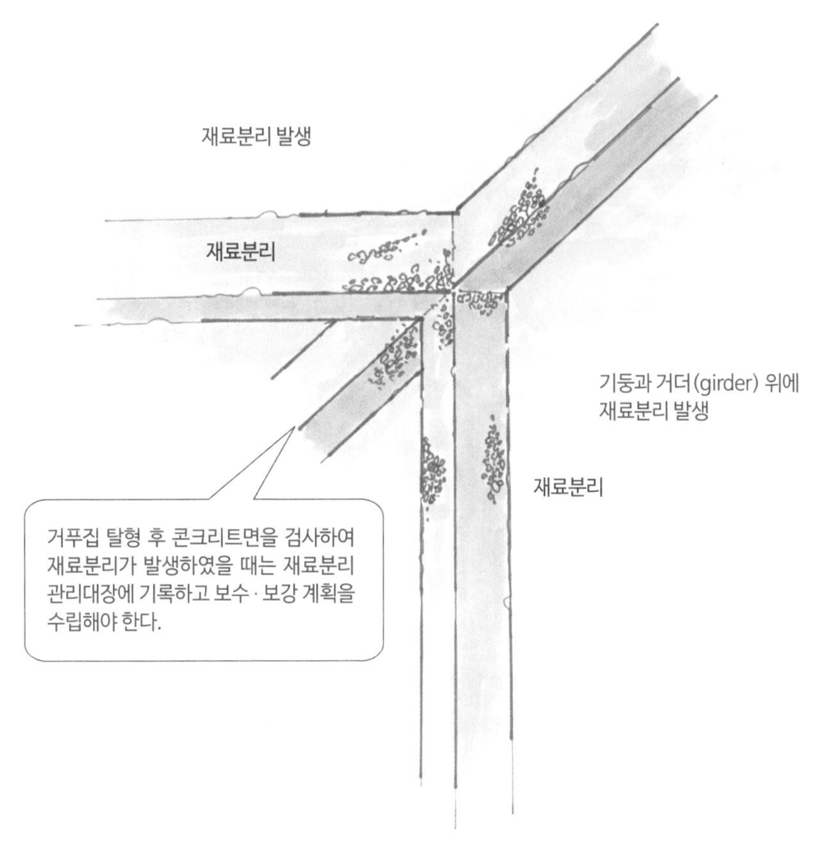

[지하 2층 피트층]

■ 총괄감리원 현장 이탈 시 근무상황부(출근부 및 외출부) 미기재

적용근거 '주택건설공사 감리업무 세부기준'의 '제5조(감리원의 근무 등) ②항 1'에 따르면, 상주감리원은 해당분야 공사기간 동안 현장에 상주해야 하며 업무 또는 부득이한 사유 등으로 인하여 1일 이상 공사현장을 이탈하는 경우에는 반드시 별지 제1호 서식의 근무상황부에 기록해야 한다. 특히, 총괄감리원의 경우는 해당 사업주체에게 보고 후 승인을 득하여야 한다고 되어 있다.

지적사항 총괄감리원은 연차휴가 12일, 병가 1일로 공사현장을 이탈하였으며, 사업주체에게 유선 및 구두로 보고했다고 하나 근무상황부에 기록하지 않고 공사현장을 이탈했다.

■ 지하주차장 벽체 등 철근 노출 및 재료분리 발생

적용근거 국가건설기준 '일반콘크리트(KCS 14 20 10 : 2016)'(3.5.5 콘크리트 구조물 검사)에 따르면, 콘크리트 구조물을 완성한 후 적당한 방법에 의해 표면의 상태가 양호한가, 구조물 중의 콘크리트 품질이 소요의 품질인가, 구조물의 각 부위가 충분히 그 기능을 발휘할 수 있도록 만들어져 있는가 등에 관한 검사를 실시해야 한다고 되어 있다.

지적사항 시공자는 주요구조부에 재료분리 및 철근 노출이 발생한 채 부실하게 시공했으며, 감리자는 철근 노출 등에 대한 보수 · 보강을 서면으로 요청한 사실이 없다.

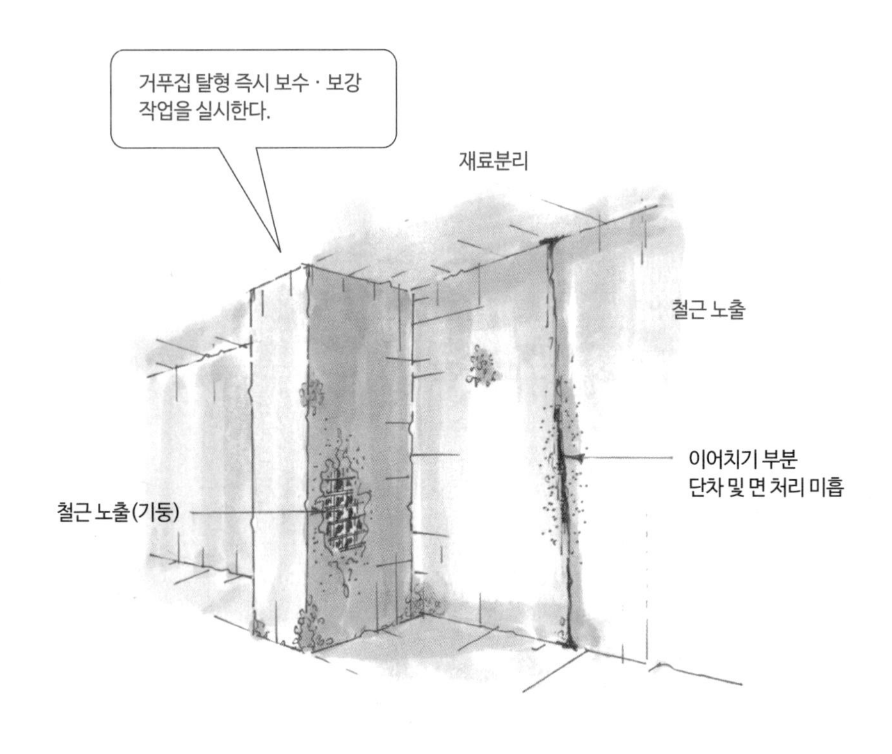

[주요구조부에 재료분리 및 철근 노출 발생]

■ 지하 3층 피트 벽체 시공

적용근거 국가건설기준 '거푸집 및 동바리공사 일반사항(KCS 14 20 12)'(3.1.1 일반 거푸집)에 따르면, 거푸집 시공의 허용오차는 구조물의 허용오차가 보장되도록 해야 하며 책임기술자의 승인을 받아야 한다고 되어 있다. 또한 건축법 시행규칙 '별표 5 건축허용오차'에 따르면, 벽체 두께의 허용오차 범위는 3% 이내라고 되어 있다.

지적사항 시공자는 지하 3층 피트 벽체(T=250mm)를 시공완료(거푸집 해체)했으나 기울어짐(높이=3.2m, 기울어짐=약 20mm)이 발생했으며, 감리자는 해당 부위 거푸집 설치상태 및 구조물 표면상태가 설계도서 및 각종 기준의 내용대로 되었는지에 관한 확인을 소홀히 했다.

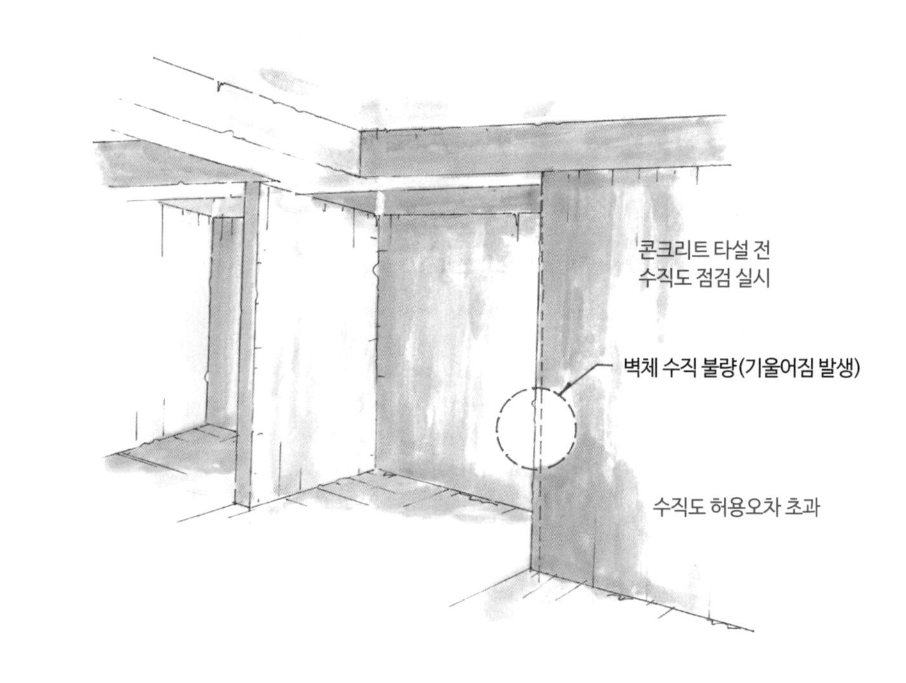

[벽체 수직도 불량]

● 주요구조부(主要構造部, main structural part) [건축법 제2조제1항제7호]

건축물의 구조상 골격(骨格) 부분으로 안전에 결정적인 역할을 담당하며 개축 또는 대수선(大修繕) 등의 건축행위를 구분하는 데 기준이 된다. 최하층 바닥과 옥외계단, 기초 등을 제외한 내력벽, 기둥, 바닥, 보, 지붕틀, 주계단을 일컫는다.

주요구조부
지붕틀
내력벽
큰보
기둥
바닥
주계단

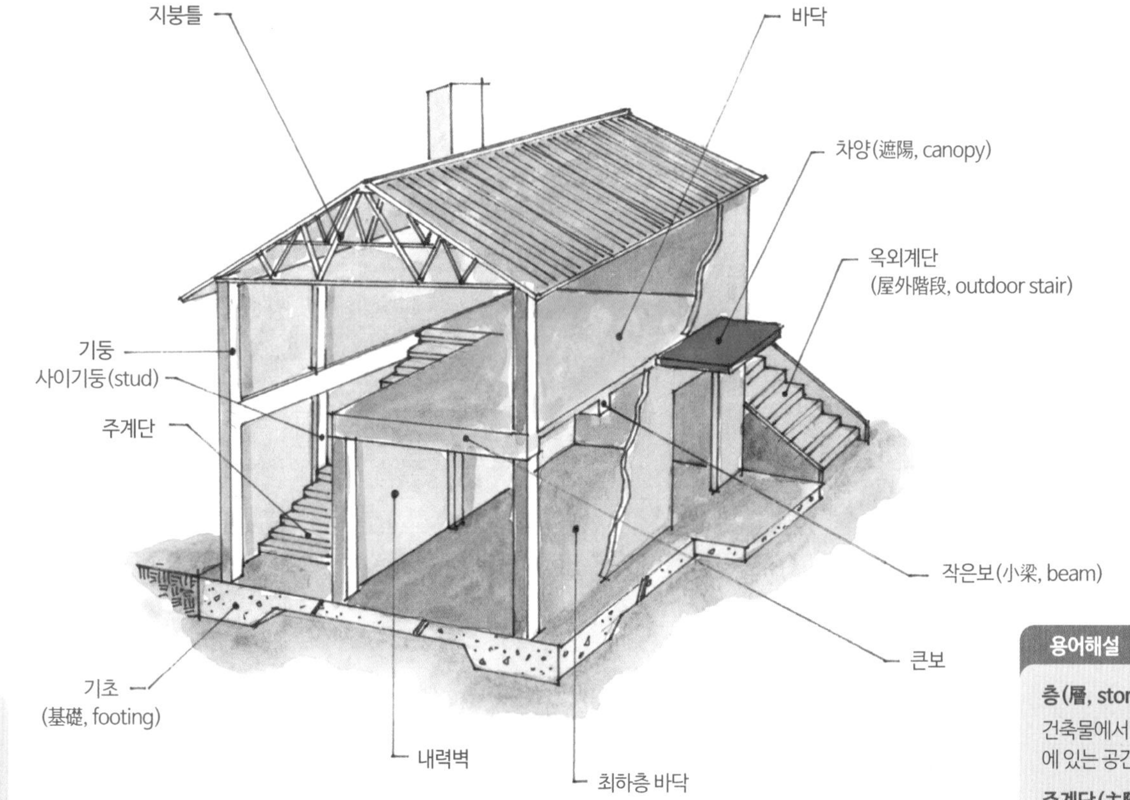

[주요구조부 도해]

용어해설

지붕틀(roof truss)
지붕을 형성하는 골조를 말하며 지붕에 가하는 외력과 하중을 지지하고 축조에 전달하는 역할

기둥(柱, column/post/pillar)
건축물의 상부 지붕하중을 기초로 전달하는 수직부재의 총칭

큰보(大梁, girder)
기둥과 기둥을 연결하는 보부재를 말하며 영어식 표현으로는 거더(girder)로 지칭

용어해설

층(層, story/floor)
건축물에서 바닥면과 위에 있는 바닥면과의 사이에 있는 공간

주계단(主階段, main stairs/main steps)
상부와 하부를 이동할 수 있는 건축물의 주요한 부위의 단이 있는 구조물

내력벽(耐力壁, bearing wall/structural wall)
쌓기공사의 일부분으로 벽체 · 바닥 · 지붕 등의 수직하중, 수평하중을 받아 기초에 전달하는 벽체

■ 가설흙막이 배면 세굴현상 발생

적용근거 국가건설기준 '가설흙막이공사(KCS 21 30 00)'(3.1 일반사항)에 따르면, 지하수 유출, 지반의 이완 및 침하 등을 수시로 점검하고 이상이 있을 경우 즉시 보강하며, 그에 따른 안정성을 추가로 검토해야 한다고 되어 있다. 시공자는 가설흙막이 '계측계획서'에 따라 주 2회 실시하고 있다.

지적사항 시공자가 설치한 가설흙막기(H-pile과 토류판, 높이 8.0m)의 지중경사계(I-5) 구간에 세굴(洗掘)이 발생하여 계측을 위해 작업자 접근과정에서 발빠짐 등 안전사고 위험이 있다.

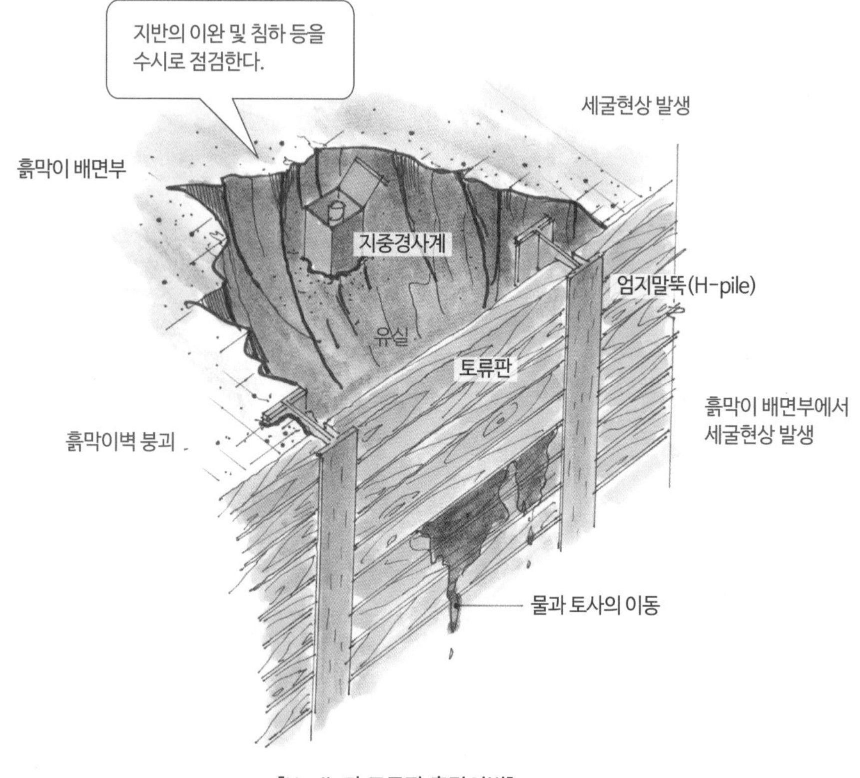

[H-pile과 토류판 흙막이벽]

용어해설

세굴(洗掘, erosion)
강 · 바다에서 흐르는 물로 기슭이나 바닥의 바위나 토사가 씻겨 파이는 일

■ 지하 2층 벽체 균열(벌어짐) 발생

적용근거 국가건설기준 '일반콘크리트(KCS 14 20 10)'(3.5.5.2 표면상태의 검사)에 따르면, 균열은 구조물의 성능, 내구성, 미관 등 그의 사용 목적을 손상시키지 않는 허용값의 범위 내에 있을 것이라고 되어 있다.

지적사항 시공자는 지하 2층 벽체 균열(벌어짐 T=5mm, L=1.5m) 및 벽체 균열(T=0.3mm, L=0.8m 2개소)이 발생되었으나 균열관리대장에 기록을 누락했다. 벽체 벌어짐 구간에 대하여 지반침하 등 정밀점검을 통한 원인 규명과 구조검토가 필요하다.

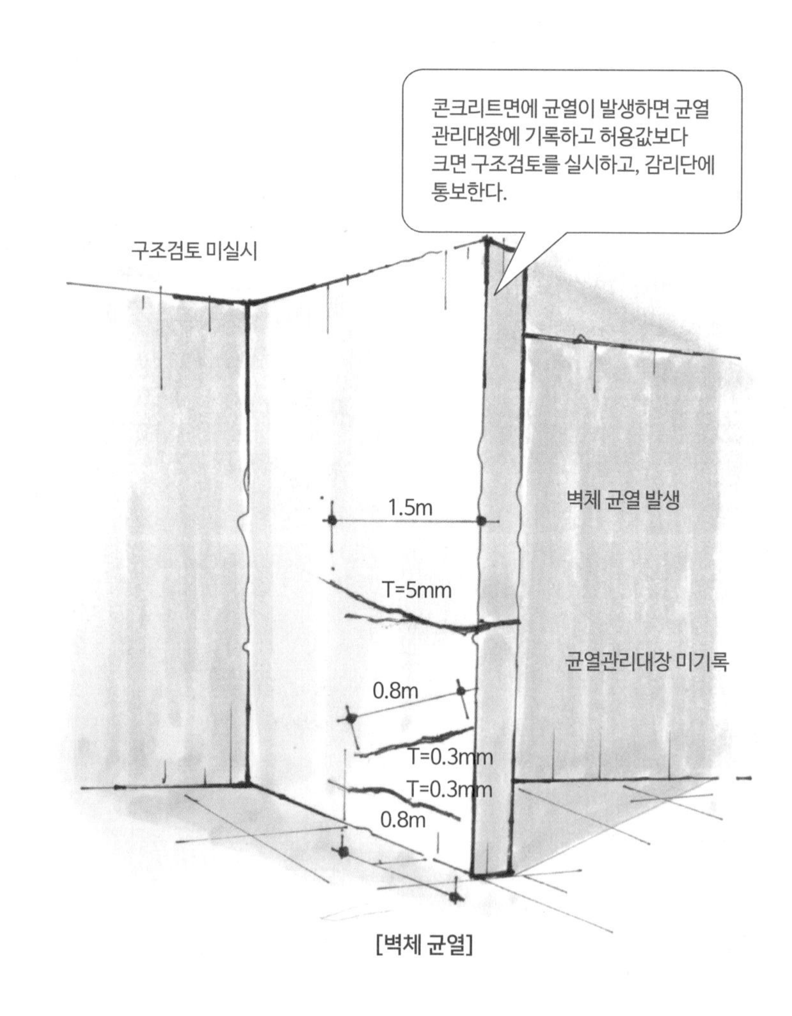

[벽체 균열]

■ 지하 3층 보 공동 발생부 미처리 발생

적용근거 국가건설기준 '일반콘크리트(KCS 14 20 10 : 2016)'(3.5.5 콘크리트 구조물 검사)에 따르면, 콘크리트 구조물을 완성한 후 적당한 방법에 의해 표면의 상태가 양호한가, 구조물 중의 콘크리트 품질이 소요의 품질인가, 구조물의 각 부위가 충분히 그 기능을 발휘할 수 있도록 만들어져 있는가 등에 관한 검사를 실시해야 한다고 되어 있다. 또한 공사설계도면 저수조 피트(pit)층 구조평면도에 따르면 슬래브와 보는 연결시공하도록 되어 있다.

지적사항 시공자는 지하 3층 우수저수조 보와 슬래브 연결부에 공동(1.4m×5cm)이 발생한 채 있으며, 감리자는 공동 발생부에 대한 보수·보강을 서면으로 요청한 사실이 없다.

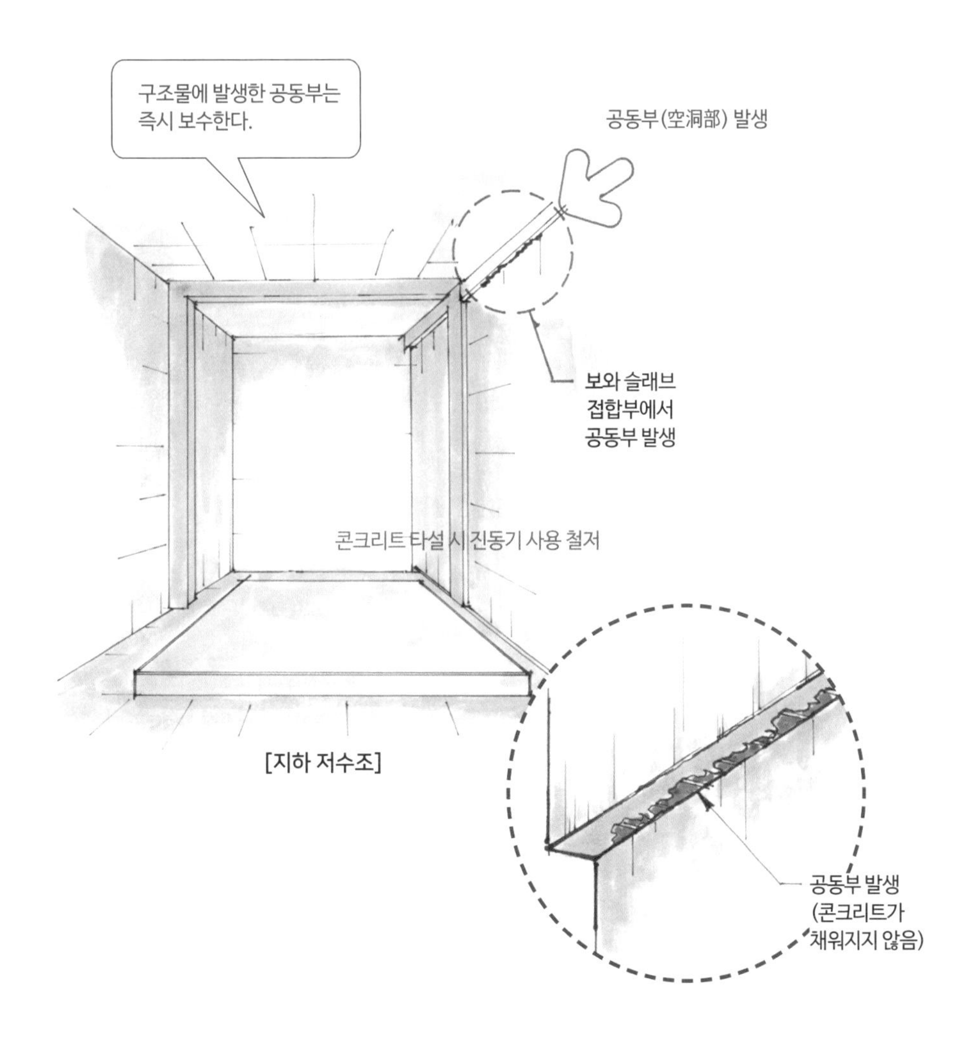

[지하 저수조]

■ 시공 단계별 건설사업관리기술자(감리자)의 검토 확인 소홀

적용근거 건설사업자, 주택건설등록업자 및 건설기술인에 대한 벌점 측정기준(건설기술진흥법 시행령 제87조제5항 관련[별표 8])

시공 단계별로 건설사업관리기술자의 검토·확인을 받지 않고 시공한 경우		
번호	주요 부실 내용	벌점
7	가) 주요구조부에 대하여 건설사업관리기술인의 검토·확인을 받지 않고 시공한 경우	3
	나) 그 밖의 구조부에 대하여 건설사업관리기술인의 검토·확인을 받지 않고 시공한 경우	2
	다) 건설사업관리기술인 지시사항의 이행을 정당한 사유 없이 지체한 경우	1

지적사항 시공자는 파일공사를 진행하면서 승인된 항타기록부 양식이 아닌 임의 작성한 PHC 파일 시공일지에 항타시공 사항을 기록했으며, 말뚝타입기록표에 시공확인 일부를 누락했고 (작업부위, 관입깊이, 낙하고, 리바운드량), 작성자 및 확인자 서명을 누락해 시공 당시 확인자의 입회 여부 확인이 불가하다.

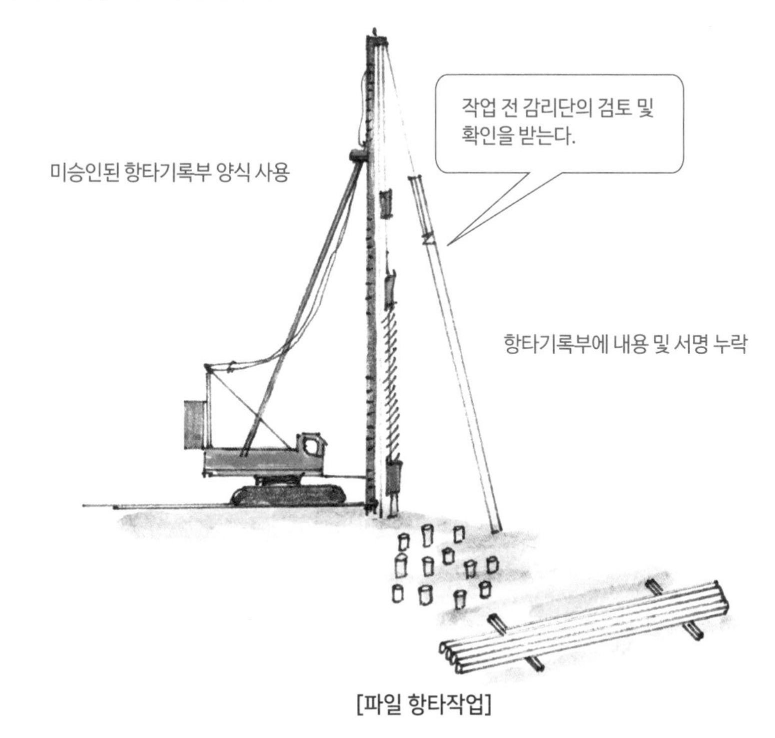

[파일 항타작업]

■ 콘크리트 균열 발생

적용근거 건설공사 벌점 측정기준 제2항 콘크리트의 균열 발생

항목	주요 부실 내용	부과 벌점
02	**콘크리트면의 균열(龜裂) 발생**	
	▶ 주요구조부에 구조물의 허용 균열폭보다 큰 균열이 발생했으나 구조검토 등 원인분석과 보수·보강을 위한 균열관리를 하지 않은 경우 또는 보수·보강(구체적인 보수·보강 계획을 수립한 경우에는 보수·보강 조치를 한 것으로 본다. 이하 이 번호에서 같다)을 하지 않은 경우	3
	▶ 그 밖의 구조부에 구조물의 허용 균열폭보다 큰 균열이 발생했으나 구조검토 등 원인분석과 보수·보강을 위한 균열관리를 하지 않은 경우 또는 보수·보강을 하지 않은 경우	2
	▶ 주요구조부에 구조물의 허용 균열폭보다 작은 균열이 발생했으나 균열의 진행 여부에 대한 관리와 보수·보강을 하지 않은 경우	1
	▶ 그 밖의 구조부에 구조물의 허용 균열폭보다 작은 균열이 발생했으나 균열의 진행 여부에 대한 관리와 보수·보강을 하지 않은 경우	0.5

지적사항

① 시공자는 지하 1, 2층에 균열이 발생하였으나 균열관리대장*에 누락하였고 보수·보강 계획을 수립하지 않았다. (균열 4개소 허용 균열폭 0.3mm 이내)

② 시공자는 A동 지하층 벽체 부위에 다수 균열이 발생했음에도 구조물에 균열 표시 및 균열관리대장에 이 사실을 일부 누락했다.

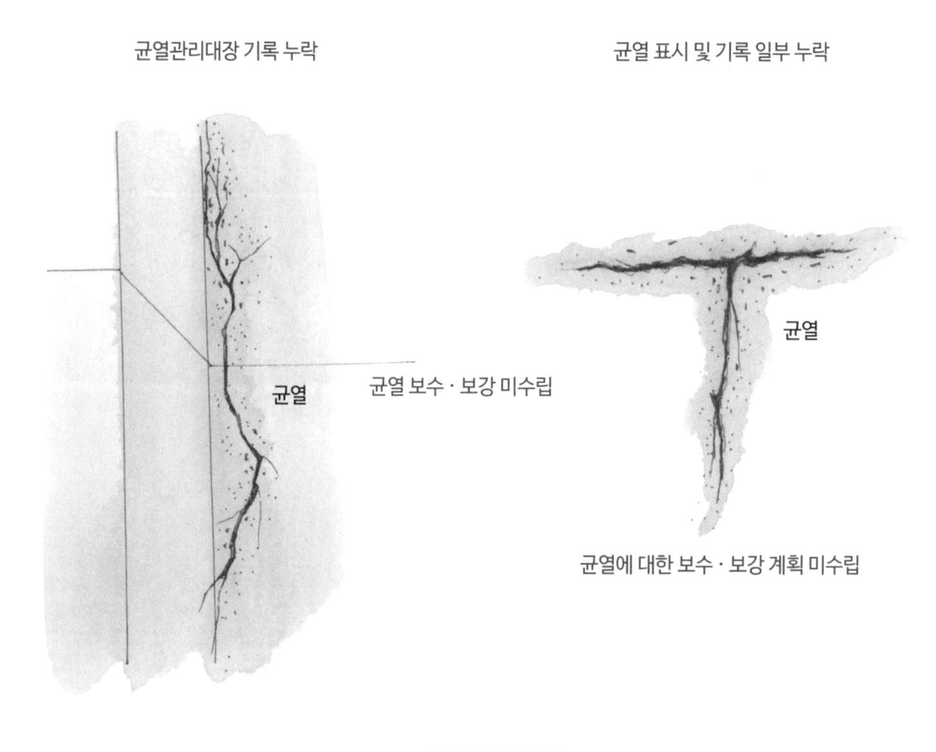

[구조물의 균열]

용어해설

***균열관리대장(龜裂管理臺帳, crack administration regulations)**

① 건물의 균열 여부를 관리하기 위한 서식을 말한다.

② 구조물명 및 규모, 위치, 원인, 최초 발견일, 관리방법, 보수현황, 단면도 및 전개도, 발생 부위, 타설일, 타설 시 온도, 1차 조사, 조사자 확인 등을 기록한다.

③ 균열관리대장은 건물의 균열을 미연에 방지하기 위하여 균열을 관리한 내역에 대한 간략한 정보를 기록하게 된다. 공사의 발주자와 공사 계약일, 착공 시작일, 도급금액, 계약일자 등을 기록하며, 이는 건설공사의 내용을 명확히 제시하여 건설공사의 전반적인 내용을 파악하기 위해 작성하게 된다.

■ 설계도서 작성 소홀

적용근거 건설기술진흥법 시행령[별표 8] <개정 2018. 12. 11.>

번호	주요 부실 내용	벌점
18	설계도서와 다른 시공 가) 주요구조부를 설계도서와 다르게 시공하여 재시공이 필요한 경우 나) 주요구조부를 설계도서와 다르게 시공하여 보수·보강(경미한 보수·보강은 제외한다. 이하 이 번호에서 같다)이 필요한 경우 다) 그 밖의 구조부를 설계도서와 다르게 시공하여 보수·보강이 필요한 경우	 3 2 1

지적사항 시공자는 지하 1층 및 지하 2층 CIP(Cast In Place) 엄지말뚝과 띠장(wale) 받침철물 간 접합부에 대하여 별도 시공상세도 및 구조계산서를 미작성한 상태로 시공했다. (용접방법 및 길이 미기재)

[CIP 공법]

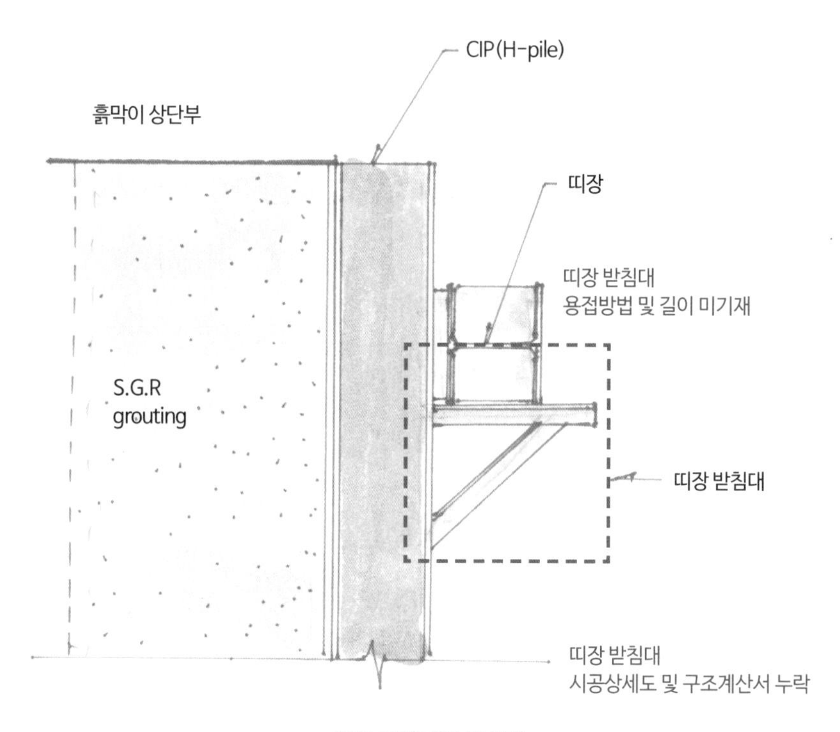

[CIP 공법 단면상세도]

용어해설

CIP 공법(현장치기 콘크리트 말뚝, -現場, Cast-In-Place concrete pile method)

미리 제작되어 있는 콘크리트 말뚝을 박는 대신 굴착기계로 정해진 깊이까지 구멍을 파서, 그 속에 철근을 삽입하고 콘크리트를 타입하여 만든 말뚝으로 말뚝박기공법에 비해 소음이나 진동이 적고 대구경 말뚝의 시공이 가능하다. 굴착공법에 따라 베노토(benoto), 리버스 서큘레이션, 어스 드릴, 심초(深礎) 등이 있으며, 프리팩트 콘크리트를 사용하는 CIP, MIP, PIP 말뚝 등이 있다.

● CIP 공법(Cast-In-Place concrete pile method)

보링기(boring machine) 또는 어스오거(earth auger)로 지반을 천공한 후에 H-pile을 일정한 간격으로 시공하고, 그 사이는 천공 후 조립된 철근망을 건입한 뒤 콘크리트를 타설하여 현장 타설 콘크리트 말뚝을 만들어 반복적으로 시공해 토류벽체를 형성하는 공법이다. C.I.P 두부(頭部)를 일체화하기 위하여 cap beam을 설치한다.

■ 공법 개요

- 지반을 어스오거로 굴착하고 철근망을 삽입한 뒤 자갈 등의 골재를 충전시킨 후 모르타르를 주입하여 흙막이 벽체를 형성하는 공법이다.
- 지하수위가 높은 연약지반이나 전석층(塼石層)에서는 시공성이 저하되며 공벽의 안정성 확보가 곤란한데, 이때 케이싱(casing) 등을 병용하여 해결 가능하다.
- 벽체 말뚝 간 연결 불량으로 차수성(遮水性) 저하, 토사유실 시 차수 그라우팅(grouting) 공법을 병용한다.
- 벽체 강성(剛性)은 우수하나 시공 정밀도 확보가 어려워 보강 대책이 필요하다.
- CIP 단면 직경은 400mm 또는 450mm 규격을 사용한다.
- 공벽이 무너질 경우 케이싱 또는 안정액을 주입한다.
- 지하수가 없는 경질지반에 적합하다.

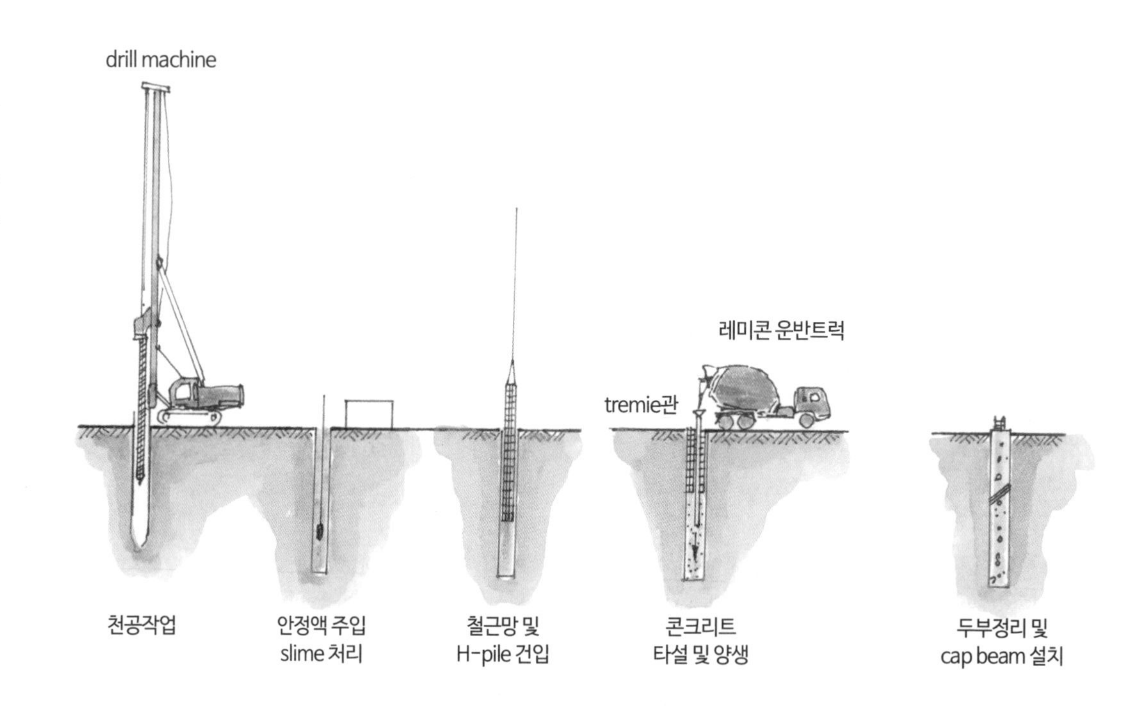

■ 시공순서

slime 배출: screw rod, air lifting pump

guide wall 설치 | tremie pipe 설치 | cap beam 설치

시공순서: 지하매설물 확인 → 지반 굴착 → 철근망 또는 강재 건입 → 골재 충전, 모르타르 압입 → 콘크리트 타설 주열벽 형성

철근망(cage) 제작 단위길이 8m

철근 slime 배출: screw rod, air lifting pump

용어해설

전석(塼石)
암반에서 떨어져 구르거나 흐르는 물에 밀려 나가 흙에 묻혀 있는 둥그스름한 돌을 말한다.

■ 공법의 장점

• 자갈 및 암반지반을 제외한 대부분의 지반에 적용 가능하다.
• 장비가 소형(T4, auger, tricone bit 등)이므로 협소한 장소에서도 작업이 가능하다.
• 흙막이 벽체의 강성이 커서 배면토의 수평변위를 억제할 수 있으므로 인접 구조물에 대한 영향이 적다.
• H-pile, SCW 공법에 비해 벽체 강성이 크며, 불규칙한 평면 형상에도 적용 가능하다.
• 비교적 저소음, 저진동 공법이다.
• CIP와 주변 지반의 마찰력이 크게 되어 지지력이 증가한다.

■ 공법의 단점

• 기둥과 기둥 사이 이음부의 보강 및 지하수가 있는 경우에는 별도의 차수공(SCW, LW 등) 시설이 요구된다(중첩시공 불가).
• 굴착공 저부에 슬라임(slime) 발생 우려가 있다.
• 암반천공에 불리하다.
• H-pile과 토류판 공법에 비해 가격이 비싸다.

■ 설계순서

• 현황조사 및 지질조사

토질정수 산정(실험, 경험식 사용) → 공법 선정 → 공법 설계

• 지층에 따른 토압 산정(경험식)
• 벽체의 부재력 산정
• 축력 계산(strut 등 지보재)
• CIP 철근량 계산
• 중앙 말뚝의 지지력 및 좌굴 계산
• 지지구조체 해체 시 검토

■ CIP 공법의 시공방법

• **지반 천공:** 로터리 보링기나 오거 보링기를 사용하여 지반을 천공한다. 3-Way Bit를 사용하면 시공 속도가 대폭 개선된다.
• **공벽 보호:** 안정액을 사용하여 공벽을 보호하고 연약한 지반인 경우 표층에 케이싱을 사용한다.
• **콘크리트 타설:** 천공구 내의 슬라임을 제거하고 철근망을 삽입한다. 철근망의 수직도를 유지하며, 트레미 파이프(tremie pipe)를 설치한 후 콘크리트를 타설한다. 레미콘을 연속적으로 부어 넣으면서 트레미 파이프를 인발한다.
• **H-pile 설치:** 콘크리트를 타설한 직후 H-pile을 설치한다. 설치 간격과 근입 깊이를 준수하고 외벽 선과 일정한 간격을 유지하여 합벽 두께를 확보한다.
• **차수 보조 그라우팅:** 누수가 예상되는 경우 pre-grouting을 시행하고, 누수 부위가 발생한 경우 post-grouting을 실시한다. 그라우팅 재료로는 시멘트, 벤토나이트, 물유리(LW) 등을 사용한다.

● 반드시 작성해야 하는 건설공사 시공상세도 [출처: http://why-not-now.tistory.com/]

건설기술진흥법에 따라 시공자는 목적물의 품질확보 또는 안전시공을 할 수 있도록 현장 실정에 맞는 시공상세도를 작성토록 하여 부실 설계 · 시공방지 및 공사 품질향상을 위한 시공상세도를 작성하여야 한다. 작성목록에 제시되지 않은 도면이더라도 현장 여건에 따라 필요한 경우, 시공자는 발주청 등과 협의하도록 되어 있다.

■ 시공상세도의 정의

- 시공상세도(shop drawing)란 현장에 종사하는 시공자가 목적물의 품질확보 또는 안전시공을 할 수 있도록 건설공사의 진행단계별로 요구되는 시공방법과 순서, 목적물을 시공하기 위하여 임시로 필요한 조립용 자재와 그 상세 등을 설계도면에 근거하여 작성하는 도면이다.
- 감리원의 검토 · 승인이 요구되며 가시설물의 설치, 변경에 따른 제반도면을 포함한다.

■ 시공상세도 작성지침 및 관련 법규

건설사업자와 주택건설등록업자는 건설공사의 품질향상과 정확한 시공 및 안전을 위하여 시공상세도를 작성하여 발주자가 선정한 건설사업관리를 수행하는 건설기술인 또는 공사감독자의 검토 · 확인을 받은 후 단계별로 시공하여야 한다.

- 건설기술진흥법 제48조(설계도서의 작성 등) 제4항 제2호
- 건설기술진흥법 시행규칙 제42조(시공상세도 도면의 작성 등)
- 건설공사 사업관리방식 검토기준 및 업무수행 지침 제135조(시공상세도 승인)
- 건축공사 감리세부기준 제2장 공사감리업무 2.4.5 상세시공도면의 작성 요청 및 검토 · 확인
- 국토교통부 2010. 6. '건설공사 시공상세도 작성 지침'

■ 시공상세도 작성 주체 및 작성 범위

- 시공상세도는 원칙적으로 시공현장 책임자인 현장대리인이 작성 · 보급한다.
- 시공상세도는 원칙적으로 해당 사업 전 공종을 대상으로 작성한다.
  단, 감리원의 협의가 필요가 없다고 판단되는 보통, 단순 공종에 대해서는 구체적인 사유 및 근거를 제시하는 경우 시공상세도 작성 생략 또는 해당 공종의 표준도로 대체 가능하다.

■ 시공상세도 작성 책임사항

구분	시공상세도 작성 책임사항
발주청	발주청은 사업목표를 정하고 설계 및 계약변경에 대한 최종책임을 지며, 건설기술진흥법에 의거 시공자가 건설공사의 시공상세도 및 기타 관계서류의 내용과 적합하지 않게 해당 건설공사를 시공하는 경우에는 재시공 또는 공사중지 명령이나 그 밖에 필요한 조치를 취할 수 있다.
감리원	• 감리원은 시공자가 계약 서류의 내용을 올바르게 해석하고 재료의 요구조건을 적정 수용하여 제출한 시공상세도를 검토할 책임이 있다. • 감리원은 승인(approved), 권고사항 이행을 전제로 조건부 승인(approved as note), 권고사항과 함께 불허(NOT approved as note) 중 하나를 지시하는 감리원의 서명과 함께 승인서류를 제출하여야 한다. • 권고사항과 함께 불허(NOT approved as note)는 감리자의 사전 승인 없이 도면이 계약 요구조건들로부터 현격히 벗어났거나, 다수의 오류, 판독의 곤란으로 시공상세도의 보완 또는 재작성이 필요한 경우에 적용한다. • 조건부로 승인(approved as note)된 도면들은 권고사항을 수정하여 감리원의 확인을 득한 후에 공사를 수행하여야 한다. • 감리원은 시공자가 시공상세도를 작성하였는지 검토 · 확인하여야 하며, 특히 주요 구조물(관련 가시설물 포함)의 구조적 안전에 관한 사항은 반드시 비상주 감리원이 검토 · 확인하여야 한다.
시공자	• 시공자는 계약서류와 일치하는 적합한 상세, 치수, 재료 요구조건 및 구조물 부재의 제작 및 가설에 필요한 기타 요구조건들을 정확히 보여주는 시공상세도를 작성, 제공할 책임이 있다. • 계약서류상의 오류, 모순이 발견될 경우, 이를 즉시 감리원에게 통보하여 후속조치를 취하도록 해야 한다. • 발주청 또는 책임감리원이 승인하였다고 해서 목적물의 하자에 대하여 시공자의 책임이 면제되는 것은 아니다.

■ 시공상세도 작성 기본 원칙

- 시공상세도 작성은 실시설계도면을 기준으로 각 공종별, 형식별 세부사항들이 표현되도록 현장 여건을 반영하여 상세하게 작성하여야 한다.
- 각종 구조물의 시공상세도는 현장 여건과 공종별 시공계획을 최대한 반영하여 시공 시 문제점이 발생하지 않도록 작성하여야 한다.
- 시공상세도 작성 시 주철근의 경우 안정성에 문제가 발생할 소지가 있으므로 철근의 길이나 겹이음의 위치 등 철근상세에 관한 변경이 필요할 경우 반드시 전문기술사의 검토 · 확인을 거쳐 책임감리원의 승인을 받아야 한다.
- 가시설공사의 시공상세도 및 상세도의 승인 요청 시에는 구조계산서가 첨부되어야 하며, 관련 기술사의 서명 날인이 포함되어야 한다.
- 시공계획서와 중복되는 부분은 감리원과 협의하여 시공상세도 작성을 아니할 수도 있다.

■ 시공상세도의 요구조건

■ **정확성(accuracy)**
현장제작 및 설치 시공 시 기준이 되는 도면으로 정확한 치수는 정밀시공을 위한 가장 중요한 요소이다.

■ **평이성(legibility)**
건설 및 구조적인 지식이 없는 일반 기능공도 쉽게 이해할 수 있어야 한다.

■ **명확성(clarity)**
반드시 표현해야 할 내용은 간단 · 명료하면서도 완전하게 표현되어야 한다.

■ **정돈선(neatness)**
부재의 평면, 단면, 상세 등의 배치나 순서는 공사의 순서를 고려하여 부재별로 합리적으로 배치하여야 한다.

■ 시공상세도 제출 및 승인 절차

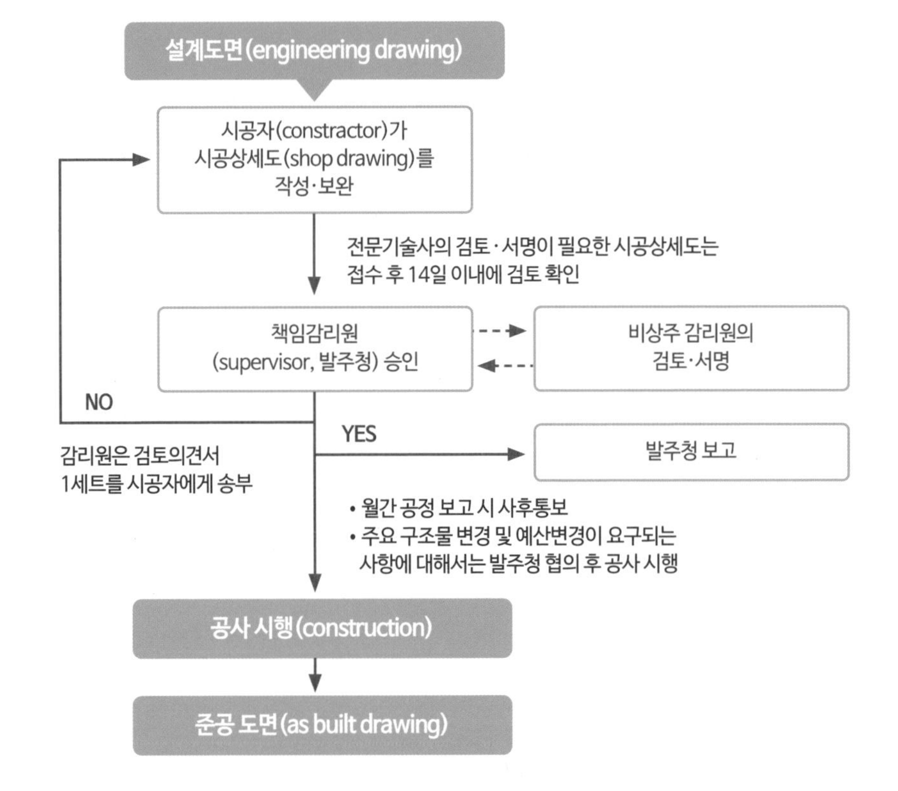

시공상세도 검토사항

• 감리원은 시공자로부터 시공상세도를 사전에 제출받아 다음 각호의 사항을 고려하여 시공상세도를 검토 · 확인하고, 시공자가 제출한 시공상세도의 내용이 주요 구조물인 경우에는 시공상세도를 검토할 때 필요한 경우 발주청과 협의하여 당초 설계자를 참여시킬 수 있다.
- 설계도면 및 시방서 또는 관계규정에 일치하는지 여부
- 현장기술자, 기능공이 명확하게 이해할 수 있는지 여부
- 실제 시공이 가능한지 여부
- 안전성 확보 여부
- 계산의 정확성
- 제도의 품질 및 선명성, 도면작성 표준과 일치하는지 여부
- 도면으로 표시가 곤란한 내용은 시공 시 유의사항으로 작성되었는지 등을 검토

• 감리원은 시공상세도가 설계도면과 시방서 등에 개략적으로 표시된 부분을 명확히 하여 시공상의 착오방지 및 공사안전을 확보하기 위한 수단으로 본 지침에 준하여 작성되었는지 검토 · 확인하여야 하며, 특히 주요구조부(관련 가시설 포함)의 구조적 안전에 관한 사항은 비상주감리원이 검토 · 확인하여야 한다.

• 구조계산 및 수리계산을 요하는 부분 및 안전상 중요한 부분 등은 전문기술사의 검토가 필요하며, 전문기술사의 검토 필요 여부는 책임감리원의 의사 결정에 따르도록 한다.

■ 가설흙막이 띠장의 용접상태 불량

적용근거 본 공사 '가설흙막이공사 시공계획서'에는 띠장(wale)의 접합부에 필렛용접(fillet weld) 처리를 해야 한다고 되어 있다.

지적사항 시공자는 가설흙막이 시공상세도에 용접표기를 누락했으며, 필렛용접을 양쪽으로 해야 하는데 한쪽만 미흡하게 시공했다. 또한 띠장 접합부의 당초 용접표시 기호는 양면 필렛(모살)용접이었으나, 실제 용접은 1면 모살용접 처리가 되었다.

가시설물 설계기준 KDS 21 30 00 : 2020 가설흙막이 설계기준 <2020. 8. 18.>

3.3.5 띠장(wale)의 설계

(1) 띠장은 흙막이벽에서의 하중을 받아 이것을 버팀대 등에 평균하여 전달시키기 때문에 하중을 전달할 수 있는 강성을 갖는 것이어야 한다.

(2) 띠장은 버팀대 또는 앵커의 반력으로 인한 휨모멘트 및 전단력에 대하여 안전하여야 하고, 앵커의 수직분력을 고려하여 띠장 지지대를 검토하여야 한다. 경사버팀대가 있는 띠장의 경우 경사버팀대로 인한 축방향력 및 축직각방향력을 고려하여 띠장 안정성을 검토하여야 한다.

(3) 휨모멘트 및 전단력은 버팀대 또는 앵커 위치를 지점으로 하는 단순보로 계산하되 양호한 이음구조일 때는 연속보로 계산하여도 좋다.

(4) H형강을 띠장으로 사용할 때는 버팀대 또는 앵커와 띠장의 접합부에 압축력이 크게 작용하므로 플랜지가 변형되지 않도록 보강재(stiffener)를 반드시 2개소 이상 설치하여야 한다.

(5) H형강을 띠장으로 사용할 때 전단 단면적은 웨브만의 단면적을 사용하여야 하며, 보강재(stiffener)를 충분히 보강하였을 경우에는 플랜지 단면적을 전단 단면적으로 볼 수 있다.

설계도면 및 관련 기준과 다른 시공

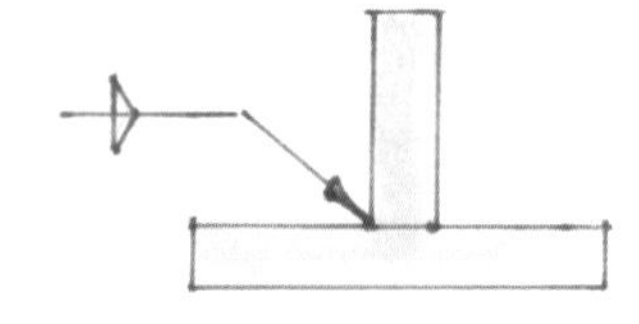

당초 양면 모살용접을 일면 용접 처리

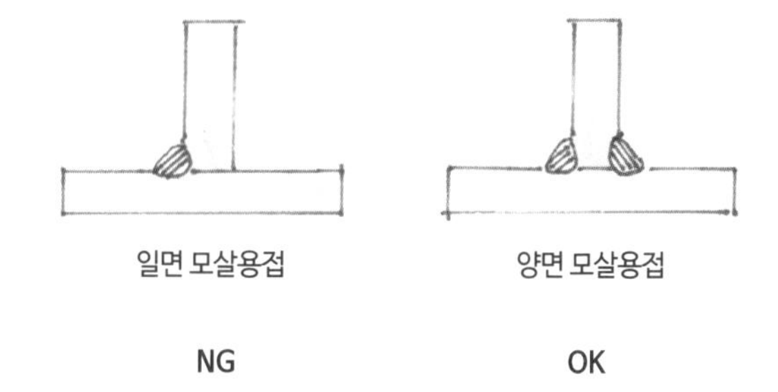

일면 모살용접 양면 모살용접

NG OK

[원도면]

용어해설

띠장(wale)

흙막이벽에 작용하는 토압에 의한 휨모멘트와 전단력에 저항하도록 설치하는 부재이다. 흙막이벽에 가해지는 토압을 버팀대 등에 전달하기 위하여 흙막이벽에 수평으로 설치한다.

● 필렛용접(fillet welding)

'모살용접*'이라고도' 한다. 가장 많이 쓰이는 용접으로 형강 또는 강판 등의 겹침이음, T자 이음, 모서리 이음 등에 쓰인다. 모재**에 홈파기 등의 사전 가공을 하지 않고, 모재와 모재의 교선을 따라서 삼각형 모양으로 용접한다. 개선각이 없는 두 개의 모재를 T자 또는 L자형으로 용접하는 것이며, 두 가지 이상의 재료를 접합할 때 재료가 겹친 부분의 금속을 녹여 붙이는 방식의 용접이다.

Symbol	Meaning	해설
fillet weld. arrow side		기준선이 붙은 삼각형이 아래로: 지시선이 가리키는 면
fillet weld. other side		기준선에 붙은 삼각형 위로: 지시선이 가리키는 면의 뒷면
fillet weld. both side		기준선에 붙은 삼각형이 위 · 아래 모두 표시: 지시전이 가리키는 면과 그 뒷면

[용접작업]

용어해설

*** 모살용접(필렛용접, fillet welding)**

① 기준용어. 용접되는 부재의 교차되는 면 사이에 일반적으로 삼각형의 단면이 만들어지는 용접 방식이다.
② 직교 또는 서로 다른 경사지는 부재의 교선을 따라서 용접하는 방법을 말한다.
③ 가장 많이 쓰이는 용접으로 형강 또는 강판 등의 겹침이음, T자 이음, 모서리 이음 등에 쓰인다. 모재에 홈파기 등의 사전 가공을 하지 않고, 모재와 모재의 교선을 따라서 삼각형 모양으로 용접한다.

**** 모재(母材, base metal)**

용접 또는 가스 절단의 소재가 되는 금속으로서, 용접 조건의 선정이나 용접의 난이(難易)는 모재(母材)의 성질에 따라 결정되는 경우가 많으므로 모재에 적합한 용접법을 사용하는 것이 비람직하다.

● 바탕정리에 달린 방수공사의 성패

■ 방수공사 바탕정리의 정의

바탕재와 방수재와의 접착력을 강화시키고 내구성을 확보하기 위해 방수층 시공 전에 바탕재 표면의 들뜸부분, 요철부분 등을 평탄하게 하고, 먼지, 돌가루, 유분(거푸집 박리제 등) 등과 같은 바탕재와의 부착을 저해하는 불순물을 제거하는 작업을 말한다.

[방수작업]

■ 방수공사에서 사용하는 기호 정리

1. 최초의 문자는 방수층의 종류에 따라 달라진다.

A: 아스팔트방수층(asphalt)
M: 개량아스팔트방수층(modified asphalt)
S: 합성고분자계 시트방수층(sheet)
L: 도막방수층(liquid)

2. '-로' 이어진 중간 문자는 다음을 뜻한다.

① 아스팔트방수층
Pr: 보행 등에 견딜 수 있는 보호층이 필요한 방수층(protected)
Mi: 최상층에 모래 붙은 루핑을 사용한 방수층(mineral surfaced)
Al: 바탕이 ALC 패널용 방수층
Th: 방수층 사이에 단열재를 삽입한 방수층(thermally insulated)
In: 실내용 방수층(indoor)

② 개량아스팔트계 시트방수층에는 아스팔트방수층에 준함
Pr: 보행 등에 견딜 수 있는 보호층이 필요한 방수층(protected)
Mi: 최상층에 모래 붙은 루핑을 사용한 방수층(mineral surfaced)

③ 합성고분자계 시트방수층에서는 사용재료의 계통을 나타냄
Ru: 합성고무계의 방수층(rubber)
Pl: 합성수지계의 방수층(plastic)

④ 도막 방수층에서 사용 재료명
Ur: 우레탄 고무계 방수층(urethane rubber)
Ac: 아크릴고무계 방수층(acrylic rubber)
Gu: 고무아스팔트계 방수층(gum)

3. 각 공법에서 최후의 문자는 각 방수층에 대하여 공통으로 바탕과의 고정상태, 단열재의 유무 및 적용 부위를 나타낸다.

F: 바탕에 전면 밀착시키는 공법(fully bonded)
S: 바탕에 부분적으로 밀착시키는 공법(spot bonded)
T: 바탕과의 사이에 단열재를 삽입한 방수층(thermally insulated)
M: 바탕과 기계적으로 고정시키는 방수층(mechanically fastened)
U: 지하에 적용하는 방수층(underground)
W: 외벽에 적용하는 방수층(wall)

■ 공정누락에 따른 보완 시공 누수

적용근거 국가건설기준 'KCS 41 40 01 : 2021, 방수공사 일반(개정 2021. 8. 13.)'(3.1.3 보호 및 마감과 부위 및 용도)에 따르면, 지붕 슬래브, 실내의 바닥 등에서 현장타설 철근콘크리트, 콘크리트 평판류, 아스팔트 콘크리트, 자갈 등으로 방수층을 보호할 경우, 바탕의 물매는 1/100~1/50로 하고, 방수층 마감을 보호도료(top coat) 도포로 하거나 또는 마감하지 않을 경우에는 바탕의 물매를 1/50~1/20로 한다고 되어 있으며, 방수 바탕은 물이 고이지 않고 빨리 배수될 수 있도록 한다고 되어 있다.

지적사항 시공자가 지하구조물에 대한 방수를 고려하지 않아 지하구조물 여러 곳에 누수가 발생하여 별도의 대책이 필요하며 그에 따른 설계변경이 발생하게 된다.

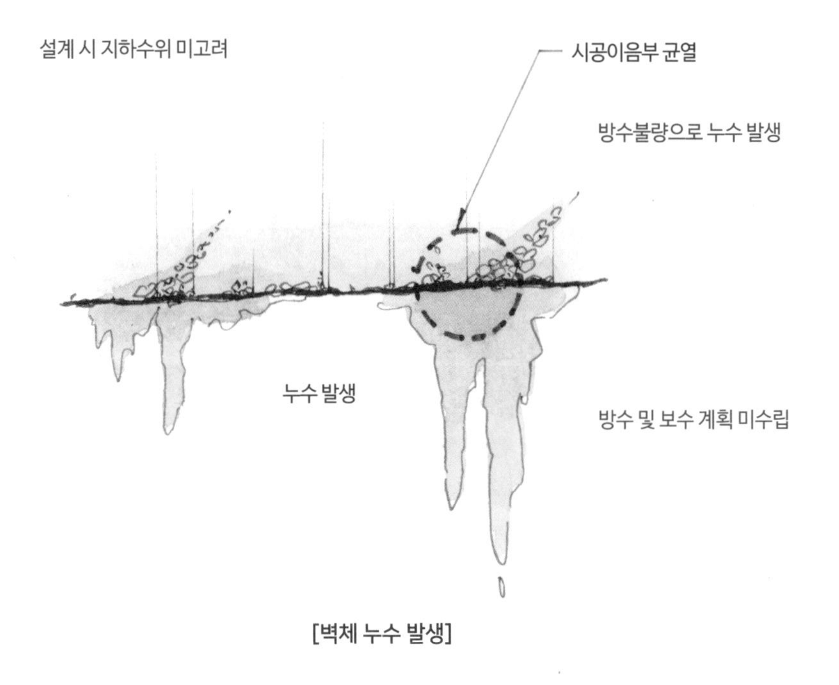

[벽체 누수 발생]

■ 철저한 조적벽체 사춤 필요

적용근거 국가건설기준 '벽돌공사(KCS 41 34 02 : 2021)'(3.4.2 쌓기의 일반사항)에 따르면, 벽돌벽이 콘크리트 기둥(벽)과 슬래브 하부면과 만날 때는 그 사이에 모르타르를 충전하고, 필요 시 우레탄폼 등을 이용한다고 되어 있다.

지적사항 시공자는 A동 지하 1층 EPS 출입문 상부의 조적벽체가 인접 콘크리트 벽체와 틈이 발생되어 있어 조적벽체의 변형, 소음유출 등이 우려되므로 틈이 발생된 조적벽체는 미장작업 전 밀실하게 사춤할 필요가 있다.

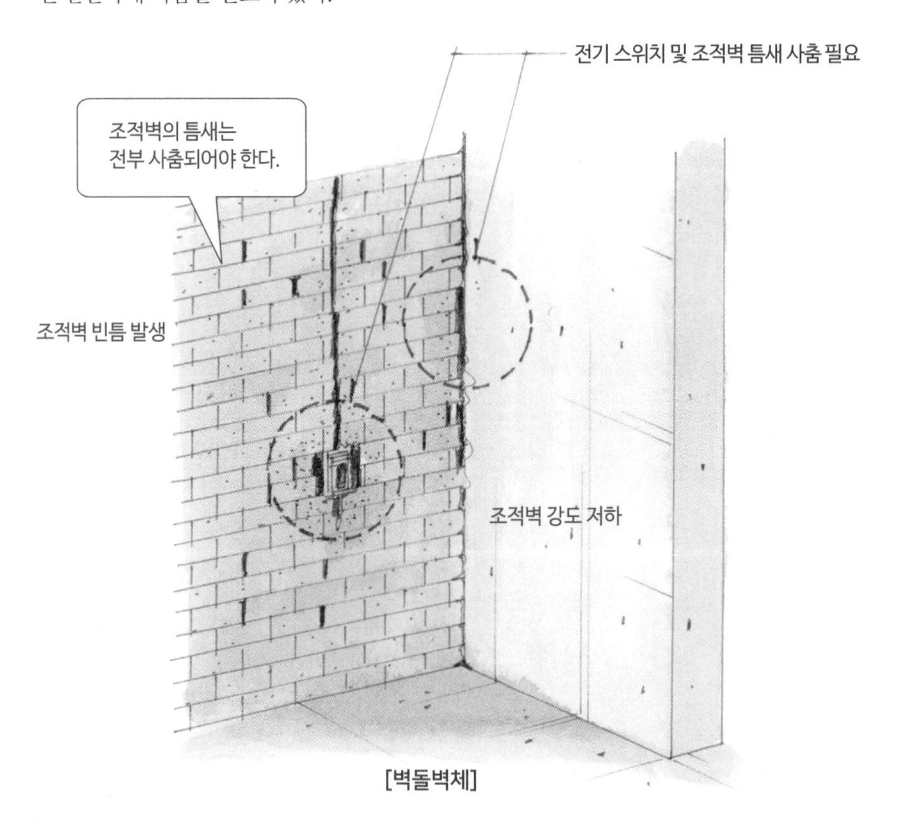

[벽돌벽체]

용어해설

사춤모르타르(filling mortar, pointing mortar)
돌이나 벽돌을 쌓을 때 그 틈서리에 모르타르를 채우는 것

사춤(pointing)
돌이나 벽돌을 쌓을 때 그 틈서리에 시멘트나 모르타르를 채워 다지는 일

■ 조적공사 쌓기 줄눈 충전 미흡

적용근거 본 공사시방서(조적공사)에 따르면 콘크리트 벽돌쌓기는 가로줄눈, 세로줄눈의 너비는 10mm를 표준으로 하여 단위 조적재 간의 접합부는 쌓기 모르타르가 밀실하게 충전될 수 있도록 쌓아야 한다고 규정되어 있다.

지적사항 현재 시공 중인 아파트 8개동(901세대)의 시멘트 벽돌쌓기를 확인한 결과 일부 세대(A동 18층 3호)의 시멘트 벽돌쌓기의 줄눈 모르타르가 밀실하게 충전되어 있지 않아 줄눈용 모르타르를 충분히 채운 후 후속공정(미장 마감)을 진행하도록 조치할 필요가 있다.

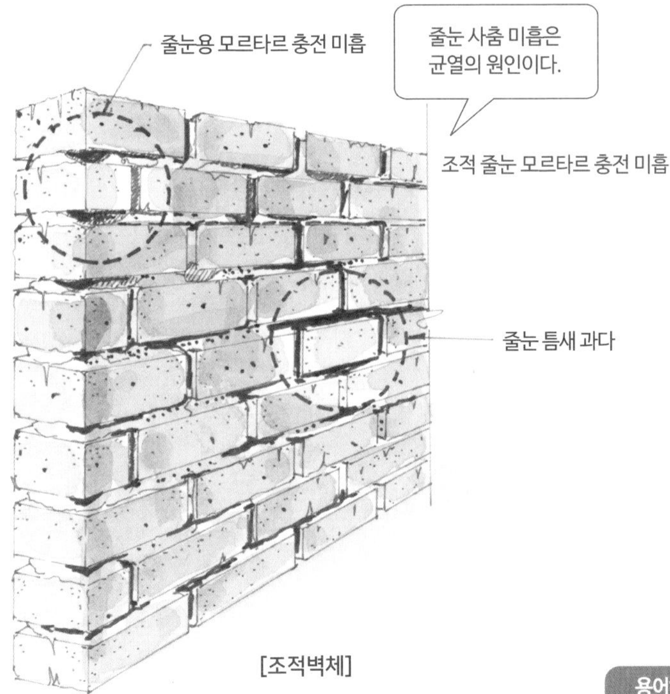

[조적벽체]

참고자료

국가건설기준센터 표준시방서 'KCS 41 34 02(벽돌공사)'(2. 자재)에 따르면 벽돌의 구분은 크게 점토벽돌과 콘크리트벽돌로 나뉜다.

■ 갱폼(모서리부) 바닥 틈새 폐합 조치

적용근거 당 현장 갱폼시공계획서에 따르면 갱폼은 외부 벽체 콘크리트 거푸집으로서의 기능과 외부 벽체에서의 위험작업들을 안전하게 수행할 수 있는 작업발판으로서의 기능을 동시에 만족할 수 있도록 구조적 안전성을 확보해야 하고, 케이지(cage) 간의 간격은 근로자가 이동 시 추락을 방호하도록 설치해야 한다.

지적사항 점검일 현재 확인 결과 갱폼 케이지(gang form cage) 직선 구간은 발판 및 안전난간이 서로 밀착되어 있으나 갱폼 모서리부는 간격(약 16cm)이 이격되어 있어 작업자 발이 빠지지 않도록 폐합 조치를 할 필요가 있다.

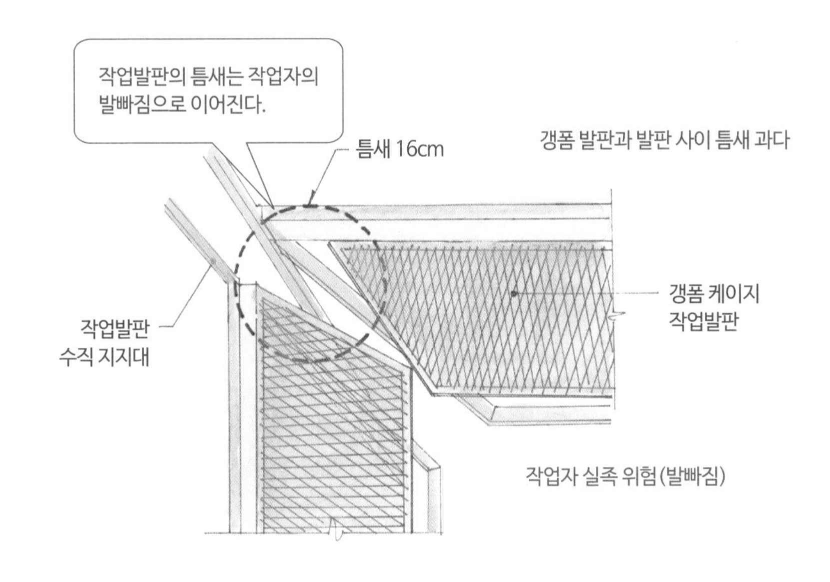

[갱폼 작업발판]

용어해설

충전(充塡)
메워서 채움

갱폼(gang form, 작업발판 일체형 거푸집)
주로 고층 아파트와 같이 평면상 상·하부가 동일한 단면 구조물에서 외부 벽체 거푸집과 발판용 케이지를 일체로 하여 제작한 대형 거푸집이다. 여기서 '케이지(cage)'란 갱폼의 외부 벽체 거푸집 부분을 제외한 부분으로서, 거푸집의 설치 및 해체작업, 후속 미장 및 견출작업 등을 안전하게 수행할 수 있도록 설치한 작업발판, 안전난간을 말한다. 케이지는 상부 케이지와 하부 케이지가 있다. 상부 케이지는 갱폼 케이지의 4단 작업발판 중 거푸집의 설치 및 해체작업용으로 사용되는 상부에 있는 2단의 작업발판이며, 하부 케이지는 미장, 견출작업용으로 사용되는 하부에 있는 2단의 작업발판이다.

● 모양에 따른 조적벽의 균열 발생 원인 [출처: 조적조 건축물 점검 및 유지관리 안내서, 국토안전관리원, 2020. 12.]

구분	발생 원인
수직균열	1. 콘크리트 벽돌조 비내력벽에서 주로 발생 2. 벽돌의 강도 부족이 주요 원인 3. 외기 온도변화에 따라 개구부 주위와 벽면에 차이가 발생될 때, 하부 하중이 창틀에 걸릴 때 4. 이질재료 접합부에서 선팽창계수 차이에 의한 수축률 차이 5. 몰탈 부착강도가 내부응력에 대해 내력이 부족할 때 6. 개구부 인방보 설치 불량 7. 주변 벽의 온도 차이가 다른 부분보다 클 때
수평균열	1. 창문과 창문 사이 벽의 길이에 비해 벽의 두께가 작을 때 2. 단위벽 높이가 길이보다 클 때 3. 개구부를 중심으로 벽의 끝부분이 노출되었을 때 4. 개구부 상부에 하중이 집중되었을 때 5. 벽에 휨응력이 작용하거나 자체 내력이 부족하고 이질재료를 사용하였을 때 6. 창과 창 사이 벽길이가 창 너비보다 적을 때, 인접 창대나 인방 주위에서 발생 7. 출입문 개폐 시 진동에 의해 8. 개구부 주변 벽의 온도 차이에 따른 수축적용에 의해 9. 슬래브의 팽창과 수축 및 처짐에 의해
경사균열	1. 편심하중으로 인해 벽량이 부족하고 벽돌 강도가 부족할 때 2. 개구부 상부 부분 하중이 창선대에 집중할 때 3. 창선대를 통해 전달되는 하중에 대해 내력이 부족할 때 4. 개구부 인방이 부실하여 창틀에 하중이 집중되거나 창선대를 통해 허리벽으로 하중이 전달될 때

구분	발생 원인
계단균열	1. 지반 부등침하가 생겼을 때, 편심하중이 생겼을 때 2. 벽돌 강도가 몰탈 부착강도보다 클 때
수직, 수평균열의 복합 (방사형)	1. 벽면 넓이에 비해 내력이 부족할 때 2. 조적용 개체의 내력 부족 3. 창틀과 벽 사이의 시공이 부실하고 온도 차이가 발생할 때

■ 균열 발생의 형상

1. 수직, 수평, 경사의 형태로 나타남
2. 수직균열: 직선, 톱니바퀴 형태
3. 경사균열: 직선, 계단 형태
4. 수직, 수평균열은 중앙에서 주변으로 퍼져나가는 경우가 많음
5. 수평균열은 벽의 안전에 문제가 있음을 의미: 벽돌, 블록과 같은 구조적 구성요소가 손상, 결함이 있어 파괴됨
6. 단차가 있는 균열은 벽돌이나 블록 사이의 몰탈 줄눈과 같은 건축물의 수평 및 수직 줄눈을 따르는 경향이 있음

■ 흙막이 구조적 안전성 미확인

적용근거 산업안전보건법 시행령 제58조 및 건설기술진흥법 시행령 제101조의 2항목의 제3항에 따르면, 터널의 지보공 또는 높이가 2m 이상인 흙막이 지보공작업은 반드시 가설구조물의 구조적 안전성 확인을 하여야 한다고 되어 있다.

지적사항 시공자는 시트파일과 자립공법을 적용하면서 최초 설계(구조검토 실시) 후 공사 완료된 흙막이공법에 대한 시공 전 구조검토 실시를 통한 안전성을 검토하지 않았다.

구조 안전성 미검토

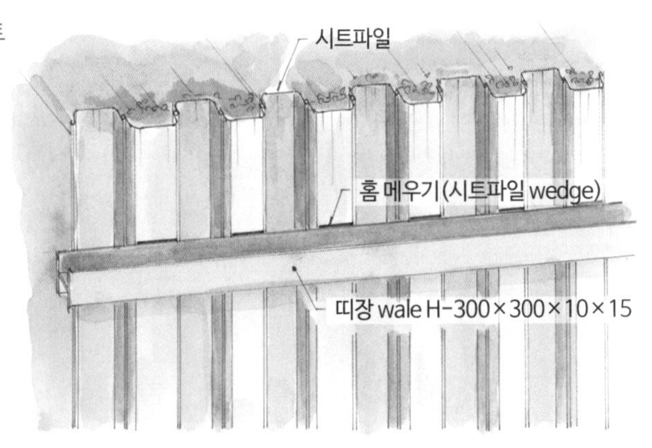

[시트파일 공법]

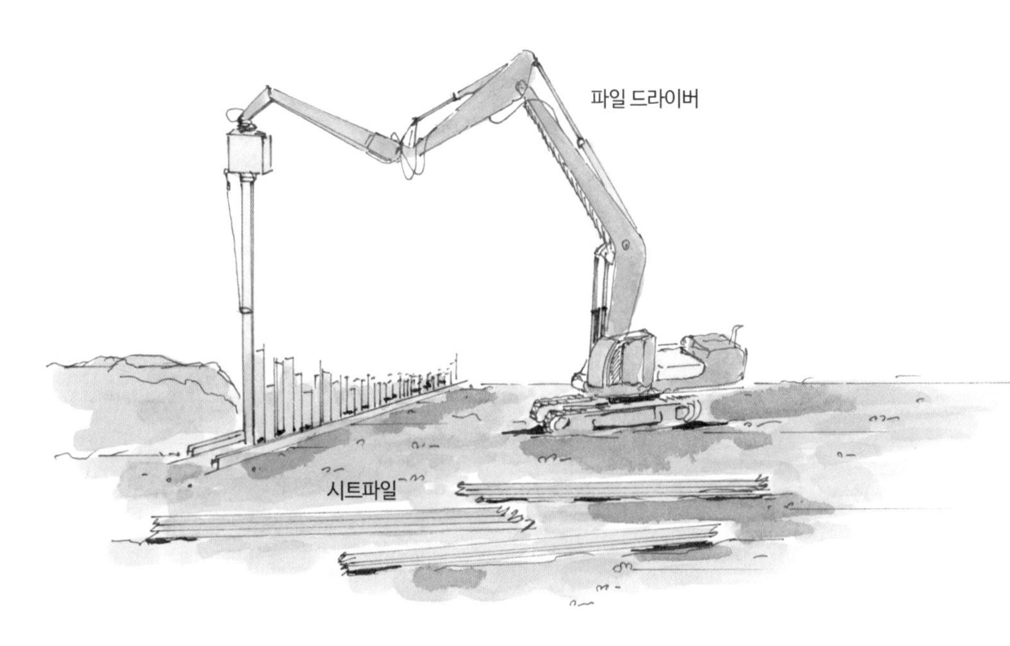

[시트파일 공사작업]

참고자료

건설기술진흥법 제62조 제11항, 시행령 제101조의2

가설구조물의 구조안전성 확인

1. 대상 범위

- 높이 31m 이상인 비계
- 브라켓(bracket) 비계
- 작업발판 일체형 거푸집 또는 높이가 5m 이상인 거푸집 및 동바리
- 터널의 지보공 또는 높이 2m 이상인 흙막이 지보공
- 동력을 이용하여 움직이는 가설구조물
- 높이 10m 이상에서 외부작업을 하기 위하여 작업발판 및 안전시설물을 일체화하여 설치하는 가설구조물
- 공사현장에서 제작하여 조립·설치하는 복합형 가설구조물
- 그 밖에 발주자 또는 인·허가 기관의 장이 필요하다고 인정하는 가설구조물

용어해설

시트파일 흙막이벽(鋼矢板, sheet pile sheathing wall)

① 강재의 기성 널말뚝
② 주로 기초공사 등에서 토사의 붕괴를 방지하기 위해 사용하는 강철판 말뚝
③ 길이 3~12m, 형상은 각종
④ 굳은 지반에도 박을 수 있고 반복 사용이 가능하며 완전방수
⑤ 시트파일을 박아 굴착 시의 토압·수압을 지지하는 가설용 흙막이벽을 다른 공법과 구별하는 용어
⑥ 열연강대를 사용하여 연속냉간 롤성형기로 성형한 것으로 양쪽 가장자리에 수밀성의 이음매를 가지며, 물 또는 토양의 구획벽을 구성하기 위해 쓰이는 형강

가설구조물의 구조적 안전성 확인 의무 대상

■ 가설구조물 구조적 안전성 확인 관련 법령

- 건설기술진흥법 제62조(건설공사의 안전관리) 제11항
- 건설기술진흥법 제101조의 2(가설구조물의 구조적 안전성 확인)
- 건설기술진흥법 제48조(설계도서의 작성 등) 제4항
- 기술사법 시행령 별표 2의2(등록하여야 하는 기술사의 직무의 종류 및 범위)

■ 가설구조물 구조적 안전성 확인 의무 대상

- 높이가 31m 이상인 비계(브라켓 비계)
- 작업발판 일체형 거푸집 또는 높이가 5m 이상인 거푸집 및 동바리
- 터널의 지보공 또는 높이가 2m 이상인 흙막이 지보공
- 동력을 이용하여 움직이는 가설구조물
  - 높이 10m 이상에서 외부작업을 하기 위하여 작업발판 및 안전시설물을 일체화하여 설치하는 가설구조물
  - 공사현장에서 제작하여 조립 · 설치하는 복합형 가설구조물
- 그 밖에 발주자 또는 인 · 허가 기관의 장이 필요하다고 인정하는 가설구조물

■ 가설구조물 구조적 안전성 확인 가능 전문가의 범위

가설구조물 안전성 확인을 할 수 있는 전문가는 기술사법에 따라 등록되어 있는 기술사로서 아래 요건을 갖추어야 한다. (건진법 제101조의2제2항)

- 기술사법 시행령 별표 2의2에 따른 건축구조, 토목구조, 토질 및 기초와 건설기계 직무 범위 중 공사감독자 또는 건설사업관리기술인이 해당 구조물의 구조적 안전성 확인하기에 적합하다고 인정하는 직무범위의 기술사
- 해당 구조물을 설치하기 위한 공사의 건설업자나 주택건설 등록업자에게 고용되지 않은 기술사

■ 가설구조물 구조적 안전성 확인서 제출 시기 및 방법

건설사업자 또는 주택건설 등록업자는 가설구조물을 시공하기 전에 아래의 서류를 공사감독자 또는 건설사업관리 기술인에게 제출

- 시공상세도면
- 관계 전문가 서명 또는 기명날인한 구조계산서

가설구조물의 구조적 안전성 확인(산업안전보건법 vs 건설기술진흥법)

참고자료

가설구조물의 구조적 안전성 확인	
산업안전보건법 시행령 제58조	건설기술진흥법 시행령 제101조의 2항목
1. 높이 31m 이상인 비계 2. 작업발판 일체형 거푸집 또는 높이 5m 이상인 거푸집 · 동바리(타설된 콘크리트가 일정 강도에 이르기까지 하중 등을 지지하기 위하여 설치하는 부재) 3. 터널의 지보공 또는 높이 2m 이상인 흙막이 지보공 4. 동력을 이용하여 움직이는 가설구조물	1. 높이가 31m 이상인 비계 1의2. 브라켓(bracket) 비계 2. 작업발판 일체형 거푸집 또는 높이가 5m 이상인 거푸집 및 동바리 3. 터널의 지보공 또는 높이가 2m 이상인 흙막이 지보공 4. 동력을 이용하여 움직이는 가설구조물(터널시공에 사용되는 작업대차 등) 4의2. 높이 10m 이상에서 외부작업을 하기 위하여 작업발판 및 안전시설물을 일체화하여 설치하는 가설구조물 4의3. 공사현장에서 제작하여 조립 · 설치하는 복합형 가설구조물 5. 그 밖에 발주자 또는 인 · 허가 기관의 장이 필요하다고 인정하는 가설구조물

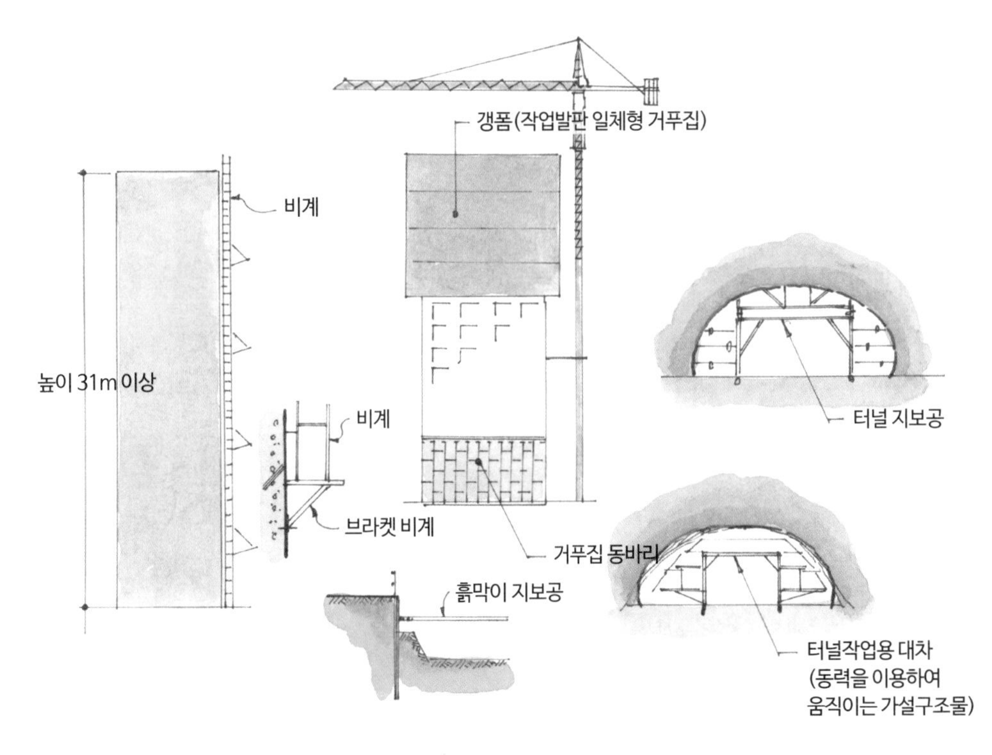

[가설구조물의 안전성 확인 대상]

■ 콘크리트구조물 균열 발생

적용근거 국가건설기준 '일반콘크리트(KCS 14 20 10 : 2016)'(3.5.5.2 표면상태의 검사)에 따르면, 균열은 구조물의 성능, 내구성, 미관 등 그의 사용 목적을 손상시키지 않는 허용값의 범위 내에 있을 것이라고 되어 있다.

지적사항 ① 시공자는 ○○아파트 신축공사(철근콘크리트 구조, 연면적 ○○m²)를 시행하면서 지하층(B1F, B2F) 콘크리트 타설 완료 후 3차에 걸쳐 균열조사를 실시하였으나, 점검일 현재 점검 구간(B1F 램프진입부)에 균열조사(폭 0.6~1.0mm, 길이 2~5m 이상, 20개소)가 누락된 상태로 콘크리트 구조물 균열관리대장에 조사 및 기록관리를 미실시, ② 자체 구조물 균열관리 flow에 의하여 허용 균열폭(0.4mm) 이상의 균열에 대한 구조검토 등 원인분석 및 보수·보강을 위한 계획을 미수립, ③ 건설사업관리기술인은 시공사가 허용 균열폭 이상의 균열이 발생한 보 및 슬래브에 대한 조사 및 기록관리, 원인분석 및 보수·보강을 위한 계획 수립을 실시하지 않았음에도 검토·확인, 시정지시 등 적정한 조치를 하지 않았음을 확인했다.

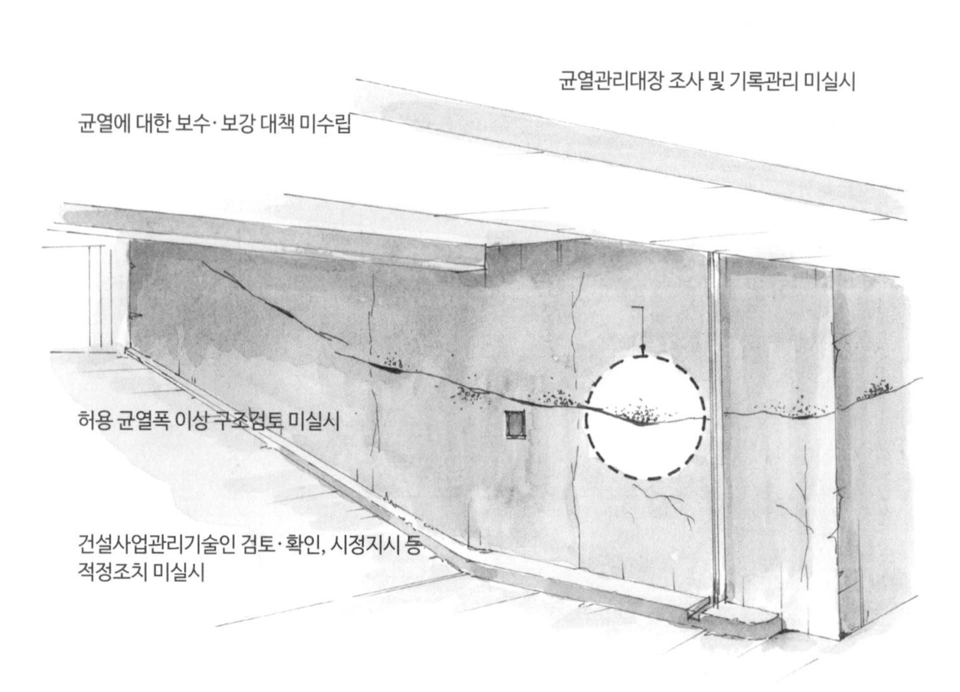

[램프(ramp)진입부]

■ 방수불량으로 인한 누수 발생

적용근거 국가건설기준 '방수공사 일반(KCS 41 40 01 : 2021)'(3.1.3 보호 및 마감과 부위 및 용도)에 따르면, 지붕 슬래브, 실내의 바닥 등에서 현장타설 철근콘크리트, 콘크리트 평판류, 아스팔트 콘크리트, 자갈 등으로 방수층을 보호할 경우, 바탕의 물매는 1/100~1/50로 하고, 방수층 마감을 보호도료(top coat) 도포로 하거나 또는 마감하지 않을 경우에는 바탕의 물매를 1/50~1/20로 한다고 되어 있으며, 방수 바탕은 물이 고이지 않고 빨리 배수될 수 있도록 한다고 되어 있다.

지적사항 시공자는 지하 5~1층 구간에 다수의 구조물 균열이 발생함에 따라 균열관리대장을 작성 및 보수·보강을 실시 중에 있으며, 균열부위 누수에 대한 추가적인 별도의 보수·보강 대책이 필요하다.

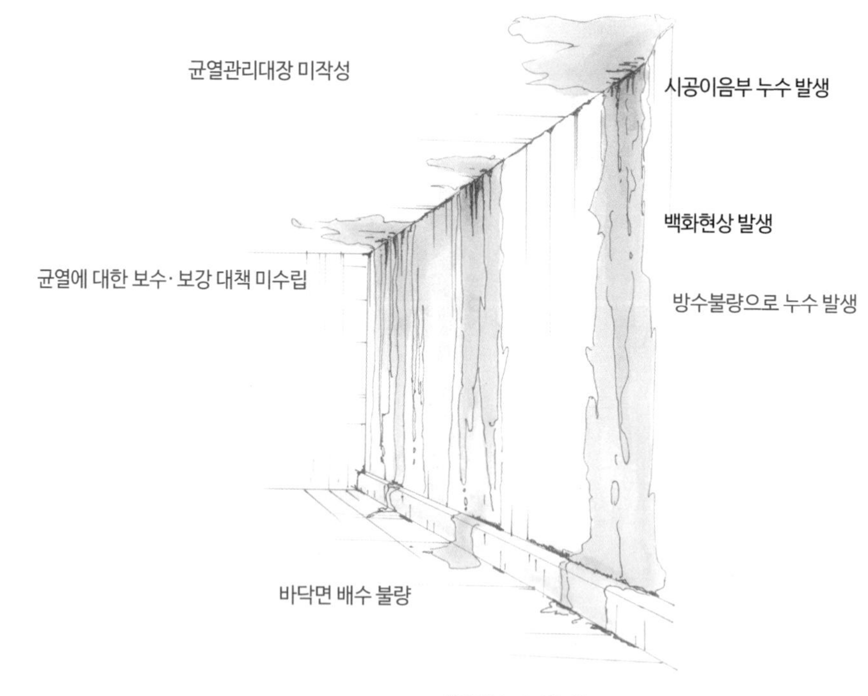

[벽체 누수 발생]

■ 단열재 틈새 시멘트 페이스트 제거 필요

적용근거 국가건설기준 '단열공사 일반(KCS 41 43 01 : 2021)'(3.2.3 콘크리트 슬래브 하부의 단열공사)

3.2.3 콘크리트 슬래브 하부의 단열공사

(1) 최하층 거실 바닥 슬래브 하부에 설치하는 단열재는 불연재료 또는 준불연 재료이어야 하며, 마감재료를 구성하는 재료 전체를 하나로 보아 불연재료 또는 준불연 재료에 해당하는 경우 난연재료로 사용할 수 있다.

(2) 최하층 거실 바닥 슬래브 하부에 단열재를 설치하는 경우에는 단열재를 거푸집에 부착해 콘크리트 타설 시 일체화된 시공이 되도록 한다.

(3) 거푸집을 해체할 때에는 단열재가 손상되지 않도록 주의하고, 손상이 발생하였을 경우에는 동일한 단열재 또는 단열 모르타르 등으로 보수하여야 한다.

지적사항 지하 3층 기계실·공조실 상부 구간 보 하부에 설치한 단열재와 단열재 사이는 시멘트 페이스트가 유출 경화되어 열관류 현상으로 인한 결로 및 단열성능 저하가 우려되므로 단열성능 확보를 위하여 마감 전 시멘트 페이스트 제거 및 발생된 틈새 충진 등 보완이 필요하다.

[천장 단열재]

■ 바닥충격음 차단을 위한 완충재 시공 미흡

적용근거 '공동주택 바닥충격음 차단구조 인정 및 관리기준(국토교통부 고시 제2016-824호, 16. 12. 6.)'의 제32조(품질 및 시공방법) 제3항에 따르면, 바닥에 설치하는 완충재는 완충재 사이에 틈새가 발생하지 않도록 밀착 시공하고, 접합부위는 접합테이프 등으로 마감하여야 하며, 벽에 설치하는 측면 완충재는 마감 모르타르가 벽에 직접 닿지 아니하도록 하여야 한다고 되어 있다.

지적사항 당 현장은 15개동 999세대 공동주택 신축공사로서 6월 말 골조공사 완료 후 바닥충격음 차단구조(인정번호 제17-04호) 시공을 10월 5일 완료했다. 설계도면(80m²형 단위세대 평면도)에 따르면 세대 현관 좌측 또는 우측의 콘크리트 벽체는 신발장 설치 부위로서 당초 모르타르 사춤으로 계획한 신발장 하부를 세대 내 바닥충격음 차단구조 시공 시 동 부위까지 일체화하여 연장 시공(기포+방통)하였으나, 위 기준에 따른 바닥 및 측면 완충재 시공을 누락한 사실이 있다.

또한 현관 전면의 콘크리트 벽체 등에 설치한 측면 완충재는 바닥 마감 모르타르가 완충재 상단 약 0.5~1.0cm 정도 덮인 채 벽에 직접 닿아 있음으로 인해 바닥충격음 차단 효과 저감이 우려되므로 보완이 필요하다.

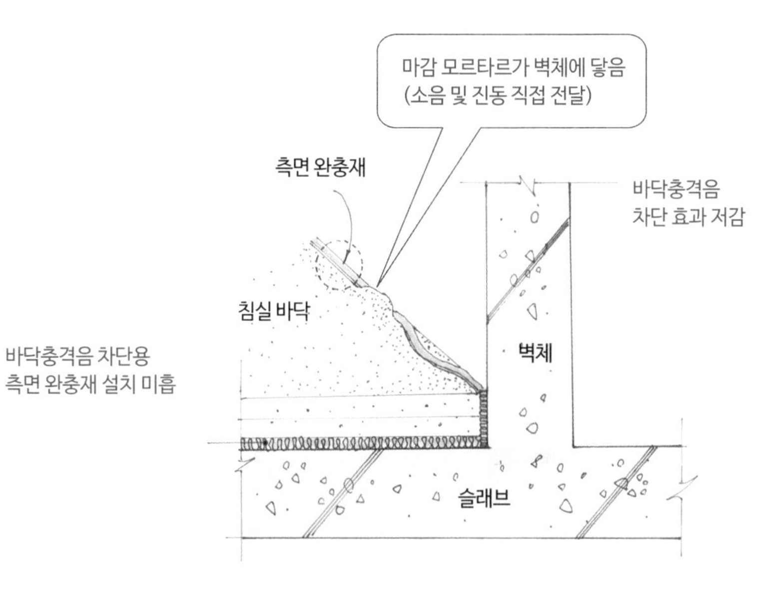

[층간소음 방지용 완충재 단면도]

■ 벽체 철근 간격재 추가 설치 필요

적용근거 '철근공사(KCS 14 20 11 : 2022)' 일반사항의 2.2 철근 고임재 및 간격재'

2.2 철근 고임재 및 간격재

(1) 철근 고임재 및 간격재의 수량 및 배치의 표준은 표 2.2-1에 따른다.

(2) 보, 기둥, 지중보, 슬래브, 벽 및 지하 외벽의 간격재는 사전에 책임기술자의 승인을 받은 경우 플라스틱 제품을 측면에 사용할 수 있다.

(3) 노출콘크리트 면에서 거푸집 면에 접하는 고임재 또는 간격재는 모르타르, 콘크리트, 스테인리스, 플라스틱 등 부식되지 않는 제품을 사용하여야 한다.

(4) 에폭시 도막철근의 고임재 및 간격재는 에폭시 도막에 손상을 주지 않는 재료를 사용하여야 한다.

표 2.2-1 철근 고임재 및 간격재의 수량 및 배치기준

부위	종류	수량 또는 배치간격
기초	강재, 콘크리트	8개/4m^2, 20개/16m^2
지중보	강재, 콘크리트	간격은 1.5m, 단부는 1.5m 이내
벽, 지하 외벽	**강재, 콘크리트**	**상단 보 밑에서 0.5m, 중단은 상단에서 1.5m 이내 횡간격은 1.5m, 단부는 1.5m 이내**
기둥	강재, 콘크리트	상단은 보 밑 0.5m 이내, 중단은 주각과 상단의 중간 기둥 폭 방향은 1m 미만, 2개 1m 이상 3개
보	강재, 콘크리트	간격은 1.5m, 단부는 1.5m 이내
슬래브	강재, 콘크리트	간격은 상 · 하부 철근 각각 가로세로 1m

※ 수량 및 배치간격은 5~6층 이내의 철근콘크리트 구조물을 대상으로 한 것으로서, 구조물의 종류, 크기, 형태 등에 따라 달라질 수 있음

지적사항 지상 4층 A2~A3열, B5~B6열 구간의 철근배근 중인 벽체(길이 3.3m, 높이 4.3m)에 철근 간격재가 부족(각 벽면에 1개소, 3개소)하게 설치되어 있으므로 적정 피복두께 확보를 위해 수직 1m, 수평 1.5m 간격으로 철근 간격재를 추가 설치할 필요가 있다.

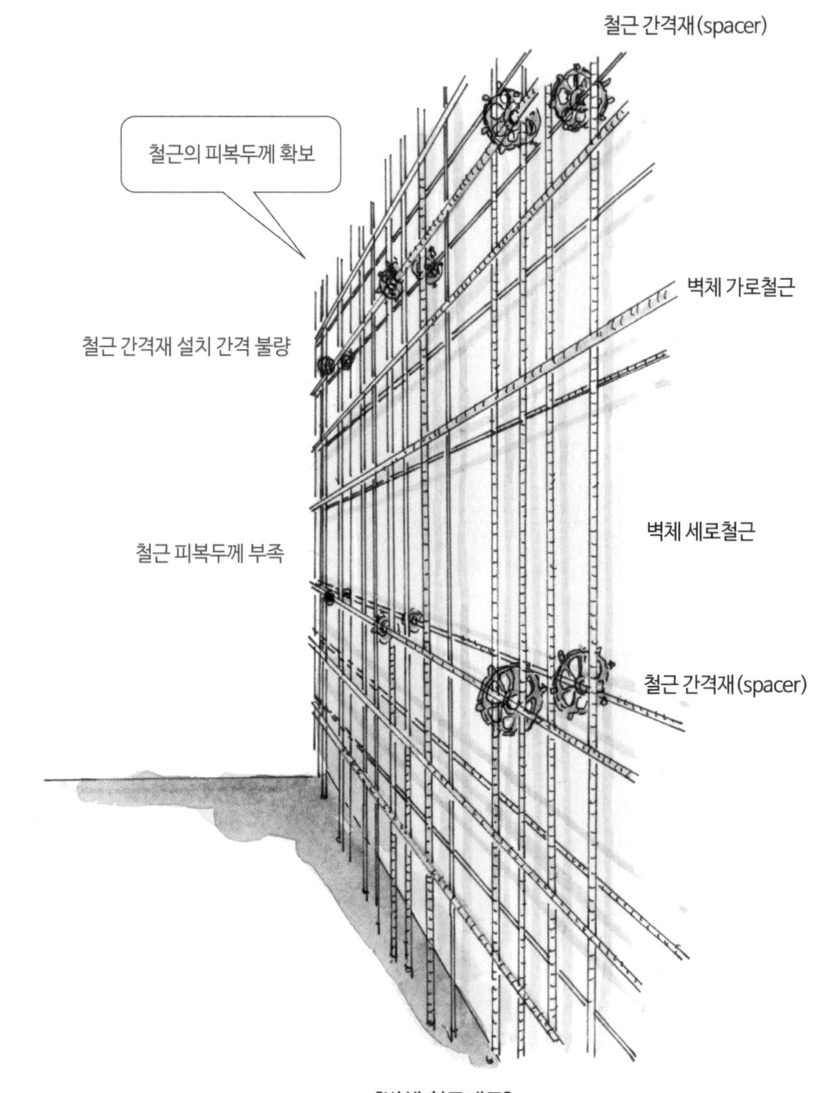

[벽체 철근배근]

■ 동바리 설치 보완 필요

적용근거 ① 국가건설기준 '거푸집 및 동바리공사 일반사항(KCS 21 50 05)'의 '3.4 동바리 (1)'에 따르면, 동바리는 각 부가 이동하지 않도록 볼트나 클램프 등의 전용철물을 사용하여 고정하고 충분한 강도와 안전성을 갖도록 하여야 한다고 되어 있다. ② 국가건설기준센터 KCS 표준시방서 '거푸집 및 동바리공사 일반사항(KCS 21 50 05 : 2023)'을 참조한다(우측 '참고자료').

지적사항 지상 2층 A3~A4열, B6~B7열 구간에 설치한 일부 동바리 하단 지지부가 구조물 단부에 위치하고 있어 동바리 기둥 편심작용이 우려되므로 동바리 하단 지지부 하중 전달을 위하여 동바리 이동설치가 필요하며, 동바리 변위방지를 위하여 기존에 설치된 수평연결재에 고정하는 등 보완이 필요하다.

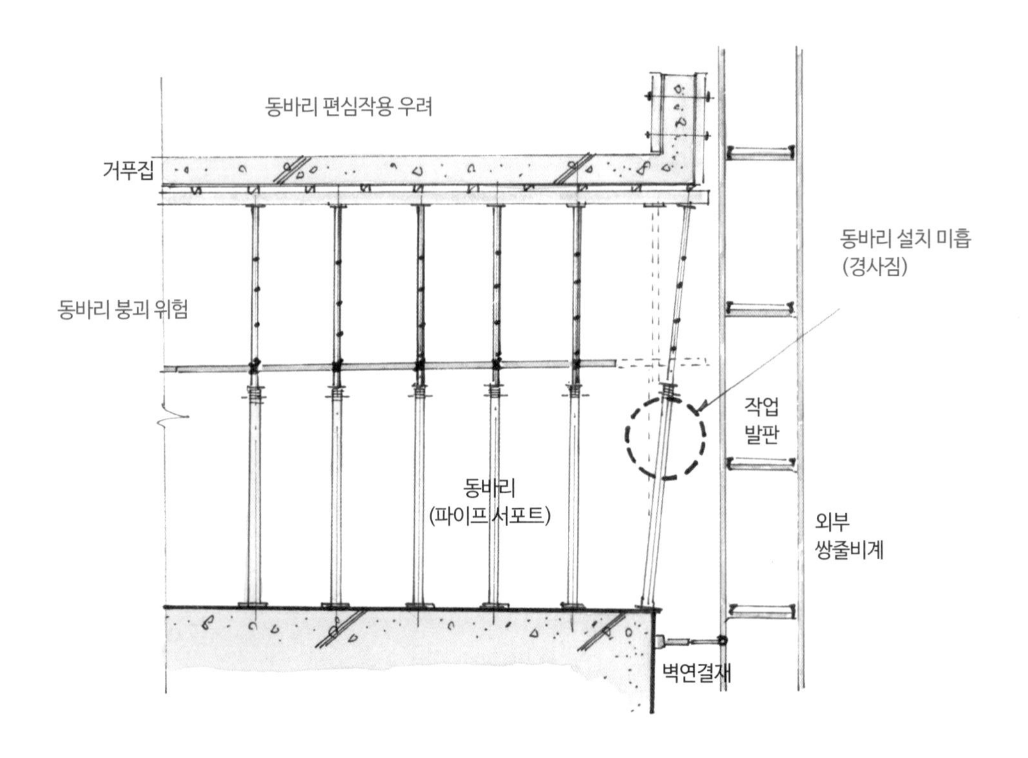

[동바리 설치 단면도]

참고자료

국가건설기준센터 KCS 표준시방서 거푸집 및 동바리공사 일반사항(KCS 21 50 05 : 2023)

3.4 동바리

(1) 동바리는 침하를 방지하고, 각 부가 이동하지 않도록 볼트나 클램프 등의 전용철물을 사용하여 고정하고 충분한 강도와 안전성을 갖도록 하며, 동바리의 상부 받이부와 하부 바닥부가 뒤집혀서 시공되지 않도록 하여야 한다.

(2) 파이프 서포트와 같이 단품으로 사용되는 동바리는 이어서 사용하지 않는 것을 원칙으로 하며, 시스템 동바리 또는 강재 동바리 등의 사용이 불가피한 경우 동바리는 2개 이하로 연결하여 사용할 수 있다.

(3) 파이프 서포트와 같이 단품으로 사용되는 동바리의 높이가 3.5m를 초과하는 경우에는 높이 2m 이내마다 수평연결재를 양방향으로 설치하고, 연결부분에 변위가 일어나지 않도록 수평연결재의 끝부분은 단단한 구조체에 연결되어야 한다. 다만, 수평연결재를 설치하지 않거나, 영구 구조체에 연결하는 것이 불가능할 경우에는 동바리 전체길이를 좌굴길이로 계산하여야 한다.

(4) 경사면에 연직으로 설치되는 동바리는 경사면방향 분력으로 인하여 미끄러짐 및 전도가 발생하지 않도록 안전조치를 하여야 한다.

(5) 수직으로 설치된 동바리의 바닥이 경사진 경우에는 고임재 등을 이용하여 동바리 바닥이 수평이 되도록 하여야 하며, 고임재는 미끄러지지 않도록 바닥에 고정시켜야 한다.

(6) 해빙 시의 대책을 수립하여 공사감독자의 승인을 받은 경우 이외에는 동결지반 위에는 동바리를 설치하지 않아야 한다.

(7) 동바리를 지반에 설치할 경우에는 침하를 방지하기 위하여 콘크리트를 타설하거나, 두께 45mm 이상의 깔목, 깔판, 전용 받침철물, 받침판 등을 설치하여야 한다.

(8) 동바리 설치 시 깔판, 깔목을 사용할 경우에는 다음 사항에 따른다.

① 깔판, 깔목은 2단 이상 끼우지 않아야 하며, 거푸집의 형상에 따른 부득이한 경우로 공사감독자의 승인을 받은 경우에는 예외로 한다.

② 깔판, 깔목 등을 이어서 사용하는 경우에는 깔판, 깔목 등을 단단히 연결하여야 한다.

③ 동바리는 상·하부의 동바리가 동일 수직선상에 위치하도록 하여 깔판, 깔목 등에 고정시켜야 한다.

(9) 지반에 설치된 동바리는 강우로 인하여 토사가 씻겨나가지 않도록 보호하여야 한다.

(10) 겹침이음을 하는 수평연결재 간의 이격되는 순간격은 100mm 이내가 되도록 하고, 각각의 교차부에는 볼트나 클램프 등의 전용철물을 사용하여 연결하여야 한다.

(11) 동바리 상·하부에서의 작업은 U헤드 및 받침철물의 접합을 안전하게 한 상태에서 하여야 하며, 동바리에 삽입되는 U헤드 및 받침철물 등의 삽입길이는 U헤드 및 받침철물 전체길이의 3분의 1 이상이 되도록 하여야 한다. 다만, 고정형 받침철물의 경우는 95mm 이상이어야 한다.

(12) 동바리 설치높이가 4.0m를 초과하거나 콘크리트 타설 두께가 1.0m를 초과하여 파이프 서포트로 설치가 어려울 경우에는 시스템 동바리 또는 안전성을 확보할 수 있는 지지구조로 설치할 수 있다.

(13) 구조설계 결과를 반영한 시공상세도를 작성하고 그 결과에 따라 시공하여야 한다.

(14) 동바리를 설치한 후에는 조립상태에 대하여 공사감독자의 승인을 얻은 후 콘크리트를 타설하여야 한다.

(15) 콘크리트 타설작업 중에는 동바리의 변형, 변위, 파손 유무 등을 감시할 수 있는 관리감독자를 배치하여 이상을 발견할 때에는 즉시 작업을 중지하고 근로자를 대피시켜야 한다.

■ 콘크리트 구조물 균열 발생

적용근거 국가건설기준 '일반콘크리트(KCS 14 20 10 : 2016)'(3.5.5.2 표면상태의 검사)에 따르면, 균열은 구조물의 성능, 내구성, 미관 등 그의 사용 목적을 손상시키지 않는 허용값의 범위 내에 있을 것이라고 되어 있다.

지적사항 시공자는 ○○신축공사(일반 철골 구조, 철근콘크리트 구조, 연면적 41,000m²)를 진행하면서 교육동 지하 1층 서측 옹벽(연장 42.6m, 높이 2~8m) 및 건축물 벽체(X5~X10 및 Y7, 연장 54.4m, 높이 7m) 구간에 대하여 각각 2017. 1. 24.(옹벽), 2017. 2. 9.(건축물 벽체) 콘크리트 타설을 하였고, 점검일 현재(2019. 10. 16.) 발생된 균열(폭 0.1~1.3mm, 길이 각 1.4~4.5m, 20개소)에 대하여 콘크리트구조물 균열관리대장에 조사 및 기록관리를 실시하지 않았다. 또한 자체 균열관리 계획서(J321-CMP01-01 2016. 12. 5.)에 따라 허용 균열폭(0.3mm) 이상의 균열에 대한 구조검토 등 원인분석 및 보수·보강을 위한 계획 수립을 하지 않았으며, 상주감리원은 시공회사가 허용 균열폭 이상의 균열이 발생한 옹벽 및 건축물 벽체 구간에 대한 조사 및 기록관리, 원인분석 및 보수·보강을 위한 계획 수립을 하지 않았음에도 검토·확인, 시정지시 등 적정한 조치를 하지 않았음을 확인했다.

■ 콘크리트 구조물 표면관리 필요

적용근거 '콘크리트 표준시방서'(제2장 일반콘크리트, 3.8.5 콘크리트 구조물의 검사)에 의하면, 콘크리트 구조물을 완성한 후, 적당한 방법에 의해 표면의 상태가 양호한가 등에 관한 검사를 실시하도록 하고 있다. 그리고 '3.8.5.2 표면상태의 검사 (2)'에 따르면 검사 결과, 이상이 있는 경우에는 한국콘크리트학회에서 제정한 '콘크리트 구조물의 보수·보강 요령'을 참고로 책임기술자의 지시에 따라 적절한 보수를 실시하여야 한다고 되어 있다.

지적사항 ○○건물 지상 4층 피트 구간(X2~X4, Y5~Y6) 콘크리트 벽체 및 보 표면에 거푸집 긴결재, 철선 등이 제거되지 않은 상태로 관리되고 있어 콘크리트 표면 녹발생 등으로 인한 콘크리트 표면 품질저하가 우려되므로 시공자는 간격재, 철선 등을 조속히 제거하는 등 표면관리가 필요하다.

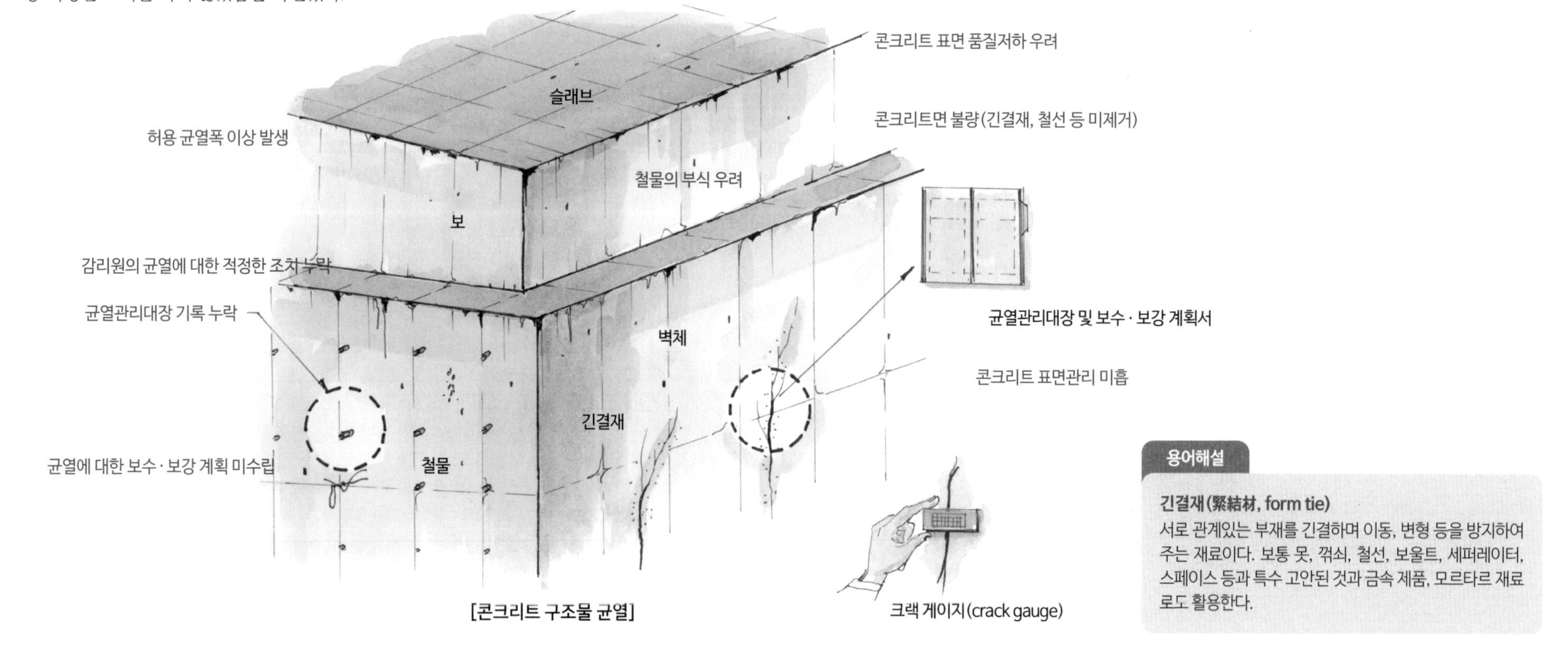

[콘크리트 구조물 균열]

용어해설

긴결재(緊結材, form tie)
서로 관계있는 부재를 긴결하며 이동, 변형 등을 방지하여 주는 재료이다. 보통 못, 꺾쇠, 철선, 보울트, 세퍼레이터, 스페이스 등과 특수 고안된 것과 금속 제품, 모르타르 재료로도 활용한다.

■ 천장 달대 간격 및 수직도 보완 필요

적용근거 국가건설기준 '천장공사(KCS 41 52 00 : 2021)'의 '표 3.3-1 금속제 천장틀'

(1) 달대볼트 설치

① 반자틀받이 행어를 고정하는 달대볼트는 천장재가 떨어지지 않도록 인서트, 용접 등의 적절한 공법으로 설치한다.

② 달대볼트는 주변부의 단부로부터 150mm 이내에 배치하고 간격은 900mm 정도로 한다.

③ 달대볼트는 수직으로 설치한다.

④ 천장 깊이가 1.5m 이상인 경우에는 가로 · 세로 1.8m 정도의 간격으로 달대볼트의 흔들림 방지용 보강재를 설치한다.

지적사항 ○○글로벌 러닝센터 공사 중 생활동 2층 리넨실 및 휴게공간의 달대 간격이 1,000~1,100mm 사이로 시공되어 있고 또한 달대 수직도가 경사지게 시공되어 있어 차후 장기 처짐 및 천장판이 탈락할 우려가 있으므로 시공자는 달대수직도 확보 및 달대 간격을 900mm 이하로 설치하는 등 보완이 필요하다.

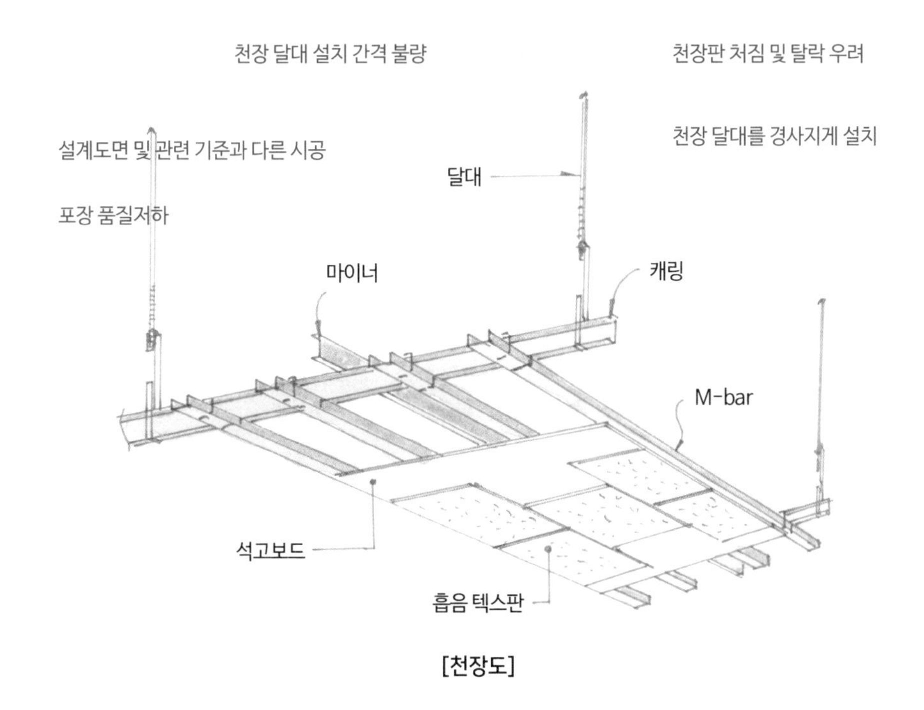

[천장도]

■ 단열재 틈새 충진 등 보완 필요

적용근거 국가건설기준 '단열공사 일반(KCS 41 43 01 : 2021)'의 '3.2.3 콘크리트 슬래브 하부의 단열공사'

(1) 최하층 거실 바닥 슬래브 하부에 설치하는 단열재는 불연재료 또는 준불연 재료이어야 하며, 마감재료를 구성하는 재료 전체를 하나로 보아 불연재료 또는 준불연 재료에 해당하는 경우 난연재료로 사용할 수 있다.

(2) 최하층 거실 바닥 슬래브 하부에 단열재를 설치하는 경우에는 단열재를 거푸집에 부착해 콘크리트 타설 시 일체화된 시공이 되도록 한다.

(3) 거푸집을 해체할 때에는 단열재가 손상되지 않도록 주의하고, 손상이 발생하였을 경우에는 동일한 단열재 또는 단열 모르타르 등으로 보수하여야 한다.

지적사항 ○○건물 지상 2층(X2~X3, Y5~Y6) 계단실 코너 및 지상 3층(X4~X5, Y3~Y4) 옥상 계단 하부 구간 단열재에 틈새 발생 및 탈락 등이 발생하여 열관류 현상으로 인한 결로, 단열성능저하가 우려되므로 시공자는 단열성능 확보를 위하여 단열재 틈새 충진 및 교체 설치 등 보완이 필요하다.

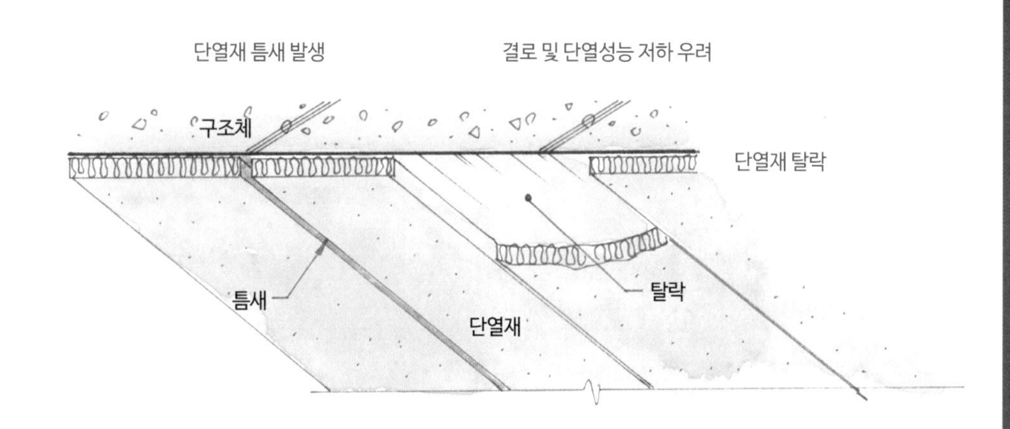

[천장 단열재 설치도]

■ 콘크리트 재료분리의 발생

적용근거 국가건설기준 '일반 콘크리트(KCS 14 20 10 : 2016)'(3.5.5 콘크리트 구조물 검사)에 따르면, 콘크리트 구조물을 완성한 후 적당한 방법에 의해 표면의 상태가 양호한가, 구조물 중의 콘크리트 품질이 소요의 품질인가, 구조물의 각 부위가 충분히 그 기능을 발휘할 수 있도록 만들어져 있는가 등에 관한 검사를 실시하여야 한다고 되어 있다.

지적사항

① 본 공사를 시행하는 시공회사는 ○○. 5. 26. 지하층(B2F) 벽체 콘크리트를 타설 후에 벽체 균열 1개소에 대하여 3차례(1차 ○○. 7. 14., 2차 ○○. 9. 10., 3차 ○○. 11. 5.) 균열 조사를 실시하고, 균열대장에 기록관리(폭 0.2mm, L=3.0m)를 하였으나, 점검일 현재 균열상태를 확인한 결과 폭 1.1~1.3mm의 균열로 확인되었다. 또한 ○○. 10. 1. 동일 구간 벽체에 추가 조사된 균열(9개소) 폭이 0.14~0.18mm로 기록되었으나, 점검일 현재 확인조사 결과 균열 폭이 0.35~1.2mm까지로 허용 균열폭 이상의 균열이 발생되었음을 확인했다.

② 자체 구조물 균열관리 계획서에 의하면 구조상 주요 부분의 균열, 급속 진행성 균열 및 현장에서 기술적 판단이 어려운 균열에 대해서는 반드시 본사 및 구조전문업체, 안전진단업체 등에 기술검토를 요청하여 보수 · 보강 방안을 수립하도록 되어 있음에도 점검일 현재 상기 발생된 허용 균열폭(0.4mm) 이상의 균열에 대하여 보수 · 보강 계획을 수립하지 않았음을 확인했다.

③ 건설사업관리기술인은 시공회사가 허용 균열폭 이상의 균열이 발생한 벽체에 대한 원인분석 및 보수 · 보강을 위한 계획 수립을 실시하지 않았음에도 검토 · 확인, 시정지시 등 적정한 조치를 하지 않았음을 확인했다.

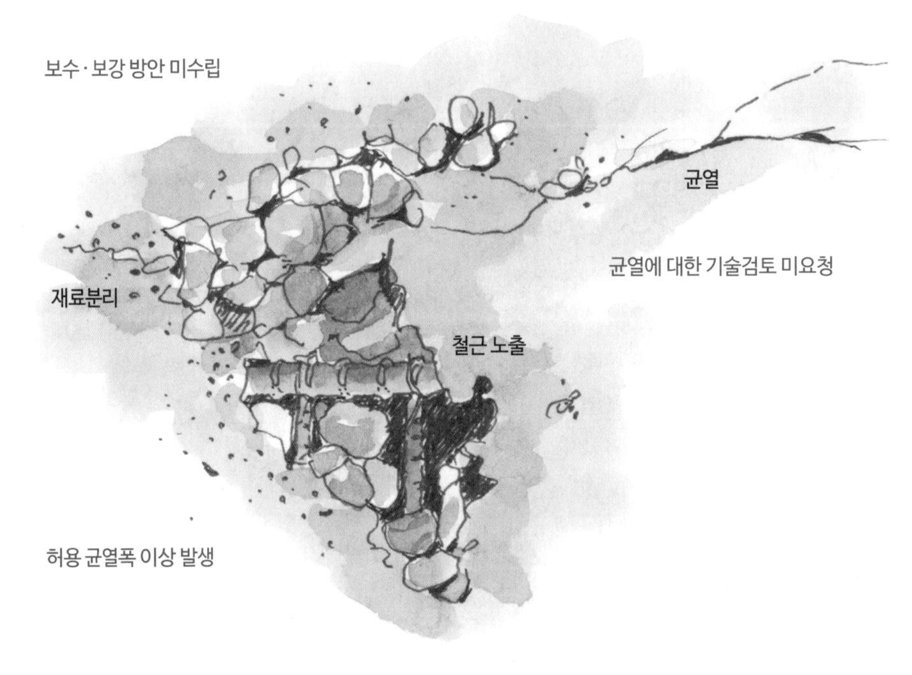

[콘크리트의 재료분리]

용어해설

재료분리(材料分離, segregation)

①구조: 굳지 않은 콘크리트를 구성하는 각 재료의 분포 상황이 당초의 균일한 상태에서 변화하는 현상. 물의 상승, 골재의 침강, 조골재와 모르타르분의 분리 등으로 나타난다.

②재료 및 시공: 중력이나 외력 등의 원인에 의해 콘크리트를 구성하고 있는 재료들의 분포가 당초의 균질한 상태를 유지하지 못하는 현상을 말한다.

■ 벽체 철근 간격재 추가 설치 필요

적용근거 '철근공사(KCS 14 20 11 : 2022)' 일반사항의 '2.2 철근 고임재 및 간격재'

표 2.2-1 철근 고임재 및 간격재의 수량 및 배치기준

부위	종류	수량 또는 배치간격
기초	강재, 콘크리트	8개/4m^2, 20개/16m^2
지중보	강재, 콘크리트	간격은 1.5m, 단부는 1.5m 이내
벽, 지하 외벽	**강재, 콘크리트**	**상단 보 밑에서 0.5m, 중단은 상단에서 1.5m 이내 횡간격은 1.5m, 단부는 1.5m 이내**
기둥	강재, 콘크리트	상단은 보 밑 0.5m 이내, 중단은 주각과 상단의 중간 기둥 폭 방향은 1m 미만, 2개 1m 이상 3개
보	강재, 콘크리트	간격은 1.5m, 단부는 1.5m 이내
슬래브	강재, 콘크리트	간격은 상 · 하부 철근 각각 가로세로 1m

지적사항 아파트 A동 지상 22층 엘리베이터 홀 및 3호 세대 다용도실 사이 철근배근 중인 벽체(길이 2.9m, 높이 3.05m)에 철근 간격재가 부족(각 벽면에 1개소, 2개소)하게 설치되어 있으므로 시공자는 적정 피복두께 확보를 위해 수직 1m, 수평 1.5m 간격으로 철근 간격재를 추가 설치할 필요가 있다.

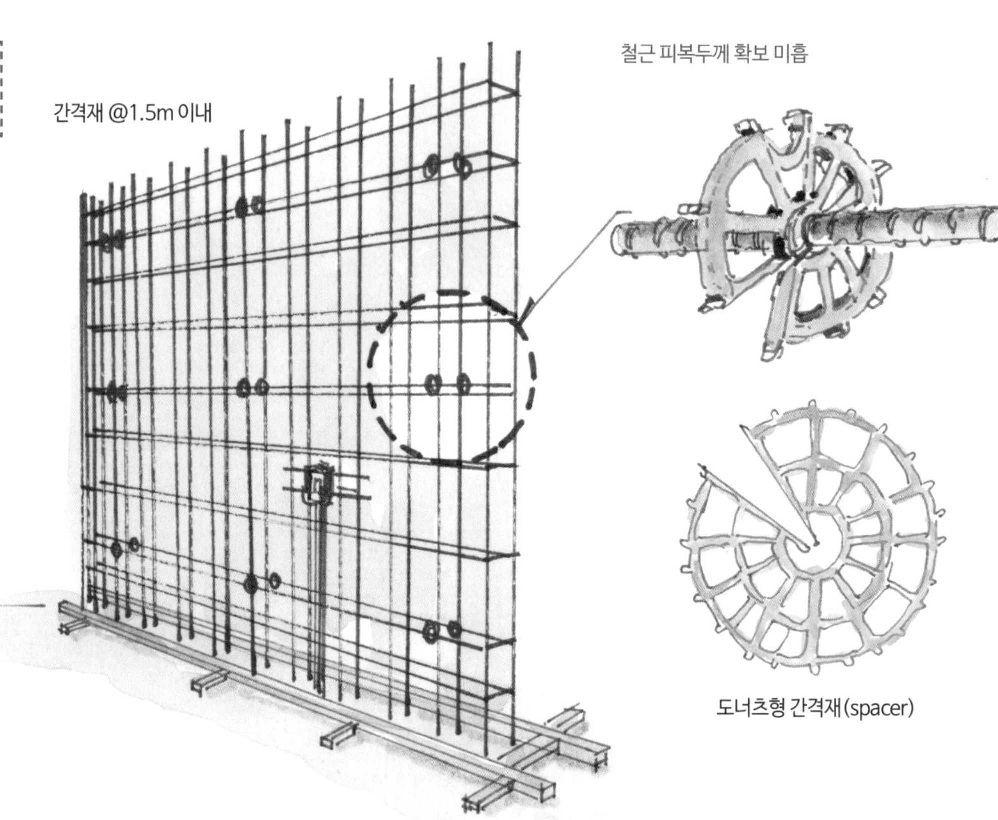

[벽체 철근]

■ 벽체 주철근에 접촉된 전선관 이격 설치 필요

적용근거 '건축공사 표준시방서'에 따르면, 철근의 간격은 25mm 이상, 주근(d)의 1.5d 이상, 굵은골재 최대치수(G)의 4/3G 이상의 3가지 중 최댓값을 적용한다.

지적사항 A동 지상 13층 엘리베이터 홀 및 1호 세대 현관 사이 구간에 벽체 주철근과 가설 전선관(PVC관, 지름 16mm)이 평행하게 접촉되어 있어 주철근의 부착강도 저하가 우려되므로 주철근 부착강도 확보를 위하여 전선관은 주철근과 이격하여 설치해야 한다.

참고자료

철근의 피복두께 확보 목적

- 철근의 부식(腐蝕)을 방지하여 내구성을 높인다.
- 내화성을 높인다.
- 철근의 부착강도(附着强度)를 증가시킨다.
- 내식성(耐蝕性)을 확보한다.

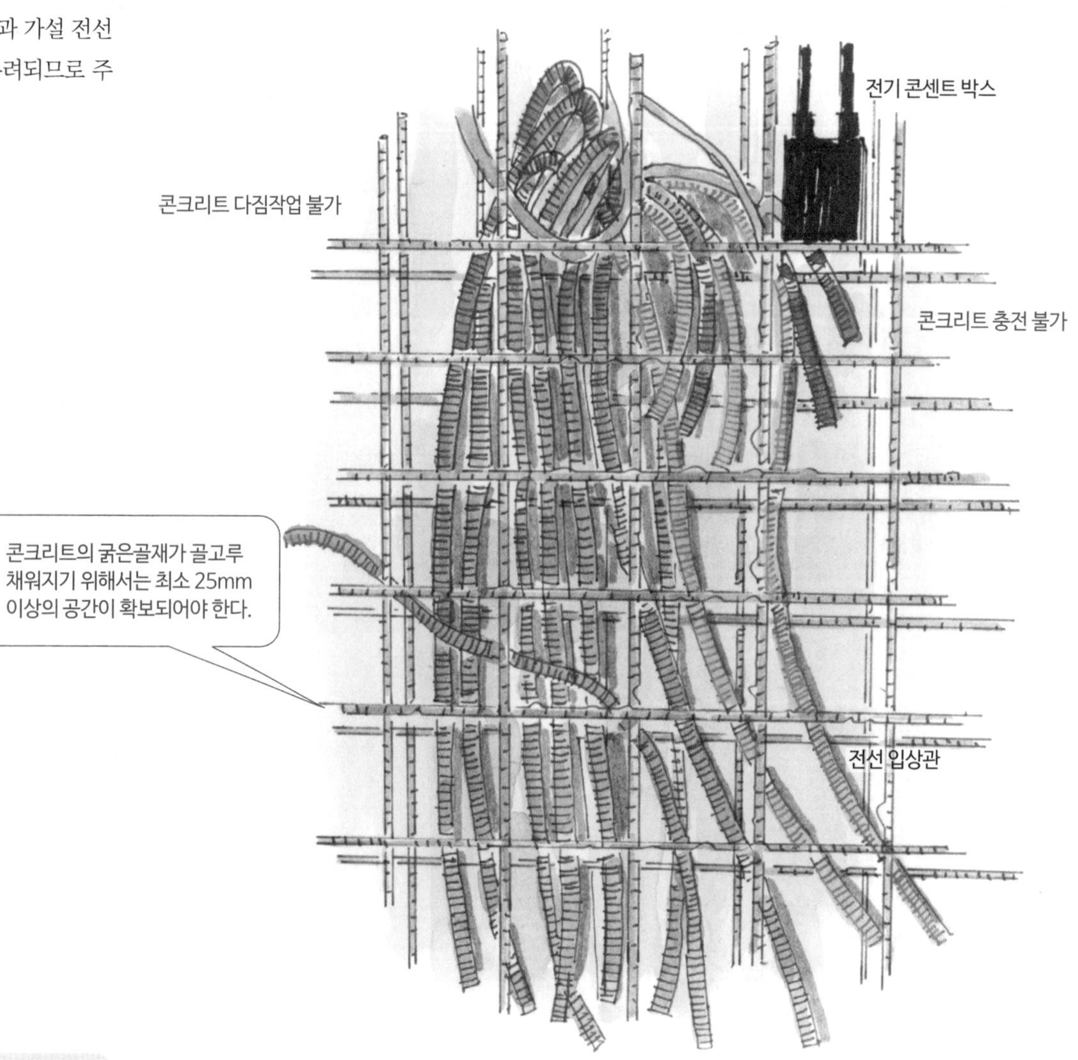

[벽체 전선 입상관]

용어해설

철근간격(鐵筋間隔)

① 부재 내에 배근된 철근의 표면 간 최단거리

② 콘크리트를 타설할 때 굵은골재가 철근 사이를 원활하게 통과함으로써 거푸집 내에 골고루 빈틈없이 다져질 수 있도록 하기 위한 최소의 철근간격

■ 타워크레인 설치 구간의 철근관리 필요

적용근거 국가건설기준센터 KCS 표준시방서 '철근공사(KCS 14 20 11 : 2022)'(3.1.3.1 철근이음 일반)에 따르면, 장래의 이음에 대비하여 구조물로부터 노출시켜 놓은 철근은 손상이나 부식을 받지 않도록 보호하여야 한다고 되어 있다.

지적사항 타워크레인(1호기) 마스트(mast)와 지하 1층 슬래브 철근 일부가 간섭되어 마스트 도장 훼손 및 부식 등이 우려되므로 마스트 보호를 위하여 철근이 간섭되지 않도록 조치가 필요하며, 슬래브 철근은 외기에 노출된 상태로 관리되어 있어 철근 부식이 우려되므로 철근 품질 확보를 위하여 노출된 철근은 보호 조치가 필요하다.

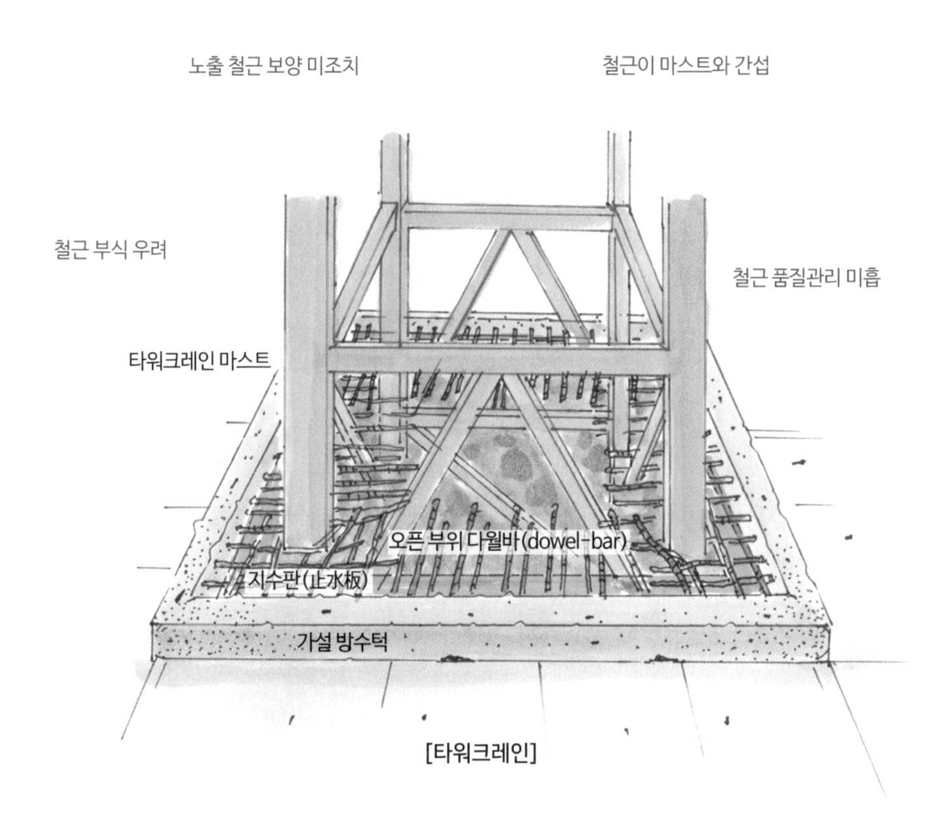

[타워크레인]

■ 기둥부위 선타설 구간의 시공이음면 관리 필요

적용근거 국가건설기준센터 KCS 표준시방서 '콘크리트공사(KCS 14 20 00)'(3.6.2 수평시공이음)에는 콘크리트를 이어칠 경우에는 구 콘크리트 표면의 레이턴스, 품질이 나쁜 콘크리트, 꽉 달라붙지 않은 골재 입자 등을 완전히 제거하고 충분히 흡수시켜야 한다고 되어 있다.

지적사항 지하주차장(X22, Y15) 구간 기둥 선(先)타설 부위에 시공이음면은 레이턴스 등 이물질이 제거되지 않아 후속공정 시공 시 부착응력 및 콘크리트 강도저하가 우려되므로 콘크리트 부착강도 확보 및 구조물 일체화를 위하여 후속공정 진행 전에 레이턴스 등 이물질 제거를 해야 한다.

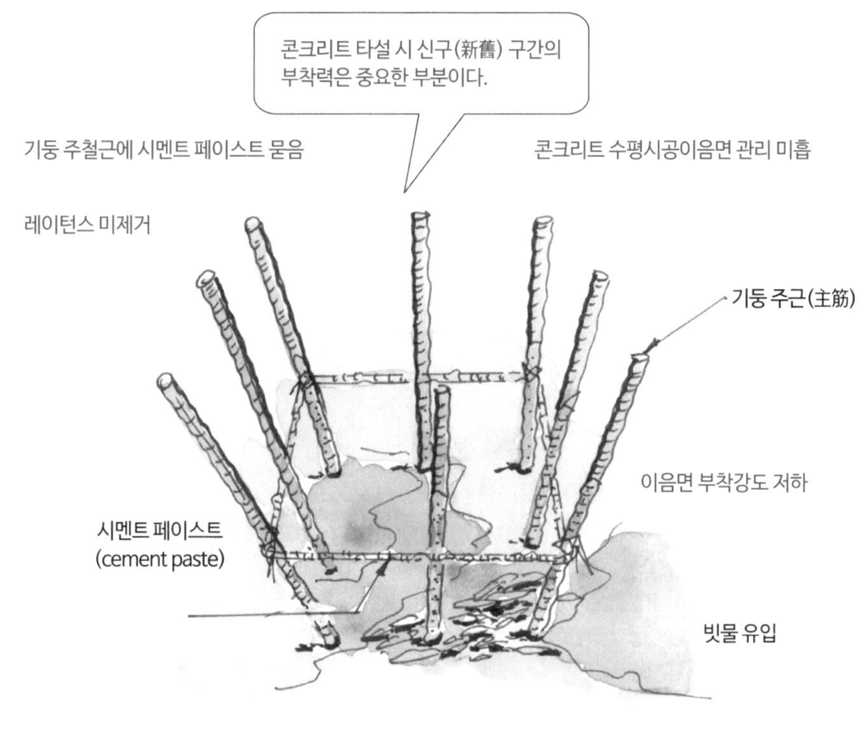

[기둥 철근]

용어해설

레이턴스(laitance)
콘크리트를 친 후 블리딩 현상(물이 상승하는 현상)에 따라 내부의 미세한 물질이 부상하여 콘크리트가 경화한 뒤, 표면에 형성되는 흰빛의 얇은 막을 가리킨다. 성분의 대부분은 시멘트의 미립분이지만, 부착력이 약하고 수밀성(水密性)도 나쁘기 때문에 콘크리트를 그 위에 쳐서 이어 나갈 때는 레이턴스를 제거해야 한다.

■ 벽체 철근 하부 및 코너부 간격재 설치 철저

적용근거 국가건설기준센터 KCS 표준시방서 '철근공사(KCS 14 20 11 : 2022)'의 일반사항 '2.2 철근 고임재 및 간격재'

표 2.2-1 철근 고임재 및 간격재의 수량 및 배치기준

부위	종류	수량 또는 배치간격
벽, 지하 외벽	강재, 콘크리트	상단 보 밑에서 0.5m, 중단은 상단에서 1.5m 이내 횡간격은 1.5m, 단부는 1.5m 이내

지적사항 A동 지상 1층 철근배근 중인 벽체 구간(AWG1) 하부 간격재 일부가 설치되어 있지 않아 철근 피복두께 확보를 위하여 간격재는 배치간격 가로세로 방향 1.5m 이내로 추가 설치가 필요하다.

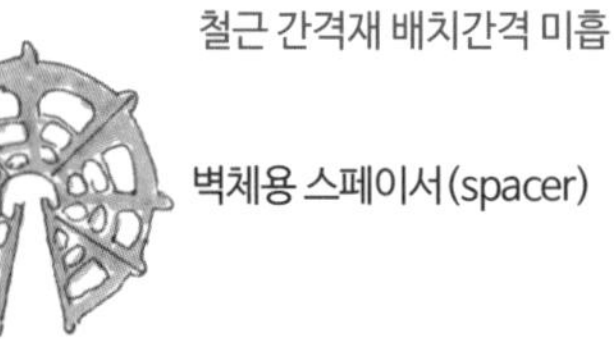

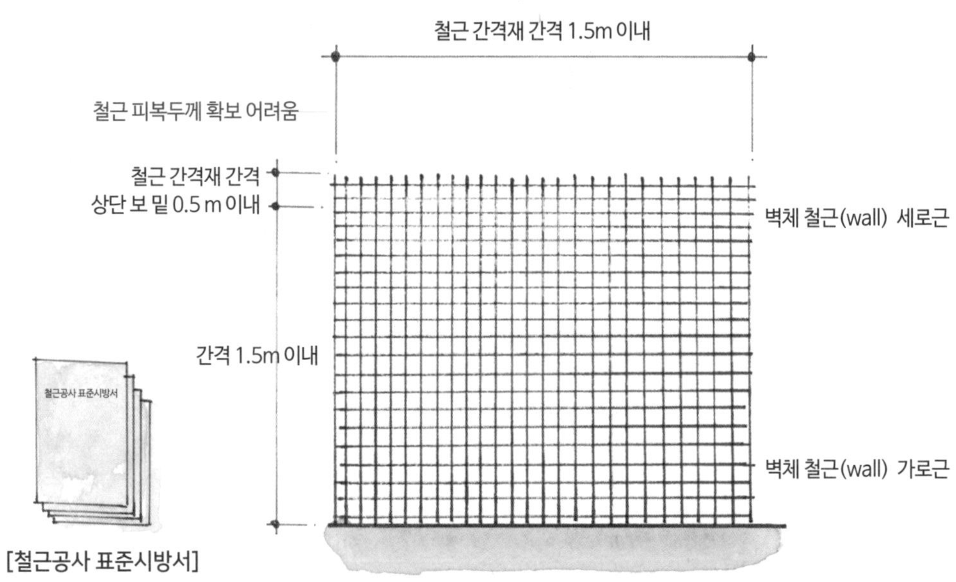

[철근공사 표준시방서]

[벽체 철근배근도]

■ 바닥 슬래브 이음철근 설치부 배수관리 필요

적용근거 국가건설기준센터 KCS 표준시방서 '일반 콘크리트(KCS 14 20 10 : 2022)'(3.7 표면 마무리)

표 3.7-1 콘크리트 마무리의 평탄성 표준값

콘크리트 면의 마무리	평탄성	참고	
		기둥, 벽의 경우	바닥의 경우
제물치장 마무리 또는 마무리 두께가 얇은 경우	3m당 7mm 이하	제물치장 콘크리트 도장 바탕 천붙임 바탕	수지바름 바탕 내마모 마감 바탕 쇠손마감 마무리

지적사항 지하 2층 바닥 슬래브 시공이음 구간(X9~12 및 Y7~8) 일부 이음철근은 지면의 우수 등 고인 물과 인접한 상태로 관리되고 있어 철근 부식이 우려되므로 이음철근 품질확보를 위하여 지하층 시공이음 구간은 물을 제거하고 가배수로 등을 계획하여 물이 고이지 않도록 관리해야 한다.

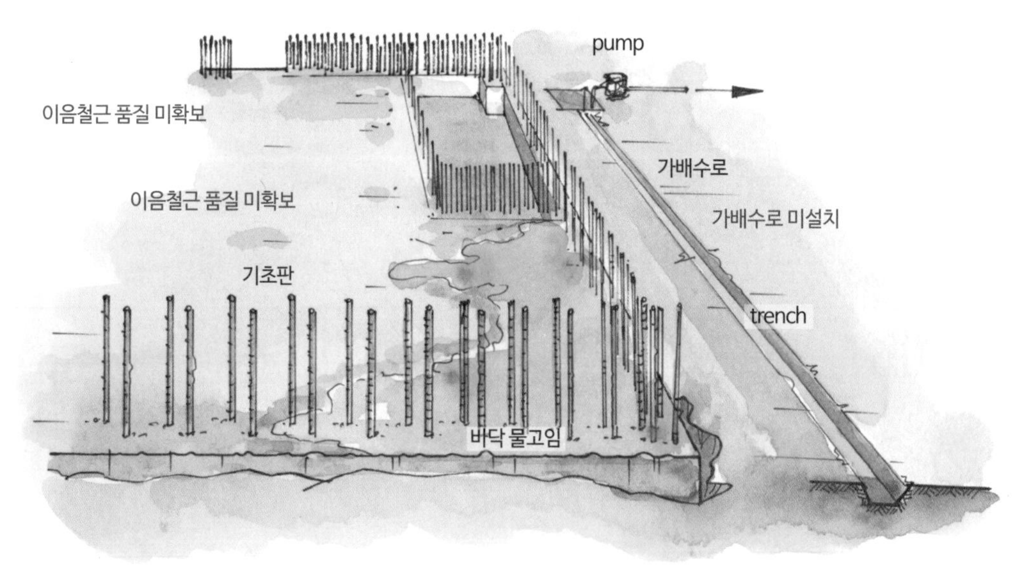

■ 점토벽돌 시공상세도면 작성 미흡

적용근거 본 공사의 건축공사시방서 '1.2 공정 및 시공계획서' 부분에서는 공정표, 가설물, 비계 발판, 공사용 기계기구 등의 시공설비, 창고 및 작업장 등 기타, 용지사용에 대하여 시공계획서를 작성하고 필요시 감리자의 승인을 받도록 하며, 본 공사의 '품질관리계획서'(15. 공사관리, 5.9 시공상세도 작성)에서 현장 공사담당은 공정별로 공사착수 전에 시공상세도를 작성하여 현장소장의 승인을 받고, 현장소장은 시공상세도를 감리자에게 제출하여 필요한 조치를 받도록 규정하고 있다.

지적사항 점검일 현재 점토벽돌을 시공하면서 창호를 설치하는 부분 인방보 시공방법(101동 등 44개소)에 대한 시공계획서, 시공상세도면을 작성하지 않고 점토벽돌 위에 강선을 설치하여 시공한 사실이 있음을 확인했다.

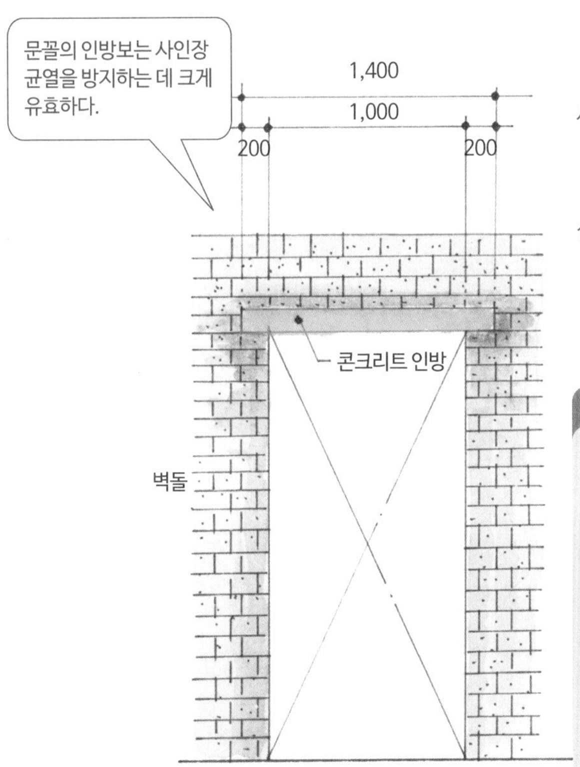

[출입문 콘크리트 인방]

용어해설

인방(引枋, lintel)

① 기둥과 기둥에 가로대어 창문틀의 상하 벽을 받고 하중은 기둥에 전달하며 창문틀을 끼워 댈 때 뼈대가 되는 것을 말한다.
② 벽의 위쪽에 있는 것은 상인방(lintel), 중간에 있는 것은 중인방, 중방 하부에 있는 것은 하인방 또는 하방 · 지방(地枋), 창 밑의 것은 창대(window sill), 문 밑의 것은 문지방이다.
③ 인방의 크기는 기둥 사이가 2m 정도면 기둥의 2/3 정도로 하지만 기둥이 그 이상 거리가 되면 기둥과 같은 것을 쓰거나 중간에 달대공을 넣으며 트러스로 짤 때도 있다.
④ 양 끝은 빗턱통 넣고 장부맞춤 · 꺾쇠 또는 띠쇠 등으로 보강한다.

■ 지하층 램프 구간 옹벽 시공이음면 관리 필요

적용근거 국가건설기준센터 KCS 표준시방서 '콘크리트공사(KCS 14 20 00)'(3.6.2 수평시공이음)에 따르면, 콘크리트를 이어칠 경우에는 구(舊) 콘크리트 표면의 레이턴스, 품질이 나쁜 콘크리트, 꽉 달라붙지 않은 골재 입자 등을 완전히 제거하고 충분히 흡수시켜야 한다고 되어 있다.

지적사항 지하 1층 램프#2 옹벽 선타설 구간(X9 및 Y5~6)의 시공이음면은 꽉 달라붙지 않은 골재, 레이턴스등 이물질이 제거되지 않아 콘크리트 부착 응력 및 강도 저하가 우려되므로 콘크리트 부착강도 확보 및 구조물 일체화를 위하여 후속공정 진행 전 이물질 제거 후 나머지 공정을 진행해야 한다.

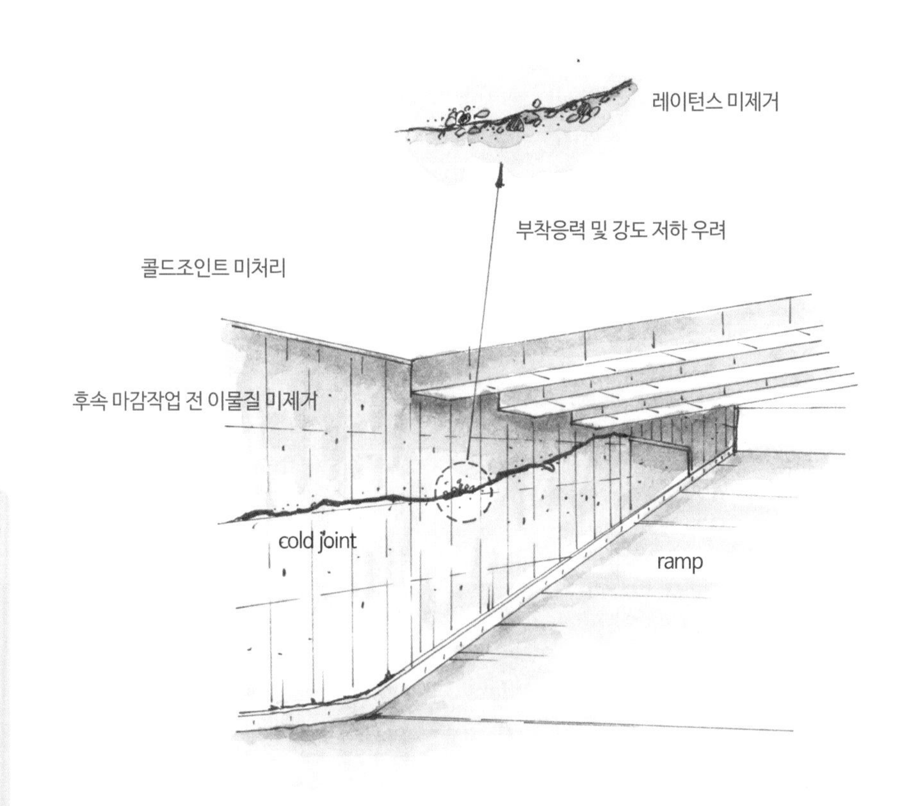

[지하주차장 램프진입부]

■ 품질관리계획서 수립 및 이행 미흡

적용근거 건설기술진흥법 제55조 제1항 및 같은 법 시행령 제89조 제1항에 따라 품질관리계획을 수립함에 있어, 품질시험계획을 '건설공사 품질관리 업무 지침' 제8조에 따라 건설공사의 종류별 · 공종별 시험종목, 방법 및 빈도 등을 정하여 작성하여야 한다.

지적사항

① 점검일 현재('19. 10. 10.) 본 공사에서 시행한 가설기자재(흙막이 가시설)의 품질시험계획에는 '토공 및 흙막이공사 시공계획서' ○○지역-1811-6호('18. 12. 4.)의 품질시험목록에 있는 시험계획(그라우트, PC강선 및 PC강연선, 인장시험, 인발시험, SGR grout 주입압력시험)이 위 공사의 품질관리계획서 및 품질시험계획서에 반영되어 있지 않으며, 위 공사의 품질관리계획서를 제정('18. 11. 8.)하고, 품질시험계획서를 제·개정(최초 '18. 11. 8., 1차 개정 '19. 4. 4.) 하면서 이를 누락한 사실을 확인했다.

② 점검일 현재('19. 10. 17.) 위 공사에서 시행한 '가설기자재(흙막이 가시설)' 및 '토공사 및 기초공사'의 되메우기 및 구조물 뒤채움에 대한 품질시험계획이 위 공사의 품질관리계획서에 반영되어 있지 않으며, 위 공사의 품질관리계획서를 제·개정(최초 '17. 4. 1., 1차 개정 '19. 4. 4.) 하면서 이를 누락한 사실을 확인했다.

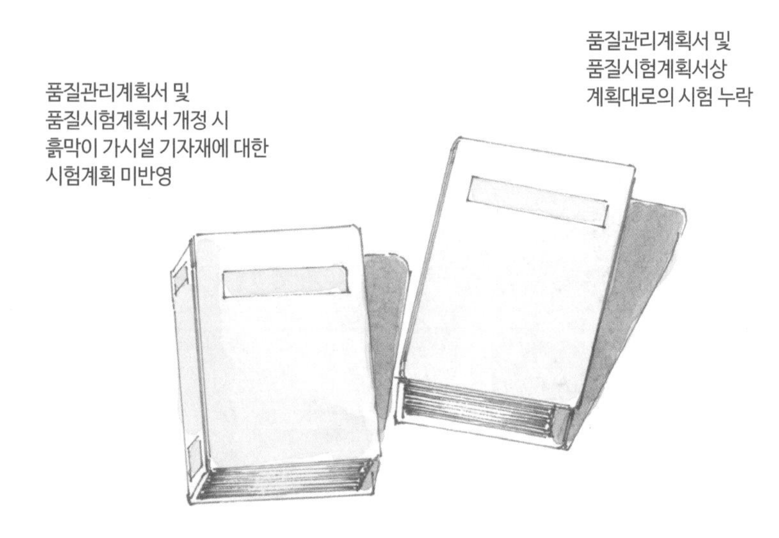

[품질관리계획서·품질시험계획서]

■ Raker 및 H-pile 안전성 검토 미완료

적용근거 철근콘크리트 선타설 시공계획서(○○지역-1903-20호, '00. 3. 27.)의 '3. 부위별 시공계획(흙막이 가시설과 간섭되는 부위)'에는 raker 및 H-pile의 해체방법, 해체 구간, 해체순서, 구조체 관통부위 처리방법 등에 대해 별도 제출토록 되어 있다.

지적사항 위 사항에 대한 검토, 확인이 되지 않은 상태로 시공했음을 확인했다.

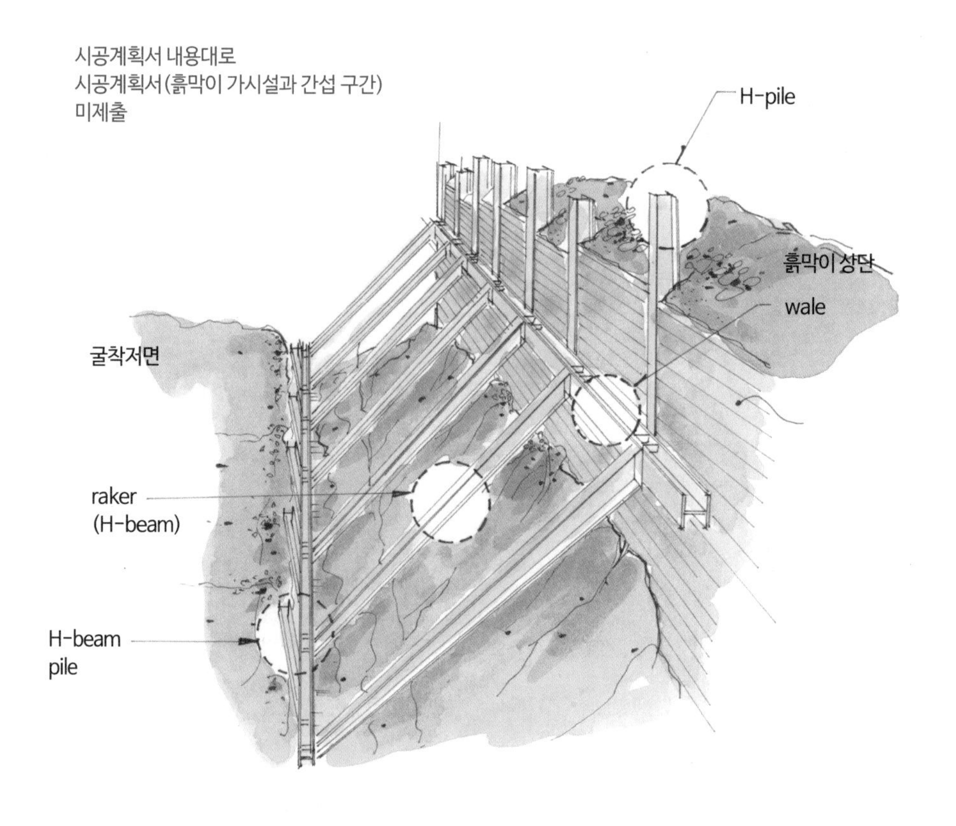

[raker 공법]

■ 구조물 뒤채움 시공관리 미흡

적용근거 본 공사의 '시공시방서'(토목편, 제3장 토공사, 3.7 되메우기)에서 도로부 되메우기용 재료의 최대치수는 100mm 이하로 정하고 있고, 'KSC 11 20 25 : 2018(되메우기 및 뒤채움)'(2.1.3 뒤채움 재료)에서 뒤채움은 보통쌓기 재료, 구조물쌓기 재료를 이용하며, 'KSC 11 20 20(2.1.2)'에 적합하여야 한다고 규정하면서 보통 되메우기 재료의 최대 입경이 100mm 미만이어야 함을 규정하고 있다.

지적사항 점검일 현재 109동과 110동 사이 지하주차장 벽체 뒤채움에 입경 100mm를 초과한 재료가 쌓여 있음을 확인했다.

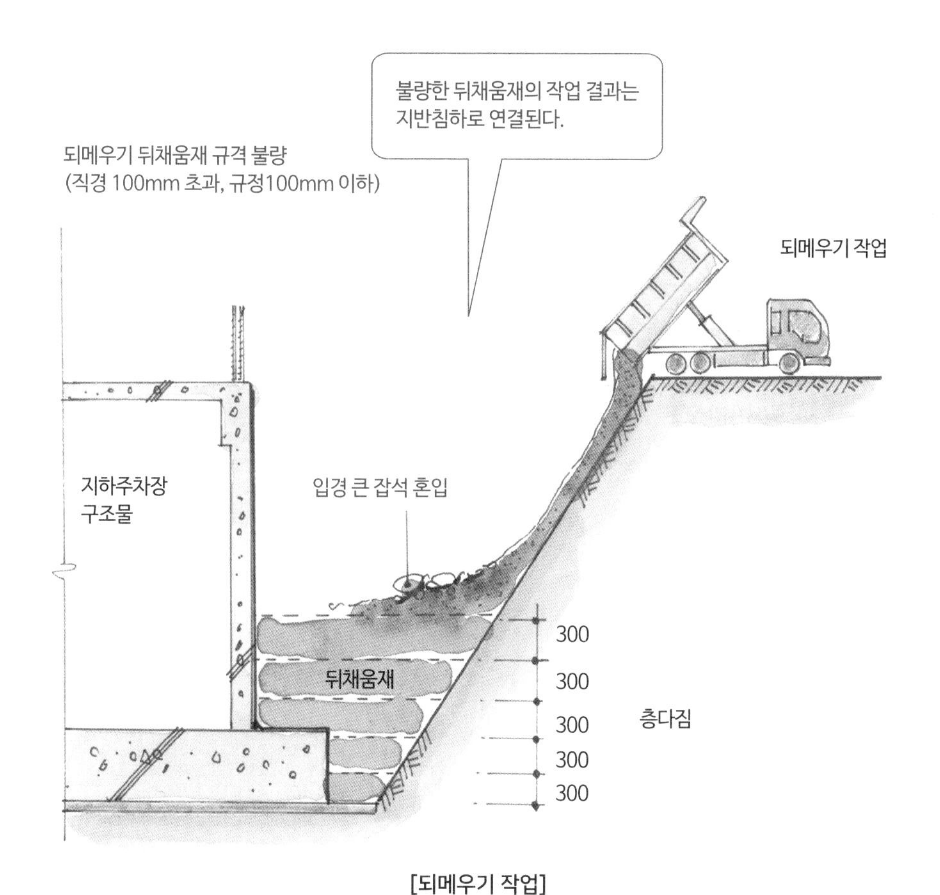

[되메우기 작업]

■ 배수구조물 파손부위 보완 필요

적용근거 '산업안전보건기준에 관한 규칙(개정 2016. 7. 11.)' 제22조(통로의 설치)에서는 ① 사업주는 작업장으로 통하는 장소 또는 작업장 내에 근로자가 사용할 안전한 통로를 설치하고 항상 사용할 수 있는 상태로 유지하여야 한다. ② 사업주는 통로의 주요 부분에 통로표시를 하고, 근로자가 안전하게 통행할 수 있도록 하여야 한다고 되어 있다.

지적사항 A동과 B동 사이 도로에 설치된 배수구조물(맨홀 및 집수정)에 대해 보수 및 교체가 필요하다.

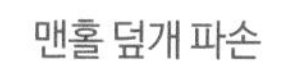

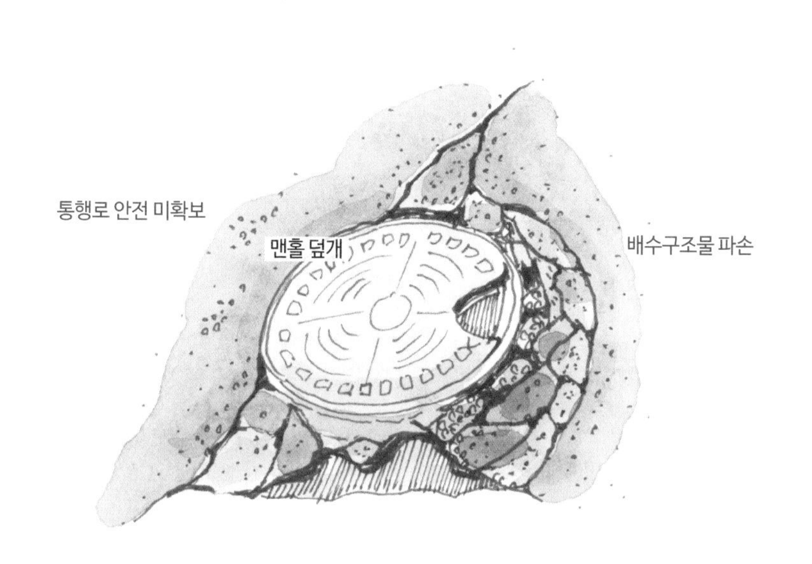

[맨홀]

■ 단열공사 시공(우레탄폼 충전) 미흡

적용근거 건축공사 표준시방서(단열공사)에 따르면 단열재 사이에는 틈새가 생기지 않도록 하고 있고, 틈새 발생 시 충진재를 밀실하게 충전해야 한다고 되어 있다.

지적사항 점검일 현재 지하 2층 및 3층(C zone) 천장 단열재 시공부를 확인한 결과, 단열재 간 틈새가 발생하여 우레탄폼 충전을 하였으나 밀실하게 되지 않고 공극이 일부 발생되어 있음을 확인했다.

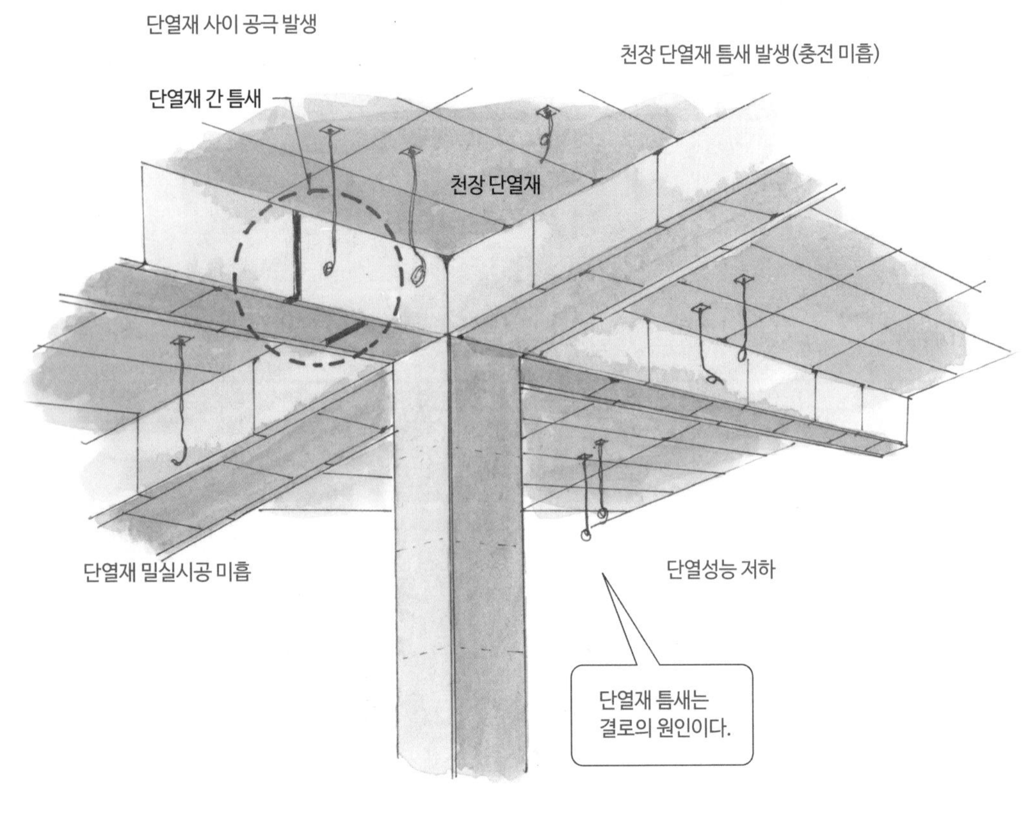

[천장 단열재]

■ 콘크리트 균열 발생

적용근거 국가건설기준 '일반콘크리트(KCS 14 20 10 : 2016)'(3.5.5.2 표면상태의 검사)에 따르면 균열은 구조물의 성능, 내구성, 미관 등 그의 사용 목적을 손상시키지 않는 허용값의 범위 내에 있을 것이라고 되어 있다.

지적사항

① 건설기술진흥법 시행령(벌점 측정기준)에 의하면 주요구조부에 균열이 발생했으나 구조검토 등 원인분석과 보수 및 보강을 위한 균열관리를 하지 않은 경우 벌점을 부과토록 규정되어 있다.

② 점검 결과, 지하 1층 등에 균열이 신규 발생하였으나 균열관리대장에 누락되어 있음을 확인했다.

위치		균열폭	길이	비고
지하 1층	보 중앙부	0.1mm	12.0m	(15개소)
지하 2층	103동측 벽체	0.1~0.2mm	0.5m	
지하 3층	Y2, X18	0.1~0.2m	4.0m	
102동 1층	동출입구 홀 벽체	0.1~0.2m	4.0m	

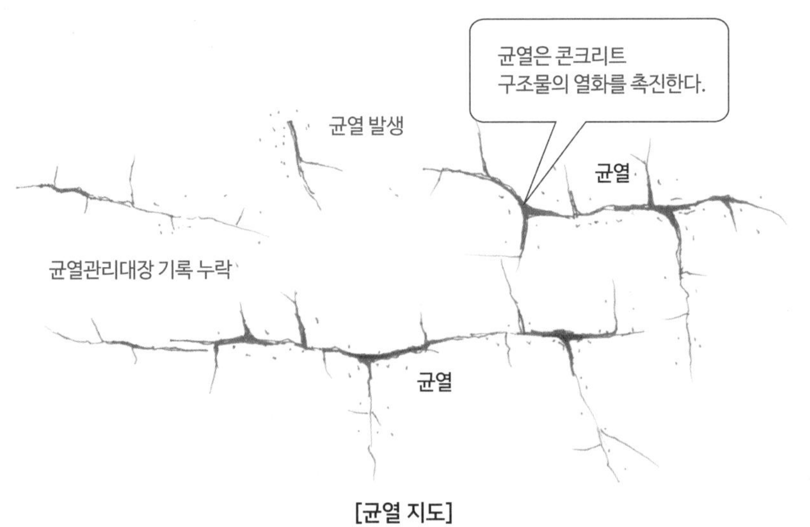

[균열 지도]

■ 낙하물 방지망 내 적치물 미제거

적용근거 '낙하물 방지망 설치지침'에 따르면, 건물 외벽에 설치하는 낙하물 방지망의 방망에 적치되어 있는 낙하물 등은 즉시 제거토록 규정하고 있다.

지적사항 점검일 현재 설치된 낙하물 방지망을 확인한 결과 일부 지점에 스티로폼, 목재 등의 잔재물이 적치된 상태로 작업을 하고 있어 수시로 적치물을 제거할 필요가 있다.

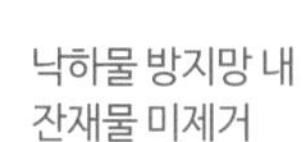

[공동주택 외벽 낙하물 방지망]

■ 지하주차장 램프 지붕 보완 시공

적용근거 본 공사 설계도서(시공상세도)에 의하면, 램프 지붕의 철골기둥은 콘크리트 옹벽 위에 철판(250×150×15t, base plate)을 대고 set anchor 4개로 고정하여 지지하도록 하고 있다.

지적사항 ramp-1 초입부 옹벽 앵커는 2개(2개소)만 시공되어 있고, ramp-1, ramp-3은 앵커시공을 하면서 콘크리트가 부분적으로 파손(2개)되어 있어 보완 시공이 필요하다.

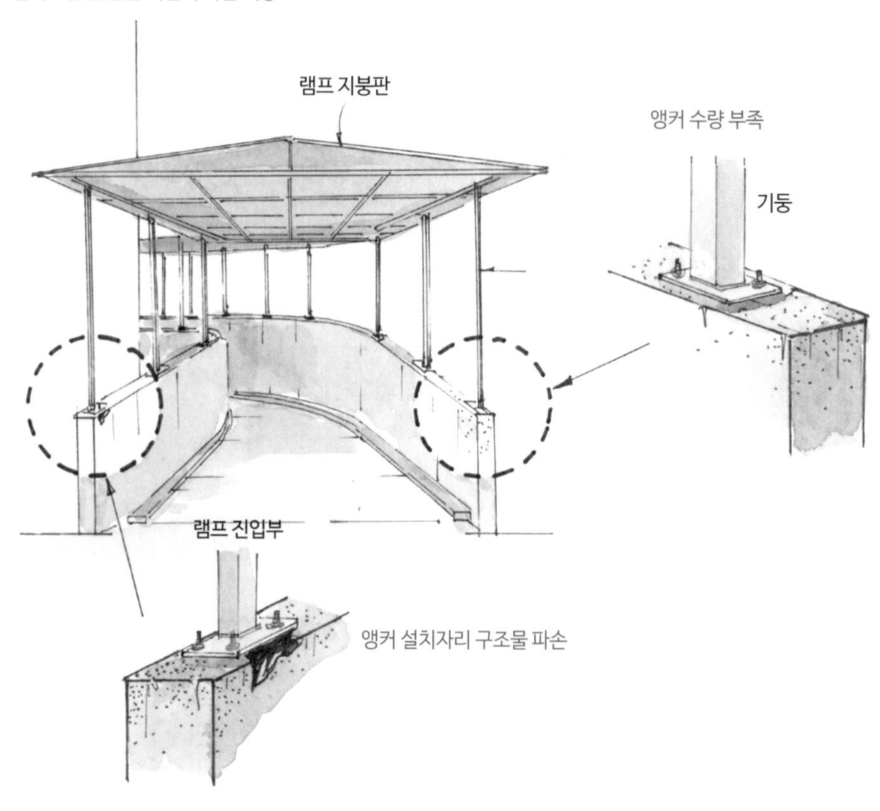

[지하주차장 진입로 램프 지붕]

■ 단지 내 도로 측구 빗물받이 보완 시공

적용근거 본 공사 설계도면(빗물받이 상세도)에 의하면, 단지 내 도로 측구에 설치되는 빗물받이는 L형 다이크와 동일한 높이로 시공하도록 하고 있다.

지적사항 점검일 현재 확인 결과, 단지 내에 설치된 빗물받이 중 20개소에서 스틸그레이팅(steel grating)이 L형 다이크(dike)보다 높게(약 10~20mm) 시공되어 있어 돌출부에 의한 보행자의 안전사고가 우려되므로 보완 시공이 필요하다.

■ 지하주차장 전기배선 설계도면과 다른 시공

적용근거 본 공사 전기 설계도면(지하 1층 주차장 전등설비 평면도-3)에 의하면, 지하주차장 차량통행로 구간의 전등설비는 노출천장 raceway로 되어 있고, 주차 구간은 매립배관으로 설계되어 있다.

지적사항 점검일 현재 확인 결과, 지하주차장 109동 주차구역의 전등배관은 전선배관을 콘크리트 내에 매립하여 시공하여야 함에도 시공상세도 작성 및 감리원의 승인 없이 외부에 노출(노출배관)되도록 도면과 다르게 시공(3개소)한 사실을 확인했다.

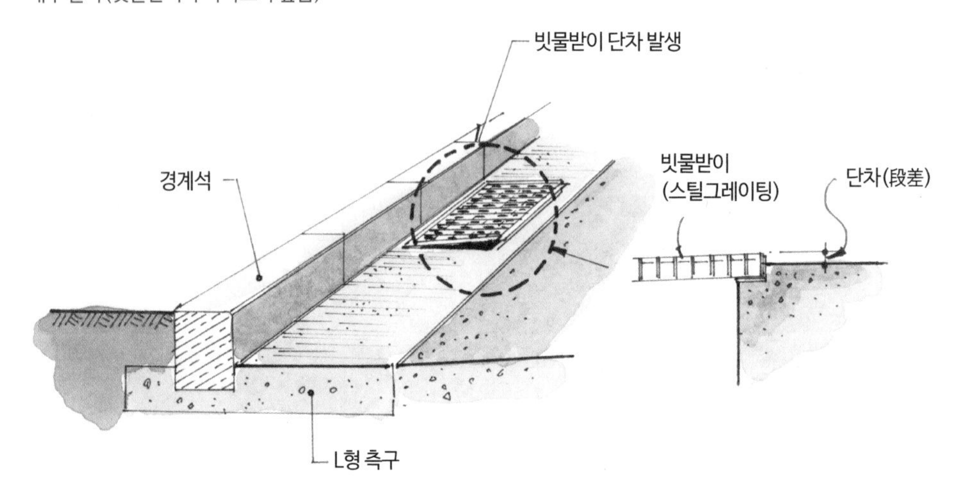

[도로 노견 단면도]

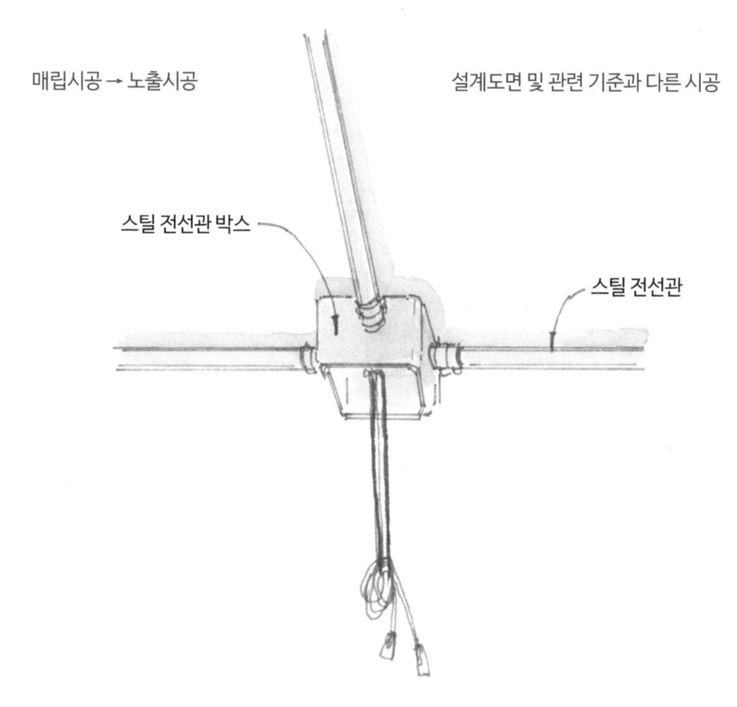

[천장 전선관 노출배관]

용어해설

빗물받이(street inlet)
도로의 측면 배수구에 30~50m 간격으로 배치한 원형 또는 직사각형의 콘크리트제 용기. 바닥에 토사저장부가 있고 빗물은 여기로부터 하수 부착관을 경유, 하수 본관으로 들어간다.

노출배관(露出配管, open piping exposed piping)
난방이나 냉방용 배관 또는 전기공사 등의 배선이 노출되어 있는 것을 말한다.

■ 배수처리시설 침사지 관리 미흡

적용근거 본 공사시방서(3. 토공사 및 기초공사, 3.1 토공사)에 의하면, 공사에 지장을 줄 샘물, 빗물, 고인 물 등은 펌프 또는 적당한 방법으로 배수처리를 한다고 되어 있다.

지적사항 점검일 현재 시공 중인 건축물에 빗물 등이 유입이 되지 않도록 공사장 주변에 토사 측구 및 침사지를 설치하여 배수처리 중에 있으나, 침사지에 토사가 퇴적되어 우기 시 배수처리에 지장을 초래할 수 있으므로 원활한 배수처리를 위해서 조치를 취해야 한다.

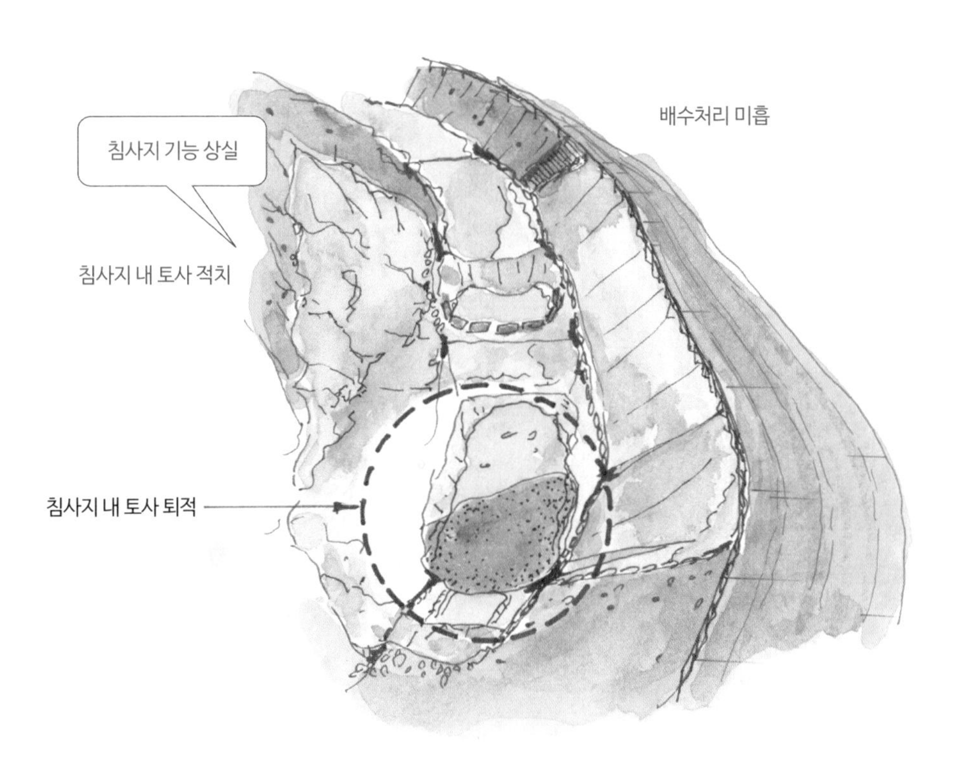

[도로공사 침사지]

■ 콘크리트 재료분리의 발생

적용근거 '콘크리트 표준시방서'에 의하면, 콘크리트 타설작업 시에는 철근 및 거푸집이 변형 및 손상되지 않도록 주의하고 다짐을 충분히 하여야 한다고 되어 있다.

지적사항 본 공사의 A동과 C동을 점검한 결과 39층 옥상 난간 콘크리트 타설 미흡으로 재료분리(0.1×(0.4+1.3+3.2+0.4)=0.5m^2, 4개소)가 발생하였으나 보수 · 보강 대책 등을 수립하지 않고 있음을 확인했다.

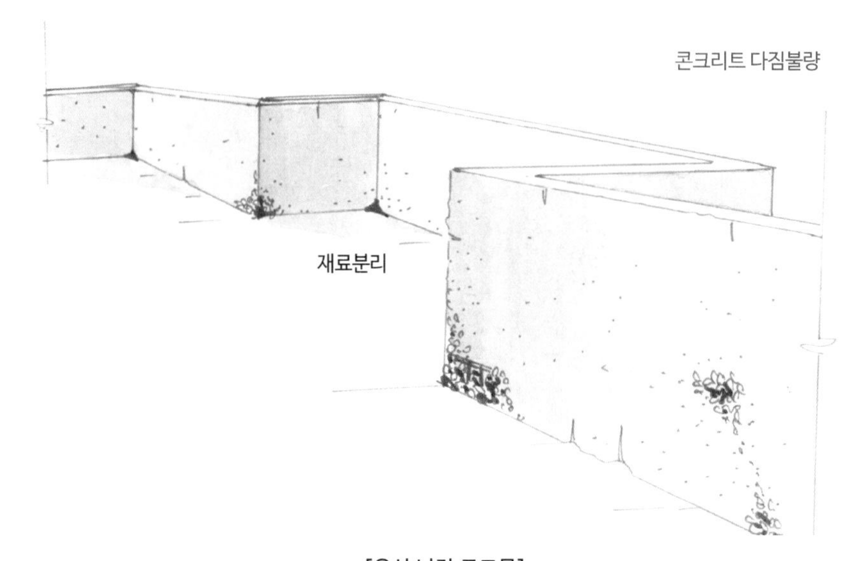

[옥상 난간 구조물]

용어해설

침사지(沈沙池/沈砂池, grit chamber)
① 급히 흐르는 물을 가두어 물에 섞인 모래나 흙 따위를 가라앉히려고 만든 못
② 하수 처리장에서 모래와 흙 따위를 가라앉혀 제거하기 위하여 만든 못

■ 비산먼지 발생 대책 미흡

적용근거 본 공사 '17-공-주기장 공사시방서(토목 분야)'(1.7 환경관리)에 의하면, 공사차량 운행 시에는 살수차량을 이용하여 비산먼지 발생을 방지하여야 한다고 되어 있다.

지적사항 공사 현장에서 발생된 폐콘크리트를 크러셔(crusher) 처리하여 가설사무소 인접 구간에 야적 보관하였으나, 점검일 현재 재생 순환골재를 덤프트럭에 상차 중 비산먼지가 발생하고 있으므로 공사차량 운반로 및 상차 시 비산먼지가 발생하지 않도록 살수 처리를 해야 할 필요가 있다.

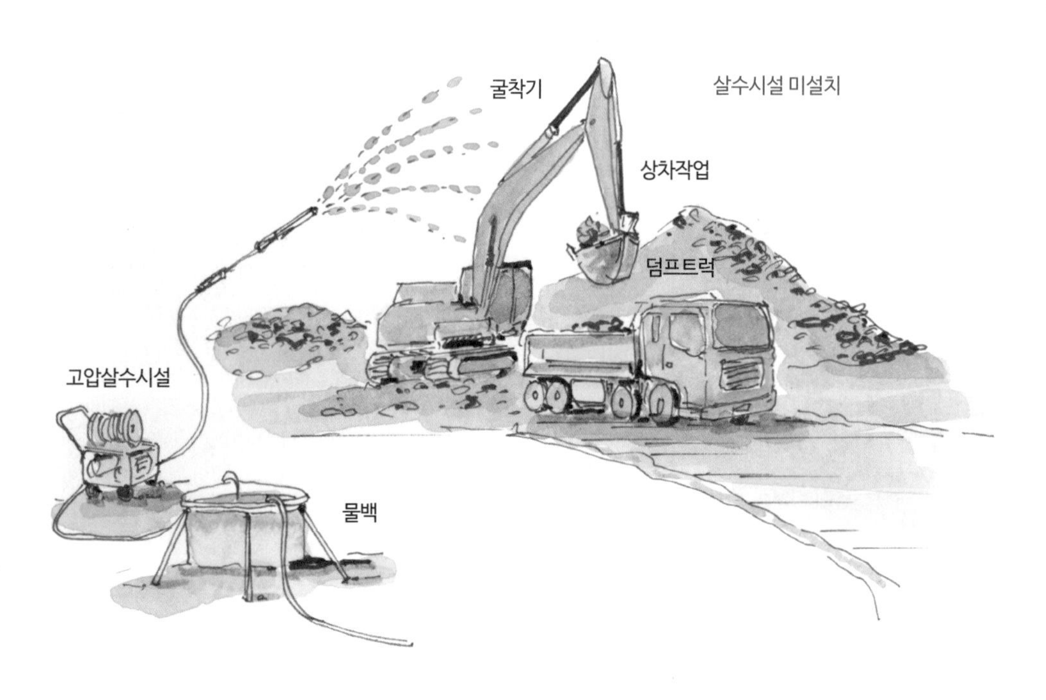

[토사운반작업]

■ 차수시설 복구 및 공사장 주변 정비 필요

적용근거 '건축물 부대공사 일반사항(KCS 41 80 01 : 2021)'의 '3.3.3.(6)'에 의하면 공사장에서 발생하는 폐기물, 분진, 오수 및 배수 등이 공사장과 공사장 인근의 대기, 토양 및 수질을 오염시키지 않도록 적절히 계획하고 조치하여야 한다고 되어 있다.

지적사항 본 공사의 생활폐기물 처리시설 조성공사는 점검일 현재 ○○시에서 발생되는 생활폐기물을 운반하여 매립 및 복토작업을 시행 중에 있다. 현재 시행 중인 매립 및 복토작업 구간을 확인한 결과, 최근 태풍 및 장기간 외기노출로 인하여 차수시설 'A' 단면의 일부 구간에서 부직포가 파손되어 매립 시 침출수가 유출될 우려가 있으므로 정비가 필요하다.
또한, 태풍의 영향으로 생활폐기물이 성토 dike-10 비탈사면과 배수로에 이물질이 적치되어 있어 미관 및 향후 우기 시 배수에 지장이 없도록 제거 후 적절한 대책(덮개 설치 등) 수립이 요구된다.

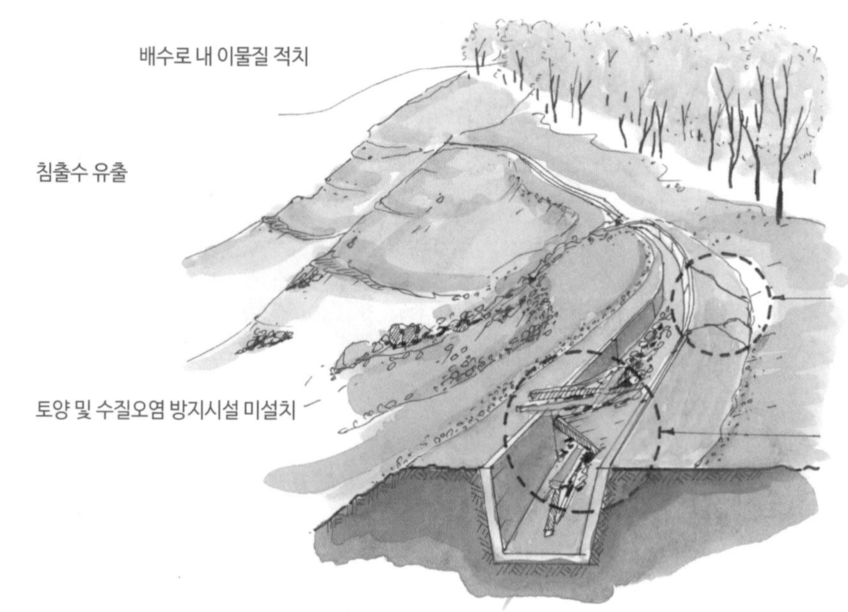

[배수로]

■ 노출 철근 관리 미흡

적용근거 '콘크리트 표준시방서 철근공사'(3.1.3 철근의 이음)에 의하면, 장래의 이음에 대비하여 구조물로부터 노출시켜 놓은 철근은 손상이나 부식을 받지 않도록 보호하여야 한다고 되어 있다.

지적사항 지하층 외벽 이음용 철근은 향후 최대 2.5개월 정도 노출이 예상되는데도 점검일 현재까지 보호 조치 없이 방치하고 있어, 노출 철근 관리계획 수립 및 조치가 필요하다. 감리단 또한 관련 기준에 따라 품질관리를 철저히 할 필요가 있다.

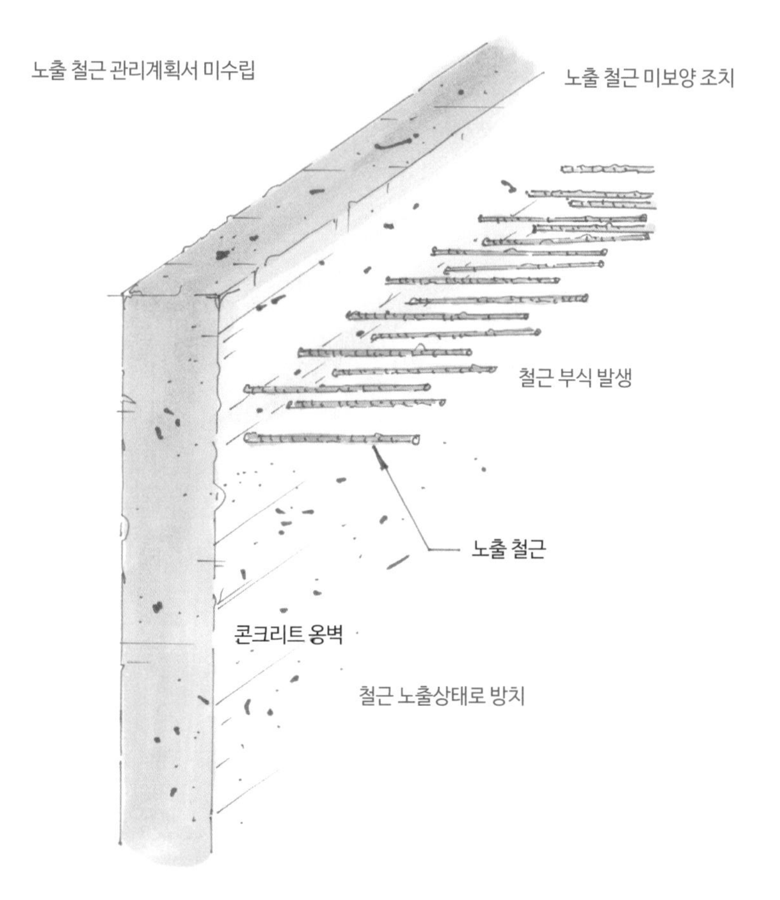

[벽체 노출 철근]

■ 기둥 철근 시공 미흡

적용근거 본 현장 공사시방서에 의하면, ① (결속) 현장 공사시방서(5-7 철근배근)에 따르면 철근은 콘크리트를 부어 넣을 때 움직이지 않도록 견고하게 결속하여야 한다. ② (절곡) 철근콘크리트 구조일반사항에 따르면 보조 띠철근 양단부에 90도, 135도로 절곡하여야 한다고 되어 있다.

지적사항 점검일 현재 상가동 지상 1층은 골조작업 중이나, 철근의 결속 및 절곡 시공이 설계도서에서 규정하는 기준에 미달한다.

① (결속) 현장 공사시방서(5-7 철근배근)에 따르면 철근은 콘크리트를 부어 넣을 때 움직이지 않도록 견고하게 결속하여야 하나, 상가동 지하 1층 기둥의 주·보조철근 간 결속이 미흡하여 콘크리트 타설 시 탈락할 우려가 있다.

② (절곡) 철근콘크리트 구조일반사항에 따르면 보조 띠철근 양단부에 90도, 135도로 절곡하여야 하나, 기둥 2개소(C81, C83)에 배근된 보조 띠철근 일부는 양단부 모두 90도로 절곡되어 있다.

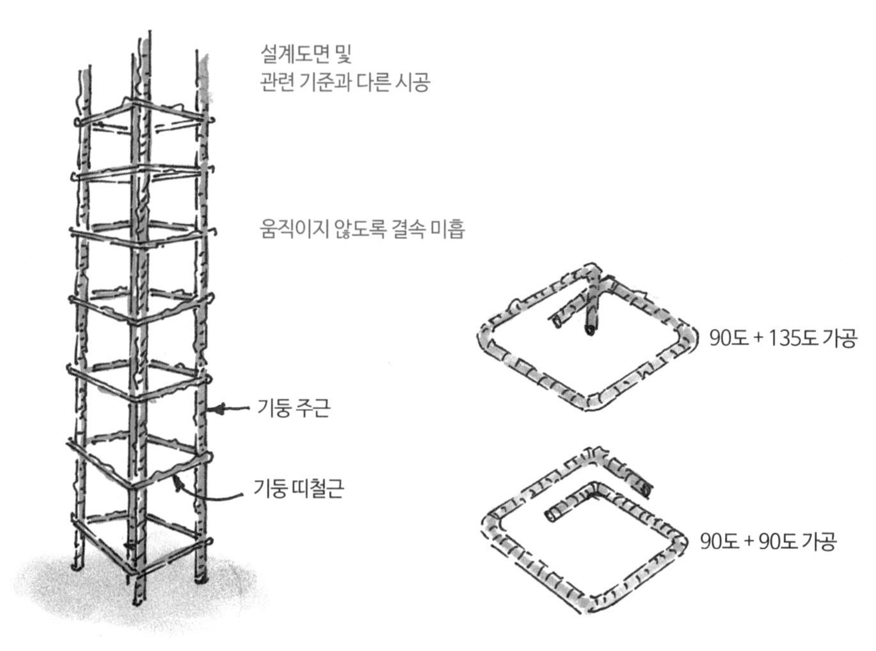

[기둥 철근]

띠철근 단부절곡 불량 (135도를 90도로 시공)

■ 콘크리트면의 균열 발생

적용근거 국가건설기준 '일반콘크리트(KCS 14 20 10 : 2016)'(3.5.5.2 표면상태의 검사)에 의하면, 균열은 구조물의 성능, 내구성, 미관 등 그의 사용 목적을 손상시키지 않는 허용값의 범위 내에 있을 것이라고 되어 있다.

지적사항 본 현장은 현재 지하층 골조공사를 진행 중이다. 지하층(1~3층) 콘크리트 합벽에 발생된 다수의 수직 균열에 대하여 시공사에서는 건조수축으로 인한 균열 발생으로 원인분석 후 지하 1층에서부터 균열보수(발포 우레탄폼)를 진행하는 등 균열관리(균열관리대장)를 하고 있으나, 점검 당일 확인 결과, 균열관리대장상의 균열폭(0.3mm 이하)과 달리 지하 3층 콘크리트 합벽 X9~X12/Y1 구간에는 허용 균열폭 이상(최대 균열폭 1.7mm)의 균열이 아래와 같이 다수 확인되었다. 또한 균열부 및 벽체 시공이음부 일부에서는 누수도 확인되었다. 따라서 해당 구간에 대하여 구조검토 등 원인분석과 보수·보강 조치가 필요하다.

지하 3층 콘크리트 합벽(X9~X12/Y1) 균열 현황

균열폭(mm)	길이(m)	개소
0.3 이상 ~ 1.0 미만	31.5	19
1.0 이상	15	27

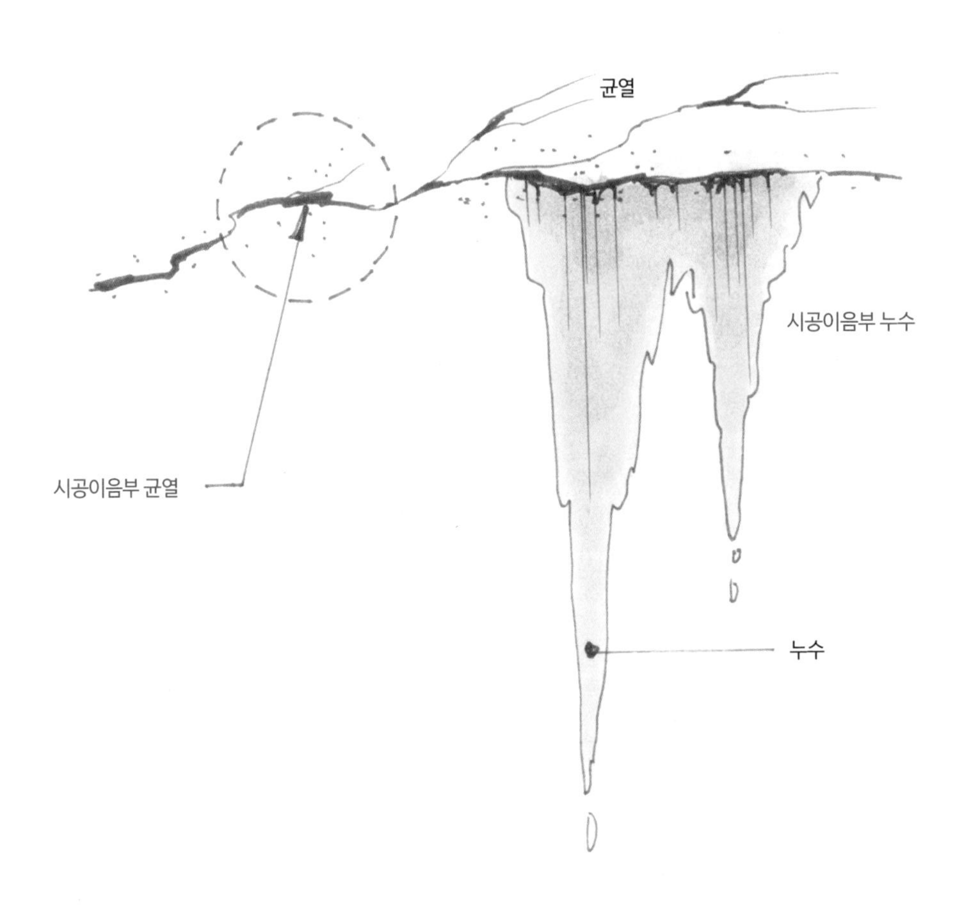

[콘크리트면 균열]

■ 조적벽체 세로줄눈 및 모르타르 채움 시공 미흡

적용근거 현장 건축시방서의 '6. 조적공사, 6.2.3. 쌓기 (1), 6.2.4. 줄눈 및 치장줄눈 (2)'에 따르면, 조적벽체 세로줄눈의 나비 및 모르타르 채움은 (1) 가로, 세로줄눈 나비는 1cm로 하고, (2) 조적벽의 별도 마감이 없는 경우 쌓은 직후 줄눈 모르타르가 굳기 전에 줄눈 흙손으로 빈틈없이 벽돌의 접합면 전부에 가득 차도록 줄눈 누르기를 해야 한다고 되어 있다.

지적사항 당 현장은 지하 4층 및 지하 25층 15개동을 건설하는 공사로서 현재 70% 공정률로 골조공사를 완료한 후 마감공사를 진행하고 있다. 점검일 현재 A동 22~24층 엘리베이트 홀 PS 내(조적벽위 마감 없음) 조적공사 세로줄눈의 나비는 일부 20~30mm로 시공되어 있고, 가로 세로줄눈 누르기를 실시하지 않아 보완 시공이 필요하다.

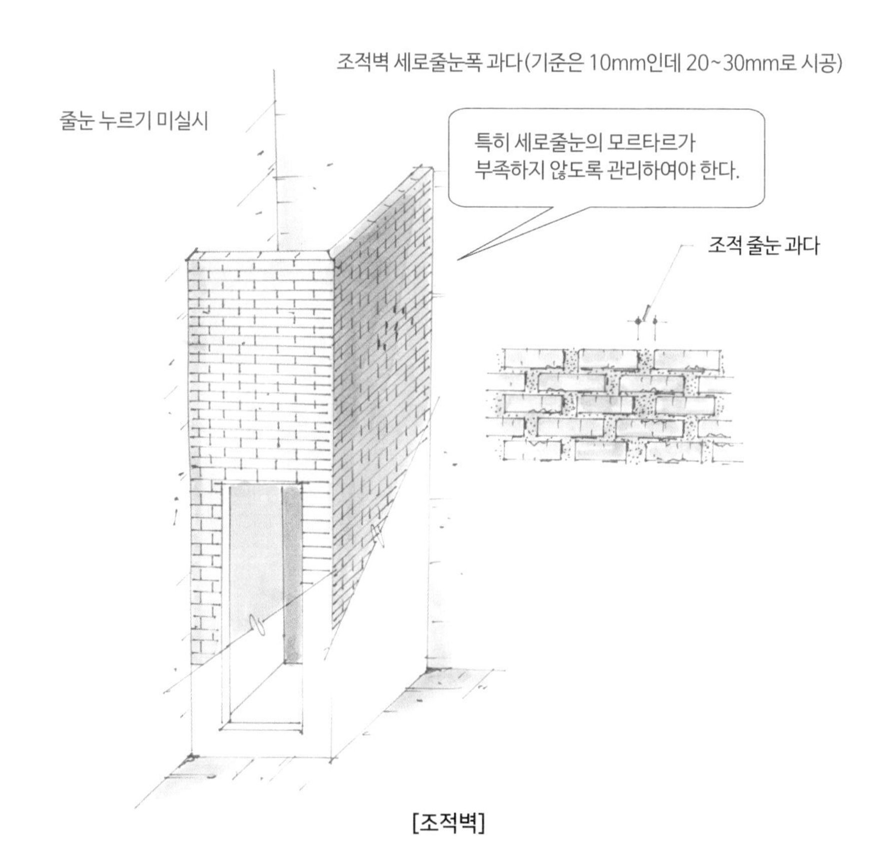

[조적벽]

■ 토공 및 포장 구간 내 규준틀 설치 미흡

적용근거 현장 토공 시공계획서(나. 토공 규준틀 설치)에 따르면, 성토 구간은 토공(노체, 노상), 포장공(보조기층, 기층, 표층)을 표시하는 말뚝을 레벨에 맞게 설치해야 한다고 명시하고 있다.

지적사항 점검일 현재 도로 구간(보도 측 포함) 내 토공 및 포장공이 진행 중에 있으나 일부 규준틀이 망실되어 있으므로 경계를 명확히 할 수 있도록 관련 규정에 따른 보완 설치가 필요하다.

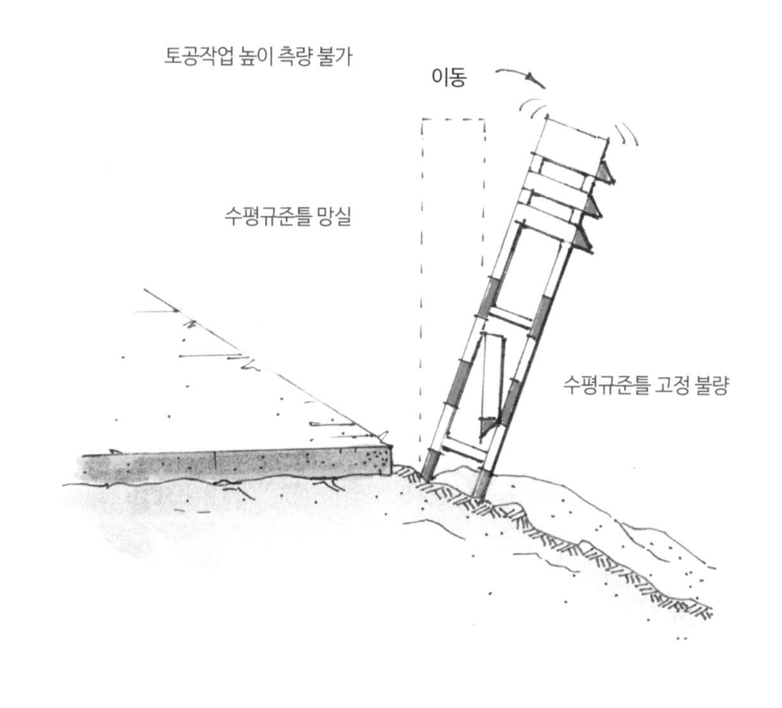

[도로 포장작업용 수평규준틀]

■ 아파트동 지상 6층 철근조립 불량

적용근거 현장 공사시방서(5.3.3 철근의 조립)의 공장가공도에 따르면, 철근은 도면에 따라 고르게 배근하고 콘크리트 타설을 완료할 때까지 이동하지 않도록 견고하게 조립한다고 명시하고 있다.

지적사항 점검일 현재 아파트동 지상 6층 기둥의 띠철근은 공장가공 철근을 사용하여 조립하였으나, 기둥 4개소[C1A(350×900) 2개소, C1(350×900) 2개소]에 조립된 띠철근의 양단부는 주철근과 간격이 10~20mm 정도 이격되어 있는 등 조립이 불량하다.

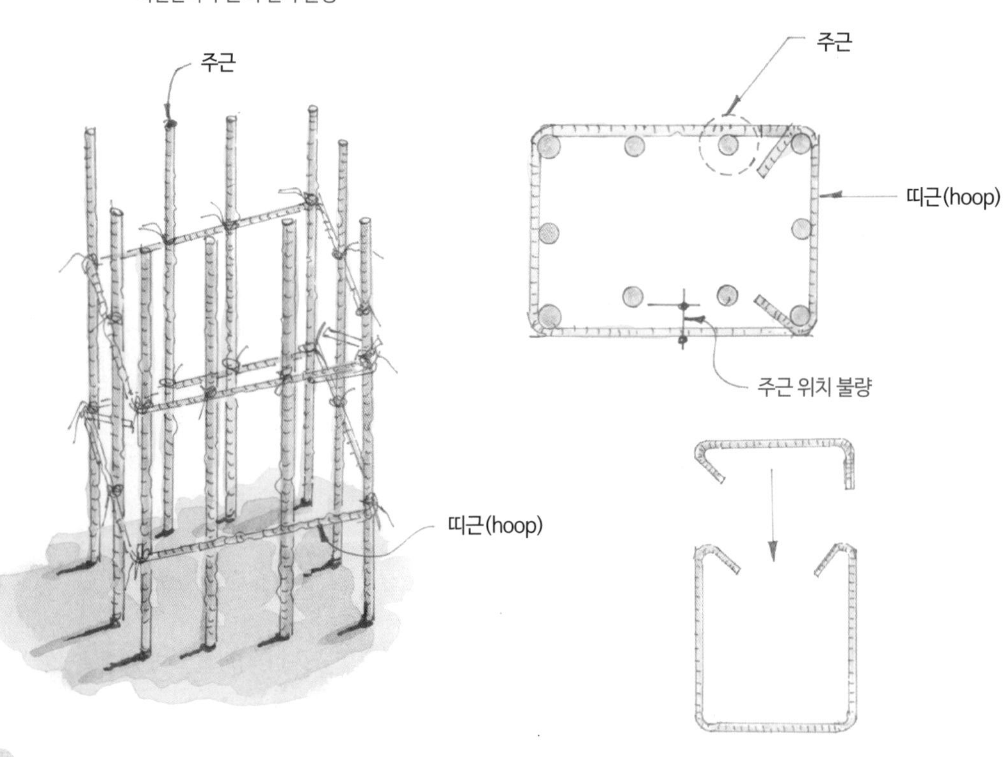

[기둥 철근]

용어해설

띠철근(帶鐵筋, tie bar/hoop)
① 축 방향 철근을 소정의 간격마다 둘러싼 가로방향의 보조철근이다.
② 콘크리트의 가로방향 변형을 방지하여 압축응력을 증가시키는 역할을 한다.

스터럽(늑근, 肋筋, stirrup)
콘크리트 구조에서 보의 주근을 둘러싸고 이에 직각이 되게 또는 경사지게 배치한 복부 보강근으로서, 전단력 및 비틀림모멘트에 저항하도록 배치한 보강철근을 말한다. 다른 표현으로는 철근콘크리트 보의 상하 주근을 직접 또는 보의 내측연을 따라 감는 '전단보강근'으로 조립 시에도 긴요하다. 늑근이 있는 위치에서의 총단면적을 보의 폭과 늑근 간격을 곱한 값으로 나눈 값을 '늑근비'라고 부르며, 백분율로 표시한다.

■ 환승시설 L7 교각부 수직철근 피복두께 확보 미흡

적용근거 현장 특기시방서에 따르면, ○호선 연장 구간(환승 구간) 교각부 최외단 수직철근은 피복두께 80mm를 확보하도록 설계도면에 명시하고 있다.

지적사항 본 현장은 L7 교량 2.34km(본선 1.79km, ○호선 연장 0.55km), 정거장 2개소 및 환승 시설을 건설하는 도시철도공사이며, 전체 공정률 29%로 점검일 현재 정거장 하부공(말뚝기초 및 교각) 등을 진행 중이다. 그러나 점검일 현재 L7 교각부 수직철근 최외단은 설계도면에서 규정하는 피복두께를 확보하지 못한 상태로 시공(거푸집 설치를 위한 먹매김 기준선에 L7 교각부 수직철근 최외단 시공)되어 있다.
또한, 감리단에서는 L7 교각부 말뚝기초 철근조립 및 건입, 콘크리트 타설 등에 대한 검측은 실시하였으나, 콘크리트 양생 완료 후 교각 수직철근 시공에 대한 검측은 점검일 현재까지 이루어지지 않고 있다.

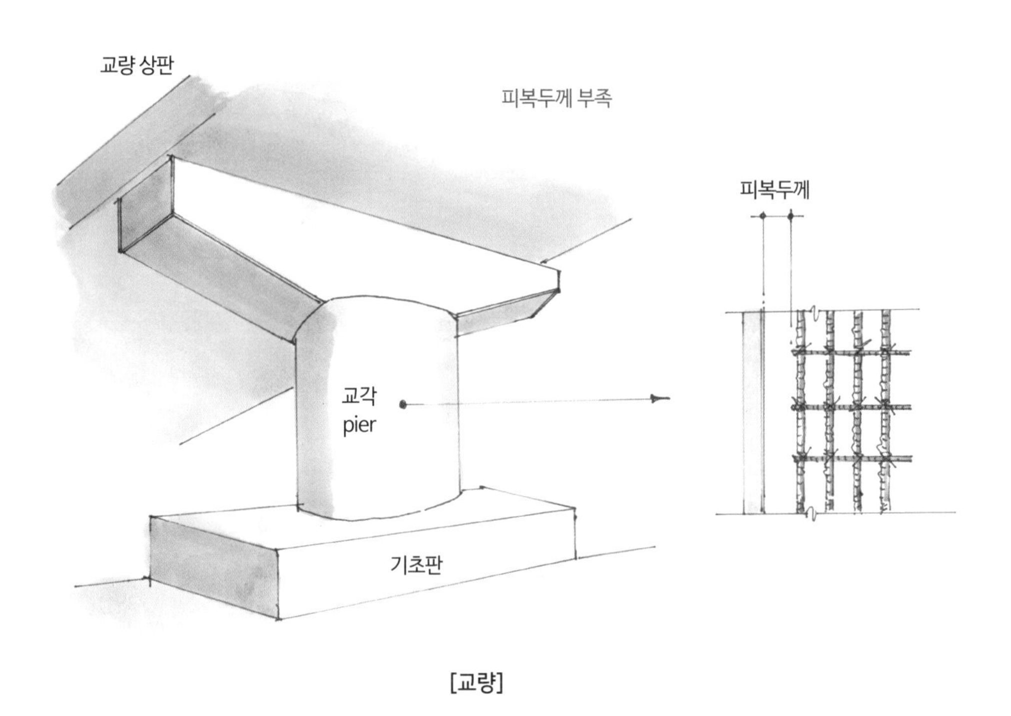

[교량]

■ 거푸집 동바리(필러 동바리) 존치관리 미흡

적용근거 본 공사 '철근콘크리트 시공계획서'에 따르면, 타설층을 포함한 하부 3개층까지는 콘크리트 압축강도가 설계기준강도 이상 확보될 때까지 필러(filler) 동바리를 존치하여야 한다고 되어 있다.

지적사항 본 현장은 공동주택을 신축하는 현장으로서 지하 1층, 지상 최대 22층, 8개동으로 현재 지상 골조 콘크리트공사가 진행(공정률 40.5%)되고 있으며, 101동은 18층 천장 슬래브 철근 조립 중에 있다. 101동 등 세대 내 필러 동바리 존치상태는 양호하나, 욕실 부위는 거푸집 해체 시 제거 후에 재설치하는 등 존치관리가 미흡하므로 관련 규정에 따라 설계기준강도 이상 확보될 때까지 존치관리가 필요하다.

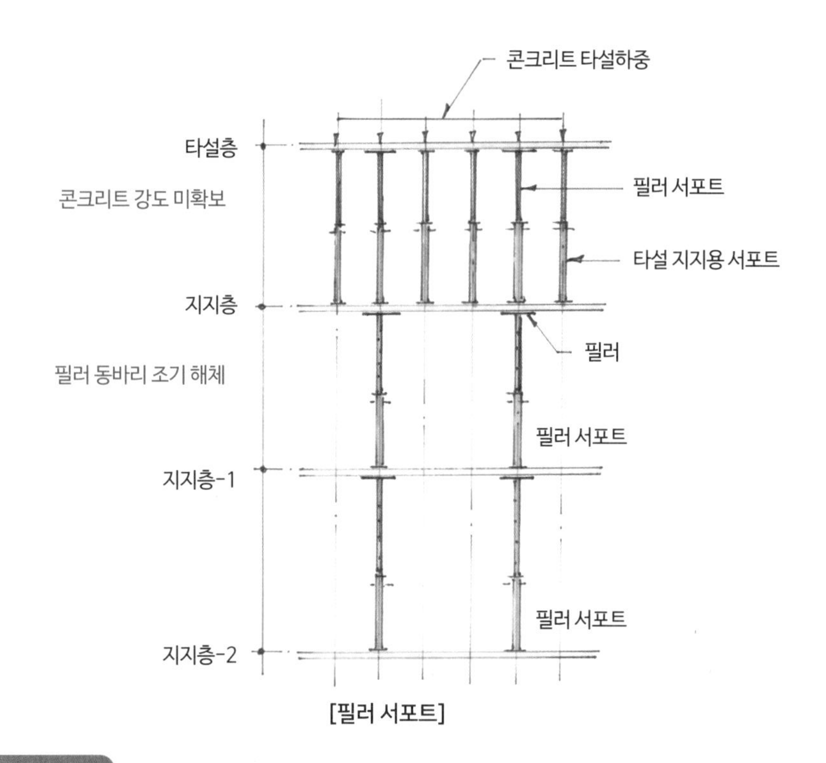

[필러 서포트]

용어해설

필러(filler) 동바리
동바리와 콘크리트가 만나는 부분 사이에 끼워 넣는 작은 조각을 의미하며, 주로 거푸집과 동바리를 제거한 후에 재하가 있을 경우나 설계기준강도가 100% 확보되지 않은 상태에서 하중을 지지하기 위해 존치하는 동바리를 말한다.

■ 흙막이 가시설 띠장 접합부 시공 미흡

적용근거 현장 흙막이 가시설(sheet pile) 상세도에 따르면, 띠장 접합부는 선용접 및 보강판(플랜지 225×600×14, 웨브 보강판 250×500×14)을 플랜지(flange)와 웨브(web) 양면에 시공하도록 명시하고 있다.

지적사항 점검일 현재 A 정거장 P3 교각부 말뚝기초 시공을 위해 흙막이 가시설을 설치하였으나, 최상단 띠장(wale) 접합부 일부 구간에 대해서 보강판이 누락된 채로 용접되어 있는 등 접합부 시공이 미흡하다.

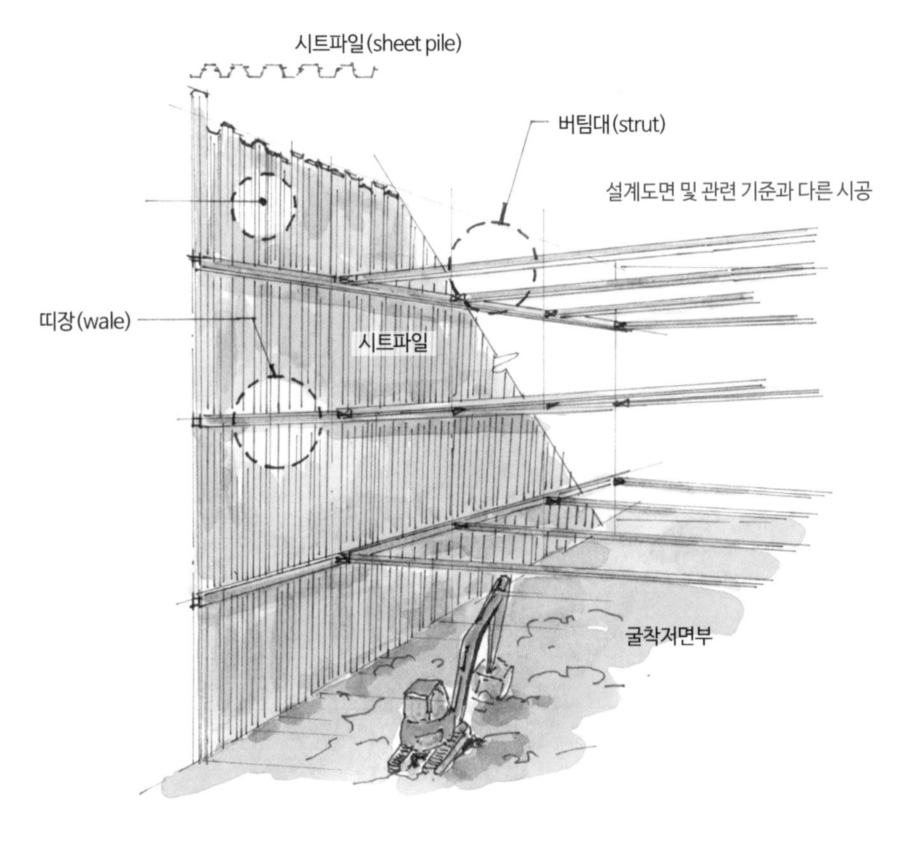

[시트파일 공법]

■ 바닥충격음 차단을 위한 완충재 시공 미흡

적용근거 '공동주택 바닥충격음 차단구조 인정 및 관리기준(국토교통부 고시 제2016-824호, '16. 12. 6.)'의 제32조(품질 및 시공방법) 제3항에 따르면, 바닥에 설치하는 완충재는 완충재 사이에 틈새가 발생하지 않도록 밀착 시공하고, 접합부위는 접합테이프 등으로 마감하여야 하며, 벽에 설치하는 측면 완충재는 마감 모르타르가 벽에 직접 닿지 아니하도록 하여야 한다.

지적사항 본 현장은 5개동 657세대 공동주택 신축공사로서 점검일 현재 골조공사가 완료된 저층부에 바닥충격음 차단구조(인정번호 제17-08호) 시공 중에 있다. 점검일 현재 콘크리트 벽체 및 발코니 문틀 하부 등에 설치한 측면 완충재는 바닥 마감 모르타르가 완충재 상단에 덮인 채 벽에 직접 닿아 있어 바닥충격음 차단 효과 저감이 우려되므로 보완이 필요하다.

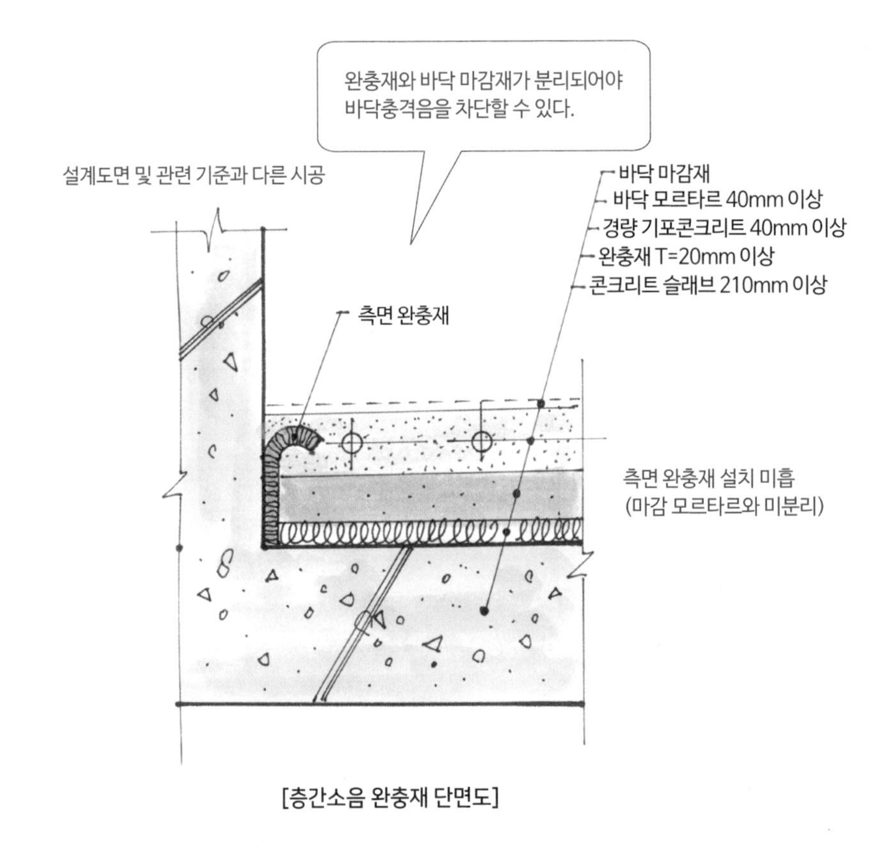

[층간소음 완충재 단면도]

■ 거푸집 해체시기 미준수

적용근거 본 공사 설계도서 중 '건축시방서'(05020 거푸집공사, 6. 거푸집의 존치기간)에 따르면, 기초, 보 옆, 기둥 및 벽의 거푸집 널 존치기간은 콘크리트 압축강도 50kgf/cm²(5Mpa)에 도달한 것이 확인될 때까지이다.

지적사항 본 현장은 8개동 623세대의 공동주택 신축공사로서 전체 25층 중 콘크리트 타설 후 1일이 경과된 날에 A동 19층 벽체의 거푸집 존치상태를 확인한 결과 해체가 진행 중인 상태이다. 그러나 이에 대해 거푸집 해체시기의 적정 여부를 현장에서 양생 중인 공시체(3조 9개)의 압축강도시험을 실시 및 확인한 결과 평균값이 3.68Mpa로서 기준값(5Mpa)보다 1.32Mpa 부족함에도 거푸집 해체를 진행하였다. 품질관리자 및 감리원 문답 결과 금일 거푸집 해체 전 탈형강도 시험에 감리원 입회 없이 실시(기준에 미달)하였다고 하며, 감리원은 시험결과를 구두로만 통보받고 해체를 승인하였다고 한다. 또한, 벽체 거푸집 탈형강도 확인을 위한 시험 관리도 매층별로 실시하지 않고 필요시 랜덤 방식으로 시행한 사실이 있다.
감리자는 이와 같이 시공자가 거푸집 탈형강도에 대한 시험관리가 미흡함에도 이를 확인 및 시정지시하는 등의 적정한 조치를 취하지 않은 사실이 있다.

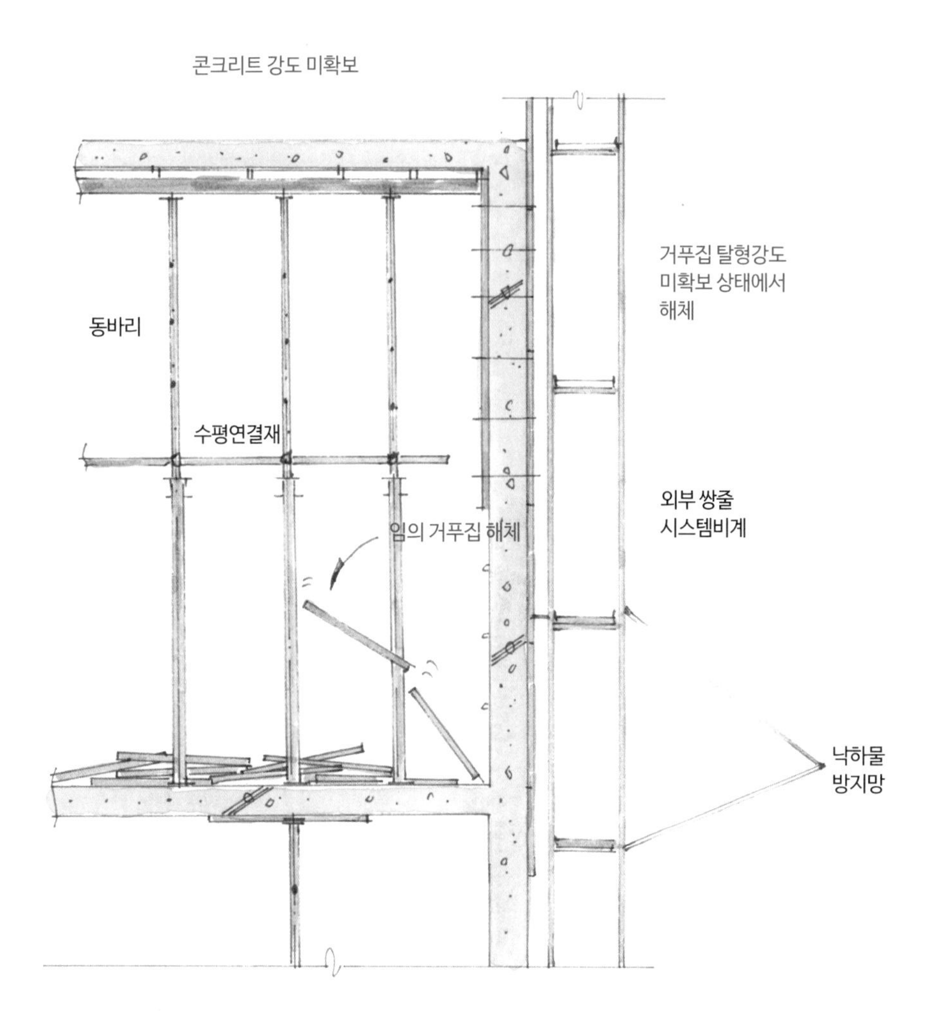

[기준층 거푸집 동바리 단면도]

■ 콘크리트면의 재료분리 발생

적용근거 '콘크리트 표준시방서'(3.8.5.2 콘크리트 표면상태 검사)에 의하면, 노출면의 상태는 평탄하고 자국, 기포 등에 의한 결함(재료분리)이 없어야 하며, 이상이 확인된 경우에는 콘크리트 보수·보강 요령에 따라 조치하여야 한다고 되어 있다.

지적사항

① 점검일 당시 아파트 A동 지하 1층 벽체에 재료분리(0.8×1.5m=0.12m²)와 다수의 콜드조인트(cold joint)가 발생하였는데도 점검일 현재까지 적절한 보수·보강을 하지 않고 있다.

② 감리단 또한 구조물 내구성 확보를 위해 재료분리 및 콜드조인트에 대하여 보수·보강의 조치를 하도록 하여야 하나 업무를 소홀히 하였다.

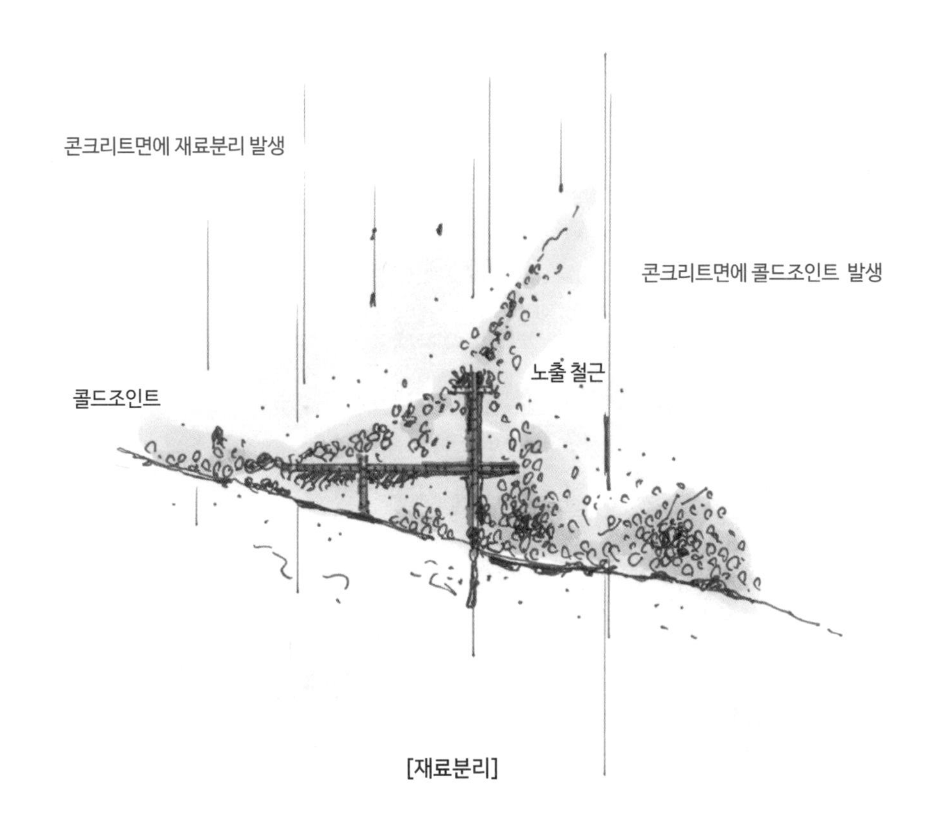

[재료분리]

● 재료분리에 의한 균열 발생 메커니즘

■ 재료분리

균질하게 비벼진 콘크리트는 어느 부분에서 채취해도 구성요소인 시멘트, 물, 잔골재, 굵은골재의 구성비율이 동일하지만 재료분리된 콘크리트는 이 균질성이 소실된다.

■ 재료분리에 의한 균열 발생 메커니즘

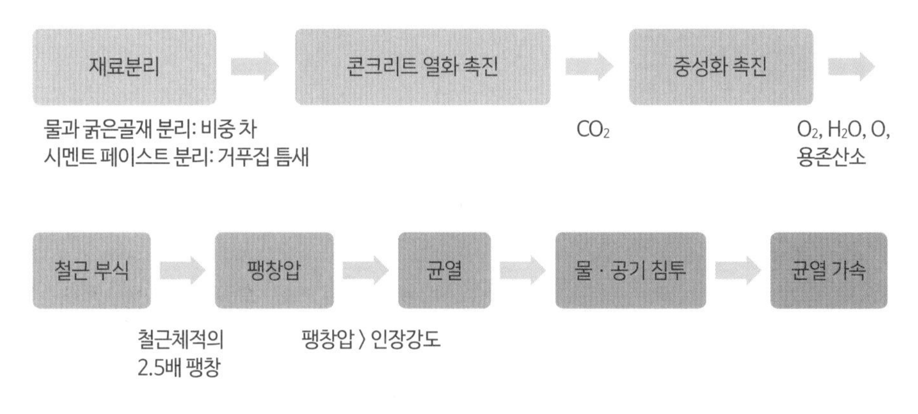

■ 재료분리 방지 대책

1. 재료
- **결합재**: 풍화되지 않은 시멘트 사용
- **성능개선재**: 공기연행제 사용
- **골재**: 입도와 입형이 양호한 자재 사용
- **배합수**: 불순물이 없는 양질의 물 사용

2. 배합
- 단위수량이 적은 된비빔 콘크리트
- W/B비는 소요의 범위에서 가능한 적게
- 굵은골재의 최대치수는 피복두께 또는 철근배근의 간격을 고려하여 결정
- 잔골재율은 작게

3. 시공
- 거푸집은 시멘트 페이스트 누출을 방지하고 충분한 다짐에 견디도록 견고하게 조립
- 과도한 진동기 사용은 재료분리를 촉진
- 분리된 콘크리트는 그대로 타설하면 안 되며 다시 균일하게 비벼서 타설

02 안전 분야

■ 공사 중 전기배선 관리 미흡

적용근거 '산업안전보건기준에 관한 규칙' 제313조(배선 등의 절연피복 등) 제1항에 따르면, 근로자가 작업 중에나 통행하면서 접촉하거나 접촉할 우려가 있는 배선 또는 이동전선에 대하여 절연피복*이 손상되거나 노화됨으로 인한 감전의 위험을 방지하기 위하여 필요한 조치를 하여야 한다고 되어 있다.

지적사항 전기콘센트와 전선을 바닥에 방치하여 감전 및 누전사고의 우려가 있다.

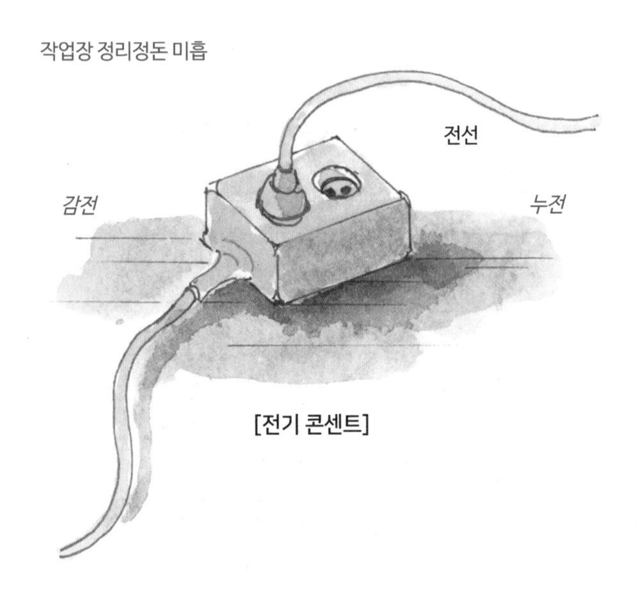

[전기 콘센트]

용어해설

***절연피복(絶緣被覆, insulated coating)**
전기를 전송하는 데 필요한 전기도체와 다른 것을 전기적으로 절연하기 위해 도체의 표면에 절연물을 사용해 피복한 것을 말한다. 예를 들면, 옥내 배선으로 용도가 많은 600V 비닐전선은 도체 위에 비닐을 피복한 소위 절연전선이며, 이 비닐을 절연피복으로 하고 있다.

■ 산소 및 가스통 보관 미흡

적용근거 '산업안전보건기준에 관한 규칙' 제16조(위험물 등의 보관)에 의하면, 사업주는 [별표 1]에 규정된 위험물질을 작업장 외 별도의 장소에 보관하여야 하며, 작업장 내부에는 작업에 필요한 수량만 보관하도록 되어 있다.

지적사항 가스용기 및 산소통을 방치하여 가스폭발 등 안전사고 발생이 우려된다.

참고자료

가스용기 보관소

- 실병과 공병의 분리 보관
- 방폭등 설치
- 가스검지기 설치
- 소화기 비치
- 전도방지 조치
- 사용기한이 지난 용기 폐기 및 교체
- 가연성 및 조연성 가스의 분리(밀봉 처리)
- 천장 관통부 마감 처리

[바닥에 위험물질 방치] [위험물 저장소]

■ 시스템비계 수평재 탈락

적용근거 '가설공사 표준시방서(2016, 국토교통부)'의 '제4장 비계 및 작업발판(3.3.1 일반사항)'에 따르면, 비계에서의 작업을 개시하기 전에 검사표를 사용해 검사하고, 불량 혹은 이상이 발견되었을 경우에는 즉시 보수 및 교체하도록 하고 있다.

지적사항 시스템비계 설치 중에 하단부 수평재가 5개 탈락된 상태에서 작업 중이므로 조치가 필요하다.

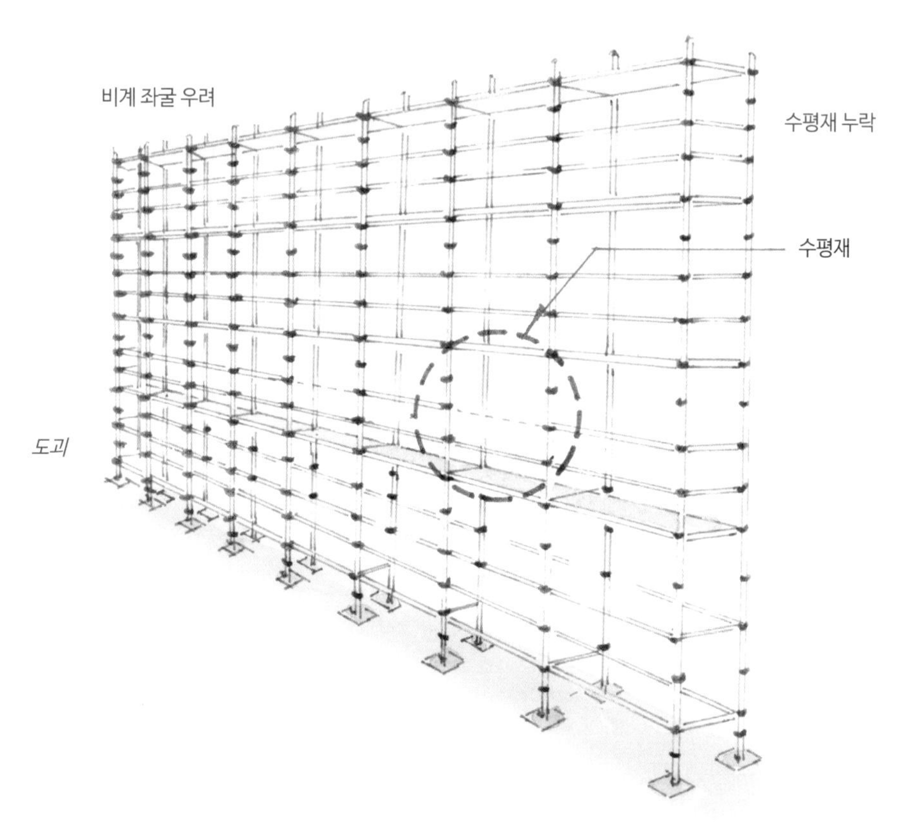

[시스템비계]

■ 시스템 동바리 상부 고정 미흡

적용근거 '가설공사 표준시방서(2016, 국토교통부)'의 '제3장 거푸집 및 동바리(3.5.1 지주형식 및 동바리)'에 따르면, 멍에*는 편심하중이 발생하지 않도록 U-head jack의 중심에 위치하여야 하며, U-head jack에서 이탈되지 않도록 고정시키도록 되어 있다.

지적사항 시스템 동바리 멍에재 중심 불일치, 고정 미흡, 편심 발생 및 멍에 이탈 우려가 있다.

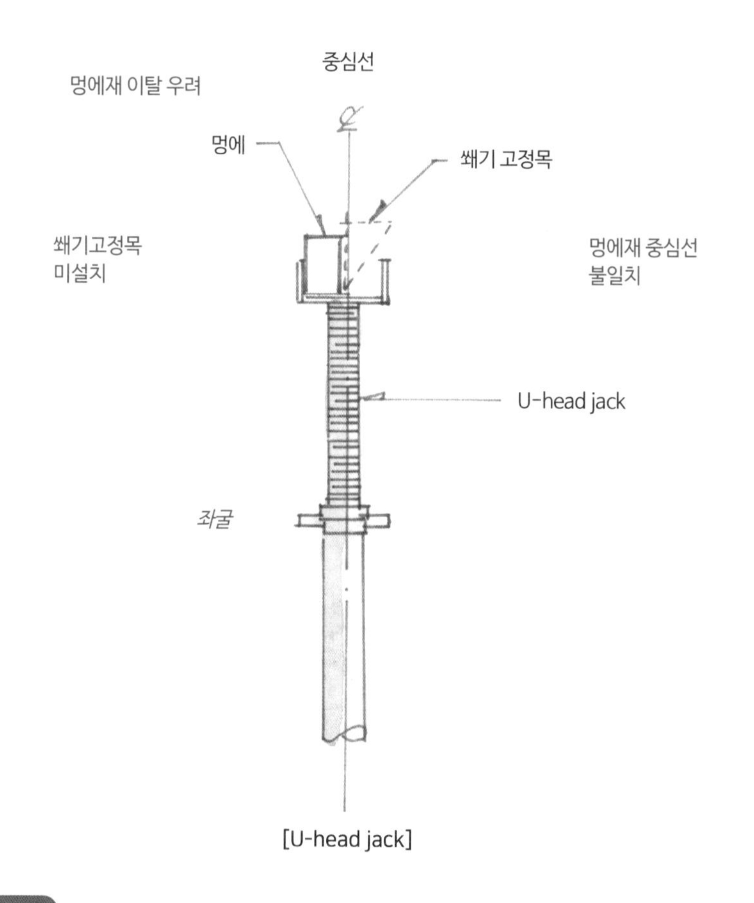

[U-head jack]

용어해설

***멍에(sleepers)**
장선을 받기 위해 놓는 부재로서, 동바리돌 또는 동바리 기둥 위에 놓는다. 또는 기초 위에 놓여서 상부 구조물로부터 전달되는 힘을 기초에 골고루 전달하는 역할을 한다.

■ 동바리 설치 미흡

적용근거 국가건설기준 '비계공사 일반사항(KCS 21 50 05)'의 '3.4 동바리 (1)'에 따르면, 동바리는 각 부가 이동하지 않도록 볼트나 클램프 등의 전용철물을 사용하여 고정하고 충분한 강도와 안전성을 갖도록 하여야 한다고 되어 있다.

지적사항 동바리 68개소 중 8개소가 기울어지게 설치되어 지지하중을 안전하게 전달하지 못할 우려가 있다.

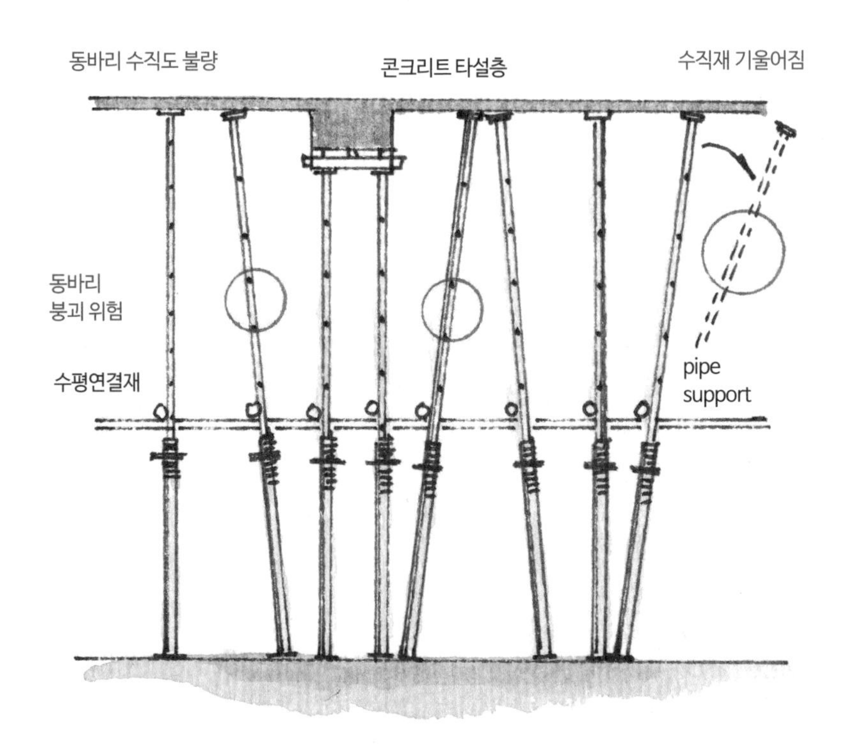

[파이프 동바리 입면도]

■ 안전난간 설치 미흡

적용근거 '산업안전보건기준에 관한 규칙' 제43조(개구부 등의 방호조치)에 따르면, 시공자는 개구부에 안전난간, 울타리, 수직형 추락방망 또는 덮개 등의 방호조치를 충분한 강도를 가진 구조로 튼튼하게 설치하도록 하고 있다.

지적사항 자재 인양 개구부에 설치한 안전난간 수직재 3개소가 기울어져 설치되어 있다.

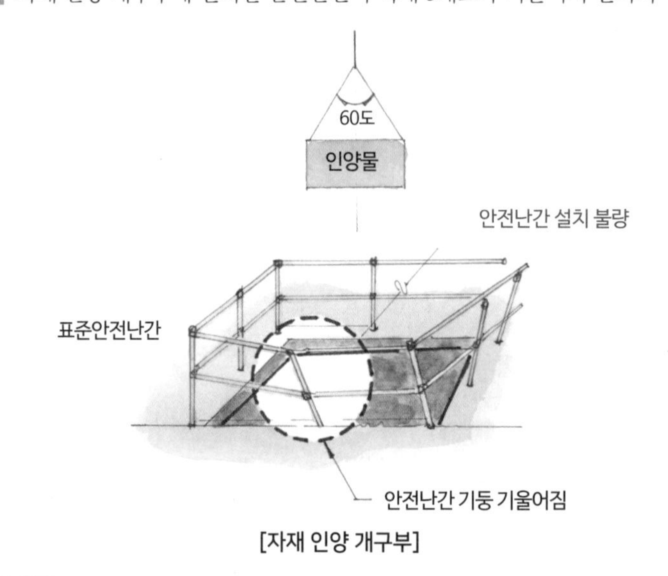

[자재 인양 개구부]

용어해설

표준안전난간(標準安全欄干, standard safety handrail)
개구부, 작업발판, 가설계단의 통로 등에서의 추락사고를 방지하기 위해 설치하는 가시설물을 말하는 것으로, 이는 난간기둥, 상부 난간대, 중간대, 그리고 폭목으로 구성되어 있다. 이러한 안전난간의 각 부분 접합부는 쉽게 변형 및 변위를 일으키지 않는 구조를 가져야 한다. 표준안전난간의 구조는 다음과 같다.

구분		설치 위치
상부 난간대		작업바닥면으로부터 90cm 이상
중간대		작업바닥면으로부터 45cm 이상
기둥 간 간격		난간기둥 간의 간격은 2m 이하
발끝막이판(폭목)의 높이		작업바닥면으로부터 10cm 이상
내구성	상부 난간대	스팬 중앙점이 120kg의 하중에 견딜 수 있어야 함
	난간기둥 결합부, 상부 난간대	100kg의 하중에 견딜 수 있어야 함

■ 시스템 동바리 U-head jack 설치 미흡

적용근거 당 현장 '안전관리계획서(동바리 구조검토 보고서)'에 따르면, 편심을 최소화하기 위하여 멍에재와 U-head jack의 중심이 일치해야 하고 U-head jack을 돌려서 시공하도록 되어 있다.

지적사항 현재 지하 1층 시공 중에 있는 시스템 동바리 기둥의 약 200개 중 3개가 U-head jack 중심과 멍에재 중심이 일치하지 않는다.

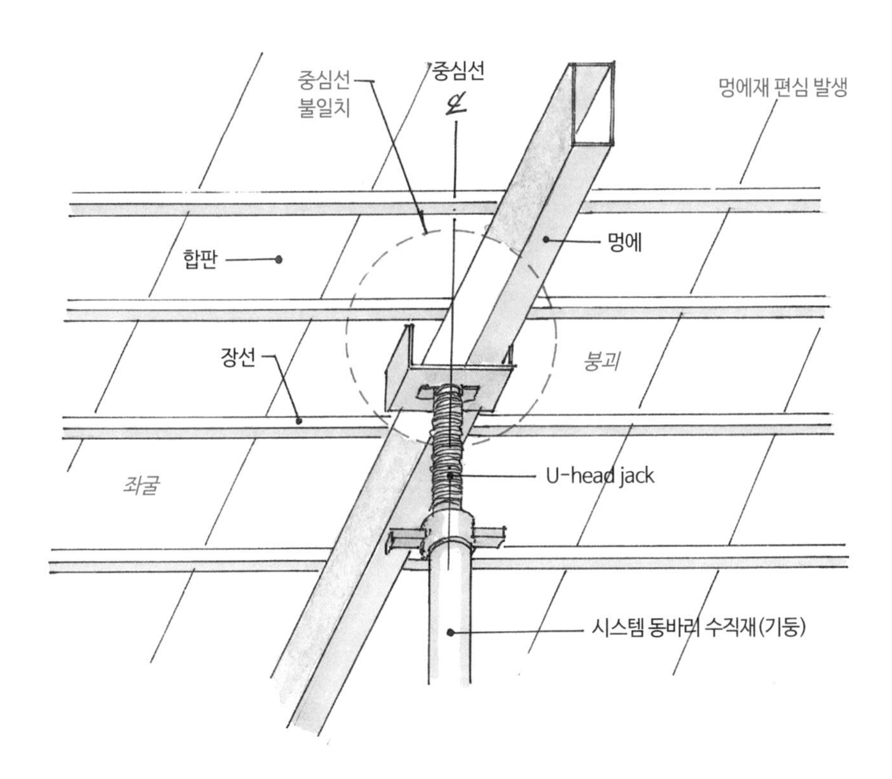

[U-head jack과 중심선 불일치]

■ 지상 1층(근린생활시설) 동바리 설치 미흡

적용근거 국가건설기준 '거푸집 및 동바리공사 일반사항(KCS 21 50 05 : 2018)'(3.4 동바리)에 따르면, 동바리는 각 부가 이동하지 않도록 볼트나 클램프(clamp) 등의 전용철물을 사용하여 고정하고 충분한 강도와 안전성을 가져야 한다고 되어 있다.

지적사항 시공자는 근린생활시설 지상 1층 보 2개 구간에 설치한 동바리 44개소 중 12개를 기울어지게 설치하였고 상하부 고정상태가 미흡하며, 감리자는 이에 대한 확인을 소홀히 하였다.

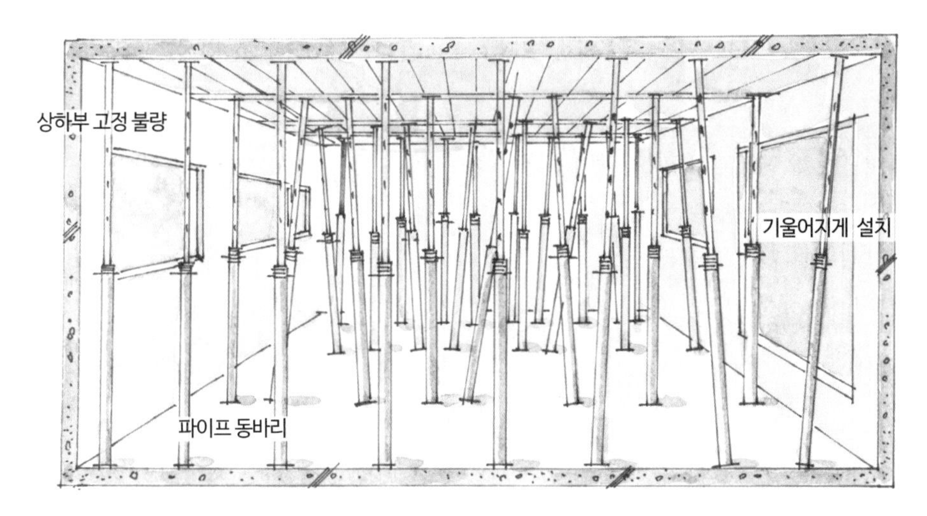

[거푸집 동바리 설치도]

■ 안전관리비 미반영

적용근거 '건설기술진흥법' 제63조(안전관리 비용의 계상 및 집행)에 의하면, 건설공사의 발주자는 건설공사 계약을 체결할 때에는 건설공사 안전관리에 필요한 비용을 국토교통부령으로 정하는 바에 따라 공사금액에 계상하도록 되어 있다.

(시행규칙 제60조 안전관리비) 안전관리계획의 작성 및 검토비용, 안전점검비용, 건설공사로 인한 주변 건축물 등의 피해방지대책 비용, 공사장 주변의 통행안전관리대책 비용, 안전 모니터링(계측장비, 폐쇄회로 텔레비전 등) 장치의 설치·운용 비용, 가설구조물의 구조적 안전성 확인에 필요한 비용

지적사항 본 공사의 발주자는 건설공사 계약을 체결할 때에는 건설공사에 안전관리에 필요한 비용을 국토교통부령으로 정하는 바에 따라 공사금액에 계상하여야 하는데도 점검일 현재 건설공사에 필요한 안전관리비용을 공사금액에 반영하지 않고 시공 중에 있다.

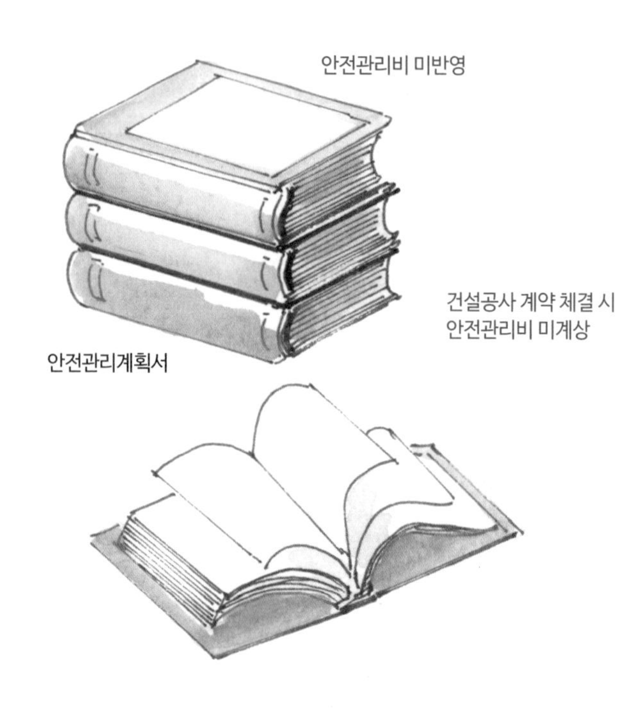

[안전관리비 내역서]

■ 안전난간 설치 미흡

적용근거 '산업안전보건기준에 관한 규칙' 제43조(개구부 등의 방호조치)에 따르면, 시공자는 개구부에 안전난간, 울타리, 수직형 추락방망 또는 덮개 등의 방호조치를 충분한 강도를 가진 구조로 튼튼하게 설치하도록 하고 있다.

지적사항 시공자는 아파트 A동 지하 1층 E/V홀 개구부 안전난간 1개소를 누락하였으며, 고정하지 않은 채 방치했다.

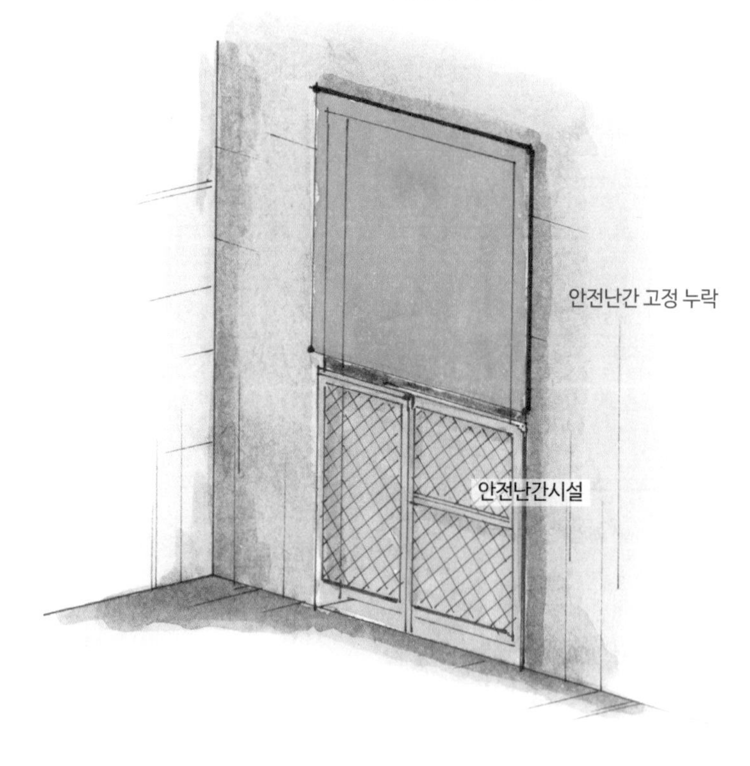

[엘리베이터 홀 출입구]

■ 지상 3층 안전난간 설치 미흡

적용근거 '산업안전보건기준에 관한 규칙' 제43조(개구부 등의 방호조치)에 따르면, 시공자는 개구부에 안전난간, 울타리, 수직 추락방망 또는 덮개 등의 방호조치를 충분한 강도를 가진 구조로 튼튼하게 설치하도록 하고 있다.

지적사항 시공자는 지상 3층 슬래브에서 작업자가 후속작업을 진행 중이나 계단실 개구부에 안전난간 수평길이 15m를 설치하지 않았다.

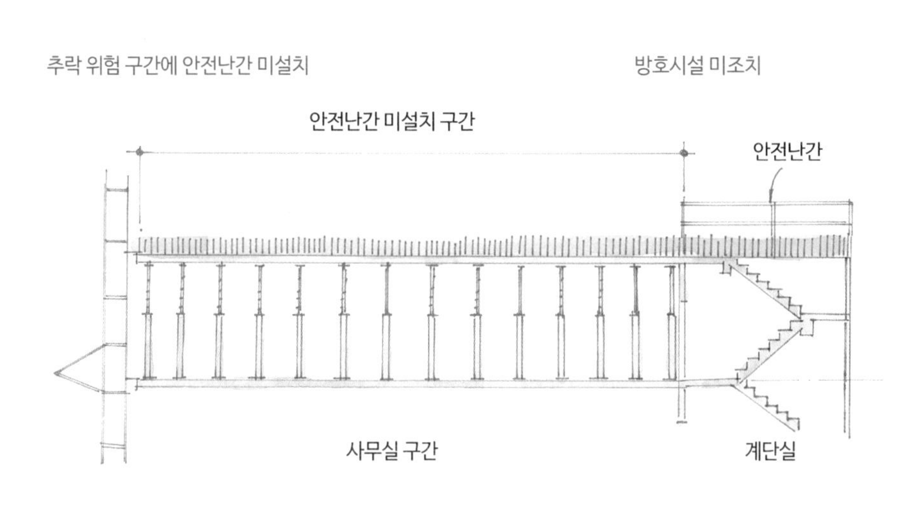

[기준층 단면도]

■ 강관비계 밑둥잡이 설치 미흡

적용근거 본 현장 '안전관리계획서'(1. 강관비계 설치기준)에 따르면, 기둥(지주)과 기둥(지주) 사이에는 밑둥잡이를 설치하도록 되어 있다.

지적사항 시공자는 업무동 지상 1층 기둥(H=10m 이상) 14개 구간을 시공하기 위해 비계(14개소)를 설치하면서, 비계 2개소(4경간)에 안전관리계획서에 따른 밑둥잡이를 설치하지 않았다.

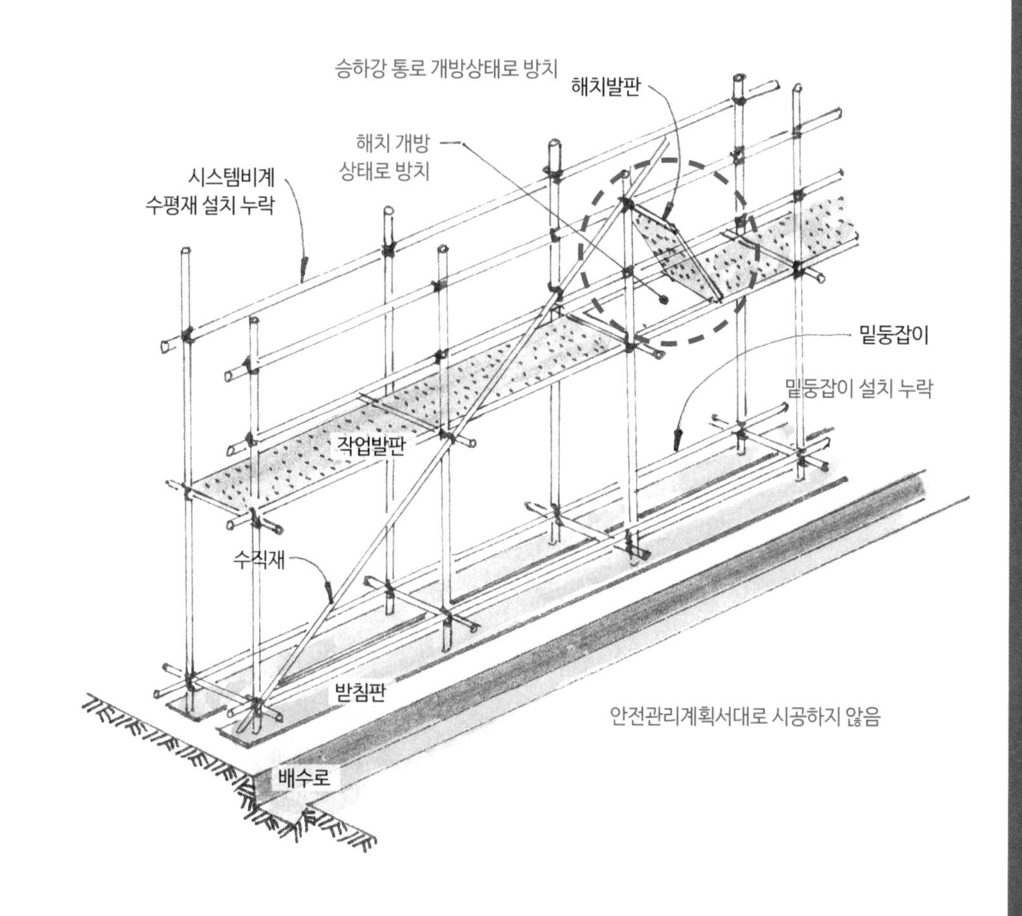

[쌍줄비계(강관)]

■ 안전난간 설치 미흡

적용근거 '산업안전보건기준에 관한 규칙' 제43조(개구부 등의 방호조치)에 따르면, 시공자는 개구부에 안전난간, 울타리, 수직형 추락방망 또는 덮개 등의 방호조치를 충분한 강도를 가진 구조로 튼튼하게 설치하도록 하고 있다.

지적사항 지하 2층 기둥 주변 후타설(後打設) 구간에 개구부가 발생하였는데도 시공자는 안전난간, 덮개 등의 방호조치를 실시하지 않았다.

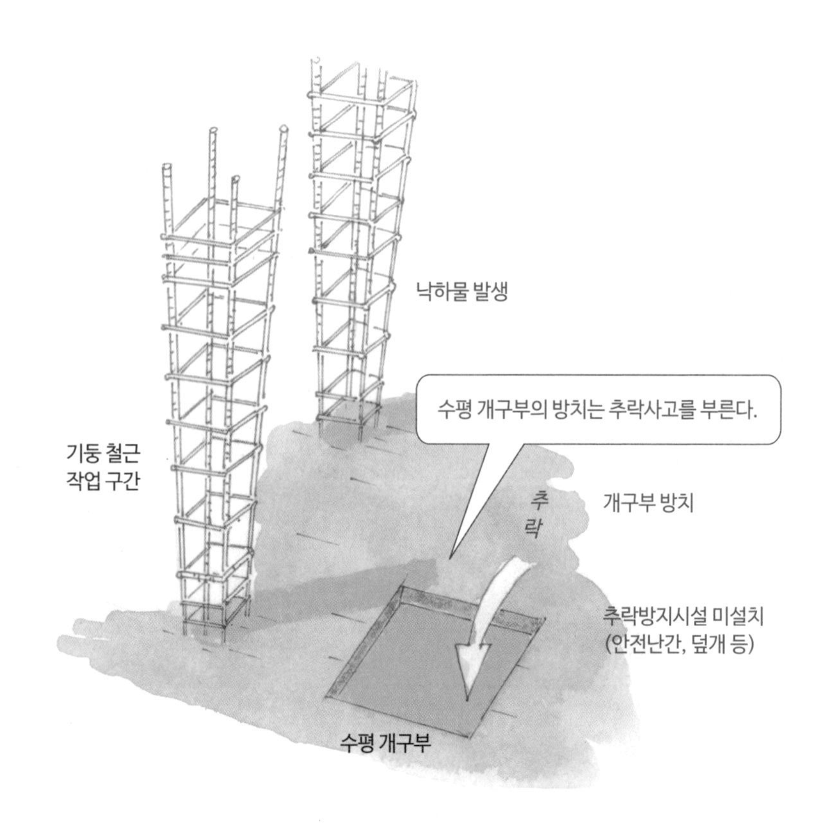

[기둥 철근배근 작업]

■ 산소 및 가스통 관리 미흡

적용근거 '산업안전보건기준에 관한 규칙' 제16조(위험물 등의 보관)에 따르면, 사업주는 [별표 1]에 규정된 위험물질을 작업장 외의 별도의 장소에 보관하여야 하며, 작업장 내부에는 작업에 필요한 양만 두도록 하고 있다.

지적사항 시공자는 업무동 지상 1층 서측면에 가스용기(산소)와 LPG통을 방치하고 있어 가스폭발 등 안전사고 발생이 우려된다.

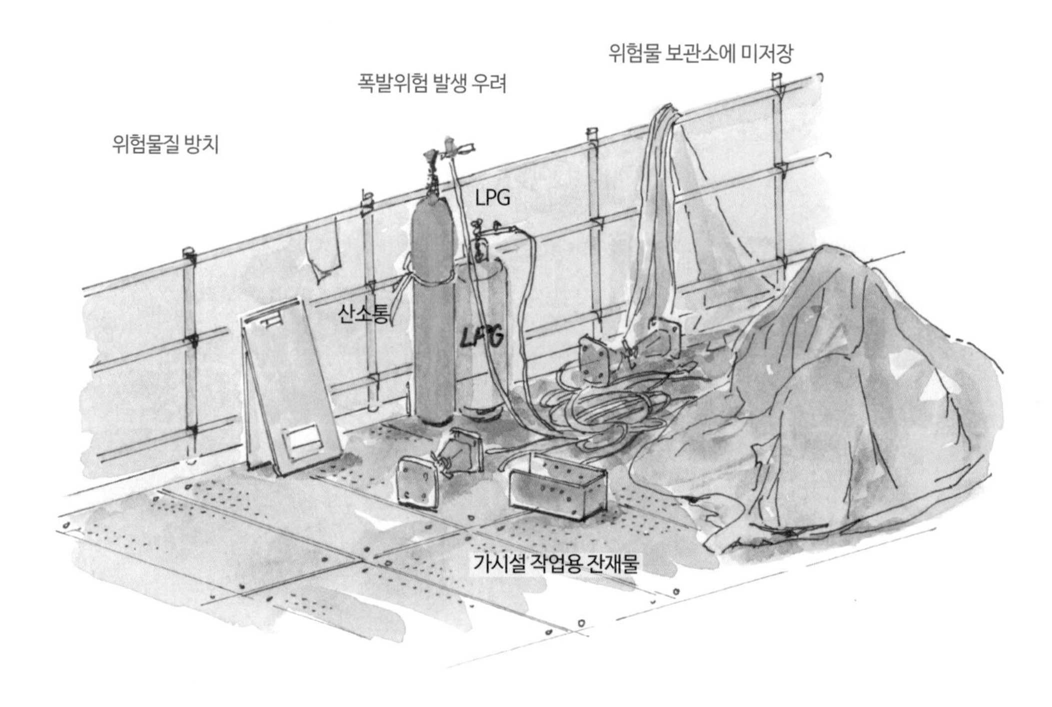

[정리정돈이 미흡한 작업장]

■ 외부 시스템비계 수평재 탈락

적용근거 국가건설기준 '비계공사 일반사항(KCS 21 60 05)'(3.1 시공 일반사항)에 따르면, 작업상 부득이하게 일부의 부재를 제거할 때에는 제거한 상태의 비계성능이 현저하게 저하되지 않는 것을 사전에 확인하여야 하며, 작업을 종료한 후에는 반드시 원상복구를 해야 한다고 되어 있다.

지적사항 시스템비계 수평재 5개소가 해체되어 있어 작업 종료 후 원상복구가 필요하다.

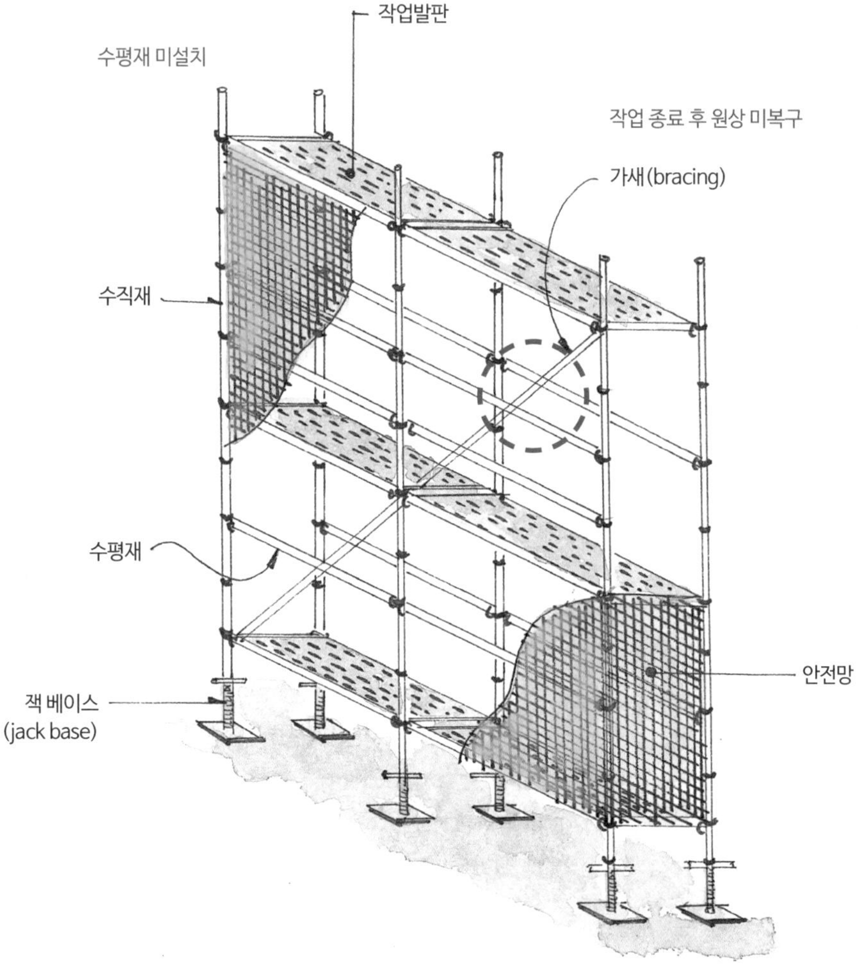

작업발판
수평재 미설치
작업 종료 후 원상 미복구
가새(bracing)
수직재
수평재
안전망
잭 베이스
(jack base)

[시스템비계]

■ 타워크레인 마스트 관리 미흡

적용근거 당 현장 '안전관리계획서'(2.1 가설공사, 6. 타워크레인 점검표)에 따르면, 마스트(mast) 내부에 운전실 출입을 위해 설치되는 사다리의 상태가 양호한지를 확인하도록 되어 있다. 한편 '산업안전보건기준에 관한 규칙' 제303조(전기 기계 · 기구의 적정설치 등) 제1항에 따르면, 사업주는 전기 기계 · 기구를 설치하려는 경우에 습기 등 사용 장소의 주위환경을 고려하여 적절하게 설치하도록 하고 있다.

지적사항 사다리 내부로 철근이 간섭되어 타워크레인(tower crane) 운전원의 이동 시 위험하고, 마스트 최하부 기초바닥 위에 물이 고여 있어 감전 및 누전의 위험이 있다.

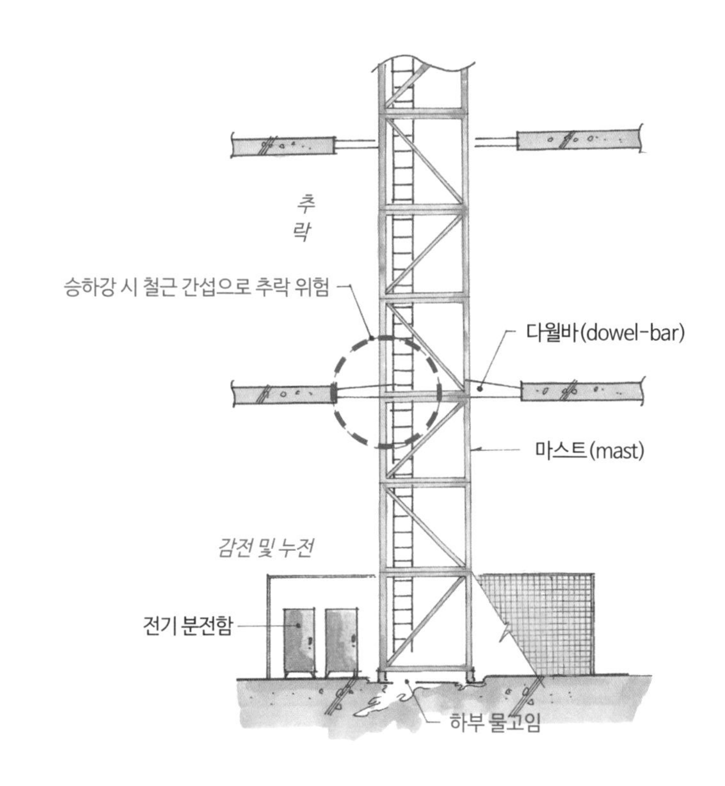

[타워크레인 마스트 하부 구간]

■ 지하 2층 램프 슬래브 받침 동바리 설치 미흡

적용근거 국가건설기준 '거푸집 및 동바리공사 일반사항(KCS 21 50 05 : 2018)'(3.4 동바리)에 따르면, 동바리는 각 부가 이동하지 않도록 볼트나 클램프 등의 전용철물을 사용하여 고정하고 충분한 강도와 안전성을 가져야 한다고 되어 있다.

지적사항 시공자는 지하 2층~지하 3층 주차장 램프(ramp) 슬래브 받침 동바리(잭서포트) 총 12개 중 9개 하부를 고정하지 않은 채 설치하였고, 감리자는 이에 대한 확인을 소홀히 하였다.

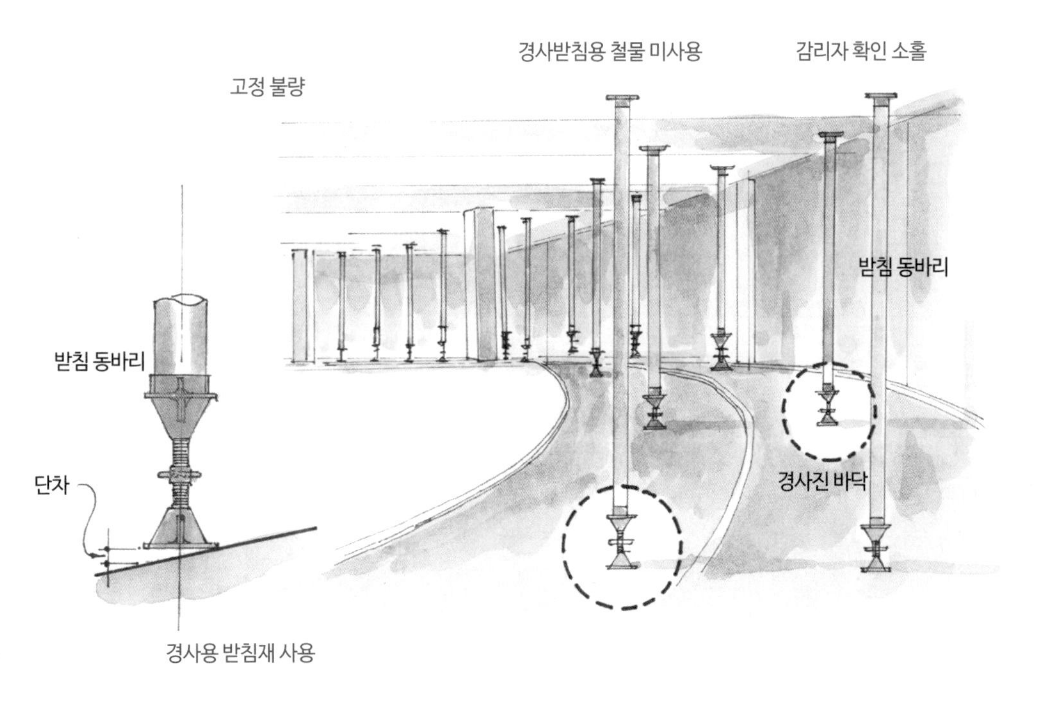

[주차장 램프진입로 받침 동바리]

■ 안전난간 설치 미흡

적용근거 '산업안전보건기준에 관한 규칙' 제43조(개구부 등의 방호조치)에 따르면, 시공자는 개구부에 안전난간, 수직형 추락방망 또는 덮개 등의 방호조치를 충분한 강도를 가진 구조로 튼튼하게 설치하도록 하고 있다.

지적사항 시공자는 어린이집 및 부대시설 슬래브 상부 외측(20m×2=40m)에 안전난간을 설치하지 않은 채 철근조립 등 공사를 시행하고 있다.

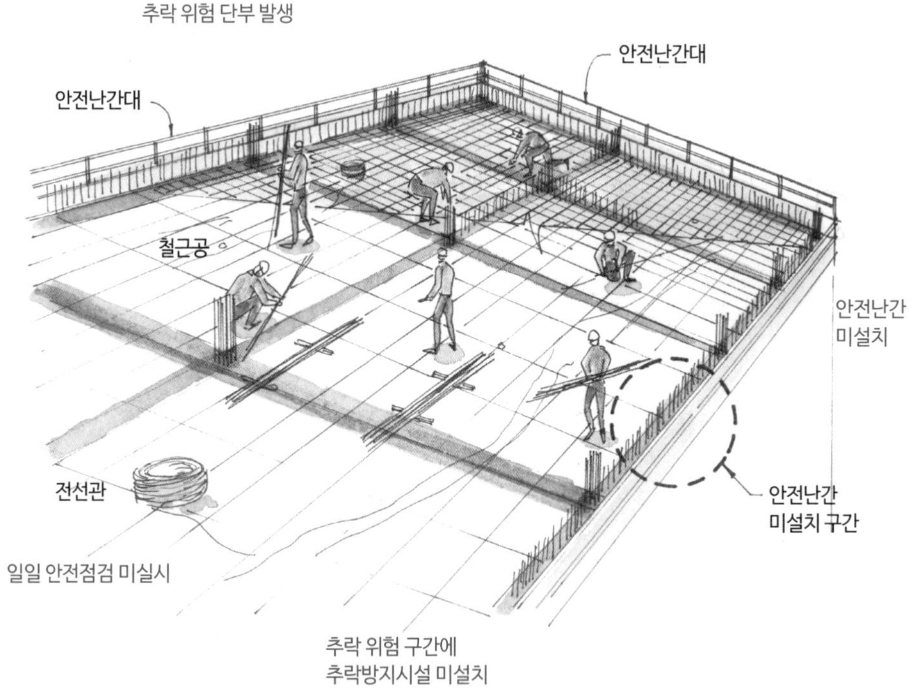

[슬래브 철근배근작업]

● 잭서포트(jack support) 관리 지침

1. 잭서포트를 설치할 때는 반드시 고무판(500×500 또는 침목 및 각재 등)을 설치하며 미설치 시 슬래브에 균열이 발생할 수 있다.
2. 잭서포트 표준사양은 'Φ139.8×4.5t, 본당 Fp=30.0tf/본'이다.
3. 지지부재(슬래브, 보 등)의 콘크리트 28일 양생 후 압축강도가 설계기준강도 이상이 되는 것을 확인한 후 시공하중(중차량 운행 및 작업, 자재적재 등)을 가해야 한다.
4. 자재 야적 구간과 작업차량 이동 구간에는 잭서포트 구조보강을 원칙으로 한다.
5. 지하구조물이 복층인 경우, 하부층부터 올라오면서 잭서포트를 설치한다. 해체 시에는 역순(逆順)으로 한다.
6. 지하 2개층 이상 구조물에서는 반드시 동일한 위치, 즉 수직열이 맞도록 설치한다.
7. 잭서포트 설치 시 무리하게 감아올리면, 슬래브 및 보에 상향력으로 인한 과도한 부 모멘트 및 펀칭시어(punching shear)가 발생하므로 주의해야 한다.
8. 잭서포트 설치 시 어려운 부분(정화조, 펌프실 등)은 중차량 통행을 제한하거나 시스템 서포트 등을 이용하여 보완한다.
9. 장비 이동 및 작업 시의 충격하중을 최소화하도록 동시에 많은 차량이 이동 및 작업하지 않도록 통제한다. (운행속도 15km/h 이하, 차량 간 거리 10m 이상 유지)
10. 콘크리트 펌프카 압송작업 시, 아우트리거(outrigger) 하부에는 별도로 반도의 잭서포트를 2개 이상 설치한다. 또한 각각의 아우트리거 위치점마다 설치한다. (펌프카 하부 2개, 아우트리거 하부 4개, 레미콘 차량 하부 2개)
11. 작업공정에 의해 일시적으로 잭서포트를 제거할 경우에는 반드시 중장비 운행을 금지하여 하중이 걸리지 않도록 한다.
12. 주차장 상부에는 진동롤러의 사용을 금지한다.
13. 잭서포트 미보강 구간의 출입구는 안전난간대를 설치하여 진입을 원천적으로 차단한다.

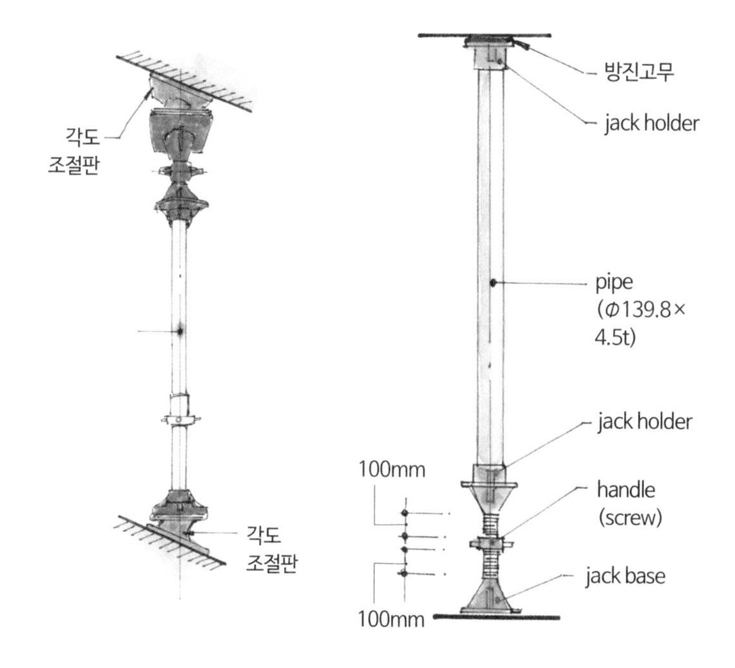

[잭서포트의 구조]

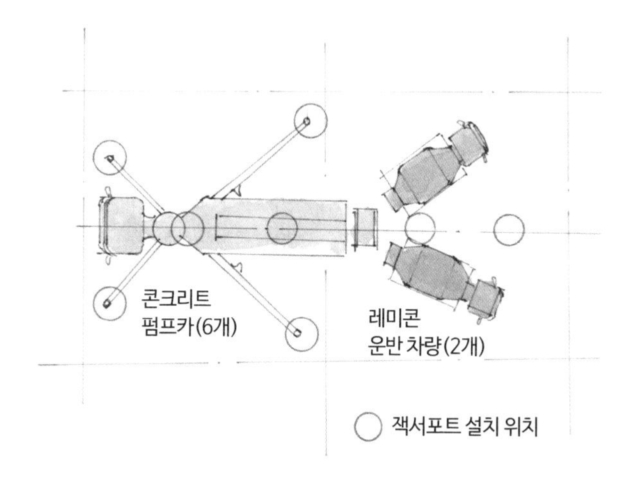

[콘크리트 펌프카의 잭서포트 설치 위치]

■ 가시설(비계) 설치 소홀

적용근거 '안전관리계획서'(제1장 가설공사 강관비계(쌍줄)의 설치기준)에 따르면, 강관비계의 기둥간격은 도리방향 1.5m~1.8m로 설치하도록 되어 있다. 또한 'KOSHA GUIDE(C-30-2020)' (강관비계 안전작업 지침, 7.5 장선)의 (2)에서 장선은 작업발판을 지지할 수 있도록 1.85m 이하로 설치하도록 되어 있다.

지적사항 시공자는 어린이집 벽체 시공을 위한 강관비계 50개 중 21개를 1.5~1.8m보다 0.1~0.5m 초과한 1.9~2.3m 간격(도리방향)으로 설치하여 안전관리계획서에 맞지 않게 시공하였으며, 감리자는 이에 대한 시정을 지시하지 않았다.

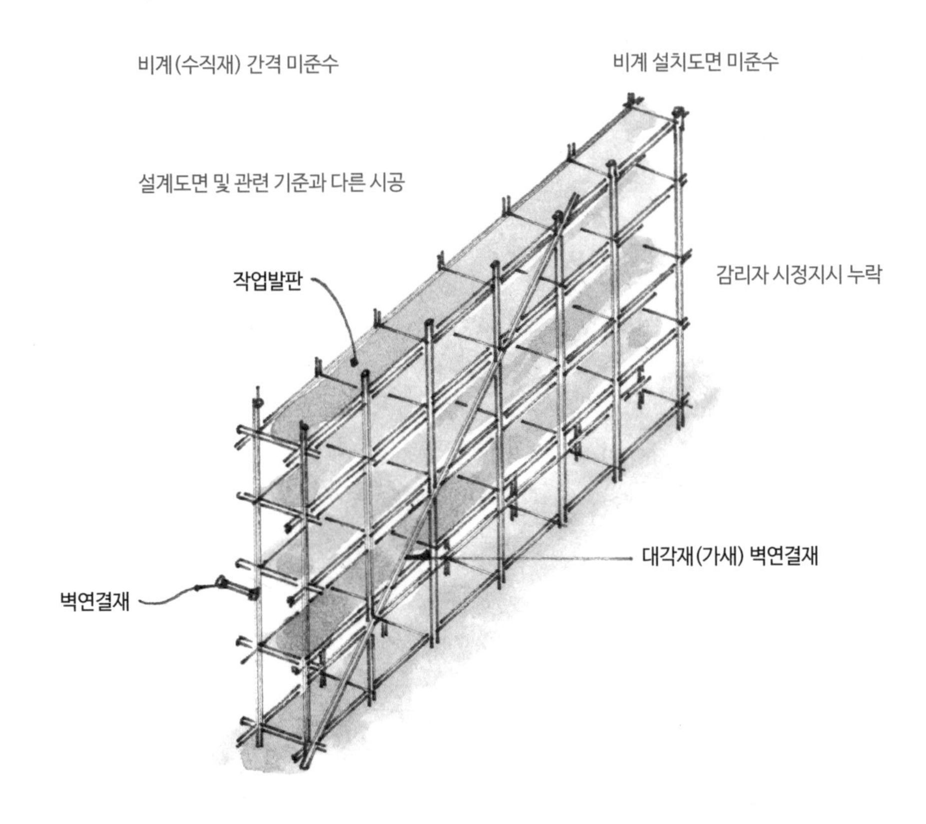

[강관비계]

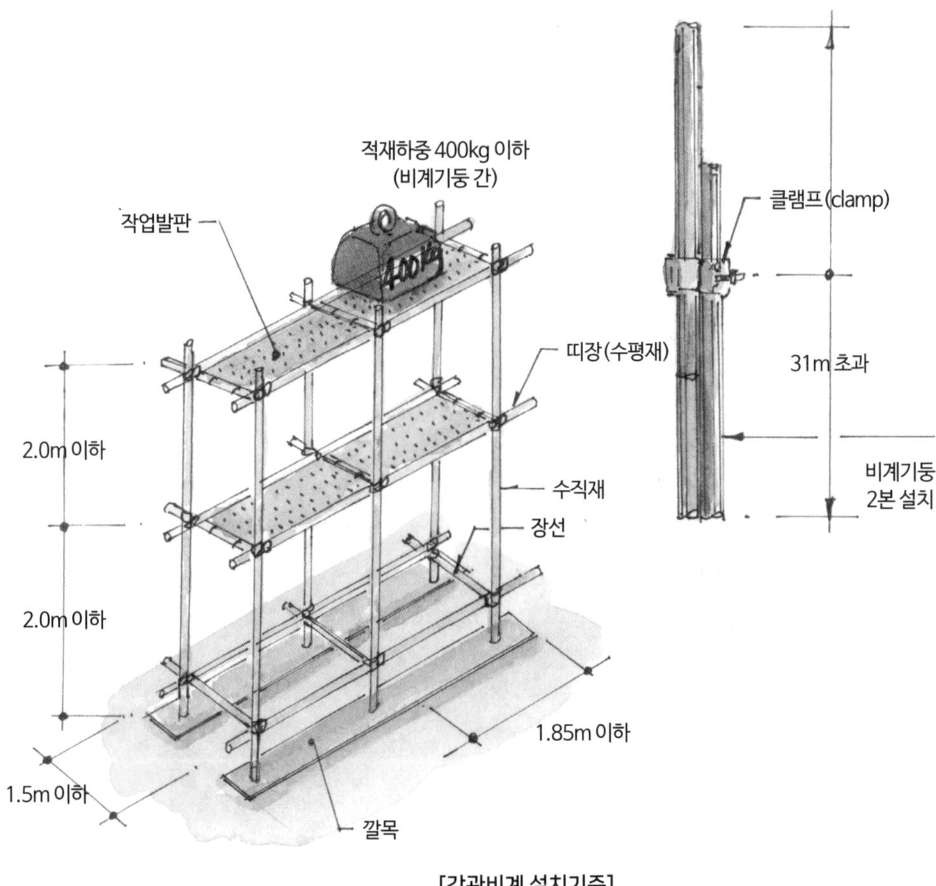

[강관비계 설치기준]

참고자료

강관비계 설치기준 요약

- 비계기둥의 간격은 띠장 방향 1.85m 이하, 장선 방향 1.5m 이하
- 띠장 간격은 2.0m 이하
- 비계기둥의 제일 윗부분으로부터 31m 되는 지점 밑부분의 비계기둥은 2개의 강관으로 묶어 세운다.
- 비계기둥 간의 적재하중은 400kg을 초과하지 않도록 한다.

■ 타워크레인 기초부 물고임 제거 미흡

적용근거 '산업안전보건기준에 관한 규칙' 제303조(전기 기계 · 기구의 적정설치 등) 제1항에 따르면, 사업주는 전기 기계 · 기구를 설치하려는 경우에 습기 등 사용 장소의 주위환경을 고려하여 적절하게 설치하도록 되어 있다.

지적사항 시공자는 타워크레인 2호기 기초 내부에 고인 물을 제거하는 등의 조치를 하지 않고 있어 작업자의 감전 및 누전사고가 우려된다.

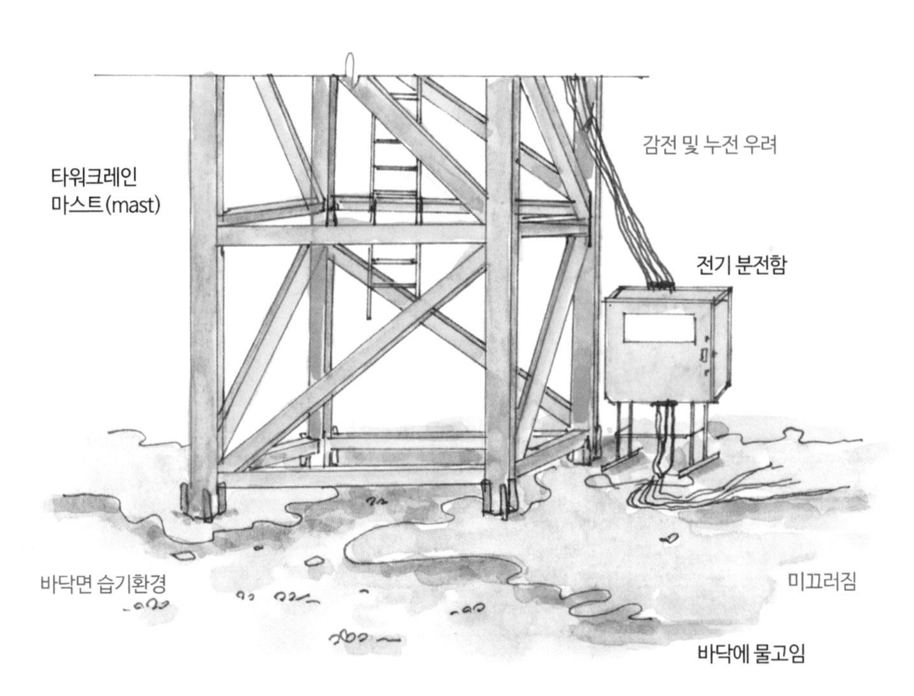

[타워크레인 기초부]

■ 안전관리계획 이행 미흡

적용근거 본 공사 '안전관리계획서'에 따르면, 분야별 안전관리책임자는 해당 작업의 공법, 시공상세도면에 따른 세부 시공순서 및 시공기술상의 주의사항 등을 포함하여 안전교육을 실시해야 한다.

지적사항 시공자는 분야별 안전관리책임자 주관 안전교육을 실시하지 않았고 또한 안전교육 기록·관리를 시행하지 않았다.

[야외 안전교육]

■ 안전시설 설치 미흡

적용근거 '산업안전보건기준에 관한 규칙' 제43조(개구부 등의 방호조치)에 따르면, 사업주는 작업발판 및 통로의 끝이나 개구부로서 근로자가 추락할 위험이 있는 장소에는 안전난간, 울타리, 수직형 추락방망 또는 덮개 등의 방호조치를 충분한 강도를 가진 구조로 튼튼하게 설치하여야 하며, 덮개를 설치하는 경우에는 뒤집히거나 떨어지지 않도록 설치하여야 한다. 이 경우 어두운 장소에서도 알아볼 수 있도록 개구부임을 표시해야 하며, 수직형 추락방망은 한국산업표준에서 정하는 성능기준에 적합한 것을 사용해야 한다.

지적사항 시공자는 지상 1층~지하 3층 공사를 진행하면서 바닥에 임시로 설치한 개구부에 추락방지를 위한 안전시설을 미흡하게 설치하였다.

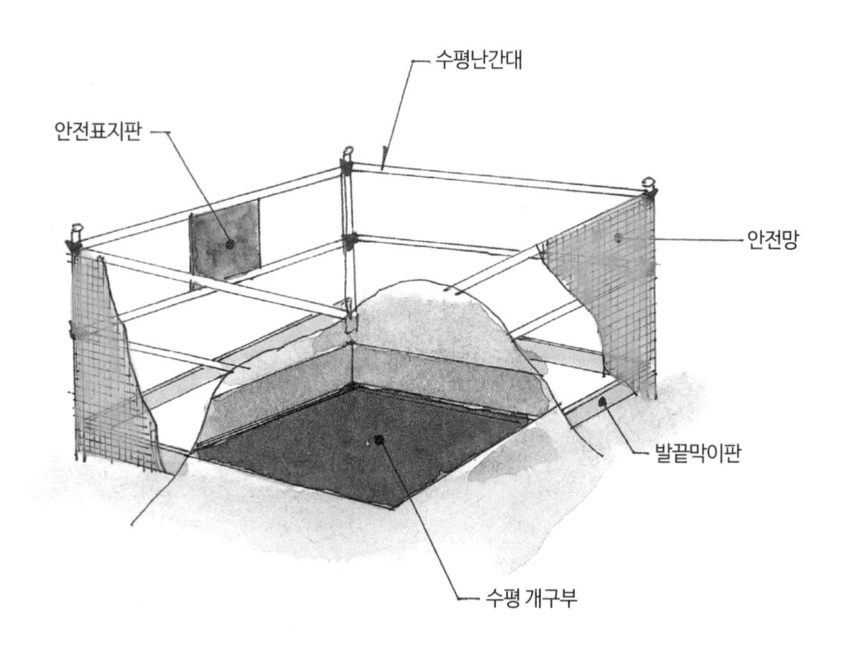

[수평 개구부 안전시설]

■ 안전관리계획서 이행 미흡

적용근거 '건설기술진흥법 시행령(개정 2020. 1. 7.)' 제103조(안전교육) 법 제64조제1항제2호 또는 제3호에 따르면, 분야별 안전관리책임자 또는 안전관리담당자는 법 제65조에 따른 안전교육을 당일 공사작업자를 대상으로 매일 공사 착수 전에 실시하여야 하고, 제1항에 따르면, 안전교육은 당일 작업의 공법 이해, 시공상세도면에 따른 세부 시공순서 및 시공기술상의 주의사항 등을 포함하여야 하며, 건설사업자와 주택건설등록업자는 제1항에 따라 안전교육 내용을 기록 · 관리해야 하며, 공사 준공 후 발주청에 관계 서류와 함께 제출해야 한다.

지적사항 시공자는 분야별 안전관리책임자 주관으로 안전교육을 실시하지 않았고, 안전교육 기록 · 관리를 시행하지 않았다.

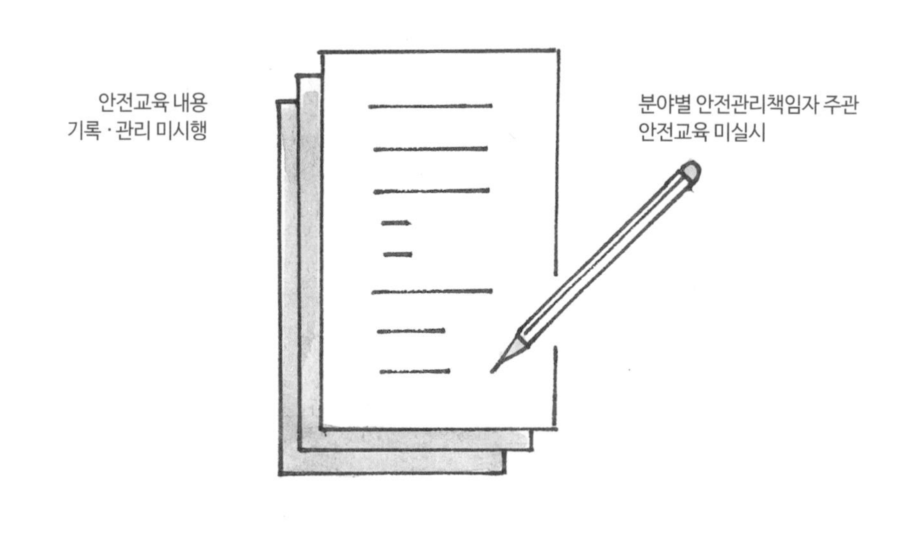

[안전교육 자료]

● 건설공사 안전관리계획서 수립대상과 정기안전점검 대상 건설공사

<table>
<tr><th>구분</th><th colspan="2">건설공사 안전관리계획서 수립대상</th><th>정기안전점검 대상 건설공사</th></tr>
<tr><td rowspan="14">건설기술진흥법
시행령 제98조
(안전관리계획의 수립)
제1항</td><td colspan="2">1. 제1종시설물 및 제2종 시설물의 건설공사「시설물의 안전 및 유지관리에 관한 특별법」제7조제1호 및 제3호</td><td rowspan="14">• 좌측의 안전관리계획 수립대상 건설공사 포함
• 건설공사 안전관리 업무수행 지침
(국토교통부고시 제2020-47호) 별표 1 참조</td></tr>
<tr><td colspan="2">2. 지하 10m 이상을 굴착하는 건설공사(깊이 산정 시 집수정, E/V pit, 정화조 등 제외)</td></tr>
<tr><td colspan="2">3. 폭발물 사용으로 주변에 영향이 예상되는 건설공사(20m 내 시설물, 100m 내 가축사육)</td></tr>
<tr><td colspan="2">4. 10층 이상 16층 미만의 건축물의 건설공사</td></tr>
<tr><td colspan="2">5. 10층 이상인 건축물의 리모델링 또는 해체공사</td></tr>
<tr><td colspan="2">6. 주택법 제2조제25호다목에 따른 수직증축형 리모델링</td></tr>
<tr><td colspan="2">7. 건설기계관리법 제3조에 따라 등록된 건설기계가 사용되는 건설공사
건설기계: 천공기(높이 10m 이상), 항타 및 항발기, 타워크레인(※ 리프트카 해당 무)</td></tr>
<tr><td colspan="2">8. 건진법 시행령 제101조의 2제1호의 가설구조물을 사용하는 건설공사</td></tr>
<tr><td>구분</td><td>상세</td></tr>
<tr><td>비계</td><td>• 높이 31m 이상
• 브라켓(bracket)비계</td></tr>
<tr><td>거푸집 및 동바리</td><td>• 작업발판 일체형 거푸집(갱폼 등)
• 높이 5m 이상인 거푸집
• 높이 5m 이상인 동바리</td></tr>
<tr><td>지보공</td><td>• 터널의 지보공
• 높이 2m 이상 흙막이 지보공</td></tr>
<tr><td>가설구조물</td><td>• 높이 10m 이상에서 외부작업을 하기 위하여 작업발판 및 안전시설물을 일체화하여 설치하는 가설구조물(SWC, RCS, ACS, WORKFLAT FORM 등)
• 공사현장에서 제작하여 조립·설치하는 복합형 가설구조물(가설밴드, 작업대차, 라이닝폼, 합벽지지대 등)
• 동력을 이용하여 움직이는 가설구조물(FCM, ILM, MSS 등)
• 발주자가 또는 인·허가 기관의 장이 필요하다고 인정하는 가설구조물</td></tr>
<tr><td colspan="2">9. 상기 건설공사 외 기타 건설공사
기타 건설공사: ① 발주자가 안전관리가 특히 필요하다고 인정하는 건설공사
② 해당 지방자치단체의 조례로 정하는 건설공사 중에서 인·허가 기관의 장이 안전관리가 특히 필요하다고 인정하는 건설공사</td></tr>
</table>

■ 건설공사 정기안전점검 대상 공사-1 [시설물의 안전 및 유지관리에 관한 특별법에 따른 1종, 2종 시설물의 건설공사]

항타기(driving pile machine)는 증기, 공기, 유압 등의 동력을 이용하여 땅에 파일 및 말뚝을 박는 기계이며, 항발기(extract pile machine)는 주로 가설용에 사용된 널말뚝, 파일 등을 뽑는 데 사용하는 기계이다.

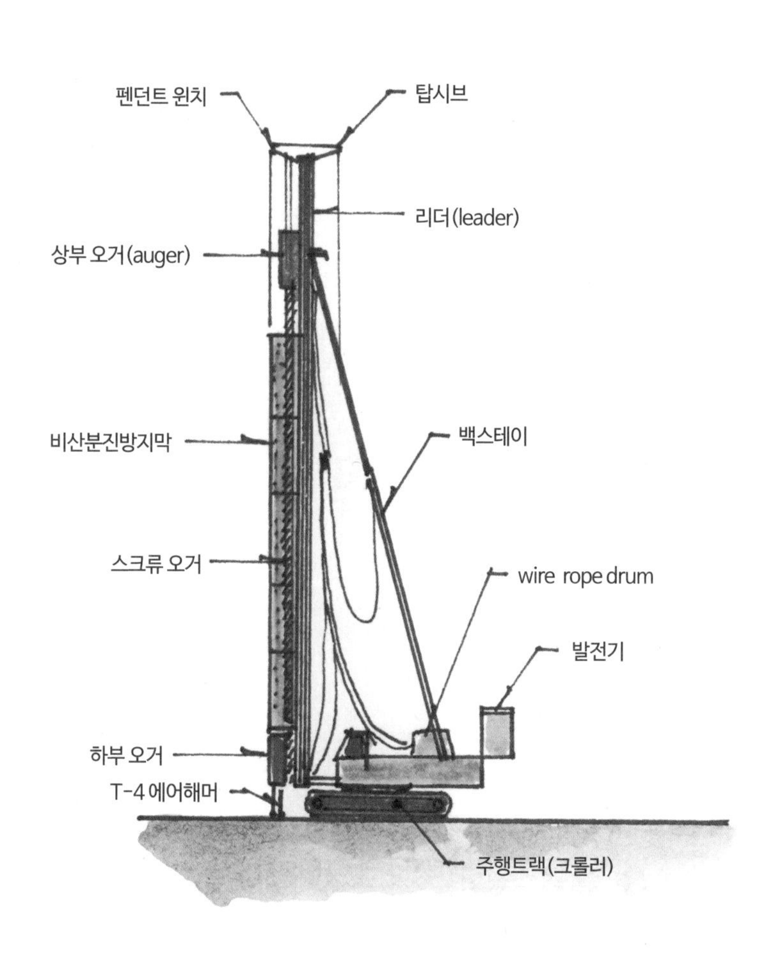

[항타기·항발기]

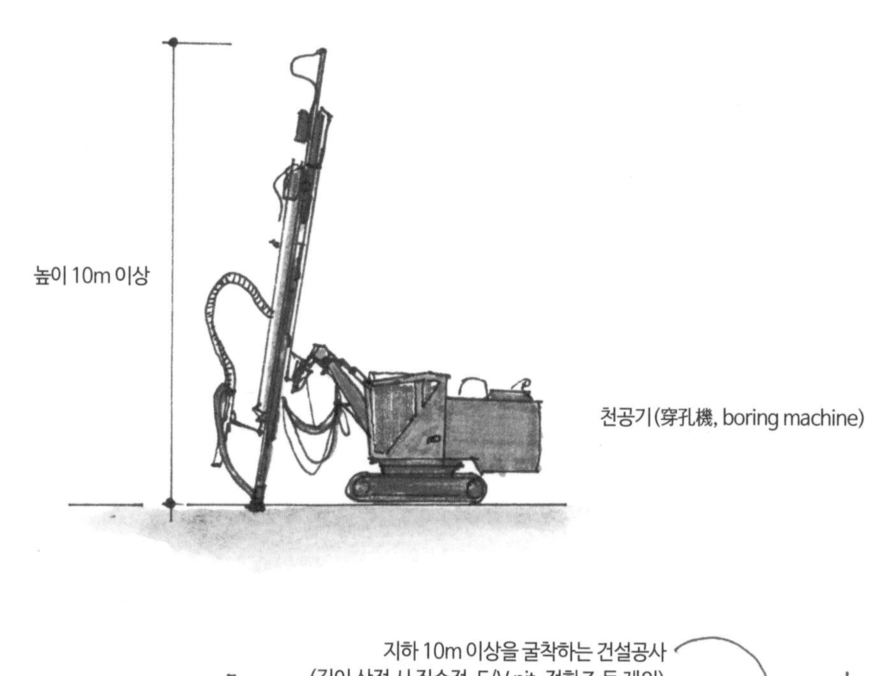

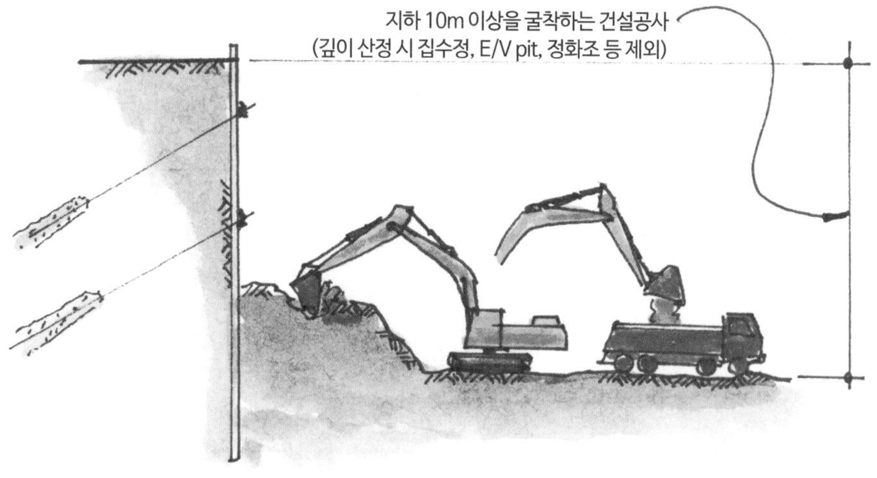

■ 건설공사 정기안전점검 대상 공사-2 [시설물의 안전 및 유지관리에 관한 특별법에 따른 1종, 2종 시설물의 건설공사]

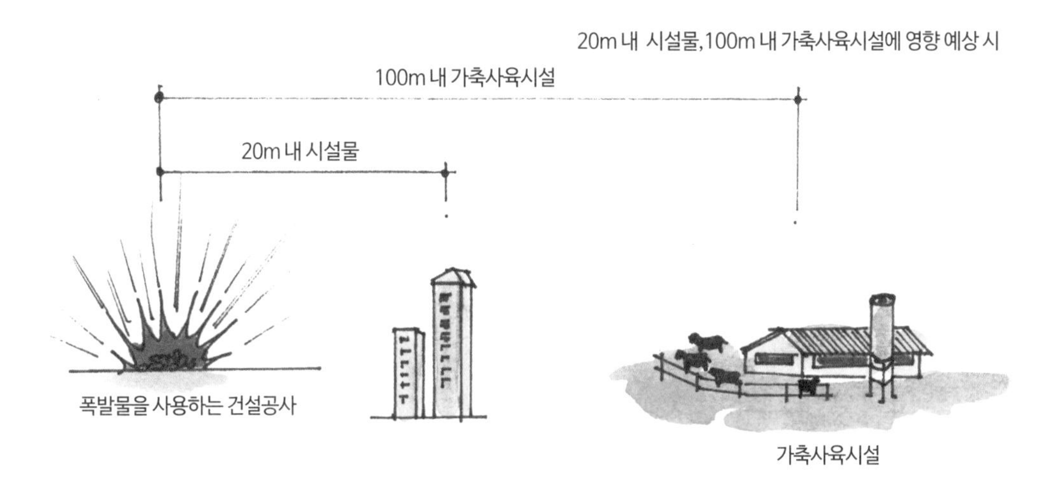

해체공사

10층 이상 리모델링

10층 이상 해체공사

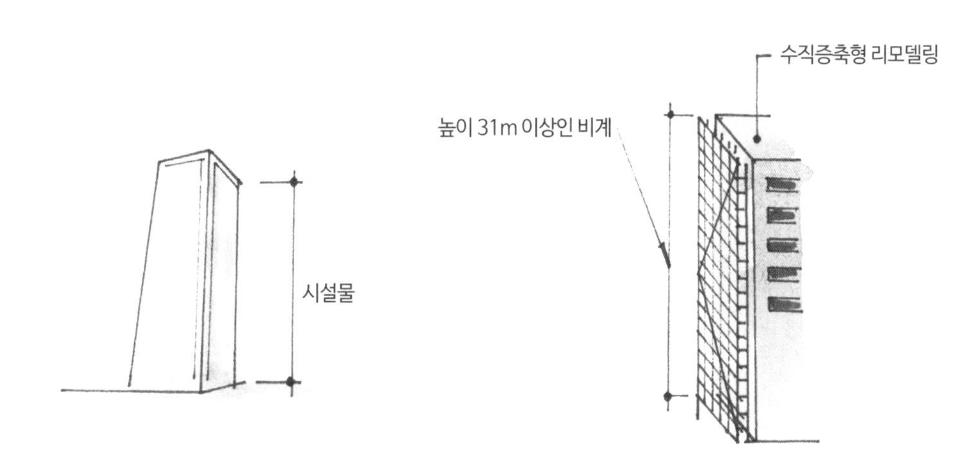

10층 이상, 16층 미만의 건축물의 건설공사

용어해설

제1종 시설물

- 21층 이상 또는 연면적 5만m^2 이상의 건축물
- 연면적 3만m^2 이상의 철도역시설 및 관람장
- 연면적 1만m^2 이상의 지하도 상가(지하보도 면적 포함)

제2종 시설물

- 16층 이상 또는 연면적 3만m^2 이상의 건축물(공동주택의 경우 16층 이상만 해당)
- 연면적 5천m^2 이상의 다중이용시설물(영화관, 의료시설, 종교시설, 운수 및 노유자시설, 수련시설, 운동시설, 숙박시설)
- 1종 시설물에 해당하지 않는 철도역시설
- 1종 시설물에 해당하지 않는 연면적 5천m^2 이상의 지하도 상가

■ 건설공사 정기안전점검 대상 공사-3 [시설물의 안전 및 유지관리에 관한 특별법에 따른 1종, 2종 시설물의 건설공사]

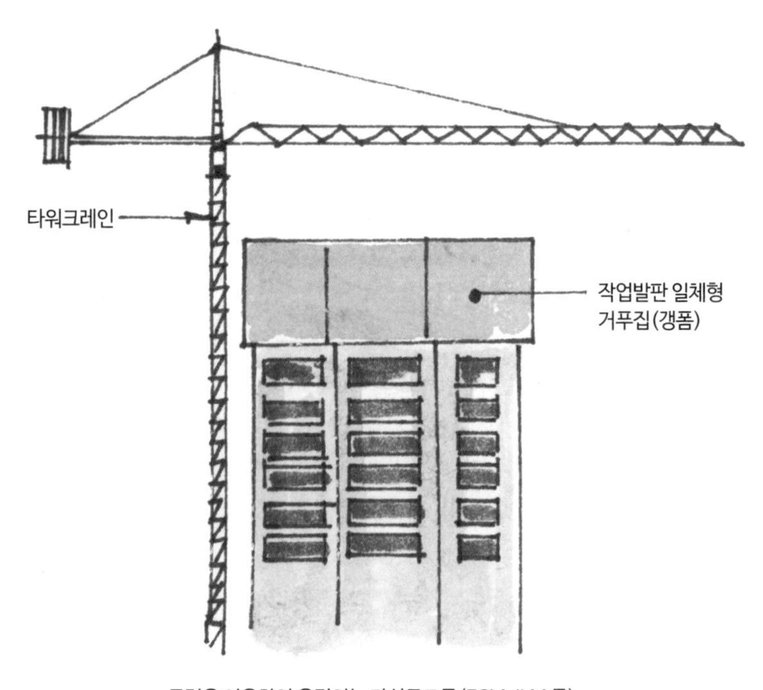

동력을 이용하여 움직이는 가설구조물(FCM, ILM 등)

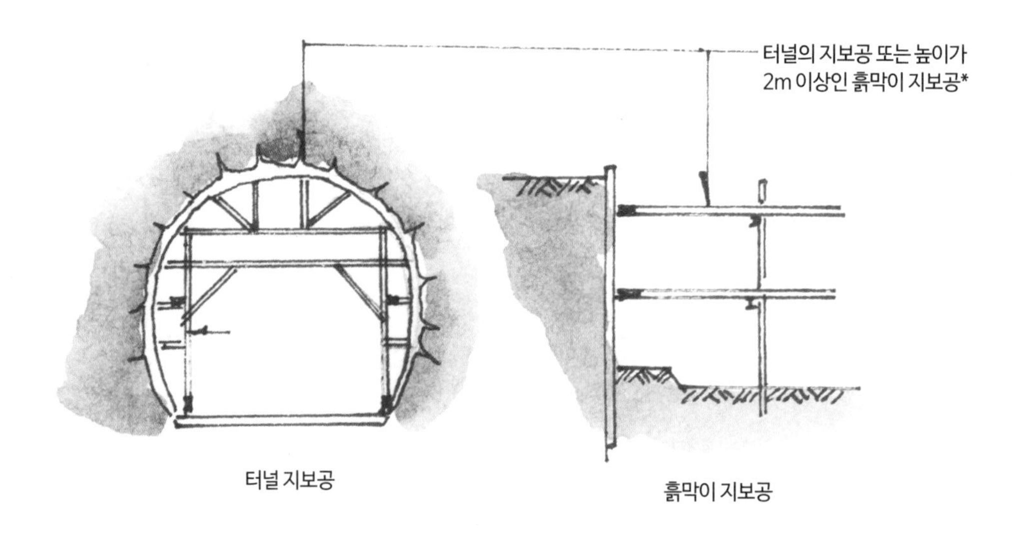

터널 지보공

흙막이 지보공

용어해설

***지보공(支保工, timbering/strut)**

거푸집공사, 흙막이공사 등에서 흙막이널이나 널말뚝을 지지하는 재료의 총칭으로 건설공사를 진행하는 도중에 어느 시기에 어느 물건을 지탱하기 위해 설치되는 구조물의 것

① 거푸집공사: 멍에재, 장선, 가새, 지주 등

② 흙막이공사: 띠장, 버팀대, 경사재, 지주 등(종류: 흙막이 지보공, 터널 지보공)

● 주요 건설공사 정기안전점검 실시 시기 [건설공사 안전관리 업무수행 지침 [별첨 1] 일부]

건설공사 종류		정기안전점검 점검차수별 점검시기		
		1차	2차	3차
교량		가시설공사 및 기초공사 시공 (콘크리트 타설 전)	하부공사 시공	상부공사 시공
터널		갱구 및 수직구 굴착 등 터널굴착 초기단계 시공	터널굴착 중기단계 시공	터널 라이닝콘크리트 치기 중간단계 시공
상하수도	취수시설 정수장, 취수가압펌프장 하수처리장	가시설공사 및 기초공사 시공 (콘크리트 타설 전)	구조체공사 초 · 중기단계 시공	구조체공사 말기단계 시공
	상수도 관로	총공정의 초 · 중기단계 시공	총공정의 말기단계 시공	-
건축물	건축물	기초공사 시공 (콘크리트 타설 전)	구조체공사 초 · 중기단계 시공	구조체공사 말기단계 시공
	리모델링 또는 해체공사	총공정의 초 · 중기단계 시공	총공정의 말기단계 시공	-
도로, 철도, 항만 또는 건축물의 부대시설	옹벽	가시설공사 및 기초공사 시공 (콘크리트 타설 전)	구조체공사 시공	-
	절토사면	발파 및 굴착 시공	비탈면 보호공 시공	-
10미터 이상 굴착하는 건설공사		가시설공사 및 기초공사 시공 (콘크리트 타설 전)	되메우기 완료 후	-
폭발물을 사용하는 건설공사		총공정의 초 · 중기단계 시공	총공정의 말기단계 시공	-
가설구조물	천공기(높이 10미터 이상)	천공기 조립 완료 후 최초 천공작업	천공작업 말기단계	-
	항타 및 항발기	항타 및 항발기 조립 완료 후 최초	항타 · 항발작업 말기단계	-
	타워크레인	항타 · 항발작업	타워크레인 인상 시마다	타워크레인 해체작업
가설구조물 (시행령 제101조의21)	높이가 31미터 이상 비계	타워크레인 설치작업	비계 최고 높이 설치 완료단계	-
	높이가 5미터 이상 거푸집 및 동바리	비계 최초 설치 완료	타설 단면이 가장 큰 구간 설치 완료	-

● 안전인증(산업안전보건법 제84조1항 시행령 제74조 시행규칙 제107조)

건설공사 참여자는 현장에서 사용하는 유해하거나 위험한 기계 · 기구 · 설비 및 방호장치 · 보호구 등은 안전인증을 받은 것을 확인한 후 사용한다.

안전인증 구분
의무안전인증
건설현장의 가설재 보호구 등에 의무 안전인증 대상 인증
제품의 안전성과 신뢰성 및 제조자의 품질관리 능력 인증

의무 안전인증 가설기자재 종류	
대상	종류
파이프 서포트	-
틀형 동바리용 부재	주틀, 가새재, 연결조인트
시스템 동바리용 부재	수직재, 수평재, 가새재, 트러스 연결조인트
강관비계용 부재	강관조인트 벽연결용 철물
틀형 비계용 부재	주틀 교차가새 띠장틀 연결조인트
시스템비계용 부재	수직재, 수평재, 가새재 연결포인트
이동식 비계용 부재	주틀 발바퀴, 난간틀 아우트리거
작업발판	작업대 통로용 작업발판
조임철물	클램크 철골용 클램프
받침철물	조절용 받침철물, 피벗형 받침철물
조립식 안전난간	-
추락 또는 낙하물 방지망	안전방망 수직보호망 수직형 추락방망

■ 안전관리자 미배치

적용근거 건설업 안전관리자 배치에 관한 산업안전보건법 법령(우측 '참고자료' 참조)에 따라 공사금액 1,980억 원으로 안전관리자를 3명 이상 배치하여야 한다.

지적사항 시공자는 점검일 현재 경력이 부족한 안전관리자 1명만 배치하고, 자격기준에 미달하는 안전관리자를 배치하였다. (산업안전보건법)

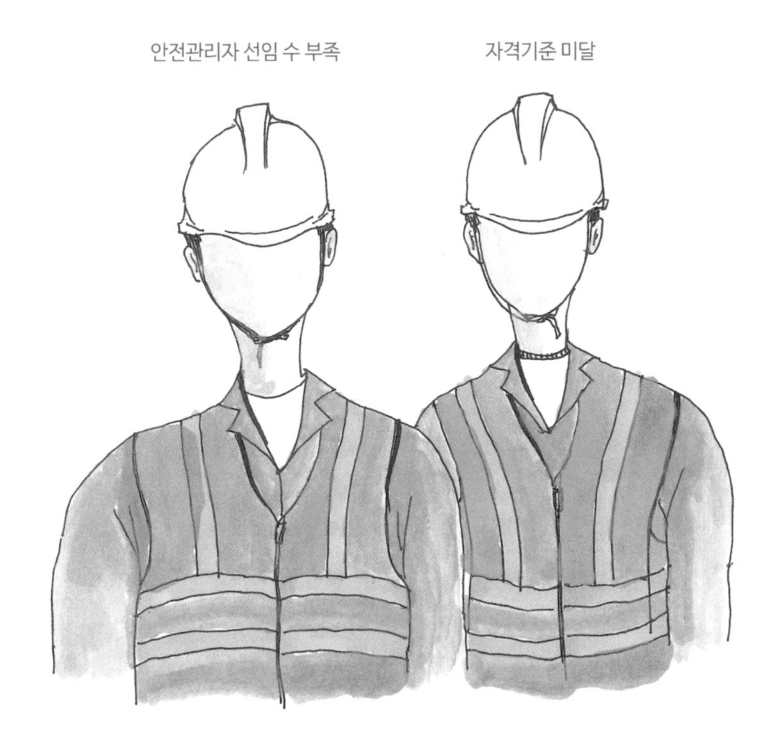

[안전관리자]

참고자료

건설업 안전관리자 배치에 관한 법령

- 산업안전보건법 제16조(안전관리자의 선임 등)
- 산업안전보건법 제17조(안전관리자)
- 산업안전보건법 제17조(안전관리자의 자격)
- 산업안전보건법 시행령 [별표 3] 안전관리자를 두어야 하는 사업의 종류, 안전관리자의 수 및 선임방법
- 산업안전보건법 시행령 [별표 4] 안전관리자의 자격

고용노동부 보도자료

건설업 안전관리자 선임 공사 규모 확대: '건설업 안전관리자' 선임 대상 건설공사가 50억 원 이상으로 확대(2019. 1. 15. 전부 개정, 산업안전보건법 시행)

※ 추진 배경: 사고재해가 다발하는 건설업의 안전 강화

공사규모별 안전관리자 선임 의무 적용 시기

구분	150억 원 이상	80억 원 이상	60억 원 이상	50억 원 이상
적용 시기	2020.7.1.	2021.7.1.	2022.7.1.	2023.7.1.

적용 시기 이후 착공하는 공사부터 적용

공사금액(억)	50~120	120~800	800~1,500	1,500~2,200	2,200~3,000	3,000~3,900	3,900~4,900	4,900~6,000	6,000~7,200
선임 수	1(겸임)	1	2	3	4	5	6	7	8
공사기간 중, 전후* 15%	-	-	1	3		3		4	
공사금액(억)	7,200~8,500	8,500~1조원	1조 원 이상						
선임 수	9	10	11 이상 (금액별 차등 적용)						
공사기간 중, 전후* 15%	5		선임 수의 1/2 (소수점 이하 올림)						

* **공사 기간 중, 전 15%:** 전체 공사 기간 중 공사 시작 전 15%에 해당하는 기간
  공사 기간 중, 후 15%: 전체 공사 기간 중 공사 종료 후 15%에 해당하는 기간

● 건설공사 공사금액에 따른 안전보건 업무담당자 적용 사업장(총괄표)

구분	적용 사업장	선임 대상·자격	주요 업무
안전보건관리책임자 (산업안전보건법 15조)	20억 원 이상 건설현장	실질적인 사업장 총괄관리자	• 산재예방계획 수립, 안전보건관리규정 작성·변경 • 안전보건교육, 근로자 건강관리 • 산재 원인조사 및 재발방지 대책 수립 • 산재 통계 기록·유지, 위험성평가 실시 • 안전장치·보호구 적격품 여부 확인 • 근로자 위험, 건강장해 방지
관리감독자 (산업안전보건법 16조)	모든 건설현장	실질적인 현장 업무 책임자 또는 지휘자	• 기계·기구 또는 설비 점검, 작업장 정리정돈 • 작업복·보호구·방호장치 점검, 교육·지도 • 산재 보고 및 응급조치 • 안전·보건관리자 업무에 대한 협조 • 위험성평가 관련, 위험요인 파악 및 개선
안전관리자 (산업안전보건법 17조)	50억 원 이상 건설현장 ※ 단, 120억 원 이상 건설현장은 전담자 선임	관련 자격 · 학위 취득자 등	• 위험성평가, 위험 기계·기구, 안전교육, 순회점검에 대한 지도·조언 및 보좌 • 산재 발생 원인 조사·분석, 재발방지를 위한 기술, 산재 통계 유지·관리·분석 등에 대한 지도·조언 및 보좌
보건관리자 (산업안전보건법 18조)	800억 원 이상 건설현장 ※ 토목공사는 1,000억 원↑	관련 자격·학위 취득자 등	• 위험성평가, 개인 보호구, 보건교육, 순회점검에 대한 지도·조언 및 보좌 • 산재 발생 원인 조사·분석, 재발방지를 위한 기술, 산재 통계 유지·관리·분석 등에 대한 지도·조언 및 보좌 • 가벼운 부상에 대한 치료, 응급처치 등에 대한 의료행위(의사 또는 간호사에 한함) • MSDS 게시·비치, 지도·조언 및 보좌
안전보건조정자 (산업안전보건법 68조)	분리 발주된 공사금액이 총 50억 원 이상인 경우	관련 업무 경력 및 자격증 취득자 등	• 분리 발주한 공사의 혼재작업 유무, 혼재작업으로 인한 산재 발생 위험성 파악 • 분리 발주한 공사의 혼재작업으로 인한 산재 예방을 위한 작업의 시기·내용 및 안전보건 조치 등의 조정 • 각각의 공사 도급인의 안전보건관리책임자 간 작업 내용에 관한 정보 공유 여부의 확인

■ 정기안전점검 미실시(타워크레인)

적용근거 '건설기술진흥법' 제62조(건설공사의 안전관리) 및 같은 법 시행령 제98조(안전관리계획의 수립)에 따른 안전관리계획 수립대상 현장이다.

※ 2종 시설물(건축물), 천공 · 항타기 · 타워크레인 사용, 10m 굴착 및 2m 이상 흙막이 지보공 공사 등

지적사항 시공자는 타워크레인 2대를 각각 설치한 이후 점검일 현재까지 타워크레인에 대한 정기안전점검검을 실시하지 않았다.

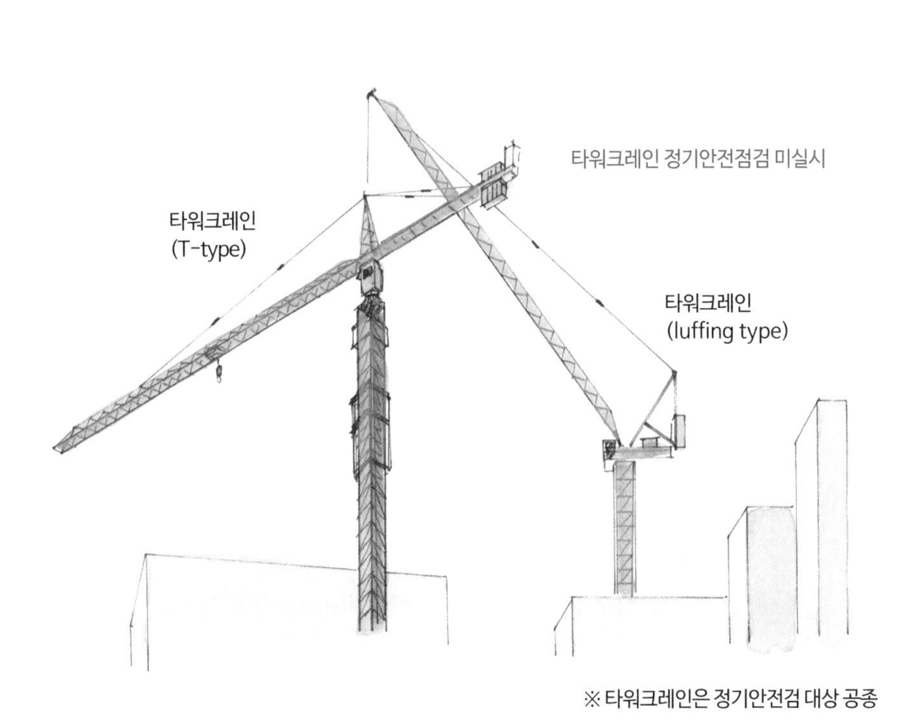

[타워크레인]

■ 안전난간 추가 설치 및 보완 필요

적용근거 '산업안전보건기준에 관한 규칙' 제43조(개구부 등의 방호조치)에 따르면, 시공자는 개구부에 안전난간, 울타리, 수직형 추락방망 또는 덮개 등의 방호조치를 충분한 강도를 가진 구조로 튼튼하게 설치하도록 하고 있다.

지적사항 점검일 당시 시공자는 ① A동 후면 흙막이 가시설 구간에 설치된 안전난간의 일부 난간대의 높이(약 70cm)가 낮아 작업자의 추락 우려가 있으므로 난간대의 높이를 90cm 이상으로 보완할 필요가 있으며, ② B동 3층 엘리베이터 출입구에 안전난간이 설치되지 않은 구간에 안전난간 설치가 필요하다.

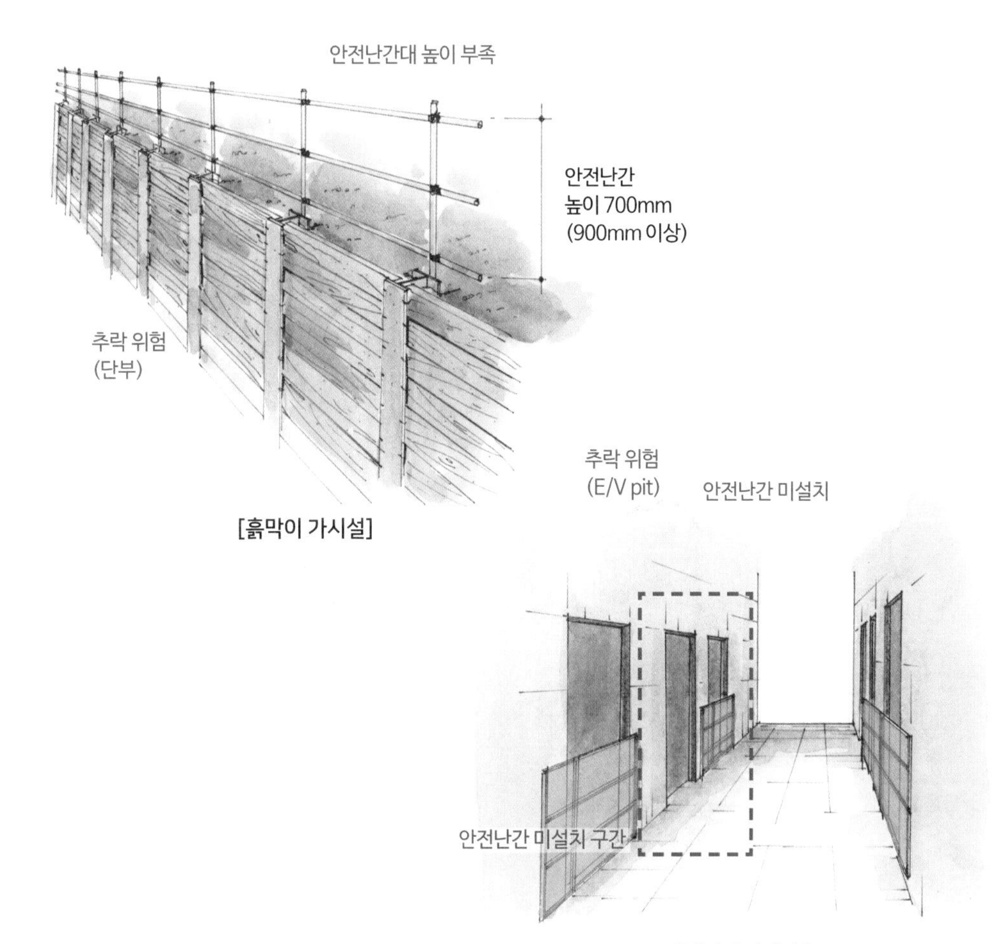

[엘리베이터 홀]

● 정기안전점검 대상 건설공사 [국토교통부고시 제2021-194호(2021. 6. 29. 일부개정)]

건설공사 종류		정기안전점검 점검차수별 점검시기				
		1차	2차	3차	4차	5차
교량		가시설공사 및 기초공사 시공 시 (콘크리트 타설 전)	하부공사 시공 시	상부공사 시공 시	-	-
터널		갱구 및 수직구 굴착 등 터널굴착 초기단계 시공 시	터널굴착 중기단계 시공 시	터널 라이닝콘크리트 치기 중간단계 시공 시	-	-
댐	콘크리트댐	유수전환시설공사 시공 시	굴착 및 기초공사 시공 시	댐 축조공사 시공 시 (하상기초 완료 후)	댐 축조공사 중기단계 시공 시	댐 축조공사 말기단계 시공 시
	필댐	유수전환시설공사 시공 시	굴착 및 기초공사 시공 시	댐 축조공사 초기단계 시공 시	댐 축조공사 중기단계 시공 시	댐 축조공사 말기단계 시공 시
하천	수문	가시설공사 완료 시 (기초 및 철근콘크리트공사 시공 전)	되메우기 및 호안공사 시공 시	-	-	-
	제방	하천바닥 파기, 누수방지, 연약지반 보강, 기초처리공사 완료 시	본체 및 비탈면 흙쌓기공사 시공시	-	-	-
하구둑		배수갑문 공사 중	제체공사 중	-	-	-
상하수도	취수시설, 정수장, 취수가압펌프장, 하수처리장	가시설공사 및 기초공사 시공 시 (콘크리트 타설 전)	구조체공사 초·중기단계 시공 시	구조체공사 말기단계 시공 시	-	-
	상수도 관로	총공정의 초·중기단계 시공 시	총공정의 초·말기단계 시공 시	-	-	-
항만	계류시설	기초공사 및 사석공사 시공 시	제작 및 거치공사, 항타공사 시공 시	철근콘크리트공사 시공 시	속채움 및 뒷채움공사, 매립공사 시공 시	-
	외곽시설 (갑문, 방파제, 호안)	가시설공사 및 기초공사, 사석공사 시공 시	제작 및 거치공사 시공 시	철근콘크리트공사 시공 시	속채움 및 뒷채움공사 시공 시	-
건축물	건축물	기초공사 시공 시(콘크리트 타설 전)	구조체공사 초·중기단계 시공 시	구조체공사 말기단계 시공 시	-	-
	리모델링 또는 해체공사	총공정의 초·중기단계 시공 시	총공정의 말기단계 시공 시	-	-	-
지하차도, 지하상가, 복개구조물		토공사 시공 시	공정의 중기단계 시공 시	총공정의 말기단계 시공 시	-	-
도로, 철도, 항만 또는 건축물의 부대시설	옹벽	가시설공사 및 기초공사 시공 시 (콘크리트 타설 전)	구조체공사 시공 시	-	-	-
	절토사면	발파 및 굴착 시공 시	비탈면 보호공 시공 시	-	-	-
10m 이상 굴착하는 건설공사		가시설공사 및 기초공사 시공 시 (콘크리트 타설 전)	되메우기 완료 후	-	-	-
폭발물을 사용하는 건설공사		총공정의 초·중기단계 시공 시	총공정의 말기단계 시공 시	-	-	-

■ 시스템비계 밑둥잡이 설치 등 필요

적용근거 '산업안전보건기준에 관한 규칙' 제70조(시스템비계의 조립작업 시 준수사항 1)에 따르면, 비계기둥의 밑둥에는 밑받침 철물을 사용하여야 하며, 밑받침에 고저차가 있는 경우에는 조절형 밑받침 철물을 사용하여 시스템비계가 항상 수평 및 수직을 유지해야 한다고 되어 있다.

지적사항 ① 지상 2층 동측에 설치한 시스템비계에 비계기둥과 기둥 사이에 밑둥잡이가 임시 철거된 상태로 관리되고 있어 비계 안전성 확보를 위하여 비계 밑둥잡이를 재설치할 필요가 있으며, ② 지상 1층 남측에 설치한 시스템비계에 비계 밑둥잡이 일부가 훼손되어 있어 비계기둥의 좌굴 안전성 확보를 위하여 밑둥잡이를 교체하여 설치하는 등 보완이 필요하다.

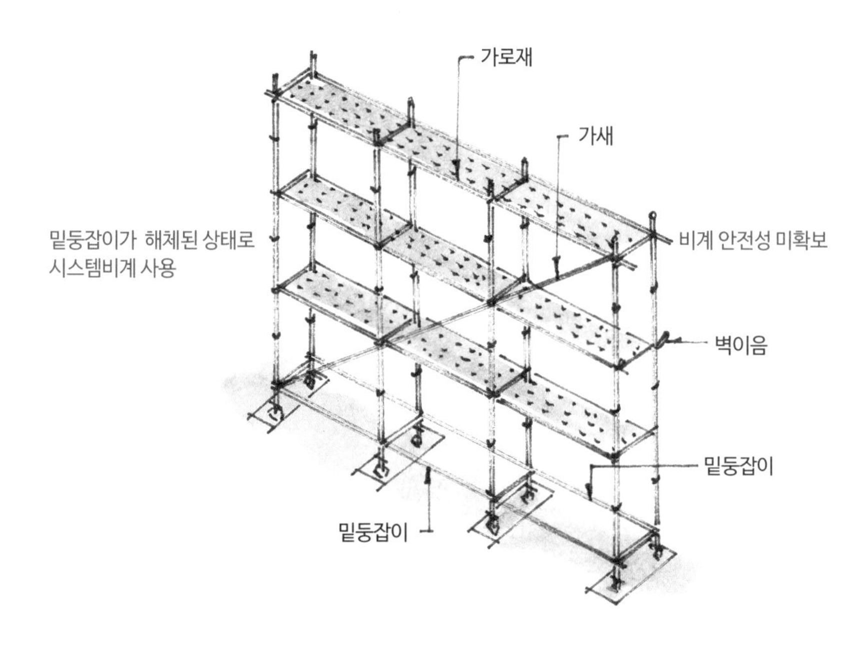

[시스템비계]

■ 낙하물 방지망 재설치 등 안전시설물 보완 필요

적용근거 '산업안전보건기준에 관한 규칙' 제14조(낙하물에 의한 위험의 방지)에 따르면, ① 사업주는 작업장의 바닥, 도로 및 통로 등에서 낙하물이 근로자에게 위험을 미칠 우려가 있는 경우 보호망을 설치하는 등 필요한 조치를 하여야 한다. ② 사업주는 작업으로 인하여 물체가 떨어지거나 날아올 위험이 있는 경우 낙하물 방지망, 수직보호망 또는 방호선반의 설치, 출입금지구역의 설정, 보호구의 착용 등 위험을 방지하기 위하여 필요한 조치를 하여야 한다고 되어 있다.

지적사항 ① 지상 2층 장비 반입구 구간(X3~X4 및 Y6~Y7) 수평 개구부는 장비 인양 후 낙하물 방지망을 임시 제거한 상태로 관리되고 있으며, ② 지하 4층 장비 반입구 구간은 작업자의 통행금지를 위한 별도의 안전시설이 설치되지 않은 상태로 관리되고 있어 낙하물로 인한 하부 작업자의 안전사고 예방을 위하여 수평 개구부는 낙하물 방지망의 재설치 및 수평 개구부 하부구간의 작업자 통행금지를 위한 표지판, 울타리 등 안전시설물의 추가 설치가 필요하다.

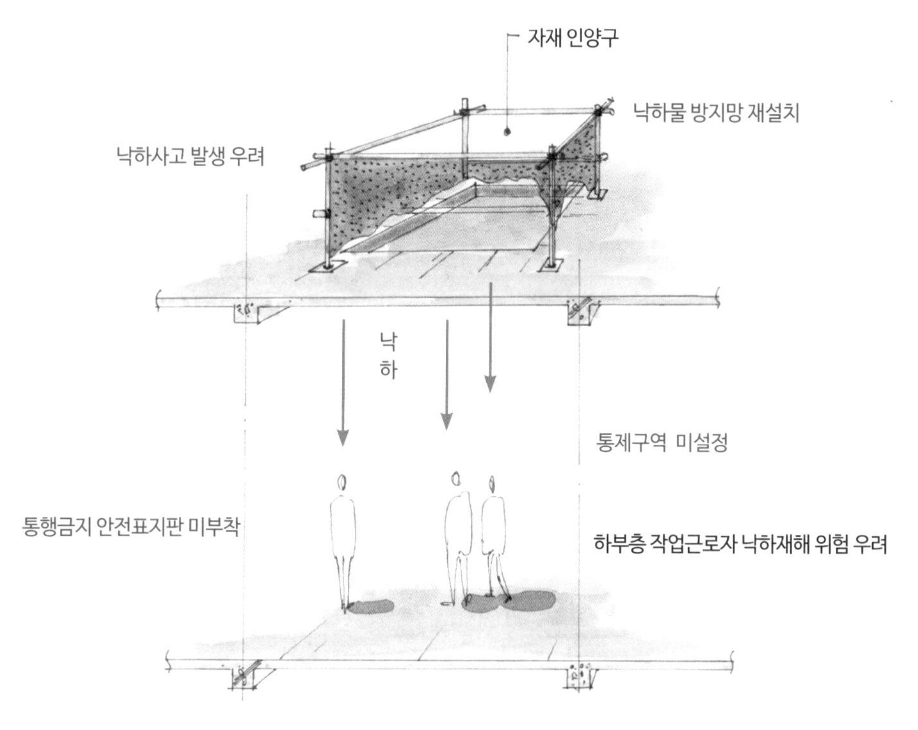

[자재 인양구]

■ 콘크리트 압송관 주변 이물질 제거 등 필요

적용근거 '산업안전보건기준에 관한 규칙' 제14조(낙하물에 의한 위험의 방지)에 따르면, ① 사업주는 작업장의 바닥, 도로 및 통로 등에서 낙하물이 근로자에게 위험을 미칠 우려가 있는 경우 보호망을 설치하는 등 필요한 조치를 하여야 한다. ② 사업주는 작업으로 인하여 물체가 떨어지거나 날아올 위험이 있는 경우 낙하물 방지망, 수직보호망 또는 방호선반의 설치, 출입금지구역의 설정, 보호구의 착용 등 위험을 방지하기 위하여 필요한 조치를 하여야 한다고 되어 있다.

지적사항 ① A동 지상 20층 엘리베이터 홀 바닥 구간 콘크리트 압송관 주변 개구부에 콘크리트 등 이물질이 쌓여 있고 낙하물 방지시설 등 안전시설물이 설치되어 있지 않아 하부 작업자의 안전확보가 어려우므로 콘크리트 압송관 주변 이물질은 제거가 필요하며, ② 개구부의 낙하물이 하부층으로 떨어지지 않도록 낙하물 방지망 등 안전시설물을 추가로 설치하는 등 관리를 해야 한다.

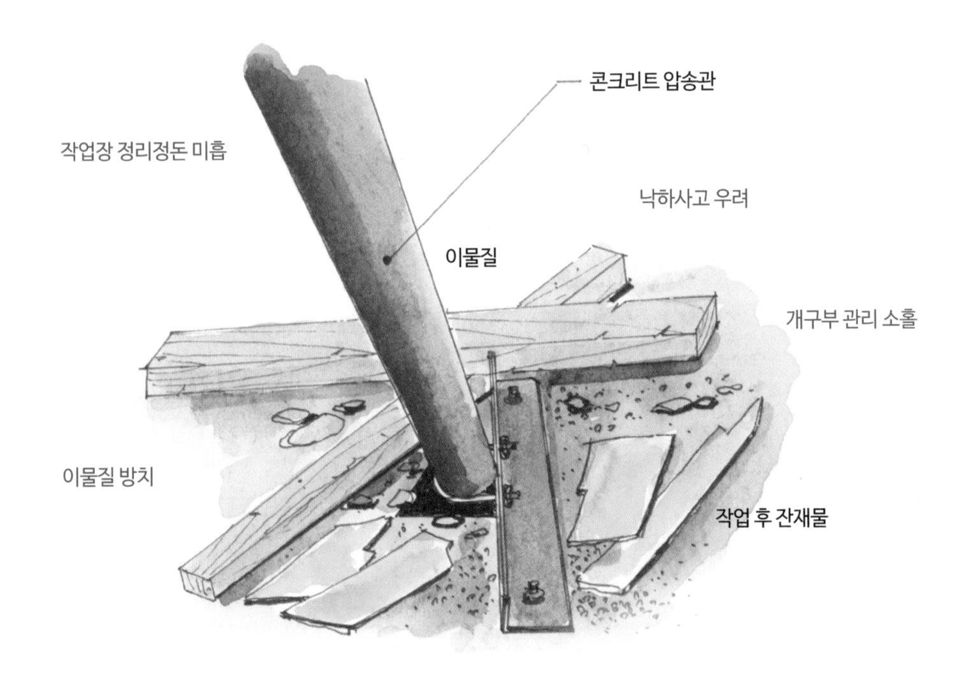

[콘크리트 압송입상관]

■ 콘크리트 압송관 이설 필요

적용근거 '산업안전보건기준에 관한 규칙(개정 2016. 7. 11.)' 제22조(통로의 설치)에 따르면, ③ 사업주는 통로면으로부터 높이 2m 이내에는 장애물이 없도록 하여야 한다. 다만, 부득이하게 통로면으로부터 2m 이내에 장애물을 설치할 수밖에 없거나 통로면으로부터 2m 이내의 장애물을 제거하는 것이 곤란하다고 고용노동부장관이 인정하는 경우에는 근로자에게 발생할 수 있는 부상 등의 위험을 방지하기 위한 안전조치를 하여야 한다고 되어 있다.

지적사항 B동 지상 1층 주출입구 구간에 설치 중인 콘크리트 압송관이 주출입구와 간섭이 되어 통행자의 부딪힘 등 안전사고 우려가 있으므로 작업자 안전확보를 위하여 콘크리트 압송관이 주출입구와 간섭이 되지 않도록 이설해야 한다.

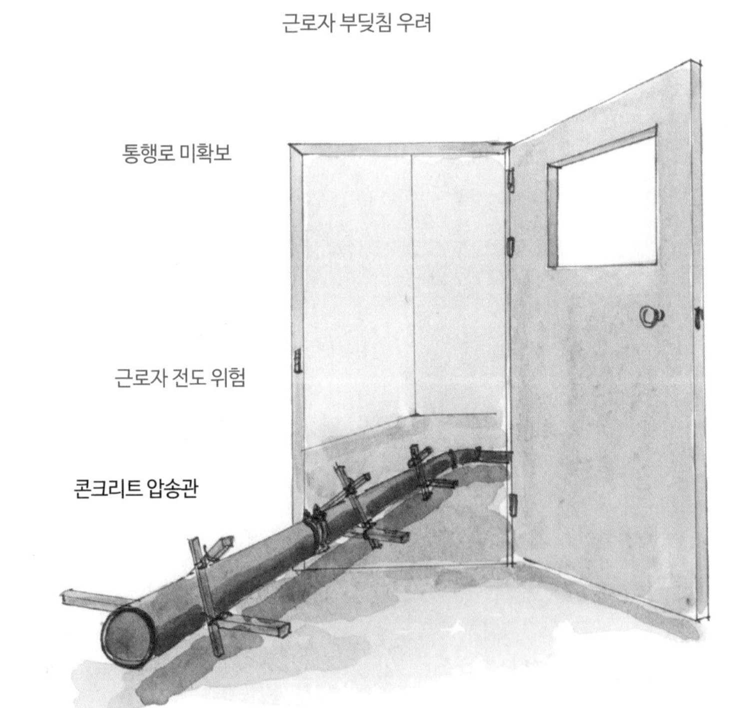

[주출입구 통로]

■ 개구부 주변 안전시설물 추가 설치 필요

적용근거 '산업안전보건기준에 관한 규칙' 제43조(개구부 등의 방호조치)에 따르면, 시공자는 개구부에 안전난간, 수직형 추락방망 또는 덮개 등의 방호조치를 충분한 강도를 가진 구조로 튼튼하게 설치하도록 하고 있다.

지적사항 지하 2층 기계실 구간에 집수정은 개구부 덮개를 설치하여 운영 중이나 개구부 덮개의 일부가 임시 개방된 상태로 관리되고 있어 작업자의 발빠짐 등 안전확보에 어려움이 있으므로 집수정 주변에 안전난간 등 안전시설물을 추가로 설치할 필요가 있다.

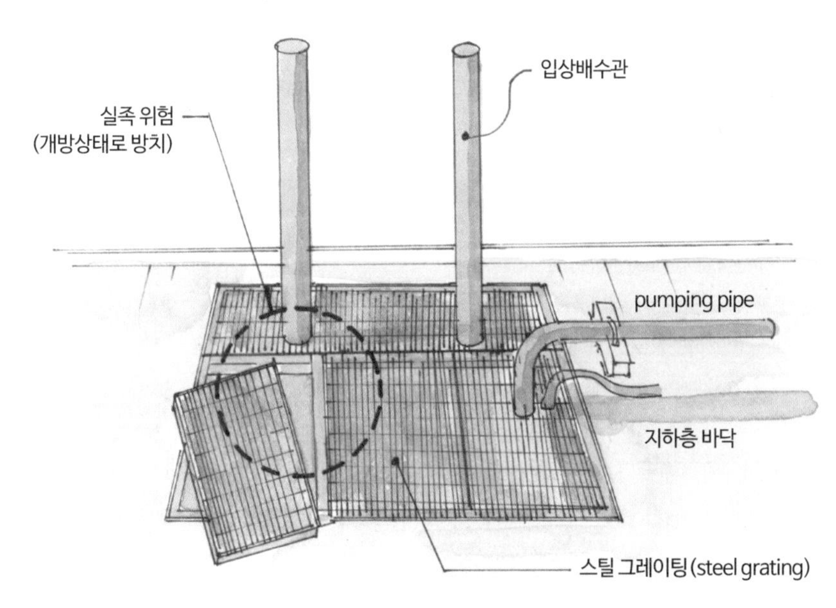

[지하층 집수정]

용어해설

입상배수관(垂直管, riser pipe/vertical pipe)
보통 '입상관'이라고 하며, 연직방향으로 설치된 파이프로 공조설비의 수직관은 관 내 유체 흐름에 따라 올림관과 내림관이 있다.

■ 수평 개구부 보호덮개 상부 자재 제거 필요

적용근거 '산업안전보건기준에 관한 규칙' 제43조(개구부 등의 방호조치)에 따르면, 시공자는 개구부에 안전난간, 수직형 추락방망 또는 덮개 등의 방호조치를 충분한 강도를 가진 구조로 튼튼하게 설치하도록 하고 있다.

지적사항 A동 지하 1층 엘리베이터 홀 구간 수평 개구부 보호덮개 상부에 목재, 타이핀, 폐콘크리트 등 자재 및 이물질이 혼재된 상태로 적재되어 있어 낙하물로 인한 하부 작업자의 안전확보를 위하여 수평 개구부 보호덮개 상부 자재 및 이물질은 제거를 해야 한다.

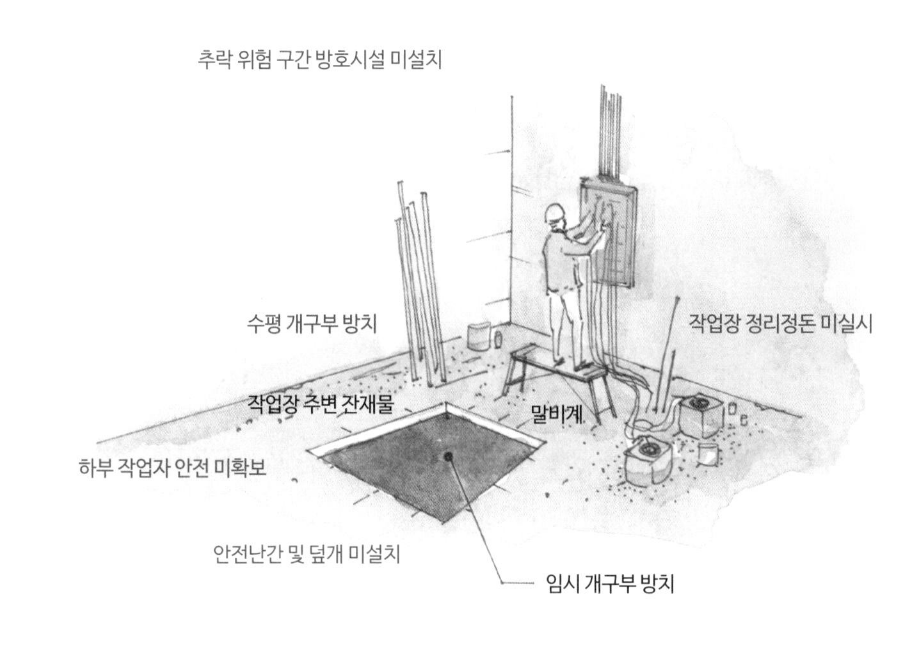

[작업장 주변 개구부]

■ 비계 수직 승강통로(해치발판) 관리 필요

적용근거 '산업안전보건기준에 관한 규칙(개정 2017. 12. 28.)' 제56조(작업발판의 구조)에 따르면, 사업주는 비계(달비계, 달대비계 및 말비계는 제외한다)의 높이가 2m 이상인 작업 장소에 다음 각 호의 기준에 맞는 작업발판을 설치하여야 한다.

6. 작업발판 재료는 뒤집히거나 떨어지지 않도록 둘 이상의 지지물에 연결하거나 고정시킬 것
7. 작업발판을 작업에 따라 이동시킬 경우에는 위험방지에 필요한 조치를 할 것

지적사항 A동 남측 구간에 설치한 비계 수직 승강통로가 개방된 상태로 관리되고 있어 작업자가 작업발판으로 이동 시 발빠짐 등 안전사고가 우려되므로 작업자 안전확보를 위하여 비계 수직 승강통로를 닫은 상태로 관리할 필요가 있으며, 비계 수직 승강로가 작업자 이용 후 닫힌 상태로 관리될 수 있도록 작업자 안전교육이 필요하다.

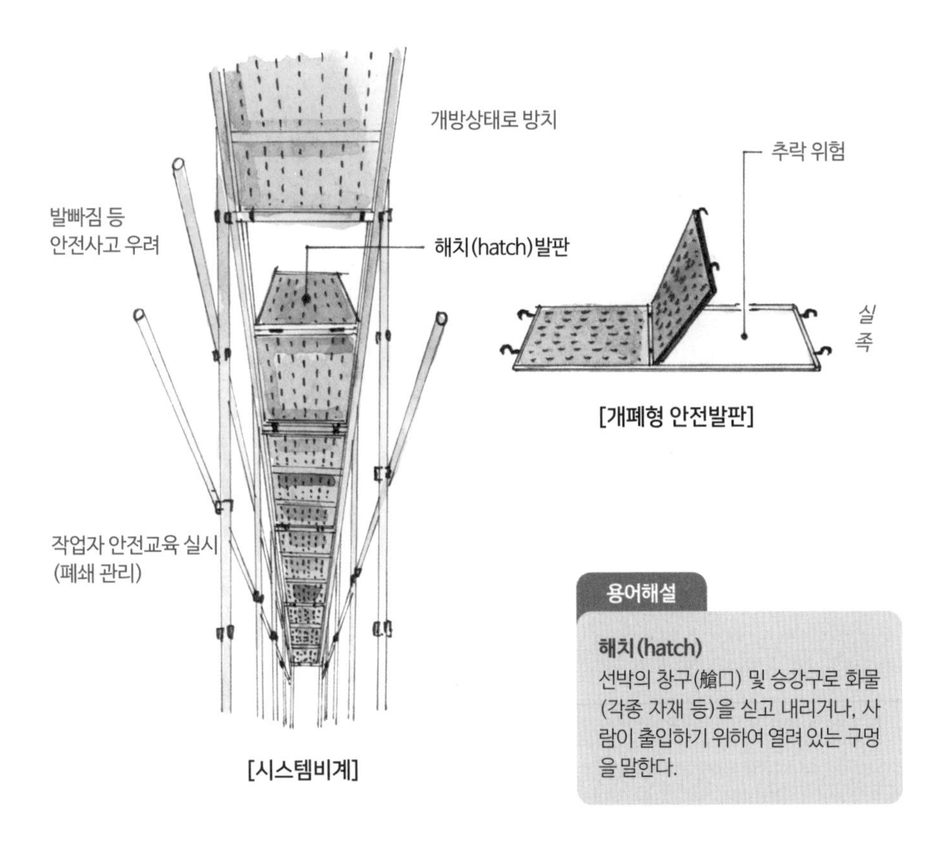

[개폐형 안전발판]

[시스템비계]

용어해설

해치(hatch)
선박의 창구(艙口) 및 승강구로 화물(각종 자재 등)을 싣고 내리거나, 사람이 출입하기 위하여 열려 있는 구멍을 말한다.

■ 비계 밑둥잡이 재설치 등 관리 필요

적용근거 '산업안전보건기준에 관한 규칙' 제60조(강관비계의 구조) 제1항에 따르면, 하단부에는 깔판(밑받침 철물), 받침목 등을 사용하고 밑둥잡이를 설치해야 한다.

지적사항 점검일 당시 B동 지하 1층 북동측 구간에 설치한 비계 밑둥잡이 일부가 제거된 상태로 관리되고 있어 비계기둥 이동, 흔들림 등 안전성 확보가 어려우므로 비계 안전성 확보를 위하여 제거된 비계 밑둥잡이는 재설치하는 등 관리가 필요하다.

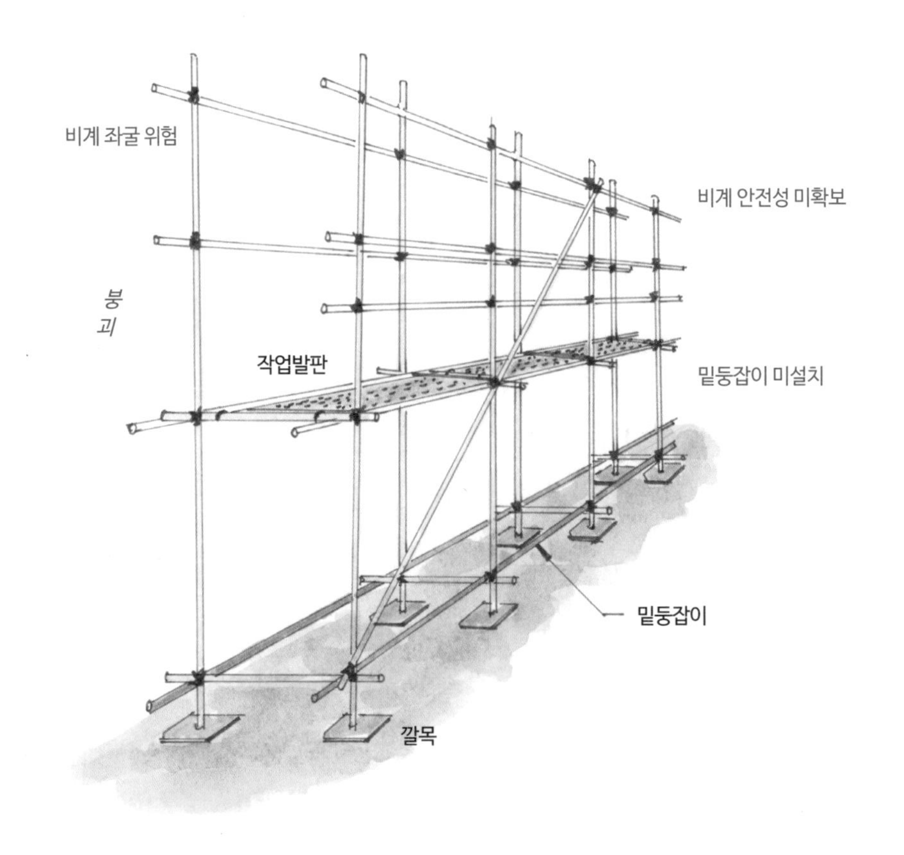

[강관비계]

■ 가설 시스템비계 설치 부적정

적용근거 ○○시 문서번호 주택과 - 18228로 승인된 '안전관리계획서의 가설공사 시스템비계 설치기준'에 따르면, 3.8m당 횡부재 6단 설치, 벽 이음재 5×5m 간격 설치로 규정되어 있다.

지적사항 점검일 당시 시공자는 시스템비계 횡부재가 3단 설치가 누락된 상태에서 거푸집 설치작업을 위한 가설 시스템비계로 현재 사용하고 있다.

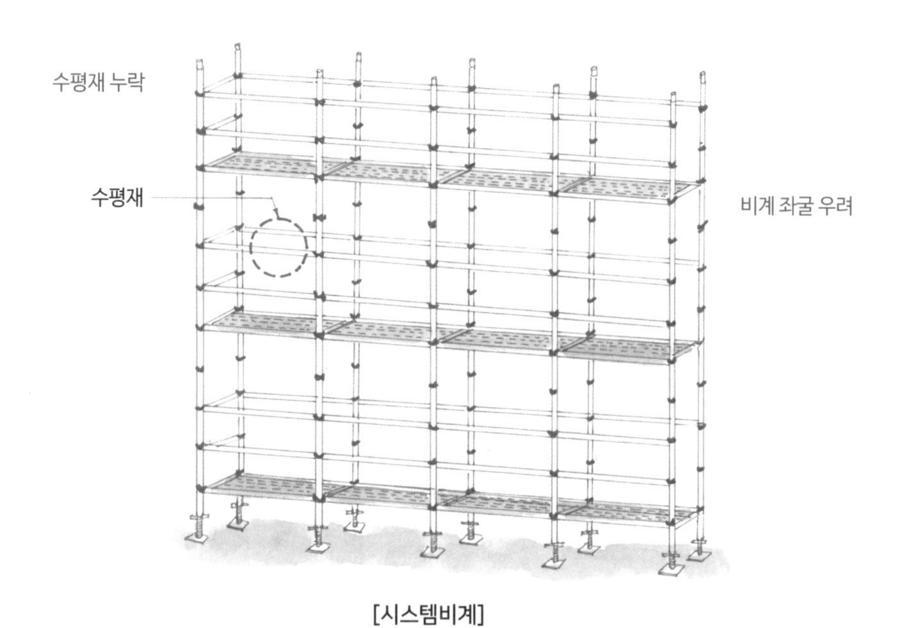

[시스템비계]

시스템비계 검토사항	
검토 항목	확인사항
가새	• 기둥간격 10m마다 45도 각도로 처마방향으로 설치 • 비계기둥과 띠장에 결속 • 가새 평행간격 10m 이내
작업발판	• 폭 40cm 이상 • 안전난간 설치(상부 난간 90cm 이상, 중간 난간 45cm 이상)
적재하중	• 비계와 비계기둥 간 적재하중: 400kg 이하
강관보강	• 비계기둥 최고 높이로부터 31m 지점 밑부분은 비계기둥을 2본으로 설치
침하방지	• 깔판, 받침목 및 밑둥잡이를 설치

■ 임시계단 고정 설치 필요

적용근거 'KOSHA GUIDE C-11-2012. 가설계단의 설치 및 사용 안전보건작업 지침(2012. 8.)'의 '9. 가설계단의 유지관리'에 따르면, 가설계단을 설치 사용 및 유지관리를 위해 정기적으로 점검하고, 불량 혹은 이상이 발견되었을 경우에는 즉시 보수하도록 하며, 또한 '9.(2) 사용 및 유지관리 점검 (가)'에 따르면, 발판과 지지대의 접속이나 연결부의 이상 유무를 확인하여야 한다고 되어 있다.

지적사항 A동 출입구에 설치된 임시계단이 고정되어 있지 않아 계단이 흔들리므로 임시계단이 흔들리지 않도록 고정을 철저히 할 필요가 있다.

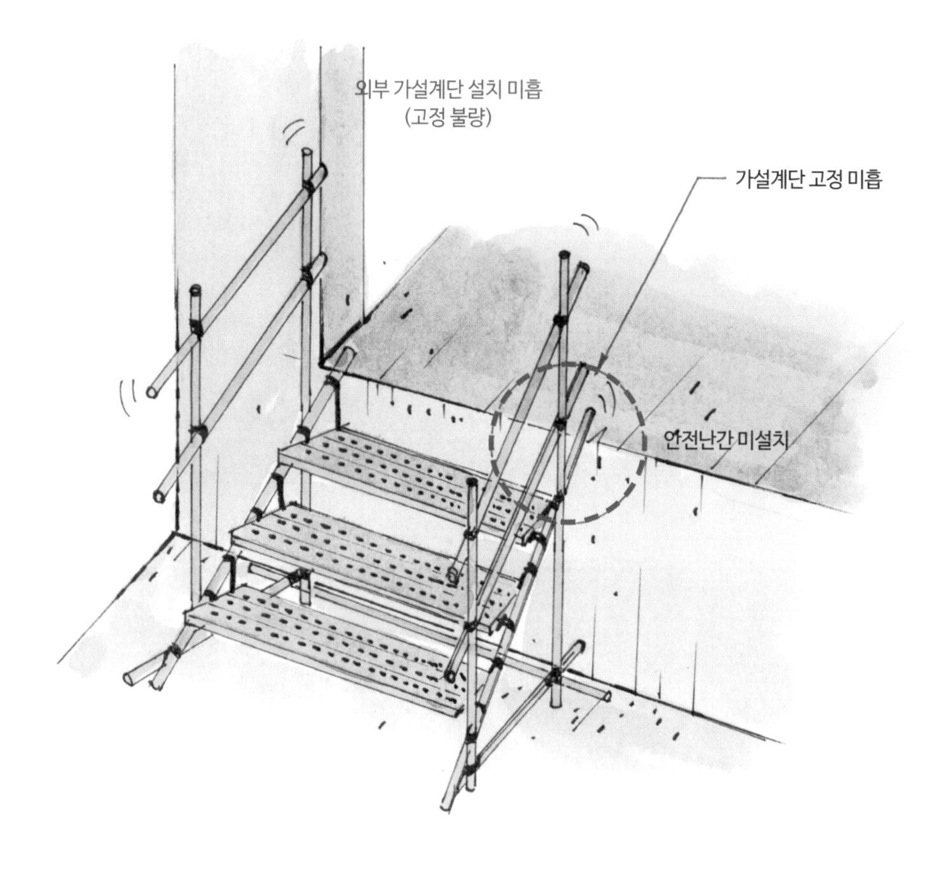

[외부 가설계단]

■ 안전난간 설치 필요

적용근거 '산업안전보건기준에 관한 규칙' 제43조(개구부 등의 방호조치) ①에 따르면, 사업주는 작업발판 및 통로의 끝이나 개구부로서 근로자가 추락할 위험이 있는 장소에는 안전난간, 울타리, 수직형 추락방망 또는 덮개 등의 충분한 강도를 가진 구조로 튼튼하게 설치하여야 한다.

지적사항 지하주차장 부출입구 단부 구간에 안전난간이 일부 설치되어 있지 않아 작업자의 추락 우려가 있으므로 안전난간을 추가로 설치할 필요가 있다.

단부 추락 위험

안전난간 미설치

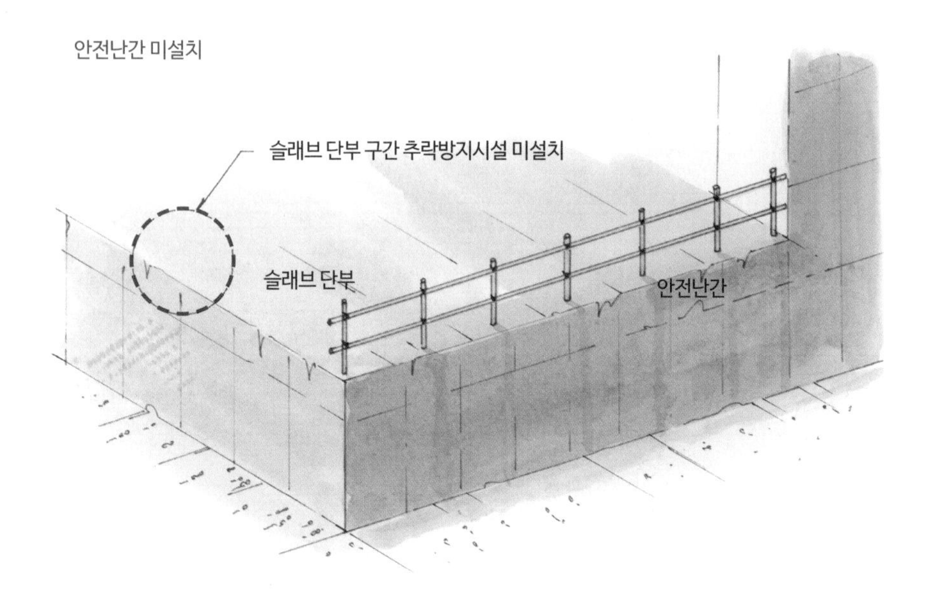

[슬래브 단부]

■ 비탈면 안전성 확보 필요

적용근거 '산업안전보건기준에 관한 규칙' 제50조(붕괴 · 낙하에 의한 위험 방지)에 따르면, 사업주는 지반의 붕괴, 구축물의 붕괴 또는 토석의 낙하 등에 의하여 근로자가 위험해질 우려가 있는 경우 그 위험을 방지하기 위하여 다음의 조치를 하여야 한다.

- 지반은 안전한 경사로 하고 낙하의 위험이 있는 토석을 제거하거나 옹벽, 흙막이 지보공 등을 설치할 것
- 안전한 경사기준: 습지 1:1~1:1.5, 건지 1:0.5~1:1, 풍화암 1:1.0, 연암 1:1.0, 경암 1:0.5

지적사항 A동 후면에 비탈면의 경사가 급하여 비탈면이 무너질 우려가 있으므로 비탈면이 무너지지 않도록 경사를 완만하게 하는 등 비탈면 안전성을 확보할 필요가 있다.

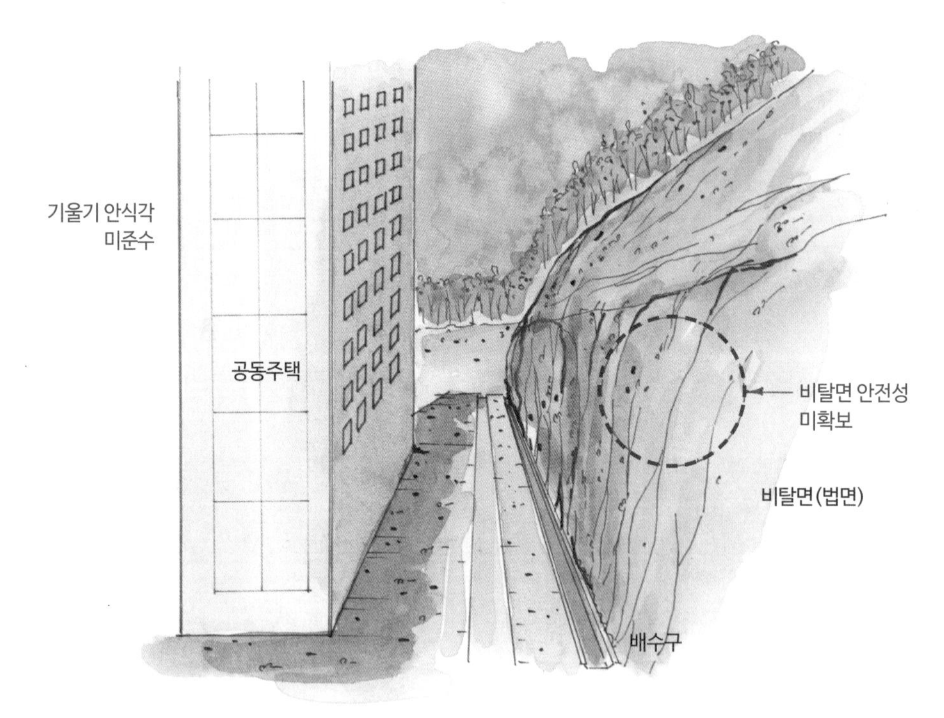

[비탈면]

■ 단지 내 침사지 관리 미흡

적용근거 본 현장 배수계획도에 따르면, 공사장 내의 우수 등은 배수도랑 및 가설집수정을 설치하고 우수를 최종 집수하여 침사지를 통해 배수하도록 계획되어 있다.

지적사항 점검일 현재 사업장 내에 침사지가 설치(4개소)되어 있으나 2단지 진입로 부분에 위치한 침사지는 비닐이 일부 훼손되고 토사가 쌓여 있는 등 침사지의 정비가 필요하다.

배수로
침사지 내 토사 퇴적
침사지 기능 저하
침사지 정비 필요
안전난간대

[침사지]

용어해설

침사지(沈砂池, grit chamber)
하수처리 과정에서 비중이 커 물속에 가라앉는 돌, 모래 등이나 비중이 작아 물 위에 뜨는 플라스틱병 등을 걸러내기 위해 만들어 놓은 연못

■ 이동식 비계 전도방지장치(아우트리거) 보완

적용근거 본 공사 안전관리계획서(가설공사)에 따르면, 이동식 비계는 전도방지를 위한 아우트리거(outrigger)를 설치하여 수평이 유지되도록 하고 흔들림이 없도록 고정하여야 한다.

지적사항 천장 슬래브 거푸집 제거작업 등을 위한 이동식 틀비계에 고정장치(전도방지장치)가 설치되어 있지 않음을 확인했다.

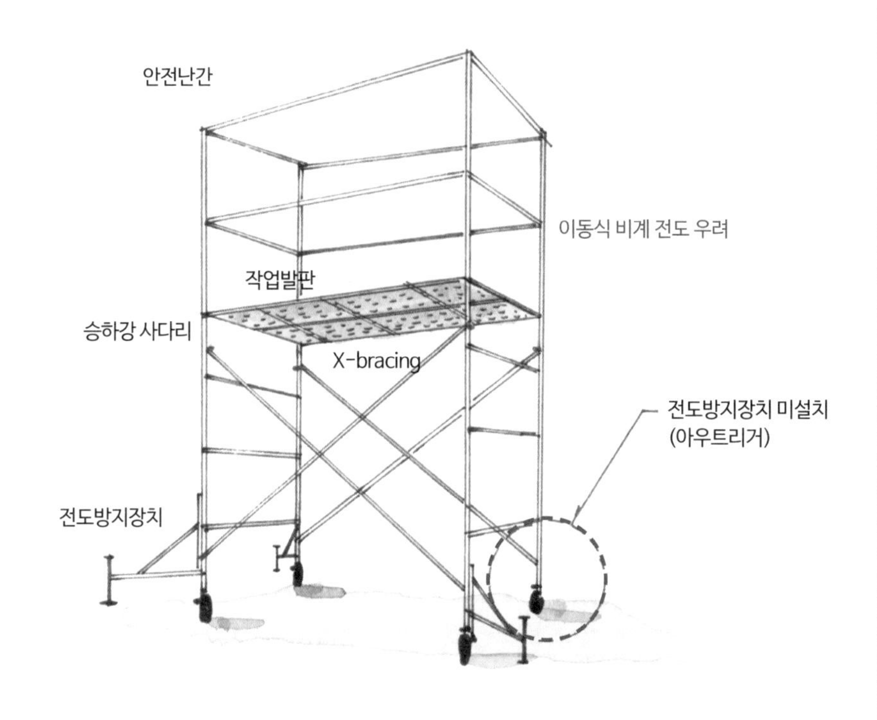

[이동식 비계]

■ 임시 거더(PC 빔) 전도방지시설 설치

적용근거 'KOSHA GUIDE C-41-2011. 프리스트레스트 콘크리트(PSC) 교량공사 안전작업지침'의 '11. 운반 및 보관 시 주의사항 (3)'에 따르면, 바람 등에 전도되지 않도록 횡방향 지지대를 설치하여야 한다.

지적사항 본 공사 중 ○○교(L=400m)는 기초 및 교각 하부공사 중이며, 주형 제작장을 설치하고 교량 거더(girder)를 제작 중에 있다. 점검일 현재 확인 결과, 기 설치된 거더 12본은 각 거더 간 전도방지시설을 설치하여 전도방지 조치 중이나 콘크리트 타설이 완료된 거더(1본)는 전도방지시설 없이 거푸집 철거작업 중에 있어 빔(beam) 상부에 각목 연결 등 임시 전도방지 조치 후 작업 추진을 해야 한다.

■ 공사장 진 · 출입로 안내간판 설치 미흡

적용근거 본 공사 '안전관리계획서'(5.2 통행안전시설물 설치계획)에 의하면, 공사현장 진입로에는 공사안내 표지판, 교통표지판(속도제한)을 설치하고 교통 유도원을 배치하도록 되어 있다.

지적사항 점검일 현재 시행 중인 공사 구간에 대하여 점검한 결과, 공사장 진입로에 속도제한(20km/h) 교통표지판 및 유도원을 배치하여 통행차량 및 작업장 내 안전을 도모하고 있으나, 공사 시행 진·출입로 구간에 대한 공사안내 표지판 설치가 미흡하여 일반 운행차량에 지장이 없도록 현지시정 조치가 필요하다.

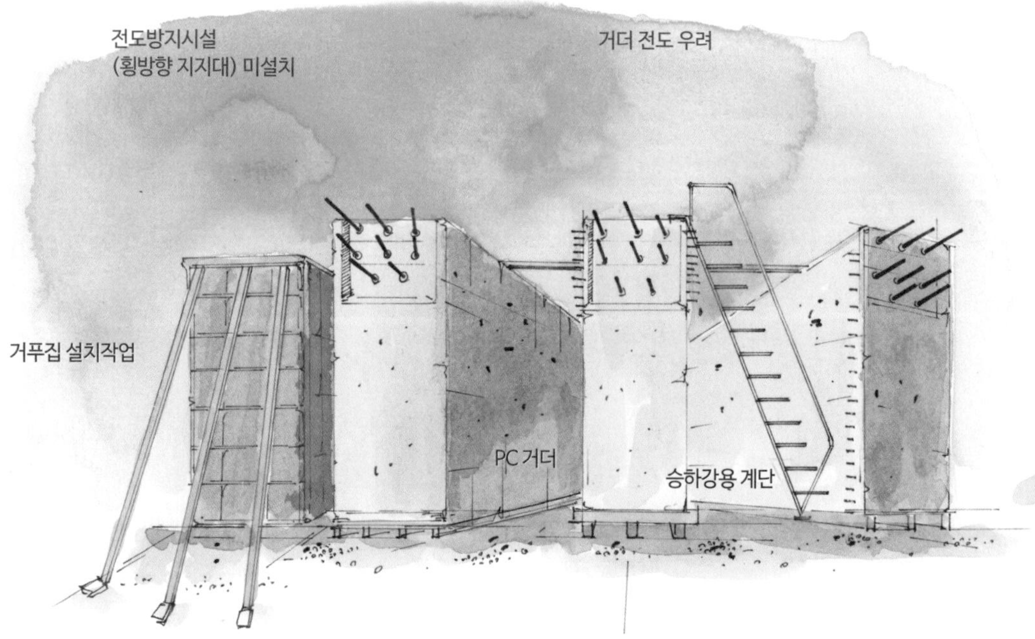

전도방지시설
(횡방향 지지대) 미설치
거더 전도 우려
거푸집 설치작업
PC 거더
승하강용 계단

[교량 PC 거더]

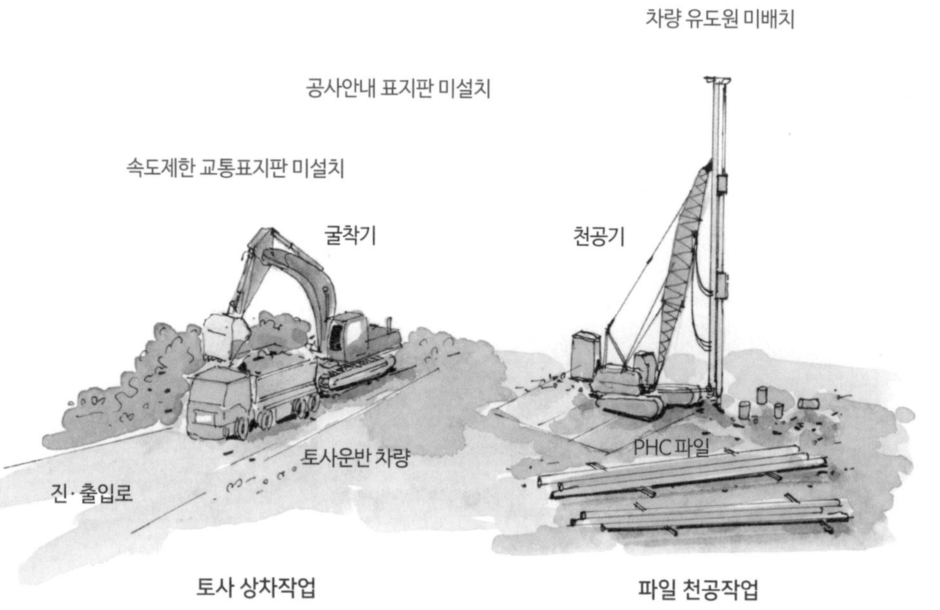

차량 유도원 미배치
공사안내 표지판 미설치
속도제한 교통표지판 미설치
굴착기
천공기
토사운반 차량
PHC 파일
진·출입로
토사 상차작업
파일 천공작업

[공사장 진·출입로]

■ 건설용 리프트 브라켓 고하중 앵커볼트 천공 시공 미흡

적용근거 '산업안전보건기준에 관한 규칙(개정 2022. 10. 18.)' 제154조(리프트 붕괴 등의 방지)에 따르면, ① 사업주는 지반침하, 불량한 자재사용 또는 헐거운 결선(結線) 등으로 리프트가 붕괴되거나 넘어지지 않도록 필요한 조치를 하여야 하며, ② 사업주는 순간풍속이 초당 35m를 초과하는 바람이 불어올 우려가 있는 경우 건설용 리프트(지하에 설치되어 있는 것은 제외한다)에 대하여 받침의 수를 증가시키는 등 그 붕괴 등을 방지하기 위한 조치를 하여야 한다고 되어 있다.

지적사항 본 공사 현장에서 사용 중인 건설용 리프트(A동 2호기)를 점검일 현재 확인한 결과, 브라켓 고하중(高荷重) 앵커볼트가 철근 간섭으로 인하여 인접한 상단에 2차 천공이 되어 콘크리트 파손으로 고하중 앵커(KHSL) 인발 발생 시 사고의 위험이 없도록 현지시정 조치를 해야 한다.

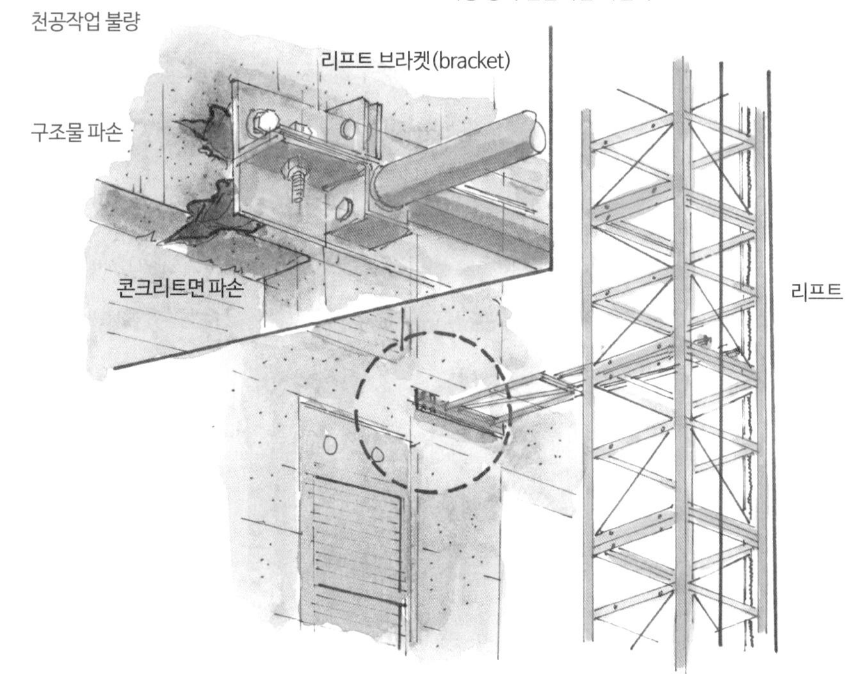

[리프트 브라켓]

■ 가설자재 설치 부적합

적용근거 본 공사의 '안전관리계획서'(제1장 가설공사, 1.1 가설비계 설치 개요서 및 안전대책)에 의하면, 가설비계 설치 시 가새는 기둥간격 10m마다 45도 방향으로 설치하도록 하고 있으며, '유해위험방지계획서'(1.2.1 거푸집동바리 설치 및 해제작업의 동바리 시공상세)에 의하면 강관 동바리는 수직으로 설치하고 동바리 상부는 2곳 이상의 못 고정을 실시하여 전도를 방지하도록 하고 있다.

지적사항 ① 본 공사에 설치된 가설비계 및 강관 동바리를 점검한 결과, 기둥간격 10m마다 설치하는 가새가 미설치되어 있으며, ② 강관 동바리 일부는 멍에와 편심되게 설치되고, ③ 상부는 못 고정을 실시하지 않아 전도의 위험이 있으므로 보완이 필요하다.

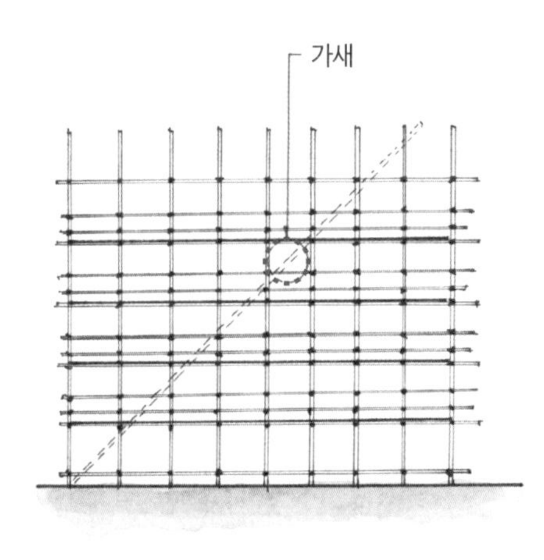

[강관비계]

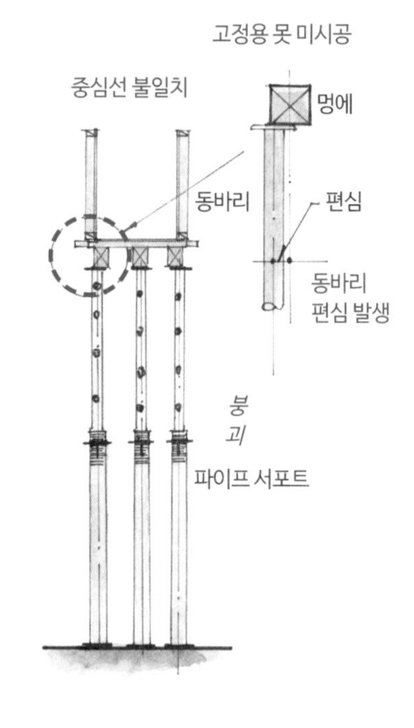

[파이프 서포트]

● 건설용 리프트 작업안전

리프트(lift)는 동력을 사용하여 사람이나 화물을 운반하는 목적으로 하는 기계설비이다. 건설용 리프트는 동력을 사용하여 가이드레일(운반구를 지지하여 상승 및 하강 동작을 안내하는 레일)을 따라 상하로 움직이는 운반구를 매달아 사람이나 화물을 운반할 수 있는 설비 또는 이와 유사한 구조 및 성능을 가진 것으로 건설현장에서 사용된다.

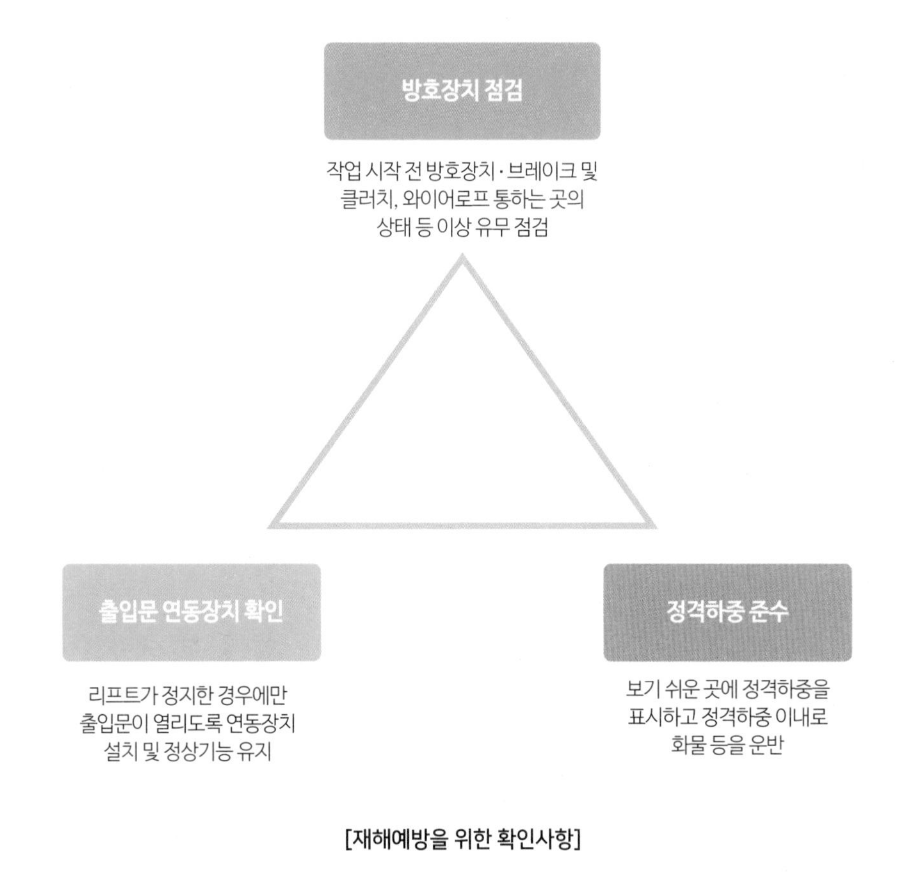

[재해예방을 위한 확인사항]

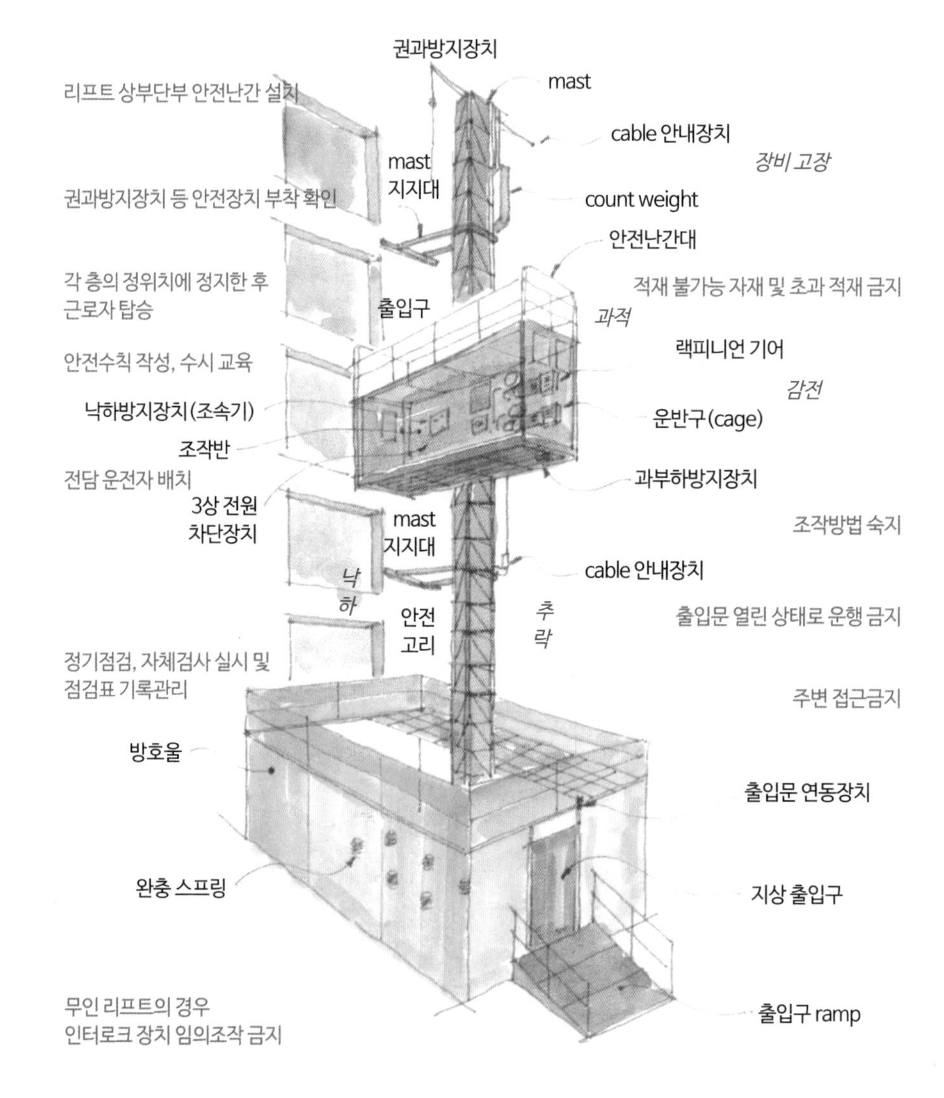

[건설용 리프트 작업안전 도해]

[출처: 안전보건공단]

■ 가설 안전난간 설치 불량

적용근거 '국가건설기술기준(KCS 21 70 10 : 2016)'의 추락재해 방지시설(3.2 안전난간) 규정에 따르면, 난간기둥의 설치 간격은 수평거리 1.8m를 초과하지 않아야 하며, 바닥면으로부터 10cm 이상 높이로 발끝막이판(toe board)을 설치하여야 한다.

지적사항 점검일 현재 A동 근린생활시설(단층, 45.5×5.7m, h=5.29m)은 박공지붕 상부 방수공사를 위해 장변측 양단부에 가설 안전난간을 설치한 상태이나, 난간기둥 설치 간격 과다(최대 3.5m), 발끝막이판 미설치, 난간기둥 하부 고정 불량(볼트 4개 중 3개만 시공) 등 관련 기준과 다르게 시공되어 있으므로 보완이 필요하다.

난간기둥 고정 미흡
난간기둥 간격 과다(@2.0m 초과)
발끝막이판(toe board) 미설치
난간기둥 간격
안전난간대
난간 고정 부분
발끝막이판

[박공지붕 방수작업용 안전난간]

■ 시스템 동바리 시공관리 미흡

적용근거 '가설공사 표준시방서(2016, 국토교통부)'(제3장 거푸집 및 동바리, 3.5.1 지주형식 및 동바리)에 따르면, 멍에는 편심하중이 발생하지 않도록 U-head jack의 중심에 위치하여야 하며, U-head jack에서 이탈되지 않도록 고정시키도록 되어 있다.

지적사항 ① 당 현장은 지하 4층, 지상 39층 주상복합(4개동) 신축공사 현장으로 점검일 현재 24%의 공정률로 지하 3층 굴착 및 지상 2층 골조작업이 진행 중에 있다. ② 현장 건축시방서(G0435 거푸집 및 동바리)에 따르면 동바리 상부에 U-head jack을 사용하는 경우에는 U-head jack에 설치된 멍에재의 유격이나 이탈이 없어야 하며 편심 발생을 방지하여야 한다고 규정하고 있으나, ③ B동 지상 2층 바닥 슬래브 철근배근작업을 위해 설치된 일부 동바리 상부 U-head jack에는 기둥부재 중앙에 멍에재가 위치하고 있지 않아 편심이 발생할 가능성이 있으므로 편심을 받지 않도록 조치한 후 후속공정을 진행해야 한다.

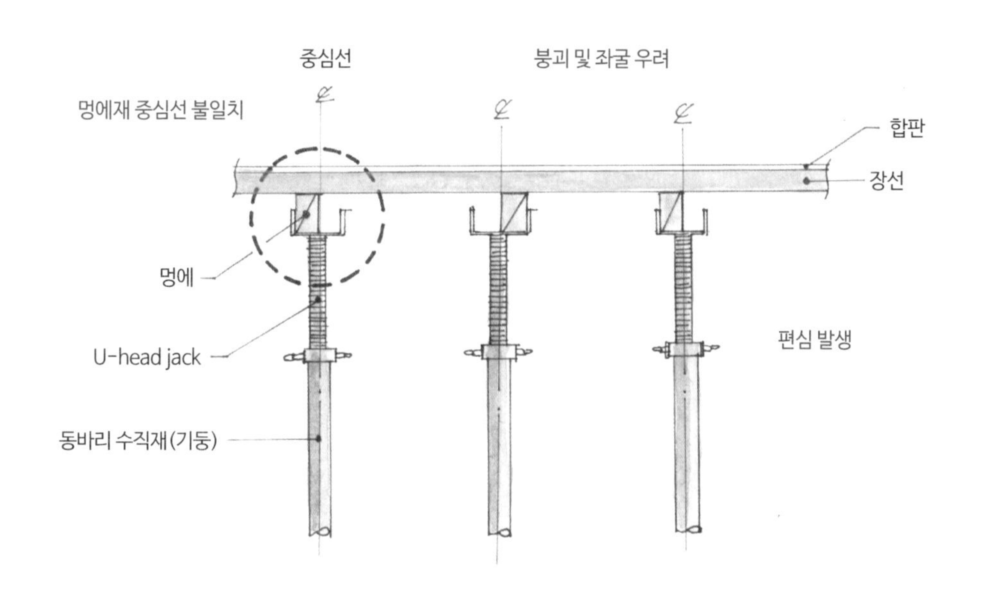

[슬래브 거푸집 동바리 단면도]

■ 안전난간 설치 불량

적용근거 당 현장 '안전관리계획서', '가설공사 표준시방서'(3.2 안전난간) 및 '추락재해 방지 표준안전작업지침'(제4장 표준안전난간, 제29조 치수)에서는 다음과 같이 명시하고 있다.

- 가설공사 표준시방서: 난간기둥 간격 1.8m, 높이 90~120cm 중간 난간대 1단, 높이 120cm 이상 중간 난간대 2단(상하 간격 60cm 이하)
- 추락재해 방지 표준안전작업지침: 난간기둥 간격 2.0m, 높이 90cm 이상(상하 간격 45cm 이하)

지적사항

① 당 현장은 top-down 방식으로 지하층을 시공하고 있으며, 101동 지하 3층 바닥 슬래브 시공(현재 철근조립 중) 시 지하 4층으로의 추락을 방지하기 위해 설치한 안전난간이 위의 적용 근거와 상이하게 설치되어 있어 작업 중 추락재해 발생이 우려된다. 감리단은 안전관리계획 및 관련 기준 내용대로 시공되는지 검토 및 확인하여야 하나 이를 소홀히 했다.

② 안전관리계획서상에는 난간기둥 간격 2m, 높이 120cm(중간 난간대 1단)의 안전망 및 추락주의 타포린을 설치하여야 하나, 현장에는 난간기둥 간격 2.4m, 높이 130cm(중간 난간대 1단) 안전망이 설치되어 있지 않다.

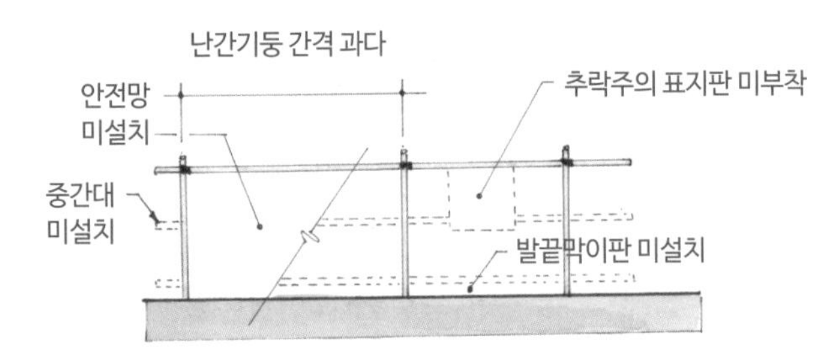

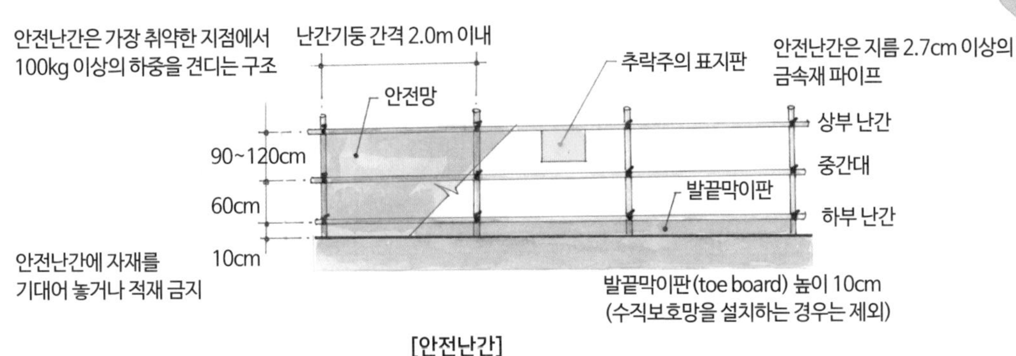

[안전난간]

■ 굴착사면 상단부 안전난간 설치 미흡

적용근거 당 현장 '흙막이 가시설공사 시공계획서'에 따르면, 터파기 법면 상부에는 추락할 위험이 있으므로 추락방지시설을 설치해야 한다.

지적사항

① 당 현장은 현재 12.6% 공정률로서 지하연속벽과 PRD 기둥 시공을 완료하고 top-down 공법으로 지상 1층 슬래브 시공을 진행 중이다.

② A동 지하 1층 시공을 위한 굴착사면 상단에 안전난간이 일부 설치되어 있지 않아(약 15m) 근로자 작업 시 안전사고 위험이 예상되므로 즉시 조치해야 한다.

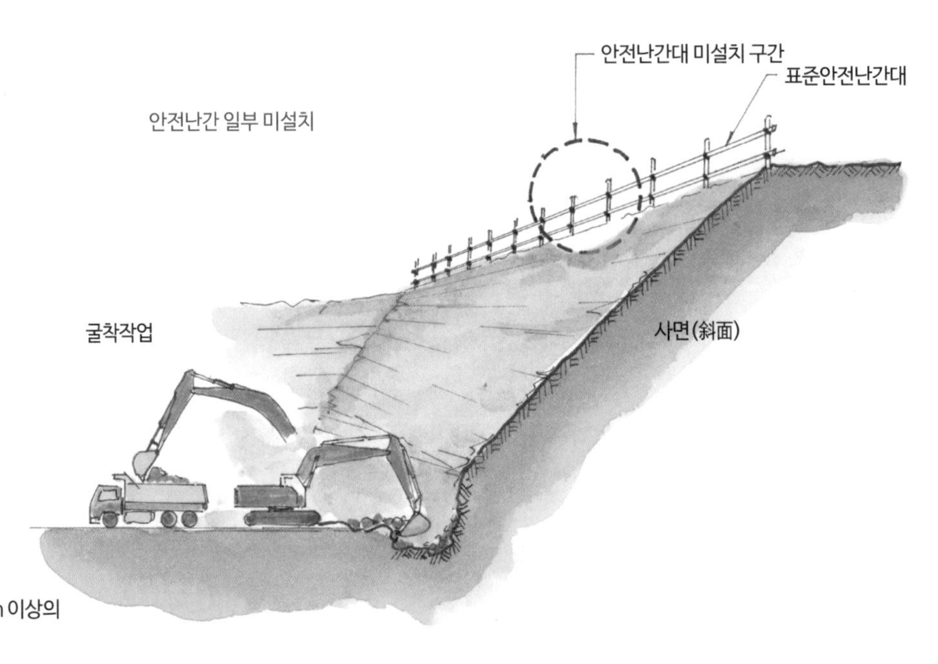

[굴착사면]

■ 동바리 수평연결재 설치 미흡

적용근거 당 현장 '골조공사 시공계획서'(3. 거푸집 시공계획)에 따르면, 동바리 높이 3.5m 이상 시 수평연결재를 설치하여야 한다고 명시하고 있다.

지적사항 ① 당 현장은 지하 2층 · 지상 18층 7개동의 아파트 및 1개동 상업시설을 건설하는 공사(연면적 96.897㎡)로, 전체 20%의 공정률로 지하 2층~지상 1층 골조작업을 진행 중이며, ② 점검일 현재 4개 주거동의 지하 1층 콘크리트 타설 완료 후 동바리를 존치 중에 있으나 동바리 설치 높이가 3.5m 이상인 구간에 대해서 수평연결재의 설치가 미흡하다.

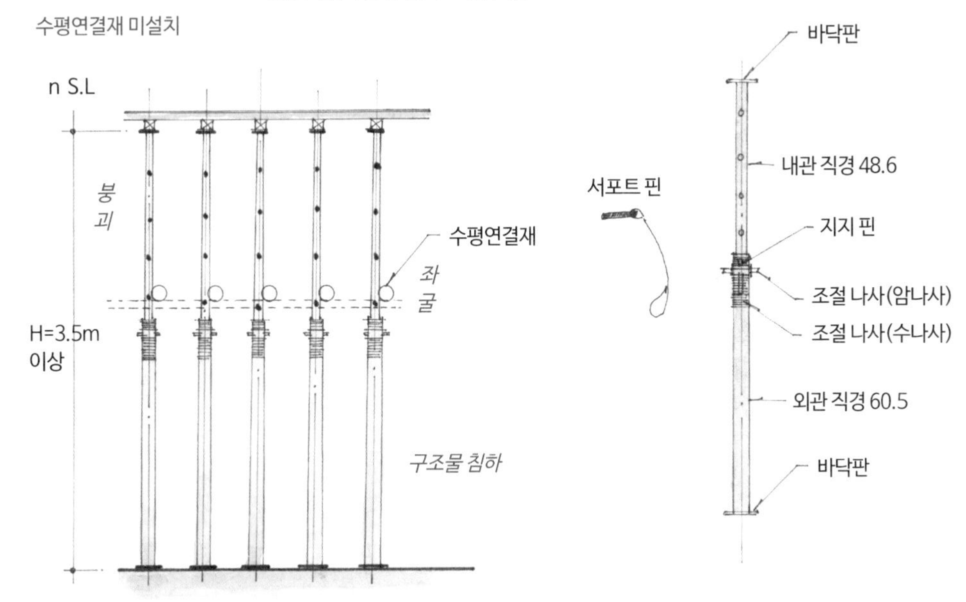

[강재 파이프 서포트]

■ 엘리베이터 피트 내부 안전관리 미흡

적용근거 당 현장에서 작성한 '유해위험방지계획서'(제2장 작업 공사 종류별 유해 · 위험방지계획 엘리베이터 피트 내부 작업발판 설치계획)에 따르면, 엘리베이터 피트 내부 작업발판은 철근 매립방식으로 매층마다 철근(D13)을 @200 간격으로 설치하고, 합판(T=12mm)은 하부 철근에 철선으로 고정하여 벽면과의 틈이 없도록 밀실하게 설치하여야 하며, 개구부에는 단관 파이프와 클램프(clamp) 등으로 E/V 단부 안전난간대 90cm, 중간대 45cm 정도 높이에 표준안전난간을 설치하도록 되어 있다.

지적사항 당 현장 102동을 확인한 결과 지상 2층부터 현재 골조 공정 중인 10층까지 엘리베이터 피트 내부에 발판(합판, T=12mm)이 설치되지 않았고, 10층 및 9층 엘리베이터 출입구에는 안전난간대가 설치되어 있지 않아 작업자의 안전사고가 우려된다. 또한 감리자는 상기와 같이 유해 · 위험방지계획서에 따른 안전시설의 설치가 미흡함에도 이에 대한 검토 · 확인을 소홀히 했다.

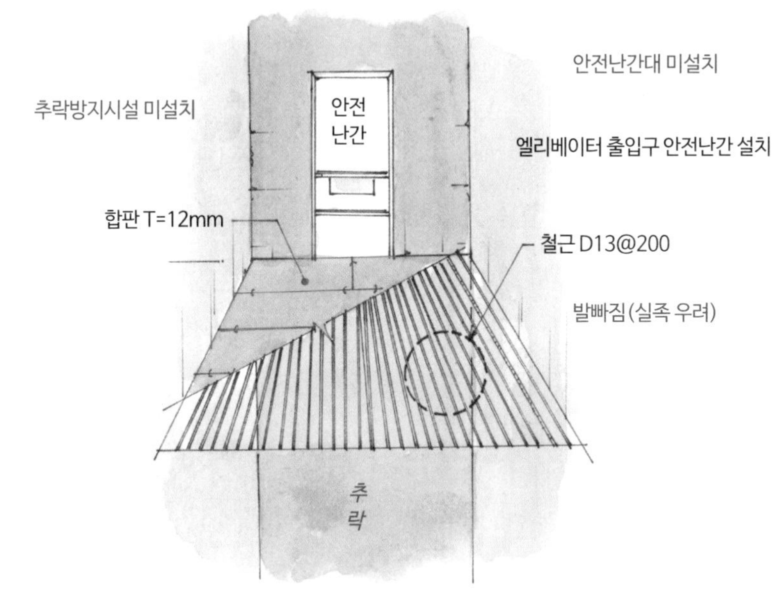

[엘리베이터 피트 내부]

■ 동바리 존치관리 미흡

적용근거 당 현장 '알폼(AL-Form) 시공계획서'의 제작 협의사항(support 사용 층수)에 따르면, 동바리는 4개층에 사용하도록 명시되어 있다.

지적사항

① 당 현장은 지하 2층 · 지상 23~28층 3개동의 아파트를 건설하는 공사(연면적 33,763㎡)이며, 전체 29%의 공정률로 지하 2층~지상 6층 골조작업 및 토목공사(기초바닥 정리) 진행 중이다.

② 현장 알폼 제작 협의사항(support 사용 층수)에 따르면 동바리는 4개층에 사용하도록 명시하고 있다.

③ 점검일 현재 A동의 지상 3~5층은 콘크리트 타설 완료 후 동바리(filler-support)를 존치 중에 있으나, 세대(3 · 4호실) 및 계단참에 존치 중인 동바리를 임의로 해체했다.

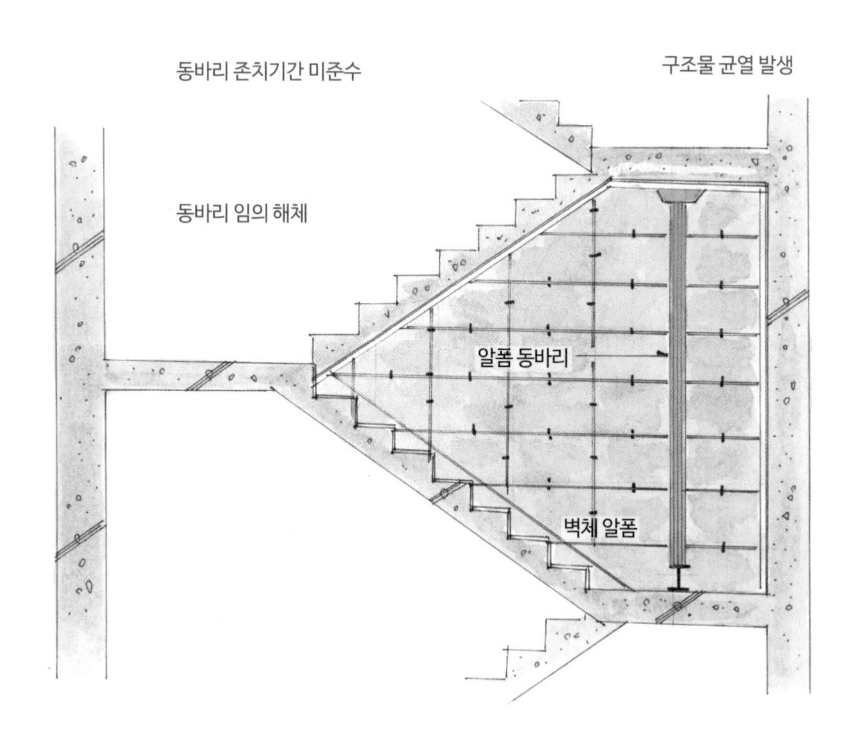

[계단실 알폼 동바리 설치도]

■ 안전시설물 설치 미흡

적용근거 '산업안전보건법' 제23조(안전조치)에 따르면, 사업주는 작업 중 근로자가 추락할 위험이 있는 장소 등에는 위험을 예방하기 위하여 필요한 조치를 하여야 한다고 명시하고 있다.

지적사항 점검일 현재 지상 1층 3구간에 안전펜스(fence)를 설치했으나 펜스 주변에 작업자가 인식할 수 있는 접근금지 표지 등이 일부 미흡하므로 상기 규정에 따른 안전시설물 설치 등 보완이 필요하다.

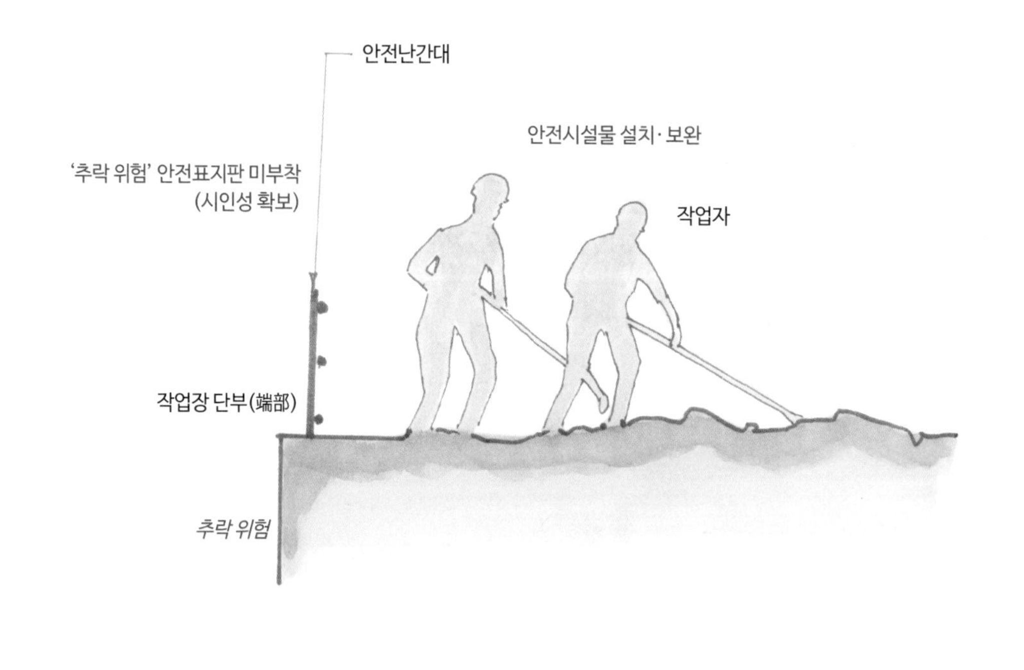

[단부작업]

■ 정기안전점검 일부 미이행

적용근거 '건설기술진흥법 시행령' 제101조의2, 제1호의 가설구조물을 사용하는 건설공사, 정기안전점검 대상공사(지보공 높이 2m 이상 흙막이 지보공)

지적사항 시공자는 1종 시설물(건축면적 197,075m²)에 대하여 역타공법(top-down)으로 지하 3층 터파기시공 시행기간 동안 1차 정기안전점검을 실시하지 않았다.

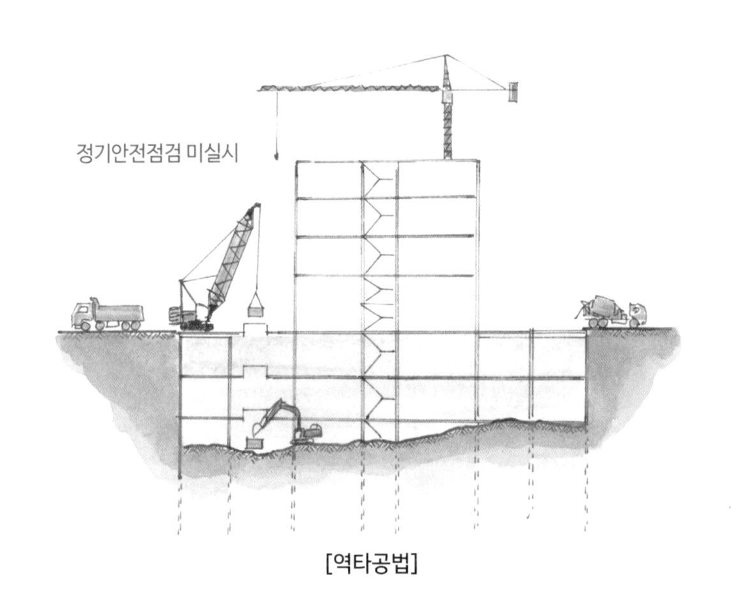

[역타공법]

[사례 - 정기안전점검 대상(공동주택현장)]

정기안전점검	점검 차수				
대상 공종	1차	2차	3차	4차	5차
복합가설 구조물					
10m 이상 굴착하는 건설공사					
폭발물을 사용하는 건설공사					
천공기(10m 이상)					
항타기 및 항발기					
타워크레인					
작업발판 일체형 거푸집(갱폼)					
높이 5m 이상 거푸집					
높이 5m 이상 동바리					
높이 2m 이상 흙막이					

■ 거푸집 동바리 설치 불량

적용근거 본 공사 'AL-Form 구조검토서'에 따르면 콘크리트 타설층의 하부 2개층은 콘크리트 강도가 설계기준강도에 도달할 때까지 동바리(filler support)를 존치하여야 하며, 특히 타설층의 직하부층은 되받치기(reshoring) 동바리를 타설 전 재설치(72A형 2개, 72B형 3개, 84형 2개, 106형 5개)해야 한다.

지적사항 전체 35층(5개동 657세대) 중 A동(10월 29일 26층 타설) 및 B동(10월 30일 29층 타설)에 대한 동바리 설치상태를 확인한 결과, 타설층 직하부층에 설치해야 하는 되받치기 동바리가 설치되어 있지 않다. 또한 필러(filler) 동바리의 경우 2개층에 걸쳐 존치를 했으나 욕실 부위(평형별 1~2개)는 벽체 거푸집 해체 시 대부분 제거된 상태로서 규정에 따른 동바리 존치기간을 준수하지 않고 있으므로 조속히 관련 기준에 따라 동바리 재설치 등 보완 시공이 필요하다.

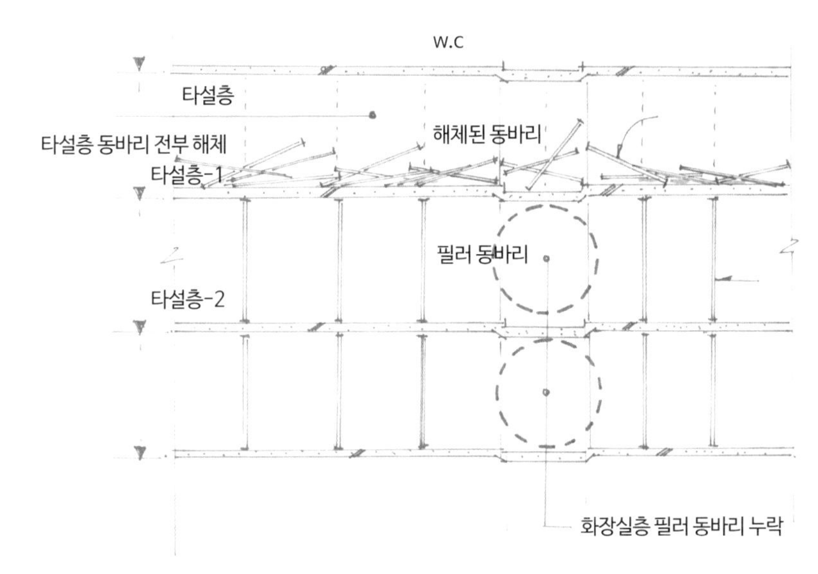

[필러 동바리]

■ 강관비계 벽 이음재 설치 미흡

적용근거 현장 시공계획서에 의하면, 옥탑 및 상가동 골조작업 시 설치된 강관비계는 당 현장의 안전관리계획서에 따르면 수직 4.5m, 수평간격 3.6m 이내마다 구조체에 견고하게 연결하거나 이에 대신하여 견고하게 구조체 기둥에 연결 결속시킨다고 하고 있다.

지적사항

① 당 현장은 지하 3층~지상 29층 16개동의 아파트 및 2개동의 상업시설을 건설하는 공사(연면적 179,259㎡)이며, 전체 64.5%의 공정률로 옥탑 및 상가 골조작업 진행 중이다.

② 점검일 현재 아파트동 옥탑 7개소 및 상가동 1개소 등 총 8개소에 설치되어 있는 강관비계에 벽 이음재가 설치되지 않아 가설비계 전도의 우려가 있으므로 이에 대한 보완이 필요하다.

③ 감리자는 위 사항을 확인 및 시정조치를 하지 않는 등 감리업무를 소홀히 했다.

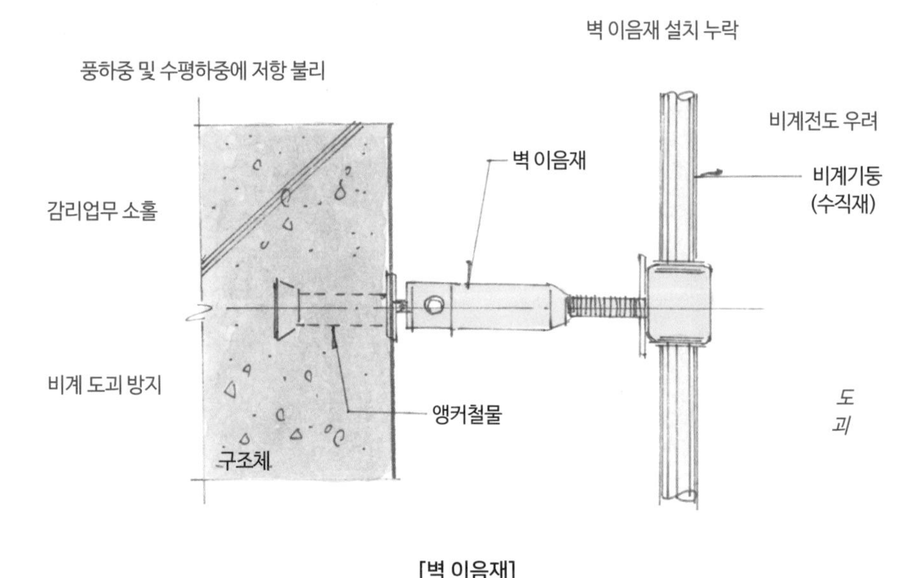

[벽 이음재]

비계의 벽이음 KCS 21 60 05. 비계공사 일반사항

1.3 용어의 정리

벽 이음재: 강관, 클램프, 앵커 및 벽 연결용 철물 등의 부재를 사용하여 비계와 영구 구조체 사이를 연결함으로써 풍하중, 충격 등의 수평 및 수직하중에 대하여 안전하도록 설치하는 버팀대

3.3 벽 이음재

(1) 벽 이음재는 비계가 풍하중 및 수평하중에 의해 영구 구조체의 내·외측으로 움직임을 방지하기 위해 설치하는 부재로서, 간격은 벽 이음재의 성능과 작용하중에 의해 결정하여야 한다.

벽 이음재 설치 간격

[별표 6] 강관비계의 조립간격(산업안전보건기준에 관한 규칙 제59조 제4호)

강관비계의 종류	설치 간격(단위: m)	
	수직방향	수평방향
단관비계	5	5
틀비계(높이 5m 미만 제외)	6	8

참고자료

벽 이음재의 역할

- 풍하중 및 수평하중에 의한 움직임 방지: 풍하중, 충격 등의 수평 및 수직하중에 대해 안전하도록 버팀대를 설치하여 비계의 변형 방지 및 전도방지가 목적이다.
- 바람 등의 수평하중에 대한 저항성이 증대한다.
- 좌굴에 대한 저항성이 증대한다.
- 편심적으로 연직(鉛直)하중에 대한 저항성이 증대한다.

용어해설

벽이음(壁-)

건축물의 외벽에 따라서 세워진 비계와 같이 폭에 비해서 높이가 높은 비계는 수평방향으로 불안정하여 이것을 안정시키기 위해서는 비계를 건축물 외벽에 연결해 수평방향에서 지탱할 필요가 있는데, 이 연결재료를 '벽이음'이라 한다.

산업안전보건기준에 관한 규칙 제59조

강관비계 조립 시의 준수사항

사업주는 강관비계를 조립하는 경우에 다음 각 호의 사항을 준수하여야 한다.

1. 비계기둥에는 미끄러지거나 침하하는 것을 방지하기 위하여 밑받침철물을 사용하거나 깔판·깔목 등을 사용하여 밑둥잡이를 설치하는 등의 조치를 할 것
2. 강관의 접속부 또는 교차부(交叉部)는 적합한 부속철물을 사용하여 접속하거나 단단히 묶을 것
3. 교차 가새로 보강할 것
4. 외줄비계·쌍줄비계 또는 돌출비계에 대해서는 다음 각 목에서 정하는 바에 따라 벽이음 및 버팀을 설치할 것. 다만, 창틀의 부착 또는 벽면의 완성 등의 작업을 위하여 벽이음 또는 버팀을 제거하는 경우, 그 밖에 작업의 필요상 부득이한 경우로서 해당 벽이음 또는 버팀 대신 비계기둥 또는 띠장에 사재(斜材)를 설치하는 등 비계가 넘어지는 것을 방지하기 위한 조치를 한 경우에는 그러하지 아니하다.
   가. 강관비계의 조립 간격은 별표 5의 기준에 적합하도록 할 것
   나. 강관·통나무 등의 재료를 사용하여 견고한 것으로 할 것
5. 가공전로(架空電路)에 근접하여 비계를 설치하는 경우에는 가공전로를 이설(이설)하거나 가공전로에 절연용 방호구를 장착하는 등 가공전로와의 접촉을 방지하기 위한 조치를 할 것

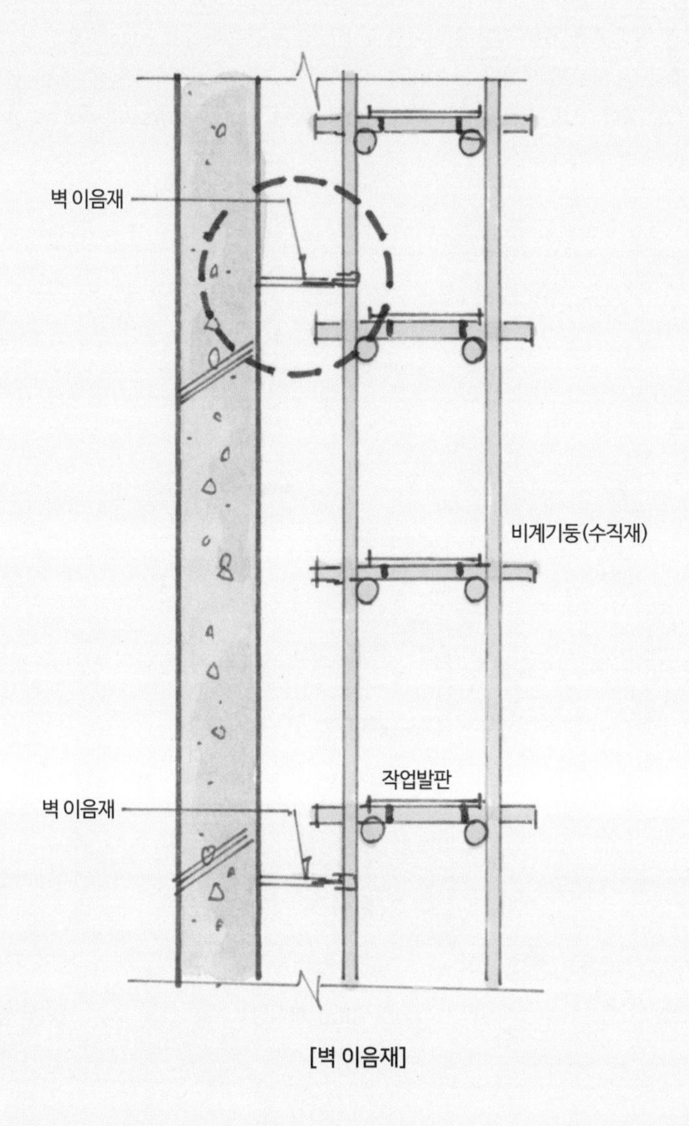

[벽 이음재]

■ 안전시설 설치 미흡

적용근거 당 현장 '안전관리계획서'(3.31 수직보호망 시공)에 따르면, 외부로 물체가 낙하 또는 비래하는 것을 방지하기 위하여 비계 외측에 수직보호망을 설치(발끝막이판 대용) 시 빈 공간이 생기지 않도록(구조체에 고정할 경우 35cm 이하의 간격으로) 긴결하도록 되어 있다.

지적사항 ① 당 현장 A동, B동 계단에 설치한 안전난간용 강관파이프 edge부에 안전 캡이 없어 통행 시 찔림 등 사고의 우려가 있으며, ② B동 석공사용 시스템비계(높이 15m) 설치상태를 확인한 결과, 위의 적용 근거와는 다르게 150cm와 75cm마다 긴결되어 있어 빈 공간으로 물체가 낙하할 우려가 있다.

■ 강관비계 설치 미흡

적용근거 당 현장 '안전관리계획서(보완)'의 강관비계 구조검토에 따르면, 비계 외부에는 낙하물 방지망을 10m 이내마다 수평거리 2m 이상으로 경사 각도 20~30도 정도로 설치하고, 대각 가새는 수평면에 대해 40~60도 방향으로 10m마다 설치하며, 외부 비계의 벽연결 철물은 풍압영향 수직 5m 이내 및 수평 5m 이내마다 영구구조물에 고정되도록 설치하게 되어 있다.

지적사항

① 당 현장은 지하 5층, 지상 15층, 연면적 92,144㎡의 ○○대학교병원 임상실습동 신축공사 현장으로, 점검일 현재 71.7% 의 공정률로 지하층 및 지상층 마감공사, 지상층 아트리움 작업이 진행 중에 있다.

② 점검일 현재 지상 1층 아트리움에 18.75m 높이로 설치된 강관비계에 낙하물 방지망 및 대각 가새의 설치가 미흡하며, 벽이음 철물이 수직 5m, 수평 5m 이상으로 설치되어 있어 이에 대한 보완이 필요하다.

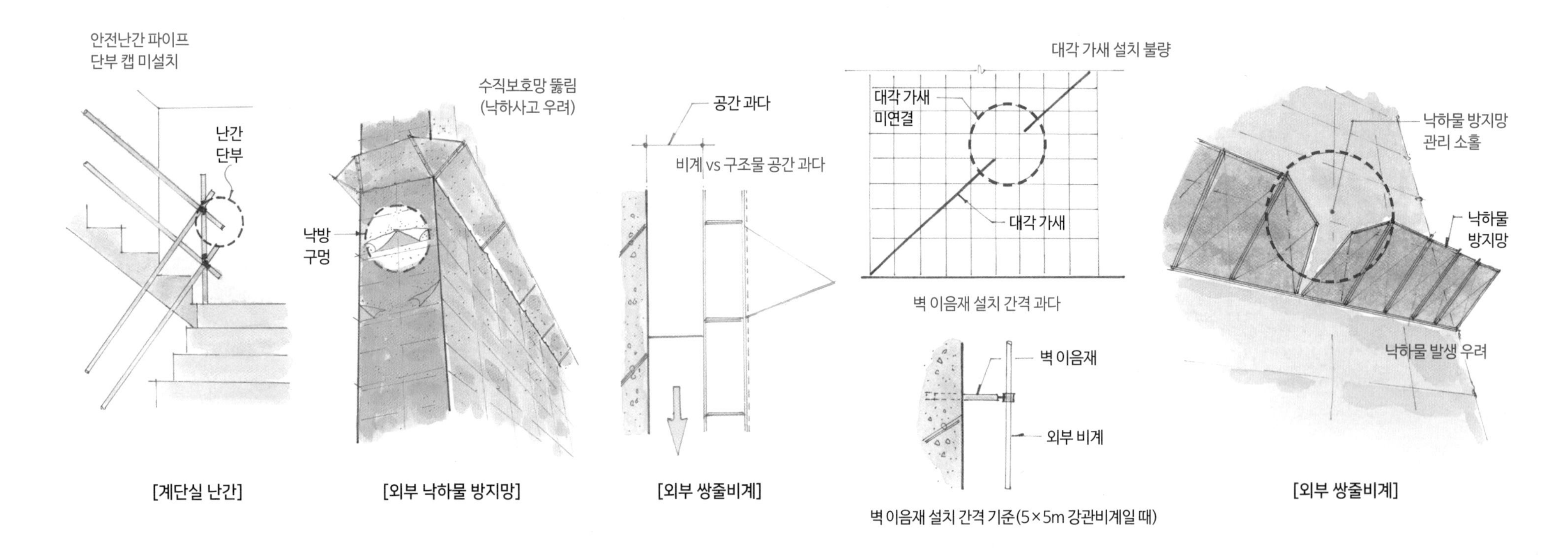

[계단실 난간]　[외부 낙하물 방지망]　[외부 쌍줄비계]　[벽 이음재]　[외부 쌍줄비계]

■ 정기안전점검 미실시

적용근거 정기안전점검 관련 근거(관련 법, 고시 등)

- 건설기술진흥법 제62조(건설공사의 안전관리) 제4항~제9항
- 건설기술긴흥법 시행령 제99조(안전관리계획의 수립기준)
- 건설기술진흥법 시행령 제100조(안전점검의 시기·방법 등)
- 건설기술진흥법 시행령 제100조2(안전점검 대상 및 수행기관 지정방법 등)
- 건설기술진흥법 시행령 제100조3(안전점검결과의 적정성 검토)
- 건설기술진흥법 시행령 제101조(안전점검에 관한 종합보고서의 작성 및 보존 등)

지적사항 시공자는 현장 내 2대의 타워크레인을 운용하면서 기초철근배근을 하고 콘크리트 타설을 하기 전 정기안전점검을 실시하지 않았다.

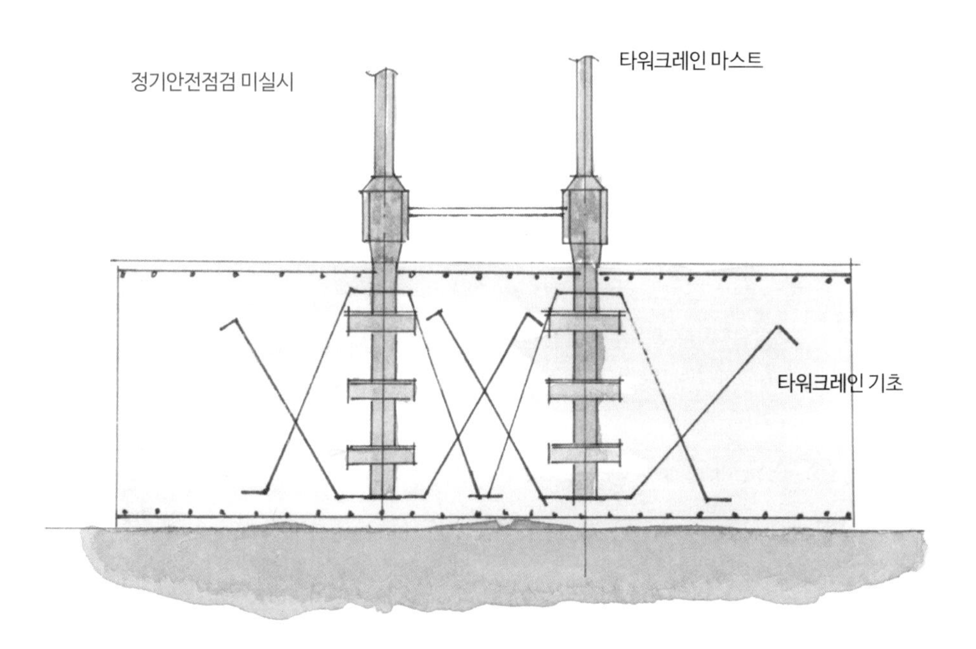

[타워크레인 철근배근도]

03 품질 분야

품질관리(品質管理, quality control)

■ 품질관리의 정의

기업 경영상 제일 유리하다고 생각되는 품질을 보장하고 이것을 가장 경제적인 제품으로 생산하는 방법을 말한다. 약칭은 'QC'이다.

■ 품질관리의 활동

이 활동을 그림과 같이 원으로 나타낼 수 있으며, 이 원은 품질 의식을 개선하기 위한 일련의 활동을 의미한다.

- 소비자 수요에 적합한 품질의 제품을 경제성 있는 수준으로 설계(plan)
- 이것에 준해 작업 표준을 정해서 제조를 실시(do)
- 이 제품이 정해진 수준인가 아닌가를 검사하고 판매하는 단계(check)
- 제품이 시장에서 소비자를 만족시키고 있는가, 새로운 요구가 있는가 등을 조사하여 소비자에 서비스를 행하는 단계(action)

[품질 의식]

■ 현장밀도시험 실시 미흡

적용근거 당 현장 '품질관리계획서'에 따르면, 되메우기 및 구조물 뒤채움 시공 시 매다짐(30cm) 3개층(90cm)마다 현장밀도시험을 KSF 2311 규정에 의거해 다짐도 90% 이상이 되도록 해야 한다고 되어 있다.

지적사항 시공자는 A동 토공 되메우기 현장밀도 다짐률 시험 결과 89.6%로, 기준치인 90.0%에 미달되게 시공되었는데도 후속공정을 진행했으며, 감리자는 되메우기 다짐률이 품질관리 기준에 미달했는데도 시정지시를 하지 않고 후속공정을 진행하게 했다.

[현장 들밀도시험 기구]

■ 품질관리비 미반영

적용근거 '건설기술진흥법' 제56조(품질관리 비용의 계상 및 집행)에 의하면, 건설공사의 발주자는 건설공사 계약을 체결할 때 건설공사에 품질관리에 필요한 비용을 국토교통부령으로 정하는 바에 따라 공사금액에 계상하도록 되어 있다.

- 품질관리비: 품질시험에 필요한 인건비, 공공요금, 재료비, 장비손료, 시설비용, 시험 · 검사기구의 검정 · 교정비, 차량 관련 비용

지적사항 위 공사의 발주자는 건설공사 계약을 체결할 때에는 건설공사에 품질관리에 필요한 비용을 국토교통부령으로 정하는 바에 따라 공사금액에 계상해야 하는데도 점검일 현재 건설공사에 필요한 품질관리비용을 공사금액에 반영하지 않은 채 시공하고 있다.

[품질관리계획서 · 품질시험계획서]

■ 품질시험기구 검 · 교정 유효기간 경과

적용근거 '국가표준기본법' 제14조 규정에 따라, 국가측정표준과 국가사회의 모든 분야에서 사용하는 측정기기 간의 소급성 제고를 위하여 측정기를 보유 또는 사용한 자는 주기적으로 해당 측정기를 교정하여야 하며, 이를 위하여 교정대상 및 적용범위를 자체 규정으로 정하여 운용할 수 있다고 'KOLAS 공인기관 인정제도 운영요령' 및 '교정대상 및 주기설정을 위한 지침'에 규정되어 있다.

지적사항 시공자는 시험실의 시험기 중 압축강도시험기 등 13종의 검 · 교정 유효기간이 경과했다.

※ 교정대상 및 주기설정을 위한 지침/한국인정기구, 국가기술표준원 고시 제2021-0091호(2021. 4. 8.)의 [별표 1] '인정분야 세부분류 및 교정주기' 기준

1. 길이 및 관련 량(Length and related quantities) / 101. 복사광의 주파수(Frequency of radiation) (단위: 개월)

분류 번호	소분류명	교정용 표준기	정밀 계기
10101	레이저 주파수(Laser frequency)	-	24

KOLAS

KOLAS-G-013 : 2020

교정대상 및 주기설정을 위한 지침

한국인정기구

Korea Laboratory Accreditation Scheme

Korean Agency for Technology and Standards, MOTIE, Korea

검 · 교정
유효기간 경과

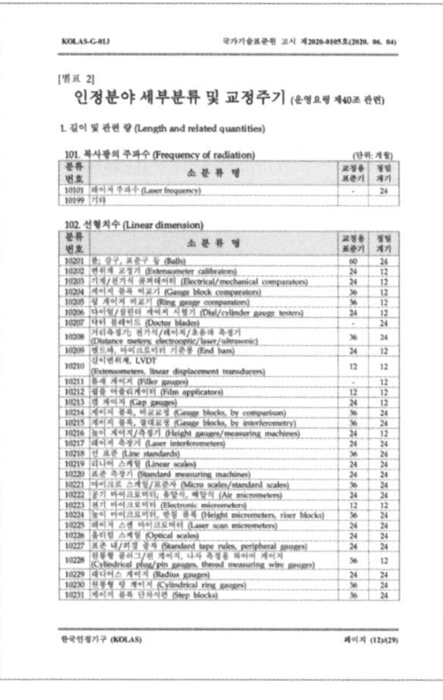

KOLAS-G-013 국가기술표준원 고시 제2020-0105호(2020. 06. 04)

[별표 2]

인정분야 세부분류 및 교정주기 (운영요령 제40조 관련)

1. 길이 및 관련 량 (Length and related quantities)

101. 복사광의 주파수 (Frequency of radiation) (단위: 개월)

분류 번호	소 분 류 명	교정용 표준기	정밀 계기
10101	레이저 주파수 (Laser frequency)	-	24
10199	기타		

102. 선형치수 (Linear dimension)

분류 번호	소 분 류 명	교정용 표준기	정밀 계기
10201	볼; 강구, 표준구 등 (Balls)	60	24
10202	변위계 교정기 (Extensometer calibrators)	24	12
10203	기계/전기식 컴퍼레이터 (Electrical/mechanical comparators)	24	12
10204	게이지 블록 비교기 (Gauge block comparators)	36	12
10205	링 게이지 비교기 (Ring gauge comparators)	36	12
10206	다이얼/실린더 게이지 시험기 (Dial/cylinder gauge testers)	24	12
10207	닥터 블레이드 (Doctor blades)	-	24
10208	거리측정기; 전기식/레이저/초음파 측정기 (Distance meters; electrooptic/laser/ultrasonic)	36	24
10209	엔드바, 마이크로미터 기준봉 (End bars)	24	12
10210	길이변위계, LVDT (Extensometers, linear displacement transducers)	12	12
10211	틈새 게이지 (Filler gauges)	-	12
10212	필름 어플리케이터 (Film applicators)	12	12
10213	갭 게이지 (Gap gauges)	24	12
10214	게이지 블록, 비교교정 (Gauge blocks, by comparison)	36	24
10215	게이지 블록, 절대교정 (Gauge blocks, by interferometry)	36	24
10216	높이 게이지/측정기 (Height gauges/measuring machines)	24	12
10217	레이저 측장기 (Laser interferometers)	24	24
10218	선 표준 (Line standards)	36	24
10219	리니어 스케일 (Linear scales)	24	24
10220	표준 측장기 (Standard measuring machines)	24	24
10221	마이크로 스케일/표준자 (Micro scales/standard scales)	36	24
10222	공기 마이크로미터; 유압식, 배압식 (Air micrometers)	24	24
10223	전기 마이크로미터 (Electronic micrometers)	12	12
10224	높이 마이크로미터, 받침 블록 (Height micrometers, riser blocks)	36	24
10225	레이저 스캔 마이크로미터 (Laser scan micrometers)	24	24
10226	옵티컬 스케일 (Optical scales)	24	24
10227	표준 내/외경 줄자 (Standard tape rules, peripheral gauges)	24	24
10228	원통형 플러그/핀 게이지, 나사 측정용 와이어 게이지 (Cylindrical plug/pin gauges, thread measuring wire gauges)	36	12
10229	레디어스 게이지 (Radius gauges)	24	24
10230	원통형 링 게이지 (Cylindrical ring gauges)	36	24
10231	게이지 블록 단차시편 (Step blocks)	36	24

한국인정기구 (KOLAS) 페이지 (12)/(29)

검 · 교정 주기에
맞춰 실시

■ 품질관리업무 수행 부적정

적용근거 '건설기술 진흥법 시행령'[별표 8]의 벌점 측정기준(1.13 시험실의 규모 · 시험장비 또는 건설기술인 확보의 미흡)에 따르면 다음과 같다.

가) 품질관리계획 또는 품질시험계획에 따른 시험실 · 시험장비를 갖추지 않거나 품질관리 업무를 수행하는 건설기술인을 배치하지 않은 경우, 나) 시험실 · 시험장비 또는 건설기술인 배치기준을 미달한 경우, 품질관리 업무를 수행하는 건설기술인이 제91조 제3항 각 호 외의 업무를 발주청 또는 인 · 허가 기관의 승인 없이 수행한 경우, 다) 법 제20조 제2항에 따른 교육 · 훈련을 이수하지 않은 자를 품질관리를 수행하는 건설기술인으로 배치한 경우, 라) 시험장비의 고장을 방치(대체 장비가 있는 경우에는 제외한다)하여 시험의 실시가 불가능하거나 유효기간이 지난 장비를 사용한 경우

지적사항 ① 시공자는 품질관리계획서 인 · 허가 기관의 승인을 받지 않았으며, ② '17. 11. 공사를 착공하면서 선임된 품질관리자가 품질관리업무 외 타 업무를 겸직(공사관리)했음에도 이와 관련된 감리단의 시정지시를 이행하지 않았고, ③ 중점품질관계획서를 미승인된 품질관리자가 작성토록 했다.

품질관리 업무 외 겸직 수행

품질관리계획서 미승인

중점품질관리계획서를
미자격자가 작성

[품질관리계획서]

■ 포대시멘트 자재관리 보완 필요

적용근거 '콘크리트 표준시방서(2009)'(2.2.1 시멘트의 저장)

(1) 시멘트는 방습적인 구조로 된 사일로 또는 창고에 품종별로 구분하여 저장하여야 한다.

(2) 시멘트를 저장하는 사일로는 시멘트가 바닥에 쌓여서 나오지 않는 부분이 생기지 않도록 한다.

(3) 포대시멘트가 저장 중에 지면으로부터 습기를 받지 않도록 하기 위해서는 창고의 마룻바닥과 지면 사이에 어느 정도의 거리가 필요하며, 현장에서의 목조창고를 표준으로 할 때, 그 거리를 0.3m로 하면 좋다.

(4) 포대시멘트를 쌓아서 저장하면 그 질량으로 인해 하부의 시멘트가 고결할 염려가 있으므로 시멘트를 쌓아올리는 높이는 13포대 이하로 하는 것이 바람직하다. 저장기간이 길어질 우려가 있는 경우에는 7포 이상 쌓아 올리지 않는 것이 좋다.

(5) 저장 중에 약간이라도 굳은 시멘트는 공사에 사용하지 않아야 한다. 3개월 이상 장기간 저장한 시멘트는 사용하기에 앞서 재시험을 실시하여 그 품질을 확인한다.

(6) 시멘트의 온도가 너무 높을 때는 그 온도를 낮춘 다음 사용한다. 시멘트의 온도는 일반적으로 50℃ 정도 이하를 사용하는 것이 좋다.

지적사항 시공자는 A동 지하 1층 피트 구간 내에 보관 중인 포대(包袋)시멘트가 물이 고여 있는 슬래브 상부에 인접해 보관되어 있어 포대시멘트의 고결 등 품질저하가 우려된다. 포대시멘트 품질확보를 위하여 포대시멘트가 습기를 받지 않도록 별도의 보관장소로 이동·보관하는 등 자재관리 보완이 필요하다.

용어해설

포대시멘트(包袋-, bag cement)
포대에 담은 시멘트

무포대시멘트(벌크시멘트, 無包袋-, bulk cement)
포대에 담지 않고 화물차나 시멘트 탱커로 운반한 시멘트

■ 시멘트 보관 시 주의사항

- 방습구조
- 품종별 구분 저장
- 지면으로부터 30cm 띄워서 저장
- 13포대 이하 적재
- 3개월 이상 장기간 저장한 것은 재시험 후 사용

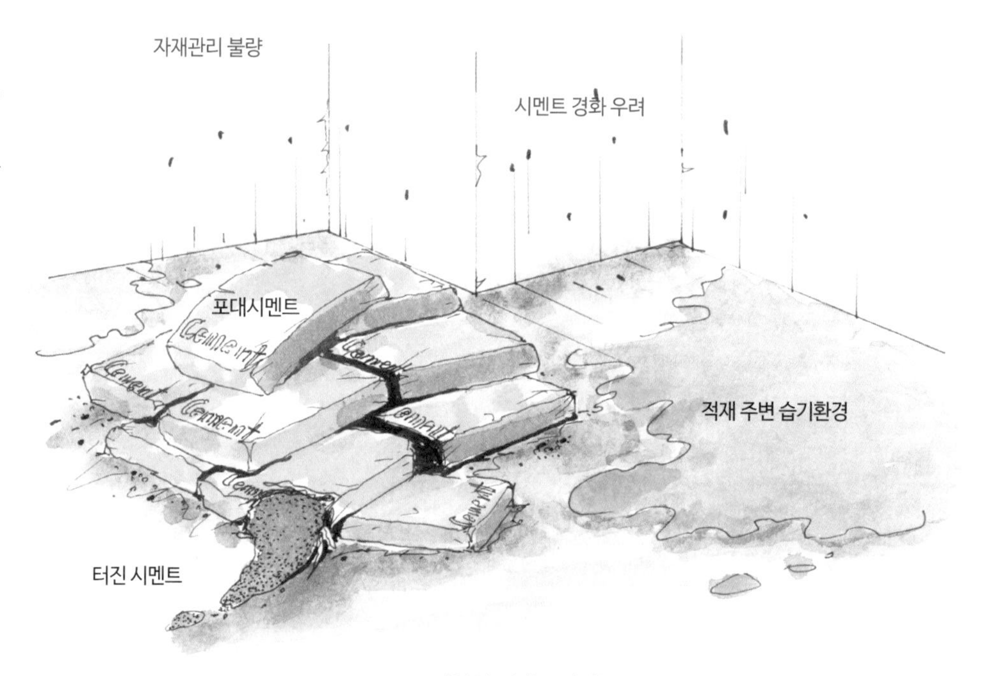

[불량 시멘트 관리]

■ 콘크리트 공시체 관리 부적정

적용근거 본 공사시방서(5. 철근콘크리트공사 , 5-3 콘크리트의 품질, 5-3-2. 압축강도)에 의하면, 공사현장에서 채취한 콘크리트의 재령 28일 공시체는 표준수중양생 또는 현장수중양생으로 한다고 명기되어 있다.

지적사항 ○○아파트 A동 3층 벽체 및 슬래브 콘크리트를 타설(270m^3) 했으나 타설된 콘크리트에 대하여 압축강도시험 등 품질시험을 위한 공시체(3조, 9개)를 제작하고 현장 시험실에서 공시체 관리(캐핑 등)를 해야 하나, 현장 내(현장 대기양생) 또는 현장 시험실에 비치되어 있지 않음을 확인했다.

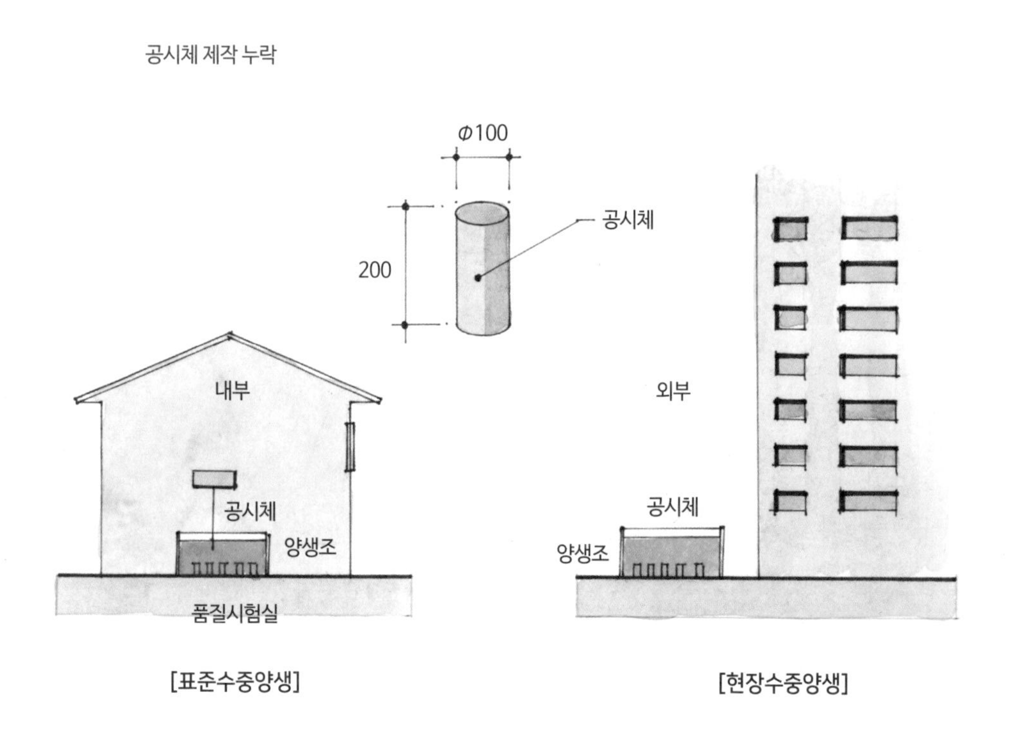

[표준수중양생] [현장수중양생]

■ 강재도장 검사자 교육 미이수

적용근거 도로교 '표준시방서'(제6장, 2.1.2 도장검사자의 자격)에 따르면, 도장검사는 대외적으로 인정되어 있는 공인된 교육기관(NACE, KACE, FROSIO 등)에서 자격을 인정한 고급 이상의 전문도장 검사자에 의하여 수행하도록 규정되어 있다.

지적사항 당 현장은 해상 풍력의 터빈 및 기초구조물을 설치하는 공사로 구조물이다. 상·하부 모두 강재파일(jacket pile, 5,645t) 등의 철골자재를 사용하고 있고, 공장에서 반입된 철골자재는 건설사업관리기술인의 자재검수 후 설치했으나 인증기관의 교육을 이수하지 않은 감리자(건설사업관리기술인)가 도장검사를 하고 있음을 확인했다.

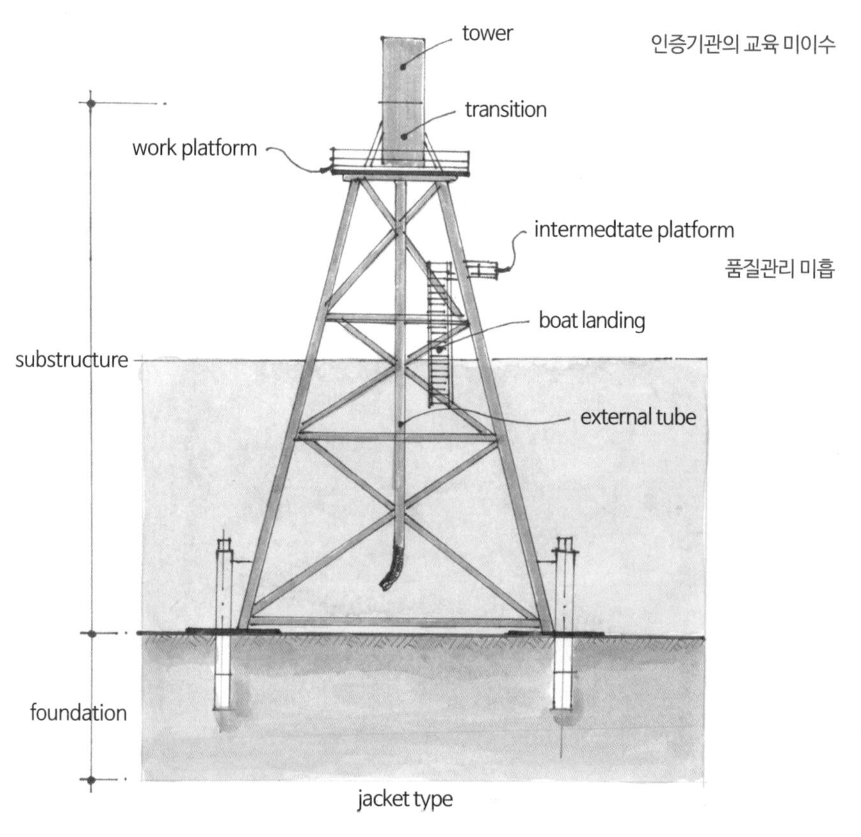

[해상 풍력 하부구조물]

■ 균열관리조사 기록관리 미흡

적용근거 본 공사 '콘크리트 균열관리 계획서'에 의하면, 철근콘크리트공사를 수행함에 있어 균열을 예방하고 발생한 균열에 대한 보수 · 보강방법을 구체화하여 골조의 품질을 확보하고자, 거푸집 해체 후 2개월 이후에는 분기당 1회 균열조사를 실시하도록 계획되어 있다.

지적사항 점검일 현재 출입구 ramp-1 좌우 벽체에 발생된 균열 몇 개소를 확인한 결과 기록 관리 중인 균열관리대장과 다음과 같이 상이하게 관리되고 있으며, 또한 보수·보강 대책 및 3차 조사(6. 30.) 이후 분기별 실시하는 균열조사를 실시하지 않았음을 확인했다.

발생 부위	관리번호	균열관리대장	점검 결과(10/16)	비고(균열조사일대장)
출입구 ramp-1	1	균열폭 0.13mm	균열폭 0.2~0.3mm	2019. 6. 30.(3차 조사)
	2	균열폭 0.12mm		2019. 6. 30.(3차 조사)
	3	균열폭 0.15mm		2019. 6. 30.(3차 조사)
	4	균열폭 0.29mm		2019. 6. 30.(3차 조사)
	5	-	균열폭 0.1mm	2019. 6. 30.(3차 조사)
	6	-	균열폭 0.2mm	2019. 6. 30.(3차 조사)

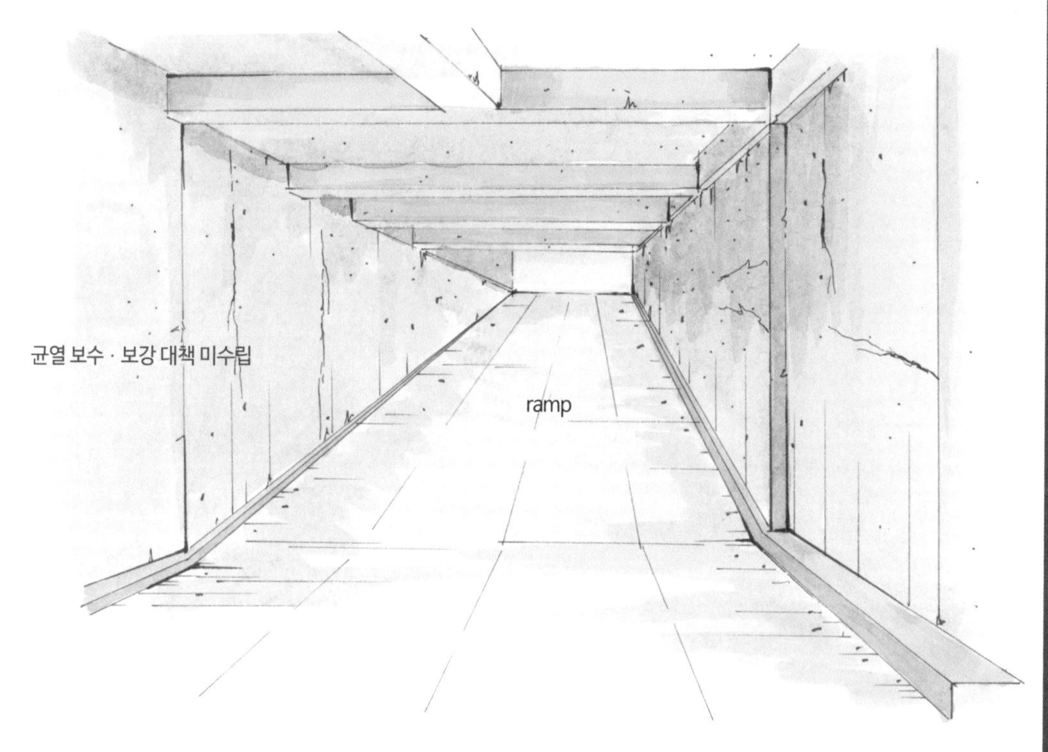

[주차장 램프 입구]

■ 가설자재 반입 검수 절차 부적합

적용근거 본 공사시방서(제1장 총칙, 2.3.3 검사, 2.3.7 검사 및 시험 후의 조치)에 의하면, 현장에 반입된 재료는 모두 도면과 시방서에 표시된 품질과 동등 이상 품으로서, 불합격품은 즉시 장외로 반출하고, 검사시험에 합격된 재료 및 시설물이라도 사용 시 변질 또는 손상되어 불량품으로 인정될 때에는 이를 사용하지 아니하고 합격된 반입자재는 지정된 장소에 정리, 보관하고 불합격된 자재는 즉시 공사 장외로 반출하여야 한다고 규정되어 있다.

지적사항 점검일 현재 골조공사 시공을 위하여 자재 공급원 검토서류를 확인한 결과, 반입된 자재 파이프 서포트 상단에 변형된 자재들이 다수 사용 중에 있었으나 시공사인 ○○건설 현장 대리인은 감리원에게 자재검수를 요청하지 않고 사용 중에 있었으며, 또한 ○○종합건축사무소 총괄 감리원은 불량 자재가 사용 중임에도 아무런 조치 등을 하지 않았음을 확인했다.

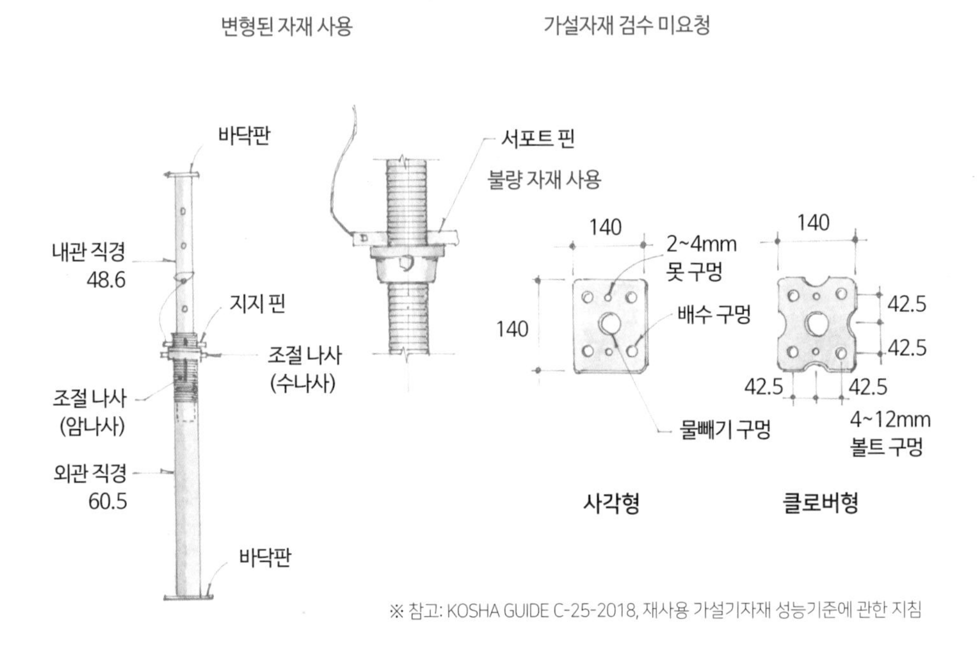

[강재 파이프 서포트]

● 파이프 서포트 동바리 안전점검

파이프 서포트 종류별 사용 길이

종류	사용 길이(mm)	
	최소 길이	최대 길이
1종(V1)	1,800±10	3,200±10
2종(V2)	2,000±10	3,400±10
3종(V3)	2,400±10	3,800±10
4종(V4)	2,600±10	4,000±10

- '최소 길이'란 내관의 최상단 핀 구멍에 지지 핀이 조립되었 때의 길이를 말한다.
- '최대 길이'란 내관과 외관의 겹침길이를 280mm 이상으로 유지하고, 내관의 최하단 핀 구멍에 지지 핀이 조립되었을 때의 길이를 말한다.
- 길이 4m 이상의 강재 파이프 서포트의 경우, KS 인증 취득은 불가능하며 경우에 따라 KCs 인증 기준을 충족할 경우에 한하여 사용이 가능하다. 현재 건설현장에서 거의 사용하지 않으므로 높이 4m 이상의 경우에는 강관 파이프 서포트가 아닌 시스템 동바리를 사용하여야 한다.

■ 자재 반입 시 주요 검수항목

- 내외관 직경 및 두께

구분	치수(mm)		치수 허용 차(mm)	
	바깥지름	두께	바깥지름	두께
외관	60.5	2.3	±0.3	±0.3
내관	48.6	2.3	±0.25	±0.3

[KS F 8001 : 2022 기준]

- 외관부 길이: KS F 8081 길이는 1,600mm 이상
- 지지 핀 길이: 길이는 100mm 이상, 지름 12mm 이상
- 바닥판의 두께 및 길이: 최소 단변길이는 140mm 이상, 두께는 사각형은 5.5mm 이상, 클로버형은 6.45mm 이상
- 받이판 및 바닥판 검수항목

	균열	육안, NDT	균열이 있는 것
받이판 및 바닥판	변형	육안	변형이 현저하여 정비가 불가능한 것
	판 두께	계측	5.4mm 미만으로 수리 및 정비가 불가능한 것

■ 품질관리비용 계상 부적정

적용근거 '건설기술진흥법' 제56조(품질관리 비용의 계상 및 집행) 및 같은 법 시행규칙 제53조(품질관리비의 산출 및 사용 기준)에 따르면, 건설공사의 발주자는 건설공사 계약을 체결할 때에는 건설공사의 품질관리에 필요한 비용을 계상해야 한다고 되어 있다.

지적사항 본 공사의 도급내역(설계도서)에 반영된 품질관리비 내역을 확인한 결과 위의 적용근거에 따라 계상(計上)되어야 함에도 품질관리 활동에 필요한 비용이 계상되지 않았다.

[품질관리비 내역서]

■ 시험실의 규모, 시험장비 확보 부적정

적용근거 '건설기술진흥법' 제55조 및 같은 법 시행규칙 제50조제4항에 따르면 품질관리를 위한 시설 및 건설기술자 배치기준에 따라 품질시험 및 검사를 실시해야 한다.

지적사항 본 공사의 품질시험계획서(23차분)를 수립하고 품질관리를 위한 시험 · 검사장비 및 시험실 규모(50m²) 배치 상태를 점검일 현재 확인한 결과, 시험실의 규모가 상이하고 시험장비를 다수 갖추지 않았으며 시험장비의 고장을 방치하고 있었다.

구분	시험실(m²)	시험기구(종)	검 · 교정 미실시	시험장비 고장	비고
시험계획 수립	50	17			
현장관리 현황	18	14	공기량시험기 등 2종	공기량시험기 등 3종	

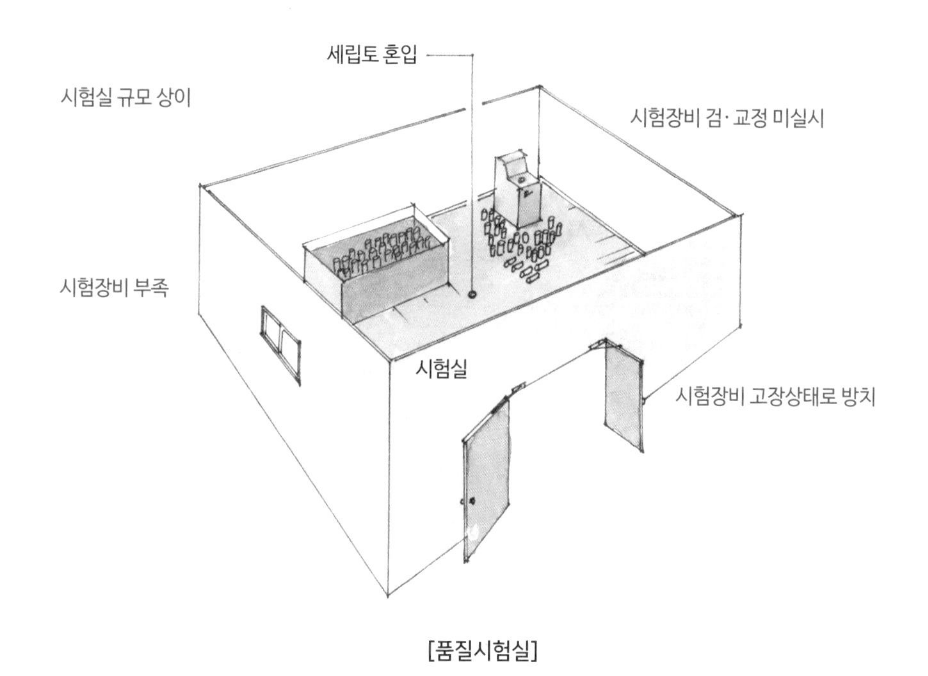

[품질시험실]

● 건설공사 품질관리를 위한 시설 및 건설기술인 배치기준(제50조 제4항 관련) [건설기술진흥법시행규칙 [별표 5] 〈개정 2020. 3. 18.〉]

대상공사 구분	공사규모	시험 · 검사장비	시험실 규모	건설기술인
특급 품질관리대상공사	영 제89조제1항제1호 및 제2호에 따라 품질관리계획을 수립해야 하는 건설공사로서 총공사비가 1,000억 원 이상인 건설공사 또는 연면적 5만m^2 이상인 다중이용 건축물의 건설공사	영 제91조제1항에 따른 품질검사를 실시하는 데에 필요한 시험 · 검사장비	50m^2 이상	가. 특급기술인 1명 이상 나. 중급기술인 이상인 사람 1명 이상 다. 초급기술인 이상인 사람 1명 이상
고급 품질관리대상공사	영 제89조제1항제1호 및 제2호에 따라 품질관리계획을 수립해야 하는 건설공사로서 특급 품질관리대상공사가 아닌 건설공사	영 제91조제1항에 따른 품질검사를 실시하는 데에 필요한 시험 · 검사장비	50m^2 이상	가. 고급기술인 이상인 사람 1명 이상 나. 중급기술인 이상인 사람 1명 이상 다. 초급기술인 이상인 사람 1명 이상
중급 품질관리대상공사	영 총공사비가 100억 원 이상인 건설공사 또는 연면적 5,000m^2 이상인 다중이용 건축물의 건설공사로서 특급 및 고급 품질관리대상공사가 아닌 건설공사	영 제91조제1항에 따른 품질검사를 실시하는 데에 필요한 시험 · 검사장비	20m^2 이상	가. 중급기술인 이상인 사람 1명 이상 나. 초급기술인 이상인 사람 1명 이상
초급 품질관리대상공사	영 제89조제2항에 따라 품질시험계획을 수립해야 하는 건설공사로서 중급 품질관리대상공사가 아닌 건설공사	영 제91조제1항에 따른 품질검사를 실시하는 데에 필요한 시험 · 검사장비	20m^2 이상	초급기술인 이상인 사람 1명 이상

※ 비고

1. 건설공사 품질관리를 위해 배치할 수 있는 건설기술인은 법 제21제1항에 따른 신고를 마치고 품질관리 업무를 수행하는 사람으로 한정하며, 해당 건설기술인의 등급은 영 별표 1에 따라 산정된 등급에 따른다.
2. 발주청 또는 인 · 허가 기관의 장이 특히 필요하다고 인정하는 경우에는 공사의 종류 · 규모 및 현지 실정과 법 제60조제1항에 따른 국립 · 공립시험기관 또는 건설기술용역사업자의 시험 · 검사대행의 정도 등을 고려하여 시험실 규모 또는 품질관리 인력을 조정할 수 있다.

■ PC부재 품질시험계획 수립 및 실시 미흡

적용근거 당 현장에서 작성한 품질시험계획에 따르면, 지하주차장 PC 부재(기둥, 보, 슬래브)에 대하여 기초와 PC 기둥을 연결하는 앵커의 인발시험(의뢰 1회), 레미콘시험(시험성적서 32회)이 계획되어 있다.

지적사항 계획과는 달리 다음과 같이 품질관리에 미흡한 점이 확인되었다.

① 품질검사를 외부 의뢰하는 경우 건설기술진흥법 제60조에 따라 대통령령으로 정하는 국립 · 공립 시험기관 또는 건설기술 용역업자가 대행하도록 해야 하지만, 당 현장에서는 앵커인발시험을 앵커 제조회사인 ○○사에 의뢰하여 실시했다.

② 지하주차장 PC화에 따른 구조설계계산서에 따르면 기초와 기둥을 연결하는 앵커는 일정 강도(600×500 규격 기둥의 경우 인장강도 500N/mm², 항복응력 400N/mm²) 이상을 만족해야 하지만, 품질시험계획상 앵커의 강도시험 계획이 누락되었다.

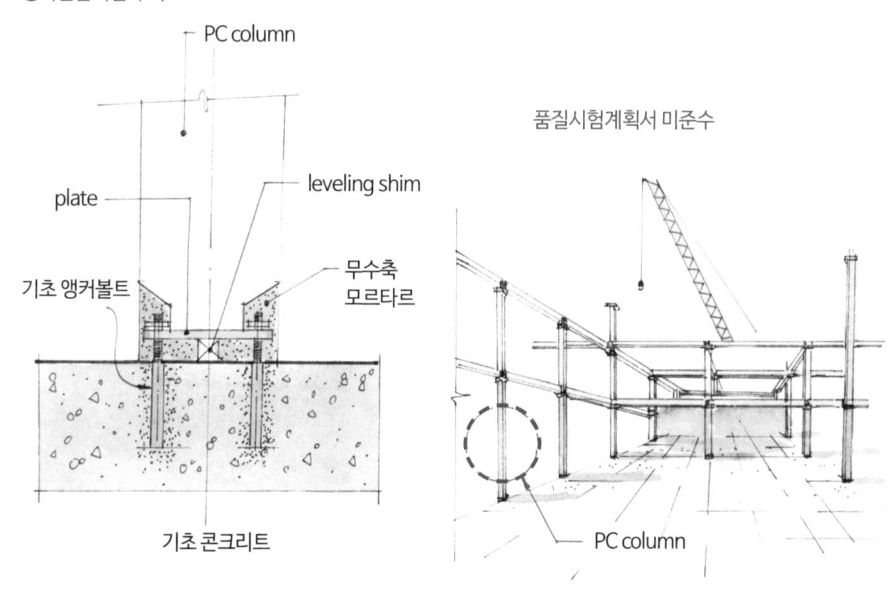

[PC 기둥 vs 기초 접합부]

[PC 주차장 조립장]

■ 감리원(건설사업관리기술인) 배치 소홀

적용근거 '건축법' 시행령 제19조(공사감리) 제5항에 따르면, 공사감리자는 건축공사를 감리하는 경우에는 건축사보 중 토목, 전기 또는 기계 분야의 건축사보 한 명 이상을 각 분야별 해당 공사기간 동안 각각 공사현장에서 감리업무를 수행하게 해야 한다고 명시하고 있다.

지적사항 점검일(10. 22.) 현재 당 현장은 토목(흙막이 가시설*) 공사가 진행(12월 10일에 되메우기 완료 예정) 중에 있으나, 토목분야 감리원(○○○ 씨, 특급)이 토목공정이 진행 중임에도 불구하고 철수(10. 21.)했다.

토목공사 진행기간 및 토목감리원 배치기간

구분		일자
흙막이 가시설	설치 및 존치	'19. 1.~'19. 12.
되메우기	예정일	'19. 12. 10.
토목감리원	배치기간	'18.11. 28.~'19. 10. 21.

*흙막이 가시설: 토류판 + H-pile + E/A, 소일 네일링, H=4.0~10.9m

감리원 배치인원 부족

감리원 조기 철수

[건설사업관리기술인(감리원)]

■ 아스콘 품질시험 실시 불량

적용근거 '건설기술진흥법' 제55조 및 제89조에 따른 품질관리계획 작성 대상(총공사비 500억 원 이상)으로, 현장 품질관리계획에 따라 품질시험을 실시해야 한다.

지적사항 점검일 현재 본 도로 대(집) 및 중(집) 일부 구간 아스콘 기층 및 중간층 포장을 실시했으나, 현장 품질관리계획에 따른 기층 및 중간층 품질시험(공극률, 포화도, 역청함유량, 마샬 안정도, 온도, 밀도, 두께 등)을 미실시하거나 아스콘 납품업체(○○아스콘)에서 대행했다. 아울러 감리단에서는 상기 지적 내용에 대한 검토 · 확인 등을 실시하지 않았다.

포장 구간 및 시험실시 여부

구분		포설일	시험실시 여부
중(집)2-386 (L=100m)	기층	'19. 8. 29.	온도시험만 현장에서 실시 그 외 시험은 아스콘 납품업체에서 실시
대(집)No.4+10~35+10 (L=640m)	기층	'19. 10. 31.	미실시
	중간층	'19. 11. 1.	미실시
중(집)No.56~68 (L=260m)	기층	'19. 11. 2.	미실시
	중간층	'19. 11. 2.	미실시

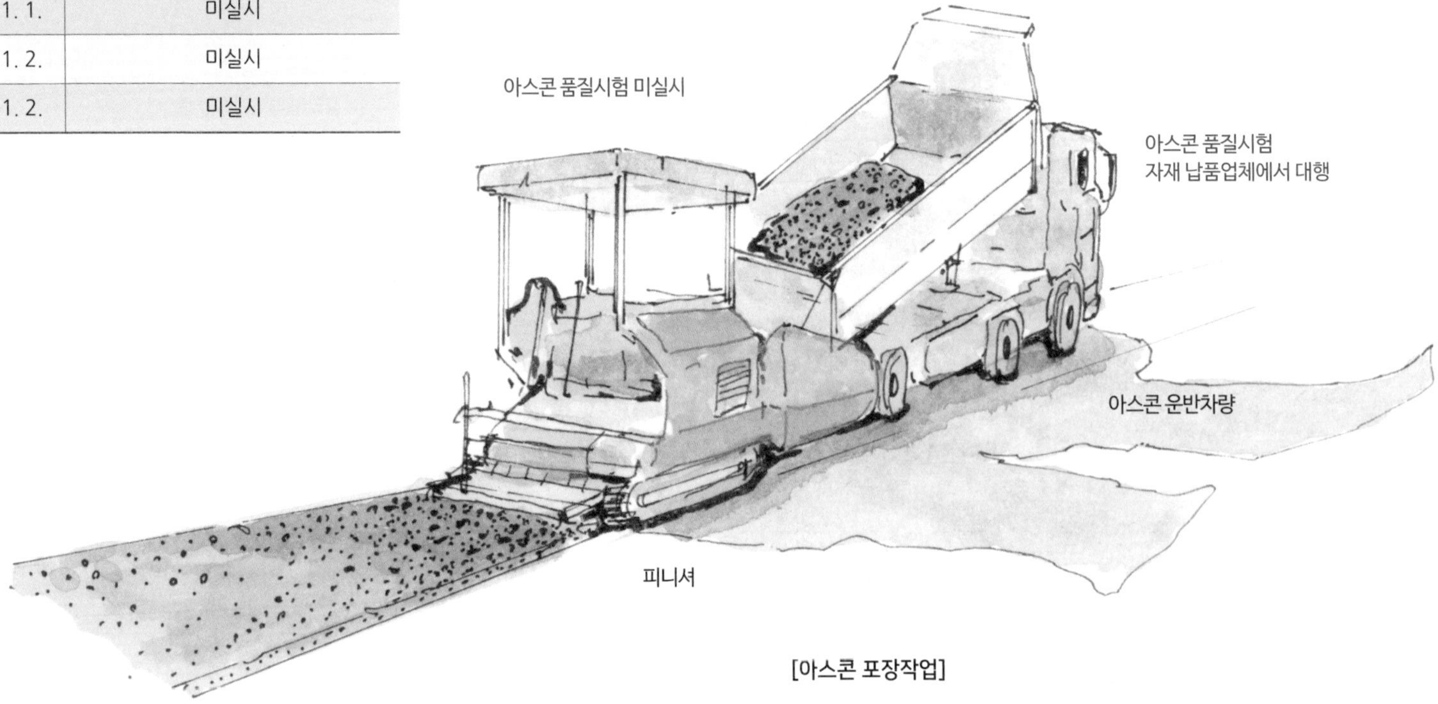

아스콘 품질시험 미실시

아스콘 품질시험
자재 납품업체에서 대행

아스콘 운반차량

피니셔

[아스콘 포장작업]

● 한중콘크리트공사 시 유의사항

■ 정의

타설일의 일평균 기온이 4°C 이하 또는 콘크리트 타설 완료 후 24시간 동안 일최저 기온이 0°C 이하가 예상되는 조건이거나 그 이후라도 초기동해 위험이 있는 경우 한중(寒中)콘크리트로 시공한다.

■ 생산

콘크리트생산 온도는 10°C 이상을 유지해야 한다.

■ 자재

- 시멘트 KS L 5201 포틀랜드 시멘트
- 골재가 동결되거나 빙설혼입된 골재 사용 금지
- 방동 · 내한제 등의 특수한 혼화제는 품질 확인 후 사용
- 물 또는 골재는 가열이 가능하나 시멘트는 직접가열 금지

■ 배합

- 공기연행 콘크리트를 사용하는 것을 원칙으로 함
- 단위수량은 되도록 적게(초기동해 방지를 위해 소요 워커빌리티 유지범위 내)
- 물 결합재비 60% 이하
- 배합강도 및 물 결합재비는 KCS 14 20 10(2.2.2), KCS 14 20 10(2.2.3)에 의해 결정

■ 운반 및 타설

- 열량 손실 최소화
  - 콘크리트 운반 및 대기시간 최소화
  - 믹서트럭 보온덮개 설치 철저
  - 타설 시 콘크리트 온도 5°C 이상 유지(소요압축강도 도달 후 2일간은 0°C 유지) > 타설 부위 동결 방지
- 철근, 거푸집에 빙설 제거
- 콘크리트를 부어 넣을 지반 부분은 동결되지 않도록 보온
- 동결된 시공이음부는 KCS 14 20 10(3.6.1~3) 적용하여 처리

■ 공시체 관리

- 현장양생 공시체는 타설 마감 전 5대 차량 이내에서 제작
- 제작시간, 채취차량번호가 기입된 사인지를 공시체 상부면에 부착
- 양생 취약 예상부위 보관(세대 내 외벽, 계단실, 실외기실, 슬래브 등)

■ 양생

- 초기동해 방지(응결 및 경화 초기에 동결되지 않도록 관리)
- 동결융해작용에 대한 저항성을 갖도록 충분한 강성 확보
- 양생방법 및 양생기간 준수
- 최소 5Mpa 압축강도 발현 시까지 콘크리트 온도 5°C 이상 유지
- 이후 2일간 0°C 이상 유지(천막보양 및 열풍기 가동)
- 급랭하지 않도록 시트 등을 덮고, 특히 바람을 막아야 함
- 급열양생 시 급격한 건조 및 국부가열 주의
- 가열설비의 수량 및 배치는 시험가열 후 결정
- 양생시간은 현재 기온 및 시간에 따른 현장별 기준 수립 후 결정
- 특히 구조물의 모서리나 가장자리 부분의 보양관리에 주의
- 찬바람이 구조물 표면에 닿는 것을 방지
- 자기온도기록계 설치

■ 거푸집 탈형강도

- 갱폼(작업발판 일체형 거푸집) 최하단 볼트 주변 양생상태 확인
- 벽체(갱폼) 거푸집 탈형강도: 5Mpa 이상
- 슬래브 거푸집(수평재) 탈형강도: 최소 14Mpa 이상
- 필러 서포트(filler support) 해체강도: 각 현장 동바리 구조계산서 참조

PART Ⅲ

부록

1. 건설공사 벌점 측정 항목별 지적현황표(최근 경향)
2. 건설공사 등의 벌점 측정기준 19개 항목 도해
3. 안전관리계획의 수립기준 및 도해(건진법 제58조 관련)
4. 건설공사 공공점검 시 주요 지적 사항 도해(시공·안전·품질 분야)
5. 건설공사현장의 안전점검 사례
6. 지하안전법(지하안전관리에 관한 특별법)
7. 건설현장의 화재발생 원인 및 대책 도해
8. 데크플레이트 공사 재해원인 및 예방대책
9. 석면 해체 · 제거작업 기준 도해
10. 서중 콘크리트
11. 우리말로 순화된 산업재해 발생형태 명칭

01 건설공사 벌점 측정 항목별 지적현황표(최근 경향)

● 건설공사 벌점 측정 항목별 지적현황표

■ 벌점 항목별 지적건수 현황

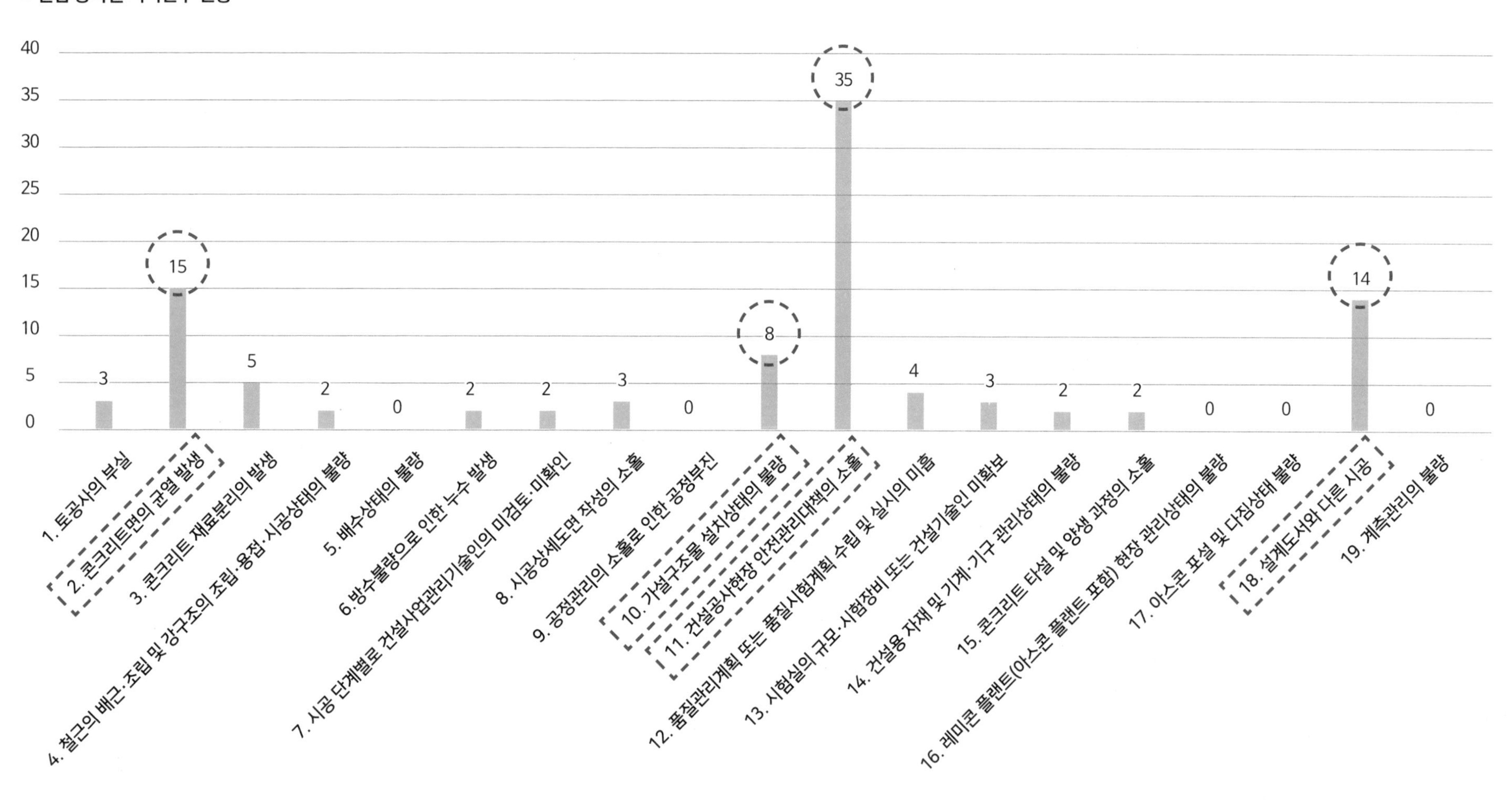

● 건설공사 벌점 측정 항목별 지적현황표 및 최근 점검 경향

■ 최근 점검 경향

- #11. 건설공사현장 안전관리대책의 소홀(35%) "가장 많은 지적 항목"
- #02. 콘크리트면의 균열(15%)
- #18. 설계도서와 다른 시공(14%)
- #10. 가시설물(비계, 동바리, 거푸집, 흙막이 등) 설치상태의 불량(8%)

■ 최다 점검 항목

항목	부실 내용	벌점
11	**건설공사현장 안전관리대책의 소홀**	
	▷ 제105조제3항에 따른 중대한 건설사고가 발생한 경우 (형사고발, 10년 이하 징역)	3
	▷ 정기안전점검을 한 결과 조치 요구사항을 이행하지 않은 경우 또는 정기안전점검을 정당한 사유 없이 기간 내에 실시하지 않은 경우 (형사고발, 영업정지, 2년 이하 징역)	3
	▷ 안전관리계획을 수립했으나, 그 내용의 일부를 누락하거나 기준을 충족하지 못하여 내용의 보완이 필요한 경우 또는 각종 공사용 안전시설의 설치를 안전관리계획에 따라 설치하지 않아 건설사고가 우려되는 경우 (형사고발, 1년 이하 징역, 1천만 원 이하 벌금)	2

■ 국내 건설사 벌점부과 현황

항목	부실 내용	부과 비율
01	토공사의 부실	3.0
02	콘크리트면의 균열 발생	15.0
03	콘크리트의 재료분리의 발생	5.0
04	철근의 배근 · 조립 및 강구조의 조립 · 용접 · 시공상태의 불량	2.0
05	배수상태의 불량	-
06	방수불량으로 인한 누수 발생	2.0
07	시공 단계별로 건설사업관리기술인의 검토 · 확인을 받지 않고 시공한 경우	2.0
08	시공상세도면 작성의 소홀	3.0
09	공정관리의 소홀로 인한 공정부진	-
10	가설구조물(비계, 동바리, 거푸집, 흙막이 등) 설치상태의 불량	8.0
11	건설공사현장 안전관리대책의 소홀	35.0
12	품질관리계획 또는품질시험계획의 수립 및 실시의 미흡	4.0
13	시험실의 규모 · 시험장비 또는 건설기술인 확보의 미흡	3.0
14	건설용 자재 및 기계 · 기구 관리상태의 불량	2.0
15	콘크리트 타설 및 양생 과정의 소홀	2.0
16	레미콘 플랜트(아스콘 플랜트 포함) 현장 관리상태의 불량	-
17	아스콘의 포설 및 다짐상태 불량	-
18	설계도서와 다른 시공	14.0
19	계측관리의 불량	-
계		100.00

※ 국토교통부 보도자료 분기별로 사망사고 발생 상위 100대 건설사 명단 공개

02 건설공사 등의 벌점 측정기준 19개 항목 도해

건설사업자, 주택건설등록업자 및 건설기술인에 대한 벌점 측정기준

1. 토공사의 부실(不實)

- 도면과 다른 시공(관련 기준 포함)
- 기초 굴착 및 절토·성토 소홀로 토사붕괴, 지반침하 발생

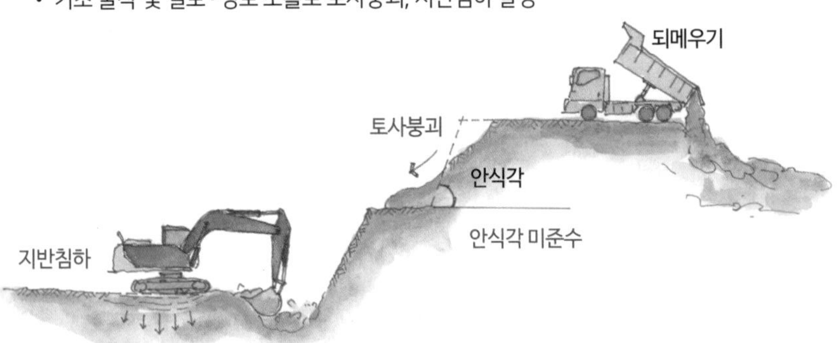

[기초굴착 및 절토·성토작업]

2. 콘크리트면의 균열(龜裂) 발생

- 구조검토, 원인 분석, 보수·보강 미실시

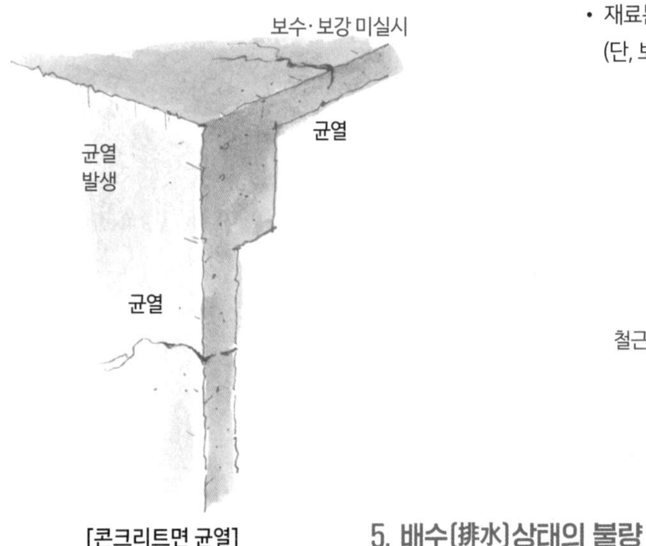

[콘크리트면 균열]

3. 콘크리트 재료분리의 발생

- 주요구조부 철근 노출
- 재료분리 $0.1m^2$ 이상 발생 시 보수·보강 계획 미수립
  (단, 보수·보강 계획 수립 시 조치한 것으로 간주)

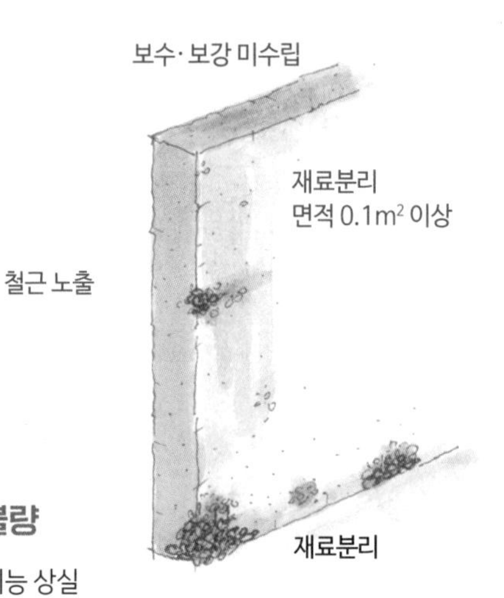

[콘크리트면 재료분리]

4. 철근의 배근·조립 및 강구조의 조립·용접·시공상태의 불량

- 주요구조부 시공불량으로 부재당 보수·보강 3곳 이상 필요시
- 주요구조부 시공불량으로 보수·보강 필요시

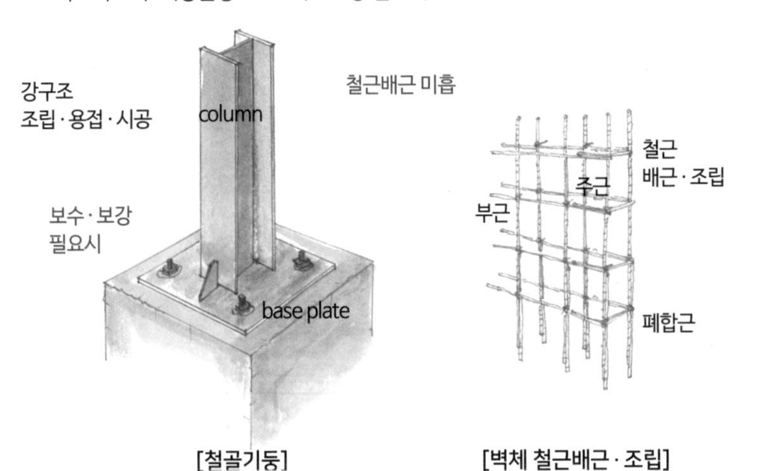

[철골기둥] [벽체 철근배근·조립]

5. 배수(排水)상태의 불량

- 도면과 다른 시공, 배수기능 상실
- 배수구 관리 불량

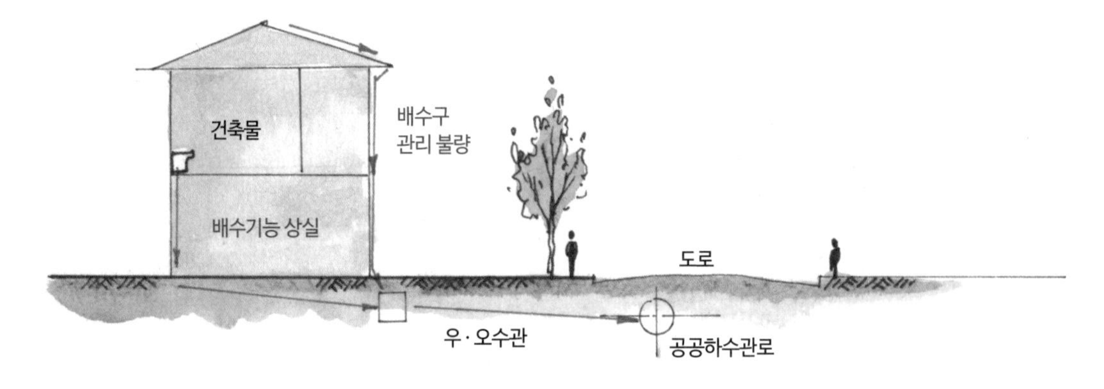

[배수 단면]

6. 방수불량으로 인한 누수(漏水) 발생

- 누수 발생
- 방수면적 1/2 이상 보수 필요시

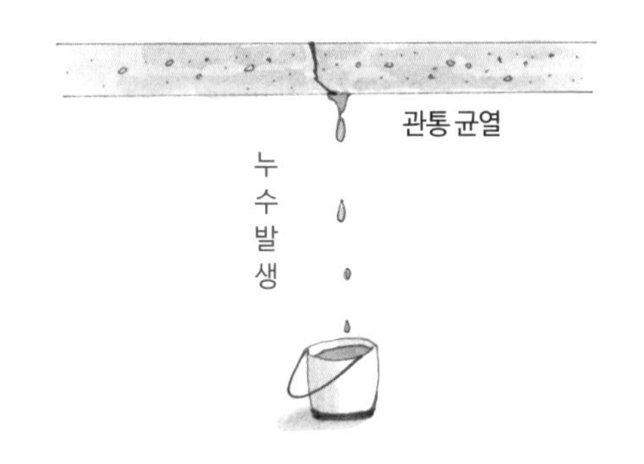

[구조물의 누수]

7. 시공 단계별로 건설사업관리기술인의 검토 · 확인 미실시

- 주요구조부 검토·확인 미실시
- 건설사업관리기술인의 지시 불이행

8. 시공상세도면 작성의 소홀

- 시공상세도면 작성 소홀
- 시공보완 필요시

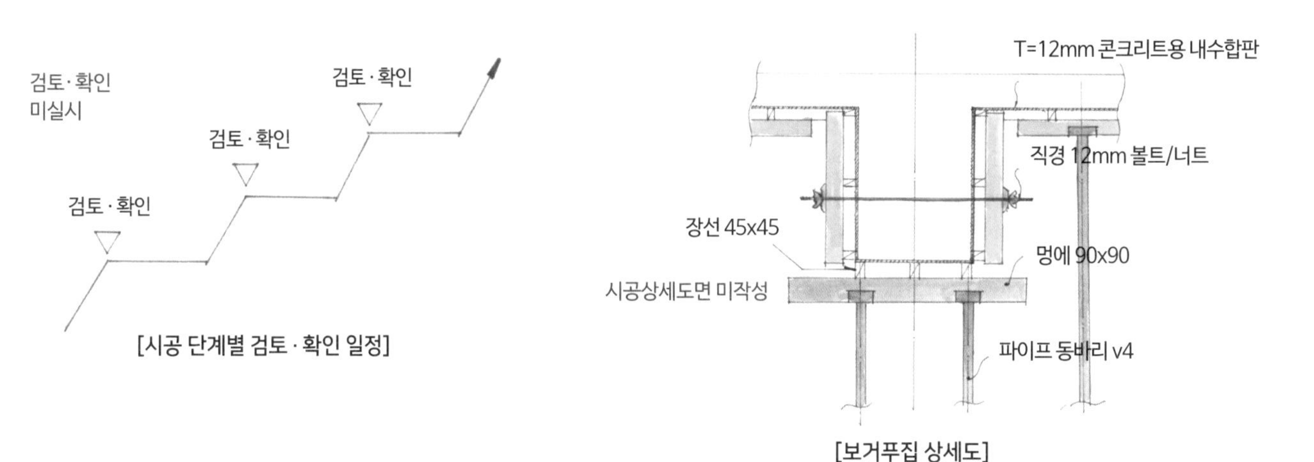

[시공 단계별 검토·확인 일정]

[보거푸집 상세도]

9. 공정(工程)관리의 소홀로 인한 공정부진

- 공정 만회대책 미수립
- 공정 만회대책 수립 미흡

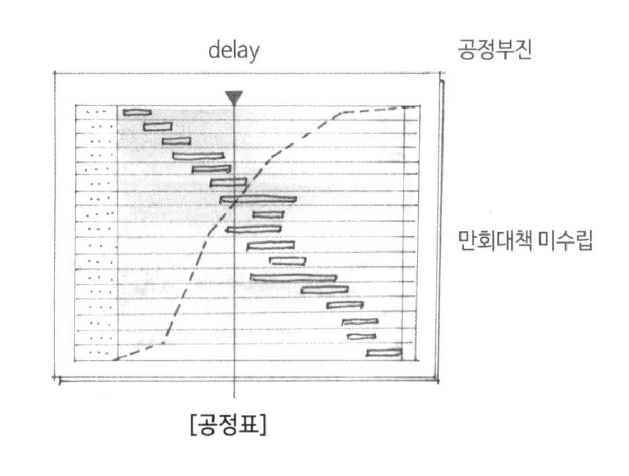

[공정표]

10. 가설구조물(동바리·비계·거푸집 등) 설치상태의 불량

- 설치 불량으로 안전사고 발생
- 시공계획서, 시공도면 미작성
- 보완 시공 필요시

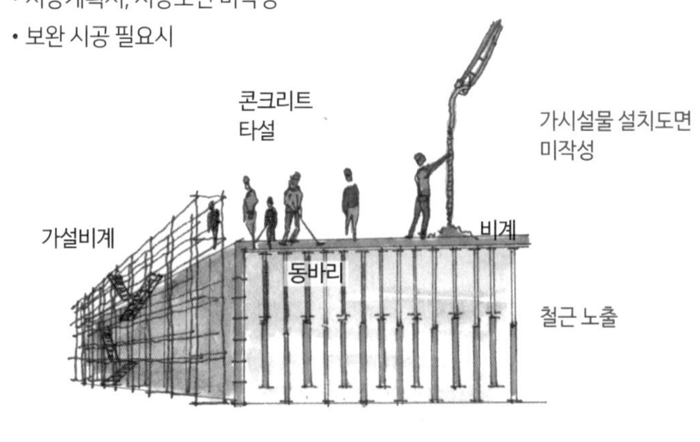

[철근콘크리트공사]

11. 건설공사현장 안전관리대책의 소홀

- 정기안전점검 결과 조치 미이행, 미실시
- 안전관리계획 수립 시 일부 내용 누락 및 기준 미달로 보완 필요시
- 각종 공사용 안전시설 계획대로 미설치
- 제105조 제3항에 따른 중대재해 발생 시

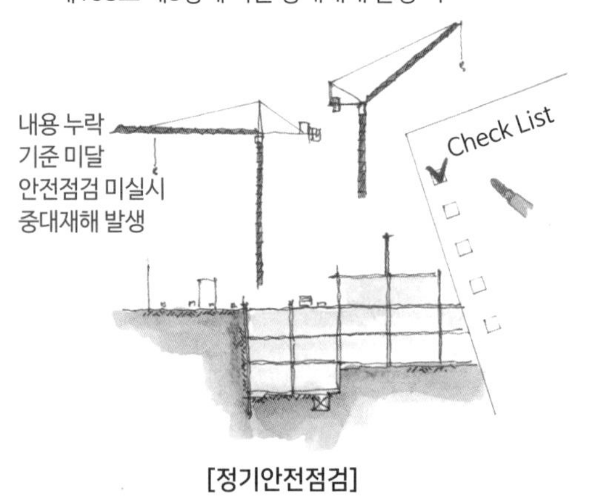

[정기안전점검]

12. 품질관리계획 또는 품질시험계획 수립 및 실시의 미흡

- 일부 내용 누락 및 기준 미달로 보완 필요시
- 실시가 미흡하여 보완 시공 필요시

[품질관리계획서·품질시험계획서]

13. 시험실의 규모·시험장비 또는 건설기술인 확보의 미흡

- 시험장비 및 품질관리기술인 부족
- 시험실·장비, 품질관리기술인의 자격 기준 미달
- 고장난 시험장비 방치, 검·교정 미실시
- 품질관리업무 외에 다른 업무를 수행한 경우

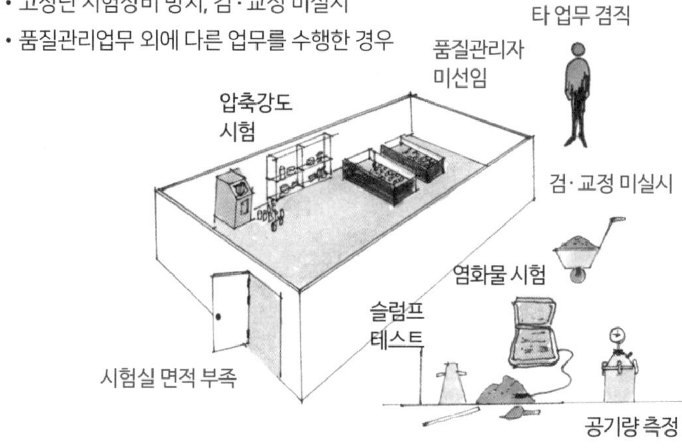

[건설공사 시험 관련 기구]

14. 건설용 자재 및 기계·기구 관리상태의 불량

- 기준 불충족, 발주청 미승인 기자재 반입 사용 시
- 건설기계·기구 설치 관련 기준 불충족
- 자재 보관상태 불량

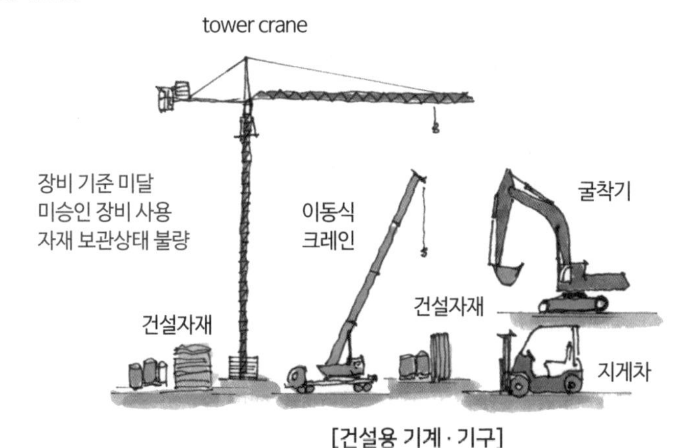

[건설용 기계·기구]

15. 콘크리트 타설 및 양생(養生)과정의 소홀

- 배합설계 미실시
- 타설계획 미수립
- 거푸집 해체시기 및 타설순서 미준수
- 슬럼프 테스트, 염분함유량시험, 압축강도시험, 양생관리의 미실시
- 생산·도착시간 및 타설 완료시간
- 기록·관리 미실시
- 기준을 초과한 가수(加水)행위

레미콘 송장관리 미흡
기준 이상 가수행위
콘크리트 품질시험
미실시
콘크리트 타설
콘크리트 타설계획 미수립
압축강도시험
수중양생
공기량 측정
슬럼프 테스트
염화물 시험

[콘크리 타설공사]

16. 레미콘 플랜트(아스콘 플랜트 포함) 현장 관리상태의 불량

- 계량장치 미검정
- 골재 규격별로 미저장
- 자동기록장치 미작동 및 기록지 미보관
- 기준초과 가수
- 골재 관리상태 불량
- 아스콘 생산온도 부적정
- 품질시험 부적정 및 장비결함사항 방치

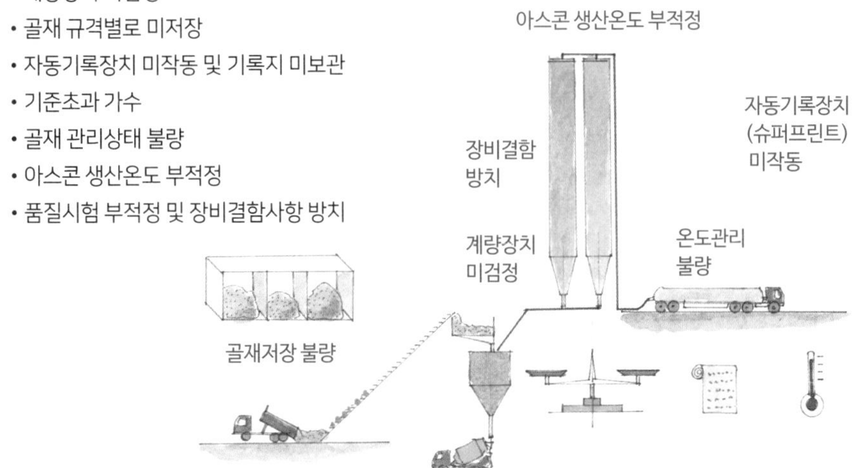

[레미콘 플랜트]

17. 아스콘 포설 및 다짐상태 불량

- 시방기준에 부적합한 자재 반입
- 현장 다짐밀도, 포장두께 부족
- 혼합물 온도관리기준 초과
- 평탄성 시방기준 초과

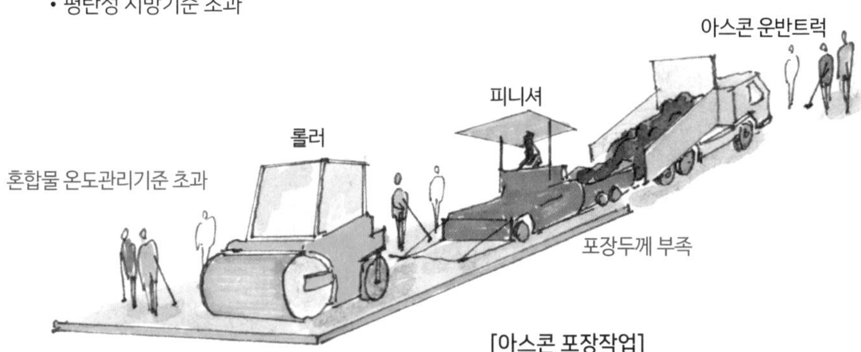

[아스콘 포장작업]

18. 설계도서와 다른 시공

- 주요구조부 설계도서 및 관련 기준과 다른 시공으로 보완 시공 필요시

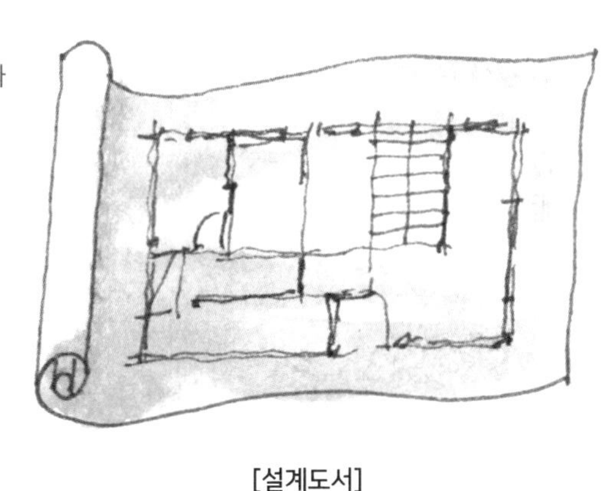

[설계도서]

19. 계측관리(計測管理)의 불량

- 계측장비 미설치 또는 미작동
- 계측횟수 미달 또는 잘못 계측
- 측정기한 초과하는 등 계측관리 소홀

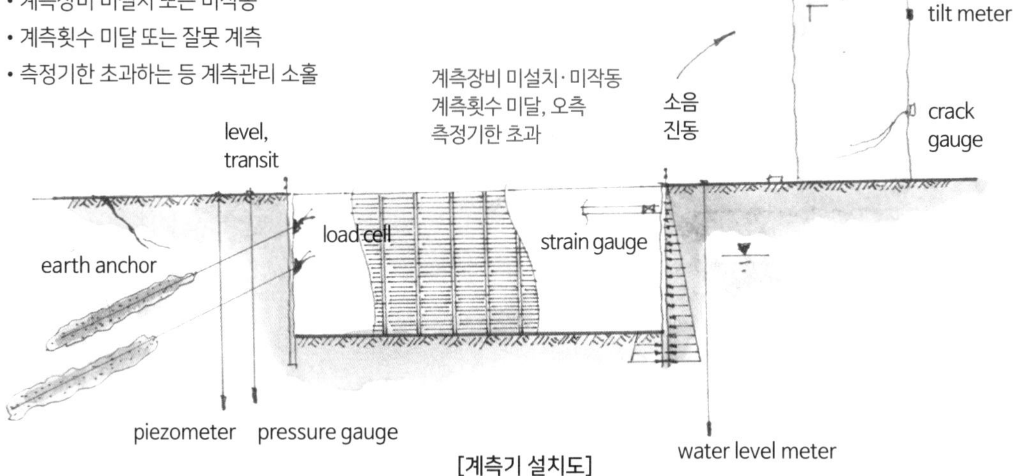

[계측기 설치도]

03 안전관리계획의 수립기준 및 도해(건진법 제58조 관련)

건설기술진흥법 시행규칙 [별표 7] <개정 2020. 3. 18.> 안전관리계획의 수립기준(제58조 관련)

- **안전관리계획**
- **대상 시설물별 세부 안전관리계획**

■ 콘크리트공사
- 거푸집, 동바리, 철근, 콘크리트 등 공사 개요 및 시공상세도면
- 안전시공 절차 및 주의사항
- 안전점검계획표 및 안전점검표
- 동바리 안전성 계산서

■ 강구조물공사
- 자재 · 장비 개요 및 시공상세도면
- 안전시공 절차 및 주의사항
- 안전점검계획표 및 안전점검표
- 강구조물의 안전성 계산서

■ 건축설비공사
- 자재 · 장비 개요 및 시공상세도면
- 안전시공 절차 및 주의사항
- 안전점검계획표 및 안전점검표
- 안전성 계산서

■ 가설공사
- 설치 개요 및 시공상세도면
- 안전시공 절차 및 주의사항
- 안전점검계획표 및 안전점검표
- 가설물 안전성 계산서

■ 해체공사
- 구조물 해체의 대상, 공법 개요 및 시공상세도면
- 해체 순서
- 안전시설 및 안전조치 등에 대한 계획

■ 건설공사의 개요
- 위치도, 공사 개요, 전체 공정표, 설계도서

■ 안전관리조직
- 임무, 시공안전, 공사장 주변 안전에 대한 점검 · 확인 조직표

■ 통행안전시설 및 교통소통계획
- 교통소통계획, 교통안전시설물, 교통사고예방대책 등 교통안전관리

■ 공사장 주변 안전관리대책
- 지하매설물 방호, 인접 시설물 보호, 공사장 주변 안전관리 사항

■ 공정별 안전점검계획
- 자체안전점검, 정기안전점검의 시기 · 내용, 안전점검 공정표

■ 안전관리비 집행계획
- 안전관리비 계상액, 산정명세, 사용계획 등

■ 비상시 긴급조치계획
- 비상연락망, 비상 동원 조직, 경보체제, 응급조치 및 복구에 관한 사항

■ 안전교육계획
- 안전교육계획표, 교육의 종류 · 내용
- 교육관리에 관한 사항

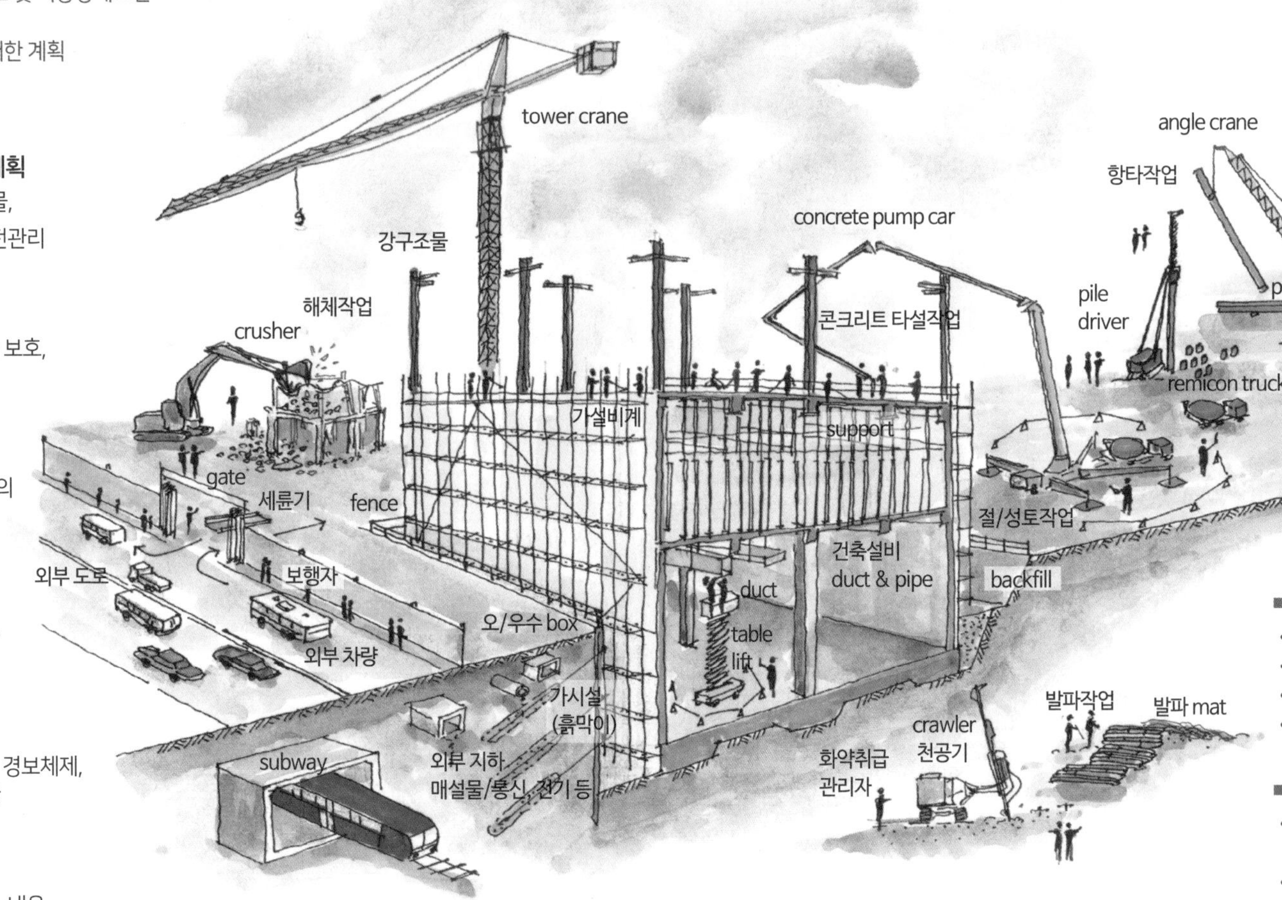

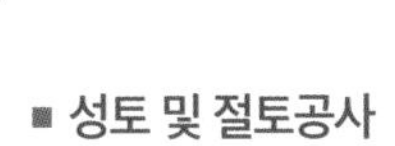

■ 성토 및 절토공사
- 자재 · 장비 개요 및 시공상세도면
- 안전시공 절차 및 주의사항
- 안전점검계획표 및 안전점검표
- 안전성 계산서

■ 굴착 및 발파공사
- 굴착, 흙막이, 발파, 항타 개요 및 시공상세도면
- 안전시공 절차 및 주의사항
- 안전점검계획표 및 안전점검표
- 굴착비탈면, 흙막이 안전성 계산서

안전관리계획의 수립 기준(제58조 관련) - 1 [건설기술진흥법 시행규칙 [별표 7] 〈개정 2020. 3. 18.〉]

■ **국토안전관리원의 안전관리계획서 검토 기준**

- 건설기술진흥법 시행규칙 제58조 [별표7]의 안전관리계획의 수립 기준
- 건설공사 시공상세도 작성 지침
- 건설공사 안전관리 업무수행 지침
- 건설공사 안전관리 업무 매뉴얼
- 국가건설기준(국가건설기준센터 고시)

「건설기술진흥법 시행령」

타법개정 2020. 5. 26. [대통령령 제30704호, 시행 2020. 5. 27.] 국토교통부

제99조(안전관리계획의 수립 기준)

① 법 제62조제6항에 따른 안전관리계획의 수립 기준에는 다음 각 호의 사항이 포함되어야 한다. 〈개정 2016. 1. 12, 2019. 6. 25.〉

1. 건설공사의 개요 및 안전관리조직
2. 공정별 안전점검계획(계측장비 및 폐쇄회로 텔레비전 등 안전 모니터링 장비의 설치 및 운용계획이 포함되어야 한다)
3. 공사장 주변의 안전관리대책(건설공사 중 발파·진동·소음이나 지하수 차단 등으로 인한 주변지역의 피해방지대책과 굴착공사로 인한 위험징후 감지를 위한 계측계획을 포함한다)
4. 통행안전시설의 설치 및 교통 소통에 관한 계획
5. 안전관리비 집행계획
6. 안전교육 및 비상시 긴급조치계획
7. 공종별 안전관리계획(대상 시설물별 건설공법 및 시공절차를 포함한다)

② 제1항 각 호에 따른 안전관리계획의 수립 기준에 관한 세부적인 내용은 국토교통부령으로 정한다.

● 안전관리계획의 수립 기준(제58조 관련)-2 [건설기술진흥법 시행규칙 [별표 7] 〈개정 2021. 8. 27.〉]

1. 일반 기준

가. 안전관리계획은 다음 표에 따라 구분하여 각각 작성·제출해야 한다.

구분	작성 기준	제출 기한
총괄 안전관리계획	제2호에 따라 건설공사 전반에 대하여 작성	건설공사 착공 전까지
공종별 세부 안전관리계획	제3호 각 목 중 해당하는 공종별로 작성	공종별로 구분하여 해당 공종의 착공 전까지

나. 각 안전관리계획서의 본문에는 반드시 필요한 내용만 작성하며, 해당 사항이 없는 내용에 대해서는 "해당 사항 없음"으로 작성한다.

다. 각 안전관리계획서에 첨부하는 관련 법령, 일반도면, 시방기준 등 일반적인 내용의 자료는 특별히 필요한 자료 외에는 최소한으로 첨부한다. 다만, 안전관리계획의 검토를 위하여 필요한 배치도, 입면도, 층별 평면도, 종·횡단면도(세부 단면도를 포함한다) 및 그 밖에 공사 현황을 파악할 수 있는 주요 도면 등은 각 안전관리계획과 별도로 첨부하여 제출해야 한다.

라. 이 표에서 규정한 사항 외에 건설공사의 안전확보를 위하여 안전관리계획에 포함해야 하는 세부사항은 국토교통부장관이 정하여 고시할 수 있다.

2. 총괄 안전관리계획의 수립 기준

가. 건설공사의 개요

공사 전반에 대한 개략을 파악하기 위한 위치도, 공사개요, 전체 공정표 및 설계도서(해당 공사를 인가·허가 또는 승인한 행정기관 등에 이미 제출된 경우는 제외한다)

나. 현장 특성 분석

1) 현장 여건 분석

주변 지장물(支障物) 여건(지하 매설물, 인접 시설물 제원 등을 포함한다), 지반 조건[지질특성, 지하수위(地下水位), 시추주상도(試錐柱狀圖)등을 말한다], 현장시공 조건, 주변 교통 여건 및 환경요소 등

2) 시공 단계의 위험 요소, 위험성 및 그에 대한 저감대책

가) 핵심관리가 필요한 공정으로 선정된 공정의 위험 요소, 위험성 및 그에 대한 저감대책

나) 시공 단계에서 반드시 고려해야 하는 위험 요소, 위험성 및 그에 대한 저감대책(영 제75조의2제1항에 따라 설계의 안전성 검토를 실시한 경우에는 같은 조 제2항제1호의 사항을 작성하되, 같은 조 제4항에 따라 설계도서의 보완·변경 등 필요한 조치를 한 경우에는 해당 조치가 반영된 사항을 기준으로 작성한다)

다) 가) 및 나) 외에 시공자가 시공 단계에서 위험 요소 및 위험성을 발굴한 경우에 대한 저감대책 마련 방안

3) 공사장 주변 안전관리대책

공사 중 지하매설물의 방호, 인접 시설물 및 지반의 보호 등 공사장 및 공사현장 주변에 대한 안전관리에 관한 사항(주변 시설물에 대한 안전 관련 협의서류 및 지반침하 등에 대한 계측계획을 포함한다)

4) 통행안전시설의 설치 및 교통소통계획

가) 공사장 주변의 교통소통대책, 교통안전시설물, 교통사고예방대책 등 교통안전관리에 관한 사항(현장차량 운행계획, 교통 신호수 배치계획, 교통안전시설물 점검계획 및 손상·유실·작동이상 등에 대한 보수관리계획을 포함한다)

나) 공사장 내부의 주요 지점별 건설기계·장비의 전담유도원 배치계획

다. 현장운영계획

1) 안전관리조직

공사관리조직 및 임무에 관한 사항으로서 시설물의 시공안전 및 공사장 주변안전에 대한 점검 · 확인 등을 위한 관리조직표(비상시의 경우를 별도로 구분하여 작성한다)

2) 공정별 안전점검계획

가) 자체안전점검, 정기안전점검의 시기 · 내용, 안전점검 공정표, 안전점검 체크리스트 등 실시계획 등에 관한 사항

나) 계측장비 및 폐쇄회로 텔레비전 등 안전 모니터링 장비의 설치 및 운용계획에 관한 사항(「시설물의 안전 및 유지관리에 관한 특별법 시행령」 별표 1에 따른 제2종시설물 중 공동주택의 건설공사는 공사장 상부에서 전체를 실시간으로 파악할 수 있도록 폐쇄회로 텔레비전의 설치 · 운영계획을 마련해야 한다)

3) 안전관리비 집행계획

안전관리비의 계상, 산출 · 집행계획, 사용계획 등에 관한 사항

4) 안전교육계획

안전교육계획표, 교육의 종류 · 내용 및 교육관리에 관한 사항

5) 안전관리계획 이행보고 계획

위험한 공정으로 감독관의 작업허가가 필요한 공정과 그 시기, 안전관리계획 승인권자에게 안전관리계획 이행 여부 등에 대한 정기적 보고계획 등

라. 비상시 긴급조치계획

1) 공사현장에서의 사고, 재난, 기상이변 등 비상사태에 대비한 내부 · 외부비상연락망, 비상동원조직, 경보체제, 응급조치 및 복구 등에 관한 사항

2) 건축공사 중 화재발생을 대비한 대피로 확보 및 비상대피 훈련계획에 관한 사항(단열재 시공시점부터는 월 1회 이상 비상대피 훈련을 실시해야 한다)

3. 공종별 세부 안전관리계획

가. 가설공사

1) 가설구조물의 설치개요 및 시공상세도면

2) 안전시공 절차 및 주의사항

3) 안전점검계획표 및 안전점검표

4) 가설물 안전성 계산서

나. 굴착공사 및 발파공사

1) 굴착, 흙막이, 발파, 항타 등의 개요 및 시공상세도면

2) 안전시공 절차 및 주의사항(지하매설물, 지하수위 변동 및 흐름, 되메우기 다짐 등에 관한 사항을 포함한다)

3) 안전점검계획표 및 안전점검표

4) 굴착 비탈면, 흙막이 등 안전성 계산서

다. 콘크리트공사

1) 거푸집, 동바리, 철근, 콘크리트 등 공사개요 및 시공상세도면

2) 안전시공 절차 및 주의사항

3) 안전점검계획표 및 안전점검표

4) 동바리 등 안전성 계산서

라. 강구조물공사

1) 자재 · 장비 등의 개요 및 시공상세도면

2) 안전시공 절차 및 주의사항

3) 안전점검계획표 및 안전점검표

4) 강구조물의 안전성 계산서

마. 성토(흙쌓기) 및 절토(땅깎기) 공사(흙댐공사를 포함한다)

1) 자재·장비 등의 개요 및 시공상세도면

2) 안전시공 절차 및 주의사항

3) 안전점검계획표 및 안전점검표

4) 안전성 계산서

바. 해체공사

1) 구조물해체의 대·공법 등의 개요 및 시공상세도면

2) 해체순서, 안전시설 및 안전조치 등에 대한 계획

사. 건축설비공사

1) 자재·장비 등의 개요 및 시공상세도면

2) 안전시공 절차 및 주의사항

3) 안전점검계획표 및 안전점검표

4) 안전성 계산서

아. 타워크레인 사용공사

1) 타워크레인 운영계획

안전작업절차 및 주의사항, 관리자 및 신호수 배치계획, 타워크레인 간 충돌방지계획 및 공사장 외부 선회방지 등 타워크레인 설치·운영계획, 표준작업시간 확보계획, 관련 도면[타워크레인에 대한 기초 상세도, 브레이싱(압축 또는 인장에 작용하며 구조물을 보강하는 대각선 방향 등의 구조 부재) 연결 상세도 등 설치 상세도를 포함한다]

2) 타워크레인 점검계획

점검시기, 점검 체크리스트 및 검사업체 선정계획 등

3) 타워크레인 임대업체 선정계획

적정 임대업체 선정계획(저가임대 및 재임대 방지방안을 포함한다), 조종사 및 설치 · 해체 작업자 운영계획(원격조종 타워크레인의 장비별 전담조정사 지정여부 및 조종사의 운전시간 등 기록관리 계획을 포함한다), 임대업체 선정과 관련된 발주자와의 협의시기, 내용, 방법 등 협의계획

4) 타워크레인에 대한 안전성 계산서(현장조건을 반영한 타워크레인의 기초 및 브레이싱에 대한 계산서는 반드시 포함해야 한다)

참고자료

1.3 용어의 정의

- **건설기술인**
  건설기술진흥법 제2조제8호의 규정에 의하여 국가기술자격법 등 관계 법률에 따른 건설공사 또는 건설기술용역에 관한 자격, 학력 또는 경력을 가진 사람으로서 대통령령으로 정하는 사람

- **공급자**
  공사에 사용할 제품을 공급하는 자

- **공사관리**
  공사를 수행하기 위한 계통적 수속을 설계하고 이용 가능한 모든 생산수단을 선정 활용하여 소기의 목적을 달성하는 것

- **공사시방서**
  건설기술진흥법 시행규칙 제40조제1항에 의하여 표준시방서 및 전문시방서를 기본으로 하여 작성하되, 공사의 특수성, 지역여건, 공사방법 등을 고려하여 기본설계 및 실시설계 도면에 구체적으로 표시할 수 없는 내용과 공사 수행을 위한 시공방법, 자재의 성능·규격 및 공법, 품질시험 및 검사 등 품질관리, 안전관리, 환경관리 등에 관한 사항을 기술한, 건설공사의 계약도서에 포함된 시공 기준

- **공인시험기관**
  건설기술진흥법 제60조에 의하여 건설공사의 품질관리를 위한 시험·검사 등을 대행하는 국립·공립시험기관 또는 건설엔지니어링사업자

- **설계도서**
  건설기술진흥법 시행규칙 제40조의 규정에 따라 건설공사의 설계 등 건설엔지니어링사업자가 작성한 설계도면, 설계명세서, 공사시방서 및 발주청이 특히 필요하다고 인정하여 요구한 부대도면 및 그 밖의 관련 서류

- **시공상세도**
  건설기술진흥법 시행규칙 제42조에 의한 시공상세도면으로서 현장에 종사하는 시공자가 목적물의 품질확보 또는 안전시공을 할 수 있도록 건설공사의 진행단계별로 요구되는 시공방법과 순서, 목적물을 시공하기 위하여 임시로 필요한 조립용 자재와 그 상세 등을 설계도면에 근거하여 작성하는 도면(가시설물의 설치, 변경에 따른 제반도면 포함)

- **전문시방서**
  건설기술진흥법 시행령 제65조제7항에 의한 건설공사의 전문시방서로서, 시설물별 표준시방서를 기본으로 모든 공종을 대상으로 하여 특정한 공사의 시공 또는 공사시방서의 작성에 활용하기 위한 종합적인 시공 기준

- **표준시방서**
  시설물의 안전 및 공사 시행의 적정성과 품질 확보 등을 위하여 시설물별로 정한 표준적인 시공기준으로서 발주청(발주자) 또는 건설엔지니어링사업자가 공사시방서를 작성할 때 활용하기 위한 시공 기준

04 건설공사 공공점검 시 주요 지적 사항 도해(시공 · 안전 · 품질 분야)

국토교통부 산하 지방국토관리청(서울, 원주, 대전, 익산, 부산)에서 건설기술진흥법 제87조제5항(건설공사 등의 벌점관리기준)에 따른 건설사업자, 주택건설등록업자 및 건설기술인을 대상으로 전국에 있는 건설현장을 점검하였던 주요 지적 사항들을 시공, 안전, 품질 3개 분야로 분류하여 그림으로 이해하기 쉽도록 작성한 자료

※ 별표(★)는 다발 지적 사항

● 안전 분야

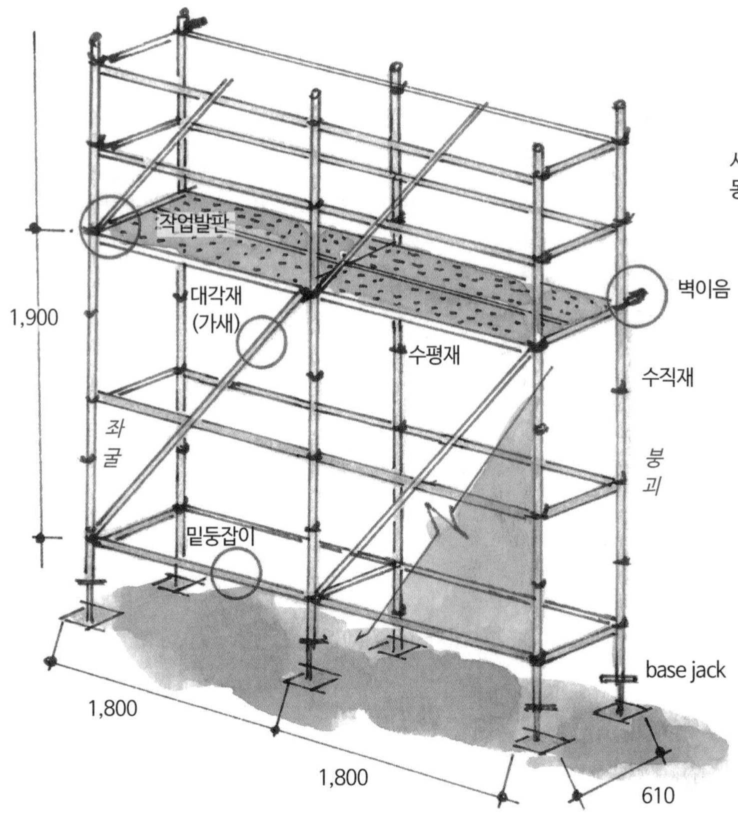

시스템비계 검토 실시 미흡
(일반 직원이 검토)
작업발판
벽이음
대각재
(가새)
수평재
수직재
좌굴
붕괴
밑둥잡이
base jack
1,900
1,800
1,800
610

[시스템비계]

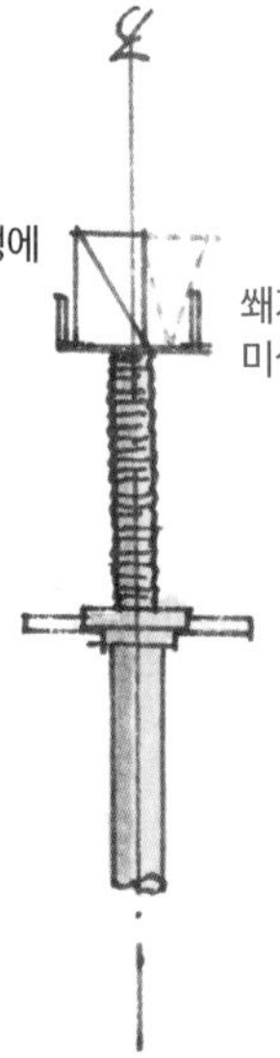

멍에재 중심선
불일치
멍에
쐐기고정목
미설치
시스템
동바리
좌굴

[U-head jack]

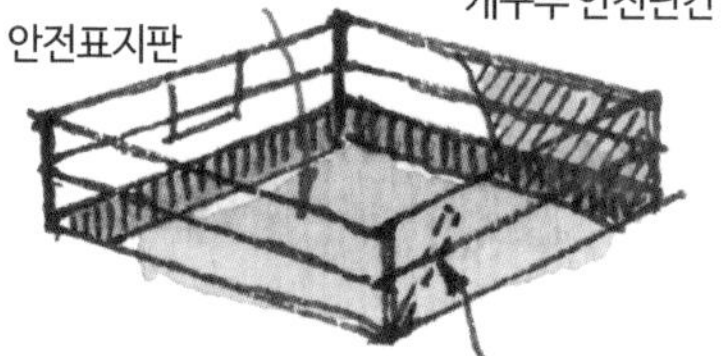

추락
개구부 안전난간
안전표지판
안전난간대 기둥
기울어짐

[자재 인양구]

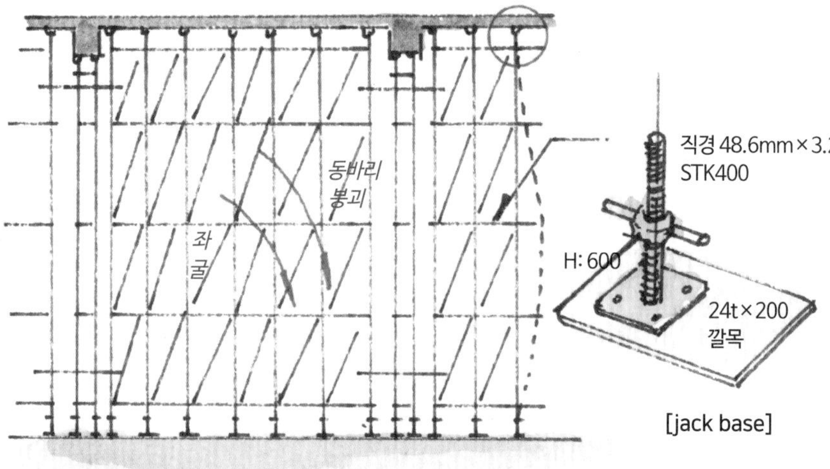

동바리 상부 고정 불량
동바리
붕괴
좌굴
직경 48.6mm×3.2t
STK400
H: 600
24t×200
깔목

[jack base]

[시스템 동바리]

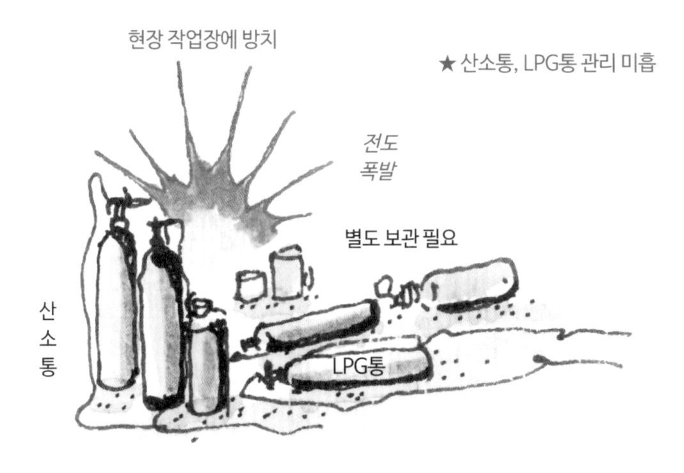

[방치된 위험물]

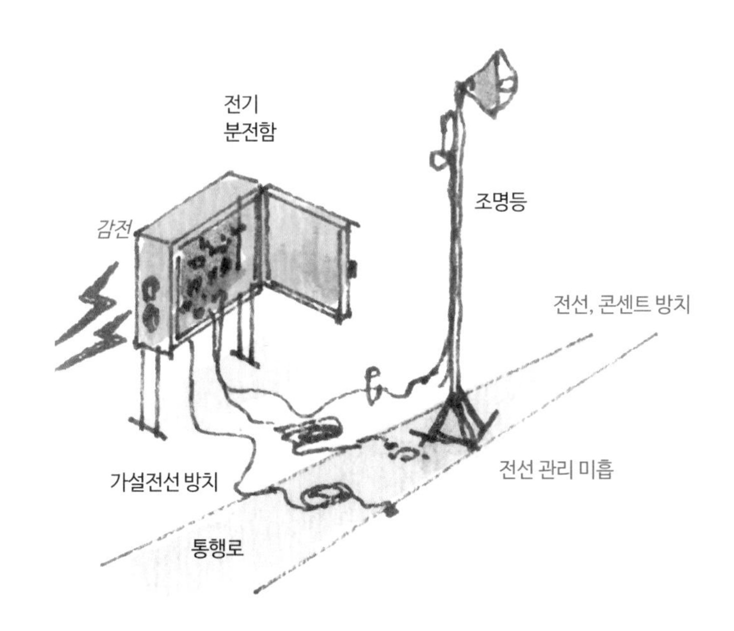

[가설조명시설]

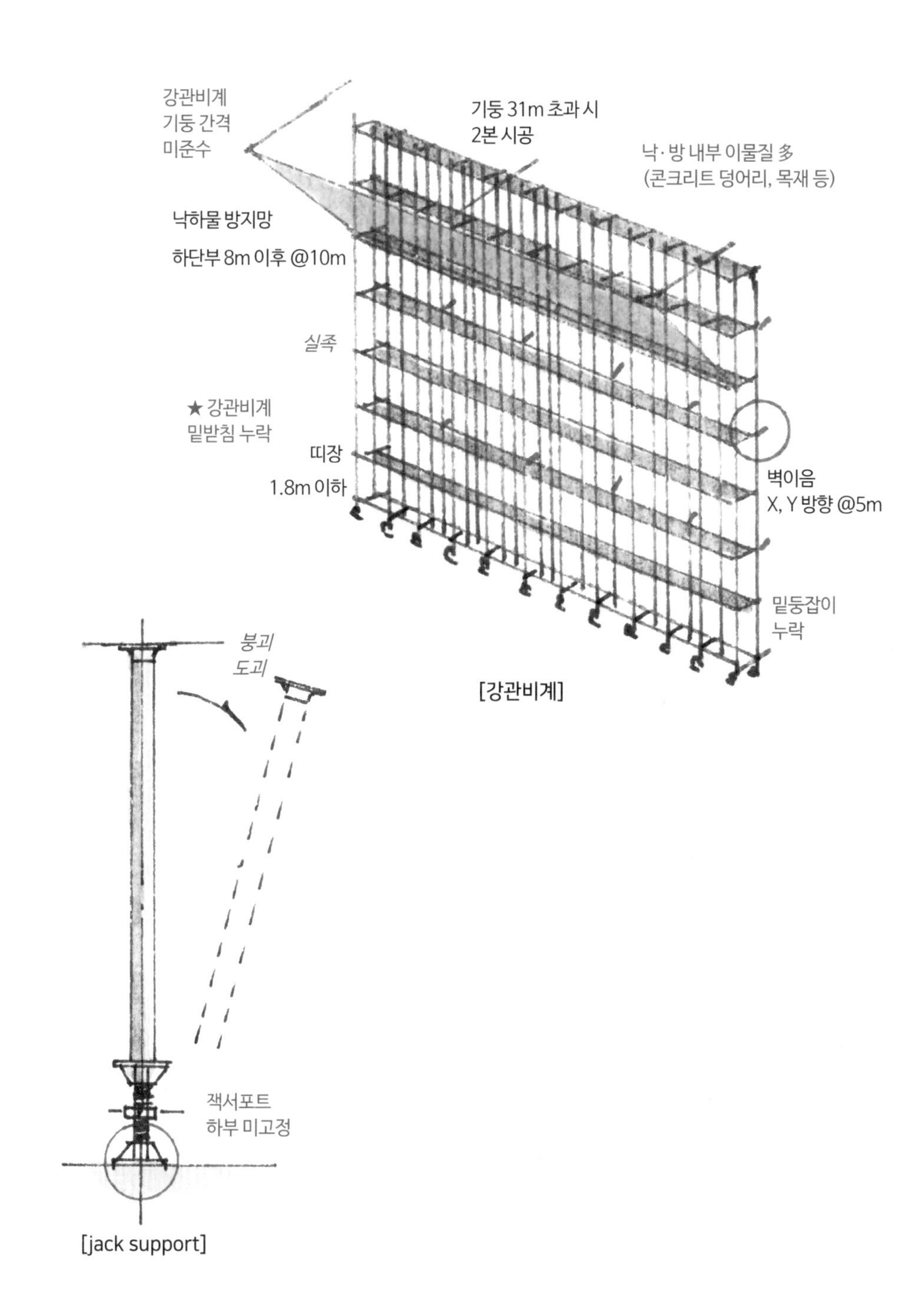

[강관비계]

[jack support]

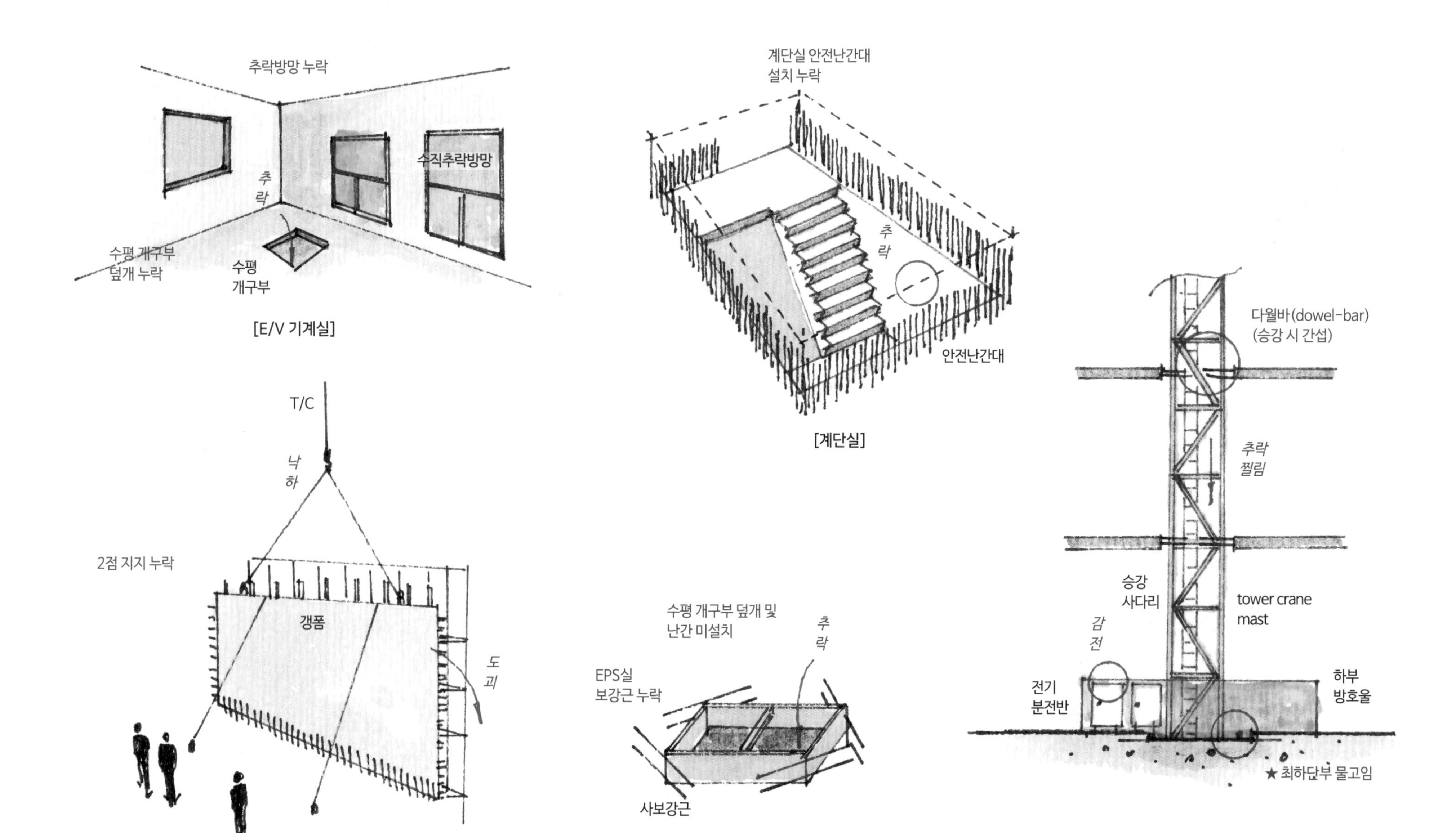

[E/V 기계실]

[계단실]

[갱폼 인양작업]

[개구부 보강근]

[타워크레인 설치 구간 단면도]

안전관리 계획 미수립
안전관리 계획 인·허가 기관 미승인

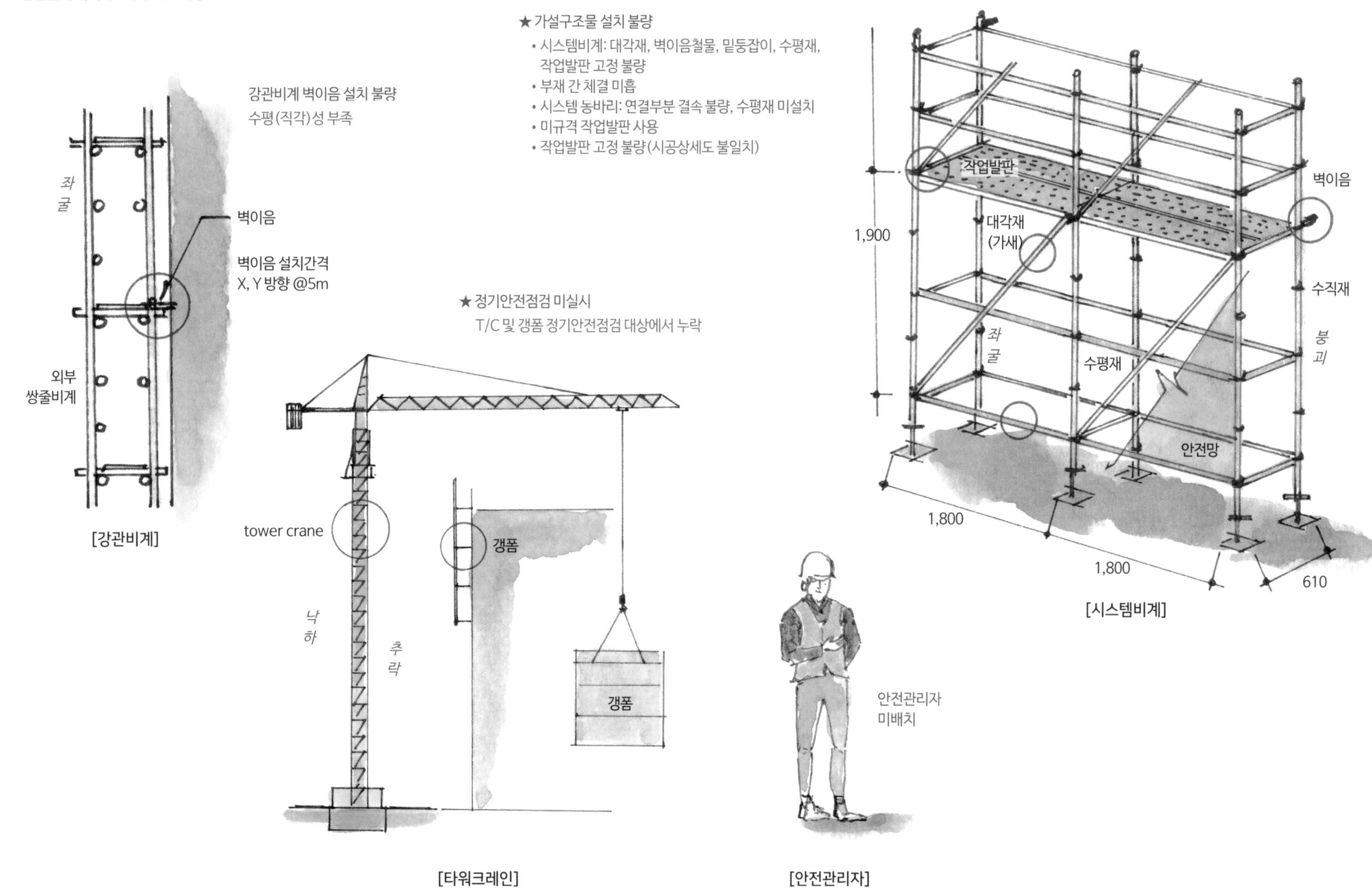

[강관비계]

[타워크레인]

[안전관리자]

[시스템비계]

★ 안전관리계획 이행 미흡
- 장비 이동로, 신호수 안전공간 미확보
- 안전표지판, 반사경 미설치
- 펌프카 받침목 미설치

안전시설 설치 미흡
개구부 추락방지시설 훼손

[수평 개구부]

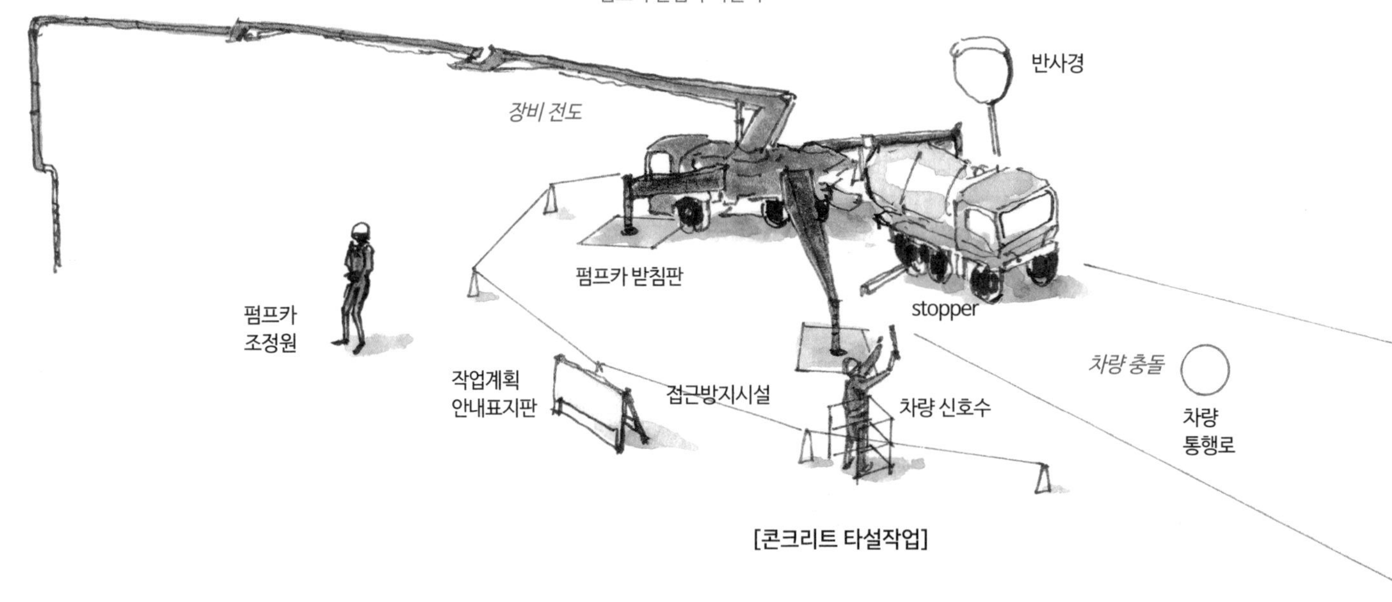

[콘크리트 타설작업]

★ 안전관리계획서 관리 미흡
- 변경 소홀: 항타기, 흙막이 가시설 내용 변경 누락
- 수립 절차 불이행: 당초 검토 제외된 시스템 동바리, T/C 보완 · 미승인 상태에서 착공
- T/C 인 · 허가 기관 미승인 상태에서 착공
- 안전교육 미실시

[안전관리계획서]

★ 정기안전점검 보고 부적절
- 점검결과 미보고: 인 · 허가 기관
- 정기안전점검 미실시: top-down 공법

안전관리계획서 변경 소홀
(항타기, 흙막이 가시설
내용변경 누락)

[정기안전점검보고서]

★ 안전관리비 미반영
- 도급내역서 누락: 계측장비, 폐쇄회로, T/C 안전모니터링 장비 설치, 운용 비용 미계상
- 안전관리계획서 작성비, 정기안전점검 비용 미계상

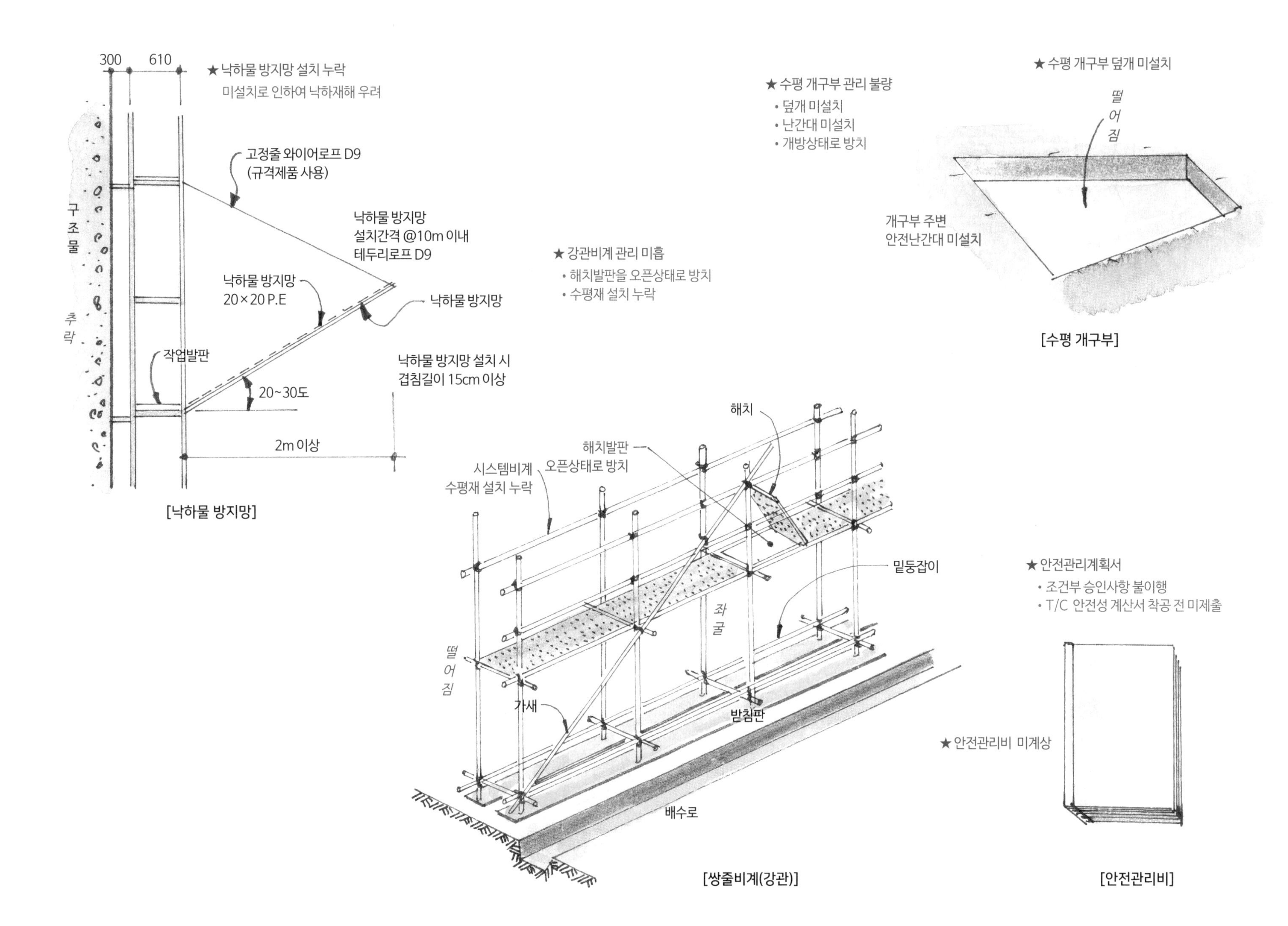
300
610
★낙하물 방지망 설치 누락
미설치로 인하여 낙하재해 우려
고정줄 와이어로프 D9
(규격제품 사용)
구조물
낙하물 방지망
설치간격 @10m 이내
테두리로프 D9
낙하물 방지망
20×20 P.E
낙하물 방지망
추락
작업발판
20~30도
낙하물 방지망 설치 시
겹침길이 15cm 이상
2m 이상
[낙하물 방지망]
★수평 개구부 관리 불량
• 덮개 미설치
• 난간대 미설치
• 개방상태로 방치
★수평 개구부 덮개 미설치
떨어짐
개구부 주변
안전난간대 미설치
[수평 개구부]
★강관비계 관리 미흡
• 해치발판을 오픈상태로 방치
• 수평재 설치 누락
해치
해치발판
오픈상태로 방치
시스템비계
수평재 설치 누락
밑둥잡이
좌굴
떨어짐
가새
받침판
배수로
[쌍줄비계(강관)]
★안전관리계획서
• 조건부 승인사항 불이행
• T/C 안전성 계산서 착공 전 미제출
★안전관리비 미계상
[안전관리비]

석축 및 석재(암) 관리 미흡

- 적재 구간 안전성 미확보
- 위험통제구역 미설정

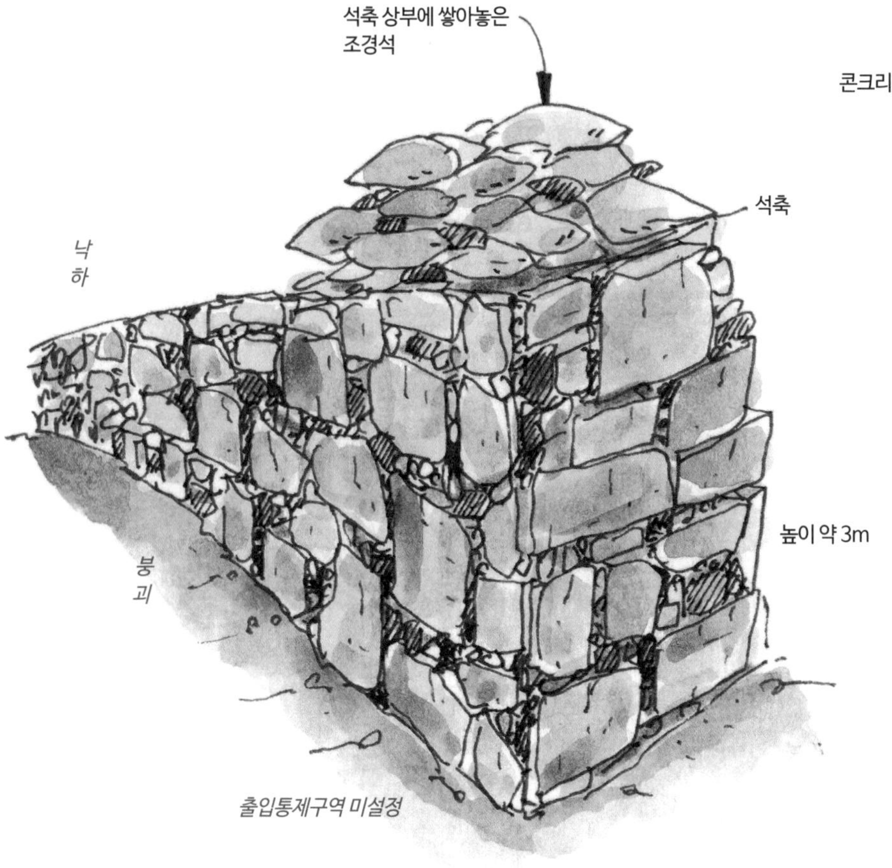

석축 상부에 쌓아놓은 조경석

석축

낙하

높이 약 3m

붕괴

출입통제구역 미설정

[조경 석축]

★통로 미확보

통로에 압송관이 간섭

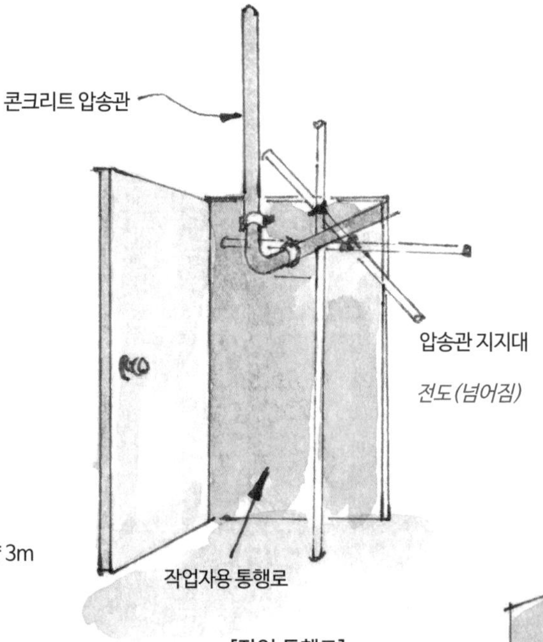

콘크리트 압송관

압송관 지지대

전도(넘어짐)

작업자용 통행로

[작업 통행로]

안전표지판 미설치

위험 구간은 정확하게 고지할 것

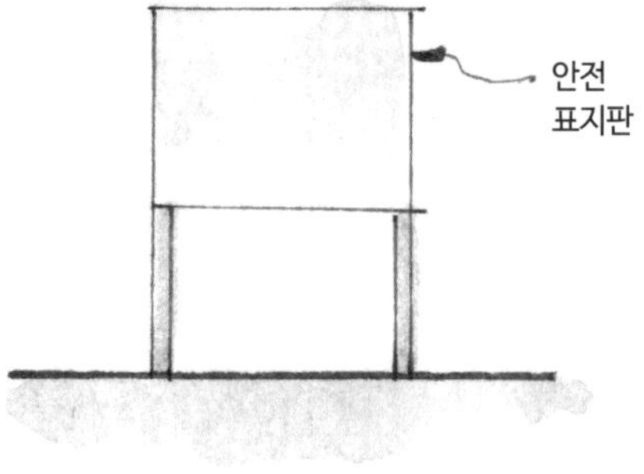

안전 표지판

[안전표지판]

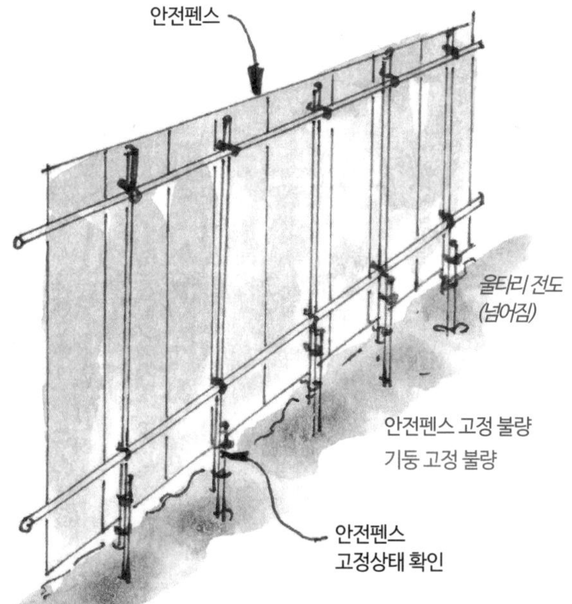

안전펜스

울타리 전도 (넘어짐)

안전펜스 고정 불량

기둥 고정 불량

안전펜스 고정상태 확인

[안전펜스]

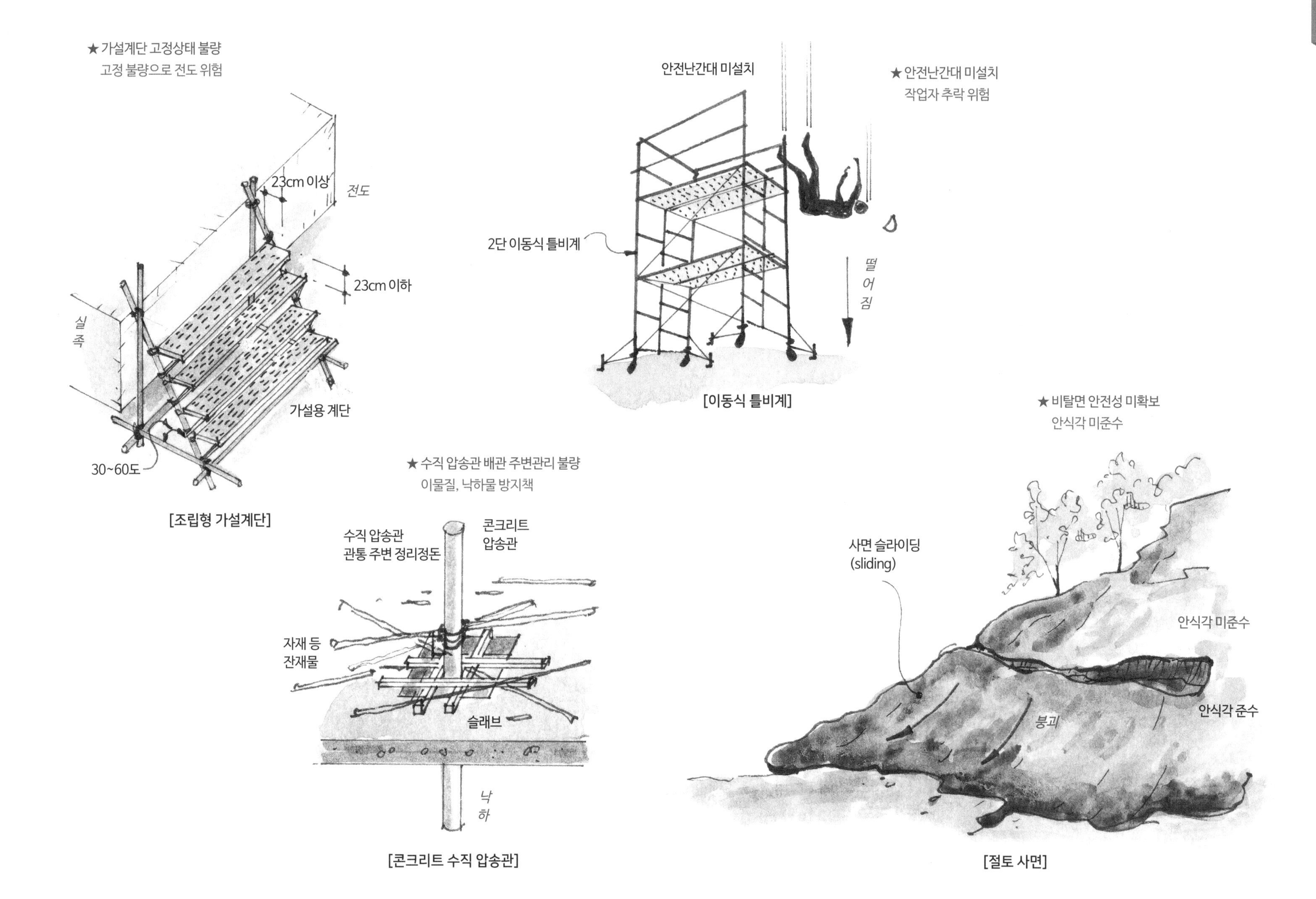

[조립형 가설계단]

[이동식 틀비계]

[콘크리트 수직 압송관]

[절토 사면]

★ 건설용 리프트 고정 불량
고정앵커볼트 천공 불량으로 철근 간섭

리프트 마스트(lift mast)

고정 불량

wall bracung

벽체고정 불량

앵커볼트 천공 불량

[리프트]

★ 동바리 설치 미흡
- 파이프 서포트 상부 편심
- 동바리 미고정

미고정

편심

수직도
미확보

수직도 불량

수평재
미설치

붕괴

[파이프 서포트]

★ 이동식 비계 전도방지 미설치

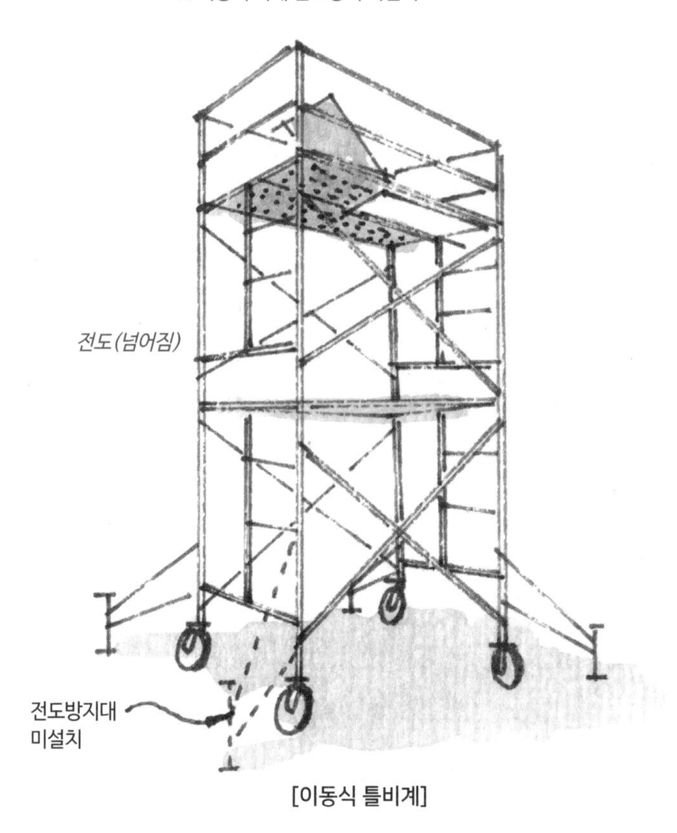

[이동식 틀비계]

★ 안전관리계획서 내용 누락
거푸집 및 동바리(H: 5m 이상)

★ 안전관리비 미반영

[안전관리비 내역서]

집수구 덮개(스틸 그레이팅)
• 덮개 파손
• 맨홀 주변에 안전시설 미설치

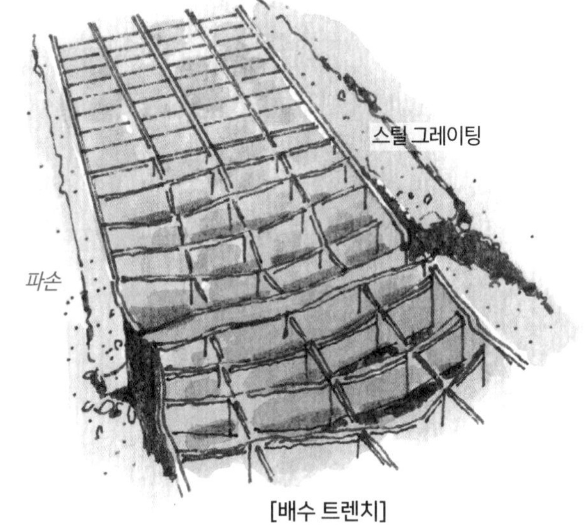

[배수 트렌치]

★ 전도방지대 미설치
PSC 교량용 거더

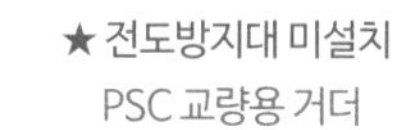

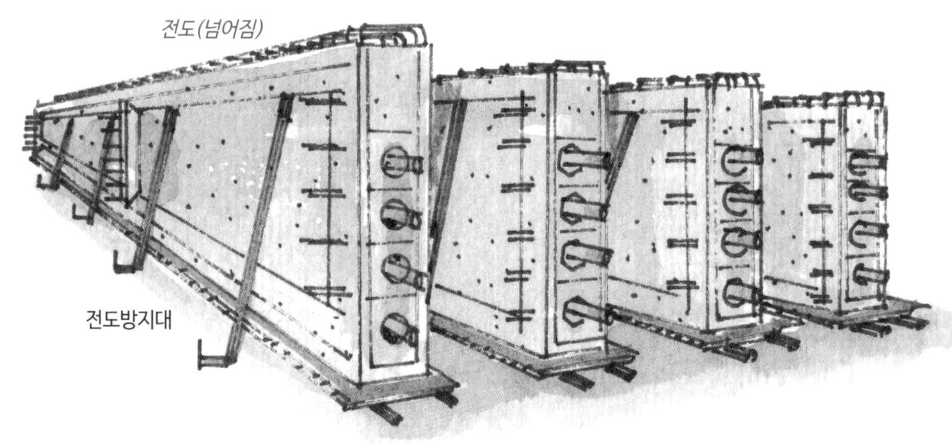

[PSC 교량 거더]

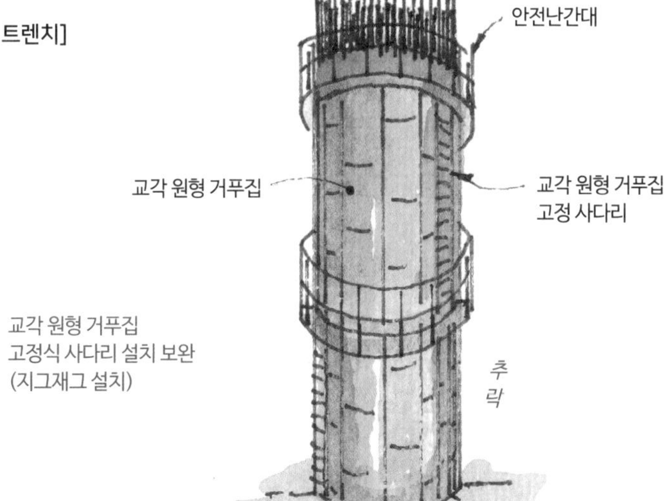

[교각 원형 거푸집]

★ 가설비계 설치 미흡
비계 가새 @10m 미설치

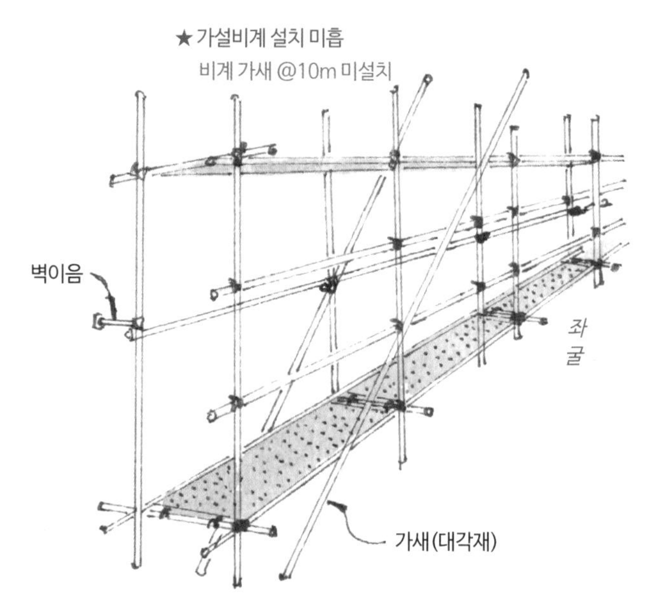

[강관비계]

★ 시스템비계

- 대각재 설치 누락
- 구조물과 이격거리 300mm → 590mm
- 동바리 U-head jack 편심, 유격 발생

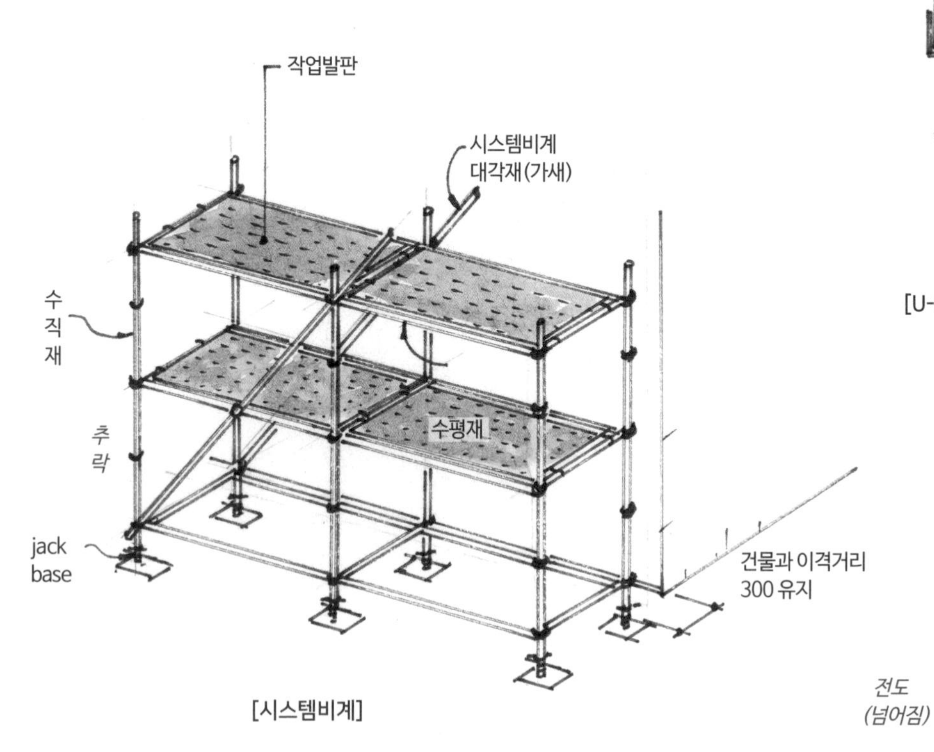

[시스템비계]

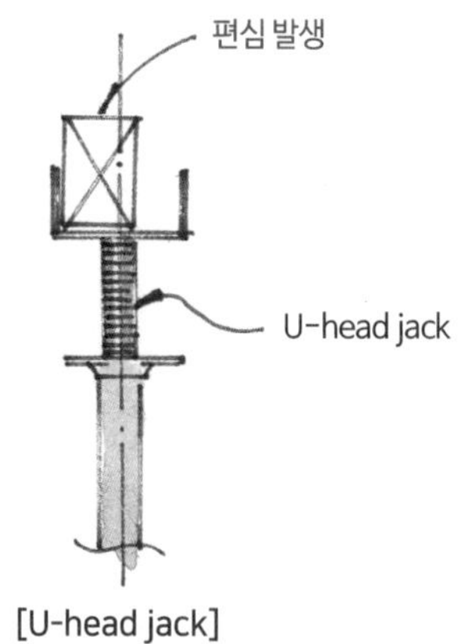

[U-head jack]

★ 건설자재 적재 불량

벽돌 팰릿 H: 4m 전도 위험

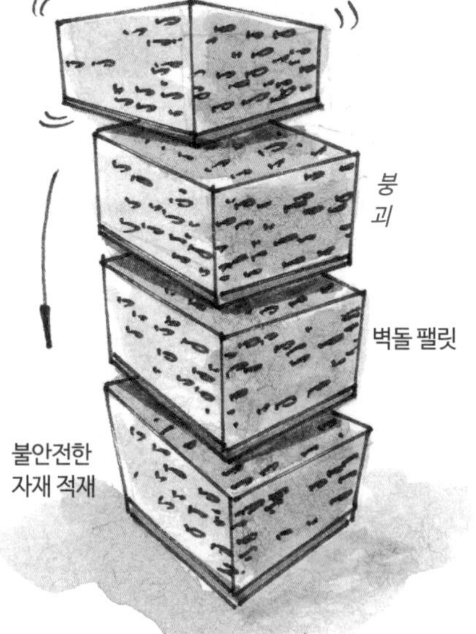

[벽돌 팰릿 적재]

★ 발끝막이판 대용 수직보호망 결속간격 미준수

- 결속간격 @350mm → @1,500mm 미준수
- 결속간격 @350mm → @750mm 미준수

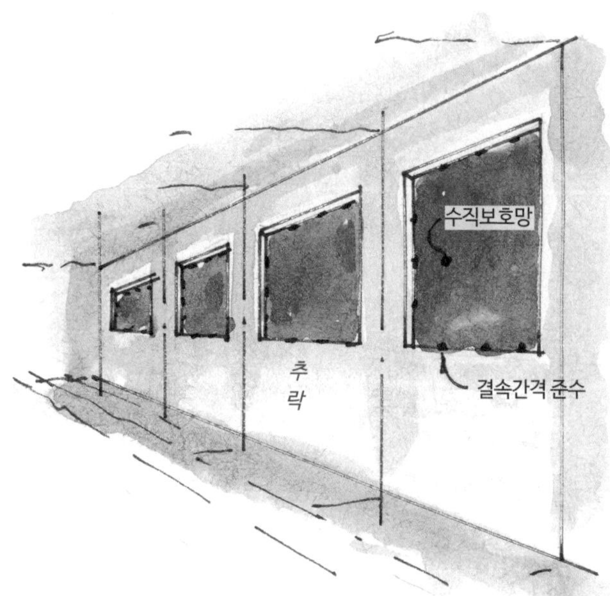

[수직보호망 설치 모습]

★ 안전난간 설치 미흡
높이 부족 및 발끝막이판 미설치

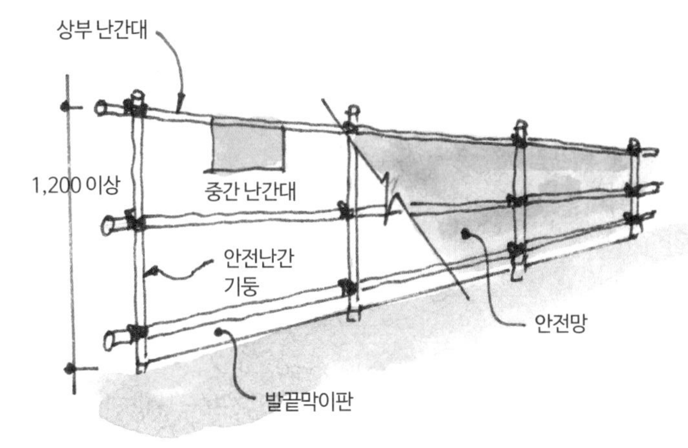

[표준안전난간]

★ 안전시설물 설치 미흡
안전표지판 미부착(접근금지 표지판)

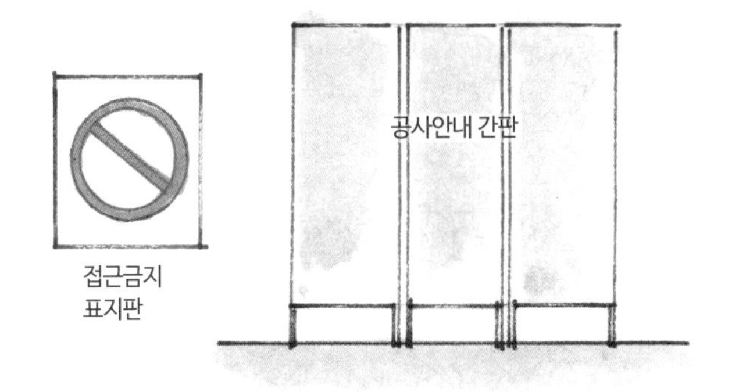

[각종 공사안내 표지판]

★ E/V PIT 비계
- 안전관리계획서상의 내용 미이행
- 층당 철근배근, 발판 깔기, 안전난간대 미설치

★ 강관비계
- 벽연결재 미설치 및 간격 과대
- 대각재(가새) 누락

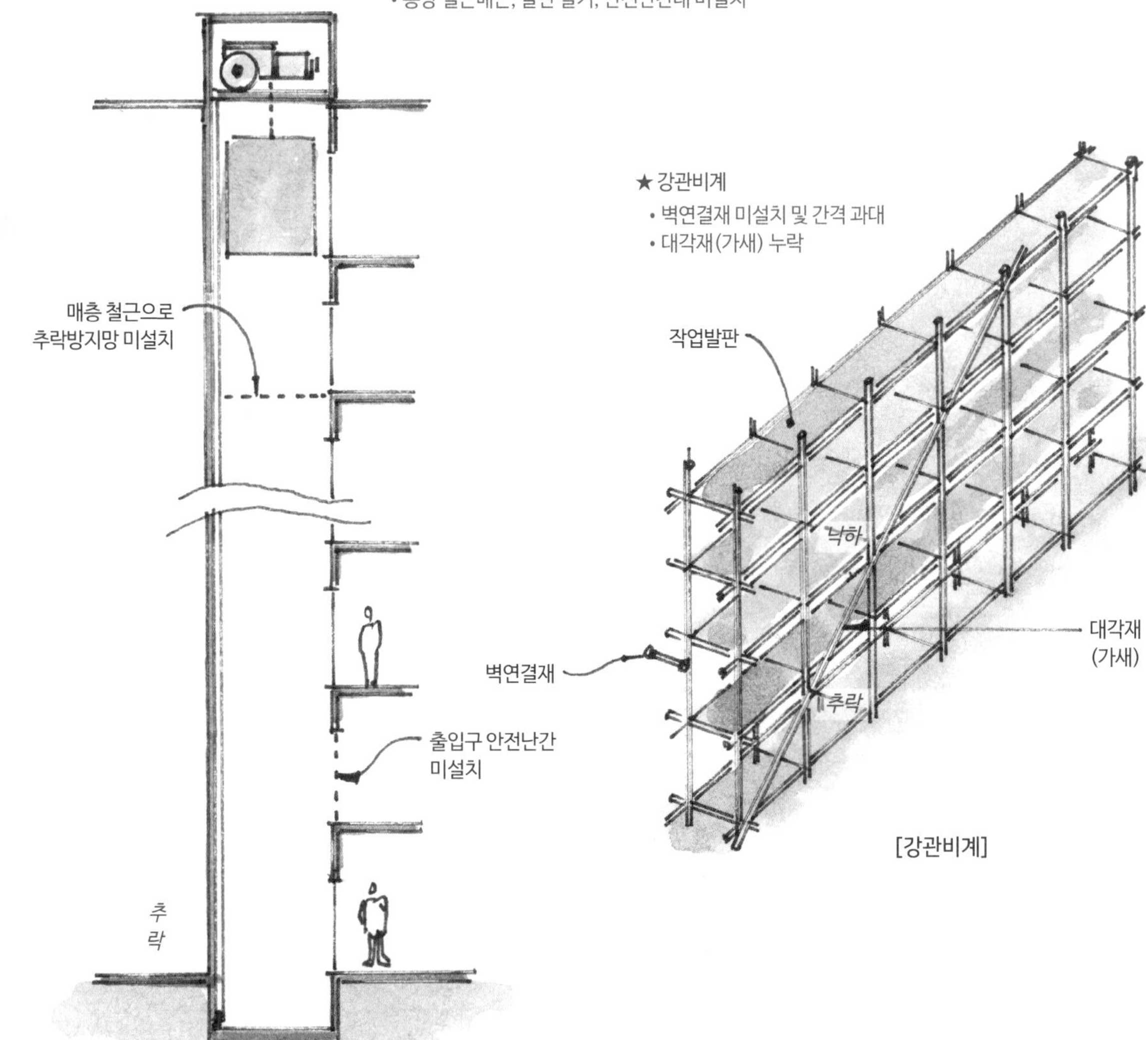

[엘리베이터 피트 단면도]

[강관비계]

★ 안내표지판 설치 미흡
공사안내 표지판, 교통표지판 설치 누락

[공사안내 표지판 · 교통표지판]

맨홀 주변 안전시설 미설치
맨홀 덮개관리 불량

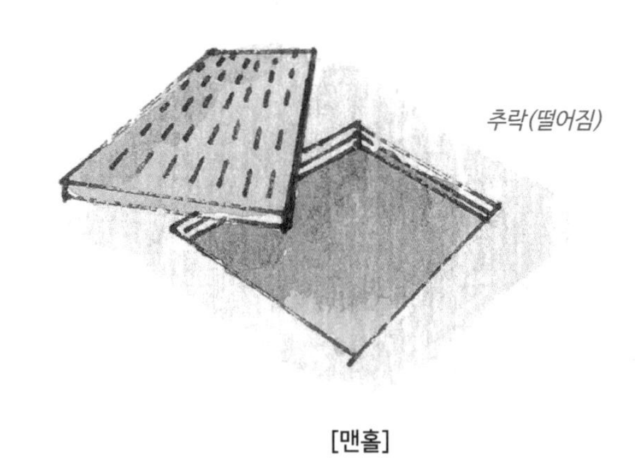

[맨홀]

흙막이 가시설 시공상태 불량:
띠장 필렛용접 불량 2면 용접 → 1면 용접

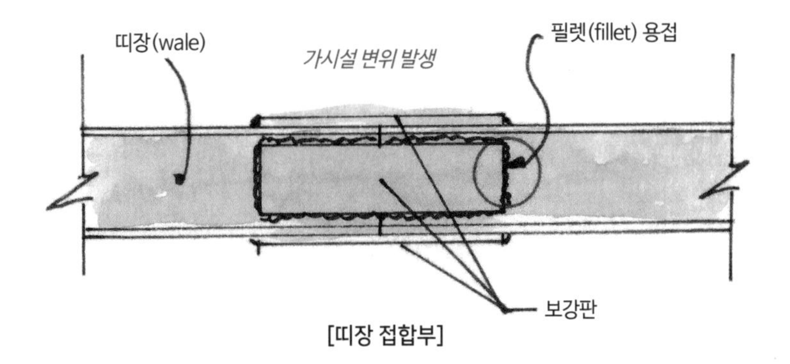

[띠장 접합부]

★ 안전난간대 설치 불량
- 기둥 설치간격 @1.8m → 3.5m, @2.0m → 2.4m
- 발끝막이판 미설치, 난간기둥 하부 고정 불량
- 기준과 다른 시공
- 안전망 미설치

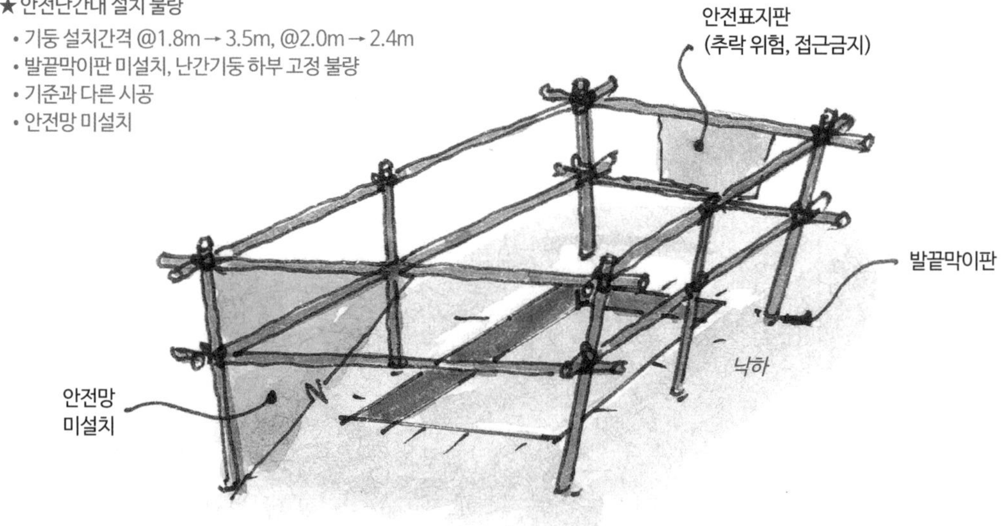

[수평 개구부]

수평 개구부 관리 미흡
- 추락방지시설 설치
- 추락 위험 표지판 부착

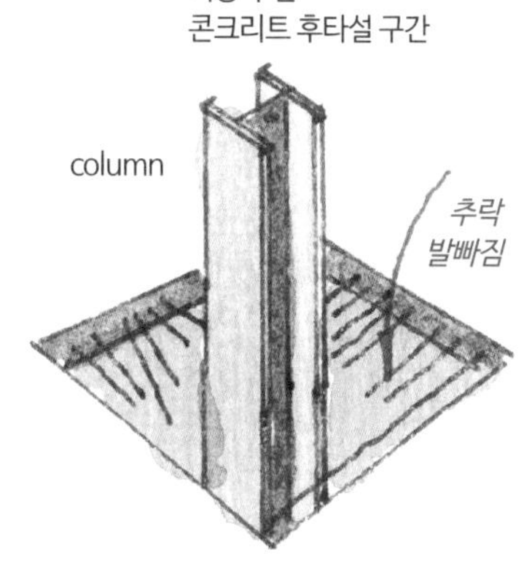

[기둥철골 주변 수평 개구부]

★ 동바리 관리 미흡
- 수직도 불량
- 상하 고정 미흡

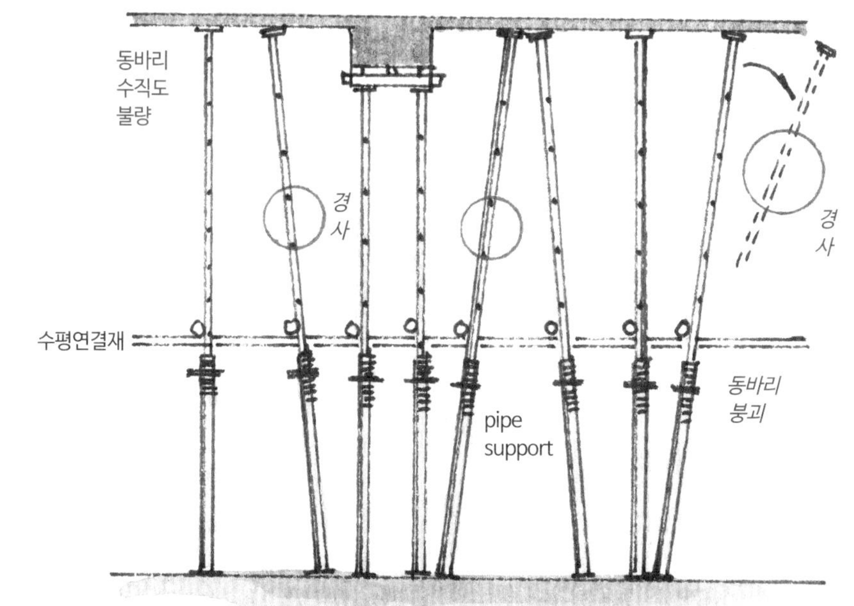

[파이프 동바리 단면도]

흙막이 배면 세굴현상
- 토립자 이동으로 흙막이 변위 발생
- 붕괴 및 배면 침하

안전난간
토립자를 이동(세굴)
earth anchor
붕괴
굴착저면

[흙막이 단면도]

★ 난간대를 로프(rope)로 대용
- 규격에 맞는 안전난간 설치
- 추락 위험

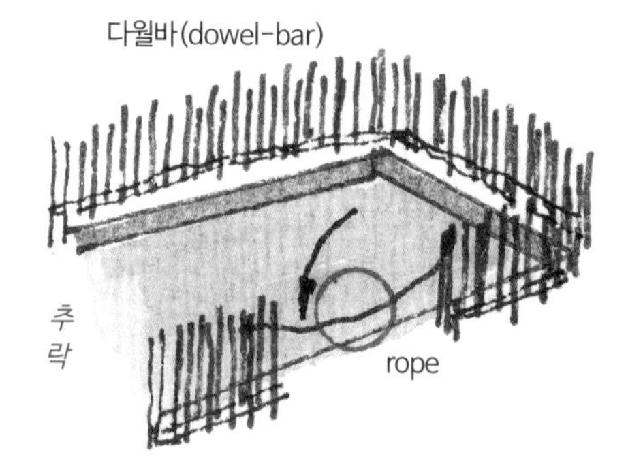

[계단실 난간시설]

● 시공 · 품질 분야

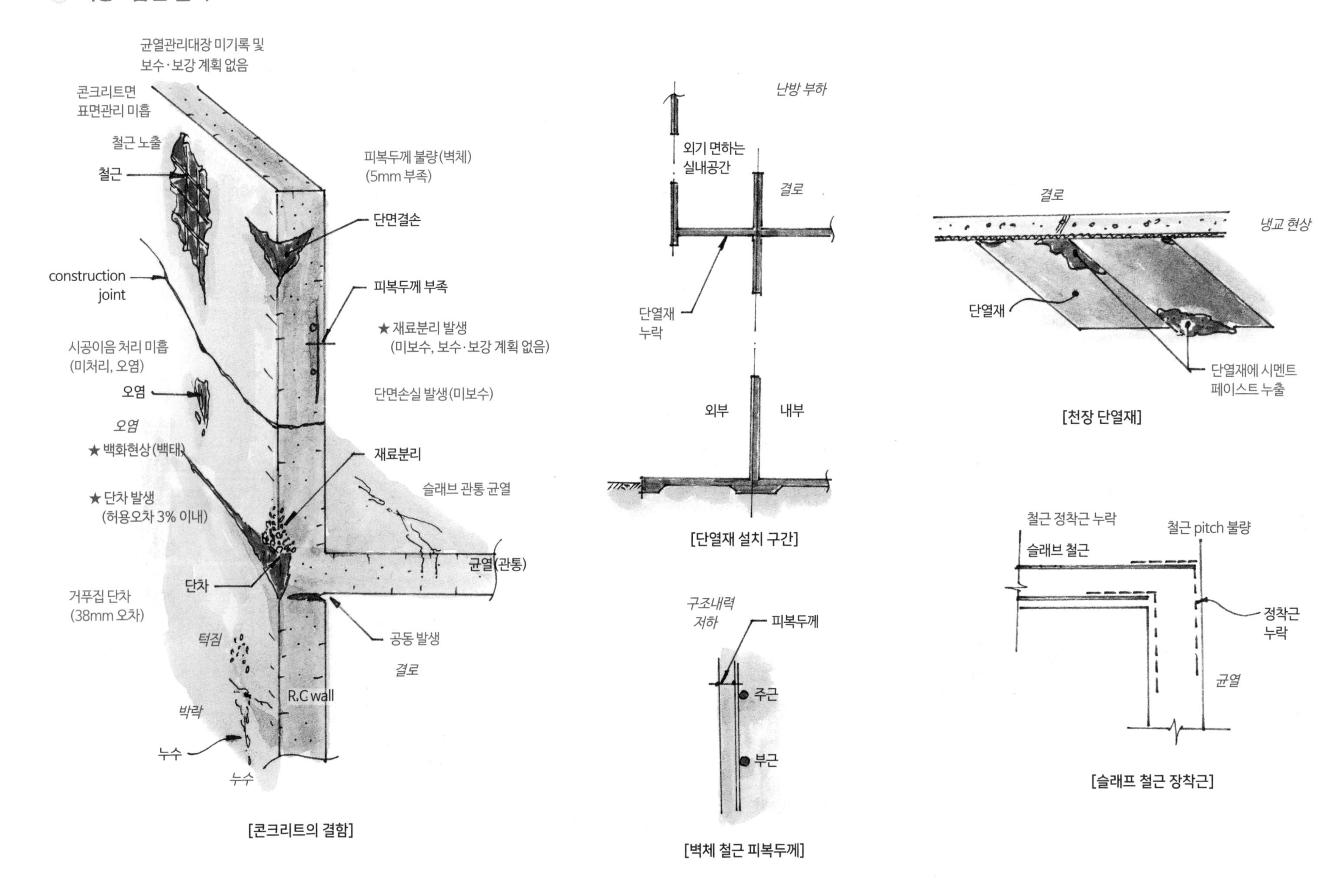

[콘크리트의 결함]

[단열재 설치 구간]

[천장 단열재]

[벽체 철근 피복두께]

[슬래프 철근 장착근]

도장 시공불량
고임, 얼룩, 흘러내림, 주름, 거품 및 붓 자국 등
결점 없도록 균등 도장

[도장면 결함 종류]

거푸집 단차 발생

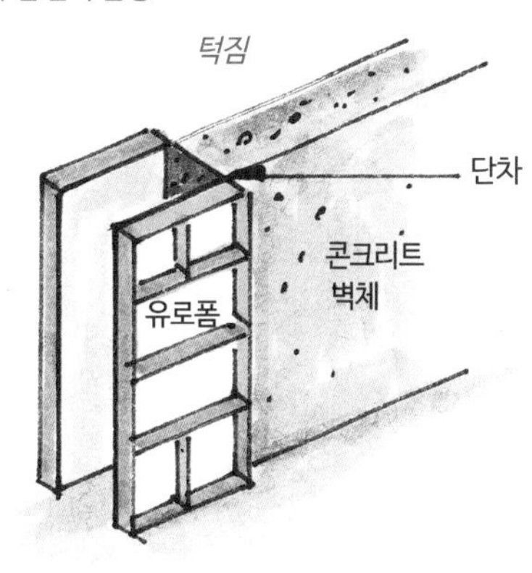

[거푸집 조립작업]

보(girder) 배부름
미처리(100mm 오차)

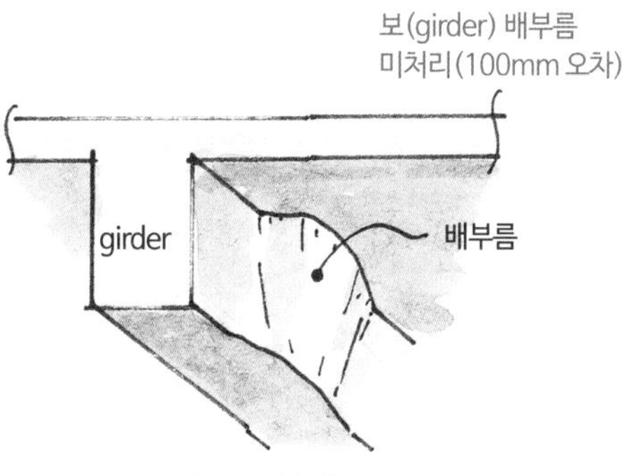

[보 거푸집 탈형후 검사]

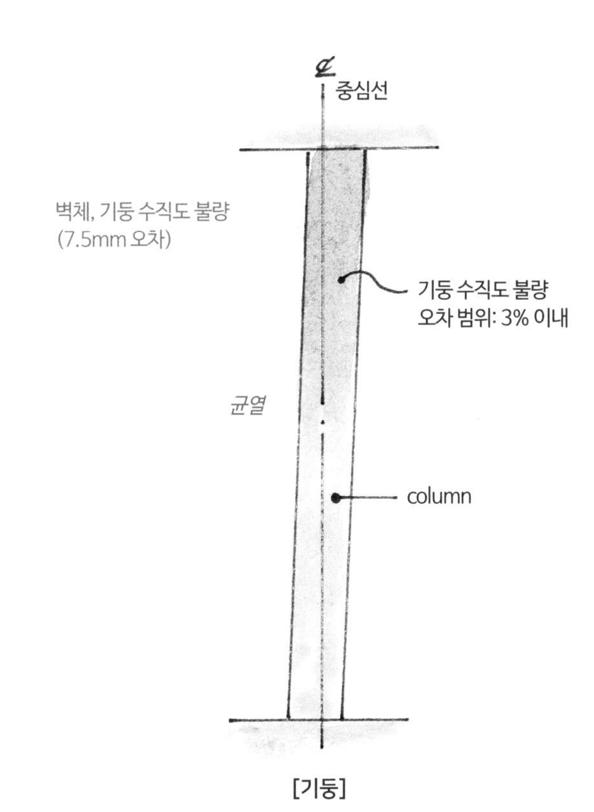

[기둥]

★ 품질관리비 미반영

[품질관리계획서]

[품질관리규정집]

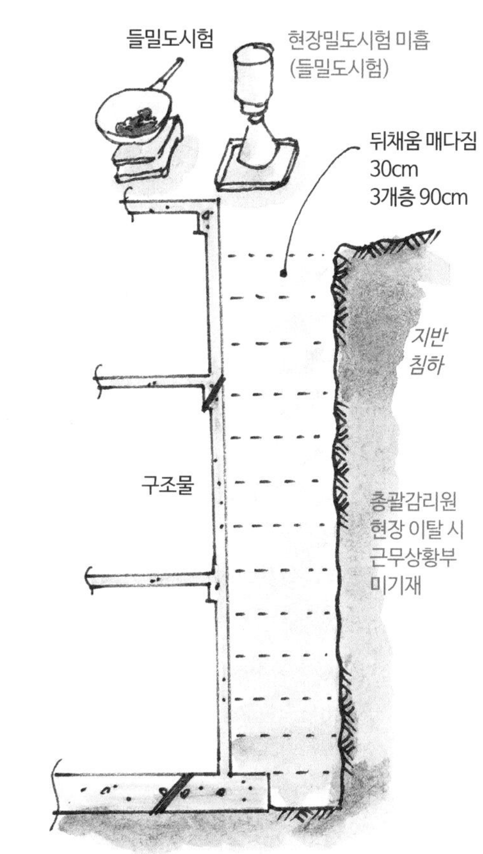

[지하 외벽구조물 되메우기 작업]

★ 품질관리자 확보 미흡
- 법적 인원 미선임
- 교육 미이수자 배치(기본 · 전문교육 미이수)

★ 품질관리 업무수행 부적절
- 품질관리계획서 인 · 허가 기관 미승인
- 품질관리자 타 업무 겸직

★ 콘크리트 균열 발생
- 균열관리대장 기록 누락
- 보수 · 보강 계획 미수립

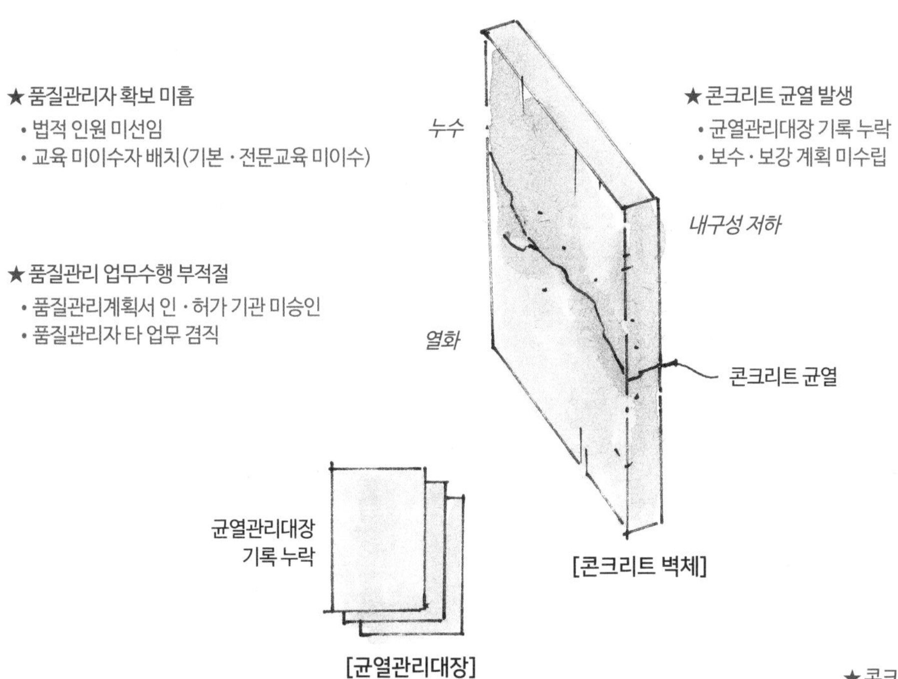

[콘크리트 벽체]

[균열관리대장]

★ 설계와 다른 시공
- 벽체 수직철근 간격 미준수 (200~250 초과)
- 벽체 수직근 간격 불량
- 수평근 간격 불량

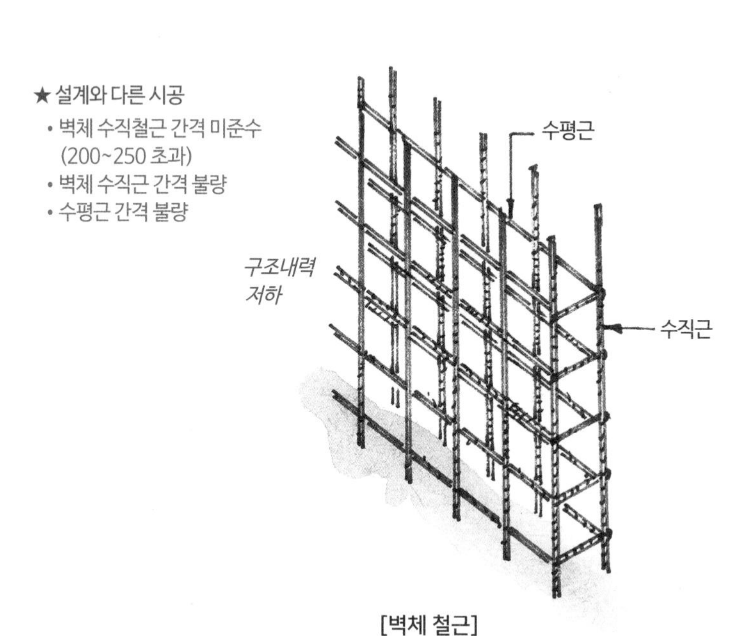

[벽체 철근]

★ 흙막이 가시설 안전성 미확인
구조검토 미실시(시트파일 자립공법)

안전난간대

시트파일

띠장(wale)

가시설 붕괴,
변위 발생

[시트파일 공법]

★ 콘크리트 타설 및 양생 과정 소홀
콘크리트 시험을 레미콘사 장비 이용하여 실시 및 대행

[콘크리트 물성시험]

★ 누수 발생

- 방수불량(지하층 이어치기 조인트)
- 방수 한계, G.L 차이 발생으로 누수

★ 시공 단계별 건설사업관리기술자 검토 확인 소홀

파일공사: 미승인 항타기록부 사용 및 항타기록부 시공확인 서명 누락

★ 설계도서 작성 소홀

- 시공상세도 미작성
  엄지말뚝 + wale 받침철물 접합부의 용접방법, 길이 미기재
- 시공상세도, 구조계산서 미작성

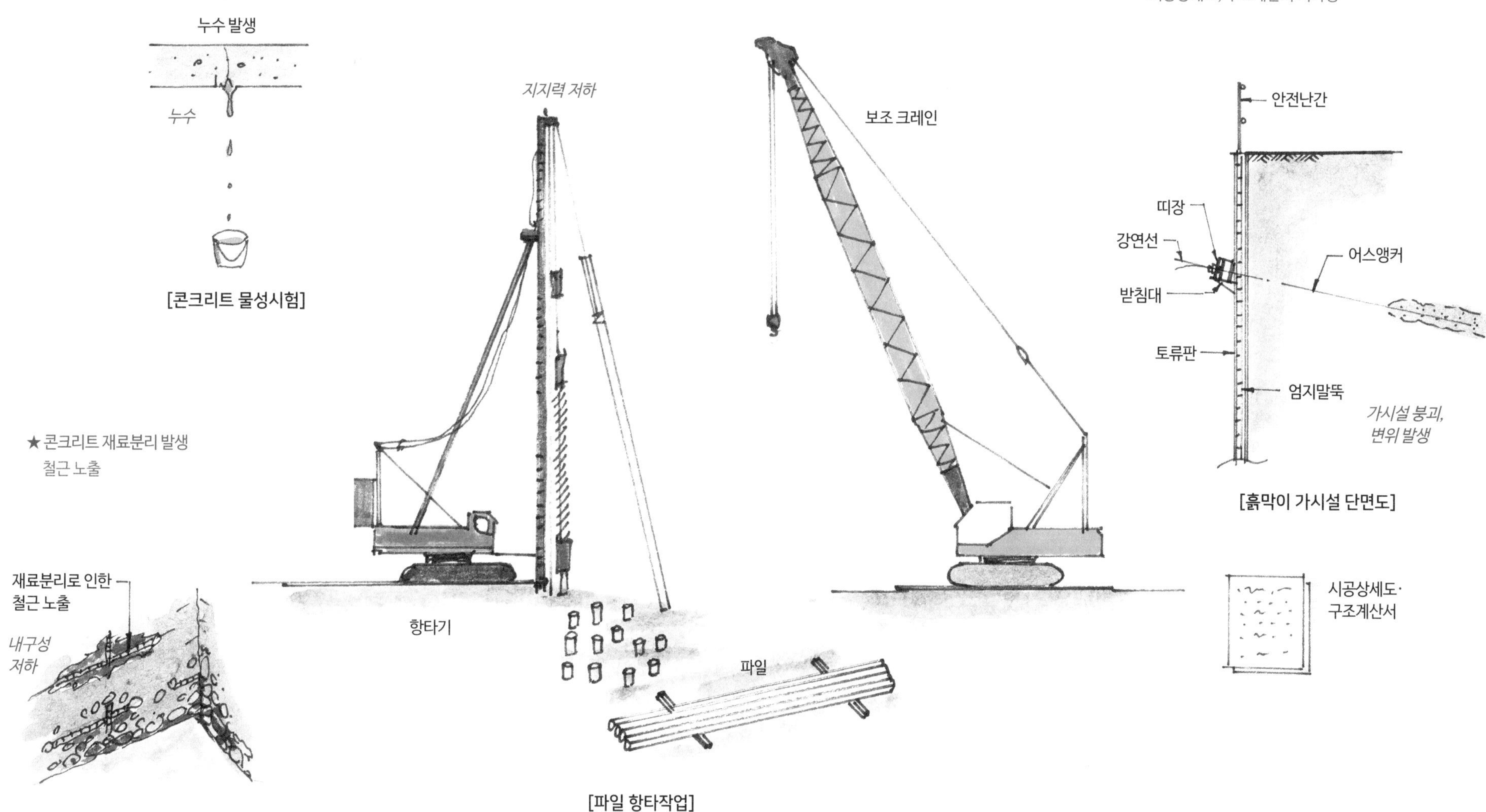

[콘크리트 물성시험]

[파일 항타작업]

[흙막이 가시설 단면도]

[콘크리트면 재료분리]

★ 콘크리트 균열

- 균열관리대장 기록 누락
- 보수 · 보강 미실시
- 건설사업관리인 미조치

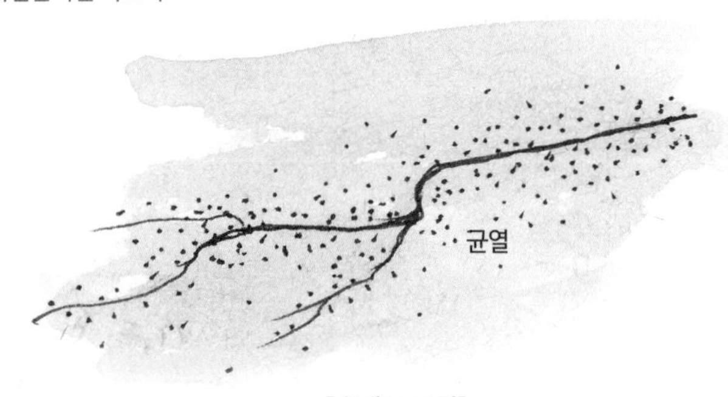

[슬래브 균열]

★ 품질관리활동비 미계상

★ 흙막이 가시설

안전성 미검토: 해체방법, 해체 구간, 순서, 구조체 관통부위 처리방법 등 미검토

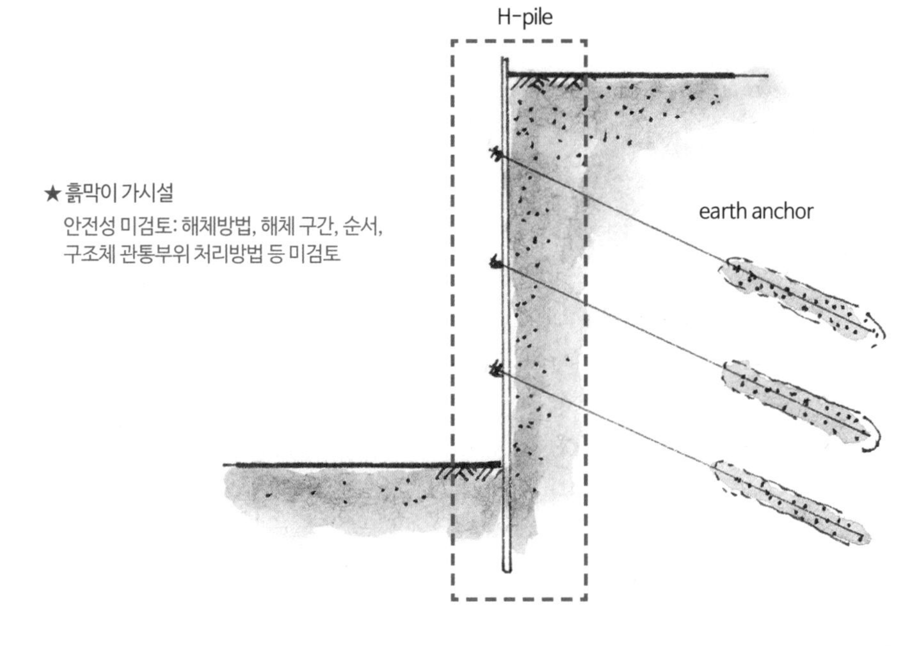

[흙막이 가시설 단면도]

★ 철근배근

- 녹 발생: 배수 불량
- 철근 노출
- 배근 간격 불량
- 스페이서(spacer) 간격 불량
- 다월바(dowel-bar) 녹 발생
- 작업방법 미흡
  : 거푸집 설치 전 보철근 배근

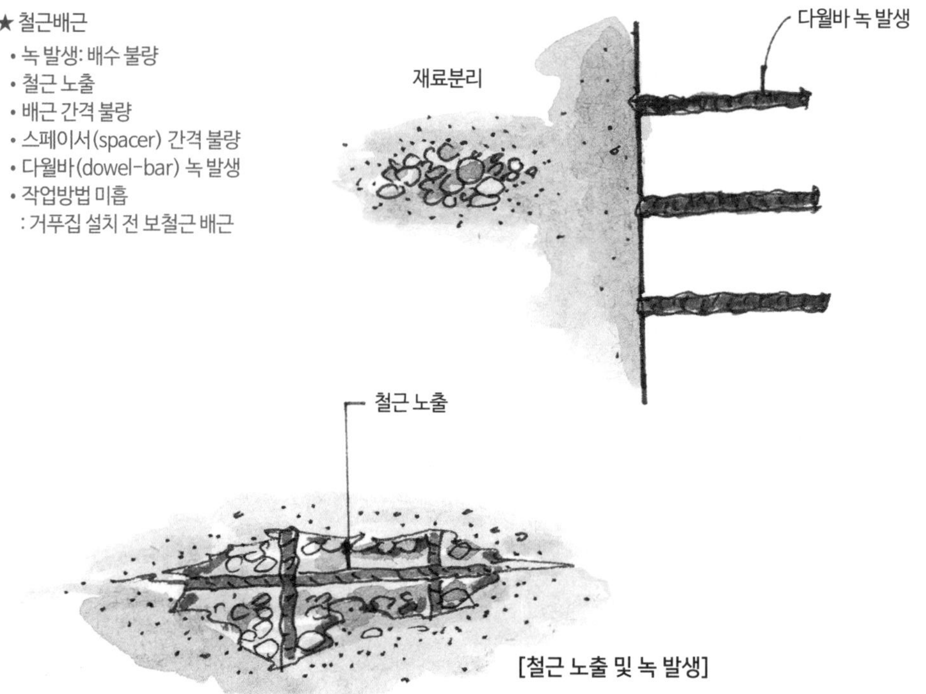

[철근 노출 및 녹 발생]

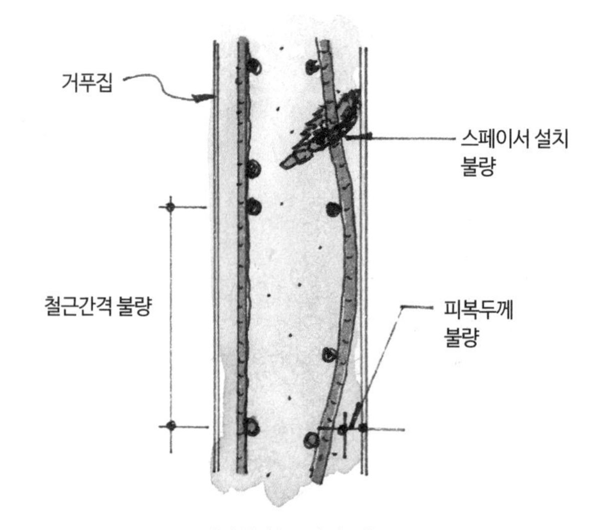

[벽체 철근 단면도]

★ 조적벽 줄눈 사춤 미흡

★ 조적 시공상세도 미작성

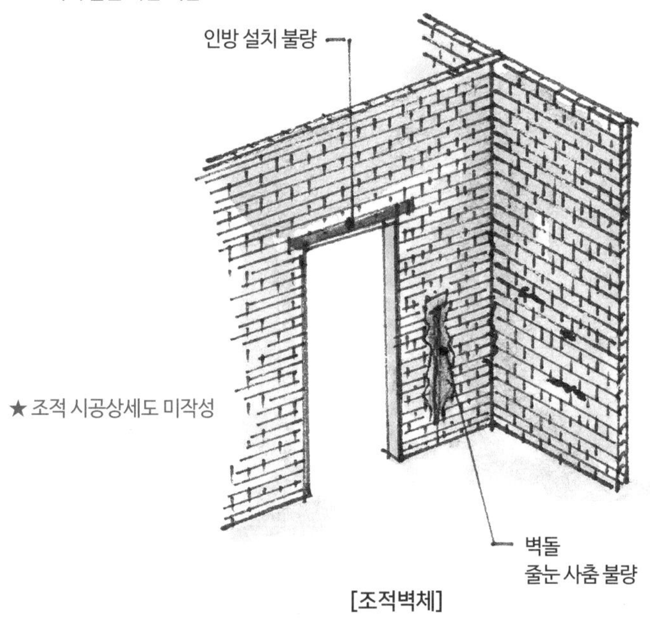

[조적벽체]

★ 천장달대 설치 불량
수직 불량, 간격 미준수

달대 설치간격 불량
캐링
마이너
M-bar
석고보드
천장 텍스

[경량 천장 틀]

★ 자재관리 미흡
포대시멘트 관리 불량

포대시멘트

[적재된 포대시멘트]

★ 품질시험계획 수립 미흡
- 보조 기층재 품질시험 누락
- 그라우트, PC 강선 및 PC 강연선 인장시험, 인발시험, SGR 그라우트 주입압력시험 누락
- 가설기 자재, 토공사, 기초공사 되메우기 및 뒤채움재 시험계획 누락
- 상수도시험 및 수압시험 누락
- 품질시험계획 미수립

[품질시험계획서]

★ 단열재 시공불량
- 단열재 틈새 시멘트 페이스트
- 단열재 틈새 과다

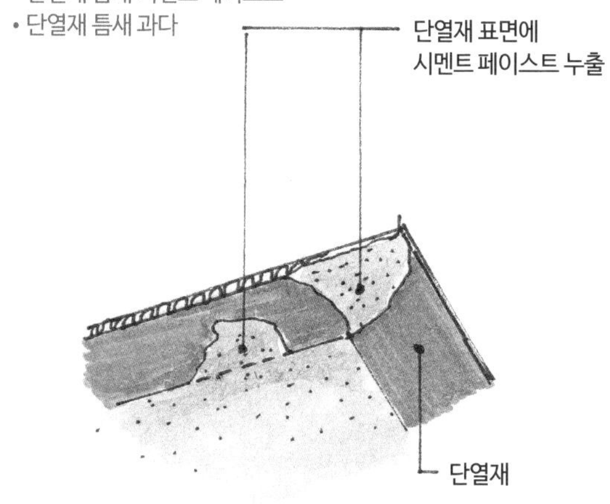

[천장 결로방지 단열재]

★동바리
- 편심, 수평연결재 고정 불량
- 시스템비계 밑둥잡이 설치 누락

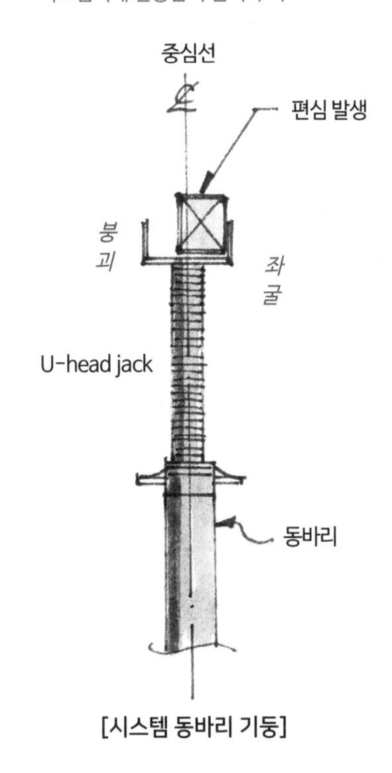

[시스템 동바리 기둥]

★시스템비계 설치 미흡
- 수평재 설치 누락
- 밑둥잡이 설치 누락

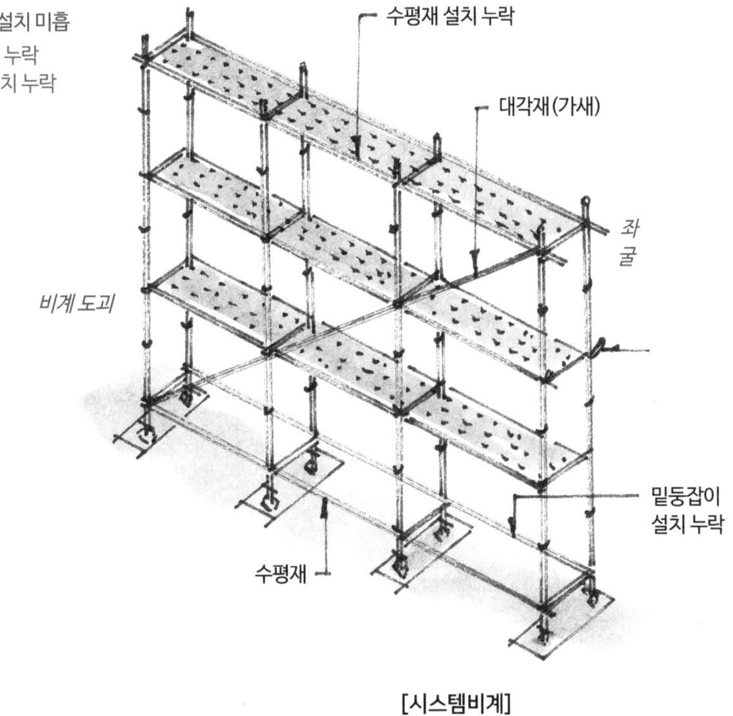

[시스템비계]

★콘크리트
- 콘크리트 표면 불량(녹)
- 재료분리
- 이어치기면 레이턴스 미제거
- 콘크리트면 요철 발생

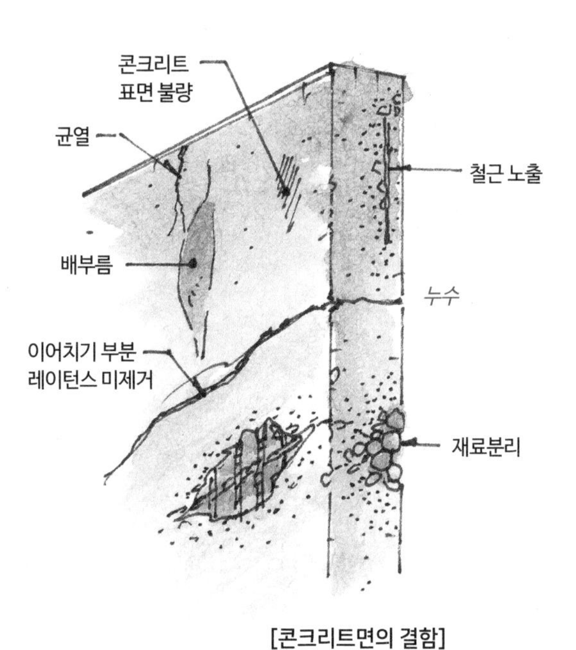

[콘크리트면의 결함]

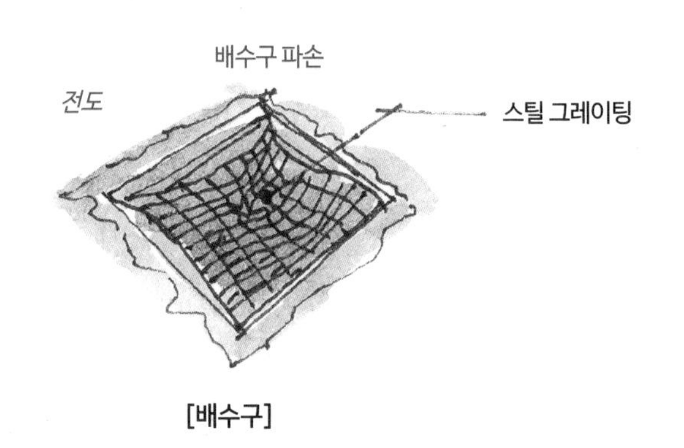

[배수구]

★콘크리트 타설 및 양생 과정 소홀
- 송장: 인수자, 타설완료시간 미기록
- 슬럼프, 공기량, 염화물 함유량, 압축강도시험 미실시

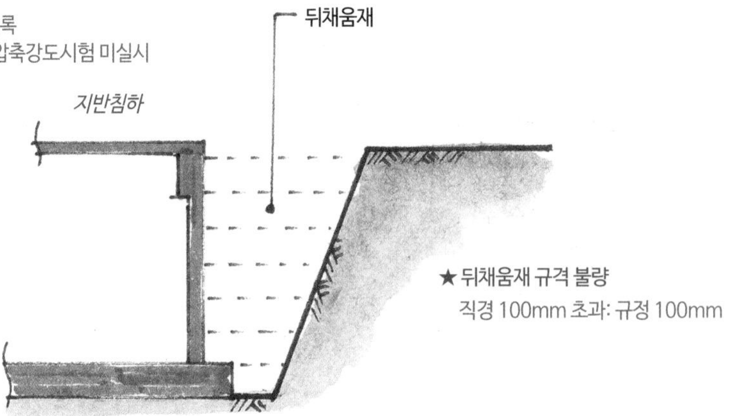

★뒤채움재 규격 불량
직경 100mm 초과: 규정 100mm

[되메우기 작업]

★ 조적벽 줄눈 사춤 미흡
벽돌벽 세로줄눈 모르타르가 덜 채워짐

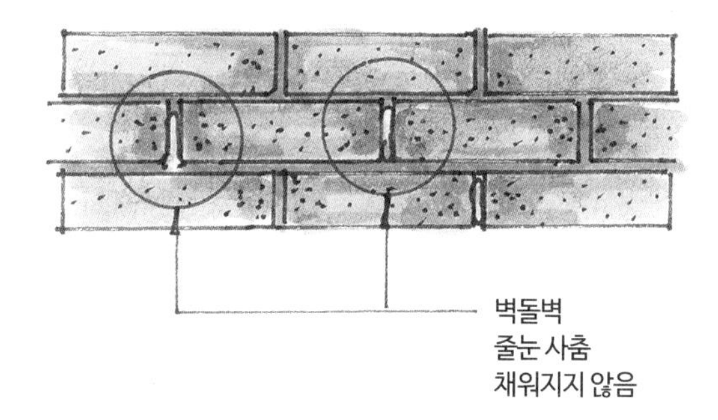

[벽돌쌓기 세로줄눈]

★ 품질관리 활동비 미계상
공사비 내역서에 품질관리 활동비 누락

★ 전기입상관 주변 벽돌줄눈 사춤 미흡
- 입상관 주변 줄눈 사춤 미흡
- 균열의 원인

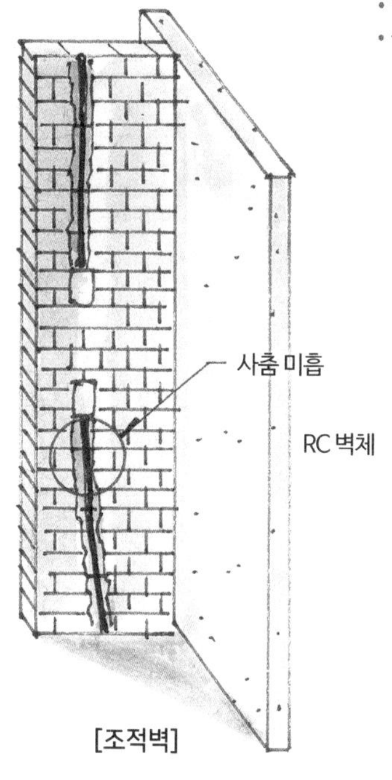

[조적벽]

★ 갱폼 작업발판 틈새 과다
발판 코너부분 틈새 16cm

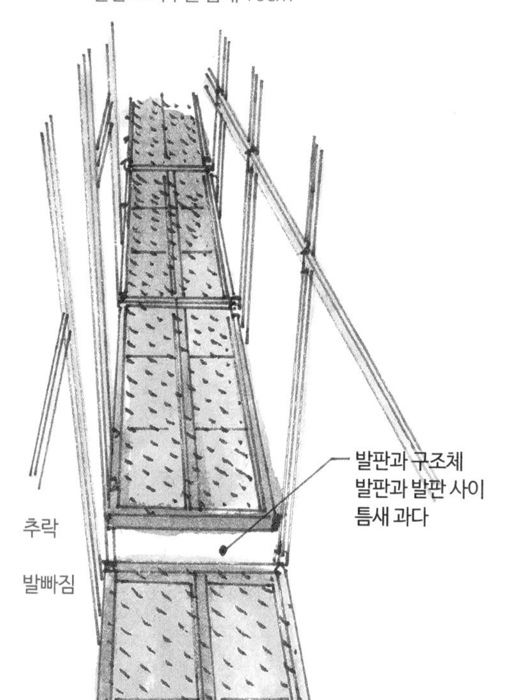

[갱폼 발판]

★ 콘크리트 균열
- 균열관리대장 기록 누락
- 균열관리대장 상이 기록

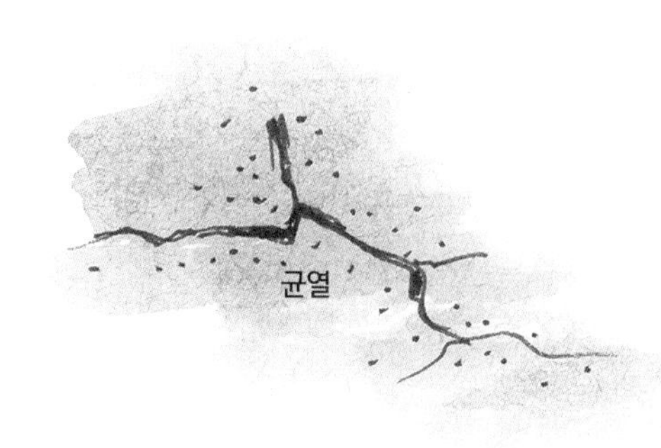

[바닥 균열]

★ 강재도장검사를 미자격자가 수행
- 교육 미이수자가 업무수행
- 품질관리 미흡

★ 단열재 설치 미흡
벽체 단열재 틈새 과다

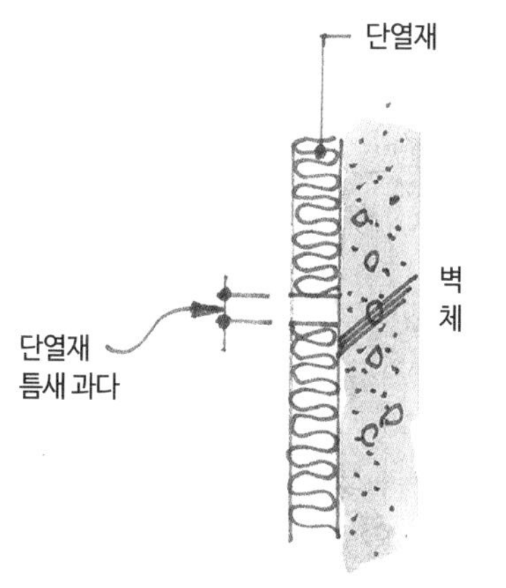

[벽체 단열재]

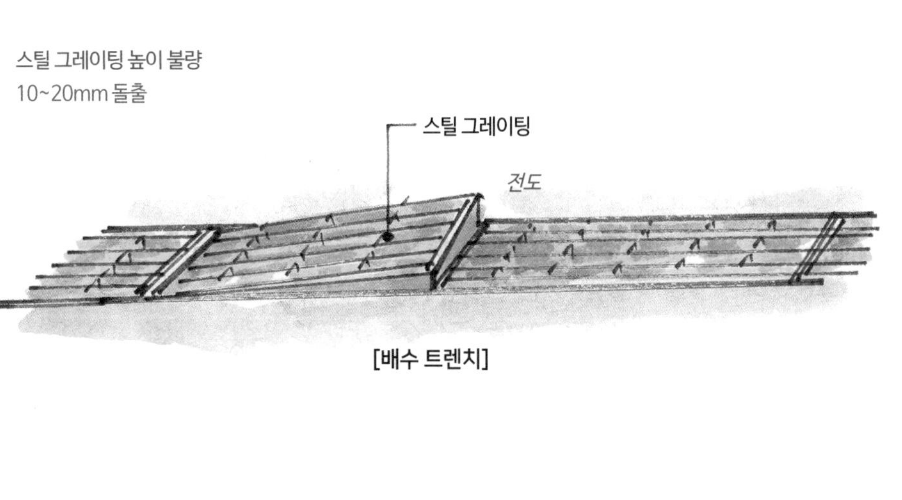

[배수 트렌치]

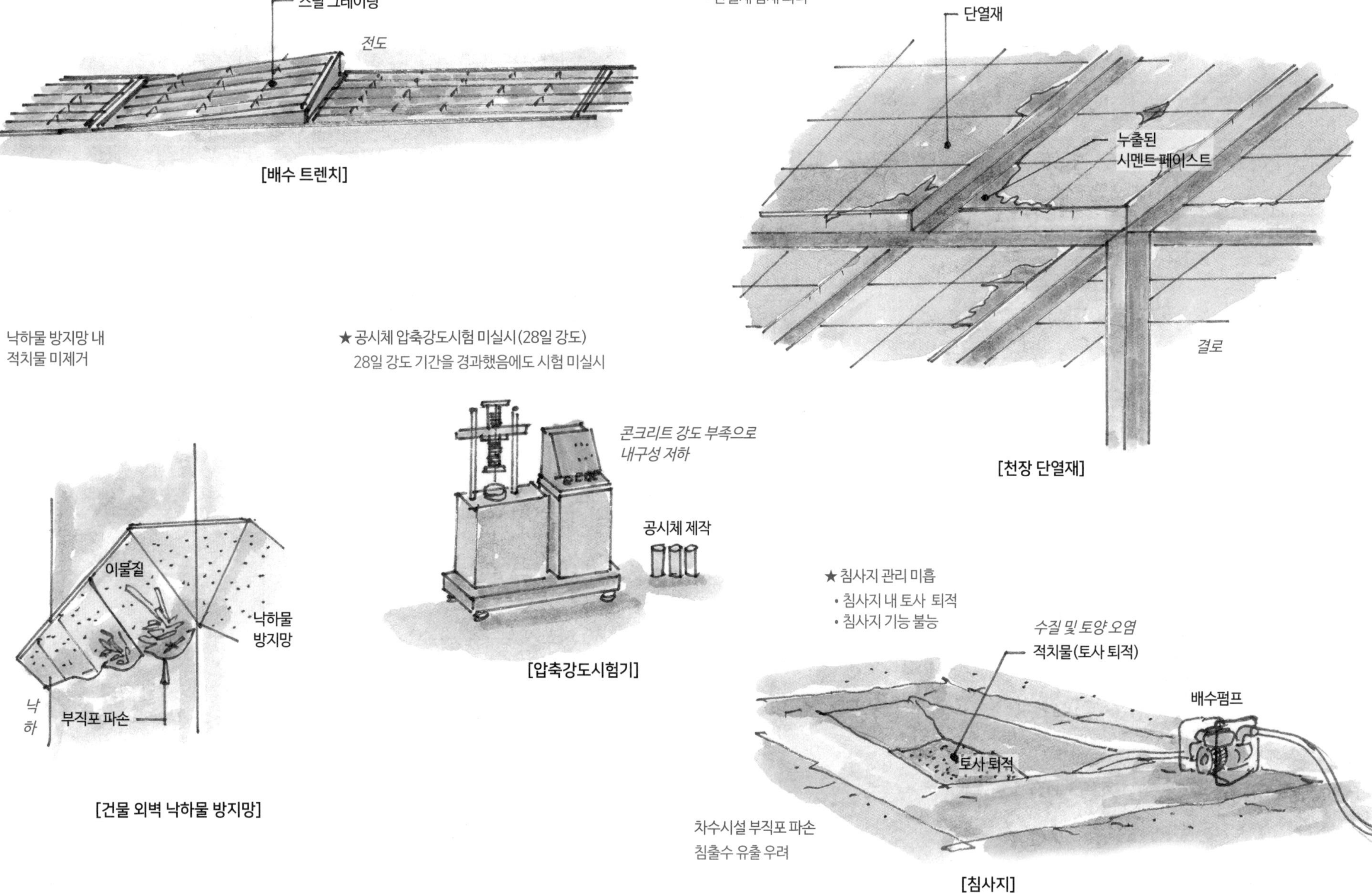

[천장 단열재]

[건물 외벽 낙하물 방지망]

[압축강도시험기]

[침사지]

★ 시험실 규모, 시험장비 확보 부적정
- 면적, 시험장비 부족
- 고장기기 방치

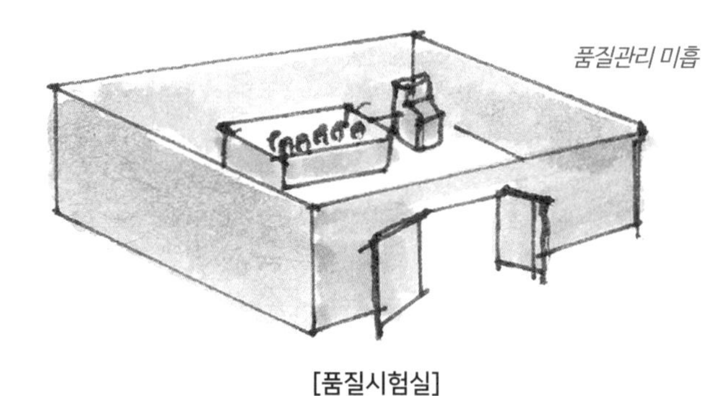

[품질시험실]

적정 온도
20 ± 3˚

[콘크리트 공시체 양생수조]

★ 시험관리 소홀
- 레미콘 공급업체에서 대행시험 실시
- 레미콘 공급업체 시험장비 사용

★ 도면과 다른 시공
- 기둥 베이스 플레이트
  세트 앵커 수량 부족 4개 → 3개
- 도수로 두께 부족: 기준 150mm → 150mm 미만
- 전기배선: 매립배관 → 노출배관

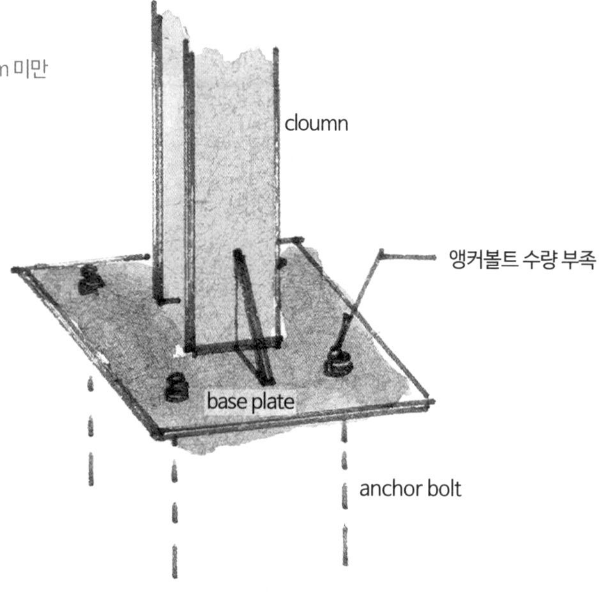

[철골 기둥 베이스 플레이트]

★ 콘크리트 재료분리
철근 노출 및 단면결손

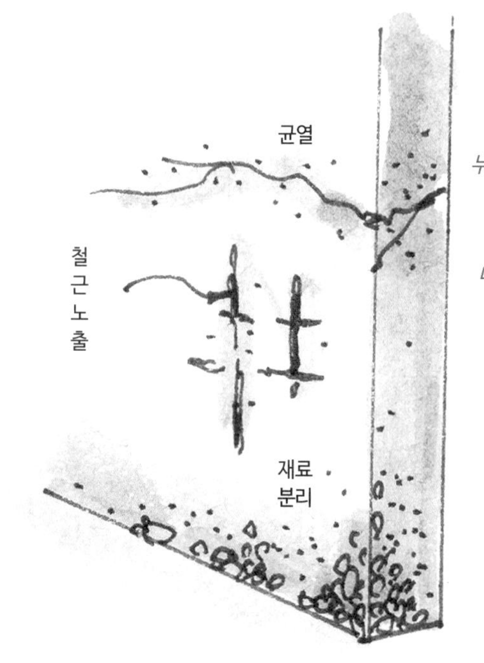

[콘크리트면의 결함]

배수시설 미설치
배수용 파이프 설치

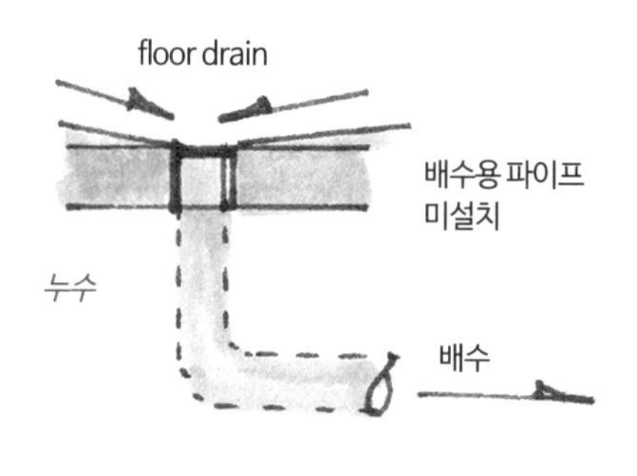

[바닥 배수구]

★ 콘크리트 타설 및 양생 과정 소홀

- 송장: 인수자, 타설 완료시간 미기록
- 슬럼프, 공기량, 염화물 함유량, 압축강도시험 미실시
- 아스콘 송장 사인(sign) 누락

비산먼지 발생대책 미흡
수시설 미배치

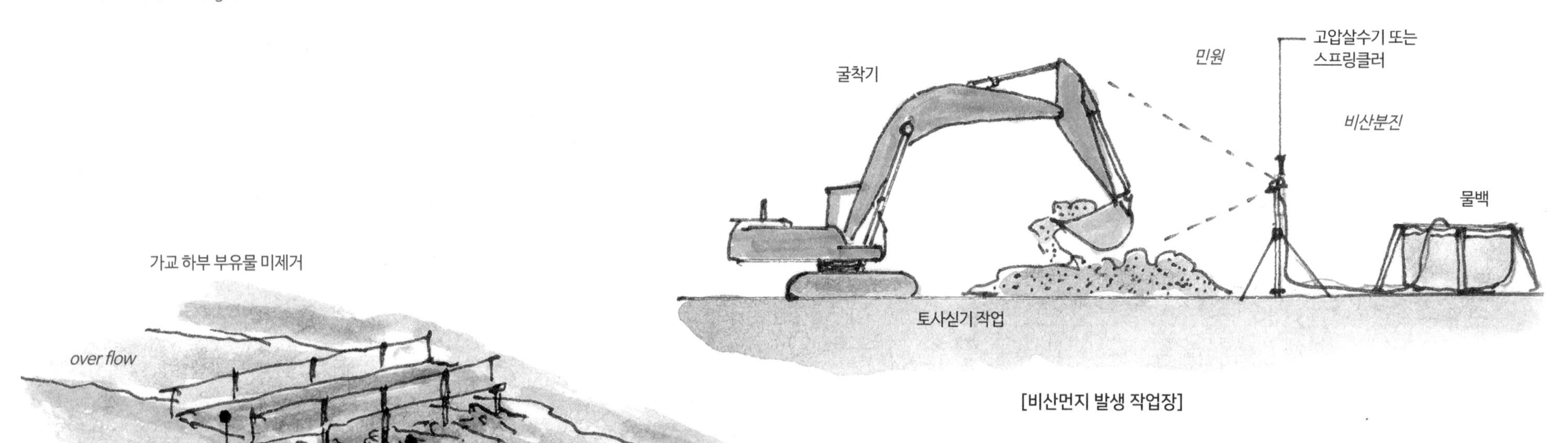

[비산먼지 발생 작업장]

[도로공사용 가교]

★ 가설자재 반입 검수 미흡
파이프 서포트 상단에 변형자재 반입

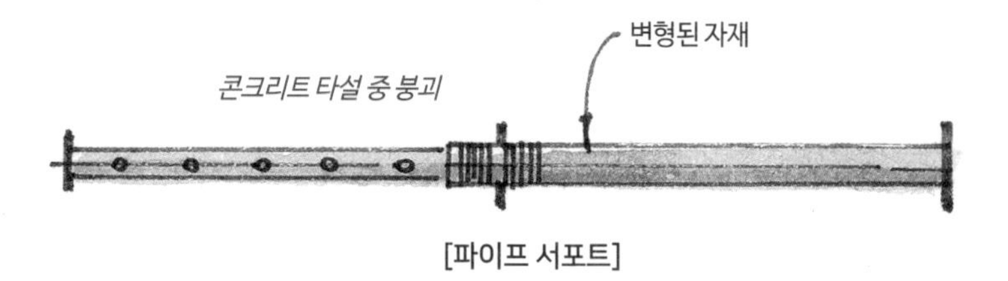

[파이프 서포트]

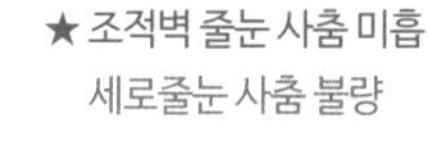

★ 조적벽 줄눈 사춤 미흡
세로줄눈 사춤 불량

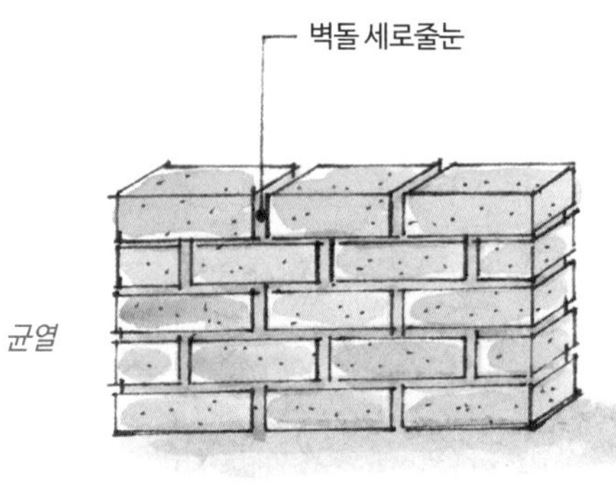

[조적벽]

데크플레이트 시공 미흡
상부근 연속 배근 → 지그재그 배근

★ 콘크리트 품질관리 미흡
- 레미콘 공급사가 대행시험 실시
- 아스콘 시험 대행

★ AL-Form 동바리 존치기간 미준수
동바리 되받치기 미실시

★ 동바리 존치관리 미흡
- 동바리 임의 해체
- 욕실, 계단참 구간 조기 해체

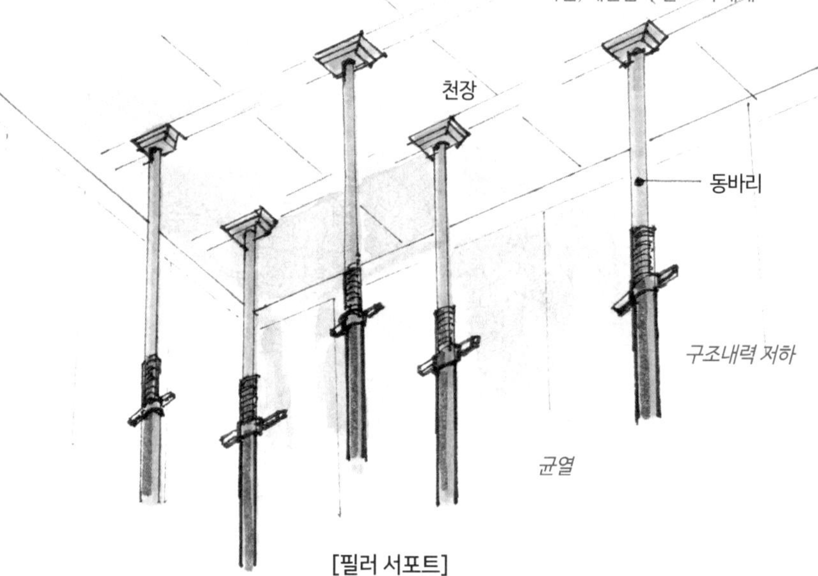

[필러 서포트]

★ 단열재 설치 누락
- 결로 발생
- 냉교(cold bridge)

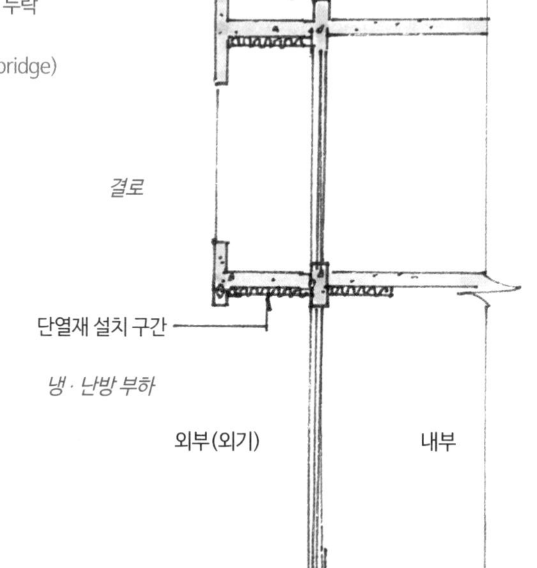

[출입구 부분 단면도]

★ 토목 분야 감리원 미배치
토목감리원 미배치 상태에서 공사 진행 중

★ 도면과 다른 시공
가설구조물(횡방향 버팀대) 1m 이동시켜 설치:
스티프너 자리에 설치함

★ 철근 피복두께 확보 미흡
흙에 접하는 부분 80mm 미달

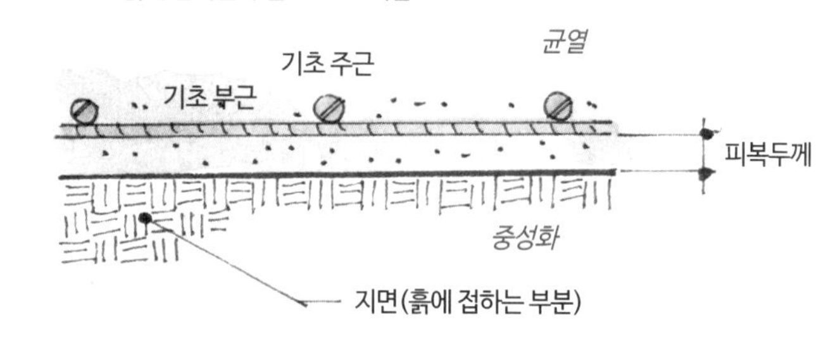

[기초 하부 단면도]

★ 콘크리트 균열
- 균열관리대장 기록 누락
- 균열 보수·보강 누락
- 누수

★ 바닥충격음 차단 완충재 시공 미흡
- 일부 시공 누락
- 마감 모르타르가 상부 덮음

★ 거푸집 존치기간 미준수
강도가 부족한 상태에서 해체: 5Mpa → 3.68Mpa

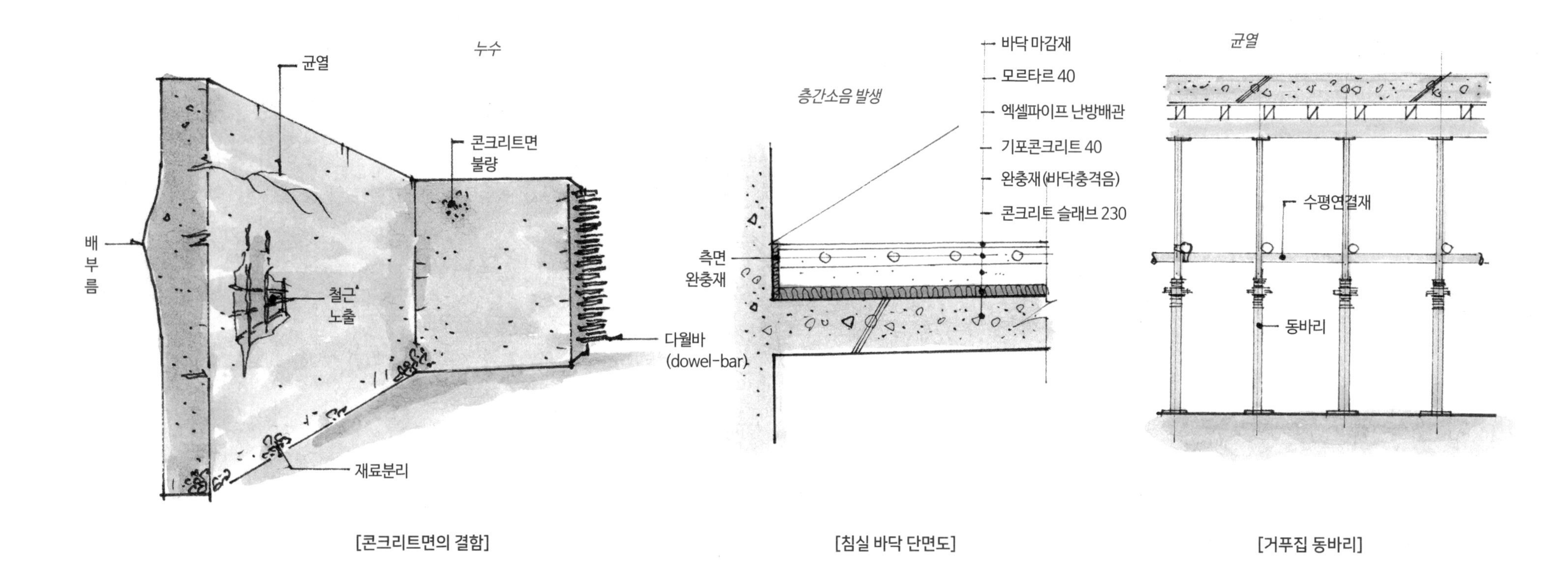

[콘크리트면의 결함]

[침실 바닥 단면도]

[거푸집 동바리]

★ 콘크리트 재료분리
콜드조인트(cold joint)

노출 철근의 관리 미흡
철근보호 미조치(장기간 노출)

★ 절토사면 시공 미흡
- 숏크리트 두께 100mm 부족
- 상단부 안전난간 설치 미흡:
  일부 미설치 L=15m

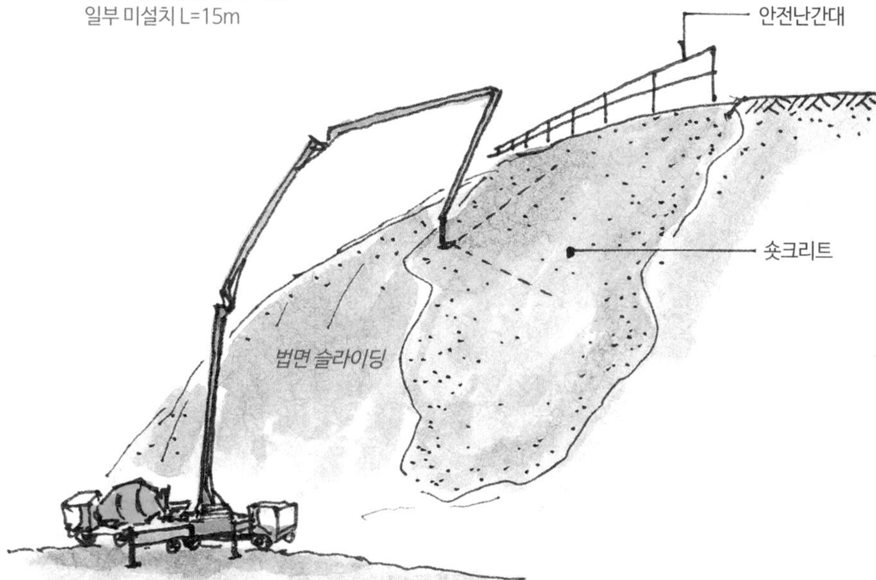

[사면 보강 숏크리트 작업]

★ 흙막이 가시설 시공 미흡
시트파일 띠장 접합부 시공 미흡(보강판 누락)

PC 부재 품질시험계획 수립 및 실시 미흡
PC 부재(기둥, 보, 슬래브)
앵커인발시험 누락

★ 시험빈도 부적합
- 시험빈도 부적합(10회 → 4회 실시)
- 뒤채움: 현장밀도 및 함수비 시험
- 단열재(경질 폴리우레탄폼) 8회 → 1회 실시

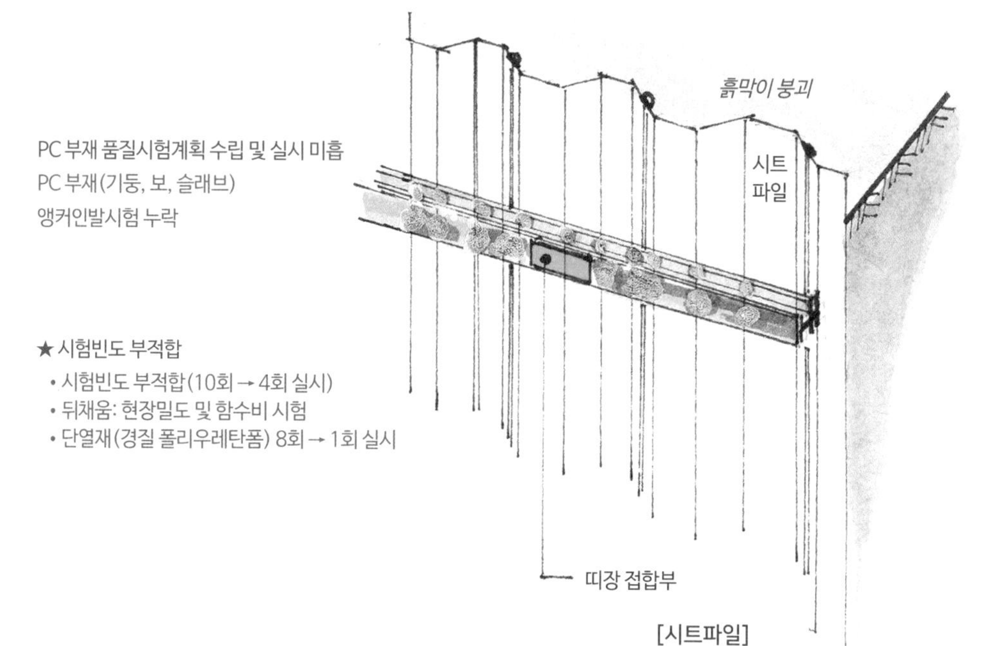

[시트파일]

★ 철근시공 미흡
- 결속 미흡
- 기둥 주근 누락(1개)
- 띠철근 조립 미흡(결속부분 틈새 과다)

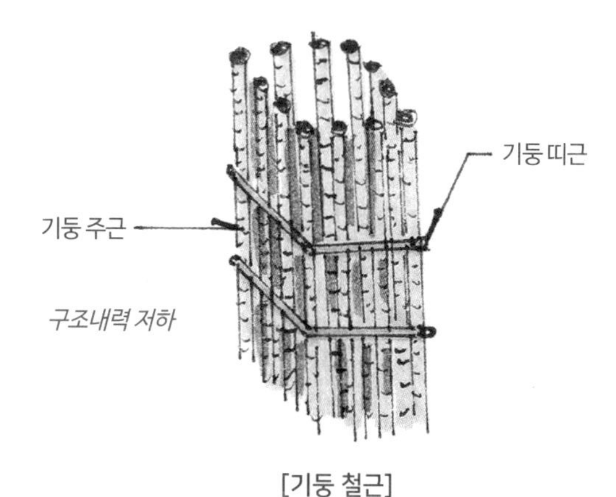

[기둥 철근]

토공 및 포장 구간 내 틀 설치 미흡
규준틀 일부 망실

STA.
포장
보조기층
노상
규준틀
품질규정 미준수

[도로 포장 구간 규준틀]

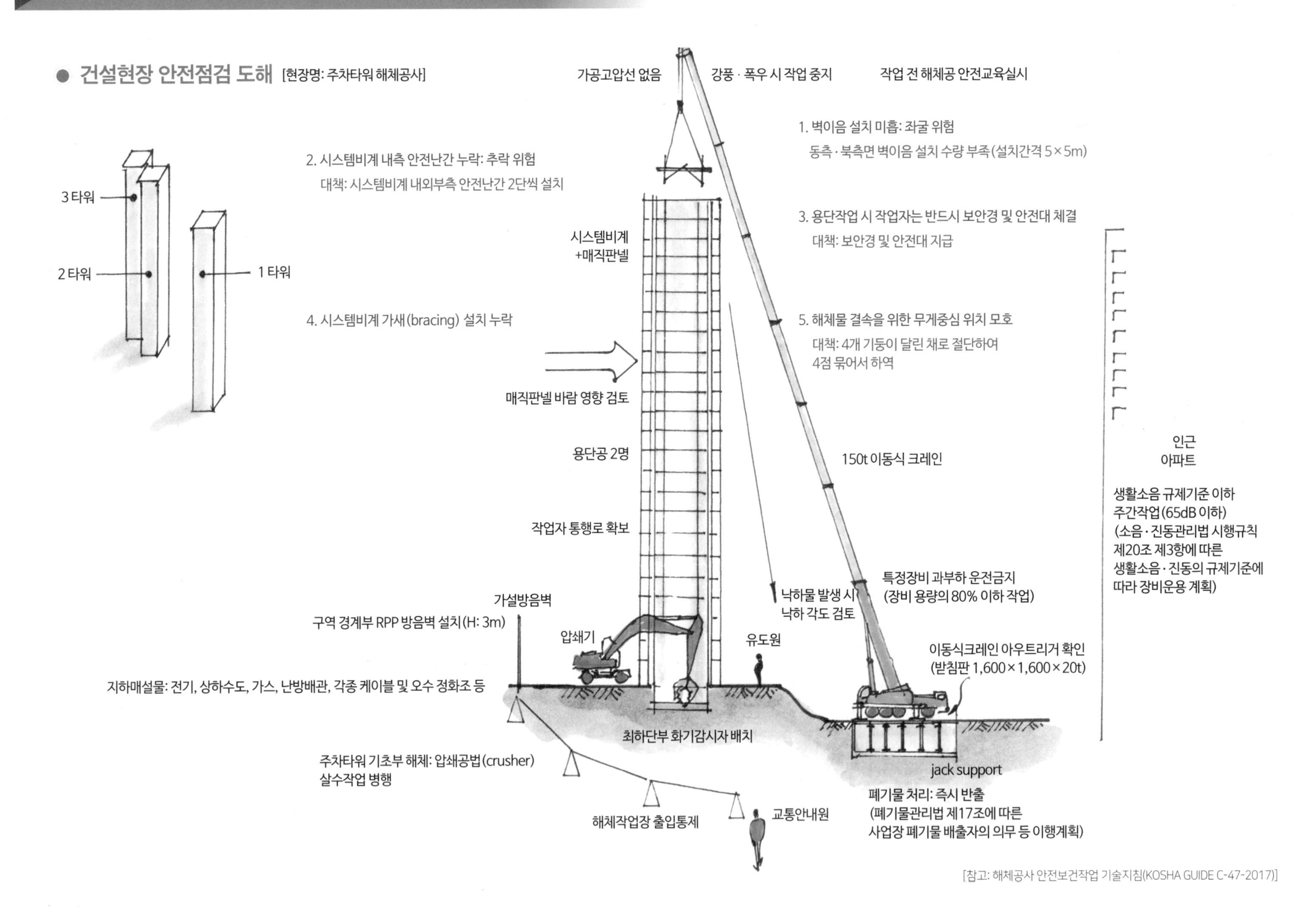

[참고: 해체공사 안전보건작업 기술지침(KOSHA GUIDE C-47-2017)]

● 해체작업 표준안전작업지침 [시행 2020. 1. 16.] [고용노동부고시 제2020-11호, 2020. 1. 7. 일부개정]

■ 해체공사 전 확인사항

- 구조(RC, SRC) 특성, 층수, 높이, 면적
- 평면 구성상태, 폭, 층고, 벽 배치상태
- 부재별 치수, 배근상태, 해체 시 취약 부분
- 해체 시 전도 우려가 있는 내외장재
- 설비, 전기, 배관계통 상세 확인
- 구조물 건립 연도, 사용 목적
- 노후 정도, 재해(화재, 동해 등) 유무
- 증설, 개축, 보강 등 구조변경 현황
- 해체공법의 특성에 의한 비산 각도, 낙하반경 사전 확인
- 진동, 소음, 분진의 예상치 측정, 대책방법
- 해체물 집적, 운반방법
- 재이용 또는 이설을 요하는 부재 현황

■ 해체공사 작업용 기계기구

- 압쇄기, 대형브레이커, 철제햄머, 화약류, 핸드브레이커, 팽창제, 절단톱, 재키, 쐐기 타입기, 화염방사기, 절단 줄톱

■ 해체공사 전 부지 상황조사

- 부지 내 공지 유무, 해체용 기계설비 위치, 발생재 처리 장소
- 해체공사 착수에 앞서 철거, 이설, 보호해야 할 필요가 있는 공사 장애물 현황
- 접속도로의 폭, 출입구 개수, 매설물의 종류 및 개폐 위치
- 인근 건물 동수 및 거주자 현황
- 도로상황 조사, 가공 고압선 유무
- 차량 대기장소 유무 및 교통량(통행인 포함)
- 진동 및 소음 발생 영향권 조사

tower crane
산업안전보건법 제27조
가공 고압선로 확인
인양물은 그물망, 그물포대
[철햄머 공법]
소음진동
장비간 안전거리 확보
고소작업자
(안전대 부착설비)
살수
파편 비산방지망
추락 낙하
시스템비계
(매직판넬, 롤마대)
[대형브레이커 공법]
[압쇄기 공법]
비산분진
붕괴
잭서포트
낙하
RPP 방음울타리
잭서포트
인근 건물현황 파악
물차(항시 대기)
대형브레이커
에어매트
(소음 방지용)
폭우, 강풍, 폭설 시 작업 중지
비산분진
방호막, 분진막
전도
wall
wire rope 2본
전도
완충재 깔기
출입금지구역 설정
대피소
(안전거리 확보)
[화약발파 공법]
[전도공법]
출입금지구역 설정
대피소
(안전거리 확보)
신호체계 수립

■ 해체작업에 따른 공해 방지

- **소음 및 진동**
  - 공기압축기: 소음진동 기준 준수
  - 전도공법 적용 시 전도물 규모(중량, 높이 등)를 작게
  - 철햄머 공법: 햄머 높이 낮게, 중량 적게
  - 현장 내 대형부재로 해체하고 작게 파쇄하여 반출
  - 방진 · 방음 가시설 설치
- **분진**
  - 살수작업 실시: 피라미드식, 수평살수식
  - 방진시트, 분진 차단막 설치
- **지반침하**
  - 작업 전 대상건물 깊이, 토질, 주변상황 파악
  - 중기운행에 따른 지반 영향 고려
- **폐기물**
  - 관계 법령에 따라 처리

● 철거(撤去) · 해체(解體)작업 계획

■ 작업 계획

- 개요, 관리조직, 공정 등을 포함한 일반사항의 포함 여부
- 해체공사 영향을 받게 될 구조물(전기, 상하수도 등)의 이동, 철거, 보호 등에 대한 사항 포함 여부
- 해체작업 순서, 안전대책, 해체공법, 화재 및 공해방지 등 구조안전계획 수립 여부
- 해체부산물 처리 계획
- 화재예방 대책, 교통안전 및 안전통로 확보, 낙하방지 대책 수립
- 해체 후 부지 정리, 인근 환경의 보수 및 보상 계획 여부

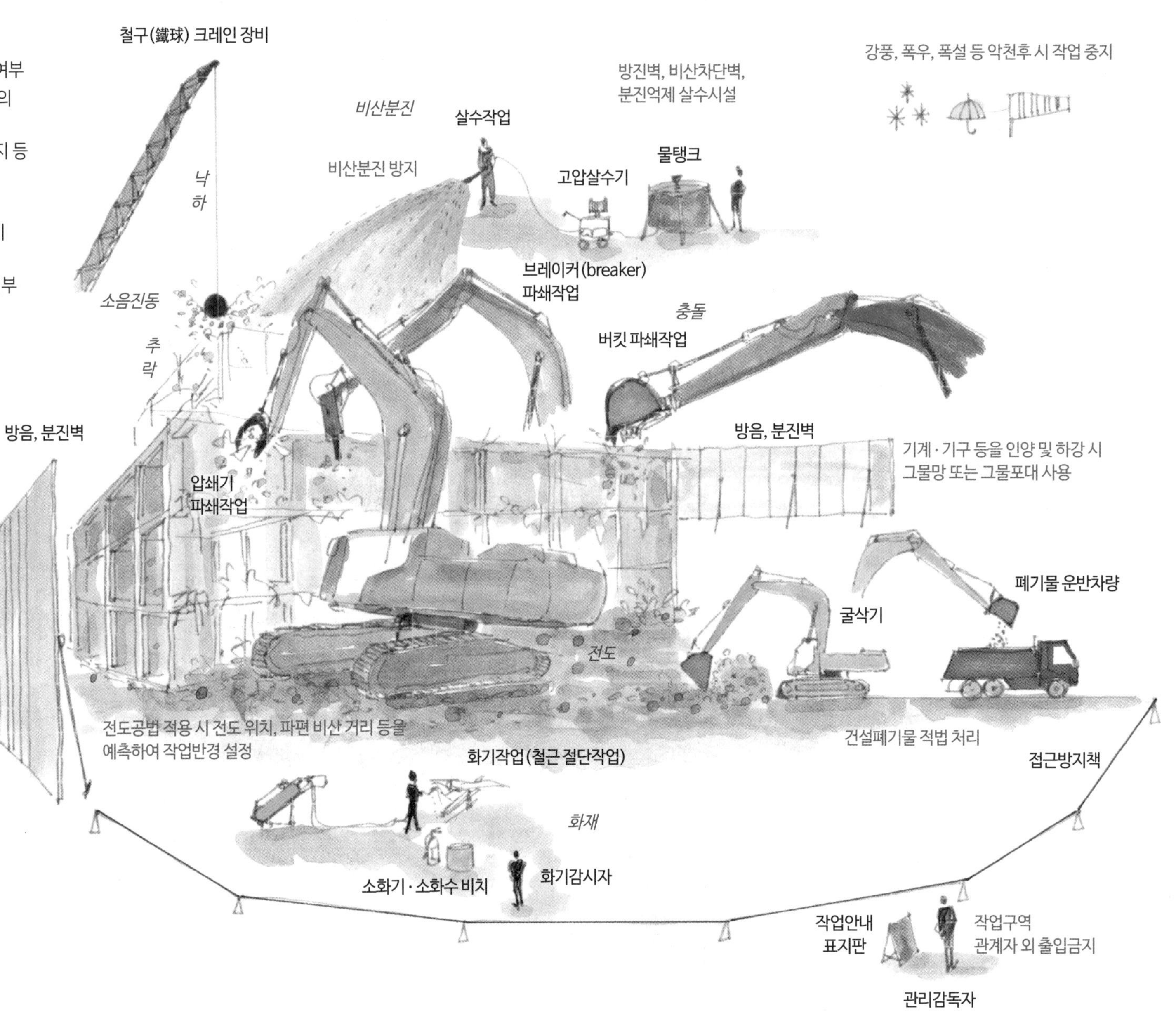

■ 해체공사 · 작업 계획 수립 시 안전 일반사항

- 작업구역 내에는 관계자 이외의 자에 대하여 출입통제
- 강풍, 폭우, 폭설 등 악천후 시에는 작업 중지
- 사용 기계기구 등을 인양하거나 내릴 때에는 그물망, 그물포대 사용
- 외벽과 기둥 등을 전도시킬 때에는 전도 낙하위치 검토 및 파편 비산 거리를 예측하여 작업반경 설정
- 전도작업 수행 시 작업자 외 대피시키고 완전대피 상태를 확인 후 전도
- 해체건물 외곽에 방호용 비계를 설치하고 해체물의 전도, 낙하, 비산의 안전거리 유지
- 파쇄공법의 특성에 따라 방진벽, 비산차단벽, 분진억제 살수시설 설치
- 작업자 상호 간 신호규정 준수, 신호방식 및 신호기기 사용법은 사전교육 숙지
- 대피소 설치

건설현장 안전점검 도해-1 [현장명: 공동체주택 건설공사]

주요 안전 포인트

- 고소작업 시 추락, 낙하 주의
- 고압선로 감전 주의
- 대지 주변 경사지반 위 장비 세팅 시 주의
- 마감공사 시 화재 주의
- 경사지붕 콘크리트 타설 시 동바리 설치 주의
- 주변 민원 밀착관리 필요

■ 고소작업

- 개인보호구 착용(안전모, 안전대, 안전화 등)
- 안전교육 실시
- 안전방망(추락, 낙하방지망), 안전난간대 등 설치
- 작업방법 변경(고소작업대 이용 등)
- 관리감독자 배치

■ 화재위험 작업(용접, 용단, 연마, 드릴 등)

- 인화성, 가연성 물질 제거
- 화기감시자 배치
- 작업허가서(PTW), 출입금지 표지판
- 소화기 비치
- 작업 후 작업장 불씨 확인

■ 가설구조물

- 구조검토 실시, 수직도 확보
- 수평연결재(층고 3.5m 이상)
- 바닥 평탄성 확보
- 부적합 기자재 사용 금지
- 유해 · 위험방지계획서 준수
- DfS(설계안전성 검토) 실시
- 특별 · 일일안전교육실시 및 관리감독자 입회

• 유리작업

위험 요인: 추락, 낙하

대책: 곤돌라(gondola) 점검, 코브라벨트 사용, 하부 구간 통제전담 신호수 배치, 상하 동시 작업 금지

• 수장작업 · 전기, 설비작업

위험 요인: 추락, 낙하, 전도, 비래

대책: 사다리 및 B/T 사용규정 준수 안전벨트 고리체결, 고속절단기 사용 시 보안경 착용

• 설비 닥트 설치작업

위험 요인: 추락, 낙하, 전도

대책: B/T 사용 시 전도방지조치, 작업자 안전벨트 고리체결 철저, 작업 구간에 안전망 설치

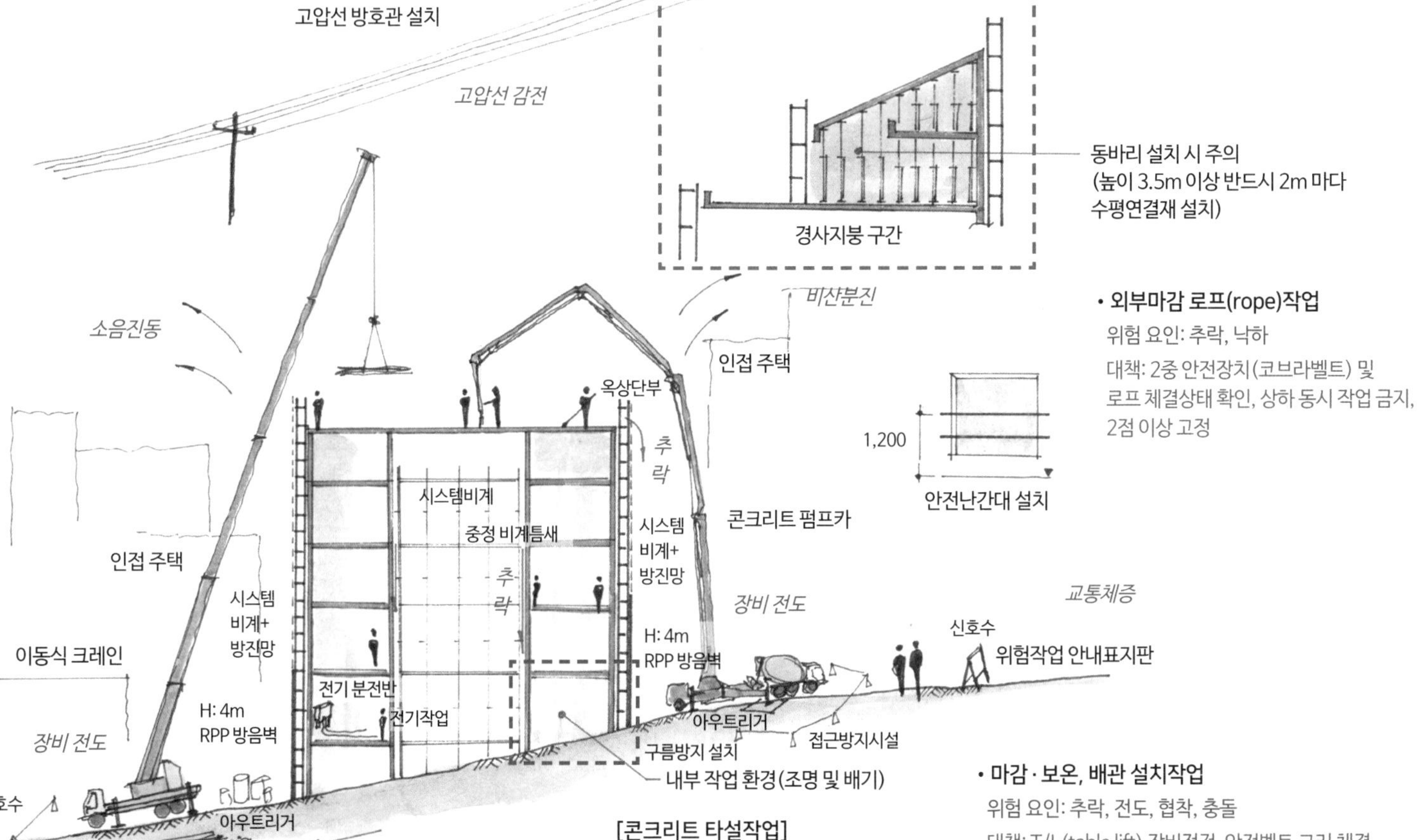

● 건설현장 안전점검 도해-2 [현장명: 공동체주택 건설공사]

주요 안전 포인트

- 소음 65dB 이하로 관리(소음측정값 기록 유지)
- 고압선로 감전 주의(방호관 설치)
- 지붕 및 2층 바닥판 해체 시 붕괴 주의(소할작업)
- 지하구조물 해체 시 브레이커 사용 불가피함으로 주변 민원 발생 관리(밀착 관리)
- 도로 및 차량통제에 따른 민원 발생 예상(유도자 배치 및 공사안내 표지판 부착)

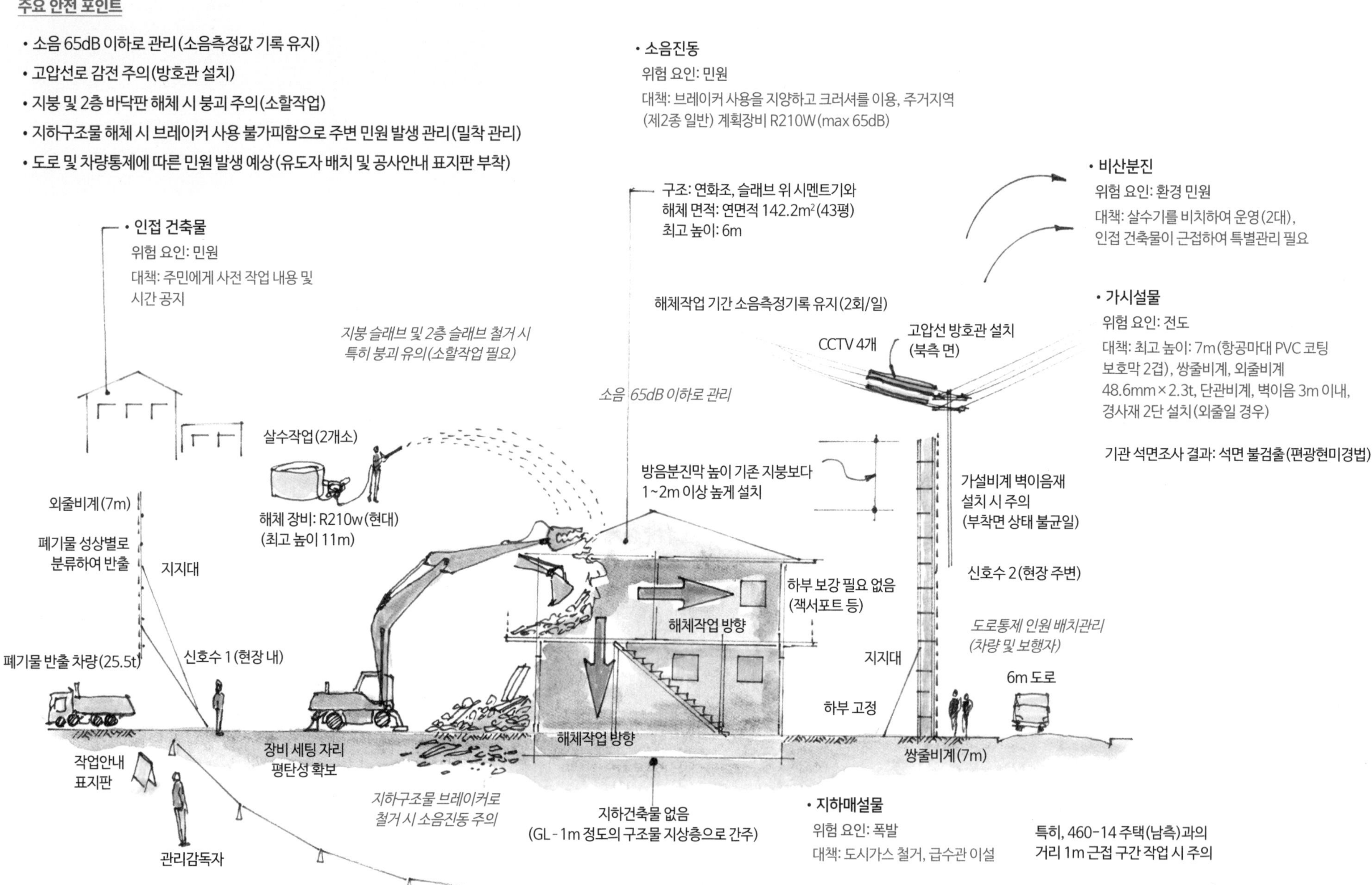

● 건설현장 안전점검 도해-3 [현장명: 공동체주택 건설공사]

■ **공사 개요**

- 굴착 깊이: H=3.04m
- 흙막이공법: 엄지말뚝(H-pile)+토류판
- 지지공법: 자립식

소음측정 관리(환경보존법 제3조, 규제기준)

- 소음 기준치: 08:00~18:00-70dB 이하, 조석 05:00~08:00, 18:00~22:00-65dB 이하, 심야 55dB 이하
- 보정 기준값: 1일 2시간 미만일 때 +10dB, 2시간 이상~4시간 이하일 때 +5dB 적용

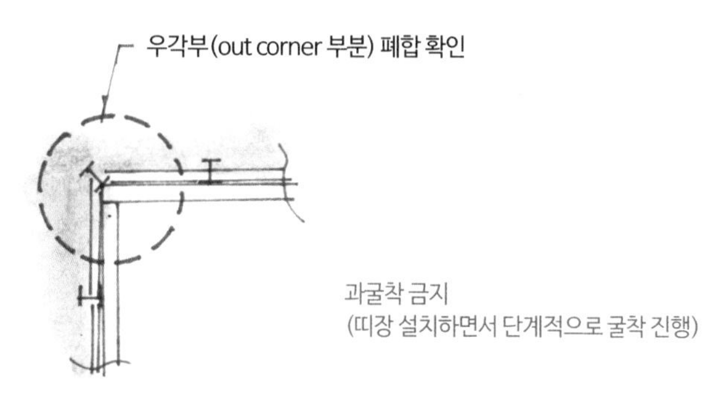

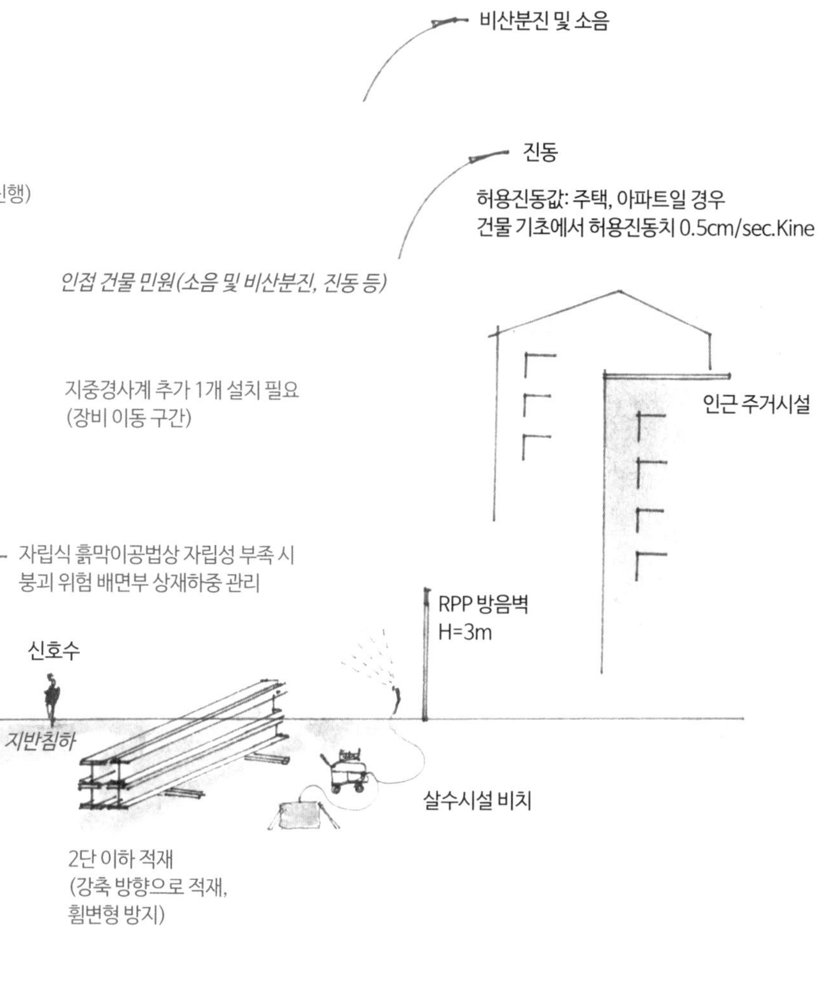

● 건설현장 안전점검 도해-4 [현장명: 행복주택 건설공사]

주요 안전 포인트

- 고소작업 시 추락, 낙하 주의(작업발판)
- 고압선로 감전 주의(방호관)
- 경사지반 위 장비 세팅 시 전도 주의
- 마감공사 시 화재 주의(소화기)
- 주변 민원 밀착관리(소음, 진동, 교통)

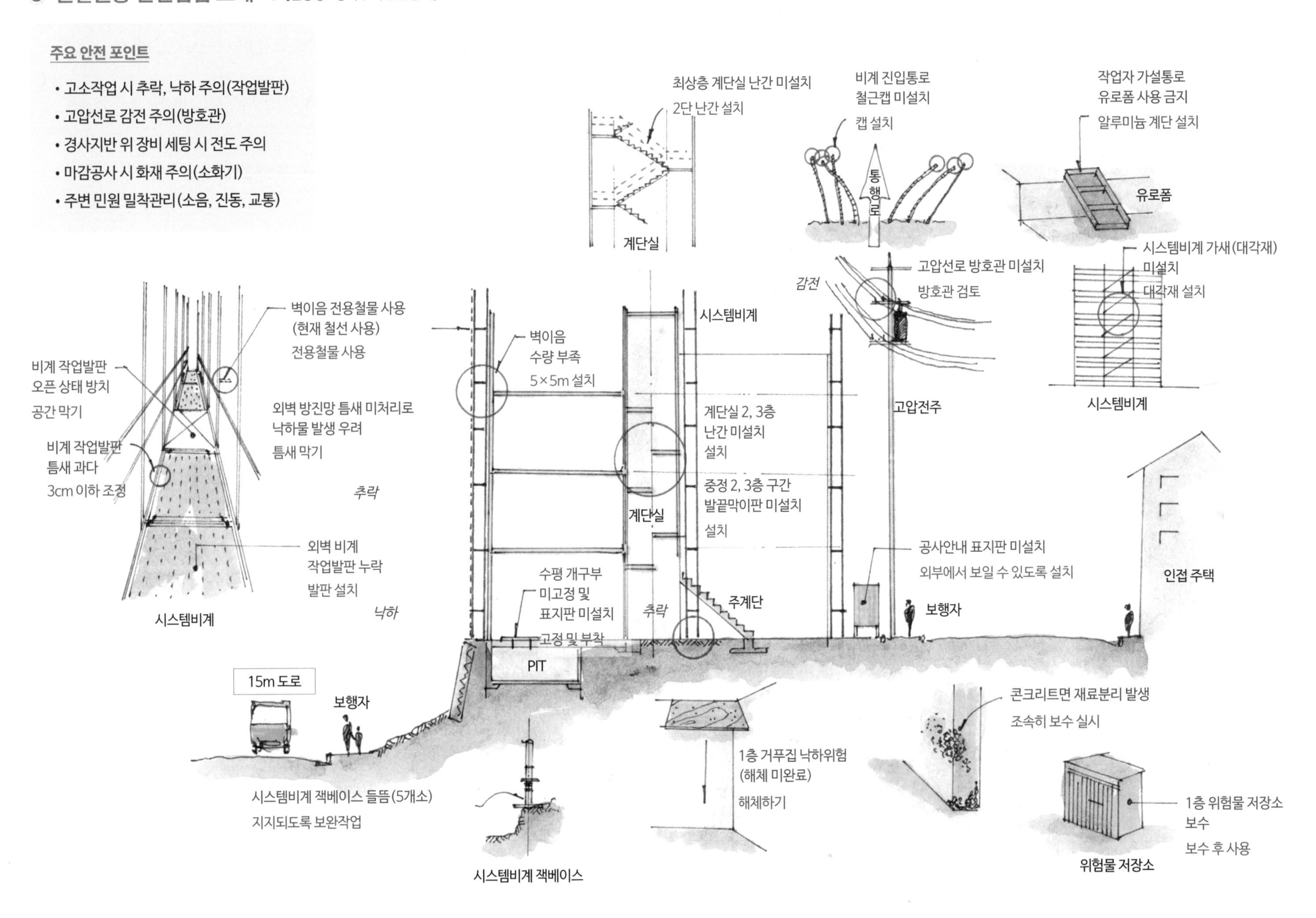

● 건설현장 안전점검 도해-5 [현장명: 행복주택 건설공사]

주요 안전 포인트

- 겨울철 화재주의(용접·용단작업), 인화성 물질 관리
- 심혈관계질환 유의(혈압 체크 등)

	지적 사항	조치방법
1	인화성 물질 미분리 보관	겨울철 화재위험이 있으므로 반드시 분리 보관(위험물 저장소에 별도 보관)
2	방진덮개 미설치	비산분진의 우려가 있는 곳에는 방진 덮개 설치(환경파파라치에 노출)
3	추락방지시설 설치 미흡	단부 추락 위험 구간 추락방지시설 설치 및 인지 가능한 시설 설치
4	수평재 미설치 (안전난간)	수평재 설치
5	조도 미확보	지하층(편의시설) 조도 확보, 최소 75lux 이상
6	T/L 과상승 방지봉 설치 미흡	과상승방지봉 4군데 높이 60cm 이상 설치 후 사용(협착사고 예방)
7	공도구 점검 미흡	모든 공도구에는 점검필증 부착
8	통행로 미확보	통행로 지장물 제거 또는 덮개(깔판 등) 설치
9	위험 구간 접근방지 구획 미설정	추락 위험이 있는 곳에는 반드시 접근 방지시설 설치, 난간 또는 테이핑
10	작업전선 바닥에 깔고 작업	작업전선 가공(架空) 조치 (감전, 누전 예방)
11	결빙 구간 방치	낙상사고 예방을 위해 결빙 제거
12	가설창고 관리 표지판 미부착	관리표지판 부착

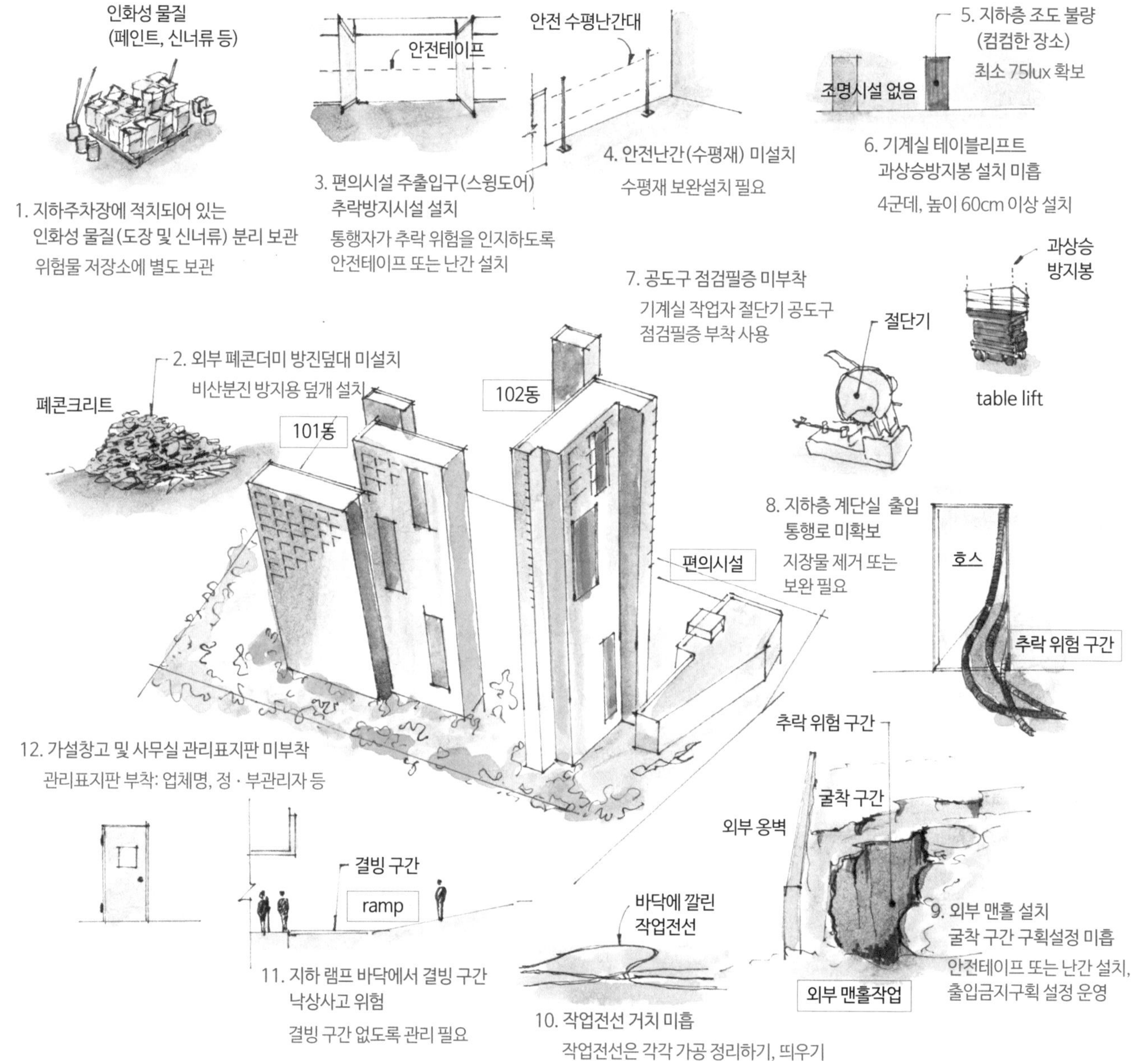

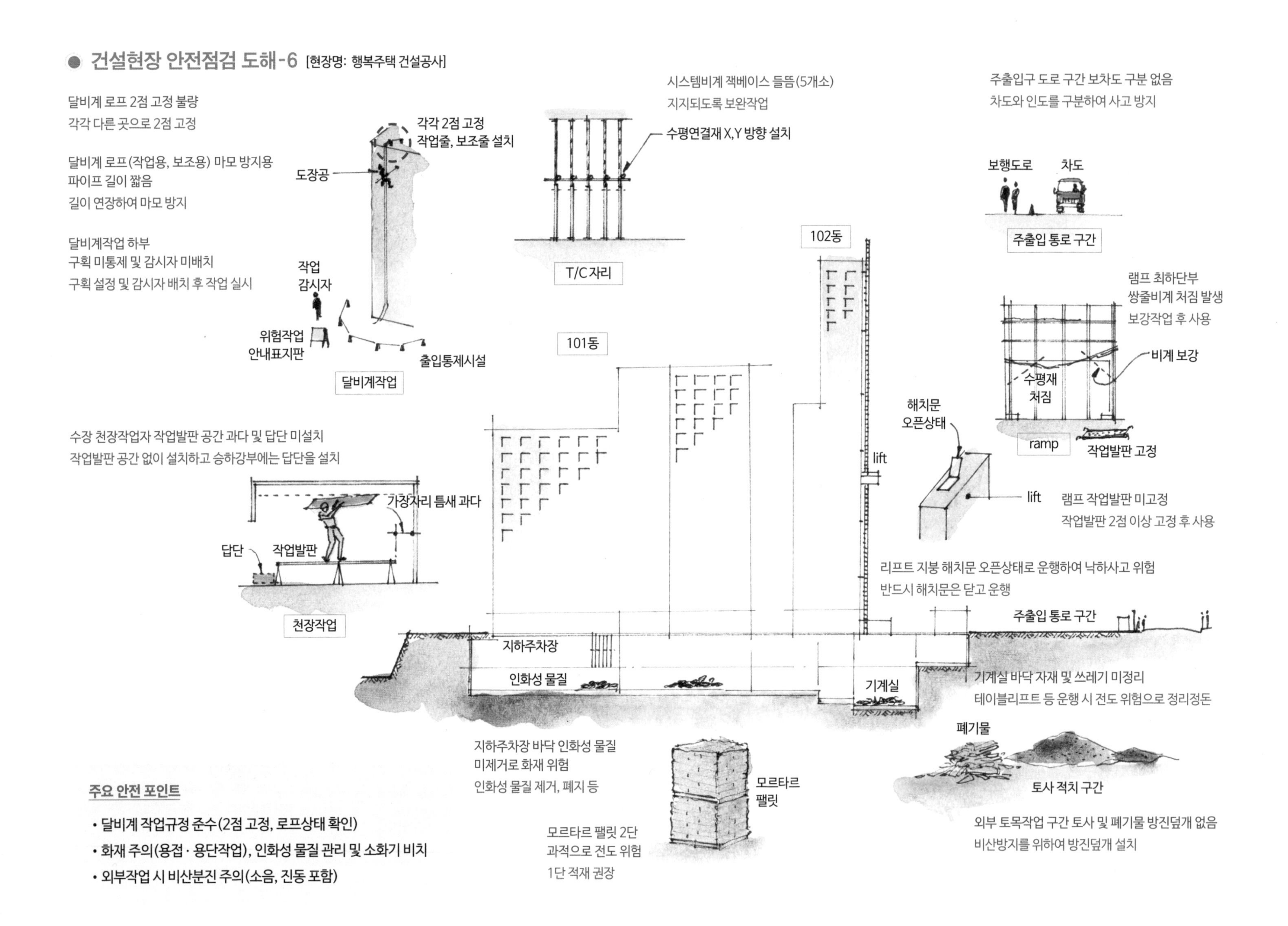

● 건설현장 안전점검 도해-6 [현장명: 행복주택 건설공사]
달비계 로프 2점 고정 불량
각각 다른 곳으로 2점 고정
달비계 로프(작업용, 보조용) 마모 방지용
파이프 길이 짧음
길이 연장하여 마모 방지
달비계작업 하부
구획 미통제 및 감시자 미배치
구획 설정 및 감시자 배치 후 작업 실시
각각 2점 고정
작업줄, 보조줄 설치
도장공
작업
감시자
위험작업
안내표지판
출입통제시설
달비계작업
시스템비계 잭베이스 들뜸(5개소)
지지되도록 보완작업
수평연결재 X,Y 방향 설치
T/C 자리
주출입구 도로 구간 보차도 구분 없음
차도와 인도를 구분하여 사고 방지
보행도로
차도
주출입 통로 구간
102동
101동
램프 최하단부
쌍줄비계 처짐 발생
보강작업 후 사용
비계 보강
수평재
처짐
ramp
작업발판 고정
해치문
오픈상태
lift
lift
램프 작업발판 미고정
작업발판 2점 이상 고정 후 사용
수장 천장작업자 작업발판 공간 과다 및 답단 미설치
작업발판 공간 없이 설치하고 승하강부에는 답단을 설치
가장자리 틈새 과다
답단
작업발판
천장작업
리프트 지붕 해치문 오픈상태로 운행하여 낙하사고 위험
반드시 해치문은 닫고 운행
주출입 통로 구간
지하주차장
인화성 물질
기계실
기계실 바닥 자재 및 쓰레기 미정리
테이블리프트 등 운행 시 전도 위험으로 정리정돈
지하주차장 바닥 인화성 물질
미제거로 화재 위험
인화성 물질 제거, 폐지 등
모르타르
팰릿
모르타르 팰릿 2단
과적으로 전도 위험
1단 적재 권장
폐기물
토사 적치 구간
외부 토목작업 구간 토사 및 폐기물 방진덮개 없음
비산방지를 위하여 방진덮개 설치
주요 안전 포인트
• 달비계 작업규정 준수(2점 고정, 로프상태 확인)
• 화재 주의(용접·용단작업), 인화성 물질 관리 및 소화기 비치
• 외부작업 시 비산분진 주의(소음, 진동 포함)

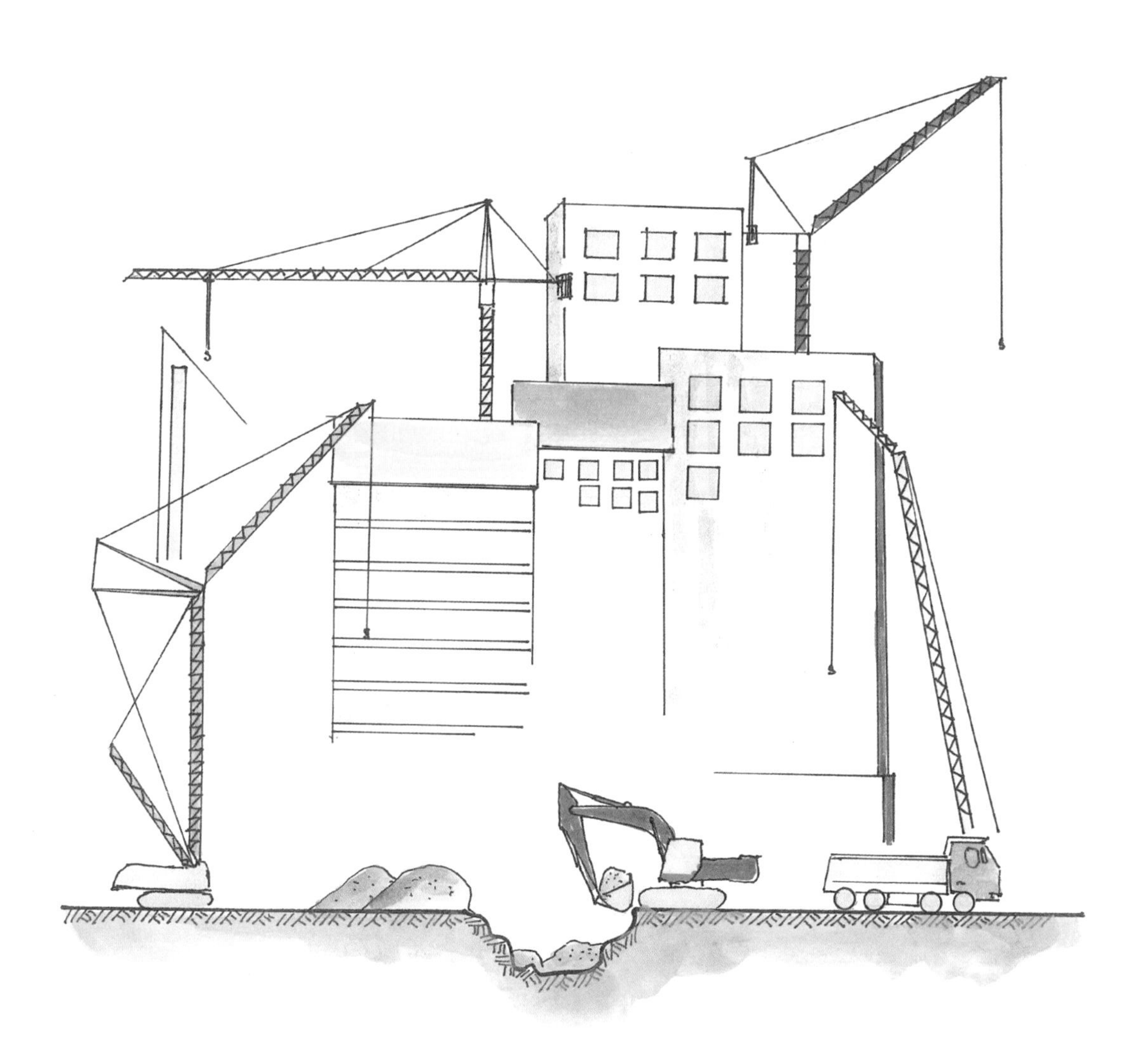

06 지하안전법(지하안전관리에 관한 특별법)

지하안전법 [지하안전관리에 관한 특별법, 2018. 1. 18. 시행]

■ 목적

지하안전법은 지하를 안전하게 개발하고 이용하기 위한 안전관리체계를 확립함으로써 지반침하로 인한 위해(危害)를 방지하고 공공의 안전을 확보하는 데 있다.

■ 지하안전법 목적

- 지하안전관리체계 확립
- 지반침하 방지
- 공공의 안전확보

■ 평가항목

- 지반 및 지질현황
- 지하수 변화에 의한 영향
- 지반 안전성
- 지하 안전확보 방안 등

√ 지하공간을 개발하는 사업자가 인 · 허가 기관의 승인을 받기 전 지반침하에 대한 사전 안전성을 분석하고 지하 안전확보 방안을 마련토록 하는 제도

√ 지하개발사업자는 지반침하 사고의 위험을 최소화하기 위하여 실시계획 등 해당 사업을 승인받기 전에 지하안전영향평가 실시

■ 지하안전 확보 방안

계측기 설치항목(설치간격 등), 계측빈도, 시기, 관리기준 초과 시 단계별 대응방안 수립, 착공 전 지하매설물 CCTV 조사, 암반굴착에 따른 진동기준 수립

■ 지하매설물

상수도, 하수도, 전력시설물, 전기통신설비, 가스공급시설, 공동구, 지하차도, 지하철 등

지하안전법 제정에 따라 도입되는 각종 평가 · 조사 제도

구분	지하안전 영향평가	소규모 지하안전 영향평가	사후안전 영향평가	지반침하 위험도평가
대상	지하굴착심도 20m 이상 또는 터널공사 포함 사업	지하굴착심도 10m 이상 20m 미만	지하안전영향평가 대상사업	지하시설물 및 주변 지반
시기	사업계획의 인가 또는 승인 전	사업계획의 인가 또는 승인 전	굴착공사 완료 후	지반침하 우려가 있을 때
실시자	사업자	사업자	사업자	지하시설물관리자
대행자	전문기관	전문기관	전문기관	전문기관

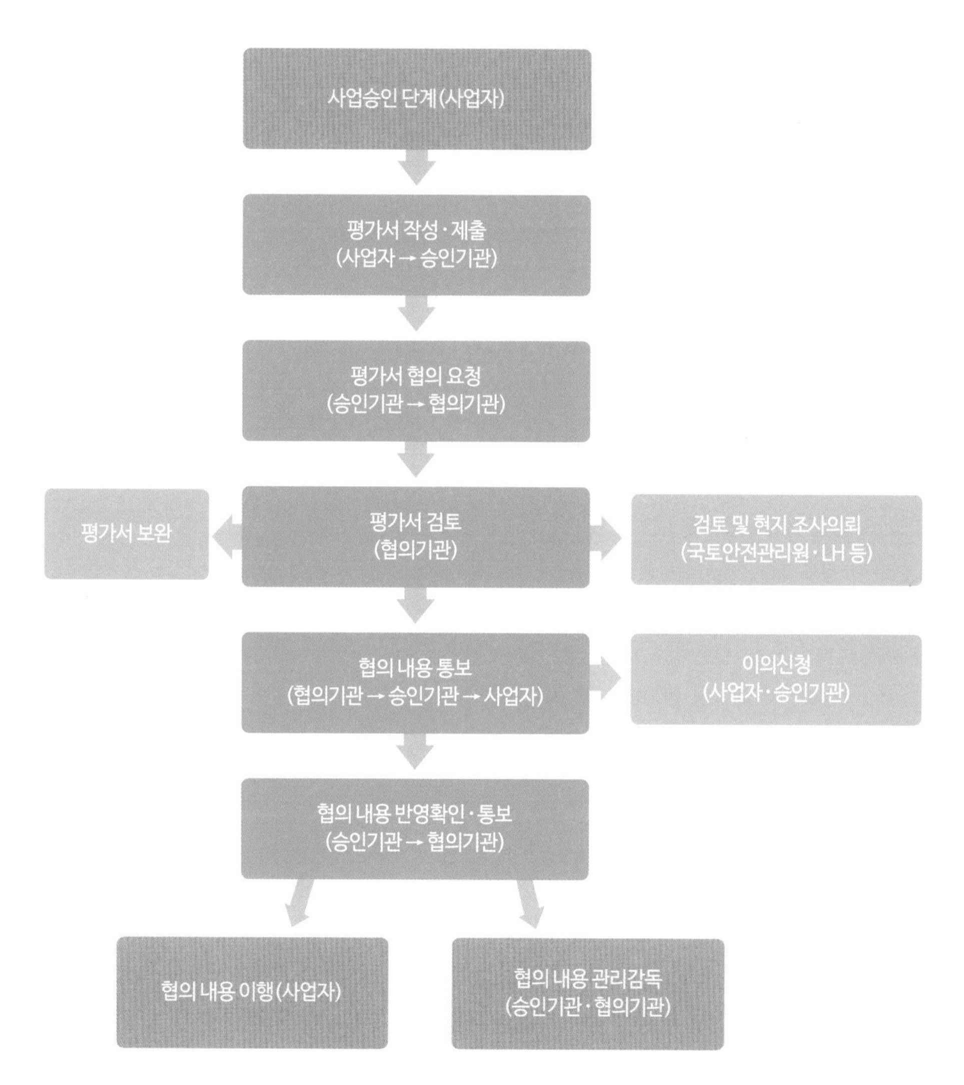

[지반안전영향평가 순서도]

지하안전영향평가 구분

구분	실시기준	제외 대상
지하안전영향평가	터널공사, 굴착깊이 20m 이상	• 굴착지역이 산지 또는 바다 • 굴착지역 경계에서 굴착깊이의 4배 이내의 거리에 시설물이 존재하지 않는 사업
소규모 지하안전영향평가	굴착깊이 10m 이상~20m 미만	

※ 최대 굴착깊이 산정: 집수정, 엘리베이터 피트, 정화조 등의 깊이는 제외

지하안전법 시행령 개정 내용

구분	현행법	개정안
지하 10~20m 미만 굴착공사	소규모 지하안전영향평가	소규모 지하안전영향평가 + 사후 지하안전영향조사
지하 20m 이상 굴착공사	지하안전영향 평가 + 사후 지하안전영향조사	지하안전영향 평가 + 사후 지하안전영향조사
사후 지하안전영향조사	조사 끝난 날부터 60일 이내	조사 끝난 날부터 15일 이내 + 조사 실시기간 내 매월 10일 승인기관장에게 보고

※ 기존 사업계획과 달리 공법 변경, 추가 굴착으로 평가 대상이 어긋나는 경우 재협의 대상을 포함

건축법 **지하안전관리에 관한 특별법(지하안전법)**

[시행 2022. 1. 28.] [법률 제18350호, 2021. 7. 27. 일부개정]

제1장 총칙

제1조(목적) 이 법은 지하를 안전하게 개발하고 이용하기 위한 안전관리체계를 확립함으로써 지반침하로 인한 위해(危害)를 방지하고 공공의 안전을 확보함을 목적으로 한다.

제2조(정의) 이 법에서 사용하는 용어의 뜻은 다음과 같다. 〈개정 2021. 7. 27.〉

1. "지하"란 개발 · 이용 · 관리의 대상이 되는 지표면 아래를 말한다.
2. "지반침하"란 지하개발 또는 지하시설물의 이용 · 관리 중에 주변 지반이 내려앉는 현상을 말한다.
3. "지하개발"이란 지반형태를 변형시키는 굴착, 매설, 양수(揚水) 등의 행위를 말한다.
4. "지하시설물"이란 상수도, 하수도, 전력시설물, 전기통신설비, 가스공급시설, 공동구, 지하차도, 지하철 등 지하를 개발 · 이용하는 시설물로서 대통령령으로 정하는 시설물을 말한다.
5. "지하안전평가"란 지하안전에 영향을 미치는 사업의 실시계획 · 시행계획 등의 허가 · 인가 · 승인 · 면허 · 결정 또는 수리 등(이하 "승인등"이라 한다)을 할 때에 해당 사업이 지하안전에 미치는 영향을 미리 조사 · 예측 · 평가하여 지반침하를 예방하거나 감소시킬 수 있는 방안을 마련하는 것을 말한다.
6. "소규모 지하안전평가"란 지하안전평가 대상사업에 해당하지 아니하는 소규모 사업에 대하여 실시하는 지하안전평가를 말한다.
7. "지하개발사업자"란 지하를 안전하게 개발 · 이용 · 관리하기 위하여 지하안전평가 또는 소규모 지하안전평가 대상사업을 시행하는 자를 말한다.
8. "지하시설물관리자"란 관계 법령에 따라 지하시설물의 관리자로 규정된 자나 해당 지하시설물의 소유자를 말한다. 이 경우 해당 지하시설물의 소유자와의 관리계약 등에 따라 지하시설물의 관리책임을 진 자는 지하시설물관리자로 본다.
9. "승인기관의 장"이란 지하안전평가 또는 소규모 지하안전평가 대상사업에 대하여 승인등을 하는 기관의 장을 말한다.
10. "지반침하위험도평가"란 지반침하와 관련하여 구조적 · 지리적 여건, 지반침하 위험요인 및 피해예상 규모, 지반침하 발생 이력 등을 분석하기 위하여 경험과 기술을 갖춘 자가 탐사장비 등으로 검사를 실시하고 정량(定量) · 정성(定性)적으로 위험도를 분석 · 예측하는 것을 말한다.
11. "지하정보"란 「국가공간정보 기본법」 제2조제1호에 따른 공간정보 중 지반특성, 지하시설물의 위치 등 지하에 관한 정보로서 대통령령으로 정하는 정보를 말한다.
12. "지하공간통합지도"란 지하를 개발 · 이용 · 관리하기 위하여 필요한 지하정보를 통합한 지도를 말한다.
13. "지하정보관리기관"이란 「국가공간정보 기본법」 제2조제4호에 따른 관리기관으로서 지하정보를 생산하거나 관리하는 기관을 말한다.

07 건설현장의 화재발생 원인 및 대책 도해

건설현장의 용접 · 용단작업 시 화재 원인

건설현장의 특징

- 가연성 물질이 많다.
- 대형화재 발생 확률이 높다.
- 용접 · 용단작업이 많다.
- 불티 비산 발생이 많다.

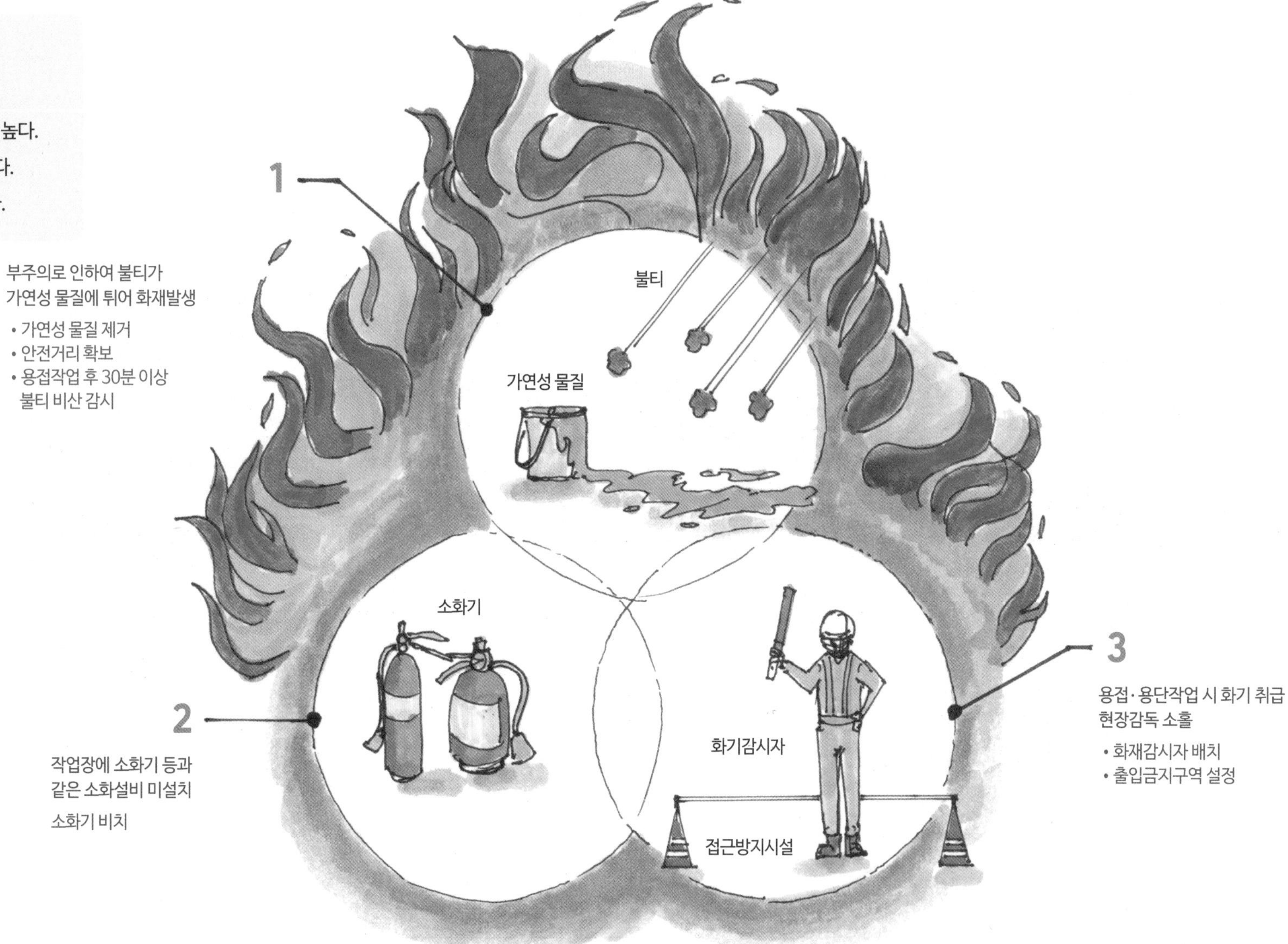

[화재발생 3요소(점화원·점화물질·산소농도)]

- 건설현장(건축공사)의 화재발생 원인 단연 1위, '부주의'(용접 · 용단작업 시 주의) [출처: 용접 · 용단작업 시 화재예방에 관한 기술지침, 한국산업안전보건공단, 2020. 12.]

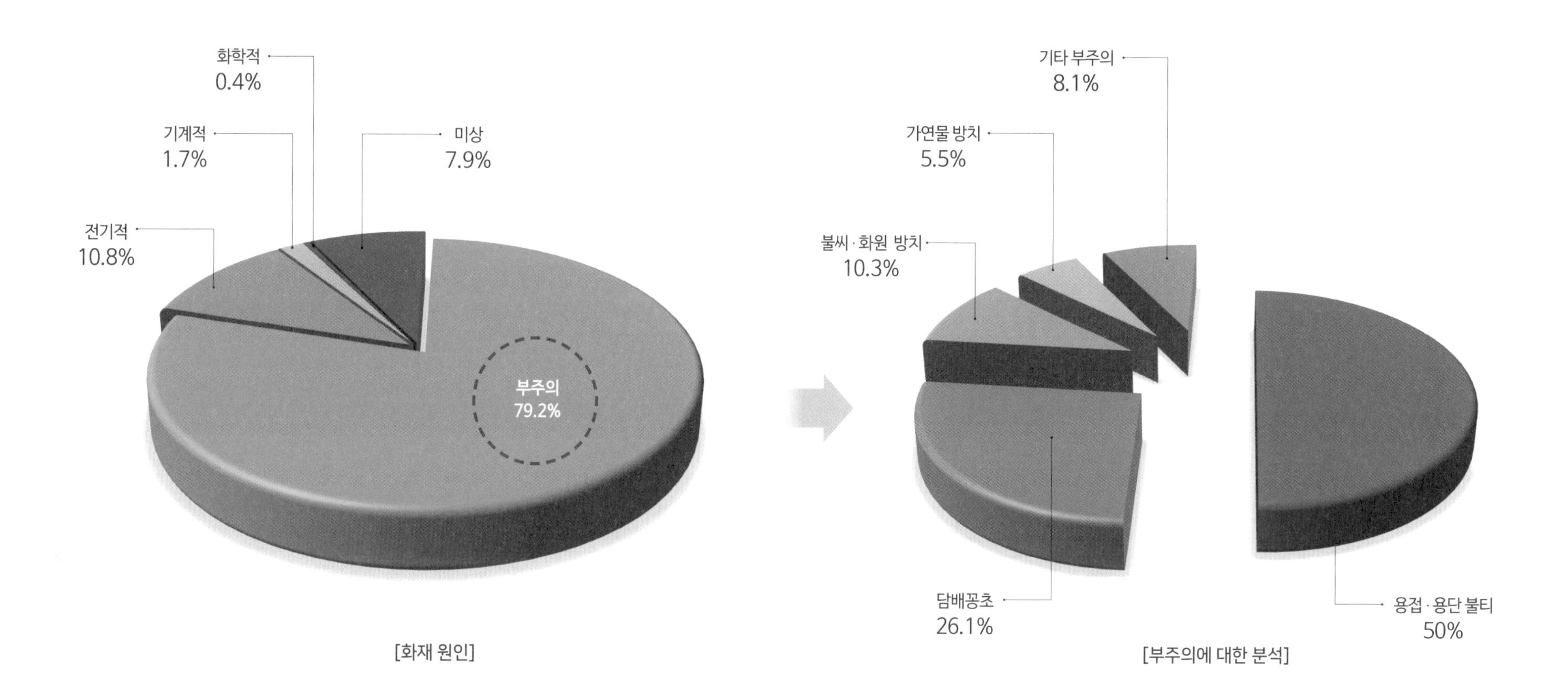

[화재 원인]

[부주의에 대한 분석]

● 건설현장의 특성 - 화재발생 측면

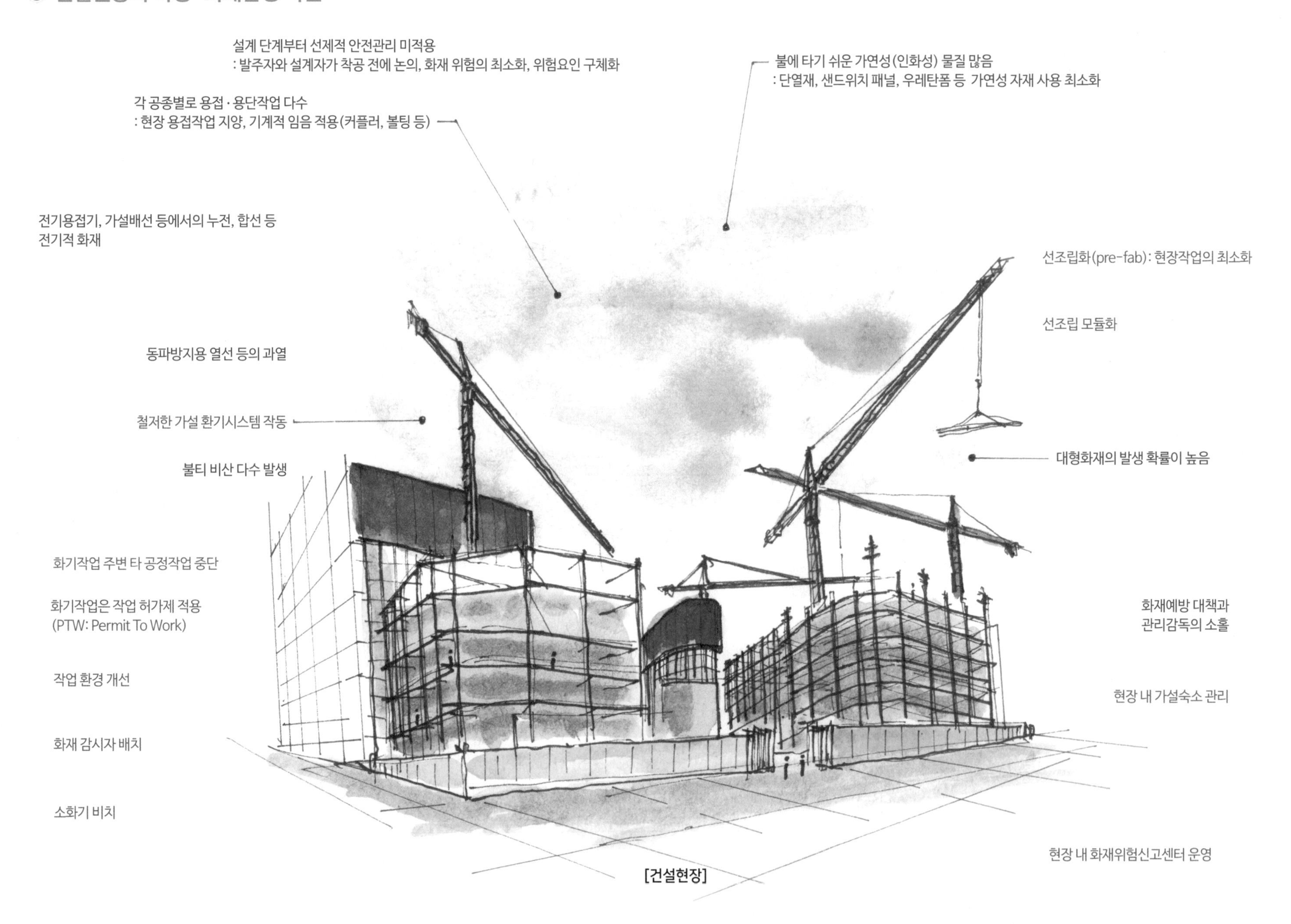

[건설현장]

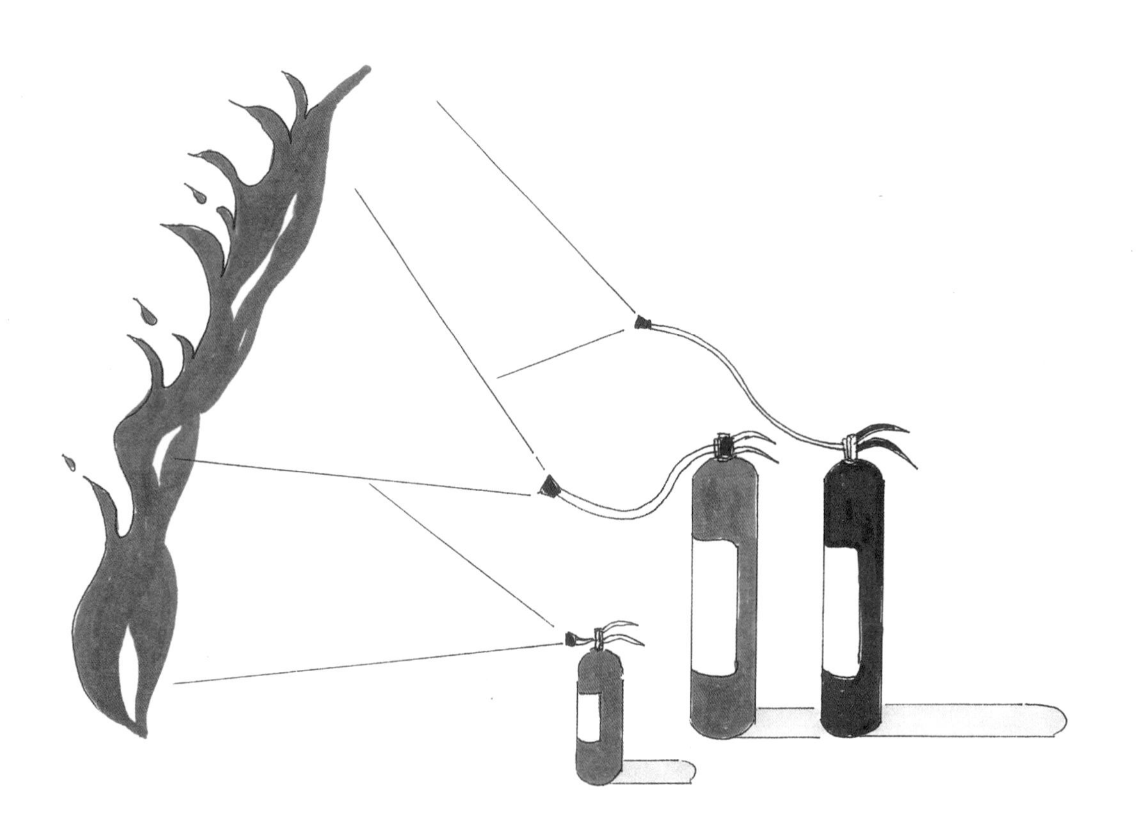

08 데크플레이트(Deck Plate) 공사 재해원인 및 예방대책

데크플레이트 작업 시 주요 재해사례

데크플레이트 작업은 설치작업 중 재해의 발생빈도가 가장 높다.

- 데크플레이트 걸침길이 부족으로 붕괴 및 추락
- 데크플레이트 판개작업 중 개구부로 추락
- 데크플레이트 판개작업 중 슬래브 단부로 추락
- 자재 인양작업 시 결속부 탈락에 의한 낙하
- 용접작업 시 불꽃에 의한 화재
- 콘크리트 타설 중 집중 타설로 붕괴
- 잔재물 제거작업 중 추락
- 자재 과적치로 인한 보 거푸집 붕괴

• 주요 안전관리 포인트: 데크플레이트 판개작업 중 또는 걸침길이 부족으로 인하여 추락, 낙하, 붕괴 등의 재해가 많이 발생한다.

재해발생 작업공정	건수	비율(%)
판개 및 설치작업 중	26	63.4
콘크리트 타설 중	6	14.6
양중 거치작업 중	5	12.2
운반 준비작업 중	2	4.9
잔재물 제거작업 중	2	4.9
합계	41	100

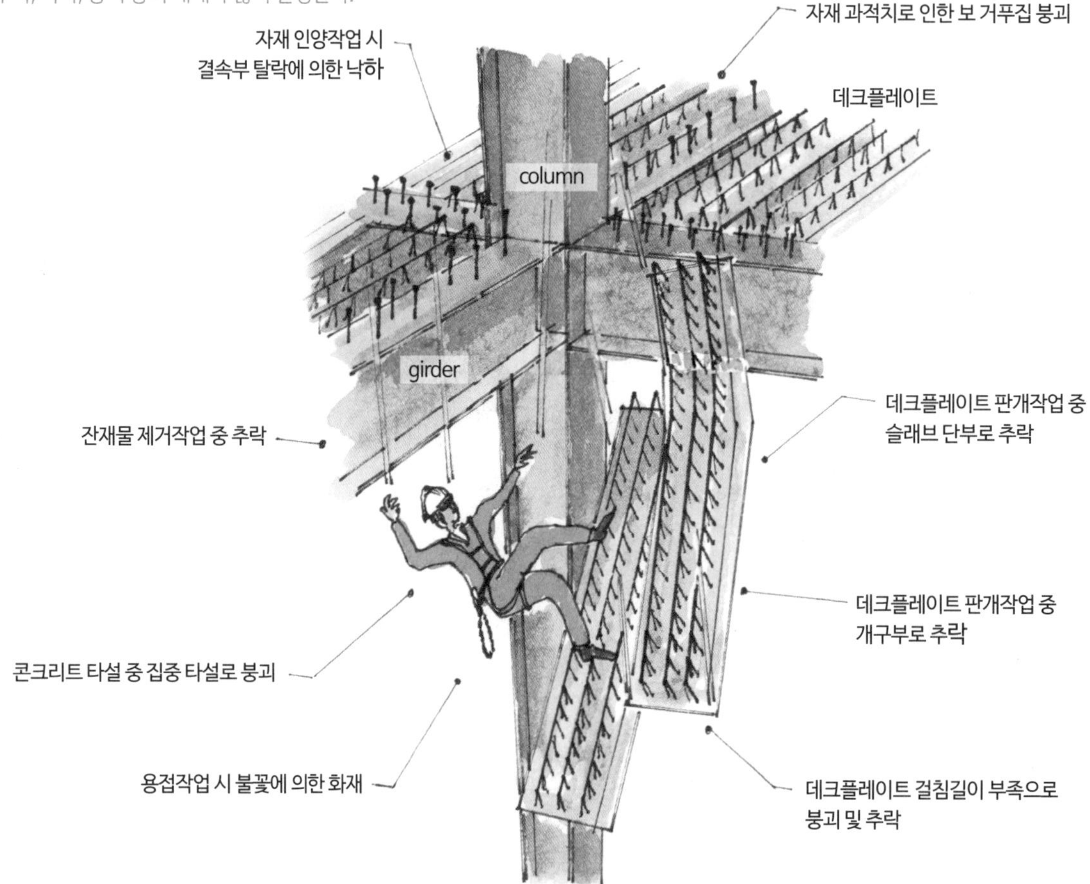

용어해설

데크플레이트(deck plate)
바닥 구조에 사용하는 파형(波形)으로 성형된 판의 호칭. 단면을 사다리꼴 모양 또는 사각형 모양으로 성형(成形, forming)함으로써 면외(面外) 방향의 강성(剛性)과 길이 방향의 내좌굴성(耐挫屈性)을 높게 한 판. '키스톤 플레이트(keystone plate, 파형강판)'라고도 한다.

최근 5년간 데크플레이트 관련 사망사고 분석

재해발생 형태	건수	비율(%)
추락	32	78.0
낙하	3	7.3
붕괴(데크플레이트 관련 SPS 철골브라켓)	1	2.4
붕괴(데크플레이트 지지 보 거푸집)	1	2.4
붕괴(데크플레이트 자체)	4	9.8
합계	41	100

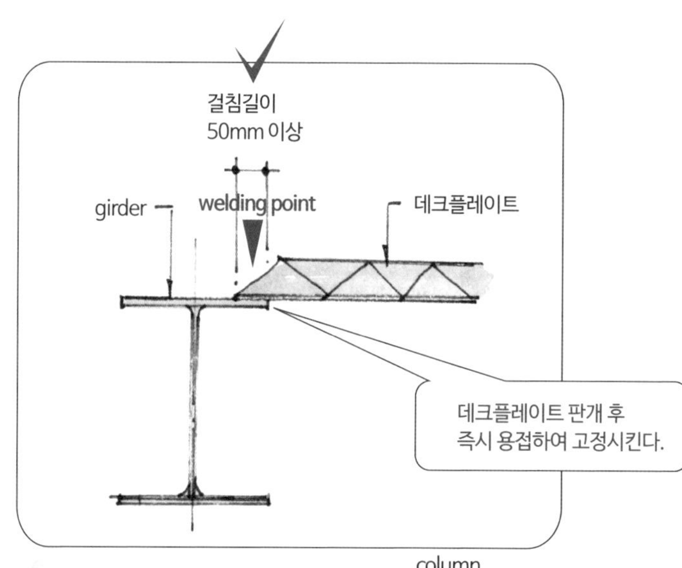

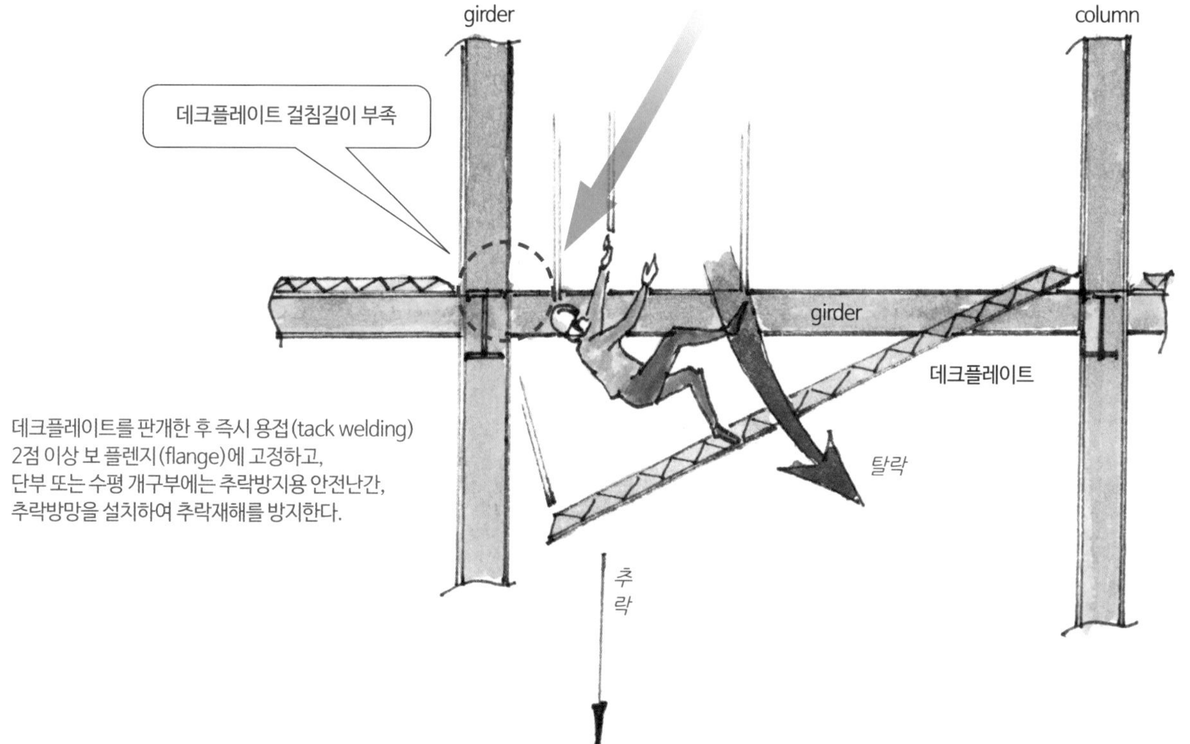

[데크플레이트 걸침길이 부족으로 인한 추락]

데크플레이트의 정의

'데크플레이트(deck plate)'란 사다리꼴 또는 사각형 모양으로 성형함으로써 면외 방향의 강성과 길이방향의 내좌굴성을 높게 한 판이다. 데크플레이트 종류로는 거푸집용(form deck plate)과 구조용(composite deck plate)이 있다. 거푸집용으로는 골형 및 평형 데크플레이트가 있고, 구조용으로는 철근트러스형 및 합성 데크플레이트가 있다.

■ 개요

- S조, SRC조 건축물에서 철골보에 데크플레이트를 걸쳐 대고 철근을 배근한 후 콘크리트를 타설하는 공법
- 동바리가 없기 때문에 하층의 작업이 용이하고 거푸집 설치 및 해체가 필요 없어 공기 및 공사비 절감 가능

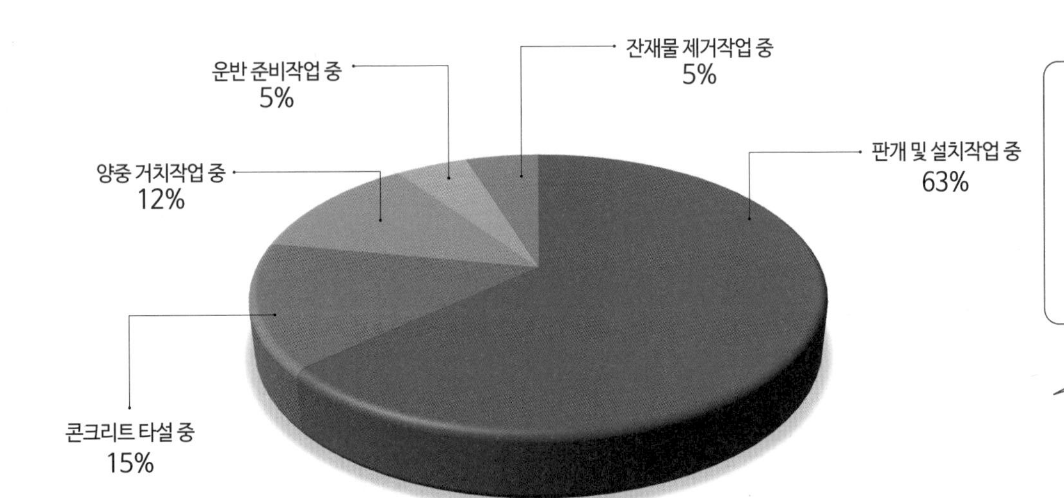

[재해발생 작업공정]

최근 5년 동안 데크플레이트 관련 사망사고 분석 결과, 재해발생 형태는 **추락(78%), 붕괴(15%), 낙하(7%)** 순의 빈도를 보이고 있으며, 재해발생 작업공정은 **판개 설치작업(63%), 콘크리트 타설(15%), 양중 거치작업**(12%) 순으로 나타났다.
추락사고의 대부분 재해원인은 안전대 부착설비 또는 안전방망 미설치이며, 낙하사고는 거치 불안정, 작업계획 사전검토 미이행으로 나타났다.

데크플레이트 작업 재해 유형별 안전대책	
재해 유형	안전대책
추락	• 개구부 주위 또는 슬래브 끝단(단부)에는 안전난간 설치 • 철골 하부에 안전방망 설치 또는 작업 및 이동 동선상에 안전대 부착설비 설치
낙하	• 시공도면 및 시방서에 의거 탈락 등이 발생하지 않도록 부재 간 용접 철저 • 데크플레이트 판개 후 즉시 용접(tack welding) 등 고정 실시 • 철골 하부에 안전방망 설치 또는 낙하 위험구역 출입통제 조치
붕괴	• 데크 자재 과적치 금지, 보 거푸집에 적치 시 보 거푸집 측판 벌어짐 방지 보강 선행 • 데크플레이트 구조검토 후 시공상세도를 작성하고 조립도에 따라 설치 준수 • 데크플레이트 설치 시 양단 걸침길이 확보 • 콘크리트 타설계획 수립이행으로 과(過) 타설, 집중 타설 방지
조립·설치 전 점검사항	• 작업 신호 유·무선 통신체계 상태 • 용접자 유자격 여부, 특별교육 실시 • 용접기, 가스공구, 휴대공구의 낙하방지조치 상태 • 고소작업용 안전대, 용접 보호면, 차광 안경 등 개인보호구 상태 • 낙하물 방지망, 추락방호망, 안전난간 등과 같은 안전시설 설치상태

■ **데크플레이트의 특징**

합판거푸집을 대체하여 건설 공법 패러다임을 변화시켰다.

공사기간 단축

공사비 절감

안전사고 최소화

품질 표준화

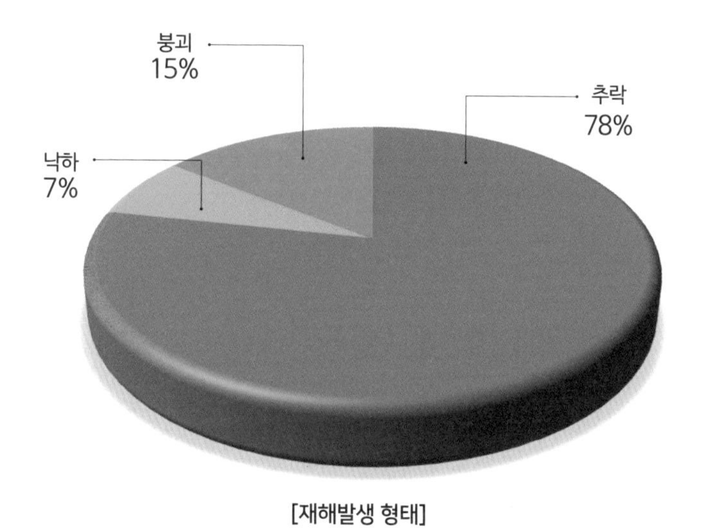

[재해발생 형태]

■ 데크플레이트의 종류

• **거푸집 데크플레이트:** 거푸집재의 용도로만 사용
• **구조용 데크플레이트:** 데크플레이트만으로 구조체 형성(내화피복 필요)
• **합성데크플레이트:** 콘크리트와 일체로 되어 구조체 형성
• **철근일체형 데크플레이트:** 데크플레이트와 트러스형 철근 일체화

■ 데크플레이트의 마구리 처리

• 데크플레이트 단부가 분할 이음된 경우 마구리 막음(end closer)을 설치
• 데크플레이트 최종 단부는 콘크리트 스토퍼(concrete stopper)를 설치

■ 데크플레이트의 장점

• 경량화(輕量化)로 설치가 용이하여 공사비 절감
• 동바리 미시공으로 공사비 절감 및 공기 단축 가능
• 층고에 제한이 없음
• 규격화된 자재의 공장생산으로 폐기물 감소
• 하부층 작업 가능

■ 스터드 용접(stud welding)

• 데크플레이트를 관통하여 스터드를 용접하는 경우 직경 16mm 이상의 스터드를 사용
• 판 두께가 두꺼운 경우 미리 데크플레이트에 구멍을 뚫어서 용접
• 데크플레이트 홈의 높이 Hd는 75mm 이하
• 데크플레이트 홈의 평균 폭 Bd는 스터드 직경 d의 2.5배 이상

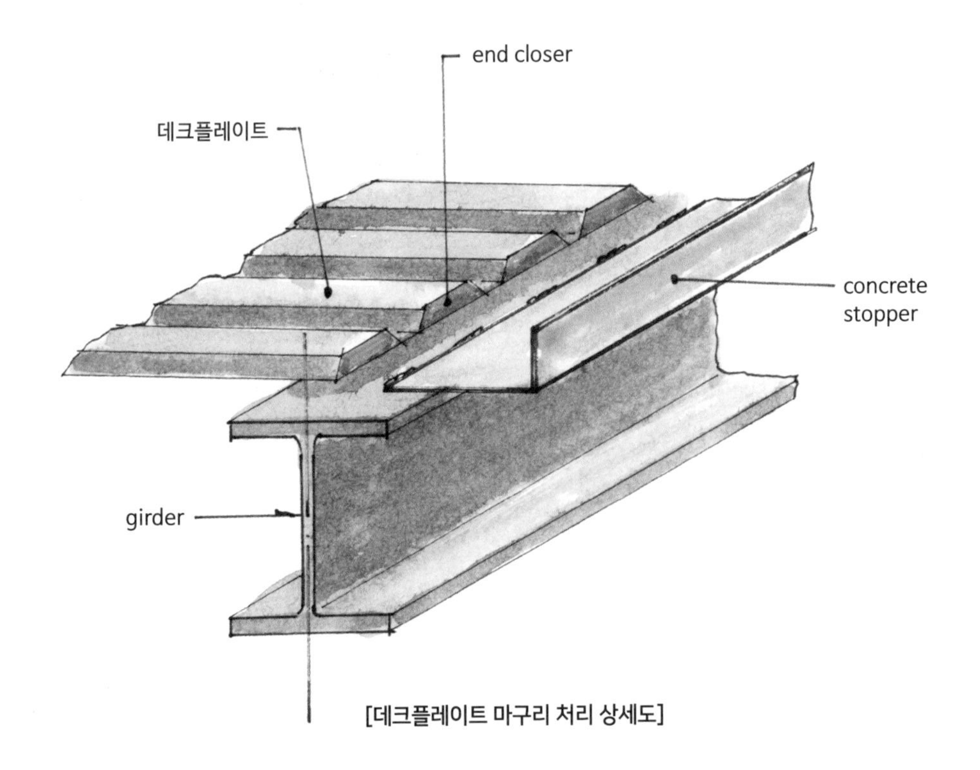

[데크플레이트 마구리 처리 상세도]

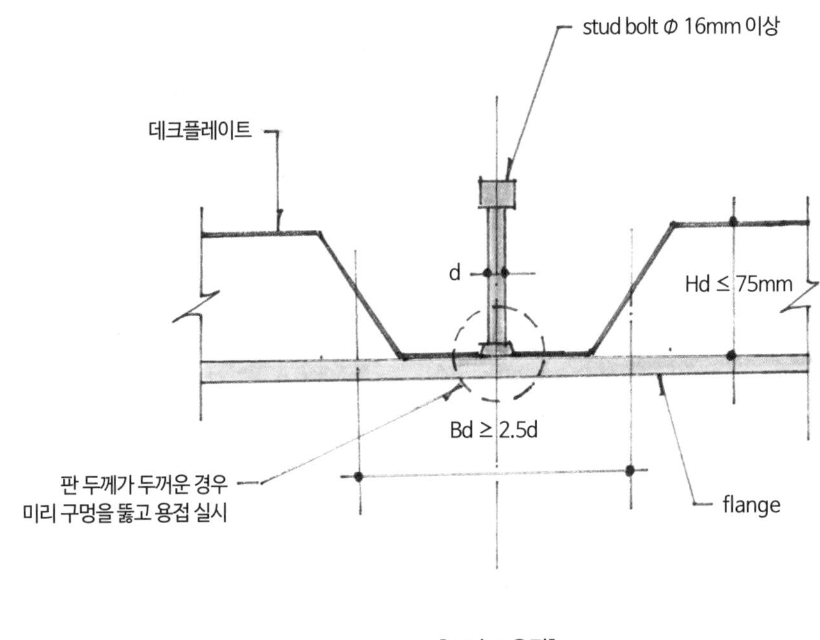

[스터드 용접]

09 석면 해체·제거작업 기준 도해 (KOSHA GUIDE H-70-2012)

사업주는 석면 해체·제거작업 실시 전, 산업안전보건법 제38조2(석면 조사)에 따른 일반 석면 조사, 기관 석면 조사 여부를 확인해야 한다.

■ **석면 조사 대상**

- 건축물의 철거, 멸실, 리모델링, 대수선, 증축 보수
- 또는 설비를 해체·제거
- 건축물 연면적 $50m^2$ 이상일 때

※ **석면 조사 의무:** 소유주, 관리자, 임차인, 사업시행자 등

■ **석면 조사 방법**

- 건축물 연면적의 합과 철거·제거하려는 면적의 합이 $50m^2$ 이상 시 석면 조사기관 의뢰
- 기관 석면 조사대상 이외는 일반 석면 조사

구분	기관 석면 조사	일반 석면 조사
방법	지정 석면 조사	육안, 설계도서, 자재 이력을 통해 조사(석면 함유 여부, 부위, 면적)
대상 규모	연면적 50㎡ 이상(주택 200㎡), 철거·제거 면적 50㎡ 이상 (주택 200㎡)	기관 석면 조사 대상 건축물 이외
위반 시	5,000만 원 이하 과태료	300만 원 이하 과태료

■ **석면의 종류 및 특성**

- **사문석계:** 백석면 93% 차지, 다용, 유연하고 강도 높음
- **각섬석계:** 청석면(철분 함유량 많아서 청색), 갈석면 등 보온재로 사용

■ **석면의 유해성**

- 1급 발암물질로 장기간 노출 시 폐암, 석면폐, 악성중피종 위험
- 호흡기 질환(잠복기간이 10~40년으로 길)
- 청석면 > 갈석면 > 백석면 순으로 유해

■ **순서**

용어해설

석면(石綿, asbestos)
자연에서 생산되는 섬유상 형태를 갖고 있는 규산염 광물로서 백석면, 갈석면, 청석면, 안소필라이트석면, 트레모라이트석면, 악티노라이트석면이 있으며 크기는 0.02~0.03㎛, 화학식은 $Mg_5Si_4O_{10}(OH)_8$이다. 섬유상으로 마그네슘이 많은 함수규산염 광물단열성, 내열성, 절연성이 뛰어나다. 세계보건기구(WHO) 산하 국제암연구소(IARC)에서는 1군 발암물질로 규정했다.

■ 석면 비산방지 방법
- 밀폐
- 격리
- 음압 유지시스템
- 습식작업
- 진공청소 등

■ 개인보호구 지급 · 착용
- 방진마스크(밀착검사)
- 방진복(전신용)
- 고글형 보호안경
- 보호장갑 및 보호신발 (손목, 발목 부분의 밀봉을 위하여 테이핑)

■ 해체 · 제거장비
- 음압기(필터)
- 음압기록장치
- 진공청소기

■ 음압기
- 고성능 필터가 달린 팬을 이용하여 작업장 내부 공기를 일정 유량으로 배기하여 석면 해체· 제거작업 공간 내부를 음압으로 유지하는 장치

■ 음압기(음압유지장치) 설치
- 밀폐된 작업장 내부를 외부보다 음(-)압으로 유지
- 외부의 신선한 공기 공급
- 내부 석면오염 공기의 외부방출 억제
- 고성능 필터(HEPA 필터) 설치: 내부 석면분진을 제거한 후 청정한 공기를 외부로 방출
- 환기량 계산하여 음압기 소요대수 산출

■ 석면 해체 · 제거작업 계획에 포함된 내용
- 공사개요, 투입인력
- 석면 함유물질 위치, 범위, 면적 등
- 석면 해체 · 제거작업의 절차 및 방법: 도구, 장비, 설비, 작업 순서, 작업방법 등
- 석면 흩날림 방지 폐기방법
  - 석면함유 잔재물의 습식 또는 진공청소
  - 석면분진 비산방지 방법, 석면함유 잔재물 처리방법
- 근로자 보호조치
  - 개인보호구 지급 및 착용
  - 위생설비 설치 계획
  - 작업 종료 후 작업복, 호흡보호구 세척방법
  - 추락 · 감전 예방을 위한 조치 계획
  - 석면에 대한 특수건강진단
  - 석면의 유해성, 흡연금지 등 작업 관련 특별안전교육
  - 경고 표지, 출입통제 조치 계획
  - 비상연락체계 등

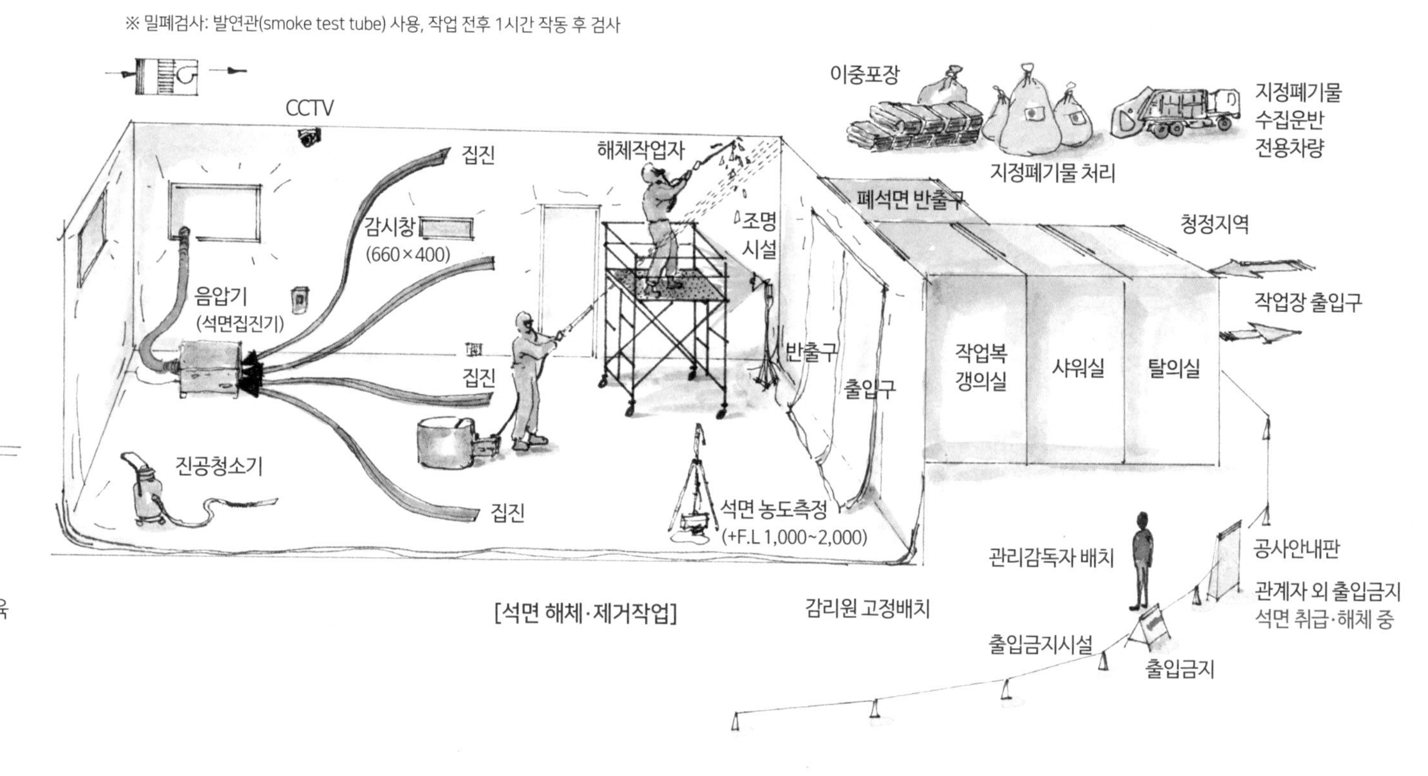

[석면 해체·제거작업]

■ 석면 해체 · 제거작업 시 필요서류
- 석면 해체 · 제거작업 신고서
- 석면조사결과서
- 폐기물 배출신고 계약서

■ 내부 음압 영향 요소
- 음압기 배기유량
- 개구면(작업자 출입, 비닐밀폐 틈 등) 변화
- 실내외 온도차
- 작업장 외부 기류 등

■ 밀폐작업 전 준비사항
- 환기시스템 중단 및 전기설비 차단
- 환기구, 창문 등 개구부 밀폐
- 타 인접 장소 등과 이격
- 이동 가능한 시설물 외부로 이동

■ **석면 해체 · 제거작업 시 금지사항**

- 분진포집장치가 없는 고속 절삭디스크톱의 사용
- 압축공기 사용
- 석면 함유물질의 분진 및 부스러기 등을 건식으로 빗자루 청소작업
- 작업장 내 흡연 · 취식행위

석면 농도기준을 초과한 경우 밀폐비닐 시트, 위생설비 철거, 해체 불가

2009년 석면 사용 전면금지 시행

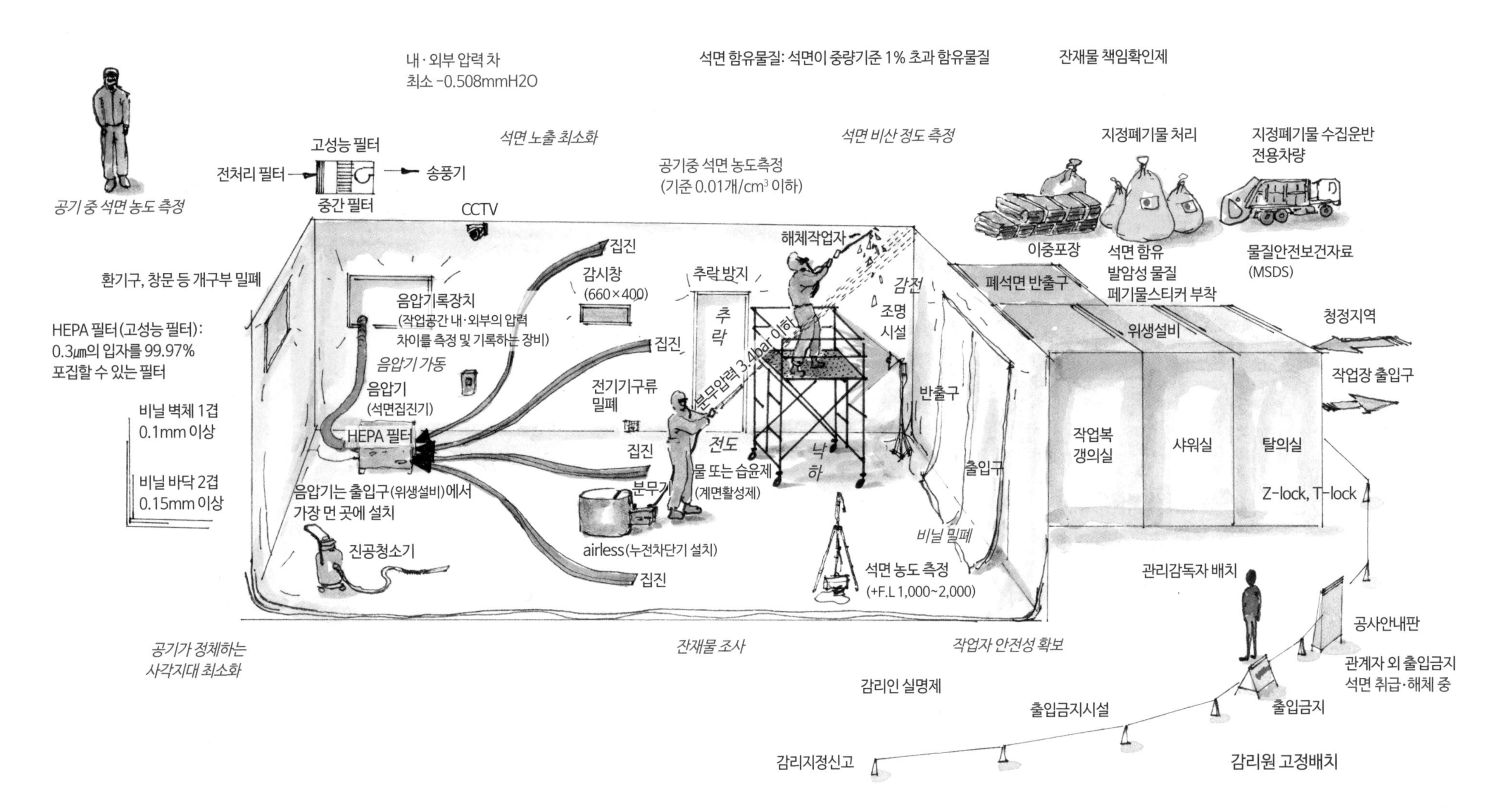

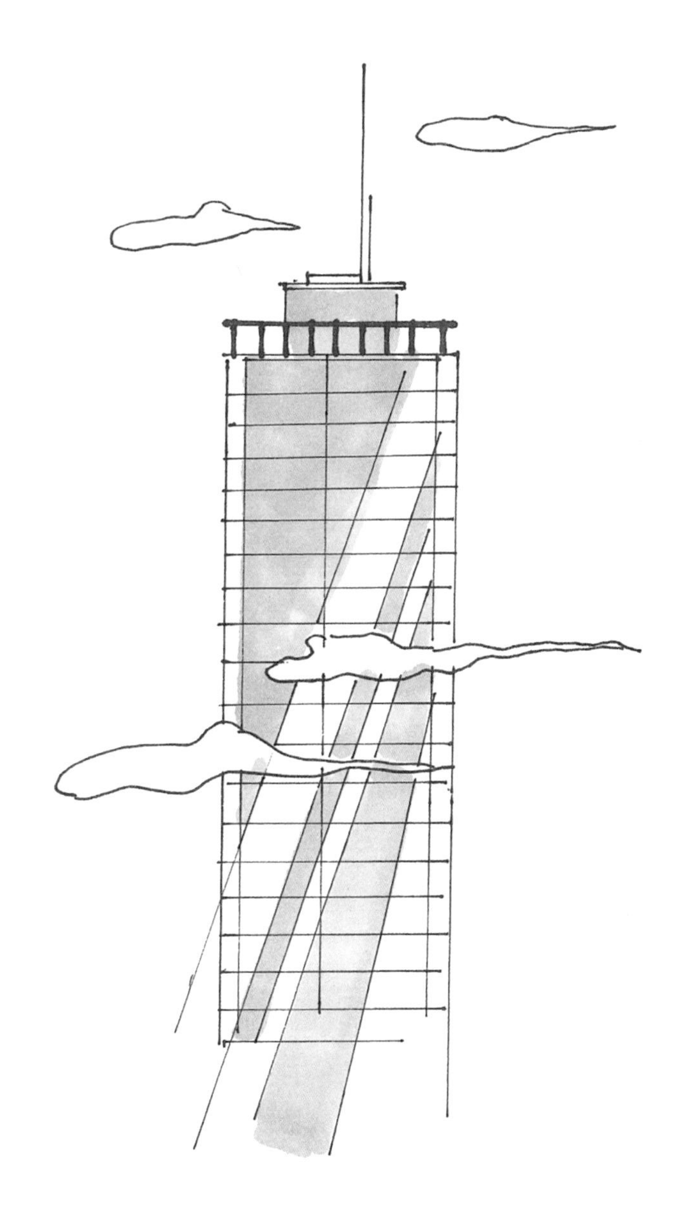

10 서중(暑中) 콘크리트

서중 콘크리트 - 1

■ 정의

- 대한건축학회 기준: 콘크리트 타설 시 온도 기준 일 최고 30℃ 이상 또는 일평균 25℃ 초과
- 콘크리트 표준시방서 기준: 일 평균기온이 25℃ 초과

■ 서중 콘크리트의 특성

- 콘크리트 온도 10℃ 상승 시 슬럼프 2.5㎝ 감소(단위 시멘트량 증가)
- 콘크리트 온도 10℃ 상승 시 공기량 2% 감소
- 응결시간 단축으로 수화반응 속도 증가(3~4시간 단축)
- 콜드조인트(cold joint) 발생 및 표면수 증발로 인한 균열 발생

■ 서중 콘크리트 품질관리 방안

1. 생산 시 품질관리

① 물, 골재, 시멘트 낮은 온도 유지

② 양질의 혼화제(감수제, 지연제) 사용

③ 장기강도 확보를 위한 혼화재(F/A, S/P 등) 사용

2. 운반 및 타설 시

① 타설 부위에 충분한 살수

② 적정 작업인원 배치 및 충분한 다짐작업

③ 차량 대기는 그늘진 곳에서 대기시간 최소화

④생산부터 타설완료까지 규정시간 준수(90분 이내)

3. 타설 후 양생관리

습윤양생(살수 또는 양생포 설치)

콘크리트 배합비

구분	포틀랜드 시멘트(1종)	플라이애시 (2종)	고로슬래그 (3종)	비고
표준/서중(書中)	**90%**	**10%**	**-**	**적용**
매스(Mass)	70%	15%	15%	-
한중(寒中)	100%	-	-	-

콘크리트 압축강도를 시험할 경우 거푸집널의 해체 시기

부재		콘크리트 압축강도
확대기초, 보 옆, 기둥, 측벽 등		5Mpa 이상
슬래브 및 보의 밑면, 아치 내면	단층 구조의 경우	설계기준 압축강도의 2/3 이상 또한 최소 14MPa 이상
	다층 구조의 경우	설계기준 압축강도 이상(필러 동바리 구조를 이용할 경우는 구조계산에 의해 기간을 단축 가능. 단, 이 경우라도 최소강도는 14Mpa 이상)

용어해설

서중 콘크리트(暑中 concrete, hot weather concrete)
여름과 같이 대기의 온도가 높을 때 공사에 사용하는 콘크리트. 물과 혼합할 때 열 방출량을 줄이기 위하여 재료를 30℃ 이하로 부어 넣는다.

● 서중 콘크리트-2

서중 콘크리트 품질관리는 구조물의 강도, 내구성 및 수밀성 확보를 목표로 한다.

골재저장소(지붕시설)

■ 슬럼프 저하

- 수분의 급속한 증발로 인한 응결 · 경화 시 균열 발생
- 장기강도 저하(초기 강도는 높지만 재령 28일 이후 강도는 15~20% 감소)
- 작업성(workability) 저하(연행 공기량 감소, 슬럼프 저하로 인함)
- 수화열에 의한 온도 상승 및 응결속도 증가

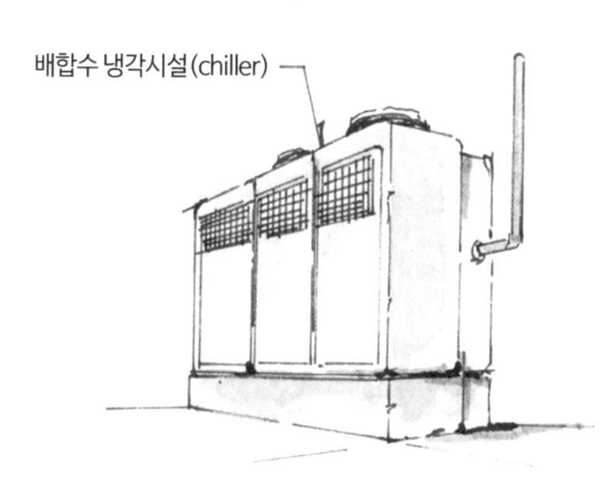

■ 서중 콘크리트 발생 시 문제점

- 작업성 저하
- 균열 발생
- 장기강도 저하

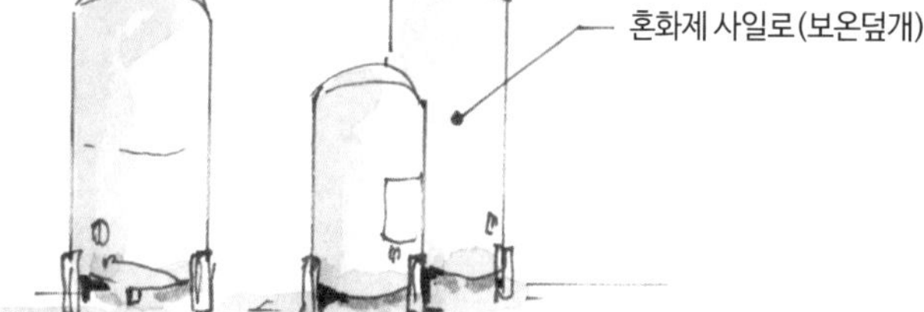
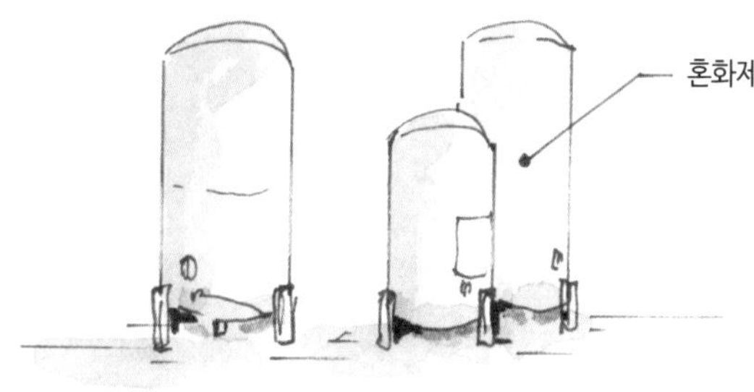

타설시간
1.5시간(90분) 이내

콘크리트 타설면 비닐보양
또는 살수양생, 표면살수

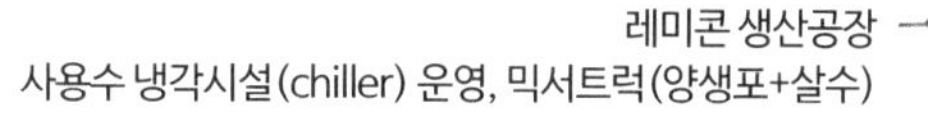

■ 우천 시 콘크리트 타설 대책

- 원칙적으로 우천 시 타설 금지
- 타설 대책 감리 승인(보양대책, 배합비 조정, 타설 중지 강우량 등)
- 소나기 등 집중 강우 시 타설 일시 중단, 작업 재개 시 고인 물 제거 후 타설

참고자료

콘크리트 배합

시멘트(OPC) 90% + 플라이애시 10%

● 서중 콘크리트-3

- 기온이 높아서 슬럼프의 저하와 수분의 급격한 증발 등의 위험성이 있는 시기에 시공되는 콘크리트인데 콘크리트 표준시방서에는 하루 평균기온이 25℃ 또는 최고온도가 30℃를 넘으면 서중 콘크리트로 시공하도록 되어 있다. 물과 시멘트는 되도록 저온의 것을 사용하고 거푸집이나 지반이 건조해서 콘크리트의 유동성을 떨어뜨릴 우려가 있으므로 습윤상태를 충분히 유지해야 한다.
- 기온이 높으면 그에 따라 콘크리트의 온도가 높아져 수화반응이 빨라지므로 이상 응결이 발생되기 쉽다. 그러면 워커빌리티(workability)가 감소되어 작업성이 떨어진다. 또한 운반 중의 슬럼프 저하, 연행 공기량의 감소, 콜드조인트(cold joint)의 발생, 표면 수분의 급격한 증발에 의한 균열의 발생 등 위험성이 증가한다. 그러므로 콘크리트를 타설할 때나 타설한 직후에는 가능하면 콘크리트의 온도가 낮아지도록 재료의 취급, 비비기, 운반, 타설 및 양생 등에 대하여 적절한 조치를 취하는 것이 중요하다.
- 물과 시멘트는 되도록 저온의 것을 사용하고, 콘크리트의 온도는 가능한 35℃ 이하로 낮추는 것이 좋다. 거푸집이나 지반이 건조해서 콘크리트의 유동성을 떨어뜨릴 우려가 있으므로 습윤상태를 충분히 유지해야 한다. 특히 타설 후 24시간은 노출면이 건조해지지 않도록 하고 양생은 최소 5일 이상 실시하는 것이 좋다.

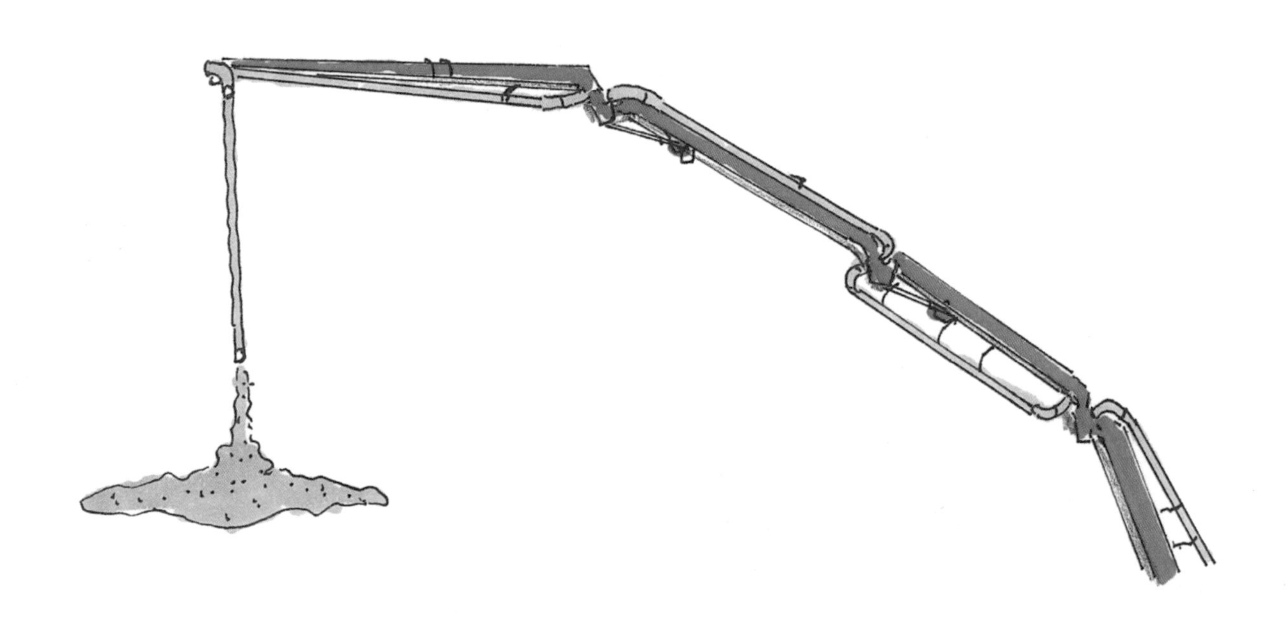

서중 콘크리트-4

재료분리

재료, 배합, 운반, 타설, 다짐, 거푸집, 철근배근 등 종합적인 검토 및 대책수립이 필요하다.

하자 유형	문제점	품질관리 사항
• 굵은골재(자갈) 분리 • 시멘트 페이스트 분리 • 물의 분리	① 곰보 및 콜드조인트(cold joint) 유발에 따른 내구성 저하 및 미관 불량 ② 슬래브 표면 마감작업 지장 ③ 타설 중 막힘 현상 발생	① 고성능 AE제 등 사용(단위수량 저감) ② 입도분포가 양호한 골재 사용 - 레미콘 공장 점검 시 골재 확인 ③ 시멘트 페이스트 누출 방지 - 거푸집 접합부 정밀시공 ④ 부어넣기 높이 최대한 낮게(1.5m 이하) 유지 ⑤ 다짐 철저 - 진동기 사용이 곤란한 부위는 목망치 등을 사용 - 과도한 진동은 오히려 재료분리 발생

콜드조인트

콘크리트 부어넣기 중 불연속면으로 신구 콘크리트가 일체화되지 않는 재료분리 현상으로 철저한 레미콘 수급 및 타설시간 관리 등 시공계획 수립이 필요하다.

하자 유형	문제점	품질관리 사항
응결이 시작된 콘크리트에 새로운 콘크리트를 이어칠 때 생기는 현상	① 강도, 내구성 저하 ② 수밀성 저하 - 철근 부식 - 균열 발생 - 열화 촉진	① 철저한 시공계획 수립 - 콘크리트 타설은 연속적으로 실시 - 레미콘 배차간격 수립 - 레미콘 물량, 타설 구간 확인 등 펌프카 수량 산정 - 펌프카 고장 등을 고려하여 예비 펌프카 확보 ② 이어치기 부위 타설 시 철저한 진동다짐 실시 - 시공이음부 경화 시 치핑(chipping) 등 대책 강구 ③ 이어치기 시간 간격 준수

■ **초기 균열**

콘크리트 타설 후 응결이 종료되기 전에 발생하는 균열

하자 유형	품질관리 사항
침하 균열	① 타설 속도를 길게 하고 1회 타설 높이(1.5m 이하)를 최대한 낮추며 철저한 진동다짐이 필요 ② 균열이 조기에 발생하면 탬핑(tamping) 실시 - 콘크리트 타설 후 60~90분 이내에 누르기 - 흙손 등으로 눌러서 균열 제거 ③ 단위수량을 적게 하여 저슬럼프 콘크리트 타설(고성능 AE 감수제 적용)
초기 건조수축 균열	• 수분 증발을 방지하는 것이 건조수축 균열 방지의 기본 - 직사광선이나 바람에 노출되지 않도록 PE 필름, 차광막 등 설치 - 적절한 살수 양생실시
거푸집 변형에 의한 균열	① 콘크리트 측압에 따른 거푸집 변형 주의 ② 동바리 설치상태 확인 등 부등침하 주의
진동 등 경미한 재하에 따른 균열	① 콘크리트 타설 후 구조물 근처에서 장비류 등의 진동 금지 ② 초기 재령 준수하여 장비 운행 제한 ③ 강도 확인 등 하부 동바리 및 거푸집 해체 일정 수립

■ **서중 콘크리트 레미콘사 관리대책**

• 레미콘 제조능력 확인
• 원재료 수급 및 관리상태 확인
• 레미콘 운반거리 및 배차간격 확인

서중 콘크리트 관리계획	시멘트	사용수		골재	혼화제/재	믹서트럭	배합비	콘크리트 관리 온도	운영상태	운반거리	운반시간
		지하수	칠러(chiller)								
수립	보온덮개	O	O	사일로+ 스프링클러	보온덮개	양생포+살수	시멘트 90%+ F/A10%	30℃ 이하	적정	8km	40분

서중 콘크리트의 품질 검사			
항목	**시험·검사방법**	**시기·횟수**	**판단 기준**
외기 온도	온도계 측정	공사 시작 전·중	일평균 기온이 25℃를 초과하는 경우
콘크리트 온도		공사 중	생산 및 타설 시 30℃ 이하
운반시간	시간 확인	공사 중	비비기로부터 타설 종료까지 1.5시간(90분) 이내
워커빌리티(workability)	육안 확인	공사 전·중	작업성 등 품질이 균일할 것
배합 확인	현장배합표 확인	공사 중	승인 표준배합비 확인
초기 건조수축으로 굳지 않은 콘크리트 (슬럼프, 공기량, 염화물 함유량, 온도)	KSF 4009 건설공사 품질관리 업무지침	$150m^3$마다	관리기준 이내
굳은 콘크리트(압축강도)		$360m^3$마다 1로트	설계기준강도 이상
거푸집/동바리 해체	콘크리트 표준시방서	발생 시	수직부재: 5Mpa 이상 수평부재: 14Mpa 이상(필러 동바리 보강)
불량 레미콘	건설공사 품질관리 업무지침	발생 시	불량 레미콘 폐기 및 폐기확약서 작성 원인 및 재발방지 대책 수립

서중 콘크리트-5

KCS 14 20 41 : 2021 표준시방서

1.3 용어의 정의

서중 콘크리트(hot weather concreting): 높은 외부기온으로 인하여 콘크리트의 슬럼프 또는 슬럼프 플로 저하나 수분의 급격한 증발 등의 우려가 있을 경우에 시공되는 콘크리트로서 하루 평균기온이 25℃를 초과하는 경우 서중 콘크리트로 시공한다.

1.4 서중 콘크리트 일반

(1) 서중 콘크리트 환경에서 콘크리트를 타설할 때와 타설 직후에는 콘크리트의 온도가 낮아지도록 재료의 취급, 비비기, 운반, 타설 및 양생 등에 대하여 적절한 조치를 취하여야 한다.

(2) 공사 시작 전에 서중 콘크리트의 재료, 배합, 운반, 양생 등의 방법에 관한 시공계획서를 작성하여 책임기술자의 승인을 얻어야 한다.

2.2 배합

(1) 콘크리트의 배합은 소요의 강도 및 워커빌리티를 얻을 수 있는 범위 내에서 단위수량을 적게 하고 단위 시멘트량이 많아지지 않도록 적절한 조치를 취하여야 한다.

(2) 일반적으로는 기온 10℃의 상승에 대하여 단위수량은 (2~5)% 증가하므로 소요의 압축강도를 확보하기 위해서는 단위수량에 비례하여 단위 시멘트량의 증가를 검토하여야 한다.

(3) 서중 콘크리트는 배합온도는 낮게 관리하여야 한다.

(4) 재료의 온도를 알 수 있을 때에는 비빔 직후 콘크리트의 온도는 공용되는 적절한 식으로 계산하여 적용할 수 있다.

2.3 재료 품질관리

(1) 콘크리트 재료는 온도가 낮아질 수 있도록 하여야 한다.

(2) 비빔 직후의 콘크리트 온도는 기상 조건, 운반 시간 등의 영향을 고려하여 타설할 때 소요의 콘크리트 온도가 얻어지도록 하여야 한다.

(3) 서중 콘크리트의 자재 품질관리는 KCS 14 20 10(2.3)의 해당 규정에 따른다.

3. 시공

3.1 시공일반

(1) 비빈 콘크리트는 가열되거나 건조로 인하여 슬럼프가 저하하지 않도록 적당한 장치를 사용하여 되도록 빨리 운송하여 타설하여야 한다. 덤프트럭 등을 사용하여 운반할 경우에는 콘크리트의 표면을 덮어서 일광의 직사나 바람으로부터 보호하여야 한다.

3.2 운반

(1) 펌프로 운반할 경우에는 관을 젖은 천으로 덮어야 하며, 레디믹스트 콘크리트를 사용하는 경우에는 에지테이터 트럭을 햇볕에 장시간 대기시키는 일이 없도록 사전에 배차계획까지 충분히 고려하여 시공계획을 세워야 한다.

(2) 운반 및 대기시간의 트럭믹서 내 수분증발을 방지하고 폭우가 내릴 때 우수의 유입방지와 주차할 때 이물질 등의 유입을 방지할 수 있는 뚜껑을 설치하여야 한다.

3.3 타설

(1) 콘크리트를 타설하기 전에 지반과 거푸집 등을 조사하여 콘크리트로부터의 수분흡수로 품질변화의 우려가 있는 부분은 습윤상태로 유지하는 등의 조치를 하여야 한다. 또 거푸집, 철근 등이 직사일광을 받아서 고온이 될 우려가 있는 경우에는 살수, 덮개 등의 적절한 조치를 하여야 한다.

(2) 콘크리트는 비빈 후 즉시 타설하여야 하며, KS F 2560의 지연형 감수제를 사용하는 등의 일반적인 대책을 강구한 경우라도 1.5시간 이내에 타설하여야 한다.

(3) 콘크리트를 타설할 때의 콘크리트의 온도는 35℃ 이하이어야 한다.

3.4 양생

3.4.1 일반사항

(1) 콘크리트는 타설한 후 소요기간까지 경화에 필요한 온도, 습도조건을 유지하며, 유해한 작용의 영향을 받지 않도록 충분히 양생하여야 한다. 구체적인 방법이나 필요한 일수는 각각 해당하는 조항에 따라 구조물의 종류, 시공 조건, 입지조건, 환경조건 등 각각의 상황에 따라 정하여야 한다.

3.4.2 습윤 양생

(1) 콘크리트는 타설한 후 경화가 될 때까지 양생기간 동안 직사광선이나 바람에 의해 수분이 증발하지 않도록 보호하여야 한다.

(2) 콘크리트는 타설한 후 습윤상태로 노출면이 마르지 않도록 하여야 하며, 수분의 증발에 따라 살수를 하여 습윤상태로 보호하여야 한다. 습윤상태로 보호하는 기간은 표 3.4-1을 표준으로 한다.

표 3.4-1 습윤 양생기간의 표준

일평균기온	보통포틀랜드 시멘트
15℃ 이상	5일
10℃ 이상	7일
5℃ 이상	9일

(3) 거푸집판이 건조될 우려가 있는 경우에는 살수하여야 한다.

(4) 막양생을 할 경우에는 충분한 양의 막양생제를 적절한 시기에 균일하게 살포하여야 한다. 막양생으로 수밀한 막을 만들기 위해서는 충분한 양의 막양생제를 적절한 시기에 살포할 필요가 있으므로 사용 전에 살포량, 시공방법 등에 관해서 시험을 통하여 충분히 검토하여야 한다.

11 우리말로 순화된 산업재해 발생형태 명칭

변경 전	변경 후	
코드명	대분류 코드명	중분류 코드명
추락	떨어짐 (높이가 있는 곳에서 사람이 떨어짐)	상세 정보 부족으로 떨어짐
		계단, 사다리에서 떨어짐
		개구부 등 지면에서 떨어짐
		재료더미 및 적재물에서 떨어짐
		지붕에서 떨어짐
		비계 등 가설구조물에서 떨어짐
		건물 대들보나 철골 등 기타 구조물에서 떨어짐
		운송수단 또는 기계 등 설비에서 떨어짐
		기타 떨어짐
전도	넘어짐 (사람이 미끄러지거나 넘어짐)	상세 정보 부족으로 넘어짐
		계단에서 넘어짐
		바닥에서 미끄러져 넘어짐
		바닥의 돌출물 등에 걸려 넘어짐
		운송수단, 설비에서 넘어짐
		기타 넘어짐
전도	깔림 (물체의 쓰러짐이나 뒤집힘)	상세 정보 부족으로 깔림·뒤집힘
		쓰러지는 물체에 깔림
		운송수단 등 뒤집힘
		기타 깔림·뒤집힘
충돌	부딪힘 (물체에 부딪힘)	상세 정보 부족으로 부딪힘
		사람에 의한 부딪힘
		바닥에서 구르는 물체에 부딪힘
		흔들리는 물체 등에 부딪힘
		취급, 사용 물체에 부딪힘
		차량 등과의 부딪힘
		기타 부딪힘

변경 전	변경 후	
코드명	대분류 코드명	중분류 코드명
낙하·비래	맞음 (날아오거나 떨어진 물체에 맞음)	상세 정보 부족으로 날아옴·떨어짐
		떨어진 물체에 맞음
		날아온 물체에 맞음
		기타 날아옴·떨어짐
붕괴·도괴	무너짐 (건축물이나 쌓인 물체가 무너짐)	상세 정보 부족으로 무너짐
		도랑의 굴착사면 무너짐
		적재물 등의 무너짐
		건축물, 구조물의 무너짐
		가설구조물의 무너짐
		절취사면 등의 무너짐
		기타 무너짐
협착	끼임 (기계설비에 끼이거나 감김)	상세 정보 부족으로 끼임·감김
		직선운동 중인 설비, 기계 사이에 끼임
		회전부와 고정체 사이의 끼임
		두 회전체의 물림점에 끼임
		회전체 및 돌기부에 감김
		인력운반, 취급 중인 물체에 끼임
		기타 끼임·감김
절단·베임·찔림	절단·베임·찔림	상세 정보 부족으로 절단·베임·찔림
		회전날 등에 의한 절단
		취급 물체에 의한 절단
		회전날 등에 의한 베임
		취급 물체에 의한 베임·찔림
		기타 절단·베임·찔림

변경 전	변경 후	
코드명	대분류 코드명	중분류 코드명
감전	감전	상세 정보 부족으로 감전
		충전부에 감전
		누설전류에 감전
		아크 감전(접촉)
		기타 감전
폭발·파열	폭발·파열	상세 정보 부족으로 폭발
		기계·설비의 폭발
		캔·드럼 폭발
		파열
		기타 폭발
화재	화재	화재
무리한 동작	불균형 및 무리한 동작	상세 정보 부족으로 불균형 및 무리한 동작
		신체불균형 동작
		과도한(무리한) 힘·동작
		기타 불균형 및 무리한 동작
산소 결핍	산소 결핍	산소 결핍
빠짐·익사	빠짐·익사	빠짐·익사
사업장 내 교통사고	사업장 내 교통사고	사업장 내 교통사고
사업장 외 교통사고	사업장 외 교통사고	사업장 외 교통사고
해상항공 교통사고	해상항공 교통사고	해상항공 교통사고
광산사고	광산사고(삭제)	광산사고(삭제)

변경 전	변경 후	
코드명	대분류 코드명	중분류 코드명
체육행사	체육행사 등의 사고	상세 정보 부족으로 체육행사 등의 사고
		체육행사
		운동선수 등 체육활동
		워크숍
		회식
		기타 체육행사 등의 사고
폭력행위	폭력행위	작업 중(작업장 내) 폭력행위
		작업장 외 장소에서 폭력행위
동물상해	동물상해	상세 정보 부족으로 동물상해
		평소 작업 중 동물상해
		평소 작업 외 동물상해
		기타 동물상해
기타	기타	기타
분류 불능	분류 불능	분류 불능

참고자료

- 국가법령정보센터 https://www.law.go.kr (건설기술진흥법, 산업안전보건법, 건축법)
- 국가건설기준센터(KCSC) https://www.kcsc.re.kr
- 건축도시연구정보센터(AURIC) https://www.auric.or.kr
- (사)대한건축학회, 온라인 건축용어사전 http://dict.aik.or.kr
- (사)대한토목학회, 토목용어사전 https://dic.ksce.or.kr
- 안전보건공단 자료마당 안전보건자료 https://www.kosha.or.kr/kosha/info/getlawRgl.do
- 산업안전대사전(네이버 지식백과) https://terms.naver.com/list.naver?cid=42380&categoryId=42380
- 《시공을 이해하는 일러스트 건축 생산 입문(施工がわかるイラスト建築生産入門)》, 일반사단법인 일본건설업연합회 편집, 가와사키 카즈오 그림, 쇼코쿠샤, 2017

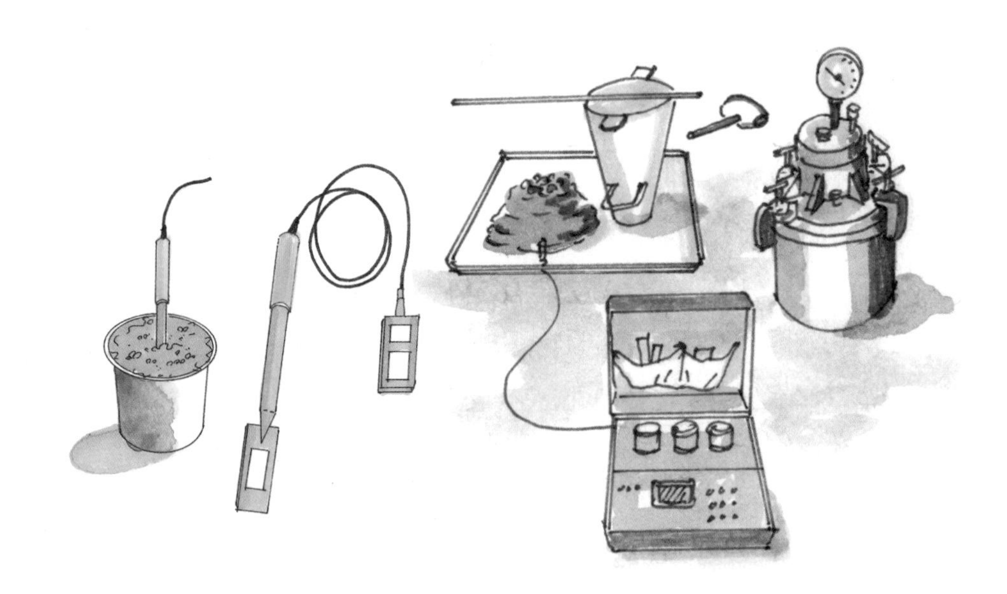

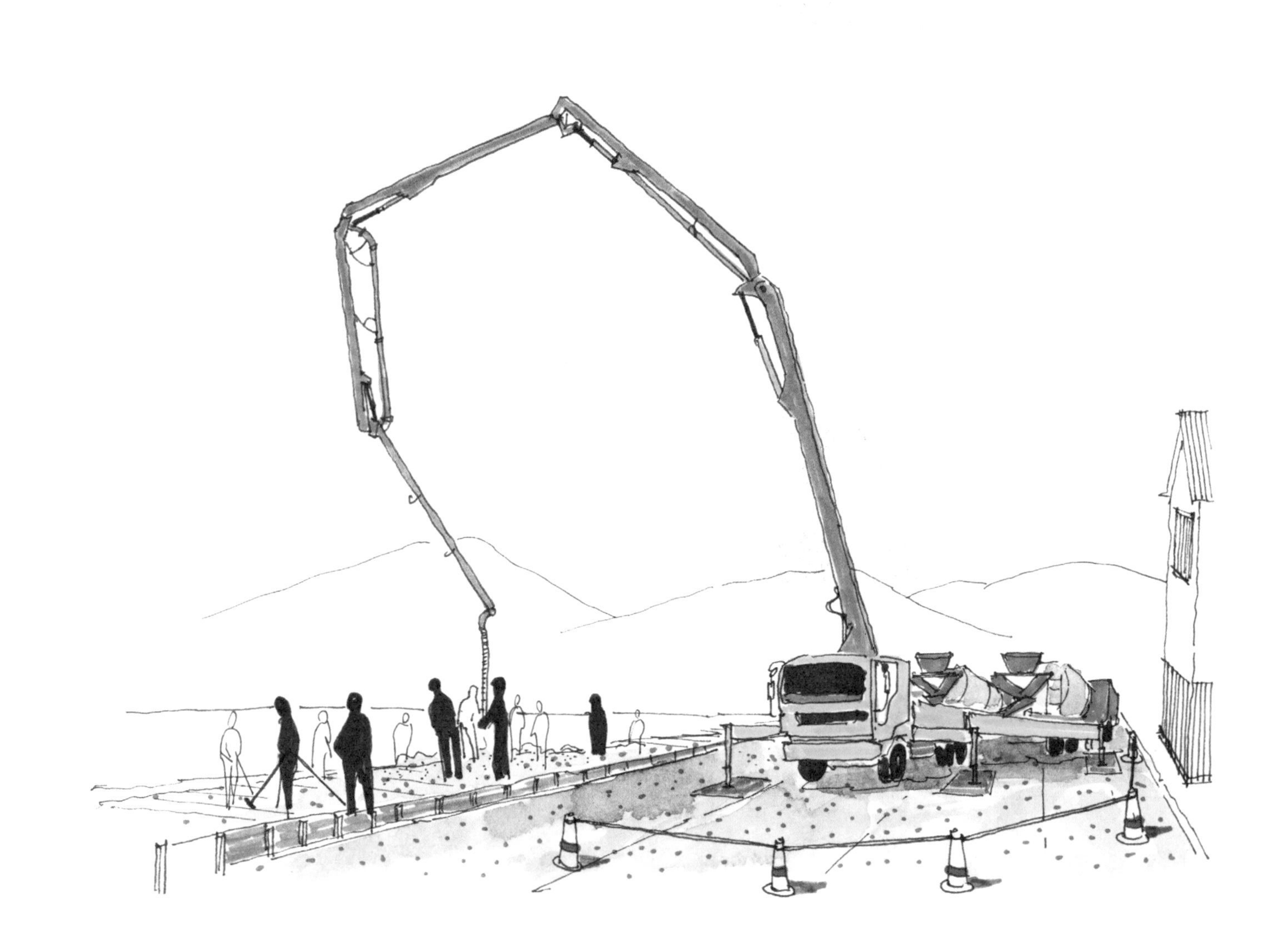

글·그림 이병수

- 서울과학기술대학교 건축공학과 졸업
- 한양대학교 공학대학원 건축공학과 졸업
- 건설안전기술사
- GS건설㈜ 현장소장 역임
- 한국산업인력공단 기술사 검정위원
- 국토교통부 건설기술교육원 교육심의위원
- 서울주택도시공사 건설안전위원
- 한국철도공사 사외강사
- 현 경기대학교 재난안전연구소 재직 및
  경기대학교 창의공과대학 건축공학과 강의

이준수

- 한양대학교 건축공학과 및 동 대학원 졸업(공학석사)
- 동명대학교 대학원 졸업(공학박사)
- 건설안전기술사 / 건축시공기술사 / 건축사
- 국민연금공단 근무(공공기관 지방이전추진 단장)(2020년)
- 한국산업인력공단 기술사 검정위원
- 서울시 건설기술심의위원
- 경기도 건설기술심의위원
- 서울국토관리청 건설기술 심의위원
- 현 강남대학교 교수(전, 경기대학교 특임교수)

그림으로 보는
건설현장의 벌점 리스크 관리

2024. 2. 7. 1판 1쇄 인쇄
2024. 2. 14. 1판 1쇄 발행

지은이 | 이병수·이준수
펴낸이 | 이종춘
펴낸곳 | BM ㈜도서출판 성안당
주소 | 04032 서울시 마포구 양화로 127 첨단빌딩 3층(출판기획 R&D 센터)
10881 경기도 파주시 문발로 112 파주 출판 문화도시(제작 및 물류)
전화 | 02) 3142-0036
031) 950-6300
팩스 | 031) 955-0510
등록 | 1973. 2. 1. 제406-2005-000046호
출판사 홈페이지 | www.cyber.co.kr
ISBN | 978-89-315-8622-0 (13530)
정가 | 49,000원

이 책을 만든 사람들
책임 | 최옥현
진행 | 정지현
표지·본문 디자인 | 상:想 company
홍보 | 김계향, 유미나, 정단비, 김주승
국제부 | 이선민, 조혜란
마케팅 | 구본철, 차정욱, 오영일, 나진호, 강호묵
마케팅 지원 | 장상범
제작 | 김유석

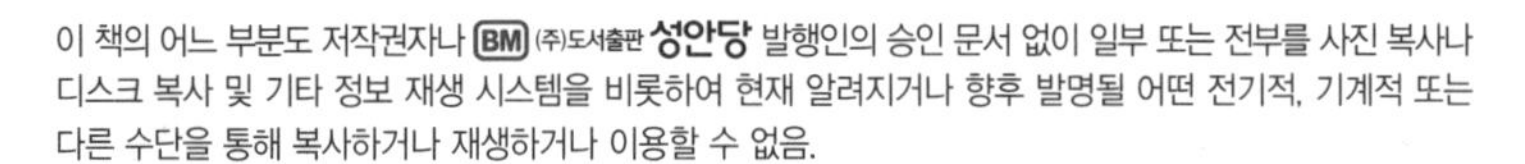